分析化学手册

第三版

⑨B

无机质谱分析

赵墨田　主编

化学工业出版社
·北京·

《分析化学手册》第三版在第二版的基础上作了较大幅度的增补和删减，在保持原手册 10 个分册的基础上，将其中 3 个分册进行拆分，扩充为了 6 册，最终形成 13 册。

《无机质谱分析》是其中一个分册，共分四篇，包括总论、同位素质谱分析、元素质谱分析和辅助技术。首先概括性介绍无机质谱的发展历史、背景、质谱种类，根据质谱方法和研究对象的异同划分，分别对每种方法进行介绍，包括方法概述、仪器、基本原理和方法特点，通过具体的实例阐释实验步骤、分析结果计算。书后还附有无机质谱研究中经常要用到的一些数据、参数以及主题词索引和表索引，方便读者查阅。

本书适合地质、矿产、核分析科学与技术、化学相关领域的研究人员和技术人员学习与查阅。

图书在版编目（CIP）数据

分析化学手册.9B. 无机质谱分析 / 赵墨田主编.
3 版. —北京：化学工业出版社，2016.7（2018.7 重印）
ISBN 978-7-122-27291-1

Ⅰ.①分… Ⅱ.①赵…Ⅲ.①分析化学-手册②无机
分析-质谱法-手册 Ⅳ.①O65-62

中国版本图书馆 CIP 数据核字（2016）第 126507 号

责任编辑：傅聪智 李晓红 任惠敏　　　　　　　文字编辑：向 东
责任校对：边 涛　　　　　　　　　　　　　　装帧设计：王晓宇

出版发行：化学工业出版社（北京市东城区青年湖南街 13 号 邮政编码 100011）
印　　装：北京虎彩文化传播有限公司
787mm×1092mm 1/16 印张 37¾ 字数 986 千字 2018 年 7 月北京第 3 版第 2 次印刷

购书咨询：010-64518888　　　　　　　　　　售后服务：010-64518899
网　　址：http://www.cip.com.cn
凡购买本书，如有缺损质量问题，本社销售中心负责调换。

定　　价：198.00 元　　　　　　　　　　　　　版权所有　违者必究

本分册编写人员

主　　编：赵墨田

编写人员（按姓氏汉语拼音排序）：

曹永明　复旦大学

陈　刚　赛默飞世尔科技（中国）有限公司

冯连君　中国科学院地质与地球物理研究所

冯流星　中国计量科学研究院

郭冬发　核工业北京地质研究院

姜　山　中国原子能科学研究院

李志明　西北核技术研究所

刘虎生　北京大学

逯　海　中国计量科学研究院

罗修泉　中国地质科学院

宋　彪　中国地质科学院

孙立民　上海交通大学

王　军　中国计量科学研究院

王同兴　中国原子能科学研究院

翟利华　西北核技术研究所

张有瑜　中国石油勘探开发研究院

张玉海　中国地质科学院

赵墨田　中国计量科学研究院

周　涛　中国计量科学研究院

序

分析化学是人们获得物质组成、结构及相关信息的科学，即测量与表征的科学。其主要任务是鉴定物质的化学组成及含量测定、确定物质的结构形态及其与物质性质之间的关系。分析化学是一门社会和科技发展迫切需要的、多学科交叉结合的综合性科学。现代分析化学必须回答当代科学技术和社会需求对现存的方法和技术的挑战，因此实际上已发展成为"分析科学"。

《分析化学手册》是一套全面反映现代分析技术，供化学工作者使用的专业工具书。《分析化学手册》第一版于1979年出版，有6个分册；第二版扩充为10个分册，于1996年至2000年陆续出版。手册出版后，受到广大读者的欢迎，成为国内很多分析化验室和化学实验室的必备图书，对我国科技进步和社会发展都产生了重要作用。

进入21世纪，随着科技进步和社会发展对分析化学提出的种种要求，各种新的分析手段、仪器设备、信息技术的出现，极大地丰富了分析化学学科的内涵、促进了学科的发展。为更好总结这些进展，为广大读者服务，化学工业出版社自2010年起开始启动《分析化学手册》（第三版）的修订工作，成立了由分析化学界30余位专家组成的编委会，这些专家包括了10位中国科学院院士、中国工程院院士和发展中国家科学院院士，多位长江学者特聘教授和国家杰出青年基金获得者，以及各领域经验丰富的专家。在编委会的领导下，作者、编辑、编委通力合作，历时六年完成了这套1800余万字的大型工具书。

本次修订保持了第二版10分册的基本架构，将其中的3个分册进行拆分，扩充为6册，最终形成10分册13册的格局：

1	基础知识与安全知识	7A	氢-1核磁共振波谱分析
2	化学分析	7B	碳-13核磁共振波谱分析
3A	原子光谱分析	8	热分析与量热学
3B	分子光谱分析	9A	有机质谱分析
4	电分析化学	9B	无机质谱分析
5	气相色谱分析	10	化学计量学
6	液相色谱分析		

其中，原《光谱分析》拆分为《原子光谱分析》和《分子光谱分析》；《核磁共振波谱分析》拆分为《氢-1 核磁共振波谱分析》和《碳-13 核磁共振波谱分析》；《质谱分析》新增加了无机质谱分析的内容，拆分为《有机质谱分析》和《无机质谱分析》，并对仪器结构及方法原理进行了全面的更新。另外，《热分析》增加了量热学方面的内容，分册名变更为《热分析与量热学》。

本版修订秉承的宗旨：一、保持手册一贯的权威性和典型性，体现预见性和前瞻性，突出新颖性和实用性；二、继承手册的数据查阅功能，同时注重对分析方法和技术的介绍；三、着重收录了基础性理论和发展较成熟的方法与技术，删除已废弃的或过时的内容，更新有关数据，增补各领域近十年来的新方法、新成果，特别是计算机的应用、多种分析技术联用、分析技术在生命科学中的应用等方面的内容；四、在编排方式上，突出手册的可查阅性，各分册均编排主题词索引，与目录相互补充，对于数据表格、图谱比较多的分册，增加表索引和谱图索引，部分分册增设了符号与缩略语对照。

手册第三版获得了国家出版基金项目的支持，编写与修订工作得到了我国分析化学界同仁的大力支持，全套书的修订出版凝聚了他们大量的心血和期望，在此谨向他们，以及在编写过程中曾给予我们热情支持与帮助的有关院校、科研院所及厂矿企业的专家和同行，致以诚挚的谢意。同时我们也真诚期待广大读者的热情关注和批评指正。

《分析化学手册》（第三版）编委会
2016 年 4 月

前　　言

质谱分析成为分析化学不可替代的测试方法是从研究同位素开始，同位素质谱的成就为无机质谱的孕育、发展和成熟提供了借鉴；无机质谱的定性、定量方法主要借助元素的核素、同位素谱线测量，一些重要的质谱分析方法既可用于同位素测量，又可用于元素测量。如今，虽说同位素质谱分析理论、技术已经基本解决，但是仪器性能的提高、分析技术的改进仍在延续，应用范围也在不断拓宽，常规分析任务也是大量的。

无机质谱从测量元素开始，并伴随物质成分分析发展而逐渐成熟。20世纪50年代后期，火花源质谱对杂质和超纯物质分析的业绩，在无机质谱发展史上留下辉煌一页。20世纪70年代后期，特别是进入80年代，由于材料学、精密机械加工、超高真空技术和微电子学等新兴学科、技术的成就，尤其是计算机及其软件的广泛应用，为质谱仪器制造业发展和新型质谱仪器商业化奠定了物质和技术基础。伴随科学技术及国民经济的发展，不同类型的高性能同位素质谱仪、无机质谱仪相继问世。电感耦合等离子体质谱法、辉光放电质谱法、激光电离和激光共振电离质谱法、加速器质谱法等新的同位素、元素质谱分析方法逐渐孕育、发展和成熟；与此同时，气体稳定同位素质谱法、热电离质谱法、静态真空质谱法、二次离子质谱法、同位素稀释质谱法和同位素示踪质谱法在研究与应用过程中，采用了多种新技术、新工艺，方法的灵敏度、精密度和探测极限有了显著改善。这些新老技术、方法的结合，促进应用范围进一步拓宽，测试对象不再局限于金属元素同位素或无机成分分析，而是延伸到包括H、C、O、N、S、P等有机元素和卤族、惰性气体等非金属元素在内的元素周期表的几乎所有元素。

如今，通过常规分析、微区分析、表面-截面分析、深度剖析和元素的空间成像，为相关学科研究、国民经济发展提供同位素、元素的定性、定量，以及物体表面与深度的元素图像等多种信息，成为名副其实、应用广泛的分析学科的重要分支。不但是传统的地质学、核科学与核工业、冶金学、材料科学、化学、生物学、医药学等学科、专业的重要测试方法，也是微电子技术、生物工程、环境科学和宇航探测等新兴学科研究与发展不可替代的测试方法。无疑，它在促进科学技术发展和国民经济高速增长的过程中具有举足轻重的地位。

本书内容分为四篇：第一篇总论，包括导论和质谱仪器两章，简要介绍同位素质谱仪、无机质谱仪及同位素质谱法、无机质谱法的孕育、发展、内容和有关信息知识；第二篇同位素质谱分析，包括气体稳定同位素质谱法、热电离质谱法、加速器质谱法、静态真空质谱法、多接收电感耦合等离子体质谱法、高分辨双聚焦二次离子质谱法和激光共振电离质谱法等七章；第三篇元素质谱分析，包括电感耦合等离子体四极杆质谱法、高分辨电感耦合等离子体质谱法、飞行时间二次离子质谱法、双聚焦二次离子质谱法、辉光放电质谱法和同位素稀释质谱法等六章。第二、三篇是本书的核心，重点介绍各自的方法原理、实验技术、仪器和应用，内容主要选取和调研了国内外相关文献，结合作者实验室的有关实验积累；第四篇辅助技术，包括样品制备技术、计算机在质谱分析中的应用、质谱分析误差、标准物质与质谱分析法等四章，内容主要选自相关文献和作者的工作经验总结，其目的是为了使读者更加完整地理解、掌握和运用分析方法，提高分析效率，获取有效信息。为了便于读者查阅，篇、章划分没有完全遵从传统质谱学理念，而主要根据各章内容释义、对象和获得信息编排。鉴于火花源质谱法和四极杆二次离子质谱法目前在国内很少使用，故没有将其编入书中；由于电感耦合等离子体质谱、二次离子质谱仪器、方法的扩展和应用的延伸，分别将其编排为三章叙述。

本书编写初衷是希望它的出版能增进读者对同位素质谱和无机质谱分析的了解，并促进其应用与发展。在编写过程中注重物理概念的叙述，尽量减少数学推导；对一些较深、复杂的理论问题，力求作言简意赅的概括，避免冗长的文字解释；受篇幅限制，更多地采用图、表替代文字释义。

作者主要来自科研院所和高校，他（她）们大都从事质谱专业工作多年，具有较丰富的专业知识和实际工作经验。各章的编写分工如下：第一章、第四章赵墨田；第二章张玉海；第三章冯连君；第五章姜山；第六章罗修泉、张有瑜；第七章王军；第八章宋彪；第九章李志明；第十章刘虎生；第十一章郭冬发；第十二章孙立民；第十三章曹永明；第十四章周涛、陈刚；第十五章逯海；第十六章周涛；第十七章翟利华；第十八章王同兴；第十九章赵墨田、冯流星。参加稿件审阅的专家有（按姓氏汉语拼音排序）：曹永明、郭春华、韩永志、李金英、梁汉东、刘虎生、刘咸德、龙涛、肖应凯、张子斌、朱凤蓉等，最后由赵墨田审阅、统编全部书稿。

感谢《分析化学手册》（第三版）编委会增设《无机质谱分析》分册及对篇、章设置与内容选择给予的热诚指导和帮助；化学工业出版社领导、尤其是本书责任编辑，不辞劳苦，默默奉献，所付出的辛勤劳动和做出的贡献为本书的出版奠定了良好基础；张艳娟、肖陈刚、王同胜、任同祥、巢静波、韦超等以不同方式对本书编写给予帮助和支持，在此，一并向他们表示诚挚的谢意。

本书虽经各位编者、审者反复校阅，限于编者学识和从事专业限制，在选材、表述方面难免存在不妥、疏漏之处，真诚欢迎各位专家与广大读者提出批评、改进意见。

赵墨田

2016 年 8 月

目　录

第一篇　总　　论

第二篇　同位素质谱分析

第三篇　元素质谱分析

第四篇　辅　助　技　术

第一篇

总　　论

第一章 导 论

第一节 质谱学发展简史

一、质谱仪器

质谱学（mass spectrometry）起源于 20 世纪初期。著名英国物理学家汤姆逊（J. J. Thomson）[1]在 1913 年前后采用一台简陋的抛物线装置研究"正电"射线，并由此发现氖同位素的存在，非有意之中诞生了质谱法，而这台抛物线装置也被后人认为是质谱仪器的雏形。从此，开创了通过建造不同类型质谱仪研究元素的同位素组成及其原子质量精测，催生了质谱学。

汤姆逊的学生阿斯顿（Aston）[2]出色地继承了汤姆逊所开创的质谱学成就，设计、制造了一台分辨率达到 130 的磁分析器。阿斯顿利用这台及其后来改进型的质谱仪进行了一系列开创性工作。他确认了汤姆逊发现的氖两个稳定同位素 ^{20}Ne 和 ^{22}Ne 的存在。同时，通过测量氯的两种同位素丰度，计算氯的原子量，成功地解释了当时用化学法测量的氯原子量不靠近整数的原因。此后，他又测量了数十种元素同位素的自然丰度。由于用质谱法测量同位素丰度的杰出贡献，阿斯顿率先用质谱分析方法敲开了诺贝尔化学奖大门，荣获了 1922 年诺贝尔化学奖。几乎在同一时期，加拿大人德姆颇斯特（Dempster）也在进行着类似的研究[3]，与汤姆逊的工作不同的是，他所建立的质谱仪器使用半圆形的均匀磁场，具有方向聚焦性质，分辨率达到 100。Dempster 利用他所建立的仪器开展了与汤姆逊类似的开创性研究[4]，发现并测量了一些元素的同位素丰度。

这时的质谱仪局限于单聚焦质量分析器，对方向聚焦发散的离子是借助一组或两组狭窄的准直缝隙来抑制；而对能量分散的离子，采用在分析管道末端增加能量过滤器的方法来阻挡损失能量的离子，借以提高分析器的分辨率。然而，实施这些措施提高的分辨率是以灵敏度的损失为代价换取的。为了既能提高分析器的分辨率，又不损失灵敏度，质谱专家们发现：可以借助当时离子光学理论方面的成就，对同一台质谱仪器实现方向和速度双聚焦。从而弥补了方向、能量发散离子的损失，使其重新得到聚焦，增加离子束的强度，既提高了灵敏度，又提高了仪器分辨率。

第一台双聚焦仪器由 Dempster 在 1935 年制造；事隔一年后，Bainbridge 和 Jordan 制造了第二台。几乎在相同时期，Mattauch 研制了一台性能更加完善的双聚焦质谱仪，这台仪器具有特殊的离子光学系统，能够为分析管道内的所有离子提供双聚焦，并把全部质谱同时记录在平面型的照相干板上[5]。该分析器与火花放电电离离子源相结合，成为后来无机成分分析的主要工具，即火花源质谱仪的雏形。火花源质谱仪在当时是超纯物质和痕量杂质测量不可替代的工具，在相当长的一段时间，有效地配合新兴材料的研制，对冶金、电子、半导体工业的发展起了催化剂的作用。然而，当时 Mattauch 等人制造的双聚焦质谱仪的磁分析器采用的是 Dempster 设计的具有 180°偏转方向聚焦的分析器。这种分析器的分辨率依赖于离子运动轨迹的曲率半径，有限的磁铁体积直接制约分辨率的提高。因此，Nier 在 1940 年采用 60°契形磁铁，建造了具有 60°偏转方向的扇形磁式气体质谱仪（GMS）[6]。该仪器与前者相比，在具有相同聚焦性能的条件下，体积小重量轻，被多家实验室和仪器厂商所采纳。作为一名物理学家，Nier 运用质谱技术，不但对自然界稳定同位素研究做出了重要贡献，也是同位素地球化学和同位素宇宙学研究的先驱；他通过对真空系统和电子学的改进，并结合离子能量发散小的 Nier 型的电子轰击离子源，使得质谱仪的分辨率进一步提高。热电离离子源的设计及其与磁分析器组合建造的热电离质谱仪主要是为了适应液态样品分析，分辨率为 300～500，与 GMS 大致相当。这两种仪器是目前同位素分析的主要设备。

自 20 世纪 50 年代初开始，质谱仪器进一步改进，主要是为了适应有机化学分析任务的需求。由于化学工业和石油工业的发展，众多的课题依赖于有机元素及其化合物、衍生物的精确分析来解决。当时已有的色谱、红外光谱等分析方法不能满足日益增多的分析任务的需要。质谱分析方法在同位素分析中的成功应用，给人们在有机化学中采用质谱技术提供了借鉴。众所周知，有机物质种类多、结构复杂，同类物质的质量数彼此相互接近，电离后产生的谱线难以鉴别。因此，有机物的成分分析完全不同于同位素和无机物分析，它要求仪器的分辨率高，动态范围宽，扫描速度快。显然，单纯具有磁分析器的质谱仪很难满足当时的分析任务需求。

自 1953 年至 1955 年间，由 Paul 和 Steinwedel 等人开发的四极质谱仪采用四极杆"滤质器"作为分析器[7]。这种非磁性质谱仪具有一系列显著优点，体积小，重量轻，扫描速度快，响应时间短，不存在聚焦和色散等复杂问题，可进行快速质量扫描和成分分析。事实上，四极杆质谱仪与气相色谱联合，组成的色-质联用仪器（GC-MS）成为后来化工、生化、药物、环境和食品分析的不可替代工具；由两台或三台四极质谱仪组合成的串联质谱仪是分子动力学研究的主要仪器。由于四极质量分析器有上述优点和辉煌业绩，20 世纪 80 年代研制的辉光放电质谱仪（GDMS）[8~11]和电感耦合等离子体质谱仪(ICP-MS)等无机质谱仪器也首选四极杆"滤质器"作为质量分析器。这些仪器的诞生和使用，为无机元素和无机成分分析开辟了新的途径，把无机质谱分析法推向更高水平[12~17]。

随着二次离子质谱仪的诞生、发展和成熟，出现了由不同分析器与二次离子源组成的四极杆二次离子质谱仪(Q-SIMS)、双聚焦二次离子质谱仪(DF-SIMS)和飞行时间二次离子质谱仪(TOF-SIMS)。它们以其高质量分辨率、高检测灵敏度、低检测极限，为无机质谱增加了杂质深度分析、三维离子图像处理及微区元素和同位素测量能力[18]。这里提到的飞行时间分析器(TOF)的工作原理，即受同一电脉冲激发的离子，具有相同的能量。当这些离子通过无场真空区时，按照动力学原理，飞行速度与其质量的平方根成反比。不同质量的离子从离子源抵达接收器的时间不同，因此，可以根据抵达接收器的时间对离子进行排序和测量。早期从事飞行时间分析器研究的是 W. R. Smythe 及其同事，他们制造的飞行时间质谱仪是历史上第一台动态质谱仪[19]。随着脉冲技术的改进和制作工艺的提高，Cameron 和 Eggers 实现了直线脉冲飞行时间实验[20]，W .C. Wiley 等人完成了现代商品飞行时间质谱仪的雏形。如今，飞行时间分析器的分辨本领已从最初的不足 100 上升到目前的几千乃至上万。飞行时间分析器与二次离子电离源、激光电离源、激光共振电离源相结合构成的二次离子飞行时间质谱仪、激光电离飞行时间质谱仪和激光共振电离飞行时间质谱仪等仪器的灵敏度和分辨本领高，动态范围宽，可进行微区原位分析、表层和深度分析以及成像，能够提供多种信息[18]。

诞生于 1956 年的世界第一台静态真空质谱仪（SVMS）是专为稀有气体分析设计、制造的[21]。它的离子源、分析器工作原理与动态真空质谱仪基本相同。所不同的是当仪器进行样品分析时，将动态抽气系统与分析系统阻断，使离子源、分析室和接收器真空度处于基本恒定、静态环境下工作，从而减少了分析用样量。与动态真空质谱仪相比，提高灵敏度大约 1～2 个数量级，有利于对稀有气体进行测量[22,23]。

早期串联分析器在质谱仪器的发展历史和分析工作中所扮演的角色是不可替代的。20 世纪 60～70 年代，两级、三级或四级串联质谱仪成为高丰度灵敏度测量的主要仪器，在欧美主要同位素质谱实验室广为使用。通常由两个、三个或四个相同的磁、电分析器串联而成，根据串联分析器的离子偏转轨迹不同，可分为 C 形结构或 S 形结构。这些类型的分析器能有效阻止强离子束在分析管道传输过程中与管道内残存气体发生弹性或非弹性碰撞生成的散射的中性粒子或带电粒子进入接收器，并因此提高了丰度灵敏度[24~26]。但由于这种设备大而复杂，造价昂贵，操作技术要求高，逐渐被具有良好聚焦性能、超高真空度的磁-电分析器所替代，用于同位素或无机元素质谱分析。

加速器质谱仪（accelerator mass spectrometry，AMS）始于 20 世纪 70 年代末[27~29]。它是基于离子加速器、探测器与质谱分析相结合产生的一种高能质谱仪。测量的离子能量高达兆电子伏特（MeV），克服了传统质谱分析时的分子本底和同量异位素干扰，丰度灵敏度可达 10^{-16}，是长寿命核素测量的最佳设备[29]，成为同位素质谱大家族的特殊成员。

现代质谱仪种类增加和性能提高得益于现代离子光学理论、电物理理论的成就和电子学技术、电真空技术、机械加工技术的提高[30]。激光技术，特别是飞秒激光技术与新兴材料在仪器研制中的应用，渴望诞生高性能同位素质谱仪和无机质谱仪。

二、同位素质谱法

质谱技术成为分析科学的重要组成部分是从同位素的发现开始的，并伴随同位素分析、研究和应用而发展。英国著名物理学家汤姆逊在 1913 年用简陋的抛物线装置发现惰性气体氖的两个稳定性同位素，标志着质谱技术的开始，而汤姆逊的抛物线装置被后人公认为是现代质谱仪的雏形。

汤姆逊的学生和助手阿斯顿（Aston），不但改进了汤姆逊的抛物线装置，建造了第一台具有速度聚焦的质谱仪，研究、发现和测量了几十种元素的同位素质量和丰度，证明了氖同位素 ^{20}Ne 和 ^{22}Ne 的存在；而且成功解释了用化学法测量的氯原子量不为整数的原因。自此以后，随着质谱仪器性能改进和测量方法的进步，元素周期表中的大多数元素的核素质量、同位素丰度和原子量测量都是借助同位素质谱来完成的。由此不难看出同位素质谱技术在质谱学的诞生、发展历程中所扮演的重要角色。如上所述，早期同位素质谱法的主要工作集中于天然同位素的探索、发现和元素同位素丰度、原子质量和原子量的测量，为原子质量、原子量标准值的建立和元素周期表的完善做出了重要贡献。时至今日，元素同位素丰度和原子量的修订仍然借助同位素质谱法[31~35]。同位素质谱法在物理学的另一项工作是为基本常数的修订提供相关元素同位素丰度的精确值，如当前各主要大国的科学家联合开展的阿伏伽德罗常数修订工作的一项关键任务，就是借助同位素质谱法提高测定元素硅同位素丰度的不确定度，为阿伏伽德罗常数的计算提供精确值[36,37]。

第二次世界大战后期，随着军事强国对放射性同位素需求的迫切，同位素质谱法成为同位素分离效率监督和大量同位素分离产品丰度质量鉴定的最准确方法，包括用气体同位素质谱法测量氢、氦、氩等气体核素，用热电离质谱法测量铀、钚等锕系元素的同位素。与此同时，在核物理、核化学研究工作中的一些重要环节，诸如核燃料燃耗测定、核反应裂变产额测定等的测量，同位素质谱法给出的结果最准确[38~46]。

20 世纪中期掀起的通过测试宇宙样品的成分及同位素组成，探索宇宙奥秘和寻找未被发现核素的工作，也是用高灵敏度、高丰度灵敏度的同位素质谱测量方法实施的[47,48]。

同位素质谱法是同位素地质学、同位素地球化学研究，石油和天然气的勘探、开采的主要测试方法。通过测定岩石、矿物、化石、月岩、陨石等样品中的某些元素同位素丰度、丰度比、δ 值或元素含量等参数，为地质学、海洋学、宇宙探测、考古和远古突发事件研究提供丰富的信息[49~58]。同位素质谱技术和方法提供的信息，有力地支持了科学技术研究和国民经济发展；科学技术进步和经济发展需求促进同位素质谱仪器与方法完善。表 1-1 列举了主要同位素质谱仪（同位素质谱法）功能及其应用。

表 1-1　同位素质谱仪（同位素质谱法）功能及其应用

方法（仪器）	电离方式	分离方法	动态范围	方法应用
GSIRMS	EI	磁场	常量-痕量	H、C、O、N、S 等元素同位素测量
TIMS	TI	磁场	常量-痕量	碱金属、碱土金属、稀土元素、过渡金属元素、锕系和卤族元素同位素测量，大约占周期表中 85% 的元素
MC-ICP-MS	ICP	磁-电	常量-痕量	涵盖元素周期表大多数元素
AMS	SI	超痕量		长寿命、微含量宇宙射线成因核素的高灵敏度、高丰度灵敏度分析
LRIMS	LRI	磁-电	微量-痕量	有选择的高灵敏度、高丰度灵敏度分析，微区分析
LIMS	LI	电-磁	微量-痕量	微区分析
HR-SIMS	SI	电-磁	微量-痕量	单颗粒锆石同位素分析，微区分析，深度剖析
SVMS	EI	磁场	常量-痕量	Ar、He、Ne、Kr、Xe 等惰性气体同位素静态分析

三、无机质谱法

无机质谱分析法成为现代科学技术发展不可替代的分析工具是从测量元素存在开始，并伴随物质成分分析技术发展逐渐完善。20 世纪 50 年代后期，由于火花源质谱的发展[59,60]，无机质谱法在微量、痕量元素分析领域几乎与原子吸收光谱、中子活化分析占有同样的地位。20 世纪 70~80 年代，激光电离质谱法[61,62]、四极杆电感耦合等离子体质谱法、双聚焦电感耦合等离子体质谱法[63~71]、辉光放电质谱法逐渐孕育、发展和成熟[11,72,73]；与此同时，二次离子质谱法的诞生、发展为固体物质表面、薄层进行单元素和多元素痕量分析提供了有效方法，对研究固体物质深度特征和元素表层横向分布（成像）具有特殊功能[74~79]。激光共振电离质谱法（laser resonance ionization mass spectrometry，LRIMS）是基于激光共振电离光谱与质谱技术相结合所形成的一门新兴质谱分析方法，具有极高的元素、核素选择性和探测灵敏度，是目前复杂基质下超痕量中长寿命核素定量分析十分有效的方法[80~82]，它与加速器质谱法[29,83,84]类同，成为解决特殊核素、元素分析问题的专用设备。同位素稀释质谱法在研究、应用过程中逐渐得到完善，不但是微量、痕量元素分析最准确的方法，为多种学科和国民经济的相关部门提供准确的定量信息，而且在测量方法仲裁、技术评价中也发挥着重要作用[85~94]。这些新、老方法的结合使得无机质谱法的测试能力和应用范围有了显著提高，不再局限于金属元素和无机成分分析，延伸到包括 H、C、O、N、S、P 等非金属元素及其化合物在内的几乎元素周期表的所有元素，形成了比较完整的分析方法和测试体系。表 1-2 列举了主要的无机质谱仪（无机质谱法）性能、特征及其应用。

表 1-2　无机质谱仪（无机质谱法）性能、特征及其应用

方法（仪器）	电离方式	分离方法	动态范围	方法特征及应用
ICP-MS HR-ICP-MS	ICP ICP	四极杆 磁-电	常量-痕量	常压进样，便于与多种制样、进样系统连接，一次进样提供多元素信息
Q-SIMS	SI	四极杆	微量-痕量	表面分析，深度分析，结构分析
TOF-SIMS	SI	TOF	微量-痕量 微区分析	成像技术：提供二维、三维图像 元素、同位素分析
HRDF-SIMS	SI	电-磁	微量-痕量	同位素、元素分析，表面分析，深度分析，结构分析，成像

续表

方法（仪器）	电离方式	分离方法	动态范围	方法特征及应用
GDMS	GD	磁-电	常量-痕量	多元素同时测量
IDMS	取决于使用仪器	取决于使用仪器	常量-痕量	具有绝对测量性质；适用于具有两种以上同位素的元素和具有长寿命放射性同位素元素

无机质谱法可以采用固体、液体和气体三种形态样品。联用技术的应用简化了制样、进样程序，减小了操作过程污染。通过常规分析、微区分析、表面-截面分析、深度剖析和元素成像，为相关学科、专业和行业提供元素定性、定量，以及物体表面与深层次的元素图像等多种信息，成为名副其实、应用广泛的分析学科的重要分支。同位素质谱法和无机质谱法不但承担传统的冶金学、材料科学、核科学、地质学、化学、生物学、医学和半导体等学科、专业研究中的测试，也是微电子技术、生物工程、环境检测、食品安全和化学计量不可缺少的分析方法[49,63,85,95]。在对土壤中微生物代谢潜能评价[96]、大陆植物链烷烃同位素组成研究[97]、烟草分析[98]和兴奋剂检查[99]等领域、专业的应用中也卓有成效。

第二节　名词、术语[100~106]

一、基础名词、术语

本底（background）　是指在测量条件下，当欲测量样品的离子还未抵达接收器时，探测器所记录的电信号。通常"本底"由仪器的记忆效应、残存气体分子离子、仪器噪声和零点漂移等信号组成。

本底质谱图（background mass spectrum）　在不导入样品的情况下，由清洗仪器的残留溶剂、样品记忆、真空泵油蒸气、色谱柱流失、载气以及各种污染物所产生的质谱图，即为本底质谱图。如果本底质谱的离子峰多且很强，在进行样品测试时，不仅会影响仪器的最佳性能，还会成为样品谱图中的背景谱图（即本底谱图），干扰谱图的识别，需要扣除本底质谱图。只有剔除本底谱图、干扰谱图，才能得到真正的样品质谱图。

标准物质（reference materials，RM）　亦称参考物质。已确定其一种或几种特性量值，用于校准测量器具、评价测量方法或确定材料特性量值的物质。标准物质是国家计量部门颁布的一种计量标准，具有以下的基本属性：均匀性、稳定性和准确量值。标准物质可以是纯的或混合的气体、液体或固体，也可以是一件制品或图像。

标准偏差（standard deviation，SD）　表征测定值离散性的一个特征参数。从总体抽取容量为 n 的样本进行重复测定，由所测得的 n 次测定值计算得出，以 S 表示。

$$S = \sqrt{\frac{\sum_{i=1}^{n}(x_i - \bar{x})^2}{n-1}}$$

其特点：①全部测定值都参与标准偏差的计算，充分利用了得到的所有信息；②对一组测定值中离散性大的测定值反应灵敏，当一组测量中出现离散性大的测定值时，标准偏差随即明显变大；③是总体标准差 σ 的无偏估计值，用来量度测定的精密度是最有效的；④不具有加和性。标准偏差在数据处理中应用非常广泛。

不稳定离子（unstable ion）　在离子源内生成，但在离开离子源之前就分解的离子。通常指

寿命小于 10^{-6}s 的离子。由于这种离子的裂解发生在离子源内，因此称为源内碎裂（in-source fragmentation）。

不确定度（uncertainty） 是表征合理地赋予被测量之值的分散性，与测量结果相关的参数。

测量（measurement or determination） 定义为以确定量值为目的的一组操作。

等离子体（plasma） 亦称等离子区。一般指电离的气体，主要由离子、电子和未经电离的中性粒子所组成。因正负电荷密度几乎相等，故从整体上看呈现电中性。例如，火焰和电弧中的高温部分，太阳和气体恒星的表面等。在等离子体中电磁力起主要作用，能引起和普通气体大不相同的内部运动形态，如电子和离子的集体振荡，因此也有人称它为"物质第四态"。等离子体的研究在天体物理学、气体放电、微波和超声波流体学方面都有重要作用。在 ICP-MS 和表面分析中主要用来产生高密度离子束。

δ 定义为测定的样品同位素比值 R_{sa} 与所采用的标准同位素比值 R_{st} 相对差值的千分数，即

$$\delta \ (‰) = \frac{R_{sa} - R_{st}}{R_{st}} \times 1000$$

在应用该值时应该注意：所测量 δ 值的大小与所用标准相关，而不同实验室有可能选用不同的标准。所以，在使用数据时应该换算到大家公认的国内或国际标准上去。

电离能（ionization energy） 亦称电离电位（ionization potential）。当原子获得足够大的能量，其一个或某些外层电子脱离该原子核的作用力范围，成为自由电子，这时原子由于失去电子成为离子，这种现象称为电离。为使原子发生电离所需的能量称为电离能，也称电离电位，以电子伏特为单位。处于基态的气态原子失去 1 个电子变为氧化数为+1 的阳离子所需要的能量叫作第一电离能，通称电离能。由氧化数为+1 的阳离子再失去 1 个电子变为氧化数为+2 的阳离子所需要的能量叫作第二电离能。

电离度（degree of ionization） 泛指液体、气体或气溶胶在高温或高频电场作用下，生成的离子浓度 M^+ 与该体系中仍然存有的自由原子浓度 M 和生成离子浓度 M^+ 之和的比$[M^+/(M+M^+)]$。电离度遵从 Saha 方程，即原子的电离度与原子蒸气的分压强、元素原子的电离电位和体系的温度密切相关。

电离效率（ionization efficiency） 电离效率泛指在特定环境下，经电离生成的原子离子数与进入电离区预测量样品原子总数之比，电离效率的高低取决于所采用的电离方法、电离机制和电离时的相关参数。

电离效率曲线（ionization efficiency curve） 特定离子的离子流强度随提供的能量大小变化的曲线。

电荷数（charge number） 以电子电量 e 去除离子的总电荷 q 得到的值。其整数值用 z 表示，$z=q/e$。

多电荷离子（multiple charged ion） 带有两个以上电荷的离子，通常多电荷离子具有非整数质荷比，出现在质谱图的分数质量上，形成"本底"。

分辨率（resolution ratio） 或称分辨本领（resolving power）。定义为质谱仪可分辨相邻两个质谱峰的能力，广义以 $R=M/\Delta M$ 来度量。M 为可分辨两个质谱峰的质量平均值，ΔM 为可分辨的两个质谱峰的质量差。实际上，可分辨的两个质谱峰允许有一定重叠，使用时应注明重叠程度。通常用两峰间的峰谷高度为峰高的 5%或 10%时测量分辨率，即分辨率记为 $R_{5\%}$ 或 $R_{10\%}$，用下式计算：

$$R_{10\%} = \frac{M}{\Delta M} \times \frac{a}{b}$$

式中，a 为相邻两峰的中心距；b 为峰高 10%处的峰宽；M 为两个质谱峰的质量平均值；ΔM 为两个峰质量的差值。

非弹性碰撞（inelastic collision）　在离子与原子，或离子与分子发生碰撞时，离子不仅仅改变了运动方向，而且离子与这些粒子还发生能量交换，这类碰撞就称为非弹性碰撞。

负离子（negative ions）　带负电荷的离子，产生于质谱仪的负离子源。

功函数（work function）　亦称逸出功，脱出功。一个电子从金属或半导体的原子外层逸出时所需要的功，单位伏特。

核素（nuclide）　泛指原子序数、原子质量和能态不同的原子形式，也可以定义为具有特定核特征的某种原子。核素分为稳定核素和放射核素，在已经发现的 2000 多种核素中，绝大多数是人造核素，天然核素仅有 340 种，其中稳定核素 285 种，其余为放射核素。

计量（metrology）　以确定量值为目的的操作，且具有计量法规依据，确定的量值具有溯源性，则此操作可视为计量。

基准物质（primary reference materials，PRMs）　用权威（或绝对）方法确定其特性量值，具有最高计量特性，并给出了包括物质变动性在内的总不确定度的估计值的标准物质，其特性量值的总不确定度达到最高水平。目前国际上公认的基准物质有：用库仑法定值的纯度标准物质，用同位素稀释质谱法定值的无机痕量元素标准溶液，用高纯气体通过计量法准确配制的标准气体等。基准物质是量值传递的基础。

精密度（precision）　或称精度。定义为在规定条件下所获得的独立测量结果之间的一致程度[1]。在理解精密度的定义时，应该充分注意以下要点：精密度只取决于随机误差的分布，而与真值或规定值无关；精密度的度量通常用不精密度术语表示，并计成测量结果的标准偏差（standard deviation，SD）。

基体（matrix）　亦称基质。试样中除被测成分之外的其他组分集合的称谓，基体对被测成分的行为有时有重要影响。

基体效应（matrix effects）　试样的基本化学组成和物理化学状态的变化对待测元素定量分析结果所造成的影响。基体效应包括改变被测元素的蒸发特性，元素分子的不完全解离，已原子化的原子重新复合，被测元素以分子形式逃逸测量区，以及大量基体分子存在造成的散射及对分析谱线的吸收等影响。

基体校正（matrix correction）　克服基体效应的一组操作称作基体校正。

离子化（ionization）　或称为电离。指中性原子或分子失去电子或捕获电子生成离子的过程。在质谱分析中，指气相、液相、固相样品的原子、分子变为气态的正离子或负离子的过程。

灵敏度（sensibility）　质谱仪的灵敏度通常用原子/离子的转换效率来定义，即用接收器接收到的离子数去除以进入离子源电离区域的样品原子总数之比的百分数；质谱仪的绝对灵敏度通常用接收器检测到的离子最小量度量；定量测量方法的灵敏度记为方法流程空白值标准偏差的 3 倍。取决于离子源的电离效率，离子在离子源、分析器的传输效率和接收器的接收效率。

随机误差（random error）　在测试过程中因随机因素作用产生的具有抵偿性的误差称为随机误差。随机误差遵循统计规律，随着测量次数增加逐渐降低；理论上当测量次数足够多时，随机误差的平均值趋向于零。

示踪剂（tracer）　用于追踪生命体内某一物质，或某一组织行为的试剂称为示踪剂，它通常是被浓缩的稳定性同位素或放射性同位素。

同位素示踪法（isotope tracer method）　用同位素作为示踪剂来观察和研究生命体，或物体中某一物质行为的方法。

　　弹性碰撞（elastic collision）　如果离子与原子，或离子与分子之间的碰撞，仅仅是改变了离子的运动方向，并不发生相互间的能量交换，这种相互碰撞就称为弹性碰撞。

　　同位素（isotope）　质子数 Z 相同，即原子序数相同，中子数 N 不同，在元素周期表中占有同一位置的核素称作同位素，同位素的化学性质相似，物理性质不同。

　　同量（质）异位素（isobaric nucleus）　原子质量数 M（$M=Z+N$）相同，质子数（Z）不同，即原子序数不同的核素。

　　同位素质谱（isotope mass spectrum）　按元素的同位素质量排序的质谱。

　　同位素丰度（isotope abundance）　某元素的任一同位素占有该元素总核素的百分比，它是用检测器检测的该元素任一同位素离子束强度除以同一检测器检测到的该元素所有同位素离子束强度集合的百分数度量。

　　同位素丰度比（isotope abundance ratio）　指某元素的任一同位素丰度与元素中的其他同位素丰度的比值。

　　稳定同位素（stable isotope）　称谓是相对放射性同位素而言的，一般指寿命极长的同位素，通常以半衰期 10^9 年为界，大于此数的同位素均可认为是稳定同位素。目前已经发现的稳定核素 285 种，其中的单核素元素 21 种，实际仅有 264 种稳定同位素。

　　稳定离子（stable ion）　指在离子源生成的，离开离子源后直至到达检测器不发生裂解的离子。通常指寿命比 10^{-5}s 长的离子。

　　误差（error）　测量结果减去被测量的"真值"之差。由于真值不能确定，实际上用的是约定真值。误差是一个单个数值，原则上已知误差可以用来修正测量结果；通常认为误差含有两个分量，即随机分量和系统分量，分别称为随机误差和系统误差。

　　稀释（dilution）　在较高浓度的溶液中，加入溶剂或试剂使溶液的浓度变小，称为稀释。所加的溶剂或试剂称为稀释剂（spike）。

　　同位素稀释法（isotope dilution method）　采用同位素稀释进行定量分析的方法。如在含有自然丰度的某元素未知浓度溶液中，加入该元素已知丰度的定量浓缩同位素或贫化同位素溶液，等待两种溶液均匀混合，通过待测样品、混合溶液的同位素丰度质谱法测量，根据待测、浓缩和混合溶液中的同位素丰度和所加稀释剂量，借助公式就可计算待测溶液中的元素量。作为定量分析方法，稀释法获得的结果比较准确，常被作为具有绝对测量性质的方法校正其他定量分析方法。

　　系统误差（systematic error）　对同一测量物的测量过程中保持不变或以可以预见的方式变化的误差分量。它是独立于测量次数的，不能在相同的测量条件下通过增加测量次数的方法使之减小。但是，可以根据对产生误差的原因分析，用已知的相关因子进行校正来消除系统误差。

　　元素（element）　不能用化学分解方法再分成更简单组分的基本物质，也可以把元素理解为组成分子的基本单元。

　　原子量（atomic weight）　亦称相对原子质量（relative atomic weight）。是该元素所含各稳定性同位素以碳-12 的原子质量作为标准计算的原子质量的加权平均值。

　　原子质量单位（atomic mass unit）　计量原子质量的单位（u），相当于碳同位素碳-12 质量的 1/12，其数值为 1.6605×10^{-27}g。

　　质谱（mass spectra, mass spectrum）　按照被测体质量大小排序的谱线。

　　质谱图（mass spectrogram）　质谱测定结果经计算机处理统计后，以棒状图（或数据列表形式）表示的谱图。它是二维图谱，横坐标表示离子的质荷比（m/z），对于单电荷的离子，电荷数 $z=1$，横坐标表示的数值即为离子的质量；纵坐标表示离子流的强度，通常用相对强度来表示，即把被记录的各个质量数的离子峰总强度作为 100%，各离子以其所占的百分数来表示。质谱图中的各质量的离子峰代表被测物质的属性，可作为定性、定量分析的依据。

质量数（mass number） 这里指特定原子的整数质量数，用该原子原子核的质子和中子之和计算，无量纲。

质量范围（mass range） 质谱仪能够测量的原子质量的范围，或能够测量的分子的分子量范围，单位为质量单位。

质荷比（mass charge ratio, m/z） 离子质量（以相对原子质量为单位）与它所带电荷（以电子电量为单位）的比值。

二、仪器相关名词、术语

表面电离质谱仪（surface ionization mass spectrometer） 热电离质谱仪的早期称谓，它因把欲测样品涂覆离子源内高熔点、高功函数的金属带表面，或金属丝表面，借助通过带或丝的电流产生高温，实现电离而得名，近年国内外把这类仪器统称为热电离质谱仪(thermal ionization mass spectrometer，TIMS)。

电感耦合等离子体离子源（inductively coupled plasma ion source, ICP-IS） 利用射频发生器产生的高频电能在等离子矩中进行电离的离子源。

电感耦合等离子体质谱仪（inductively coupled plasma mass spectrometer, ICP-MS） 采用电感耦合等离子体进行电离的质谱仪，该仪器依赖于所用分离器种类，划分为四极杆电感耦合等离子体质谱仪 (inductively coupled plasma quadruple mass spectrometer, ICP-QMS)、高分辨电感耦合等离子体质谱仪(high resolution inductively coupled plasma mass spectrometer, HR-ICP-MS)、多接收电感耦合等离子体质谱仪（multi-couection inductively coupled plasma mass spectrometer, MC-ICP-MS）。

多接收电感耦合等离子体质谱仪（multi-collection inductively coupled plasma mass spectrometer, MC-ICP-MS） 采用电感耦合等离子体离子源，磁、电双聚焦（或磁分析器加极级杆能量过滤器）的分析器和联合探测器组成的一种新型同位素质谱仪。具有在常压强下进样、操作方便、运行周期短、分析速度快、灵敏度高和测量数据精度好等优点[33]。

火花源质谱仪（spark source mass spectrometer, SSMS） 采用电火花放电形式离子源的质谱仪，可对被测成分的元素、同位素进行定性、半定量和定量分析。

辉光放电质谱仪（glow discharge mass spectrometer, GDMS） 采用辉光放电电离离子源的质谱仪，是无机固体材料，特别是高纯材料中痕量杂质检测的有效方法。

加速器质谱仪（accelerator mass spectrometer, AMS） 基于加速器、磁分析器和离子探测器，测量高能离子的质谱仪。AMS 克服了传统质谱测量时同量异位素和分子本底干扰的限制，提高了核素测量的高丰度灵敏度（可达 10^{-16}），为地质、考古、海洋、环境等领域的科学研究提供了一种强有力的工具。

静态真空质谱仪（static vacuum mass spectrometer, SVMS） 当进行样品测量时，质谱仪的分析系统处于静态真空，即在离子源、分析器和接收器分别处于近似恒定真空状态下测量的质谱仪。静态真空质谱仪主要用于惰性气体同位素测量，故也称为惰性气体质谱仪（inert gas mass spectrometer）。

激光电离质谱仪（laser ionization mass spectrometer，LIMS） 是利用激光电离离子源使被测量物质电离的质谱仪，具有高灵敏度和微区分析功能，可进行逐层剖析，剖析深度可达 1μm 至几十微米。

激光共振电离质谱仪（laser resonance ionization mass spectrometer, LRIMS） 是利用激光共振电离离子源的质谱仪。原则上 LRIMS 可实现单原子探测，具有极高的元素、核素选择性和探测灵敏度。

气体稳定同位素质谱仪（gas stable isotope ratio mass spectrometer, GSIRMS）　用于测量气体元素同位素组成的质谱仪，该仪器广泛使用电子轰击型离子源、磁分析器和多种类型接收器组成的联合探测系统，灵敏度高、测量精度好，分辨率取决于分析器的类型。

无机质谱仪（inorganic mass spectrometer）　对无机元素或无机化合物进行定性、定量分析的质谱仪器，如火花源质谱仪、二次离子质谱仪、电感耦合等离子体质谱仪、辉光放电质谱仪等。

同位素质谱仪（isotope mass spectrometer）　用于元素同位素测量的质谱仪器，主要包括气体同位素质谱仪、热电离同位素质谱仪、多接收电感耦合等离子体质谱仪等。同位素质谱仪测量的离子能量发散小，测量值的精度高。

热电离质谱仪（thermal ionization mass spectrometer, TIMS）　用于测量液态样品同位素丰度，或丰度比的质谱仪，采用热电离源、磁分析器和多种类型接收器组成的联合探测系统。热电离源产生的离子能量发散小，受干扰少，仪器的灵敏度、丰度灵敏度好，精度高。

二次离子质谱仪（secondary ion mass spectrometry, SIMS）　采用二次电离离子源的质谱仪，该仪器依赖于分析器的种类可划分为四极杆二次离子质谱仪（quadrupole secondary ion mass spectrometer）、双聚焦二次离子质谱仪（double secondary ion mass spectrometer）、高分辨二次离子质谱仪（high resolution two ion mas spectrometer）和时间飞行二次离子质谱仪（TOF secondary ion mass spectrometer）。

质谱仪（mass spectrometer）　一种采用电物理原理和技术，对被分析物质进行电离、分离和测量的现代分析仪器。质谱仪主要由离子源、质量分析器、检测器、进样系统、抽真空系统、供电系统、数据处理和控制系统组成。过去习惯上将用电流进行检测和记录的质谱仪器叫作质谱计（mass spectrometer），将利用感光板检测记录离子的质谱仪称为质谱仪（mass spectrograph），现在已不再细分，统称质谱仪（mass spectrometer）。质谱仪品种繁多，按用途分类可分为有机质谱仪、无机质谱仪和同位素质谱仪；按照质量分析器分类可分为扇形场质谱仪、四极杆质谱仪、飞行时间质谱仪、离子回旋共振质谱仪、离子阱质谱仪等；按离子源类别分可分为火花源质谱仪、电感耦合等离子体质谱仪、二次离子质谱仪、辉光放电质谱仪、激光电离质谱仪、激光共振电离质谱仪等。

三、方法相关名词、术语

表面电离（surface ionization，SI）　原子或分子与炽热的固体表面相互作用实现离子化。样品涂覆在金属表面，当加热金属表面时样品受热蒸发，蒸发出的原子（或分子）大部分飞离金属表面，一部分与热金属表面直接作用形成离子的过程即表面电离。样品受热激发释放电子形成正离子称其为正热电离；样品吸收电子形成负离子称其为负热电离。离子化效率取决于表面材料的功函数、表面温度及样品的电离电位。

表面电离质谱法（surface ionization mass spectrometry）　热电离质谱法的一种，将预测量样品涂覆在高熔点、高功函数的金属带表面，或金属丝表面，借助通过带或丝的电流产生的高温而电离，电离生成的离子进入质量分析器进行分离和测量。

场致电离（field ionization, FI）　将金属丝或金属针加上高电压，形成 $10^7 \sim 10^8$ V/cm 的高场强，气态的样品分子在强电场作用下失去电子生成分子离子，分子离子的能量为 $12 \sim 13$eV，适用于可以气化的有机化合物的离子化，是一种温和的"软"电离方式。

磁场扫描（magnetic field scan）　以一定速度运动的离子进入磁场后，其运动行为可以用下式描述：

$$\frac{m}{z} = 4.82 \times 10^{-5} \times \frac{B^2 r^2}{V}$$

式中，m 是离子质量；z 是电荷；V 是离子加速电压；B 是磁场强度；r 是离子运动圆周半径。当加速电压 V 和半径 r 固定时，改变磁场强度可获得不同 m/z 的离子运动轨迹，称为磁场扫描。

大气压电离（atmospheric pressure ionization, API）   在大气压状态下进行离子化的总称。如 APCI（大气压化学电离）、ESI（电喷雾电离）、IS（离子喷雾）、APS（大气压喷雾）、APPI（大气压光致电离）等都属于大气压电离。

电场扫描（electric field scan）   以一定速度运动的离子进入电场后，其运动行为可以用下式描述：

$$\frac{m}{z} = 4.82 \times 10^{-5} \times \frac{B^2 r^2}{V}$$

式中，m 是离子质量；z 是电荷；V 是离子加速电压；B 是磁场强度；r 是离子运动圆周半径。当磁场强度 B 和半径 r 固定时，改变加速电压可获得不同 m/z 的离子轨迹，称为电场扫描。

放电电离（discharge ionization）   一种利用放电现象（如电弧、辉光、火花、电晕等）进行离子化的方法。

峰匹配测量法（peak matching measurement）   一种测定离子精确质量的方法。精度可达 $(1\sim10) \times 10^{-6}$。根据扇形磁质谱仪的基本公式：$m/z = KB^2/V$，当 B^2 不变时，质量分别为 m_1 和 m_2 的两个离子有如下关系：$m_1 : m_2 = V_1 : V_2$。在离子接收狭缝前装上一对偏转电极，并在电极上加一个和示波器 X 轴相同的扫描电压，将质谱信号加到示波器 Y 轴上，当加速电压在 V_1 和 V_2 之间交替变化时，示波器屏幕上就会交替出现质量为 m_1 和 m_2 的两个峰，准确测定 V_1 和 V_2 比值，在仪器分辨率足够高时，利用已知 m_1 离子的精确质量，即可算出 m_2 的精确质量，该法要求两个离子相对质量差不超过 10%。

负离子电离（negative ion ionization, NII）   对于具有电子亲和力比较大的元素捕获一个电子可生成负离子，这种离子化的方法称为负离子电离法。

光致电离（photo ionization, PI）   亦称光诱导电离（photo-induced ionization），用光照射样品分子，使样品分子吸收能量而实现离子化的方法。在各种光源中，激光具有高能、单色、易于调制、可聚焦成激光微束等特点。当使用激光为离子化光源时，称为激光电离（laser ionization, LI）或激光解吸电离（laser desorption ionization, LDI）。利用聚焦的激光束照射样品表面，形成局部高温等离子体，分离、聚焦和检测等离子体中的正、负离子，可以进行表面和深度分析，此称激光（或激光探针 laser probe, LP）质谱法。

火花源质谱法（spark source mass spectrometry, SSMS）   采用火花源质谱仪对被测成分（元素、同位素）进行定性、半定量和定量分析的质谱方法。该法电离效率高，几乎能使所有被测成分电离，且对所有元素有大致相同的电离效率，实现多元素同时检测，曾经是高纯材料、痕量杂质测量的有效方法；但因干扰严重、谱线复杂、测量值精度低、用样量大等原因，其功能逐渐被电感耦合等离子体质谱和辉光放电质谱所代替。

辉光放电质谱法（glow discharge mass spectrometry, GDMS）   利用辉光放电质谱仪进行质谱测量的一种分析方法。GDMS 是无机固体材料，特别是高纯材料中痕量杂质检测的有效方法。

静态真空质谱法（static vacuum mass spectrometry, SVMS）   当进行样品分析时，质谱仪的分析系统处于静态真空，即在离子源、分析器和接收器恒定真空状态下测量，称之为静态真空质谱法。静态真空质谱法主要应用于惰性气体同位素分析，故也称为惰性气体质谱法（inert gas mass spectrometry）。与动态真空质谱法相比，静态真空质谱法的优点是分析灵敏度可提高 1～2 个数量级，从而降低样品用量；主要缺点是记忆效应较大。

加速器质谱法（accelerator mass spectrometry, AMS） 使用加速器质谱仪进行高能量离子分析的质谱方法。AMS 测量的离子具有高能量，有效克服了传统质谱测量时的同量异位素和分子本底干扰限制，提高了同位素测量的丰度灵敏度（可达 10^{-16}），为地质、考古、海洋、环境等领域的科学研究提供了一种强有力的测试手段。

激光电离质谱法（laser ionization mass spectrometry, LIMS） 是利用激光电离质谱仪进行质谱分析的一种方法，具有微区分析功能，可进行逐层剖析，剖析深度可达 1μm 至几十微米，分析灵敏度高，相对检测极限 5μg/g，在高纯材料、生物、医学等领域获得成功应用。

激光共振电离质谱法（laser resonance ionization mass spectrometry, LRIMS） 是利用激光共振电离质谱仪进行质谱分析的方法。原则上 LRIMS 可实现单原子探测，具有极高的元素、核素选择性和探测灵敏度，是复杂基质下超痕量中长寿命核素定量分析的有效方法，在材料科学、生命科学、地质科学、天体物理及核物理等领域获得成功应用。

精确质量测定（exact mass measurement） 以 ^{12}C 的质量 12.00000000 为标准，采用高分辨质谱仪准确地测定元素（或核素）质量的方法，称精确质量测定。

激光消融（laser ablation） 又称激光烧蚀。用强脉冲激光对固体表面照射时，表面被迅速加热并被熔化，由于产生的蒸气激烈释放，使固体表面受到侵蚀的现象。

绝对测量（absolute measurement） 绝对测量泛指不依赖任何参照物，在测量过程中有效消除仪器系统误差，给出具有不确定度测量值的方法。绝对测量值的不确定度依赖于样品制备、消除仪器系统误差等系列操作产生的误差分量和仪器测量精度。

快粒子轰击电离（fast particle bombardment, FPB） 利用具有数千电子伏，或数万电子伏动能的原子、分子或离子对样品进行轰击，以实现样品离子化的方法统称快粒子轰击电离。

快原子轰击电离（fast atom bombardment, FAB） 质谱常用的一种软电离方法。在离子枪中，用电子轰击的方法使高压中性气体（氩或氙）电离，形成的氩（或氙）离子被电子透镜聚焦，经过一个中和器，中和掉氩或氙离子束所携带的电荷，成为定向高速运动的中性原子束，高速中性原子（Ar、Xe 等）对溶解在基质中的样品进行轰击，在产生"爆发性"汽化的同时，发生离子-分子反应，从而引发质子转移，最终实现样品离子化。一般可生成[M+H]⁺、[M−H]⁻、[M]⁺及[M+Na]⁺等分子离子以及少数碎片离子。

离子模拟测量（analog measurement of ion） 是测量离子的一种方法，该法将接收的离子通过高稳定、高欧姆值的电阻放大，转换为电压信号，再经过电子学放大器放大后，借助模数转换器转换为数字信号进行测量。当离子浓度较高时，采用法拉第杯接收器测量，模拟值可达 10^{12}cps（count per second，每秒计数）；当离子密度较低时采用二次电子倍增器（SEM）的模拟模式测量，通常模拟值在 10^9cps 以下。

离子计数测量（counting measurement of ion） 质谱分析时测量离子的一种方法，该法将接收的离子通过离子甄别器排除干扰离子后，经脉冲放大器放大，用脉冲计数器测量，计数率通常在 10^6 cps。目前闪烁探测器和通道式电子倍增器都可用离子计数测量。

气体稳定同位素质谱法（gas stable isotope ratio mass spectrometry, GSIRMS） 该法因测量气体稳定同位素比值而得名，如测量碳、氧、氮、硫等元素的稳定性同位素，测量结果的品位通常以 δ 表示，在同位素地球化学、同位素地质学、石油勘探与开采、同位素宇宙学、海洋学等领域广泛应用；气体同位素质谱法也是测量氢和放射性核素氚、氙组成的不可替代的方法，在核燃料生产、核反应研究中应用。

二次离子质谱法（secondary ion mass spectrometry, SIMS）　采用二次离子质谱仪进行质谱分析的方法，该法依赖于所用不同二次离子质谱仪，可划分为四极杆二次离子质谱法（quadrupole secondary ion mass spectrometry）、高分辨二次离子质谱仪（high resolution two ion mass spectrometer）、双聚焦二次离子质谱法(double focusing secondary ion mass spectrometry)和时间飞行二次离子质谱法(TOF secondary ion mass spectrometry)。根据分析对象和测量目的的不同，该法可进行表层成分分析、深度剖析、成像和同位素精确测量，获取元素成分、同位素丰度、物质结构等多种信息。

热电离质谱法（thermal ionization mass spectrometry, TIMS）　原子或分子在高熔点、高功函数金属带或金属丝的热表面产生原子离子或分子离子的现象称为热电离；采用热电离原理制造的离子源与质量分离器、离子探测器组建成热电离质谱仪；使用热电离质谱仪测量元素同位素丰度、同位素丰度比等量的方法通常称作热电离质谱法（TIMS）。因为热电离可以产生正离子或负离子，客观上也存在正热电离质谱法（PTIMS）和负热电离质谱法（NTIMS）。目前广泛使用的热电离质谱法是表面电离质谱法。热电离质谱法测量的离子能量发散小、测量值精度高，普遍用于核科学、核工业、同位素地质、同位素地球化学，基础科学等领域。热电离质谱法与同位素稀释、同位素示踪相结合建立的同位素稀释质谱法、同位素示踪法，是微量、痕量元素测量的最佳方法。

同位素质谱法（isotope mass spectrometry）　用质谱仪器进行同位素组成的研究和原子质量测量的方法。主要用于核科学、同位素地质学、同位素地球化学和天体物质中同位素丰度的测定。随着同位素稀释法和稳定同位素标记技术的发展，同位素质谱法在生物学、临床医学、药学、农学和环境科学领域也得到广泛的应用。

同位素示踪（isotopic tracing）　利用同位素的特征标记，追踪其在化学反应、生态环境、生物体内动态变化规律的过程和结果，被标记的同位素称作同位素示踪剂（isotopic tracer）。稳定同位素示踪剂以其质量数作为标记，放射性同位素示踪剂以其放出的特征射线作为标记。通过观测示踪剂的行为和变化来研究和追踪某一物质的动态行为和分布转移规律。放射性同位素示踪剂的优点是灵敏度高、操作简便、容易识别；稳定性同位素示踪剂的优点是没有放射性，不会污染环境和对生物体造成辐射伤害，缺点是灵敏度低、测定仪器复杂。

无机质谱法（inorganic mass spectrometry）　用质谱仪器对无机元素或无机化合物进行定性定量分析的方法。早期以火花源质谱法、二次离子质谱法为主，随着电感耦合等离子体质谱法、辉光放电质谱法的成熟，拓宽了无机质谱法的应用领域。在高纯气体、高纯材料中痕量杂质分析，无机物元素分析，固体表面的微区和深度分析等有成功应用，无机质谱的突出优点是它具有超高灵敏度，可提供定性、定量和结构等多种信息。

延迟引出（delayed extraction）　用于飞行时间质谱的一种技术，对利用激光解吸等脉冲式方法产生的离子，在离子产生一定时间（几十纳秒）之后再施加引出电压，这样可以抵消运动能量的分散。通过此方法可提高飞行时间的分辨能力，从而得到较高分辨率的质谱图。

质谱法（mass spectrometry, MS）　亦称质谱学（mass spectroscopy），采用不同离子化方式，将待测物电离形成带电离子，离子按质荷比 *m/z* 分离、检测的方法。质谱法是实现原子（分子）质量测定，同位素分离、分析，物质结构鉴定以及气相离子化学基础研究的谱学方法。作为一种检测手段，其灵敏度高，定性的专一性强，定量再现性好，能够给出被分析物质的质量数及丰富的结构信息。它源于电物理学，是许多学科的边缘科学和前沿学科之一。其应用遍及各个科学领域，在现代分离、分析领域中占有重要的地位。

第三节　相关基本常数和单位制

一、基本物理常数

表 1-3 给出了与同位素质谱、无机质谱相关的基本常数。

表 1-3 相关的基本常数

常数名称（量）		符号	数值	单位
中文	英文			
基本电荷	elementary charge	e	$1.6021764729(63)\times10^{-19}$	C
原子质量常数	atomic mass constant	m_u	$1.66053873(13)\times10^{-27}$	kg
原子质量单位	atomic mass unit	u	$1u=1.66053873(13)\times10^{-27}$	kg
阿伏伽德罗常数	Avogadro constant	N_A	$6.02214199(47)\times10^{23}$	mol^{-1}
法拉第常数	Faraday constant	F	96485.3415(39)	C/mol
摩尔质量(^{12}C)	molar mass of carbon(^{12}C)	$M(^{12}C)$	12×10^{-3}	kg/mol
摩尔气体常数	molar gas constant	R	8.314472(15)	J/(mol·K)
摩尔体积（理想气体）	molar volume, ideal gas, RT/p, $T=273.14K$, $p=101.325kPa$	V_m	$22.41399(39)\times10^{-3}$	m^3/mol
玻尔兹曼常数	Boltzmann constant	K	$1.3806503(24)\times10^{-23}$	J/K
标准大气压	standard atmosphere	atm	101325	Pa

二、国际单位制的相关基本单位和导出单位

表 1-4 和表 1-5 给出了国际单位制的基本单位和相关导出单位。

表 1-4 国际单位制中的相关基本单位

物理量	单位名称		单位符号
	中文	英文	
长度	米	meter	m
质量	千克	kilogram	kg
时间	秒	second	s
电流强度	安培	ampere	A
物质的量	摩尔	mole	mol

表 1-5 国际单位制中具有专门名称的相关导出单位

物理量	单位名称		单位符号	用 SI 单位表示的表示式
	中文	英文		
压强	帕斯卡，牛/米^2	pascal, newton per square meter	Pa, N/m^2	$kg/(m·s^2)$
功率	瓦特，焦/秒	watt, joule per second	W, J/s	$kg·m^2/s^3$
电量	库仑	coulomb	C	A·s
电压、电动势	伏特	volt	V, W/A	$m^2·kg/(s^3·A)$
磁通量密度	特斯拉	tesla	T	$kg/(A·s^2)$

三、相关的单位换算

常见质量单位和压力单位换算值分别列于表 1-6 和表 1-7。

表 1-6 质量单位的换算

单位	kg	g	mg	μg	t
量	1	10^3	10^6	10^9	10^{-3}

表 1-7 压力单位的换算

单位	巴（bar）	帕斯卡（Pa）	标准大气压（atm）	毫米汞柱（mmHg）	毫米水柱（mmH_2O）
量	1	10000	0.98692327	750.06168	10197.162

第四节　获取信息的主要途径

一、学术机构

相关学术机构网站见表 1-8。

表 1-8 相关学术机构网站

学术单位		网　址
中文名称	英文名称（缩写）	
国际纯粹与应用化学联合会	International Union of Pure and Applied Chemistry（IUPAC）	http://www.iupac.org
国际质谱学会基金会	International Mass Spectrometric foundation (IMSSF)	http://www.imss.nl
美国质谱学会	American Society for Mass Spectrometry (ASMS)	http://www.asms.org
欧洲质谱学会	European Society of Mass Spectrometry(ESMS)	http://www.esms-mohs.eu http://www.bmb.leeds.ac.uk/esms
荷兰质谱学会	Dutch Society for Mass Spectrometry (NVMS)	http://www.denvms.nl
瑞典质谱学会	Swedish Mass Spectrometry Society (SMSS)	http://www.smss.se
瑞士质谱组	Swiss Group for Mass Spectrometry (SGMS)	http://www.sgms.ch
英国质谱学会	British Mass Spectrometry Society (BMSS)	http://www.bmss.org.uk/index. html
加拿大质谱学会	Canadian Society for Mass Spectrometry (CSMS)	http://www.csms-scsm.ca
印度质谱学会	ISMAS	http://www.ismas.org
澳大利亚和新西兰质谱学会	Australian and New Zealand Society for Mass Spectrometry (ANZSMS)	http://www.anzsms.org
南非质谱协会	South African Association for Mass Spectrometry（SAAMS）	http://www.saams.up.ac.za
香港质谱学会	Hong Kong Society of Mass Spectrometry	http ://www.hksms.org
台湾质谱学会	Taiwan Society for Mass Spectrometry	http://www.tsms.org.tw/

二 、期刊

国内及国外相关学术期刊分别见表 1-9 和表 1-10。

表 1-9　国内相关学术期刊

期刊名称		网址及 E-mail
中　文	英　文	
质谱学报	Journal of Chinese Mass Spectrometry Society	http://www.jcmss.com.cn jcmss401@163.com
分析化学	Chinese Journal of Analytical Chemistry	http://www.analchem.cn fxhx@ciac.jl.cn
分析测试学报	Journal of Instrumental Analysis	http://www.fxcsxb.com fxcxb@china.com
原子能科学技术	Atomic Energy and Science Technology	http://www.aest.org.cn yzk@ciae.ac.cn
核化学与放射化学	Journal of Nuclear and Radiochemistry	http://www.jnrc.org.cn hhx@ciae.ac.cn
同位素	Journal of Isotopes	http://www.tws.org.cn tws@ciae.ac.cn
分析实验室	Chinese Journal of Analysis Laboratory	http://www.analab.cn analysislab@263.net
现代科学仪器	Modern Scientific Instruments	http://www.ms17.cn info@instrumentation.com.cn
岩矿测试	Rock and Mineral Analysis	http://www.ykcs.ac.cn ykcs_zashi@sina.com
分析仪器	Analytical Instrumentation	http://www.cima.org.cn fxyqzz@126.com
冶金分析	Metallurgical Analysis	http://journal.yejinfenxi.cn yjfx@analysis.org.cn
化学分析计量	Chemical Analysis and Metrology	http://www.cam1992.com anametro@126.com
分析科学学报	Journal of Analytical Science	http://www.fxkxxb.whu.edu.cn fxkxxb@whu.edu.cn
中国环境监测	Environmental Monitoring in China	http://www.cnemc.cn webmaster@cnemc.cn
分析测试技术与仪器	Analysis and Testing Technology and Instruments	http://www.fxcsjsyyq.net fxcs@licp.cas.cn
理化检验-化学分册	Physical Testing and Chemical Analysis, Part B Chemical Analysis	http://lhjy.qikann.com/ hx@mat-test.com

表 1-10　国外相关学术期刊

期刊名称		网址
英　文（缩写）	中　文	
International Journal of Mass Spectrometry	国际质谱学报	http://www.journals.elsevier.com/international-journal-of-mass-spectrometry/
Rapid Communications in Mass Spectrometry (RCMS)	质谱快报	http://onlinelibrary.wiley.com/journal/10.1002/(ISSN)1098-2787
Journal of Mass Spectrometry (JMS)	质谱学报	http://www.interscience.wiley.com/jpages/1076-5174/
Journal of the Mass Spectrometry Society of Japan (JMSSJ)	日本质谱学会杂志	www.jstage.jst.go.jp/browse/massspec/57/4/_contents

期 刊 名 称		网 址
英 文（缩写）	中 文	
Mass Spectrometry Reviews	质谱学评论	http://www.interscience.wiley.com/jpages/0277-7037/
Analytical Chemistry (Anal. Chem.)	分析化学[美]	
Analytical Communication (anal.Commun.)	分析通讯[美]	http://pubs.rsc.org/en/journals/journalissues/ac
Analytical Instrumentation (Anal. Instrum.)	分析仪器[美]	http://www.xyleminc.com/en-us/products/analyti instrumentation/Pages/default.aspx
Analytical Letters (Anal. Lett.)	分析通报[美]	http://www.tandfonline.com/toc/lanl20/current
Analytical Proceedings (Anal. Proc.)	分析学报[英]	http://pubs.rsc.org/en/journals/journalissues/ap/#!issueid=ap1993_30_12&type=archive&issnprint=0144-557x
Analytical Sciences(Anal. Scin.)	分析科学[英]	http://www.analyticalsciences.com/
International Journal of Environmental Analytical Chemistry (Intern.J.Environ. Anal. Chem.)	国际环境分析杂志[英]	http://www.tandfonline.com/loi/geac20#.Vz50cewQjYQ
Journal of American Sciety for Mass Spectrometry（J. Amer. Sci. Mass Spectrom.）	美国质谱学会会志[美]	http://www.sciencedirect.com/science/journal/10440305
Journal of Analytical Atomic Spectrometry（J. Anal. At. Spectrom.）	分析原子光谱法杂志[英]	http://pubs.rsc.org/en/Journals/JournalIssues/JA#!recentarticles&all
Reviews in Analytical Chemistry（Rev. Anal. Chem.）	分析化学评论[英]	http://www.degruyter.com/view/j/revac
Separation and Purification Technology	分离与纯化方法[英]	http://www.journals.elsevier.com/separation-and-purification-technology/
Separation Science & Technology	分离科学与技术[英]	http://www.tandfonline.com/toc/lsst20/current#.U2ySzxAxgt0

参 考 文 献

[1] Thomson J J. Rays of Positive Electricity and Their Application to Chemical Analyses. Green, London: Longmans, 1913.

[2] Aston F W. Phil May, 1919, 38: 707.

[3] Dempster A J. Pheys Reys, 1925, 4: 425.

[4] Dempster A J. Proc Am Phil Soc, 1935, 75: 755.

[5] Mattauch J. Phys Rev, 1936, 50: 617.

[6] Nier A O. Rev Sci Instrum, 1940, 11: 252.

[7] Paul W, Steinwedel H. Z Naturforsh, 1953, 8a: 448.

[8] Hang W, Walden W O, Harrison W W, et al. Anal Chem, 1996, 68: 1148.

[9] Marcus R K. J Anal Atom Spectrom, 1996, 11: 821.

[10] Hang W, Baker C, Smith B W, Winefordner J D, et al. J Anal Atom Spectrom, 1997, 12: 143.

[11] 陈刚. 辉光放电质谱分析法 // 赵墨田, 曹永明, 陈刚, 等. 无机质谱概论. 北京: 化学工业出版社, 2005.

[12] Houk R S, Fassel V A, Flesch G D, et al. Anal Chem, 1980, 52: 2283.

[13] Barnes R M. Fresenius J Anal Chem, 2000, 368: 1.

[14] Javis K E, 等. 电感耦合等离子体质谱手册. 伊明, 李冰, 译. 北京: 原子能出版社, 1997.

[15] 李冰, 杨红霞. 电感耦合等离子体质谱原理和方法. 北京: 地质出版社, 2005.

[16] 刘虎生, 邵宏翔. 电感耦合等离子体质谱技术与应用. 北京: 化学工业出版社, 2007.

[17] [英]戴特, 格雷. 电感耦合等离子体质谱分析的应用. 李金英, 等译. 北京: 原子能出版社, 1998.

[18] 曹永明. 二次离子质谱分析法 // 赵墨田, 曹永明, 陈刚, 等. 无机质谱概论. 北京: 化学工业出版社, 2005.

[19] Smythe W R, et al. Phys Rev, 1932, 40: 429.

[20] Cameron A E, Eggers D F. Rev Sci Instrum, 1948, 19: 605.

[21] Reynolds J H. Rev Sci Inst, 1956, 27: 928.

[22] 罗秀泉. 静态真空质谱分析技术 // 黄达峰, 罗秀泉, 李喜斌, 等. 同位素质谱技术与应用. 北京: 化学工业出版社, 2006.

[23] Buikin A I. Isolation methods in isotope geochemistry of noble gases, In Sevastyanov V S. Isotope Ratio Mass Spectrometry of Light Gas-Forming Elements. Boca Raton: CRC Press, 2015.

[24] 赵墨田. 质谱学报, 1994, 15(1): 8.

[25] Smith D H, et al. Inter J Mass Spectrom Ion Phys, 1973, 10: 343.

[26] 赵墨田. 同位素质谱测量值的不确定度 // 黄达峰, 罗秀泉, 李喜斌, 等. 同位素质谱技术与应用. 北京: 化学工业出版社, 2006.

[27] Muller R R. Science, 1977, 196: 489.

[28] Purser K H, Liebert R B, Litherland E A. Revue de Physique Appliquee, 1977, 12: 1487.

[29] 姜山. 加速器质谱分析 // 赵墨田, 曹永明, 陈刚, 姜山. 无机质谱概论. 北京: 化学工业出版社, 2006.

[30] 赵墨田. 同位素质谱仪技术进展. 现代科学仪器, 2012, 5.

[31] 张青莲. 张青莲文集. 北京: 北京大学出版社, 2001.

[32] Ding T, Wan D, Bai R, et al. Geochim Cosmochim Acta, 2005, 69: 5487.

[33] Zhou T, Zhao M, Wang J, et al. Int J Mass Spectrom, 2005, 245: 36.

[34] Zhao M, Zhou T, Lu H, Wang J, et al. Rapid Commun Mass Spectrom, 2005, 20: 1.

[35] Wang J, Ren T, Lu H, Zhou T, et al. Int J Mass Spectrom, 2011, 308: 65.

[36] De Bièvre P, Lenaers G, Murphy T J, et al. Metrologia 1995, 32: 103.

[37] 易洪. 计量学报, 2007, 28(4): 394.

[38] 田馨华, 桂祖婭, 刘永福. 核标准物质的研制与发展. 北京: 原子能出版社, 1998.

[39] 刘永福, 傅淑纯. 原子能科学技术, 1992, 26(5): 36.

[40] Jang Shan, et al. American Physics of Institute, CP1235, Nuclear Physics Trends, 2010.

[41] 王世俊. 质谱学及其在核科学技术中的应用. 北京: 原子能出版社, 1998.

[42] 朱凤蓉, 董宏波, 周国庆, 等.质谱学报, 2007, 25:（增刊）163.

[43] 王同兴, 周涛, 赵永刚.核化学与放射化学, 2008, 30(3): 174.

[44] 郭冬发, 张彦辉, 武朝晖, 等. 岩矿测试, 2009, 28(2): 101.

[45] 李金英, 郭冬发, 吉燕琴, 等. 质谱学报, 2010, 31(5): 257.

[46] 吉艳琴. 环境样品中痕量铀、钍、镎和钚的电感耦合等离子体质谱（ICP-MS）分析方法研究[D].北京:中国原子能科学研究院, 2001.

[47] Smith D H, et al. Int J Mass Spectrom Ion Proc, 1973, 10: 343.

[48] Rasekhi H, White F A. Int J Mass Spectrom Ion Proc, 1972, 8: 277.

[49] 肖应凯. 石墨的热离子发射特性及其应用. 北京: 科学出版社, 2003: 1.

[50] Xiao Y K, Liu W G, Zhou Y M. Int J Mass Spectrom Ion Proc, 1994, 136:181.

[51] 逯海, 肖应凯. 盐湖研究, 2001, 9(2): 7.

[52] Li X H, Li Q L, Liu Yu, Tang G Q. J Anal At Spectrom, 2011, 26: 352.

[53] 万渝生, 刘敦一, 王世炎, 等. 地质学报, 2009, 83(7): 982.

[54] 宋彪, 张玉海, 刘敦一. 质谱学报, 2002, 23(1): 58.

[55] Li CF, L XH, Li QLi, et al. Anal Chim Acta, 2011, 706: 297.

[56] Chu ZY, Li CF, Hegner E, Chen Z. Anal Chem, 2014, 86: 11141.

[57] 彭予成, 贺剑峰, 罗晓忠, 等. 核技术, 2004, 27(6): 469.

[58] 朱祥坤, 等. 岩石矿物学杂志, 2008, 27(4): 263.

[59] Jochum K P. Spectroscopy Eur, 1998, 9: 22.

[60] Jochum K P, Laue H J, Seufert H M, Dienemann C, et al. Fresenius J Anal Chem, 1997, 359: 385.

[61] Wendt K, Blaum K, Bushaw B A, et al. Fresenius J Anal Chem, 1997, 359: 378.

[62] 罗彦, 朝圣虹, 刘勇胜, 等. 分析化学, 2001, 11: 1345.

[63] 王小如. 电感耦合等离子体质谱应用实例. 北京: 化学工业出版社, 2005.

[64] 刘咸德, 董树屏, 郭冬发, 等. 质谱学报, 2004, 25(1): 6.

[65] Gellein K, Lierhagen S, Steinar P, et al. Biol Trace Elem Res, 2008, 123: 250.

[66] Chao J B, Liu J F, Yu S J, et al. Anal Chem, 2011, 831: 6875.

[67] Feng L X, Wang J. J Anal At Spectrom, 2014, 29: 2183.

[68] 吴朝晖, 郭冬发, 郭红, 等. 质谱学报, 2001, 22(4): 16.

[69] 侯冬岩, 回瑞华, 许利民, 等. 电感耦合等离子体质谱法分析汤岗子热矿泥中微量元素, 质谱学报, 2010, 39(1): 39.

[70] 周涛, 王军, 逯海, 等. 同位素稀释多接收电感耦合等离子体质谱法测量红酒中的痕量铁. 原子能科学技术, 2009, 43(11): 992.

[71] Liu J F, Chao J B, Liu R, et al. Anal Chem, 2009, 81: 6496.

[72] Jafer R, Becher S J, Dietze H J, et al. J Anal Chem, 1997, 358: 214.

[73] Marcus R K. Glow Discharge Spectroscopies. New York: Plenum Press, 1993.

[74] 查良镇, 等. 第二届全国二次离子质谱学会议集. 北京: 清华大学, 1997.

[75] Fourre C, Clere J, Fragu P. J Anal Atom Spectrom, 1997, 12: 1105.

[76] Becher S J, Dietze H J. Fresenius J Anal Chem, 1997, 358: 47.

[77] 梁汉东, 于春海, 刘咸德, 等. 中国矿业大学学报: 自然科学版, 2001, 30(5): 442.

[78] Compston W. J Royal Soc Western Australia, 1996, 79:109.

[79] 孙立民. 质谱学报, 2012, 33 (1): 55.

[80] 李志明, 朱凤蓉, 邓虎, 等. 镥的激光共振电离同位素选择性研究. 原子与分子物理学报, 2002, 18(4): 383.

[81] Hurst G S, Nayfeh M H, Young J P. Phys Rev A, 1977, 15: 2283.

[82] Hurst G S, et al. Review of Modern Physics, 1979, 51: 767.

[83] Payne M G, Deng L. Rev Sci Instrum, 1994, 65(8): 2433.

[84] 郭之虞, 赵镪, 刘克新, 等. 北京大学加速器质谱装置及 ^{14}C 测量. 质谱学报, 1997, 18(1): 1.

[85] Adarms F, Gijbels R, Van Grieken R. 无机质谱法. 祝大昌, 译. 上海: 复旦大学出版社, 1993: 301.

[86] Vogl J, Heumann K G. Fresenius J Anal Chem, 1997, 359: 438.

[87] 王军, 赵墨田. 分析化学, 2006, 34(3): 355.

[88] 谭靖, 姚海云, 侯艳先, 等. 地球学报, 2003, 24(6): 627.

[89] 杜安道, 何红蓼, 殷宁万, 等. 地学学报, 1994, 68 (4): 39.

[90] 郭冬发, 武朝晖, 崔建勇, 等. 原子能科学技术, 2008, 03: 277.

[91] Zhao M T, Wang J, Lu B K, et al. Rapid Commun Mass Spectrom, 2005, 19: 910.

[92] 赵墨田, 王军. 同位素稀释质谱在微量元素测量中的应用, 张月霞. 微量元素研究进展: 第二集. 北京: 万国出版社, 1997: 284.

[93] Zhao M T, Wang J. Accred Qual Assur, 2002, 7: 111.

[94] 赵墨田, 曹永明, 陈刚, 等. 无机质谱概论. 北京: 化学工业出版社, 2006.

[95] Sevastyanov V S. Isotope Ratio Mass Spectrometry of Light

Gas-Forming Elements. Boca Raton: CRC Press, 2015.

[96] Zyakun A M, Dilly O. Using isotope ratio mass spectrometry for assessing the metabolic potential of soil microbiota, In Sevastyanov V S. Isotope Ratio Mass Spectrometry of LightGas-Forming Elements. Boca Raton: CRC Press, 2015.

[97] Pedentchouk N A. Study of the isotopic composition of normal alkanes of continental plants, In Sevastyanov V S. Isotope Ratio Mass Spectrometry of Light Gas-Forming Elements. Boca Raton: CRC Press, 2015.

[98] Urgupin A B. Using isotope ratio mass spectrometry for tobacco, In Sevastyanov V S. Isotope Ratio Mass Spectrometry of Light Gas-Forming Elements. Boca Raton: CRC Press, 2015.

[99] Sobolevski T, Prasolov I S, Rodchenkov G M. Using isotope ratio mass spectrometry of carbon in doing control, In Sevastyanov V S. Isotope Ratio Mass Spectrometry of Light Gas-Forming Elements. Boca Raton: CRC Press, 2015.

[100] 顾仁敖. 综合英汉科技大辞典. 北京: 商务印书馆, 1997.

[101] 杭州大学化学系分析化学教研室. 分析化学手册. 第一分册: 基础知识与安全知识. 第 2 版. 北京: 化学工业出版社, 2003.

[102] 丛浦珠, 苏克曼. 分析化学手册.第九分册: 质谱分析法. 北京: 化学工业出版社, 2000.

[103] 周同惠主. 英汉-汉英分析检测词汇. 北京: 化学工业出版社, 2010.

[104] 邓勃. 分析化学辞典. 北京: 化学工业出版社, 2003.

[105] 物理学名词审定委员会. 物理学名词. 北京: 科学出版社, 1988.

[106] 韩永志. 标准物质的研制、管理与应用. 北京: 中国计量出版社, 2010.

第二章 质谱仪器

第一节 质谱仪器的基本结构和分类

一、质谱仪器的基本结构

质谱分析法主要是通过对样品离子质荷比的分析而实现对样品进行定性和定量的一种分析方法，实现质谱分析的仪器称为质谱仪器。

一台质谱仪器通常可分为进样系统、离子源、质量分析器、离子检测器、数据处理系统、真空系统等几大部分，如图 2-1 所示。进样系统按要求把需要分析的样品装入或送入离子源。离子源是用来使样品通过不同的电离方式进行离子化的装置，离子源除了有使样品电离的功能外，还有使电离后的离子汇聚和加速引出功能。质量分析器是将来自离子源的离子束中不同质量的离子按空间位置、时间先后等进行分离的装置。检测器是用来接收、检测和记录被分离后的离子信号强度的装置。通常离子源、质量分析器和离子检测器都工作在高真空状态下，真空范围通常在 $10^{-9} \sim 10^{-3}$ Pa，真空系统负责提供和维持仪器正常工作所需要的真空度。数据处理系统用高效计算和处理从检测器获取的大量数据，实时给出分析结果。另外，随着电子技术和计算机技术的高速发展，质谱仪器的控制和操作均已实现高度自动化和人性化。

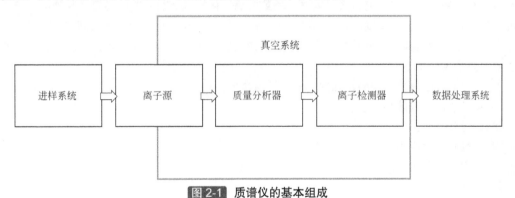

图 2-1 质谱仪的基本组成

二、质谱仪器的分类

质谱分析应用很广，适用不同分析目的和要求的质谱仪器种类繁多，造成仪器的分类也比较复杂，没有一个统一标准。传统的分类方法基本上是根据仪器的用途或仪器核心部件的类型等进行划分。

根据仪器用途，可将质谱仪器分为有机质谱仪、无机质谱仪和同位素质谱仪。

根据仪器的核心部件（如离子源或质量分析器）的类型进行分类，可将质谱仪分为热电离质谱仪、辉光放电质谱仪、二次离子探针质谱仪、电感耦合等离子体质谱仪、激光电离质谱仪、飞行时间质谱仪、四极杆质谱仪、离子阱质谱仪、加速器质谱仪、傅里叶变换离子回旋共振质谱仪等[1]。因此，了解各类仪器的性能和特点，并根据应用目的来选择质谱仪器是非常重要的原则。

第二节 进样系统

质谱分析需要把不同形态的待分析样品通过特定的方法和途径送入离子源内进行电离分析；通常把所有用于完成这种样品引入功能的部件或装置称为样品进样系统。样品进样系统可细分为直接进样系统和间接进样系统。

一、直接进样系统

直接进样系统主要用于难挥发的固体样品，把经过物理或化学处理后的样品直接装入离子源，再在真空环境下通过不同电离方式进行电离分析。

二、间接进样系统

一些易挥发的固体样品和气体样品不能直接装入离子源，需要使用一些专用进样装置把样品引进离子源进行电离分析[1,5~7]。

第三节 离 子 源

离子源是质谱仪器最主要的组成部件之一，其作用是使被分析的物质分子或原子电离成为离子，并将离子会聚成具有一定能量和一定几何形状的离子束。由于被分析物质的多样性和分析要求的差异，物质电离的方法和原理也各不相同。在质谱分析中，常用的电离方法有电子轰击、离子轰击、原子轰击、真空放电、表面电离、场致电离、化学电离和光致电离等。各种电离方法是通过对应的各种离子源来实现的，不同离子源的工作原理不同，其结构也不相同。

离子源是质谱仪器的一个重要部分，它的性能直接影响仪器的总体技术指标。因此，对各种离子源的共性要求如下：
① 产生的离子流稳定性高，强度能满足测量精度；
② 离子的能量发散小；
③ 记忆效应小；
④ 质量歧视效应小；
⑤ 工作压强范围宽；
⑥ 样品和离子的利用率高[1,6]。

一、电子轰击型离子源

电子轰击离子源（electron impact ion source）是利用具有一定能量的电子束使气态的样品分子或原子电离的离子源（简称 EI 源）。具有结构简单、电离效率高、通用性强、性能稳定、操作方便等特点，可用于气体、挥发性化合物和金属蒸气等样品的电离，是质谱仪器中广泛采用的电离源之一。

在质谱分析领域，为了适应不同样品电离的需求，质谱仪器会配置不同功能的离子源。但电子轰击源作为一个基本装置，仍被广泛应用在气体质谱仪、同位素质谱仪和有机质谱仪上。应该特别指出，电子轰击源是最早用于有机质谱分析的一种离子源，可提供有机化合物丰富的结构信息，具有较好的重复性，是有机化合物结构分析的常规工具。

　　电子轰击离子源一般由灯丝(或称阴极)、电子收集极、狭缝、永久磁铁、聚焦电极等组成(见图 2-2)。

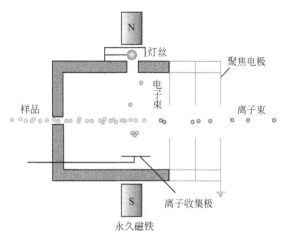

图 2-2　电子轰击型离子源示意图

　　灯丝通常用钨丝或铼丝制成。在高真空条件下,通过控制灯丝电流使灯丝温度升至 2000℃左右发射电子。一定能量的电子在电离室与气态的样品分子或原子相互作用使其部分发生电离。永久磁铁产生的磁场使电子在电离室内做螺旋运动,可增加电子与气态分子或原子之间相互作用的概率,从而提高电离效率。电离室形成的离子在推斥极、抽出极、加速电压（accelerating voltage）、离子聚焦透镜等作用下,以一定速度和形状进入质量分析器。

　　在电子轰击源中,被测物质的分子(或原子)或是失去价电子生成正离子:

$$M+e^- \longrightarrow M^+ + 2e^- \tag{2-1}$$

　　或是捕获电子生成负离子:

$$M+e^- \longrightarrow M^- \tag{2-2}$$

　　一般情况下,生成的正离子是负离子的 10^3 倍。如果不特别指出,常规质谱只研究正离子。轰击电子的能量一般为 70eV,但较高的电子能量可使分子离子上的剩余能量大于分子中某些键的键能,因而使分子离子发生裂解。为了控制碎片离子的数量,增加分子离子峰的强度,可使用较低的电离电压。一般仪器的电离电压在 5～100V 范围内可调。

　　电子轰击源的一个主要缺点是固、液态样品必须气化进入离子源,因此不适合于难挥发的样品和热稳定性差的样品[1]。

二、离子轰击型离子源

　　利用不同种类的一次离子源产生的高能离子束轰击固体样品表面,使样品被轰击部位的分子和原子脱离表面并部分离子化——产生二次离子,然后将这些二次离子引出、加速进入到不同类型的质谱仪中进行分析。这种利用高能一次离子轰击使被分析样品电离的方式统称为离子轰击电离。使用的一次离子源包括氧源、氩源、铯源、镓源等。

1. 溅射过程及溅射电离的机理

　　一个几千电子伏能量的离子束(初级离子)和固体表面碰撞时,初级离子和固体晶格粒子相互作用导致的一些过程如图 2-3 所示。一部分初级离子被表面原子散射,另一部分入射到固体中,经过一系列碰撞后,将能量传递给晶格。获得一定能量的晶格粒子反弹发生二级、三级碰撞,使其中一些从靶表面向真空发射,即溅射。溅射出来的晶格粒子大部分是中性的,另有一小部分粒子失去电子或得到电子成为带正电或负电的粒子,这部分带电粒子称为二次离子[1]。

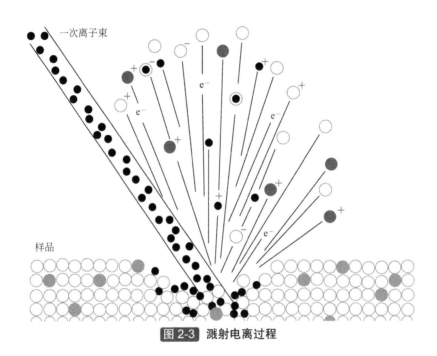

一次离子束

样品

图 2-3 溅射电离过程

关于二次离子产生的机理,有许多学者进行了研究,Evans 的综述认为有两种过程导致二次离子产生。一种是"动力学"过程,连级碰撞的结果使电中性的晶格粒子发射到真空中,其中一部分处于亚稳激发态,它们在固体表面附近将价电子转移到固体导带顶端而电离。另一种是"化学"过程,认为在样品靶中存在化学反应物质,比如氧,由于氧的高电子亲和势减少了自由导带电子数目,这就降低了在固体中生成的二次离子的中和概率,允许它们以正离子发射。反应物质可能是固体中本来就存在的,也可以是以一定的方式加入体系的。在这两个过程中,"化学"过程起主导作用[1,2,10]。

2. 几种常用的一次离子源

目前在离子轰击电离方式中,用于产生一次离子的离子源型号很多,主要介绍下面两种类型的离子源:冷阴极双等离子体源和液态金属场致电离离子源。

(1)冷阴极双等离子体源 世界上不同厂家制造的 SIMS 仪器,所选用的冷阴极双等离子体离子源可能因生产厂家及型号不同,外形结构差异很大,但基本工作原理类同。图 2-4 为冷阴极双等离子源的基本结构示意。

冷阴极双等离子体离子源具有电离效率高、离子流稳定、工作可靠及能产生极性相反的引出离子等特点。

(2)液态金属场致电离离子源 场致电离离子源通常使用的金属有镓、铟、铯等,使用金属离子轰击固体样品表面产生负的二次离子,多用于氧、硫、碳等非金属元素的分析。由于一次金属离子在样品表面会产生电荷累积效应,因此需要配合电子枪使用。图 2-5 是铯源的基本结构示意。

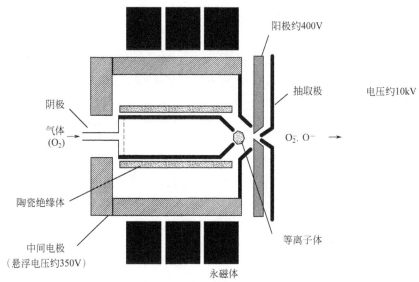

图 2-4　冷阴极双等离子源的基本结构示意图[10]

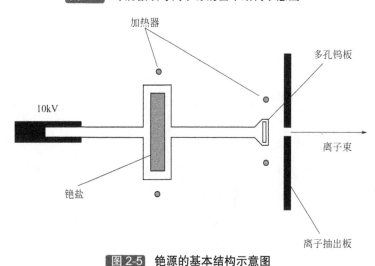

图 2-5　铯源的基本结构示意图

三、原子轰击型离子源

与离子轰击电离相似，原子轰击电离也是利用轰击溅射使样品电离的，所不同的是用于轰击的粒子不是带电离子，而是高速的中性原子，因此原子轰击电离源又称为快原子轰击源（fast atom bombardment source, FAB）。

原子轰击源是 20 世纪 80 年代发展起来的一种新技术。由于电离在室温下进行和不要求样品气化，这种技术特别适合于分析高极性、大分子量、难挥发和热稳定性差的样品。具有操作方便、灵敏度高、能在较长时间里获得稳定的离子流、便于进行高分辨测试等优点。因此得到迅速发展，成为生物化学研究领域中的一个重要工具。

原子轰击既能得到较强的分子离子或准分子离子，同时也会产生较多的碎片离子；在结构分析中虽然能提供较为丰富的信息。但也有其不足，主要是：

① 甘油或其他基质（matrix）在低于 400 的质量数范围内会产生许多干扰峰，使样品峰识别难度增加；

② 对于非极性化合物，灵敏度明显下降；

③ 易造成离子源污染。

原子轰击源中使用的轰击原子主要是 Ar 原子。在放电源中，氩气被电离为 Ar^+，经过一个加速场，Ar^+ 具有 5～10keV 的能量，快速的 Ar^+ 进入一个充有 0.01～0.1Pa 氩气的碰撞室，与"静止"的 Ar 原子碰撞，发生电荷交换。即：

$$Ar^+（快速）+Ar（静止）\longrightarrow Ar（快速）+Ar^+（静止）\tag{2-3}$$

生成的快速 Ar 原子保持了原来 Ar^+ 的方向和大部分能量，从碰撞室射出，轰击样品产生二次离子。在射出碰撞室的快原子中还夹杂有 Ar^+，在碰撞室和靶之间设置的偏转极可以将 Ar^+ 偏转掉，仅使 Ar 原子轰击样品。图 2-6 是原子轰击源的结构示意。

此外，氙气（Xe）、氦气（He）等其他惰性气体的原子也可用作轰击原子使用[1]。

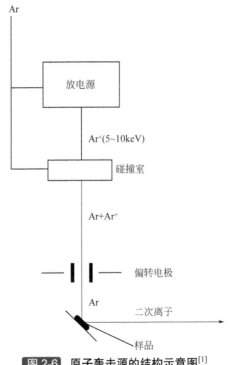

图 2-6 原子轰击源的结构示意图[1]

四、放电型离子源

利用真空火花放电在很小的体积内积聚起的能量，可使体积内的物质骤然完全蒸发和电离，从而获得具有表征性的离子流信息。

Dempster 最早把这一现象应用到质谱仪器上，实现了当时物理、化学家们用电子轰击型电离源无法解决的铂、钯、金、铱电离的遗留问题，完成了当时已知元素同位素的全部测量。这一具有历史意义的成果对后来物理、化学、地质、核科学等学科的发展，起着基础性的促进作用[6]。下面介绍两种典型的放电型离子源。

1. 高频火花源

高频火花离子源（high frequency spark ion source）是广泛使用的一种真空放电型离子源。由于其对所有的元素具有大致相同的电离效率，因此应用范围较广，可用来对多种形态的导体、半导体和绝缘体材料进行定量分析，是早期质谱仪测定高纯材料中微量杂质的重要方法之一。

图 2-7 是高频火花放电电离示意。被分析物质以适当的方式制成样品电极，装配时和参比电极相距约 0.1mm 的间隙。利用加载在两个电极间的高频高压电场使其发生火花击穿来产生一定数量的正离子。

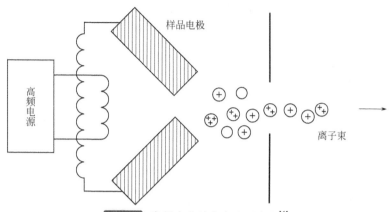

图 2-7 高频火花放电电离示意图[1]

使用高频火花源的一个关键是制作电极，对不同形态、不同导电性能的样品有不同的电极制作方法。如果样品是块状导体，可以直接裁制成约 1mm 直径、10mm 长的柱状（或条状）电极；如果是粉末样品，可以冲压成上述形状；液体样品要加充填物。对于非导体材料，则需要采用适当的方法，使电极有较好的导电性能。一种方法是在非导体样品粉末中掺入良导体材料，如石墨、金、银、铟粉，然后冲压成电极；另一种方法是在非导体表面喷镀导电层，或在样品下面衬进导体基片[1]。

火花源的缺点：操作技术复杂，造价昂贵，且离子能量发散较大。这些缺陷限制了它的进一步发展和应用[6]。

2. 辉光放电源

辉光放电源是另一种放电电离技术，辉光放电技术先于真空火花放电电离，但用于质谱仪器上却在火花放电电离技术之后。事实上，是由于当时火花源的成就使人们离开辉光放电，而在相隔 50 多年以后，又是火花源在使用过程中出现的缺陷，促使质谱工作者又重新思考辉光放电技术。正如人们所知，气体放电过程出现的辉光是等离子体的一种形式，等离子体是由几乎等浓度的正、负电荷加上大量中性粒子构成的混合体。出现辉光放电最简单的形式是在安放在低压气体中的阴、阳电极间施加一个电场，使电场中的部分载气（如氩气）电离，电离产生的"阴极射线"或"阳极射线"在残留的气体中朝着带相反极性的方向加速，轰击阳极或阴极，使位于极板上的样品物质气化，部分气化物质的原子在其后的放电过程中电离[6]。

五、热电离离子源

热电离离子源是分析固体样品的常用离子源之一。其基本工作原理是：把样品涂覆在高熔点的金属带表面装入离子源，在真空状态下通过调节流过金属带的电流强度使样品加热蒸发，部分中性粒子在蒸发过程中电离形成离子。热电离效率依赖于所用金属带的功函数、金属带的表面温度和分析物质的第一电离电位。通常金属带的功函数越大、表面温度越高、分析物质的第一电离电位越低，热电离源的电离效率就越高。因此，具有相对较低电离电位的碱金属、碱土金属和稀土元素均适合使用热电离源进行质谱分析。而一些高电离电位元素，如 Cu、Ni、Zn、Mo、Cd、

Sb、Pb 等过渡元素，在改进涂样技术和使用电离增强剂后，也能得到较好的质谱分析结果。

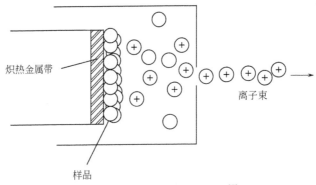

炽热金属带

离子束

样品

图 2-8　表面电离源的示意图[7]

　　图 2-8 是表面电离源的示意，结构为单带热电离源。当金属带加热到适当的温度，涂在带上的样品就会蒸发电离。单带源适合于碱金属等低电离电位的元素分析。对于电离电位较高的样品，为了得到足够高的电离效率，需要给金属带加更高的工作温度。金属带在升温过程中，样品有可能会在达到合适的电离温度之前，因大量蒸发而耗尽。为了解决这一问题，在其基础上又形成了双带和多带热电离源。即在源中设置两种功能的金属带，一种用于涂样，称样品带；另一种用于电离，叫电离带。这两种带的温度可分别加以控制。当电离带调至合适的温度后，样品带的温度只需达到维持蒸发产生足够的束流。这样既能节制蒸发，又能获得较高的电离效率。

　　还有一种舟形的单带，把铼或钨带设计成舟形，舟内放入样品。由于舟内蒸发的样品在逸出前会与炽热的金属表面进行多次碰撞，增加生成离子的机会，因此，舟形单带的电离效率可接近于多带电离源[1,6,7]。

六、电感耦合等离子体离子源

　　利用高温等离子体将分析样品离子化的装置称为电感耦合等离子体离子源，也叫 ICP 离子源。

　　等离子体是处于电离状态的气体。它是一种由自由电子、离子和中性原子或分子组成的且总体上呈电中性的气体，其内部温度可高达上万摄氏度。电感耦合等离子体离子源就是利用等离子体中的高温使进入该区域的样品离子化电离。

　　ICP 离子源主要由高频电源、高频感应线圈和等离子炬管组成（图 2-9）。利用高频电源、高频感应线圈"点燃"等离子体炬管内的气体使其变成等离子体。等离子体炬管由三根严格同心的石英玻璃管制成。外管通常接入氩气，流量控制在 10～15L/min，它既是维持 ICP 的工作气流，又起到冷却作用将等离子体与管壁隔离，防止石英管烧融；中间的石英管通入辅助气体，流量为 1L/min 左右，用于"点燃"等离子体；内管通入 0.5～1.5L/min 载气，负责将分析样品送进等离子体中进行电离。

　　由于 ICP 离子源是在常压下工作的，因此产生的离子还必须通过一个离子引出接口与高真空的质量分析器相连，这就需要应用差级真空技术，如图 2-9 所示。通常是在样品锥和截取锥之间安装一个大抽速前级泵，在此形成第一级真空，此真空维持在 100～300Pa 范围。截取锥之后为第二级真空，装有高真空泵，真空可达 0.1～0.01Pa 范围。

　　电感耦合等离子体离子源最大的特点是在大气压下进样，更换样品非常简单、方便。此外，由于等离子体内温度很高，样品电离的效率高，因此，电感耦合等离子体离子源可提高质谱仪器元素的检测灵敏度。但是，同样在高温状态下生成的分子离子也会严重干扰对被检测样品成分的鉴别。超痕量分析中，样品处理过程中应注意可能有来自试剂、容器和环境的污染[1,3~5]。

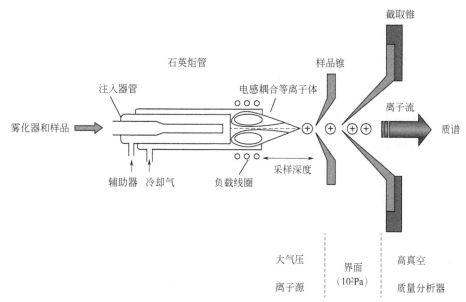

图 2-9　电感耦合等离子体离子源示意图

七、其他类型的电离技术

1. 激光电离技术

具有一定能量的激光束轰击样品靶，实现样品蒸发和电离，即激光电离（laser ionization，LI）。电离的概率取决于激光脉冲的宽度和能量。当选择单色光激光器作为电离源，可进行样品微区分析，样品的最小微区分析区域与激光的波长有关。分析灵敏度在 10^{-6} 量级，分析深度为 $0.5\mu m$，空间分辨率 $1 \sim 5\mu m$。随着激光束的不断改进，剖析深度可以达到几十微米，配备数字处理系统，还可得到样品的三维离子分布图。

激光电离飞行时间质谱仪就是一种典型的使用激光电离技术的质谱分析仪器。从脉冲激光束开始照射样品，到质谱分析的完成，时间很短，分析效率极高。现在，随着激光技术的快速发展和激光发生器生产成本的降低，激光电离技术已越来越多地用在不同类型的质谱仪上，得到广泛应用[2,11,12]。

2. 激光共振电离技术

激光共振电离（laser resonance ionization, LRI）是 20 世纪 70 年代发展起来的激光电离的另一种形式，基本原理是基于每种元素的原子都具有自己确定的能级，即基态和激发态。量子力学揭示这些能级是分离而不是连续的。当某一个处于基态的原子吸收了激光特定能量的光子，跃迁到激发态能级，便实现了共振激发。处于激发态的原子如能再吸收光子，只要两次吸收的光子能量之和大于该原子的电离能，即可使该原子电离，这一过程称为 LRI。LRI 的基本特征是：对被激发的元素具有非常强的选择性[2,13,14]。LRI 与质谱技术相结合组成的激光共振电离质谱仪（laser resonance ionization mass spectrometry, LRIMS）是 20 世纪后期发展起来的一种新型质谱技术，能够有效地排除其他同位素质谱测量过程中难以克服的同质异位素干扰，灵敏度、丰度灵敏度高，适合核反应过程中的低产额裂变核素测量，也为地球化学、宇宙化学研究中的稀有核素分析提供强有力的支持。Mainz 大学使用该技术测量了 Ca、Pu、Np 等元素，对 Ca 的探测限达到 10^6 个原子[13,15]。曼彻斯特大学采用冷端富集与激光脉冲电离方式实现了惰性气体的高灵敏度分析[16]，对 ^{132}Xe 的探测限达到 1000 个原子。

第四节　质量分析器

质谱仪的质量分析器位于离子源和检测器之间，它的功能是利用不同方式将样品离子按质量大小分开。质量分析器的主要类型有磁式质量分析器、双聚焦质量分析器、飞行时间质量分析器、四极滤质器（即四极杆）等。质量分析器是质谱仪器的主体部分。一个理想的质量分析器应具备分辨率高、质量范围宽、分析速度快、传输效率高及无"记忆"、质量歧视效应等特点，不同类型的质量分析器具有各自的优缺点。下面是质谱仪器常用到的几种质量分析器[1,5,6]。

一、磁式质量分析器

磁式质量分析器又称单聚焦质量分析器，具有结构简单、操作方便等特点，见图2-10。由于磁式质量分析器只做方向聚焦，故分辨能力较低。

在电动力学里，运动的带电粒子会受到磁场的作用力，这个力又叫作洛伦兹力。

洛伦兹力定律是一个基本公理，不是从别的理论推导出来的定律，而是由多次重复完成的实验所得到的同样的结果。假设初始速度为0，质量为 m、电荷为 z 的离子，在加速电压 U 作用下，进入磁感强度为 B 的磁场内，会受到磁场力的作用发生偏转。在加速电压的作用下，离子在进入磁场时的瞬时速度 v 为：

$$v=(2Uz/m)^{1/2} \tag{2-4}$$

在磁场中受到与运动方向垂直的磁场力的作用发生偏离，离子运动轨道变成圆周运动，即

$$mv^2/r=Bzv \tag{2-5}$$

合并两式，质荷比 m/z 等于：

$$m/z=r^2B^2/2U \tag{2-6}$$

式中，r 为偏转轨道半径；m 是原子量单位；z 是离子的电荷量。

方程式（2-6）为磁式质谱的基本方程。从方程式可知偏转轨道半径 r 为：

$$r=(1/B)(2Um/z)^{1/2} \tag{2-7}$$

从式（2-7）可知，只要改变加速电压 U 和磁场强度 B 的数值，就可使不同质荷比（m/z）的离子运动轨道半径相同。这就是磁式质量分析器工作的基本原理。在离子加速电压不变的条件下，改变磁场强度 B 的数值，就可使不同质荷比（m/z）离子沿一个固定运动轨迹到达离子接收器[1,8]。

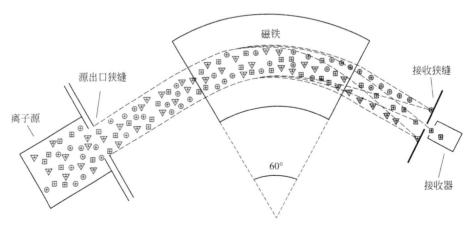

图2-10　磁式质量分析器示意图[8]

磁式质量分析器的工作原理是依照带电粒子的质荷比来分离的，而且上面公式（2-4）的一个理想条件是离子的初始动能为 0，进入磁场的动能完全由加速电压来决定。但实际上离子在离子化和加速过程中初始动能并不相同且不等于 0，如果同一质量的离子进入磁场时能量不同，它的运动轨迹也会不同，这就无法实现同一质量数离子的正常聚焦。这种离子能量分散现象会严重影响仪器的分辨率。

为了克服离子能量分散对分辨率的影响，通常会在磁分析器前面加一个静电分析器，利用静电分析器对离子进行能量聚集，这就是我们下面要介绍的双聚焦质量分析器。

二、双聚焦质量分析器

双聚焦质量分析器除了磁分析器外，还有一个静电分析器。静电分析器和磁分析器的放置顺序有两种形式：① 顺置形式，即静电场在前面，磁场在后面；② 反置形式，即磁场在前面，静电场在后面。反置形式除了与顺置形式有相同的功能外，还具有一些独特的功能。多数双聚焦质量分析器采用顺置形式，见图 2-11。离子束首先通过一个静电分析器（ESA）进行能量聚集，在ESA 出口狭缝处完成能量聚焦；接着这些具有相同能量的离子再进入后面的磁分析器进行质量聚焦。前者使质量相同而速度不同（即能量不同）的离子做能量聚焦，使符合一定偏转大小即速度相同的离子才能通过狭缝进入后者，再进行后面的磁式质量分析器做质量的聚焦。

双聚焦质量分析器的特点：同时做速度（或能量）和方向的聚焦，分辨能力较高，能准确测定相对分子质量；但扫描速度慢，操作、调整比较困难，传输效率低，造价昂贵[1,5~8]。

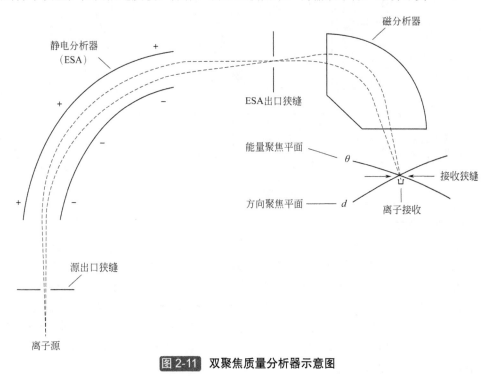

图 2-11 双聚焦质量分析器示意图

三、飞行时间质量分析器

飞行时间质量分析器（time-of-flight, TOF）技术始于 20 世纪 40 年代，但由于当时电子技术和仪器设计的落后，仪器分辨率很低，很难推广使用。到 80 年代末，高速发展的新技术使得 TOF

质谱仪器的分辨率大幅度提高，成为生命科学领域中重要的分析工具，在多肽、蛋白质、糖、核苷酸、高聚物的分析中得到广泛应用。

TOF 质量分析器是一种无磁动态质量分析器，根据不同质荷比的离子在无场分离区中的速度不同，引起漂移时间的差异来实现分离。TOF 飞行模式分线性及反射飞行模式两类。

1. 线性模式（图 2-12）

离子在加速电压 U 作用下获得的电势能（zU）转化为动能：

$$mv^2/2=zU \tag{2-8}$$

以速度 v 进入到长度为 L 的离子漂移管（drift tube，或称飞行管），飞行时间为 t，

$$t=L/v \tag{2-9}$$

两式合并后有：

$$t=L(m/2zU)^{1/2} \tag{2-10}$$

即 U、L 恒定时，离子飞行时间与其质荷比的平方根成正比。质荷比最小的离子最先到达检测器，最大的则最后到达，产生质谱。适当增加漂移管的长度可以增加分辨率。但是，由于进入漂移管之前离子产生的时间先后、空间前后和初始动能大小存在差异，因此质量相同的离子到达检测器的时间也不相同，因而线性模式的分辨率较低。

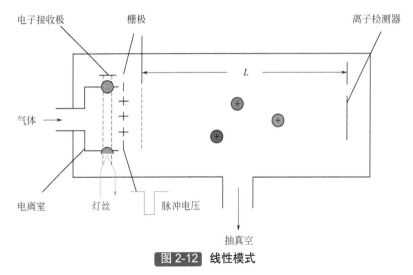

图 2-12 线性模式

2. 反射飞行模式

反射飞行模式是在线性模式的基础上发展起来的，飞行时间质谱改进的一个重要问题是如何使离子在被注入漂移区后既无空间发散又无能量发散。如果相同质量的离子在不同时间离开离子源或存在能量发散，分辨率都将大为下降。解决办法之一是采用离子反射技术，利用离子反射使不同动能的离子得到聚焦，如图 2-13 所示。在经过漂移管后，离子进入减速反射区；动能较大的离子在该区中进入较深（存在运动惯性），反射过来所需的时间也较长，这使动能较小的离子可以赶上。因此，经过反射，质量相同而动量不同的离子可以同时到达检测器。这样就很大程度地提高了 TOF 质量分析器的分辨率。

飞行时间质谱仪分辨率的定义：

$$R=\Delta M/M \tag{2-11}$$

式中，M 是拟确定的质量；ΔM 是半峰高时的峰宽[1,2,6]。

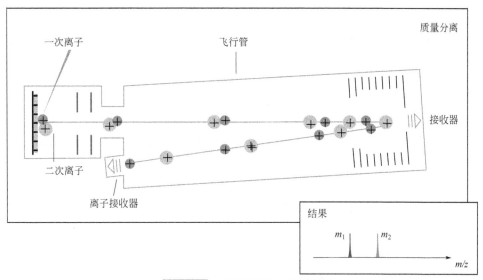

图 2-13 反射飞行模式示意图

四、四极滤质器

四极滤质器又称四极杆质量分析器（quadrupole mass analyzer），由四根平行电极组成，见图2-14。四根平行的棒状电极对角相连，在一对电极上加电压 $U+V\cos\omega t$，另一对加上电压 $-(U+V\cos\omega t)$。式中，U 是直流电压；$V\cos\omega t$ 是射频电压。由此形成一个四极场。当一组质荷比不同的离子进入四极滤质器时，离子将按 m/z 和 RF/DC 值开始以一种复杂的形式振荡。只有满足特定条件的离子做稳定振动，通过四极杆，到达检测器。其他离子均做不稳定振动而与四极杆相撞，不能通过四极杆而被四极杆中和，从而达到质量分离的目的。

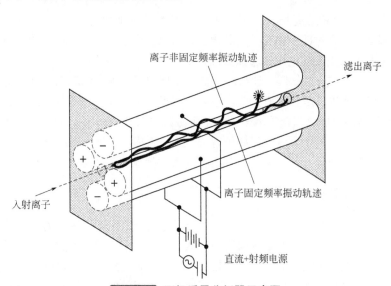

图 2-14 四极质量分析器示意图

优点：结构简单、体积小、重量轻、价格便宜、清洗方便；仅用电场而不用磁场，无磁滞现象（当外加磁场施加于铁磁性物质时，其原子的偶极子按照外加场自行排列）；扫描速度快；操作时能容忍相对低的真空度，因而适合于与色谱联机，特别是 LC-MS，也适合于跟踪快速化学反应等。

　　缺点：分辨率不够高；对较高质量离子有质量歧视效应（对同样浓度的大质量样品比小质量样品的信号强度显得低）[1,6,8]。

五、离子阱质量分析器

　　离子阱质量分析器一般由一个环形电极和上下两个呈双曲面形的端盖电极围成一个离子捕集室（典型离子阱结构如图 2-15 所示）。某一质量的离子在一定的电压下可以处在稳定区留在阱内。改变电压后，离子可能处于不稳定区，振幅很快增长，撞击到电极即消失。在直流电压和射频电压比值不变时用射频电压扫描，即可以将离子从阱内引出获取质谱信号。

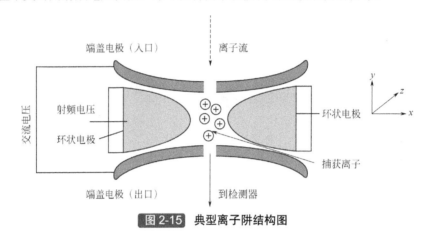

图 2-15　典型离子阱结构图

　　离子通过端盖中的孔进入离子阱中振荡，振荡离子的稳定性取决于其质荷比（m/z）以及环电极的射频频率和电压。通过改变射频发生器的频率，就能激发在离子阱的振荡，不同质量的离子就逐渐变得不稳定，然后相继离开离子阱而被检测。质量选择不稳定扫描（mass selective instability mode）的工作模式下，通过改变扫描的射频电压，可以获得依据质荷比分布的质谱峰，或者通过改变输出端端盖电极的交流电电压来选择测量离子。

　　不过，这项技术存在一些缺陷，比如精确的定量问题以及很窄的动态范围，这些因素限制了离子阱技术的发展。所以，尽管其质量分辨率高，离子阱质谱分析仪还没有被广泛地应用在无机质谱，甚至没有任何商用电感耦合等离子体离子阱质谱（ICP-IT-MS）仪器的出现。不过 ICP-IT-MS 技术存在问题可能和等离子中大量的氩离子有关，这些氩离子在离子阱中就会和需要分析的离子发生显著的碰撞和散射作用，其结果就是分析物的灵敏度显著下降[2,3,5]。

六、傅里叶变换离子回旋共振质量分析器

　　傅里叶变换离子回旋共振是基于离子在均匀磁场中的回旋运动，离子的回旋频率、半径、速率和能量是离子质量和离子电荷及磁场强度的函数。通过一个空间均匀的射频场（激发电场）的作用，当离子的回旋频率与激发射频场频率相同（共振）时，离子将同相位加速至一较大的半径回旋，从而产生可被接受的电流信号。傅里叶变换法所采用的射频范围覆盖了测定的质量范围，所有离子同时被激发，所检测的信号经傅里叶变换处理，转变为质谱图。

　　傅里叶变换质谱仪是一种高分辨率的质谱仪，测定的准确度高，数据采集速度快，可以与多种离子化方式连接，可进行多级质谱 MS 的检测，在化合物相对分子质量测定、结构信息获取及反应机理的研究等方面发挥着重要作用。近年来与基质辅助激光解吸离子化（MALDI）及电喷雾

离子化（ESI）联用，成为生物大分子研究中一个不可多得的工具。

特点：性能十分稳定可靠；可以和任何离子源相联，同时非常适合多级质谱。但是碰撞能量低，碎片不完全，需超导磁场，仪器价格偏高[1]。

第五节 离子检测及数据处理

质谱仪中离子检测器用于检测和记录离子流的强度。无机和同位素质谱的离子检测器通常有法拉第杯、分离打拿极电子倍增器、通道式电子倍增器、微通道板以及闪烁光电倍增器（Daly）等，加速器质谱中还可能用到对离子能量敏感的探测器。在这些探测器中，法拉第杯直接收集离子的电荷，结合其对二次电子逸出的抑制，其线性动态范围大，但灵敏度不高；其他类型的探测器则多是通过转换电极先将离子转换为电子、光子信号后，再进行增益达 $10^4 \sim 10^8$ 的倍增放大。

多数质谱仪的离子检测系统中会同时配置两种或更多的离子信号检测器，且之间可相互切换。在离子信号强时，常常使用法拉第杯进行检测；在离子信号强度 $<10^{-15}$A 时，使用电子倍增器。

质谱测量中常常面临较大丰度差异同位素的测量，加之质谱仪器的离子流信号十分微弱，数据采集系统的线性动态范围和灵敏度非常重要。此外，根据仪器的配置和测试目的的不同，数据采集系统也会有较大的差异。如今计算机技术的应用显著提高了数据采集的效率和测试精度。

一、法拉第杯检测器

法拉第杯是一种设计成杯形状的离子检测器，图 2-16 是使用法拉第杯接收离子的工作原理示意。离子进入法拉第杯后产生的电流信号经一个高精度、高阻值的电阻（$10^{10}\Omega$、$10^{11}\Omega$、$10^{12}\Omega$）及一个前置放大器转换为与之信号强度相对应的模拟电压信号，此信号再通过电压频率转换器（UFC）或模/数转换器（ADC）转换成数字信号，最后由计算机进行信号的数据采集和计算。

为保证放大电路的稳定性、满足对法拉第信号的准确测量，还需为放大器等电子器件提供良好的电磁屏蔽、恒温和真空条件。通常要求 UFC 和频率计的温度漂移范围小于 $1 \times 10^{-6}{}^{\circ}C^{-1}$。

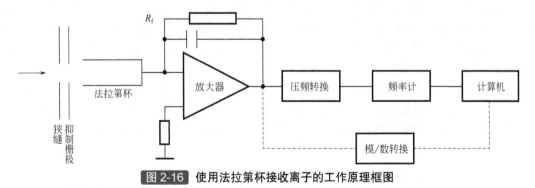

图 2-16 使用法拉第杯接收离子的工作原理框图

二、电子倍增器

电子倍增器是一个能高倍放大微弱离子信号的检测器件。按打拿极的排列方式区分，有分离打拿极式电子倍增器和通道式电子倍增器（CEM）。

图 2-17(a)为分离打拿极式电子倍增器的结构示意。当进入电子倍增器的离子轰击第一个

电子打拿极（倍增器电极）后，会激发出大量的二次电子，这些电子在电场的作用下会加速继续轰击第二个电极，从而产生更多的电子，而这些电子接着再去轰击第三个电极，如此相继轰击而产生越来越多的二次电子，最后再用一个电子接收器将这些电子信号输出，从而达到放大输入信号的目的。通常一个电子倍增器约有 16～20 个电子打拿极，可将离子信号放大达 10^4～10^8 倍。

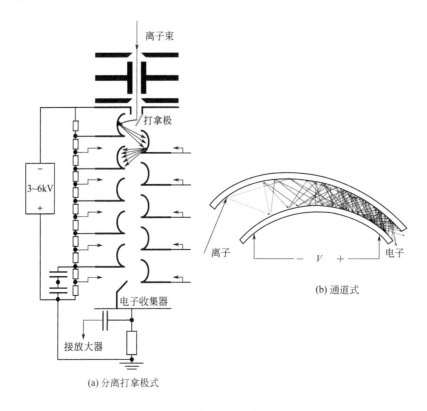

图 2-17 电子倍增器结构示意图

通道式电子倍增器又称为连续打拿极电子倍增器，见图 2-17(b)，工作原理类似于分离打拿极式电子倍增器。其结构由一个弯曲的漏斗状玻璃管构成，二次电子沿弯管加速，并在对应管内壁连续碰撞出更多的二次电子，形成沿弯管逐渐增大的电子流，最后在接收极输出电信号。

需要注意的是，所有类型的倍增检测器在使用过程中增益都会因使用时间的增长而逐渐变小，这就需要根据仪器灵敏度的要求定期调整倍增器的工作电压，使增益保持在适当的水平。最终，电压达到其使用极限值后，如果增益下降显著，就需要立即更换电子倍增器[1,5~7]。

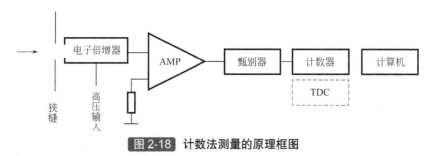

图 2-18 计数法测量的原理框图

数字采集通常有模拟和计数两种方式。在一些仪器中，模拟放大器部分设计成积分器形式，此时反馈电阻被去掉，能获得更好的信噪比（SNR）。计数方式一般采用宽带前置放大器结合快甄别器。在飞行时间质谱的数据采集系统中，用时间数字转换器（TDC）替代计数器（见图 2-18）。

随着模拟和数字技术的快速发展及成本的降低，智能化数据采集成为一种趋势。来自检测器的模拟信号被快速转换为数字信号，再进行数字滤波、校正以及谱累加等。例如，将来自 ADC 的数据与设定阈值比较，大于阈值的数据被记录下来，小于阈值的则被认为是噪声而被舍弃，从而提高信噪比、减少数据量。采用高阶数字滤波器可实现较为理想的通带频率特性，显著提高信噪比，并降低高频模拟信号电路实现的难度。此外，智能模块化数据采集也减少了给主控计算机的数据量，同时具有更好的可编程特性。

磁式质谱仪中，多接收器的采用可消除离子源和部分仪器状态随时间波动对测量结果的影响，适用于高精度同位素比值分析。但由于存在不同通道的零点校正和增益差，需在数据采集系统中增加校准回路。典型的校准回路采用精密开关将标准电流分别接入到各前置放大器的输入端，在离子流关断的条件下分别测量各放大器的输出，如图 2-19 所示。这些数据被用来校正实际测量过程中各通道间的偏差[1~3,5~7]。

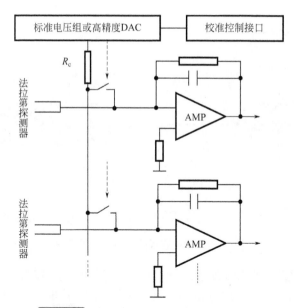

图 2-19 典型的多通道数据采集校正电路

三、其他类型的离子检测装置

1. 闪烁光电倍增器

闪烁光电倍增器也称戴利（Daly）倍增器，因 1960 年戴利（Daly）首次使用闪烁晶体和光电倍增管检测带电粒子而得名。和电子倍增器的区别为：入射离子先打到一个离子电子转换电极上，产生和入射离子强度相对应的电子，再由电子去轰击一块闪烁晶体，使其产生和电子强度相对应的光子，最后通过光电倍增管放大光信号，以实现离子信号放大功能。具有高增益、低噪声、线性好等特点，且光电倍增管位于仪器真空系统外面，易于更换。图 2-20 为戴利（Daly）倍增器原理示意图。

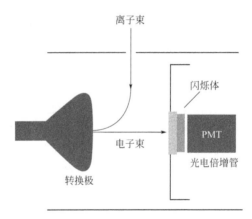

图 2-20 戴利（Daly）倍增器原理示意图

2. 微通道板检测器 (microchannel plate, MCP)

图 2-21(a)为微通道板检测器结构示意，是一种二维平面的检测器，由大量管径为 20μm、长度为 1mm 的微通道管组成，每块板的增益可达 10^4，多块板串联可得到更高的增益。微通道板具有探测面积大、增益高、性能稳定、结构简单等特点。

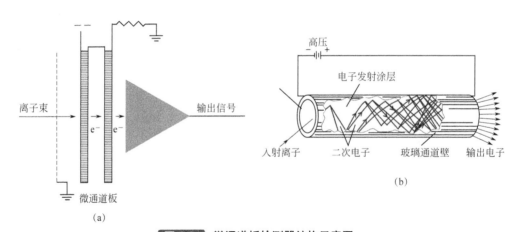

图 2-21 微通道板检测器结构示意图

图 2-21(b)为微通道板上独立的微通道管的电子倍增原理示意。在二次电子穿越通道管的过程中，会多次碰撞通道管的管壁，这样就能连续地产生大量的二次电子。发射层的下方是电阻铅玻璃层，它能在通道管内部产生从输入端到阳极逐渐增高的电势使电子加速，上述过程不停地重复，直到产生的电子云全部离开通道管，被阳极接收[1~3,6,7]。

3. 新型的 DCD（direct charge detector）平面检测器

DCD 平面检测器被用于多接收电感耦合等离子体质谱（SPECTRO MS 公司）中，该检测器同时具有 4800 个检测通道，可覆盖 5~240u 的质量范围[9]。

四、数据处理

利用计算机对获得的原始数据进行处理可快速给出测量结果和其他所需信息。目前计算机处理数据均为程序化计算过程。数据处理既可在测量的过程中实时进行，也可在测量结束后对存储数据进行集中处理。需注意的是，对原始数据的计算机处理必须建立在经验、数据库和算法验证的基础上，并有严格的限定条件，任何新的数据处理方法及其扩展应用必须经过系列实验的验证。

1. 扫描质谱数据的处理

对于逐点扫描得到的一段质谱数据，数据处理的首要任务是峰位置的判别。其实质是峰数据与既有模型的匹配过程，这与质谱仪的特性、扫描参数以及数据的统计信息等多种因素有关系。简单情况下，连续几个数据都大于设定的阈值（如最大值 5%）即可认为该段数据是峰数据，而剩余的数据可认为是本底。

在峰位置判别的基础上，根据本底数据判断谱段的基线。可将感兴趣谱段的非峰数据（未被标记）的平均值作为基线。但对于大范围的质谱扫描谱，可能存在不同谱段本底不同的现象，因此当处理几十个质量扫描范围质谱数据时，应注意基线的波动。

对于每个具有一定幅度的质量峰，确定其峰中心位置是数据处理的重要一环。质量峰的位置准确，才能正确地反映离子流强度的变化。对于左右对称的峰，其峰中心一般取两个半高横坐标的中心；对于左右不对称的峰，可分别对峰两侧的斜坡作延长线，两延长线的交点位置即可作为峰中心。在作峰中心时，数据的涨落往往给计算结果带来显著的偏差，这也是峰中心标定的误差来源。对于平顶不明显的谱图，可以使用二次曲线拟合得到离子流强度。

对于每个峰位置，原始数据的横坐标可能是计算机设定的 DAC 数值，也可能是按照时间排列的序列数。要通过计算机自动标定每个峰位置对应的质量数，除了要求一定的峰数据的量，还必须有对应的扫描参数和数据库支持。可人工指定几个峰位置对应的质量数，再由计算机根据扫描参数与质量数之间的线性或非线性关系算出其他相邻峰的位置，从而可画出峰强度-质量谱图。

对扫描峰离子信号的强度计算，第一种是峰高法，用峰中心位置的数据（或连续几个数据的均值）减去基线数据作为离子信号强度；第二种是峰面积法，用该峰数据（一般选大于 5% 峰高的数据）和基线围成的面积作为离子信号强度；第三种是采用窗口数据累加，即以峰中心位置开始向大质量数和小质量数寻找固定长度，确定一个质量范围，将该质量范围内的数据平均值减去基线数据作为离子信号强度。

离子峰数据的涨落和基线的涨落都对测试数据有较大的影响，比较而言，峰面积法的精度高于其他方法。

通过对峰数据的分析，还可得到其他质量峰的特征参数：

① 半峰宽。是反映仪器分辨本领的参数之一。谱图在一半峰高处的质量数之差就是半峰宽。

② 峰顶平坦度。反映探测器的稳定度。只有梯形峰谱图才能计算，计算公式为平顶位置处的离子流强度的极差与峰高的比值。该值越小表明探测器越稳定。

③ 峰形系数。是反映仪器分辨本领的参数之一。定义为 10% 峰高处的峰宽与 90% 峰高处的峰宽之差与峰半高全宽的比值，该值用百分比表示。

2. 离子流累积测量数据的处理

质谱测量中，将需要测量的质量峰按顺序采集一遍称为一个循环或称一个扫描（scan），几个循环划成一组，取一组数据（平均值与标准偏差），多组数据进行统计计算后得到最终结果（平均值与标准偏差）。

平均值和标准偏差的计算公式为

$$\bar{x} = \frac{1}{n}\sum_{i=1}^{n} x_i \tag{2-12}$$

$$s = \sqrt{\frac{\sum_{i=1}^{n}(x_i - \bar{x})^2}{n-1}}$$ (2-13)

离子流累积测量要求在测量的间隙同时测量本底数据，用累积数据减去本底数据，可得到扣除本底的原始数据。

在测量过程中，一些偶发因素，如电压波动、机械振动等不可控的原因，会使得个别数据明显偏离正常范围。对于这类异常的数据，可在数据处理时加以剔除。异常数据的判定与剔除可采用标准的数据处理方法进行。

采用离子脉冲计数法测量时，需要对数据的死时间校正。校正公式如下：

$$N_0 = \frac{N_c}{1 - N_c \tau}$$ (2-14)

式中，N_0 为校正后的计数率；N_c 为测量得到的计数率。一般计数测量系统的死时间值（τ）可通过测量标准样品的方法得到。

倍增器或微通道板测量中的增益校正和计数效率校正也是数据处理中需注意的问题。由于倍增器的增益会随时间发生变化，因此数据采集过程中应附加跳峰过程，使一束适当强度的离子流交替被法拉第杯和倍增器测量，从而可用该离子流跟踪校正倍增器相对于法拉第的增益。

对于测量过程中离子流缓慢变化的情况（如热表面电离的离子源），如果采用单接收器跳峰法测量同位素丰度，应当采用时间校正的方法将测量得到的几个数据推算到同一时刻的离子流强度之后再做比值。

总之，质谱测试数据的处理方法多种多样，如数据的统计信息、最小二乘法、不确定度的评定等。对应不同应用领域和不同的测试目的，应有不同的数据处理方法。

第六节 真空系统

真空是指在一个指定空间内低于一个标准大气压力的气体状态，此状态下气体的稀薄程度称为真空度。通常真空度用百分数来表示。如真空度为 10%，意味着空间的 10% 的气体已被抽出。真空度和气体压强的关系为：

真空度 = (101323.2 − p)/101323.2 (2-15)

式中，p 为真空系统内的实际压强，国际单位是帕（Pa）。传统仪器厂家使用的压强单位还有托（Torr）或毫巴（mbar），和帕斯卡（Pa）的换算关系如下：

1mbar = 0.75Torr = 100Pa (2-16)

系统内的压强越低，则真空度越高，表示系统内的气体被抽出得越多。如今，人们已经习惯于用真空系统内的压强数值来表示真空的状态。

通常按照空间内气体压强的范围，把真空划分为粗真空、低真空、高真空、超高真空和极高真空[17]见表 2-1。

表 2-1 不同真空的压强范围

真空划分	气体压强/Pa
粗真空	$1.013 \times 10^5 \sim 1.333 \times 10^3$
低真空	$1.333 \times 10^3 \sim 1.333 \times 10^{-1}$

续表

真空划分	气体压强/ Pa
高真空	$1.333 \times 10^{-1} \sim 1.333 \times 10^{-6}$
超高真空	$1.333 \times 10^{-6} \sim 1.333 \times 10^{-10}$
极高真空	$< 1.333 \times 10^{-10}$

一、质谱仪器的真空要求

真空系统是质谱仪的重要组成部分，通常情况下，质谱仪的离子源、质量分析器和离子检测器都需要在高真空下工作。如果质谱仪的离子光学系统内部不是一个良好真空状态，离子在运动过程中就会和真空室内的残留气体分子频繁地发生碰撞，显著降低仪器的分析灵敏度，并产生一系列的干扰效应，使质谱分析复杂化，造成背景增高、分析误差增大。当真空度变得很差时，还会引起系统内电极之间相互放电或对地放电，使分析无法进行，严重时会损坏仪器的离子光学及电子学部件。因此说真空系统运行的好坏对质谱仪非常重要，不仅直接影响仪器的灵敏度和分析精度，还会间接影响仪器的使用寿命。如果真空系统出现故障，整台设备都会随之停止运转[1,5~7]。

二、真空的获得及真空测量

真空获得的主要装置是各种类型的真空泵，而不同类型的真空计则负责真空腔体内的真空测量[17,18]。根据各类质谱仪器对真空的需求程度，可选择不同类型的真空泵、真空计、真空阀门及相应的电子学控制部件，这些部件和质谱仪的真空室组合成一个完整的真空系统，使质谱仪器能够获得其所需要的真空度，图2-22为热离子质谱仪的一个真空系统连接示意图。前级泵3和分子泵2负责抽离子源部分的真空，两个离子泵1负责分析室的真空。

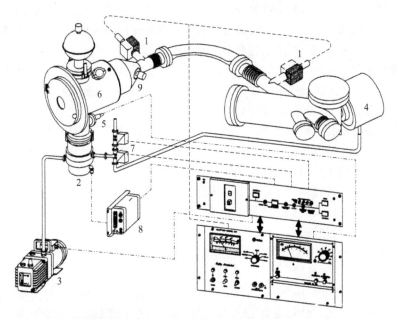

图 2-22 热离子质谱仪真空系统连接示意图

1—离子泵; 2—分子泵; 3—前级泵; 4—接收器室; 5—真空规; 6—离子源室; 7—隔离阀; 8—分子泵控制器; 9—隔离阀

三、各种真空组件

质谱仪器真空系统主要包含如下一些部件：真空泵、真空计和真空阀。

1. 真空泵

真空泵是获得真空的设备。市场上真空泵种类很多，简单地可将其划分为低真空泵和高真空泵两大类。低真空泵又称前级真空泵，既可用于真空腔室的预抽真空，又可作为高真空泵的前级泵提供高真空泵正常工作所需要的前级真空；高真空泵包括扩散泵、涡轮分子泵、钛升华泵、溅射离子泵、吸气剂泵、低温泵等，负责真空系统里高真空的抽取。高真空泵启动的一个共同点是不在常压下启动，需要在一定的真空条件下启动。因此在一个真空系统中，低真空泵和高真空泵常常配合使用，共同完成抽取和保持系统真空的任务[17,18]。现在一些真空仪器厂商根据市场，也已推出了将低真空泵和高真空泵功能组合在一起的真空机组，用来满足各类分析仪器对真空的需求。

2. 真空计

真空计是测量真空的设备。真空计又可分为绝对真空计和相对真空计，前者直接测量空间内气体的压强，后者通过与压强有关的物理量间接地测量空间内气体的压强。按照真空计的不同原理与结构可细分为静态变形真空计、压缩式真空计、热传导真空计、电离真空计、气体放电真空计、辐射真空计等。

3. 真空阀

真空阀是使真空隔离和保持的常用组件。

下面简单介绍部分常用的真空组件。

（1）扩散泵　扩散泵是通过加热使高闪点的泵油蒸发，形成高速气流从喷口喷出。由于油气喷口设计在靠近泵的进气口，且使油气向侧下喷出，因此进入泵内的气体分子会往高速油气流中扩散被带走，当气流到达由冷却水冷却的泵壁后，又会凝结成液体流回蒸发器，油气中因冷凝析出的气体分子就会在出气口处被前级泵抽出。即扩散泵是靠油的蒸发、喷射、凝结重复循环来实现抽气任务的。扩散泵具有无噪声、无震动和成本不高等优点，但其极限真空偏低，且使用过程中易造成系统油气污染，现在很多新型质谱仪器上已不再使用。

（2）涡轮分子泵（turbo pump）　是通过高速旋转的多级涡轮转子叶片和静止涡轮叶片的组合进行抽气的，在分子流区域内对被抽气体产生很高的压缩比，从而获得所需要的真空性能，对被抽气体无选择性、无记忆效应，操作简单、使用方便。

（3）钛升华泵　主要依靠电子轰击或通电加热使吸气材料升温，达 1200～1500°C 时它将不断升华并沉积在水冷泵壁内表面，形成新鲜的活性膜层而不断地吸收和"掩埋"气体分子。对活性气体主要是形成固化化合物，对惰性气体主要是"掩埋"。

（4）溅射离子泵　溅射离子泵是靠电磁场的作用产生潘宁放电而使气体分子电离，利用电离产生的离子高速轰击阴极钛板引起钛原子溅射，连续制造活性吸气膜使电离了的气体分子收附于其中达到抽气效果的真空泵。

（5）吸气剂泵　利用能够吸收气体的物质来获得真空的装置（常用来作吸气剂的物质为锆铝、锆石墨、锆钒铁等）。工作过程：首先将锆铝吸气剂加热至激活（900°C）形成活性表面，然后降温至工作温度（400°C）即可吸气。吸气机理：①化学吸收，锆铝吸气剂与其接触的活性气体如 O_2、CO、CO_2、N_2、烃类化合物发生化学反应，生成稳定的化学物；②化学吸附，锆铝吸气剂和一些气体如氢在一定温度下生成氢化物，温度稍高时，气体从表面层扩散入内层成为溶解于锆铝吸气剂合金晶格内的固溶体；③物理吸附，锆铝吸气剂的多孔表面依靠范德华力使气体分子附着在表面和孔隙中（注：物理吸附的气体在温度升高时便可很快释放）。

（6）低温泵　利用 20K 以下的低温表面冷凝容器中的气体和水蒸气而获得真空的设备。利用泵体内温度不同的两级低温板（65K、15K）来冷凝吸附真空系统中的气体分子及水分子达到使系统获得高真空。第一级低温板温度保持在 65K（−208℃）左右，主要用于冷凝吸附真空系统中的水分子；第二级低温板温度为 15K（−258℃），主要用于冷凝吸附真空系统中的气体分子（H_2、N_2、Ar）。低温泵主要由制冷循环系统和低温泵泵体两部分组成；制冷系统使用高纯氦气作为制冷剂，对环境无害，工作安全性好。

（7）机械泵　机械泵是运用机械方法不断地改变泵内吸气空腔的体积，使被抽容器内气体的体积不断膨胀，从而获得真空的装置。它可以直接在大气压下开始工作，极限真空度一般为 $1.33 \sim 1.33 \times 10^{-2}$Pa，抽气速率与转速及空腔体积的大小有关，一般在每秒几升到每秒几十升之间。

（8）全量程冷阴极真空规　这是一种全量程的新型冷阴极真空规，它集成了两个独立的真空测量系统（Pirani 皮拉尼压力真空计和 Cold Cathode 冷阴极电离真空计系统），测量范围为 $5 \times 10^{-9} \sim 1000$mbar（$1bar = 10^5$Pa）。

真空技术在 20 世纪得到迅速发展，并有广泛的应用。20 世纪初，旋转式机械泵、皮氏真空计、扩散泵、热阴极电离真空计等真空获得和真空测量设备的相继出现，为质谱技术的发展创造了条件。接着，油扩散泵、涡轮分子泵、离子泵、低温泵等新型真空获得设备的出现，促使真空技术进入超高真空时代[17,18]，质谱仪器的性能指标也得到了显著提高。

第七节　质谱仪器的主要技术指标

一、质量范围

质量范围是质谱仪所能测定离子质荷比的离子质量范围。不同用途质谱仪器的质量范围相差很大，稳定同位素气体质谱仪的质量范围通常在 1～200 之间；固体质谱仪的质量范围大都在 3～380 之间；有机质谱仪的质量范围从几千到几万不等，甚至更高。现在质谱分析中质量范围最大的质谱仪是基质辅助激光解吸电离飞行时间质谱仪，该种仪器测定的分子质量可高达 1000000u 以上（质荷比：m/z，质量单位：amu 或 u，Da 或 D）。

二、分辨本领

分辨本领又称分辨率（resolution ratio），定义为质谱仪可分辨相邻两个质谱峰的能力，广义以 $R = M/\Delta M$ 来度量。M 为可分辨两个质谱峰的质量平均值；ΔM 为可分辨的两个质谱峰的质量差。实际上，可分辨的两个质谱峰允许有一定重叠，使用时应注明重叠程度。通常用两峰间的峰谷高度为峰高的 5% 或 10% 测量分辨率，即分辨率记为 $R_{5\%}$ 或 $R_{10\%}$，用下式计算：

$$R_{10\%} = \frac{M}{\Delta M} \times \frac{a}{b} \tag{2-17}$$

式中，a 为相邻两峰的中心距；b 为峰高 10% 处的峰宽；$M = (M_1 + M_2)/2$，为两个质谱峰的质量平均值；$\Delta M = M_2 - M_1$，为两个峰质量的差值。

分辨率定义示意见图 2-23。

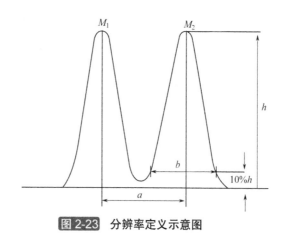

图 2-23 分辨率定义示意图

三、灵敏度

同位素质谱仪的灵敏度通常用原子/离子的转换效率来定义,即用接收器接收到的离子数去除以进入离子源的样品原子总数之比的百分数。灵敏度取决于离子源的电离效率和离子在离子源、分析器的传输效率和接收器的接收效率。

四、丰度灵敏度

丰度灵敏度是质谱仪器的一个重要性能指标。其定义为:质量为 M 的离子峰 A_M 与它在质量数$[M+1]$位置,或质量数$[M-1]$位置的离子拖尾峰 A_{M+1}、A_{M-1} 之比的倒数,即 A_{M+1}/A_M 和 A_{M-1}/A_M。丰度灵敏度反映仪器聚焦性能、分辨率,也与测量时的真空度状态相关。

拖尾峰主要由强峰离子与管道缝隙或管道内残存的气体发生非弹性或弹性碰撞,导致离子散射或电荷转移形成的带电离子和非带电粒子组成。

提高丰度灵敏度的主要原则是:降低离子在传输过程中弹性、非弹性碰撞的概率,阻滞散射离子进入接收器。

通过改善测量时的真空环境,减少离子与管道内残存气体碰撞概率;使用具有质量、能量双聚焦功能的分析器,及采用不同类型阻滞透镜优化离子传输,可提高同位素质谱仪的丰度灵敏度。

五、精密度和准确度

精密度(或称精度)定义为在规定条件下所获得的独立测量结果之间的一致程度。单次进样测量结果的标准偏差称为内精度;重复进样测量结果的标准偏差称为外精度。内精度主要反映仪器性能,外精度由仪器性能和施加的测量条件决定。外精度通常大于内精度。

准确度指测量结果与被测量真值或约定真值间的一致程度[1~3,5~7]。

随着真空、材料、电子学及计算机技术的快速发展,越来越多的新技术被用在质谱仪器上,使得质谱仪的各项性能指标都取得了显著提高。提供的测试数据在国民经济运行过程中发挥着不可替代作用。今天,尤其是一些新方法在新一代的质谱仪上得以实现,如原位微区分析方法,对解决地矿、环境、生化、核裂变产物和宇宙空间的稀有样品分析具有更加特殊的意义[2,19,20]。

在现在分析领域中,质谱仪器有着不可替代的作用。但由于其结构复杂,仪器制造成本高,同样限制了它的使用范围。因此发展小型及便携的质谱仪器和发展有更高性能指标的大型质谱仪器同样重要。

参 考 文 献

[1] 丛浦珠, 苏克曼. 分析化学手册. 第九分册: 质谱分析. 第 2 版. 北京: 化学工业出版社, 2000.

[2] 赵墨田. 现代科学仪器, 2012(5): 5.

[3] 李冰, 杨红霞. 电感耦合等离子体质谱原理和应用. 北京: 地质出版社, 2005.

[4] Houk R S, Fassel V A, Flesch G D, et al. Anal Chem, 1980, 52(14): 2263.

[5] 刘虎生, 邵宏翔. 电感耦合等离子体质谱技术与应用. 北京: 化学工业出版社, 2007.

[6] 赵墨田, 曹永明, 陈刚, 姜山. 无机质谱概论. 北京: 化学工业出版社, 2005.

[7] 黄达峰, 罗秀泉, 李喜斌, 邓中国. 同位素质谱技术与应用. 北京: 化学工业出版社, 2005.

[8] Rubinson K A, Rubinson J F. Contemporary Instrum Anal, 北京: 科学出版社, 2003.

[9] 符廷发. 中国无机分析化学, 2011, 1(2): 70.

[10] Coath C D, Long J V P. Rev Sci Instrum, 1995, 66(2): 1018.

[11] 田晓宇, 何坚, 彭丁, 等. 质谱学报, 2008, 29(4): 193.

[12] Smith P A. Anal Chem, 1987, 59(10): 1437.

[13] Wendt K, Blaum K, Diel S, et al. Hyperfine Interactions, 2000, 127: 519.

[14] Peuser P, Herrmann G, Rimke H, et al. Appl Phys, 1985, 38: 249.

[15] Riegel J, Deibenberger R, Herrmann G, et al. Appl Phys, 1993, 56: 275.

[16] Crowther S A, Mohapatra R K, Turner G, et al. Royal Soc Chem, 2008, 23(7): 938.

[17] 戴荣道. 真空技术, 北京: 电子工业出版社, 1986.

[18] 杨乃恒. 真空获得设备. 北京: 冶金工业出版社, 2001.

[19] Compston W, Williams I S, Froude D O, Ireland T R, Kinny P D, Foster J J. Research School of Earth Sciences Annual Report, 1982: 110.

[20] Compston W. J Royal Soc Western Australia, 1996, 79: 109.

第二篇
同位素质谱分析

第三章 气体稳定同位素质谱法

第一节 气体稳定同位素质谱概述

气体稳定同位素质谱（gas stable isotope ratio mass spectrometry，GSIRMS）主要用于检测质量数小的元素（如 C、H、O、N、S 等）的稳定同位素组成。它主要由四部分构成：进样系统、离子源、质量分析器和检测系统[1~5]。

一、进样系统

由于样品种类不同（气、液和固体）、压力不同（高压和低压）以及所连接的质谱仪器的特殊要求等，产生了不同结构特点的进样系统。但总的来说，对进样系统有如下要求：

① 进样过程中要尽量避免引起样品的同位素分馏、分解和吸附等现象，以及减少送样中的"记忆效应"；

② 在整个质谱分析过程中能保证向离子源输进稳定的样品流量，能控制使离子源正常工作的样品压力；

③ 进样系统能引起的时间滞后不得超过质谱分析允许的时间。

与质谱仪器连接的进样系统一般包括气体进样系统、液体进样系统、固体进样系统三种类型。下面主要介绍用于气体稳定同位素质谱分析的气相样品进样系统。

（一）黏滞流进样系统

黏滞流进样系统是同位素比值测量中最为常用的进样方式，这种进样系统由样品进样和标准进样完全对称的双路系统组成（如图 3-1 所示）。样品和标准分别送入压力调节容器（或称压仓），再经可压缩毛细管交替地送入离子源，以满足同位素比值高精密度测定的要求。

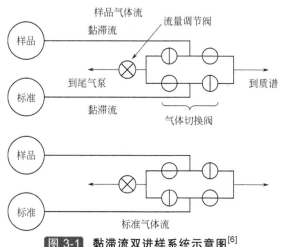

图 3-1 黏滞流双进样系统示意图[6]

（二）连续流进样系统

上述的黏滞流进样系统对样品的纯度提出了较高的要求，这样就很难对一些混合气体进行稳定同位素高精度测定。考虑到气相色谱能够实现对混合气体的分离，将气相色谱和稳定同位素质谱两种技术结合就产生了连续流进样系统[7~9]。混合气体需要通过 He 载气带入到质谱的离子源中，但是 He 载气不能够全部进入离子源，这就需要设计一个 He 载气开放分路（open split），使一部分 He 载气导入到大气中，而适量的 He 载气进入到离子源中[10]，其设计示意见图 3-2。

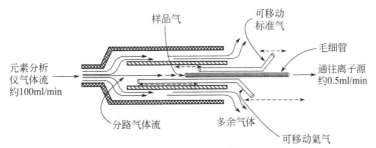

图 3-2　连续流进样系统中的 He 载气开放分路（open split）设计示意图[10]

二、离子源

在质谱仪器中，离子源的作用是将被分析的物质电离成正离子，并将这些离子汇聚成一定几何形状和一定能量的离子束。在质谱仪器中，常见的电离方法有多种，我们着重介绍气体质谱仪中应用最广泛的离子源——电子轰击型气体离子源。

气体同位素的离子化通常是通过电子轰击完成的。一个典型的电子轰击型气体离子源如图 3-3 所示。通过管接头（B）可以将样品导入离子化室（A）使其压力达到 10^{-4}Torr（1Torr=133.322Pa）。用于轰击的电子是通过加热钨或铼灯丝（C）产生的，而离子箱（D）与灯丝之间的加速电压使电子加速。这样气体分子将在离子化室中被电子撞击而变为带正电的分子，同时电子通过离子化区域后会被阱（E）收集。主要的离子加速发生在金属板 H_1、H_2 和 I、K 之间，最后离子束通过狭缝（G）及金属板 H_1、H_2 和 I、K 之间的狭缝进入磁场。

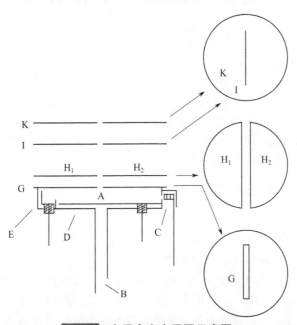

图 3-3　电子轰击离子源示意图

三、质量分析器

质量分析器是将由离子源中加速出来的不同质荷比（m/z）特征的正离子束按其质荷比的大小进行分离。当离子束经过质谱的磁场区域，离子运行轨迹将发生偏移，偏移半径与质荷比的平方根（$\sqrt{\dfrac{m}{z}}$）成比例关系。这样，离子束被分离成具有不同质荷比（m/z）特征的离子束。Nier 最早引入了扇形磁分析器[11]，这种类型的分析器的偏移通常发生在楔形的磁场中。

四、检测系统

在质谱仪器中，离子源所产生的离子经质量分析器分离后，被离子接收器所收集，再经放大和测量，以实现样品组成和同位素测定。气体同位素质谱仪常用的离子接收器主要为直接电测法：离子流直接为金属电极能接收，并用电学方法记录离子流。利用金属电极的接收器其电极形状又可分为平板形和法拉第筒形。

法拉第筒形接收器是气体质谱中最为常用的类型。其主要由狭缝、二次电子干扰抑制器和法拉第杯三部分构成，如图 3-4 所示。现在的气体质谱仪至少有 3 个以上的法拉第杯。

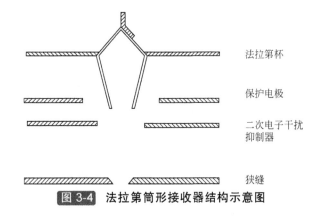

法拉第杯

保护电极

二次电子干扰
抑制器

狭缝

图 3-4 法拉第筒形接收器结构示意图

第二节　样品制备技术

稳定同位素高精度分析的对象（如 C、H、O、N、S 等同位素）均应为高纯度气体。因此，为了实现稳定同位素高精度的分析，对样品的制备和纯化技术提出了较高的要求。制备技术涉及将待测样品（包括固体和液体）全部转化为气体状态以适合气体同位素质谱的进样要求，而纯化技术则涉及将待测气体从混合气体中提纯。制备纯化过程要求整个实验过程不能导致同位素分馏效应发生。下面将对气体稳定同位素相关的样品制备技术进行叙述[1~5, 12]。

一、水中氢同位素制备技术

（一）还原法

为使水转化为可以被气体质谱测量的气体，通常需要将水还原为氢气，因此，对还原剂的选取格外重要。常用的还原剂包括金属铀（U）、锌（Zn）和铬（Cr）等。

在上述方法中，铀是较早被作为还原剂制备氢气的[13]。铀制氢效率最高，在 600～700℃时与水的反应几乎是在瞬间完成，与其他方法相比，δD 数据最稳定。但是由于原料的来源、反应废物的处理与系统污染等问题的存在，此类制备方法的应用逐渐减少。锌法具有操作简单、适用于批量样品制备等优点，被广泛使用，它与铀法相比，反应温度低（450℃）[14]。Mühle 等[15]最早使用金属铬来制备水中的氢，金属铬在高温下（800～850℃）可与水直接反应生成氢气。在一定真空条件，过量 Cr 存在的前提下，水可以被还原为氢气。

水生成氢气通常的做法是将金属元素置于一个加热炉中作为还原剂，在真空状态和一定温度下将水转化为氢气，见图 3-5。样品水首先被注入冷阱（1 号）中，冷阱（1 号）的液氮被移除后，在冷阱（2 号）上放置液氮将为未被还原的水冷冻，接着再将冷阱（2 号）的液氮移除，放置在冷阱（1 号）上，使水继续被还原。反复进行上述的操作直至看不到水，最后通过液氮将生成的氢气全部转移至装有活性炭或分子筛的氢气转移装置中。

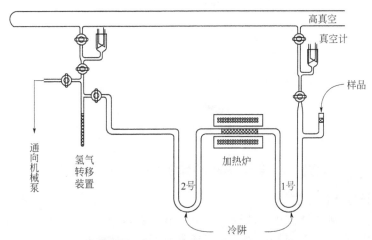

图 3-5 水还原法氢同位素制备系统

此外，还有其他金属作为还原剂也被研究，其中包括有 Mn[16]、Cu[17]等。

（二）平衡法

在室温和铂催化条件下，水和 H_2 能够在数小时内达到同位素的平衡。一旦平衡反应完成，H_2 可以反映水中氢同位素的组成。但反应生成的氢气实际上并不等同于水中氢同位素的组成，相对于平衡后的水，平衡后的氢气要高度贫 D。在常温条件下，$(D/H)_水/(D/H)_{氢气}$ 的分馏系数是 3.7[18]。

Ohsumi 和 Fujino[19]使用了一种 Teflon@ SDB 铂催化剂用于水中氢同位素的测试。但这种方法有以下几点不足：①精度较差（1.5‰）；②需要至少 1ml 以上的样品量；③由于 H_2S 会使催化剂失效，这个方法不能应用于含有 H_2S 的样品。此后，Coplen 等[20]使用了一种涂有铂金的高分子聚合物 "Hokko beads"。实验精度提高到 0.08%，并且小于 0.1ml 的样品和含有 H_2S 的样品均可以被分析。相比而言，基于平衡法发展而来的全自动水中氢同位素制备方法能够实现较好的测试精度（可以分析 2.5～4ml 水）[21]。

（三）氢同位素在线制备分析法

在氢同位素制备方法发展初期，真空制备系统都是独立于质谱仪之外的设备。而最近的发展趋势是将制备方法与气体质谱仪整合在一起，称为在线分析方法。下面介绍两种在线分析方法，一种为真空制备系统与质谱仪相连，而另一种则是载气制备系统与质谱仪相连。

1. 真空制备装置与质谱连接

Gehre 等曾经用铬作为还原剂，通过质谱仪的双路系统直接扩散进入其压舱[22]，实现了高精度的氢同位素测试（1‰）。

Vaughn 等用铀（U）作为还原剂，装配了一套自动分析水中氢同位素的进样系统[23]。装置见图 3-6，一个样品为 0.5～5μl 水，注入进入一个加热的密闭箱内，其通过玻璃毛细管与反应器相连。水蒸气在 600℃下与铀（U）发生氧化还原反应。0.5g 铀可以制备 4000 余个样品。反应生成的氢气直接通过扩散进入双路系统中的金属压舱。这种在线装置的记忆效应比较明显，尤其是前后分析样品的氢同位素比值相差较多时。但通过注入待测样品多次后，这个问题就能够被克服。

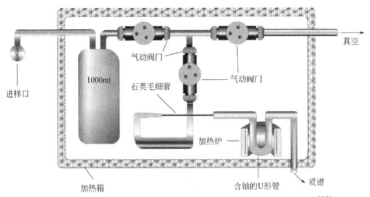

图 3-6 铀还原法制备水中氢同位素制备系统示意图[23]

2. 连续流进样分析方法

目前，通用的一种连续流进样质谱法来分析水中的氢同位素是基于 Sharp 等的方法发展和改进而来的[24]。制备系统见图 3-7，水样通常是通过加热的进样口（200～300℃）进入氦载气流系统，它会将水蒸气带入反应器。在反应器中 H_2O 会被 C 还原为 H_2 和 CO。还原炉是一根外径为 18mm 的陶瓷管，带有玻璃碳套管。石墨坩埚处的温度可以达到 1450℃。管的底部装有玻璃碳颗粒，可以进一步对 H_2O 进行还原，而银丝所起的作用是去除任何含有硫的气体。反应生成的气体会随氦载气通过一个 1m 长的填充有 5A 分子筛的填充柱（50℃），实现对混合气体的分离。

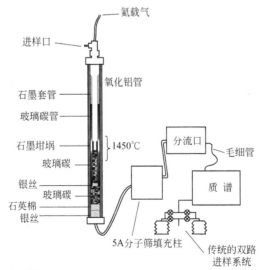

图 3-7 连续流进样方法分析水中氢同位素[24]

二、碳同位素制备技术

（一）大气碳同位素

1. 大气中 CO_2

Ferretti 等发展了一种利用气相色谱方法对大气中 CO_2 和 N_2O 进行分离的系统[25]，见图 3-8。这个系统主要由三部分构成：①样品注入冷阱 A（30cm，外径 0.64cm 的不锈钢管）；②分离色谱柱（外径 0.32cm，4.9m 不锈钢管，充填 Chromosorb 102，80/100 目，40℃）和热导检测器（TCD）；③样品收集冷阱 B（外径 0.64cm，约 60cm 长不锈钢管）。

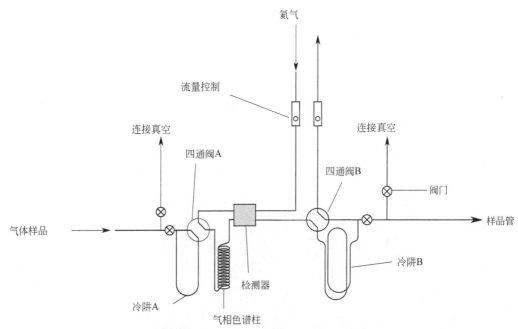

图 3-8　大气 CO_2 和 N_2O 的分离方法[25]

分离步骤如下：

① 将冷阱 B 中气体排空，并将四通阀 A 位置置于氦气流注入气相色谱柱，而四通阀 B 的位置适合氦气流流经冷阱 B，再从废气口排出。用液氮将冷阱 B 浸没。

② 切换四通阀 B，使氦气流不经过冷阱 B 而直接从废气口排出。

③ 对冷阱 A 进行气体排空，再用液氮将冷阱 A 浸没。用冷阱 A 冷冻空气样品中的 CO_2 和 N_2O。切换四通阀 A 使氦气流注入冷阱 A 中，再将冷阱 A 加热至 80℃。通过 TCD 检测的 CO_2 峰通常会在 N_2O 峰之前出现。当 CO_2 峰出现后立刻将四通阀 B 切换以便用冷阱 B 对 CO_2 进行收集至 N_2O 峰出现后终止。

④ 在液氮存在的情况下排空冷阱 B 中氦气，再将冷阱 B 加热将 CO_2 转入样品管。

2. 大气中 CO

Brenninkmeijer 等较早发展了一种大气 CO 的碳同位素制备分析方法[26]。制备系统见图 3-9，将空气样品通过两个高效率液氮冷阱，去除样品中的 CO_2、H_2O 和 N_2O。再通过含有 Schütze 试剂的反应器，将 CO 转变为 CO_2 并用冷阱收集。用机械泵去除系统中的空气，再将 CO_2 转移到含 P_2O_5 的冷指中，最后转移到样品管。

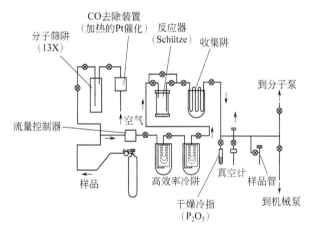

图 3-9 大气 CO 的碳同位素制备系统[26]

Mak 和 Yang 利用连续流与质谱连接技术分析了大气中 CO 的碳同位素[27]。该技术将样品的用量降低两个以上数量级，同时提高了分析效率。样品气体与氦气混合经过系列冷阱，去除其中的 CO_2、H_2O 和其他气体。剩余的 CO 气体与氦气经过含有 Schütze 试剂的反应器被氧化为 CO_2。装置见图 3-10。

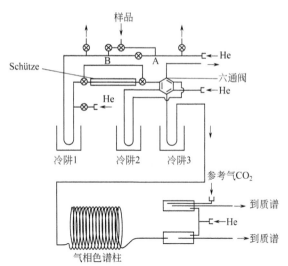

图 3-10 连续流与质谱连接技术分析大气中 CO 的碳同位素[27]

Tsunogai 等设计了一套制备装置，该装置能够提取和直接测量大气中 CO 的碳同位素[28]，如图 3-11 所示。制备步骤如下：

① 将待测气体导入到真空管路中，在一个充填有硅胶（30～60 目，15cm 长）和 5A 分子筛（30～60 目，15cm 长）的预浓缩柱（内径 7mm）中（冷阱 1），利用液氮对气体进行预浓缩。

② 加热预浓缩柱到室温，用高纯氦气将预浓缩柱中的气体导入装有活性炭的两个冷阱，冷阱的温度均达到液氮的温度。

③ 收集 CO 气体到冷阱 2（15cm，4mm 内径不锈钢管，5A 分子筛充填），通过 TCD 检测器，当 O_2、Ar、N_2 和 CH_4 被 He 气流带走后，再将六通阀转换位置。90%以上的 CO_2 和 H_2O 被液氮保留在了预浓缩阱中。

④ 还有部分的 H_2O 和 CO_2 在 CO 的收集过程中被含有 $Mg(ClO_4)_2$（8～24 目）和碱石棉

Ⅱ（20～30目）的吸收阱吸收。

⑤ 将冷阱 2 中的液氮移除，使 CO 在室温条件下释放出来。

⑥ 将 CO 气体注入毛细管气相色谱柱（0.32mm 内径，1m 长），色谱柱前方放置一液氮浸没的冷阱。

⑦ 在连续氦载气条件下（0.3ml/min），加热毛细管色谱柱使其进入质谱中进行碳同位素检测。

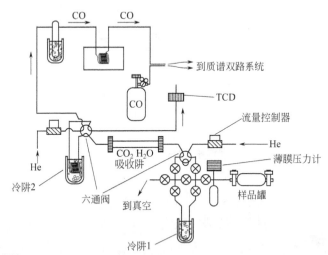

图 3-11 连续流进样与质谱连接技术分析大气中 CO 的碳同位素[28]

3. 大气中 CH₄

Lowe 等描述了一个高精度分析大气中 CH_4 碳同位素的方法[29]，制备系统见图 3-12。样品进入反应管路主要是通过旋转机械泵（200L/min）和流量控制器（2L/min）。样品要经过三个四环路冷阱，在 -196℃ 条件下去除 CO_2 等气体。样品经过 Schütze 反应器，去除 CO。反应生成的 H_2O 和 CO_2 被另外三个一环路冷阱吸收。CH_4 气体在 750℃ 的加热炉（充填有 100g、1% Pt 催化剂）中被氧化。反应生成的 H_2O 和 CO_2 被另外三个一环路冷阱吸收。

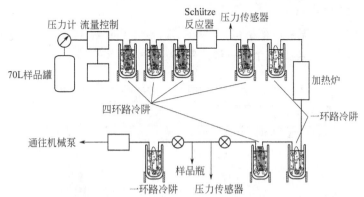

图 3-12 大气中 CH₄ 碳同位素制备系统[29]

Merritt 等发展了连续流同位素质谱对大气中 CH_4 碳同位素的检测技术[30]。其后 Miller 等对这一方法进行了改进[31]，见图 3-13。改进后的制备系统由三部分构成，包括进样单元、高分辨气相色谱分离单元和在线 CH_4 燃烧及其燃烧产物纯化单元。

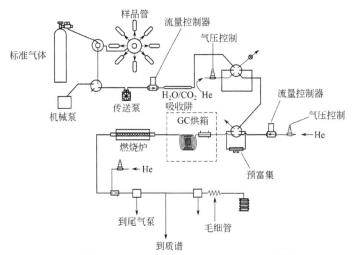

图 3-13 空气中 CH₄ 分离及其燃烧管线[31]

制备具体步骤如下：

① 首先将气体罐中的气体扩散到八通阀连接的样品管中；

② 通过传送阀将样品气体通过冷阱（吸收 H_2O 和 CO_2）；

③ 将 40ml 环形样品管充气 120s；

④ 转换六通阀位置，使 CH_4 预富集；

⑤ 对预富集器进行加热，并同时把氦载气流的流速从 30ml/min 调整为气相色谱分析所适应的载气流量（2ml/min），再切换六通阀使 CH_4 进入气相色谱柱；

⑥ 将预富集器中的氦载气流量调为 22ml/min，并于 110℃ 下加热 5min；

⑦ 在色谱柱的前端用液氮冷聚焦 CH_4，2min 后，停止液氮流，加热色谱柱；

⑧ 将 CH_4 注入充填有 NiO 和 Pt 丝的燃烧炉中，将生成的 CO_2 通过氦气导入质谱中进行碳同位素检测。

（二）液体溶液碳同位素

1. 溶解无机碳（DIC）

Mook 首次描述溶解无机碳的提取方法[32]，制备装置见图 3-14。真空提取系统主要包括一个带磁力搅拌器的反应器，一个装有磷酸的储存罐，一系列冷阱，样品管和真空计。

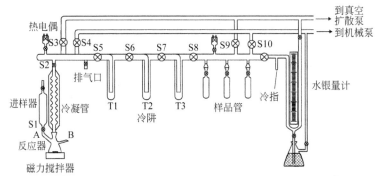

图 3-14 溶解无机碳（DIC）提取及其收集真空管路[32]

制备步骤如下所述：

① 将反应瓶装入系统，进样器中注入液体，容器 B 中装入磷酸；

② 排空反应器中空气至 10^{-3}Torr；

③ 将冷阱 T1 和 T2 的温度降低为-80℃，T3 的温度降为-196℃；

④ 关闭阀门 S2 和 S8，打开阀门 S1 使样品进入反应器；

⑤ 轻缓打开阀门 S2，以免使液体进入 T1 冷阱；

⑥ 开始磁力搅拌，并将磷酸加入到反应器中；

⑦ 等待 30min 完成 CO_2 的提取纯化，水汽被 T1 和 T2 两个冷阱收集；

⑧ 再关闭阀门 S2，等待 5min，使系统中的 CO_2 和 H_2O 被完全收集；

⑨ 打开阀门 S4 和 S3，完成对系统中杂质气体的去除；

⑩ 关闭阀门 S7，用干冰冷液取代液氮冷液；

⑪ 用样品管收集 CO_2 气体，进入质谱进行检测。

2. 溶解有机碳（DOC）

Williams 和 Gordon 较早地描述了液体中溶解有机碳的碳同位素分析制备方法[33]。在制备过程中，DOC 在真空条件下通过光化学反应生成 CO_2。

制备过程如下：

① 将液体样品注入 Pyrex 反应容器中；

② 加入 11ml 50%的磷酸，使其 pH 值调整到 2；

③ 将反应容器与真空系统连接；

④ 用氮气通入溶液中，将 CO_2 和挥发的有机物质通过活性炭、分子筛和碱石棉去除；

⑤ 关闭压力截止阀，通入 O_2；

⑥ 在 1200W 汞弧灯照射下反应 6h；

⑦ 将反应器与真空管线连接，并通过真空管线上的冷阱去除杂质气体；

⑧ 测量 CO_2 的生成体积，将样品转入到质谱中进行分析。

Games 和 Hayes 对上述方法进行了改进[34]。制备步骤如下：

① 将样品置于反应容器中；

② 加磷酸使溶液 pH 值到 1；

③ 向反应器中通氧气 3h 以便去除挥发的有机和无机碳；

④ 在封闭反应器的状态下光化学反应 5h；

⑤ 反应后的气体经过含 Pt 催化剂的燃烧炉（1000℃）和充填有 Korbl's 催化剂的燃烧炉（500℃）；

⑥ 用-196℃的冷阱收集 CO_2，并通入质谱中进行碳同位素的分析。

le Clercq 等进一步发展了溶解有机碳碳同位素制备分析方法。氧气被用作氧化剂，铜作为催化剂确保有机物的全部氧化[35]，制备装置见图 3-15。制备过程如下：

① 将样品置于反应容器中，用 H_2SO_4 酸化样品，在真空下煮沸样品，45min 内将 CO_2 去除。

② 加入 $CuCl_2$，通入氧气，运用 HPLC 泵将样品压缩为 350bar（1bar=10^5Pa）；

③ 在陶瓷管中氧化样品（650℃）；

④ 通过一个毛细管（0.18mm 内径，16m 长）使水压降低；

⑤ 在一个真空玻璃容器中收集被氧化的样品；

⑥ 在真空下通过煮沸水来释放 CO_2；

⑦ 用干冰和乙醇的冷液（-78℃）收集水，再用液氮冷阱收集 CO_2；

⑧ 将样品气体通过热铜炉（600℃），去除其中 N_2O，并测量 CO_2；

⑨ 将收集的 CO_2 导入质谱中进行碳同位素分析测试。

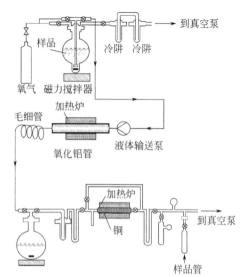

图 3-15　溶液中 DOC 提取和氧化管线示意图[35]

St-Jean 利用连续流进样方式开发了溶解有机碳的碳同位素分析技术[36]，其制备装置见图 3-16。

制备步骤如下：

① 在一密闭的容器中，用磷酸酸化待测溶液，释放其中的溶解无机碳；

② 用氦气将产出的 CO_2 带入干燥剂中去除其中的水分，同时用红外检测器检测 CO_2；

③ 再向密闭反应器中注入 $Na_2S_2O_8$，加热到 100℃，同时用红外检测器检测 CO_2；

④ 将生成的 CO_2 先收集，再通过加热炉和干燥剂去除气体中水和卤素；

⑤ 最后将气体通过气相色谱柱，再进入质谱中检测碳同位素组成。

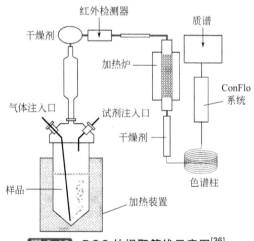

图 3-16　DOC 的提取管线示意图[36]

利用商业化的元素分析仪和质谱联用技术，Gandhi 等进一步发展了溶解有机碳的碳同位素测试技术[37]。制备过程如下：

① 首先是利用旋转蒸发仪将液体中溶解物质进行浓缩；

② 再将浓缩的样品酸化处理去除其中的溶解无机碳；

③ 将浓缩的样品放入一个玻璃小瓶中（玻璃瓶预先经过 500℃，2h 加热前处理）；

④ 加入 1.5ml 超纯水，转移 300μl 的样品到银杯中（8mm×5mm）；

⑤ 将样品 70℃下加热烘干（1h）；

⑥ 将烘干后的样品放入自动进样装置；

⑦ 元素分析仪的氧化炉（充填有 Cr_2O_3、Co_3O_4、石英棉）的反应条件被设定为短暂充氧，炉温设定为 1030℃；

⑧ 反应后的氧化产物通过热铜炉（650℃），再通过干燥剂去除其中的 H_2O；

⑨ 通过一个气相色谱柱对 CO_2 和 N_2 进行分离；

⑩ He 载气最后将 CO_2 气体带入质谱离子源，测试得到碳同位素。

（三）固态碳同位素制备分析

1. 有机物

Sofer 提供了一个批量制备有机物的碳同位素的方法[38]。用 CuO 作为氧化剂，硼硅酸盐玻璃作为样品管。反应时间设定为 1h，温度为 550℃。样品首先要被装入硼硅酸盐玻璃管中，加入氧化剂 CuO。再将玻璃管连接在真空管路上，并排出其中的空气。在真空条件下，用焊枪截下玻璃管。将批量处理的玻璃管放入马弗炉中集中加热。在一定时间内完成加热工作后，玻璃管再被重新连接到真空管路中，破碎玻璃管使气体放出，经纯化（主要是去除 H_2O），最后收集 CO_2 气体到样品管。

2. 碳酸盐

McCrea 最早描述了碳酸盐碳同位素制备分析方法[39]。制备装置见图 3-17。

碳酸盐粉末被放置在一个特制的反应器中（见图 3-17），反应器带有一个侧臂，中间放有磷酸。反应器首先要置于真空管路中，排空气体后，再将侧臂管中的磷酸倾倒入反应器中。根据样品的不同，将样品置于不同温度条件下进行反应（通常数小时以上）。当反应完成后，将反应器再次接入真空管路。U 形冷阱被液氮冷却至-196℃。将未被冷冻的气体用泵抽走。之后 U 形冷阱温度被升至-78.5℃（干冰），使 CO_2 释放，而保留水。释放的气体可以用水银刻度计测量。最后样品被转移至样品管，再导入质谱中进行碳同位素检测。

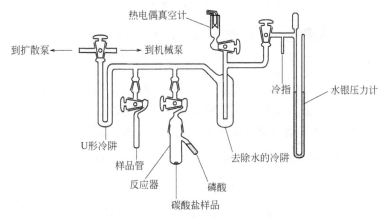

图 3-17　碳酸盐反应管路示意图[39]

三、氮同位素制备技术

（一）空气中 N_2 和 N_2O

Mariotti 描述了一个简单的提取大气中 N_2 的方法[40]。一个关键步骤是对于大气中水和

O_2 的去除。具体步骤：首先让样品先通过一个含有纯铜的阱（700℃），接着通过一个浸入液氮的冷阱（-196℃，收集杂质气体和水）。最后，氮气被装填有分子筛、硅胶或活性炭的样品管吸收。

Huber 和 Leuenberger 通过连续流技术提取了冰芯中的空气[41]。该系统是通过一个溶样装置将冰芯样品溶解后送入样品提取管路。同时，另一标准物质也在其前后进入管路。去除 H_2O（通过透气膜技术和一个冷阱）后，再将气体导入质谱中进行氮同位素测试。

Yoshida 和 Matsuo 发展了分析空气中的 N_2O 的氮同位素制备技术[42]。具体制备步骤：将含有 N_2O 的样品瓶连接在真空管路上，再将其排空和加热到 250℃，再让气体通过液氮冷阱和几个温度介于-196℃和-78℃之间的冷阱，最后用-196℃冷阱收集 N_2O、CO_2、H_2O 和不含甲烷的碳氢化合物；将收集的气体重新释放通过热铜炉（400℃）和热氧化铜炉（加入了 Pt 催化剂，700℃），收集反应生成的 N_2 进行氮同位素测试。

Kaiser 等描述了一种气相色谱柱提取和纯化 N_2O 的装置[43]，见图 3-18。具体制备步骤：

① 首先将空气通过 NaOH 去除其中的 CO_2 和 H_2O，再将含有 N_2O 及其 $C_3H_8^+$、$C_2H_6^+$ 等组分的气体通过液氮冷阱收集到注入阱中。

② 用氦气将气体带入气相色谱柱（GC），并通过四极杆质谱检测气体成分；待 N_2O 峰出现后，切换四通阀，将 N_2O 收集在 Russian Doll 冷阱中，待 N_2O 峰消失后，切换四通阀将其他气体排出。

③ 将冷阱中收集的 N_2O 气体转移到样品管中，最后转移入气体质谱中进行检测。

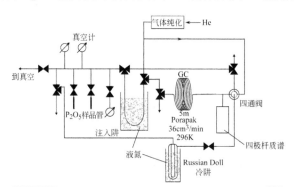

图 3-18 气相色谱柱提取和纯化 N_2O 制备系统[43]

（二）水中 NH_4^+ 和 NO_3^-

对水中 NO_3^- 的氮同位素的测试，通常需要对水中的硝酸根进行提取。通常需要用离子交换树脂将氮的组分分离开来。被分离出来的 NO_3^- 通常要被还原为 NH_4^+。

Russell 等描述了一种可以分析水中 NH_4^+、NO_3^- 和溶解有机氮的 $\delta^{15}N$ 分析方法[44]。

① 向 500ml 样品水中加入 2ml 5mol/L NaOH，这将使溶液的 pH 值达到 10，使 NH_4^+ 转变为 NH_3；

② 提取样品中的 NH_3（用快速凯氏定氮仪），再将提取的 NH_3 中加入 0.03mol/L HCl，使其重新转变为 NH_4^+；

③ 在溶液中加入分子筛（Union Carbide IONSIV W-85），在 pH=5.5～6.0 条件下搅拌 1h，使 NH_4^+ 与分子筛绑定在一起，至此可以获得溶液中的铵态氮；

④ 加入 1.5g Devarda 合金（50% Cu，45% Al，5% Zn）使溶液中的 NO_3^- 被还原为 NH_4^+；

⑤ 再重复①～③，捕获由 NO_3^- 还原得到的 NH_4^+，从而获得溶液中的硝态氮；

⑥ 在 60℃ 条件下过夜将含有 NH_4^+ 的分子筛烘干；

⑦ 将分子筛置于石英管中，加入 CuO 和 Cu，抽真空再密封，850℃ 条件下加热 1h，再将温度降低到室温；

⑧ 在真空管路上，将石英管中释放的气体进行纯化，再用分子筛将 N_2 收集进行氮同位素测试；

⑨ 将水体中的 NH_4^+ 和 NO_3^- 提取之后，将溶液在 100℃ 条件下蒸发剩余 100ml，再将其暴露在紫外灯下，使溶解的有机氮（DON）氧化为 NO_3^-；

⑩ 再重复④～⑦步骤。

此外，还有更多的制备方法，见表 3-1。

表 3-1 水中 NH_4^+ 和 NO_3^- 的氮同位素制备方法汇总

研究的氮组分	氮组分分离方法	分析气体（N_2）的制备				参考文献
		NO_3^- 转化为 NH_4^+	NH_4^+ 转化为 N_2	可溶有机碳（DOM）	气体纯化	
NH_4^+ NO_3^-	离子交换	Zn-Fe 方法	NaOBr		热 CuO，冷阱	[45]
NO_3^-	添加 NaOH，真空蒸馏	Devarda 合金	NaOBr		Cu（700℃）CuO（600℃）	[46]
NO_3^-	添加 NaOH，真空蒸馏	Al	KOBr		铜炉（500℃）	[47]
N_2O NO_3^-		Devarda 合金	KOBr			[48]
NO_3^-	添加 MgO	Devarda 合金，扩散包			在线燃烧	[49]
NH_4^+ NO_3^-	添加 MgO，加扩散包	Devarda 合金，扩散包			在线燃烧	[50]
NH_4^+ NO_3^- DOM	添加 NaOH，蒸馏，分子筛	Devarda 合金，NaOH，蒸馏，分子筛	Cu 和 CuO（850℃）	紫外线，Devarda 合金，NaOH，蒸馏，分子筛	冷阱	[44]
NO_3^-	1-苯基偶氮-2-萘酚（苏丹-1）				CF-IRMS	[51]
NO_3^-	离子交换转化为 $AgNO_3$				在线燃烧	[52]
NO_3^-	添加 NaOH，去气，高吸水树脂粉末				在线燃烧	[53]
NH_4^+ NO_3^-	添加 NaOH，蒸馏，$(C_6H_5)_4BNH_4$ 沉淀	Devarda 合金，蒸馏，$(C_6H_5)_4BNH_4$ 沉淀			在线燃烧	[54]
NH_4^+ NO_3^-	添加 NaOH，扩散包	Devarda 合金，扩散包			在线燃烧	[55]

（三）有机质

到目前为止，研究者们开发了多种方法来释放有机物质中的 N_2 用于氮同位素分析，燃烧法是其中最为常用的方法。Wedeking 等进一步发展了燃烧法[56]，其纯化系统见图 3-19。这种制备方法主要包括石英管加热和反应气体 N_2、CO_2 和 H_2 的分离。石英管放入马弗炉中（860℃）。同时注意样品的称量要适量，如果样品量过大会导致石英管爆裂。加入 500mg 氧化铜到石英管，再放入银舟，排空空气（12h），在真空状态下密封石英管。将石英管放入马弗炉中2h（900℃）。再缓慢降低马弗炉温度（先降到 600℃，保温 2h，再降到 500℃），直到降到室温，有助于 SO_2 转变为 $CuSO_4$。

经过马弗炉加热的石英管需要在真空管线上完成气体的纯化，步骤如下：

① 将燃烧管放入破碎器中，排空其中的空气；

② 用液氮浸没冷阱 T，将系统与真空泵隔离开，破碎燃烧管；

③ 打开阀门 V，将 N_2 转移到样品管。

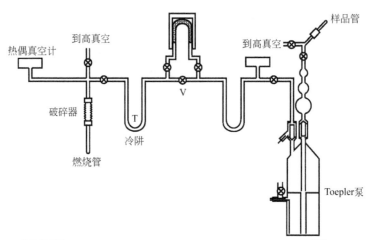

图 3-19 燃烧法有机物质 N 同位素制备气体纯化系统[56]

用湿化学法同样可实现对有机质中的氮进行提取[57]。使用 Kjeldahl 试剂释放有机质中的氮。Kjeldahl 试剂处理过程是用硫酸将铵氮组分转化为硫酸氢铵。溶液再被碱化，形成 NH_4^+。NH_4^+ 再被次溴酸锂氧化为 N_2。

为了便于分析小样品量样品（14～100μg N）的氮同位素，Nevins 等发展了一种真空下加热并用分子筛吸收的方法[58]。燃烧装置由两个内外径大小不同的石英管构成。反应生成的气体通过一个纯化管（反应炉温度 580℃）。纯化管里充填有 50mm Cuprox、20mm 的钒酸银、$Ag_2O/AgWO_4$、$AgWO_4/MgO$ 和 125mm Cu。制备步骤如下：

① 在内部石英管中装入样品和试剂 Cuprox，并竖立着将它装入外部石英管中，将外管再连接到真空管路上；

② 排空石英管中的空气，并用液氮浸没冷阱，将真空泵与真空管道隔离；

③ 用加热炉分步加热燃烧管（至 820℃），再移除加热炉；

④ 转移反应生成的氮到含分子筛的样品管中（真空 180℃条件下去气 2min），为了吸收氮气，分子筛需要冷却到-196℃；为了释放分子筛中的氮气，要使分子筛加热到 80℃。

Kendall 和 Grim 发展了运用密封管的方法对有机氮同位素的分析[59]。制备步骤如下：

① 在长 23cm、外径 9mm 的 Vycor 管中加入 3g 氧化铜丝，将样品放入外径 6mm 的 Vycor 管中，再放入 9mm 的 Vycor 管中。

② 排空管中空气，在管的 18cm 处将管密封；将密封后的样品管中的样品和 CuO 充分

混合，再将其放入金属镍管中。

③ 将金属镍管放入马弗炉中，在 850℃ 条件下加热 2h 后再缓慢降温（每小时降低 50℃）。

Pichlmayer 和 Blochberger 发展了运用元素分析仪和同位素质谱联用技术来测量植物和土壤的氮同位素组成[60]。这套系统能够分析诸如含有 $20 \sim 200 \mu g\ N$ 的样品，样品只需要进行烘干和研磨。这个系统的记忆效应比较明显，尤其是样品的同位素比值差异较大。

四、氧同位素制备技术

（一）大气的氧同位素制备分析

1. 大气中的 O_2

Thiemens 和 Meagher 最早利用冷阱技术对 N_2、O_2、CO_2 和水进行分离[61]。制备装置见图 3-20。该分离系统由三个冷阱构成，两个冷阱装有 13X 分子筛，一个冷阱装有 5A 分子筛。具体制备步骤如下：

① 将冷阱均加热到 300℃，并将管道中的空气排空；

② 将样品管用液氮冷冻，将样品中的 CO_2 和 H_2O 吸收；

③ 将图 3-20 中左边第一个冷阱用液氮冷冻；

④ 打开样品管，将 N_2 和 O_2 转移到冷阱 T1；

⑤ 将冷阱 T1 与系统隔离开，300℃ 条件下释放气体，用丙酮-干冰调制的冷液浸没中间装有 5A 分子筛的冷阱，最后用液氮浸没图 3-20 中右边的装有 13X 分子筛的冷阱；

⑥ 将 T1 中的氧气转移到 T3 中，将冷阱 T3 隔离，释放气体，将其转移到样品管中。

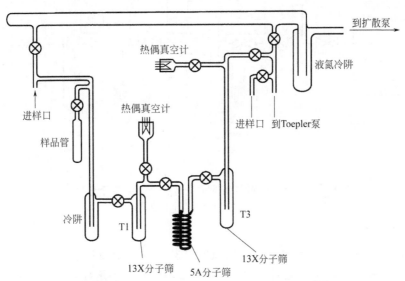

图 3-20 大气中的氧气分离纯化管路示意图[61]

Wassenaar 和 Koehler 用气相色谱法实现了 O_2 从 N_2 中的分离[62]，并利用连续流质谱联机技术，实现大气中氧同位素测试。

为了实现对氧同位素中低丰度同位素（^{17}O）的测试，Barkan 和 Luz 设计了一套同位素制备系统[63]，制备装置见图 3-21。该系统由样品进样单元（包括 10 个样品进样口）、处理单元和收集单元组成。进样单元由 10 个 15 ml 的储存容器构成。当样品进行处理的时候，收集单元需连接在处理线上，并浸入一个装载 30 L 液氦的容器中。处理制备过程如下：

① 让 He 载气流在管路系统中充载 1h；

② 将样品容器连接到管路上；

③ 将收集装置浸入到液氮中；

④ 将阀门 1～9 打开，排空管道中的空气；

⑤ 关闭阀门 1 和 4，检漏；再关闭阀门 2；

⑥ 打开储气罐，将气体释放进系统；

⑦ 通过冷阱 T1 和 T2 分别去除 H_2O 和 CO_2；

⑧ 打开阀门 2，将 O_2、N_2 和 Ar 转移到冷阱 T3（5A 分子筛）；

⑨ 当气体转移完成后，转换四个三通阀（5～8）使 He（流速为 25ml/min）通过 T3、GC 和 T4；

⑩ 再将液氮浸入冷阱 T4，将 GC 进入冷液中（-80℃），将 T3 的液氮移除，使气体释放并通过气相色谱柱；

⑪ 等待 15min 直到 O_2 和 Ar 混合气析出（具体时间要根据气相色谱的分离图解得到），将混合气用冷阱 T4 吸收，再转换 He 载气流使其将其他气体排出；

⑫ 排空冷阱 T4 中的 He，关闭阀门 4，将冷阱 T4 上的液氮移除；

⑬ 将 O_2/Ar 混合气再转移到样品收集单元上的样品容器中。

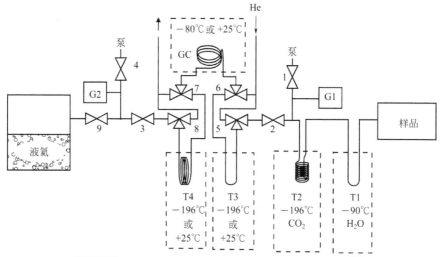

图 3-21 大气中氧气氧同位素纯化制备装置示意图[63]

图中 G1 和 G2 为两个真空计

2. 大气中的 N_2O

目前，有多种方法测试大气中 N_2O 的氧同位素。Huff 等设计了一个空气中 N_2O 和 CO 收集纯化制备装置[64]。该装置见图 3-22。包括一个用于除水的干燥器，一个装有 $CaSO_4$ 的圆柱，两个高效冷阱和一个装有 Schütze 试剂的反应器等。制备步骤如下：

① 将系统中空气排出，并检漏；

② 将两高效冷阱浸入液氮中，进行预冷，控制干氮气进样流速为 5ml/min，时间为 45～50min；

③ 预冷后，以 10ml/min 的流速进样；

④ 通过干燥器和 $CaSO_4$ 去除空气中的水，用高效冷阱 1 将 CO_2 和 N_2O 收集；

⑤ 用 Schütze 反应器将 CO 氧化为 CO_2，并用高效冷阱 2 将 CO_2 收集；

⑥ 完成样品收集后，将系统中的气体排空，将高效冷阱与系统隔离，并加热至 120℃（90min）；

⑦ 将高效冷阱 2 中的 CO_2 用机械泵抽走，将高效冷阱 1 中的 CO_2 和 N_2O 转移到冷阱中，

再转移到含有碱石棉的样品管中。

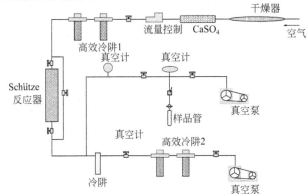

图 3-22　空气中 N_2O 和 CO 收集纯化制备装置[64]

Yoshida 和 Toyoda 则利用连续流的分析技术对 N_2O 进行检测[65]，装置图见图 3-23。该装置包括一个进样单元、预富集单元及其 GC-MS 系统。制备步骤如下：

① 从样品收集罐（S）中导入 100～150ml 空气样品；

② 利用预富集单元对 N_2O 进行预富集；

③ 利用化学阱（CT）和气相色谱柱（PQ）对样品进行纯化处理；

④ 将纯化处理后的样品通过 He 载气导入质谱的离子源中。

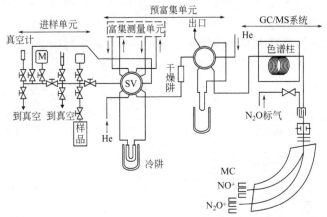

图 3-23　连续流分析测试技术分析 N_2O 氧同位素装置示意图[65]

3. 大气中的 CO_2

大气中存在的 N_2O 对 CO_2 的氧同位素测试构成了干扰。因此能否将 N_2O 从 CO_2 中分离是影响 CO_2 氧同位素精确分析的关键因素。单纯通过冷阱技术是无法将 N_2O 从 CO_2 中分离出来的，Revesz 和 Coplen 用气相色谱方法实现了两种气体的分离[66]。将色谱分离法与双路进样系统连接实现了对氧同位素的直接测量[67]，制备装置见图 3-24。制备步骤如下：

① 将空气中的 CO_2 和 N_2O 收集在冷阱 T1 中，用泵将其余的样品气排空；

② 通过 He 载气流将冷阱 T1 中的 CO_2 和 N_2O 混合气转移到冷阱 T2 中；

③ 用热水浸没冷阱 T2 使冷阱中的 CO_2 和 N_2O 混合气释放出来并通过气相色谱柱；

④ 将 He 载气流通过冷阱 T3（浸没在干冰和酒精调制的冷液中，−80℃）和冷阱 T4（浸没在液氮中，−196℃）；

⑤ 当 CO_2 的峰出现完毕，切换转换阀门的位置实现 N_2O 从 CO_2 的分离；

⑥ 排空氦气，再将 CO_2 收集到样品管中。

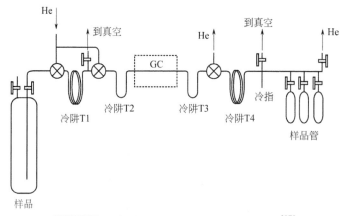

图 3-24 大气中 CO_2 纯化制备系统示意图[67]

Schauer 等利用连续流进样技术分析 CO_2 的氧同位素[68]，制备装置见图 3-25。具体制备步骤如下：

① 将样品和标准连接到真空管路系统上，并排空管路中空气；

② 进入工作标准，并测试其同位素组成；

③ 将样品气导入到 50ml 压仓中，压力大约为 107kPa 时关闭阀门；

④ 再将压仓中的气体导入 1ml 样品管中，压力降到大约 100kPa；

⑤ 转换六通阀使样品管中的气体导入色谱柱中，测试其同位素比值。

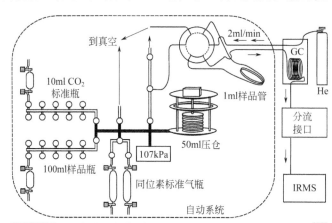

图 3-25 连续流进样技术分析 CO_2 的氧同位素制备装置[68]

通过直接测量 CO_2 不能测试得到大气中 CO_2 的 $\delta^{17}O$，需要将 CO_2 转化为 O_2。Brenninkmeijer 和 Rockmann 开发了一个快捷的方法完成这个步骤[69]，制备装置见图 3-26。CO_2 首先会被转化为 H_2O 和 CH_4（镍粉末催化剂，358℃，H_2 存在的条件下），H_2O 再与 F_2 反应生成 O_2 和 HF。这个样品制备装置包括一个 Al_2O_3 管、一个充填 KBr 的阱（用于除 HF）和一个装有 13X 分子筛的冷阱（用于收集反应生成的 O_2）。

制备的步骤如下：

① 装入 15～20mg 镍粉到反应器，排空管路中的空气；

② 加热反应器的下部到 600℃，通入 H_2 还原反应器中可能存在的氧化物；

③ 排空系统中的水和多余的 H_2；

④ 从样品瓶中转移 CO_2 样品（大约 4 mmol）进入反应器，反应器中部被液氮冷却；

⑤ 向反应器中注入 H_2（约 1bar），移除液氮，将 CO_2 释放出来；

⑥ 将反应器的温度调为 358℃，使 CO_2 和 H_2 在此温度条件下反应；

⑦ 将反应器中部的温度降为-40℃，冷冻反应产出的 H_2O；

⑧ 继续反应 20min，并将反应器中部的温度继续降低到-80℃；

⑨ 排空反应器中的气体；

⑩ 将试剂 F_2 通入到反应器中（1.7bar），加热反应器到 250℃（30min）；

⑪ 将反应生成的 O_2 先通过冷阱 T1 去除 F_2，通过冷阱 T2 去除 HF，最后将气体收集到冷阱 T3 中；

⑫ 将 O_2 转移到含有 13X 分子筛的样品管中。

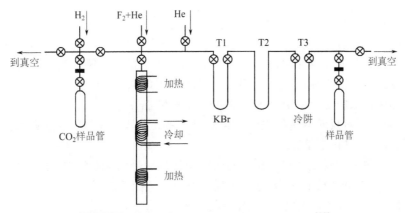

图 3-26 大气中 CO_2 转化为 O_2 的制备系统[69]

（二）硅酸盐和氧化物氧同位素制备分析

碳还原法是石墨与含氧矿物反应。反应产出的气体通常是 CO 和 CO_2 的混合气体。CO 在 450℃、镍催化剂存在的条件下可以被转化为 CO_2。但是 Clayton 和 Epstein 对这种反应的产率进行了调查，石英和磁铁矿的反应效率是最高的，用其他的氧化物均很难得到高反应效率[70]。

Clayton 和 Mayeda 最早建立了 BrF_5 法硅酸盐氧同位素的制备和分析方法[71]。制备装置见图 3-27。系统由金属系统和玻璃系统构成。BrF_5 被储存在钢罐里，反应器由金属镍制成。金属系统中三氟聚氯乙烯冷阱用于纯化和储存 BrF_5。反应步骤如下：

① 首先要清洗反应器中的固体残留物，再将样品装入，连接到真空管线上。

② 加热反应器到 400℃，排空反应器中的空气；降低温度至室温，进入反应器少许 BrFs（15Torr），再加热反应器到 100℃；样品为长石、磷酸盐和碳酸盐时，这个步骤不需要进行。

③ 排空反应器中气体，从三氟聚氯乙烯冷阱中扩散部分 BrF_5 进入反应器[压力达到 0.1atm(1atm=101325Pa)]。

④ 关闭反应器阀门，加热 12h；对于石英和云母类矿物，反应温度要达到 450℃，其他矿物如磁铁矿和赤铁矿类矿物需要 600℃，石榴石和橄榄石矿物需要 690℃。

⑤ 当反应完成后，降低反应器温度到室温；用液氮将反应器浸没。

⑥ 慢慢打开阀门 V2，让反应生成的气体通过纯化阱 T1（浸入液氮中）。

⑦ 将 O_2 通过 O_2/CO_2 转换装置，使 O_2 转化为 CO_2，收集 CO_2 进行 O 同位素检测。

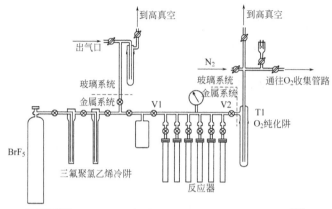

图 3-27 BrF_5 法制备硅酸盐氧同位素装置示意图[71]

Taylor 和 Epstein 利用 F_2 代替 BrF_5 作为反应试剂[72]。制备系统见图 3-28。F_2 单独与硅酸盐反应的速度是很慢的，需要加入 HF，反应温度要达到 420℃。制备步骤如下：

① 用钢丝打磨金属镍反应器内部，用 CCl_4 清洗反应器，用氮气吹扫系统；

② 排空反应器中的气体，充入 F_2 和 HF，加热到 450℃（6h）；

③ 将气体通过 KBr 热阱，用液氮冷阱收集 HF 和 Br_2；

④ 450℃ 条件下对反应器进行去气，再密封，将其放入干燥器中，并通入高纯氮气，打开反应器后装入 30～40mg 样品；

⑤ 将反应器与真空管线连接，排空其中的空气，加热到 450℃（1h）；

⑥ 加 15 mg HF 和 40 cm^3 F_2 到每一个反应器中，关闭反应器；

⑦ 加热反应器到 450℃ 或更高温度，至少 8h；

⑧ 用液氮浸入 U 形冷阱 B、C、D；

⑨ 将提取管线与真空隔离开，将反应气体扩散到管道中，使其缓慢通过 KBr 热阱（10～15min）；

⑩ 缓慢打开阀门使气体通过冷阱 C 和冷阱 D，收集 O_2，时间为 30～45min；

⑪ 将气体通过 O_2/CO_2 转换器，使 O_2 转化为 CO_2，收集 CO_2 进入样品管。

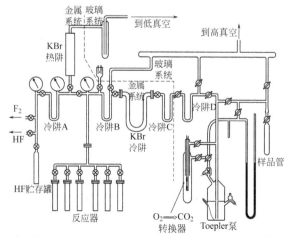

图 3-28 F_2 法硅酸盐氧同位素制备装置示意图[72]

Sharp 利用激光加热方法对硅酸盐和氧化物的氧同位素进行制备和分析[73,74]。该方法需要的样品量可以小到 $100\mu g$，反应时间缩短到 2min 以内。制备系统的简图见图 3-29。激光器用的是 20W CO_2 红外激光（10kHz）。反应室是一个不锈钢管带一个 BaF_2 的视窗。制备系统直接和质谱进行连接。

制备步骤简述如下：

① 将样品放入反应器中，排空其中的空气，通入 BrF_5 或 ClF_3 试剂（<0.3bar）去除系统中吸附的水；

② 加入试剂（BrF_5 或 ClF_3）到反应器中（0.03～0.1bar）；

③ 将激光准确定位到样品的上方，调节激光的输出功率使样品与试剂发生反应；

④ 反应完成后，将试剂冷冻在冷阱 T1 中，之后把生成的 O_2 通过冷阱 T2，将 O_2 继续通过管路上其他的冷阱 T3 和 T4；

⑤ 将 O_2 通过 O_2/CO_2 转换器转为 CO_2，收集到冷指中，测量其压力，再将气体通入质谱中进行氧同位素的测试。

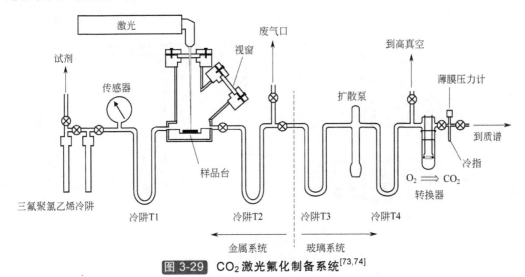

图 3-29　CO_2 激光氟化制备系统[73,74]

（三）水的氧同位素制备分析

一个简单传统的水中氧同位素测试方法是 CO_2 平衡法。该方法主要是利用 CO_2 与 H_2O 平衡后，通过测试收集反应后的 CO_2 气体，并测试其氧同位素而得到 H_2O 的氧同位素值。这个方法最早由 Epstein 和 Mayeda 描述[75]。

为了快速分析更小量水的氧同位素，Leuenberger 和 Huber 设计了一个在线分析水中氢、氧同位素的方法[76]，制备装置见图 3-30。这个技术也是基于 CO_2 平衡法，但是平衡的速率加快了，因为温度提升到 50℃。而且 H_2O 和 CO_2 的分离不是用过去的冷阱分离，而是通过可透气性的膜分离技术，这样大大降低了分析时间。CO_2 被 He 载气直接带入质谱中，其氧同位素组成通过连续流质谱技术得到。样品制备管线主要包括下面的几部分。

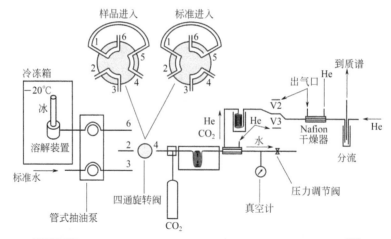

图 3-30 在线分析水中氢、氧同位素连续流技术制备装置[76]

O'Neil 和 Epstein 描述用 BrF_5 方法制备和分析 H_2O 中氧同位素的方法[77]。反应的步骤与 BrF_5 法硅酸盐氧同位素方法类似，只是在系统上加入了一个水进样装置。该装置主要是一个毛细管破碎装置，如图 3-31 所示，首先水被密封在毛细管中，利用真空闸阀将毛细管破碎，将 H_2O 释放出来，整个系统由加热带包裹。先吸收到冷指中，再进一步转移到金属镍反应器中。

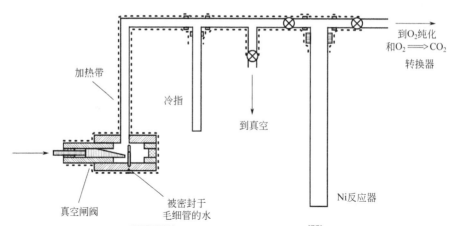

图 3-31 毛细管破碎装置示意图[77]

Baker 等利用固体的 CoF_3 与 H_2O 反应制备出 O_2，再进行 $\delta^{18}O$ 和 $\delta^{17}O$ 的分析测试[78]，制备装置见图 3-32。样品制备装置包括下面的部分：

① 一个高温加热炉，用于分析固体样品；

② 一个石英管，中间装有一个铂金样品舟；

③ 水注射装置，当进行水的氧同位素分析时，取代高温加热炉，通过注射器（0.5μl）注入 0.02μl 水的样品；

④ 氟化反应器为镍管，装有 180mg CoF_3（纯度为 99.5%），反应器的温度要达到 370℃。

⑤ 含有 NaF 的化学阱，用于除去 HF；

⑥ 不锈钢冷阱（6m 长，外径 1/16″）进入液氮中，除去杂质气体和少量 HF；

⑦ 两个六通阀，分别用于将 O_2 导入 50μl 样品管和用于调节气相色谱柱的 He 气压力；

⑧ 一个装有 5A 分子筛的冷阱，收集 O_2，一个气相色谱柱（10m 长，装填 5A 分子筛）。

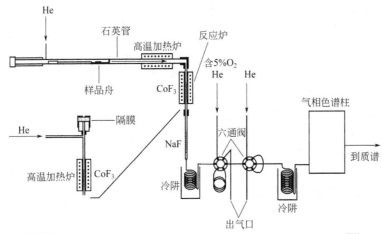

图 3-32 CoF$_3$ 与 H$_2$O 反应制备 H$_2$O 中氧同位素装置示意图[78]

盐酸胍可以与 H$_2$O 在 260℃的条件下发生反应生成 CO$_2$，其反应式可以表示为：

$$NH_2C(NH)NH_2 \cdot HCl + 2H_2O \longrightarrow 2NH_3 + CO_2 + NH_4Cl$$

Yang 等利用盐酸胍制备分析 NaCl 中包体水的氢和氧同位素[79]。该方法要求设计一个简易的真空管路，如图 3-33 所示。制备步骤如下：

① 将 200mg 锌放入图 3-33 中左侧的 Pyrex 管中，用于 δD 的制备；

② 将 100mg 盐酸胍放入另一根 Pyrex 管中，用于 $\delta^{18}O$ 的制备；

③ 将空气从管道中排出，盐酸胍加热到 200℃，去除其中的 H$_2$O；

④ 将样品注入样品管中，用液氮浸没样品管，再将样品管中的空气排出；

⑤ 将样品管中的水转移到冷阱中，用干冰和酒精配制的冷液浸入冷阱中，排空冷阱中的杂质气体；

⑥ 将 H$_2$O 再转移到含有 Zn 或盐酸胍的 Pyrex 管中，用焊枪将 Pyrex 管切下，放入马弗炉中加热。

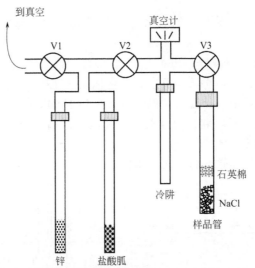

图 3-33 盐酸胍法制备 NaCl 中包体水氧同位素装置示意图[79]

V1～V3—阀门

（四）硫酸盐氧同位素制备分析

Rafter 首先提供了对如何将硫酸盐中的氧提取并转化为 CO_2 进行同位素测量的描述[80]。在这个方法中，$BaSO_4$ 与石墨能在 1100℃ 条件下反应生成 CO_2。

Savarino 等设计了一个系统能够同时测试硫酸根中的 $\delta^{18}O$、$\delta^{17}O$ 和 $\delta^{34}S$[81]。装置见图 3-34。它主要包括一个高温裂解系统和一个 SO_2 和 O_2 的收集系统。制备步骤简述如下：

① 将样品置入高温加热炉中，排空其中的空气，再通入 He（10min，2atm）；

② 将加热炉温度提高到 1050℃，用冷阱收集反应生成的 SO_2 和 O_2；

③ 装换六通阀，使含 5A 分子筛样品管中收集的 O_2 释放出来并带入到气相色谱柱中；

④ 在 O_2 峰出现前的 1min 将四通阀切入到载入状态，收集完后，将冷阱中的其余气体排空，再将其转入样品管中。

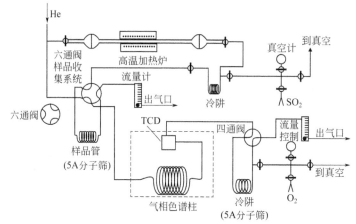

图 3-34 硫酸盐中氧同位素制备装置示意图[81]

五、硫同位素制备技术

（一）SO_2 硫同位素制备分析

1. 硫化物

Fritz 用 CuO 和 Cu_2O 作为硫化物的氧化剂，将硫化物氧化为 SO_2[82]，装置的示意见图3-35。具体的制备步骤如下：

① 将 10～20mg 硫化物样品与 CuO 或 Cu_2O 混合后置入样品瓷舟；

② 将瓷舟放入石英管中，将其与真空制备纯化系统连接，排空石英管中的空气；

③ 将瓷舟推入燃烧炉中，将燃烧炉的温度升高到 1050℃；

④ 待反应进行 15min 后，将冷阱 1 浸入酒精与液氮调制的冷液中，将冷阱 2 浸入液氮中，收集 SO_2，并用水银计测量其产率；

⑤ 最后用液氮浸没样品管，将冷阱 2 中的 SO_2 转移到样品管中。

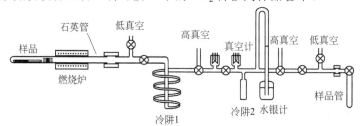

图 3-35 硫化物氧化制备 SO_2 装置示意图[82]

2. 硫酸盐

为了减少样品用量和提高分析测试效率，Giesemann 等利用商业化的元素分析仪与气体同位素质谱连接，对硫酸钡的硫同位素进行了测试分析[83]。系统由元素分析仪与气体质谱仪构成。装置的示意见图 3-36。样品通常与 0.1mg V_2O_5 混合均匀置于锡杯中，在 1100℃条件下通入 5ml 纯氧。反应生成的气体被 He 载气带入氧化还原炉和一个干燥阱（去除反应生成的水），再进入质谱中进行硫同位素组成的测定。

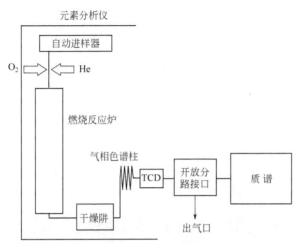

图 3-36 元素分析仪与气体同位素质谱连接技术分析硫酸盐硫同位素[83]

（二）SF₆硫同位素制备分析

1. 常规氟化法

常规氟化法主要由三个部分组成：一个为反应系统，该系统主要由数个镍反应管构成，试剂可以用 BrF_3、BrF_5 或 F_2，早期用 BrF_5 较多[84]，但鉴于其较难纯化，众多研究者倾向于用 F_2[85]；一个为 SF₆ 的纯化系统，该系统主要由冷阱和气相色谱柱构成；考虑到 F_2 的剧毒危险性，另一个是 F_2 的回收装置。装置的示意见图 3-37。

主要的制备步骤如下：

① 将反应器（A）与系统分开，并用干氮气对反应器进行吹扫；

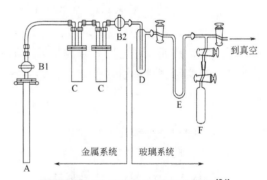

图 3-37 常规氟化法装置示意图[84]

B1、B2—阀门

② 连接真空管路，将反应器中转移进入少量反应试剂，进行预氟化（去除 H_2O）；

③ 将含有约 10mg 硫的样品用铝箔包裹后置入反应器中，再将反应器抽取真空；

④ 通入反应试剂，在 200℃条件下对样品加热 12h；

⑤ 冷却反应器，并利用冷阱（C）（充填 NaOH 颗粒）去除 HF、HBr、Br_2；

⑥ 用液氮冷阱（D 和 E）收集气体；

⑦ 用样品管（F）收集反应生成的气体。

2. 激光氟化法

Rumble 等调查了激光加热（25W，CO_2 红外激光）（在 F_2 存在的条件下）能够使硫化物转变为 SF₆ 气体[86,87]。测试所得精度和传统的氟化法较为一致（0.1‰～0.2‰）。该反应系统主要是基于 Sharp 的激光硅酸盐氧同位素的制备方法[64]，只是另加了一个纯化 F_2 的系统、一个加热的 KBr 阱（去除废弃的 F_2）和一个 KOH 阱用于纯化 SF_6[77]。将反应生成的气体通过一个气相色谱柱纯化系统。装置的示意见图 3-38。气相色谱柱由外径 1/4in（1in=0.0254m）、6ft（1ft=0.3048m）长的填充有 Chromosorb 106 的填充柱构成。He 的流速被设定在 30 ml/min。经过气相色谱柱纯化过后的 SF_6 气体需要再经过数个冷阱进行纯化（第一个为干冰酒精混合液冷阱，第二个为液氮冷阱，第三个为镍丝冷阱）。

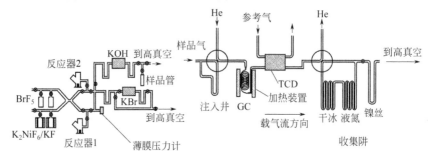

图 3-38 激光氟化装置示意图[86,87]

第三节　稳定同位素质谱分析法

一、稳定同位素的表示方法、标准及其分析流程

（一）δ 值概念

稳定同位素研究主要是依据元素中某一特定的同位素丰度与该元素丰度最高同位素之比的微小变化，应用在地质、环境、水文和生态科学等众多领域[1, 2, 4, 12, 88~92]。例如，对于氢、碳、氮、氧、硫元素，分别要求测量其 H/D、$^{13}C/^{12}C$、$^{15}N/^{14}N$、$^{18}O/^{16}O$、$^{34}S/^{32}S$ 的变化。为了方便，在实际测量中引入了一个称为"富集度"的概念，以 δ 值表示，它的定义为：

$$\delta\,(‰) = \frac{R_{Sa} - R_{Re}}{R_{Re}} \times 10^3$$

δ 值一律用千分数（‰）表示，式中，R 为被研究元素中某特定同位素丰度与最大同位素丰度之比，脚注 Sa 表示样品，Re 表示标准。

对于 H、C、N、O、S 同位素分析，其 δ 值分别以下式表示：

$$\delta D = \frac{(D/H)_{Sa} - (D/H)_{Re}}{(D/H)_{Re}} \times 1000$$

$$\delta^{13}C = \frac{(^{13}C/^{12}C)_{Sa} - (^{13}C/^{12}C)_{Re}}{(^{13}C/^{12}C)_{Re}} \times 1000$$

$$\delta^{15}N = \frac{(^{15}N/^{14}N)_{Sa} - (^{15}N/^{14}N)_{Re}}{(^{15}N/^{14}N)_{Re}} \times 1000$$

$$\delta^{18}O = \frac{(^{18}O/^{16}O)_{Sa} - (^{18}C/^{16}O)_{Re}}{(^{18}O/^{16}O)_{Re}} \times 1000$$

$$\delta^{34}S = \frac{(^{34}S/^{32}S)_{Sa} - (^{34}S/^{32}S)_{Re}}{(^{34}S/^{32}S)_{Re}} \times 1000$$

若 $\delta^{34}S_A > \delta^{34}S_B$，表示相对 B，A 要比 B 富集 ^{34}S。

上述公式显示 δ 值与标准有关，不同实验室会采用自己的工作标准，但正式发表的数据都必须采用国际标准。

（二）稳定同位素标准

为了使不同的实验室和研究人员能相对于同一个参考点进行数据比对，并校正不同类型的质谱仪，就需要建立公认的同位素标准，所选取的标准应满足以下几个条件：

① 要求组成均一，数量大，标准同位素比值应为天然同位素比值变化中间值；

② 要适于长期保存，同位素组成要求不随时间或样品处理及制备方法的不同而发生变化；

③ 必须给出同位素丰度的（精确测定值）准确值。

我们可以将同位素标准物质分为三类：

（1）国际或国家有证标准物质 各国实验室所选取的公认国际或国内标准，并以此作为同位素丰度变化的基点。目前国际通用的同位素标准是由国际原子能组织（IAEA）和国家标准物质研究所（NIST）所提供的。我国同位素标准物质由国家计量局提供，一级标准物质代号为 GBW，二级标准物质代号为 GBWE。

（2）在常规的样品分析中所经常应用的工作标准 该标准与国际、国内标准进行过严格而又精确的对比测量，所选取的工作标准的同位素比值应尽量接近国际标准值，并能满足长期使用的要求。在各稳定同位素实验室中一般都建立有本实验室的工作标准，对稳定同位素测定来说，通常选取高纯气体如二氧化碳（CO_2）、氢气（H_2）、二氧化硫（SO_2）及氮气（N_2）作为实验室气体工作标准。此类标准的建立对监控和判断同位素样品制备装置和同位素质谱仪工作稳定性及数据可靠性具有重要意义。

（3）系列标准 指以零为基点，所选取的具有适当间隔的 $\pm\delta$ 值的一系列标准，系列标准的建立有两方面的意义：一是用来校正和检验仪器，使分析数据在较大的同位素组成变化范围内保证所需测量精确度及长期分析数据的重现性；二是根据每次所分析的一批样品中同位素 δ 值的大小，可从系列标准中选取工作标准与样品之间 δ 值相差在合理范围之内，以保证测量数据的精确度。

（三）稳定同位素分析流程

由原始样品的采集，到同位素质谱测定数据的获得，经历如图 3-39 所示的一套基本流程。

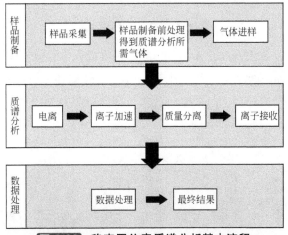

图 3-39 稳定同位素质谱分析基本流程

由原始样品的采集到样品制备前处理这一过程，目的是将样品高效提纯并转化为适于气体同位素质谱分析要求的高纯气体，如 H_2、CO、CO_2、SO_2 和 N_2，而杂质成分会对质谱测定有严重干扰，因而造成测量误差。由进样过程到电离、离子加速、质量分离和离子接收则完成了同位素质谱测定的主要流程。数据处理过程将最终反映出测量结果。为了获取高精度的数据，必须对稳定同位素分析全部过程进行严格认真的监控。任何很小的操作失误，都会造成实验误差。

二、质谱分析数据计算

根据样品特点，采用不同原理和方法的样品制备系统，分别转化为同位素质谱分析所特定要求的 H_2、N_2、CO_2 和 SO_2 等高纯气体。通常气体质谱测量的对象并不是单一同位素，而是气体元素构成的多个同位素，因此同位素比值并不能直接通过强度计算得到。只有通过数据处理过程才能得到同位素比值（δD、$\delta^{15}N$、$\delta^{13}C$、$\delta^{18}O$、$\delta^{34}S$）[1~3,5]。下面将同位素质谱分析的基本方法、最终结果换算公式以及分析过程进行介绍。

（一）氢同位素的质谱分析

氢同位素质量是元素中最小的，而其相对质量差值又最大，因此质谱分析过程中会产生较大的同位素分馏，使得测量精度较其他同位素测量精度低。

氢同位素的测量用的是氢气，电离后主要产生质量数为 2 和 3 的两组离子。质量数 2 的离子是 H_2^+，质量数 3 的离子多数是 HD^+，但还有一部分来自于 H_3^+ 的贡献。H_3^+ 是离子分子反应产物（$H_2^+ + H \longleftrightarrow H_3^+$）。$H_3^+$ 的产生是氢同位素质谱分析的主要特征，严重影响测量结果，必须进行 H_3^+ 校正。

平衡系数：

$$K = \frac{[H_3^+]}{[H_2^+][H]} \tag{3-1}$$

下面要区分离子源中的氢气的气体压力 p（约 10^{-4} Torr）和样品仓中的压力 p'（几托）。自然界中 D 的丰度低，离子源中氢气的气体压力指的是 H_2 分子的压力，而这个压力与进样压仓的气体压力（p'）是成比例的。

$$I_{H_2}^2 = K_1 \times p_{H_2} = K_1' \times p_{H_2}' \tag{3-2}$$

同样表达质量数为 3 的离子流：

$$I_{HD}^3 = K_1 \times p_{HD} = K_1' \times p_{HD}' \tag{3-3}$$

K_1 和 K_1' 是比例常数。通过等式（3-1）可知 H_3^+ 对质量数 3 的贡献与 p_{H_2}（或 p'_{H_2}）的平方成比例。因为 H_2^+ 和 H 与 p_{H_2}（或 p'_{H_2}）成比例关系。用 K_2 和 K_2' 作为比例常数，我们可以写成：

$$I_{H_3}^3 = K_2 \times P_{H_2}^2 = K_2' \times p_{H_2}'^2 \tag{3-4}$$

测量的离子流强度的比率：

$$\frac{I_3}{I_2} = \frac{K' \times p_{HD}' + K_2' \times p_{H_2}'^2}{K' \times p_{H_2}'^2} \tag{3-5}$$

p_{HD}' 通过同位素比率（D/H=R）与 p'_{H_2} 相关。下面定义分子摩尔数（m）和原子数（n）。p_T 是全部压力。

$$p_{HD} = p_T \times m_{HD}$$

$$p_{H_2} = p_T \times m_{H_2}$$

得到：

$$p'_{HD} = \frac{m_{HD}}{m_{H_2}} \times p'_{H_2} \qquad (3\text{-}6)$$

气体的 D/H 比率与 m_{HD}/m_{H_2} 相关。通过气体的原子平衡可以得到：

$$n_H = 2 \times m_{H_2} + m_{HD}$$

$$n_D = 2 \times m_{D_2} + m_{HD}$$

因为 D 在自然界中的低丰度，m_{HD} 相对于 m_{H_2} 可以被忽略不计，同样 m_{D_2} 相对于 m_{HD} 也可以被忽略不计，这样近似可以得到：

$$n_H = 2 \times m_{H_2}$$

$$n_D = m_{HD}$$

$$\frac{m_{HD}}{m_{H_2}} = 2 \times \frac{n_D}{n_H} = 2 \times R \qquad (3\text{-}7)$$

将等式（3-7）代入等式（3-6）得到：

$$p'_{HD} = 2 \times R \times p'_{H_2}$$

将 p'_{HD} 代入等式（3-5），得到：

$$\frac{I^3}{I^2} = \frac{K'_1 \times p'_{H_2} \times 2 \times R \times K'_2 \times p'^2_{H_2}}{K'_1 \times p'_{H_2}} = 2 \times R + \frac{K'_2}{K'_1} \times p'_{H_2} \qquad (3\text{-}8)$$

这样，I^3/I^2 将与进样系统中的气体压力成线性的关系，压力为 0 时将得到 D/H 的比率。但事实上，这种线性关系只是在一定压力范围内。当压力过低时，线性关系是不存在的。如图 3-40 所示。

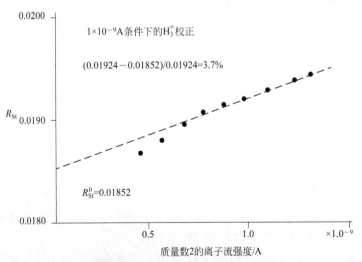

图 3-40　离子流强度与 R_{St} 关系图

当样品气体（Sa）与参考气体（Re）快速比较的时候，它们的质量数 3 和 2 的比率被记录并被计算：

$$R_{Sa} - R_{Re} = \left(\frac{I_{HD}^3 + I_{H_3}^3}{I_{H_2}^2}\right)_{Sa} - \left(\frac{I_{HD}^3 + I_{H_3}^3}{I_{H_2}^2}\right)_{Re} \qquad (3\text{-}9)$$

因为质量数 2 的强度在测量前被调整为相同值，样品气和参考气中 H_3^+ 对质量数 3 的贡献是相同的，这样表达式可以改正为：

$$R_{Sa} - R_{Re} = \left(\frac{I_{HD}^3}{I_{H_2}^2}\right)_{Sa} - \left(\frac{I_{HD}^3}{I_{H_2}^2}\right)_{Re} \qquad (3\text{-}10)$$

因此，尽管由于 H_3^+ 的形成会对同位素比率测量出现偏差，但在相似的实验条件下，两种相似离子流比率之间的差异并不受 H_3^+ 的形成影响。δ 值被计算为：

$$\delta D = \left[\frac{\left(\frac{D}{H}\right)_{Sa} - \left(\frac{D}{H}\right)_{Re}}{\left(\frac{D}{H}\right)_{Re}}\right] \times 1000 \qquad (3\text{-}11)$$

根据式（3-7）可以得到：

$$\frac{m_{HD}}{m_{H_2}} = 2 \times R = \frac{I_{HD}^3}{I_{H_2}^2}$$

因此得到：

$$\frac{D}{H} = \frac{1}{2} \times \frac{I_{HD}^3}{I_{H_2}^2} \qquad (3\text{-}12)$$

可以得到：

$$\left(\frac{D}{H}\right)_{Sa} - \left(\frac{D}{H}\right)_{Re} = \frac{1}{2} \times \left(\frac{I_{HD}^3}{I_{H_2}^2}\right)_{Sa} - \frac{1}{2} \times \left(\frac{I_{HD}^3}{I_{H_2}^2}\right)_{Re} = \frac{1}{2} \times R_{Sa} - \frac{1}{2} \times R_{Re} \qquad (3\text{-}13)$$

$$\delta D = \frac{\frac{1}{2} \times (R_{Sa} - R_{Re})}{\left(\frac{D}{H}\right)_{Re}} \times 1000 \qquad (3\text{-}14)$$

标准气的 D/H 比率可以通过图 3-40 得到。因为 $R_{Re}^0 = 2 \times (D/H)_{Re}$，$\delta D$ 值可以表示为：

$$\delta D = \frac{R_{Sa} - R_{Re}}{R_{Re}^0} \times 1000 \qquad (3\text{-}15)$$

在稳定同位素质谱分析中，获得高精度的 δD 测定是比较困难的，主要有三个方面的原因：①氢同位素质量相对差较大，在进样和电离过程中会造成明显的同位素分馏；②与压强成正比的 H_3^+ 干扰；③氢同位素 δD 值变化范围很宽。

考虑以上因素，可采用下列实验方法：①使用实验室系列气体工作标准监控 δD 的变化。

气体工作标准不受制备系统的影响，其 δD 值相对不变，可长期检查质谱系统的分析稳定性。②标准采用毛细管式的黏滞流进样方法，大大减少进样过程中的同位素分馏，并保证了标准的长期稳定性。③严格调整和控制质谱工作参数，如离子源中电子聚焦磁铁能引起的质量歧视效应；定期进行 H_3^+ 校正；离子光学透镜拉出电压的调整；双路毛细管通导的平衡；毛细管中 H_2O 残留的影响及清除等。④在 δD 相对差值较大的情况下，采用双标准测量方法对氢同位素进行分析。

（二）碳、氧同位素质谱分析

碳、氧同位素的测试通常需要 CO_2 作为样品气。$\delta^{13}C$ 和 $\delta^{18}O$ 需要通过测量 CO_2 分子的同位素丰度得到。碳同位素（^{12}C，^{13}C）的丰度分别为98.9%和1.1%。氧同位素（^{16}O、^{17}O 和 ^{18}O）的丰度分别为99.76%、0.04%和0.2%。CO_2 分子的同位素是由 ^{12}C、^{13}C 和 ^{16}O、^{17}O 及 ^{18}O 构成的，其丰度可见表 3-2。因此，δ^{45} 被用于得到 $\delta^{13}C$ 的计算，而 δ^{46} 被用于得到 $\delta^{18}O$ 的计算。离子接收的形式不同决定何种离子流被测量。如单法拉第杯接收器（图 3-41），45/44 和 46/44 被测量，而稳定同位素质谱仪通常采用非对称法拉第杯接收器，45/44 和 46/(44+45) 被测量。

初始测量的离子流比率的 δ 值被表示为：

$$\delta^{45} = \left[\frac{\left(\dfrac{I^{45}}{I^{44}}\right)_{Sa}}{\left(\dfrac{I^{45}}{I^{44}}\right)_{Sa}} - 1 \right] \times 1000$$

$$\delta^{46} = \left[\frac{\left(\dfrac{I^{45}}{I^{44}+I^{45}}\right)_{Sa}}{\left(\dfrac{I^{46}}{I^{44}+I^{45}}\right)_{Ra}} - 1 \right] \times 1000$$

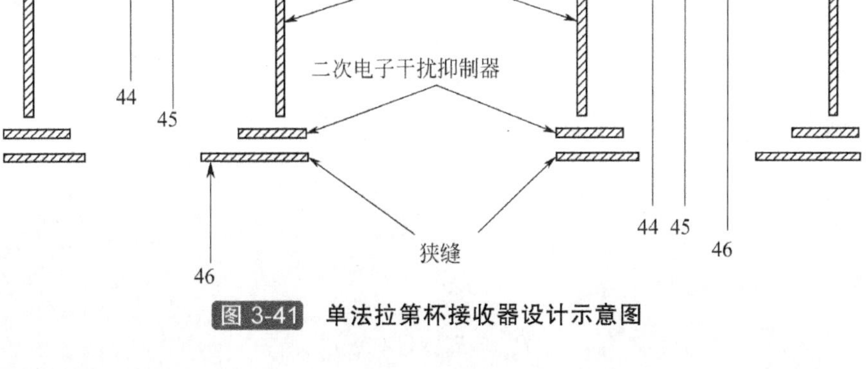

图 3-41 单法拉第杯接收器设计示意图

表 3-2 CO_2 分子的同位素构成

碳同位素	氧同位素		分子质量数	相对丰度
12	16	16	44	9.84×10^{-1}
13	16	16	45	1.09×10^{-2}
12	16	17	45	7.89×10^{-4}
13	16	17	46	8.79×10^{-6}
12	16	18	46	3.95×10^{-3}
13	16	18	47	4.39×10^{-5}
12	17	17	46	1.58×10^{-7}
13	17	17	47	1.76×10^{-9}
12	18	18	48	3.96×10^{-6}
13	18	18	49	4.40×10^{-8}
12	17	18	47	1.58×10^{-8}
13	17	18	48	1.76×10^{-8}

1. CO_2 碳同位素质谱分析

碳同位素比值是通过对质量数 45/44 比值的测量得到的。因为 $^{12}C^{16}O^{17}O$ 同样是质量数 45 的分子，因此，在计算 $^{13}C/^{12}C$ 和 $\delta^{13}C$ 的过程中，需要将其扣除。

质量数 45/44 比值可以表示为：

$$R^{45} = \frac{^{13}C^{16}O^{16}O + {}^{12}C^{16}O^{17}O}{^{12}C^{16}O^{16}O} \tag{3-16}$$

测量得到的 δ 值：

$$1 + \delta_m = \frac{R_{Sa}^{45}}{R_{Re}^{45}} \tag{3-17}$$

期望值：

$$1 + \delta_c = \frac{R_{Sa}^{13}}{R_{Re}^{13}} \tag{3-18}$$

等式（3-16）可以表示为：

$$R^{45} = \frac{^{13}C^{16}O^{16}O}{^{12}C^{16}O^{16}O} + \frac{^{12}C^{16}O^{17}O}{^{12}C^{16}O^{16}O} \tag{3-19}$$

得到：

$$R^{45} = R^{13} + R^{17} \tag{3-20}$$
$$R^{13} = R^{45} - R^{17} \tag{3-21}$$

把 R^{13} 代入等式（3-18）

$$1 + \delta_c = \frac{R_{Sa}^{45} - R_{Sa}^{17}}{R_{Re}^{13}} \tag{3-22}$$

通过等式（3-17）得到：

$$R_{Sa}^{45} = R_{Re}^{45} \times (1 + \delta_m) \tag{3-23}$$

将 R_{Sa}^{45} 代入等式（3-22）得到：

$$1+\delta_c = \frac{R_{Re}^{45}\times\delta_m + R_{Re}^{45} - R_{Sa}^{17}}{R_{Re}^{13}} \tag{3-24}$$

通过等式（3-20）得到：

$$1+\delta_c = \frac{R_{Re}^{45}\times\delta_m + R_{Re}^{13} + R_{Re}^{17} - R_{Sa}^{17}}{R_{Re}^{13}} \tag{3-25}$$

$$\delta_c = \frac{R_{Re}^{45}\times\delta_m + R_{Re}^{17} - R_{Sa}^{17}}{R_{Re}^{13}} \tag{3-26}$$

如果样品气和参考气的氧同位素值相同，等式（3-26）可简化为：

$$\delta_c = \frac{R_{Re}^{45}\times\delta_m}{R_{Re}^{13}} \tag{3-27}$$

将等式（3-20）的 R^{45} 代入等式（3-27）得到：

$$\delta_c = \frac{R_{Re}^{13} + R_{Re}^{17}}{R_{Re}^{13}}\times\delta_m = \delta_m + \frac{R_{Re}^{17}}{R_{Re}^{13}}\times\delta_m$$

因为 R^{17}/R^{13} 约为 0.07，所以：

$$\delta_c = 1.07\delta_m$$

这意味着如果忽略 ^{17}O 校正，样品气和参考气相差 10‰将导致 0.7‰的误差。因此，我们必须知道 R_{Sa}^{17}。

通常认为：

$$\frac{R_{Sa}^{17}}{R_{Re}^{17}} = \left(\frac{R_{Sa}^{18}}{R_{Re}^{18}}\right)^{\frac{1}{2}} = \left(1+\delta^{18}O\right)^{\frac{1}{2}} \approx 1+\frac{\delta^{18}O}{2} \tag{3-28}$$

利用等式（3-28）替代等式（3-26）中的 R_{Sa}^{17}：

$$\delta_c\,^{13}C = \frac{R_{Re}^{45}}{R_{Re}^{13}}\times\delta_m - \frac{R_{Re}^{17}}{2\times R_{Re}^{13}}\times\delta^{18}O \tag{3-29}$$

Craig 评估了碳同位素的标准样品的 R^{45}、R^{17}、R^{13} 值，得到了下面的等式：

$$\delta_c\,^{13}C = 1.0676\times\delta_m - 0.0338\times\delta^{18}O \tag{3-30}$$

需要注意的是等式（3-30）的适用条件是：测量时的参考气体是标准样品（PDB）在 25℃条件下释放的 CO_2。如果用其他 CO_2 气体作为参考气，需要重新评估该等式。

2. CO_2 氧同位素质谱分析

氧同位素比值是通过对质量数 46/（44+45）比值的测量得到的。

$$R^{46} = \frac{^{12}C^{16}O^{18}O + ^{13}C^{16}O^{17}O + ^{12}C^{17}O^{17}O}{^{12}C^{16}O^{16}O + ^{13}C^{16}O^{16}O + ^{12}C^{16}O^{17}O} \tag{3-31}$$

如表 3-2 所示，$^{12}C^{17}O^{17}O$ 的丰度相对于 $^{13}C^{16}O^{17}O$ 的丰度要低一个数量级，因此可以被忽略。

用于计算 $\delta^{18}O$ 的 R^{18} 可以表示为：

$$R^{18} = \frac{^{12}C^{16}O^{18}O + ^{13}C^{16}O^{18}O}{^{12}C^{16}O^{16}O + ^{13}C^{16}O^{16}O} \tag{3-32}$$

$$R^{18} = \frac{^{12}C^{16}O^{18}O}{^{12}C^{16}O^{16}O} = \frac{^{16}O^{18}O}{^{16}O^{16}O} \tag{3-33}$$

R^{46} 表示为：

$$R^{46} = \frac{\dfrac{^{12}C^{16}O^{18}O}{^{12}C^{16}O^{16}O} + \dfrac{^{13}C^{16}O^{17}O}{^{12}C^{16}O^{16}O}}{\dfrac{^{12}C^{16}O^{16}O}{^{12}C^{16}O^{16}O} + \dfrac{^{13}C^{16}O^{16}O}{^{12}C^{16}O^{16}O} + \dfrac{^{12}C^{16}O^{17}O}{^{12}C^{16}O^{16}O}} \tag{3-34}$$

鉴于：

$$\frac{^{12}C^{16}O^{18}O}{^{12}C^{16}O^{16}O} = R^{18}$$

$$\frac{^{13}C^{16}O^{17}O}{^{12}C^{16}O^{16}O} = R^{13} \times R^{17}$$

$$\frac{^{13}C^{16}O^{16}O}{^{12}C^{16}O^{16}O} = R^{13} \tag{3-35}$$

$$\frac{^{12}C^{16}O^{17}O}{^{12}C^{16}O^{16}O} = R^{17}$$

等式（3-34）可以表示为：

$$R^{46} = \frac{R^{18} + R^{13} \times R^{17}}{1 + R^{13} + R^{17}} \tag{3-36}$$

Craig 评估了碳同位素的标准样品（PDB）的 R^{18}、R^{17}、R^{13} 值，所以 R^{46} 值可知[93]。

测量样品：

$$1 + \delta_m = \frac{R_{Sa}^{46}}{R_{Re}^{46}} \tag{3-37}$$

把等式（3-36）中 R_{Sa}^{46} 代入等式（3-37）得到：

$$R_{Re}^{46} \times \left(1 + \delta_m\right) = \frac{R_{Sa}^{18} + R_{Sa}^{13} \times R_{Sa}^{17}}{1 + R_{Sa}^{13} + R_{Sa}^{17}} \tag{3-38}$$

鉴于：

$$R_{Sa}^{18} = R_{Re}^{18} \times \left(1 + \delta_c\right)$$

$$R_{Sa}^{17} = R_{Re}^{17} \times \left(1 + \frac{\delta_c}{2}\right) \qquad (3-39)$$

$$R_{Sa}^{13} = R_{Re}^{13} \times \left(1 + \delta_c\,^{13}C\right)$$

我们可以得到 δ_m 和 δ_c 的关系：

$$1 + \delta_m = \frac{1 + \delta_c + \dfrac{\left(1 + \delta_c\,^{13}C\right) \times R_{Re}^{13} \times \left(1 + \dfrac{\delta_c}{2}\right) \times R_{Re}^{17}}{R_{Re}^{18}}}{1 + \dfrac{R_{Re}^{13} + R_{Re}^{17}}{R_{Re}^{18}}} \times \frac{1 + R_{Re}^{13} + R_{Re}^{17}}{1 + \left(1 + \delta_c\,^{13}C\right) \times R_{Re}^{13} + \left(1 + \dfrac{\delta_c}{2}\right) \times R_{Re}^{17}} \qquad (3-40)$$

因为已知氧同位素参考物质（PDB）的 R 值，可以得到下边的等式：

$$\delta_c\,^{18}O = 1.0014 \times \delta_m + 0.009 \times \delta^{13}C \qquad (3-41)$$

二氧化碳的同位素质谱分析可以给出精度很高的 $\delta^{13}C$ 值，但 $\delta^{18}O$ 的测定精度相对要低一些，这主要是进样毛细管残留 H_2O 和质谱仪离子源 H_2O 本底带来的影响，需要经常进行加热去水汽。样品和标准气不纯，尤其是碳氢化合物的存在，会影响 ^{45}M 的强度，从而使 $\delta^{13}C$ 值偏正。

（三）氮同位素的质谱分析

氮同位素的测试通常测量 N_2。

由于：

$$1 + \delta^{29} = \frac{R_{Sa}^{29}}{R_{Re}^{29}} \qquad (3-42)$$

$$1 + \delta^{15} = \frac{R_{Sa}^{15}}{R_{Re}^{15}} \qquad (3-43)$$

所以：

$$\delta^{29} = \frac{\left(\dfrac{^{14}N^{15}N}{^{14}N^{14}N}\right)_{Sa}}{\left(\dfrac{^{14}N^{15}N}{^{14}N^{14}N}\right)_{Re}} - 1 = \frac{\left(\dfrac{^{15}N}{^{14}N}\right)_{Sa}}{\left(\dfrac{^{15}N}{^{14}N}\right)_{Sa}} - 1 = \frac{R_{Sa}^{15}}{R_{Re}^{15}} - 1 = \delta^{15} \qquad (3-44)$$

在氮气的同位素测量中，直接取质量数 28 和 29 的峰，不必做任何较正，即可获得 $\delta^{15}N$ 的值。

氮同位素质谱分析中的主要干扰因素有：

① 空气本身的影响。空气主要由氮、氧和一定量的稀有气体（主要为氩气）组成，研究表明，氮本底直接干扰样品中 $\delta^{15}N$ 的测定，而氧的存在会在离子源中产生离子-分子反应生成 CO^+（28、29、30）、NO^+（30）等，可使 $\delta^{15}N$ 值变化 1‰。氩气（Ar）在离子源中与 N_2 之间的电荷交换过程动力学同位素效应也会对 $\delta^{15}N$ 值测定带来 0.1‰左右的影响。所以尽量降低空气的干扰是氮同位素分析首先要注意的问题，无论对样品制备还是质谱仪的真空性能都提出了严格要求。

② 标准的选取及制备也影响 $\delta^{15}N$ 值的精度和可靠性。国际上公认以大气氮中 $\delta^{15}N$ 作为基准，推荐用大气氮作为氮同位素标准物质。那么大气中氮的提取、纯化、保存会直接影响样品 $\delta^{15}N$ 的测定结果。建议利用经过严格标定的高纯钢瓶氮气作为工作标准，以避免在大气中氮的提取过程中因各种因素而造成的同位素分馏致使标准不稳定而影响样品 $\delta^{15}N$ 值的波动。

（四）硫同位素的质谱分析

硫同位素的测试通常是测量气体 SO_2 和 SF_6。

1. SO_2 硫同位素质谱分析

硫同位素组成是通过测量质量数为 64、65 和 66 的离子流强度得到的。SO_2 分子的同位素构成见表 3-3。与 CO_2 中同位素分析相似，其中都有干扰离子的存在，需要经过相应的离子校正。

表 3-3 SO_2 分子的同位素构成

硫同位素	氧同位素		分子质量数	相对丰度
32	16	16	64	9.46×10^{-1}
33	16	16	65	7.38×10^{-3}
34	16	16	66	4.16×10^{-2}
36	16	16	68	1.35×10^{-4}
32	16	17	65	7.59×10^{-4}
33	16	17	66	5.92×10^{-6}
34	16	17	67	3.34×10^{-5}
36	16	17	69	1.09×10^{-7}
32	16	18	66	3.79×10^{-3}
33	16	18	67	2.96×10^{-5}
34	16	18	68	1.67×10^{-4}
36	16	18	70	5.43×10^{-7}
32	17	17	66	1.52×10^{-7}
33	17	17	67	1.19×10^{-9}
34	17	17	68	6.69×10^{-9}
36	17	17	70	2.18×10^{-11}
32	17	18	67	1.52×10^{-6}
33	17	18	68	1.19×10^{-8}
34	17	18	69	6.69×10^{-8}
36	17	18	71	2.18×10^{-10}
32	18	18	68	3.80×10^{-6}
33	18	18	69	2.97×10^{-8}
34	18	18	70	1.67×10^{-7}
36	18	18	72	5.44×10^{-10}

同位素比率表示为：

$$R^{66} = \frac{I^{66}}{I^{64} + I^{65}} \tag{3-45}$$

$$I^{66} = {}^{34}S^{16}O^{16}O + {}^{33}S^{16}O^{17}O + {}^{32}S^{17}O^{17}O + {}^{32}S^{16}O^{18}O$$

剔除低丰度同位素，简化为：

$$I^{66} = {}^{34}S^{16}O^{16}O + {}^{32}S^{16}O^{18}O$$

$$I^{65} = {}^{33}S^{16}O^{16}O + {}^{32}S^{16}O^{17}O$$

$$I^{64} = {}^{32}S{}^{16}O{}^{16}O$$

利用上面的等式可以得到：

$$R^{66} = \frac{{}^{34}S{}^{16}O{}^{16}O + {}^{32}S{}^{16}O{}^{18}O}{{}^{32}S{}^{16}O{}^{16}O + {}^{33}S{}^{16}O{}^{16}O + {}^{32}S{}^{16}O{}^{17}O} \tag{3-46}$$

定义下面的比率：

$$\begin{aligned}
\frac{{}^{34}S{}^{16}O{}^{16}O}{{}^{32}S{}^{16}O{}^{16}O} &= R^{34} = \frac{{}^{34}S}{{}^{32}S} \longrightarrow 4.4 \times 10^{-2} \\
\frac{{}^{33}S{}^{16}O{}^{16}O}{{}^{32}S{}^{16}O{}^{16}O} &= R^{33} = \frac{{}^{33}S}{{}^{32}S} \longrightarrow 7.78 \times 10^{-3} \\
\frac{{}^{32}S{}^{16}O{}^{18}O}{{}^{32}S{}^{16}O{}^{16}O} &= R^{18} = \frac{{}^{16}O{}^{18}O}{{}^{16}O{}^{16}O} \longrightarrow 4.01 \times 10^{-3} \\
\frac{{}^{32}S{}^{16}O{}^{17}O}{{}^{32}S{}^{16}O{}^{16}O} &= R^{17} = \frac{{}^{16}O{}^{17}O}{{}^{16}O{}^{16}O} \longrightarrow 8.02 \times 10^{-4}
\end{aligned} \tag{3-47}$$

得到：

$$R^{66} = \frac{R^{34} + R^{18}}{1 + R^{33} + R^{17}} \tag{3-48}$$

测量值表示为：

$$1 + \delta_m^{66} = \frac{R_{Sa}^{66}}{R_{Re}^{66}} \tag{3-49}$$

将等式（3-48）中的 R^{66} 代入等式（3-49）得到：

$$1 + \delta_m^{66} = \frac{\dfrac{R_{Sa}^{34} + R_{Sa}^{18}}{1 + R_{Sa}^{33} + R_{Sa}^{17}}}{\dfrac{R_{Re}^{34} + R_{Re}^{18}}{1 + R_{Re}^{33} + R_{Re}^{17}}} \tag{3-50}$$

期望值表示为：

$$1 + \delta_c = \frac{R_{Sa}^{34}}{R_{Re}^{34}} \tag{3-51}$$

因为存在下述的关系：

$$1 + \frac{\delta_c}{2} = \frac{R_{Sa}^{33}}{R_{Re}^{33}}$$

$$\begin{aligned}
R_{Sa}^{17} &= R_{Re}^{17} \\
R_{Sa}^{18} &= R_{Re}^{18}
\end{aligned} \text{（标准气和样品气的氧同位素相同）}$$

所以，等式（3-50）可以表示为：

$$\delta_c = \delta_m^{66} \times \left(1 + \frac{R_{Re}^{18}}{R_{Re}^{34}}\right) \times \frac{2}{2 - C_1 \times R_{Re}^{33}} \tag{3-52}$$

第二篇

其中：

$$C_1 = \frac{R_{Re}^{34} + R_{Re}^{18}}{R_{Re}^{34} \times \left(1 + R_{Re}^{33} + R_{Re}^{17}\right)}$$

标准样品的 R^{34}、R^{33}、R^{18} 和 R^{17} 值必须通过测量得到。

利用：

$$K_1 = \frac{R_{Re}^{18}}{R_{Re}^{34}}$$

$$K_2 = \frac{2}{2 - C_1 \times R_{Re}^{33}}$$

$$(3\text{-}53)$$

测量值表示为：

$$\delta_c = \delta_m^{66} \times \left(1 + K_1\right) \times K_2$$

二氧化硫是腐蚀性气体，具有较大的黏滞性，长期进行二氧化硫的同位素质谱测定，会造成一定的双进样系统和离子源的污染，所以 $\delta^{34}S$ 测定最好使用专用质谱。

2. SF_6 硫同位素质谱分析

元素氟只有一个稳定同位素（质量数 19）。因此不存在干扰离子的校正问题。通常需要测试质量数为 127、128、129 和 131 的 SF_5^+（见表 3-4）。

表 3-4 SF_5^+ 的同位素构成

硫同位素	氟同位素	分子质量数	相对丰度
32	19	127	9.51×10^{-1}
33	19	128	7.42×10^{-3}
34	19	129	4.18×10^{-2}
36	19	131	1.36×10^{-4}

测量的比率可以表示为：

$$R^{129} = \frac{I^{129}}{I^{128} + I^{127}}$$

$$I^{129} = {}^{34}S\,{}^{19}F_5$$

$$I^{128} = {}^{33}S\,{}^{19}F_5$$

$$I^{127} = {}^{32}S\,{}^{19}F_5$$

$$(3\text{-}54)$$

等式（3-54）可以写为：

$$R^{129} = \frac{\dfrac{{}^{34}S\,{}^{19}F_5}{{}^{32}S\,{}^{19}F_5}}{1 + \dfrac{{}^{33}S\,{}^{19}F_5}{{}^{32}S\,{}^{19}F_5}}$$

$$(3\text{-}55)$$

可以表示为：

$$R^{129} = \frac{R^{34}}{1 + R^{33}} \tag{3-56}$$

测量值可以表示为：

$$1 + \delta_m^{129} = \frac{\dfrac{R_{Sa}^{34}}{1 + R_{Sa}^{34}}}{\dfrac{R_{Re}^{34}}{1 + R_{Re}^{33}}} \tag{3-57}$$

δ 值可以表示为：

$$1 + \delta_c = \frac{R_{Sa}^{34}}{R_{Re}^{34}} \tag{3-58}$$

鉴于：

$$\frac{R_{Sa}^{33}}{R_{Re}^{33}} = 1 + \frac{\delta_c}{2} \tag{3-59}$$

δ_m 和 δ_c 的关系表示为：

$$\delta_c = \delta_m^{129} \times \left(1 + \frac{0.5 \times R_{Re}^{33}}{1 + 0.5 \times R_{Re}^{33}} \right) \tag{3-60}$$

三、稳定同位素质谱分析误差

对于稳定同位素的测试，测量误差主要来源可归纳为以下几方面：

① 样品采集：严格规范样品采集方法是全部分析流程的关键。样品采集要注意其样品的代表性、稳定性和样品的采集量。通过深入了解同位素分析的全过程，制定合理的样品采集方案。例如，水样品的蒸发以及同位素平衡反应都会改变原始水样的同位素丰度值，在采集水样时应使用密封性能好并经严格清洗的容器。

② 样品制备前处理和化学制备过程。这个过程主要涉及样品转化率（即回收率或产率）、样品制备纯度、制备过程中的同位素分馏效应和多次样品制备过程中的记忆效应等。例如，水中氢同位素分析制备过程中，如果水还原为 H_2 不完全，对 δD 值有明显的影响，δD 的变化可达百分之几。在进行 δ 值相差较大的不同样品制备时，记忆效应十分严重，甚至会影响以后多次样品制备的数据稳定性。另外，样品制备的不纯，可直接干扰离子流测定。CO_2 分析时，有机物的存在会干扰质量数 45 峰的强度，从而改变 $\delta^{13}C$ 的测定值。在氮同位素分析时，CO_2 或 CO 的存在会与质量数 28、29 的峰叠加，$\delta^{15}N$ 的测定值偏离实际值。

③ 被分析样品或标准通过气体双进样系统送入离子源的过程中同样存在带来测量误差的因素。应注意进样系统的真空静态保持状态，经常测定系统的本底变化情况，进样毛细管要注意加热去气，并经常检查双毛细管的通导平衡，使其在同一压力状态下得到相同强度的离子流。要注意标准 δ 值的变化，尤其在氢同位素分析时，基本的分析要求是分析一个样品重新更换一次标准。标准进样最好采取大体积毛细管进样装置，从而保证标准 δ 值的相对稳定性。

④ 在中性分子或原子被电子轰击的电离过程中，在离子飞出、加速过程中，会产生质

量歧视效应，而且不同元素的电离效率也不一样，根据不同的分析对象，选择不同的最佳电参数是十分重要的，例如，由 CO_2 中 $\delta^{13}C$、$\delta^{18}O$ 测定转换为 H_2 中的 δD 时，需仔细调整离子源各离子透镜的电压值（包括电子发射）并使其保持稳定。另外，离子源的污染和质谱分辨本领的降低也直接影响数据结果的稳定性。

⑤ 注意经常观察质谱峰的变化，包括峰形、峰中心、峰稳定性、套峰情况以及强峰的拖尾影响。磁铁位置的变化、质量分析器和离子接收器的污染、真空度的改变和供电电压的不稳都会体现在质谱峰的变化上，直接影响测量结果的精度。在离子检测系统中，离子流放大器线性范围需要通过实验来标定，确定出不同离子流强度与 δ 值的变化关系，以制定最佳分析条件。

⑥ 在连续流进样系统中，同样会有众多因素带来分析误差，如载气氦气及各种标准气的纯度会直接影响测量结果的精度。系统的密封性能、多次样品分析形成的积叠效应会使峰形变化、峰拖尾加长，以致影响峰面积积分的取值合理性。另外，在连续流进样系统中，样品在反应炉中的裂解、氧化还原时间很短，所以，往往会造成样品的反应不完全，继而造成同位素分馏，所以对气体流量的控制、反应温度的设定、试剂的选取等方面都有严格要求。

总之，认真掌握同位素分析的每一步环节，仔细分析造成测量误差的所有因素，经常定期用标准样品检查制备系统与质谱系统测量数据的长期稳定性，从而保证获得高精度的可靠的稳定同位素分析结果。

参 考 文 献

[1] 郑淑惠，等. 稳定同位素地球化学分析. 北京：北京大学出版社，1986.
[2] 陈锦石. 陈文正. 碳同位素地质学概论. 北京：北京大学出版社，1983.
[3] 季欧. 质谱分析法. 北京：原子能出版社，1978.
[4] 黄达峰，罗修泉，等. 同位素质谱技术与应用. 北京：化学工业出版社，2006.
[5] 刘炳寰，等. 质谱学方法与同位素分析. 北京：科学出版社，1983.
[6] McKinney C R, et al. Rev Sci Instrum, 1950, 21: 724.
[7] Sweeley C C, et al. Anal Chem, 1966, 38: 1549.
[8] Sano M, et al. Biomed Mass Spectrom, 1976, 3: 1.
[9] Matthews D E, Hayes J M. Anal Chem, 1978, 50: 1465.
[10] Habfast K. Advanced isotope ratio mass spectrometry. Chemical Analysis. J D Winefordner, Ed.Monograph Series on Analytical Chemistry and its Applications. Vol 145. NewYork: John Wiley & Sons, 1997: 11.
[11] Nier A O. Rev Sci Instr, 1940, 11: 212.
[12] 王大锐，等.油气稳定同位素地球化学. 北京：石油工业出版社，2000.
[13] Bigeleisen J, et al. Anal Chem, 1952, 24: 1356.
[14] Coleman M L, et al. Anal Chem, 1982, 54: 993.
[15] Mühle K, et al. Zfl-Mittei-lungen, Nr, 1981, 37.
[16] Tanweer A, Han L F. Isot Environ Health Stud, 1996, 31: 1.
[17] Begley I S, Scrimgeour C M. Anal Chem, 1997, 69: 1530.
[18] Rolston J H, et al. J Phys Chem, 1976, 80: 1064.
[19] Ohsumi T, Fujino H. Anal Sci, 1986, 2: 489.
[20] Coplen T B, et al. Anal Chem, 1991, 63: 910.
[21] Thielecke F, et al. J Mass Spectrom, 1998, 33: 342.
[22] Gehre M, et al. Anal Chem, 1996, 68: 4414.
[23] Vaughn B H, et al. Chem Geol, 1998, 152: 309.
[24] Sharp Z D, et al. Chem Geol, 2001, 178: 197.
[25] Ferretti D F, et al. J Geophys Res: Atmospheres, 2000, 105: 6709.
[26] Brenninkmeijer C A M. J Geophys Res, 1993, 98: 10595.
[27] Mak J E, Yang W. Anal Chem, 1998,70: 5159.
[28] Tsunogai U, et al. Anal Chem, 2002, 74: 5695.
[29] Lowe D C, et al. J Geophys Res, 1991, 96: 15455.
[30] Merritt D A, et al. Anal Chem, 1995, 67: 2461.
[31] Miller J B, et al. J Geophys Res: Atmospheres, 2002, 107(D13): ACH 11-11-ACH 11.
[32] Mook W G. Geochemistry of the stable carbon and oxygen isotopes of natural waters in the Netherlands. Groningen: University of Groningen, 1968.
[33] Williams P M, Gordon L I. Deep-Sea Res, 1970,17:19.
[34] Games L M, Hayes J M. On the mechanisms of CO_2 and CH_4 production in a natural anaerobic environments//Nriagu J O Ed. Environmental biogeochemistry Vol 1. Ann Arbor Mich:Ann Arbor Science Publ Inc, 1976:51.
[35] le Clercq M, et al. Anal Chim Acta, 1998, 370: 19.
[36] St-Jean G. Rapid Commun Mass Spectrom, 2003, 17: 419.
[37] Gandhi H, et al. Rapid Commun Mass Spectrom, 2004, 18: 903
[38] Sofer Z. Anal Chem, 1980, 52: 1389.

[39] McCrea J M. J Chem Phys, 1950, 18: 849.

[40] Mariotti A. Nature, 1983, 303: 685.

[41] Huber C, Leuenberger M. Isot Environ Health Stud, 2005, 41: 189.

[42] Yoshida N, Matsuo S. Geochem J, 1983, 17: 231.

[43] Kaiser J T, et al. J Geophys Res, 2003, 108: 4476

[44] Russell K M. et al. Atmos Environ, 1998, 32: 2453.

[45] Hoering T C. Geochim Cosmochim Acta, 1957, 12: 97.

[46] Cline J D, Kaplan J R. Mar Chem, 1975, 3: 271.

[47] Tanaka T, Saino T. J Oceanogr, 2002, 58: 539.

[48] Ueda S, Ogura, N. Geophys Res Lett, 1991, 18: 1449.

[49] Sigman D M. The role of biological production in Pleistocene atmospheric carbon dioxide variations and the nitrogen isotope dynamics of the Southern Ocean, Ph.D. thesis, Mass. Inst. Technol./Woods Hole Oceanogr. Inst. Joint Program in Oceanography, Woods Hole, 1997.

[50] Goerges T, Dittert K. Commun Soil Sci Plant Anal, 1998, 29: 361.

[51] Johnston A M, et al. Rapid Commun Mass Spectrom, 1999, 13: 1531.

[52] Stickrod R, Marshall J. Rapid Commun Mass Spectrom, 2000, 14: 1266.

[53] Ogawa N O, et al. Limnol Oceanogr, 2001, 46:1228.

[54] Sakata M. Geochem J, 2001, 35: 271.

[55] Sebilo M, et al. Environ Chem, 2004, 1: 99.

[56] Wedeking K W, et al. Procedures of Organic geochemical analysis// J W Schopf, Ed. In Earth's Earliest Biosphere: Its Origin and Evolution. Princeton Univ Press, 1983: 428-441

[57] Mariotti A, et al. Geochim Cosmochim Acta, 1984, 48: 549.

[58] Nevins J L, et al. Anal Chem, 1985, 57: 2143.

[59] Kendall C, Grim E. Anal Chem, 1990, 62: 526.

[60] Pichlmayer F, Blochberger K. Anal Chem, 1988, 331: 196.

[61] Thiemens M H, Meagher D. Anal Chem, 1984, 56: 201.

[62] Wassenaar L I, Koehler G. Anal Chem, 1999, 71: 4965.

[63] Barkan E, Luz B. Rapid Commun Mass Spectrom, 2003, 17: 2809.

[64] Huff A K, et al. Anal Chem, 1997, 69: 4267.

[65] Yoshida N, Toyoda S. Nature, 2000, 405: 330.

[66] Revesz K, Coplen T B. Anal Chem, 1990, 62: 972.

[67] Demeny A, Haszpra L. Rapid Commun Mass Spectrom, 2002, 16: 797.

[68] Schauer A J, et al. Rapid Commun Mass Spectrom, 2005, 19: 359.

[69] Brenninkmeijer C A M, Rockmann T. Rapid Commun Mass Spectrom, 1998, 12: 479.

[70] Clayton R N, Epstein S J. Geol, 1958, 66: 352.

[71] Clayton R N, Mayeda T K. Geochim Cosmochim Acta, 1963, 27: 43.

[72] Taylor H P Jr, Epstein S. Geol Soc Am Bull, 1962, 73: 461.

[73] Sharp Z D. Geochim Cosmochim Acta, 1990, 54: 1353.

[74] Sharp Z D. Chem Geol, 1992, 101: 3.

[75] Epstein S, Mayeda T. Geochim Cosmochim Acta, 1953, 4: 213.

[76] Leuenberger M, Huber C. Anal Chem, 2002, 74: 4611.

[77] O'Neil J R, Epstein S J. Geophys Res, 1966 71: 4956.

[78] Baker L, et al. Anal Chem, 2002, 74: 1665.

[79] Yang W B, et al. Chem Geol, 1996, 130: 139.

[80] Rafter T A. N Z Jl Sci, 1967, 10: 493.

[81] Savarino J, et al. Anal Chem, 2001, 73: 4457.

[82] Fritz P. Anal Chem, 1974, 46: 164.

[83] Giesemann A, et al. Anal Chem, 1994 66: 2816.

[84] Gao X, Thiemens M H. Geochim Cosmochim Acta, 1993, 57: 3159.

[85] Ono S, et al. Geochim Cosmochim Acta, 2006, 70: 2238.

[86] Rumble D Ⅲ, et al. Geochim Cosmochim Acta, 1993, 57: 4499.

[87] Rumble D Ⅲ, Hoering T C. Acc Chem Res, 1994, 27: 237.

[88] 沈渭洲. 同位素地质学教程. 北京: 原子能出版社, 1994

[89] 张理刚. 稳定同位素在地质科学中的应用. 西安: 陕西科学技术出版社, 1985

[90] 郑永飞, 陈江峰. 稳定同位素地球化学. 北京: 科学出版社, 2000

[91] 顾慰祖. 同位素水文学. 北京: 科学出版社, 2011

[92] 林光辉. 稳定同位素生态学. 北京: 高等教育出版社, 2013

[93] Craig H. Geochim Cosmochim Acta, 1957, 12: 133.

第四章　热电离质谱法

原子或分子在高熔点、高功函数金属带，或金属丝的热表面产生原子离子或分子离子的现象称为热电离；采用热电离原理制造的热电离源与质量分离器、离子探测器组建成热电离质谱仪；使用热电离质谱仪测量元素同位素丰度、同位素丰度比等的方法通常称作热电离质谱法，或称热电离质谱（TIMS）。因为热电离技术可以产生正离子或负离子，客观上也存在正热电离质谱（PTIMS）和负热电离质谱（NTIMS）。

第一节　热电离质谱法原理

一、热电离

（一）正热电离

当原子或分子受热到特定温度时，其中一部分原子或分子会失去电子成为正离子，此过程称为正热电离（PTI）[1~6]，正热电离的电离效率遵从 Langmuir-Kingdon 方程[1~4]：

$$\eta^+ = \frac{N^+}{N^0 + N^+} = 1 + \frac{g^0}{g^+} e^{\frac{I-W}{kT}} \tag{4-1}$$

式中，N^+、N^0 是同一单位时间逃离金属表面的正离子、中性粒子的数目；g^+、g^0 是正离子、中性粒子离开金属表面的统计权重，对碱金属 g^+=1，g^0=2；e 是电子电荷（1.6×10^{-19}C）；I 是被测量物质的第一电离电位，eV；W 是金属带或丝表面的公函数，eV；k 是玻尔兹曼常数，k=8.61$\times 10^{-5}$eV/K；T 是热力学温度，K。

从上式可以看出，热电离源的电离效率 η^+ 依赖于被分析物质的第一电离电位、金属带表面的功函数、热力学温度和它们之间的组合关系。被分析物质的第一电离电位 I 越低，带表面的热力学温度 T 越高，功函数 W 越大，电离效率 η^+ 就越高；对于低电离电位元素，如碱金属、碱土金属和稀土元素，通常 $I<W$，热电离具有高的电离效率；对于高电离电位元素，如 Fe、Ni、Cd、Sb、Zn 等过渡元素，$I>W$，电离效率低。因此，可以得出如下结论：

① 热电离源适合低电离电位元素，或较低电离电位元素的电离。

② 为了提高特定元素的电离效率和实现高电离电位元素热电离，应该采取如下措施，即增加金属带的温度，提高金属带表面的功函数，降低被分析物质的第一电离电位 I。

③ Re、Ta 是目前最通用的热电离源电离带材料，把它们及与它们的物理性质相近的金属 W、Pt、Ni 的熔点和功函数列入表 4-1。

④ 因为热电离源的电离条件与被电离元素的第一电离电位密切相关，利用这种选择性可以在特定的测量条件下，排除同量异位素和具有相同质量数的氧化物、化合物离子的干扰。

表 4-1　可供选择的金属熔点及功函数[5,6]

金　属	功函数/eV	熔点/℃
W	4.58	3416
Re	4.96	3180
Ta	4.15	2996
Pt	5.65	1772
Ni	5.15	1453

在这些金属中，Pt 的功函数最高，但是它同 Ni 相类似，熔点偏低，不具备高功函数、高熔点双重条件；W 的功函数和熔点虽然都比较高，但是 W 机械加工困难，也不适合作为热电离材料；目前，用得最多的是 Re 和 Ta 两种金属元素，特别是 Re 的功函数和熔点都比较高，富于韧性，加工容易，格外受到重用。

热电离源的电离结构有三种类型，即单带（平面带、V 形带或称舟形带）、双带和三带结构[5,6]。

1. 单带结构

单带结构是热电离源中使用最早的一种，其雏形是一根钨丝，经过多次演变，定型为两种形式，即平面带和 V 形带。

单带源的平面带结构简单，使用方便。一根典型带的尺寸为：0.02～0.04mm 厚、0.7～0.8mm 宽、14～18mm 长，由箔片经过金属加工切割制成。使用时，将样品以溶液形式直接涂覆在带的表面，样品通过流经带的电流加热蒸发和电离。很显然，单带上样品蒸发和电离受制于同一个温度，两种过程有时相互制约，无法实现最佳电离效果。在特定样品和带的材料情况下，为了提高电离效率，需要增加带的温度；带温度的升高，必将加快样品的消耗，很难维持离子流稳定。因此，这种形式的电离结构目前很少直接使用；但是，采用电离增强剂（添加剂）进行高电离电位元素的热电离时，单带又是必不可少的形式。

V 形带，因其横断面的形状成英文的 V 字形而得名；又因俯视它的凹槽类似船的形状，也被称为舟形带。实质上，V 形电离带是单带的另一种形式，涂覆在它上面的样品也仅仅依靠同一个电流进行蒸发和电离。所不同的是它的 V 形凹槽可以容纳更多样品，受热蒸发的分子、原子有更多概率接触 V 形内壁表面，有利于增加电离效率，V 形凹槽内产生的离子有利于聚焦和引出。

2. 双带、三带结构

单带源的工作原理是涂覆在带上的样品，其蒸发和电离在同一个带上进行，受同一个加热电流产生的温度控制。而两种相互制约的过程必然导致低的电离效率。为了克服上述缺陷，人们自然想到把样品的蒸发、电离分开操作，使它们在两个不同的带上受不同温度制约，相互独立、互不干扰，充分发挥热电离源的电离效率。按着这种原理可以设计多种形式的热电离结构，统称为多带电离源。事实上，文献报道过的多种形式的多带电离源可以归结为两类，即双带电离源和三带电离源。无论是双带源还是三带源，它们的基本功能是相同的，即位于左或右侧方向的带用于涂覆样品，称作样品带。样品带通过电流的调整，控制带的温度，维持样品以合理的速率蒸发；位于离子源离子光学系统轴向位置，与样品带平行或垂直的另一条带称作电离带，电离带通过独立于样品带的电流加热，其作用是为来自样品带的分子、原子提供足够的电离温度。

双带电离源和三带电离源的样品蒸发、电离分别通过两个独立的加热电流进行控制，在其他相关因素基本不变的情况下，为了提高电离效率，应该尽可能地增加电离带的温度。因此，这种电离结构克服了单带结构样品蒸发、电离依赖同一温度相互制约的弊病，改善了单带结构电离源使用的局限性，扩大了热电离源的应用范围；同时多带电离源产生的主要是原子离子，即使个别元素在电离过程中出现氧化物离子，所占份额也很小，不影响原子离子束的强度，这一优势在客观上增加了方法的灵敏度。

多带电离源的上述优点丰富了热电离理论，拓宽了热电离源的应用范围，包括碱金属、碱土金属、稀土元素和部分过渡元素等元素周期表中大约 85% 的元素，都可以用多带电离源得到满意的电离效果。

3. 电离增强剂技术

对诸如 B、Zn、Mo、Ge、Cd、Sb、Pb 和卤族元素等高熔点、高电离电位元素的热电离存有一定困难，为此人们采取了多种措施，这些措施包括：

① 样品形态的选择。主要遵从样品受热蒸发时能提供稳定的蒸气压和便于电离。

② 降低被测元素的电离电位，或增加电离带的功函数。为此，添加剂（或称电离增强剂）的广泛使用无疑起到了很好的效果。曾经用过的有机物添加剂有甘油和蔗糖，无机物添加剂包括铝硅酸盐、硼砂或硼酸、硅胶、石墨等。它们在特定条件下对被测元素不同程度地起发射剂的作用。有些添加剂如硼酸、硅胶和石墨等，至今还在同位素地质、同位素地球化学和核科学等领域广泛使用。

③ 电离带的氢、氧和苯处理法。其方法是在特定真空环境下对电离带进行热处理，即氢化、氧化、炭化。

上述技术措施是在单带电离机构的情况下进行的，这些技术提高了电离效率，成效显著。它们在电离过程中所发挥的功能机制十分复杂，目前仍然不甚明了，但是其作用不可忽视。表 4-2 给出了某些高电离电位元素热电离的样品形式和添加剂。

表 4-2 高电离电位元素热电离的样品形态和添加剂

元素	样品形态	电离增强剂	参考文献
B	Cs_2BO_2	石墨	[4,7]
Fe	$Fe(NO_3)_2$	H_3PO_4, Si_2O_3	[8,9]
Ni	$Ni(NO_3)_2$	H_3BO_3, Si_2O_3	[10,11]
Cu	$Cu(NO_3)_2$	H_3PO_4, Si_2O_3	[11]
Zn	$Zn(NO_3)_2$	H_3PO_4, Si_2O_3	[12,6]
Ge	$Ge(NO_3)_2$	硼酸	[13]
Cd	$Cd(NO_3)_2$	H_3PO_4, Si_2O_3	[14]
Mo	$Mo(NO_3)_2$	H_3PO_4, Si_2O_3	[4]
Pb	$Pb(NO_3)_2$	H_3PO_4, Si_2O_3	[11]
Sb	$Sb(NO_3)_2$	H_3PO_4, Si_2O_3	[15,16]
Cl	CsCl	石墨	[4]
Br	CsBr	石墨	[4]
I	CsI	石墨	[4]
Cr	$CrHO_3$	H_3BO_3, Si_2O_3	[10]

（二）负热电离

原子或分子受热蒸发撞击灼热的金属表面时，一部分原子或分子会得到电子成为负离子，这一过程称为负热电离，负热电离的电离效率 η^- 遵循 Langmuir-Saha 方程[4~6]：

$$\eta^- = \frac{N^-}{N^0 + N^-} = 1 + \frac{g^0}{g^-} e^{\frac{W-E_A}{kT}} \tag{4-2}$$

式中，N^0、N^- 是同一单位时间逃离金属表面的中性粒子和负离子的数目；g^0、g^- 是中性粒子和负离子离开金属表面的统计权重；e 是电子电荷（$1.6 \times 10^{-19}C$）；W 是金属表面的功函数，eV；k 是玻尔兹曼常数，$k=8.61 \times 10^{-5}eV/K$；$T$ 是热力学温度，K；E_A 是被分析物的电子亲和能，eV。

表 4-3 给出了一些有利于负热电离元素原子、分子及它们的电子亲和能。

表 4-3 有利于负热电离元素原子、分子及它们的电子亲和能[2,4,6]

原子或分子	E_A/eV	原子或分子	E_A/eV
NO₂	3.91	CN	3.17
Cl	3.61	I	3.06
BO₂	3.56	Se	2.12
F	3.45	S	2.07
Br	3.35	Te	1.96

由式（4-2）可见，要提高负热电离离子源的电离效率，要么降低金属带材料的功函数，要么提高被测元素原子或化合物的电子亲和能。实验表明，涂样时掺入镧、钍或钡等元素的硝酸盐或氢氧化物有助于降低金属带的功函数，提高负离子产额。

早期负热电离技术主要用于非金属元素 Cl、Br、I 及氧化物 BO_2^-、TeO_2^-、IO_2^-、NO_2^-、SeO^- 的同位素测定。Mo、W、Re、Os 等高熔点、高电离电位元素热电离的正离子生成率很低，但它们能与氧生成氧络阴离子，其盐在热电离中容易得到电子成为负离子 MoO_3^-、WO_3^-、ReO_4^-、OsO_3^-，甚至于负离子流强度比正离子流强度高 100～1000 倍[4]。

二、离子束聚焦、拉出

热电离产生的离子电荷比较单一，这些单电荷离子通常发散地分布在狭窄电离空间。它们经过离子源的离子光学透镜，在透镜横向、纵向聚焦的作用下形成离子束。因为离子源出口缝相对电离带之间具有几千伏，乃至上万伏的负电压或正电压（依赖于电离形式），在负或正电压作用下，聚焦的离子通过离子源的离子准直出口缝，以矩形离子束的形状进入质量分析器。

很显然，如果热电离产生的是负离子，则离子源出口缝相对电离带之间施加正电压，同时，离子光学系统的极性也将做相应的极性变化。负离子通过离子源的离子准直出口缝，以矩形负离子束形状进入质量分析器。

图 4-1 是一组具有横向、纵向聚焦功能和离子能量过滤效果的离子光学透镜系统示意[6]。

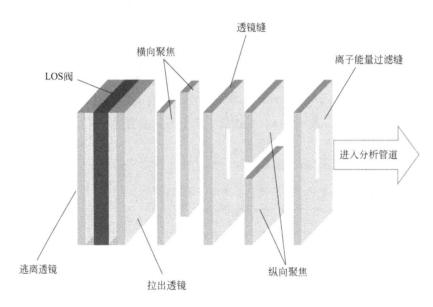

图 4-1 离子源离子光学系统（GV IsoProbe）示意图

三、质量分离

热电离质谱仪通常采用方向聚焦磁式质量分析器进行质量分离。具有一定能量的离子以矩形离子束形状进入质量分析器，在垂直于离子运行方向的磁场洛伦兹力作用下，不同质量的离子经偏转、分离、聚焦，形成按质荷比排序的离子束。这些不同质量的离子束可以由小到大按时间先后次序进入单一接收器进行积分模拟测量，或脉冲计数测量；也可同时进入相应的接收器进行多接收同时测量。

为了进一步剔除能量散射离子，改善分析器分辨本领，提高仪器的丰度灵敏度，仪器设计、制造过程中可以采取相应措施。目前的商品热电离质谱仪大都在分析器的末端或接收器前附加能量过滤器。例如，IsoProbe-TIMS 在磁分析器至接收器间加入六极杆；Finnigan Triton 在接收器前设置 RPQ。这些装置的设置在一定程度上抑制能量发散离子进入接收器，提高丰度灵敏度。

图 4-2 给出了 Finnigan Triton 热电离质谱仪测量钍同位素丰度比（^{232}Th/^{230}Th）时，分析系统未设置和设置 RPQ 的丰度灵敏度比较。未设置 RPQ（上图）的丰度灵敏度 $A < 2 \times 10^{-6}$，^{232}Th 的拖尾峰很明显，严重干扰 ^{230}Th 测量；分析系统设置 RPQ 时丰度灵敏度 $A < 5 \times 10^{-9}$，这时叠加在 ^{230}Th 上的 ^{232}Th 峰的拖尾基本被剔除[17]。

四、离子检测

由质量分析器分离，其强度在 $10^{-8} \sim 10^{-16}$A 范围的离子束经过接收、放大、模数转换、数据处理和信息获得等实验过程，给出被测量元素的同位素丰度或丰度比。

热电离质谱法采用模拟测量或脉冲计数测量，其过程大致如图 4-3 所示[17]：

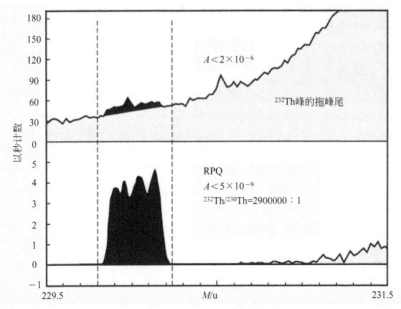

图 4-2　Finnigan Triton 热电离质谱仪有、无能量过滤器(RPQ)的丰度灵敏度比较

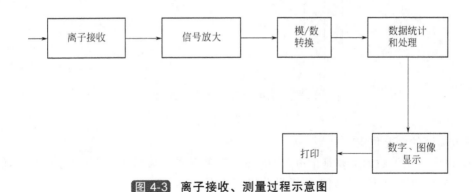

图 4-3　离子接收、测量过程示意图

第二节　热电离质谱仪

热电离质谱仪主机由离子源、质量分析器、离子检测器组成，附属设备包括抽真空系统、供电系统、数据处理与仪器控制系统。

一、离子源

热电离离子源包括用于样品蒸发、电离的带机构和一组离子光学透镜，在两者之间设置屏蔽罩（或称屏蔽盒），带机构置于屏蔽罩内。屏蔽罩的设置使得电离区域和透镜区域形成一定压差，有利于离子产额的稳定，同时减小或避免样品蒸发对透镜污染。

现代商品热电离质谱仪离子源的带机构有单带、双带、三带或舟形带等形状，如图 4-4 所示，带、带支架组件使用时安装在离子源的样品转盘上。每个转盘可以一次安装几个，十几个或几十个带插件。

涂覆在高熔点、高功函数金属带上的样品，被通过带的电流加热蒸发、分解和电离，部分失去或得到电子的原子、分子成为带正或负电荷的离子。这些离子在离子源电离区域获得一定能量后，通过屏蔽罩缝隙进入离子光学透镜系统，经聚焦、加速，形成具有一定几何形状的离子束，在几千甚至万伏高电场中离子进一步被加速，穿过具有能量过滤效果的离子源出口缝进入质量分析器。

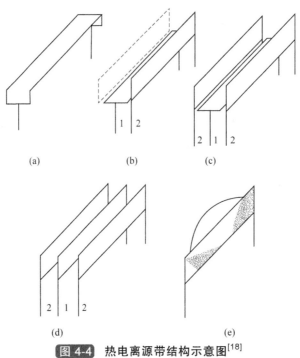

(a)　　　　　(b)　　　　　(c)

(d)　　　　　(e)

图 4-4 热电离源带结构示意图[18]

(a)单带；(b)双带；(c),(d)三带；(e)舟形或称V形带

热电离源的主要优点[4,6,18,19]：

① 热电离源生成的主要是单电荷原子离子，离子能量发散小（小于 0.2eV），谱线清晰，通常用单聚焦磁性分析器分离就能满足分辨率的需求。

② 欲测量的原子或分子在确定高温环境下电离，其他原子、分子和残存的有机化合物因电离电位差异，不能电离；低电离电位元素，包括 Na、K、Ba 等自然环境中广泛存在的碱金属和低电离电位化合物"本底"在加热的过程中容易提前排除，减小了同量异位素或其他杂质离子干扰。

③ 热电离源要求液态进样，样品中的杂质含量在样品制备过程中容易分离，电离在高真空状态下进行，有利于保持离子源的真空清洁，减小"记忆"，只要按正常的操作规程进行，可以不考虑"记忆"效应。

④ 在不考虑仪器供电系统稳定性情况下，离子流的稳定度主要依赖于带（包括样品带和电离带）的预处理、样品特性和样品纯度、涂覆样品和测量程序的操作等。

⑤ 热电离源的电离效率取决于被分析物质的第一电离电位、带的功函数、带表面的温度和它们的组合关系，电离效率好于电子轰击、原子轰击和二次离子电离源，次于火花电离、辉光放电电离、激光电离和场致电离。

⑥ 热电离源可以生成正离子或负离子，在未使用电离增强剂情况下元素周期表中大约 85% 的元素可用热电离源电离，借助涂覆样品时添加电离增强剂，热电离源的使用范围几乎

拓宽到所有常态固体元素。

热电离源在样品蒸发过程中产生的质量分馏是引起系统误差的主要来源，尤其是对轻质量数测量，正确控制和估算误差量值是准确测量的关键；该离子源需要液体进样，对复杂基体样品需要预处理，包括样品清洁、消解、纯化等操作程序。如何避免样品制备过程中被测成分丢失，避免来自试剂、环境和容器的污染是准确测量的关键。

二、质量分离器

热电离质谱仪通常采用方向聚焦的磁性质量分离器。早期曾借助 180° 偏转角的半圆形磁铁来实现，主要特点是结构紧凑，离子的运行轨道短，全部在磁场内部，离子不受弥散场影响。其缺陷是磁极的面积较大，磁铁重量相应增加。因为离子源、接收器位于磁场区域，客观上增加了磁/电干扰麻烦。因此，180° 偏转角的半圆形磁性质量分离器目前已很少使用。尼尔首先设计具有 60° 偏转角的扇形方向聚焦磁性质量分离器受到重视，以此组建的热电离质谱仪曾在石油、化工和核科学等领域得到广泛应用。目前这种磁偏转、均匀场扇形磁性质量分离器在商品仪器中已占据主导地位，通常设计成 60° 偏转或 90° 偏转两种类型。

后人对这种类型磁铁磁极边界进行小的改进，采用离子对称斜入射，用牺牲色散的方式减小像差，实现了二级方向聚焦。20 世纪 60 年代我国从原苏联购买的 MU-1301 质谱计和我国自己研制的 ZHT-1301 质谱计、ZHT-1302 质谱计都属于这种类型。由于这种类型仪器质量色散小、轴向散焦，损失部分灵敏度，而且调试又比较麻烦，目前很少使用。

为了减小和消除弥散场，早在 20 世纪 50 年代初就有人提出共点聚焦的理论，即由某一物点发出的离子，经过均匀扇形磁场实现双方向聚焦。根据这一理论采用 90° 偏转扇形均匀磁场，选择确定对称的入射和出射角就有可能满足双方向聚焦的条件。与相同情况下的垂直入射和出射均匀扇形磁场相比，除传输效率提高外，质量色散和分辨本领均可增加一倍。目前，市售的商品热电离质谱仪器，如英国的 IsoProbe 系列和 Finnigan MAT 系列等同位素质谱仪器的质量分析器就属于这种类型，磁铁的曲率半径可达 270cm，仪器分辨本领好于 500。

热电离质谱仪的主要性能指标与分离器结构密切相关，尤其是质量范围和分辨率主要取决于磁场的曲率半径和分离器结构。当采用 8000～10000V 离子源高压时，目前市售热电离质谱仪器的质量范围可以达到 300u，或更好；分辨率为 500 或好于 500；峰顶平坦度好于 10^{-4}；丰度灵敏度 10^{-6} 或好于 10^{-6} 量级，内精度和外精度取决于测量元素及元素的同位素丰度比，通常在 10^{-4} 量级至 10^{-5} 量级或更好[17]。针对某元素同位素测量的专用热电离质谱仪性能指标变动较大，这里不再列举。

三、离子检测器

离子检测器泛指对经由质量分离器分离，强度在 10^{-8}～10^{-16}A 范围的离子束进行接收、放大、模数转换、数据处理和显示过程所采用的装置。它是质谱仪的重要组成部分，直接制约仪器灵敏度、精度和准确度。

通常被用来接收离子的器件包括法拉第杯、二次电子倍增器、通道式电子倍增器、微通道板和 Daly 探测器等。这些接收器的性能各具特点，测量范围也不相同，彼此之间相差较大，使用者可以根据欲测量信号的强弱进行挑选。既可单独使用，必要时也可以把法拉第杯与其他任意一个联合起来使用，解决某些特殊的测量问题，通常是在测量动态范围宽的信号时使用。

离子流放大是指把离子接收器接收的微弱电流通过放大器进行放大。对微弱信号的放大过去曾经广泛采用静电计管直流放大电路，它对弱电流的探测极限可以达到 $10^{-14} \sim 10^{-15}$A。振簧式静电计也曾经被一些实验室用作弱电流的放大，与前者相比，它的输入阻抗高、漏电流小、零点稳定、动态范围宽，能获得更好的测量结果。目前，在离子流的放大电路中，场效应管放大器获得了更广泛的应用。

模/数转换指把放大器输出的电信号转变成数字或图像。模/数转换器的稳定性对质谱仪准确测量很重要。通常，模/数转换器由高稳定性的特殊电子材料制备，通常它和放大器封闭在具有良好电磁屏蔽、真空和恒温的壳体内，温度稳定性约为±0.01℃，参见图4-5。

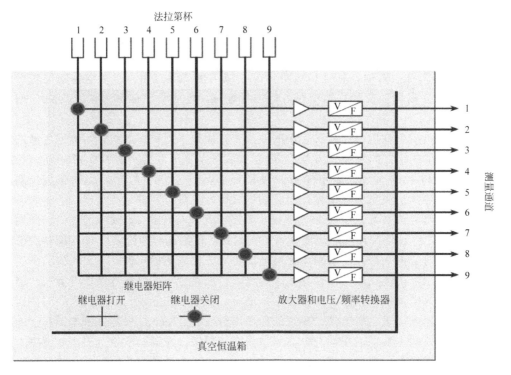

图 4-5 多接收器的法拉第杯、放大器、电压频率转换器和继电器矩阵布局示意图[17]

旧式的质谱仪器对测量数据的获取是靠操作人员直视仪表的表头指针读取进行数字化，或通过计量自动记录仪绘出的质谱峰高来进行计算。现代质谱仪器都具有完备的测量软件，从数据获取、处理、数字和图像显示，都由计算机在线控制，瞬间完成。既可以输出同位素丰度的百分数、丰度比、δ值，又能给出同位素峰的谱图。

作为质谱仪最早的接收器，法拉第杯的前身仅仅是一块金属板，当具有几千乃至上万电子伏的离子打到金属板上时，就有可能溅射出二次电子。这些二次电子的出现，通常是在主峰低质量一侧产生一个负值，主峰的强度愈大，负值愈明显；二次电子也有可能加入欲测量的信号中，直接影响测量结果。为了解决二次电子溅射问题，经过人们潜心研究，终于确定采用长筒式电极，对防止二次电子溅射、丢失具有良好效果。当离子束撞击长筒电极底部，即使溅射出二次电子，也将被抑制在筒内，不会引起负峰值或造成被测离子束峰形的歧变，影响测量结果，参见图4-6[17]。

图4-7是 IsoProbe-T 的高效、长寿命法拉第杯结构。

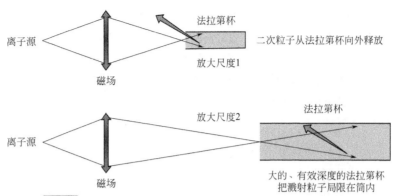

图 4-6 不同尺度的法拉第杯接收器(Triton)接收效果比较

法拉第杯作为离子接收器历史最长，曾被广泛采用。它的主要特点：输出信号稳定，就离子接收本身而言，可以做到无系统误差。但是，法拉第杯作为接收器无放大功能，适合接收强信号的离子束。当它与静电计相连时对小电流的探测极限是$10^{-14} \sim 10^{-15}$A。如果用振簧式静电计作为放大器配合使用，探测极限将提高到$10^{-16} \sim 10^{-17}$A水平。随着微电子技术的发展，弱电流的放大线路的设计更加完善，可以制作成小体积，在防湿、防磁、清洁的低真空环境中使用，零点漂移和噪声可以降到很低。

如上所述，法拉第杯作为质谱仪器接收器已有相当长的历史，最初的单接收器仅仅使用一个法拉第杯，结构简单，操作方便。单接收器在进行同位素丰度测量时，按时间顺序进行质量扫描。很显然，对于非恒定的离子束，因扫描时间差异导致的测量结果的误差不可避免。因此，人们很自然地想到如何消除因时间不同带来的不同质量离子束的测量误差。多接收器的使用是克服单接收测量缺陷的最好方法。早在 20 世纪 50 年代初期，H.A. Straus[20]在使用 SSMS 进行镍同位素测量时，首先采用了类似装置。随后，A.O. Nier[21]完善了双接收器设计、制作，并用于同位素测量，提高测量值精度。自此，在同位素丰度测量中得到广泛应用。

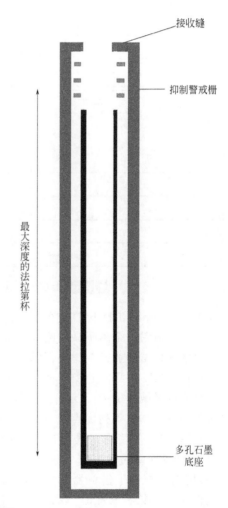

图 4-7 IsoProbe-T 高效、长寿命法拉第杯结构图

近来，随着传感技术的进步和机械加工工艺提高，设计合理的多接收系统，包括多个法

拉第杯，多个电子倍增器和 Daly 探测器在内的多功能接收系统已经替代了同位素质谱仪器原有的传统单接收或双接收器。图 4-8 是 IsoProbe-T 多接收探测系统示意图，该系统包括 9 个法拉第杯、6 个通道式电子倍增器、一个打拿极电子倍增器和一个由 Daly 转换电极与光电倍增管组成的 Daly 探测器。通常 9 个法拉第杯接收器被用来进行高精度的同位素丰度同时测量，对痕量或极微量样品的测量可以使用 6 个通道式电子倍增器计数测量，更少量样品采用 Daly 探测器进行脉冲计数测量。

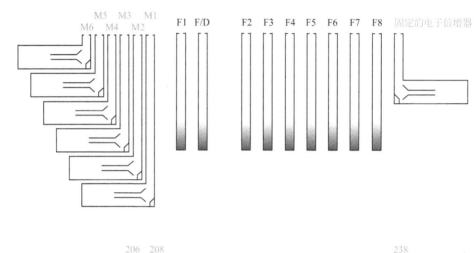

图 4-8 IsoProbe-T 多接收探测系统示意图

图 4-9 是 IsoProbe-T Daly 探测器工作原理示意。离子在 25kV 高的偏压作用下打在 Daly 耙上产生电子，通常一个离子激发出 6 个电子。被激发的电子反馈进入闪烁体形成光子，光子被光电倍增器倍增后通过多道进行脉冲测量。

IsoProbe-T Daly 探测器的噪声小于 10cps [❶]，动态范围宽到 0～2000000cps，使其具有高灵敏度、高丰度灵敏度优势；Daly 探测器的线性好于电子倍增器，见图 4-10。

多接收器系统具有下列优点：

① 多法拉第杯的使用克服了单接收测量时按时间顺序进行质量扫描引起的误差，使测量精度提高 1～2 个数量级。

② 法拉第杯与电子倍增器或 Daly 探测器的联合使用，扩大了测量离子束的动态范围。当仅仅用法拉第杯检测时，离子束的动态范围在 10^{-4}～10^{-5}，当法拉第杯与电子倍增器联合使用时，动态范围在 10^{-5}～10^{-7}，法拉第杯与 Daly 探测器的联合使用，动态范围扩展到 10^{-7}～10^{-8}。

③ 多接收同时测量与单接收跳峰扫描相比，缩短了数据的采集时间，客观上减少了用

---

❶ cps 表示以秒计数，全书同。

样量，提高了测量灵敏度。

组合式多接收器的使用丰富了同位素质谱法的内容，拓宽了应用范围，对于离子束强度相差较大的测量工作具有重要意义。例如，在核科学研究中低丰度产物核的测定始终是核测量的难题之一，极低的含量始终是同位素丰度比测量的难题。多接收器中的法拉第杯与电子倍增器，或与 Daly 探测器的联合使用，使弱的离子峰与强峰同时测定成为可能。在同位素地球化学和同位素宇宙学的研究中，多接收器同时测量产生的高精度和高丰度灵敏，是变异核素测定及寻找宇宙间有可能尚存的稀有同位素等工作的有效工具。

认识到多接收测量的优势时，也不能忽视它在测量过程中的某些缺陷。因为多接收测量导致的系统误差复杂性，即使仅仅使用多法拉第杯同时接收，各

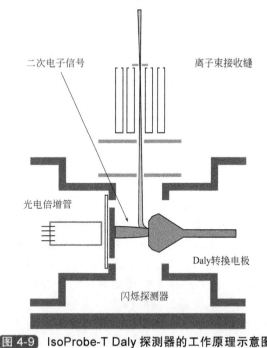

图 4-9 IsoProbe-T Daly 探测器的工作原理示意图

个通道之间在离子流放大（或增益）以及模数转换过程中的微小差异也会引起测量结果误差。法拉第杯与电子倍增器，或与 Daly 探测器联合使用，带来的问题更加复杂。因为不仅仅通道之间存在差异，电子倍增器和 Daly 探测器本身的倍增系数随离子束的变化也存在非线性，因此，识别接收系统误差的来源就更加困难。

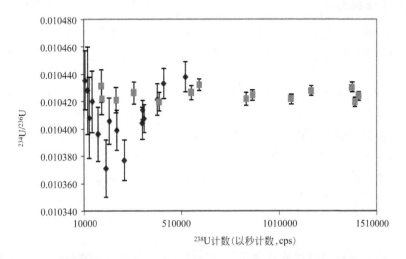

图 4-10 IsoProbe-T 通道式电子倍增器与 Daly 探测器的线性比较

◆EM死时间25ns；■Daly死时间24ns

为了消除或减小多接收系统引起的误差，通常的做法是充分利用现代质谱仪已有的软件

功能，进行归一化校准，即用仪器本身的标准电池、电压对各个通道进行校准；也可采用外部校正，即用同位素有证参考物质对仪器进行校准。

四、附属设备

1. 电器系统

电器系统包括把市供电源转换成高稳定度的直流、交流电压、电流电源的稳压器和稳流器，仪器控制、监测、显示装备，继电器和安全保护设备等，这些设备为仪器正常运行提供所需动力和制约能力。

2. 真空系统

真空系统为离子源、分离器和接收器提供必要的高真空、超高真空工作环境，包括机械泵、涡轮分子泵、钛离子泵及真空管、超高真空管、各种类型的真空度测量仪表及真空阀门等设备，为仪器测量提供所需真空环境。

3. 仪器控制、数据采集和处理系统

计算机技术和完备的应用软件已经深入到热电离质谱仪分析的各个环节，使用者可根据需求给相应软件输入必要数字，通过数/模转换器将数字转换为模拟信号。模拟信号与相应的微电子技术和精密机械协调、配合实现对仪器的操作、控制。保证工作人员通过点击鼠标实现人/机对话，获取信息。这些信息包括直观仪器运行状态、样品分析、测量，数据采集、处理、显示或打印被分析元素的同位素丰度、丰度比及谱图等信息，仪器安全保护和事故诊断等。

有关仪器各个部件的结构、工作原理等详细信息，读者可参阅本书第二章和第十七章的相应章节。

第三节　试　验　方　法

一、测量前的工作程序

测量前的工作包括样品前处理、电离机制设计、涂覆样品、装源、启动仪器真空系统、编制测量程序和调置接收器等工作，试验程序如图 4-11 所示。

（一）样品前处理

样品前处理泛指把采集到的原始试样转变成能直接送进离子源进行电离的一组操作。众所周知，热电离质谱仪测量需要液态进样，每种元素以它特有的化合物形式，经过热电离产生正离子或负离子。只有在这种特定化合物形式电离效率才最高。通常，不同元素之间的电离温度不同，电离效率也存在比较大的差异。常常利用热电离质谱仪的这一特点排除某些同量异位素的干扰。热电离质谱仪进样、电离的这些特性，决定了样品的前处理工作同其他类似质谱测量方法相比要复杂，技术要求高。同时，在样品的处理过程中容易受到来自试剂、容器和环境的污染。图 4-12 给出了样品制备主要过程[6]。

1. 样品消化

消化是样品前处理实验程序的重要步骤。消化可以选择干法灰化或湿法消解。前者是把试样放在马弗炉内进行加热，使样品灰化，灰化的温度由基体的性质决定，灰化后的剩余残渣用酸溶解。后者通常使用某一种酸，或某种酸与 H_2O_2 一起配合使用，以便加快消解速度；有时使用 HNO_3、HCl、H_2SO_4、$HClO_4$ 等其中的两种或多种组成的混合酸。溶剂的选择不但

取决于基体的结构和特性，也必须考虑被测量元素的种类。

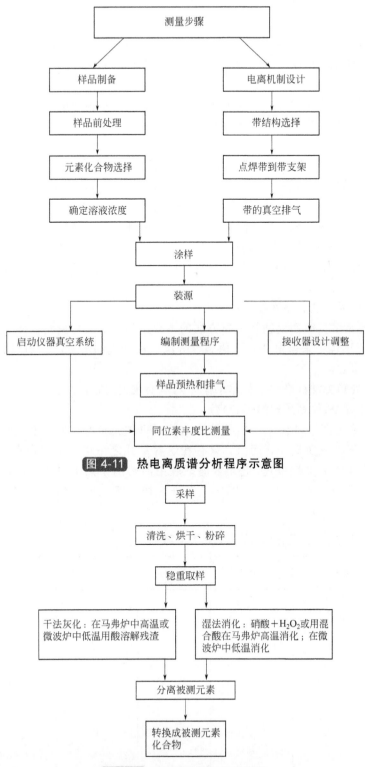

图 4-11 热电离质谱分析程序示意图

图 4-12 样品制备流程示意图

对地质样品，如岩石、深海沉积物或某些含硅酸盐的环境样品消化，与上述流程有所不同，必须使用氢氟酸与高氯酸或硫酸的混合体进行分解才能有效。反之，消解不彻底将导致被测成分丢失。

样品消化要注意下述要点：

① 不同试样所采用的消化方法存在较大差异，即使是同类样品，在消化过程中的温度、所用消解液的组成等条件也不尽相同；

② 无论采用何种方法消化，一定要确保消化彻底，防止被测成分丢失；

③ 防止消化过程中来自试剂、容器和环境的污染。

2. 元素分离

如果原始性试样经消化后的溶液成分对被测元素的同位素测量存在干扰，例如存在同量异位素或相同质量的氧化物等，就需要对该溶液进行元素分离。离子交换分离法，包括阳离子交换或阴离子交换，电解沉积、萃取和沉淀是经常采用的元素分离方法。阴离子交换适合 Ni、Cu、Cd、Pb 等过渡元素分离；阳离子交换对 Mg、K、Ca 等碱金属和碱土金属元素分离更有效。如需同时测量几种元素，则可在相同电解条件下，将几种性质相似的金属沉积在同一电极上，最后转化为适合热表面电离的液态形式化合物，通常以硝酸盐、氯化物居多，有时也用到其他盐类。

选择分离方法需要注意下述要点：

① 被分离元素的回收率是衡量分离方法的主要条件，对低含量元素样品尤其重要；

② 防止分离过程中来自淋洗液、树脂、分离柱和环境的污染，准确判断污染成分量与回收率的关系很重要。

有关样品前处理方法读者可参见本书第十六章的相关内容。

3. 制备涂覆样品(预测元素的化合物)

如上所述，热电离质谱仪测量需要液态进样，每种元素都以它特有的化合物形式，通过热电离产生正离子或负离子，而且，只有在这种形式之下电离效率最高。综合笔者、合作者的多年经验及相关文献报道，把元素周期表中能够用于热电离质谱法测量的金属元素化合物的形式、添加剂列于表 4-4。表 4-5 是非金属元素热电离的化合物形式、电离机制和添加剂。

表 4-4 用于热电离的金属元素化合物的形式、添加剂[6]

元素 \ 化合物	硝酸盐	氯化物	氧化物	硫酸盐	其他化合物或电离增强剂
锂 Li	0 +	0		0	LiF (0，+)
钾 K	0 +	0 +		+	Li₂Ca (0，+)
铷 Rb	0 +	0 +		+	
铯 Cs	0 +				
镁 Mg	0 +	0	0 +		
钙 Ca	0 +		+	+	
锶 Sr	0 +				
钡 Ba	0 +				
锌 Zn	0 +	0	0 +		H₃PO₄+硅胶
镓 Ga	0 +				H₃PO₄+硅胶
锗 Ge	+				硼酸

续表

化合物 元素	硝酸盐	氯化物	氧化物	硫酸盐	其他化合物或电离增强剂
镉 Cd	0　+	0	0		H_3PO_4+硅胶
铟 In	+			+	
钛 Ti	+		0　+	+	硅胶
铅 Pb	0　+	0	0		H_3PO_4+硅胶
铬 Cr	0　+				
钼 Mo	0　+				$(NH_4)_6Mo_7O_{24}$
铁 Fe	0　+	0	0　+		H_3PO_4+硅胶
镍 Ni	0　+				H_3PO_4+硅胶
铜 Cu	0　+				H_3PO_4+硅胶
银 Ag	+	0			H_3PO_4+硅胶
锡 Sn	0　+	0　+			H_3PO_4+硅胶
锑 Sb	0　+				H_3PO_4+硅胶
铈 Ce	0　+		+		
钕 Nd	0　+		+		
钐 Sm	0　+		0　+		
铕 Eu	0　+		+		
钆 Gd	0　+	0	0　+		
镝 Dy	0　+		0　+		
铒 Er	0　+	0			
镱 Yb	0　+	0			
铀 U	0　+				
钍 Th	+				
铼 R	+				负热电离
锇 Os	+				负热电离
铱 Ir	+				负热电离
硒 Se	0　+				H_2SeO_3

注：0 表示笔者所在实验室曾用过的化合物；+ 为文献报道过的化合物。

表 4-5　非金属元素热电离的化合物形式、电离机制和添加剂

元素	化合物	电离机制	添加剂
硼 B	Cs_2BO_2 硼砂（Palmer5）	单带 单带	石墨[4,7] $Na_2B_4O_7$
氯 Cl	$HCl+Cs_2CO_3$ $AgCl$，$CsCl$	单带	石墨[22~25] 石墨、乙醇
溴 Br	$HBr+Cs_2CO_3$ $AgBr$，$CsBr$	单带	石墨[4,26] 石墨、乙醇
碘 I	AgI，CsI	单带	石墨、乙醇[6]
硒 Se	H_2SeO_3	单带	H_2SeO_3[6]
氮 N	$CsNO_3$	单带	石墨、乙醇[4,27] 石墨、乙醇[4,27]
氧 O	$CsNO_3$	单带	石墨、乙醇[4,27]

制样过程中，避免或减小来自试剂、容器和环境的污染，降低流程空白，对热电离质谱法来说同样重要，因为流程空白不但影响测量值的精密度、准确度，也制约方法的灵敏度和探测极限。避免或减小来自试剂、容器和环境的污染是降低流程空白的主要措施。因此，纯化试剂、改善样品制备和分析环境，采用高纯材料制备的样品容器很重要。

对非金属元素测量，样品的前处理可以以食品中的碘测量为例，这是待测元素萃取分离的典型示范。用盐酸、高氯酸和硝酸组成的混合酸进行消解。然后，将碘酸盐转变成元素碘，用四氯化碳萃取。此后，将碘还原成碘化物，反萃取至水相，以碘化银形式沉淀，供 NTIMS 测量 $^{129}I/^{127}I$ 同位素丰度比。

对卤族元素的同时提取，以地质样品中 Cl、Br、I 为例。这种样品的处理方式代表了元素选择性沉淀分离的通用方法。首先，在聚四氟乙烯耐高压容器中用氢氟酸分解样品，经过离心后，在酸性溶液中进行卤化银的分步骤沉淀；然后，用亚化学计量的硝酸银溶液沉淀碘化银和溴化银；最后，沉淀氯化银。使卤化物分步分离是必要的，因为过量氯化物会影响碘化银和溴化银质谱测量。用这种分步沉淀过程，即使样品中 Cl$^-$/Br$^-$ 和 Cl$^-$/I$^-$ 超过 10^4，也可在一次样品处理中测量 Cl、Br、I 三种元素。

（二）电离机制设计

1. 铼带（或钽带）清洗和保存

目前热电离质谱法用得最多的带是 Re 带和 Ta 带，特别是铼的功函数和熔点都比较高，富于韧性，加工容易，格外受到重视。商家通常出售 0.02～0.04mm 厚、0.7～0.8mm 宽的长条 Re 带和 Ta 带，使用时根据离子源带支架尺寸，剪成每根长 14～18mm。用户也可根据需要向厂家提出具体要求，包括带的尺码和 Re、Ta 材质纯度、杂质含量等。

无论是样品带还是电离带，使用前都应该进行必要的清洁。通常的清洁程序：首先用丙酮清洗带上灰尘、油污和吸附的有机物，也有人把它们置于稀盐酸中浸泡，然后用亚沸蒸馏水淋洗，在干燥箱内保存、备用。

2. 电离机制的选择

对每种元素应该选择的最佳热电离机制主要取决于元素的物理特性，即第一电离电位或电子亲和能，而并非它们的化学性质。应该考虑的原则在上面已经进行了陈述，图 4-13 给出的选择仅供使用者参考。

3. 电焊带

电焊带是指将清洗过的 Re 带或 Ta 带电焊在带支架上。当前市售热电离质谱仪都带有专用焊规和电焊机，用者需遵守设备使用说明书操作，确保重复焊接的一致性，使得焊接的带随同带支架、样品转盘安装到质谱仪离子源后，保证电焊带处于离子源离子光学系统的聚焦轴线区域以及双带、三带几何形状的合理性。

4. 带的真空烘烤、排气

焊接的金属带在涂样前需要送入专用真空烘烤系统进行真空烘烤、排气，排除带中含有的低熔点杂质和被测量元素。经验证明，即使选择高纯 Re、Ta 带材质，Na、K、Ca、Ba 等轻质量数元素的含量也不可忽视。因为这些元素的大量存在，引起的不只是同量异位素干扰，它们中的主同位素产生的拖尾峰会干扰邻近质量数弱小峰测量。当用 SEM 作为检测器测量时，这种影响将更加明显；对过渡元素测量，如 Fe、Zn、Cu、Ni、Cd、Pb 等的测量，带中所包含的天然丰度的上述元素生成的离子，有可能与被测量离子混为一体，干扰样品测量，导致测量工作失误；真空烘烤有利于提供测量时离子源的良好真空环境，避免、减小测量时的碳、氢化合物"本底"和同量异位素干扰。真空烘烤操作注意要点如下：

① 真空烘烤一定要在高真空环境进行，避免在低真空或常压下加热导致金属带的氧化，缩短使用寿命。

② 通电烘烤电流值的大小和烘烤时间长短依赖于被测元素种类和它们的物理特性。碱金属、碱土金属烘烤电流值，相对于过渡元素或相对于锕系元素要小，烘烤时间短；无论前者还是后者的烘烤电流值都不得小于测量时带的加热电流值。

③ 通电烘烤结束后，要等被加热带温降到常温或接近常温才能停止抽真空。

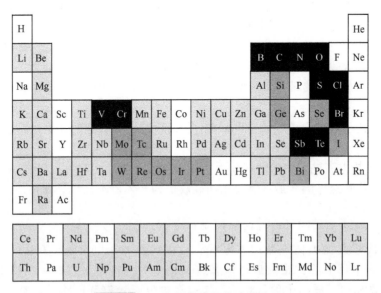

图 4-13 元素可供选择的电离方式

☐ 适合正热电离的元素； ☐ 适合负热电离的元素； ■ 适合正、负两种热电离的元素

（三）涂覆样品

将欲测量样品的化合物溶液或不溶样品悬浮液用微量取样器逐滴点涂在样品带中央，借助红外灯或通过带的电流加热使溶液蒸发，把样品牢固地沉积在样品带上。

1. 常规涂样法

常规涂样法又称直接涂样法，是将一定浓度的硝酸盐或氯化物样品溶液，用微量取样器直接点涂在样品带上，用流经带的电流加热或用红外灯烘烤干燥。反复操作上述程序直到涂样结束，在带上会看到很薄一层涂过的样品痕迹；对于极微量样品分析，涂样痕迹不明显。

常规涂样法适合于碱金属和碱土金属，以及稀土、部分锕系元素等低电离电位元素，或较低电离电位元素进行热电离时配合离子源的双带、三带电离机制使用，操作技术比较简单。

2. 特殊涂样法

特殊涂样法又称非常规涂样法，是指用热电离质谱法进行元素周期表中的部分过渡元素、镧系元素、锕系元素以及非金属、两性元素分析时所采用的涂样技术、方法。与前者相比，这些技术和方法比较复杂，非常规操作。

（1）电离增强剂技术 元素周期表里过渡元素的电离电位一般高于 7eV，用常规涂样法很难使之热电离。经验证明，在涂样时有选择性地添加某些纯净物质与样品一起在带上混合，再施加有利于改善电离效率的操作，就能够增强这些元素热离子发射效率。这些针对特定元素，在特定条件下能提高热电离效率的物质被称为电离增强剂（或称离子发射剂），如铝硅酸盐、硼砂、硼酸、蔗糖、硅胶、硅胶-磷酸等。

硅胶-磷酸作为热电离的电离增强剂，已经成为 Fe、Cu、Zn、Ni、Cd、Sb、Sn、Pb 等元素测量时广泛使用的涂样技术。这些元素大都具有高熔点、高功函数，用常规的直接涂样法很难电离。如果涂样时添加硅胶、磷酸，再施加红化技术加热，就能实现有效的电离，满足这些元素的常量、微量或痕量元素同位素测量。在涂样时首先将一定浓度、高纯硅胶悬浮液滴在真空烘烤过的单灯丝带上，用流经带的电流或红外灯烘烤，等硅胶悬浮液即将蒸干时，用微量取样器把确定数量的样品滴在未干的硅胶上，继续缓慢加热；等硅胶-样品混合体即将蒸干时，滴加一定量的高纯磷酸，继续缓慢加热；当涂覆的混合体即将蒸干时立即、瞬间增加加热电流，使涂有样品的带呈现暗红色（即红化技术），这时硅胶-样品-磷酸混合体呈锅巴状态牢固附着在带上[4,6,15]。

涂样效果取决于硅胶、磷酸质量和硅胶-样品-磷酸三者取量的比例是否匹配，涂样时的红化技术也很重要。

硅胶-磷酸在热电离过程中的增强作用机理并不十分明了，可能是经过这样处理提高了带的功函数；也可能是这样涂样后被测元素与硅胶混为一体，不直接暴裸在外，受热有更高概率电离。

（2）电沉积涂样技术[28]   电沉积涂样类似于样品的纯化技术，其操作过程是将涂在铼带上的样品溶液蒸发到小体积后加入电解质，将其安装在电沉积支架上。然后将清洁的 Pt 电极置于加入电解液的铼带附近，距离约 1mm，并与电解液接触。在铼带和 Pt 电极之间施加一直流电压时，样品中的低熔点、低电离电位元素等杂质将被消耗掉，待测成分沉积在铼带上，实现样品再纯化。待测金属元素电沉积的产额受电解质溶液成分、电位和电解时间制约。

电沉积涂样技术能够消除或降低测量时的阴离子、低电离电位杂质离子干扰，有利于分析灵敏度、测量精度提高，适合于低含量样品热电离涂样。但是，该技术操作相对比较复杂，近来未见使用报道。

（3）树脂珠涂样技术   树脂珠涂样技术用于热离子源涂样，主要针对放射性元素铀、钚同位素测定。该技术最初由 Freeman 等[29]提出在质谱分析中使用的可能性，并由美国橡树岭国家实验室逐渐完善，操作程序如下[30]：

① 将处理好的阴离子树脂颗粒置于 8mol/L 浓度的 HNO_3 样品溶液中浸泡 1~2 昼夜，等待树脂颗粒与样品溶液达到平衡；

② 将吸附铀、钚的树脂颗粒涂覆在舟形铼带凹槽内，为了使树脂颗粒牢固地附着在舟形铼带上并增加电离效率，可添加特定的粘胶和电离增强剂；

③ 文献用过的粘胶有火棉胶、石墨胶、甘胶等，电离增强剂可用葡萄糖、蔗糖溶液或高铼酸-葡萄糖混合液等；

④ 烘烤或通电加热铼带使其干燥后，移入质谱仪离子源等待测量。图 4-14 是涂有树脂珠的舟形铼带及其带支架[30]。

表 4-6 给出了使用 MAT-260 热电离质谱仪，采用树脂珠和高铼酸-葡萄糖混合液涂样技术测量的 U、Pu 丰度比。每个颗粒树脂珠吸附铀大约 30ng、吸附钚 10ng，用法拉第接收器测量的铀离子流强度为 5×10^{-12}~2×10^{-11}A；测量的钚离子流强度为 3×10^{-13}~5×10^{-15}A。六

次重复测量结果列入表 4-6[4,30]。

表 4-6 铀、钚两种元素同位素丰度比的六次重复测量结果

序号	$^{235}U/^{238}U$	$^{240}Pu/^{239}Pu$
1	1.022908	0.026930
2	1.020605	0.026945
3	1.022327	0.026919
4	1.021997	0.026944
5	1.023604	0.026933
6	1.021995	0.026895
平均值（相对偏差）	1.022413(0.13%)	0.026928（0.07%）

采用上述树脂珠涂样技术，重复涂样测量的电离效率（离子/原子）平均值，对铀：约 1/155(5 次)；对钚：约 1/24(7 次)，明显增强了热电离离子源的电离效率[4,30]。

对于树脂珠涂样技术可以增强电离效率，文献[4,5,7]都给出不同程度的阐述，综合归结如下：

① 有数据表明，铼带、树脂珠与高铼酸-葡萄糖混合液黏结在一起，经过加热提高了铼的功函数；

② 吸附在树脂珠里的铀，在受热、蒸发、电离过程中始终在树脂珠内，或树脂珠与铼带的界面进行，有可能增加粒子、离子的碰撞、电离概率；

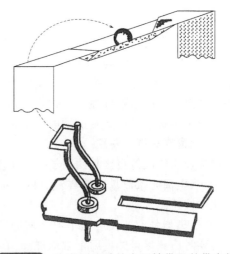

③ 吸附了铀的阴离子树脂珠是铀的存储库，即使受热也不易氧化，客观上减少了氧化铀离子的生成。

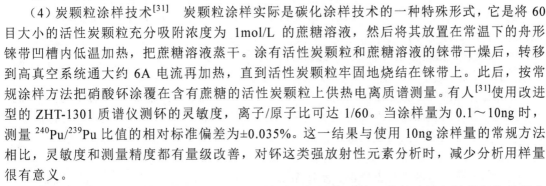

图 4-14 涂有树脂珠的舟形铼带及其带支架

据此不难理解，采用树脂珠涂样技术能够增加热电离质谱法的灵敏度。

（4）炭颗粒涂样技术[31]　炭颗粒涂样实际是碳化涂样技术的一种特殊形式，它是将 60 目大小的活性炭颗粒充分吸附浓度为 1mol/L 的蔗糖溶液，然后将其放置在常温下的舟形铼带凹槽内低温加热，把蔗糖溶液蒸干。涂有活性炭颗粒和蔗糖溶液的铼带干燥后，转移到高真空系统通大约 6A 电流再加热，直到活性炭颗粒牢固地烧结在铼带上。此后，按常规涂样方法把硝酸钚涂覆在含有蔗糖的活性炭颗粒上供热电离质谱测量。有人[31]使用改进型的 ZHT-1301 质谱仪测钚的灵敏度，离子/原子比可达 1/60。当涂样量为 0.1～10ng 时，测量 $^{240}Pu/^{239}Pu$ 比值的相对标准偏差为±0.035%。这一结果与使用 10ng 涂样量的常规方法相比，灵敏度和测量精度都有量级改善，对钚这类强放射性元素分析时，减少分析用样量很有意义。

炭颗粒涂样对热电离效率改善的原因，其一可能是炭颗粒、蔗糖溶液与铼带经烧结提高了铼带的功函数；其二是样品直接涂在经蔗糖碳化过的活性炭颗粒上，在铼带加热过程中减少了被测元素原子的氧化和逃逸，提高了钚的利用率。

（5）电离（或样品）带的氢、氧、苯处理技术　电离带（或样品带）的氢、氧、苯处理技术是在特定真空环境下对已经清洗过的铼带（或钽带）进行加热的同时，通入氢气、氧气或苯进行热处理，使带表面氢化、氧化或苯化。实验证明，经过氢、氧、苯热处理的铼带（或钽带）对特定元素的电离效率有明显增强，这很可能是提高了它们的功函数。

（6）石墨对热电离效率的增强作用

① 石墨在热电离过程的作用是任何电离增强剂、发射剂所不能替代的。文献[4]系统地论述了石墨的物理、化学特性，晶体结构和种类，阐述了石墨的还原、非还原性增强热离子发射特征，介绍了石墨在多种元素热电离同位素分析中的作用。

② 石墨的还原特性对热电离效率的增强作用主要原于在涂样过程中添加的石墨在高温环境下所发挥的还原剂作用，使热电离生成的氧化离子与金属离子比例发生明显改变，即减少氧化离子，增加金属离子产额，利于采用金属离子测量同位素丰度或同位素丰度比；其次，在涂样过程中石墨的出现有可能增加带的功函数，利于提高电离效率。该技术可以借助稀土元素铈[32,33]、过渡元素钒[34]和锕系元素铀、钚等元素热电离测量的成功使用作为佐证[35,36]。

有文献[4]指出：涂样时，在 300℃ 左右的低温下石墨的出现能极大地增强 $M_2BO_2^+$ 和 M_2X^+（M 为碱金属元素，X 为卤族元素）型离子发射。在此低温下，石墨不具有还原性，没有氧化还原反应发生，与上文描述的石墨的还原特性对热电离效率的增强作用截然不同，是一种非还原性热电离的增强特性。该技术有效地解决了 B、Cl、Br、N、O 等非金属元素的热电离，进一步拓宽了热电离质谱法的应用范围。

3. 涂覆样品技术要点

涂样技术的成效直接制约离子发射效率和离子流的稳定性，注意要点如下：

① 热电离元素测量的涂样没有同一模式，所采用的方式、方法和技术取决于元素的物理、化学性质；

② 电离增强剂的使用，不但会增加涂覆样品时的操作程序，而且有可能带来污染，因此非必要时应该尽可能采用常规涂样；

③ 涂覆样品的器具要保持洁净，涂覆样品在清洁环境中实施；

④ 涂覆的样品应该均匀分布在样品带的有限中间位置；

⑤ 蒸干后的样品应该牢固地沉积在样品带上，样品预热、升温和测量过程中要防止样品脱落；

⑥ 确保重复涂覆样品的一致性，包括取样量、加热速率、加热温度、加热时间、样品沉积在带上所占面积等；

⑦ 涂覆样品过程要防止样品被污染和样品对周围环境的沾污。

（四）装源

将涂有样品的样品转盘送入质谱仪离子源。在推送转盘过程中注意转盘标识与离子源支架相匹配，并在转盘固定后手动转盘螺旋驱动器 360°，检查所装的转盘是否规范，确保样品插件与离子源电极触点接触良好，然后扣紧离子源与外界的密封盖。

（五）启动仪器真空系统、编制测量程序和调置接收器

接通质谱仪总电源，检查供电、水冷系统。

1. 启动仪器真空系统

在仪器供电、水冷系统正常情况下，接通抽真空机械泵系统电源。当代质谱仪随着前级泵的运行，前级真空压力计自动开启；当离子源压力降低到 $10^{-2} \sim 10^{-3}$ mbar 时，接通高真空泵电源和高真空压力计。对安装后首次运行的仪器，或长时间停机未抽真空仪器，启动高真

空泵前需要打开离子源与分析室之间的隔离阀，离子源与分析室真空达到高真空泵的前级压力时，才可启动高真空泵。

2. 编制测量程序

目前的商品热电离同位素质谱仪对常见元素同位素测量都具有专用测量程序，使用者需根据预测元素同位素丰度组成的具体情况输入相应参数值。对非常见元素同位素测量可参照类似常见元素同位素测量程序编制。无论是原有的还是新编的完备测量程序给出的测量结果都应该尽量反映仪器同位素测量的原貌，减少测量过程引起的误差。

3. 接收器排列与调整

无论是单接收、双接收还是多接收测量，对离子收集器的排列、调整都要严格遵照仪器操作说明书进行，使其布局合理，有利于操作，减少误差。通常各个同位素收集器的初步调整（粗调）是根据预测元素同位素质量数的大小、丰度和仪器色散确定初始位置，各个同位素相对应接收器的最后调整（细调）用以实现预测元素所有同位素离子束被全接收定位。

二、测量方法

热电离同位素质谱法测量可分为单接收跳峰测量、双接收同时测量、全自动多接收同时测量和全蒸发测量。

（一）单接收跳峰测量

使用单接收器进行测量，采用单一接收器，结构简单，操作方便。被测量的两个或多个离子束借助磁场或电场的交替改变轮流进入接收器进行测量。很显然，单接收器测量是按时间顺序进行质量扫描，对于非恒定的离子束，因扫描时间差异导致测量结果的误差不可避免，这种测量方式存在如下缺陷：首先，这种测量方式无法避免随时间差出现的离子流变化所导致的测量值误差；其次，与双接收或多接收同时测量相比，在获取同量数据的情况下，单接收测量周期至少延长一倍，耗费更多样品，不利于提高灵敏度。

（二）双接收或多接收同时测量

双接收或多接收同时测量是指采用两个或多个接收器，使被测量元素的两个或多个同位素离子束在同一时间进入各自对应的接收器进行测量。

双接收或多接收器的使用是克服单接收测量缺陷的最好方法。早在 20 世纪 50 年代初期，H. A. Straus 在使用 SSMS 进行镍同位素测量时，率先借助这一原理进行测量。随后，A. O. Nier 完善了双接收器的设计，提高了测量值的精密度，在同位素丰度测量中得到广泛应用。

近来，随着传感技术的进步和机加工工艺的提高，设计、制造合理的多接收系统，包括多个法拉第杯、多个电子倍增器和 Daly 探测器在内的多功能接收系统和离子计数系统，显著改善了热电离质谱仪的检测能力。

这种测量方式的优点：

其一，克服了单接收测量时因离子流随时间变化带来的测量误差，提高了测量值精度。

其二，与单接收测量相比，多接收同时测量缩短了数据采集时间，节省用样量，相应提高了测量灵敏度。

其三，法拉第杯与电子倍增器，或与 Daly 探测器的联合使用，扩大了离子束测量的动态范围，当仅仅用法拉第杯检测时，离子束的动态范围大约 10^{-4}，当法拉第杯与电子倍增器联合使用时，动态范围在 $10^{-5} \sim 10^{-6}$；法拉第杯与 Daly 探测器的联合使用，使动态范围扩展到

$10^{-7} \sim 10^{-8}$。

然而，多接收同时测量时的各个离子束是通过不同通道的接收器、离子放大器和模数转换器进行测量的，通道之间在接收、放大和模数转换期间存在的微小差异会使测量结果产生误差。因此，保证各个通道之间的离子全接收和离子放大器、模数转换器效果的一致性尤为重要。

为了保证各个通道的全接收和消除它们之间的系统误差，通常的做法是充分利用当代质谱仪本身具有的软件功能、标准电池或标准电压对其进行归一化校准，通过测量前各个通道离子束的套峰，检验、实现各自离子束的全接收；也可采用外部校正，即用同位素有证参考物质对仪器进行校准。然后，在相同条件下进行未知样品测量。

（三）全蒸发测量

全蒸发测量机理建立在对被测量元素的两个或多个同位素，以相同概率热电离形成的离子流强度对样品蒸发、电离过程的时间求积分，用同位素离子流强度积分总量计算测量结果，如公式（4-3）所示[37,38]。该技术不在意轻、重质量数的优先，或滞后蒸发、电离；注重在全蒸发、电离过程中它们以同等概率都被积分，积分总量涵盖优先、滞后蒸发、电离的几乎全部轻、重同位素离子。因此，全蒸发测量克服了热电离质谱的"分馏效应"，测量结果基本代表样品带上被测样品同位素组成，无需对测量值进行校正。

$$R_{a/b} = \frac{\sum_{i=0}^{n} I_{ai} t_i}{\sum_{i=0}^{n} I_{bi} t_i} = \frac{I_{af}}{I_{bf}} \tag{4-3}$$

式中，$R_{a/b}$ 为用全蒸发测量 a 同位素与 b 同位素丰度比；I_{ai}、I_{bi} 为 t_i 时的两个同位素离子流强度；i 为全蒸发获取数据的时间过程；n 是全蒸发获取数据的终止时间；I_{af}、I_{bf} 分别为两个同位素离子流强度的积分总量。

然而，全蒸发测量获取数据设计的起始时间 $i=0$ 与样品被加热开始蒸发、电离时间并非相同，有可能在起始积分前样品已经蒸发和电离，导致离子的丢失；同样当 $i=n$ 离子流强度降低到无法记录、终止离子积分时，实际样品并未消耗尽。这种起始和终止时间引起的全蒸发数据丢失，原则上会影响测量结果，导致测量误差，只是影响很小，在实际应用中可以忽略，或通过延伸离子流强度作图进行修正。

（四）全自动测量

全自动测量是相对于手动或半手动操作仪器测量的测量方法。在计算机应用于测量技术以前，热电离质谱法是靠工作人员的手动操作仪器进行测量；计算机及其软件功能用于同位素测量的在线获取数据并给出测量结果，使同位素测量进入半手动操作阶段，这时的测量过程，包括样品预热、离子源中带加热、引导峰的调试、离子源电参数的选择、套峰和"本底"扣除等主要操作步骤仍然靠手动操作进行；计算机技术应用进一步拓宽，特别是软件功能完善，使得上述手动测量步骤完全被计算机在线替代，热电离质谱法进入全自动测量阶段。目前国际市售热电离质谱仪大都具有同位素丰度或丰度比的全自动测量功能，使用者需要根据测量目的在相应程序中输入相关测量参数，仪器会按照程序设计自动执行测量的各个环节，直至给出同位素丰度比或丰度的测量结果。

笔者在国家自然基金委资助下进行钕原子量测量研究，借用 GV IsoProbe 热电离质谱仪测量钕同位素绝对丰度，包括 ^{142}Nd、^{144}Nd 两个浓缩样品，9 个用浓缩样品配制的混合样品和 7 个来自世界不同地域的天然钕矿样和试剂样，全都采用全自动测量，即在下班前涂样、装源，设计好参数，启动仪器，第二天获得打印好的测量结果[39]。

全自动测量克服了人为操作误差，节省人力、物力，缩短测量周期、时间，值得提倡。

三、测量结果的表达[40]

（一）测量值和测量值的精密度（或称精度）

用热电离质谱法进行同位素丰度测量，通常每个样品重复涂样 4～6 次，即每个样品均等地涂在 4～6 个样品带上。对每个带上的样品测量 4～6 组数据，4～6 组数据测量结果的平均值和内精度用下式计算：

$$平均值\ \overline{R}_内 = \frac{\sum\limits_{i=1}^{n_1} R_i}{n} \tag{4-4}$$

$$内精度\ S_内 = \sqrt{\frac{\sum\limits_{i=1}^{n_1}(\overline{R}_内 - R_i)^2}{n_i - 1}} \tag{4-5}$$

式中　$\overline{R}_内$——一次涂样取 n=4，5，6 组测量数据的平均值；

　　　R_i——每组数据的平均值；

　　　$S_内$——一次涂样的测量标准偏差（内精度）。

相对内精度：

$$S_{r内} = \frac{S_内}{\overline{R}_内} \times 100\% \tag{4-6}$$

当以相同的涂样程序，将同一样品等量涂在 4～6 根（$n_外$=4～6）带上，用同样的测量程序进行 4～6 次重复测量，得到 4～6 个同位素丰度比测量结果和它们的平均值。4～6 次重复测量结果的平均值和标准偏差用公式（4-7）和公式（4-8）来计算：

$$\overline{\overline{R}} = \frac{\sum\limits_{i=1}^{n_E} \overline{R}_i}{n} \tag{4-7}$$

式中　$\overline{\overline{R}}$——4～6 次重复测量结果平均值；

　　　$\overline{R}_i$——一次涂样取 n_e=4～6 组数据测量结果的平均值。

$$S_e = \sqrt{\frac{\sum\limits_{i=1}^{n_e}(\overline{\overline{R}} - \overline{R}_i)^2}{n_e(n_e - 1)}} \tag{4-8}$$

式中　S_e——6 次重复测量结果平均值的标准偏差（外精度）。

相对外精度：

$$S_{re} = \frac{S_{\bar{e}}}{R} \times 100\% \quad\quad\quad (4\text{-}9)$$

同位素丰度测量结果的精度受基体和被测物的化学、物理特性及所用质谱仪性能制约。如果被测量的元素容易电离，基体又十分简单，浓度在微克至纳克量级，测量结果的精度可以达到 0.05%～0.001%。如果被测量物是高电离电位元素或分子，浓度低，它们又存在于复杂的体系之中，样品制备又存在一定困难，测量精度就相对降低。

（二）测量值的准确度

准确度定义为测量结果与被测量的"真值"之间的一致程度[18]。在正确理解准确度的定义时，应该充分注意以下两点：

① 准确度是一个定性概念，不能用数字来表达；

② 准确度与精密度是两个截然不同的概念。精密度遵从统计规律，可用在特定条件下，用独立测量结果的标准偏差来计算。准确度仅仅是一个定性的概念，没有严格的计算公式，无法用数字确切表达。

正是由于准确度存在上述缺陷，在现代的测量中，无论是国外还是国内，对测量结果品位的表示均采用不确定度，而不用准确度。

但是在相当长的时间里，人们习惯于把准确度理解为测量值与"真值"或测量值与约定真值接近程度的一种评价，并用下列表达式来度量它的品位，即

$$\frac{测量值 - 真值}{真值} \times 100\% \quad\quad\quad (4\text{-}10)$$

直到近几年在国内外对测量或计量结果进行定量评价时，才逐渐放弃准确度，改为使用不确定度来评价。而准确度仅仅作为一种定性概念在分析或计量专业延续使用，对仪器或量具的性能、测量方法和测量结果进行评价或描述。

（三）测量值的不确定度

不确定度定义为：表征合理地赋予被测量之值的分散性与测量结果相联系的参数。在正确理解不确定度的过程中，要注意以下几点：

① 测量不确定度由多个分量组成。其中一些分量可以用测量列结果的统计分布估计，并用试验标准偏差，或说明了置信水平的区间半宽度表征。

② 测量结果应理解为被测量之值的最佳估计，而所有的不确定度分量均对测量结果的分散性有贡献，包括那些由系统效应引起的分量，如与修正值和参考标准有关的分量。

③ 区分误差与不确定度：误差与不确定度是两个不同的概念，如上所述，误差被定义为被测量的单个结果和"真值"之差。所以误差是一个单个数值。原则上已知误差的数值可以用来修正结果。而不确定度则是以一个区间的形式表示，不能用不确定度数值来修正测量结果。

④ 测量结果的不确定度不可理解为代表了误差本身或经修正后的残余误差。

⑤ 在评价分析方法总的不确定度时，有必要对分析方法有关不确定度的每一个来源进行分析，并分别处理，以便确定其对总不确定度的贡献。每一个贡献量即为一个不确定度分量。直接用测量值的标准偏差表示的不确定度分量，称为 A 类标准不确定度，即有 u_a；不具有直接测量贡献的不确定度，一般称作 B 类标准不确定度，即有 u_b。B 类标准不确定度通过估算获得。量 y 的总不确定度称为合成标准不确定度，记做 $u(y)$。合成标准不确定度通过下式计算：

$$u(y) = \sqrt{u_a^2 + u_b^2} \qquad (4\text{-}11)$$

在实际运用过程中，常常使用扩展不确定度 U，扩展不确定度是指被测量量值以一个较高的置信水平存在的区间宽度。量 y 的扩展不确定度 $U(y)$ 由合成标准不确定度 $u(y)$ 乘以包含因子 k 得到，即

$$U(y)=ku(y) \qquad (4\text{-}12)$$

应根据所需要的置信水平选择包含因子 k，通常 95% 置信水平的情况下 k 值为 2。

众所周至，热电离质谱法是微量、痕量或超痕量元素同位素测量最准确的方法之一，与其他方法相比测量值的不确定度较小，来源也是多方面的，包括：①仪器的系统误差；②样品制备可能引进的误差；③测量值的标准误差（精度）；④引用标准物质带来的误差（即所用标准物质的不确定度和用标准校正测量值引起的误差）等。这些误差除测量精度属于 A 类标准不确定度，其他误差大都可以归类于 B 类标准不确定度。有些误差经过相应措施可以减小或消除，不能消除部分采用上面的计算方法，给出测量值的合成不确定度和扩展不确定度。

四、影响准确测量的主要因素[41]

（一）分馏效应

粒子，包括原子、分子（或原子离子、分子离子）的热运动速率与它们的质量平方根成反比，在热电离过程中随测量时间的延续，轻质量同位素优先蒸发，重质量同位素逐渐被浓缩。所以，测量的同位素丰度比随测量时间的延续不断变化。这种现象称为同位素分馏效应。根据粒子的运动方程，两个同位素的质量差越大，分馏的速率越快。实验证明，分馏速率不但依赖于测量的两个同位素质量差，而且与测量时间、涂样量、涂样层的厚度（涂样面积）和带的加热温度，特别是样品带的温度密切相关。涂样量越少、涂样层越薄（涂样面积越大）、带的加热温度越高，分馏速率越快。

分馏效应是一种物理过程，它是质量歧视效应的特例。分馏效应是 TIMS 进行同位素丰度测量的主要系统误差来源。选择热稳定的化合物，加大用样量，严格控制带的温度，采用尽可能质量数大的分子离子测量同位素丰度比等，有利于减小或延缓分馏。

（二）质量歧视效应

不同质量的粒子或离子，在受热蒸发、电离、传递以及它们被接收过程中所产生的效果不同，这种现象称为质量歧视效应。质量歧视几乎存在于所有质谱分析之中，只不过表现形式各异、或大或小。在热电离源里，不同质量的原子或分子受热蒸发、扩散产生的分馏是质量歧视效应的特例；在用电子倍增器进行离子流的接收和测量时，轻、重质量的离子具有相同的能量，但是，它们的速度与离子的质量平方根成反比，速度大的轻质量离子将以更大的速度或动能打击倍增器的第一打拿极，与重质量的离子打击相比将会发射更多二次电子，从而引发质量歧视效应；不同质量离子流的强弱不同，当它们流经电子线路元件，如高阻、模数转换器等，所产生的效果不是理想的线性关系，而引发歧视效应。虽然这种歧视不完全依赖于质量，但习惯上也把它当作质量歧视看待；当用加速电压扫描测量时，加速电压随待测离子质量而改变，这不但会导致离子源离子透镜电位分布的不同，引起离子拉出效率的改变，还会引发离子散射，我们把这种原因引起的质量歧视称作加速电压效应。凡此种种，质量歧视效应在同位素分析中存在比较普遍，有时它们独立地贡献给测量结果，有时它们在几个环节综合引起误差。

选择尽可能邻近的两个质量离子流进行同位素测量有利于减小质量歧视。质量歧视效应往往与测量过程中的其他误差因素叠加在一起贡献给测量值。通过在相同条件下参考物质的测量来校正测量值，可以消除质量歧视影响。

（三）同量异位素干扰

同量异位素定义为质量数相同、原子序数不同的核素。它们在元素周期表中占有不同位置，化学性质不尽相同，几乎影响所有的无机质谱分析。有一些质谱书籍中不把它作为基体干扰效应考虑，而称作同量异位素离子干扰。例如：钢铁制品测量时的 $^{54}Cr^+$ 与 $^{54}Fe^+$ 相互干扰；同位素地质和同位素地球化学样品测量时可能出现的 $^{40}Ar^+$ 对 $^{40}K^+$ 干扰、$^{87}Rb^+$ 对 $^{87}Sr^+$ 干扰；稳定同位素示踪研究测量中 $^{40}K^+$ 与 $^{40}Ca^+$、$^{54}Cr^+$ 与 $^{54}Fe^+$ 的干扰以及稀土元素测量过程中出现的众多同量异位素相互干扰和轻稀土元素同位素氧化物对重稀土元素核素的干扰等。凡此种种，只要质谱的离子质量数相同，就有可能形成谱线叠加，对测量产生干扰。这些干扰核素，有的是自然界固有的，有的是在样品制备和电离过程中形成的氧化物离子或复合离子。

根据 Langmuir-Kingdon 方程式，某种元素只有在确定的温度或该温度之上才能使其电离。因此，我们可以利用元素电离温度的差异，避免一些同量异位素的干扰。换句话说，只有具有相同电离电位的同量异位素才会发生谱线叠加严重干扰，而且仅限于单电荷离子；对有可能产生干扰的核素元素在制样过程中进行元素分离，可减小或避免干扰。

（四）"记忆"效应

"记忆"效应泛指进行不同丰度的同位素测量时，残存于进样系统、离子源和分析管内的前次样品对后续样品测量结果的影响，两次样品的丰度差别越大，影响越严重。

历史上，对液体或固体样品测量，"记忆"问题往往被忽视，这并非是液体或固体测量无"记忆"问题，而是因为测量仪器的精度有限，无法甄别"记忆"的发生。例如，在质谱仪器采用计算技术控制前，用 TIMS 进行同位素丰度测量的精度通常大于 0.2%，致使低水平的"记忆"效应被掩盖；而现在仪器的精密度好于 0.01%，以前未被发现的"记忆"问题如今对准确测量的影响也不可忽视。TIMS 测量的"记忆"问题往往在用样品量过大，或前后两次测量的同位素丰度差较大，或瞬间在离子源产生过量的蒸气压等情况时才会发生。即使产生"记忆"，经过离子源部件的清洗和较长时间的排气，也容易克服。

笔者实验室曾长期从事同位素标准物质研制和原子量测量，为了校正 TIMS 的系统误差，通常采用两种或三种高纯度浓缩同位素配制人工合成样品（也称校正样品），通过浓缩样品、校正样品同位素丰度测量和化学计量，计算仪器系统误差的校正系数。测过的元素有 Li、Zn、Sb、Ce、Eu、Er、Dy、Sm、Nd 等，浓缩同位素丰度范围在 97%（Sm）至 99.99%（^{7}Li）之间。对每一个元素，都要执行浓缩样品、校正样品和天然丰度样品等三种样品同位素丰度测量。按照严格的测量程序，当完成相同丰度样品测定，进行另一丰度样品测量前，都要进行空白检验，只有空白值降到仪器噪声范围以内，才能进行下一个程序测量。在上述工作中，除浓缩 ^{6}Li 同位素丰度测量外，都未发现明显的"记忆"问题。工作程序是：

① 严格限制涂样量，缓慢增加样品带和电离带的温度，杜绝过量的样品蒸发；

② 样品测量的顺序：浓缩同位素样品甲（高丰度）→校正样品→天然样品→浓缩同位素样品乙（低丰度）；

③ 每个转盘只装载一个浓度、丰度的样品，防止交叉感染；

④ 在满足测量要求的条件下，尽量缩短数据采集时间，避免样品蒸气在离子源停留时

间过长，防止吸附；

⑤ 每次完成一个转盘样品的测量，保持一定时间的真空抽气，直到离子源冷却、离子源内真空度接近极限值停机，更换样品。

按照上述工作程序，比较顺利地完成了各个元素不同丰度的样品测量，在仪器测量精度范围内没有发现交叉性的干扰，很显然，避免了"记忆"效应的发生。

浓缩 ^6Li 同位素丰度测量是唯一的例外，当时的确出现了 ^6Li 的"记忆"问题，主要原因是涂样量过多、带的加热速率过快，以至于离子源内蒸气压升高。经过更换、清洗离子源插件、屏蔽和转盘，连续在高真空状态下长时间排气，消除了"记忆"。

事实上，在进行无机质谱分析时，只要按程序操作，"记忆"效应在测量值的误差中就居于非常次要的地位。这要归功于质谱仪器性能的提高：首先是分析灵敏度的提高，降低了样品用量；其次原子/离子转换效率改进，减少了样品发散；再次是大功率分子泵的使用，能在很短时间内排除过量的蒸气压，减少样品吸附，有利于防止"记忆"效应发生。

（五）强峰拖尾

在同位素丰度测量过程中，强峰拖尾由中性粒子和带电离子所构成[41]，它们大致来源于三部分。①强峰离子在离子源和磁场区之间传输过程中发生的非弹性散射，失去部分能量的离子经磁场偏转落入强峰低质量数一侧和获得部分能量粒子，经磁场偏转落入强峰低质量数一侧的偏多；弹性散射离子、粒子在强峰两边均匀分布，形成拖尾峰，强度随远离强峰位置逐渐降低。②强峰离子在磁场区传输过程中发生的弹性碰撞、离子在强峰两边均匀分布，成为拖尾峰；非弹性散射粒子经偏转后落入强峰低质量数一侧的偏多。③在磁场区与接收器之间发生的小角度弹性、非弹性散射粒子、离子到达接收器时均匀分布。因此，最终接收器接收的散射粒子、离子数，在强峰低质量数一侧多于高质量一侧，这也是在强峰的两侧的丰度灵敏度不一致的主要原因，如图 4-15 所示。

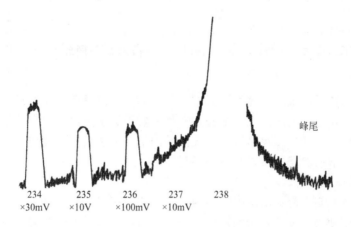

| 234 | 235 | 236 | 237 | 238 |
| ×30mV | ×10V | ×100mV | ×10mV | |

图 4-15　热电离质谱仪测量铀同位素丰度的典型质谱图

图 4-15 是用热电离质谱仪测量铀同位素丰度时得到的典型质谱图。强峰是用法拉第杯测量的 $^{238}U^+$ 峰，弱峰是用二次电子倍增器测量的。从图 4-15 可见，$^{238}U^+$ 强峰散射形成的拖尾分布在它的两侧，强度随远离它而减弱，在强峰低质量一侧的拖尾强度高于另一侧。$^{238}U^+$ 的拖尾峰干扰 ^{236}U、^{235}U 和 ^{234}U 低丰度同位素离子束的测量。为了减小或消除强峰拖尾，历史上人们采取的几种有效措施如下。

1. 超高真空技术

如上所述，由于拖尾主要是强峰离子与管道内残存气体发生弹性和非弹性碰撞时离子散射引起的，因而提高离子源和分析器的真空度，减小碰撞概率，必然会降低"拖尾"强度。实验证明，当管道内压力低于 10^{-4} Pa 时，拖尾峰的强度随压力减小成正比减小。此后，压力降低，拖尾的减小逐渐变缓。当真空度好于 10^{-6} Pa 时，拖尾强度随着分析室真空压力变化近似不变。这是由于分析室的压力降到一定值后，系统内气体稀薄，此时构成拖尾的散射离子主要不是由强峰离子同气体碰撞所致，而是来自于分析管道内壁或缝隙的非弹性碰撞引起的散射，这种碰撞或散射与压力无关，见图 4-16。

图 4-17 给出了不同真空压力下的峰形比较。此图是笔者在 MU-1301 型质谱计真空系统改进前后测得的。图 4-17（a）是仪器真空系统改进前，主泵是水银扩散泵，分析室的压力为 10^{-4} Torr 时测量；图 4-17（b）是仪器改进后，主泵是钛离子泵，分析室的压力为 10^{-6} Torr 时测量[41, 42]。

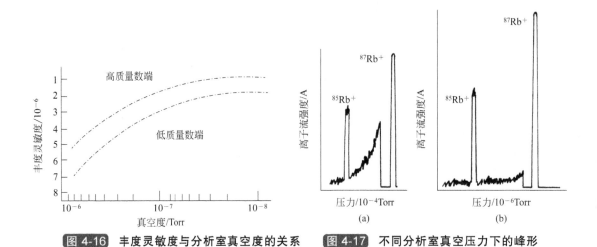

图 4-16 丰度灵敏度与分析室真空度的关系　　图 4-17 不同分析室真空压力下的峰形

2. 减速透镜技术

减速透镜作为离子能量过滤器[41]，只准许具有高于减速透镜电压能量的离子通过进入接收器，能量低于减速透镜电压的离子被排斥在外，实现离子过滤作用。然而，减速透镜不能改变强峰高质量数一侧的丰度灵敏度，在此区域的拖尾离子具有比减速透镜所加电位更高的能量，同时对弹性散射离子的限制也微不足道。

3. 串列质谱仪技术

串列质谱仪具有高丰度灵敏度[41]。这种仪器根据离子偏转轨迹的不同，可分为 C 形和 S 形串联结构。又因使用的分离器级数不同而分为两级、三级或四级串列质谱仪。

（1）两级串列质谱仪　两个磁分析器串联而成的质谱仪，可有效消除单级磁质谱仪生成的中性粒子"本底"。在第一级分析器系统内强峰离子散射产生的中性粒子，即使进入第二级分析器，由于中性粒子不受磁场偏转作用，因此不能同待测离子一起进入第二级分析器的接收器，如图 4-18 所示。

图 4-18（a）给出了用单级仪器测量大气中 ^{4}He 的质谱图；图 4-18（b）是用同一台仪器，在第一级接收缝位置加了一个半径 6cm 的永磁分析器测得 ^{4}He 质谱图。可以看出，中性粒子形成的"本底"由于第二级分析器的加入而得到明显改善[42]。

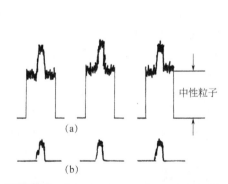

图 4-18 单级（a）和双级(b)磁分离器
测量 ^{4}He 的质谱图比较

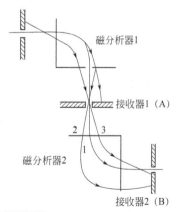

图 4-19 两级串列质谱仪的离子轨迹

两级串列质谱仪对改善单极磁分析器的拖尾，提高丰度灵敏度有明显效果。如图 4-19 所示，质量为 $M-1$ 的离子 1 以通常的分析程序通过接收缝 A，而质量为 M 的离子 2 和 3 由于受到碰撞后引起的散射而改变原来的方向，也通过接收缝 A，它们与离子 1 同时进入第二级分析器。由于这三个离子具有相同的能量和不同的质量，所以当离子 1 在磁场作用下进入第二级分析器的接收缝 B 时，散射离子 2 和 3 被排斥在接收缝 B 之外。

（2）三级串列质谱仪　在两个串列磁分析器的后面再加上一个静电分离器(或能量过滤器)，或在两个磁分析器中间加一个静电分离器，组成三级串列质谱计仪，具有两级分离器和减速透镜的双重功能，可进一步改进仪器的丰度灵敏度[41]，同时克服了中性粒子形成的"本底"谱，是高丰度灵敏度比较理想的仪器。但由于这种设备大而复杂，造价昂贵，操作使用技术要求高，近来人们宁愿选择磁-静电分离器，再借助超高真空技术来实现高丰度灵敏度分析。图 4-20 是一个典型的磁-磁-电三级串列质谱仪。

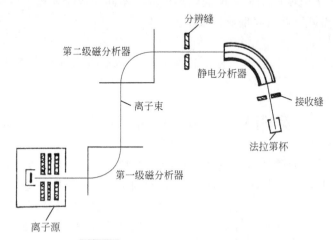

图 4-20 三级串列质谱仪示意图

（六）"本底"

测量过程中的"本底"表现为扣除待测信号，测量系统记录的信息。这些信息通常由两部分组成：其一是由测量系统的电子学器件性能决定，特别是小电流放大器输入端的高电阻和各个通道的模/数转换器的性能引起的，呈现为记录的零点漂移和噪声；其二是来自仪器真空系统、离子源和分析管道的非洁净度杂质离子，包括各种真空泵、气压计和阀门释放的气体电离后产生的大量碳氢化合物离子，它们由进样管道、离子源和分析管道表面吸附的固体、气体和水蒸气的解吸、电离产生，以"本底"的形式贡献给测量值。

使用清洁的真空泵，如无油泵，有利于降低"本底"。经常保持良好的真空状态，控制用样量，减少样品吸附是降低"本底"的主要途径。选择性能良好的电子学元件，尤其是高电阻性能的改善将减小零点漂移。质谱仪器，特别是测量系统远离电磁场或加强测量系统的屏蔽功能，避免电磁波等外来信号的干扰，有利于降低噪声。

当代性能良好的质谱仪器用法拉第杯作为离子探测器的"本底"很低，可以忽略不记，不会引起常量分析误差；当使用二次电子倍增器或 Daly 探测器进行微量、痕量或超痕量测量时，"本底"不可忽视，有时它们以未知的因素贡献给测量结果，引起测量误差。因此，降低或从测量系统输出信号中扣除"本底"成为准确测量的重要内容。

五、方法的主要特点

① 与其他质谱测量方法相比，该法的主要优点在于测量值精度高。采用法拉第杯多接收的磁式热电离质谱测量外精度通常达到 0.01%～0.05%，个别元素的精度可以达到 0.005%～0.001%。相比之下，四极杆热电离质谱的测量精度要逊色得多，仅为 0.1%～1%。因为样品制备过程中可能引起的误差会大于测量精度。因此，TIMS 测量数据的高精度仅仅在某些核科学测量、同位素分离方法研究、原子量测量和某些特定的同位素地球化学任务的同位素丰度测量中才具有实际意义。对来自环境、矿山和某些生物样品等复杂基体元素、化合物成分的 TIMS 分析，仪器的高精度往往被方法的流程空白值所掩盖，对最后测量值的不确定度贡献甚微。

② 热电离生成的主要是单电荷离子；离子能量差异与其他方法相比较小；双电荷、多电荷及多原子离子干扰甚微，谱线简单；氢化物、碳氢化合物形成的本底容易克服。

③ 元素的热电离温度取决于它们的电离电位，不同元素的电离电位不同，电离温度也不同，借助这一特点可以克服同量异位素干扰。

④ 样品制备比较复杂，需要对基体进行消解，分离被测量元素，并转化为特定的化合物形式。上述操作过程引起的流程空白值限制了浓缩或贫化同位素测量的灵敏度、准确度。

第四节 热电离质谱法的应用

热电离质谱法是元素同位素丰度测量的经典方法，测量结果直接给出同位素丰度或丰度比；热电离质谱法与同位素稀释技术相结合建立的同位素稀释质谱法是微量、痕量元素定量分析准确的方法；热电离质谱法也是同位素示踪的重要测量技术，方法应用十分广泛。在地学领域，尤其是同位素地质年代学测量采用的铷-锶、钐-钕、铀-铅、铼-锇等定年方法，在同位素地球化学研究、矿物勘探、开采过程中依赖热电离同位素稀释质谱法提供微量元素数据；在核科学、核工业方面，热电离质谱法是同位素分离、核燃料燃耗研究、核裂变产额测定、核燃料循环衡算及核废料处理等的主要测量方法；随着热电离质谱仪器性能提高、方法不断完善，应用范围在基础科学、生物化学、医学、农学、环境科学和化学计量等领域进一步拓展。

一、碱金属、碱土金属元素同位素测量

碱金属、碱土金属元素是元素周期表中广泛存在于自然界的一组元素，在地质年龄测定，地矿勘探、开采，核燃料、核材料开发，食品、饮料生产和环境研究等领域都会涉及它们的测量。

这些元素的质量数相对较轻，熔点和电离电位较低，通常用热电离技术容易电离，采用单带、双带或三带电离机构都能进行原子/离子转化。

样品制备和质谱测量过程应严防来自环境、试剂和器皿的污染，对浓缩同位素样品测量更应该防范。这些元素的核素质量较轻，热运动过程中的同位素分馏或质量歧视是导致同位素丰度准确测量的主要误差来源。经验证明，即使采取防范的技术措施，对测量值的校正也是必要的。文献报道较多的碱金属、碱土金属元素测量，包括锂、镁、钾、钙、铷、锶等元素测量，见表 4-7。

表 4-7 测量碱金属、碱土金属元素同位素实例

样品及测量同位素	仪器及测量参数	分析方法	分析结果	参考文献
LiCl，浓缩 ^{7}Li 和 ^{6}Li，标准物质中锂同位素丰度比	Finnigan MAT-261，电离机构：铼双带，单接收测量，测量时电离带电流 2.6～2.8A，样品带 0.2～0.6A，分析室真空度约×10^{-8}mbar	校准质谱法测锂同位素丰度比，借助锂同位素基准物质测量仪器系统误差校正系数 $K_{6/7}$=0.99214±0.00903，仪器校正后测量锂标准物质 LiCl；用 LiCl+H$_3$PO$_4$涂样，测质量数大的 Li$_3$PO$_4$$^+$，以便减少分馏	从所制备标准物质中随机取样六次，六次测量结果的平均值经校正后为 9.8208，相对扩展不确定度为 0.096%	[43]
LiNO$_3$，高纯浓缩 ^{6}Li、^{7}Li，天然矿样、试剂样 Li，锂的原子量	VG-354，Rh 电离带，Ta 样品带，单接收；测量时 Rh 加热电流 3A，Ta 电流以实现 Li$^+$束的强度约 4×10^{-11} A 为准；测量时分析室真空（2～3）×10^{-7}Torr	校准质谱法测锂的原子量，首先将高纯浓缩 Li$_2$CO$_3$（A）和高纯浓缩 LiF（B）转化为硝酸锂，通过精密天平称重将其合为 8 个混合样品，测丰度比；通过测量值和配制值比较，求出仪器系统误差校正系数；仪器校正后测量天然矿样、试样锂的丰度	仪器校正系数 K=0.9761± 0.0026（S），天然丰度 ^{7}Li=92.566%，^{6}Li=7.434%；用天然锂同位素丰度和锂核素质量计算 Li 原子量：6.9416± 0.0003	[44]
钾（IMEP-9 是美国科罗拉多州 Clear 河水，经过过滤、灭菌，调节 pH<1.2)，测量 ^{41}K／^{39}K 丰度比	Finnigan MAT-261 质谱仪，铼双带结构，法拉第杯接收；用氯化钾涂样，涂样前附有铼带的插件在高真空中反复除气，排除钾"本底"；测量时离子源高压 10kV，分析室真空度约 10^{-5} Pa	样品配制、称重、涂样、装样等操作均在 1000 级超净室内的 100 级超净台上进行；试剂和水经过亚沸蒸馏，选择石英或聚四氟乙烯器皿，经多次高纯酸清洁处理；在上述措施基础上，与待测样品测量同步，用 IDMS 测量钾流程空白，并从样品测量值中扣除，测量时控制灯丝加热温度在 Ca 未电离情况下进行测量，避免 ^{40}Ca$^+$干扰	6 次重复测量结果： $R_{41/39}$　2S (均值)/% 1.5819588　0.005 1.5729914　0.002 1.6314815　0.005 1.7983557　0.005 1.6958742　0.002 1.5834618　0.006 IDMS 测量浓度：6 次平均值(55.94±0.40)mol/kg	[45,46]
采用双稳定同位素 ^{44}Ca（口服）、^{42}Ca（注射）示踪技术，测量钙吸收率；用 TIMS 测量受试者的尿中钙的丰度比	Finnigan MAT-261 质谱仪，铼双带结构；铼带在 10^{-5}～10^{-6}Pa 真空烘烤系统中通 4A 电流加热烘烤 40 min，在 5A 电流下烘烤 15min，排出带中的钾和其他碱金属；每次将 5μg 硝酸钙涂覆在铼带上，用 1.8A 电流烤干，然后施加红化技术	受试者口服 ^{44}Ca(平均值 18.27 mg)、静脉注射 ^{42}Ca（平均值 1.76mg）；定时(<24h，24～36 h，>36h)收集尿样；用草酸铵沉淀和离子交换分离提取尿中钙；测量时电离带电流 4.5A，样品带电流 0.6A，Ca$^+$束流达到 5×10^{-11}A，法拉第杯单接收；钙测量主要干扰是 ^{40}K，利用 K、Ca 熔点和电离电位不同，控制加热温度排除钾，并用 ^{39}K 离子作为监测信号避免 ^{40}K 干扰	用草酸铵沉淀法处理尿样，^{42}Ca/^{40}Ca 和 ^{44}Ca/^{40}Ca 测量内精度在 0.3%以内；用离子交换分离法处理尿样，对 ^{42}Ca/^{40}Ca 和 ^{44}Ca/^{40}Ca 进行测量，内精度达到 0.07%；根据同位素丰度测量结果和相关参数计算的钙吸收率：(57.4±15.4)%	[47]

续表

样品及测量同位素	仪器及测量参数	分析方法	分析结果	参考文献
岩石样中 Rb-Sr 和 Pb 一步分离及 TIMS 测试	Triton 热电离质谱仪,测量参数:Rb 用铼双带结构,电离带电流 2.0A,蒸发带 0.6~0.8A;Sr 用 W 单带,加热电流 3.2~3.5A;Pb 用铼单带,加热 2.4~2.6A;离子源真空约 1×10^{-7}mbar,分析室约 4×10^{-9}mbar;加速电压 10kV	用混合酸消解样品;一步分离 Rb、Sr 和 Pb,回收率优于 90%,试剂用量 0.75 ml,分离时间 3 h,Rb-Sr 流程本底<5pg,Pb<50pg;Rb 用 20μl 2mol/L HCl 溶解样品,每次涂样 1μl,Sr 先涂 1μl TaF₅ 溶液,蒸干,再涂 1μl 2mol/L HCl 样品;对铅是先涂 1μl 硅胶和 H_3PO_4 混合溶液,蒸干,再涂 1μl 2mol/L HCl 样品,三种涂样都采取红化技术	测定结果:Rb、Sr、Pb 比值测量内精度分别优于 0.03%、0.003%、0.04%;$^{87}Sr/^{86}Sr$=710266±0.000016(2S,n=3);$^{207}Pb/^{206}Pb$=0.9134±0.0002(2S,n=3);$^{87}Rb/^{85}Rb$ 比值内精度优于 0.03%	[48,49]

二、过渡元素测量

过渡元素是元素周期表中占据位置较多的一组元素,用途广泛,几乎涉及国计民生的所有领域,与人们的日常生活息息相关,既有营养元素,也有有毒元素,在地矿勘探、开采、金属冶炼、机械加工、环境保护、食品和饮料生产等领域都会涉及它们的测量。

过渡元素具有高熔点和高电离电位,用常规热电离方法很难使其有效电离。通常根据预测元素的物理特性和化学形态,使用单带结构,涂覆样品时添加电离增强剂。

过渡元素在进行热电离时大都采用硝酸盐,样品制备和质谱测量过程要防止来自环境、试剂和器皿的污染,对浓缩同位素测量更应该提防。防范同位素丰度测量时的同位素分馏、质量歧视效应对测量值的影响。表 4-8 简要介绍了用 TIMS 测量铁、锌、锗、锑、铟等过渡元素同位素的方法。

表 4-8 用 TIMS 测量铁、锌、锗、锑、铟等元素同位素的方法

样品及测量同位素	仪器及测量参数	分析方法	分析结果	参考文献
用 TI-IDMS 标定 CIPM 溶液 2 中铁浓度;取天然基准作为基准稀释剂,用 TI-IDMS 标定浓缩铁同位素浓度,用标定过的浓缩同位素作为稀释剂,再用 TI-IDMS 标定 CIPM 溶液 2 中铁浓度	Finnigan MAT-261 质谱仪;涂样是按顺序将确定比例的高纯硅胶悬浮液、10μg 的 $Fe_2(NO_3)_3$、H_3PO_4 涂覆在真空烘烤的铼带上,干燥后瞬间提高温度,直到铼带呈暗红色,切断电流;4 个法拉第杯同时接收 $^{54}Fe^+$、$^{56}Fe^+$、$^{57}Fe^+$、$^{58}Fe^+$ 离子束	当离子源真空为 10^{-7}mbar 时,对样品低温预热,所有测量在 10^{-8}mbar 条件下完成;用 $^{39}K^+$ 和 Fe 主同位素离子束作引导信号对离子源、转盘的参数进行初调和细调,实现离子束最大化,通过 4 个离子束套峰作图保证同时全接收;数据采集在主同位素离子束 10^{-11}A 范围获取,每个样品涂覆 5 次,每次涂样测量 5 组,每组由 10 比值组成,10 个比值的平均值和平均值的标准偏差为该次涂敷样品的测量结果	根据测量的天然基准丰度比、浓缩同位素丰度比及配制混合样品同位素丰度比及配制混合样品的相关参数计算分析结果;浓缩同位素溶液中 Fe 浓度为 (80.69±0.12)μg/g (1S),CIPM 溶液 2 中 Fe 浓度为 32.10μg/g,不确定度 0.29%(2S)	[50]
测量锌原子量,即测量浓缩的 97.3%(原子分数)^{64}ZnO,96.1%(原子分数)^{66}ZnO,98.5%(原子分数)^{68}ZnO,及用它们通过精密天平称重配制的 12 个混合样品和来自中、德、英的 3 个高纯 $Zn(NO_3)_2$ 同位素丰度比	Finnigan MAT-261 质谱仪,铼单带置于 10^{-7}mbar 真空系统排气,硅胶、磷酸作为电离增强剂与 10μg $Zn(NO_3)_2$ 样品一起涂覆在铼带上,用通过带的电流烘干,并施加红化技术	当离子源真空为 10^{-7}mbar 时,对样品低温预热,测量在 10^{-8}mbar 条件下完成;用 $^{39}K^+$ 和 Zn 主同位素离子流作引导信号调整离子源、转盘参数,实现离子束最大化,通过离子束套峰作图保证同时全接收;数据采集在主同位素离子束 10^{-11}A 强度范围获取;对弱峰适当增加数据采集时间;所有样品测量未发现同量异位素干扰	A、B、C 三个样品的测量结果:$^{64}Zn/^{66}Zn$ 丰度比:A 72.308(94);B 0.014564(79);C 1.0087(90);$^{68}Zn/^{66}Zn$ 丰度比:A 0.3076(21);B 0.016478(15);C 163.23(47)	[51]

续表

样品及测量同位素	仪器及测量参数	分析方法	分析结果	参考文献
锗原子量测量：需要测量高纯浓缩同位素 $^{72}Ge(A)$、$^{74}Ge(B)$，6 个用精密天平配制的混合样品用于测量质谱仪系统误差校正系数；5 个来自美洲、欧洲、亚洲三大洲，化学纯度好于 99.99% 天然丰度的 GeO_2 和 Ge 粉用于计算原子量	VG-354 质谱仪，Daly 探测器电压 −20～−23kV，光电倍增器支撑电位 1kV，离子源高压 7000kV，离子源真空 $6×10^{-7}mbar$，分析室好于 $10^{-8}mbar$，Ta 三带插件两个侧带涂 $10\mu g$ 锗硝酸溶液与 0.1mg 硼酸，混合物干燥后经红化处理	高纯浓缩 $^{72}Ge(A)$、$^{74}Ge(B)$ 和五个天然高纯 GeO_2、Ge 分别置于稀释的 NaOH 与 H_2O_2 一起加热，转化为硝酸盐，用离子交换分离 Ge，通过称重 A、B 配制 6 个 Ge 不同丰度的混合样品；测量时先加热电离带电流到 4A，找到引导信号 $^{187}Re^+$ 离子束，调整离子源电参数，然后加热样品带，预测该离子流达到 $3×10^{-13}A$ 时，在线 HP-9836 计算机及其软件自动记录每个 Ge^+ 离子束强度，给出同位素丰度比	五个天然样品同位素组成的平均值：20.382(97)%(原子分数)^{70}Ge，27.338(91)%(原子分数)^{72}Ge，7.754(48)%(原子分数)^{73}Ge，36.78(85)%(原子分数)^{74}Ge，7.818(41)%(原子分数)^{76}Ge；根据同位素组成和核素质量计算的 Ge 原子量：$A_r(Ge)=72.6390(69)$	[52]
锑原子量测量：需要测量两个浓缩样品 $^{121}Sb_2O_3$（A）、$^{123}Sb_2O_3$（B）；10 个来自地球不同地域的天然锑矿样和试剂样、8 个用精密天平称重配制的混合样品等的同位素丰度比	MAT-261 热电离质谱仪，常规铼带和用于测量浓缩样品的 V 形带；双法拉第杯同时接收；将硅胶悬浮液、$Sb_2(NO_3)_3$、H_3PO_4 按比例涂覆在铼带上，通过电流加热蒸发干燥后，施红化技术	经过消解、纯化将 Sb_2O_3 转化为 $Sb_2(NO)_3$，用 ICP-MS 测杂质总量获得溶液纯度；用精密天平称重 A、B 组分配制 8 个不同丰度的混合样品，测量仪器系统误差校正系数；SbO^+ 的最佳发射温度约为 1450℃，离子流强度约 $5×10^{-12}A$，此时可忽略 $^{137}Ba^+$ 对 $^{121}Sb^{16}O^+$ 的干扰；测量氧化离子 $^{121}Sb^{16}O^+/^{123}Sb^{16}O^+=R_{137/139}$；借助公式 $R_{SbO}(1-0.002R_{SbO})=R_{Sb}$，将 $R_{137/139}$ 转化为 $R_{121/123}$	浓缩样品 $R_{137/139}$：83.566(327)(A) 0.0054419(243)(B) 天然样品 $R_{121/123}=1.33714(176)$。根据同位素组成、配制混合样品的相关参数和核素质量计算的锑原子量：$A_r(Ge)=121.7597(7)$	[53]
铟原子量测量：测量来自不同地域的 2 个 In、2 个 In_2O_3 和 1 个 $In_2(SO_4)_3$ 的同位素丰度；样品杂质用 ICP-ES 测量，样品中 $Cd<0.5×10^{-6}$，$Sn<0.5×10^{-6}$，避免了 ^{113}Cd、^{115}Sn 干扰	VG-354 质谱仪；$2\mu l$ 样品溶液涂在 Ta 带上，干后涂 $0.52\mu l$ 10% H_3PO_4，蒸干后经过红化处理，样品以 $InPO_4$ 形式附着在 Ta 带上；当 Ta 带电流加热到 1.5～1.6A 时，$^{115}In^+$ 束流强度约 $3×10^{-11}$	铟原子量测量采用相对法，即直接测量地球不同地域的五个样品丰度比平均值，$R_{113/115}=0.044804±0.000055(2S)$；因为 Cd、In、Sn 的电离电位分别为 8.993eV、5.786eV、7.344eV，测量过程应严格控制温度，避免 ^{113}Cd、^{115}Sn 干扰。系统误差用传统的质量平方根反比校正法校正	利用转换公式，$f=R(1+R)$ 计算两个同位素丰度 $^{113}In=4.288(5)\%$，$^{115}In=95.712(5)\%$，根据同位素组成、相关参数和核素质量计算的铟原子量：$A_r(In)=114.8185(2)$	[54]

三、稀土元素测量（原子量测量）

元素周期表中稀土组共有 14 个元素，其中 Pm 无天然核素，Pr、Tb、Ho、Tm 等四个是单核素元素；Eu、Lu 各有两个同位素；Er 有 6 个同位素，其余 Nd、Sm、Dy、Yb 四元素各有 7 个同位素。这些元素的核素质量密集在 136～176 质量范围内。因为它们化学性质相似，物理特性差异甚微，用热电离质谱法测量，克服同质异位素干扰和避免轻稀土核素的氧化物与重稀土核素叠加是准确测量要解决的主要技术问题。经验证明，元素的化学分离是解决这一问题的有效方法。

稀土元素是国民经济、国防建设的重要资源，应用广泛。下面以地质年代学测量使用的钐-钕(Sm-Nd)法和基础科学研究的原子量测量为例进行介绍。

（一）钐–钕(Sm-Nd)法

Sm-Nd 法是同位素地质年代学测量的后起方法，它的基本原理是基于自然界的放射性同位素 ^{147}Sm 经过长时期的 α 衰变生成产物核 ^{143}Nd，通过 ^{147}Sm、^{143}Nd 的准确测定，借助下列公式计算样品的地质年龄。

$$t = \frac{1}{\lambda} \ln \left(\frac{^{143}\text{Nd}}{^{147}\text{Sm}} + 1 \right) \qquad (4\text{-}13)$$

式中，t 为样品的地质年龄；λ 为 ^{147}Sm 的衰变常数；^{147}Sm 为同位素 ^{147}Sm 测量时的含量；^{143}Nd 为 ^{147}Sm 衰变生成 ^{143}Nd 的量。

钐和钕皆属难溶元素，具有较强的抗风化、耐腐蚀、抵抗变质作用能力；同时，因为这对母/子体元素的离子半径、电价和电负性等地球化学性质十分相似，因此，放射性成因的产物核 ^{143}Nd 很自然地继承母体同位素 ^{147}Sm 的地域特性，形成以后的地质作用很难使它从岩石或矿物晶格迁移出来。因此，在岩石形成以后经历的各种地质事件作用过程中，钐-钕体系通常保持相对封闭状态，由它测定的地质年龄更能代表岩石或矿床形成的年龄，钐-钕同位素组成更能反映成岩、成矿的物质源区特征。这正是钐-钕体系在地质年龄测定和同位素地球化学研究获得快速发展的原因。

对 ^{147}Sm、^{143}Nd 含量的测定，在条件成熟的实验室，同位素稀释质谱是最好的选择。因为钐、钕皆是多同位素元素，稀释剂的选择有较大的余地，通常分别选择 ^{149}Sm 或 ^{150}Sm、^{145}Nd 或 ^{145}Nd。

热电离质谱一直是钐、钕同位素丰度测量、同位素稀释质谱法测量最有效的方法。样品形态大都用硝酸盐或氯化物，测量单电荷离子。用内标法进行同位素丰度比的质量歧视校正时，内标因子通常取自然界 ^{146}Nd 与 ^{144}Nd 丰度比的标准值 $R_{146/144}=0.7219$。

（二）原子量的测量

稀土元素原子量测量是热电离质谱法在基础科学研究测量工作的典范。无论是原子量的相对质谱法测量，还是绝对质谱法测量，过去主要依赖热电离质谱法。公式（4-14）充分表达了测量方法的原理，即多同位素元素的原子量等于该元素同位素丰度（地球上具有代表性的矿样或试剂中该元素同位素丰度）与其相对应的原子质量乘积的集合：

$$A_r(\text{E}) = \sum_{i=1}^{n} f_i M_i \qquad (4\text{-}14)$$

式中，E 为被测元素，它有 n 个同位素；$A_r(\text{E})$ 为被测量元素 E 的原子量；f_i 为第 i 同位素的丰度；M_i 为第 i 个同位素的原子质量。

从公式（4-14）不难看出：原子量及其不确定度主要受制于同位素丰度和同位素原子质量测量的限制。这两个基本量的不确定度决定原子量的准确度。而同位素丰度和原子质量的测定又都借助质谱法来实现。因此，质谱法在原子量测量中的位置是不言而喻的。

目前已经公认的原子质量的不确定度大都在 10^{-8} 数量级，使用性能良好的同位素质谱仪测量同位素丰度的不确定度在 $1 \times 10^{-3} \sim 1 \times 10^{-4}$ 之间或更好。这个数值大于原子质量不确定度 $4 \sim 5$ 个数量级。由此可见，使用公式（4-14）表达的多同位素元素原子量的测量，无论是相对测量还是绝对测量，实际都是用同位素质谱法进行同位素丰度的准确测量。

绝对质谱法（或称校准质谱法）测量同位素丰度，要选择两种或两种以上已知化学纯度的高浓缩同位素，借助化学计量，用精密天平称重，配制人工合成样品（校正样品），用来测量质谱仪系统误差校正系数，参见公式（4-15）。用该系数校正用同一仪器测量的来自地球不同地域矿物和试剂样品中待测元素天然同位素丰度比，求出同位素丰度的真值。用同位素丰度和它们相对应的核素质量的乘积求和，即可计算出原子量。

$$K = \frac{W_A c_A (R_a - R_{ab}) + W_B c_B (R_a - R_{ab})}{W_A c_A R_b (R_{ab} - R_a) + W_B c_B R_b (R_{ab} - R_b)} \qquad (4\text{-}15)$$

式中，R_a、R_b、R_{ab} 为 A、B 两种浓缩同位素溶液和校准样品的两种同位素丰度比的测量值；K 为系统误差校正系数。

把测量值 R_a、R_b、R_{ab} 和配制校准样品时两种溶液浓度 c_A、c_B 以及称重值 W_A、W_B 代入上式，即可求出质谱仪系统误差校正系数 K。

在张青莲教授主持下，北京大学化学系与中国计量科学院化学所合作，先后用热电离质谱法测量了锑、铕、铈、铒、镝和钐 6 种元素的原子量；中国计量科学院化学所在自然基金委支持下单独测量了钕元素的原子量。CIAAW 审查了上述元素的测量报告，把报告中的测量值确定为国际新标准，替代元素周期表中的原值。表 4-9 给出了 7 种元素原子量原值、测量值和 IUPAC 确认值及确认时间。表 4-10 给出了用 Finnigan MAT-261 的双铼带电离机构和法拉第杯多接收器测量 Eu、Ce、Er、Dy、Sm 丰度比用的样品、技术和方法及用 GV-IsoProbe 热电离质谱的三带电离机构（Re 电离带和 Ta 样品带）和法拉第杯多接收器测量钕丰度比用的样品、技术和方法。

表 4-9　7 种元素原子量的原值、测量值和 IUPAC 确认值及确认时间

元　素	原子量原值	测量值	确认值	确认年代
锑（Sb）	121.757(3)	121.7597(7)	121.760(1)	1993 年
铕（Eu）	151.965(9)	151.9644(9)	151.964(1)	1995 年
铈（Ce）	140.115(4)	140.1157(8)	140.116(1)	1995 年
铒（Er）	167.26(3)	167.2591(9)	167.259(3)	1999 年
镝（Dy）	162.50(3)	162.4995(1)	162.500(1)	2001 年
钐（Sm）	150.36(3)	150.3628(7)	150.363(8)	2005 年
钕（Nd）	144.24(3)	144.2415(13)	144.242(3)	2005 年

注：表内所有括弧内的数值是原子量的不确定度，它们与原子量的末一位或末两位相对应。

表 4-10　测量 Eu、Ce、Er、Dy、Sm 和 Nd 同位素丰度比用的样品、技术和方法

样品	涂样技术	测量方法	同位素丰度	参考文献
浓缩 $^{151}Eu_2O_3$ (A) 和 $^{153}Eu_2O_3$ (B) 用硝酸溶解，纯化后用 ICP-MS 测阳离子杂质总量，络合滴定测阴离子；对纯的 A、B 称重配制 9 个合成样；8 个纯度 99.99% 的天然 Eu_2O_3 矿样和试剂样	实验用带在真空烘烤系统加热出气后，将含有 5μg Eu 的硝酸铕溶液涂覆在带中央，用通过带的电流烘干，并施加红化技术	当离子源真空达到大约 10^{-8} mbar 时，首先将电离带电流升到 5.5A，然后缓慢加热样品带到 1.5A，用 Eu 主同位素作为引导信号调整离子源的电参数，使离子束强度达到大约 10^{-11}A，测量同位素丰度比	浓缩样品 $R_{151/153}$：40.4658(102)（A），0.00804335(124)（B）。校正系数：$K_{151/153}$=0.99550(35)。8 个天然样品的同位素丰度（原子分数）平均值：47.810(42)% ^{151}Eu，52.190(42)% ^{153}Eu	[55]
$^{140}CeO_2$ (A)、$^{142}CeO_2$ (B) 用 H_2SO_4、H_2O_2 溶解，经过纯化后，用 ICP-MS 分析杂质，得到纯净的 ^{140}CeO 和 ^{142}CeO；对 A、B 称重配制 9 个合成样；来自世界不同地域的 6 个纯度为 99.99% 的天然 CeO_2 矿样和试剂样	实验用带在真空烘烤系统 5.5A 加热出气 1h，6A 加热 10 min，将含有 4μg Ce 的硝酸溶液涂覆在带中央，用 1.5A 烘干，并施加红化技术	当离子源真空达到大约 10^{-8} mbar 时，电离带电流升到 5.7A，然后缓慢加热样品带到 1.5A，用 Ce 主同位素峰作为引导信号调整离子源的电参数，使离子束强度达到大约 10^{-11}A，测量同位素丰度比	浓缩样品 $R_{141/140}$：0.0046067(18)（A），12.0561(37)（B）。校正系数 $K_{142/140}$=1.00337 (47)。8 个天然样品同位素丰度（原子分数）平均值：11.114(34)% ^{142}Ce，88.449(34)% ^{140}Ce	[56]

续表

样品	涂样技术	测量方法	同位素丰度	参考文献
$^{166}Er_2O_3$(A)、$^{168}Er_2O_3$(B)用1.6mol/L HNO₃溶解，经化学处理后ICP-MS测阳离子杂质总量，纯度达到99.99%；对A、B称重配制8个合成样品；来自不同地域的4个纯度好于99.99%的天然Er_2O_3和1个99.99%纯度的金属Er	含有8μg Er的硝酸溶液涂覆在加热排气过的样品带中央，用流经带的电流干燥，然后施加红化技术，附有13个样品插件的转盘送入离子源	当离子源真空达到大约10^{-8}mbar时，电离带电流升到5~5.5A，然后缓慢加热样品带到2A，用Er主同位素离子峰作为引导信号调整离子源的电参数，使离子束强度达到大约10^{-11}A，测量同位素丰度比	浓缩样品 $R_{164/166}$:0.000691(29)(A)，0.0387(15)(B)。校正系数 $K_{168/166}$=1.00338(27)。5个天然样品的同位素丰度（原子分数）平均值：33.503(24)% ^{166}Er，26.978(12)% ^{168}Er	[57]
浓缩^{162}Dy(A)、^{164}Dy(B)经过纯化后定容在1.6mol/L HNO₃中，配制成标准溶液，对A、B称重配制8个合成样品；来自不同地域的4个纯度好于99.9%的天然Dy_2O_3和1个99.999%纯的$Dy_2(SO_4)_3$·$8H_2O$	含有8μg Dy的硝酸溶液涂覆在加热排气过的样品带中央，用流经带的电流干燥，然后施加红化技术，然后将涂好样品的转盘送入离子源	测量条件与测量Er时类似，先将电离带的电流升到额定值，缓慢加热样品带，用Dy主同位素离子峰作为引导信号调整离子源的电参数，使离子束强度达到大约10^{-11}A，进行同位素丰度比测量	浓缩样品 $R_{164/162}$:0.0092584(76)(A)；113.706(107)(B)。校正系数 $K_{164/162}$=1.00504(98)。5个天然样品的同位素丰度（原子分数）平均值：25.475(24)% ^{162}Dy，28.260(36)% ^{164}Dy	[58]
^{152}Sm(A)、^{154}Sm(B)用稀硝酸溶解，草酸处理，排除CO_2、水分和阳离子；用ICP-MS测杂质总量，用1.6mol/L HNO₃定容，得到纯度为99.51(2)%（A）和99.95(2)%（B）两个标准溶液；对A、B称重配制5个合成样品；来自中、美、日的4个纯度为99.99%的天然Sm_2O_3和一个纯度99.999%的$Sm_2(SO_4)_3$·$8H_2O$	实验用带在真空烘烤系统5.5A加热出气1.5h；冷却后含有8μg Sm的硝酸溶液涂覆在样品带中央，用1.6A烘烤10min，并施加红化技术；将涂好样品的转盘送入质谱仪离子源	当离子源真空达到大约10^{-8}mbar时，开始加热电离带，在18min内将电流升到5.5A，然后缓慢加热样品带到2.0A，用Sm主同位素离子峰作为引导信号调整离子光学系统透镜的电参数和转盘位置，使离子束强度达到最大值，稍停片刻待离子流稳定后执行数据获取程序，测量同位素丰度比	浓缩样品 $R_{154/152}$:0.018251(10)(A)，118.252(34)(B)。校正系数 $K_{154/152}$=1.00674(67)。7个天然样品同位素丰度（原子分数）平均值：3.083(13)% ^{144}Sm，15.017(50)% ^{145}Sm，11.254(34)% ^{148}Sm，13.830(37)% ^{149}Sm，7.351(24)% ^{150}Sm，26.735(32)% ^{152}Sm，22.730(52)% ^{154}Sm	[59]
浓缩$^{142}Nd_2O_3$（A），$^{144}Nd_2O_3$（B），7个合成样，7个天然丰度Nd_2O_3矿和试剂样；200~300目P507树脂分离稀土杂质，用草酸消除或减小阳离子或阴离子杂质，样品纯度用ICP-MS测量杂质总量获得	实验用带在真空烘烤系统用5.5A加热2h，冷却后将包含2μg Nd的硝酸钕溶液涂覆在带中央，用通过带的电流烘干，并施加红化技术	当离子源真空达到大约10^{-8}mbar时，用约15min把电离带电流升到5.5A，然后缓慢加热样品带到2.2A，用Nd的主同位素作为引导信号调整离子源的电参数，使离子束强度达到大约10^{-11}A，测量同位素丰度比	浓缩样品 $R_{142/144}$:171.91(33)(A)，0.0060854(4)(B)。天然样品丰度（原子分数）平均值：27.153(19)% ^{142}Nd，12.173(18)% ^{143}Nd，23.798(12)% ^{144}Nd，17.189(17)% ^{145}Nd	[39]

四、锕系元素测量

用热电离质谱法测量锕系元素同位素，主要是测量U、Pu、Th等元素同位素及核裂变反应生成的Np、Am、Cf等元素的长寿命核素。这些元素的核素大都具有比较强的放射性。对它们的测量，尤其是在样品制备、涂覆样品和样品装入离子源等操作过程中的放射性防护，对确保人身安全至关重要，综合国内外在分析过程中所采取的共同措施是：

① 首先要建立一套保证安全操作可行的规章制度，对样品、试剂的领取、使用、保存和废物处理执行严格登记，有章可循，指派专人负责；

② 样品制备、分装、涂覆样品在具有负压强的手套箱或通风良好的通风橱内进行；

③ 如果被分析元素同位素包含强放射性核素，涂覆的样品带要借用密闭的样品转移盒，通过质谱仪离子源的手套箱送入离子源；

④ 放射性同位素核素分析一定尽其所能，采用高灵敏度仪器、方法，以便减少用样量；

⑤ 清洗被污染的器皿、仪器零部件根据被污染情况在手套箱或通风柜橱内进行，清洗液和废物专门处理。

锕系元素与元素周期表内其他各族元素相比质量数较大，同位素质谱测量要求仪器分辨率相对较高。这些元素在自然界存量较少，元素的核素之间丰度差异较大，对仪器的灵敏度、丰度灵敏度等性能要求较高。

锕系元素同位素、元素的热电离质谱分析主要应用在核工业和核科学领域，如铀矿勘探和开采、同位分离，核反应过程中核裂变产额测定，核燃料燃耗测定、核燃料循环衡算等。有关锕系元素的测量，有些可以直接用热电离质谱法等测量元素的同位素丰度实现，有些需要借助同位素稀释质谱法完成。

（一）铀同位素丰度测量[60]

铀元素的 4 个同位素分别为 ^{238}U、^{237}U、^{236}U、^{234}U。通常气态 UF_6 采用电子轰击气体质谱仪测量，对液态 $UO_2(NO_3)_2$ 测量，大都使用热电离质谱仪或多接收电感耦合等离子体质谱仪。天然铀的同位素丰度差别较大，给同位素丰度准确测量带来一定困难。下面介绍采用热电离质谱法为我国首次研制的国家一级 UF_6 系列标准物质定值所建立的测量方法。

（1）仪器　Finnigan MAT-261 热电离质谱仪，双铼带电离结构，铼带参数为 8mm 长×0.7mm 宽×0.035mm 厚，法拉第杯多接收器。

（2）样品形式和涂样　首先将 UF_6 转化为浓度为 1mg/ml 的液态 $UO_2(NO_3)_2$，每次测量用样品量 2μg，涂覆在经加热除气过的样品带中央，用流经带的电流烘干，烘干后装入质谱仪离子源。

（3）带的升温和测量　按照 Finnigan MAT-261 热电离质谱仪使用规程进行操作。当离子源真空达到约 10^{-8}mbar 时，开始加热电离带，大约经过 25min 电流升到 6A，然后缓慢加热样品带。以 $^{187}Re^+$ 的峰作为引导信号调解离子源电参数，实现 $^{187}Re^+$ 的峰最强。样品带加热以 U 强峰作为引导信号调整离子源电参数和样品转盘位置，实现离子束强度、峰形最佳。

（4）接收系统　测量前对接收系统的零点漂移、放大器衰减时间、高阻的非线性、"本底"噪声、各通道增益和 4 个法拉第杯的接收效率进行了系统调整和检验，检验结果所有变化值均在测量精度范围内。

（5）系统误差校正系数　在测量过程中 4 次用美国的 SRM U_{005} 标准参考物质校正仪器，并按下式计算仪器测量铀同位素丰度的系统误差校正系数：

$$K=R_测(^{235}U/^{238}U)/R_标(^{235}U/^{238}U)$$

式中，$R_测$ 是 SRM U_{005} 的测定值；$R_标$ 是 SRM U_{005} 的标准值；K 是仪器测量铀同位素丰度的系统误差校正系数。4 次测量校正系数的平均值是 $K=1.0034$。

（6）两种样品测量结果　用上述方法测量 AB_3、AB_6 两个样品主同位素丰度，结果列入表 4-11。表内还列入了欧洲原核测量中心局（CBNM）的测量结果。

表 4-11　AB_3、AB_6 两种样品的主同位素丰度测量结果

样品	本工作测量结果		CBNM 测量结果	
	^{238}U/%	相对不确定度/%	^{238}U/%	相对不确定度/%
AB_3	1.82291	±0.18	1.82232	±0.11
AB_6	0.030082	±0.11	0.030075	±0.11

（二）钚同位素丰度测量[61]

钚不仅具有放射性， 而且是化学剧毒物质，减少分析操作过程的样品量是国内外钚质谱分析工作者一直关注的课题。本工作采用炭颗粒法涂样技术，有效地提高钚分析灵敏度，减少了钚样品操作量，在一定程度上降低了钚同位素质谱测量过程中的防护要求。

（1）仪器和试剂　采用配有计算机系统的 ZHT-1301 质谱仪，0.35mm 厚的铼带，优级纯蔗糖，色谱分析用活性炭（50 目）。

（2）试验方法

① 铼带制备。将宽 1mm、长 15mm 的铼带中间部位刻成舟形槽。将蔗糖配制成浓度为 1mol/L 溶液，用玻璃毛细管吸取少量蔗糖液， 使液体挂在毛细管的尖端，并吸取一颗炭粒。然后将吸入炭粒的蔗糖液转移到铼带的舟形槽内，在空气中加热舟形带，使蔗糖液微沸，直至液体不再冒烟，送入辅助真空系统。在高真空中用通过铼带的电流加热，使炭粒牢固地黏附在铼带上。

② 装载样品和质谱分析。将钚溶液滴在一张聚四氟乙烯薄膜上，在红外灯下浓缩至.01～0.02μl。用玻璃毛细管转移溶液到铼带的炭粒上，再在红外灯下烘烤 10min。因为样品溶液不浸润聚四氟乙烯，薄膜上的液滴在烘干过程中始终呈珠状收缩，样品转移后残留在膜上的钚不多，这种方法转移样品效率可达 90% 以上。

装载样品的电离盒送入质谱仪离子源内，在真空达 1×10^{-6} Torr 后逐渐增加带电流到 4A(约 1300℃)时，开始出现钚的金属离子。继续增加带电流到 5.5～6.0A 时，可得到稳定的离子流，用电子倍增器获取数据。

（3）测量结果　用炭颗粒法涂覆样品测量了 0.1～10 ng 钚的同位素组成。当钚量为 10ng 时，钚同位素丰度比 $R_{240/239}$ 6 次分析的外精度可达±0.035%，与常规的双带法相比有显著提高。0.1 ng 钚样品分析结果与 10 ng 的结果相差不大，$R_{240/239}$ 的内精度为±1.5%。由此可见，炭颗粒法涂覆样品可以分析极微量钚。

这种效果可能是经高温烧结，在炭粒与铼的交界处形成了高功函数的界面。钚同位素质谱分析时，炭粒带表面的工作温度大约 2000℃，如果炭和铼表面的功函数提高了 0.4eV，按 Langmuir-Saha 公式计算，钚在炭粒带上将提高电离效率约 10 倍；装载体本身就是离子源，钚离子可集中在很小的范围内，形成所谓的"点离子源"，相对提高样品利用率。对 z 向聚焦性能不好的仪器，如 ZHT-1301 质谱仪，管道传输率随着电离区域的扩大而下降，"点离子源"客观用 50 目粒度的活性炭吸收钚的溶液，样品集中在很小的体积内。客观上提高了这类质谱仪管道的传输效率；吸附在活性炭孔内的样品不能以简单的表面蒸发形式离开基体，样品分子在曲折的炭颗粒内蒸发，增加了碰撞概率，也有利于提高电离效率。

用炭颗粒法涂敷样品可使钚同位素分析灵敏度提高一个数量级以上，有效地改善了分析灵敏度、精度。方法简单，容易操作，可成为钚同位素质谱分析的常规方法。

（三）反应堆辐照后铪同位素质谱分析[62]

（1）仪器和试剂　Finnigan MAT-262 热电离质谱仪（具有 RPQ 阻滞电位透镜）；优级纯硝酸、硫酸、氢氟酸、高氯酸和磷酸。

（2）试验方法

① 样品辐照。高纯浓缩的二氧化铪（^{180}Hf 丰度为 98.26%）50mg，装入石英瓶，在反应堆上辐照，辐照的热中子通量为 $4.9 \times 10^{13} \mathrm{s}^{-1} \cdot \mathrm{cm}^{-2}$，总辐照时间 432h。

② 样品消解和转化。把辐照样品置于聚四氟乙烯消解罐内，加浓硝酸、少许氢氟酸和去离子水，微波炉内加热消解。消解溶液转移到石英干锅中，加入高氯酸，加热直至白烟冒

尽，加适量硝酸制成供质谱测量的硝酸铪。

③ 涂覆样品。首先将 1μl 的磷酸涂覆在铼带上，后涂含铪 1～2μg 的样品溶液。

④ 测量条件。测量时电离带电流 6100mA，样品带电流 3800mA。^{180}Hf 流强度约 2V，^{180}Hf$^+$ 及 ^{179}Hf$^+$、^{178}Hf$^+$ 用法拉第杯接收；弱的 ^{174}Hf$^+$、^{176}Hf$^+$ 用离子计数测量。^{180}Hf 及 ^{179}Hf、^{178}Hf 测量值与参考值符合较好。

（3）辐照后的浓缩铪测量　用法拉第杯接收 m/z 为 180 质量数的离子流，用离子计数接收 m/z 为 181、182、183 质量数的离子流。测量质量数 181/180 的离子流强度比值，181 质量数的离子主要是 ^{181}Ta$^+$，而不是 ^{181}Hf$^+$。因为此时辐照生成的 ^{181}Hf 已经大都衰变成 ^{181}Ta；测量质量数 182/180 的离子流强度比值，质量数 182 的离子束包含 ^{182}W$^+$，只有扣除 ^{182}W$^+$ 才能得到真实的 ^{182}Hf$^+$/^{180}Hf$^+$ 束流比。

（4）同量异位素 ^{181}Ta、^{182}W 的干扰　辐照前的样品中可能存在 ^{181}Ta、^{182}W；辐照后的生成核素也包含这些核素，它们严重干扰同位素 ^{181}Hf/^{180}Hf 及 ^{182}Hf/^{180}Hf 比值测量。

经验证明，元素分离是解决同量异位素干扰的有效方法。即在辐照结束后的样品处理过程中用元素分离法排除 ^{181}Ta、^{182}W 对 ^{181}Hf、^{182}Hf 测量的干扰。

测量 ^{182}Hf/^{180}Hf 时为了避免 ^{182}W 对 ^{182}Hf 的干扰，笔者通过测量样品在辐照前 ^{182}W/^{183}W 丰度比（1.77），测量辐照后的样品质量数 183/180 离子束比值，消除 ^{182}W 对 ^{182}Hf/^{180}Hf 测量的干扰。

五、硼、氯、溴、氧、氮等非金属元素同位素测量

（一）硼同位素丰度比测定[63,64,73]

用热电离质谱仪测量硼同位素组成，起初采用负热电离技术进行电离，用硼酸盐在 900～1000℃的电离温度下获得质量数为 43 和 42 的 BO$_2^-$，测量过程的同位素分馏是制约测量精度的主要原因。文献报道通过测量大分子硼酸铯离子，明显降低了同位素分馏效应影响，获得置信度更高的测定结果[7]。

（1）仪器　GV-354 热电离质谱仪，配有 $10^{11}\Omega$ 高阻的法拉第杯接收器；未经去气的钽带（7.5mm 长，0.76mm 宽，0.025mm 厚）。

（2）试剂　所用试剂经过亚沸蒸馏；美国同位素标准物质 SRM951 和硼酸标准溶液 SRM952；用高纯碳酸铯或氢氧化铯制备已知浓度的工作液；在 SRM951 和碳酸铯制备的混合物中，B 浓度为 1mg/g，B/Cs 的摩尔比为（2:1）～（1:4）；光谱纯石墨粉与 80%乙醇制成 20%水溶液。

（3）试验方法　将 3μl 石墨/乙醇水悬浮液涂覆在钽带上，蒸至近干，添加硼样品溶液，使石墨悬浮液和硼的溶液布满钽带，通 1.2A 电流烘烤 5min 后送入质谱仪的离子源。

按照 GV-354 热电离质谱仪使用规程进行操作。当仪器离子源真空达到大约 3×10^{-5}Pa 时，钽带的加热电流快速升到 0.5A，然后以 0.05A/min 的速率递增，直到出现铯离子峰，并以它为引导信号调节离子源的电参数，继续加热。当钽带加热电流升高到 1.00～1.2A 时，Cs$_2$BO$_2^+$ 离子流强度大约 1×10^{-11}A，开始获取数据，测量 Cs$_2^{11}$BO$_2^+$/Cs$_2^{10}$BO$_2^+$ 丰度比。

（4）测量结果　对 SRM 951 标样进行 10 次重复测量的测量值扣除流程空白，经分馏效应、氧同位素效应校正后得到 ^{11}B/^{10}B=4.05037±0.00014。

（二）氯同位素丰度比测定[65~67,73]

对氯同位素丰度比的测定，历史上曾经采用 HCl 和 CH$_3$Cl 样品进样的电子轰击电离气体质谱法，测量 HCl$^+$、CH$_3$Cl$^+$，或采用负热电离质谱测量 Cl$^-$。气体质谱法测量氯同位素存在

严重的"记忆"效应；负热电离质谱法测量 Cl⁻ 的丰度，同位素分馏效应干扰测量值的准确度。文献作者建立的基于测量 Cs_2Cl^+ 的正热电离质谱法测量氯同位素，克服了上述缺陷，取得满意结果，获得国内外同行赞誉。

（1）仪器　GV-354 热电离质谱仪，热电离源一次可装 16 个样品；90°扇形磁场，曲率半径 27cm 产生相当于 54cm 半径的色散；可调法拉第杯多接收器；PC 台式计算机控制仪器自动执行测量任务。

（2）试剂　光谱纯 HCl 溶液，纯度为 99.99% 的 Cs_2CO_3，光谱纯石墨与 80% 乙醇制备的石墨悬浮液等。

（3）试验方法　将 3μl 石墨/乙醇悬浮液涂覆在钽带上，用电流加热至近干，然后加入用 Cs_2CO_3 和一定 pH 值的 HCl 样品。用 1.1 A 电流加热钽带，使样品蒸干后送入离子源。

按照 GV-354 热电离质谱仪使用规程进行操作。当离子源真空达到 $(3\sim4)\times10^{-5}$Pa 时，在 10min 内将电流加到 1.15A，开始搜索 Cs_2Cl^+ 离子流，并用其调节离子源电参数，使离子流强度最大。当带电流升到 $1.15\sim1.25$A 时，$^{133}Cs_2^{35}Cl^+$ 离子流强度达到 $(5\sim8)\times10^{-12}$A，通过磁场扫描测量 $^{133}Cs_2^{35}Cl^+/^{133}Cs_2^{37}Cl^+$ 离子流强度比，获得 $^{37}Cl/^{35}Cl$ 比值。

（4）测量结果　用该法测量中国黄海海水中的 $^{37}Cl/^{35}Cl$ 比值是 0.318988±0.000022。

（三）溴同位素丰度比测定[68,69,73]

溴有两种天然同位素，即 ^{79}Br、^{81}Br，早期大都使用电子轰击离子源质谱法测其丰度，测量值精度低。文献[69]用负热电离质谱仪测量溴同位素给出 $^{81}Br/^{79}Br$ 精确丰度比值是 1.0278±0.0019。文献[73]用热电离质谱法测量溴同位素获得好的结果，试验程序如下：

（1）仪器　英国生产的 GV-354 热电离质谱仪。配有 $10^{11}\Omega$ 高阻的法拉第杯接收器；钽带（7.5mm 长，0.76mm 宽，0.025mm 厚）。

（2）试剂　KBr 经阳离子交换树脂分离转换为 HBr；光谱纯的石墨粉用 80% 乙醇加 20% 水（体积分数）制成石墨悬浮液；光谱纯 Cs_2CO_3。

（3）试验方法　将 3μl 石墨/乙醇水悬浮液涂覆在钽带上，蒸至近干，将 Cs_2CO_3 中和样品涂覆在未干的石墨悬浮液上。

按照 GV-354 热电离质谱仪使用规程进行操作。当仪器离子源真空达到 2.6×10^{-5}Pa 时，在 10min 内将带电流加到 1.05A，扫描 Cs_2Br^+ 离子峰，并自动调节离子源的电参数使之离子流聚焦。调节带电流，使 Cs_2Br^+ 离子流稳定在 $(3\sim4)\times10^{-12}$A。采用磁场跳峰扫描测量 $^{133}Cs_2^{79}Br^+/^{133}Cs_2^{81}Br^+$ 离子流强度比。

（4）测量结果　为了获得 Cs_2Br^+，必须把经过阳离子交换树脂处理的 HBr 溶液用 Cs_2CO_3 中和。混合液中 HBr 与 Cs_2CO_3 的比例对分析结果有明显影响，其比例可以用混合液的 pH 来确定。实验表明，pH 控制在 $3\sim5$ 之间，$^{79}Br/^{81}Br$ 的平均值在 1.026，比较稳定；当 pH 降到 2 时，比值明显偏低。

（四）氧、氮同位素丰度比测定[70~73]

传统氧同位素丰度比测量广泛用气体同位素质谱法[64, 65]，负热电离质谱法也曾有人用于测量氧同位素丰度[66]。下面介绍采用石墨添加技术，用热电离质谱法测量氧同位素丰度比[67,68]。

（1）仪器　GV-354 正热电离质谱仪，单钽带（7.5mm 长，0.76mm 宽，0.025mm 厚），可调法拉第杯多接收器；精度为 0.0001g 的电子天平。

（2）试剂　分析纯的 $CsNO_3$ 和乙醇；石墨悬浮液由高纯石墨（纯度 99.9999%）与 80% 乙醇水溶液混合制成；粒度 80 目的阳离子交换树脂。

（3）试验方法　将 3μl 石墨/乙醇悬浮液和 $CsNO_3$ 溶液涂覆在已经除过气的钽带上。用 1.1 A 电流加热钽带，使样品蒸干后送入离子源。

按照 GV-354 热电离质谱仪使用规程进行操作。当离子源真空达到（3～4）×10^{-5}Pa 时，在 10min 内将电流加到 1.1A。然后自动调节带电流，使 $CsNO_3^+$ 的离子流强度达到约 4.0×10^{-12}A。通过切换磁场强度来获取质量数为 312（对应离子 $^{133}Cs_2^{14}N^{16}O^{16}O^+$）、313（对应离子 $^{133}Cs_2^{15}N^{16}O^{16}O^+$ 和 $^{133}Cs_2^{14}N^{17}O^{16}O^+$）和 314（对应离子 $^{133}Cs_2^{14}N^{18}O^{16}O^+$、$^{133}Cs_2^{14}N^{17}O^{17}O^+$ 和 $^{133}Cs_2^{15}N^{17}O^{16}O^+$）的离子束，测量强度比 $R_{313/312}$、$R_{314/312}$。经过校正获得硝酸盐中氧同位素组成。

（4）测量结果　用该法测量 $CsNO_3$ 试剂中的氮同位素丰度比，5 次涂样测定结果和标准偏差分别为：$R_{313/312}$=0.004484±0.000012；$R_{314/312}$=0.004114±0.000015。

$CsNO_3$ 试剂中氧同位素丰度比 $R_{18/16}$ 可以从测定的 $R_{314/312}$ 经 ^{15}N 和 ^{17}O 校正计算；氮同位素丰度比 $R_{15/14}$ 可以从测定的 $R_{313/312}$ 经 ^{17}O 校正计算。按照此方法对 $CsNO_3$ 试剂五次涂样测定结果和标准偏差分别列入表 4-12。

表 4-12　$CsNO_3$ 试剂中氧、氮同位素丰度比测量结果

涂　样	主峰离子流强度/10^{-12}A	$R_{313/312}$	$R_{314/312}$	$^{18}O/^{16}O$(比值)	$^{15}N/^{14}N$(比值)
1	2.0～2.5	0.004487	0.004111	0.002054	0.003726
2	2.0～2.5	0.004503	0.004138	0.002067	0.003736
3	4.3～4.6	0.004474	0.004098	0.002047	0.003715
4	4.5～4.3	0.004475	0.004106	0.002051	0.003715
5	4.2～4.5	0.004482	0.004119	0.002058	0.003719
平均值		0.004484	0.004114	0.002055	0.003722
标准偏差		0.000012	0.000015	0.000007	0.000009
相对标准偏差/%		0.27	0.36	0.34	0.24

（五）TIMS 测量粉末状铀氧化物中氧同位素[74,75]

（1）仪器　Isoprobe T 热电离质谱仪。

（2）试剂　铀氧化物(U_3O_8)粉末，环己烷(C_6H_{12})，CO_2 标准气体(纯度为 99.99%)，五氟化溴（BrF_5）试剂。

（3）实验方法　将约 1mg 的铀氧化物粉末研磨后，放入聚乙烯瓶中与环己烷制成悬浮液，涂覆在样品带上，供测量。为防止样品的氧化，处理后的样品和样品带保存在充满 Ar 的干燥器中。

为清除样品室和飞行管道中残存的氧，测量前用高纯 N_2 反复冲洗，并配合高真空抽气。采用法拉第杯双接收，测量 $^{238}U^{18}O^+$ 与 $^{238}U^{16}O^+$ 分子离子比，求得 $^{18}O^+$ 与 $^{16}O^+$ 原子离子比 $R_{18/16}$。实验表明，测量分子离子的最佳电离温度在 1750～1850℃，超出这个范围不但分子离子的强度无法满足测量要求，而且束流不稳定。样品颗粒的粒度对离子发射效率和束流的稳定性也有一定影响。微粒大小不均匀会造成不同微粒的蒸发和电离不同步，导致信号波动影响测量精度，在微粒大又结团的情况下，样品易脱落，不利于样品在样品带上固定。通过对粒径较大的微粒进一步研磨，改变粒径的大小，也可增加涂样量。

（4）测量结果　5 次重复涂样测量结果的平均值 $R_{18/16}$=2.025×10^{-3}，相对标准偏差 0.28%。

参 考 文 献

[1] Langmuir I, Kingdon K H. Proc Roy Soc A, 1925, 107: 61.

[2] Adarms F, Gijbels R, Van Grieken R. 无机质谱法. 祝大昌译. 上海: 复旦大学出版社, 1993: 301.

[3] 刘炳寰, 等. 质谱学方法与同位素分析. 北京: 科学出版社, 1983.

[4] 肖应凯. 石墨的热离子发射特性及其应用. 北京: 科学出版社, 2003: 1-54.

[5] Zeininger H, Heumann K G. Int J Mass Spectrom Ion Proc, 1983, 48: 377.

[6] 赵墨田, 曹文明, 陈刚, 姜山. 无机质谱概论. 北京: 化学工业出版社, 2006.

[7] Xiao Y K, Beary E S, Fassett J D. Int J Mass Spectrom Ion Proc, 1988, 85: 203-213.

[8] Zhao M T, Wang Jun. Advances in Mass Spectrometry. Elsevier, 1998, 14: 3850.

[9] 赵墨田, 王军. 质谱学报, 1996, 17(3): 1-5.

[10] Tuttas D. Application Note No.46. Bremen: Finnigan MAT, 1981.

[11] 赵墨田, 王军. 核化学与放射化学, 1995, 17(3): 38.

[12] Chang T L, Zhao M T, Wang Jun, et al. Int J Mass Spectrum Ion Proc, 1999, 189: 205-211.

[13] Chang T L, Li W J, Qiao G S, et al. Int J Mass Spectrum, 1999, 189: 205-211.

[14] Zhao M T, Wang Jun, Lu Baikeng, et al. Rapid Communication in Mass Spectrometry, 2005, 19: 910-914.

[15] 赵墨田, 王军. 计量学报, 1996, 17(2): 81.

[16] Chang T L, Qian Q Y, Zhao M T, et al. Int J Mass Spectrom Ion Proc, 1993, 123: 77-82.

[17] 赵墨田. 同位素质谱仪技术进展. 现代科学仪器, 2012, (5): 5-14.

[18] 黄达峰, 罗秀泉, 李喜斌, 邓中国. 同位素质谱技术与应用. 北京: 化学工业出版社, 2006.

[19] 陆昌伟, 奚同庚. 热分析质谱法. 上海: 上海科学文献出版社, 2002: 131.

[20] Straus H A. Phys Rev, 1941, 59: 430.

[21] Nier A O, et al. Rev Sci Instrum, 1947, 18: 298.

[22] Xiao Y K, Zhang C G. Int J Mass Spectrom Ion Proc, 1992, 116: 183.

[23] Xiao Y K, Zhou Y M, Liu W G. Anal Lett, 1995, 28(7): 1295.

[24] Xiao Y K, Beary E S, Fassett H D. Int J Mass Spectrom Ion Proc, 1988, 85: 203.

[25] 逯海, 肖应凯. 盐湖研究, 2001, 9(2): 7.

[26] Xiao Y K, Liu W G, Zhang C G. Int J Mass Spectrom Ion Proc, 1993, 123: 117.

[27] 易德忠, 肖应凯, 逯海. 盐湖研究, 2001., 9(3): 17.

[28] Loss R D, Rosman K J R, Delaster J R. Int J Mass Spectrom Ion Proc, 1984, 57(2): 201.

[29] Freeman D H, Currie L A, Kuehner E C, et al. Anal Chem, 1970, 42(2): 203.

[30] 陈茂林, 华永明, 游文彩, 赵忠刚. 质谱学报, 1989, 10(1): 1.

[31] 朱凤蓉, 周佩珍, 田明, 等. 质谱学报, 1986, 7(1): 1.

[32] Xiao Y K, Liu W G, Zhou Y M. Int J Mass Spectrom Ion Proc, 1994, 136: 181.

[33] 孟先厚, 黄达峰. 质谱学报, 1988, 9(2): 1.

[34] Fassett J D, Kingston H M. Anal Chem, 1985, 57(13): 2427.

[35] Pelly I Z, Lipschutz M E. Earth Plan Sci Lett, 1976, 28: 379.

[36] 杨昆山, 王娅妮. 质谱学报, 1986, 7(1): 25.

[37] 魏兴俭, 徐新冕, 张海路, 等. 质谱学报, 2001, 22(1): 7.

[38] Fiedler R, et al. Int J Mass Spectrom Ion Proc, 1994, 132: 207.

[39] Zhao M T, Zhou T, Lu H, et al. Rapid Commun Mass Spectrom, 2005, 20: 1.

[40] 赵墨田. 同位素质谱测量值的不确定度//黄达峰, 罗秀泉, 李喜斌. 同位素质谱技术与应用. 北京: 化学工业出版社, 2006: 144-168.

[41] 赵墨田. 低丰度同位素质谱分析法. 质谱学报, 1992, 15(1): 1.

[42] 赵墨田, 胡兆民, 张思红, 等. 分析仪器, 1980, (4): 65.

[43] 周涛, 李金英, 赵墨田, 等. 质谱学报, 2000, 21(4): 185.

[44] Chang T L, Chen Gang, Xiao Y K, et al. Chinese Science Bulletin, 1992, 37(11): 915.

[45] 王军, 赵墨田. 质谱学报, 2002, 23(1): 7.

[46] 张艳娟, 赵墨田, 王军. 质谱学报, 1993, 14(1): 6.

[47] 王军, 赵墨田. 分析测试学报, 2004, 23(3): 93.

[48] 李潮峰, 李献华, 郭敬辉, 等. 地球化学, 2011, 40(5): 399.

[49] Li C F, Li X H, Li Q L, et al. Analytica Chimica Acta, 2012, 727: 54.

[50] Zhao M T, Wang J. Advances in Mass Spectrometry. Amsterdam Elsevier Science Publishers BV, 1998: 14.

[51] Chang T L, Zhao M T, Li W J, et al. Int J Mass Spectrum, 2001, 208: 113-118.

[52] Chang T L, Li W J, Qiao G S, et al. Int J Mass Spectrum, 1999, 189: 205-211.

[53] 赵墨田, 王军. 计量学报, 1996, 17(2): 423.

[54] Chang T L, Xiao Y K. Chin Chem Lett, 1991, 2: 407.

[55] Chang T L, Qian Q Y, Zhao M T, et al. Int J Mass Spectrum Ion Proc, 1994, 139: 95.

[56] Chang T L, Qian Q Y, Zhao M T, et al. Int J Mass Spectrum Ion Proc, 1995, 142: 125.

[57] Chang T L, Zhao M T, Li W J, et al. Int J Mass Spectrum Ion Proc, 1998. 177: 131.

[58] Chang T L, Li W J, Zhao M T, et al. Int J Mass Spectrum Ion Proc, 2001, 207: 13.

[59] Chang T L, Zhao M T, Li W J, et al. Int J Mass Spectrum, 2002, 218: 167.

[60] 赵墨田, 王军, 刘永福, 付淑纯. 分析测试通报, 1992, 11(5): 46.

[61] 刘永福, 傅淑纯, 朱道宏. 原子能科学技术, 1992, 26(5): 36.

[62] 张春华, 邓辉, 张舸, 等. 质谱学报, 2004, 25(增刊): 167.

[63] 刘卫国, 彭子成, 肖应凯, 等. 地球化学, 1999, 28(6): 534.

[64] 赵志琦、刘丛强, 肖应凯, 等. 中国科学, 2002, 32(6): 507.

[65] Xiao Y K, Zhang C G. Int J Mass Spectrom Ion Proc, 1992, 116: 183.

[66] Xiao Y K, Zhou Y M, Liu W G. Anal Lett, 1995, 28(7): 1295.

[67] Numata M, Nakamura N, Gamo T. Geochemical J, 2001, 35: 89.

[68] Xiao Y K, Liu W G, Zhang C G. Int J Mass Spectrom Ion Proc, 1993, 123: 117.

[69] Catanzaro E J, Murphy T J, Garraran E L, Shield W R. J Res Natl Bur Srand A, 1964, 68: 593.

[70] Stuart R B, Javoy M, Agnes R-M. Anal Chem, 1994, 66: 1396.

[71] Durka W, Schulze E-D, Gebauer G, Voerkelius S. Nature, 1994, 372: 765.

[72] Wolff J C, Dyckman B, Tarlor P D P, De Bievre P. Int J Mass Spectrom And Ion Proc, 1996, 156(1/2): 67.

[73] 肖应凯. 石墨的热离子发射特性及其应用. 北京: 科学出版社, 2003: 55.

[74] 王同兴, 张生栋, 赵永刚, 等. 原子能科学技术, 2014, 48(11): 2106.

[75] Pajo L, Mayer K, Koch L. Fresenius J Anal Chem, 2001, 371: 348.

第
二
篇

第五章 加速器质谱法

因地质和考古等学科发展的需求，随着加速器技术和离子探测技术的发展，于 20 世纪 70 年代末诞生了一种新的核分析技术——加速器质谱（accelerator mass spectrometry, AMS）技术[1,2]。AMS 是基于加速器和离子探测器的一种高能质谱，属于同位素质谱，它克服了传统质谱（MS）存在的分子本底和同量异位素本底干扰的限制，因此具有极其高的同位素丰度灵敏度。目前传统 MS 的丰度灵敏度最高为 10^{-8}，AMS 则达到了 10^{-16}。AMS 不仅具有高的分析灵敏度，还有样品用量少（ng 量级）和测量时间短等优点。因此 AMS 为地质、考古、海洋、环境等许多学科研究的深入发展提供了一种强有力的测试手段。

AMS 的发展可以追溯到 1939 年，Alvarez 和 Cornog 利用回旋加速器测定了自然界中 ^{3}He 的存在[3]。在之后的近 40 年中，由于重粒子探测技术和加速器束流品质等条件的限制，一直没有开展任何关于 AMS 的工作。随着地质学、考古学等对 ^{14}C、^{10}Be 等长寿命宇宙成因核素测量需求的不断增强，为了解决衰变计数方法和普通质谱测量方法测量灵敏度不够高的问题，1977 年 Muller[4]提出用回旋加速器探测 ^{14}C、^{10}Be 等长寿命放射性核素的建议。几乎同时，美国 Rochester 大学的研究小组提出了用串列加速器测量 ^{14}C 的计划[1]。加拿大 McMaster 大学和美国 Rochester 大学几乎同时发表了用串列加速器测量自然界 ^{14}C 的结果。从此，AMS 作为一种核分析技术，以其多方面的优势迅速发展起来。至 2011 年，专门的 AMS 国际会议已经召开了 12 次，有近 70 个 AMS 实验室、90 多台 AMS 装置开展了相关工作，其中我国有中国原子能科学研究院、北京大学、上海原子核研究所和西安地球环境研究所四个 AMS 实验室。应用研究工作几乎涉及所有研究领域，并且在许多研究领域取得了重要研究成果，发挥着越来越不可替代的作用。

AMS 目前主要用于分析自然界长寿命、微含量的宇宙射线成因核素，如 ^{10}Be（1.5×10^6a）、^{14}C（5730a）、^{26}Al（7.5×10^5a）、^{32}Si（172a）、^{36}Cl（3.0×10^5a）、^{41}Ca（1.0×10^5a）、^{129}I（1.6×10^7a）等。它们的半衰期在 $10^2\sim10^8$a 范围，天体和宇宙间许多感兴趣的过程正是在这个时间范围内。作为年代剂和示踪剂，它们可提供自然界许多运动、变化以及相互作用等相关信息。

第一节 加速器质谱方法原理与特点

前面提到，AMS 是基于加速器和离子探测器的一种高能质谱，属于一种具有排除分子本底和同量异位素本底能力的同位素质谱。

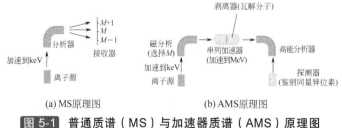

(a) MS原理图　　　　　　　　(b) AMS原理图

图 5-1 普通质谱（MS）与加速器质谱（AMS）原理图

图 5-1（a）为 MS 原理图，从离子源引出的离子被加速到 keV 能量范围，再经过磁铁、静电分析器后，按质量大小不同，经不同的轨迹进入到接收器。在 MS 的接收器中，存在 3 种离子：一是待测定的核素离子，二是分子离子，三是同量异位素离子。例如：测定 ^{36}Cl 时，在 $M=36$ 的位置上，除了 ^{36}Cl 外，还有 ^{35}ClH、$^{18}O_2$ 等分子离子和 ^{36}S 同量异位素离子的干扰。

AMS 与普通 MS 相似，由离子源、离子加速器、分析器和探测器组成 [图 5-1（b）]。两者的区别在于：第一，AMS 用加速器把离子加速到 MeV 的能量，而普通 MS 的离子能量仅为 keV 数量级；第二，AMS 的探测器是针对高能带电粒子具有电荷分辨本领的粒子计数器。在高能情况下，AMS 具备以下特点：

① 能够排除分子本底的干扰。对分子的排除是由于在加速器的中部具有一个剥离器（薄膜或气体），当分子离子穿过剥离器时库仑力的作用使分子离子被瓦解。

② 通过粒子鉴别消除同量异位素的干扰。对同量异位素的排除主要是采用重离子探测器。重离子探测器是根据高能（MeV）带电粒子在介质中穿行时，具有不同核电荷离子的能量损失速率不同来进行同量异位素鉴别。根据离子能量的高低、质量数的大小，有多种不同类型的重离子探测器用于 AMS 测量，除了使用重离子探测器外，还通过在离子源引出分子离子、通过高能量的串列加速器对离子全部剥离、充气磁铁、激发入射粒子 X 射线等技术来排除同量异位素。

③ 减少散射的干扰。离子经过加速器的加速后，由于能量提高而使得散射截面下降，从而改善了束流的传输特性。由于这些优点，AMS 极大地提高了测量灵敏度，同时，AMS 还有样品用量少、测量时间短等优点。例如，用 AMS 测量地下水中的 ^{36}Cl，只需 1L 左右的地下水样品，若 $^{36}Cl/^{35}Cl$ 原子比为 10^{-14}，只需要几十分钟的测量时间。如采用衰变计数法，则需处理数吨重的地下水样品，如果要达到与 AMS 相同的测量精度，则需要几十甚至上百小时的测量时间。

第二节 AMS 分析装置

典型的 AMS 装置由离子源、加速器、磁（电）分析器、探测器等几部分组成。图 5-2 是中国原子能科学研究院的 AMS 系统。

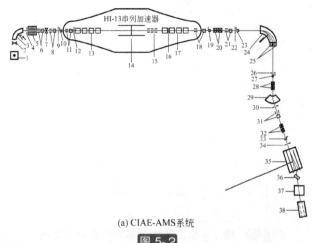

(a) CIAE-AMS系统

图 5-2

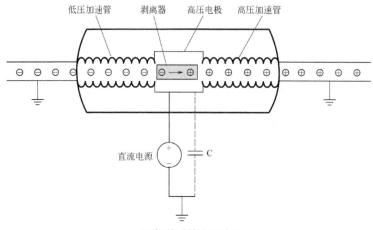

(b) 串列加速器原理示意图

图 5-2 中国原子能科学研究院的 AMS 系统[5]

1—MC-SNICS离子源；2—微调透镜；3—偏转磁铁；4,9,30,34—狭缝；5—预加速管；6—X-Y导向器；7—匹配透镜；8—1X-1Y导向器；10—低能端法拉第筒；11—2X-2Y导向器；12—栅网透镜；13—加速管；14—气体/膜剥离器；15—头部三单元电四极透镜；16—二次剥离器；17—高能加速管；18—高能端1X-1Y导向器；19—高能端法拉第筒；20—磁四极透镜；21—高能端2X-2Y导向器；22—物点狭缝；23—物点法拉第筒；24—分析磁铁；25—偏转法拉第筒；26—像点狭缝；27—像点法拉第筒；28—磁四极透镜；29—开关磁铁；31—X-Y磁导向器；32—四极透镜；33—靶前法拉第筒；35—静电分析器；36—微通道板；37—AMS靶室；38—探测器

一、离子源与注入器

AMS 一般采用 Cs⁺溅射负离子源，即由铯锅产生的铯离子 Cs^+ 经过加速并聚焦后溅射到样品的表面，样品被溅射后产生负离子流，在电场的作用下负离子流从离子源被引出，根据样品的不同一般在 0.1~100μA。离子源不仅引出原子负离子，为了达到束流强度高和排除同量异位素的目的，也经常引出分子负离子。AMS 测量对离子源的要求是束流稳定性好、发射度小、束流强度高等。此外，还要求多靶位，更换样品速度快。目前，一个多靶位强流离子源最多可达 130 个靶位。中国原子能科学研究院 AMS 装置的离子源采用 MC-SNICS 型铯溅射负离子强流多靶源（图 5-3）。

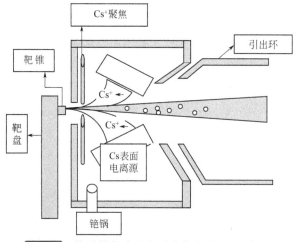

图 5-3 铯溅射负离子强流多靶源原理示意图

AMS 注入器一般为磁分析器（如图 5-4 所示），是对从离子源引出的负离子进行质量选择，通过预加速将选定质量的离子加速到 100～400keV 范围，然后注入加速器中继续加速。AMS 注入器一般采用大半径（$R > 50cm$）90° 双聚焦磁铁，应具有很强的抑制相邻强峰拖尾能力，也就是说要具有非常高的质量分辨本领，即在保证传输效率的前提下 $M/\Delta M$ 越大越好。另外，在磁分析器前加上一个静电分析器，也是抑制相邻强峰拖尾的有效方法。

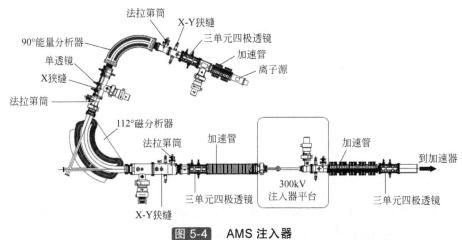

图 5-4 AMS 注入器

二、加速器

大多数 AMS 所用的加速器为串列加速器，加速电压在 1～14MV 范围内（见表 5-1）。被注入加速器中的负离子，在加速电场中首先进行第一级加速，当离子加速运行到头部端电压处，由膜（或气体）剥离器剥去外层电子而变为正离子（此时分子离子被瓦解），随即进行第二级加速而得到较高能量的正离子。目前，在 AMS 测量中所用的加速器主要由美国 NEC 公司和欧洲高压工程公司（HVEE）制造（表 5-1）。加速器的端电压有 0.5MV、1MV、2.5MV、3MV、5MV、6MV、10MV 等，中国原子能科学研究院的串列加速器［图 5-2（b）］是一台原美国高压工程公司生产的 HI-13（端电压可以达到 13MV）的串列加速器。

表 5-1 美国 NEC 公司与欧洲高压工程公司（HVEE）制造的加速器

制造商	型号	代表实验室	测量的主要核素	参考文献
NEC	250kV SSAMS	瑞典 Lund 大学	^{14}C	[10~13]
	0.5MV Pelletron	美国 Livermore 国家实验室	^{14}C	[14,15]
	0.6MV Compact	北京大学	^{14}C	[16,17]
	1MV Pelletron	美国 Livermore 国家实验室	$^{3}H, ^{14}C$	[18,19]
	2.5MV Tandetron	加拿大 Toronto 大学	$^{14}C, ^{10}Be, ^{26}Al, ^{129}I, ^{236}U$	[20~23]
	3MV Pelletron	奥地利 Vienna 大学	$^{14}C, ^{10}Be, ^{26}Al, ^{129}I, ^{210}Pb, ^{236}U,$ $^{239}Pu, ^{182}Hf, ^{240}Pu, ^{242}Pu, ^{244}Pu$	[24~28]
	5MV Pelletron	苏格兰 Glasgow 大学	$^{10}Be, ^{14}C, ^{26}Al, ^{36}Cl, ^{41}Ca, ^{129}I$	[29~31]
	6MV EN Tandem	瑞典 Zürich 粒子物理研究所	$^{10}Be, ^{26}Al, ^{14}C, ^{36}Cl, ^{41}Ca, ^{59}Ni, ^{60}Fe, ^{126}Sn, ^{129}I$	[32~36]
	8MV FN Tandem	罗马尼亚 Bucharest 核物理与工程研究所	$^{26}Al, ^{36}Cl, ^{129}I$	[37,38]

续表

制造商	型号	代表实验室	测量的主要核素	参考文献
NEC	9MV FN Tandem	美国 West Lafayette PRIME 实验室	^{14}C,^{10}Be,^{26}Al,^{36}Cl,^{41}Ca, ^{129}I	[39~42]
	9.5MVFN Tandem	美国 Livermore 国家实验室	^{14}C,^{10}Be,^{26}Al,^{36}Cl,^{41}Ca,^{129}I, ^{236}U,^{237}Np,^{239}Pu,^{242}Pu,^{182}Hf	[43]
	10MV Tandem	日本 Kyushu 大学	^{14}C,^{36}Cl	[44,45]
	12UD Pelletron	日本 Tsukuba 大学	^{14}C,^{26}Al,^{36}Cl,^{129}I	[46~49]
	14MV MP Tandem	北京原子能科学研究院	^{10}Be,^{36}Cl,^{26}Al,^{41}Ca,^{32}Si,^{129}I, ^{79}Se,^{182}Hf,^{236}U,^{92}Nb	[50~52]
	20MV Pelletron	阿根廷 GIEA 研究所	^{36}Cl	[53]
	25MV Pelletron	美国 Oak Ridge 国家实验室	^{146}Tm	[54,55]
HVEE	1MV Tandem	西班牙 Seville 大学	^{14}C,^{36}Cl,^{129}I,^{244}Pu	[56~58]
	2MV Tandetron	澳大利亚 ANSTO 研究所	^{14}C,^{10}Be,^{26}Al	[59]
	3MV Tandetron	中国科学院地球环境研究所	^{129}I,^{10}Be,^{14}C,^{26}Al	[60,61]
	8MV FN Tandem	澳大利亚 ANSTO 研究所	^{14}C,^{10}Be,^{26}Al,^{129}I,^{236}U, 微量元素	[62,63]

三、高能分析器

经加速器加速后的正离子包括多种元素、多种电荷态 q（多种能量 E）的离子。为了选定待测离子，就必须对高能离子进行选择性分析。

AMS 高能分析器主要有以下三种类型：

① 磁分析器，与注入器的磁分析器相同，它利用磁场对带电粒子的偏转作用实现对高能带电粒子的动量分析，从而选定 EM/q^2 值。

② 静电分析器，利用带电粒子在静电场中受力的原理，实现对离子的能量分析，从而选定 E/q 值。

③ 速度选择器，利用一组相互正交的静磁场与静电场对带电粒子同时作用，实现对离子的速度进行分析，从而选定 E/M 值。

上述分析器中任意两种的组合都可以唯一选定离子质量 M 与电荷 q 的比值 M/q。例如，在对 ^{36}Cl 的测量中经过加速器加速后，束流中的离子包括 ^{36}Cl^{i+}、^{36}S^{i+}、^{35}Cl^{i+}、^{37}Cl^{i+}、^{18}O^{i+} 和 ^{12}C^{i+}（i 为电荷，$i=1,2,3,\cdots$）等，经过上述的任意两种分析器后，只保留具有相同电荷态的 ^{36}Cl 和 ^{36}S，其他离子全部被排除。目前各实验室的 AMS 装置大都采用第一种与第二种或与第三种的组合。中国原子能科学研究院的 AMS 高能分析系统采用的是第一种与第二种的组合（见图 5-5）。

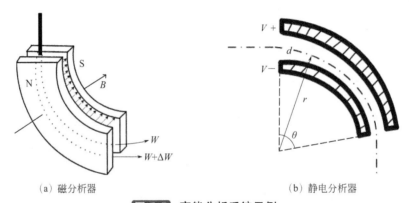

(a) 磁分析器   (b) 静电分析器

图 5-5 高能分析系统示例

四、离子探测器

离子束流经过高能分析后，选定 M/q 值，但有两种离子仍不能被排除，一种是与待测定离子具有相同电荷态的同量异位素（如测量 ^{36}Cl 时不能排除具有相同电荷态的 ^{36}S）；另一种是在测量重离子时，不能完全排除与待测定离子具有相同电荷态的相邻同位素。同量异位素、重离子相邻同位素与所要测量的离子一同进入探测器系统。因此离子探测器在原子计数的同时要鉴别同量异位素和重离子相邻同位素。离子探测器主要分为同位素鉴别与同量异位素鉴别两类。气体探测器原理示意见图5-6。

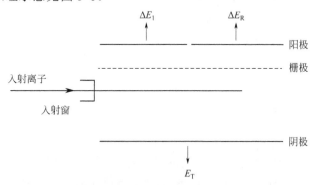

图 5-6 气体探测器原理示意图

五、基于其他加速器的 AMS 装置

1. 基于直线加速器的 AMS 装置

基于直线加速器的 AMS 装置有两个优点，一是离子的能量比较高，有利于同量异位素的鉴别；二是直接加速从离子源引出正离子，这就能够实现对重核素如 ^{59}Ni、^{60}Fe、^{126}Sn 等的测量，以及惰性气体核素如 ^{39}Ar、^{81}Kr、^{85}Kr 等核素的测量。这种 AMS 装置共有两台，分别在美国的 Argonne 国家实验室和德国的 GSI 国家实验室[6,7]。

2. 基于回旋加速器的 AMS 装置

在 AMS 发展早期，回旋加速器曾被用于测量 ^{14}C 与 ^{10}Be。但回旋加速器用于 AMS 测量的缺点是传输效率低、交替注入困难等。故目前 AMS 采用串列加速器占据优势。但是，自从 20 世纪 80 年代美国劳伦斯伯克利国家实验室和我国上海原子研究核所相继研制小型回旋加速器的 AMS 装置，针对劳伦斯伯克利国家实验室在注入器与引出问题上的困难，上海原子核研究所采用三角波加速电压和高次谐波运行模式等多方面的新技术解决该问题，并取得了可喜的进展，有希望发展为常规的 AMS 分析仪器[8]。

3. 基于 RFQ 加速器的 AMS 装置

基于 RFQ（radio frequency quadrupole，射频四极）速器的 AMS 装置是一种新型 AMS 系统。它具有束流强度高、传输效率高、造价低等优点；缺点是能量离散大，不易排除干扰本底。它对测量较轻的核素如 ^3H 等具有优势。美国的 Livermore 国家实验室正在发展该测量技术[9]。

美国 NEC 公司与欧洲高压工程公司制造的加速器见表5-1。

第三节　加速器质谱测量过程与定量分析方法

一、测量过程

AMS 的测量样品为固体粉末（从微克到毫克量级），首先把待测样品装入离子源的样品靶锥中，然后从离子源引出负离子束流，负离子束流经过质量分析选择后将选定质量的离子注入加速器进行第一级加速，待负离子进入到头部端电压处由剥离器(碳膜)剥去外层电子而变为正离子(此时分子被瓦解)，随即进行第二级加速而得到数兆电子伏（MeV）的粒子能量，再经过高能磁分析、静电分析进行动量 ME/q^2 和能量 E/q 的选择，以确定所要测定的离子，排除不需要的离子。最后进入探测器系统进行粒子鉴别，排除同位素和同量异位素，记录所测量核素。

二、定量分析方法

AMS 测定样品中待测核素的数量是通过测量待测核素与其稳定同位素原子数比值来实现的（如 $^{36}Cl/^{35}Cl$）。稳定同位素通过法拉第筒来测量，待测核素通过粒子探测器来测量，两种测量是交替进行的。样品中稳定同位素的数量是已知的，通过测得同位素比值，就可以得到待测核素的数量。

由于 AMS 测量在离子引出和加速过程中因待测核素与其稳定同位素的质量不同，因此二者的引出效率和传出效率也有差异，这样测得的同位素比值与实际的同位素比值也存在差异。为了消除上述测量上的差异，AMS 采用与已知的标准样品的测量进行比较的相对测量方法。

三、测量实例

（一）^{14}C

1. 样品制备[64]

将干燥后的骨样品在研钵中粉碎并称取 6～8mg，与线状氧化铜 600mg 和少量银粉一起装入耐高温玻璃管中，经抽真空、封口后在 950℃炉内加热 4h，样品经高温氧化生成 CO_2 气体。将玻璃管内的 CO_2 气体导入由一系列玻璃管道、阀门和真空泵组成的精制系统，经杜瓦瓶液氮冻结、戊烷冷却等步骤将 CO_2 气体中的水分和 SO_2 等成分分离、去除。在精制后的 CO_2 气体中导入高纯度 H_2，并在 Fe 粉催化作用下在 650℃炉内放置 4h，管内 CO_2 气体被还原成石墨化碳。在净化室内将附着在铁粉上的石墨化碳同铁粉一起装入中间有锥形小孔的铝制的靶座内，用专用工具压紧，制成加速器测定用的靶，每一只样品最后制成一个靶。

2. 样品测量

以日本古屋大学年代测定中心的 AMS 系统为例，介绍 ^{14}C 的测量方法[65,66]：

① 将制成的石墨样品压入靶锥，置于 Cs 离子源中；

② 用 Cs 离子束轰击靶物质，引出 C^-；

③ 通过注入系统中的电磁分析器去除杂质，并导入加速器；

④ 在充有氩气的加速器中进行加速，通过高能分析系统将 ^{14}C、^{12}C、^{13}C 离子分离；

⑤ 用法拉第杯直接测量 ^{13}C 离子产生的电流，用离子探测器测量 ^{14}C 离子的个数，这样就可以测定靶物质中 $^{14}C/^{13}C$ 的比值，再与标准样品进行比较，就可以得出样品中 ^{14}C 的准确含量。

目前，^{14}C 还能够以气体进样的方式进行测量。这种方式不但可以简化样品制备流程，而且对于量极少的样品，有效避免了化学制备过程中所带来的样品损失。但是，由于一系列的实验结果并不尽如人意，直到 20 多年后，才由 Paul. L. Skipper 等成功完成，其测量的样品量可以减少到 50ng[67]。这种源一般是把气体吸附能力比较强的 Ti 粉压入靶锥，气体通过特殊的流气装置被传输到靶锥表面，然后通过 Cs 溅射产生实验需要的离子束流。近 10 年来，许多 ^{14}C-AMS 实验室都已经建立了这种测量方式。但是，由于气体离子源产生的束流较固体源低，源内的交叉污染相对来说也比较强，所以，目前仍处于不断发展与完善之中。

（二）^{36}Cl[68,69]

1. 样品制备

在取 10ml 水样品中加入过量约 10% 的 $AgNO_3$ 溶液，使 Cl^- 全部沉淀为 AgCl。为除去硫等杂质，用氨水溶解 AgCl 并弃去氨水中的不溶物。在溶液中加入过量 $Ba(NO_3)_2$ 溶液，离心弃去 $BaSO_4$ 等杂质沉淀，然后加入过量的 HNO_3 使 Cl^- 再次沉淀为 AgCl。反复进行上述操作，直到得到光谱纯的 AgCl 为止。最后将 AgCl 烘干，称重，样品的质量一般不少于 40mg，将其放入避光容器中保存。

2. 样品测量

① 用 ^{37}Cl 优化系统传输效率：使用空白样品的 ^{37}Cl 模拟传输优化系统传输效率，调节注入磁铁注入 ^{37}Cl，加速器电压设为 8.050MV，调节分析磁铁和开关磁铁参数，将 $^{37}Cl^{8+}$ 传输到高能分析磁铁的像点，并达到最大束流，设置静电偏转电压为 169.5kV，将 $^{37}Cl^{8+}$ 传到靶前，利用荧光屏的光斑调整 AMS 系统，使束流传输达到最佳。

② 用 ^{37}Cl 模拟传输 ^{36}Cl：从离子源引出 $^{37}Cl^-$，调节注入磁铁注入 ^{37}Cl，加速器端电压设为 7.830MV，调节分析磁铁和开关磁铁参数，将 $^{37}Cl^{8+}$ 传输到高能分析磁铁的像点，并达到最大束流，设置静电偏转电压为 164.0kV，将 $^{37}Cl^{8+}$ 传到靶前，利用荧光屏的光斑调整 AMS 系统，使束流传输达到最佳，记录低能端、像点、AMS 法拉第筒束流强度得到传输效率。

③ ^{36}Cl 测量：当 ^{37}Cl 模拟传输的传输效率达到最佳状态后，换靶，保持分析磁铁和开关磁铁的参数不变，加速器端电压调至 8.050MeV，静电分析器调至 169.4kV，将 ^{36}Cl 传入。

④ ^{37}Cl 测量：将测量参数调回到 ^{37}Cl 的状态，用像点法拉第筒测量 ^{37}Cl 稳定同位素离子流强度。

（三）^{10}Be[70]

1. 样品制备

分别取 $2ml^{10}Be/^9Be$ 标准参考物质，置于 15ml 具塞离心管中，准确称重后，加入一定体积的 Be 载体溶液，再次称重；混合后的溶液用 1mol/L HCl 稀释至 10ml 备用。上述溶液皆用体积比 1:1 的氨水调至 pH=8.5，经 3000r/min 离心 10min 后，去除上清液；用 5ml 高纯水洗涤沉淀两次后，于 100℃ 烘干，用聚四氟乙烯棒转至瓷坩埚，在马弗炉中 800℃ 下灼烧 2.5h；自然冷却后，装入洁净塑料瓶密闭保存。

2. 样品测量

（1）调磁铁参数 利用 Nb:BeO 为 3:1 的商业样品调整磁铁参数，检验系统稳定性，记录真空度。

（2）优化系统传输效率 利用 B_2O_3 导航。

① 选择注入磁铁磁场为利用步骤（1）调磁铁参数中计算所得 $^{10}Be^{16}O^-$ 的磁场值。

② 离子源注入 BO^-，设置加速器的端电压(V_T=8.4MV)。

③ 将 B^{3+} 传输到高能分析磁铁的像点，并达到最佳传输效率。

④ 设置好静电分析器的电压（V_d=177.3Kv）。

⑤ 将 B^{3+} 传输到靶前，并达到最佳传输效率。

⑥ 利用荧光靶的光斑调整 AMS 系统，使传输效率达到最佳。

⑦将 B^{3+} 传输到 AMS 法拉第筒，逐渐减小狭缝，对束流进行聚焦。

（3）测量探测器记录 ^{10}Be 的粒子谱，系统获取数据；439（ortec 插件型号）积分 $^9Be^{16}O$ 的束流。

① 将磁场值设定为 $^9Be^{16}O^-$ 的值，微调磁场使束流达到最大，记录 F3-cup 和低能端束流。

② 将磁场值设定为 $^{10}Be^{16}O^-$ 的值，开始测量，记录粒子谱。

③ 将磁场值设定回 $^9Be^{16}O^-$ 的值，微调磁场使束流达到最大，再次记录 F3-cup 和低能端束流。

（四）^{129}I[71]

1. 样品制备

环境中 ^{129}I 的含量比较低，样品(水样)的需要量比较大(最少几十升)，一般需要在现场进行预处理。其方法是首先过滤去除样品中杂质或其他不溶物质，然后加入 H_2SO_4 酸化至 pH=1.5～3，再加入 NaI 载体，控制 NaClO 加入量使 I^- 部分氧化成 I_2。经过上述处理的水再通过直径 3cm、长 80cm 的碱性阴离子交换树脂柱，这样，吸附了 I^- 的树脂形成碘化物型 $R≡NI$，碘化物型树脂再吸附 I_2 成为碘化物型树脂的聚合体［$R≡NI(I_2)_n$，n=1,2,3］。为了使 I^-、I_2 交换吸附完全，在控制流速的基础上采用 3 根柱串联。将已吸收了碘的树脂带回实验室，提取、纯化并制备 AgI，将其放入避光容器待 AMS 分析之用。

2. 样品测量

①用 $^{16}O^-$ 刻度磁场，调整 I^- 磁场。氧离子的磁场值在 2.13kG 附近，优化磁场后，调至 $^{127}I^-$ 磁场值，优化磁场。

②调 $^{127}I^-$ 的束流；调节离子源相关参数，优化束流。

③偏置束流与低能端束流比例的确定。

切换到 $^{129}I^-$ 的磁场，记录偏置法拉第筒的束流，确认"平顶"，确定偏置束流与低能端束流的比例。

④优化传输效率，模拟传输。

⑤在 $^{129}I^-$ 光路下，偏置束流记录 $^{127}I^-$ 的束流，准备测量。

⑥依次对样品进行交替和循环测量：a. 获得标样的测量数据；b.获得被测样品的测量数据；c.单个样品单次测量时间根据计数率即时调整。

（五）^{41}Ca[72]

1. 样品制备

称取 300～400mg 烘干、研磨后的大鼠粪样，置于瓷坩埚，在马弗炉中 500℃ 灼烧灰化 3h，冷却后用体积比为 4:1 的浓硝酸和过氧化氢混合溶液消解，蒸近干，用去离子水稀释至 15ml。在粪样消解液加入等体积饱和草酸铵，必要时滴加氨水维持 pH>5，混匀后以 4000r/min 的转速离心 5min，倾去上清液，用 2ml 2.5%草酸铵和 2ml 去离子水分别洗涤沉淀一次。加适量（一般约为 2ml）4mol/L HNO_3 溶解沉淀，用去离子水稀释至 15ml。过 001X8 阳离子交换玻璃柱，收集 4.5ml 流出液于 15ml 离心管中，加等体积去离子水，再加 6ml HF，隔夜放置。4000r/min 离心 10min，用 1ml 去离子水洗涤氟化钙沉淀两次，在真空管式炉中干燥并加过量氟化氢铵进行二次氟化，将制成的氟化钙与氟化铅按质量比 1:4 混合压入靶锥，于干燥氩气中保存。

2. 样品测量

① 优化传输效率：在 8.5MV 端电压条件下，用 ^{40}Ca 调束，记录低能端、像点、靶前和 AMS 法拉第筒处的束流强度，逐级调节相关参数，使传输效率达到最佳。

② ^{40}Ca 模拟传输：用 ^{40}Ca 模拟 8.5MV 端电压时 ^{41}Ca 的磁刚度，以确定加速器传输 ^{41}Ca 时需要的一些参数。改变端电压（8.720MV）、注入磁铁磁场强度和静电偏转板电压，逐级调节相关磁场参数，使 ^{40}Ca 传输效率达到最佳。

③ ^{41}Ca 的测量：重设端电压（8.5MV）、注入磁铁磁场强度以及静电偏转板电压，用气体电离室探测器记录粒子谱，鉴别 ^{41}Ca 并计数。

④ ^{40}Ca 束流强度的测量：把端电压、注入磁铁磁场强度和静电偏转板电压等测量参数重新调回 ^{40}Ca 的状态，通过 AMS 法拉第筒测量 ^{40}Ca 束流强度。

通过步骤③和④的多次交替测量就可确定该样品中的 $^{41}Ca/^{40}Ca$。

四、一些主要核素的测量情况

表 5-2 是国际上对一些感兴趣核素 AMS 测量的典型数值。

表 5-2 AMS 测量的主要核素

核素	样品形式	引出束流		本底水平	探测器	代表实验室
		引出形式	束流大小/nA			
^2H	气体	H^+	70	1×10^{-14}	半导体	CIAE[73]
^3H	气体	H^+	50	4×10^{-14}	半导体	CNL[74]
^3He	气体	He^-	20	9×10^{-11}	半导体	CIAE[75]
^{10}Be	BeO	BeO^-	1000	3×10^{-15}	半导体	CSNSM[76]
^{14}C	C	C^-	40000	5×10^{-15}	电离室	UZH[77]
^{26}Al	Al_2O_3	Al^-	3000	3×10^{-15}	电离室	PSU[78]
^{32}Si	SiO_2	Si^-	100	6×10^{-14}	电离室	NSRL[79]
^{36}Cl	AgCl	Cl^-	15000	1×10^{-15}	电离室	ANU[80]
^{41}Ca	CaH_2	CaH_3^-	5000	6×10^{-16}	电离室	PSU[81]
^{53}Mn	MnF_2	MnF^-	1000	7×10^{-15}	充气磁铁$+\Delta E$	TUM[82]
^{59}Ni	Ni	Ni^-	500	5×10^{-13}	磁铁$+\Delta E$	ANU[83]
^{60}Fe	Fe	Fe^-	700	2×10^{-16}	充气磁铁$+\Delta E$	TUM[84]
^{79}Se	Ag_2SeO_3	SeO_2^-	300	约 10^{-12}	电离室	CIAE[85]
^{126}Sn	SnF_2	SnF_3^-	400	1.9×10^{-10}	电离室	CIAE[86]
^{129}I	AgI	I^-	5000	3×10^{-14}	TOF+半导体	HU[87]
^{182}Hf	HfF_4	HfF_5^-	80	2×10^{-12}	TOF+ΔE	VERA[88]
^{236}U	U_3O_8	UO^-	80	6×10^{-12}	TOF	VERA[89]

五、AMS 测量极限与限制

表 5-2 给出了 AMS 测量的最低本底水平，即测量极限值。这些数值是通过测量空白样品给出的，空白样品的制备采用最低含量材料，但材料和化学流程与待测样品相同。本底水平的高低主要由以下两个方面决定。

① 样品污染：在样品制备（尤其是本底样品制备）过程中，实验室环境、试剂、容器以及靶锥材料中存在待测量的核素,它们非常容易对本底样品以及含量很低的样品带来污染。

② 仪器本底：在离子源和加速器的运行中由于各种离子之间的相互碰撞、离子与真空中剩余气体的碰撞以及离子在缝隙边缘的散射等，都会使某些非待测粒子进入探测器，并落在待测核素的谱线位置上。

第四节　加速器质谱应用研究

对长寿命、微含量的宇宙射线成因核的 AMS 测量技术，可以广泛地应用于地球科学、考古学、环境科学、生命科学、海洋科学、天体物理学等许多领域。应着重指出：第一，AMS 测量宇宙射线成因核作为年代剂可以补充其他定年方法无法实现的定年范围，在其他方法可以达到的范围内，AMS 方法可以提高定年的精度；第二，AMS 测量宇宙射线成因核作为示踪剂能够大大地提高示踪灵敏度和准确度。特别是在生命科学中，核素的半衰期长和测量灵敏度高，使得示踪核素的用量极少，这样产生的放射性剂量极小，通常小于环境中的放射性本底。因此，该方法产生的放射性对示踪生物体和环境的影响都可以忽略不计。下面就几个重点核素的应用范围给以简单介绍。

一、^{14}C

^{14}C($T_{1/2}$=5730a)主要由宇宙射线（中子）与大气中的氮作用发生 ^{14}N(n,p)^{14}C 反应而生成，在大气中 ^{14}C/C 的比值是一个常数，产生率大约为 2 个原子（cm^2·min）[90]。

^{14}C 除了在考古学中有重要应用外，还在年轻的同位素地质年代学和水文年代学中解决 5 万年以内的年代学问题。^{14}C 作为示踪剂在环境科学和生命科学中具有十分广泛的应用前景。在环境科学中主要用于研究大气气溶胶的运动与变化规律、甲烷的变化规律，以及研究大气传输与全球变化等；在生命科学研究中主要用于对 DNA 加合物的测量、毒物药物动力学、蛋白质化学等问题的研究。

【应用举例[91]】

为配合第二条西安至商洛高速公路建设，陕西省考古研究院在公路建设沿线（蓝田县华胥镇新街村）发掘了新街遗址，中国科学院地球环境研究所与其合作进行环境考古工作，在新街遗址旁发现一套全新世黄土-古土壤剖面。为了理清该地区全新世黄土-古土壤序列与考古文化遗址的相互关系，重建古人类生活环境，研究人员对该黄土-古土壤序列和考古遗址进行了 AMS-^{14}C 测年和环境考古研究。

研究人员以 2cm 的间距采集黄土-古土壤样品，筛除样品中肉眼可见的较大现代根系，加入 1mol/L HCl，放置在 70℃水浴中，静置过夜，以除去样品中的无机碳酸盐。当 pH<4 时，反复洗涤至中性，将沉积物放入烘箱 60℃烘干备用。将上述制备好的样品加入过量氧化铜，在真空条件下利用天然气进行充分燃烧，反应生成 CO_2，然后将 CO_2 转入制靶真空系统中，在 Fe 作催化剂、Zn 作还原剂的条件下生成石墨，最后对石墨进行加速器测试。石墨靶分析测试在西安加速器质谱中心完成，该设备 ^{14}C 测量精度优于 0.2%，灵敏度能达到 10^{-16}，该指标均达到国际同类设备最高水平。

这次在新街遗址发掘出经过烧制的 5 块残缺的"砖"，在出土"砖"的同一层位中采集的炭屑样品，经 AMS-^{14}C 测年,获得其年代为公元前 2880～公元前 2680，属龙山文化早期。

根据"陕西岐山县赵家台遗址 1994 年考古发掘资料"判断,中国最早烧制的"砖"为西周早期,距今 3000 年。而这次的考古重大发现将人类烧砖的历史提前约 1600 年。

二、^{36}Cl

^{36}Cl（$T_{1/2}$=3.01×10^{5}a）在大气中主要是由高能宇宙射线引起 Ar 的散裂反应而生成,理论计算的产生率在（1.7~2.6）×10^{-3} 原子/(cm^2 • s)[92]。在岩石中 ^{36}Cl 有两个来源,一是 ^{35}Cl 与岩石中 U、Th 等核素裂变产生的中子俘获反应 ^{35}Cl(n,γ)^{36}Cl,二是宇宙射线（如μ介子）引起岩石中 K、Ca 的散裂反应。

^{36}Cl 主要用于地下水年龄、地下水的不同来源、地下水流向等水文问题的研究;还可以用来研究岩石的暴露年龄与侵蚀速率;另外,^{36}Cl 作为指示性核素在核设施运行、核材料处理以及裂变中子通量测量等问题的研究中有重要的应用。

【应用举例】[93]

研究表明,暴露岩石表层中宇宙成因核素 ^{36}Cl 的浓度是产生速率、衰变常量及侵蚀速率的函数,因此可以通过加速器质谱(AMS)测定岩石中 ^{36}Cl 的含量来计算岩石的侵蚀速率。用原地生成的宇宙成因核素 ^{36}Cl 研究岩石的侵蚀速率对全球变化研究中的碳循环研究具有重大的理论和实践意义,对研究岩溶石山区的生态环境变化和生态重建等有重大的指导作用。研究人员通过 ^{36}Cl 的 AMS 测量给出了北京石花洞地区灰岩表面侵蚀速率的数值。

样品采集时,用专门设计的水平钻取样,在同一水平面上可钻 2~3 个孔。如果采样点不规则,则可在 1.5m×2.5m 的范围内移动采样,采样量为 1~2kg。采样点的位置和高程要准确测量,采样场剖面若不垂直要测量其倾角、倾向,但地形坡度要求小于 20°。采样间隔在近地表要小一些,且随着深度的增加而增大。取样深度一般在近地表附近 2m 范围内,最大不超过 5m。

串列加速器质谱计测定 ^{36}Cl 时,样品通常采用 AgCl 固体形式。其具体制备流程上文已有叙述。本工作由中国原子能科学研究院、中国地质大学(武汉)和日本筑波大学合作,在日本筑波大学的串列加速器上对北京石花洞地区近地表岩样中 ^{36}Cl 的浓度进行了测量。经换算,北京石花洞地区灰岩的侵蚀速率为(1.33±0.28)×10^{-5}m/a。

三、^{10}Be

^{10}Be（$T_{1/2}$=1.5×10^{6}a）在大气中主要由高能宇宙射线与氮和氧作用的散裂反应而生成,其产生速率大约为 4.9×10^{-2} 个原子/（cm^2 • s）[94]。^{10}Be 在岩石中主要是氧和硅的散裂反应,在海平面上的 SiO$_2$ 中其产生率大约为 6 个原子/（g • a）[95]。

作为年代剂用于深海多金属结核、多金属结壳的生长速率测量,用于陆地沉积地层沉积速率的测定,岩石的侵蚀速率测定。作为示踪剂用于极冰、大气环流以及土壤迁移等地质与环境科学问题的研究。

【应用举例】[96]

研究人员利用 ^{10}Be-AMS 测量计算东太平洋海盆区西区及中太平洋海盆北部所采集的深海多金属结核生长速率。利用 EDTA（乙二胺四乙酸）掩蔽 Be(OH)$_2$ 能溶于过量的 NaOH 溶液的特性,使 Be 与样品中的杂质分离并纯化,经分离纯化后得到的 Be(OH)$_2$ 在高温下灼烧为 BeO,然后与超纯 Ag 粉混合,利用中国原子能科学研究院的加速器质谱仪测量 ^{10}Be/^{9}Be 的比值,根据加入 ^{9}Be 载体量计算多金属结核样品中 ^{10}Be 的质量活度。

经计算金属结核中 ^{10}Be 的质量活度从表层向里层呈指数衰减至一定径向深度后,随着径向深度的增加，^{10}Be 的质量活度的降低变得较缓慢，这表明该多金属结核里层的生长速率可能大于外层。

四、^{129}I

^{129}I($T_{1/2}$=15.7×10^{6}a)在大气中有如下几个方面的来源：①宇宙射线引起 Xe 的散裂反应；②^{238}U 的自发裂变；③中子与 ^{128}Te 和 ^{130}Te 的核反应[97]。它们产生的 ^{129}I 在大气和海洋中达到一个平衡值，^{129}I/^{127}I 约为 1×10^{-12}[98]。

^{129}I 与 ^{36}Cl 类似，可以用来研究深层地下水的运动与变化规律。用 ^{129}I 作示踪剂可以用于人体内 I 的生物效应的研究。另外，^{129}I 作为指示核素用来核监测材料生产、核反应堆运行以及核废物处理等核设施的安全运行。

【应用举例】[99]

^{129}I 有长的半衰期、高的辐射生物毒性及它在人和动物甲状腺中的高富集度,从而威胁人类的健康。研究人员首次研究了我国非核设施影响环境中松针、干草、海藻及海水等多种典型生物环境样品中的 ^{129}I 水平，为我国低水平 ^{129}I 的生物、环境样品分析提供了一种灵敏、可靠的方法，为我国当今研究环境中的 ^{129}I 水平及开展 ^{129}I 示踪技术的应用提供了有意义的数据和信息。

松针和干草样品系 2000 年 2 月采自北京石景山区。松针、干草除去杂质，用去离子水洗净,自然晾干；干草在 60℃烘干至脆。海藻种类繁多，研究人员选取孔石莼为研究对象，于 1999 年 5 月采自青岛胶州湾太平角。用原位海水洗去海藻中的泥沙，再用去离子水洗净，剪成小段，60℃烘干。上述样品均用植物粉碎机粉碎成末，密封干燥保存，待用。海水样品系 1999 年 5 月采自青岛胶州湾，经过滤室温保存。

采用碱式灰化、萃取、反萃及 AgI 沉淀等分离、纯化过程对松针、干草、海藻及海水等样品中的碘进行预浓集，同时运用 ^{131}I 放射性示踪法优化样品的制备过程和条件。具体方法可参见测量过程中的详细论述。样品经中国原子能科学研究院 AMS 小组进行测定，两次测量值误差在 10%的范围内。

结果表明，我国这些非核设施影响地区的 ^{129}I 处于当今全球环境的本底放射性沉降水平。

五、^{41}Ca

^{41}Ca（$T_{1/2}$=1.03×10^{5}a）在大气中主要由高能宇宙射线引起 Kr 的散裂反应而生成。由于 Kr 在大气中的含量仅为 3.74mg/m^3，估算出 ^{41}Ca 在大气中的产生率为 4.6×10^{-6}个原子/（cm^2•s）[100]。在岩石中，^{41}Ca 来源于 ^{40}Ca 的热中子俘获反应，在海平面高度的灰岩中，测得的 ^{41}Ca/^{40}Ca 值为 8×10^{-15}[100,101]。

^{41}Ca 最主要的应用是在生命科学方面，用于示踪 Ca 与 Ca 制剂（包括含 Ca 药物）在体内的运动、变化和分布等；用于研究缺钙与多种疾病的关系，研究细胞内 Ca^{2+}信使的运动、变化以及与相关疾病的关系等。此外，^{41}Ca 能用于地质年代、动物骨头年代的测定。也能通过 ^{40}Ca 的中子俘获反应进行裂变中子通量测量的研究。

【应用举例】[102]

失重造成的骨质疏松及各系统生理紊乱仍然是太空飞行中的严重危险因素，目前其机制尚未完全清楚，但研究表明，失重所致的肠钙吸收下降可能是出现骨质疏松进行性加重的原因之一。研究人员遵循中医学理论，拟定了针对失重骨质疏松的中药复方——五加补骨方，并引入长寿命核素 ^{41}Ca 示踪剂-加速器质谱分析技术，考察了该复方对尾吊模型大鼠肠钙吸收的影响。

造模方法：采用尾吊法模拟失重，建立大鼠骨质疏松模型。

给药方法：①空白组。不悬吊，大鼠始终自由活动。每天牡蛎钙(8mg/ml)水溶液 215ml 灌胃，约计每天添加牡蛎钙 20mg。②模型组。不悬吊适应 1 周，尾吊 3 周模拟失重。每天牡蛎钙(8mg/ml)水溶液 215ml 灌胃，约计每天添加牡蛎钙 20mg。③中药组。不悬吊适应 1 周，尾吊 3 周模拟失重，每天五加补骨方药液(0.1704g 生药/ml)215ml 灌胃给药，其中含牡蛎钙 20mg。

示踪剂的给入方法：在模拟失重第 11 天全部动物一次性灌胃给予含等量 ^{41}Ca 的药液或牡蛎钙水溶液 215ml(均含 ^{41}Ca $9.025×10^{-5}$mg，普通钙 20mg)。具体方法为按每鼠每日灌胃 20mg 钙，牡蛎钙：示踪载体钙约为 18：2，于示踪日一次性给予每鼠 18mg 牡蛎钙加 2.154mg 示踪载体钙。上述均匀混合物视为 20mg 牡蛎钙，以适量稀乙酸溶解；其中中药组示踪剂按牡蛎在复方中的比例混入药液，空白组、模型组示踪剂按中药组钙浓度配成水溶液，均含钙 8mg/ml。

各动物灌胃示踪剂后，分别连续采集 72h 粪便，样品处理如前所述，并由中国原子能科学研究院负责测量，结果表明，中药五加补骨方能促进尾吊大鼠消化道对外源钙的吸收，较模型组提高约 63%。

六、其他核素

^{32}Si、^{79}Se、^{99}Tc、^{236}U、^{244}Pu 等核素目前正处于 AMS 测量方法研究与应用方法研究的阶段。^{32}Si 可应用于地质年代与生物医学[103]；^{79}Se 可以应用于环境毒理学与核环境科学[104]；^{99}Tc 在环境科学中有应用前景[105]；^{236}U 与 ^{244}Pu 能在地球科学、核天体物理与核科学的研究中发挥作用[106]。

参 考 文 献

[1] Bennett C L, Beuken R P, Clover M R, et al. Science, 1977, 198: 508.

[2] Nelson D E, Korteling R G, Stott W R. Science, 1977, 198: 507.

[3] Alvarez L W, Cornog R. Phys Rev, 1939, 56: 379.

[4] Muller R A. Science, 1977, 196: 489.

[5] Jiang S, He M, Jiang S S, et al. Nucl Instr Meth B, 2000, 172: 87.

[6] Kutschera W, Ahmad I, Billquist P J, et al. Nucl Instr Meth B, 1989, 42: 101.

[7] Faestermann H, Kato K, Korschinek G, et al. Nucl Instr Meth B, 1990, 50: 275.

[8] Chen M B, Li D M, Gao W Z, et al. Nucl Instr Meth A, 1989b, 278: 409.

[9] Roberts M L, Hamm R W, Dingley K H, et al. Nucl Instr Meth B, 2000, 172: 262.

[10] Hellbor R, Faarinen M, Kiisk M, et al. Vacuum, 2003, 70: 365.

[11] Stenström K, Svegborn S L, Erlandsson B, et al. Nucl Instr Meth B, 1997, 123: 245.

[12] Skog G. Nucl Instr Meth B, 2007, 259: 1.

[13] Barnekow L, Possnert G, Sandgren P, et al. GFF, 1998, 120: 59.

[14] Frantz B R, Kashgarian M, Coale K H, et al. Limnol Oceanogr, 2000, 45: 1773.

[15] Duffy P B, Caldeira K. Global Biogeochem CY, 1995, 9: 373.

[16] Liu K, Ding X, Fu D, et al. Nucl Instr Meth B, 2007, 259: 23.

[17] Zhu J, Cheng Y, Sun H, et al. Nucl Instr Meth B, 2010, 268:1317.

[18] Dingley K H, Roberts M L, Velsko C A, et al. Chem Res Toxicol, 1998, 11: 1217.

[19] Galeriu D, Melintescu A, Beresford N A, et al. J EnvironRadioactiv, 2007, 98: 205.

[20] Rucklidge J C, Wilson G C. Nucl Instr Meth B, 1990, 52: 507.

[21] Zhao X L, Kilius L R, Litherland A E, et al. Nucl Instr Meth B, 1997, 126:297.

[22] Kieser W E, Kilius L R, Nadeau M J, et al. Nucl Instr Meth B, 1990, 45: 570.

[23] Wilson G C, Rucklidge J C, Kilius L R, et al. Nucl Instr Meth B, 1997, 123: 583.

[24] Kutschera W, Collon P, Friedmann H, et al. Nucl Instr Meth B, 1997, 123:47.

[25] Rom W, Golser R, Kutschera W, et al. Radiocarbon, 1999, 41: 183.

[26] Kim J C, Youn M, Kim I C, et al. Nucl Instr Meth B,

2004, 223-224: 44.

[27] Steier P, Golser R, Kutschera W, et al. Nucl Instr Meth B, 2004, 223-224: 67.

[28] Forstner O, Andersson P, Diehl C,et al. Nucl Instr Meth B, 2008, 266: 4565.

[29] MacIntyre D E, Shaw A M. Thromb Res, 1983, 31: 833.

[30] Freeman S, Bishop P, Bryant C, et al. Nucl Instr Meth B, 2004, 223-224: 31.

[31] Koenig T S, Maden C, Denk E, et al. Nucl Instr Meth B, 2010, 268: 752.

[32] Synal H A,Beer J, Bonani G, et al. Nucl Instr Meth B, 1994, 92: 79.

[33] Zoppi U, Kubik P W, Suter M, et al. Nucl Instr Meth B, 1994, 92: 142.

[34] Hannen B D, Ames F, Suter M, et al. Nucl Instr Meth B, 1996, 113: 453.

[35] Niklaus T R, Ames F, Bonani G, et al. Nucl Instr Meth B, 1994, 92: 96.

[36] Synal H A, Bonani G, Finkel R C, et al. Nucl Instr Meth B, 1991, 56-57: 864.

[37] Sion C S, Ivascu M, Plostinaru D, et al. Nucl Instr Meth B, 2000, 172: 29.

[38] Sion C S, Enachescu M, Constantinescu O, et al. Nucl Instr Meth B, 2010, 268: 863.

[39] Sharma P, Bourgeois M, Elmore D, et al. Nucl Instr Meth B, 2000, 172: 112.

[40] Flarend R E, Hem S L, White J L, Elmore D, et al. Vaccine, 1997, 15:1314.

[41] Elmore D, Ma X, Miller T, Mueller K, et al. Nucl Instr Meth B, 1997, 123:69.

[42] Record R D, Hillegonds D, Simmons C,et al. Nucl Instr Meth B, 2001, 22: 2653.

[43] Heikkinen D W, Bench G S, Antolak A J, et al. Nucl Instr Meth B, 1993, 77: 45.

[44] Oda H, Nakamura T, Tsukamoto T. Nucl Instr Meth B, 2004, 223-224: 686.

[45] Tolmachyov S, Machida A,Tsubuzaki Y, et al. Kyushu Univ Tandem Accel Lab Rep, 2000, 7: 93.

[46] Sasa K, Nagashima Y, Takahashi T, et al. Nucl Instr Meth B, 2007, 259: 41.

[47] Nagashima Y, Shioya H, Tajima Y, et al. Nucl Instr Meth B, 1994, 92: 55.

[48] Nagashima Y, Seki R, Baba T,et al. Nucl Instr Meth A, 1996, 382: 321.

[49] Sasa K, Takahashi T, Tosaki Y, et al. Nucl Instr Meth B, 2010, 268: 871.

[50] Jiang S, He M, Jiang S S, et al. Nucl Instr Meth B, 2000, 172: 87.

[51] Li C, Guan Y, Jiang S, et al. Nucl Instr Meth B, 2010, 268: 876.

[52] Wang H, Guan Y, Jiang S,et al. Nucl Instr Meth B, 2007,

259: 277.

[53] Aguirre M L, Whatley R C. Quaternary Sci Rev, 1995, 14: 223.

[54] Jones C M. Nucl Instr Meth B, 1981, 184: 145.

[55] Meigs M J, Haynes D L, Jones C M, et al. Nucl Instr Meth A, 1996, 382: 51.

[56] Santos F J, López-Gutiérrez J M, García-León M, et al. Nucl Instr Meth B, 2004, 223-224: 501.

[57] Santos F J, López-Gutiérrez J M, Chamizo E, et al. Nucl Instr Meth B, 2006, 249: 772.

[58] Chamizo E, López-Gutiérrez J M, Ruiz-Gomez A, et al. Nucl Instr Meth B, 2008, 266: 2217.

[59] Fink D, Hotchkis M, Hua Q, et al. Nucl Instr Meth B, 2004, 223-224: 109.

[60] Zhou W, Zhao X, Lin L, et al. Radiocarbon, 2006, 48: 285.

[61] Zhou W, Lu X, Wu Z, et al. Nucl Instr Meth B, 2007, 262: 135.

[62] Lawson E M, Elliott G, Fallon J, et al. Nucl Instr Meth B, 2000, 172: 99.

[63] Fink D, Walton J, Hotchkis M A C, et al. Nucl Instr Meth B, 1994, 92: 473.

[64] 刘伟琪, 西泽邦秀. 中华放射医学与防护杂志, 2000, 20:330.

[65] 坂本浩. 化学と工业, 1983, 36: 480.

[66] 中井信之, ほか. Tracer, 1984, 9: 28.

[67] Skipper P L, Hughey B J. Hughey, Liberman R G, et al. Nucl Instr Meth B, 2004, 223-224: 740.

[68] 姜山, 蒋崧生, 郭宏, 等. 核技术, 1993, 16: 720.

[69] 管永精, 王慧娟, 阮向东, 等. 原子核物理评论, 2010, 27: 71.

[70] 李世红, 何明, 姜山, 等. 原子能科学技术, 2006, 40: 610.

[71] 蒋崧生, 何明, 谢运棉, 等. 核技术, 2000, 23: 43.

[72] 李世红, 姜山, 何明, 等. 高能物理与核物理, 2005, 29: 1210.

[73] Jiang S, Yu A, Cui Y, et al. Nucl Instr Meth B, 1984, 5: 226.

[74] King S E, Phillips G W, August R A, et al. Nucl Instr Meth B, 1987, 29: 14.

[75] Jiang S, Liu Y, Cui Y, et al. Nucl Instr Meth B, 1987, 29: 18.

[76] Raisbeck G M, Yiou F, Bourles D, et al. Nucl Instr Meth B, 1984, 5: 175.

[77] Suter M, Balzer R, Bonani G, et al. Nucl Instr Meth B, 1984, 5: 117.

[78] Middleton R, Klein J, Kutschera W, et al. Phil Trans Roy Soc, 1987, A323: 121.

[79] Elmore D, Anantaraman N, Fulbright H W, et al. Phys Rev Lett, 1980, 45: 589.

[80] Fifield L K, Ophel T R, Bird J R, et al. Nucl Instr Meth B, 1987, 29: 114.

[81] Fink D, Middleton R, Klein J, et al. Nucl Instr Meth B, 1990, 47: 79.

[82] Poutivtsev M, Dillmann I, Faestermann T, et al. Nucl Instr Met B, 2010, 268: 756.

[83] Paul M, Fifield L K, Fink D, et al. Nucl Instr Meth B,

1993, 83: 275.

[84] Knie K, Faestermann T, Korschinek G, et al. Nucl Instr Meth B, 2000, 172: 717.

[85] Wang W, Guan Y J, He M, et al. Nucl Instr Meth B, 2010, 268: 759.

[86] Shen H T, Jiang S, He M, et al. Nucl Instr Meth B, 2011, 269: 392.

[87] Paul M, Hollos G, Kaufman A, et al. Nucl Instr Meth B, 1987, 29: 341.

[88] Vockenhuber C, Bichler M, Golser R, et al. Nucl Instr Meth B, 2004, 223-224: 823.

[89] Steier P, Bichler M, Keith Fifield L, et al. Nucl Instr Meth B, 2008, 266: 2246.

[90] Lal D.Theoretically expected variations in the terrestrial cosmic-ray production rates of isotopes. In Solar-terrestrial relationships and the Earth environment in the last millennia (Ed) Castagnoli G C. Amsterdam: North-Holland, press 1988: 216.

[91] 张婷, 祝一志, 杨亚长, 等. 中国沙漠, 2011, 31: 678.

[92] Oeschger H, Houtermans J, Loosli H, et al.12th Nobel symposium, 1969: 471.

[93] 汪越, Nagashima Y, Seki R, 等. 物理实验, 2005, 25: 11.

[94] Somayajulu B L K, Sharma R, Beer J, et al.Nucl Instr Meth B, 1984, 5: 398.

[95] Nishiizumi K, Winterer E L, Kohl C P, et al. J Geophys Res, 1989c, 94: 17907.

[96] 吴世炎, 尹明端, 施纯坦, 等. 热带海洋, 1999, 18: 73.

[97] Anonymous. NCRP Report, 1983, No.75.

[98] Fabryka-Martin J, Bentley H, Elmore D, et al. Geochim Cosmochim Acta, 1985, 49: 337.

[99] 李柏, 章佩群, 陈春英, 等. 分析化学, 2005, 33: 904.

[100] Kutschera W. Nucl Instr Meth B, 1990, 50: 252.

[101] Fink D, Klein J, Middleton R, et al. Nucl Instr Meth B, 1990, 47: 79.

[102] 胡素敏, 周鹏, 傅骞, 等. 中国中西医结合杂志, 2009, 29: 729.

[103] Popplewell J F, King S J, Day J P, et al. J Inorg Biochem, 1998, 69: 177.

[104] Li C S, Guo J R, Li D M. J Radioanal Nucl Chem, 2005, 220: 69.

[105] Feitsma R I J, Blok D, Wasser M, et al. Nucl Med Commun, 1987, 8: 771.

[106] Steier P, Dellinger F, Forstner O, et al. Nucl Instr Meth B, 2010, 268: 1045.

第六章 静态真空质谱法

第一节 静态真空质谱仪及其组成和类型

"真空"是质谱学中处处都要用到的一个基本术语。"真空"并不是指没有气态物质的空间，而是指压力较常压小的任何气态空间。一个真空容器，如果用抽气设备连续不断地抽气，这时所获得的真空叫作动态真空。如果把真空容器和物理抽气设备隔断，仅用化学吸气剂吸气，这时获得的真空叫作静态真空。当仪器进行样品分析时，如果质谱仪的分析系统仍处于动态真空状态，则称为动态真空质谱仪；反之，如果这时分析系统处于静态真空，我们便称为静态真空质谱仪。

静态真空质谱仪目前主要应用于惰性气体同位素分析，故也称为惰性气体质谱仪。静态真空质谱仪的基本工作原理是：固体样（经高温熔融释放出气体）和气体样（经前处理清除部分杂气）进入纯化系统，除惰性气体外的活性气体将被吸附掉，净化后的惰性气体被分离；把待分析的惰性气体送入离子源电离，离子成束状射入磁分析器，离子按质荷比以不同轨道飞越分析器到达接收器，再按离子峰的强弱分别以倍增器或法拉第杯接收。

与动态真空质谱仪相比，静态真空质谱仪的最大优点是分析灵敏度可提高 1～2 个数量级，大大降低样品用量。它的缺点主要是记忆效应较大，故在分析中要注意烘烤系统使记忆效应降低，必要时还应通过改正减少其影响。

一、基本组件

绝大多数静态真空质谱仪基本组件包括电子轰击离子源、磁分析器和接收器。离子源是改进型 Nier 电子轰击源。为了提高灵敏度，Baur-Signer 电子轰击离子源[1]得到广泛使用。它的特点是灯丝采用圆环状结构，灯丝与聚焦电极呈圆柱状对称；其灵敏度要比普通 Nier 源高一个数量级。另外，有些离子源在离子光学系统上做了简化。普通 Nier 源的离子透镜中，在拉出板之后，紧跟一个由两个半板组成的聚焦板；而简化后则仅用一个聚焦板，它同时起拉出和聚焦离子束的作用，见图 6-1。

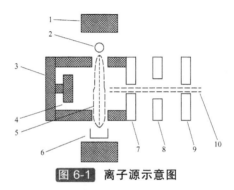

图 6-1 离子源示意图

1—永久磁铁；2—灯丝；3—电离室；4—推斥极；5—电子束；6—电子接收阱；

7—离子拉出缝；8—拉出聚焦板；9—离子束出口缝；10—离子束

分析器主要采用对称结构扇形均匀磁场，其偏转角为 60°或 90°，但近来更多的仪器采用非对称的分析器结构[2]。这是因为在同样的离子轨道半径下，后者比前者有较大的色散（dispersion），从而获得较高的分辨本领。

由于某些惰性气体同位素峰强度跨度很大（如 ^4He 的峰高比 ^3He 要大 10^6 倍以上），所以，标准的接收系统都包括一个法拉第杯和一个电子倍增器。分析者可根据峰强度的大小选用不同的接收器。

有些接收系统用 Daly 闪烁光电倍增器代替电子倍增器。在接收器入口限定狭缝后面，沿离子束路径两侧分别安装一个 Daly 推斥极和一个闪烁体。光电倍增器紧接在闪烁体后面，与离子飞行管成垂直配置。如果需要，Daly 推斥极和闪烁体后面还可安装一个轴向法拉第杯。

二、真空系统

（一）真空技术要求

比起动态真空质谱仪，静态真空质谱仪要求更低的漏、放气速率；为了达到 $10^{-7}\sim10^{-8}Pa$ 的超高真空，它多以不锈钢制成可烘烤的全金属系统。建立超高真空分析系统应注意以下几点：

① 真空系统应有足够的密封性，尽可能减少漏气；
② 真空系统内壁应有较高的光洁度，尽可能减少对气体的吸附；
③ 全系统应允许在 300~350℃的高温下烘烤 10h 以上；
④ 真空分析系统要避免有机杂质的污染。

超高真空系统的主要组件见表 6-1。静态超高真空抽气系统见图 6-2。

表 6-1 超高真空系统的主要组件

名　称	简　述	用　途
超高真空阀门	非磁性不锈钢制成，关闭和打开状态可分别烘烤至 300℃和 400℃	用于真空管道的连接和通、断控制
法兰盘	非磁性不锈钢制成	用于各种真空部件的连接
密封垫圈	有铜垫圈和金垫圈两种	用于各种真空部件的密封
海绵钛炉	铬镍铁合金（inconel）管中放置海绵钛，吸附能力强，但每次使用前要去气	吸附 O_2、N_2、CO、CO_2、H_2 和烃类等杂气
锆铝泵	使用非蒸散型锆铝合金吸气剂，它可与各种活性气体形成稳定化合物或固溶体，从而消气净化。使用前须加热激活，激活后可用较长时间	同海绵钛炉
钛升华泵	加热使钛升华并令其在一冷却面形成新鲜钛膜，即具极强的吸附和吸收杂气能力	同海绵钛炉
冷阱	常用两种。一种叫活性炭冷指，在不锈钢直管中加入适量活性炭作吸气剂；另一种是把不锈钢管做成"U"形，不加活性炭	冷指在液氮温度时吸附 Ar、Kr 和 Xe，在干冰温度时仅吸附 Kr 和 Xe；"U"形管在液氮温度时吸附水蒸气、Xe 和 CO_2
低温冷凝泵	将中性气体分子吸附和冷凝在低温金属壁面上	可吸附冷凝 He、Ne、Ar、Kr 和 Xe 等所有惰性气体，并根据需要再解吸这些气体
真空机组	以离子泵和分子泵作为抽气主泵，再以吸气泵清除残留杂气	获得并维持清洁的超高真空

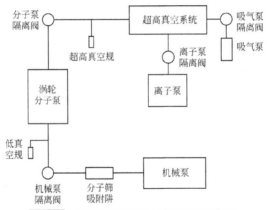

图 6-2　静态超高真空抽气系统示意图

（二）静态超高真空的获得

如果整个系统已满足超高真空的密封要求并处于大气状态，那么抽气的步骤如下：

① 启动机械泵，打开系统所有阀门，待真空进入 1Pa 左右时，启动涡轮分子泵。

② 当真空进入 10^{-6}Pa 数量级时，令锆铝泵阀门处于少许打开的位置（把阀门关紧后再打开半圈），然后对系统的高真空部分置于 $200\sim300℃$ 烘烤 10h 以上。

③ 当烘烤温度降至 100℃ 左右时，关离子泵和高真空规阀门，开锆铝泵阀门，对锆铝泵加热至 750℃ 并保持 20min 以上；这时锆铝泵正在被激活，有大量气体放出，用分子泵排气。

④ 如果使用两个锆铝泵，则一个降至室温，另一个保持在 $250\sim400℃$；如果仅用一个锆铝泵，则降至室温。

⑤ 接通离子泵电源，待系统降至室温后，开离子泵阀门；经过一定时间抽空后，真空可达 10^{-7}Pa 数量级。

⑥ 关闭分子泵与超高真空系统之间的隔离阀，令锆铝泵阀门处于少许打开的位置（见步骤②），重新让超高真空系统在 $200\sim300℃$ 烘烤 10h 以上，然后降至室温。

经过上述程序的烘烤、排气，一般都可获得 $10^{-7}\sim10^{-8}$Pa 的超高真空。如果空白本底仍未达要求，则可再重复步骤⑥，直至达到要求。

三、熔样装置和进样装置

熔样装置用来把固体样品加热熔融，使样品中的气体在真空中释放出来，主要的熔样装置有高频电炉、电阻加热炉、电子轰击炉和激光熔样炉等多种设备。有时要求分析样品中包体的气体，加热法容易把非包体的气体混入，故需要采用击碎法析出气体。另外，对于天然气和温泉气等气体样，也需要不同的进样装置。主要进样装置见表 6-2。

表 6-2　静态真空质谱仪主要进样装置

名　称	简　述	用　途	备　注
高频电炉	样品置石英管炉钼坩埚中，炉外壁套高频感应线圈，钼坩埚因涡流而升温，使样品熔融	固体样熔融	大小样皆宜，但能耗大
电阻加热炉	样品置钼坩埚内，钼坩埚再放入钽坩埚中，钽坩埚上有法兰盘与仪器纯化系统(超高真空)连接，钽坩埚外空间抽高真空(双真空系统)，钽坩埚用石墨片或钽片作加热元件	固体样熔融	适合中小型样，体积小，能耗低，加热器耐用

续表

名　称	简　述	用　途	备　注
电子轰击炉	与电阻加热炉类同，但加热元件改用电子束轰击而升温	固体样熔融	适合中小型样，体积小，能耗低，但加热器易损
激光熔样装置	样品置一法兰盘中，其上盘用可穿透激光的玻璃封接，法兰盘可在 X、Y、Z 三个方向位移并令激光对准聚焦于样品，通过计算机控制可实现自动分析	固体样熔融	脉冲激光用于微区分析，连续波长激光用于小样全熔融和阶段升温
包体击碎装置	样品置一不锈钢筒底部，筒内有一撞击锤，通过锤的不断撞击析出气体	析出包体中的气体	
气样前处理装置	令气样进入一小体积，再把小体积样进入一大体积平衡测压，经初步纯化后通入纯化系统入口端	用于天然气和温泉气等气样的前处理	小体积零点几毫升，大体积几十至几百毫升

四、纯化系统

纯化系统通常都包括抽气装置、纯化装置、标准样许入装置和惰性气体分离装置。不同实验室的纯化系统可能略有不同。

图 6-3 是纯化系统示意。纯化装置包括两级，两者之间被主干通道的阀门隔开。第一级用海绵钛炉或锆铝泵，装在系统的入口端（靠近进样装置）；第二级用锆铝泵，装在出口端（靠近质谱仪）。通常，可以让样品经过第一级纯化后，再进入第二级进一步纯化。但对于小量和微量样品，则可直接通入第二级纯化。

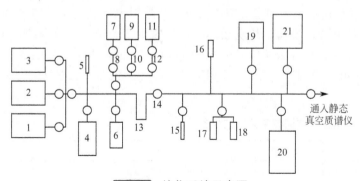

图 6-3　纯化系统示意图

1—包体破碎装置；2—固体熔样装置；3—气体进样装置； 4—涡轮分子泵；5—低真空规； 6—海绵钛泵；
7—标准 1；8—标准 1 分样体积；9—标准 2；10—标准 2 分样体积；11—标准 3； 12—标准 3 分样体积；
13—U 形冷阱；14—主通道隔离阀；15—活性炭冷阱；16—超高真空规；17—锆铝泵 1；
18—锆铝泵 2；19—离子泵；20—低温冷凝泵；21—激光熔样装置

标准样放入装置接于系统的入口端，每套装置都由大小两体积组成，其间由阀门隔开。标准气样装在大体积中，每次由小体积放入系统。这样的装置至少有两套。一套用来储存空气，作为惰性气体同位素分析的参照标准。另一套用来储存 K-Ar 法测年用的 ^{38}Ar 稀释剂；如果不做 K-Ar 法测年，也可储存别的标准物。

惰性气体分离装置主要使用活性炭冷阱，置于系统的出口端；也可以使用两个活性炭冷阱，出、入口端各置一个；有时在入口端还加入一个"U"形冷阱。对于要求分离 Ne 和 He 的系统，还要在出口端安装一个低温冷凝泵。如果希望在一个样品中分离出 He、Ne、Ar、Kr、Xe 五种惰性气体进行分析，可参考图 6-4 的流程。

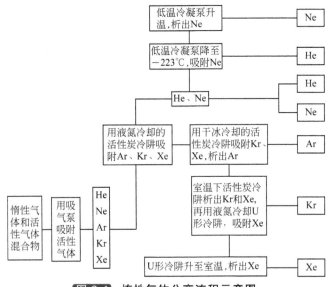

图 6-4 惰性气体分离流程示意图

有时在纯化系统入口端还接入一个低真空规,它主要用来监控进入系统的气样大小;对于过大的气样,则只能截取其中的一部分进入质谱。

五、仪器类型

目前,国内外使用最多的静态真空质谱仪是原英国 GV 公司生产的 5400 型仪器。后因 GV 公司被美国热电公司收购,故现在的生产厂家主要有两家:美国的热电公司(Thermo Scientific)和英国的 Nu 仪器公司(Nu Instruments Ltd)。另外,澳大利亚的 ASI 公司(Australian Scientific Instruments)亦推出一款(U-Th)/He 法测年专用仪器。这些仪器的主要性能见表 6-3 和表 6-4。

表 6-3 适用于所有惰性气体同位素分析的仪器

仪器型号	Helix SFT	Noblesse
生产厂家	Thermo	Nu
质量分析器类型	磁分析器	磁分析器
质量数范围	1～150	
分辨本领	>400(法拉第杯) >700(倍增器)	≥1500, 峰侧从 5%到 95%变化
空白水平	$5\times10^{-14}cm^3$STP, ^{36}Ar	$\leq3\times10^{-14}cm^3$STP, ^{36}Ar
灵敏度	$>1\times10^{-3}$A/Torr, 200μA, Ar $>1\times10^{-4}$A/Torr, 800μA, He	1.7×10^{-3}A/Torr, 400μA, Ar 2.5×10^{-4}A/Torr, 500μA, Ar
峰稳定性	^{40}Ar 峰中心变化±25×10^{-6}, 30min 内	^{40}Ar 峰中心变化<100×10^{-6}, 30min 内
峰上升速率	$<1\times10^{-12}cm^3$STP/min, ^{40}Ar	$\leq1\times10^{-12}cm^3$STP/min, ^{40}Ar
丰度灵敏度	$<1\times10^{-9}$, 1×10^{-7}mbar 时 ^{4}He 对 ^{3}He 的贡献	
主要用途	惰性气体同位素分析	惰性气体同位素分析

表 6-4 适用于某种惰性气体同位素分析的专用仪器

仪器型号	ARGUS VI	Alphachron
生产厂家	Thermo	ASI
质量分析器类型	磁分析器	四极杆
质量数范围	1～140	0～100μ
分辨本领	200	0.5μ(10%)
空白水平	$\leqslant 5 \times 10^{-14}$ cm³STP, ^{36}Ar	$<2 \times 10^{-11}$ cm³ STP, ^{4}He
灵敏度	$>1 \times 10^{-3}$A/Torr, 200μA, Ar	
峰稳定性	^{40}Ar 峰中心变化 $\pm 25 \times 10^{-6}$, 30min 内	
峰上升速率	$<1 \times 10^{-12}$ cm³STP/min, ^{40}Ar	
丰度灵敏度	$<5 \times 10^{-6}$, 1×10^{-7}mbar 时 ^{40}Ar 对 ^{39}Ar 的贡献	
气体分析重现性		<0.35%, 1σ
主要用途	Ar 同位素分析	(U-Th)/He 测年的 He 分析

第二节　Ar 同位素分析

一、Ar 同位素分析方法

1. 样品熔融与导入

固体样品经熔样炉在 1400～1500℃熔融；视分析要求不同，可一次熔至最高温（全熔融），也可分阶段升温（阶段升温）。气样经前处理系统净化和分压，然后进入纯化系统。

2. 样品纯化

先用海绵钛炉在 800℃时纯化 10min 以上，然后降温并通入锆铝泵纯化 7min 以上。

3. 同位素分离

纯化后的样品通入活性炭冷阱在干冰温度（-83℃，相当于热力学温度 190K）时吸附 Kr 和 Xe，系统中保留 Ar、He 和 Ne（三者不分离对 Ar 分析影响不大），待海绵钛降至 400℃时即可准备测量。

4. 样品分析步骤

① 确定所要分析的同位素：对 K-Ar 法测年和稳定同位素研究，分析 ^{36}Ar、^{38}Ar 和 ^{40}Ar；而对 ^{40}Ar/^{39}Ar 法测年，则需分析 ^{36}Ar、^{37}Ar、^{38}Ar、^{39}Ar 和 ^{40}Ar。

② 确定峰中心位置：可以对所要测定的峰一一扫描，逐个确定其峰中心的磁场值；也可以只扫描两个较强的峰，再根据磁场与质量数的平方根成正比的关系求出其他峰的磁场值。通常，K-Ar 法测年和 ^{40}Ar/^{39}Ar 法测年分别扫描 ^{38}Ar、^{40}Ar 和 ^{39}Ar、^{40}Ar。

③ 设定峰跳循环的次序：当磁场从一个峰跳到另一个峰时，要设定一定的等待时间，以便磁场达到稳定状态。然后设定采峰的记录时间（积分时间），积分时间要适中，一般是大峰较短，小峰适当长些。

④ 空白本底检查：不进样但完全按样品分析流程进行操作所得到的各峰测量值即为空白本底值。

⑤ 进样并开始峰跳测量：在进样的同时开始计时，并记录各峰跳位置的强度和时间，一般记录 8～10 组数据。

⑥ 归零处理并求出同位素峰高或比值：即求取峰高或比值进样时刻的数值。归零前各

峰高观测值应扣空白（如空白可忽略则不用扣除）。归零时，以同位素数据（峰高和同位素比，如只求峰高则扣空白也可在归零后进行）为纵坐标、时间为横坐标作回归直线，其在纵坐标的截距即为所求的测量值。

⑦ 质量歧视校正：质量歧视是指同一元素不同同位素所观测的峰高并不按真实的同位素丰度成比例，而是按质量的大小有一系统的偏离。大气中 ^{40}Ar 对 ^{36}Ar 的同位素比值 $R(^{40}Ar/^{36}Ar)_A=295.5$（下角标 A 表示大气），是一个常数；单位质量对 ^{36}Ar 的相对偏离量 δ_{Ar} 可表示为：

$$\delta_{Ar} = \frac{R\left(^{40}Ar/^{36}Ar\right)_{am} -295.5}{4R\left(^{40}Ar/^{36}Ar\right)_{am}}$$

这就是说，以 ^{36}Ar 为基准，质量数每增加一个单位，其 Ar 同位素就要比 ^{36}Ar 偏离一个 δ_{Ar}。因此，校正后的 Ar 同位素应是：

$$N(^{36}Ar)_{校} = N(^{36}Ar)_m \tag{6-1a}$$
$$N(^{37}Ar)_{校} = N(^{37}Ar)_m(1-\delta_{Ar}) \tag{6-1b}$$
$$N(^{38}Ar)_{校} = N(^{38}Ar)_m(1-2\delta_{Ar}) \tag{6-1c}$$
$$N(^{39}Ar)_{校} = N(^{39}Ar)_m(1-3\delta_{Ar}) \tag{6-1d}$$
$$N(^{40}Ar)_{校} = N(^{40}Ar)_m(1-4\delta_{Ar}) \tag{6-1e}$$

式中，大写字母 R 和 N 分别表示同位素比值和同位素原子个数，其后括弧内则表示具体的同位素；下角标 m 表示测量值，am 表示大气测量值。

不同仪器有不同的 δ_{Ar} 值，同一仪器 δ_{Ar} 值是稳定的，一般定期进行检查即可。

二、Ar 含量计算方法

1. 峰高法

设质谱仪分析室测定 ^{40}Ar 同位素时的分压强、灵敏度、峰高和离子流放大器高阻分别为 p_{40}、S_{Ar}、D_{40} 和 R，则有：

$$p_{40} = \frac{1}{S_{Ar}} \times \frac{D_{40}}{R} \tag{6-2}$$

如果质谱仪分析室的体积为 V_a，则与此分压强对应的气体量为 $p_{40}V_a$。假定纯化系统和熔样系统的体积分别为 V_1 和 V_2，并且气体全部扩散到分析室，则 ^{40}Ar 同位素的气量为 $(V_1+V_2+V_a)p_{40}$。如果样品经过多次扩散后才进入分析室，根据气体的压强与体积的乘积等于常数的关系，可推算出气体扩散前 ^{40}Ar 的气量。把各个氩同位素的气量相加即为氩的总气量。

对于固体样，可求出单位样重的气量；而对于气体样，则可求取该样 Ar 同位素的质量分数。

当质谱仪离子源电参数改变时，应重新测定灵敏度。

2. 同位素稀释法[3]

把高度浓缩的 ^{38}Ar 同位素（稀释剂）混入样品中，通过测定混合后的同位素比来精确计算样品中氩的含量。此法多用于 K-Ar 法测年样品放射性成因氩 $^{40}Ar^*$ 的计算。

样品中除了 $^{40}Ar^*$ 外还有非放射性成因的大气氩 ^{36}Ar、^{38}Ar 和 ^{40}Ar；另外稀释剂中也存在少量 ^{36}Ar 和 ^{40}Ar，故实际的求解公式为：

$$N\left(^{40}\mathrm{Ar}^*\right)=N\left(^{38}\mathrm{Ar}\right)_s\left\{R\left(\frac{^{40}\mathrm{Ar}}{^{38}\mathrm{Ar}}\right)_m-R\left(\frac{^{40}\mathrm{Ar}}{^{38}\mathrm{Ar}}\right)_s-\right.$$

$$\frac{1-R\left(\frac{^{38}\mathrm{Ar}}{^{36}\mathrm{Ar}}\right)_m R\left(\frac{^{36}\mathrm{Ar}}{^{38}\mathrm{Ar}}\right)_s}{R\left(\frac{^{38}\mathrm{Ar}}{^{36}\mathrm{Ar}}\right)_m R\left(\frac{^{36}\mathrm{Ar}}{^{38}\mathrm{Ar}}\right)_A-1}\left[R\left(\frac{^{40}\mathrm{Ar}}{^{38}\mathrm{Ar}}\right)_A-R\left(\frac{^{40}\mathrm{Ar}}{^{38}\mathrm{Ar}}\right)_m\right] \tag{6-3}$$

式中，右下角标 m、A 和 s 分别表示样品、大气和稀释剂，除 $N(^{38}\mathrm{Ar})_s$、$R(^{40}\mathrm{Ar}/^{38}\mathrm{Ar})_m$ 和 $R(^{38}\mathrm{Ar}/^{36}\mathrm{Ar})_m$ 外，其他都是常数；$R(^{40}\mathrm{Ar}/^{38}\mathrm{Ar})_m$ 和 $R(^{38}\mathrm{Ar}/^{36}\mathrm{Ar})_m$ 是加入稀释剂后混合样品的同位素比值，在质谱测量中可直接求出，问题是如何测定加入的稀释剂量 $N(^{38}\mathrm{Ar})_s$。

$^{38}\mathrm{Ar}$ 稀释剂定量的最常用方法是大小体积分样法（俗称大小球法）。将一个几千毫升的大体积 V 与一个只有约 1ml 的小体积 V' 用阀门连接，小体积再通过另一阀门与纯化系统接通。当大体积装入 $^{38}\mathrm{Ar}$ 稀释剂后，每次便可从小体积截取一定量的 $^{38}\mathrm{Ar}$ 通入纯化系统使用。第 n 次从小体积释出 $^{38}\mathrm{Ar}$ 的量可用下式计算：

$$N(^{38}\mathrm{Ar})_n=N(^{38}\mathrm{Ar})_0\mathrm{e}^{-\phi n} \tag{6-4}$$

式中，$N(^{38}\mathrm{Ar})_n$ 表示第 n 次 $^{38}\mathrm{Ar}$ 的量；ϕ 为稀释剂分样的衰减系数，其值为：

$$\phi=\frac{V'}{V+V'}$$

$N(^{38}\mathrm{Ar})_0$ 为 $^{38}\mathrm{Ar}$ 的初始量，通常是分析一个已知年龄（已知其放射性成因氩 $^{40}\mathrm{Ar}^*$的含量）的标准样，用公式（6-3）求出与之混合的稀释剂量 $N(^{38}\mathrm{Ar})_n$，再代入公式（6-4）求出 $N(^{38}\mathrm{Ar})_0$。为准确起见，最好分析标样 3～5 次，然后求出 $N(^{38}\mathrm{Ar})_0$ 的平均值。

三、K–Ar 法测年

$^{40}\mathrm{K}$ 是一种放射性同位素，它经 β 衰变产生 $^{40}\mathrm{Ca}$，同时又经 K 层电子俘获产生 $^{40}\mathrm{Ar}$。$^{40}\mathrm{K}$ 衰变成 $^{40}\mathrm{Ar}$ 的量与时间的关系可用下式表示：

$$t=\frac{1}{\lambda_{40}}\ln\left(\frac{\lambda_{40}}{\lambda_e}\times\frac{N\left(^{40}\mathrm{Ar}^*\right)}{N\left(^{40}\mathrm{K}\right)}+1\right) \tag{6-5}$$

式中，t 为年龄；$\lambda_{40}=\lambda_\beta+\lambda_e$；$\lambda_e$ 和 λ_β 分别是 $^{40}\mathrm{K}$ 衰变成 $^{40}\mathrm{Ar}$ 和 $^{40}\mathrm{Ca}$ 的衰变常数；$N(^{40}\mathrm{Ar}^*)$ 为放射性成因所积累的 $^{40}\mathrm{Ar}$ 的量；$N(^{40}\mathrm{K})$ 指样品中 $^{40}\mathrm{K}$ 同位素的含量。$N(^{40}\mathrm{K})$ 用原子吸收光谱或等离子光谱测定，$N(^{40}\mathrm{Ar}^*)$ 用静态真空质谱仪按同位素稀释法测定。

四、$^{40}\mathrm{Ar}/^{39}\mathrm{Ar}$ 法测年

$^{40}\mathrm{Ar}/^{39}\mathrm{Ar}$ 法是由 K-Ar 法发展演变而来的一种方法。如果把待测样品置于原子反应堆中用快中子照射，则通过核反应 $^{39}\mathrm{K}(n,p)^{39}\mathrm{Ar}$ 将有一部分 $^{39}\mathrm{K}$ 蜕变成 $^{39}\mathrm{Ar}$。$^{39}\mathrm{Ar}$ 的产额与快中子流强度、照射时间和快中子俘获横截面等因素有关。由于直接准确测量中子流和它的能量是十分困难的，故通常都采取间接的方法。

公式（6-5）变换为：

$$t = \frac{1}{\lambda_{40}} \ln\left(1 + JR(\frac{^{40}Ar^*}{^{39}Ar_k})\right) \qquad (6\text{-}6)$$

式中，$^{39}Ar_k$ 表示经快中子照射后由核反应 $^{39}K(n,p)^{39}Ar$ 所产生的 ^{39}Ar 的含量；J 是与 ^{39}Ar 产额有关的照射参数。只要求出 $R(^{40}Ar^*/^{39}Ar_k)$ 和 J 值，年龄 t 便可求得。

1. $R(^{40}Ar^*/^{39}Ar_k)$ 的求解方法

样品在照射过程中除产生 ^{39}Ar 外还产生一些对 $R(^{40}Ar^*/^{39}Ar_k)$ 有干扰的同位素。有干扰效应的主要是由 Ca 产生的 ^{36}Ar 和 ^{39}Ar 及由 K 产生的 ^{40}Ar；由 Ca 产生的 ^{37}Ar 对测量没有干扰，正好用它作为 Ca 干扰改正的参考同位素。另外，样品中存在的非放射性成因的初始大气氩也必须改正。设右下角标 Ca 和 K 分别代表中子照射 Ca 和 K 的同位素值，右下角标 A 代表大气中的同位素，为简化起见，习惯把下面 4 个常数分别定义为 C_1、C_2、C_3 和 C_4，即

$$C_1 = R\left(\frac{^{40}Ar}{^{36}Ar}\right)_A = 295.5$$

$$C_2 = R\left(\frac{^{36}Ar}{^{37}Ar}\right)_{Ca}$$

$$C_3 = R\left(\frac{^{40}Ar}{^{39}Ar}\right)_K$$

$$C_4 = R\left(\frac{^{39}Ar}{^{37}Ar}\right)_{Ca}$$

最后推导出[3]扣除了初始氩和 Ca、K 干扰的同位素比值 $R(^{40}Ar^*/^{39}Ar_k)$ 的公式为：

$$R(\frac{^{40}Ar^*}{^{39}Ar_k}) = \frac{R\left(\frac{^{40}Ar}{^{39}Ar}\right)_m - C_1 R\left(\frac{^{36}Ar}{^{39}Ar}\right)_m + C_1 C_2 R\left(\frac{^{37}Ar}{^{39}Ar}\right)_m - C_3 + C_3 C_4 R\left(\frac{^{37}Ar}{^{39}Ar}\right)_m}{1 - C_4 R\left(\frac{^{37}Ar}{^{39}Ar}\right)_m} \qquad (6\text{-}7)$$

只要用质谱仪测量出同位素比值 $R(^{40}Ar/^{39}Ar)_m$、$R(^{37}Ar/^{39}Ar)_m$ 和 $R(^{36}Ar/^{39}Ar)_m$，$R(^{40}Ar^*/^{39}Ar_k)$ 便可立即求得。

2. Ca 和 K 干扰同位素校正系数和照射参数 J 的测定

为了校正 Ca 的干扰同位素，通常必须在反应堆中照射高纯度的 Ca 盐，用质谱仪测定 Ca 盐产生的同位素 $^{36}Ar_m$、$^{37}Ar_m$ 和 $^{39}Ar_m$，并计算出比值 $R(^{36}Ar/^{37}Ar)_{Ca}$ 和 $R(^{39}Ar/^{37}Ar)_{Ca}$。但 ^{37}Ar 是一个半衰期只有 35.1d 的放射性同位素，如果不是照射完毕后立即进行质谱分析，则必须求出 Ca 盐停止照射时所产生的 ^{37}Ar。

K 干扰的改正必须在反应堆中照射高纯度的 K 盐，用质谱仪测定 $^{40}Ar_m$、$^{39}Ar_m$ 和 $^{36}Ar_m$，并求出比值 $R(^{40}Ar/^{39}Ar)_K$。

至于照射参数 J 值，通常要把已知年龄的标准样品与待测样品一起放入反应堆照射后测定。Ca 和 K 干扰同位素校正系数和照射参数 J 的具体测定方法见表 6-5。

　　这里和上面的 K-Ar 法测年中都用到了标准样。标准样必须经过多次反复测定，并准确知道其年龄和 K、Ar 的含量。表 6-6 给出了国内外常用的 Ar 同位素测年标准样品的有关数据。

表 6-5 Ca 和 K 干扰校正系数和照射参数 J 的测定方法[4]

名　称	照射物质	计算公式	备　注
^{37}Ar 的初始量 $N(^{37}Ar)_0$	CaF_2	$N(^{37}Ar)_0 = \dfrac{N(^{37}Ar)\lambda_{37}t_1 e^{\lambda_{37}t_2}}{1-e^{-\lambda_{37}t_1}}$	$N(^{37}Ar)$ 为质谱测量时 ^{37}Ar 的量，t_1 和 t_2 分别为照射的时间和停止照射到质谱仪分析的时间，λ_{37} 为 ^{37}Ar 的衰变常数
Ca 干扰校正系数 $R(^{36}Ar/^{37}Ar)_{Ca}$	CaF_2	$R\left(\dfrac{^{36}Ar}{^{37}Ar}\right)_{Ca} = \dfrac{N(^{36}Ar)_m - \dfrac{N(^{40}Ar)_m}{295.5}}{N(^{37}Ar)_0}$	
Ca 干扰校正系数 $R(^{39}Ar/^{37}Ar)_{Ca}$	CaF_2	$R\left(\dfrac{^{39}Ar}{^{37}Ar}\right)_{Ca} = \dfrac{N(^{39}Ar)_m}{N(^{37}Ar)_0}$	
K 干扰校正系数 $R(^{40}Ar/^{39}Ar)_K$	K_2SO_4	$R\left(\dfrac{^{40}Ar}{^{39}Ar}\right)_K = \dfrac{N(^{40}Ar)_m - N(^{36}Ar)_m \times 295.5}{N(^{39}Ar)_m}$	
照射参数 J	年龄标样	$J = \dfrac{e^{\lambda_{40}t}-1}{R(^{40}Ar^*/^{39}Ar_k)}$	沿纵向从样品柱底到顶均匀分布数个样品，测出 J 值变化曲线，用内插法确定样品 J 值

表 6-6 Ar 同位素测年标准样品的有关数据[5~18]

样品名称	矿物名称	K(质量分数)/%	放射成因 $^{40}Ar/(10^{-10}\,mol/g)$	年龄$(M_a)\pm1\sigma$
Hb3gr	角闪石	1.247±0.011	31.63±0.19	1072±11
MMhb-1	角闪石	1.555±0.003	16.27±0.05	520±1.7
LP-6	黑云母	8.37±0.05	19.23±0.10	127.9±1.1
FY12a	角闪石	0.954±0.005	8.11±0.04	433.8±3.0
SB-2	黑云母	7.63±0.01	22.45±0.28	162.1±2.0
SB-3	黑云母	7.49±0.02	22.13±0.11	162.9±0.8
GA1550	黑云母	7.63±0.02	13.43±0.07	98.8±0.5
77-600	角闪石	0.336±0.003	2.712±0.008	414.1±3.9
B4M	白云母	8.68±0.08	2.811±0.056	18.6±0.4
B4B	黑云母	7.91±0.08	2.381±0.023	17.3±0.2
HD-B1	黑云母	7.985±0.023	3.444±0.033	24.7±0.3
GHC-305	黑云母	7.57±0.01	14.28±0.04	105.6±0.3
ZBH-25	黑云母	7.599	18.157	133.2
GBW 04418	角闪石	0.729±0.005	48.68±0.20	2060±8

3. $^{40}Ar/^{39}Ar$ 年龄的图解方法

　　$^{40}Ar/^{39}Ar$ 法通常是从低温到高温分阶段测定，每个阶段都可计算出年龄。所以，年龄的解释比较复杂，必须用图解法加以分辨。$^{40}Ar/^{39}Ar$ 年龄的图解方法详见表 6-7。

表 6-7 $^{40}Ar/^{39}Ar$ 年龄的图解方法

方法名称	计算和图解方法	主要应用	备注
年龄谱	分别以各阶段 ^{39}Ar 累积量的百分数和阶段年龄为横坐标和纵坐标作图形成年龄谱	可反映样品是否有氩的丢失和过剩，并在图谱成坪时求出坪年龄	
等时线	$$R(^{40}Ar/^{36}Ar) = R(^{39}Ar_k/^{36}Ar) \times \frac{e^{\lambda_{40}t}-1}{J} + R(^{40}Ar/^{36}Ar)_0$$ 分别以 $R(^{39}Ar_k/^{36}Ar)$ 和 $R(^{40}Ar/^{36}Ar)$ 为横坐标和纵坐标作图，可拟合一直线，直线斜率和纵坐标截距可分别求出年龄和初始氩	要求各点的初始氩一致，初始氩可用于判断氩的丢失和过剩	直线方程由 $^{40}Ar/^{39}Ar$ 年龄公式导出
反等时线	$$\frac{R(^{39}Ar_k/^{40}Ar)}{\frac{J}{e^{\lambda_{40}t}-1}} + \frac{R(^{36}Ar/^{40}Ar)}{R(^{36}Ar/^{40}Ar)_0} = 1$$ 分别以 $R(^{39}Ar_k/^{40}Ar)$ 和 $R(^{36}Ar/^{40}Ar)$ 为横坐标和纵坐标作图，可拟合一直线，直线横坐标和纵坐标截距可分别求出年龄和初始氩	要求各点的初始氩一致，初始氩可用于判断氩的丢失和过剩，而且可信度更高	直线方程由 $^{40}Ar/^{39}Ar$ 年龄公式导出
楔形等时线	同反等时线	用于有混染物的年轻火山物质，图解成一楔形区，其上边界形成一条反映样品年龄的反等时线	直线方程由 $^{40}Ar/^{39}Ar$ 年龄公式导出

五、Ar 同位素测年在地学中的应用

Ar 同位素测年在地学领域有重要应用。应用方法有 K-Ar 法、常规 $^{40}Ar/^{39}Ar$ 法和激光 $^{40}Ar/^{39}Ar$ 探针法，Ar 同位素测年特别适合年青地层年代的研究。利用激光显微探针 $^{40}Ar/^{39}Ar$ 测年技术，可以探测单颗粒矿物或岩石矿物的微区，从而提供更精确的年代学信息；它已经成功扩展到研究人类历史记录的范畴。表 6-8 列出了 Ar 同位素测年技术在地学的某些主要应用和应用实例，并重点对在东非 Turkana 盆地上新世-更新世测年、同位素地质年表编制和自生伊利石 K-Ar 法定年三个方面的应用作进一步简要介绍（表 6-9～表 6-11）。

表 6-8 Ar 同位素测年的地学应用和实例[19~26]

地质事件名称	测定对象	测定方法	测定结果	备注
维苏威火山喷发时代	沉积浮岩中的透长石	激光显微探针 $^{40}Ar/^{39}Ar$ 反等时线，使用 46 个阶段升温分析数据(见图 6-5)	$(1925\pm94)a$	与公历记载火山喷发时间一致
巨大岩浆省(LIPs)熔岩溢出时代-中大西洋岩浆省熔岩(CAMP)	熔岩中的斜长石	激光显微探针 $^{40}Ar/^{39}Ar$ 年龄谱，升温阶段数 32～84，坪年龄阶段数 10～45，坪中 ^{39}Ar 释放量 50%～84% (见图 6-6)	$191\sim205Ma$, 均值和峰值分别为 $(199.0\pm2.4)Ma$ 和 200Ma	岩浆覆盖面积大于 $7\times10^6km^2$, 200Ma 为三叠-侏罗纪界限，定年结果支持其有集群灭绝事件
巨大岩浆省(LIPs)熔岩溢出时代-西伯利亚暗色岩 (the Siberian trap)	西伯利亚暗色岩	激光显微探针 $^{40}Ar/^{39}Ar$ 法测年	$(250.0\pm0.3)Ma$	岩浆覆盖和延伸面积达 $5\times10^6km^2$, 与中国南方两个二叠-三叠纪界限剖面年龄$(250.0\pm0.2)Ma$ 一致，支持其有集群灭绝事件
中国辽西义县组长毛恐龙鸟化石时代	凝灰岩中的透长石	激光显微探针 $^{40}Ar/^{39}Ar$ 年龄谱(见图 6-7)	$(124.6\pm0.1)Ma$	为鸟类起源和演化研究提供重要依据

续表

地质事件名称	测定对象	测定方法	测定结果	备注
东非 Turkana 盆地上新世-更新世定年	凝灰岩中歪长石	K-Ar、$^{40}Ar/^{39}Ar$ 和激光显微探针单颗粒 $^{40}Ar/^{39}Ar$ 测年联合应用	与地层化石分析结果完全符合	见表 6-9
同位素地质年表编制		Ar 同位素测年、Rb-Sr 法、U-Pb 法和 Sm-Nd 法等联合应用		见表 6-10
矿床成矿时代研究,以黑龙江多宝山斑岩铜矿为例	水热蚀变绢云母	激光显微探针 $^{40}Ar/^{39}Ar$ 测年	解决 30 多年来长期悬而未决的问题	常规法无法对微量样给出准确结果
自生伊利石 K-Ar 法定年	自生伊利石	K-Ar 法	可研究推断油气注入时代和断层活动时代等	见表 6-11
古海平面变迁史研究	海绿石	激光显微探针单颗粒 $^{40}Ar/^{39}Ar$ 测年(见图 6-8)	测定早中新世-渐新世晚期(20.5Ma)、晚始新世-鲁帝特阶(43.4Ma)和晚白垩-早白垩世(96.7Ma)三个界限年龄,并给出其海退与海进次数和年代	探针法提高海绿石定年可信度,为研究全球海平面变迁史提供新方法
美国加州 Mono 火山口混染年轻火山灰定年	带捕虏晶的混染透长石	激光显微探针单颗粒 $^{40}Ar/^{39}Ar$ 形成楔形等时线,用楔形等时线的上边界反等时线测年(见图 6-9)	(23.1 ± 1.2)ka	与 ^{14}C 法测定结果 (25.0 ± 1.0)ka 在误差范围内一致。适用于 100000 年以来混染年轻火山灰测年

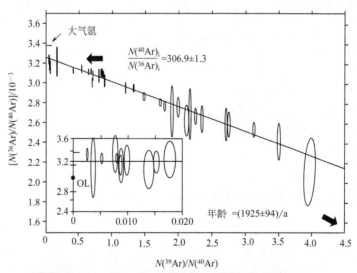

图 6-5 维苏威火山喷发物激光探针定年反等时线[19]

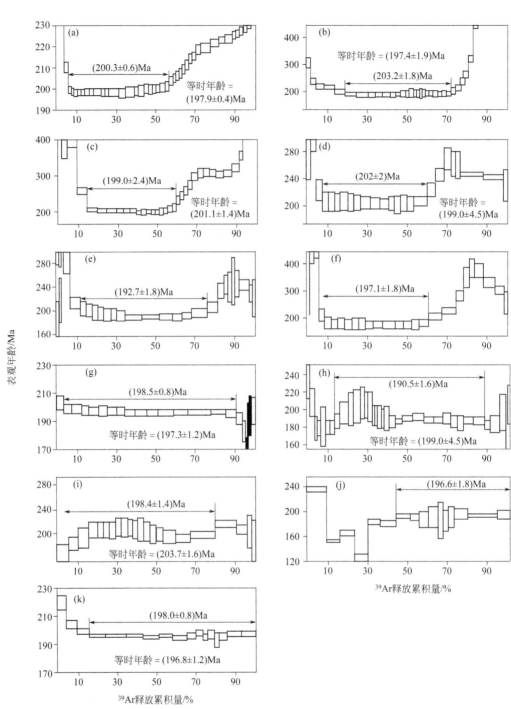

图 6-6 中大西洋岩浆省熔岩(CAMP)中斜长石激光探针年龄谱[20]

第
二
篇

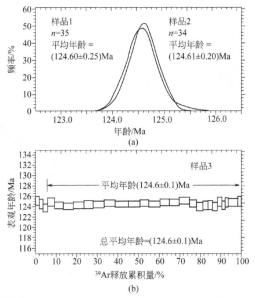

图 6-7　中国辽西长毛恐龙鸟化石激光探针年龄谱[22]

（a）四合屯（样品1）和尖山沟（样品2）两剖面化石层单颗粒透长石年龄频率图；（b）透长石阶段升温年龄谱

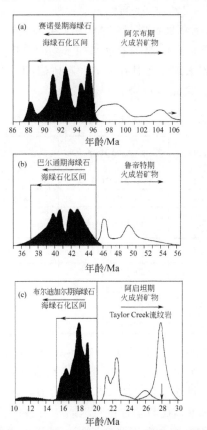

图 6-8　单颗粒海绿石激光探针地层界限定年结果[24]

纵坐标为矿物颗粒(频率)数；深黑色为界限上层海绿石，浅色为界限下层高温火成岩矿物，界限年龄在两者之间交汇区用
统计处理求出。Taylor Creek流纹岩：分析该流纹岩中的透长石颗粒，用作参考样

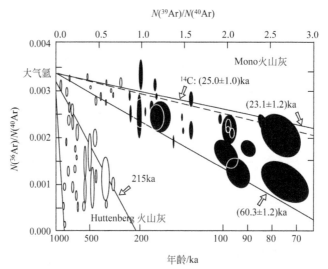

图 6-9 美国加州 Mono 火山口混染年轻火山灰单颗粒透长石激光探针楔形等时线定年[26]

Mono火山灰样样品点用实心椭圆表示，其年龄用楔形等时线的上边界反等时线计算。作为比较，图中标出德国East Eifel 火山岩区Huttenberg火山灰的楔形等时线，样品点用空心椭圆表示

东非 Turkana 盆地上新世-更新世 Ar 同位素测年研究是成功的实例之一（表 6-9），表 6-9 中所列年龄均为平均值，K-Ar 年龄和常规 $^{40}Ar/^{39}Ar$ 年龄数值后括号内的数字表示参加平均的样品数，激光 $^{40}Ar/^{39}Ar$ 年龄值后的数字表示参加平均的单颗粒晶体数。采样位置在 Turkana 湖区东部，那里不仅有火山岩夹层，而且在砂岩、粉砂岩和泥岩中还有丰富的化石，Ar 同位素测年结果与地层化石分析结果完全符合。

表 6-9 东非 Turkana 盆地上新世-更新世 Ar 同位素测年结果[27~30]

岩 性	分析对象	K-Ar 年龄/Ma	$^{40}Ar/^{39}Ar$ 年龄/Ma	激光 $^{40}Ar/^{39}Ar$ 年龄单晶体分析/Ma
Silbo 浮岩、凝灰岩	歪长石	0.74±0.01(7)	0.72±0.02(1)	0.75±0.03(8)
Chari 浮岩、凝灰岩	歪长石	1.39±0.02(11)	1.38±0.02(4)	1.38±0.02(6)
Koobi Fora/Okote/Ileret 浮岩、凝灰杂岩	歪长石	1.64±0.03(8)		1.59±0.01(14)
Malbe 浮岩、凝灰岩	歪长石	1.86±0.02(13)	1.85±0.02(2)	1.83±0.02(8)
KBS 浮岩、凝灰岩	歪长石	1.88±0.02(13)	1.88±0.02(3)	1.85±0.02(10)
Burgi 浮岩、凝灰岩	歪长石	2.68±0.05(2)		
Ninkaa 浮岩、凝灰岩	歪长石	3.06±0.03(4)	3.01±0.02(1)	3.04±0.02(9)
Toroto 浮岩、凝灰岩	歪长石	3.33±0.02(4)	3.31±0.02(2)	3.29±0.02(7)

利用氩同位素测年和其他同位素测年方法（Rb-Sr 法、U-Pb 法和 Sm-Nd 法等），可以测定标准地层层型剖面各层界限年龄，进而编制出同位素地质年表。地质年表是地学中的一项重要基础研究工作，国际地质科学联合会(IUGS)下属的国际地层委员会(ICS)不定期地对国际地质年表进行修订、补充和完善。我国学者也对地质年表进行了相关的研究，并于 1986 年由原地矿部同位素地质年表工作组综合全国资料编制出版了地质年表。表 6-10 给出了近年来国内外所编制的几个最具代表性的显生宙地质年表；表中所列皆为各地层界限的年龄，年龄单位为百万年（Ma）。

表 6-10　同位素测年地质年表编制[31~37]

时　代	Odin G.S. （1982）	Harland W.B. （1982）	Snelling N.J. （1984）	地质年表中国 （1986）	国际地层表 （2002）
第四纪					
		2.0			1.81
第三纪					
	65	65	65/66.4	66±2	65.5±0.1
白垩纪					
	130	144	132	135±5	142.0±2.6
侏罗纪					
	204	213	205	200±5	205.1±4.0
三叠纪					
	245	248	250	235±5	250±4.8
二叠纪					
	290	286	290	285±5	292
石炭纪					
	360	360	355	350±5	354±4
泥盆纪					
	400	408	405	405±5	417
志留纪					
	418	438	435	440±10	440
奥陶纪					
	495	505	≤510	500±10	495
寒武纪					
	530	590	≤570	600±10	540
前寒武纪					

　　自生伊利石氩同位素定年在地学研究中的应用非常广泛，譬如，通过砂岩储层自生伊利石定年可推断油气注入时代[38~57]；通过矿床围岩蚀变带自生伊利石定年可推断成矿时代；通过断层破碎带自生伊利石定年可推断断层活动时代；通过变质岩中变质伊利石定年可推断变质作用时代；等等。

　　砂岩油气储层中的自生伊利石是常见的最晚期形成的黏土胶结物。油气注入前由于含钾水溶液的存在而使自生伊利石不断生长；一旦油气注入，由于储层中的水被排出而导致自生伊利石停止生长，从而可能记录油气注入事件的发生时间。

　　砂岩油气储层自生伊利石 K-Ar 同位素测年是国外 20 世纪 80 年代中后期发展起来的一项新技术，国内于 20 世纪 90 年代后期开始进行系统研究。由于可以为油气成藏史研究提供重要的年代学数据，该项技术受到了国内外广大油气勘探工作者的广泛重视。国外的研究主要是集中在北海油气区[38,39,41,57]。国内主要是对塔里木盆地进行了系统研究（表 6-11），同时也对四川盆地、鄂尔多斯盆地和松辽盆地等进行了探索性研究，取得了良好的应用效果。

| 表 6-11 | 塔里木盆地主要砂岩油气储层的自生伊利石年龄分布与成藏特征[48~50,52,56] |

地层	构造	油气藏	年龄/Ma	成藏特征
E-N	库车拗陷	迪那 201 等	64～79	陆源碎屑变质伊利石年龄,不具有明确的地质意义,不能用于成藏史研究
K	库车拗陷	迪那 201 等	15～25	晚期成藏
	西南拗陷	阿克莫木	19～23	晚期成藏
J$_1$	库车拗陷	依南 2 等(阳霞组砂岩)	24～28	晚期成藏
C$_1$/D$_3$	塔北隆起 北部拗陷 塔中隆起	塔中、哈德逊、轮南等(东河砂岩等)	193 ～ 285、86,主要为 231～285	多期成藏:海西晚期、燕山晚期
S$_1$	塔北隆起 北部拗陷 塔中隆起	塔中、英南 2、英买力、哈 6 井等(沥青砂岩)	383、271～293、204～235、125	多期成藏:晚加里东-早海西期、早海西晚期-晚海西期、晚海西晚期、燕山中晚期

第三节   He 同位素分析

一、He 同位素分析方法

样品熔融、前处理和纯化与 Ar 分析相同。纯化后通入液氮冷却的活性炭管吸附 Ar、Kr 和 Xe 等气体,系统中仅保留 He 和 Ne,便可转入 He 质谱测量。如果希望把 He 和 Ne 再分离,则要采用低温冷凝泵(cryogenic trap)降至 50K(−223℃)来吸附 Ne,系统中只保留 He。

质谱测量方法与 Ar 分析基本相同,但要注意两点。其一是 ^{4}He 强度比 ^{3}He 强度大 10^5～10^9 倍,它们要分别用法拉第杯和倍增器接收。其二是要避免 HD 和 H$_3$ 峰对 ^{3}He 峰的干扰,(HD+H$_3$)$^+$(质量数 3.02365)和 ^{3}He$^+$(质量数 3.017)的质量差只有 0.00665,要使它们有效分开就要求质谱仪的分辨本领达到或大于 600,He 的空白本底较低,一般不作改正;但有时空白贡献大于 1%时,仍需进行改正。质量歧视校正一般以大气氦为参照,大气的 $R(^3\text{He}/^4\text{He})=1.4\times10^{-6}$。如果大气和样品的 He 同位素比测量值分别为 $R(^3\text{He}/^4\text{He})_{am}$ 和 $R(^3\text{He}/^4\text{He})_m$,则改正后的比值 $R(^3\text{He}/^4\text{He})_{校}=1.4\times10^{-6}[R(^3\text{He}/^4\text{He})_m/R(^3\text{He}/^4\text{He})_{am}]$。

二、He 含量计算方法

现将体积为 d 的大气(大约 0.1ml 即可)通入质谱仪的纯化系统,经纯化后再通入分析室。设质谱仪分析室测定大气氦中 ^{4}He 同位素时的分压强、灵敏度、峰高和离子流放大器高阻分别为 p_{He}、S_{He}、D_4 和 R,则有:

$$p_{He} = \frac{1}{S_{He}} \times \frac{D_4}{R}$$

如果分析室和纯化系统的体积分别为 V_a 和 V_1,因 1atm(p_A)等于 101325Pa,而氦在大气中含量为 5.24×10^{-6},故 He 在分析室中的分压强 p_{He} 为:

$$p_{He} = \frac{5.24\times10^{-6} \times d \times 101325}{V_a + V_1} \tag{6-8}$$

当分析样品时，如果 ^4He 的峰高为 B_4，则其在分析室中的分压强 p_{Hey} 为：

$$p_{Hey} = \frac{B_4}{D_4} p_{He} \qquad (6-9)$$

因此，只要分别测出大气和样品 ^4He 的峰高 D_4 和 B_4，就可求得 p_{Hey}。如果进样系统体积为 V_2 且气体全部扩散到分析室，则 He 的气量就等于 $(V_1+V_2+V_a)p_{Hey}$ 或 $(V_1+V_2+V_a)p_{Hey}B_4/D_4$。在上述讨论中，因为 $^3He \ll {}^4He$，即 ^3He 的气量远小于 ^4He，故 ^3He 的气量可以忽略不计。

三、He 同位素的应用[58~92]

He 同位素在地学上有重要应用。大气 He 同位素比是恒定的，通常采用研究对象同位素比 $R(^3He/^4He)$（简称 R）与大气同位素比 $R(^3He/^4He)_a$（简称 R_a）之比值 R/R_a 来进行讨论。地球的大气圈、地壳和地幔等各层圈的 He 同位素组成是各不相同的。故研究地球各种幔源物质的 He 同位素组成将有助于阐明地幔的演化和结构特征。He 同位素在地质勘探特别是在天然气勘探和成因研究中的应用开始被人关注。(U-Th)/He 法已作为一种独立的定年方法被应用。

另外，He 同位素也应用于核电站泄漏监控中。

He 同位素的主要应用及 Kokchetav 地块变质岩 He 同位素分别见表 6-12 及图 6-10。

表 6-12 He 同位素的主要应用

名称	简述	主要应用与成果	备注
地幔演化和结构特征研究	大洋中脊玄武岩 (MORB)R/R_a 为 7~9，夏威夷、冰岛、黄石公园和埃塞俄比亚等热点地区火山气的 R/R_a 为 15~32，冰岛最高达 37	MORB 的 R/R_a 值反映强烈排气的上地幔；夏威夷和冰岛等的 R/R_a 值反映最原始地球氦，可能来自下地幔	参见图 6-10
天然气成因研究	我国油气田天然气的 R/R_a 值显示出三个主频值：东部 1.07、中西部 0.0107 和东西部间过渡带 0.214	东部含 13%幔源氦，中西部为壳源氦，东西部之间为过渡区，幔源气对气田的贡献有从东向西逐渐降低的趋势	根据 406 个氦同位素数据的综合分析
天然气勘探	我国东部含油气区的东带（松辽盆地、渤海湾盆地东部、苏北盆地和三水盆地）二氧化碳气藏 R/R_a 大于 2.5	该区二氧化碳气藏应集中在 R/R_a 等于或大于 2.5 的区域寻找	
（U-Th）/He 法定年	^{238}U、^{235}U 和 ^{232}Th 三个衰变系列的终产物有 He，He 的积累量与样品年龄有关	对研究地壳浅部甚至地表的地质体热演化史特别有用。它与裂变径迹法和 $^{40}Ar/^{39}Ar$ 法结合，有可能建立一个研究地区从高温到低温的冷却轨迹	
核电站泄漏监控	核电站运转的裂变产物有 He，如无泄漏，燃料棒室外初次水 He 同位素组成与大气相当，如泄漏，则测定值将偏离大气值		

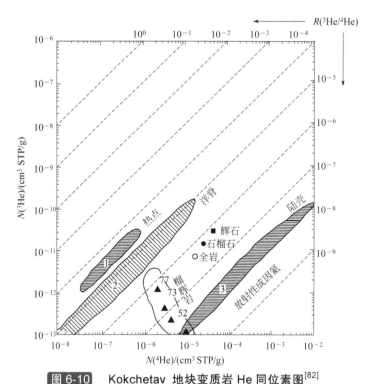

图 6-10 Kokchetav 地块变质岩 He 同位素图[82]

1—热点（夏威夷、格陵兰）；2—大洋中脊；3—古老地壳

第四节　Ne 同位素分析

一、Ne 同位素分析方法

样品熔融、前处理和纯化与 Ar 分析相同。Ne 可以与 He 一起同时送入质谱，也可以先在 50K($-223\,\mathrm{°C}$)时吸附在低温冷凝泵中，待 He 抽空后再解吸 Ne 送入质谱。

Ne 分析干扰峰改正和质谱测量：干扰峰分别是叠加于 ^{20}Ne、^{21}Ne 和 ^{22}Ne 的 $^{40}Ar^{2+}$、CH_2CO^{2+} 和 CO_2^{2+}。由于 $R(^{40}Ar^{2+}/^{40}Ar^+)$、$R(CH_2CO^{2+}/CH_2CO^+)$ 和 $R(CO_2^{2+}/CO_2^+)$ 都是常数，故在测定 Ne 同位素的同时也要测定 $N(^{40}Ar^+)$(质量数 40)、$N(CH_2CO^+)$(质量数 42)和 $N(CO_2^+)$(质量数 44)，求出同位素比 $R(^{20}Ne/^{22}Ne)$、$R(^{21}Ne/^{22}Ne)$、$R(^{40}Ar^+/^{22}Ne)$、$R(CH_2CO^+/^{22}Ne)$ 和 $R(CO_2^+/^{22}Ne)$，则可求出扣除干扰峰后的 Ne 同位素比测量值 $R(^{20}Ne/^{22}Ne)_m$ 和 $R(^{21}Ne/^{22}Ne)_m$。

质量歧视校正：设大气 $R(^{22}Ne/^{20}Ne)$ 测量值和真实值分别为 $R(^{22}Ne/^{20}Ne)_{am}$ 和 $R(^{22}Ne/^{20}Ne)_a$，则单位质量对 ^{20}Ne 的质量歧视相对偏离量 δ_{Ne} 应为：

$$\delta_{Ne}=[R(^{22}Ne/^{20}Ne)_{am}-R(^{22}Ne/^{20}Ne)_a]/[2R(^{22}Ne/^{20}Ne)_{am}]$$

而 ^{20}Ne、^{21}Ne 和 ^{22}Ne 的质量歧视校正值分别为：

$$N(^{20}Ne)_{校}=N(^{20}Ne)_m \qquad\qquad (6\text{-}10a)$$

$$N(^{21}Ne)_{校}=N(^{21}Ne)_m(1-\delta_{Ne}) \qquad\qquad (6\text{-}10b)$$

$$N(^{22}Ne)_{校}=N(^{22}Ne)_m(1-2\delta_{Ne}) \qquad\qquad (6\text{-}10c)$$

二、Ne 同位素研究的应用[93~102]

1. 地幔演化和结构特征研究

大气中的 $R(^{20}\text{Ne}/^{22}\text{Ne})$ 只有 9.8，而与地幔物质有关的大洋中脊、洋岛热点区和弧后盆地等地区的火山岩中普遍存在介于 10.0~13.0 之间的 $R(^{20}\text{Ne}/^{22}\text{Ne})$ 值，在冰岛地区甚至发现高达 13.7 的 $R(^{20}\text{Ne}/^{22}\text{Ne})$ 值，后者与观测到的太阳风的 $R(^{20}\text{Ne}/^{22}\text{Ne})$ 值（高达 13.8）一致。放射性核反应，如 $^{18}\text{O}(\alpha,\text{n})^{21}\text{Ne}$ 和 $^{19}\text{F}(\alpha,\text{n})^{22}\text{Ne}$ 等将导致 ^{21}Ne 和 ^{22}Ne 的积累，故地球物质中相对于大气 ^{21}Ne 和 ^{22}Ne 的过剩主要与 U 和 Th 元素含量有关。由于至今尚未发现产生 ^{20}Ne 的核反应，故 ^{20}Ne 过剩被认为是地幔中存在太阳风型 Ne 的结果。

2. 天然气成因研究

对我国天然气中 Ne 同位素研究后发现，中西部盆地天然气中的 ^{20}Ne 相对于大气氖的过剩表现了大气氖与地壳氖混合的特征，而东部盆地的气样 ^{20}Ne 的过剩均表现为壳源氖和幔源氖的复合。这种差异与其所处的大地构造背景相吻合。新生代以来，中西部地质构造相对稳定，仅地壳层中的沉积岩有机物在较低的地温环境中长期逐步演化成天然气田；而我国东部由于中新生代拉张，沿郯庐断裂带喷发了大量新生代火山岩，与此同时，幔源氖和其他气体也进入断裂带沿线的有关盆地形成气田。

第五节 Kr 同位素分析

样品熔融、前处理和纯化与 Ar 分析相同。在 He、Ne 和 Ar 抽空后，把活性炭冷阱温度升至 250K(−23℃)，Kr 即可解吸释放。质谱测量方法与 Ar 分析基本相同。

Kr 的六个稳定同位素是 ^{78}Kr、^{80}Kr、^{82}Kr、^{83}Kr、^{84}Kr 和 ^{86}Kr，其质量歧视校正可通过作一条校正线来解决。设大气 Kr 同位素的测量值和真实值分别表示为 $R(^{i}\text{Kr}/^{86}\text{Kr})_{\text{am}}$ 和 $R(^{i}\text{Kr}/^{86}\text{Kr})_{\text{a}}$（$i$=78，80，82，83 和 84）。

令
$$Y_i=[R(^{i}\text{Kr}/^{86}\text{Kr})_{\text{am}}-R(^{i}\text{Kr}/^{86}\text{Kr})_{\text{a}}]/R(^{i}\text{Kr}/^{86}\text{Kr})_{\text{am}}$$

$$X_i=i$$

以五组数据点 (X_i,Y_i) 作直线回归，则可得到回归直线 $Y=aX+b$（图 6-11），其中 a 和 b 分别为回归直线的斜率和截距。在回归直线上只要选定任一 X_i，即可求出相应的 Y_i。其实，Y_i 就代表以 ^{86}Kr 为参考时任何一个 ^{i}Kr 的质量歧视相对差值，故 ^{i}Kr 的质量歧视校正值 $N(^{i}\text{Kr})_{校}=N(^{i}\text{Kr})_{\text{m}}(1-Y_i)$；比如，$^{82}\text{Kr}$ 的质量歧视校正值 $N(^{82}\text{Kr})_{校}=N(^{82}\text{Kr})_{\text{m}}(1-Y_{82})$。

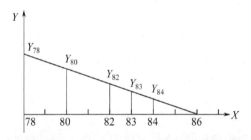

图 6-11 Kr 同位素质量歧视校正示意图

第六节 Xe 同位素分析

一、Xe 同位素分析方法

样品熔融、前处理和纯化与 Ar 分析相同。在 He、Ne、Ar 和 Kr 抽空后，最后把活性炭冷阱降至室温，Xe 即可解吸释放。或者先令一个不锈钢 U 形管降至 77K（－196℃）吸附Xe，然后抽走其他惰性气体，再降至室温解吸 Xe。质谱测量方法与 Ar 分析基本相同，Xe 同样必须进行空白本底校正。

Xe 的九个稳定同位素是 ^{124}Xe、^{126}Xe、^{128}Xe、^{129}Xe、^{130}Xe、^{131}Xe、^{132}Xe、^{134}Xe 和 ^{136}Xe。它们的质量歧视校正方法与 Kr 同位素相同。一般以 ^{132}Xe 为参考进行校正，同理有：

$$Y_i=[R(^iXe/^{132}Xe)_{am}-R(^iXe/^{132}Xe)_a]/R(^iXe/^{132}Xe)_{am}$$

$$X_i=i$$

式中，i=124、126、128、129、130、131、134 和 136；下角标 a 代表大气真实值，am 代表大气测量值。以八组数据点 (X_i,Y_i) 作直线回归，则可得到回归直线 $Y=aX+b$（图 6-12），只要求出校正线的斜率和截距，则任何一个 ^iXe 的质量歧视校正值 $N(^iXe)_{校}=N(^iXe)_m(1-Y_i)$。

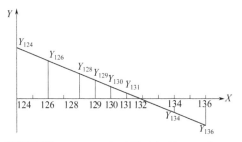

图 6-12 Xe 同位素质量歧视校正示意图

二、Xe 同位素的应用[92,103~105]

1. 地幔演化和结构特征研究

常用"三同位素曲线图"来研究同位素比值变化规律和样品的物质来源。在图 6-13 中，横轴和纵轴分别为 $R(^{129}Xe/^{130}Xe)$ 和 $R(^{134}Xe/^{130}Xe)$。以大气氙为参考，地幔演化趋势线沿横轴慢慢上升，陆壳演化趋势线在 $R(^{129}Xe/^{130}Xe)$ 几乎不变的情况下 $R(^{134}Xe/^{130}Xe)$ 呈垂直上升趋势，而两条趋势线之间则为混合区。同样，只要把样品的有关数据投到图上，便可很直观地看出样品所落入的区域，从而判断样品的来源。

2. Xe$_s$-Xe$_n$ 定年

^{238}U 自发裂变可生成 Xe 同位素(Xe$_s$)，^{235}U 经热中子照射也可生成 Xe 同位素(Xe$_n$)，Xe$_s$/Xe$_n$ 是样品年龄的函数，可用于测定样品年龄。Xe$_s$-Xe$_n$ 法的最大优点在于它像 $^{40}Ar/^{39}Ar$ 法一样，可分阶段加热升温，作出年龄谱，对年龄信息做更为合理的解释，是一种很有发展前途的测年方法。

3. 核电站泄漏监控

核电站运转的裂变产物有 Xe，监控原理同 He，如泄漏，则 Xe 同位素测定值将偏离大气值而出现异常。

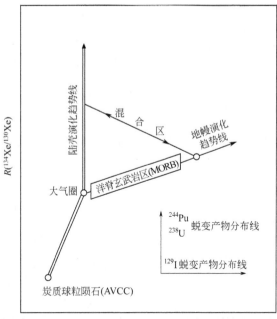

$R(^{129}\text{Xe}/^{130}\text{Xe})$

图 6-13 **Xe 同位素比在不同源区分布趋势图**[103]

参 考 文 献

[1] Hohenberg C M. Rev Sci Instr, 1980, 51: 1075.

[2] Cross W G. Rev Sci Inst, 1951, 22: 717.

[3] 黄达峰，罗修泉，李喜斌，等. 同位素质谱技术与应用. 北京：化学工业出版社, 2006: 36.

[4] McDougall I, Harrison T M. Geochronology and Thermochronology by the $^{40}\text{Ar}/^{39}\text{Ar}$ Method. 2nd ed. Oxford: Oxford Univerity Press, 1999.

[5] Dalrymple G B, Alexander E C Jr, Lanphere M A, et al. U. S. Geol. Surv, Prof Paper. 1981: 1176.

[6] Turner G, Huneke J C, Podosek F A, et al. Earth Planet Sci Lett, 1971, 12: 19.

[7] Samson S D, Alexander E C. Chem Geol: Isot Geoci Section, 1987, 66: 27.

[8] Odin G S (with 35 collaborators). Interlaboratory standards for dating purposes. In: Numerial dating in stratigraphy (ed. G S Odin). Chichester：Wiley, 1982: 123.

[9] Roddick J C. Geochim Cosmochim Acta, 1983, 47: 887.

[10] Lanphere M A, Dalrymple G B, Fleck R J, et al. EOS Trans Am Geophys Un, 1990, 71: 1658(Abstract).

[11] Baksi A K, Archibald D A, Farrar E. Chem Geol, 1996, 129: 307.

[12] Renne P R, Swisher C C, Deino A L, et al. Chem Geol: Isot Geosci Section, 1998, 145: 117.

[13] Harrison T M. Thermal histories from the $^{40}\text{Ar}/^{39}\text{Ar}$ age spectrum method. Canberra: Australian National University, 1980.

[14] Harrison T M. Contrib Mineral Petrol, 1981, 78: 324.

[15] Flisch M. Potassium-argon analysis. In: Numerial dating in stratigraphy. Odin G S. ed. Chichester ：Wiley, 1982: 151.

[16] Fuhrmann U, Lippolt H J, Hess J C. Chem Geol: Isot Geosci Section, 1987, 66: 41.

[17] DZ/T 0184.7—1977.

[18] DZ/T 0184.8—1997.

[19] Renne P R, Shorp W D, Deino A L, et al. Science, 1997, 277: 1279.

[20] Marzol A, Renne P R, Piccirillo E M, et al. Science, 1999, 284: 616.

[21] Renne P R, Zhang Zichao, Richards M A, et al. Science, 1995, 269: 1413.

[22] Swisher C C III, Wang Y Q, Wang X L, et al. Nature, 1999, 400: 58.

[23] 刘驰，穆治国，刘如曦，等. 地质科学, 1995, 30(4): 329.

[24] Smith P E, Evensen N M, York D, et al. Science, 1998, 279: 1517.

[25] 穆治国. 地学前缘，2003, 10: 301.

[26] Chen Y, Smith P E, Evensen N M, et al. Science, 1996, 274: 1176.

[27] Brown F H, Feibel C S. J Geol Soc London, 1986, 143: 279.

[28] Brown F H, Feibel C S. In: Harris J M. Koobi For a Research Project 3. Oxford: Clarendon Press, 1991: 1.

[29] McDougall I. Geol Soc Am Bull, 1985, 96: 159.

第二篇

[30] McDougall I. Geological Association of Canada, Geotext 2: Memorial Univerity of Newfoundland, St Johns, 1995: 1.

[31] Odin G S. Numerical dating in stratigraphy. John Wiley-Interscience, 1982.

[32] Harland W B, et al. A geologic timescale. Cambridge: Cambridge University Press, 1982.

[33] Snelling N J. The Chronology of the Geological Record. Blackwell Scientific Publications, 1985: 261.

[34] Ogg J. 戎嘉余, 等. 地层学杂志, 2003, 27(1): 11.

[35] Ogg J. 金玉玕, 等. 地层学杂志, 2003, 27(2): 161.

[36] 地质矿产部中国同位素地质年表工作组. 中国同位素地质年表: 地质矿产部地质专报. 二 地层古生物. 第8号. 北京: 地质出版社, 1987.

[37] 全国地层委员会. 中国区域年代地层(地质年代)表说明书. 北京: 地质出版社, 2002.

[38] Lee M, Aronson J L, Savin S M. AAPG Bulletin, 1985, 69(9): 1381.

[39] Hamilton P J, Kellley S, Fallick A E, et al. Clay Minerals, 1989, 24(2): 215.

[40] Hamilton P J. In: Clay mineral cements in sandstones. Special Publication No. 34 of the International Association of Sedimentologists. Worden R H, Morad S, eds. Cornwall: Blackwell Publishing, 2003: 253.

[41] Hamilton P J, Giles M R, Ainsworth P. In: Geology of the Brent Group. Morton A C, Haszeldine R S, Giles M R, et al. Lonton: Geological Society of Lonton, 1992: 377.

[42] 赵杏媛, 张有瑜. 粘土矿物与粘土矿物分析. 北京: 海洋出版社, 1990: 377.

[43] Emery D, Robinson A. Inorganic Geochemistry: Applications to Petroleum Geology. Oxford: Blackwell Scientific Publications, 1993: 101.

[44] 王飞宇, 何萍, 张水昌, 等. 地质论评, 1997, 43(5): 540.

[45] 张有瑜, 董爱正, 罗修泉. 现代地质, 2001, 15(3): 315.

[46] 张有瑜, 罗修泉, 宋健. 现代地质, 2002, 16(4): 403.

[47] 张有瑜, 罗修泉. 石油与天然气地质, 2004, 25(2): 231.

[48] 张有瑜, 罗修泉. 石油勘探与开发, 2011, 38 (2): 203.

[49] 张有瑜, Zwingmann H, Todd A 等. 地质前缘, 2004, 11(4): 637.

[50] Zhang Youyu, Zwingmann H, Todd A, et al. Petr Sci, 2005, 2(2): 12.

[51] 张有瑜, 罗修泉. ZL 2006 1 0090591. 1. 2009-04-08.

[52] 张有瑜, Zwingmann H, 刘可禹, 等. 石油与天然气地质, 2007, 28(2): 166.

[53] 白国平. 石油大学学报: 自然科学版, 2000, 24(4): 100.

[54] 辛仁臣, 田春志, 窦同君. 地质前缘, 2000, 7(3): 48.

[55] 赵靖舟, 田军. 岩石矿物学杂志, 2002, 21(1): 62.

[56] Zhang YY, Zwingmann H, Liu K Y, et al. AAPG Bull, 2011, 95(3): 395.

[57] Liewig N, Crauer N, Sommer F. AAPG Bull, 1987, 71: 1467.

[58] 王先彬. 稀有气体同位素地球化学和宇宙化学. 北京: 科学出版社, 1989.

[59] 孔令昌. 自然界中的氦同位素. 北京: 专利文献出版社, 1997.

[60] 马锦龙, 陶明信. 地球学报, 2002, 23(5): 471.

[61] Basu A R, Renne P R, DusGupta D K, et al. Science, 1993, 261: 902.

[62] Basu A R, Poreda R J, Renne P R, et al. Science, 1995, 269: 822.

[63] Poreda R, Craig H. Earth Plant Sci Lett, 1989, 133: 129.

[64] Honda M, Patterson D B, McDougall I, et al. Earth Plant Sci Lett, 1993, 120: 135.

[65] Marty B, Trull T, Lussiez P, et al. Earth Plant Sci Lett, 1994, 126: 23.

[66] Marty B, Pik R, Gezahegn Y. Earth Plant Sci Lett, 1996, 144: 223.

[67] 徐永昌, 沈平, 陶明信, 等. 中国科学(D), 1996, 26(1): 1.

[68] 徐永昌, 沈平, 刘文汇, 等. 中国科学(D), 1996, 26(2): 187.

[69] 徐胜, 刘丛强. 科学通报, 1997, 42(11): 1190.

[70] Honda M, Patterson D B. Geochim Cosmochim Acta, 1999, 63: 2863.

[71] Kurz M D, Geist D. Geochim Cosmochim Acta, 1999, 63: 4139.

[72] Perez N M, Nakai Sh, Wakita H, et al. Geophys Res Lett, 1996, 23 (24): 3531.

[73] Reid M R, Graham D W. Earth Plant Sci Lett, 1996, 144: 213.

[74] Rocholl A, Heusser E, Kirsten T, et al. Geochim Cosmochim Acta, 1996, 60: 4773.

[75] Patterson D B, Farley K A, Mcinnes B I. Geochim Cosmochim Acta, 1997, 61: 2485.

[76] Burnard P G, Graham D, Turner G. Science, 1997, 276: 568.

[77] Allegre C J, Moreira M, Staudcher T. Geophys Res Lett, 1995, 22 (17): 2325.

[78] Fisher D E. Geochim Cosmochim Acta, 1997, 61: 3003.

[79] Hilton D R, Gronvold K, Macpherson C G, et al. Earth Plant Sci Lett, 1999, 173: 53.

[80] Bach W, Naumann D, Erzinger J. Chem Geol 1999, 160: 81.

[81] Sumino H, Nakai S, Nagao K, et al. Geophys Res Lett, 2000, 27 (8): 1211.

[82] Pleshakov A M, Shukolyukov Yu A. In: Noble Gas Geochemistry and Cosmochemisry. Tokyo terra Scientific Publishing Company, 1994: 229.

[83] 戴金星, 等. 中国东部无机成因气及其气藏形成条件. 北京: 科学出版社, 1995.

[84] 徐永昌. 地学前缘, 1997, 4: 185.

[85] Zeitler P K, Herczeg A L, McDougall I, et al. Geochim Cosmochim Acta, 1987, 51: 2865.

[86] Farley K A, Wolf R A, Silver L T. Geochim Cosmochim Acta, 1996, 60: 4223.

[87] House M A, Wernike B P, Farley K A. Nature, 1998, 396 (5): 66.

[88] House M A, Wernike B P, Farley K A, et al. Earth Planet Sci Lett, 1997, 151: 167.

[89] Wolf R A, Farley K A, Silver L T. Geochim Cosmochim Acta, 1996, 60: 4231.

[90] Wolf R A, Farley K A, Silver L T. Geology, 1997, 25: 65.

[91] Wolf R A, Farley K A, Kass D M. Chem Geol, 1998, 148: 105.

[92] Palcsu L, Molnáar M, Szántó, et al. In: Proceedings of International Conference of Nuclear Energy in Central Europe. 2001, 612.

[93] Harrison D, Burnard P, Turner G. Earth Plant Sci Lett, 1999, 171: 199.

[94] Sherwood Lollar B, O'Nions R K, Ballentine C J. Geochim Cosmochim Acta, 1994, 58: 5279.

[95] Ballentine C J, O'Nions R K, Coleman M L, et al. Geochim Cosmochim Acta, 1996, 60(5): 831.

[96] Allegee C J, Sarda P, Staudacher T, et al. Earth Plant Sci Lett, 1993, 117: 229.

[97] Poreda R J, Farley K A. Earth Plant Sci Lett, 1992, 113: 129.

[98] Fartey K A, Poreda R J. Earth Plant Sci Lett, 1993, 114: 325.

[99] Staudacher T, Moreira M, Allegee C J. Miner Mag, 1994, 58(A): 874.

[100] Kaneoka I. Chem Geol, 1998, 147: 6.

[101] Marty B, Zimmermann L. Geochim Cosmochim Acta, 1999, 63 (21): 3619.

[102] 徐胜, 徐永昌, 沈平, 等. 科学通报, 1996, 41(21): 1970.

[103] 许荣华，张宗清，宋鹤彬.稀土地球化学和同位素地质新方法. 北京: 地质出版社, 1985:148.

[104] Krylov D P, Meshick A P, Shukolyukov Yu A. Geochim J, 1993, 27: 91.

[105] 叶先仁, 孙明良. 地质论评, 1955, 45(3): 276.

第七章　多接收电感耦合等离子体质谱法

1983 年第一台商品化电感耦合等离子体质谱仪（ICP-MS）的问世，为元素分析提供了一种强有力的技术。1992 年 Walder 和 Freedman 研发了多接收器电感耦合等离子体质谱仪（MC-ICP-MS）[1]。当使用单接收 ICP-MS 测量同位素时，由于不同的同位素离子束按时间顺序逐一测量，离子源中的气压、等离子体、离子光学透镜的极间电压和离子源高压随时间变化会引起离子束波动，这种波动可能会导致被测同位素比值的变化[2,3]。而用 MC-ICP-MS 测量同位素比时，不同的同位素离子束能够被同时检测，从而减小或消除检测时间不同对同位素比值的影响，得到了高精密度的同位素比测量结果。

第一台商品化 MC-ICP-MS 是英国 VG Elemental 仪器公司研制的 Plama 54[4]，该仪器在磁场前设置一个静电分析器进行能量聚焦，具有 9 个法拉第杯和 1 个离子电子转换型闪烁检测器（Daly）。优化多接收系统、改进离子流放大技术、提高丰度灵敏度、利用多离子计数器提高信噪比，以及高效离子化的电感耦合等离子体源的引入都是 MC-ICP-MS 发展史中具有重要意义的里程碑。已商业化的 MC-ICP-MS 仪器生产商有美国 Thermal Fisher，英国 GV、Nu Instruments 和 VG Elemental 等。

MC-ICP-MS 与传统经典的热表面电离同位素质谱（TIMS）相比，具有测量速度快、操作简便、灵敏度高、用样量少等优点；而且等离子体源产生的高温在理论上能实现所有的金属元素和部分非金属元素的电离，已很好地解决了部分高电离电位元素同位素（如 Se、Zn、Hf、Mo 等）精密测量的难题。此外，激光剥蚀（laser ablation）、电热蒸发（electrothermal vaporization）、高效液相色谱（HPLC）、气相色谱（GC）等进样和分离系统与 MC-ICP-MS 联用，在样品原位分析、消除基体干扰、降低检测限和简化测量流程等方面都获得了很好的效果，丰富和拓展了 MC-ICP-MS 技术的应用范围，使得同位素技术从开始局限在地质、核材料等领域的应用，逐渐扩展到生命科学、生态环境、食品营养、材料科学、公共安全等重要新兴领域[5~11]，并因其独特的技术优势发挥着越来越重要的作用。

第一节　方法原理和特点

MC-ICP-MS 由进样系统、ICP 离子源、静电分析器（或碰撞池）、离子聚焦系统或离子光学系统、磁场、多接收器等部件组成；此外，还配备数据处理系统、真空系统、供电控制系统等。

待测样品通过进样系统形成气溶胶，进入 ICP 离子源，通过电感耦合等离子体的高温转换成离子，离子通过样品锥接口和离子传输系统进入高真空的质谱部分，经过静电分析器（或碰撞池）和磁场的离子按质荷比（m/z）进行分离，不同质量的离子同时进入到相对应的离子接收检测器。

与其他无机质谱技术相比，MC-ICP-MS 具有以下特点：

① ICP 离子源产生的高温能使所有的金属元素和部分非金属元素电离。

② 样品用量少，分析速度快，具有良好的线性范围。

③ 同位素比值测量检出限可达 0.0001ng/L[12]。

④ 可配备多个、多种类型的离子接收检测器，同位素比值测量精度可达 0.002%[12]。

⑤ 在大气压下进样，操作简便，便于与其他进样系统（超声雾化、氢化物发生、电热蒸发、激光剥蚀等）或分离技术（气相色谱、液相色谱、离子色谱等）联用，开展样品的原位微区同位素分析和元素形态分析等。

MC-ICP-MS 技术中存在的主要问题：

① 高气压下的等离子体高温引起等离子体化学反应的多样化，产生了大量的同质异位离子，其中一些分子离子的信号强度很高，对同位素测量干扰严重。

② 由于主要进样方式是溶液进样，需要对复杂基体样品进行化学前处理，在这一过程中增加了引入污染或样品损失的风险。

③ 与 TIMS 相比，仪器的长期稳定性稍差。

第二节　质　谱　仪

本节主要对仪器的进样系统、电感耦合等离子体源、单/双聚焦质量分析器、离子检测器等几方面进行介绍。

一、进样系统

MC-ICP-MS 的进样系统主要由雾化器和雾室组成。雾化器和雾室的材质有玻璃、石英和 PFA 等，规格大小多样。图 7-1、图 7-2 分别是一种 PFA 雾化器和玻璃雾室的实物图片。

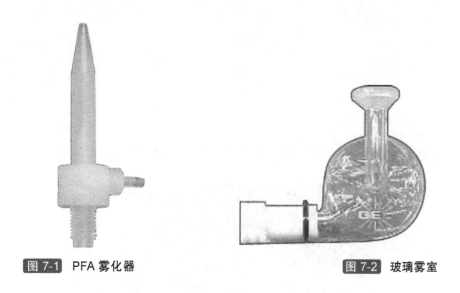

图 7-1　PFA 雾化器　　　　　　　图 7-2　玻璃雾室

二、电感耦合等离子体源

电感耦合等离子体的形成过程如下：当高频电流通过感应线圈时，磁力线在石英管内形成椭圆形的闭合回路，同时在石英管内产生一个高频磁场。由于磁感应，在石英管的中心形成与高频磁场的时间变化成正比的电场。电子和离子在电场中被加速的同时，反复与气体分子碰撞，从而进一步引起另一些气体分子的电离。在单位时间内当电子的生成量比其消失量大时，电子密度迅速增加，当这些带电粒子达到足够的电导率时，将产生一股垂直于管轴方向的环形涡电流。这股几百安培的感应电流瞬间就将气体加热到近万度的高温，并在石英管口立即形成等离子体炬。样品溶液经过进样系统形成的气溶胶在电感耦合氩等离子体中离解并高度电离。正电荷离子从电感耦合等离子体中通过一个界面被提取到质谱仪的高真空中。

三、单/双聚焦质量分析器

目前商品化的 MC-ICP-MS 采用扇形（90°）磁分析器[13]，有单聚焦和双聚焦质量分析器两种类型。

单聚焦分析器是指只有扇形磁场，这种分析器可以把从不同角度进入分析器的离子聚在一起，即仅具有方向聚焦作用。英国 Micromass 公司的 IsoProbe MC-ICP-MS 属于单聚焦质量分析器质谱仪，图 7-3 显示了该仪器的构造。在截取锥后配置了六极杆碰撞室（图 7-4），经过六极杆碰撞室的离子束在电磁场中按照质荷比分离。碰撞室主要有两个作用：一是通过引入适量的碰撞气体（Ar、He、H_2 等）与离子进行碰撞或反应，以减少或消除 Ar 基的多原子离子干扰；二是碰撞室内离子的热运动可以减小离子的能量发散，将离子能量从 20～30eV 降到 0.5eV 以下，实现能量聚焦，提高仪器的分辨率和丰度灵敏度。

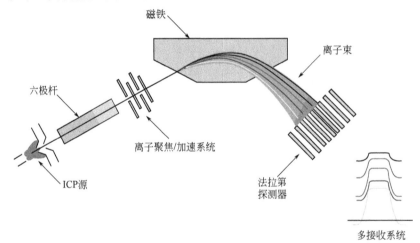

图 7-3　IsoProbe MC-ICP-MS 结构示意图

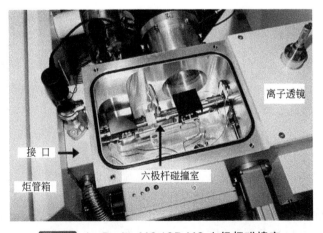

图 7-4　IsoProbe MC-ICP-MS 六极杆碰撞室

美国 Thermal Fisher 公司的 Neptune MC-ICP-MS 具有电场和磁场所组成的双聚焦质量分析器。这种分析器不仅可以实现方向（角度）聚焦，而且可以实现能量（速度）聚焦。ICP接口通过接地铂屏蔽电极将感应加热线圈产生的等离子体电容去耦，使得最初的动能色散从20eV 降至 5eV；具有高、中、低三种分辨率调节设定，最高分辨能力可达 10000。图 7-5 为 Neptune MC-ICP-MS 的结构示意图。

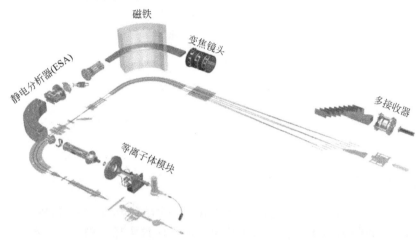

图 7-5　Neptune MC-ICP-MS 结构示意图

四、离子检测器

现有 MC-ICP-MS 配备的离子检测器包括法拉第杯检测器、二次电子倍增器和离子电子转换型闪烁检测器。

1. 法拉第杯检测器

MC-ICP-MS 可配置多个法拉第杯检测器。法拉第杯检测器可测量 $e^{-15} \sim e^{-10}$A 的离子信号。部分仪器采用了固定的法拉第多接收器构造[14]，即多个法拉第杯按照固定构型排列形成专用的同位素测定系统，质量色散是通过离子光学手段（zoom optics）调整到与固定的法拉第杯序列相匹配。

另一种设计是可变多接收器序列。通过调节装置可改变仪器中每一个法拉第杯的位置（固定中心杯除外），适用于多种元素同位素的准确测定。

2. 二次电子倍增器

通道式电子倍增器（CEM）具有增大线性输出电流、减小噪声和延长探测器寿命的特点。用脉冲计数测量电子流强度，可测量不高于 200000cps 的离子信号，相比法拉第杯检测器具有更好的信噪比。图 7-6 显示了法拉第杯检测器和二次电子倍增器扫描相同强度离子束的结果[4]，比较结果显示，使用电子倍增器时信号的相对噪声得到了明显改善。MC-ICP-MS 将离子信号同时多接收系统和电子倍增器极高的检测能力结合起来，当被测物含量很低，或同位素离子信号的动态范围很大，或瞬间产生信号衰变太快时，可使用该类检测器测量。此外，将电子倍增器与法拉第杯检测器交叉使用，可进行高、低丰度同位素的同时精密测量。

3. 离子电子转换型闪烁检测器

离子电子转换型闪烁检测器（Daly）可检测不高于 2000000cps 的离子信号，可用于 10^{-15}

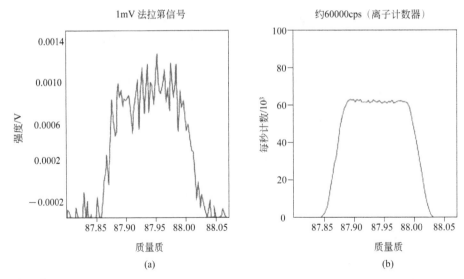

图 7-6   法拉第杯检测器（a）、二次电子倍增器（b）扫描相同强度的离子束结果比较

浓度水平的样品测量。在现有的 MC-ICP-MS 仪器中，只有 IsoProbe MC-ICP-MS 装配了 Daly 检测器，并在检测器种类的配置和装配结构上实现了法拉第杯检测器、二次电子倍增器和 Daly 交叉使用。使用者可根据具体的测量对象和测量目的，选择使用某一种类型的检测器，或不同类型检测器交叉使用。

第三节   测 量 方 法

一、测量方法概述

使用 MC-ICP-MS 测定某元素同位素比值一般包括样品前处理、质谱仪测量条件优化、测量方法和程序编制、测量结果的校正和数据处理等几方面。

（一）样品前处理

适用于 MC-ICP-MS 直接测量的样品形式为稀酸溶液，由于进样系统和离子源中通常为玻璃或石英材质，用高酸度、碱性或高盐度基体的溶液样品进样，会有损进样系统和离子源中部件，降低其使用寿命；另外，高盐度基体样品进样会造成样品锥孔盐沉积堵塞，从而影响正常测量。

为准确测量同位素比值，一般需要将待测的元素从样品中分离或富集，过程如下：首先根据样品的基体情况，采用适当的样品前处理方法，如过滤、消解等；然后根据待分离元素的物理化学性质，采用离子交换树脂、萃取等分离方法进行分离；最后将分离好的样品转化为适合于质谱仪进样的化学形态。样品前处理过程中应注意避免待测元素的损失和污染，做好分离条件的优化，防止分离中发生同位素分馏。

当使用激光剥蚀、色谱等进样系统与 MC-ICP-MS 联用时，样品形式应按照所联用的装置的要求进行处理，但进入到离子源的样品仍需符合上述质谱仪方面的要求。

（二）质谱仪测量条件优化

在样品测量前，首先需要对质谱仪测量条件进行调谐和优化，主要包括配件的选择、离子检测器的选择和排列、灵敏度和稳定性优化等方面。

① 根据待测元素的物理化学性质、样品量等选定进样系统（如雾化器、雾室、炬管等）的材质和规格，以及进样锥、截取锥的材质。

② 测量条件的优化：主要根据获得的待测元素同位素的灵敏度、信号强度和稳定性、克服干扰等方面的结果来调节和平衡仪器的主要参数，如炬管位置、载气流量、射频功率、碰撞气种类及其流量、分辨率、高压、死时间、光学聚焦系统参数等。任同祥等对用 IsoProbe MC-ICP-MS 测量硒同位素时的射频发生功率、炬管位置、载气流量、碰撞气流量等因素的影响进行了优化实验，表 7-1 给出了优化后的主要仪器参数设置[15]。

③ 按照待测同位素的数量、核素质量及其离子信号强度选定接收检测器的类型，设定其排列位置，然后进行各个同位素离子束的套峰。图 7-7 显示了使用 IsoProbe MC-ICP-MS 测量硒 6 个同位素的套峰图。

表 7-1　硒同位素丰度比测定时的质谱仪参数设置

参　数	数　值	参　数	数　值
功率 RF	1.35kW	样品提升率	100μl/min
冷却气流	13.5L/min	炬管轴向位置	3.2mm
辅助气流	1.20L/min	碰撞气流	H₂ 0.15ml/min
载气流	0.75L/min		Ar 1.00ml/min Ar 1.00ml/min

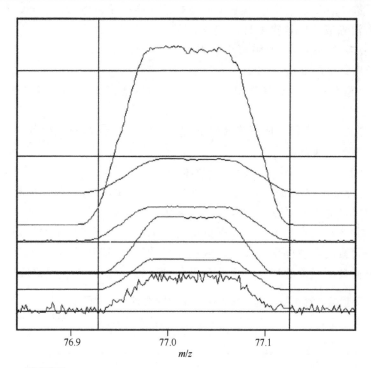

图 7-7　IsoProbe MC-ICP-MS 测量硒 6 个同位素的套峰图

（三）编制测量方法文件和测量顺序表

现代 MC-ICP-MS 的操作软件灵活方便，在测量样品前，使用者可根据测量目的自行编制测量方法文件和测量顺序表。测量方法文件中一般包括对测量的同位素比对、扫描时间、测量次数、空白扣除、增益校正、基线校正、拖尾校正、峰中心调节等方面的设置。测量顺序表是对需要测量的所有样品进行排序和编号。测量过程一般都有手动和全自动测量两种模式。采用自动测量模式时，仪器将按照测量顺序表自动进行。

（四）测量结果的校正

MC-ICP-MS 测量同位素比值时会伴随严重的质量歧视效应影响，故必须对测量值进行校正，最简捷、准确的校正方法是使用与待测元素相同的有证同位素标准物质，并与待测样品同时测量，得到仪器的校正系数，用以校正待测样品的同位素比测量值。此外，需要注意由于不同类型的离子检测器之间存在差异，当同时使用不同类型的离子检测器时，必须要对这些检测器进行校正，即测量校正样品所用的检测器要与待测样品的完全相同，且各个同位素的浓度水平也应尽可能一致。

二、测量中的常见问题及解决方法

影响 MC-ICP-MS 同位素测量的因素主要分为谱线干扰和非谱线干扰。谱线干扰主要包括同质异位素、多原子离子和双电荷离子干扰等。非谱线干扰主要有基体效应、空间电荷效应、质量歧视效应、离子散射等。

（一）谱线干扰

在使用 MC-ICP-MS 测量时，离子源中形成的同质异位素、双电荷离子、氩基离子、多原子离子都会对相同质量数的同位素测量产生或多或少的影响，对质量数小于 80 的元素的干扰尤为明显和严重。表 7-2 给出了 ICP-MS 测量镁、钙、铁、铜、锌、硒、钼时的主要谱线干扰因素[11]。为消除或降低这类干扰，主要采用的方法如下：

① 使用膜去溶进样器，该装置可使引入到等离子体源的 H_2O、CO_2、O_2 和 N_2 最小化，进而减少多原子离子生成比例。

② 使用配有碰撞室的 MC-ICP-MS，引入 H_2、He 等碰撞反应气消除或减小 Ar 基干扰离子。

③ 使用冷等离子体条件，降低等离子体功率，使一些高电离电位的元素不能电离，从而达到减少干扰离子的目的。

④ 提高仪器的分辨率，将干扰因素与待测同位素分开。

⑤ 对于其他元素中的同质异位素，可利用多接收器的优势，通过在测量时同时监测该元素中的其他同位素的信号强度，对同质异位素进行扣除。

然而，上述方法和技术对消除谱线干扰都有其局限性和不同程度的缺陷，如在消除干扰的同时也使待测元素的灵敏度受到损失，或引入新的干扰影响因素等；而且这些方法还需要在测量过程中根据被测元素的特点对仪器测量条件进行优化，才能获得比较理想的测量效果。

表 7-2 ICP-MS 测量镁、钙、铁、铜、锌、硒、钼的主要谱线干扰因素

测定元素	A/%	同质异位素	双电荷离子	氩基干扰离子	多原子离子
$^{24}Mg^+$	78.99		$^{48}Ca^{2+}$		$^{12}C_2^+$, $^6Li^{18}O^+$, $^7Li^{17}O^+$
$^{25}Mg^+$	10.00		$^{50}Cr^{2+}$		$^{12}C^{13}C^+$, $^7Li^{18}O^+$, $^9BeO^+$
$^{26}Mg^+$	11.01		$^{52}Cr^{2+}$		$^{12}C^{14}N^+$, $^{10}BO^+$, $^9Be^{17}O^+$
$^{40}Ca^+$	96.941	$^{40}Ar^+$, $^{40}K^+$			$^{24}MgO^+$, $^{23}Na^{17}O^+$
$^{42}Ca^+$	0.647		$^{84}Sr^{2+}$	$^{40}Ar^2H^+$, $^{40}ArH_2^+$	$^{26}MgO^+$, $^{25}MgOH^+$, $^{14}N_3^+$
$^{43}Ca^+$	0.135		$^{86}Sr^{2+}$		$^{26}MgOH^+$, $^{25}Mg^{18}O^+$, $^{27}AlO^+$

续表

测定元素	A/%	同质异位素	双电荷离子	氩基干扰离子	多原子离子
$^{44}Ca^+$	2.086		$^{88}Sr^{2+}$		$^{12}CO_2^+$, $^{28}SiO^+$, $^{26}Mg^{18}O^+$
$^{46}Ca^+$	0.004	$^{46}Ti^+$			$^{28}Si^{18}O^+$, $^{14}NO_2^+$, $^{12}C^{16}O^{18}O^+$, $^{13}CO_2H^+$
$^{48}Ca^+$	0.187	$^{48}Ti^+$		$^{36}Ar^{12}C^+$	$^{32}SO^+$, $^{14}N^{16}O^{18}O^+$
$^{54}Fe^+$	5.80	$^{54}Cr^+$		$^{40}Ar^{14}N^+$, $^{38}Ar^{16}O^+$, $^{36}Ar^{18}O^+$	$^{37}ClOH^+$
$^{56}Fe^+$	91.72			$^{40}Ar^{16}O^+$, $^{36}Ar^{14}N^{16}O^+$	$^{40}CaO^+$, $^{44}Ca^{12}C^+$
$^{57}Fe^+$	2.20			$^{40}Ar^{16}OH^+$, $^{38}Ar^{18}OH^+$	$^{40}CaOH^+$, $^{40}Ca^{17}O^+$
$^{58}Fe^+$	0.28	$^{58}Ni^+$		$^{40}Ar^{18}O^+$, $^{40}Ar^{17}OH^+$	$^{40}Ca^{18}O^+$, $^{42}Ca^{16}O^+$
$^{63}Cu^+$	69.17			$^{40}Ar^{23}Na^+$	$^{31}PO_2^+$, $^{23}Na_2OH^+$
$^{65}Cu^+$	30.83		$^{130}Ba^{2+}$		$^{32}SO_2H^+$, $^{31}P^{16}O^{18}O^+$
$^{64}Zn^+$	48.6	$^{64}Ni^+$	$^{127}I^{2+}$, $^{128}Te^{2+}$, $^{128}Xe^{2+}$	$^{40}Ar^{24}Mg^+$, $^{40}Ar^{12}C^{12}C^+$	$^{32}SO_2^+$, $^{48}CaO^+$, $^{48}TiO^+$, $^{47}TiOH^+$, $^{32}S^{32}S^+$
$^{66}Zn^+$	27.9		$^{131}Xe^{2+}$, $^{132}Xe^{2+}$, $^{132}Ba^{2+}$	$^{40}Ar^{26}Mg^+$	$^{34}SO_2^+$, $^{49}TiOH^+$, $^{50}TiO^+$, $^{50}CrO^+$, $^{50}VO^+$, $^{32}S^{34}S^+$
$^{67}Zn^+$	4.1		$^{133}Cs^{2+}$, $^{134}Xe^{2+}$, $^{134}Ba^{2+}$	$^{40}Ar^{27}Al^+$	$^{35}ClO^{2+}$, $^{34}SO_2H^+$, $^{50}TiOH^+$, $^{50}CrOH^+$, $^{51}VO^+$, $^{50}VOH^+$
$^{68}Zn^+$	18.8		$^{136}Xe^{2+}$, $^{136}Ba^{2+}$, $^{136}Ce^{2+}$	$^{40}Ar^{28}Si^+$, $^{40}Ar^{12}C^{16}O^+$, $^{40}Ar^{14}N^{14}N^+$	$^{35}ClO_2H^+$, $^{52}CrO^+$, $^{51}VOH^+$
$^{70}Zn^+$	0.6	$^{70}Ge^+$	$^{140}Ce^{2+}$	$^{40}Ar^{30}Si^+$, $^{40}Ar^{14}N^{16}O^+$	$^{37}ClO_2H^+$, $^{54}CrO^+$, $^{53}CrOH^+$, $^{54}FeO^+$, $^{35}Cl^{35}Cl^+$
$^{74}Se^+$	0.89	$^{74}Ge^+$		$^{36}Ar^{38}Ar^+$	$^{37}Cl_2^+$, $^{42}Ca^{16}O_2^+$
$^{76}Se^+$	9.36	$^{76}Ge^+$		$^{40}Ar^{36}Ar^+$, $^{38}Ar_2^+$	$^{42}Ca^{16}O^{18}O^+$
$^{77}Se^+$	7.63			$^{40}Ar^{37}Cl^+$, $^{36}Ar^{40}Ar^1H^+$	
$^{78}Se^+$	23.78	$^{78}Kr^+$		$^{40}Ar^{38}Ar^+$	$^{38}Ar^{40}Ca^+$, $^{44}Ca^{16}O^{18}O^+$
$^{80}Se^+$	49.61	$^{80}Kr^+$		$^{40}Ar^{2+}$, $^{40}Ar^{40}Ca^+$	$^{79}BrH^+$, $^{44}Ca^{18}O_2^+$, $^{32}S^{16}O_3^+$
$^{82}Se^+$	8.73	$^{82}Kr^+$		$^{40}Ar_2H_2^+$, $^{40}Ar^{42}Ca^+$	$^{81}BrH^+$, $^{34}S^{16}O_3^+$
$^{92}Mo^+$	14.84	$^{92}Zr^+$		$^{40}Ar^{52}Cr^+$, $^{36}Ar^{56}Fe^+$	
$^{94}Mo^+$	9.25	$^{94}Zr^+$		$^{40}Ar^{54}Cr^+$, $^{38}Ar^{56}Fe^+$, $^{36}Ar^{58}Ni^+$	$^{79}Br^{15}N^+$
$^{95}Mo^+$	15.92		$^{190}Pt^{2+}$	$^{40}Ar^{55}Mn^+$, $^{36}Ar^{59}Co^+$	$^{81}Br^{14}N^+$
$^{96}Mo^+$	16.68	$^{96}Ru^+$, $^{96}Zr^+$	$^{192}Pt^{2+}$	$^{40}Ar^{56}Fe^+$, $^{36}Ar^{60}Ni^+$	$^{79}BrOH^+$, $^{81}Br^{15}N^+$
$^{97}Mo^+$	9.55		$^{194}Pt^{2+}$	$^{38}Ar^{50}Co^+$, $^{40}Ar^{58}Fe^+$, $^{40}Ar_2OH^+$	$^{81}BrO^+$
$^{98}Mo^+$	24.13	$^{98}Ru^+$	$^{198}Pt^{2+}$, $^{196}Hg^{2+}$	$^{40}Ar^{58}Ni^+$, $^{40}Ar^{58}Fe^+$	$^{81}BrOH^+$
$^{100}Mo^+$	9.63	$^{100}Ru^+$	$^{200}Hg^{2+}$	$^{40}Ar^{60}Ni^+$, $^{36}Ar^{64}Zn^+$	$^{84}SrO^+$

（二）非谱线干扰

1. 基体效应

基体效应是 MC-ICP-MS 测量中常见的干扰形式。基体效应的强度在很大程度上取决于基体元素的质量，分析物的质量以及它们的电离度。王军等对使用 IsoProbe MC-ICP-MS 测量鱼肉基体中硒同位素时的基体干扰进行了研究[16]，图 7-8 和图 7-9 分别显示了样品中 $^{78}Se^+$ 信号强度、$^{78}Se/^{80}Se$ 比值随样品基体稀释倍数的变化。为降低基体效应的影响，通常可通过对基体样品进行适当的化学前处理，去除大量的基体成分，并将待测元素分离出来，以满足 MC-ICP-MS 对高精密度同位素的分析要求。

ICP-MS 中的基体效应有以下规律性：

① 基体效应一般表现为负效应，即高浓度的基体会对痕量待测物的信号产生抑制作用。

② 质量数小的待测元素受的基体效应影响相对更严重。

③ 基体效应随干扰物浓度的增加而加剧。

④ 干扰物的质量数越大，诱发的基体效应越明显。

⑤ 基体效应大小与基体元素的电离能有关，难电离的元素有相对较低的抑制作用。

⑥ 生物样品基体中的大量盐分离子会导致样品锥孔和截取锥孔上的盐沉积，影响待测离子的通过。

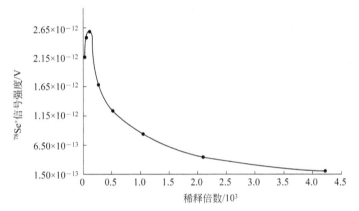

图 7-8 样品基体稀释倍数对 $^{78}Se^+$ 信号强度的影响

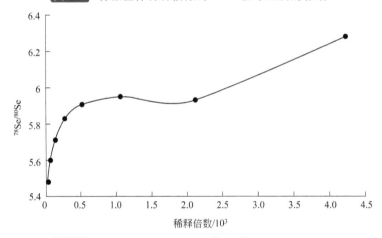

图 7-9 样品基体稀释倍数对 $^{78}Se/^{80}Se$ 比值的影响

2. 空间电荷效应

空间电荷效应指在被破坏了电中性的离子流中同性电荷的相斥而使得离子束发散的现象。研究表明，当等离子体通过采样锥进入到低真空系统时，等离子体在采样锥与截取锥之间仍保持电中性，因此在这个区域内不存在空间电荷效应；当等离子体气流进入截取锥的孔隙后，密度和压力降到高真空级，密度的下降使电子的移动性增强，在截取锥的内壁形成一个电子鞘，留下离子束中的正电荷，等离子体的电中性被破坏，离子透镜的静电场吸引正电荷，排斥电子的效果也进一步增强电荷分离，因此在截取锥中形成空间电荷的排斥效应。

空间电荷效应被认为是引起 ICP-MS 灵敏度降低、质量偏倚和基体效应的主要原因之一。电荷的空间排斥导致离子更大的束径和空间散布，通常轻质量数的离子比重质量数的离子更容易被排斥在离子束的外围。基体元素离子的增多也会加剧空间电荷效应，其表现形式就是基体效应。

3. 离子散射

离子散射主要是由于离子传输过程中与其他分子、离子或器壁的碰撞而增大离子流的束径，引起离子能量发散，降低离子传输效率。分析器内离子与残余气体分子的碰撞，导致离子能量的损失，使峰形改变、拖尾变大。离子流通过接口狭缝时也会因为与狭缝边缘的碰撞而导致方向的改变，增大离子束径。通过对离子透镜和分析器参数的调节可以降低离子散射造成的能量发散，提高离子传输效率，减小灵敏度损失，提高测量精度。

4. 质量歧视效应

在对样品进行质谱分析时，离子运动的速度与其质量的平方根成反比，在样品解离或原子化、电离、离子传输和检测过程中，由于轻、重同位素的质量不同导致行为上的差异称为质量歧视效应。质量歧视效应导致测量同位素离子流的比值偏离样品同位素的真实比值，两种同位素质量差别越大，与真实比值的偏离程度也越大。2002 年 Becker 对 ICP-MS 测量中不同质量段的质量歧视效应的研究结果（图 7-10）[12]表明，被测同位素的质量数越低，质量歧视效应越严重。在 ICP-MS 中质量歧视效应受射频功率、雾化气流速、等离子气、离子透镜电压等因素的影响，主要发生在离子传输过程和离子接收系统中。

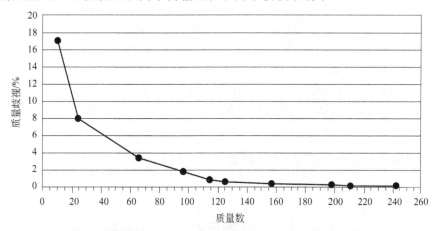

图 7-10　ICP-MS 质量歧视效应变化示意图

质量歧视效应是影响 MC-ICP-MS 测量同位素比准确度的重要因素，因此必须对其进行校正。通常使用的校正方法有内标法和外标法。内标法是将相同或相近质量数的已知同位素比值的溶液加入到待测样品中，测量样品的同时对加入的已知的同位素比值进行测量，进而计算出质量歧视校正值。例如，用 Tl 作为测量 Pb 同位素的内标，Sb 作为测量 Sn 的内标等。但有学者指出，不同元素的校正系数是有偏差的，而且即使是同一元素不同同位素比的校正也有微小的差别。Rouxel 等采用 Sr-NBS987 同位素标准物质对 MC-ICP-MS 测量地质样品中硒同位素丰度比值进行校正时指出：由于锶的化学性质、在等离子体中的反应变化和由此导致的质量歧视效应与硒都不尽相同，校正效果不够理想[17]。外标法是分别对待测样品和与其相关的同位素标准物质进行测量，用获得的仪器质量歧视校正系数，对样品的测量值进行校正。外标法中需要使用与待测元素相同的同位素标准物质，由于目前同位素标准物质在品种和数量上都还十分有限，限制了外标法的使用。

用内标法进行 MC-ICP-MS 质量歧视的校正计算采用指数校正方法[18,19]，公式如下：

$$R_{ij}^{C} = R_{ij}^{M} \left(\frac{m_i}{m_j} \right)^{\beta} \tag{7-1}$$

$$\beta = \frac{\ln \left(\dfrac{R_{uv}^{N}}{R_{uv}^{M}} \right)}{\ln \left(\dfrac{m_u}{m_v} \right)} \tag{7-2}$$

式中　　R_{ij}——同位素 i 和 j 的丰度比；

m_i——测量的同位素的质量数；

R_{uv}^{N}——同位素 i 和 j 的丰度比的标准值（参考值）；

R_{ij}^{M}——同位素 i 和 j 的丰度比的测量值；

R_{ij}^{C}——同位素 i 和 j 的丰度比的校正值；

u、v——用于做归一化的同位素对；

β——单位质量歧视因子。

第四节　技　术　应　用

近年来，MC-ICP-MS 已成为同位素比值测量的有力工具，测量精度可与 TIMS 媲美，测量的元素已涉及 40 多种，尤其是对电离电位较高的元素测量更具优势，如硼、锌、铁、硒、镉、汞等，已广泛应用于地质、地球化学、核化学、计量学、材料科学、食品安全、生命科学、生态环境、生物和宇宙起源研究等领域的科研和分析测试活动中。

一、复杂基体样品中同位素比值测量

为了实现复杂基体样品中同位素的准确测量，通常情况下，待测样品首先要进行化学前处理，除去大部分的基体和干扰同位素测量的成分，将待测元素分离出来。该过程要求既要最大限度地去除对测试过程产生同位素干扰的同量异位素，又尽可能保证高的回收率，将分离过程导致的分馏降到最小；同时还要注意避免所用的试剂和实验室环境带来的空白污染。为此，前处理中应选用高纯度的试剂，操作应在洁净实验室或超净实验台中进行。

在质谱测量时，首先要针对被测对象的物理化学特点进行仪器测量条件的优化，在离子信号强度、灵敏度、消除同质异位素干扰等方面获得最佳效果。表 7-3 给出了应用 MC-ICP-MS 技术进行复杂基体样品中同位素分析的实例。

表 7-3　MC-ICP-MS 高精密度测量复杂基体样品中同位素比应用实例

样品	核素	样品前处理方法	质谱仪测量条件	参考文献
火成岩	锂	在 1000 级超净室内进行样品前处理。称取 200mg 样品，用 HNO$_3$-HF-HClO$_4$(体积比为 4：4：1)混合酸在 180～190℃消解样品；蒸干，用 6mol/L HCl 去除氟化物；然后用 6mol/L HNO$_3$ 和 80%甲醇溶解，备上柱分离。采用 AG 50W-X8 树脂分离，用 10ml 0.15mol/L HF 和 30ml 6mol/L HNO$_3$ 淋洗去除样品中的钙、钠等杂质；用 5ml	使用 Neptune MC-ICP-MS。射频功率 800W，法拉第杯 H4、L4 分别接收 ^{7}Li、^{6}Li，样品间用 3% HNO$_3$ 洗涤 4min。100μg/L 样品进样时 ^{7}Li 离子信号为 9V 左右	[20]

样品	核素	样品前处理方法	质谱仪测量条件	参考文献
火成岩	锂	6mol/L HNO₃ 和 80%甲醇(体积比 1∶4)平衡树脂，上样；用 8ml 6mol/L HNO₃ 和 80%甲醇洗脱锂		[20]
海水、橄榄石、斜方辉石、单斜辉石	镁	取 50μl 海水，蒸干，再加入浓 HNO₃ 蒸干，反复 3 次；加入浓 HCl 蒸干，反复 3 次，用 2mol/L HCl 溶解，以备分离提取 Mg。对橄榄石、斜方辉石、单斜辉石样品的消解方法如下：准确称取 10mg 样品于 Teflon 溶样杯中，加入 5ml HNO₃-HF(体积比 1∶5)混合酸，密闭，置于电热板 150℃加热。将消解好的样品蒸干，再加入浓 HNO₃ 蒸干，反复 3 次；加入浓 HCl 蒸干，反复 3 次，然后用 2mol/L HCl 溶解，以备分离提取 Mg。用 AG 50W-X12 阳离子树脂进行 Mg 的分离，需要使用 2 个树脂柱。第 1 个树脂柱用于分离 Na、Mg 和其他基体元素，采用聚乙烯材料作交换柱，湿法装柱(1.25ml 树脂，内径 3.9mm)，使用前先用 0.5ml 0.5mol/L HF 和 Milli Q 水交洗 3 次，再用 2ml 6mol/L HCl 清洗树脂，用 2.5ml 2mol/L HCl 平衡树脂；上样，用 1ml 2mol/L HCl 清洗介质，再以 6ml 2mol/L HCl 淋洗并收集 Mg 接收液；将样品蒸干，转化为 0.4mol/L HCl 介质，以备第 2 次离子交换分离。采用小柱(0.25ml 树脂，内径 3.9mm)，上样前以 2ml 0.4mol/L HCl 平衡树脂，上样，以 12ml 0.4mol/L HCl 清洗介质，再以 3ml 6mol/L HCl 淋洗收集 Mg 接收液	使用 Nu Plasma MC-ICP-MS。待测样品和标准溶液均以 0.1mol/L HNO₃ 为介质，通过自动进样器和 DSN-100 型膜去溶(dry-plasma)进入等离子体源离子化。样品之间用稀酸清洗 5min，直至镁离子信号低于 $5×10^{-5}$V，以避免样品间的交叉污染。仪器质量歧视采用标样-样品交叉法校正	[21]
海洋沉积物孔隙水	硫	样品为取自中国南海的 4 个海洋沉积物孔隙水，容量法稀释 100 倍(含 193μg/ml Cl⁻，108μg/ml Na⁺，91μg/ml S)；基体匹配制备工作标准(含 200μg/ml NaCl，10μg/ml S)，研究基体效应的影响；用 Alfa-S 和 AS 配制系列硫标准溶液，研究浓度对 MC-ICP-MS 测量的影响	使用 Neptune Plus MC-ICP-MS。镍锥，反射功率 4W，静态获取模式，法拉第杯 C、H2、H3 分别接收 ³²S、³³S、³⁴S，洗涤时间 2～3min，中分辨($M/\Delta M$ 约 3000)可有效分离 ¹⁶O₂⁺ 对 ³²S⁺的干扰，约 3mV ³²S 本底被程序扣除。采用样品-标样交叉法进行质量偏倚校正。结果显示硫的浓度与样品和标准的强度[$2I_{sample}/(I_{std1}+I_{std2})$]呈线性关系	[22]
岩石、沉积物	铁	样品先消解，然后用 6mol/L 盐酸溶液将样品中的 Fe 完全转化为 Fe(Ⅲ)的氯络合物。对水质样品，首先用 0.1μm 微孔滤膜过滤，再加入硝酸和氢氟酸以除去硅酸盐类、腐殖酸类物质，然后加入 0.1% H₂O₂ 和 7mol/L HCl，使其中的 Fe 转化为 Fe(Ⅲ)的氯络合物，以备分离。使用 AGMP-1 (100～200 目，氯化物型)阴离子树脂分离。先后用 7ml 0.5mol/L HNO₃ 和 2ml 去离子水清洗树脂交换柱，重复三次；将预处理过的样品注入离子交换柱，用 10ml 7mol/L HCl+0.001% H₂O₂ 洗脱掉大部分基体物质，再用 20ml 7mol/L HCl+0.001% H₂O₂ 洗脱 Cu，然后用 10ml 2mol/L HCl+0.001% H₂O₂ 洗脱 Fe。将洗脱液蒸干后加入 0.1ml HNO₃ 除去其中氯离子，以避免 MC-ICP-MS 测定过程中产生干扰；最后将样品溶解在 0.05mol/L HNO₃ 中，以备质谱分析	使用 Nu Plasma MC-ICP-MS。待测样品和标准溶液通过 DSN-100 型膜去溶进入等离子体。该装置不仅提高了仪器的灵敏度，还能大大减少等离子体中 H₂O、N₂、CO₂ 等的进入量，从而大大降低同位素的干扰。在低分辨和高分辨两种运行模式下，进样浓度均为 10⁻⁶，介质为 1%HNO₃，样品与标样之间分别用 10% HNO₃ 和 1% HNO₃ 清洗 3min 和 2min。分析过程中对 ⁵³Cr 信号进行了实时检测，以校正潜在的 ⁵⁴Cr 对 ⁵⁴Fe 信号的干扰。采用样品-标样交叉法进行质量歧视校正	[23, 24]
积累植物海州香薷	铜、锌	第 1 种溶样方法：①HNO₃ 浸泡样品，密闭 12h(不加热，让样品缓慢反应)；②王水+少量 HF 浸泡样品，在电热板上密闭加热 12h(70～80℃)，如仍明显有气泡冒出，则蒸干样品后，重复该步骤；③如仍有样品未溶解，加适量 HClO₄，加热 12h(150℃)。第 2 种溶样方法：①H₂O₂ 浸泡样品 24h(不加热，H₂O₂ 受热分解，让样品缓慢反应)；②HNO₃-HF 浸泡样品，加热 36h(80℃)；③HCl	使用 Nu MC-ICP-MS。测定 Cu、Zn 同位素组成的法拉第杯设置如图 7-11 所示。Cu、Zn 样品和标准均以 0.1mol/L HCl 为介质，以高纯 Ar 气为进样和等离子载气，通过自动进样器和膜去溶 DSN-100 进入等离子体火炬离子化。样品之间用酸清洗 5min，直至信号低于 $5×10^{-5}$V 工作背景后进行下一样品的	[25]

续表

样品	核素	样品前处理方法	质谱仪测量条件	参考文献
积累植物海州香薷	铜、锌	浸泡样品，加热36h(80℃)；④王水浸样品，加热36h(100℃)，如仍明显有泡冒出，则蒸干样品后重复该步骤；⑤如仍有样品未溶解，加适量HClO₄。交换分离方法：溶好的样品在低温电热板(120℃)上蒸干，加入7mol/L HCl 1ml，蒸干。如此反复3次。用1ml 7mol/L HCl提取，待进行离子交换分离。样品的化学分离采用 AG MP-1 强碱性阴离子交换树脂、聚乙烯离子交换柱	测定，以避免样品间的交叉污染。每组数据采集10个数据点，每点的积分时间10s，每组数据采集之前进行20s的背景测定。仪器质量歧视采用标样-样品交叉法校正。长期重复测定表明，Cu、Zn 同位素测定的外部精度优于 $0.006u^{-1}(2S)$	[25]
碳质页岩、土壤	硒	含有机质较高的碳质页岩、土壤等样品，用 HNO₃-HF-H₂O₂ 混合酸进行消解样品。硫化物样品则使用浓 HNO₃ 于高压密闭罐中消解。样品称样量控制在 25～100mg，消解温度155℃，消解时间 16～18h。消解后转移至15ml PFA 杯中，70℃蒸至近干后，用10%HNO₃定容至5ml，离心后稀释至 10～20ml 以备分离。Se 的分离方法如下：①称取 0.145g 巯基棉(TCF)，装于聚丙烯或玻璃柱中压实，依次用 3ml MilliQ 超纯水、1ml 6mol/L HCl、1ml 0.8mol/L HCl 淋洗柱子；②含样品的 0.83mol/L HCl 溶液上柱，流速为 1.0～1.5ml/min，然后用 2ml 6mol/L HCl、3ml 超纯水淋洗柱子；③吸干巯基棉柱中的水分，转入 15ml 聚丙烯离心管中，滴加1ml 按比例配制的 HNO₃-H₂O-H₂O₂ 混合液，密封离心管后置于 95～100℃水浴杯中水浴 20min；④冷却后加入 3.5ml 超纯水，使用涡流混合器混匀后离心 20min(8000r/min)，倾倒出约 4.5ml 上层清液于 15ml PFA 杯中；⑤加入 1ml 浓 HNO₃，于 75℃下蒸至约 80μl，加入按比例配制的 HNO₃-H₂O₂ 混合液，反复几次后完全除去有机质，到溶液清亮透明时蒸至 3～5μl；⑥用 5ml 5mol/L HCl 溶解并转移至 25ml 带特富龙盖的硼硅玻璃管中，于 95～100℃下恒温加热 1h，冷却后使用高纯氮气鼓泡 15min，以备 Se 同位素测定	使用 Nu Plasma MC-ICP-MS。样品以 H₂Se 气体形式引入炬管。H₂Se 气体的产生由自行设计的简易连续流氢化物系统完成。用法拉第杯 H6、H4、Ax、L2、L3 和 L5 分别接收 ⁸²Se、⁸⁰Se、⁷⁸Se、⁷⁷Se、⁷⁶Se、⁷⁴Se；L4、H2、H5 分别接收 ⁷⁵As、⁷⁹Br、⁸¹Br。Ge 通过离子计数器(ICO)测定，待测样品溶液浓度为 4～6μg/L，⁷⁸Se 的信号强度可达到 1.2～2V。仪器采集的数据处理第一步为干扰扣除和对氢化物 SeH⁺、AsH⁺ 等进行校正。使用 ⁷⁴Se-⁷⁷Se 双稀释剂校正样品分离和质谱测定过程中的硒同位素质量分馏	[26, 27]
海水	镉	海水中镉含量较低(50ng/kg)，采用 Nobias PA-1 螯合树脂先将海水基体去除，再经过阴离子交换树脂分离镉，具体操作步骤：将 2.5ml(约0.78g)Nobias PA-1 螯合树脂加入到 1L pH 2 的海水中，振荡 2h，用 CH₃COONH₄ 和 NH₄OH 将 pH 值调到 6.15，再振荡 2h，过滤，用 25ml 3mol/L HNO₃ 从树脂中提取镉、铁、锌，于 200℃蒸干样品，加入 200μl 王水除去有机物，于 200℃蒸干样品，用 200μl 10mol/L HCl+0.001%H₂O₂ 溶解以备上柱分离。采用 AG-MP1 树脂分离镉，样品上柱后，用 100μl 10mol/L HCl+0.001% H₂O₂ 洗涤除去样品中的盐，再用 200μl HNO₃ 洗脱镉，最后蒸干样品，用 5ml 0.1mol/L HNO₃ 溶解样品，以备质谱测量	使用 Neptune MC-ICP-MS。低分辨模式下法拉第杯多接收测量，为去除仪器的记忆效应，样品间先后用 5% HNO₃ 和 0.1mol/L HNO₃ 洗涤 2min 和 1min。质量歧视校正采用 ¹¹⁰Cd-¹¹¹Cd 双稀释剂法。 由于同位素标准物质的匮乏，同位素双稀释剂法被用于测试同位素分馏和质谱测量结果的校正。基本操作过程为首先确定选用的浓缩同位素稀释剂，通过计算确定双稀释剂的用量，将已知同位素比值的双稀释剂与待测样品同时测量，再通过相关的计算公式校正同位素比值的测量结果	[28, 29]
地质样品	钼	对于基体样品中的钼，目前比较成熟的化学提纯方法为离子交换色谱法[31]。首先将样品经过反复溶解蒸干制备成介质为 6mol/L HCl 溶液，然后先用 AG1-X8 阴离子交换树脂清除 Zr 以及大部分其他同量异位素，用 0.1mol/L HF+0.01mol/L HCl 混合液清洗去除样品中的大部分 Fe，将样品溶液蒸干后用 6mol/L HCl 溶解，再用 AG 50W-X8 阳离子交换树脂分离，清除残余 Fe、U、Al、Ni、Mg 和 Zn 等金属，最后 1.4mol/L HCl 洗脱 Mo，Mo 的回收率为 97.7%～99.5%。蒸干样品后溶于 0.5mol/L HNO₃ 以备质谱测量	使用 Nu Plasma MC-ICP-MS。用多法拉第杯测量钼同位素，同时通过监测 ⁹⁹Ru 以校正 ¹⁰⁰Ru 对 ¹⁰⁰Mo 的影响。样品间 0.5mol/L HNO₃ 清洗 6min，采用标准样品匹配法，浓缩 ⁹⁷Mo 和 Zr 标准溶液用于校正质量偏倚效应	[30, 31]

第二篇

样品	核素	样品前处理方法	质谱仪测量条件	参考文献
月球、陨石等样品	铒、镱	样品采用消解和离子交换柱分离的前处理方法：岩石碎片经玛瑙研钵研磨碎后，用 HF-HNO$_3$(3∶1)混合酸消解，6ml 样品瓶置于 PFA 器皿中 160℃水浴 48h 或一周；然后蒸干，用 10ml 6mol/L HCl 和数滴 HClO$_4$ 分解氟化物，再用 6mol/L HCl 消除高氯酸。草酸盐沉淀富集样品中的稀土元素。Bio-Rad 交换柱装填 20ml 100~200 目 AG1-X8 阴离子树脂，60ml 6mol/L HCl 洗脱稀土元素，80ml 0.4mol/L HCl 分离铁。2ml Bio-Rad 交换柱装填 200~400 目 AG50-X8 阳离子树脂去除样品中 Cr、Mg、Al、Ti 等，样品中加入 60μl H$_2$O$_2$ 以完全去除 Cr 和 Ti，9ml 2.5mol/L HCl 加入少量 H$_2$O$_2$ 洗脱其他杂质元素，12ml 6mol/L HCl 洗脱稀土元素。然后用反相萃取分离轻、重稀土元素，1ml 1.5mol/L HCl 上柱，7ml 1.5mol/L HCl 洗脱轻稀土元素，26ml 6mol/L HCl 洗脱重稀土元素	使用 Nu Plasma 1700 MC-ICP-MS(配备 16 个法拉第杯)。雾化器 DSN-100，分辨率 1000，动态模式完成 2 个测量顺序，Gd 作为外标(参考值 ^{160}Gd/^{158}Gd=0.87863)，应用指数校正公式校正质谱仪的质量偏倚，采用 ^{171}Yb-^{173}Yb 双稀释剂法验证样品-标样交叉法的测定结果	[32]
稻米叶片、稻田土、汞矿石、汞矿渣和铅锌矿	汞	样品经王水于 95℃水浴消解 30min，Hg 平均回收率≥95%[34]，并保证各形态 Hg 氧化为 Hg^{2+}，消解液中酸的浓度应低于 20%。样品消解液用 Milli-Q 水稀释到浓度为 5μg/L，以备质谱测量	使用 Nu Plasma MC-ICP-MS。采用连续流进样系统改善了因直接高温加热样品释放汞所带来的不确定性。样品与 SnCl$_2$ 溶液反应还原生成 Hg^0，气体被引入等离子源，克服同位素干扰和基体效应。整个进样过程由一台小型蠕动泵完成，进样流速为 0.75ml/min。通过对 MC-ICP-MS 实验参数的优化，提高了汞同位素测定的内精度，Hg 同位素测定的重现性优于 0.06%(2S)。浓度为 20μg/L NIST SRM 997 铊标准溶液作为内标 (^{205}Tl/^{203}Tl=2.38714)，利用 Apex-Q 雾化器产生的 Tl 离子进行质量歧视校正	[33,34]
玄武岩岩石标样	铪	称取 100mg 样品于 7ml Savillex 溶样罐中，加入 2ml 浓 HF 和 0.5ml 浓 HNO$_3$，置于电热板上保温一周，期间不时摇动溶样罐，使样品充分溶解；蒸干样品，加入适量的 H$_3$BO$_3$ 和 HCl，保温 12h 溶解样品，再次蒸干后加入 6mol/L HCl 溶解样品，蒸干，最后加入 3mol/L HCl 溶解样品，保温 12h，然后加入少量的水和 HF，备上柱分离。树脂为 Bio-Rad AG1-X8(200~400 目，Cl$^-$ 型)，装填树脂材料为 Bio-Rad 2ml(0.8cm×4cm)。分离步骤见表 7-4	使用 Neptune MC-ICP-MS。Hf 同位素比的测定采用静态方式，经上述处理后的样品用 2% HNO$_3$+0.1%HF 溶液以自由雾化进样方式引入离子源。样品间用 2% HNO$_3$+0.1%HF 溶液清洗 5min。使用实验室内部 200ng/ml Alaf Hf 标准溶液进行仪器参数优化，包括炬管位置、载气流速等参数和离子透镜参数，以获得最大的灵敏度。多法拉第杯接收检测 Hf 同位素，通过同时监测 ^{173}Yb、^{175}Lu、^{181}Ta，监控和校正 ^{176}Yb、^{176}Lu、^{180}Ta 同质异位素对铪同位素的干扰	[35]
石笋和珊瑚标样	铀、钍	称取 0.5~1g 纯净的珊瑚样品，用 8mol/L 硝酸溶解，并加入 ^{229}Th 和 ^{233}U 稀释剂，蒸干后溶于 1.5mol/L 硝酸中；采用螯合型铀钍特效离子交换树脂(TRU-Spe, 200~400 目)分离，用 1.5mol/L 硝酸淋洗主元素，3mol/L HCl 淋洗稀土元素；最后用 0.2mol/L HCl 洗脱钍，0.1mol/L HCl 和 0.3mol/L HF 的混合液洗脱铀	使用 VG Plasma-54 MC-ICP-MS。处理好的铀或钍溶液，由蠕动泵送入 Mistral 型雾化器；铀或钍离子经 6kV 电压加速，由四极聚焦透镜引出，进入到电磁场质量分析器；离子信号测量采用多步静态方式，^{232}Th、^{233}U、^{235}U、^{238}U 离子分别被法拉第杯接收；^{229}Th、^{230}Th、^{234}U 离子由 Daly 检测器接收。用法拉第杯间、法拉第杯与 Daly 间的增益系数以及标准值(^{238}U/^{235}U=137.88)校正质量分馏效应	[36]

样品	核素	样品前处理方法	质谱仪测量条件	参考文献
经过核燃料后处理得到的铀产品	钚	两种堆后铀样品均为 UF_4 ($^{235}U<0.7\%$)粉末，来自不同生产批次。样品的溶解：准确称量 1.31928g 样品，放入铂坩埚中，加入 4ml HNO_3，在电热板上加热，沸腾时将样品取下，稍冷后滴加 30% H_2O_2，待样品中气泡散尽再次加热，重复以上过程直至样品完全溶解。稍冷后加入 4ml HNO_3，待晶体全都溶解后，再放到电热板上加热至微干，重复 3 次以上。最后，用 4ml HNO_3 将晶体溶解，用 10% HNO_3 定容于 25ml 容量瓶中。样品中铀浓度均为 40g/L。利用组合的萃取色谱法(TBP 色谱柱及 7402 季铵盐色谱柱)对堆后铀样品进行铀钚分离[38]。每个样品做 3 个平行样及 1 个流程空白。样品上柱后，经过还原、上 TBP 色谱柱吸附铀、洗涤钚、氧化钚并再上 7402 季铵盐色谱柱、解吸钚，最后用 2%HNO_3 定容	使用 Isoprobe MC-ICP-MS 测量 $^{239}Pu/^{240}Pu$。用离子计数器接收痕量钚同位素离子，质量偏倚校正因子主要包括离子计数器的效率差异、仪器的系统偏差和质量歧视效应 3 个因素。测量时用 Aridus 膜去溶系统进样，由 L3、L4 两个离子计数器分别接收 ^{240}Pu 和 ^{239}Pu，每个样品测量 12 次，进样 4min，总进样量 0.4ml	[37, 38]

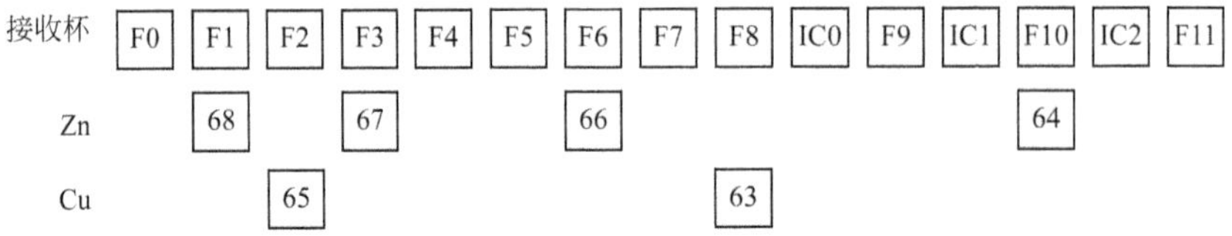

图 7-11 测定 Cu、Zn 同位素组成的接收杯设置示意图

F—法拉第杯；IC—离子计数接收器

表 7-4 一次阴离子交换柱的 Hf 分离流程

酸	体 积	说 明
6mol/L HCl	10ml×3 次	准备
1mol/L HCl+0.5mol/L HF	3ml×3 次	平衡
1mol/L HCl+0.5mol/L HF	5ml×1 次	上样
1mol/L HCl+0.5mol/L HF	2ml×5 次	淋洗基体元素
1.0mmol/L HCl+0.5mmol/L HF	2ml×5 次	淋洗基体元素
4mol/L HAc+8mmol/L HNO_3+1%H_2O_2	10ml×? 次	淋洗 Ti
6mol/L HCl	10ml×1 次	接收 Hf(Zr)

二、高纯物质中同位素组成和原子量测量

元素原子量测量已成为近年来 MC-ICP-MS 技术应用的一个重要方面。测量时一般采用校正质谱法(亦称绝对质谱法)，即选择某元素的两种或两种以上的高纯、高浓缩同位素试剂，用称量法配制系列校正样品，用样品的质量、浓度、同位素丰度等数据计算得到该校正样品中同位素比的配制值及其不确定度，用以测量和获得质谱仪的质量偏倚校正系数；然后，用经校准过的质谱仪器测量某待测元素样品中的每对同位素比值；进而计算出该样品中元素的原子量。国家计量技术规范 JJF 1508—2015《同位素丰度测量基准方法技术规范》[39]给出了校正质谱法详细的介绍和使用指南，图 7-12 显示了该方法的原理和流程。目前 Nd[40]、Se[41]、Zn[42]、Yb[43]、Mo[44]等多种元素的原子量已采用 MC-ICP-MS 校正质谱法进行了测量。

例如，对硒原子量的测量[41]。首先使用真空蒸发提纯装置对用于配制校正溶液的浓缩硒

同位素试剂 ^{76}Se、^{78}Se 和 ^{82}Se 进行纯化[45]，HR-ICP-MS 分析纯化后样品的杂质；在恒温恒湿的洁净实验室中，用稀硝酸溶解样品，用天平（最小分度 0.1μg 和 0.01mg）增量法称取样品，制备约 4000μg/g 浓缩同位素储备液，以备配制校正溶液。用纯化后的三种浓缩硒同位素试剂配制 $^{76}Se/^{78}Se$ 和 $^{76}Se/^{82}Se$ 两个系列质量偏倚校正样品，依据硒同位素测量中同位素比值变化与质谱仪校正系数的变化关系，制定硒同位素溶液校正样品的配制方案。以 $^{76}Se/^{78}Se$ 系列为例，用天平（最小分度 0.01mg）增量法称取一定量的 ^{76}Se 浓缩同位素储备溶液于 25ml 石英容量瓶中，根据拟配制的比值计算 ^{78}Se 浓缩同位素溶液的称重量，增量法称取该样品量于同一石英容量瓶中，2%（体积分数）HNO_3 稀释至溶液总量为 10g。称重过程均经过浮力修正。按照相同的方法分别配制两个系列校正样品各 10 个。

硒同位素比测量使用了配备碰撞池的 IsoProbe MC-ICP-MS，用 H_2 和 Ar 的混合气作为碰撞气消除氩基离子的干扰，为了监测可能存在 As 的干扰以及扣除硒氢干扰，对 ^{75}As、$^{78}Se^1H$ 和 $^{80}Se^1H$ 进行了同步接收测量。测量前对引入的高纯 Ar 和 H_2 碰撞气的流量、比例对消除氩基离子和多原子离子的干扰，硒灵敏度，SeH 的生成比例等进行了优化。对来自不同国家和地区的 5 个高纯天然硒样品和 2 个硒标准溶液中的同位素丰度组成进行了分析。测量时按照空白、校正样品 $^{76}Se/^{78}Se$、天然样品、校正样品 $^{76}Se/^{82}Se$ 的顺序依次测量各样品中硒的同位素丰度比，不同样品之间用 5%硝酸充分洗涤仪器以消除记忆效应，整个测量过程中，用一种硒标准溶液监测仪器稳定性，每隔 3 个样品反复测量一次。对测量中出现的硒氢干扰，需在校正质量偏倚前对其进行修正。

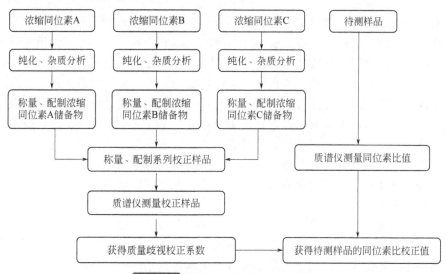

图 7-12 校正质谱法测量流程图

以用某元素的三种浓缩同位素物质配制校正样品为例

三、激光剥蚀与多接收电感耦合等离子体质谱联用技术的应用

激光剥蚀（LA）与 MC-ICP-MS 联用技术是利用激光对固体样品表面进行剥蚀，被剥蚀的物质通过载气直接引入 MC-ICP-MS 离子源，进而发生分解和离子化。Montaser、Ridley 和 Lichte 等都对该技术有详细的报道[46,47]。图 7-13 为 LA-ICP-MS 联用结构示意[48]。目前用于剥蚀的激光器包括 CO_2、N_2、红宝石、Nd:YAG（钕:钇铝石榴子石）、准分子（excimer）等。通用的激光剥蚀系统是基于脉冲宽度在 3～25ns 之间产生的多种不同波长的 Nd:YAG 或准分子的纳秒激光器。纳秒激光器在剥蚀过程中产生大小不一的颗粒而发生质量分馏效应。

飞秒激光剥蚀（femtosecond-laser ablation，fLA）采用的飞秒激光器是在纳秒激光器基础上发展起来的短脉冲激光器，激光脉宽为 100fs 左右，因此飞秒激光剥蚀过程中激光在样品表面作用的时间极短，大大降低了基体的热效应，并可在低脉冲能量下获得极高的峰值功率，剥蚀颗粒物小于 1μm，提高传输效率和信号灵敏度，降低激光剥蚀过程中的元素分馏效应，进而提高测量精密度和准确度。

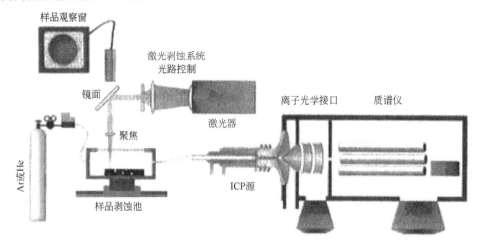

图 7-13 LA-ICP-MS 联用结构示意图

近年来，LA-ICP-MS 技术不仅在地球科学微区技术发展中发挥了重要作用，而且已扩展到材料、环境、海洋、生命科学等重要研究领域。丁悌平[49]阐述了重元素的激光微区稳定同位素分析技术及应用情况。激光取样装置、MC-ICP-MS 和监视系统三个部分有机配合使多种重元素同位素测试得以实现。重元素的激光微区稳定同位素分析装置多采用紫外激光器，最常用的为 UP-213Nd:YAG 激光器和 193KrF 激光器；制样的监视系统通常由显微摄像头和计算机组成，能迅速和高质量地对图像进行采集和存储。邱啸飞等[50]认为该分析技术缩短了实验周期，省略了冗长的化学处理流程，避免了化学过程潜在的本底污染；通过直接对不同矿物或矿物的不同组分进行分析，为岩浆岩成因、沉积物物源示踪、地幔地球化学、古海洋学以及矿物学等研究提供了常规的全岩 Pb 同位素分析方法难以获得的重要信息，并展示了其在地球科学研究中的应用前景。

近年有关 LA-ICP-MS 技术的基础研究主要集中在校正方法、分馏效应的抑制、剥蚀颗粒分布及仪器装置与实验技术改进等方面。激光剥蚀和传输过程中分馏效应和测量数据的校正依然是该技术面临的主要问题。目前主要校正技术包括基体匹配外标校正法、基体匹配外标结合内标校正法、固液校正法、直接溶液剥蚀校正法和归一校正定量技术[51]。表 7-5 给出了 LA-MC-ICP-MS 分析技术的应用实例。

表 7-5 LA-MC-ICP-MS 分析技术应用实例

样品	核素	样品前处理	激光剥蚀和质谱仪测量条件	参考文献
磷灰石微区	锶	测定样品为强退变多硅白云母榴辉岩中一粗粒(2mm×6.5mm)，取自 CCSD-NH 487.45m 处。	使用 Nu Plasma MC-ICP-MS。激光剥蚀系统为 GeoLas 2005，配备了 193nm ArF-excimer 激光器；磷灰石微区原位 Sr 同位素分析时采用的激光剥蚀孔径为 60μm，激光脉冲 3Hz，能量 80mJ。对标准物质 BCR-2g 和 BHVO-2g 进行了单点分析，BHVO-2g	[52，53]

续表

样品	核素	样品前处理	激光剥蚀和质谱仪测量条件	参考文献
磷灰石微区	锶	样品的矿物组成为：石榴石+后成合晶+黑云母+磷灰石+角闪石+钛磁铁矿(出溶钛铁矿)+石英+多硅白云母+黄铁矿+金红石+榍石	中 Si、Ni、Zn 的不确定度分别为 14.3%、23.2%、17.4%，其他微量元素分析的不确定度均小于 10%。选择 Ca 作内标元素，NIST SRM 610 玻璃标准物质用于外标校正	[52，53]
碳酸盐	硼	测定样品为培养的一系列 *Pocillopora sp.*珊瑚样品。珊瑚样品培养于恒温 25℃的水族箱中，分为 5 个不同的 pH 值(7.8～8.3)条件。将其长约 5mm 的分支端脱色，采用 10% NaClO (1%活性氯)溶液对样品进行脱色处理，以去除有机物，脱色周期 3d，每天更换 NaClO 溶液，超声波处理 10min。脱色后用 Milli-Q 超纯水(18.2MΩ·cm)反复清洗，完全除去 NaClO，为防止碳酸盐溶解，在超纯水中加入少量 NH_4OH，将 pH 值调至 9	使用 Thermo Fisher Neptune MC-ICP-MS 质谱仪和 New Wave Research UP193FX 激光剥蚀系统进行硼同位素测量。对样品进行预剥蚀除去样品表面的污染物。测量时采用的激光剥蚀孔径为 150μm，激光脉冲为 30Hz，两次剥蚀间隔 30s，激光剥蚀深度 100μm，样品量 5μg(含 0.2ng 硼)。采用标准一样品一标准的顺序进行测量，$\delta^{11}B$ 测量重现性为 0.05%(*SD*)。使用 NIST SRM 610/611/612 碱石灰玻璃、NIST SRM 951 海水蒸发残余物等标准物质校正测量结果	[54]
小鼠脑部切片	锌	给小鼠注射含有 Zn 稳定浓缩同位素的盐溶液，具体过程如下：在 14d 研究中，分别在第 0 天或第 7 天注射含有 ^{70}Zn 的溶液；在第 12 天或第 13 天注射含有 ^{67}Zn 的溶液。在−15℃Leica 低温恒温器中制备厚度为 25μm 的脑组织切片，并置于−20℃保存	使用 Thermo Fisher Neptune MC-ICP-MS 和 New Wave UP-213 激光剥蚀系统进行分析。MC-ICP-MS 采用中分辨(2000)模式；激光剥蚀孔径为 100μm，激光脉冲 10Hz，输出能量为 9.5～11.4J/cm^2。采用 NIST SRM 610 和 NISI SRM 612 玻璃标准物质校正测量结果	[55]
锆石微区原位	U-Pb	样品为 ABG 178 锆石，取自新疆阿巴宫 2 号矿体围岩变质流纹岩中，锆石颗粒多呈浅褐黄色，长轴多变化于 100～200μm 之间，长短轴比为(1.5∶1)～(2∶1)。样品 CYB0807055 锆石取自旧西区龙岔河斑状黑云母花岗岩，粒径 100～350μm，多呈长柱状。首先将待测锆石样品、锆石标准和人工合成的 NIST SRM612 硅酸盐玻璃分别用胶粘在载玻片上，放上 PVC 环，然后将环氧树脂和固化剂进行充分混合后注入 PVC 环中，待树脂充分固化后将样品座从载玻片上剥离，并对其进行抛光，直到样品露出一个光洁的平面。测定前用酒精轻擦样品表面，以除去可能的污染	使用 Neptune MC-ICP-MS 和 Newwave UP 213 激光剥蚀系统进行分析。采样方式为单点剥蚀，除 SK10-2 锆石使用 40μm 剥蚀直径外，其余均为 25μm，剥蚀频率 10Hz，输出能量约 2.5J/cm^2。数据采集采用静态方式接收，$^{207}Pb/^{206}Pb$、$^{206}Pb/^{238}U$、$^{207}Pb/^{235}U$ 的测试精度(2σ)均为 2%左右。锆石年龄采用锆石 91500 或 GJI 或 TEM 作为外标，元素含量采用 NIST SRM612 或锆石 M127 (U：923×10^{-6}；Th：439×10^{-6}；Th/U：0.475)作为外标。用测试过程中前后 4 个标准对仪器的质量歧视和漂移进行校正	[56]
青铜	铅	样品为 13 个从陕西历史博物馆借来的古钱币，从汉代至清朝，将古钱币用无水乙醇擦除浮尘后用橡皮泥固定在靶台上待测。 15 个从国家标准物质研究中心购置的铜(黄铜和青铜)标准参考物质，均以铜为主要基体，且 Pb 含量不同(0.017%～17.62%)，由于样品均为碎屑状或颗粒状，故先将样品按编号放置在聚乙烯圈内，再用环氧树脂固化并抛光制靶，待检测时用超纯水和无水乙醇冲洗以避免样品的污染	使用 Nu PlasmaⅡ MC-ICP-MS，具有 16 个法拉第杯和 5 个离子计数器。NWR Femto 飞秒激光剥蚀系统由美国 Quantronix 钛宝石飞秒激光放大器 Integra-HE 和美国 ESI 公司的 NWR Femto 激光剥蚀系统组成。使用 AridusⅡ膜去溶雾化进样系统通过"T"形三通混合器连接激光进样装置，使膜去溶 NIST SRM 997 Tl 干气溶胶和激光剥蚀样品颗粒均匀混合并同时进入 MC-ICP-MS，以达到对 Pb 和 Tl 同位素同时测定及质量歧视和元素分馏的校正。数据采集采用 TRA(time resolved analysis)模式，积分时间 0.2s，气体背景空白采集时间 30s，样品信号采集时间 50s。激光剥蚀采用线扫描方式，激光斑束 30μm，扫描长度 120μm，分析过程中以 NIST SRM610 作为监控标样。采用 NIST SRM 997 Tl 标准溶液 $^{205}Tl/^{203}Tl$，以指数法则对 Pb 同位素进行仪器质量歧视分馏校正，以 $^{205}Tl/^{203}Tl$=2.3889 作为 Pb 同位素的分馏校正参数。$^{208}Pb/^{204}Pb$ 和 $^{207}Pb/^{206}Pb$ 比值的内精度 *RSD* 分别小于 90×10^{-6} 和 40×10^{-6}，外精度分别小于 60×10^{-6} 和 30×10^{-6}	[57]

第二篇

参 考 文 献

[1] Walder A J, Freedman P A. J Anal At Spectrom, 1992, 7: 571.

[2] Halliday A N, Christensen J N, et al. Rev Econ Geol, 1998, 7: 37.

[3] Heumann KG, Gallus S, Radlinger G, Vogl J. J Anal At Spectrom, 1998, 13: 1001.

[4] Wieser M E, Schwieters J B. Int J Mass Spectrom, 2005, 242: 97.

[5] Moldovan M, Krupp E M, Holliday A E, Donard O F X. J Anal At Spectrom, 2004, 19: 815.

[6] Krupp E M, Pécheyran C, Pinaly H, Motelica-Heino M, et al. Spectrochim Acta B, 2001, 56: 1233.

[7] Günther-Leopold I, Wernli B, Kopajtic Z, Günther D. Anal Bioanal Chem, 2004, 378: 241.

[8] Becker S, Dietze H. Int JMass Spectrom, 2003, 228: 127.

[9] Huang J, Hu X, Zhang J, et al. J Pharm Biomed Anal, 2006, 40: 227.

[10] Koppenaal D W, Eiden G C, Barinaga C J. J Anal At Spectrom, 2004, 19: 561.

[11] Stürup S. Anal Bioanal Chem, 2004, 378: 273.

[12] Becker J S. J Anal At Spectrom, 2002, 17: 1172.

[13] 黄达峰, 罗秀泉, 李喜斌, 等. 北京:化学工业出版社, 2006.

[14] Belshaw N S, Freedman P A, O'Nions R K, Frank M, Guo Y. Int J Mass Spectrom, 1998, 181: 51.

[15] 任同祥, 逯海, 等. 分析化学, 2010, 38(11): 1620.

[16] 王军, 等. 分析化学, 2007, 35(6): 814.

[17] Rouxel O, Ludden J, Carignan J, et al. Geochim Cosmochim Acta, 2002, 66(18): 3191.

[18] Xie Q, Kerrich R. J Anal At Spectrom, 2002, 17: 69.

[19] Weyer S, Schwieters J B. Int J Mass Spectrom, 2003, 226: 355.

[20] Choi M S, Ryu J S, Park H Y, et al. J Anal At Spectrom, 2013, 28: 505.

[21] 李世珍, 朱祥坤, 等. 岩石矿物学杂志, 2008, 27(5): 449.

[22] Bian X-P, Yang T, Lin A-J, Jiang S-Y. Talanta, 2015, 132: 8.

[23] 宋柳霆, 刘丛强, 等. 地球与环境, 2006, 34(1): 70.

[24] 朱祥坤, 等. 岩石矿物学杂志, 2008, 27(4): 263.

[25] 李世珍, 朱祥坤, 唐索寒, 等. 岩石矿物学杂志, 2008, 7(4): 335.

[26] 朱建明, 等. 分析化学, 2008, 36(10): 1385.

[27] Ellis A S, Johnson T M, Herbel M J, et al. Chem Geol, 2003, 195(1-4): 119.

[28] Conwaya T M, Rosenberg A D, Adkins J F, John S G.Anal Chim Acta, 2013, 793: 44.

[29] Dietz L A, Paghugki C F, Land G A. Analy Chem, 1962, 34: 709.

[30] Piet R A J, Walker R J, Candela P A.Chem Geol, 2006, 225: 121.

[31] 徐林刚, Lehmann B. 矿床地质, 2010, 30(1): 103.

[32] Albalat E, Telouk P, Albarede F. Earth Planet Sci Lett, 2012, 355-356: 39.

[33] 尹润生, 冯新斌, 等. 分析化学, 2010, 38 (7): 929.

[34] Lian L, Bloom N S. J Anal At Spectrom, 1993, 8: 591.

[35] 杨岳衡, 张宏福, 刘颖, 等. 岩石学报, 2007, 23(2): 227.

[36] 彭子成, 贺剑峰, 罗晓忠, 等. 核技术, 2004, 27(6): 469.

[37] 李力力, 李金英, 赵永刚, 等. 质谱学报, 2009, 30(6): 327.

[38] 李力力, 李金英, 等. 核化学与放射化学, 2007, 29(3): 135.

[39] 王军, 任同祥, 逯海. JJF 1508—2015 同位素丰度测量基准方法技术规范. 北京:中国计量出版社, 2015.

[40] Zhou T, Zhao M, Wang J, et al. Int J Mass Spectrom, 2005, 245: 36.

[41] Wang J, et al. Int J Mass Spectrom, 2011, 308: 65.

[42] Ponzevera E P, Quétel C R, et al. J Am Soc Mass Spectrom, 2006, 17: 1412.

[43] Wang J, Ren T X, et al. J Anal At Spectrom, 2015, 30: 1377.

[44] Mayer J, Wieser M E. J Anal At Spectrom, 2014, 29: 85.

[45] 任同祥, 贺新宇, 王军, 等. 化学试剂, 2010, 32(8): 747.

[46] Montaser A. Inductively coupled plasma mass spectrometry. New York:Wiley-VCH, 1998.

[47] Ridley W I, Lichte F E. Major, trace, and ultratrace element analysis by laser ablation ICP-MS. In: McKibben, MA, Shanks. Ⅲ, WC, Ridley, WI, Eds. 1998.

[48] Günther D, Hattendorf B. Trends Anal Chem, 2005, 24(3): 255.

[49] 丁悌平. 地学前缘, 2003, 10(2): 263.

[50] 邱啸飞, 凌文黎. 地质科技情报, 2009, 28(5): 118.

[51] 王岚, 杨理勤, 王亚平, 等. 地质通报, 2012, 31(4): 637.

[52] 宗克清, 刘勇胜, 等. 岩石学报, 2007, 23(12): 3267.

[53] Liu Y S, Hu Z C, et al.J Anal At Spectrom, 2007, 22: 582.

[54] Jan F, et al. J Anal At Spectrom, 2010, 25: 1953.

[55] Dagmar S U, et al.Metallomics, 2012, 4: 1057.

[56] 侯可军, 李延河, 田有荣. 矿床地质, 2009, 28(4): 481.

[57] 陈开运, 范超, 袁洪林, 等. 光谱学与光谱分析, 2013, 33(5): 1342.

第八章　高分辨双聚焦二次离子质谱法

第一节　双聚焦原理

二次离子质谱法（SIMS）已经成为最重要的表面分析质谱技术之一，它具有极高的检测灵敏度，可达 10^{-6} 甚至 10^{-9} 浓度量级，能对包括氢在内的所有元素及其同位素进行高分辨率、高灵敏度和高精度分析，从而在固体样品表面的薄层分析、深度剖面分析、混染物分析、元素分布、同位素组成等方面有广泛的应用。

二次离子质谱仪（SIMS）最大的优势就是高灵敏度和高分辨率。作为二次离子质谱仪的重要分支，双聚焦二次离子质谱仪（double-focusing secondary ion mass spectrometer, DFSIMS）与非双聚焦的二次离子质谱仪相比，极大地提高了分辨率，其作用也越来越重要。双聚焦二次离子质谱仪的分辨率可达 15 万甚至上百万，但仪器组成部件多、昂贵，调试步骤多、维护和使用成本较高、技术难度大；样品测试时的操作尽管复杂，但因计算机控制及测试软件良好的（图示）操作界面及合逻辑的引导，即使是缺乏仪器专业背景知识的人员，使用也不困难。

所谓双聚焦系统，指的是该类仪器具有双聚焦的质量分析器，即质量分析器同时实现能量（或速度）聚焦和方向聚焦——由电场提供能量聚焦、磁场提供方向聚焦。

双聚焦理论由 Mattauch 和 Herzog 于 1934 年[1]提出，后来不同的学者提出了在双聚焦质谱仪中，将不同角度的电场和磁场组合，可以得到性能有差异的质谱仪。Becker 在 2007 年[2]曾对有关双聚焦质谱仪的理论、发展历史，以及离子在电场和磁场中的运行情形进行了较为详细的叙述和讨论。

通常，双聚焦二次离子质谱仪将扇形电场和扇形磁场串联起来使用，通过相互匹配，将具有相同质荷比（m/z，m 和 z 是离子的质量和电荷，下同）的离子在静电分析器（electrostatic analyzer，ESA）中所受的能量色散（energy dispersive）正好被磁分析器（magnetic analyzer）的能量色散抵消，将运动方向和能量存在差异的离子聚焦到同一点，达到双聚焦的效果[3,4]。通过双聚焦，能够获得较高的质量分辨率，因而也能够更好地克服原子离子和分子离子形成的同量异位素干扰。

对于静电场在前而磁场在后的双聚焦质量分析器，即将静电分析器置于离子源和磁场之间，那么当被加速的离子束进入静电场之后，只有动能与静电分析器的曲率半径相适应（即离子的飞行途径与静电分析器的曲率半径吻合）的离子才能够通过能量狭缝进入磁分析器，即在方向聚焦之前，实现能量（或速率）聚焦。

在进行磁聚焦时，磁分析器产生与带电粒子束运动方向相垂直的磁场，使带电粒子束在磁场中发生偏转，而偏转的程度正比于单位电荷的粒子动量，如单色电荷束，则偏转程度与其 m/z 成正比。

一、能量聚焦——静电分析器

通常扇形电场类似同心圆筒的一部分，进入电场的离子受静电力的作用，改做圆周运动，离子所受电场力与离子运动的离心力平衡。静电分析器能够将具有相同动能的离子聚焦到一起。如果电场强度一定，对质量相同的离子，离子轨道半径仅取决于离子的速度（或能量），而与离子质量无关，所以扇形电场是一个能量分析器，不起质量分离的作用；对于质量相同的离子，它是一个速度分离器。这样，质量相同而能量不同的离子，经过静电场后将被分开，即静电场具有能量色散作用。

二、方向聚焦——磁分析器

离子从能量狭缝进入磁场时，离子束有一定的发散角度，且离子初始速度不一。方向聚焦分析器实现质荷比相同而入射方向不同的离子聚焦，但是不能使质荷比相同而速度不同的离子聚焦，方向聚焦分析器分辨率偏低。

三、双聚焦

在双聚焦二次离子质谱仪中，分析器有两个，即电分析器和磁分析器，两者串联组成的质量分析器，不仅实现了方向聚焦，即将质荷比相同而入射方向不同的离子聚焦；而且还可以实现速度聚焦，即将质荷比相同而速度（能量）不同的离子聚焦。显然，双聚焦质谱仪比单聚焦质谱仪具有更高的分辨率。

双聚焦质谱仪的磁分析器一般选用扇形磁场，因为扇形磁场具有方向聚焦、质量色散的能力；静电分析器则选用同心圆的圆球面电极，因为其径向电场具有速度色散（即能量色散）的作用。所以将电场和磁场配合使用，二者的色散相互补偿特性能够实现能量和方向的双聚焦，离子先后经过这两个分析器后，实现能量聚焦和方向聚焦。

第二节　仪　　器

一、仪器结构

双聚焦仪器有两种几何结构，一种是所谓的"正向"几何结构（forward geometry），即静电分析器在前，磁分析器置后；另一种则是"反向"几何结构（reverse geometry），即磁分析器在前，静电分析器置后。

双聚焦二次离子质谱仪 SHRIMP Ⅱ 的结构（见图 8-1）及各部件的功能与非双聚焦的二次离子质谱仪相当，两者的主要区别在于分析器，即双聚焦二次离子质谱仪具备了静电分析器和磁分析器。

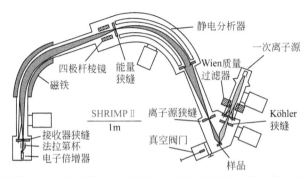

图 8-1 双聚焦二次离子质谱 SHRIMP Ⅱ 结构示意图（取自 ASI 公司网站）

双聚焦二次离子质谱仪的主要部件包括：①能够产生一次离子束的一次离子源，并能够对所产生的一次离子进行加速和聚焦；②样品室和二次离子束引出装置；③把二次离子束按能量、质荷比进行分离的静电分析器和磁分析器；④二次离子检测和显示系统及计算机数据处理系统等；⑤其他辅助系统，如抽真空部件、电源稳定部件等。

　　同样地，双聚焦二次离子质谱仪的离子源、二次离子束的传输、能量分析器和质量分析器、二次离子检测都必须在真空条件下进行。真空系统是保障质谱仪正常工作的必要条件。电子学系统性能的优劣直接影响仪器的稳定性，进而影响质谱仪的主要技术指标和分析结果。

　　（一）离子源（primary ion source）

　　双聚焦二次离子质谱仪的一次离子源发生器，目前使用的有 Ar^+、Cs^+、Ga^+、O^-、O_2^-，如 SHRIMP Ⅱ 配备有双等离子氧源（duoplasmatron source），可以产生 O^-、O_2^-、O^+、O_2^+ 一次离子；SHRIMP ⅱe 及其后的产品，以及 Cameca NanoSIMS 50L、Cameca IMS 1280 配备有双等离子氧源和铯离子源。有关一次离子源的分类和各自特点等，可参见有关 SIMS 的其他章节。

　　一次离子传输系统将离子源产生的一次离子传输到样品表面。一次离子束能以不同的入射角轰击样品，通常选取离子束与法线夹角 0°～60° 的范围内。入射的一次离子的能量为几千电子伏特。固体材料在离子的轰击下溅射出各种各样的粒子，包括电子、原子离子、分子离子、中性的原子及分子。入射的一次离子经过碰撞将能量传给固体中的原子。当能量大于晶格束缚能时，原子就会被从晶格中撞出，撞出的原子称为反冲原子（recoil atom），它在运动中再将能量通过碰撞传给其他原子，由此而产生级连碰撞（cascade collision）。当这一能量传递在表面结束而且其能量大于表面束缚能时，则表面的原子就会被撞出。所以，出射粒子包括由一次入射离子碰撞直接产生的、来自于表面第一原子层中的粒子，以及由次级碰撞所产生而非由入射离子与表面原子的直接碰撞所产生的粒子。这样，样品在一次离子轰击下将产生离子注入（ion implantation）和溅射，前者使离子进入晶体内部，后者就是表面原子（不一定是以原子形式）被撞出。实际上，只有很小一部分能量用于溅射，即引起表面原子、分子或原子团的二次发射——离子溅射（ion sputtering）。通常溅射的二次粒子多为中性，其中只有小部分带正、负电荷，这是 SIMS 要检测的二次离子。通过对离子能量及其入射角度的选择可以控制注入和溅射的比例。

　　当入射作用与出射作用达到平衡后，样品表面将形成一层入射离子与所测材料组分的混合体。例如，Si 晶体材料在 O 离子的轰击下，当入射作用与出射作用达到平衡时，入射的 O 等于出射的 O，这时的样品表面就变成了 SiO_2。

　　在样品表面溅射形成二次离子，先经能量聚焦、后经方向聚焦（或先经方向聚焦、后经能量聚焦）引至质量分析器进行质量分析。

　　以下用先经能量聚焦、后经方向聚焦的二次离子质谱仪为例来说明。

　　（二）扇形静电分析器

　　在样品表面产生的二次离子，经过一定的会聚后形成二次离子束，沿离子轨道前进，在通过离子源狭缝时被屏蔽掉部分方向太偏的离子后，就进入静电分析器。

　　离子通过静电场分析器时，由于受电场力的作用，会改变运动方向而呈曲线运动。动能大的离子，其运动轨迹的曲率半径也大；动能小的离子，其运动轨迹的曲率半径也小。当离心力大于电场作用力时，离子就偏离到预设离子轨道的外侧而淹没；当离心力小于电场作用力时，离子就偏离到预设的离子轨道里侧，亦淹没；只有当离心力等于电场作用力时，离子才沿预设的离子轨道前进而进入磁分析器。换言之，只有能量相同的离子（实际并不完全相同，有一定的分布范围），才能沿着预设的离子轨道前进并通过出口——能量狭缝（energy defining slit）。这样，静电分析器对不同能量的离子起到能量（或速度）的色散作用。能量相同的离子，通过扇形静电分析器后会聚在一起；能量接近的离子，在静电器焦面上按能量高低的次序排列起来（能量小者位于离子轨道内侧），实现能量（或速度）聚焦。

标志静电分析器水平的指标是能量分辨率。设计静电分析器必须根据被测粒子最大能量、要求达到的能量分辨率，以及机械、电气、加工技术水平和工作环境等，合理地选择其平均半径、电极间距、偏转角、最高电源电压、物缝和像缝的位置和大小等参数，以及加工精度、电源稳定度、材料、结构等，综合考虑进行物理设计[5]。

（三）扇形磁分析器

离子进入垂直于其前进方向的磁场，则不同质荷比的离子在洛伦兹力（Lorentz force）作用下，发生不同方向的偏转，从而在扇形磁场中以不同的曲率半径运动，从而使离子束发散。对于具有单接收器的质谱仪，通过改变磁场强度，检测依次通过出口狭缝进入检测器的不同质荷比的离子，可实现离子的空间分离，形成质谱；对于具有多接收器的质谱仪，则只需将接收杯对准各个不同质荷比的离子路径就可以得到质谱，不用改变磁场。

如果二次离子的初始动能为零，则离子进入静电分析器后获得的动能就是电场对它所做的功，即 $mv^2/2=zV$（m 和 z 是离子的质量和电荷，v 是离子的运动速度，V 是加速电压），离子带着这样的能量离开静电分析器，进入磁分析器。实际上，离子源中产生的离子初始动能并不为零，即使是同种离子也可能如此，m/z 相同的离子初始能量也可能不完全相同。

离子源产生的二次离子能量不同，虽经静电场加速后离子的能量仍有所差异，即使经过静电分析器出口狭缝（能量狭缝）的限制，具有相同 m/z 的离子的能量也不完全相同，这样就造成相同 m/z 的离子在均匀磁场中的运动半径（r）也不完全相同[$r=mv/(qB)$，r 是受洛伦兹力作用后离子做匀速圆周运动的半径，m、v 和 q 分别是离子的质量、运动速度和所带的电荷，B 是磁感应强度]，因而它们经过了磁分析也不能完全会聚在一起，这就需要通过改变磁分析器的极面以实现聚焦。

（四）数据采集系统

二次离子在经过双聚焦分析器后，就到达离子检测系统，通常用法拉第筒和电子倍增器对离子进行检测。

（五）发展方向

双聚焦二次离子质谱技术诞生历史相对较短，尽管发展迅速，但仍处于初期发展阶段，还有大量理论和技术问题有待进一步发展和完善，随着科研和生产的不断发展，也会对其提出新的要求。虽然一次离子与固体的作用可以看作是一个简单的弹性碰撞过程，理论上可以对入射离子的分布进行精确计算，但是，由于二次离子溅射机理较为复杂，出射粒子的电离是一个非常复杂的过程，理论上至今尚未突破，仍缺乏能够定量描述的理论，定量分析存在问题较多。

大型离子探针能够分析元素周期表中除稀有气体以外的几乎全部元素及其同位素。最新一代仪器在原有仪器基础上，针对非传统稳定同位素组成的特点和快速发展需求，在离子传输系统和磁场控制等方面进行了显著的改进和提高，大幅度提高了传输效率和仪器灵敏度。迄今为止，全球已有数十个实验室装备了近 20 台 SHRIMP 系列离子探针，20 多台 Cameca IMS 1270、1280、1280-HR 大型离子探针和 30 多台 Cameca NanoSIMS。

新仪器的发展方向是制造更好的质量分析器，以提高质量分辨率和灵敏度，使用亮度更大、交叉斑更小的新型离子源，改进一次离子束聚焦系统，通过获得更小的束斑提高空间分辨率。进一步对定量分析和离子溅射机理进行研究，研制新型液态金属离子源，与多种仪器联用，以便能开拓新的应用领域。

二、仪器举例

双聚焦二次离子质谱仪以法国 Cameca 公司的 IMS 系列和澳大利亚 ASI 公司的 SHRIMP 系列为最重要。说明：有关 SHRIMP 和 Cameca 的技术资料及其应用，部分取自澳大利亚 ASI 公司的网站 http://www.asi-pl.com.au 和北京离子探针中心网站 http://www.bjshrimp.cn，法国 Cameca 公司的网站 http://www.cameca.com 和中国科学院地质与地球物理研究所网站 http://www.igg.cas.cn。

（一）SHRIMP 系列

澳大利亚国立大学（The Australian National University, ANU）于 20 世纪 80 年代初发明并制造出世界首台双聚焦二次离子谱仪——SHRIMP（曾称"ion microprobe"和"sensitive high mass-resolution ion microprobe"，目前统一称"SHRIMP"，即"Sensitive High Resolution Ion MicroProbe"的缩写，中文名为"高灵敏度高分辨率离子探针"）。它创造性地使用了大半径的静电分析器和磁分析器，因而具有很高的灵敏度和高分辨率，近三十多年引领了全球微区 U-Pb 同位素地质年代学（U-Th-Pb 同位素体系）的发展。该仪器虽是针对 U-Pb 年代学设计，但也可用于其他同位素分析，曾用第一台 SHRIMP 首次测得地球上最老的岩石的年龄和月岩的年龄。

最初的 SHRIMP 仅有氧离子源，目前，该系列也有氧离子和铯离子的双离子源和多接收器产品，如 SHRIMP IIe 及更新的仪器，能够分析氧同位素和其他稳定同位素；对于不导电的样品，辅助用于中和电性电子枪。目前，SHRIMP 已发展到第四代机 SHRIMP IV。

SHRIMP 最大质量分辨率（$M/\Delta M$）可达到 30000。SHRIMP 是在双聚焦扇形场的基础上设计的 Matsuda 类型的仪器。在第一台 SHRIMP 诞生后，SHRIMP 不断改进，还可应用于精确的同位素比值、微量元素等多方面的用途。

我国在 2001 年引进了第一台具单接收器 SHRIMP II，安装在北京离子探针中心。十余年来，它极大地促进了我国锆石 U-Pb 同位素地质年代学研究，对我国固体地球科学发展产生了巨大的推动作用。2012 年，该中心引进了一台具多接收器的 SHRIMP IIe-MC，它具有双等离子氧源和热电离铯源双离子源，可以进行 O 同位素分析。

1. SHRIMP II 的性能特点

（1）高灵敏度和高分辨率　在高质量分辨率时具有高灵敏度，能够在很高的分辨率时得到平顶峰（flat-topped peaks），从而解决测定时主要的分子离子的干扰。在 80% 的传输效率时，质量分辨率可达 5400（$M/\Delta M$）；在 50% 传输效率时，质量分辨率可到 10000。对于 $^{238}U^{16}O$ 丰度灵敏度可达为 50×10^{-9}。在 O_2^- 为一次离子束时，测定锆石晶体时 ^{206}Pb 的灵敏度好于 18cps/ppm/nA[●]。SHRIMP IIe-MC 则是 27 cps/ppm/nA。标准锆石样品（SL13）的 $^{206}Pb/^{238}U$ 年龄误差小于 1%。

（2）一次离子束　一次离子束的参数可以独立控制，如离子束直径大小可调（5~30μm），离子亮度可调。一次离子束以 45° 角入射到样品表面，提高了样品的溅射效率。采用中空的阴极双等离子管离子源（英国剑桥大学专门设计），亮度高、稳定性好。除氧源外，可以选择用于氧同位素分析的铯离子枪，或者对离子源进行电中和的电子枪。由一次离子束溅射后形成的斑点，轮廓明显、底部平坦。

（3）二次离子束光路　SHRIMP 的离子光学系统设计简单，离子光学系统仅由静电分析器、四极杆透镜和电磁铁三个主要的离子光学单元组成。这样的设计更容易调试，也使得仪

---

❶ cps/ppm/nA 为行业习惯用法。

器运行不仅在某一个分析时段稳定，而且在长达数月的连续运行中也稳定。

采用大半径（1272mm）的静电分析器和大半径（1000mm）的扇形磁分析器，能更获得高质量的色散效果，如在离子源狭缝和接收器狭缝分别为 80μm 和 100μm 时，当 1%峰高的分辨率>5000 时能够得到平顶峰。离子源狭缝宽度 5～150μm，连续可调，这样可以很方便地调整斑点大小，以适应需要较小斑点的样品测定。为了将歧视效应减到最小，二次离子束以 90°角（即垂直于样品抛光表面）被引出。为消除记忆效应，采用了大狭缝。具有的三组四极杆棱镜，在参数很好匹配时能够使二次离子束传输效率最大，并且这样的集成离子透镜系统的离子束像差最小。采用性能良好、高稳定、低磁滞效应的电磁场。同时采集二次离子束强度及正在被测定的质量峰离子束强度，可以达到更好的测试精度。

（4）接收器 SHRIMP II 配备单接收器或多接收器。接收器采用耐用、高增益和高速倍增器进行离子计数，或用法拉第杯和电流计进行离子电流测量。接收器狭缝宽度（5～300μm）在计算机控制下可连续设置而不必释放真空。

（5）样品更换和移动 采用直径 1in（25mm）标准样品靶，也可用薄片固定装置固定薄片或大直径的靶。可自动更换样品。共有 6 个位置安放样品靶其中离子源室 2 个，样品预抽室 4 个，但最多只能放置 5 个靶，1 个空位置用于换靶。样品测定时靶的移动可通过参数由计算机自动完成，计算机可储存样品位置坐标，并在使用时准确调用。

（6）测定操作 用 LabVIEW® 软件操控测试，操作界面简单、直观，新手很容易操作仪器。样品测定和仪器维护等，用很直观的图示引导。即可现场测定，也可通过网络遥控调试、保养和样品分析。SHRIMP IIe 及更新型的仪器，可在无人值守时，按使用者给定的包括位置参数在内的各种参数自动完成分析。

2. SHRIMP IV 的性能特点

SHRIMP IV 是 SHRIMP SI 的商业版，由 ANU 的 Trevor Ireland 教授开发，用于年代学（正离子）和稳定同位素（负离子）分析。

SHRIMP IV 是 ANU 具世界先进水平的新一代 SHRIMP 仪器，它继承了 SHRIMP IIe 和 SHRIMP SI 的特点，特别是 SHRIMP 富有创造性大半径离子轨道。SHRIMP IV 配置了 5 个接收杯，使用者可以很容易地重新配置。高稳定性的双极高压电源供给，能够容易快速地进行离子源极性转换。测定时斑点直径是 1～25μm，溅射深度小于 2μm，故能在微米尺度上将束斑确定在目标区域和使自动测试成为可能。大多数元素的检测极限可达 10^{-9} 量级，因而能够分析含量很低的样品。

（二）Cameca 系列

20 世纪 70 年代以后，Cameca 公司推出了商业化双聚焦二次离子质谱仪 IMS f 系列离子探针，主要用于半导体等固体材料的表面化学成分特征分析；在地球科学领域主要用于行星化学研究，其中以美国加州理工学院和华盛顿大学 McDonnell 空间科学中心为代表。该系列离子探针是小型仪器，价格相对便宜。经历了 3f、4f、5f、6f 和 7f 的更新换代。尽管它们在设计和结构上大同小异，但性能和自动化程度不断提高。该系列离子探针的主离子束可以聚焦在 5μm 以内，4f 及以后的型号上增加了电子枪，因而能分析不导电物质的同位素组成。该系列质谱仪的磁场半径较小，故分辨率相对较低，同位素分析精度最高达 1%，对矿物微区微量元素分析的最低检测度为 10^{-9} 量级。目前最新型号为 Cameca IMS 7f、7fR 和 7f Geo 型，后两者是针对放射性样品和地学样品设计的。

20 世纪 90 年代中期，Cameca 公司研发了 Cameca IMS 1270 大型离子探针，增加了用于激发负离子的铯离子源和二次离子的多接收器，除 U-Pb 同位素分析外，还能分析 H、C、O、

S 等同位素。2005 年，Cameca 公司在 IMS 1270 的基础上，升级为更具操作性的 IMS 1280，2009 年推出了具更高分辨率和传输效率的 1280-HR，它针对地质科学与环境领域广泛的分析需求而专门设计。中国科学院地质与地球物理研究所于 2007 年引进了一台 Cameca IMS 1280（全球第 4 台，前 3 台均在美国），2012 年又引进了 Cameca IMS 1280-HR。

1998 年，Cameca 公司第一台纳米离子探针 Nano SIMS 在工厂调试，2000 年底运抵美国华盛顿大学 McDonnell 空间科学中心，2002 年完成调试。2010 年 12 月，中国科学院地质与地球物理研究所引进 Cameca NanoSIMS 50L 型二次离子探针质谱仪，目前是国内唯一的一台纳米离子探针。

1. Cameca NanoSIMS 50 和 Cameca NanoSIMS 50L 型纳米离子探针

Cameca NanoSIMS 50 和 Cameca NanoSIMS 50L 型二次离子探针质谱仪是 Cameca 公司生产的最新型仪器，具有高空间分辨率、高传输效率及极高的灵敏度[6]，能够对固体材料（包括天然矿物）、生物组织微区或微小颗粒的亚微米和纳米空间区域进行原位同位素和微量元素分析，也可对微区内元素和同位素分布进行扫描成像。NanoSIMS 已广泛应用于材料科学、生物学、医学、地球科学等领域的研究，特别是在天体化学恒星尘埃的同位素分析工作中必不可少。

NanoSIMS 50L 是 NanoSIMS 50 的升级，离子检测器也由 5 个增加到 7 个。

NanoSIMS 50 是一种全新的磁式双聚焦以探针扫描方式成像的，特别适合于超精细微小区域的同位素（或元素）检测，能以很高的灵敏度和质量分辨率对小至 50nm 的微小区域进行成分分析，可同时检测 5 个微量同位素（元素）。为了提高灵敏度和分辨率，NanoSIMS 50 将一次离子束设计成垂直样品抛光面入射，并使一次离子束流和二次离子束共用一套（共轴）透镜系统，将接收二次离子的浸没透镜的第一个电极到样品表面的垂直距离缩短到 0.4mm（浸没透镜工作距离的缩短可以增加二次离子的接收效率，提高仪器的灵敏度）。垂直入射的优点是可缩小束斑直径，增加离子束的亮度（离子流密度），从而达到检测小尺寸凹坑坑底的成分、减小仪器扫描成像失真度的目的，还可以最小化由样品表面粗糙所带来的阴影效应。这也是 NanoSIMS 与 IMS 1280 的主要区别之一。NanoSIMS 50 的最小束斑直径（对 Cs^+ 而言）可小至 50nm，而此时一次离子流强度可达 $0.3×10^{-12}A$；当质量分辨率 $M/\Delta M$ 由 3500 上升到 6000 和 9000 时，二次离子传输效率仅从 100% 分别下降到 55% 和 20%。

NanoSIMS 的磁场半径很宽（150～670mm，而 IMS 1280 的约为 585mm），因而可同时接收质量数相差 20 倍的元素或同位素（$M_{max}/M_{min}=21$），如 ^{16}O 和 ^{238}U 可同时测量，可对 H、D、C、O 等同位素进行多接收测量。不过，因不同质荷比离子色散距离及接收器本身尺寸（5.6mm）的限制，相邻接收杯的质量间隔大于 $M_{max}/58$。如进行 U-Pb 同位素测定时，虽然 ^{206}Pb 与 ^{238}U 用多接收器可同时测量，却要用跳峰模式先后测定 ^{206}Pb 和 ^{207}Pb。

由于二次离子质谱工作时一次离子束一直在刻蚀样品，只有同一时刻检测到的两个同位素离子的强度比才是样品同一深度的真实的同位素丰度比（当然需要对电离效率进行校正），这就需要接收器来检测来自样品同一深度的多种同位素（或元素）。

高分辨同位素、元素成像是纳米离子探针最突出的优势。不同于 Cameca IMS 1280 主要采用的离子光学透镜成像方式，NanoSIMS 采用离子扫描模式成像。离子扫描检测器成像是近年来新发展的成像模式，它与之前的离子显微镜模式的二次离子质谱仪成像所不同的是，这种二次离子质谱仪将一次离子束聚焦成直径为亚微米级束斑在样品表面扫描。所产生的二次离子经过具有动态传输系统的二次离子光路，由双聚焦质谱仪进行质量分离，然后被离子检测器接收，直接由检测器成像，可计算出任意点、线、面的同位素或元素分布，结合深度剖面分析，可获得高分辨的 3D 同位素、元素分布图像。这种二次离子成像机制所得到的离子图像的横向分辨率完全取决于束斑的大小。

由于采用离子光路共轴设计，微区原位分析的空间分辨率从微米级突破性地提高到纳米级。纳米离子探针的诞生，使太阳系外物质的研究进入一个新的阶段，直接导致了一系列太阳系外硅酸盐的发现。目前，NanoSIMS 应用领域包括地球科学及空间科学、生命科学、材料科学等领域。

2. Cameca IMS 1270/1280/1280-HR

Cameca IMS 1270 除了可以分析 U-Pb 同位素外，还能进行 H、C、O、S 等稳定同位素分析。具有更高分辨率和灵敏度及传输效率的最新产品 IMS 1280-HR，因针对地质科学与环境领域的分析需求而专门设计，已在地质年龄测定，稳定同位素、痕量元素以及小粒子分析等方面展现了无与伦比的性能。IMS 1280 同时具有高质量分辨力和高传输效率，被认为是地球化学领域分析仪器中的旗舰，Cameca IMS 1280-HR 继承了 IMS 1280 的诸多优势，提高了分辨率，尤其适用于同位素分析。另外，Cameca IMS 1280 离子探针配备了样品表面吹氧装置，将高纯氧气通过毛细管引到样品表面，当真空保持一定范围时，可以提高锆石中 Pb^+ 的产率 1倍以上，对斜锆石可提高 7 倍以上，从而大幅提高离子探针 U-Pb 定年精度。

（1）离子源　Cameca IMS 1280 配备了两套离子源，其中双等离子氧源可以产生 O^-、O_2^-、O^+、O_2^+ 等离子，热电离铯源可以产生 Cs^+ 一次离子。根据质量和电荷的不同，通过一次离子光路上的质量选择器选择不同的一次离子。一般使用氧负离子分析矿物中的金属离子（如 Pb、U、Th、Ti、Li 等）；对于负电性非金属（如 C、N、O、S 等）元素，一般使用 Cs^+ 轰击以获得较高的产率。不过，使用 Cs^+ 对绝缘样品分析时会产生电荷积累，需要使用电子枪来中和正电荷。

（2）具高空间分辨率和离子传输率　采用大半径磁场（585mm）与静电场分析器实现二次离子的双聚焦，分辨率最高达 40000。具有先进的离子透镜系统，能够保证离子传输的高效率。

（3）中和电子枪　Cameca IMS 1280 的电子枪垂直于样品表面入射，与二次离子引出路径同轴。电子枪发射电子的能量为 10keV，样品表面的加速电压为 10kV，故电子枪发射的电子接近样品表面时，其速度近于零，就在样品表面附近形成一层覆盖范围约 100μm 的"电子云"；如果样品表面积累了正电荷，电子在其形成的电场的作用下会移动过去进行电中和，直至形成动态平衡，这样以保证状态稳定和分析正常进行。

（4）接收器　配备有 5 个接收器（法拉第杯和电子倍增器）和 1 个 CCD（charge-coupled device，电荷耦合元件，也称图像传感器、图像控制器），可分为单接收和多接收两部分，其中单接收器配有一个电子倍增器和两个法拉第杯，量程分别为 $1×10^6$cps[1]、$6.3×10^9$cps 和 $6.3×10^8$cps，用于测量不同强度的信号；多接收器具有 5 个可移动的接收位置，可接收 17% 质量变化范围的信号，每个接收位置上可以配置电子倍增器或法拉第杯。

多接收器的采用，不仅使测试时间大大缩短，因多接收器能够同时接收多个质量峰的离子信号，故也可降低一次束稳定性对测量结果的影响。

Cameca IMS 1280 配备的图像接收系统由微通道板、荧光板和 CCD 相机组成。二次离子被投影到微通道板后形成强度放大的二次电子流，二次电子撞击荧光板发光，使用高灵敏度的 CCD 摄像机可拍摄到二次离子图像。

---

[1] cps 指每秒的离子计数。

3. Cameca IMS 7f/7fR

Cameca IMS 7f 具有极高的灵敏度、高质量分辨率（可达 25000）、高动态范围和低检测限。不同于该系列老型号的 Cameca IMS 3f、IMS 4f、IMS 5f、IMS 6f，IMS 7f 配备了双等离子氧离子源和热电离铯离子源。IMS 7f 可选择二次离子显微镜（secondary ion microscope）模式或二次离子探针（secondary ion microprobe）模式，前者可生成样品表面的溅射二次离子的图像；后者可进行常量元素、微量元素和同位素分析，包括深度分析，其深度和横向分辨率可达 2~5nm 和 50nm。IMS 7f 的光栅区域通常不大于 50μm×250μm。

Cameca IMS 7fR 是 IMS 7f 的升级，主要用于放射性物质的测定，特别是高放射性物质的测定。它对样品传送（包括从其他地方运送到测定现场）和分析中配备有各种必要的防护设施，包括α射线锁紧门（Alpha-tight door）、铅墙和铅玻璃观察窗口，以避免对操作人员的伤害和不同样品间的放射性污染，后者可确保在含量非常低时能够准确测量同位素比值等。

IMS 7fR 的高质量分辨能消除锕系元素及其裂变产物的质量干扰。可自动传送样品，计算机控制仪器调试和操作，离子源调谐、电子枪、一次离子和二次离子光学系统、通道板、狭缝和光圈等各部件也可由计算机控制。

第三节　方法及其应用

与其他二次离子质谱仪相似，双聚焦二次离子质谱仪的功能也可分为静态和动态两类。静态双聚焦二次离子质谱仪采用大束斑、低密度离子束，入射离子远少于样品表层粒子，表层粒子基本不被破坏，只是对表面的 1~2 个原子层进行分析，能够给出物质表面信息。与此相反，动态双聚焦二次离子质谱仪采用高密度一次离子束，入射离子深入样品表层粒子之下，样品测定部分会被破坏，可获得微量物质的浓度或同位素组成，也可得到样品纵深方向的浓度剖面。

二次离子质谱仪能检测包括氢在内的元素周期表上的全部元素，它的绝对灵敏度可达 10^{-15}~10^{-19}g，可以做金属的高纯分析、半导体痕量杂质测量和岩石矿物痕量成分、同位素鉴定等。双聚焦二次离子质谱仪可应用于半导体工业、地球科学、天体研究、生物学等研究领域。

天然样品的形成环境化学成分复杂（地球化学环境），这远不同于实验室环境下的较为简单的化学环境，所有元素及其同位素的行为均受地球化学环境因素的制约，故其成分复杂且在微小范围内不均匀，同位素测定中更可能存在同量异位素干扰，这样高分辨率和高传输率的双聚焦二次离子质谱仪在天然样品同位素检测方面具有不可替代的优势，例如，20 世纪80 年代初期，就开始应用于地球科学的 SHRIMP，在阿波罗登月和太空研究计划的基础研究中发挥了非常重要的作用。经过几十年的发展，双聚焦二次离子质谱技术日趋完善，发挥的作用也越来越重要。

一、含铀矿物 U–Th–Pb 同位素

双聚焦二次离子质谱仪极为重要的应用方面就是地球科学，即在同位素地质年代学和稳定同位素地球化学方面的应用。作为双聚焦二次离子质谱的 SHRIMP 和 Cameca 1280（1280-HR）、Cameca NanoSIMS 50 等大型科学仪器，许多功能，特别是高分辨率和高灵敏度，就是专门为同位素地质学和地球化学（包括宇宙同位素年代学、宇宙地球化学）设计，可在20μm 或更小范围内进行原位（in-situ）同位素分析。天然样品组成的不均匀性迫切需要微区原位分析，这促使人们不断发明性能更好的仪器。

SHRIMP 和 Cameca 系列等大型科学仪器，自其诞生的 30 多年来，为自然科学，特别是为地球科学做出了巨大贡献，如在地球形成及早期演化历史的研究，月岩锆石年龄和月岩长石初始 Pb 同位素研究，经历了复杂地质作用的地质年代学研究，S 同位素的原位分析，陨石中 Ti 和 Mg 同位素异常，Hf 同位素原位分析，具有成因和示踪意义的微量元素、REE 和同位素示踪研究等诸多方面具有不可取代的地位。

作为表面分析仪器优秀代表的双聚焦二次离子质谱仪的 SHRIMP 和 Cameca IMS 1280（1280-HR）、Cameca NanoSIMS 50 等大型科学仪器引进我国的 10 多年来，测得了大量地球科学样品的数据，特别是锆石 U-Th-Pb 同位素数据，在我国的地质学研究中起到了极为重要的作用。

同位素地质年代学以放射性衰变定律为基础，通过测定母体及其衰变产生的子体同位素（同位素计时体系）的含量，计算出测定对象自形成以来所经历的时间，即年龄，但要求这个过程中母体—子体同位素体系保持封闭体系。

在同位素地质年代学中，以锆石 U-Pb 同位素体系最重要。锆石 U-Pb 同位素年龄对研究地壳物质的演化具有重要的理论意义，如能够精确测定锆石晶体（一般大小为数十至数百微米）不同部位的年龄，结合其他具有成因示踪意义的地球物质和太阳系物质（如 S、Pb、Ti、Hf、Mg 等）的同位素组成、REE 和微量元素等，就可以了解地球某些区域或太阳系某些方面的演化历史。此外，锆石 U-Pb 年龄还可以用在石油和天然气勘探方面，如依据锆石 U-Pb 年龄，可以知道岩石的形成时间，了解石油的形成环境，何时产生凹陷而形成石油；在金属探矿方面，根据锆石 U-Pb 年龄，可以知晓矿床的矿化时间，结合硫化物矿物显微尺度上硫同位素的组成可以了解硫的来源——究竟是源于沉积作用还是源于地球深部，帮助人们了解为什么能够形成矿床，从而指导寻找新矿体。

除了锆石以外，独居石、磷灰石、白磷钙矿等含铀、钍矿物也可以测定 U-Pb 年龄。U-Pb 年龄涉及 ^{204}Pb、^{206}Pb、^{207}Pb、^{208}Pb 和 U/Pb 比值的测定。在 Pb 同位素质量附近，主要的干扰离子是 Zr 和 Hf 的氧化物和硅化物以及一些 REE 分子，这些干扰离子在分辨率 6500 时就可分开，但此时 Pb 的氢化物离子却依然不能分开——$^{206}PbH^+$ 质量为 206.982274（即 205.974449+1.007825），$^{207}Pb^+$ 质量为 206.975881，需要的最小分辨率=206.982274/(206.982274−206.975881)=32376。$^{206}PbH^+$ 峰会叠加到 $^{207}Pb^+$ 峰上，将使 $^{207}Pb/^{206}Pb$ 比值增大。

此外，U/Pb 比值的测定也是一个关键的问题。Compston 等[7]发现了 $^{206}Pb/^{238}U$ 与 $^{238}U^{16}O/^{238}U$ 的关系，并给出了相应的经验公式。得到正确的 U/Pb 比值是得到 $^{206}Pb/^{238}U$ 年龄的前提。

锆石晶体结构紧密、化学性质稳定，能够保留形成时原有的信息。特别是，锆石中的 U 和 Th 存在 $^{238}U-^{206}Pb$、$^{235}U-^{207}Pb$ 和 $^{232}Th-^{208}Pb$ 三个同位素衰变体系，而天然铀中的 $^{238}U/^{235}U$ 具有确定的比值 137.88（原子个数比），这样就可以得到 $^{206}Pb/^{238}U$、$^{207}Pb/^{235}U$、$^{208}Pb/^{232}Th$ 以及 $^{207}Pb/^{206}Pb$ 四个年龄，根据这四个年龄是否吻合可以判断衰变体系是否封闭，进而判断所得的"年龄值"是否具有年龄意义。

要测定锆石的年龄，需要先将岩石中的锆石晶体分选出来，制作成直径 2.54cm 的环氧树脂靶，在样品靶干燥固结变硬后进行打磨和抛光使锆石晶体中心部暴露，镀金膜后就可以测定。就某个点的测定而言，随着测定的进行，在一次离子流基本稳定的时候，通常二次离子流总强度会逐渐降低。出现这种现象，可能是因为随着测定的进行，一次离子流在样品表面的溅射坑越来越深，二次离子（正离子）与一次离子（O_2^- 或 O^-）相遇的机会越来越多，被中和的机会变多（二次离子相对于源源不断的一次离子是少量的）；特别是，若靶镀金膜厚度不够，则导电性差，中和现象更明显，二次离子流衰减快，测定误差会大。

在用 SHRIMP 测定 U-Th-Pb 同位素中，通常要测定 9 个质量峰，即采集二次离子流中的 $(^{90}Zr_2{}^{16}O)^+$、$^{204}Pb^+$、背景值、$^{206}Pb^+$、$^{207}Pb^+$、$^{208}Pb^+$、$^{238}U^+$、$(^{232}Th{}^{16}O)^+$、$(^{238}U{}^{16}O)^+$ 的强度。每个测点的数据通常扫描 5 次即可。除了 ^{204}Pb 和背景值外，其余 7 个峰计数大小变化有规律——当一次离子流稳定时，从第一组扫描数据到最后一组扫描，通常 $(^{90}Zr_2{}^{16}O)^+$、$^{238}U^+$、$(^{232}Th{}^{16}O)^+$、$(^{238}U{}^{16}O)^+$ 这 4 个峰强度会越来越大，$^{206}Pb^+$、$^{207}Pb^+$、$^{208}Pb^+$ 三个峰的强度越来越低。

测定完成后，需要按给定的公式进行计算，即根据未知样品及与未知样品交替测定的标准样品的数据，将未知样品二次离子计数转化为锆石晶体应有的 $^{206}Pb/^{238}U$、$^{207}Pb/^{235}U$、$^{208}Pb/^{232}Th$ 同位素比值及 U、Th、Pb 含量等。因 $^{207}Pb/^{206}Pb$ 是同元素的比值，故不考虑质量分馏效应时，$^{207}Pb^+/^{206}Pb^+$ 比值与锆石中 $^{207}Pb/^{206}Pb$ 的比值相同。二次离子 $^{206}Pb^+/^{238}U^+$、$^{207}Pb^+/^{235}U^+$ 和 $^{208}Pb^+/^{232}Th^+$ 的比值与锆石中的比值相差甚远，如 $^{206}Pb^+/^{238}U^+$ 比值比锆石应有的 $^{206}Pb/^{238}U$ 比值大 2～3 倍[8]。大量测定表明，二次离子 $^{206}Pb^+/^{238}U^+$ 比值与二次离子 $(^{238}U{}^{16}O)^+/^{238}U^+$ 比值之间存在线性关系[9]。在 SHRIMP 研发的不同阶段，不同的作者曾使用不同的计算公式。目前，普遍使用的公式是 Claoué-Long 等人于 1995 年[10] 提出的 $^{206}Pb^+/^{238}U^+=a[(^{238}U{}^{16}O)^+/^{238}U^+)]^b$，其中 $^{206}Pb^+/^{238}U^+$ 和 $(^{238}U{}^{16}O)^+/^{238}U^+$ 为二次离子流强度的比值，b 值通常取 2.0。年龄相同的锆石的 $\ln(^{206}Pb^+/^{238}U^+)-\ln[(^{238}U{}^{16}O)^+/^{238}U^+]$ 能够拟合成互相平行的直线，年龄大的位于直角坐标系的更上方，纵截距 $(^{206}Pb^+/^{238}U^+)$ 之差对应 $^{206}Pb/^{238}U$ 年龄之差。

二、地球物质的同位素

稳定同位素地球化学最基本的是示踪作用，即通过研究对象的同位素组成追溯其来源和成因。

SHRIMP 和 Cameca 系列仪器可以进天然样品和人工样品的稳定同位素分析，如自然界中的同位素异常研究（耐火陨石矿物中的同位素异常）、月球物质中太阳风（solar wind）同位素分析、块状硫化物矿床中 S 同位素分析、生物样品（如牙形石、古珊瑚、耳石和哺乳动物牙齿化石）和无机矿物中的 O 同位素比值，以及 Li、B、Mg 和其他元素分析等。

Kobayashi 等[11] 报道用 Cameca IMS 1270 离子探针分析了夏威夷火山岩中橄榄石斑晶中玻璃包体的 Li、B、Pb 同位素组成，试图寻找夏威夷地幔柱（plume）再循环的迹象。实验时用与未知样品基体相似的人工玻璃作为标准物质，并给出相应的校正系数。实验发现这些玻璃包体的 δ^7Li、$\delta^{11}B$、$^{207}Pb/^{206}Pb$、$^{208}Pb/^{206}Pb$ 变化范围远大于全岩变化范围，并推测火山岩浆是由不同同位素组成的物质混合而成。Huari 等[12] 报道用 Cameca IMS 6f 离子探针测定了西伯利亚金伯利岩中金刚石的 C 和 N 同位素组成。

（一）H、C、O、S 等同位素

H 同位素的离子探针分析方法可以分为两类，一类是采用 Cs^+ 作为离子源，测量带负电荷的 H^- 和 D^- 二次离子信号；另一类是采用 O^- 为一次离子流，测量带正电荷的 H^+ 和 D^+ 二次离子。由于 Cs^+ 离子源具有更小的束斑和高的密度，以及 H^- 和 D^- 二次离子更高的产率，因此前者更为常用。采用 Cs^+ 为一次离子流且大小为 500pA、空间分辨约 1μm、分析时间 15min 时，NanoSIMS 的 δD 的分析精度优于 0.5%。

C 同位素测量使用 Cs^+ 离子源，质量分辨率达到 3500 即可分离 ^{12}CH 和 ^{13}C。使用 Cameca IMS 1270/1280 的分析精度约为 0.06%。NanoSIMS 采用小束流，可实现 5μm 区域内获得 0.1% 的 $\delta^{13}C$ 内精度；采用高分辨成像方式，可对小至 0.3μm 的颗粒得到 0.8% 的分析精度。

Kita 等[13]2009 年讨论了使用 Cameca IMS 1280 进行高精度和准确度原位稳定同位素分析时样品制备等对测定结果的影响。实验时，由多接收法拉第杯接收氧的同位素，在斑点大小为 10～15μm 时，得到的氧同位素常规分析点对点的重现性最好为 0.03%（$\delta^{18}O$ 和 $\delta^{17}O$，$2S$）。他们在测定标准样品时发现，如果样品在抛光时被去掉较多（10～40μm），测定结果会有很明显的表面效应（topographic effects），$\delta^{18}O$ 的测值随着样品抛光时去掉的多少、表面的倾斜度、分析点的几何特点等变化而变化，这些因素可导致 $\delta^{18}O$ 值增大约 0.4%、外精度降低 0.3%（$2S$）。

Kita 等[14]2011 年的研究认为磁铁矿 Fe 同位素、闪锌矿 S 同位素同样具有光轴效应。

Lyon 等[15]首次报道了一次离子入射到具有均匀氧同位素组成的磁铁矿不同晶面上氧同位素观测值的较大变化现象，提出离子探针的"光轴效应"（crystallographic orientation effects）。Huberty 等[16]利用 Cameca IMS 1280 确认了该现象，并发现在赤铁矿氧同位素分析时也存在类似现象，且通过降低一次离子加速电压（从 13kV 降至 3kV）的办法可以降低光轴效应的影响（0.2%～0.06%，$2S$）。

S 同位素测量的一次离子流使用 Cs^+，二次离子取 S^-。多数金属硫化物导电性较好，无需电子补偿就可进行分析，但重晶石、硬石膏、石膏、气溶胶等样品导电性较差，需要采用电子枪对分析区域进行电荷补偿[17]。使用 Cameca IMS 1270/1280，束斑为 10μm，$\delta^{34}S$ 分析精度可达 0.02%[18]；使用 NanoSIMS 50，将空间分辨提升到 1μm 以下，用电子倍增器接收 ^{32}S、^{33}S 和 ^{34}S，$\delta^{34}S$ 分析精度仍好于 0.5%[19]。利用 NanoSIMS 50L 的图像方式，将空间分辨提高到 0.2μm 时，S 同位素分析精度好于 0.8%[20]。

除此之外，Mg、Fe、Cu 等同位素的应用近年来飞速发展，如 Whitehouse 等[21]和 Marin 等[22]用 Cameca IMS 1270 测试了多种 Fe 同位素标准样品，精度可达 0.03%（2σ）。

（二）Li 同位素

Li 是自然界最轻的金属元素，只有两个稳定同位素，因此在质谱分析过程中，无法进行同位素分馏的内部校正。SIMS 微区原位 Li 同位素分析始于 20 世纪 90 年代后期，早期使用的是小型的 Cameca F 系列 SIMS[23]，目前则更多地使用大型的高灵敏度高分辨率质谱仪 Cameca IMS 1270/1280/1280-HR。Cameca IMS 1280 可以在约 20μm×30μm×2μm 的空间获得约 1%（1σ）的分析精度。由于 Li 同位素基体效应明显，标准样品与分析样品基体相似程度是获得准确的 Li 同位素分析结果的关键。

Li 同位素是一种非传统稳定同位素示踪工具，其应用领域涵盖了从地表到地幔的熔体和流体与矿物之间的相互作用以及行星的早期演化研究。Li 同位素地球化学研究随着 MC-ICPMS 和二次离子质谱仪技术的发展而发展。

通常天然样品中的 Li 元素含量较低，在用 SIMS 分析 Li 同位素时采用可得到 O 作为一次离子产率较高的二次离子。如用 Cameca IMS 1280 测定 Li 同位素时，通常采用均匀照明的一次离子光学模式，一次离子的能量为−13keV，椭圆形束斑大小为 20μm×30μm，束流强度可达 20～30nA。如果要求空间分辨率更高，则可采用高斯照明的一次离子束模式，以获得直径<10μm 的离子束，此时一次离子束流强度为 5～10nA。Li 离子被+10kV 电压加速并进入双聚焦磁式质谱仪。质量分辨设置为 1300（MRP，10%峰高），以确保消除 $^6LiH^+$ 对 $^7Li^+$ 的干扰，相应的入口狭缝宽度为 300μm，能量狭缝宽度为 60eV，视场光阑宽度 5000μm。由于 Li 的两个同位素质量相对差别很大（约 16.7%），如果使用多接收器进行测量，两个接收杯的位置将远离光轴，导致畸变增大，从而难以获得平顶质量峰，无法保证分析质量。因此，采用单接收器磁场跳峰的模式分时测量 $^6Li^+$ 和 $^7Li^+$ 信号。每次测量前，使用一次离子束对样品表面进行约 30s 剥蚀以清除微区表面镀层和降低制靶过程的污染，用 $^7Li^+$ 离子的信号对二次离子光路的参

数进行自动调整，以获得最强的二次离子信号，同时可减小因样品表面差异带来的分析误差，再依次扫描能量峰和质量峰。常规分析中每个分析点花费时间约为 15min，剥蚀深度约 2μm，取样空间分辨率约为 20μm×30μm×2μm。应将标准样品和未知样品交替分析，以便监测仪器状态和用于校正[24]。

Ushikubo 等[25]使用 Wisconsin-Madison 大学的 Cameca SIMS 1280 首次对西澳大利亚 Jack Hill 碎屑沉积岩的冥古宙锆石进行了 Li 同位素微区原位分析。作者采用的实验条件是，一次离子 O- 被 23keV 加速（离子源 13kV，样品 10kV），采用 Kohler 照明模式，样品表面斑点直径 10～15μm，离子流是 0.5～3nA；二次离子被 10keV 加速，入口狭缝宽度 120μm，传输棱镜放大倍数设置为 200，磁场光圈 3000μm，能量狭缝宽度 40eV。通过将二次离子流与磁场光圈校准以去掉溅射坑边缘产生的 Li 离子，从而减少表面的 Li 污染。在这样的条件下，斑点中心的二次离子传输大于 70%。$^6Li^+$ 和 $^7Li^+$ 由接收器系统中最远位置的两个小的 Hamamatsu 倍增器（L2 和 H2）同时接收。出口狭缝最宽为 500μm，对应的质量分辨能力为 2200，足够消除 $^6Li^+$ 对 $^7Li^+$ 的干扰。

研究者发现，这些古老锆石具有很大的 δ^7Li 值变化范围（-2.0%～+2.0%），远大于太古代以后的地壳锆石以及全球花岗岩全岩的 δ^7Li 变化范围，其中部分冥古宙锆石具有很低的 δ^7Li 值（-0.5%～-2.0%），与强烈风化产物（如红土、残余土）δ^7Li 值相当。锆石晶体中，由于 Li 和 REE 会替换 Zr 而占据其原有的晶格位置，那么 Li 与 REE 应该有相似的扩散速率，亦能够在锆石中很好地保存，故测得的 Li 同位素组成能够代表锆石晶体形成时与锆石结晶平衡的岩浆的 Li 同位素组成。由此推测，冥古宙锆石极低的 δ^7Li 值表明地壳在形成后不久就可能形成了与现今类似的水圈，并有了风化作用。

三、陨石、月球、星际物质的稳定同位素

（一）宇宙尘埃

华盛顿大学的 Messenger 等[26]使用 Cameca NanoSIMS 50 测定了宇宙尘埃，共识别出了六个硅酸盐行星尘埃（interplanetary dust particles, IDPs），极异常的 O 同位素组成表明它们源于太阳系外，三个富含 ^{17}O 尘埃显示其来自红巨星或 AGB 星（asymptotic giant branch stars）。一个富含 ^{16}O 的尘埃可能来自从贫金属的恒星，两个贫 ^{16}O 的尘埃来源于未知的恒星。Nguyen 等[27]在碳质球粒陨石 Acfer 094 中发现了 9 个前太阳的硅酸盐尘埃，异常的 O 同位素组成表明它们在恒星演化的大气层中形成；其中一个富含由 ^{26}Al 衰变的 ^{26}Mg，可以提供关于母星体中混合过程的信息。该研究者的发现为研究各种太阳系环境中的恒星过程和条件开辟了新的途径。文献报道了一个无水星际尘埃颗粒的 ^{13}C 亏损与 ^{15}N 富集有关。

（二）陨石

Guan 等在 2003 年[28]和王鹤年等[29]在 2006 年利用美国亚利桑那州立大学的 Cameca IMS 6f 离子探针测定了中国发现的第一块火星陨石——GRV99027 二辉橄榄岩质辉玻无球粒陨石中磷酸盐矿物白磷钙石的 D/H 比值并计算了相应的水含量，得到了 δD 值范围为+130%～+470%，水含量（质量分数）为 0.04%～0.43%的氢同位素组成。测试时发现，由于磷酸盐颗粒常具有小的裂缝，因而采用小 Cs^+ 离子束斑（2～5μm）来避免周围环氧树脂的污染。为了增加二次离子的传输率，二次离子信号是加压 9keV 后在经过 75μm 孔径的光栅后收集。样品表面的电荷积累由电子流枪来中和。用地球磷灰石标样和 GRV99027 薄片的橄榄石进行仪器质量分馏和氢背景校正。分析 D/H 比值点的水含量，也是用地球磷灰石标样确定，选择 P 作为参考元素。水含量的相对误差约为 5%～18%。

Jiang 等[30]利用中国科学院地质与地球物理研究所的 Cameca IMS 1280 离子探针研究了中国在南极发现的第二块火星陨石 GRV020090,测得其中斜锆石的 $^{206}Pb/^{238}U$ 年龄为(192±10)Ma,这是当时全世界所报道的火星陨石离子探针年龄中分析精度和空间分辨率最高的数据。

（三）月球

离子探针不仅可以精确确定月球岩石的结晶年龄,而且还具有高空间分辨率和高精度的性能,在精确确定月球表面岩石经历的撞击事件年龄方面也发挥了重要作用。目前,SHRIMP 系列和 Cameca 系列大型离子探针已被广泛用于对月球成因的锆石、斜锆石、钙钛锆石、静海石、磷灰石等含 U 矿物进行 U-Pb 和 Pb/Pb 精确定年[31~33],在研究月壳的形成和演化过程中发挥了重要的作用。根据 Apollo 角砾岩中的锆石离子探针 U-Pb 和 Pb/Pb 年龄,显示 39 亿年前,月球表面至少经历了在 42 亿年和 40 亿年左右的两次大规模撞击事件以及 34.3 亿年月球表面的一次大规模高强度撞击事件。测定月球陨石及月球表面撞击熔融角砾岩中的锆石年龄能够知晓月海的形成年龄[34,35]。

（四）太阳星云

太阳系外物质的鉴别是根据同位素组成异常确定的。自从太阳系外成因的纳米金刚石被发现以来[36],人类陆续在原始球粒陨石的酸不溶物中发现了碳化硅、石墨、刚玉、氮化硅、尖晶石以及黑复铝石等太阳系外成因的矿物,采用的分析手段包括气体质谱（GMS）、热电离质谱（TIMS）以及二次离子质谱（SIMS）。由于不同的太阳系外物质有不同的恒星来源,单个尘埃颗粒的同位素组成对了解太阳系外物质的成因以及恒星母体的演化历史有重要的作用。因太阳系外物质普遍具有微米至亚微米级的极小粒径,故用 NanoSIMS 技术分析太阳系外物质单个尘埃颗粒是最好的选择[17]。为了尽量避免颗粒周围物质的干扰,Vollmer 等[37]用 NanoSIMS 的高分辨成像功能,采用直径约 100nm 的铯离子束,通过检测 FeO 复合离子的信号测量 Fe 同位素。我国清镇陨石是一个原始的 EH3 型陨石,对该陨石的化学分离和同位素图像分析,首次在 EH 群陨石中发现超新星成因的 SiC 和 Si_3N_4,利用中国科学院地质与地球物理研究所引进的 NanoSIMS 50L,对宁强（C3）、清镇（EH3）以及荷叶塘（L3）等不同化学群陨石 C、N、O、Si、S 等同位素面扫描,发现了大量来源于 AGB 星、红巨星以及新星的太阳系外硅酸盐、SiC 和碳质颗粒[17]。

（五）灭绝核素

近 10 年来,随着离子探针分析的精度和空间分辨能力的不断提高,极大地促进了灭绝核素的发现和研究。灭绝核素又称短寿命核素（short-lived nuclides）,一般指半衰期（$t_{1/2}$）介于 0.1~100Ma（百万年）之间的放射性同位素。通过测定灭绝核素衰变产物的同位素过剩,如由 ^{26}Al（$t_{1/2}=0.7Ma$）衰变造成的 ^{26}Mg 过剩、^{53}Mn（$t_{1/2}=3.7Ma$）衰变造成的 ^{53}Cr 过剩、^{60}Fe（$t_{1/2}=2.62Ma$）衰变造成的 ^{60}Ni 过剩以及 ^{36}Cl（$t_{1/2}=0.3Ma$）衰变造成的 ^{36}S 过剩等,可求出灭绝核素的初始比值[17]。

此外,灭绝核素还是太阳星云和行星形成和早期演化历史的精确同位素计时器,可区别出 45.6 亿年前时间间隔小至几万年的事件。适用的灭绝核素半衰期大致为 0.1~100 Ma,其中 ^{10}Be、^{26}Al、^{41}Ca 主要发现于碳质球粒陨石中的富 Ca、Al 包体,但 ^{26}Al 也可在无球粒陨石的钙长石中被检测到[17]。

利用我国引进的 Cameca IMS 1280 离子探针,对同类陨石中不同产状的硫化物开展的 ^{60}Fe-^{60}Ni、^{53}Mn-^{53}Cr 分析表明,闪锌矿颗粒核部的 $^{60}Fe/^{56}Fe$ 初始比值为(0.93~1.6)×10^{-6}[17];^{36}Cl 首先发现于我国宁强碳质球粒陨石中富 Ca、Al 包体低温蚀变形成的方钠石中。根据方纳石的 $^{36}Cl/^{35}Cl$ 比值（约 5×10^{-6}）,并校正其形成时间,给出太阳系的 $^{36}Cl/^{35}Cl$ 初始比值≥1.4×10^{-4}[38]。

利用我国引进的 NanoSIMS 50L，对小行星（编号为 2008TC3）的 Almahata Sitta 陨石中的 EL3 型角砾中的陨氯铁（$FeCl_2$）进行 ^{36}Cl-^{36}S 体系的同位素分析，首次在原生矿物中发现由 ^{36}Cl 衰变产生的 ^{36}S 过剩，并给出 $^{36}Cl/^{35}Cl$ 初始比值为 $(1.42\pm0.74)\times10^{-4}$[39]。最近在 Allende 陨石富 Ca、Al 包体的另一种含 Cl 蚀变矿物 Wadalite 中发现了迄今已报道的早期太阳系物质中最 ^{36}Cl 丰度，很高的 ^{36}S 过剩，其 $^{36}Cl/^{35}Cl$ 比值为 $(1.81\pm0.13)\times10^{-5}$[40]。

四、古气候

（一）石笋

洞穴石笋可记录气候变化，已成为重要的古气候研究载体之一，依此可建立精确的时间坐标[41]，研究古气候随时间的变化，其中研究最深入的是石笋 O 同位素（$\delta^{18}O$）。石笋的 O 同位素不但能反映季风强度的变化[42]，而且还可以通过同一水汽传输路径上不同地域间石笋的 $\delta^{18}O$ 值的差异来定量反映不同时期当地降水的变化[43]。

刘浴辉等[44]在 2015 年尝试利用中国科学院地质与地球物理研究所的 Cameca SIMS 1280，对长江中游清江和尚洞洞穴碳酸盐沉积物 HS4 石笋的 8.3kaBP 时段（236.3～235.6cm）进行 $\delta^{18}O$ 原位分析，探讨了 SIMS 测定 $\delta^{18}O$ 所呈现出的年际旋回对石笋进行相对定年的可能性。获得的 HS4 石笋 $\delta^{18}O$ 的季节记录呈现出较为显著的年际旋回特征，其旋回总数与同段石笋 Mg/Ca 比及石笋反光微层图像中所呈现出的年层总数一致，有望为不具备清晰年纹层石笋的相对定年提供一个新的方法。和尚洞洞内温度亦呈现出明显的季节性差异，说明 HS_4 石笋 $\delta^{18}O$ 的季节性高低变化来源于气候的季节性变化，因而这种年际旋回就可与 HS_4 石笋的年纹层相呼应。

（二）牙形石

牙形石（主要成分为磷酸钙）能够较好地保存最初的 O 同位素信息，是研究古温度变化的最佳样品。

周丽芹等[45]在 2012 年在国内首次介绍了利用 SHRIMP IIe-MC 建立的牙形石微区原位 O 同位素分析方法，并对西藏文布当桑二叠系－三叠系剖面 49 个层位的 237 件牙形石样品进行了 O 同位素分析。实验中，为减小样品靶边缘效应对测量结果的影响，将牙形石样品排布在以靶中心为圆心、直径为 5mm 的圆周内。实验采用一次铯离子束，加速电压为 15kV，强度约 3nA，束斑直径约 25μm。离子束轰击到镀铝的样品靶上会产生 200～250pA 的二次电子，故用 Kimball Physics ELG-5 电子枪以 45°角将能量约 350eV 的电子发射到样品表面以中和靶上的累积电荷。$^{16}O^-$ 和 $^{18}O^-$ 用配有 Keithley 642 静电计的法拉第杯同时测量。每个点设置扫描 2 组，每组扫描 6 次，每次扫描积分时间设定为 10s，在两组扫描之间仪器自动重新调整一次离子流和二次离子流参数，使之达到最佳。

王润等[46]用 Cameca IMS 1280 对牙形石微区原位 O 同位素测试方法进行了探索研究。分析时以 $^{133}Cs^+$ 为一次离子束，并使用电子枪中和样品表面 100μm 范围积累的电荷，用两个法拉第杯同时分别接收 ^{16}O 和 ^{18}O，用核磁共振技术来控制磁场稳定性。每个样品点分析采集 20 组数据，单组积分时间 4s，用约 2min 时间剥蚀样品表面。测量的 $^{18}O/^{16}O$ 比值通过 VSMOW（Vienna Standard Mean Ocean Water）值（其 $^{18}O/^{16}O=0.0020052$）校正，加上仪器质量分馏校正因子 IMF 即为该点的 $\delta^{18}O$ 值。

五、地球早期生命

生命的起源是最基本的科学问题之一。地球上何时才有生命，如何识别早期生命对研究地球生命的起源和寻找地外生命都具有重要意义，是地球与行星学和生物学界共同关心的科学问题。目前发现的大量生命证据都出现在小于 30 亿年的岩石中，所以研究人员把目光投向了可能记录着生命从无到有的 38 亿年～30 亿年前。在探寻地球早期生命的研究中，"生命"所具有的形态或化学特征是判断生物体及生物成因的有力证据。近些年发展起来的 NanoSIMS 微区原位分析技术成为了研究早期生命的一个新的重要手段[17]。

把成像与元素、同位素分析联系起来的高空间分辨的离子探针微区原位分析技术是研究地球早期生命与演化的重要手段。在自然界，生物参与 C、S 循环能够造成显著的同位素分馏，因此 C、S 同位素手段常常被用来寻找地球上早期生命与地外生命的迹象。Cameca NanoSIMS 技术能够给出亚微米大小范围的化学成分图像，因而可以提供与生物学相关的元素如 C、N、P 和 S 的高分辨率图像[47]。

Wacey[48]通过 NanoSIMS 得到的 C、N 元素分布特征，在澳大利亚西部 Pilbara 地区发现了 34 亿年前已经存在的硫代谢微生物化石，它们可能是迄今发现的地球上最古老的生命形式，太古代早期的微生物已具有氧化黄铁矿的能力。

Robert[49]首次将 NanoSIMS 成像与光学显微图像联系起来，表明 NanoSIMS 能够同时对生命元素分布扫描成像，并且可以与已被证实为生物的化石进行对比，这一方法对研究古老沉积物中有机物质的起源有着重要的意义。

Kilburn 等[50]在 2007 年利用 NanoSIMS 技术测得了位于澳大利亚西部年龄为 34.3 亿年的 Strelley Pool 组中与沉积作用同时形成的微米级黄铁矿的原位 $\delta^{34}S$ 值，黄铁矿中硫同位素的最大分馏值达 5.4‰（$\delta^{34}S$），其变化范围约为 7.5‰。结合相关的含碳物质及对氧化还原敏感的碎屑矿物信息，可以得出早至约 34.3 亿年前就在缺氧环境中存在生物偶合的氧化还原硫循环作用。

2011 年，Kilburn 和 Wacey[47]还利用 NanoSIMS 测定技术，将现代叠层石和澳大利亚西部 27.2 亿年前的叠层石（Tumbiana 组 Meentheena Carbonate 段）的 C、S、N 等元素的分布及空间关系进行了对比，发现现代叠层石中的 C、N、S 元素在空间上展布一致；27.2 亿年的叠层石中 C、N、S 元素的空间展布也很一致，而与 Si 是此消彼长，表明这部分 Si 是微生物形成早期被粘连的。他们的研究结果支持叠层石为生物成因。

六、环境微生物生态学

研究环境样品中的目标微生物，常需要将 NanoSIMS 技术结合同位素示踪技术，与透射电子显微镜（SEM）和扫描电子显微镜（TEM）、荧光原位杂交（FISH）、卤素原位杂交、X 射线能谱等技术联合使用，来识别微生物的种类和功能，并且已在微生物生态学研究中突显出巨大的潜力[51~53]。

NanoSIMS 50L 所具有的极高质量分辨率和极高灵敏度，能够有效区分 $^{13}C^-$ 与 $^{12}CH^-$、$^{12}C^{15}N^-$ 与 $^{13}C^{14}N^-$ 之间微小的质量差异和分析极微量样品，而空间分辨率可达 50nm（铯离子源）和 150nm（O^- 离子源），且能够同时对 7 种离子进行分析。NanoSIMS 技术已在 N、C、S 等元素的生物地球化学循环研究中得到广泛应用外，也在不断拓展着微生物生态学方面的应用范围。虽然 NanoSIMS 50L 在分析精度上略低于 IMS 1280HR，但其空间分辨率却从微米级提高到纳米级（50nm），实现了可以对单个生物细胞内结构和成分的研究[54]。

以 NanoSIMS 为代表的单细胞分析技术的兴起为研究微生物生态学提供了崭新的机遇，并且已经在参与 N、C、S 等元素生物地球化学循环的微生物研究中显示出前所未有的优势和重要的应用前景。微生物的空间分布及其在土壤基质中的功能活性对元素地球化学循环具有极为重要的影响，而且土壤的高度异质性为微生物提供了无数性质各异的微环境[55]，将土壤理化环境的异质性与其对生物过程的影响联系起来，是当今土壤微生物生态学的研究前沿之一[42,56]。Herrmann[57]将 NanoSIMS 运用于土壤微生物的活性与空间分布的研究，并同时观察了土壤物理微环境对微生物的影响。他们首先将土壤中广泛分布的荧光假单胞菌（pseudomonas fluorescens）的纯培养菌株（NCTC10038）在含有 $^{15}NH_4^+$ 的培养基中进行标记24h 后，混入土壤样品中，然后用环氧树脂固定并切片供 NanoSIMS 观察。该项研究显示出NanoSIMS 在分析微生物在土壤中的微域分布及其与土壤基质相互作用方面的巨大可能性。

胡行伟等[58]在 2013 年专门讨论了纳米二次离子质谱技术应用于微生物生态学研究的技术路线。给出 Cameca NanoSIMS 50L 单细胞成像分析的主要步骤，即在实验室微宇宙培养或原位条件下，将采集的环境样品或可培养的微生物暴露在富含稳定性同位素（^{15}N 或 ^{13}C 等）或放射性同位素基质的环境中，经过短期的同位素标记过程之后，将样品固定、脱水，形状不规则样品需要用环氧树脂包埋，制备成表面平整、符合仪器真空条件的薄片并镀导电膜后进行 NanoSIMS 分析。

NanoSIMS 技术在 N 循环过程中的应用，首先是对固氮微生物的研究。许多研究显示，将同位素标记技术与 NanoSIMS 和 TEM 成像技术联合使用，能够在探究微生物细胞的生理组成元素及其相关代谢和转运过程方面发挥巨大作用。

Fike 等[59]在 2008 年利用 NanoSIMS 50L 型二次离子质谱仪，并结合 CARD-FISH 技术，成功地为解决这一问题提供了新的视角，识别出在高盐环境下微生物垫中参与 S 循环的主要微生物类群是 Desulfobacteraceae 科的硫酸盐还原菌。首先用外层包裹有 $^{35}SO_4$ 的银箔与微生物垫中可溶性的硫化物反应，硫化物与 $^{35}SO_4$ 的氧化还原反应使硫化物中的 ^{34}S 固定在银箔表面，然后通过 NanoSIMS 成像技术就能够测定样品中 $\delta^{34}S$ 同位素的组成情况，从而计算出不同微生物垫深度上硫化物的浓度。NanoSIMS 所生成的二维图像表明，微生物垫中硫化物的浓度随着深度的增加而减少，这种变化趋势与利用 CARD-FISH 所测定的脱硫（desulfobacteraceae）科的硫酸盐还原菌丰度随微生物垫深度的变化趋势相吻合，说明脱硫科对微生物垫中硫化物的空间分布具有决定作用。以往对硫酸盐还原菌的研究多停留在对其总的丰度和结构组成分布上，而通过使用 NanoSIMS 与 CARD-FISH 结合的方法能够将微生物的空间分布与硫化物的空间分布联系在一起，更容易识别硫酸盐还原过程中的关键活跃类群。

陈晨等[60]研究了荧光原位杂交-纳米二次离子质谱技术（fluorescence in situ hybridization-nano secondary ion mass spectroscopy，FISH-NanoSIMS）在环境微生物生态学的应用。研究采用稳定同位素标记化合物 ^{13}C-$C_6H_{12}O_6$ 和 ^{15}N-NH_4Cl 作为 C 源和 N 源，分别对纯培养锰氧化细菌假单胞菌 *Pseudomonas sp.* QJX-1（培养基加锰及不加锰两种条件）以及浅层土壤及厌氧污泥两种环境样品进行培养。利用 FISH-Nano SIMS 技术（中国科学院地质与地球物理研究所的 NanoSIMS 50L 质谱仪）检测培养后样品中微生物体内 $^{12}C^-$、$^{13}C^-$、$^{12}C^{14}N^-$、$^{12}C^{15}N^-$ 的分布特征及其丰度值，探讨了纯菌及环境样品中微生物利用同位素碳氮源的情况。结果显示，所有样品细菌分布区域对应的同位素碳氮（^{13}C、^{15}N）的含量均显著大于其自然丰度值，这表明 *Pseudomonas sp.* QJX-1 及环境样品中的微生物均能代谢 ^{13}C-$C_6H_{12}O_6$ 和 ^{15}N-NH_4Cl。研究进一步发现，*Pseudomonas sp.* QJX-1 在碳氮源消耗至较低浓度时才进行锰氧化，浅层土壤和厌氧污泥中可能都存在同步硝化反硝化细菌群落。FISH 和 NanoSIMS 技术联用能同时分析环境样品中特定微生物的分布特征及代谢功能，进而能更好地掌握环境样品中微生物群落的生理生态学特征。实验中，将载玻片喷金后在样品腔内先用约 1nA 的高速电子流预溅射样品至 100nm 的深度，再用 1.0pA 的 Cs^+ 轰击样品。N 以 CN^- 离子团形式检测，设置电子倍增探测器收集二次离子 $^{12}C^-$、$^{13}C^-$、$^{12}C^{14}N^-$、$^{12}C^{15}N^-$。样品表面溅射出的二次离子束通过脉冲计数收集检测后呈现出定量二次离子图像。轰击面积大小约为 150nm，扫描像素为 256×256，停留时间为每像素 20ms，图像尺寸在（10μm×10μm）～（25μm×25μm）之间。扫描分析完成后，导出图像，用软件 Image J 修正处理，并得出不同元素比值图。每个样品有 3 个平行样，将测定结果与其自然丰度值（$^{13}C/^{12}C=0.0110$，$^{15}N/^{14}N=0.00370$）进行对比，分析微生物对 C、N 的代谢情况。测定结果说明，FISH-NanoSIMS 在测量纯菌培养样品 C、N 含量时误差较小，对纯菌培养体系的测定具有较好的平行性。

NanoSIMS 不仅能够提供微生物的生理生态特征信息，而且能够确定并识别复杂环境样品中的代谢活跃的微生物细胞，并将其类群信息与功能联系起来，对从微观尺度上识别不同微生物群落在元素循环中的作用和在生态系统中的功能具有重要意义。然而，NanoSIMS 技术在微生物生态中的应用还存在以下问题：①用 NanoSIMS 分析时，如果选择反映同位素富集的区域不合适，可能会影响对微生物功能的正确分析。②在样品制备时，固定和脱水等过程可能会对微生物细胞的同位素组成造成一定的影响。③由于 NanoSIMS 一般与同位素标记技术联合使用，标记过程中微生物交叉取食及同位素被稀释的风险同样也会影响后续的 NanoSIMS 分析结果。④由于 FISH 技术应用于复杂土壤样品的难题，NanoSIMS 与 FISH 联用仍然很难区分不同类群土壤微生物的功能活性。当前微生物生态学的研究技术多基于 PCR（polymerase chain reaction，译为"聚合酶链式反应"。PCR 是 DNA 快速扩增的一种分子生物学技术，用于体外扩增特定的 DNA 片段，其扩增效率像核裂变的"链式反应"那样快速）扩增，对环境微生物的认识以易于被 PCR 扩增出的优势种群为主，对环境中丰度较低的稀有微生物种群认识严重不足，未来基于 NanoSIMS 的研究方法将有助于揭示自然环境丰度较低但发挥重要功能的微生物种群。同时，随着原位杂交技术的进一步发展，结合不断丰富的生物标志物，如脂类、DNA/RNA、蛋白质等，NanoSIMS 技术可能为研究微生物的类群和功能提供更为完整的信息[58]。

七、核电站安全性监测

在核保障核查中，环境取样分析技术占有重要地位，正确的取样方式是发现未申报核活动及核设施的重要保证。通过测量敏感核素在核设施周围的空气、水、植物、土壤中的含量及丰度，可以揭示核活动信息，如目前的微粒分析技术，一般是通过测量含铀微粒中铀同位素的比值来揭示违约活动。

为保障"核不扩散条约"的有效性，推进环境取样技术的发展，满足核燃料循环过程涉及的环境样品中痕量特征同位素检测分析的需求，欧盟联合研究中心（JRC）下属的"标准物质和测量研究所"（IRMM）于 1996 年推出了"核特征的实验室间测量评价计划"（NUSIMEP）。2008年，IRMM 首次组织了带有试验性质的微粒分析比对测试（NUSIMEP-6），2010 年再次组织了旨在测量含铀微粒中铀同位素比值的比对（NUSIMEP-7），最终有 17 个实验室采用不同的微粒分析手段提交了测量数据，其中 7 个是 IAEA（International Atomic Energy Agency）的 NWAL（Network of Analytical Laboratories）数据。中国原子能科学研究院（CIAE）微粒分析实验室以"专家实验室"身份应邀参加了 NUSIMEP-6、NUSIMEP-7 比对，使用 Cameca IMS 6f 型二次离子质谱计对 IRMM 分发的两枚碳片比对测试样品 NU7-101、NU7-62 进行了测试。碳片上的含铀微粒以 U_3O_8 形式存在，平均直径为(0.33±0.14) μm。众多实验室的比对结果表明，拥有性能较先进的分析仪器（如 LG-SIMS、NanoSIMS、SIMS）的实验室的测量结果普遍较好，特别是使用 LG-SIMS 的测量结果比较突出，显示出这种仪器在进行含铀微粒分析中的优势[61]。

作为和平使用核能的核电站的安全运行涉及全民关注的问题。核电站主要以 ^{235}U 为燃料，依靠 ^{235}U 核裂变过程中核能的释放来发电。^{238}U、^{235}U 和 ^{234}U 是 U 元素的天然放射性同位素，其原子百分比分别为 99.275%、0.720% 和 0.005%。^{235}U 是唯一天然存在的易裂变核素，是重要的初级核燃料，可在慢中子作用下发生裂变放出大量能量，每千克 ^{235}U 核裂变所释放的能量相当于 2700t 标准煤所释放的能量。^{238}U 吸收一个中子后，R 发生裂变而变成 ^{239}U，^{239}U 经两次 β 衰变生成 ^{239}Pu（^{239}Np 衰变成 ^{239}Np，^{239}Np 再衰变成 ^{239}Pu），^{239}Pu 为慢中子引发裂变，故 ^{238}U 是重要的次级核燃料。^{234}U 含量低且又是 ^{238}U 的衰变子体，在核燃料方面不必考虑。

核电站的运行肯定会导致其周围环境中的放射性高于环境的背景值（即高于地球化学背景值），特别是要预防核泄漏，这样就要求不断地检测核电站周围不同远近的地区的放射性强度及放射性物质的多少，通常是采集尘埃并进行放射性污染的检测，通常在核电站外围安全区，越远离核电站，^{235}U 等的丰度越小。所以，在核电站周围采集的尘埃中 ^{235}U 的丰度变化能够反映该核电站周围环境被放射性污染的程度。一般地，这些尘埃体积很小，仅有几微米，并且不同的尘埃的 ^{235}U 丰度也不相同，尽管大部分颗粒的 ^{235}U 丰度与环境固有的相差无几，但可能有少数颗粒异常，这样就需要对每个颗粒分别检测，故只能使用二次离子质谱仪。例如，曹永明等在 2002 年[62]用双聚焦磁质谱仪的 IMS 6f 型二次离子质谱仪测量了两颗尘埃中 ^{235}U 的不同丰度比，分别为 25.7% 和 9.64%。这两颗尘埃都有不同程度的放射性污染。

八、掺杂成分浓度分析

随着微电子学领域的飞速发展，对半导体材料和元件的可靠性提出了强烈要求。利用双聚焦二次离子质谱中的离子探针对半导体材料进行分析，如测定微量杂质、分析表面污染物质、分析深度方向上微量杂质的浓度分布、标定界面、观察元素的平面二维分布等。

SIMS 的主要应用之一就是对掺杂、杂质沾污和材料成分的定量分析，即对固体物质表面或薄层进行单元素和多元素痕量分析的质谱方法，对研究样品深度特征和固体表面元素分布特点具有重要的作用，是表面分析中应用最广泛的技术之一。由于它具有极高的灵敏度，特别适合于对半导体材料的分析，因为 Si 材料的电学性能不仅与材料中杂质的浓度有关，而且也与材料表面杂质浓度分布有很大关系，相应的分析也很重要。理论上还不能对二次离子数与浓度的关系进行计算，定量分析需要测定标准样品，通过标准样品的测量值计算出所分析元素相对于材料的元素离子产额的相对系数。利用这一系数便可将分析样品的二次离子数转换成元素的浓度。通常，在浓度低于 1% 的情况下，离子的产额与浓度呈线性关系。

SIMS 分析技术可以检测 Si 中的所有杂质元素，包括 C、H、O、N 等，具有很高的检测灵敏度，检测限可达 $10^{-6}g/g$，个别可达 $10^{-9}g/g$，因为具有高深度分辨率，可以追踪 Si 中杂质随深度的浓度变化，同时具有很好的微区分辨率，可以进行 Si 片表面杂质的微区分析。目前，无论是氧源还是铯源，最小可以聚焦到 1μm，最小分析区域一般要大于 10μm。

单晶硅是电子计算机、自动控制系统等现代科学技术中不可缺少的基本材料，用于制造半导体器件、太阳能电池等。单晶硅的纯度要求达到 99.9999%，甚至达到 99.9999999% 以上。在半导体生产中，绝大多数半导体材料都需要人为地掺入一定数量的"杂质"，以便控制导电类型和导电能力。掺入的杂质主要是第ⅢA 族元素（主要是硼）和第ⅤA 族元素（主要是磷）。在半导体电子级的硅材料中，通常都是在将硅提炼到很高纯度后再掺杂，高纯硅中的杂质浓度只有 10^{-9} 级或更低。

二次离子质谱分析方法是硅单晶中磷浓度的有效、快速的测定手段，能够满足高纯硅中磷杂质含量的测试，可以在晶片生产中实现对磷的控制，也适用于工艺控制、产品研发等。

测定硅中磷时，一次离子采用铯离子。在检测二次离子 $^{31}P^-$ 时，$(^{30}SiH)^-$ 将会产生明显干扰，不过当质量分辨率 $M/\Delta M$ 大于 3500 时，就可以排除干扰。何友琴等[63]在 2010 年曾使用法国 Cameca 公司的 IMS 4f/e7 系列双聚焦二次离子质谱仪对半导体材料高纯硅中的磷进行测定，测定时铯一次离子的能量为 14.5kV，扫描面积为 250μm×250μm，二次离子能量为 4.5kV，分析区域直径 60μm，质量分辨率 $M/\Delta M$ 为 4000，检测限可以达到 $1.0×10^{14}$ 原子/cm³；所采用的标样浓度约为 $9.0×10^{16}$ 原子/cm³，用计算出的相对灵敏度因子 $3.0×10^{22}$ 原子/cm³ 对未知样品的测定结果进行校正。

九、深度分析

深度分析是指对被分析样品的组分含量随深度变化的分析，SIMS 的深度分析属于破坏性分析。表征深度分析是否完好的参数是深度分辨率。

分析时用一次离子束均匀溅射样品表面，故要求样品表面要平整，逐层剥离表面原子层，提取溅射坑中央的二次离子信号，用质谱仪检测被分析元素的二次离子强度，就可得到二次离子强度（Y 轴）与溅射时间（X 轴）关系图。样品被剥蚀时，样品成分及浓度随剥蚀时间不断变化。通过测量溅射坑深度，将时间转换为深度，就可得到浓度与深度关系图，即浓度在纵深方向的分布曲线。在标准样品的参与下，可以得出所测元素作定量数值。

田春生[64]给出了一个典型的磷注入硅晶体的分布曲线图（图 8-2）。图 8-2（a）是 SIMS 的二次离子数与测定时间的关系曲线。通过交替测定的标准样品数据，可以将离子数转换成浓度；再通过度量溅射坑的深度，将测定时间转为坑的深度，就可以得到图 8-2（b），即 P 掺杂浓度的纵向分布曲线。

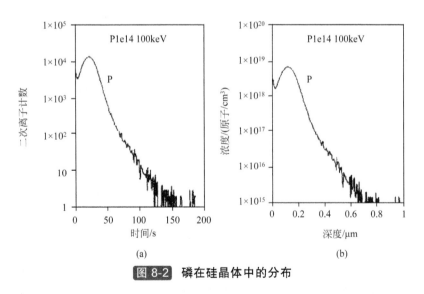

图 8-2 磷在硅晶体中的分布

（a）为二次离子计数与测定时间关系图；(b)为将数据转为浓度和溅射坑深度后两者的关系图。二者具对应关系

为了测得溅射坑的准确深度，多年前，Cameca 公司就把激光干涉就地测量溅射坑深度技术用于 SIMS 仪器上，Cameca 公司应该是第一家成功地把这种技术用于商品化仪器[65]的公司。

这种技术能够实时地给出与浓度相对应的溅射坑的准确深度。能够实时就地准确地测量出溅射坑深度，是将 SIMS 浓度－溅射时间关系曲线转换成浓度－溅射深度关系曲线的前提和关键。如果仪器未配置就地溅射坑深测量系统，就只能事后测出溅射坑深度并假设一次离子束刻蚀速度恒定，把溅射时间坐标平均地转化为溅射深度坐标。将浓度和溅射坑深度分开测量，而溅射速率会随多种因素变化，故这样的测量既不方便也不准确。在线就地溅射坑深度测量系统的工作原理[65]是外差式激光干涉法，当一束激光束被分光器分成两束后，其中第一束（测量光束）被聚焦在待测溅射坑底，第二束（参考光束）被聚焦到未被溅射过的样品表面。经过反射准直后此两束光被送到检测器中检测。根据检测得到的两束光的相位差及相位差与溅射坑深之间的关系计算出溅射坑深。该装置的测量范围为 1nm～10μm，分辨率优于 1nm。

方培源[66]探索了重掺砷硅单晶中痕量硼二次离子质谱定量分析的异常现象，认为这种异常与硅单晶中存在的氧有关。在用 SIMS 进行重掺砷硅单晶中痕量硼的定量分析时，即使硼在硅单晶中的分布是非常均匀的，有时也会出现硅片表面局部区域硼浓度非常高，接近 10^{16} 原子/cm^3 的现象，但是只要把分析区域横向移动几百微米的距离，硼浓度就可降到正常范围（<10^{14} 原子/cm^3）。这说明硼浓度分布异常应该是假象。实验用 Cameca IMS-6f 型双聚焦 SIMS，一次离子束采用 O_2^+，加速电压+15kV，一次离子束束流尽可能大，以提高仪器的检测灵敏度，一次离子束斑扫描范围 250μm×250μm。样品表面的电位为+4.5kV，二次离子萃取电极接地，因此二次离子的加速电压是+4.5kV。限制光栅和场光栅别为 400μm、1800μm。能量狭缝全开，质量分辨率 $M/\Delta M$=500，二次离子成像直径 150μm。分别用法拉第杯和电子倍增器接收较强的 $^{30}Si^+$ 和较弱的 $^{11}B^+$ 信号（一般 $^{30}Si^+$ 的信号强度要比 $^{11}B^+$ 高 7～8 个量级）。对样品进行线扫描分析，可以观察到一系列 B 浓度异常分布的峰值，但沿着同样的途径反复扫描，有些峰消失了，有些峰仍然存在，只不过峰高有所下降，这时的扫描路径的深度已大于几微米。在排除外来沾污的可能时，笔者认为上述"硼分布异常"的现象是硅晶体中存在的氧所起的作用而不是硼含量的不均匀。

方培源等[67]还利用 IMS-6F 型二次离子质谱仪，剖析 Al 在经过不同温度退火处理后的样品中的深度分布。实验取 O_2^+ 为一次离子束，加速电压 15kV，束流 3μA，扫描面积 250μm×250μm，二次束加速电压 4.5kV，信号采集区域直径 8μm，被采集的 Al 和 Fe 的二次离子信号分别为 $^{27}Al^+$ 和 $^{56}Fe^+$。仪器质量分辨率 $M/\Delta M$=500。未知样品为 3 份表面纳米化纯铁样品，分别在 300℃扩散 480min、340℃扩散 240min、380℃扩散 180min，对比样品则在 380℃扩散 480min。研究者认为铝原子在纳米纯铁层中的扩散行为明显依赖于温度，扩散时间是次要因素。

参 考 文 献

[1] Mattauch J, Herzog R. Zeitschrift für Physik, 1934, 89(11): 786.

[2] Becker J S. Inorganic Mass Spectrometry: Principles and Applications. Chichester: John Wiley & Sons, 2007, 496.

[3] Benninghoven A, Rüdenauer F G, Werner H W. Secondary Ion Mass Spectrometry Basic Concepts, Instrumental Aspects, Applications and Trends. New York: John Wiley & Sons, 1987: 1227.

[4] Nier A O. J Am Soc Mass Spectrom, 1991, 2(6): 447.

[5] 蒋增学, 杨绍羽, 郝士琢, 等. 核技术, 1987, (2): 7.

[6] Guerquin-kern J L, Wu T D, Quintana C, et al. Biochimiet. Biophys Acta (BBA) Gen Subj, 2005, 1724(3): 228.

[7] Compston W, Williams I S, Meyer C. J Geophys Res, 1984, 89(增刊): B525-B534.

[8] Compston W. J Royal Soci Western Aus, 1996, 79: 109-117.

[9] Compston W, Foster J J, Williams I S, et al. RSES Ann Rept, 1981, 212.

[10] Claoué-Long J C, Compston W, Roberts J, et al. In: Berggren W A, Kent D V, Aubrey M P, et al. (eds.), Geochronology Time Scales and Global Stratigraphic Correlation: SEPM Special Publication, 1995, 54: 3.

[11] Kobayashi K, Tanaka R, Moriguti T, et al. Chem Geol, 2004, 212: 143.

[12] Huari E H, Wang J, Pearson D G, et al. Chem Geol, 2002, 185: 149.

[13] Kita N T, Ushikubo T, Fu B, Valley J W. Chem Geol, 2009, 264(1-4): 43.

[14] Kita N T, Huberty J M, Kozdon R, et al. Surf Interf Anal, 2011, 43: 427.

[15] Lyon I C, Saxton J M, Cornah S J. Int J Mass Spectrom Ion Process, 1998, 172(1-2): 115.

[16] Huberty J M, Kita N T, Kozdon R, et al. Chem Geol,

2010, 276:269.

[17] 李秋立, 杨蔚, 刘宇, 等. 矿物岩石地球化学通报, 2013, 32(3): 311.

[18] Kozdon R K, Kita N T, Huberty J M, et al. Chem Geol, 2010, 275(3-4): 243.

[19] Winterholler B, Hoppe P, Foley S, et al. Int J Mass Spectrom, 2008, 272(1): 63.

[20] Floss C, Stadermann F J, Bradley J P, et al. Geochim Cosmochim Acta, 2006, 70(9): 2371.

[21] Whitehouse M, Fedo C M. Geol, 2007, 35(8): 719.

[22] Marin C J, Rollion B C, Luais B. Chem Geol, 2011, 285: 50.

[23] Chaussidon M, Robert F. Earth Planet Sci Lett, 1998, 164(3-4): 577.

[24] 李献华, 刘宇, 汤艳杰, 等. 地学前缘[中国地质大学(北京), 北京大学], 2015, 22(5): 161.

[25] Ushikubo T, Kita N T, Cavosie A J, et al. Earth Plan Sci Lett, 2008, 272: 666.

[26] Messenger S, Keller L P, Stadermann F J, et al. Science, 2003, 300: 105.

[27] Nguyen A N, Zinner E. Science, 2004, 303(5663): 1496.

[28] Guan Y, Hsu W, Leishin L A, et al. Hydrogen isotopes of phosphates in the new Martian meteorite GRV 99027 [C]. Lunar and Planetary Science Conference, 2003, XXXIV: 1830.

[29] 王鹤年, 徐伟彪, 管云彬, 等. 科学通报, 2006, 51(19): 2292.

[30] Jiang Y, Hsu W. In situ U-Pb geochronology of baddeleyite in the enriched lherzolitic shergottite Grove Mountains (GRV) 020090 [CD]. 43rd Lunar Planet Sci Conf, 2012: 1741.

[31] Compston W, Williams I S, Meyer C. J Geophys Res, 1984, 89(增刊): B525.

[32] Rasmussen B, Fletcher I R, Muhling J R. Geochim Cosmochim Acta, 2008, 72: 5799.

[33] Terada K, Saiki T, Oka Y, et al. Geophys Res Lett, doi: 10.1029/2005GL023909, 2005, 32, L20202.

[34] Gnos E, Hofmann B A, Al-Kathiri A, et al. Science, 2004,305: 657.

[35] Liu D Y, Jolliff B L, Zeigler R A, et al. Earth Planet Sci Lett, 2012, (319-320): 277.

[36] Lewis R S, Tang M, Wacker J F, et al. Nature, 1987, 326: 160.

[37] Vollmer C, Hoppe P. First Fe isotopic measurement of A highly ^{17}O-enriched stardust silicate [A]. Lunar Planet Sci XLII, 2011: 1200.

[38] Lin Y, Guan Y, Leshin L A, et al. Proc Nat Acad Sci, 2005,102: 1306.

[39] Feng L, Elgoresy A, Zhang J, et al. Excess 36S in lawrencite and nitrogen isotopic compositions of sinoite from Almahata Sitta MS-17 EL3 chondrite fragment [A]. 43rd Lunar and Planetary Science Conference, 2012: 1766.

[40] Jacobsen B, Matzel J, Hutcheon ID, et al. Astrophys J Lett, 2011, 731: 28.

[41] Henderson G M. Science, 2006, 313(5787): 620.

[42] Wang Y J, Cheng H, Edwards R L, et al. Science, 2005, 308: 854.

[43] Hu C Y, Henderson G M, Huang J H, et al. Earth Planet Sci Lett, 2008, 266: 221.

[44] 刘浴辉, 唐国强, 凌潇潇, 等. 中国科学(地球科学), 2015, 45(9): 1316.

[45] 周丽芹, Williams I S, 刘建辉, 等. 地质学报, 2012, 86(4): 611.

[46] 王润, 陈剑波, 赵来时, 等. 世界地质. 2013, 32(4): 652.

[47] Kilburn M R, Wacey D. Elemental and isotopic analysis by NanoSIMS: Insights for the study of stromatolites and early life on Earth. Stromatolites: Interaction of Microbes with Sediments. Netherlands: Springer, 2011, 118: 463.

[48] Wacey D. Astrobiology, 2010, 10(4): 381.

[49] Robert F, Selo S, Hillion F, et al. NanoSIMS images of Precambrian fossil cells [A].Texas: 36th Annual Lunar and Planetary Science Conference, 2005: 1314.

[50] Kilburn M, Wacey D.Insitu Sulphur isotope measurements of Archean mincrobes by Nano SIMS [A]. AGU Fall Meeting, 2007, 1: 575.

[51] Ploug H, Musat N, Adam B, et al. Int Soci Microbl Ecol, 2010, 4(9): 1215.

[52] Ploug H, Adam B, Musat N, et al. Int Soci Microbl Ecol, 2011, 5(9): 1549.

[53] Tourna M, Stieglmeier M, Spang A, et al. Proc Nat Acad Sci USA, 2011, 108(20): 8420.

[54] 陈雅丽, 储雪蕾, 张兴亮, 等. 地球科学进展, 2013, 28(5): 588.

[55] Nunan N, Ritz K, Rivers M, et al. Geoderma, 2006, 133(3/4): 398.

[56] O'Donnell A G, Young I M, Rushton S P, et al. Nat Rev Microbiol, 2007, 5(9): 689.

[57] Herrmann A M, Ritz K, Nunan N, et al. Soil Biol Biochem, 2007b, 39(8) : 1835.

[58] 胡行伟, 张丽梅, 贺纪正. 生态学报, 2013, 33(2): 349.

[59] Fike D A, Gammon C L, Ziebis W, et al. ISME J, 2008, 2(7): 749.

[60] 陈晨, 柏耀辉, 梁金松, 等. 环境科学, 2015, 36(1): 244.

[61] 李力力, 赵永刚, 沈彦, 等. 质谱学报, 2015, 36(4): 328.

[62] 曹永明, 王铮, 方培源. 理化检验: 物理分册, 2002, 38(7): 319.

[63] 何友琴, 马农农, 王东雪. 现代仪器, 2010, (3): 32.

[64] 田春生. 中国集成电路, 2005(总 75) 73.

[65] 游俊富, 王虎, 赵海山. 现代仪器, 2005, 1: 38.

[66] 方培源. 质谱学报, 2006, 27 (1): 26.

[67] 方培源, 钟澄, 曹永明. 质谱学报, 2009, 30 (2): 114.

第九章　激光共振电离质谱法

第一节　LRIMS 分析原理

一、概述

激光共振电离质谱（laser resonance ionization mass spectrometry，LRIMS）技术是激光共振电离光谱(RIS)技术[1~3]与质谱技术相结合所形成的一门新兴质谱分析技术。在原理上，LRIMS 技术可实现单原子探测，具有极高的元素选择性和探测灵敏度。LRIMS 分析方法是目前复杂基质下超痕量的中长寿命核素定量分析十分有效的方法，解决了以前物理和化学分析方法所无法解决的难题，对理论物理、应用物理和物理化学许多领域的发展起到了十分重要的作用。LRIMS 技术已成为材料科学、生命科学、地质科学、天体物理以及核物理等相关领域的重要分析手段[4~9]。

自质谱技术诞生以来，同质异位素干扰问题一直是质谱分析和应用研究中的难题，寻找一种具有元素选择性的高效电离技术成为质谱科技工作者迫切的愿望。基于激光与原子相互作用过程认识的深入和可调谐激光技术的发展，在 20 世纪 70 年代出现了激光共振电离光谱技术（laser resonance ionization spectroscopy，LRIS）[3]。该技术利用可调谐激光选择性电离特定原子，成为具有元素选择性的电离技术。在早期研究中，几个研究小组利用该技术实现了激光束中被选择原子的 100%电离[1,10]，并获得了好的元素选择性。当时最感兴趣的应用主要是激光同位素电离。1972 年，在激光同位素分离的基础上，提出了 LRIS 技术与质谱相结合的概念。Hurst 教授开始着手研究激光共振电离方法的超高灵敏度和普适性，并于 1976 年利用 LRIS 技术实现了 10^{19}cm^{-3} 的氩原子背景下单个铯原子的探测[11,12]，用实验验证了 LRIS 技术具有极高的元素选择性和探测灵敏度。随后近 40 年，国际上许多著名研究机构如德国 Mainz 大学，美国的洛斯•阿拉莫斯、橡树岭、西北太平洋和阿贡国家实验室，印度的 Bohabha 原子研究中心，日本原子能所，韩国原子能所，英国曼彻斯特大学，欧洲粒子物理研究所等单位均竞相开展研发各种 LRIMS 系统。自 1972 年 LRIMS 设计出来以后，LRIMS 就广泛应用于基础研究和分析应用中，其研究范围从原子物理和量子光学到核物理或痕量探测。基础研究的重点是在线加速器上新合成核素鉴定以及同位素位移和核动量的测定[9,13]。LRIMS 的应用重点则是中长寿命放射性核素的超痕量测定[8,14]。虽然目前还未有商品 LRIMS 仪器，但是 LRIMS 技术被认为是目前最有希望解决复杂背景下样品中超痕量长寿命核素分析难题的技术。

二、LRIMS 方法原理与特点

图 9-1 是激光共振电离质谱原理，它主要由四部分组成，即样品原子化源、原子共振激励电离的激光系统、质量分析器和离子探测器。在 LRIMS 中，样品经过原子化后与激光相互作用，原子对激光选择吸收，产生共振激励，光致电离形成离子，用质量分析器对离子进行分离或甄选后，由离子探测器检测。由于不同元素原子间能级的差异比激励激光的带宽要大很多，因此 LRIMS 不仅具有普通质谱仪对原子质量 A 的选择性，而且还具有对原子序数 Z

的选择性。因此，在电离机理上极大地抑制了常规质谱仪难以克服的同质异位素干扰。LRIMS 采用窄带激光共振激励，增强对同位素的选择性，有利于提高质谱仪的丰度灵敏度，可达到与 AMS 相当的高丰度灵敏度探测。

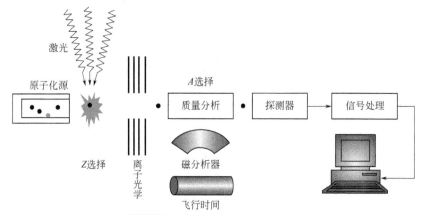

图 9-1 激光共振电离质谱原理

与普通 MS 技术相比，LRIMS 的离子源是采用激光共振电离技术，具有元素和同位素选择性，电离效率理论上可达 100%。随着研究工作的不断深入，LRIMS 技术在各种研究领域中的分析潜力和适用性也逐渐为人们所认识。相对于其他质谱分析技术，LRIMS 的主要特性为：

（1）高元素选择性　原子共振激发和共振电离的跃迁概率与波长的失谐量的四次方成反比。由于不同元素原子跃迁能级之间的差异（波数值）为几十到几百，远大于宽带激光的带宽（小于 $1cm^{-1}$），单步共振跃迁概率可达非共振跃迁概率的 10^6 倍，即具有元素选择性。在 LRIMS 分析时，通常采用三步共振激发电离，总的选择性是各步元素选择性之积，因此元素选择性理论上可达 10^{18}，几乎能完全抑制同质异位素干扰。

（2）高的同位素选择性　针对每种元素不同同位素的原子，由于同位素位移和超精细结构的存在，能级也具有一定的差异。一般不同同位素原子的跃迁能级之间的差异为 $0.002\sim0.5cm^{-1}$，采用窄带激光激励，不同同位素的跃迁概率的差别也可以非常大，可以实现同位素原子的选择性激发与电离，对特定元素获得的同位素选择性理论上可达 10^8，结合质谱仪器本身的丰度灵敏度，可以获得与 AMS 相当的高丰度灵敏度。

（3）高的探测灵敏度　通过高电离效率、高的质谱传输率和优异的元素选择性，LRIMS 可获得很高的探测效率，探测限能达到 $10^4\sim10^6$ 原子。

（4）几乎可以应用于所有的元素　由于可获得从红外到紫外可调谐的激光波长，所以，除很难被共振激发和电离的 He、Ne 元素以外，周期表上的几乎所有元素都能被有效地共振电离。只是 C、O、P、As、S 及卤素原子的电离能和第一激发态很高，使得利用 LRIMS 对这些元素进行分析时增加了一些困难。

除了以上优点，相对于其他质谱计（特别是电感耦合等离子体质谱）来讲，LRIMS 的弱点在于：由于工作原理的限制，一套电离激光只能电离特定元素或核素，致使 LRIMS 技术很难同时进行多元素分析。

第二节　激光共振电离质谱仪

LRIMS 主要包括原子化源、激光器、质量分析器、离子探测器以及其他辅助控制设备。

其中，原子化源与激光器系统一起构成 LRIMS 的离子源部分。为了不同的应用目的，不同的原子化源、激光器系统和质量分析器相结合，组成了国际上目前各种特定用途的 LRIMS 装置。

一、激光共振电离离子源

LRIMS 离子源是激光共振电离质谱的重要组成部分，与普通质谱仪的离子源不同，LRIMS 离子源的功能是先将待分析样品中的被分析元素原子化，并实现光电离，再将离子拉出，进入质量分析器。由于所调谐的激光仅能共振电离被分析元素的原子，因此需将样品化合物还原成原子。原子化效率对灵敏度有非常大的影响，国际上采用的原子化方法如热蒸发、离子溅射、激光烧蚀等，与共振激光相结合，从而形成了不同的 LRIMS 离子源。

1. 热原子化 LRIMS 离子源

这种离子源通过加热的方法使样品原子化产生原子，然后用激光共振电离产生离子。由于过程结构简单且几乎适用于所有的元素，这种离子源是目前使用最普遍的，而且也是最成熟的 LRIMS 离子化源。常见的热原子化源主要有带式和腔式两种结构（见图 9-2）

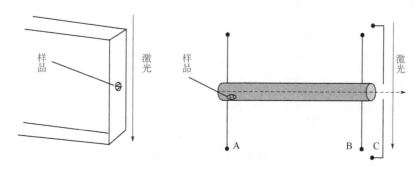

(a) 带式热原子化 LRIMS 离子源　　　　(b) 正交型腔式热原子化 LRIMS 离子源

图 9-2　热原子化 LRIMS 离子源示意图

图 9-2（a）是带式热原子化 LRIMS 离子源的结构示意图，该热原子化源样品带与热表面电离质谱样品带相似，溶液样品加载在带（材料一般为 Re 或 Ta）的中间位置；一般采用电加热的方式对样品带进行加热，以实现被分析元素原子化。带式激光离子源的缺点：一是样品的原子化效率太低；二是产生的大量热离子无法被抑制，会对激光离子造成干扰，降低选择性。为了克服带式原子化源的缺点，需要发展样品装载技术，如德国 Mainz 大学研发的"三明治"镀样法[15]等。

图 9-2（b）是正交型腔式热原子化 LRIMS 离子源的结构示意图，A 和 B 电极构成热腔的加热电源，B 和 C 电极构成热离子的抑制电极。由于采用腔式结构，增加了粒子与热表面作用的次数，增强了样品的原子化效率；腔式结构限制了热粒子的运动方向，增大了激光与原子束的空间重合率。此外，抑制电极的引入，一方面可避免热表面电离离子造成的干扰，降低测量的不确定度，提高仪器的灵敏度；另一方面，由于热离子无法飞出热腔，提高了样品利用率，理想情况下样品的总利用率接近 100%。

2. 激光烧蚀原子化 LRIMS 离子源

激光烧蚀原子化 LRIMS 离子源主要由样品台、烧蚀激光、电离激光以及抑制电极等几个部分组成（见图 9-3）。

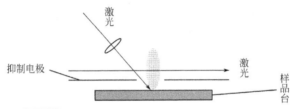

图 9-3　激光烧蚀原子化 LRIMS 离子源示意图

相对于热原子化 LRIMS 离子源，激光烧蚀原子化激光共振电离离子源可用于样品微区表面分析，具有一定的空间分辨率。烧蚀激光与电离激光脉冲时序的配合可提高电离激光束与原子化源的时间占空比，从而增强仪器的探测灵敏度；抑制电极的使用避免了激光溅射离子对激光共振电离离子的干扰。若烧蚀激光脉冲的功率过大，很容易将作用点的样品等离子体化，产生不必要的干扰，需严格控制烧蚀激光的单个脉冲能量在几纳焦到几十纳焦范围内，使其既能有效地实现样品原子化，又不至于使样品等离子体化。

3. 离子溅射 LRIMS 离子源

离子溅射的 LRIMS 离子源与激光烧蚀 LRIMS 离子源有着十分相似的结构，其不同在于烧蚀激光被溅射离子替代（见图 9-4）。

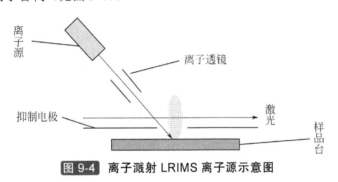

图 9-4　离子溅射 LRIMS 离子源示意图

由离子源系统提供 LRIMS 溅射样品所需的一次离子束，该离子源与用于二次离子质谱的离子源相同，一般采用 O_2^+、Ar^+、Ga^+ 等离子源。由于可采用较小的束流，可获得比 SIMS 更好的微区分析性能。激光共振元素选择性电离和二次离子干扰的减少极大地减少了 SI-LRIMS 分析中的基质效应，可获得高的探测灵敏度。

热原子化、激光烧蚀原子化以及离子溅射原子化都有各自的特点，表 9-1 总结比较了这三种原子化方法的特点。

表 9-1　三种原子化方法的特点比较

方法特点	热原子化	激光烧蚀原子化	离子溅射原子化
复杂样品的定量分析	能	未知	能
化学预处理	需要	不需要	不需要
单质的原子化效率	高	高	高
易挥发化合物的原子化	难	容易	容易
高熔点元素的原子化	难	容易	容易
微区分析	不行	可以	可以
本底干扰	小	很大	很大
与 LRIMS 结合的灵敏度	超高	高	高

二、激光共振电离激光器系统

如前所述，LRIMS 技术通常利用几束特定波长的激光去共振激发和电离被分析原子，可调谐的激光器系统提供 LRIMS 系统所需的激光，其主要包括泵浦激光源、可调谐激光器以及光束合束部件[16]。

1. 泵浦激光源

常用 LRIMS 的泵浦激光光源有脉冲激光器和连续波激光器两种类型。脉冲激光器有准分子激光器、铜蒸气激光器、脉冲红宝石激光器、脉冲 Nd:YAG 激光器等；连续波激光器主要有氩离子激光器、氪离子激光器和连续波 Nd:YAG 激光器等。近几年，半导体激光器得到了迅猛的发展，是一种性能优越、方便快捷的激光光源，其作为可调谐激光器的泵浦源具有巨大的应用潜力。

2. 可调谐激光器

可调谐激光器可以通过改变介质及谐振腔的参数，在一定波长范围内输出特定波长的激光。用于 LRIMS 的可调谐激光器有染料可调谐激光器和固态可调谐激光器。染料可调谐激光器的特点是输出激光波长覆盖光谱区域较宽，包括整个可见光区和一部分近红外区（$0.32 \sim 1.167\mu m$）；对固态可调谐激光器，目前各 LRIMS 实验室中，使用最多的是固态 Nd:YAG 激光器泵浦的掺 $Ti^{3+}:Al_2O_3$ 晶体的固态激光器，其调谐范围为 $0.65 \sim 1.2\mu m$，其特点是使用更加简单方便。

3. 光束合束

LRIMS 技术通常需要多束激光同时与原子束相互作用。需将激光器输出的多束激光在激光能量损失最小的情况下，实现各束激光光束的中心位置完全重合，且传输到与被分析原子作用区内，以获得尽可能大的电离效率。目前采用的光束合束方法主要有两种：光纤合束法[8]和小角度合束法[17]。

三、质量分析器

为了不同的分析测试目标，LRIMS 采用的质量分析器包括磁分析器、四极杆、飞行时间等常见的无机或同位素分析质谱常用的质量分析器。

四、探测器

用于 LRIMS 中离子检测的探测器与常用无机和同位素质谱类似，如法拉第杯、二次电子倍增器和微通道板等。

第三节　LRIMS 定量分析方法

LRIMS 定量分析方法主要采用同位素稀释法，准确测定同位素比是 LRIMS 定量分析方法的基础。

通常，实现某感兴趣核素的准确定量测定，其分析过程如下：

① 依据 LRIMS 的激光系统和被分析核素原子的能级结构，选择合适的被分析元素的电离方案；

② 利用同位素标样或已知丰度的样品，开展 LRIMS 同位素比测定，以选择合适的激光波长、带宽、强度等参数，建立合适的测定方法，以减少激光诱导同位素选择效应；

③ 在合适的激光参数和稳定状态情况下，测定样品中被分析核素的同位素比，计算核素测定的量。

一、激光共振电离方案选择

激光共振激发电离过程由原子共振激发和受激原子的电离两个过程组成，根据电离方式的差别，可以采用以下三种电离方式。各种电离方式的吸收截面比较见图 9-5。

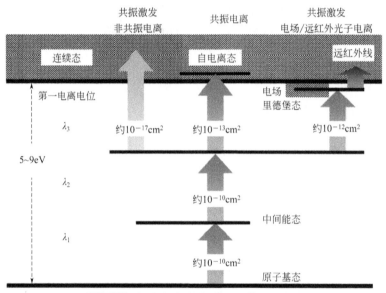

图 9-5 各种电离方案的吸收截面比较

方式 1：共振激发+非共振光电离

在这种方式中，原子被共振激发到高激发态，再经过非共振跃迁至电离区域，即处于高激发态的原子直接吸收一个光子而被电离，该光子能量高于电离能与激发态能量之差。这种电离方式简单易行，但是由于非共振电离的跃迁概率低，总电离效率不高。

方式 2：共振激发+共振跃迁到自电离态

在这种方式中，处于高激发态的受激原子经过共振激发到自电离态。该方式的电离效率要比方式 1 高几个数量级。但这种方式比较复杂，对激光的要求高，并要求对待测原子的能级结构有深入的了解。

方式 3：共振激发到高里德堡态+场/远红外激光电离

这种方式将原子首先共振激发到较高能量的里德堡态，然后用电场或远红外激光进行电离。某些元素电离域附近很难有较高跃迁截面的自电离态，这对这些元素是一种很好的提高电离效率的方法。该方式的电离效率也要比方式 1 高几个数量级。其中激光共振激发和共振电离均具有较高的跃迁截面，现有的激光系统可以实现原子饱和电离，具有极高的电离效率，适合于高灵敏度探测，是目前 LRIMS 通常采用的电离方案。表 9-2 列出了文献中已经报道的元素周期表中部分元素的可选共振激发和电离的路径，以及采用的分析实验装置及所在实验室[9,18]。值得注意的是，每一种元素可以选取的电离路径很多，在实际应用的过程中需要结合激光器的实际情况（如波长可调谐范围、带宽等）以及具体的分析目的（如同位素比值测量或是超低丰度核素探测等）进行选择，甚至有时需要通过光谱实验来获得合适的电离路径。

表 9-2 周期表中部分元素可选的激光共振激发和电离的路径

元素	一条可选的电离路径				装置及实验室
	电离方式	步骤	初始能级态	激励波长/nm	
Li	3-step-C[19]	1	2s $^2S_{1/2}$	670.8	UNILAC/GSI[20] ISAC/TRIUMF[21]
		2	2p $^2P_{3/2}$	610.4	
		3	3d $^2D_{5/2}$	610 或 671	
Be	3-step-C[22]	1	$2s^2$ $^1S_0$	234.9	ISOLDE/CERN[23] ISAC/TRIUMF[24]
		2	2s2p $^1P_1$	698.3	
		3	$2p^2$ $^1D_2$	511	
Mg	3-step-C	1	$3s^2$ $^1S_0$	285.2	ISOLDE/CERN[25~27] ISAC/TRIUMF[28]
		2	3s3p $^1P_1$	552.8	
		3	3s4d $^1D_2$	511 或 578	
Al	2-step-C[29]	1	$3s^23p$ $^2P_{1/2}$	308.2	ISOLDE/CERN[25] ISAC/TRIUMF[24,28]
		2	$3s^23d$ $^2D_{3/2}$	511 或 578	
Ca	2-step-C[29]	1	$4s^2$ $^1S_0$	272.2	ISAC/TRIUMF[28]
		2	4s5p $^1P_1$	511 或 578	
Mn	3-step-C[30]	1	$3d^54s^2$ $^6S_{5/2}$	279.8	ISOLDE/CERN[30,31]
		2	$3d^54s4p$ $^6P_{5/2}$	628.3	
		3	$3d^7$ $^4P_{5/2}$	510.6	
Co	3-step-C[29,32]	1	$3d^74s^2$ $^4F_{9/2}$	304.4	LISOL/LLN[33]
		2	$3d^84p$ $^4F_{9/2}$	544.5	
		3	$3d^84d$ $^4G_{11/2}$	511 或 578	
Ni	3-step-A[32]	1	$3d^94s$ $^3D_3$	305.1	ISOLDE/CERN[34]
		2	$3d^84s4p$ $^4F_4$	611.1	
		3	$3d^94d$ $^3F_4$	748.2	
Cu	2-step-A[35]	1	$3d^{10}4s$ $^2S_{1/2}$	327.340	ISOLDE/CERN[35] LISOL/LLN[36]
		2	$3d^{10}4p$ $^2P_{1/2}$	287.9	
Zn	3-step-C[22]	1	$3d^{10}4s^2$ $^1S_0$	213.86	ISOLDE/CERN[37]
		2	$3d^{10}4s4p$ $^1P_1$	636.23	
		3	$3d^{10}4s4d$ $^1D^2$	511	
Ga	2-step-C[38]	1	$4s^24p$ $^2P_{1/2}$	387.42	ISOLDE/CERN[29,39] ISAC/TRIUMF[24,28]
		2	$4s^24d$ $^2D_{3/2}$	511 或 578	
Y	3-step-A[40]	1	$4d5s^2$ $^2D_{3/2}$	408.37	ISOLDE/CERN[40]
		2	4d5s5p $^2P_{3/2}$	581.9	
		3	?	581.9	
Tc	3-step-A[41,42]	1	$4d^55s^2$ $^6S_{5/2}$	318.24	ISAC/TRIUMF[28]
		2	$4d^65s$ $^6P_{7/2}$	787.94	
		3	$4d^66s$ $^4D_{7/2}$	670.74	
Sr	3-step-A[43]	1	$5s^2$ $^1S_0$	689.26	Mainz University[43,44]
		2	5s5p $^3P_1$	687.83	
		3	5s6s $^3S_1$	602.7	
Ru	2-step-A[45]	1	?	228.538	LISOL/LLN[45]
		2	?	553.09	
Rh	2-step-A[45]	1	?	232.258	LISOL/LLN[45]
		2	?	572.55	
Ag	3-step-C[46]	1	$4d^{10}5s$ $^2S_{1/2}$	328.07	ISOLDE/CERN[46] ISAC/TRIUMF[28]
		2	$4d^{10}5p$ $^2P_{3/2}$	546.55	
		3	$4d^{10}5d$ $^2D_{5/2}$	511	

元素	一条可选的电离路径				装置及实验室
	电离方式	步骤	初始能级态	激励波长/nm	
Cd	3-step-C[47]	1	$4d^{10}5s^2$ $^1S_0$	228.80	ISOLDE/CERN[25,47]
		2	$4d^{10}5s5p$ $^1P_1$	643.85	
		3	$4d^{10}5s5d$ $^1D_2$	511	
In	2-step-C[48]	1	$5s^25p$ $^2P_{1/2}$	303.93	ISOLDE/CERN[48]
		2	$5s^25d$ $^2D_{3/2}$	511 或 578	ISAC/TRIUMF[28]
Sn	3-step-A[49]	1	$5s^25p^2$ $^3P_1$	300.91	UNILAC/GSI[50]
		2	$5s^25p6s$ $^3P_1$	811.41	ISOLDE/CERN[37,51]
		3	$5s^25p6p$ $^3P_1$	823.49	ISAC/TRIUMF[28]
Sb	2-step-C[52]	1	?	217.58	ISOLDE/CERN[52,53]
		2	?	560.21	
		3	?	510.55	
Te	3-step-C[52]	1	$5p^4$ $^3P_2$	214.35	ISOLDE/CERN[52,54]
		2	$5p^36s$ $^3S_1$	591.53	
		3	?	1064	
Nd	3-step-C[55]	1	$4f^46s^2$ $^5I_4$	588.79	IRIS/PNPI[56]
		2	$4f^35d^26s$ $^7K_3$	596.94	ISOLDE/CERN[55]
		3	?	596.94	
Sm	3-step-A[57]	1	$4f^66s^2$ $^7F_2$	600.42	IRIS/PNPI[58]
		2	$4f^66s6p$ $^5G_2$	675.15	ISOLDE/CERN
		3	?	676.19	
Eu	3-step-A[59]	1	$4f^76s^2$ $^8S_{7/2}$	576.52	IRIS/PNPI[60]
		2	$4f^76s6p$ $^6P_{7/2}$	557.27	
		3	$4f^75d^2$ $?_{9/2}$	555.7	
Gd	3-step-A[61]	1	$4f^75d6s^2$ $^9D_2$	561.79	IRIS/PNPI[62]
		2	$4f^75d6s6p$ $^9D_3$	635.172	
		3	$4f^75d6s7s$ $^9D_4$	613.35	
Tb	3-step-A[63]	1	$4f^96s^2$ $^2H_{15/2}$	579.56	IRIS/PNPI[64]
		2	$4f^96s6p$ $(15/2,2)_{17/2}$	551.65	ISOLDE/CERN[39]
		3	?	618.25	
Dy	3-step-C[52]	1	?	625.91	ISOLDE/CERN[52]
		2	?	607.50	
		3	?	510.55	
Ho	3-step-A[57]	1	$4f^{11}6s^2$ $^4I_{15/2}$	592.18	IRIS/PNPI[65]
		2	$4f^{11}6s6p$ $(15/2,1)_{15/2}$	572.46	
		3	?	626.8	
Tm	3-step-A[58]	1	$4f^{13}6s^2$ $^2F_{7/2}$	589.57	IRIS/PNPI[66]
		2	$4f^{12}5d6s^2$ $(6,5/2)_{7/2}$	571.24	
		3	$4f^{12}5d6s6p$ $?_{9/2}$	575.5	
Yb	3-step-C[67]	1	$4f^{14}6s^2$ $^1S_0$	555.65	ISOLDE/CERN[68]
		2	$4f^{14}6s6p$ $^3P_1$	581.03	IRIS/PNPI[66,69,70]
		3	$4f^{13}6s^26p$ $(7/2,3/2)_2$	581.03	
Au	3-step-A[52]	1	?	267.59	ISOLDE/CERN[71,72]
		2	?	306.54	McGill University[73]
		3	?	673.9	ISOCELE/IPN[74]
Tl	2-step-C[25]	1	$6s^26p$ $^2P_{1/2}$	276.79	Mainz University[75]
		2	$6s^26d$ $^2D_{3/2}$	511 或 578	IRIS/PNPI[76]

元素	一条可选的电离路径				装置及实验室
	电离方式	步骤	初始能级态	激励波长/nm	
Pb	3-step-C[77]	1	$6s^26p^2$　$^3P_0$	283.31	ISOLDE/CERN[78,79]
		2	$6s^26p7s$　$^3P_1$	600.19	
		3	$6s^26p8p$　$^3D_2$	578	
Bi	3-step-C[29]	1	$6p^3$　$^4S_{3/2}$	306.77	ISOLDE/CERN[25]
		2	$6p^27s$　$^4P_{1/2}$	555.20	
		3	$6p^28p$　$?_{3/2}$	511 或 578	
Th	3-step-A[80]	1	$6d^27s^2$　$^3F_2$	372.05	LANL, USA[81] Mainz University[82]
		2	$6d^27s7p$　$^3G_3$	845.87	
		3	$?_4$	765.54	
Np	3-step-A[80]	1	$5f^46d7s^2$　$^6L_{11/2}$	587.81	Mainz University[3]
		2	$?_{13/2}$	610.93	
		3	$?_{11/2}$	575.88	
Pu	3-step-A[42]	1	$5f^67s^2$　$^7F_0$	586.49	Mainz University[42]
		2	$5f^67s7p$　$^9G_1$	665.57	
		3	$5f^57s^27p$　$?_2$	577.28	
Am	3-step-A[80]	1	$5f^77s^2$　$^8S_{7/2}$	559.81	Mainz University[80] MPIK, Heidelberg[83]
		2	$5f^66d7s^2$　$^8G_{5/2}$	668.91	
		3	$?_{7/2}$	574.49	
Bk	3-step-R[80]	1	$5f^97s^2$　$?_{15/2}$	565.90	Mainz University[80]
		2	$5f^97s7p$　$?_{17/2}$	664.52	
		3	$5f^96p7s$　$?_{17/2}$	571.98	
Cf	3-step-R[80]	1	$5f^{10}7s^2$　$^5I_8$	572.61	Mainz University[80]
		2	$5f^{10}7s7p$　$?_8$	625.04	
		3	$5f^{10}7s8s$　$?_8$	581	
Es	3-step-R[80]	1	$5f^{11}7s^2$　$?_{15/2}$	561.53	Mainz University[80]
		2	$5f^{11}7s7p$　$?_{15/2}$	661.13	
		3	?	539.74	

注：3-step-C 表示吸收 3 个光子到连续态；2-step-C 表示吸收 2 个光子到连续态；3-step-A 表示吸收 3 个光子到自电离态；2-step-A 表示吸收 2 个光子到自电离态；3-step-R 表示吸收 2 个光子到里德堡态。

二、激光诱导同位素选择效应

通常激光共振激励和电离时，由于超精细结构和同位素位移使得同一元素不同同位素原子能级结构之间也存在微小差异，这种微小差异和激光参数的限制，导致各同位素之间光致电离概率的不同，这种现象称为激光诱导同位素选择性（laser induced isotopic selectivity，LIIS）。LRIMS 主要应用元素选择性分析和同位素选择性分析。在元素选择性分析时，通常选用宽带激光，尽可能减少 LIIS 对同位素丰度比测定的影响；在同位素选择分析时，采用窄带激光和"消多普勒光谱"技术，以增加激光诱导同位素选择性，使低丰度同位素的电离概率远高于相邻高丰度同位素的电离概率，以获得极高丰度灵敏度。在 LRIMS 实际应用分析过程中，由于尚无普适的消除或加强 LIIS 的方法，需依据应用目的开展深入 LIIS 研究。

三、LRIMS 分析实例

下面以大量 ^{173}Yb 和 ^{174}Yb 干扰下 ^{173}Lu 和 ^{174}Lu 的 LRIMS 同位素分析为例来说明 LRIMS

同位素分析方法[17]。采用西北核技术研究所研发的基于磁质量分析器的 LRIMS 装置，其激光系统为铜蒸气泵浦的三台染料激光器系统，如图 9-6 所示。查阅镥原子结构数据和共振电离光谱实验，选择用于 LRIMS 镥同位素分析的共振电离路径为：

$$5d6s^2\ {}^2D_{3/2} \xrightarrow{573.655nm} 5d6s6p\ {}^4F_{3/2} \xrightarrow{642.518nm} 6s6p^2\ {}^4P_{1/2} \xrightarrow{643.548nm} 自电离态$$

依据各步跃迁截面和激光功率，优化各步激光功率配比，尽可能实现各步饱和电离。综合分析了各步 LIIS 的情况，认为该电离方式的 LIIS 效应主要来源第二步激光共振激发过程。在固定第一、第三步激光波长情况下，第二步激光波长在一定范围（642.418～642.618nm）内扫描。磁场采用跳峰模式，二次电子倍增器接收光致电离离子，用计数法测定 ^{173}Lu、^{174}Lu、^{176}Lu 与 ^{175}Lu 的同位素比。第二步波长扫描很大程度上减少了 LIIS 和实验条件（特别是激光波长漂移）对 LRIMS 同位素比测定不确定度的影响。LIIS 对 LRIMS 同位素比测定影响小于 2%，通过理论模拟方法计算校正因子，对测量值予以校正[84]。在实际样品分析时，样品被装载在钽带上，激光束采用小角度合束，镥的 LRIMS 同位素比测定不确定度小于 0.5%，元素选择性大于 $8\times10^{5[85]}$。

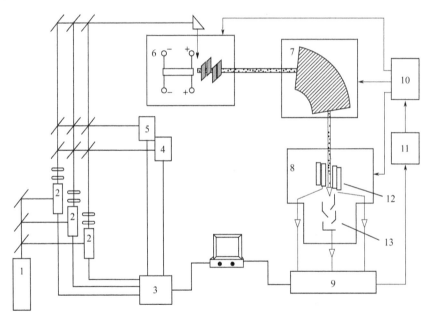

图 9-6 西北核技术研究所开发的 LRIMS 仪器结构示意图

1—铜蒸气激光器；2—染料激光器；3—信号处理系统；4—波长计；5—功率计；
6—样品原子化源；7—质量分析器；8—离子收集器；9—离子流测量系统；
10—供给系统；11—控制系统；12—法拉第杯；13—二次电子倍增器

第四节　LRIMS 装置及应用

国内外多家实验室建立了 LRIMS 装置，这些装置围绕不同的应用目的，主要形成了两个应用发展方向：①高元素选择性的 LRIMS 分析技术；②高同位素选择性的 LRIMS 分析技术。

一、高元素选择性的 LRIMS

目前高元素选择性的 LRIMS 分析技术研究主要采用连续波激光共振电离质谱仪

(CW-LRIMS)和脉冲激光共振电离质谱仪(Pulsed-LRIMS)两种形式的仪器设备。美国有几个实验室主要采用 CW-LRIMS,而德国 Mainz 大学则采用高重复频率铜蒸气激光泵浦染料激光器系统的 Pulsed-LRIMS。这两种基于不同类型激光器系统的 LRIMS,激光系统输出激光特性的差异使其具有各自的优缺点。在热原子化源的情况下,连续波激光的优点在于:输出激光功率和波长稳定性好,与原子束相互作用的时间占空比大。缺点在于:激光功率较低,往往使光致电离达不到饱和。而脉冲激光器激光功率较大,可以使电离达到饱和,但功率和波长稳定性差,时间占空比小。为了克服各自的缺点,对 CW-LRIMS 采用腔内吸收增强技术[86]和里德堡态高功率红外激光光致电离技术,以改善激光功率不足引起电离效率较低的问题。Mainz 大学则发展了热腔离子化源和电镀样品装载技术,以增加激光与原子相互作用的时间、空间重叠率和原子化效率。下面简要介绍两种典型的高元素选择性的 LRIMS 系统。

（一）高重复频率脉冲激光 RIMS

高重复频率脉冲激光具有较大的激光强度,比连续激光更易实现被分析元素原子的饱和电离,并且比一般低重复频率脉冲激光具有更高的时间占空比,十分有利于要求高元素选择性下的痕量元素的同位素分析。图 9-7 是 Mainz 大学研发的高重复频率脉冲激光 RIMS 系统的示意图[80],它由 6.5kHz 脉冲 Nd:YAG 固体激光器泵浦的三台钛宝石可调谐固体激光器和反射式飞行时间质谱仪组成。采用光纤合束技术,通过与各种原子化源相结合,已经成功地应用于环境样品中长寿命放射性核素 Pu[87]、Np[88]和 ^{99}Tc[41]的分析,其探测限达到 10^6 原子。采用热腔原子化源,Tc 的绝对探测限可达 10^5 原子。

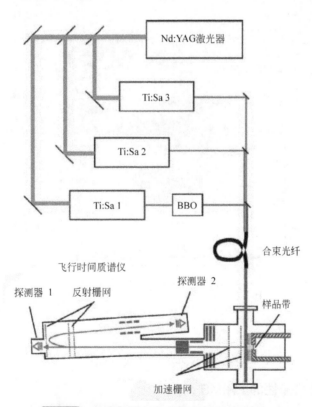

图 9-7　高重复频率脉冲激光 RIMS 系统

（二）激光烧蚀/离子溅射 LRIMS

激光烧蚀/离子溅射激光共振电离质谱仪（laser ablation/sputtered initiated resonance ionization mass spectrometer，LA/SI-RIMS）是基于激光烧蚀或离子溅射样品原子化和激光共振电离技术的质谱仪，用于表面分析。通常，用于表面和深度分析的质谱仪为二次离子质谱仪（secondary ion mass spectrometer，SIMS）。一般情况下，二次离子的产额很低，对于大多数元素为 $10^{-4} \sim 10^{-7}$。SIMS 分析中存在着分析灵敏度和空间分辨率的矛盾，即增大离子枪的束流可以提高分析灵敏度，而束流增大使束径很难聚小，影响样品分析的空间分辨率。另外，二次离子产额对基质的成分依赖程度很大（可达几个量级），使得定量分析十分困难。LA/SI-RIMS 采用样品后电离技术，即离子溅射在这里是对被分析对象原子化，而非电离，因此可以利用较小的溅射离子束流，以求达到好的空间分辨率。针对溅射样品产生的中性被分析元素原子，再进行元素选择的共振电离，在光与原子相互作用区域内，被分析原子的电离效率可达到 100%，可获得高的微区分析灵敏度。特别是元素选择性电离和二次离子干扰抑制技术大大地减少了 LA/SI-RIMS 分析中的基质效应影响[89]。图 9-8 是 Atom Sciences 公司 Willey 等研制的用于表面和深度分析的 LA/SI-RIMS 示意[90]。该仪器已达到亚微米表面纵向和亚纳米的深度空间分辨，已用于半导体器件 ZnCdTe 薄膜或周围 Cu 浓度的分析[91]。Pellin[92] 和 Nogar[93]的研究小组也研发了自己的 LA/SI-RIMS 系统，用于不同来源微米级微小颗粒的元素和同位素分析。清华大学单原子分子国家重点实验室 Ma 研究小组也研发过同类型的仪器，用于金矿矿脉颗粒中金的探测[94,95]。

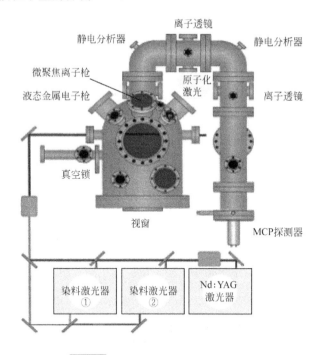

图 9-8 激光烧蚀/离子溅射 RIMS

二、高同位素选择性的 LRIMS

在复杂背景下极低丰度同位素的探测要求质谱仪具有高于 10^9 以上的丰度灵敏度。随着激光技术和"无多普勒"光谱技术发展，许多 LRIMS 技术研究的科学工作者，利用激光诱导同位素选择效应，使得被测的低丰度同位素的电离概率远远高于相邻高丰度的同位素，以达到提高质谱仪高丰度灵敏度的分析能力。目前，增强激光诱导同位素选择效应的技术主要有：①采用窄带激光逐步共振激励电离和消多普勒光谱技术；②利用快原子束技术，增加同位素原子之间的多普勒位移，并采用连续窄带激光激励电离技术。以下将针对这两项技术，介绍目前研制成功的典型 LRIMS 系统。

（一）基于半导体激光器的 LRIMS

半导体激光器波长和功率稳定性好，特别是带宽(通常为 20~25MHz)窄于原子能级跃迁的多普勒加宽，共振激励时具有极好的光学选择性。与具有高丰度灵敏度的四极杆质谱分析器结合构成的 CW-LRIMS，其丰度灵敏度可达 10^{13}。图 9-9 给出了 Bushaw 研制的基于半导体激光器的高分辨 LRIMS 系统框图[96]。在这一系统中，样品经电热石墨炉原子化后，形成的原子束与垂直入射的激光相互作用，三光子逐步共振激励被分析的同位素原子到高里德堡态，用高功率红外 CO_2 激光进行非共振电离。另外，也可用单步或两步共振激发同位素原子到高激发态，用 Ar^+ 离子激光器输出的紫外或可见激光进行非共振电离。已用于高选择性的超痕量 ^{210}Pb、$^{90}Sr^{[96\sim98]}$、$^{41}Ca^{[99,100]}$、$^{152}Gd^{[101]}$ 以及 $^{26}Al^{[29]}$ 的分析。该仪器对 ^{41}Ca 同位素选择性为 5×10^{13}、总效率达 2×10^{-5}。

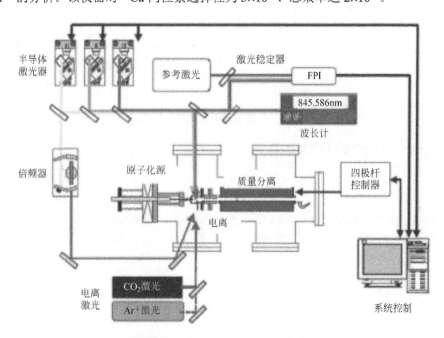

图 9-9 基于半导体激光器的 RIMS

（二）共线加速器 LRIMS

对于长寿命放射性核(如 ^{90}Sr)，其同位素位移小于 100MHz，使得激光诱导同位素选择性大大减小。为了增强同位素选择性，在 LRIMS 中采用了快原子束激光光谱技术，研发了共线加速器 LRIMS。在这一技术中，样品中原子首先电离，产生的离子加速到极高的速度并经质量分析器选择分离；分离后的离子再经充满碱金属蒸气电荷交换盒中性化后生成快原子束，并与激光束共线相互作用。不同同位素经同一电压加速后，快原子束中不同同位素原子的速度存在较大差异，从而使得不同同位素之间的多普勒位移增大。在加速电压为 50kV 时，相邻同位素之间的多普勒位移达到几个吉赫兹（GHz），远远大于本身的 100MHz 同位素位移。同时，快原子束技术减少了同一同位素原子的速度分布范围，使得原子速度分布引起的多普勒带宽变窄，在共线情况下的剩余多普勒带宽小于 50MHz，接近于自然线宽。因此，其一步激光共振激励的同位素选择性可达 10^8 以上。加速后原子束中被分析同位素可以用以下两种方法探测：①用光爆光谱（photon burst spectroscopy）方法探测共振激光激励后快原子束中高激发态原子[102]；②采用远红外高功率激光非共振电离或场致电离方法电离快原子束中激发到高里德堡态的原子，产生的离子经能量分析器后进行离子探测[44]。图 9-10 给出了 Mainz 大学研制的共线加速器 LRIMS 系统示图，在这一系统中的快原子束与激光束之间有一小的夹角，这一布局在不影响共线相互作用诸多优点的情况下，有利于避免斯塔克频移(Stark shift)的产生。共线加速器 LRIMS 已用于环境样品中 ^{3}He、^{90}Sr 的探测[87]。对 ^{90}Sr 的同位素选择性大于 10^{10}，总效率达到 2×10^{-5}，绝对探测限为 3×10^6 原子。

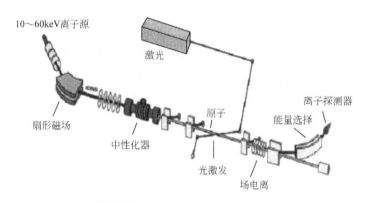

图 9-10 共线加速器 LRIMS 示意图

三、其他一些先进的 LRIMS 装置

（一）LRIMS-RELAX

英国曼彻斯特大学地球大气与环境科学系的研究小组专门研制了一台分析氙同位素组成的 LRIMS-RELAX（refrigerator enhanced laser analyzer for xenon）[103]，该台仪器同样可以用在惰性气体氪的分析[104,105]。在仅有 10^6 氙原子的情况下，主要氙同位素丰度的测量精度高于 0.15%。RELAX 的结构如图 9-11 所示。

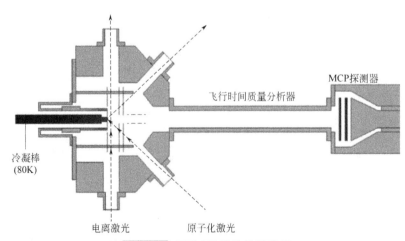

图 9-11 RELAX 的结构示意图

RELAX 在工作时，氙原子被吸附在 80K 的冷凝棒上，脉冲的红外光使冷凝的氙原子受

热解吸，随后被特定波长的激光束激发电离。

（二）CHARISMA

　　美国阿贡国家实验室和芝加哥大学在 NASA 及美国能源部的支持下建造了一台用作星际尘埃中重元素同位素分析的 LRIMS-CHARISMA（chicago-argonne resonant ionization spectrometer for mass analysis）[5]。CHARISMA 的结构示意图如图 9-12 所示，它在同位素比值测量精度高于 1% 的情况下达到了 1% 的探测总效率，同时具有高灵敏度和高精度的性能。该仪器已经成功应用于星际尘埃中 Sr、Zr、Mo、Ba 等元素的分析。

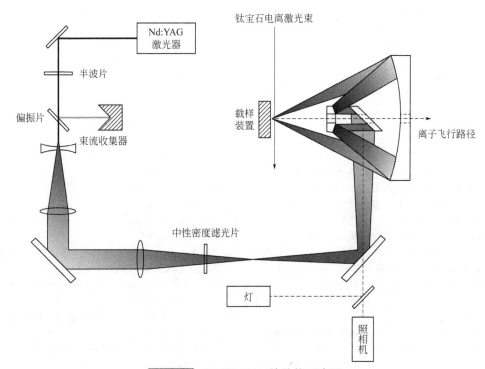

图 9-12　CHARISMA 的结构示意图

参 考 文 献

[1] Ambartzumyan R V, Kalinin V N, Letokhov V S. JEPT Lett, 1971,13: 217.

[2] Letokhov V S, Ambartzumyan R V. IEEE J Quantum Electron, 1971, QE-7: 305.

[3] Letokhov V S. Laser Photoionization Spectroscopy [M]. London: Academic Press Inc, 1987.

[4] Crowther S A, Mohapatra R K, Turner G, et al. J Anal Atom Spectrom, 2008, 23(7): 938.

[5] Savina M R, Jellin M J, TripaC E, et al. Geochim Cosmochim Acta, 2003, 67(17): 3215.

[6] Dimov S S, Chryssoulis S L, Lipson R H. Rev Sci Instrum, 2002, 73(12): 4295.

[7] Wendt K D A, et al. J Nucl Sci Technol, 2002, 39(4): 303.

[8] Trautmann N, Passler G, Wendt K D A. Anal Bioanal Chem, 2004, 378(2): 348.

[9] Fedosseev V N, Kudryavtsev Y, Mishin V I. Phys Scr, 2012, 85: 058104 (14pp).

[10] Payne M G, et al. Phys Rev Lett, 1975, 35: 82.

[11] Hurst G S, Nayfeh M H, Young J P. Phys Rev A, 1977, 15: 2283.

[12] Hurst G S, et al. Revi Mod Phys, 1979, 51: 767.

[13] Backe H, et al. Hyperfine Interact, 1996, 97-98(1-4): 535.

[14] Payne M G, Deng L. Rev Sci Instrum, 1994, 65(8): 2433.

[15] Rimke H, Herrmann G. Mikrochim Acta[Wien], 1989, III: 223.

[16] 张国威. 可调谐激光技术. 北京: 国防工业出版社, 2002.

[17] 李志明, 邓虎, 朱凤蓉, 等. 质谱学报, 2002,23 (3): 156.

[18] Köster U, Fedoseyev V N, Mishin V I. Spectrochim Acta Part B, 2003, 58: 1047.

[19] Kramer S D, Young J P, Hurst G S, et al. Opt Comm, 1979, 30: 47.

[20] Ewald G, et al. Phys Rev Lett, 2004, 93: 113002.

[21] Sánchez R, et al. Phys Rev Lett, 2006, 96: 033002.

[22] Lettry J, Catherall R, Focker G J, et al. Rev Sci Instrum, 1998, 69: 761.

[23] Köster U, Argentini M, Catherall R, et al. Nucl Instr Meth B, 2003, 204: 343.

[24] Prime, et al. Hyperfine Interact, 2006, 171: 127.

[25] Köster U, et al. Nucl Instrum Methods Phys Res B, 2003, 204: 347.

[26] Mukherjee M, et al. Phys Rev Lett, 2004, 93: 150801.

[27] Krämer J, et al. Phys Lett B, 2009, 678: 465.

[28] Lassen J, Bricault P, Dombsky M, et al. AIP Conf Proc, 2009, 1104: 9.

[29] Köster U, et al, NuclPhys A, 2002,701, : 441c.

[30] Fedoseyev V N, Bätzner K, Catherall R, et al. Nucl Instrum Methods B, 1997, 126: 88.

[31] Oinonen M, et al. Hyperfine Interact, 2000, 127: 431.

[32] Fuhr J R, Martin G A, Wiese W L, et al. J Phys Chem Ref Data, 1981, 10: 305.

[33] Pauwels D, et al. Phys Rev C, 2009, 79 : 044309.

[34] Franchoo S, et al. Phys Rev C, 2001, 64: 054308.

[35] Köster U, Fedoseyev V N, Mishin V I, et al. Nucl Instr. Meth B, 2000, 160: 528.

[36] Cocolios T E, et al. Phys Rev C, 2010, 81: 014314.

[37] Köster U, Arndt O, Bouquerel E, et al. Nucl Instr Meth Phys Res B, 2008, 266: 4229.

[38] Köster U, et al. Eur Phys J A, 2002, 15: 255.

[39] Köster U, et al. Nucl Instrum Methods Phys Res B, 2003, 204: 303.

[40] Hannaford P, Lowe R M, Grevesse N, et al. Astrophys J, 1982, 261: 736.

[41] Sattelberger P, Mang M, Herrmann G, et al. Radiochim Acta, 1989, 48: 165.

[42] Ruster W, Ames F, Kluge H J, et al. Instrum Methods A, 1989, 281: 547.

[43] Andreev S V, Mishin V I, Letokhov V S. Opt Commun, 1986, 57: 317.

[44] Monz L, et al. Spectrochim Acta B, 1993, 48: 1655.

[45] Dean S, et al. Eur Phys J A, 2004, 21: 243.

[46] Jading Y, Catherall R, Fedoseyev N V, et al. Nucl Instr. Meth B, 1997, 126: 76.

[47] Erdmann N, Sebastian V, Fedoseyev V N, et al. Appl Phys B, 1998, 66: 431.

[48] Dillmann I, Hannawald M, Köster U, et al. Eur Phys J A, 2002, 13: 281

[49] Scheerer F, Albus F, Ames F, et al. Spectrochim Acta Part B, 1992,47: 793

[50] Fedoseyev V N, et al. AIP Conf Proc, 1995, 329: 465

[51] Walters W B, et al. AIP Conf Proc, 2005, 764: 335.

[52] Fedosseev V N, Berg L-E, Lebas N, et al. Nucl Instr Meth Phys Res B, 2008, 266: 4378.

[53] Arndt O, et al. Phys Rev C, 2012, 84: 061307.

[54] Sifi R, et al. Hyperfine Interact, 2006, 171: 173.

[55] Zyuzikov A D, Mishin V I, Fedoseev V N. Opt Spectr (USSR), 1988, 64: 287.

[56] Letokhov V S, Mishin V I, Sekatsky S K, et al. J Phys G: Nucl Part Phys, 1992, 18: 1177.

[57] Alkhazov G D, Barzakh A E, Buyanov V N, et al. Studies of the nuclear charge radii and electromagnetic moments of radioactive Nd, Sm, Eu, Ho, Tm isotopes by laser resonance atomic photoionization. Leningrad : Leningrad Nucl Phys Inst, 1987: 1309.

[58] Mishin V I, et al. Opt Commun, 1987, 51: 383.

[59] Zherikhin A N, Kompanets O N, Letokhov V S, et al. Sov Phys JETP, 1984, 59: 729.

[60] Barzakh A E, Fedorov D V, Ionan A M, et al. Eur Phys J A, 2004, 22: 69.

[61] Miyabe M, Wakaida I, Arisawa T. Z Phys D, 1997, 39: 181.

[62] Barzakh A E, Fedorov D V, Ionan A M, et al. Phys Rev C, 2005, 72: 017301.

[63] Fedoseyev V N, Mishin V I, Vedeneev D S, et al. J Phys B, 1991, 24: 1575.

[64] Alkhazov G D, Barzakh A E, Denisov V P, et al. Z Phys A, 1990, 337, 367.

[65] Alkhazov G D, Batist L K, Bykov A A, et al. Nucl Instr. Meth Phys Res A, 1991, 306: 400.

[66] Barzakh A E, Chubukov I Ya, Fedorov D V, et al. Phys Rev C, 2000, 61:034304.

[67] Mishin V I, Fedoseyev V N, Kluge H J, et al. Nucl Instr Meth B, 1993, 73: 550.

[68] Schulz Ch. J Phys B: Atom Mol Opt Phys, 1991, 24: 4831.

[69] Alkhazov G D, et al. Phys Res B, 1992, 69: 517.

[70] Barzakh A E, Fedorov D V, Panteleev V N, et al. AIP Conf Proc, 2002, 610: 915.

[71] Wallmeroth K, et al. Phys Rev Lett, 1987, 58: 1516.

[72] Eliseev S, et al. Phys Lett B, 2010, 693: 426.

[73] Lee L K P, Crawford J E, Raut V, et al. Nucl Instr Meth Phys Res B, 1987, 26: 444.

[74] Savard G, et al. Nucl Phys A, 1990, 512: 241.

[75] Lauth W, Backe H, Dahlinger M, et al. Phys Rev Lett, 1992, 68: 1675.

[76] Barzakh A E, Fedorov D V, Ivanov V S, et al. Rev Sci Instrum, 2012.

[77] Ames F, Becker A, Kluge H J, et al. Anal Chem, 1988, 331: 133.

[78] Seliverstov M, et al. Hyperfine Interact, 2006, 171: 225.

[79] Seliverstov M, et al. Eur Phys J A, 2009, 41: 315.

[80] Erdmann N, Nunnemann M, Eberhardt K, et al. J Alloys Compd, 1998(271－273): 837.

[81] Johnson S G, Fearey B L. Spectrochim Acta B, 1993, 48, 1065.

[82] Raeder S, Sonnenschein V, Gottwald T, et al. J Phys B: Atom Mol Opt Phys, 2011, 44: 165005.

[83] Backe H, Dretzke A, Hies M, et al. Hyperfine Interact, 2000, 127: 35.

[84] 李志明，朱凤蓉，邓虎，等. 原子与分子物理学报, 2002, 18(4): 383.

[85] 李志明，任向军，邓虎，等. 质谱学报, 2007, 28: 90.

[86] Suzuki Y, et al. Anal Sci, 2001, 17(supplement): 1563.

[87] Wendt K, et al. Kerntechnik, 1997, 62(2-3): 81.

[88] Raeder S, Stöbene N, Gottwald T, et al. Spectrochim Acta Part B, 2011, 66: 242.

[89] Arlinghaus H F, et al. J Vac Sci Technol B, 1994, 12(1): 263.

[90] Willey K F, Arlinghaus H F, Whitaker T J. J Vac Sci Technol A, 1999, 17(4): 1127.

[91] Tower J P, et al. J Electr Mater, 1996, 25(8): 1183.

[92] Pellin M J, Nicolussi G K, Calaway W F. Anal Chem, 1997, 69: 1140.

[93] Nogar N S, Estler R C. SPIE, 1990, 1318: 52.

[94] Wang SL, et al. Inst Phys Conf Ser, 1992, 128: 217.

[95] Ma W Y, et al. J Anal Atom Sprctrom, 1997, 12(3): 368.

[96] Bushaw B A, Cannon B D. SpectrochimActa Part B, 1997, 52: 1839.

[97] Bushaw B A. Inst Phys Conf Ser, 1992: 128: 31.

[98] Bushaw B A, Nortershauser W, Wendt K D A. Spectrochim Acta Part B, 1999, 54(2): 321.

[99] Bushaw B A, et al. Inst Phys Conf Ser, 1996, 388: 115.

[100] Bushaw B A, et al. J Radioanal Nucl Chem, 2001, 247(2): 351.

[101] Suryanarayana M V, Sankari M. Zeitschrift Fur Physik D – Atoms Molecules and Clusters, 1997, 39(1): 35.

[102] Fairbank W M, et al. SPIE, 1991, 1435: 86.

[103] Crowther S A, Mohapatra R K, Turner G. J Anal Atom Spectrom, 2008, 23(7): 938.

[104] Raeder S, Stöbener N, Gottwald T. J Anal Atom Spectrom, 2011, 26 : 1763.

[105] Iwataa Y, Ito C, Harano H. Int J Mass Spectrom, 2010, 296: 15.

第三篇

元素质谱分析

第十章　电感耦合等离子体四极杆质谱法

电感耦合等离子体四极杆质谱（ICP-QMS）的基本原理：样品通过进样系统被送进 ICP 离子源中，并利用高温等离子体将样品蒸发、离解、原子化和电离，绝大多数金属离子成为单价离子，这些离子以超声波速度通过双锥接口（取样锥和截取锥，1 级真空）进入质谱仪真空系统。离子通过接口后，在离子透镜（2 级真空）的电场作用下聚焦成离子束并进入四极杆离子分离系统（3 级真空）。离子进入四极杆质量分析器后，根据质量/电荷比的不同依次分开。最后由离子检测器进行检测，其中最常用的离子检测器是通道式电子倍增器。产生的信号经过放大后通过信号测定系统检出。

第一节　概　　述

一、电感耦合等离子体质谱技术发展概况

ICP-QMS 从 1980 年发表第一篇里程碑文章[1]至今已有 30 多年。自从 1983 年第一台商品化 ICP-QMS 仪器采用以来，ICP-MS 技术发展相当迅速，从最初在地质领域的应用迅速发展到广泛应用于环境、高纯材料、核工业、生物、医药、冶金、石油、农业、食品、化学计量学等领域，成为公认的最强有力的元素分析技术。目前"ICP-MS"的概念已经不仅仅是最早的电感耦合等离子体四极杆质谱仪 (ICP-QMS)了，它包括后来相继推出的其他类型的等离子体质谱技术，如高分辨双聚焦电感耦合等离子体质谱仪（HR-ICP-MS）、多接收器的高分辨扇形磁场等离子体质谱仪（MC-ICP-MS）、等离子体飞行时间质谱仪（ICP-TOF-MS）以及等离子体离子阱质谱仪（ICP-Ion Trap-MS）等。四极杆 ICP 质谱仪也不断升级换代，如动态碰撞反应池（DRC）等技术的引入，分析性能得到显著改善。各种联用技术发展迅速，如气相色谱和高效液相色谱以及毛细管电泳等分离技术与 ICP-QMS 的联用，激光剥蚀与 ICP-QMS 等的联用技术等。Barnes[2]曾预言"21 世纪将是 ICP-MS 仪器激增的时代"。近三年来，国际上推出了若干型号的 ICP-QMS，例如：Agilent 公司在 2012 年推出的 8800 型、2014 年推出的 7900 型；Perkin Elmer 公司于 2014 年推出的 Nexion 350 系列型号；Thermo Fisher 公司于 2012 年推出的 iCap-Q 系列型号；德国耶拿公司于 2015 年 2 月推出的 PlasmaQuant 系列型号。而中国江苏天瑞公司于 2012 年推出了 ICP-QMS 2000 型号，并于 2014 年升级为带有碰撞池的 ICP-QMS 2000E 型号。目前，ICP-QMS 全球装机量已在 8000 台以上。

同时也可观察到以下几点：

① 从 ICP-MS 制造商来看，有越来越多的国家具备了 ICP-MS 的生产能力，相信很快所有的 ICP-AES 制造商都会推出自己的 ICP-MS 产品。在不久的将来，作为制造业大国的中国，也必将出现多个中国的 ICP-MS 制造商，为 ICP-MS 的技术进步和推广应用做出贡献。

② 从 ICP-MS 硬件而言，进样系统、射频发生器、接口和真空系统都已经是相当成熟的技术。离子透镜、池技术、质量分析器和检测器将是未来 ICP-MS 发展的热点。直角偏转式的离子透镜将成为潮流，离轴式的设计将逐渐被淘汰。池技术将不仅作为例行分析的工具，

更将成为重要的研究手段，而且不仅会用作四极杆类型的 ICP-MS 上，今后池技术也将应用到飞行时间和电磁双聚焦的 ICP-MS 上。日立在 ICP-MS 中尝试了离子阱作为质量分析器，但由于整体性能不佳而放弃，不过其特点还是值得继续进行研究的。

③ ICP-MS 的软件比硬件更新的更快，最突出的是形态分析软件模块的不断成熟，此外为便于开拓中国市场，各 ICP-MS 厂商纷纷推出了全中文版的 ICP-MS 软件。

④ 从 ICP-MS 目前的发展态势来看，受食品安全法规和药典的更新和加强，ICP-MS 有逐渐取代石墨炉原子吸收的趋势，在今后相当长的一段时间将迎来快速发展的阶段，尤其是在亚洲。对微升和纳升级的分析，将样品直接引入等离子体也将是本世纪研究的热点。

⑤ 随着人们对生命科学等领域中元素的存在形态日益重视，不仅 ICP-MS 仪器单独使用会越来越广泛，而且与其他技术联用的技术也正在我国迅速发展。最常用的联用技术有 ICP-MS 与高效液相色谱（HPLC）、氢化物发生（HG）、气相色谱（GC）、离子色谱（IC）、毛细管电泳（CE）、激光烧蚀（LA）、流动注射（FI）、电热蒸发（ETV）、超临界流体色谱（SFC）等的联用。它们正将微量元素的形态分析推向生物代谢研究、毒理学研究以及元素与生物分子相互作用研究等领域。

⑥ 我国加入 WTO 后，新一轮的市场竞争将对国有产品提出更新的挑战。为了适应新一轮市场竞争的需求，让我国的产品走向国际市场，产品的质量控制在理论上必须提供和世界检测水平相符合的可靠数据。不管是农业、医药、环保、食品，还是工业产品等，用 ICP-MS 进行这些产品中多元素的分析测定，可称为是目前国际上在这一领域检测水平最高的分析技术，可为产品提供可靠的、国际技术领域认可的实验数据。因此，ICP-MS 技术必将以它自身独特的优势在未来的经济发展和科学研究中发挥更为积极而重要的作用。

本章主要介绍 ICP-QMS 技术及其应用。目前主要被利用的商品化 ICP-QMS 型号列入表10-1 中。

表 10-1　目前主要被利用的商品化 ICP-QMS 仪

型　号	类　型	公　司
Elan 9000	四极杆	Perkin Elmer/Sciex
Elan DRC II	动态反应池	Perkin Elmer/Sciex
NexION ™ 300	碰撞反应池	Perkin Elmer/Sciex
Agilent 7500 Series	八极杆碰撞池	Agilent Technologies
Agilent 7700 Series	八极杆碰撞池	Agilent Technologies
PQ Excell	四极杆碰撞池	Thermo Elemental
VG X 7 Series	六极杆碰撞池	Thermo Elemental
X Series 2	六极杆碰撞池	Thermo Scientific
Platform ICP	碰撞池	Micromass Inc.
Ultra Mass 700	四极杆	Varian Corp. ICP-MS single
phase	四极杆	Varian Corp.
Spectro Mass 2000	四极杆	Spectro Analytical Inst.
SPQ 9000	四极杆	Seiko Inst.
ICPM-8500	四极杆	Shimadzu

二、ICP-MS 仪器的基本结构

ICP-MS 仪器的基本结构示意如图 10-1 所示。

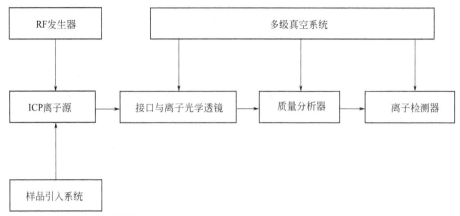

图 10-1 典型的 ICP-MS 仪器基本结构示意图

ICP-MS 仪器主要有以下几个组成部分：

（1）RF 发生器　是 ICP 离子源的供电装置。用来产生足够强的高频电能，并通过电感耦合方式把稳定的高频电能输送给等离子炬。

（2）ICP 离子源　利用高温等离子体将分析样品的原子或分子离子化为带电离子的装置。

（3）样品引入系统　可将不同形态（气、液、固）的样品直接或通过转化成为气态或气溶胶状态引入等离子炬的装置。

（4）接口与离子光学透镜　接口是常压、高温、腐蚀气氛的 ICP 离子源与低压（真空）、室温、洁净环境的质量分析器之间的结合部件，用以从 ICP 离子源中提取样品离子流；离子光学透镜是将接口提取的离子流聚焦成散角尽量小的离子束，以满足质量分析器的要求。

（5）质量分析器　带电粒子通过质量分析器后，按不同质荷比（m/z）分开，并把相同 m/z 的离子流聚焦在一起，按 m/z 大小顺序组成质谱。

（6）多级真空系统　由接口外的大气压到高真空状态质量分析器压力降低至少达 8 个数量级，这是通过压差抽气技术由机械真空泵、涡轮分子泵来实现的。

（7）检测与数据处理系统　检测器接受质量分析器分开的不同 m/z 离子流，离子流经放大、模数转换，给出结果。

（8）计算机系统　对上述各部分的操作参数、工作状态进行实时诊断、自动控制及采集数据进行科学运算。

上述（2）、（5）和（7）项是 ICP-MS 仪器的核心部分，其他各项是仪器的辅助部分，但也是重要的组成部分。

三、ICP-MS 的特点

与其他无机质谱相比，ICP-MS 的优越性在于：

① 在大气压下进样，便于与其他进样技术联用；

② 图谱简单，检出限低，分析速度快，动态范围宽；

③ 可进行单元素和多元素分析、同位素分析以及有机物中金属元素的形态分析；

④ 离子初始能量低，可使用简单的质量分析器（四极杆质谱仪）；

⑤ ICP 离子源产生超高温度，理论上能使所有的金属元素和一些非金属元素电离。

ICP-MS 的主要不足之处是：

① ICP 高温引起化学反应的多样化，经常使分子离子的强度过高，干扰测量；

② 对固体样品的痕量分析，ICP-MS 一般要对样品进行预处理，容易引入污染。

随着人们对环境保护和生命科学的关注，无机分析的对象已转向生物、医药、环境、食品等学科的痕量和超痕量元素分析，特别是元素形态分析。ICP-MS 作为无机痕量分析的一种重要手段，将会发挥更大的作用。

四、ICP 质谱仪的性能对比

近年来，几家制造商已推销小型化、全自动的 ICP 质谱仪，展示优越的检出限和灵敏度，操作简易可靠，性价比合理。几种新的智能化 ICP 质谱仪的性能比较如表 10-2 所示，这些性能仅用作一种相对衡量的标准。

表 10-2　几种 ICP 四极杆质谱仪的性能比较[3]

性能	HP-4500	Elan 6000	PQ3
灵敏度/(MHz·ml/μg)	$^7Li \geqslant 8$, $^{89}Y \geqslant 12$, $^{205}Tl \geqslant 12$	$^{24}Mg > 5$, $^{115}In > 40$, $^{238}U > 30$	$30 \sim 60$
检出限/(pg/ml)	$^9Be \leqslant 2$, $^{209}Bi \leqslant 2$	$^7Li < 10$, $^{238}U < 0.5$	< 1
随机背景/Hz	$\leqslant 5$	< 10	< 10
线性动态范围（数量级）	8	8	8
分辨率/u	$0.65 \sim 0.80$	$0.3 \sim 3$	0.7
质量范围/u	$2 \sim 260$	$1 \sim 270$	$1 \sim 300$
短期 RSD	$\leqslant 3\%$	$1\% \sim 3\%$	$< 1.5\%$
长期 RSD	$\leqslant 4\%$	$< 4\%$	$< 3\%$
同位素比 RSD(10min)	$^{107}Ag/^{109}Ag \leqslant 0.2\%$	$^{107}Ag/^{109}Ag \leqslant 0.2\%$	$^{107}Ag/^{109}Ag \leqslant 0.1\%$
氧化物离子	$CeO^+/Ce^+ \leqslant 1.5\%$	$CeO^+/Ce^+ < 3\%$	$CeO^+/Ce^+ < 1.5\%$
双电荷离子	$Ce^{2+}/Ce^+ \leqslant 2\%$	$Ba^{2+}/Ba^+ < 3\%$	$Ba^{2+}/Ba^+ < 3\%$
采样锥孔径/mm	1.0	1.1	1.0
截取锥孔径/mm	0.4	0.9	0.75
四极杆驱动器频率/MHz	3	2.5	2.66
真空压力	一级：$\leqslant 490Pa$ 二级：— 三级：$\leqslant 1.2 \times 10^{-3}Pa$	一级：$< 400Pa$ 二级：$< 0.13Pa$ 三级：$< 1.3 \times 10^{-3}Pa$	一级：$< 180Pa$ 二级：$< 1 \times 10^{-2}Pa$ 三级：$< 3 \times 10^{-4}Pa$

第二节　ICP 离子源

一、作为离子源的 ICP

在高频感应线圈里面安装一个由三个同心管（常用石英）组合而成的等离子炬管，外管由切线方向通入冷却气，由中间管以轴向或切向通入辅助气，然后接通高频电源，并用 Tesla 线圈火花放电"引燃"，便可形成环状等离子体[4]。当等离子体形成后，由内管导入载气，这样便可在等离子体轴部"展出"一条通道，分析样品被载气带进 ICP 通道中，发生蒸发、去溶剂、解离、变成分子、原子化、电离等过程，最后绝大部分转化成带一个正电荷的正离子（这是氩等离子体的特性）。

一个简单的计算[5]表明，在 ICP 中，大多数元素均呈高度电离状态存在。假定为局部热动态平衡，电离温度 $T_{ion}(Ar)=6680K$ 和电子的数目密度 $n_e = 1.47 \times 10^{14}/cm^3$ 时，计算所得元素电离度见表 10-3。表 10-3 的数据进一步证明，ICP 确实是一种很好的元素离子源。由表 10-3 可见，绝大多数第一电离电位都小于 8eV，绝大多数元素的电离度大于 90%，而且在分析上一些很重要的元素的电离度也很高。

表 10-3 ICP 中元素的电离度

元　素	电离电位/eV	电离度 α/%	元　素	电离电位/eV	电离度 α/%
Cs	3.894	99.98	Rb	4.117	99.98
K	4.341	99.97	Na	5.139	99.91
Ba	5.212	99.96	Ra	5.279	99.95
Li	5.392	99.85	La	5.577	99.91
Sr	5.695	99.92	In	5.786	99.42
Al	5.986	99.92	Ga	5.99	99.00
Tl	6.108	99.38	Ca	6.113	99.86
Y	6.38	98.99	Sc	6.54	99.71
V	6.74	99.23	Cr	6.766	98.89
Ti	6.82	99.49	Zr	6.84	99.31
Nb	6.88	98.94	Hf	7.0	98.89
Mo	7.099	98.54	Tc	7.28	97.50
Bi	7.289	94.14	Sn	7.344	96.72
Ru	7.37	96.99	Pb	7.416	97.93
Mn	7.435	97.10	Rh	7.46	95.87
Ag	7.576	94.45	Ni	7.635	92.55
Mg	7.648	98.25	Cu	7.726	91.59
Co	7.86	94.83	Fe	7.870	96.77
Re	7.88	94.54	Ta	7.89	96.04
Ge	7.899	91.64	W	7.98	94.86
Si	8.151	87.90	B	8.298	62.03
Pd	8.34	94.21	Sb	8.461	81.07
Os	8.7	79.96	Cd	8.993	85.43
Pt	9.0	61.83	Te	9.009	66.74
Au	9.225	48.87	Be	9.322	75.36
Zn	9.394	74.50	Se	9.752	30.53
As	9.81	48.87	S	10.360	11.47
Hg	10.437	32.31	I	10.451	24.65
P	10.486	28.79	Rn	10.748	35.74
Br	11.814	3.183	C	11.260	3.451
Xe	12.130	5.039	Cl	12.967	0.4558
O	13.618	0.04245	Kr	13.999	0.2263
N	14.534	0.04186	Ar	15.759	0.01341
F	17.422	0.0001919	Ne	21.564	0.000005468
He	24.587	0.000000001007			

　　元素电离的程度受 ICP 温度的影响较大[6]，ICP 温度和电离电位对电离程度的影响如表 10-4 所示。

　　ICP 离子源的效率主要决定于其高温，但是高温不能仅仅依靠提高 ICP 的功率来达到，离子源的温度，尤其是 ICP 中心通道的温度受多种因素的影响，如样品进样量、溶剂负载（如水蒸气含量）、载气流速、通道的不同位置等。

表 10-4 ICP 温度和电离电位对电离度 α 的影响（由 Saha 方程计算得到）

元　素	电离电位/eV	电离度 α/%			
		5000K	6000K	7000K	8000K
Cs	3.89	99.4	99.9	100.0	100.0
Na	5.14	90.0	98.9	99.8	99.9
Ba	5.21	88.4	98.7	99.8	99.9
Li	5.39	83.4	98.2	99.7	99.9
Sr	5.70	71.5	96.8	99.5	99.9
Al	5.99	56.2	94.5	99.1	99.8
Pb	7.42	4.3	51.2	91.1	98.3
Mg	7.65	2.6	40.7	87.7	97.7
Co	7.86	1.6	31.0	83.2	96.9
Sb	8.46	0.3	9.0	57.6	90.9
Cd	8.99	0.1	4.8	43.2	85.7
Be	9.32	0.1	2.6	30.6	78.8
Se	9.75	0.0	1.1	17.8	66.6
As	9.81	0.0	1.0	16.4	64.6
Hg	10.44	0.0	0.3	6.5	42.6

二、射频发生器

在 ICP-MS 仪器中射频发生器是 ICP 离子源的供电装置，它的主要功用是产生能量足够强大的高频电能，并通过耦合线圈产生高频电磁场，从而输送稳定的高频电能给等离子炬，用以激发和维持氩或其他气体形成的高温等离子体。

大多数仪器厂商均用额定功率为 2kW、频率为 27.12MHz 或 40.68MHz 的发生器。表 10-5 列出了 ICP 四极杆质谱仪所常用的射频发生器。

表 10-5 ICP 四极杆质谱仪所常用的射频发生器

公　司	型　号	振荡器类型	激励装置	最大功率/kW	频率/MHz
Perkin-Elmer	Elan 6000	自激振荡	电子管	1.4	40.68
Perkin-Elmer	Elan 9000	自激振荡	固态元件	1.4	40.68
Perkin-Elmer	Elan DRC II	自激振荡	固态元件	1.4	40.68
Perkin-Elmer	NexION 300x	自激振荡	固态元件	1.4	40.68
Varian	Ultra Mass	晶体控制	固态元件	1.6	40.68
Thermo Elemental	X 7 Series	晶体控制	固态元件	2.0	27.12
Thermo Scientific	X Series 2	晶体控制	全固态	1.6	27.12
Hewlett-Packard	HP 4500	晶体控制	固态元件	1.2	27.12
Agilent Technologies	Agilent 7500	晶体控制	固态元件	1.6	27.12
Agilent Technologies	Agilent 7700	新型数字控制	固态元件	1.6	27.12
Seiko Instruments	SPQ 6100	晶体控制	固态元件	2.0	27.12
Spectro	Spetromass-ICP	自激振荡	电子管	1.5	27.12

三、ICP 放电的一般性质

1. ICP 环状结构形成的原因

ICP 的环状结构（通道效应）是 ICP 具有良好分析性能的关键。它的形成一般认为是由高频电流的趋肤效应及等离子体炬管的内管载气的动力学双重作用所致[7]。

2. 激发机理[8]

人们为氩工作气和待测物的激发机理提出了四种模式：① Penning 电离反应；② 电荷转移反应；③ 复合等离子体模型；④ 辐射俘获模型。

第三节 样品引入系统

ICP 要求样品以气体、蒸气或气溶胶的形式进入等离子体。产生气溶胶通常可用气动雾化或超声雾化方法，对微量、微区样品也有用电热蒸发，固体样品的激光剥蚀，气体氢化物或气体氢化物发生法等。传送气体、液体和固体样品引入 ICP 的各种方法如表 10-6 所示[9]。

表 10-6 在 ICP 中将样品引入的方法

样品类型	方　法	样品类型	方　法
气体	1. 氢化物发生	液体	14. 微型超声雾化器
	2. 用注射器或外层气流直接导入		15. 振荡毛细管雾化器
	3. 色谱法		16. 喷嘴撞击雾化器
	4. 气相色谱		17. 玻璃 Frit 型雾化器
	5. 超临界液相色谱		18. 电喷雾雾化器
液体	1. 同心或交叉流气动雾化器		19. 旋转盘雾化器
	2. 高液压雾化器		20. 氢化物发生器
	3. Babington 型雾化器		21. 化学反应挥发
	4. V 形槽雾化器	固体	1. 直接插入
	5. Hildebrand 双铂网格式雾化器		2. 电热蒸发器
	6. 锥形喷雾雾化器		3. 电弧和火花室
	7. 超声雾化器		4. 直接激光剥蚀
	8. 热喷雾雾化器		5. 粉末在狭缝带上火花挥发
	9. 低样品消耗雾化器		6. 泥浆雾化
	10. 直接插入式雾化器		7. 旋转杯（粉末机械搅动振动）
	11. 高效气动雾化器		8. 流动床
	12. 直接插入高效气动雾化器		9. 气动雾化
	13. 微型同心雾化器		10. 超声雾化

一、液体样品引入

1. 雾化器

（1）同心雾化器　在 ICP-MS 中使用最广泛的可能要属整体的 Meinhard 玻璃同心雾化器，见图 10-2。

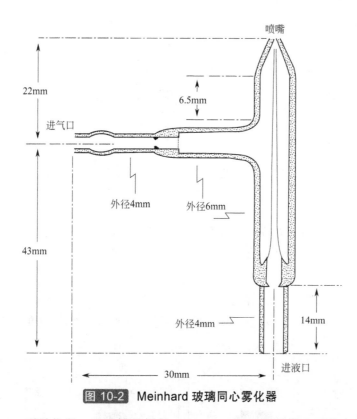

图 10-2　Meinhard 玻璃同心雾化器

（2）Babington 型雾化器　V 形槽进样的 Babington 型雾化器的主要优点是可以防止堵塞，适用于含固量高的溶液，如图 10-3 所示。

（3）超声波雾化器　可将超声波雾化器分为两类：第一类以毛细管将溶液提取送至压电晶体表面进行雾化，也称为"干法雾化"法，其原理如图 10-4（a）所示；第二类是把溶液置于一个雾化池中，而此雾化池又以某种液体（通常为水）为媒介与压电晶体耦合，因而达到雾化目的，如图 10-4（b）所示。

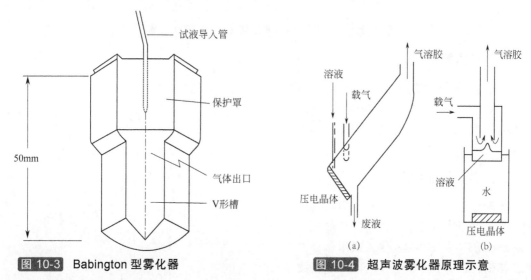

图 10-3　Babington 型雾化器　　　　图 10-4　超声波雾化器原理示意

（4）微流量同心雾化器　微流量同心雾化器一种是 MCN-100 高效雾化器，如图 10-5（a）所示。另一种是与去溶剂系统联用的 MCN-6000，如图 10-5（b）所示。

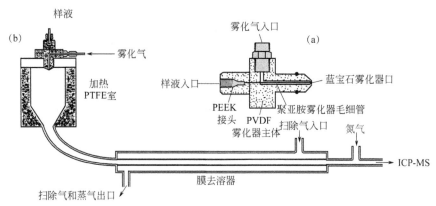

图 10-5 MCN-100 微流量同心雾化器简图（a）和 MCN-6000 微流量同心雾化器与去溶剂系统连用简图（b）

2. 电热蒸发

在要求分析一些微体积且元素浓度极低的样品时，电热蒸发（ETV）可能是一个有用的样品引入法。VG Elemental 公司专为 ICP-MS 设计的 ETV 装置如图 10-6 所示。

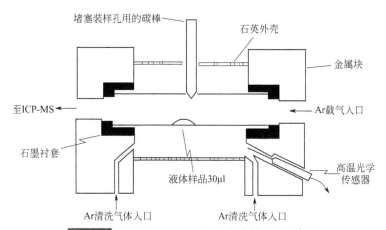

图 10-6 VG Elemental 公司生产的 ETV 装置

二、气体样品引入

用于挥发氢化物发生的元素（如 As、Bi、Sb、Se、Te）的测定而设计的连续氢化物发生池的结构如图 10-7 所示。

三、固体样品引入

用激光从样品中提取分析所用的物质可追溯至 20 世纪 60 年代初期。目前有两种激光器与商品 ICP-MS 仪器联用，分别是红宝石（波长为 694nm）和 Nd: YAG（波长为 1064nm），较早使用的激光烧蚀室如图 10-8 所示。

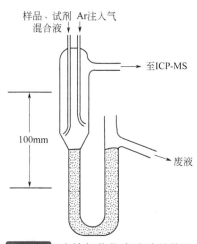

图 10-7 连续氢化物发生池结构图

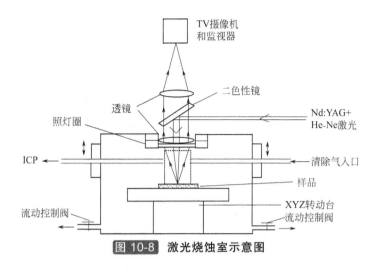

图 10-8 激光烧蚀室示意图

第四节 质量分析器

质量分析器是质谱仪的主体。四极杆式质谱仪采用的质量分析器是一个四极杆质量过滤器（四极滤质器）。

四极滤质器由两组平行对称的四根圆筒形电极杆组成。各种四极杆的区别有：Perkin Elmer 镀金陶瓷；Agilent 双曲面杆-纯粹钼材料；Thermo 长度最长，钼材料含高纯氧化铝陶瓷；Varian 不锈钢。

四根电极杆交错地连接成两对，并把直流电压（U）和射频交流电压（V_{coswt}）叠加的电压，即 $+(U+V_{coswt})$ 和 $-(U+V_{coswt})$ 分别施加在两对电极杆上，其相位差为 180°。

由于这种由四极杆组成的质量分析器通过四极场调制仅允许被选定的一种 m/z 的离子通过，而其他所有离子都被排除，这个过程如同"过滤"，故它被称作四极质量过滤器（简称四极滤质器）。四极滤质器的结构和工作原理详见参考文献[10]。

第五节 离子检测器

为了获得很好的测量灵敏度和精密度，检测系统常采用两种测量方式：低信号水平（$<10^6$cps）采用离子计数系统，高信号水平（$\geqslant10^6$cps）采用模拟测量方式。

电子倍增器是质谱仪最常用的一种检测器，它的工作原理和光学的光电倍增管相似。电子倍增器按打拿极的排列方式区分，有连续打拿极电子倍增器和不连续打拿极电子倍增器[11]。

检测器技术的最新突破性进展是 Spectro 公司的直接电荷检测器（DCD），具有 4800 个通道，检测器同时获取从 Li 到 U 的全谱，无需四极杆或磁场扫描，实现了 ICP-MS 中的"全谱直读"测量。

第六节 ICP-MS 的干扰及其克服

ICP-MS 中的干扰分为两大类，"质谱干扰"和"非质谱干扰"（或称"基体效应"）。质谱干扰又可分为：① 同量异位素重叠干扰；② 双电荷离子干扰；③ 多原子或加合物离子重叠干扰等。

一、质谱干扰

（一）同量异位素的重叠

两个元素的同位素具有相同质量（即质量数相同，而电荷数不同的核，如 ^{40}Ar 和 ^{40}Ca），称其为同量异位素。这个差异不能被商品化的四极杆质量分析器分辨出来，通常被称为同量异位素重叠干扰。为了分辨这样小的质量差异，必须使用高分辨率的质谱仪。一般而论，具有奇数质量的同位素不易受同量异位素重叠干扰，而具有偶数质量的许多同位素则相反。由于除了 In 之外的所有元素至少有一个同位素不与其他元素的同位素重叠，因而可以选择不受同量异位素干扰的同位素作为分析用的同位素。即使存在同量异位素干扰的同位素也可以采用干扰校正方程的方法进行校正，从而不产生大的测量误差。

同量异位素的重叠干扰可以用简单的数学方法进行近似校正[12]。其公式如下：

$$I_j = I_z - (I_w \times A_g / A_w)$$

式中　　I_j——被分析同位素 m/z 值处的净离子流强度；

$\quad\quad\quad I_z$——被分析同位素 m/z 值处存在干扰时测得的离子流强度；

$\quad\quad\quad I_w$——在干扰元素的另一同位素 m/z 值处（无干扰情况下）测得的离子流强度；

$\quad\quad\quad A_g$——干扰元素被分析同位素的同量异位素的丰度值；

$\quad\quad\quad A_w$——干扰元素的另一同位素（测 I_w 所用）的丰度值。

例如：用 ^{64}Ni 干扰 ^{64}Zn 可以说明这一校正。

计算式为：

$$I(^{64}Zn) = I(^{64}Zn + ^{64}Ni) - [I(^{60}Ni) \times 0.91/26.1]$$

式中　$I(^{64}Zn)$——$^{64}Zn^+$净离子流强度；

$I(^{64}Zn + ^{64}Ni)$——在 m/z 64 处测量 $^{64}Zn^+$叠加 $^{64}Ni^+$的总离子流强度；

$\quad\quad I(^{60}Ni)$——在 m/z 60 处测量 $^{60}Ni^+$的离子流强度。

^{64}Ni 的丰度为 0.91%；^{60}Ni 的丰度为 26.1%，且 ^{60}Ni 不存在同量异位素的干扰。

（二）双电荷离子

具有低电离电位的一些元素较容易形成双电荷离子，这些元素主要是碱土金属、部分稀土元素和有限数量的过渡金属元素。实际上，在正常操作条件下，这些双电荷离子形成的离子，产额一般非常少（<1%）。双电荷离子的形成能给元素分析造成负的干扰，这是因为每形成一个双电荷离子就会使该同位素单电荷离子减少一个。另外，双电荷离子也能对某些元素分析产生正的干扰，因质谱仪按质荷比（m/z）关系输送离子，所以双电荷离子会按它单电荷时 m/z 值的一半出现在质谱中，如果它和被分析物另一个元素离子 m/z 值相等，那么就产生了同量异位素的正干扰，如 Pb^{2+} 对 ^{103}Rh、U^{2+} 对 ^{119}Sn、Yb^{2+} 对 ^{88}Sr 等。和其他同量异位素重叠一样，必须对干扰进行校正或采用高分辨质谱仪测量。

（三）多原子或加合物离子重叠

在实际工作中，多原子或加合物离子重叠干扰比其他干扰更为严重。多原子离子的干扰由等离子体、样品本身及酸或溶剂中引入的 Ar、H、C、N、O、S、Cl 和样品本底元素等在等离子体中发生离子分子反应而结合形成，多原子离子干扰又可分为 Ar 等离子体背景分子离子干扰和样品基质分子离子干扰。

减少谱线干扰有许多方法，可以优化 ICP 工作参数，或降低等离子体的功率（冷等离子体技术），或采用特殊炬管屏蔽（shield torch）技术，以及碰撞/反应池技术等。

1. 冷等离子体技术

冷等离子体技术主要是通过修改 ICP 操作参数，降低 ICP 功率（500～600W），增大载气流速，加长采样深度，来降低 Ar 产生的多原子离子干扰，其背景信号比分析信号显著降低，从而使半导体行业中超痕量的 Fe、Ca、K 的检测限可达到 ng/L 级。

2. 屏蔽炬技术

屏蔽炬技术的原理是在等离子体工作线圈和 ICP 炬管之间，利用一个接地的薄的屏蔽板更为有效地降低电势差。其最大的优势在于可以使用较高的 ICP 输出功率（900～1000W），而同时又能消除二次放电，使得多原子碎片无法再离子化，从而大大降低背景噪声，减少诸如 ArH、Ar、ArO、C_2、ArC 的干扰，使 K、Ca、Fe 等元素的检测限可降低至亚 ng/L 级。

3. 碰撞/反应池技术

目前商品化的碰撞/反应池系统（CRC）有三种类型，四极杆型（以 DRC 技术为代表）、六极杆型（以 CCT 技术为代表）和八极杆型（以 ORS 技术为代表），不同的技术均具有自身的特点。其中六极杆和八极杆碰撞/反应池不可以动态扫描，仅仅作为离子的通道，不同质荷比的离子不加选择地通过，具有很好的离子聚焦功能，待测离子损失较少，干扰离子通过碰撞/反应气体消除。而四极杆型碰撞/反应池具备选择特定质荷比范围的离子通过的功能，即选择性"离子带通"功能，可以选择进入反应池的离子范围，且对反应池产生的副产物进行选择性消除，具有更好的灵活性。

表 10-7 列出了几种碰撞/反应池系统：动力学反应池（Dynamic Reaction Cell, DRC）、八极杆碰撞/反应池[Octapole-Based Collision, Reaction Cell（CRC）]、碰撞/反应接口装置（Collision/Reaction Interface System, CRI）的检出限比较。

表 10-7　几种碰撞/反应池系统的检出限比较

元　素	DRC[13]（采用 NH_3）DL/（pg/ml）	CRC[14]（采用 He）DL/（pg/ml）	CRI[15,16]（采用 H_2）DL/（pg/ml）
[11]B	1.93[a]	88	n/r
[23]Na	0.24[a]	490	13
[24]Mg	0.08[a]	1.6	0.5
[27]Al	0.05	26	0.8
[39]K	0.27	400	43
[40]Ca	0.10	n/r	3
[44]Ca	n/r	21	n/r
[48]Ti	0.92	3.7	1
[51]V	0.12	0.28	0.2
[52]Cr	0.12	0.53	0.6
[55]Mn	0.17	0.79	0.4
[56]Fe	0.12	9.4	2
[59]Co	0.04	0.5	0.2
[60]Ni	0.10[a]	1.7	10
[63]Cu	0.05	2.0	1
[64]Zn	0.45	3.1	2
[75]As	0.48[a]	1.4	0.6
[78]Se	1.2[b]	35	2
[80]Se	0.7[b]	n/r	9
[120]Sn	1.2[a]	0.87	n/r

续表

元 素	DRC[13]（采用 NH₃） DL/（pg/ml）	CRC[14]（采用 He） DL/（pg/ml）	CRI[15,16]（采用 H₂） DL/（pg/ml）
^{121}Sb	0.08ᵃ	1.0	n/r
^{138}Ba	0.06ᵃ	0.85	n/r
^{208}Pb	0.07ᵃ	0.29	0.1

注：1. DRC 采用 1.5ml/min 纯氨气。

2. CRC 采用 5ml/min 氦气。

3. CRI 采用 80ml/min 纯氢气。

4. n/r—没有报告；DL—检出限。

5. 上角标的含义：a—标准模式（没有气体）；b—采用甲烷气。

二、非质谱干扰

各种各样化学和物理效应的干扰能严重地影响 ICP-MS 分析的准确性，非质谱干扰一般分为两类：基体效应和物理效应。这些干扰能明显地抑制或增强被定量测量的离子流，这些干扰也会对信号的稳定性和分析的精密度产生有害的影响。

（一）基体效应

高浓度的基体成分能使被分析的离子流造成抑制。基体效应的程度取决于基体元素的绝对量而不是基体元素与被分析元素的相对比例。因此，通过减少基体成分的绝对浓度（经过稀释），能把抑制效应减少到无关紧要的水平。

基体干扰效应的程度能通过调节仪器工作参数（如离子透镜电压、RF 功率和雾化器气体流速）减弱。另外，基体分离技术能有效地减少样品的基体及其产生的干扰。在克服基体问题上，流动注射进样被成功使用。

（二）物理效应

随着样品溶液总盐度增加，被分析物离子流信号会发生漂移，高盐样品溶液的这一效应是一种物理干扰。在一般情况下，如果溶液中溶解的盐类（主要是样品基体）的浓度超过 2mg/ml，预期会遇到信号不稳定的问题。一般有几个解决问题的方法，在保证足够的分析灵敏度情况下，通过简单的样品稀释使基体的浓度降低，可减少盐类在取样锥孔的堆积。另外，使用内标法也能校正由于取样锥孔堆积盐类造成的信号强度降低。

记忆效应也是物理干扰中一个严重的问题。记忆效应是样品中高浓度分析物污染仪器系统造成的。在一定程度上，清洗时间视被分析样品基体的性质而定，典型的冲洗时间可按分析物信号降至近 1% 的时间为准，正常情况下其范围为 60～180s。如在整个冲洗期间采取增加冲洗液流速、使用化学冲洗液冲洗，能使冲洗时间显著减少。

第七节　ICP-MS 定性与半定量及定量分析

一、定性分析

在 ICP-MS 分析中定性分析主要被用于快速地了解待分析样品的物质组成基体情况，以便确定目标元素的存在以及可能的干扰。在 ICP-MS 分析中通过一系列质谱扫描可以很容易地获得整个质量范围内的质谱信息，定性分析一般与半定量分析同步进行。

二、半定量分析

当分析一个未知样品，或需要知道某些样品成分的大致含量时，利用 ICP-MS 商品仪器所提供的软件可很容易地获得半定量分析结果。基本的操作步骤包括测定一个包含高、中、低质量数的 6～8 个元素的混合标准溶液，然后根据周期表中元素的电离度和同位素丰度等数据，获得质量数-灵敏度响应相关关系曲线，并用该曲线校正所用的仪器的多元素灵敏度，存储灵敏度信息。测定未知样品，并获取样品的半定量分析结果。一般 ICP-MS 的半定量分析误差可以控制在±(30%～50%)之间，甚至更好。

三、定量分析

应用各种标准品和工作曲线等对目标元素的含量等进行精确的浓度测定。

（一）外标法

在 ICP-MS 定量分析中使用最广泛的校准方法是采用一组外标。对溶液分析来说，这组标准可以是含有待分析元素的简单的酸或水介质。需要制备几个能覆盖待测物浓度范围的标准样品溶液。对直接固体样品分析，如激光烧蚀法来说，标准的基体必须与未知样品的基体相匹配。

对液体样品的校准来说，采用简单的水溶液标准通常是适宜的。对 ICP-MS 液体进样，未知样品必须被稀释至（含固量，TDS）<2mg/ml。当 TDS 值超过 2mg/ml 时，黏度和基体效应将很明显，但可通过将样品和标准匹配的方法在一定程度予以校正。用标准参考物质监控样品的分析质量，以评估准确度和精密度。

校准曲线对测得的标准数据的拟合通常都采用最小二乘法回归分析。在理想条件下，测得的数据是浓度的一个严格的线性函数。然而，误差总是叠加在真实数据上，因此，要用一个统计学方法，如回归分析来推算最佳的拟合校正曲线，可以计算出曲线对测得数据的拟合良好性，即通常所说的相关系数。

在分析溶液样品时，可直接向样液中加入内标元素。将已知或相同量的内标加入到每个空白、标准和样品中。内标元素不应受同量异位素重叠或多原子离子的干扰，或对被测元素的同位素产生干扰。内标元素的质量和电离能应与被测元素接近。经常采用的内标元素有 ^{45}Sc、^{103}Rh、^{115}In、^{159}Tb、^{209}Bi。这些元素的质量居质量范围的低、中、高部分，它们在多种样品中的浓度都很低，几乎 100%电离（Sc≈99.7%、Rh≈95.9%、In≈99.4%、Bi≈94.1%），都不受同量异位素重叠干扰，都是单同位素或具有一个丰度很高的同位素。

（二）标准加入法

标准加入法已较成功地应用于 ICP-MS 中。这种校准方法是在几个等份样品溶液中各加入一份含有一个或多个待测元素的试剂，加入量逐份递增。递增量通常是相等的，等份数一般不应少于 3 个，多些更好。因此，校准系列由已加入不同量待测元素的样品和未加入待测元素的原始样品组成。所有这些样品都具有几乎相同的基体。分析这组样品并将被测同位素和积分数据对加入的被测元素的浓度作图，校准曲线在 X 轴上的截距（一个负值）即为未知加标的待测样品中的浓度。当标准加入的增量近似地等于或大于样品中预计浓度时，就能获得最佳的精密度，在制备加标溶液时应考虑到这一点。

（三）同位素稀释法

同位素稀释法的基本原理是：针对某一待测物质里的欲测元素，加入准确计量的该元素的稀释剂，稀释剂的化学形式与待测物质该元素的化学形式相同，同位素组成不同，如果待测物质里的同位素组成是天然丰度，稀释剂的丰度以浓缩为宜；反之，如果待测的同位素丰度是浓缩的，稀释剂的丰度应该选择天然丰度。经过准确计量的待测物质和稀释剂，一旦混合均匀达到化学平衡，同位素的组成既已恒定，用 ICP-MS 测量混合后的同位素丰度比。已知待测物质、稀释剂、混合样品的同位素丰度比和待测物质、稀释剂的准确计量值，借助公式就可以计算待测物质中欲测元素的浓度或质量。

同位素稀释法的定量公式[17]：

$$c=c_s \times \frac{M}{M_s} \times \frac{W_s}{W} \times \frac{A_s - B_s R}{BR - A}$$

式中　　M ——样品中待测元素的相对原子质量；

M_s ——同位素稀释剂中相应元素的相对原子质量；

W ——待测元素样品质量；

W_s ——所加入的同位素稀释剂样品质量；

c_s ——稀释剂样品相应元素浓度；

R ——测得的同位素比值（参比同位素/富集同位素）；

A，B ——待测元素的参比同位素和与稀释剂富集同位素对应的同位素的天然丰度；

A_s，B_s ——稀释剂中与待测元素的参比同位素相对应的同位素和富集同位素的丰度。

只要测得 R 就可计算出待测元素浓度 c。

【应用实例】 ID-ICP-MS 法测定人发标准物质（GBW 07601）中 Pb 含量。

试验方法：

① 样品消解。称取 0.25g 样品于 50ml PTFE 消解罐中，准确加入一定量 Pb 同位素稀释剂 SRM982 和 5ml 浓 HNO_3，经微波消解 10min，消解液冷却至室温，加入 0.5ml 10mg/L Tl 标准溶液，加入 40ml 超纯水稀释混匀，过滤后取滤液待测。

② 利用 HP 4500 ICP 质谱仪，在最佳工作条件下（射频功率 1300W，载气流速 1.2L/min，采样深度 8mm，样品提升量 0.4ml/min，分析模式为同位素比值分析），用 Pb 同位素标准溶液或试液在同位素比测定模式下同时测定 $^{206}Pb/^{208}Pb$ 和 $^{203}Tl/^{205}Tl$。所得结果与推荐值符合。

基于 ICP-MS 对 Pb 同位素比值的精确测量及同位素稀释法的优点，可快速测定样品中的 Pb 含量。

第八节　ICP-QMS 法的应用

一、ICP-QMS 在地质科学中的应用

【应用实例】微波消解试样-电感耦合等离子体质谱测定水系沉积物中钨和钼（表 10-8 后参考文献 37）。

试验方法：

① 将试样研磨后过 0.076mm（200 目）筛，装于试样袋内。在恒温干燥箱中于 150℃烘干 1.5h，在干燥器内冷却。

② 称取试样 0.0500g 置于内衬罐，用少量水润湿，加入 HNO_3 6.0ml、HF 2.0ml。在 MARS 5 型微波消解仪中做消解处理，功率设为四阶，分别是 900W、600W、600W、1000W；每一阶达到的温度为 120℃、150℃、180℃、190℃；每一阶停留的时间为 1.5min、2min、2min、13min。

③ 微波消解后，放在通风橱内冷却，将样品溶液转入聚四氟乙烯坩埚内，在低温电热板上蒸至近干，加入 HNO_3 1ml 继续蒸至近干，反复两次，最后加入 HNO_3 1ml、少量水溶解试样，移入 50ml 容量瓶中，稀释至刻度，摇匀，同时做空白试验。

④ 水系沉积物主要成分为 $CaCO_3$，利用基体匹配消除干扰，制作标准溶液系列时需加

入与试样相同量的 $CaCO_3$。

⑤ 按 X Series II 型质谱仪工作条件（试样驻留时间 10000μs，采样深度 150 步，扫描次数 100 次，冷却气流量 14.0L/min，辅助气流量 0.88L/min，载气流量 0.81L/min，测量方式为跳峰，测量中选用的同位素为 ^{95}Mo、^{184}W）对空白溶液和标准溶液进行测定，建立工作曲线，对试样溶液进行测定，仪器自动计算出试样中钨和钼的含量。

近年来，ICP-QMS 在地质科学中的应用参见表 10-8。

表 10-8 ICP-QMS 在地质科学中的应用

样品	测定元素	分析方法	检出限	回收率	RSD	文献
地质样品	Sc, Y, REEs, Mn, Co, Ni, Nb, Ta, Zr, V, As, Cr 等 47 种元素	用 HNO_3-HF 封闭压力溶样，利用 TJA PQ Excell 型 ICP-MS 测定	0.003～3.0pg/g	标准物质的测定值与标准值吻合	<10%	1
化探样品	B, Sn	碱熔，利用 Thermo X 系列型 ICP-MS 测定	B 0.65μg/g Sn 0.12μg/g	标准物质的测定值与标准值吻合	B 2.02% Sn 3.03%	2
地球化学样品	Ru, Os	蒸馏分离，利用 Thermo X 系列 ICP-MS 测定	Ru 0.020ng/g Os 0.015ng/g	Ru 94.0%～102.7% Os 96.0%～102.4%	4.72%～9.58%	3
沉积物	Al, Fe, K, Ba, Cd, Cr, Cu, Mo, Pb 等 16 种元素	用 HF-HNO_3-H_2O_2 混合酸微波消解，利用 Agilent 7500ce 型 ICP-MS 测定	11.2ng/g～67.6μg/g	82.1%～102%	1.13%～4.79%	4
黄铁矿、岩石	Re	采用 Carius 管高温密闭溶样，同位素稀释，用 TJA PQ Excell 型 ICP-MS 测定	1.4～10pg	标准物质的测定值与标准值吻合	3.89%	5
黄铁矿	V, Cr, Co, Ni, Cu, Zn, As, Se, Sr, Mo, Ag, Cd, Sb, Ba, Tl, Pb	微波消解样品，用 PE Sciex Elan 6100 型 ICP-MS 测定	0.008～0.32μg/L	92.3%～109.0%	0.8%～4.8%	6
土壤	Li, Be, B, Al, Mg, Ti, Fe, Mn, As, Se, Sr, Sb, V, Cr, Cu, Zn, Ni, Mo, Co, Cd, Ag, Pb, Ba, Tl	用 HCl-HNO_3-$HClO_4$ 湿法消解样品，采用 PE Sciex Elan 6100 型 ICP-MS 测定	0.005～0.1μg/L	94.0%～104.5%	1.0%～4.8%	7
地质样品	Au, Pt, Pd, Rh, Ir, Ru	锍镍试金富集，用 Thermo X 系列 ICP-MS 测定	0.013～0.11ng/g	标准物质的测定值与标准值吻合	4.76%～8.25%	8
矿物标样	Pt, Pd, Rh	微波消解样品，用 Agilent 7500c 型 ICP-MS 测定	Pt 1.59ng/g Pd 0.82ng/g Rh 0.04ng/g	标准物质的测定值与标准值吻合	3.45%～13.0%	9
岩石、土壤、沉积物	As, Sb, Bi, Ag, Cd, In	王水溶样，利用 TJA X 系列 ICP-MS 测定	As 0.2μg/g Sb 0.01μg/g Bi 0.005μg/g Ag 0.01μg/g Cd 0.01μg/g In 0.005μg/g	As 96.8%～106% Sb 102%～108% Bi 102%～106% Ag 99.7%～104% Cd 103%～108% In 97.9%～100%	As 1.3%～3.0% Sb 0.65%～2.3% Bi 1.2%～2.6% Ag 3.2%～6.6% Cd 3.7%～8.0% In 1.1%～5.0%	10
地质样品	Be, U, Hf, Ta, V, Cr, Sr, Co, Ba, Ni, Zr, Rb, Cu, Zn, Ga, Nb, Cs, Pb, Sc, Th, Y, REEs 等 35 种元素	封闭压力酸溶解样品，用 PE Sciex Elan DRC II 型 ICP-MS 测定	0.1～100ng/L	对 USGS 国际标准物质进行测定，相对误差 <5%	—	11

样品	测定元素	分析方法	检出限	回收率	RSD	文献
地球化学样品	Au, Pt, Pd	王水分解样品，用 Thermo POEMS 3 型 ICP-MS 测定	Au 4.0ng/g Pd 3.6ng/g Pt 2.4ng/g	标准物质的测定值与标准值吻合	Au 14.2% Pd 3.6%~5.2% Pt 6.6%~10.8%	12
地质样品	Au, Pt, Pd, Ir, Ru, Rh	王水消解地质样品，用 PE-Sciex Elan 250 型 ICP-MS 测定	0.7~2.0ng/g	91%~113%	3.3%~7.4%	13
地质样品	Ge, Cd	采用 HF-HClO$_4$-HNO$_3$ 分解样品，用 Thermo X-II 型 ICP-MS 测定	Ge 30ng/L Cd 15ng/L	标准物质的测定值与标准值相符合	Ge 1.35% Cd 1.47%	14
地质样品	I, Br, Se, As	样品用 Na$_2$CO$_3$ 和 ZnO 混合熔剂半熔，阳离子交换树脂分离，用 TJA PQ Excell 型 ICP-MS 测定	I 0.028µg/g Br 0.15µg/g As 0.04µg/g Se 0.004µg/g	标准物质的测定结果在标准值的允许误差范围之内	0.8%~2.8%	15
碳酸盐岩	稀土元素	HNO$_3$-HF-HClO$_4$ 湿法消解样品，用 TJA POEMS 型 ICP-MS 测定	0.1~1.26ng/g	标准物质的测定结果与标准值相符合	<15%	16
重晶石	REEs	采用 Na$_2$O$_2$-Na$_2$CO$_3$ 碱熔样品，阳离子交换树脂分离富集，用 Thermo X-7 型 ICP-MS 测定	0.11~6.9ng/g	83.7%~108.3%	≤13.5%	17
地质样品	Eu	利用 P507 树脂微粒在线分离预富集，同位素稀释，TJA POEMS ICP-MS 测定	22ng/L	82%~98%	6.9%~9.2%	18
岩石、土壤	Cd, Ga, In, Te, Tl	HNO$_3$-HF-HClO$_4$ 湿法消解样品，用 Thermo X-2 型 ICP-MS 测定	Cd 0.015µg/g Ga 0.063µg/g In 0.0013µg/g Te 0.063µg/g Tl 0.003µg/g	标准物质的测定值与标准值相符合	Cd 4.34% Ga 2.00% In 4.87% Te 3.96% Tl 4.00%	19
黑色页岩	稀有稀土元素	微波消解样品，Thermo X-2 型 ICP-MS 测定	0.0002~2.38µg/g	97.9%~100.1%	<4%	20
表层沉积物	BrO$_3^-$ IO$_3^-$ SeO$_3^{2-}$	离子色谱分离，用 Agilent 7500a 型 ICP-MS 测定	BrO$_3^-$ 0.05µg/kg IO$_3^-$ 0.08µg/kg SeO$_3^{2-}$ 8.15µg/kg	78%~105%	BrO$_3^-$ 2.5% IO$_3^-$ 1.8% SeO$_3^{2-}$ 2.3%	21
地质样品	Cu, Ni, Zn, Co, Nb, Cd, Ga, Sn, Ta, Tl, Bi, REEs, Y 等 26 种元素	王水-HClO$_4$-HF 湿法消解样品，用 PE Sciex Elan 9000 型 ICP-MS 测定	0.06~250ng/L	91%~108%	1.7%~3.2%	22
地球化学样品	Ga, In, Tl	HF-HNO$_3$-HClO$_4$ 分解样品，用 Thermo POEMS 3 型 ICP-MS 测定	Ga 0.059µg/g In 0.002µg/g Tl 0.004µg/g	标准物质的测定结果与标准值吻合	2.6%~5.3%	23
地质样品	Ge, I	用 NaOH 全熔，阳离子交换树脂分离，用 Thermo X-7 型 ICP-MS 测定	Ge 0.043µg/g I 0.22µg/g	土壤标准物质的测定值与标准值相符合	Ge 3.36%~9.13% I 6.03%~9.90%	24
水系沉积物	Li, Be, Mo, W, Tl, U	用 HNO$_3$-HF-H$_2$SO$_4$ 混合酸微波消解样品，用 VG PQ Excell 型 ICP-MS 测定	0.018~0.311µg/g	对标准物质进行了分析，测定结果与标准值相符合	1.03%~8.40%	25

续表

样品	测定元素	分析方法	检出限	回收率	RSD	文献
土壤	Na, Mg, K, V, Cr, Mn, Ni, Cu, Zn, As, Se, Mo, Ba, Tl, Pb, Th, U	用 HNO$_3$-HCl-HF 微波消解样品，用 Agilent 7500c 型 ICP-MS 测定	0.0005～38.08μg/g	用 GBW07403 国家一级土壤标准样品进行分析，测定值与参考值相吻合	—	26
土壤	Cr, Cu, Ni, Zn, Cd, Pb	用 HNO$_3$-HF 微波消解样品，用 Agilent 7500a 型 ICP-MS 测定	0.014～1.02μg/g	83.2%～108.9%	0.15%～3.51%	27
土壤	有效 B	以沸水提取土壤中的有效 B，用 Thermo Elemental X-7 型 ICP-MS 测定	0.016μg/g	通过对国家土壤有效态一级标准物质测试，测定结果与标准值基本一致	1.03%	28
高岭土	Fe, Ti, K, Na, Ca, Mg, Pb, Cr, Mn, As, Cd, Cu	样品经 HNO$_3$-HF 低温溶解除 Si 后，用 (1+3)HNO$_3$ 浸取，用 Agilent 7500i 型 ICP-MS 测定	0.01～0.17μg/L	95.0%～101.0% 对 GBW03122 高岭土标准物质进行了分析，测定结果与标准值相吻合	1.1%～2.1%	29
国际地质标样	Sb, Bi	用 HNO$_3$-HF-HClO$_4$ 密闭高温高压溶解样品，用 PE Elan 6100 DRC 型 ICP-MS 测定	Sb 0.001ng/ml Bi 0.0001ng/ml	测定了 24 个国际地质标样中的 Bi 和 Sb，大部分标样的测定结果与已有参考值吻合得很好	Sb 0.9%～5% Bi 1.4%～6.3%	30
地球化学样品	V, Cr	用 HNO$_3$-HF-HClO$_4$-王水溶解样品，用 Thermo X-2 型 ICP-MS 测定	测定下限 V 0.118μg/g Cr 0.277μg/g	方法经地球化学标准物质验证，测定值与推荐值基本吻合	V 3.99% Cr 7.10%	31
地质样品	Pt, Pd, Rh, Ir	样品用硫化镍富集，酸处理除去碱性金属硫化物，过滤，残渣用 HCl-H$_2$O$_2$ 溶解，用 Thermo X-7 型 ICP-MS 测定	0.016～0.11ng/g	测定了国家一级地球化学标准物质，测定值与认定值相吻合	4.09%～4.78%	32
土壤	As, Cr, Pb, Se, Cu, Zn	用 HNO$_3$-H$_2$O$_2$ 消解样品，用 Agilent 7500cx 型 ICP-MS 测定	0.0019～0.017ng/ml	92.4%～106.8%	1.48%～4.17%	33
地质样品	Au, Pt, Pd	用王水湿法分解样品，选用 Te 共沉淀法分离富集 Au、Pt、Pd，用 Thermo POEMS 型 ICP-MS 测定	0.16～0.23ng/g	测定了国家一级地球化学标准物质中的痕量 Au、Pt、Pd，测定值与标准值吻合	0.2%～18.2%	34
地球化学样品	Au, Pt, Pd	用 Te 作为共沉淀剂分离富集，用 Thermo X-7 型 ICP-MS 测定	0.041～0.062ng/g	用本法测定了国家一级地球化学标准勘探物质中的痕量 Au、Pt、Pd，测定值与标准值相符合，回收率 95.7%～102.4%	3.50%～5.46%	35
土壤、沉积物	Li, Be, Sc, V, Cr, Mn, Mo, Cd, W, La 等 32 种元素	用 HCl-HNO$_3$-HF-HClO$_4$-王水湿法消解样品，用 Thermo X-7 型 ICP-MS 测定	0.01～8μg/g	对 5 个国家一级标准物质进行了分析，测定值与标准值相吻合	0.69%～9.89%	36
水系沉积物	W, Mo	用 HNO$_3$-HF 微波消解样品，用 Thermo X-2 型 ICP-MS 测定	W 0.03μg/g Mo 0.07μg/g	对4个标准物质进行了分析，测定结果与标准值相吻合	<8.5%	37
地质样品	Ba, Be, Co, Cr, Hf, Pb, REEs, Sr 等 40 种元素	用 HF-HNO$_3$ 密闭溶样和用 LiBO$_2$ 碱熔样品，用 TJA POEMS3 型 ICP-MS 测定	0.001～0.32ng/ml	对国家标样进行了分析，测定结果与标准值相吻合	0.5%～4%	38

续表

样品	测定元素	分析方法	检出限	回收率	*RSD*	文献
海洋沉积物	Cr, Co, Ni, Cu, Zn, Cd, Pb	用 HNO$_3$-HF 微波消解样品，用 Thermo X-2 型 ICP-MS 测定	0.009~0.17ng/g	对 7 种不同类型的海洋沉积物标准物质进行了测定，测定结果与标准值一致	<2%	39
钨精矿	Sn, P, Ca, Nb, Ta, Mo, Cu, Pb, Zn, As, Mn, Bi, Fe, Sb	试样经 NaOH-Na$_2$O$_2$ 碱熔后，加入 HNO$_3$，钨以钨酸的形式从溶液中沉淀而分离，用 Sciex Elan 250 型 ICP-MS 测定	0.10~10.05μg/L	90.5%~101.5%	1.2%~7.8%	40
铬铁矿单矿物	Y, REEs	采用 Na$_2$O$_2$ 熔融样品，三乙醇胺溶液提取，在碱性溶液中沉淀分离，经氢型阳离子交换树脂分离富集，用 Thermo X-7 型 ICP-MS 测定	0.0012~0.39μg/L	88.2%~109.8%	6.5%~16.3%	41

本表参考文献:

1 王小如. 电感耦合等离子体质谱应用实例. 北京: 化学工业出版社, 2005: 196.
2 赵玲, 冯永明, 李胜生, 等. 岩矿测试, 2010, 29(4): 355.
3 施意华, 杨仲平, 熊传言, 等. 岩矿测试, 2010, 29(4): 350.
4 俞裕斌, 郑晓玲, 何鹰, 等. 福州大学学报: 自然科学版, 2005, 33(2): 244.
5 杨胜洪, 屈文俊, 杜安道, 等. 岩矿测试, 2006, 25(2): 125.
6 齐剑英, 李然平, 王春林, 等. 冶金分析, 2007, 27(12): 1.
7 齐剑英, 张平, 吴英娟, 等. 理化检验: 化学分册, 2007, 43(9): 723.
8 施意华, 靳晓珠, 熊传信, 等. 矿产与地质, 2009, 23(1): 92.
9 杨永丽, 刘少轻, 施燕支, 等. 首都师范大学学报: 自然科学版, 2009, 30(2): 28.
10 范凡, 温宏利, 屈文俊, 等. 岩矿测试, 2009, 28(4): 333.
11 侯振辉, 王晨香. 中国科学技术大学学报, 2007, 37(8): 940.
12 黄珍玉, 张勤, 胡克, 等. 岩矿测试, 2001, 20(1): 15.
13 林平, 章新泉, 张静, 等. 江西师范大学学报: 自然科学版, 2004, 28(6): 534.
14 李刚, 曹小燕. 岩矿测试, 2008, 27(3): 197.
15 李冰, 史世云, 何红廖, 等. 岩矿测试, 2001, 20(4): 241.
16 胡圣虹, 李清澜, 林宁麟, 等. 岩矿测试, 2000, 19(4): 249.
17 李艳玲, 熊采华, 黄慧萍. 岩矿测试, 2005, 25(2): 87.
18 吕元琦, 尹明, 李冰. 岩矿测试, 2002, 21(2): 93.
19 李固榕, 王亚平, 孙元方, 等. 岩矿测试, 2010, 29(3): 255.
20 李志伟, 邸自安, 任文岩, 等. 岩矿测试, 2010, 29(3): 259.
21 郭军辉, 殷月芬, 崔维刚, 等. 分析测试学报, 2010, 29(10): 1053.
22 章新泉, 易永, 姜玉梅, 等. 分析试验室, 2005, 24(8): 58.
23 张勤, 刘亚轩, 吴健玲. 岩矿测试, 2003, 22(1): 21.
24 张培新, 黄光明, 董丽, 等. 岩矿测试, 2005, 24(1): 36.
25 李曼, 李东雷, 刘玺祥, 等. 质谱学报, 2006, 27(2): 99.
26 陈玉红, 张华, 施燕支, 等. 质谱学报, 2006, 27(增刊): 41.
27 王晓晖, 张玉玲, 刘娜, 等. 光谱实验室, 2008, 25(6): 1183.
28 林光西. 光谱实验室, 2006, 23(3): 566.
29 黄冬根, 周文斌, 刘雷, 等. 光谱学与光谱分析, 2009, 29(2): 504.
30 胡兆初, 高山, 柳小明, 等. 光谱学与光谱分析, 2007, 27(12): 2570.
31 白金峰, 刘彬, 张勤, 等. 冶金分析, 2009, 29(6): 17.
32 张彦斌, 程忠洲, 李华. 冶金分析, 2006, 26(4): 13.
33 万飞, 张之鑫. 吉林地质, 2010, 29(3): 90.
34 黄珍玉, 张勤, 胡克, 等. 光谱学与光谱分析, 2003, 23(5): 962.
35 施意华, 熊传信, 黄俭. 黄金, 2009, 30(2): 43.
36 江冶, 陈素兰. 地质学刊, 2010, 34(4): 415.
37 王海娇, 王娜, 李丽君, 等. 理化检验: 化学分册, 2010, 46(10): 1196.
38 陈爱芳. 甘肃冶金, 2010, 32(5): 134.
39 王彦美, 张欣, 陈道华, 等. 化学分析计量, 2010, 19(6): 25.
40 黄冬根, 廖世军, 章新泉, 等. 冶金分析, 2005, 25(2): 42.
41 黄慧萍, 李艳玲, 陶德刚, 等. 冶金分析, 2005, 25(6): 42.

二、ICP-QMS 在环境检测中的应用

【应用实例】电感耦合等离子体质谱法测定大气气溶胶中的金属元素[5]。

试验方法:

① 采样地点为台湾海峡，采样方式是用大容量 EDPL5000 采样器 24h 连续采样，采用 Whatman 滤膜。将载有气溶胶样品的滤纸分开 16 份，取其中一份剪成小块放入 PTFE 消解管中，加入 5ml 浓 HNO_3，用 CEM 微波消解系统，按照微波消解程序（射频功率 800W，15min 升温至 180℃，保持 15min）加热消解。消解完毕后冷却至室温，将样品消解液转移至 50ml PET 瓶中，定容至 50ml。同时用相同程序制备样品空白。

② 按 7500ce 型 ICP 质谱仪工作条件（RF 功率 1500W，采样深度 8.1mm，载气流量 0.84L/min，辅助气流量 0.32L/min，蠕动泵速度 0.1r/s，氦气流速 4.8ml/min，用 ^{72}Ge、^{115}In、^{209}Bi 作内标元素）对大气气溶胶样液中的 Pb、Cu、Cd、V 进行测定。

近年来，ICP-QMS 在环境检测中的应用参见表 10-9。

表 10-9 ICP-QMS 在环境检测中的应用

样品	测定元素	分析方法	检出限	回收率	*RSD*	文献
地下水	Li, Be, B, Al, Ti, V, Cr, Mn, Co, Ni, Cu, Zn, Ge, As, Rb, Sr, Y, Mo, Ag, Cd, Sb, Cs, Ba, REEs, W, Mg, Tl, Pb, Bi, Th, U 等 44 种元素	用 TJA X Series ICP-MS 测定	0.002～0.981μg/L	90.0%～110%	<10%	1
湖泊水	V, Cr, Co, Ni, Cu, Zn, Ge, Mo, Cd, Sn, Pb	用 Thermo X-7 型 ICP-MS 测定	0.007～0.21μg/L	83%～110%	0.9%～3.1%	2
矿泉水	Li, Sr, Pb, As, Cu, Cd, Mn	用 Thermo X-2 型 ICP-MS 测定	0.1～4.0μg/L	90%～110%	1.1%～5.7%	3
灌溉水	Cr, Ni, Cu, Zn, As, Cd, Pb	用 Agilent 7500a 型 ICP-MS 测定	0.00025～0.26μg/L	91.6%～112.5%	1.52%～4.10%	4
大气气溶胶	Pb, Cu, Cd, V	微波消解样品，用 Agilent 7500ce 型 ICP-MS 测定	0.004～0.079ng/ml	96.0%～108.3%	0.45%～2.57%	5
落叶松与白桦树	Al, B, Ba, Be, Ca, Cd, Co, Cr, Cu, Fe, Mg, Mo, Mn, Nb, Ni, P, Pb, Sr, Si, Th, Ti, V, Y, Zn, Zr, REEs	用 HNO_3-HCl-HF-$HClO_4$ 微波消解样品，利用 TJA POEMS 型 ICP 光谱/质谱仪测定	微量元素如下：0.0006～0.78μg/g 稀土元素：0.007～0.054ng/g	相对误差如下：微量元素：1.06%～5.60% 稀土元素：1.82%～10.2%	微量元素：0.87%～5.25% 稀土元素：2.14%～8.0%	6
环境样品	^{129}I	用 PE SCIEX Elan 6000 型 ICP-MS 测定	10^{-4} Bq/g (10^{-11}g/g)	—	1.0%～2.8%	7
植物样品	B, Li, La, Ge, Mo, Ni, Co, Pb, Cd, Cr, Cu	HNO_3-H_2O_2 微波消解样品，用 Thermo X-2 型 ICP-MS 测定	5～150ng/g	国家标准物质的测定值与标准值相符合	1.27%～5.27%	8
化妆品	Be, V, Cr, Ni, As, Se, Sr, Mo, Pd, Cd, Nd, Au, Hg, Tl, Pb	用 HNO_3-H_2SO_4 微波消解样品，用 Agilent 7500ce 型 ICP-MS 测定	0.004～0.139mg/kg	84.3%～123.7%	1.88%～4.86%	9
茶叶	Sc, Y, REEs	用 HNO_3-H_2O_2 微波消解样品，用 Agilent 7500a 型 ICP-MS 测定	0.04～0.43μg/kg	96.0%～108.0%	0.6%～6.3%	10
化妆品	REEs	用 HNO_3 和少量 HF 微波消解样品，用 Agilent 7500c 型 ICP-MS 测定	0.03～0.8ng/g	98.7%～107.2%	<5%	11

续表

样品	测定元素	分析方法	检出限	回收率	*RSD*	文献
矿泉水	K, Na, Ca, Mg, Fe, Mn, Cu, Zn, Cr, Pb, Cd, Hg, Ag, Li, Sr, Ba, V, Mo, Co, Ni, Al, Se, As	用 Agilent 7500 型 ICP-MS 测定矿泉水中的 23 种元素，采用内标法校正干扰	0.003～5.1μg/L	87.6%～110.1%	0.92%～3.40%	12
海水	Pb	5-磺基-8-羟基喹啉用作微柱流动注射在线分离富集，用 Agilent HP 4500 系列 300 型 ICP-MS 进行同位素稀释分析	0.204μg/L	97.9%	0.98%	13
地下水	Br, I	采样后经 0.45μm 的滤膜过滤分离，使用 0.025%NH₃·H₂O 作为测定介质，用 PE Elan DRC-e 型 ICP-MS 测定	Br 0.02μg/L I 0.4μg/L	94.0%～102.4%	—	14
无公害环评总悬浮物颗粒	Pb	用 HNO₃-H₂O₂ 将滤膜浸泡，用 PE Elan DRC-e 型 ICP-MS 测定	1.2×10^{-4}μg/m³	97.3%～101.4%	1.7%～3.3%	15
饮用水	Cd, Cr, Pb, Zn, Cu, Ni	水样用 0.32mol/L HNO₃ 酸化处理，过 0.45μm 水系膜后，用 Agilent 7500cx 型 ICP-MS 测定	0.70～77.0ng/L	92%～108% 分析 GBW 8607 标样，测定值与标准值吻合	0.47%～1.69%	16
污水	Ag	水样用 0.25μm 滤膜过滤后，用 HNO₃ 酸化，用 PE Elan DRC-e 型 ICP-MS 测定	0.05μg/L	98%～102.4%	1.91%～2.32%	17
环境水样	Co, Ni	以纳米碳纤维(CNFs)微柱定量吸附 Co、Ni，用 0.5 mol/L HNO₃ 可将吸附在微柱上的 Co、Ni 完全洗脱，用 Thermo X-7 型 ICP-MS 测定	Co 0.004ng/ml Ni 0.08ng/ml	94.5%～109%	4.0%～4.8%	18
地表水	Cu, Zn, Se, As, Hg, Cd, Mo, Ba, V, Tl, Be 等18种元素	用 HNO₃ 酸化水样，用 Thermo X-2 型 ICP-MS 测定	0.006～0.123μg/L	89.0%～100%	1.7%～4.2%	19
水样	Be, Ba, Ag, Mo, Sb, B, Ni, Tl, Y, REEs 等23种元素	水样经 0.45μm 滤膜过滤，并用 2%硝酸溶液稀释 1 倍，用 PE Elan 9000 型 ICP-MS 测定	0.001～0.076μg/L	92.5%～105.0%	<6.1%	20

本表参考文献：

1 马生凤, 温宏利, 许俊玉, 等. 岩矿测试, 2010, 29(5): 552.
2 赵志飞, 储溱, 方金东, 等. 资源环境与工程, 2009, 23(2): 182.
3 张立雄, 张涛, 高水宏, 等. 光谱实验室, 2009, 26(3): 653.
4 吴开华, 杜林峰. 现代科学仪器, 2011, (1): 104.
5 林红梅, 杜俊民. 现代科学仪器, 2011, (1): 88.
6 王松君, 王璞珺, 侯天平. 分析测试学报, 2009, 28(1): 105.
7 Bienvenu Ph, Brochard E, Excoffier E et al. Canadian Journal of Analytical Science and Spectroscopy, 2004, 49(6): 423.
8 李刚, 高明远, 诸堃. 岩矿测试, 2010, 29(1): 17.
9 李丽敏, 王欣美, 王柯, 等. 理化检验: 化学分册, 2008, 44(8): 728.
10 林立, 陈光, 陈玉红. 环境化学, 2007, 26(4): 555.
11 刘少轻, 刘翠梅, 施燕支, 等. 环境化学, 2007, 26(1): 116.
12 刘丽萍, 张妮娜, 张岚, 等. 质谱学报, 2005, 26(1): 27.
13 黄志勇, 陈发荣, 王小如, 等. 质谱学报, 2003, 24(2): 337.
14 赵秋香, 汪模辉, 刘赛红. 光谱实验室, 2009, 26(6): 1519.
15 魏振宏, 陈虹, 孙丰全. 光谱实验室, 2010, 27(4): 1443.
16 王俊平, 马晓星, 王硕, 等. 光谱学与光谱分析, 2010, 30(10): 2827.

17 童成举, 刘涛, 魏振宏. 光谱实验室, 2010, 27(5): 1844.

18 陈世忠, 肖明发, 陆登波. 冶金分析, 2009, 29(3): 1.

19 甘杰, 许晶, 罗岳平, 等. 环境监测管理与技术, 2010, 22(5): 36.

20 王艳, 白晶, 刘彤, 等. 中国卫生工程学, 2011, 10(1): 60.

三、ICP-QMS 在生物与医药卫生中的应用

【应用实例】中国成年男子肺及肾脏中的 Hg、I、Mo 等 25 种微量元素的 ICP-MS 测定研究（见表 10-10 后参考文献 20）。

试验方法：在我国四个不同膳食类型地区（北京，江苏，山西，四川），采集 16 例急死正常成年男子（20~50 岁）尸体的肺及肾脏样品，先用超纯水漂洗几次，用纱布拭干水分，再用钛刀、钛镊切成小块后，低温冰冻干燥，用钛棒碾碎成粉样。整个过程防止待测元素污染和损失。

① 称取 0.2500g 粉末样品于 50ml PTFE 消解罐中，加入 3.0ml HNO_3 和 1.0ml H_2O_2，用 MWS-2 型微波消解仪，按微波消解程序（功率 500W，150℃下消解 15min；功率 800W，200℃下消解 20min；功率 400W，100℃下消解 10min）消解样品，消解液冷却后，定量转移至 10ml 容量瓶中，定容待测。

② 按 Elan DRC Ⅱ 型 ICP 质谱仪最佳工作条件（入射功率 1100W，载气流量 0.9L/min，辅助气流量 1.8L/min，采样深度 10mm，停留时间 50ms，样品提升量 1.0ml/min），对 16 例人体肺及肾脏样品中的 Hg、I、Mo 等 25 种微量元素进行含量测定。

近年来，ICP-QMS 在生物与医药卫生中的应用参见表 10-10。

表 10-10　ICP-QMS 在生物与医药卫生中的应用

样品	测定元素	分析方法	检出限	回收率	RSD	文献
尿液	V, Cr, Mn, Co, Zn, As, Se, Pb	微波消解样品, 用 Thermo X-7 型 ICP-MS 测定	0.006~0.36μg/L	88.9%~105.7%	0.2%~7.3%	1
肝欣泰注射液	Cu, As, Cd, Pb	稀释样品, 用 Thermo X-7 型 ICP-MS 测定	Cu 0.009μg/L As 0.071μg/L Cd 0.031μg/L Pb 0.023μg/L	99.6%~107%	<4.3%	2
人尿	Y, REEs	用 HNO_3-$HClO_4$ 湿法消解样品, 用 PE Sciex Elan DRC Ⅱ型 ICP-MS 测定	0.1~2.1ng/L	人发标准物质的测定值与标准值相吻合	6.4%~9.8%	3
人肝	Be, Cd, Co, Ni, Cs, Cu, Ga, Mn, Pb, Rb, Sr, Th, U, REEs, Y, Se, Ag, Au, B, Bi, Ge, Hg, In, I, Pt, Sb, Se, Tl, Sn, Ti, V, Zr 等 48 种元素	采用 HNO_3-H_2O_2 微波消解样品, 用 PE Sciex Elan DRC Ⅱ型 ICP-MS 测定	0.1~3.5ng/L	标准物质的测定值与标准值基本吻合	<5%	4
人血	Ag, As, Au, B, Ba, Be, Bi, Cd, Ce, Co, Cs, Cu, Ga, Hf, Hg, In, La, Mn, Mo, Ni, Pb, Pd, Rb, Rh, Ru	用(0.1%Triton X-100 +0.5%氨水)稀释剂以 1:10 稀释血样, 用 Agilent 7500a 型 ICP-MS 测定	0.003~0.14μg/L	94%~111%	1.4%~5.8%	5
尿样	V, Cr, Mn, Co, Zn, As, Se, Pb	用 HNO_3-H_2O_2 微波消解样品, 用 Thermo X-7 型 ICP-MS 测定	0.006~0.36μg/L	标准物质的测定值与标准值一致	<3%	6

第三篇

续表

样品	测定元素	分析方法	检出限	回收率	RSD	文献
全血	Ca, Fe, Zn, Cu, Mn, Se, Mo, Pb	微波消解样品，用 Agilent 7500ce 型 ICP-MS 测定	0.15~0.48μg/L	95.0%~105.0%	0.2%~2.2%	7
生物样品	Cu, Cd, Ni, Rb, Tl, Pb, Co, Mo, B, U, Cr, Li, Zn, Th, Be	用 HNO$_3$-H$_2$O$_2$ 微波消解样品，用 Thermo X 系列 ICP-MS 测定	—	标准物质的测定结果与标准值相符合	1.6%~5.6%	8
冬虫夏草	Cu, Pb, As, Cd	用 HNO$_3$-H$_2$O$_2$ 微波消解样品，用 PE Sciex Elan DRC-e 型 ICP 质谱仪测定	Cu 0.14mg/kg Pb 0.16mg/kg As 0.29mg/kg Cd 0.02mg/kg	Cu 103% Pb 98% As 96% Cd 102%	Cu 1.5% Pb 2.1% As 2.6% Cd 1.2%	9
中成药	Cu, As, Cd, Hg, Pb	微波消解样品，用 Agilent 7500a 型 ICP 质谱仪测定	Cu 6.0μg/kg As 8.6μg/kg, Cd 1.7μg/kg Hg 0.8μg/kg Pb 2.2μg/kg	90%~113%	1.4%~6.3%	10
全血	Cd, Cu, Pb, Se, Zn	用 (5g/L NH$_3$+0.5g/L Triton X+0.5g/L EDTA+6ml/L 正丁醇)稀释剂，(1:9)稀释样品，用 PE Sciex Elan DRC Ⅱ型 ICP 质谱仪测定	Cd 1.5ng/L Pb 1.5 ng/L Cu 35ng/L Se 15ng/L Zn 110ng/L	Cd 105%±5% Se 102%±5% Pb 97%±6% Zn 100%±11% Cu 106%±23%	Cd 1.6%~4.3% Pb 3.8%~5.7% Se 2.1%~3.0% Zn 6.9%~8.4% Cu 1.8%~14.3%	11
尿液	Cr, V, As, Se	用 0.1% HNO$_3$ 稀释尿液 5 倍，用 Thermo X 系列 ICP-MS 测定	1.2~10ng/L	96.0%~105%	<5.3%	12
儿童、成人尿	Li, Be, V, Cr, Mn, Ni, Co, As, Se, Mo, Cs, Pt, U, Sr 等 30 种元素	用去离子水和硝酸以 1:5(体积比)稀释尿样，用 Agilent 7500c 型 ICP-MS 测定	LOQ 0.004~0.41 μg/L	95%~104%	1.9%~4.4%	13
人血清	Al, Cd, Co, Cr, Cu, Fe, Hg, Mn, V, Ni, Se, Zn	用 EDTA 和 NH$_4$OH 以 1:10 稀释血清，用 Agilent 7500i 型 ICP 质谱仪测定	0.002~0.321μg/L	对血清标样进行分析，测定结果与标准值吻合	4.9%~12.8%	14
鼠肝	La	采用 HNO$_3$-HClO$_4$ 混合酸微波消解样品，用 PE Sciex Elan 5000 型 ICP-MS 测定	0.007ng/ml	96%~103%	1.8%~2.7%	15
人发标样	REEs	微波高压溶样，用 PE Sciex Elan 5000 型 ICP 质谱仪测定	0.007~0.026ng/ml	对标准物质进行分析，测定结果与标准值一致	1.2%~5.0%	16
小麦的粒、茎、穗、叶	Y, REEs	用 HNO$_3$-H$_2$O$_2$ 微波消解样品，用 PE Sciex Elan 5000 型 ICP-MS 测定	6.5~24.0pg/ml	95%~104%	2.1%~3.9%	17
生物样品	Y, REEs	用 HNO$_3$-HClO$_4$ 湿法消解样品，用 PE Sciex Elan 5000 型 ICP-MS 测定	7~26pg/ml	95%~105%	2.6%~4.2%	18
一枝黄花	Ca, Mg, P, Fe, Mn, Ni, Cu, Zn, Se, Cr, Hg, Pb	用 HNO$_3$-H$_2$O$_2$ 微波消解样品，用 Agilent 7500 型 ICP-MS 测定	0.002~0.057μg/L	95.2%~107.1%	2.5%~8.9%	19
中国成年男子肺及肾脏	Hg, I, Mo, Al, As, B, Cd, Cr, Cs, Cu, In, Mn, Ni, Pb, Rb, Sb, U 等 25 种元素	用 HNO$_3$-H$_2$O$_2$ 微波消解样品，用 PE Elan DRC Ⅱ型 ICP-MS 测定	0.0002~0.22μg/L	对两种标准物质进行分析，测定值与标准值基本相符	1.6%~9.8%	20

样品	测定元素	分析方法	检出限	回收率	RSD	文献
植物样品	Li, Be, B, Ti, V, Cr, Mn, Co, Ni, Cu, Zn, As, Rb, Sr, Y, Mo, Cd, Sn, Sb, Ba, REEs, Hg, Tl, Pb, Bi, Th, U	用 HNO$_3$-HCl-HF 湿法消解样品，用 Thermo Electron X 系列 ICP-MS 测定	—	用四种植物标准物质进行分析，测定结果与标准值相符合	—	21
血清	Ca	采用同位素稀释，微波消解样品，使用 Agilent 7500c 型碰撞反应池 ICP-MS 测量	—	对欧盟 BCR-304 人血清标准物质中的 Ca 进行测量，测定值与标准值符合很好	0.36%~1.10%	22
藏药章松八味沉香散	Cr, Co, Cu, Mn, Zn, Mo, Fe, Ni	用 HNO$_3$-HClO$_4$ 冷浸过夜，于 70~100℃低温加热消解样品，用 PE Elan DRC-e 型 ICP-MS 测定	0.01~1.0μg/g		1.29%~5.98%	23
鹿骨粉	Al, As, Ba, Ca, Co, Cr, Cu, Fe, K, Mg, Mn, Mo, Na, Ni, P, Pb, Sr, Ti, Y, Zn	用 HNO$_3$-H$_2$O$_2$ 微波消解样品，用 Agilent HP 4500 Series 300 型 ICP-MS 测定	0.0006~1.498ng/ml	91%~109%	1.7%~6.8%	24
狼毒	Y, REEs, P, Cd, Co, Pb, V, Al, Fe, Ca, Sr, Mg, B, Ba, Ti, Be, Cr, Cu, Zn, Mn, Mo, Ni	用 HNO$_3$-H$_2$O$_2$ 湿法消解样品，用 TJA POEMS ICP-MS 测定	0.0003~0.075μg/L	对 GBW 07603 标准物质进行分析，测定值与标准值的相对误差为 1.21%~15.15%	0.38%~8.54%	25
根和根基类生药	Cr, Mn, Ni, Co, Cu, Zn, As, Se, Mo, Cd, Pb	用 HNO$_3$-H$_2$O$_2$ 微波消解样品，用 Agilent 7500c 型 ICP-MS 测定	0.001~0.26μg/g	90%~110%	0.4%~3.1%	26
动物血液和组织	Se	用 HNO$_3$-H$_2$O$_2$ 微波消解样品，用 Agilent 7500c 型 ICP-MS 测定	普通模式：0.024ng/g ORS 模式：0.0046ng/g	90.8%~107.2%	1.8%~5.5%	27
大鼠血清和果蔬发酵液	Cd, Co, Cr, Cu, Fe, Mg, Mn, Mo, Ni, P, Pb, Sr, Zn	用 HNO$_3$-HClO$_4$ 湿法消解样品，用 PE Sciex Elan 9000 型 ICP-MS 测量	0.001~4.47ng/ml	大鼠血清：80%~110% 果蔬发酵液：90%~120%	日内<10% 日间<15%	28
人体血浆	Li, B, Al, Ti, V, Cr, Mn, Fe, Ni, Cu, Zn, Ga, Ge, As, Se, Rb, Sr, Zr, Nb, Mo, Sn, Sb, Cs, Ba, Hf, W, Tl, Pb, Th, U	用 HNO$_3$-H$_2$O$_2$ 微波消解样品，用 Agilent 7500a 型 ICP-MS 测定	0.01~0.68ng/ml	85%~119%	1.7%~10.2%	29
二色补血草	Be, B, Na, Al, Mg, P, K, Ca, V, Cr, Mn, Fe, Co, Ni, Cu, Zn, Ga, As, Se, Sr, Mo, Cd, Ba, La, Hg, Pb, Th	用 HNO$_3$ 高压消解样品，用 Agilent 7500 型 ICP-MS 测定	0.002~0.081μg/L	92.4%~107.2%	1.5%~9.7%	30
肺癌患者肺组织	Li, B, Al, Ti, V, Cr, Mn, Fe, Co, Ni, Cu, Zn, Ga, Ge, As, Se, Rb, Sr, Zr, Nb, Mo, Cd, Sn, Sb, Cs, Ba, Hf, W, Tl, Pb, Bi, Th, U	用 HNO$_3$-H$_2$O$_2$ 微波消解样品，用 Agilent 7500 型 ICP-MS 测定	0.01~0.45ng/ml	90.1%~117.5%	2.1%~14.3%	31

第三篇

续表

样品	测定元素	分析方法	检出限	回收率	*RSD*	文献
全血	Pb, Cd, Se, As, Hg	采用温控 HNO$_3$-H$_2$O$_2$ 湿法消解样品，用 Agilent 7500a 型 ICP-MS 测定	2～40ng/L	采用 GBW(E)09034 和 GBW 09101b 标样进行分析，检测结果与推荐值相吻合	<3%	32
枳壳	Pb, Cd, As, Hg, Cu	样品用 40%乙醇微波辅助萃取，提取液用 HNO$_3$-H$_2$O$_2$ 加热回流消解，用 Agilent 7500 型 ICP-MS 测定	0.012～0.19ng/L	85%～109%	3.6%～5.4%	33
中成药	V, Cr, Mn, Fe, Co, Ni, Cu, Zn, Mo	用 HNO$_3$-H$_2$O$_2$ 湿法消解品，用 Agilent 7500c 型 ICP-MS 测定	0.003～0.105μg/ml	分析了国家一级标准物质，测定值与参考值吻合	0.19%～3.02%	34
人体血浆	REEs	比较了直接稀释、HNO$_3$-H$_2$O$_2$ 消解、HNO$_3$-HClO$_4$ 消解样品 3 种处理方法，用 TJA POEMS 型 ICP 光谱/质谱仪测定	0.7～5.4ng/L	92%～111%	3.3%～15.1%	35
人体脏器	Y, REEs	用 HNO$_3$-HClO$_4$ 混合酸消解样品，用 PE Sciex Elan 5000 型 ICP-MS 测定	0.005～0.026ng/ml	92.9%～111.3%	0.96%～3.07%	36
古汉养生精	Pb, As, Cu, Zn, Cd, Cr, Ni, Mn	采用 HNO$_3$-H$_2$O$_2$ 微波消解样品，用 HP 4500 Series 300 型 ICP-MS 测定	10～80ng/L	92.11%～112.8%	1.07%～4.30%	37
矿物中药	Ca, Mg, Fe, Zn, Cu, Mn, Se, Cr, As, Cd, Hg, Pb	称取 1.00g 粉碎并全通过 20 目的样品，加 100ml 超纯水，放入沸水浴中 1h 浸取，溶液用 HP 4500 型 ICP-MS 测定	0.01～2.30μg/L	91.1%～107.1%	1.8%～3.7%	38
人体全血	Ca, Fe, Zn, Cu, Mn, Se, Mo, Pb	样品加入 HNO$_3$ 进行微波消解，用 Agilent 7500ce 型 ICP-MS 测定	Ca、Fe、Zn 为 0.17～0.48mg/L; Mn、Cu、Se、Mo、Pb 为 0.15～0.25μg/L	95.0%～105.0%	0.2%～2.2%	39
枸杞	Na, Mg, Al, K, Ca, V, Cr, Mn, Fe, Co, Ni, Cu, Zn, As, Se, Ag, Cd, Hg, Pb	用 HNO$_3$-H$_2$O$_2$ 微波消解品，用 Agilent 7500a 型 ICP-MS 测定	—	84.6%～111.1%	1.13%～1.99%	40
党参	Hg, Pb, As, Cd	用 HNO$_3$-H$_2$O$_2$ 微波消解样品，用 Agilent 7500 型 ICP-MS 测定	—	96.5%～105.2%	<10.5%	41
中药材	Cu, As, Cd, Hg, Pb	用 HNO$_3$ 微波消解样品，用 Agilent 7500a 型 ICP 质谱仪测定	0.006～0.063μg/g	96.7%～104.5%	0.2%～4.0%	42
人参	Y, REEs	用 HNO$_3$-H$_2$O$_2$ 微波消解样品，用 Thermo X 系列 ICP-MS 测定	0.004～0.037μg/L	分析了国家一级标准物质中的稀土元素，测定值与标准值一致	—	43
姜黄	Cu, As, Cd, Hg, Pb	用 HNO$_3$-H$_2$O$_2$ 微波消解品，用 Thermo X Ⅱ 型 ICP-MS 测定	0.013～0.12μg/L	83.7%～105.0%	<2%	44
多维元素片(29)(善存)	Cu, Mn, Cr, Se, Mo, Sn, V, Ni	用 HNO$_3$ 微波消解样品，用 Agilent 7500a 型 ICP-MS 测定	0.034～0.312μg/L	低浓度的加样回收率在 87.9%～114.5%，高浓度的加样回收率在 98.1%～108.3%	2.0%～11.2%	45

续表

样品	测定元素	分析方法	检出限	回收率	*RSD*	文献
花粉、人参、黄芪	Co, Cu, Mn, Sr, Zn	用 HNO_3 微波消解样品，用 Thermo X 系列 ICP-MS 测定	0.015~2.65μg/g	对标准物质进行了分析，测定结果与标准值吻合	—	46
中药材	Cu, As, Cd, Pb	用 HNO_3 微波消解样品，用 Agilent 7500a 型 ICP-MS 测定	0.004~0.065μg/L	92.3%~108.0%	2.4%~5.8%	47
人体血液	In	用 HNO_3-$HClO_4$ 湿法消解样品，用 Thermo X-7 型 ICP-MS 测定	0.018μg/L	97.7%~101.9%	2.5%~4.9%	48
生物样品	B	在 5%氨水溶液中，于 190℃下密闭分解样品，用 Thermo X-2 型 ICP 质谱仪测定	0.027μg/g	采用国家标准物质进行了试验，测定结果与标准值吻合	0.60%~1.85%	49
丹参	K, Na, Ca, Mg, Cu, Zn, Ba, Tl, REEs, Au 等 52 种元素	用 HNO_3-$HClO_4$ 湿法消解样品，用 Thermo X-7 型 ICP-MS 测定	0.2~20ng/g	85%~114%	<9%	50
鱼腥草	B, Na, Al, Mg, P, V, Mn, Zn, Sr, P, La, Pb, Th 等 32 种元素	用 HNO_3-H_2O_2 微波消解样品，用 Agilent 7500 型 ICP-MS 测定	0.003~0.069ng/ml	93.5%~106.9%	1.6%~9.5%	51
草药	Sc, Y, REEs	用 HNO_3 微波消解样品，用 HP 4500 系列 300 型 ICP-MS 测定	0.71~15.2pg/ml	87.4%~106%	0.80%~3.3%	52
六味地黄丸	Pb, Cd, Hg, As	用 HNO_3 微波消解样品，用 HP 4500 系列 300 型 ICP-MS 测定	0.002~0.4μg/L	92%~98%	1.6%~1.9%	53
生物样品	Cr, V	用 HNO_3-$HClO_4$-王水溶解样品，用 Thermo X-2 型 ICP-MS 测定	V 0.005μg/g Cr 0.0018μg/g	经国家一级标准物质验证，测定值与标准值吻合	V 3.25%~14.08% Cr 4.20%~8.24%	54

第三篇

本表参考文献：

1 何晓文, 许光泉, 黎艳红, 等. 光谱实验室, 2010, 27(1): 316.

2 侯建荣, 彭荣飞, 贺小平, 等. 中国卫生检验杂志, 2008, 18(12): 2527.

3 刘虎生, 诸洪达, 王小燕, 等. 质谱学报, 2008, 29(增刊): 1.

4 刘虎生, 诸洪达, 欧阳荔, 等. 质谱学报, 2006, 27(增刊): 1.

5 Heitland P, Koster H D. J Trace Elem Med Bio, 2006, 20: 253.

6 黎艳红, 王华建, 杜仙梅, 等. 理化检验: 化学分册, 2009, 45(5): 520.

7 王克, 张帅, 杜仙梅, 等. 中国卫生检验杂志, 2008, 18(6): 1084.

8 刘洪青, 孙月婷, 时晓露, 等. 岩矿测试, 2008, 27(8): 427.

9 陈辉. 光谱实验室, 2010, 27(1): 309.

10 张立雯, 张玉英, 苏广海, 等. 中华中医药杂志, 2009, 24(3): 358.

11 Tanaselia C, Frentiun T, Ursu M, et al. Optoelectron Adv Mat, 2008, 2(2): 99.

12 刘华章, 彭荣飞, 侯建荣, 等. 中国卫生检验杂志, 2008, 28(4): 577.

13 Heitland P, Koster H D. Clin Chim Acta, 2006, 365, 310.

14 De Blas Brovo I, Castro R S, Raquelme N L, et al. J Trace Elem Med Bio, 2007, 21, SL, 14.

15 刘虎生, 王小燕, 欧阳荔, 等. 质谱学报, 2001, 22(4): 58.

16 刘虎生, 王耐芬, 王小燕, 等. 质谱学报, 1996, 17(4): 1.

17 刘明, 刘虎生, 王小燕, 等. 质谱学报, 1998, 19(3): 1.

18 Liu H S, Wang N F, Xue B, et al. J Chinese Mass Spectrom Soc, 2002, 23(2): 96.

19 杨立业, 王斌, 于春光, 等. 质谱学报, 2010, 31(2): 94.

20 王小燕, 诸洪达, 刘虎生, 等. 质谱学报, 2007, 28(4): 237.

21 孙德忠, 马生凤, 胡明月. 质谱学报, 2006, 27(增刊): 27.

22 王军, 韦超, 郭晔, 等. 质谱学报, 2007, 28(增刊): 78.

23 金建华, 束彤, 王茜, 等. 光谱实验室, 2009, 26(4): 997.

24 刘彦明, 陈志勇, 王志文, 等. 光谱学与光谱分析, 2006, 26(5): 947.

25 王松君, 曹林, 常平, 等. 光谱学与光谱分析, 2006, (7): 1330.

26 王艳泽, 王英峰, 施燕支, 等. 光谱学与光谱分析, 2006, 26(12): 2326.

27 王英峰, 刘翠梅, 施燕支, 等. 光谱学与光谱分析, 2008, 28(9): 2173.

28 李香云, 练鸿振, 矛力, 等. 光谱学与光谱分析, 2008, 28(9): 2181.

29 张霖琳, 刑小茹, 魏复盛. 光谱学与光谱分析, 2009, 29(4): 1115.

30 王斌, 徐银峰, 李国强, 等. 光谱学与光谱分析, 2009, 29(11): 3138.

31 张霖林, 马千里, 魏复盛, 等. 光谱学与光谱分析, 2009 29(12): 3388.

32 张秀武, 李永华, 杨林生, 等. 光谱学与光谱分析, 2010, 30(7): 1972.

33 王桂花, 张瑶, 杨屹, 等. 光谱学与光谱分析, 2011, 31(3): 820.

34 张萌, 胡文祥, 施燕支. 现代科学仪器, 2008, (2): 51.

35 陈杭亭, 曹淑琴, 曾宪津, 等. 光谱学与光谱分析, 2000, 20(3): 339.

36 王耐芬, 王醒方, 陈清, 等. 环境化学, 1995, 14(3): 215.

37 谢华林, 唐有根, 李立波, 等. 武汉理工大学学报, 2005, 27(11): 43.

38 梁伟, 戴京晶, 林奕芝, 等. 职业与健康, 2007, 23(7): 508.

39 王克, 张帅. 中国卫生检验杂志, 2008, 18(6): 1084.

40 庞清, 刘峰, 仲娜. 中国卫生检验杂志, 2008, 18(5): 837.

41 王艳, 钟韶霞. 安徽农业科技, 2008, 36(5): 1741.

42 李文龙, 荆淼, 王小如, 等. 分析试验室, 2008, 27(2): 6.

43 杨路平, 焦燕妮, 王国玲. 微量元素与健康研究, 2009, 26(6): 44.

44 沈梅. 中国卫生检验杂志, 2009, 19(6): 1265.

45 金鹏飞, 马捷, 邹定, 等. 药物分析杂志, 2009, 29(6): 994.

46 邵文君. 检测与分析, 2009, 12(5): 24.

47 贾薇, 江滨, 曾元儿. 中药新药与临床药理, 2009, 20(2): 150.

48 郭瑞娣. 环境与职业医学, 2010, 27(11): 701.

49 黄光明, 陈微微, 闫鲜, 等. 地质学刊, 2010, 34(4): 419.

50 曾栋, 文瑞芝, 潘振球, 等. 药物分析杂志, 2010, 30(11): 2096.

51 李雪, 黄鑫鑫, 王斌, 等. 微量元素与健康, 2010, 27(4): 6.

52 梁沛, 陈浩, 胡斌, 等. 分析科学学报, 2002, 18(3): 233.

53 马少妹, 黄志勇, 邱招钗, 等. 药物分析杂志, 2005, 25(5): 554.

54 于兆水, 张勤. 理化检验: 化学分册, 2007, 43(1): 11.

四、ICP–QMS 在食品科技中的应用

【应用实例】ICP-MS 法直接进样分析食用油中的 Pb、As、Mn、Cd、Cr、Cu 等元素（表 10-11 后参考文献 49）。

试验方法:

分别用含 1%(体积分数)硝酸和 0.5%曲通-100 的异丁醇将金属标准储备液逐级稀释成浓度为 0.5μg/L、10μg/L、20μg/L、50μg/L 的标准溶液系列，且每份溶液中均含有浓度为 50μg/L 的内标。

① 取 1.0ml 食用油样品于 10ml 容量瓶中，加入 0.05ml 10mg/L Y、In、Bi 的混合内标溶液，用含 1%（体积分数）硝酸和 0.5%曲通-100 的异丁醇定容至 10ml，所有样品溶液定容后均含浓度为 50μg/L 的内标，用以校正基体差异。

② 利用 Agilent 7500 ce 型 ICP 质谱仪，配有有机加氧通道，在优化的实验条件下（入射功率 1550W，载气流量 0.6L/min，采样深度 16.0mm，氧气加入量 23%，积分时间 0.3s/点，采集质量数 ^{208}Pb、^{75}As、^{55}Mn、^{111}Cd、^{53}Cr、^{63}Cu、^{89}Y、^{115}In、^{209}Bi，池气体模式氦气，氦气流速 45ml/min），采集空白及标准溶液系列，仪器自动绘制标准曲线，并进行食用油样品中 Pb、As、Mn、Cd、Cr、Cu 的测定。

近年来，ICP-QMS 在食品科技中的应用参见表 10-11。

表 10-11 ICP-QMS 在食品科技中的应用

样品	测定元素	分析方法	检出限	回收率	RSD	文献
鲜竹笋	Cr, Cu, Zn, As, Cd, Hg, Pb	用 HNO$_3$-H$_2$O$_2$ 微波消解样品，利用 Agilent 7500a 型 ICP-MS 测定	0.005～0.202μg/L	88.96%～110.5%	2.36%～6.09%	1
食品	Sc , Y, REEs	用 HNO$_3$-H$_2$O$_2$ 微波消解样品，用 PE Sciex Elan 6000 型 ICP-MS 测定	0.08～2.2pg/g	94%～106%	1.2%～3.2%	2

续表

样品	测定元素	分析方法	检出限	回收率	*RSD*	文献
食品	Al, Cr, Ni, Ge, As, Se, Ag, Cd, Sn, Sb, Pb, Hg	开放式微波消化样品，利用 PE Sciex Elan 6000 型 ICP-MS 测定	0.006～0.2μg/L	85%～110%	1.1%～8.7%	3
普洱茶	As, Pb, Hg	微波消解样品，利用 Agilent 7500a 型 ICP-MS 测定	0.007176～0.0874 μg/kg	91.09%～104.9%	0.18%～5.10%	4
啤酒、酿造麦汁	Na, Mg, K, Ca, Fe, Al, Ni, Cu, Zn, Mn, Cr, Mo, As, Cd, Ba, Hg, Pb	微波消解样品，利用 Agilent 7500a 型 ICP-MS 测定	0.008～5.3ng/ml	86%～108%	0.86%～4.8%	5
葡萄酒	Mg, Al, Ca, Cr, Mn, Fe, Ni, Cu, Zn, Se, Sr	样品用 1%HNO₃ 稀释后直接利用 Agilent 7500 型 ICP-MS 测定	0.056～32μg/L	83.5%～104%	＜5%	6
保健品	Se	用 HNO₃ 微波消化样品，利用 Agilent 7500a 型 ICP-MS 测定	0.078μg/L	99.4%～100.2%	0.91%～2.65%	7
奶粉	Ca, Fe, Zn, Mn, Cu, Ni, Ti, Al, Ba, Pb, As, Cd, Cr, Sn, Sb, Se, Tl	用 HNO₃-H₂O₂ 微波消解样品，利用 Thermo X Series II 型 ICP-MS 测定	—	87.8%～105.3%	1.8%～6.3%	8
鸡蛋	Zn, Fe, Mn, Mg, Ca, P, K, Na	利用 Thermo X 系列 ICP-MS 测定	0.0014～0.34μg/ml	91.8%～105.8%	1.8%～5.3%	9
甜玉米	V, Cr, Co, Ga, Cd, Sn, Pb	微波消解样品，用 Thermo X-7 型 ICP 质谱仪测定	—	—	0.89%～5.73%	10
紫菜、螺旋藻	Y, REEs	微波消解样品，利用 Thermo X 系列 ICP-MS 测定	6～15ng/L	标准物质的测定结果与标准值相吻合	—	11
脐橙	Y, REEs	微波消解样品，利用 Thermo X 系列 ICP-MS 测定	6～15ng/L	标准物质的测定值与推荐值吻合	—	12
不同类型食品	Se, Pb, Cd, Mn, Co, Zn, Cu, Sr, Mo, V, Mg, Hg, Al, As, Cr, Ni	用 HNO₃-H₂O₂ 微波消解样品，利用 PE Elan DRC II 型 ICP-MS 测定	0.2～60ng/g	对多种 NIST 食品标准物质进行分析，测定结果与标准值相一致	0.9%～9.1%	13
运动员食品	Pb, As, Cd, Cu	用 HNO₃ 微波消解样品，用 Agilent 7500a 型 ICP-MS 测定	0.03～0.09μg/L	88.5%～107.5%	1.18%～4.98%	14
乳制品	碘	采用四甲基氢氧化铵和 H₂O₂ 提取样品，用 Agilent 7500a 型 ICP-MS 测定	0.09μg/L	89.3%～116.5%	1.3%～3.8%	15
罐装鱼	As, Cd, Hg, Cu, Pb	用高纯 HNO₃ 微波消解样品，用 Agilent 7500ce 型 ICP-MS 测定标准加入法定量分析	—	罐装鱼标准物质各元素测定结果与参考值相吻合	—	16
FAPAS 0758 番茄酱、FAPAS 0761 奶粉	Sn, Fe, Al, As, Pb, Cd, Hg	应用密闭高压罐消化样品，用 Agilent 7500 型 ICP-MS 测定		80%～120%	＜10%	17
海藻羊栖	Co, Pb, Cd, As, Cu, Zn, V, Cr	用 HNO₃-H₂O₂ 微波消解样品，用 Agilent 7500a 型 ICP-MS 测定	0.007～0.042μg/g	92.5%～106.5%	0.42%～2.56%	18

第三篇

续表

样品	测定元素	分析方法	检出限	回收率	*RSD*	文献
食用菌	Se	样品用浓 HNO₃ 在高压消化罐中消解,用 Agilent 7500c 型 ICP-MS 测定	0.204μg/L	99.96%~102.7%	<5.0%	19
啤酒废酵母	Cu, Pb, Zn, Fe, Mn, Cd, Cr, As	以 HNO₃-H₂O₂ 作为消化试剂,微波消解样品,用 Thermo X 系列 ICP-MS 测定	0.013~0.122μg/L	98.4%~102.6%	0.47%~3.26%	20
曼氏无针乌贼肉和海螺蛸	Cr, Mn, Cu, Zn, As, Cd, Hg, Pb	样品粉末用 HNO₃ 在高压消解罐中消解,用 Agilent 7500 型 ICP-MS 测定	0.002~0.032μg/L	96.5%~106.3%	2.4%~8.7%	21
母乳	Ca, P	用 HNO₃-H₂O₂ 微波消解样品,用 Agilent 7500a 型 ICP-MS 测定	Ca 0.051μg/g P 0.106μg/g	102.8%~104.0%	0.58%~2.4%	22
动物肝脏	Pb, Cd, As	样品置于高压消化罐内,加入 HNO₃ 在 140℃ 加压消化,用 Agilent 7500 型 ICP-MS 测定	As 1ng/g Cd 1ng/g Pb 2ng/g	97.0%~105.0%	1.8%~4.7%	23
蔬菜	Pb, Cd	用 HNO₃-H₂O₂ 微波消解样品,用 Thermo X-7 型 ICP-MS 测定	Pb 0.14μg/L Cd 0.13μg/L	Pb 96.0%~104.0% Cd 95.0%~110.0%	Pb 2.49%~4.57% Cd 2.50%~4.69%	24
玉米浆干粉	As, Cd, Cr, Cu, Pb, Se, Zn	用 HNO₃-HClO₄ 湿法消解样品,用 PE Sciex Elan 9000 型 ICP-MS 测定	0.005~0.30ng/ml	86%~112%	1.4%~4.7%	25
无公害畜饮用水	Pb, Hg, As, Cd	将水样用 0.25μm 滤膜过滤,用 HNO₃ 酸化,用 PE Elan DRC-e 型 ICP-MS 测定	0.045~0.14μg/L	95.0%~105.0%	1.31%~3.44%	26
国际比对果汁	Pb, Cd, Sn	用 HNO₃-H₂O₂ 微波消解样品,用 Agilent 7500ce 型 ICP-MS 测定	0.016~0.052μg/L	90%~105%	1.8%~3.7%	27
盐	Pb, Cd, As, Cr	用超纯水溶解样品,用 1%HNO₃ 溶液定容,用 HP 4500 系列 300 型 ICP-MS 测定	0.003~0.008μg/L	90.8%~109.5%	1.79%~3.68%	28
虾粉	Cu, As, Cd	用 HNO₃ 微波消解样品,用 Thermo X 系列 ICP-MS 测定	0.016~0.184ng/ml	对标准物质的测定结果均符合证书值要求	1.8%~2.6%	29
葡萄酒	Fe, Zn, Cu, Pb, As, Cd, Cr	样品经加热蒸发掉乙醇后,用 HNO₃-H₂O₂ 微波消解,用 Agilent 7500a 型 ICP-MS 测定	0.03~0.38μg/L	95.2%~101.2%	0.66%~3.38%	30
酱油	Pb, As, Cr, Fe, Mn, Zn, Cu, Hg, Ni, Cd	用 HNO₃-H₂O₂ 微波消解样品,用 Agilent 7500a 型 ICP-MS 测定	0.02~0.44μg/L	96.1%~102.9%	0.37%~4.34%	31
海产品	Na, Mg, Al, P, Cr, Mn, Fe, Zn, As, Sr, Mo, Cd, Pb, Hg	用 HNO₃-H₂O₂ 微波消解样品,用 HP 4500 系列 ICP-MS 测定	—	对国家标准物质进行了分析,测定值与标准值吻合,回收率85%~115%	0.2%~5.0%	32
螺旋藻、茶多酚	V, Cr, Mn, Fe, Co, Ni, Cu, Zn, Mo	用 HNO₃ 湿法消解样品,用 Agilent 7500c 型 ICP-MS 测定	0.014~0.255μg/g	对国家标准物质进行测定,测定值均在标准规定范围内	0.24%~3.02%	33

续表

样品	测定元素	分析方法	检出限	回收率	*RSD*	文献
茶叶	Y, REEs	用 HNO₃-H₂O₂ 密封微波消解样品,用 Thermo X I型 ICP-MS 测定	0.001~0.026μg/L	90.5%~113%	<10%	34
食品	Al	用 HNO₃-H₂O₂ 微波消解样品,用 Agilent 7500a 型 ICP-MS 测定	0.3mg/kg	89.7%~104%	1.3%	35
涉水产品	Cd, Pb, Ni, Ba, Sn, Sb, Fe, Mn, Cu, Zn, Cr, Ag, Al, Hg, As	按浸泡要求浸泡涉水产品,浸泡水样经硝酸酸化后,用 Thermo X-7 型 ICP-MS 测定	0.003~2.52μg/L	96.0%~119.4%	<3%	36
荠菜	Y, Ce, Pr, Nd, Sm, Eu, Gd, Tb, Dy, Ho, Er, Tm, Yb, Lu	用 HNO₃-HClO₄-HF 压力密闭消解样品,用 Thermo X-7 型 ICP-MS 测定	0.0002~0.005ng/ml	对国际 NIST 1572 标准物质进行了分析,测定结果与参考值吻合	1.2%~2.5%	37
软饮料	Cr, Cu, Zn, As, Cd, Sb	样品经稀释后,用 Agilent 7500ce 型 ICP-MS 测定	—	90.0%~110.0%	<5.0%	38
海产品	V, Cr, Mn, Fe, Co, Ni, Cu, Zn, As, Se, Cd, Sn, Hg, Tl, Pb	用 HNO₃-H₂O₂ 微波消解样品,用 Agilent 7500a 型 ICP-MS 测定	0.28~1.105μg/L	对标准物质 TORT-2 和 DORM-2 进行了分析,测定结果与参考值吻合较好	1.25%~4.67%	39
油条	Al	用 HNO₃ 微波消解样品,用 Agilent 7500a 型 ICP-MS 测定	0.50μg/L	96.2%~100.9%	0.66%~3.5%	40
粮食	磷化物	样品中的磷化物经前处理后转化为 H₃PO₄,然后用 Thermo X 系列 ICP-MS 测定总磷,最后换算成磷化物含量	0.002mg/kg	93.0%~95.8%	<1.5%	41
紫菜	碘	用 (1+90) 氨水微波消解样品,用 Thermo X-2 型 ICP-MS 测定	0.011ng/ml	对紫菜标准物质进行了分析,测定结果与标准值吻合	7.7%	42
植物	Y, REEs	用 HNO₃-H₂O₂ 微波消解样品,用 Thermo X 系列 ICP-MS 测定	0.7~7.3ng/L	95.0%~105.0%	<5%	43
婴幼儿奶粉	K, Na, Mg, Ca, Cu, Zn, As, Pb	用 HNO₃ 微波消解样品,用 Thermo X-7 型 ICP-MS 测定	0.001~1.2mg/kg	95.0%~103%	<3.5%	44
饮用水	Cd, Cr, Pb, Zn, Cu, Ni	用 0.32 mol/L HNO₃ 酸化处理水样,利用八极杆碰撞/反应池技术,用 Agilent 7500cx 型 ICP-MS 测定	0.70~77.0ng/L	92%~108%	0.47%~1.69%	45
根茎蔬菜	Sc, Y, REEs	用 HNO₃-H₂O₂ 微波消解样品,用 PE Elan 9000 型 ICP-MS 测定	0.05~1.65μg/kg	87.8%~115%	0.5%~3.8%	46
大米蛋白	Pb	用 HNO₃-H₂O₂ 微波消解样品,用 Varian 820 系列 ICP-MS 测定	0.86μg/kg	82.6%~108.2%	0.84%	47
鲤鱼、河蚌	Hg, As	用 HNO₃-H₂O₂ 微波消解样品,用 Thermo X-2 型 ICP-MS 测定	Hg 0.012μg/L As 0.022μg/L	97.9%~104%	2.0%~5.3%	48

续表

样品	测定元素	分析方法	检出限	回收率	RSD	文献
食用油	Pb, As, Mn, Cd, Cr, Cu	用含 1% HNO₃ 及 0.5% 曲通-100 的异丁醇稀释样品，用 Agilent 7500ce 型 ICP-MS 测定	0.03～3.5μg/L	98.2%～108.1%	1.9%～4.5%	49
鲸肉	K, Na, Ca, Mg, Fe, Mn, Zn, Cu, Se, Ge	用 HNO₃-H₂O₂ 微波消解样品，用 HP 4500 系列 ICP-MS 测定	0.02～20ng/g	95.6%～101.9%	1.21%～3.87%	50
植物性食品	Sc, Y, REEs	用 HNO₃ 微波消解样品，用 PE Sciex Elan 6000 型 ICP 质谱仪测定	0.08～2.2pg/g	94%～106%	1.2%～3.2%	51
食盐、调味品、尿液	Cr, V, As, Se	样品经 HNO₃ 湿法消解或稀释后，利用 Thermo X 系列 ICP-MS 测定	1.2～10ng/L	96%～105%	0.5%～4.2%	52

本表参考文献：

1 姚曦，岳永德，汤锋，等. 光谱实验室，2010, 27(3): 1190.
2 刘江晖，周华. 光谱实验室，2003, 20(4): 554.
3 杨振宇，唐建民. 光谱实验室，2005, 22(2): 322.
4 侯冬岩，田瑞华，李红，等. 食品科学，2007, 28(7): 425.
5 张妮娜，刘丽萍，张勐. 中国卫生检验杂志，2008, 18(11): 2281.
6 连晓文，杨秀环，梁旭霞. 中国卫生检验杂志，2005, 15(8): 925.
7 高飞，张剑锋，历荣. 中国卫生工程学，2009, 8(3): 172.
8 王丙涛，颜治，林燕奎，等. 光谱实验室，2010, 27(2): 720.
9 陈海英，邵文军，刘晶晶，等. 农业科技与装备，2007(6): 56.
10 江莉莉，刘良忠，战锡林，等. 食品科技，2009, 34(1): 243
11 邵文军. 检测与分析，2009, 12(4): 44.
12 邵文军，刘晶，王瑞敏，等. 检测与分析，2007, 10(11): 41.
13 Nardi E P, Evangelista F S, Tormen L, et al. Food Chem, 2009, 112: 727.
14 刘丽萍，毛红，张妮娜，等. 质谱学报，2006, 27(2): 90.
15 刘丽萍，吕超，谭玲，等. 质谱学报，2010, 31(3): 138.
16 王欣美，李丽敏，王柯，等. 质谱学报，2009, 30(4): 208.
17 高健会，赵良娟，葛宝坤，等. 质谱学报，2006, 27(4): 246.
18 韩超，曹煊，王小如，等. 光谱实验室，2009, 26(3): 480.
19 铁梅，臧树良，张崴，等. 光谱学与光谱分析，2006, 26(3): 551.
20 程先忠，金火山，张开诚. 光谱学与光谱分析，2008, 28(10): 2421.
21 吴常文，迟长凤，何光源，等. 光谱学与光谱分析，2009, 29(12): 3395.
22 陈国友，马永华，杜英秋，等. 光谱学与光谱分析，2010, 30(8): 2274.
23 梁彦秋，潘伟，臧树良，等. 光谱实验室，2006, 23(2): 234.
24 林光西，乔爱香. 光谱实验室，2006, 23(4): 766.
25 陈逸珺，载乐美，胡忻，等. 光谱实验室，2006, 23(6): 1285.
26 魏振宏，陈虹，孙丰全. 光谱实验室，2010, 27(4): 1403.

27 乐粉鹏，郭亚丽，贺燕婷，等. 现代科学仪器，2010(1): 90.
28 谢华林，何晓梅，阳佑华，等. 冶金分析，2004, 24(4): 34.
29 侯建荣，彭荣飞，黄聪，等. 中国卫生检验杂志，2011, 21(2): 321.
30 汪晓冬，齐红革. 食品研究与开发，2010, 31(8): 128.
31 汪晓冬. 食品研究与开发，2010, 31(11): 159.
32 孙玉岭，陈明生，王玉萍. 光谱学与光谱分析，1999, 19(4): 601.
33 张萌，胡文祥. 现代仪器，2008, (2): 27.
34 谭和平，张苏敏，陈能武. 中国测试技术，2008, 34(2): 85.
35 李安，郝雨，李海燕，等. 辽宁化工，2008(1): 68.
36 刘杨，吉钟山，马永建. 江苏预防医学，2008, 19(1): 62.
37 周连文，吕元琦，李新民. 安徽农业科学，2008, 36(6): 2166.
38 王柯，王欣美，季丽敏，等. 中国卫生检验杂志，2009, 19(5): 1036.
39 于振花，荆淼，陈登云，等. 海洋科学，2009, 33(1): 8.
40 陈光，林立，周谐非，等. 化学分析计量，2009, 18(3): 51.
41 彭荣飞，黄聪，于桂兰，等. 中国卫生检验杂志，2009, 19(3): 574.
42 王瑞敏. 检测与分析，2010, 13(12): 21.
43 冯信平，田家金. 热带作物学报，2010, 31(12): 2287.
44 彭荣飞，侯建荣，黄聪. 中国卫生检验杂志，2010, 20(12): 3166.
45 王俊平，马晓星，方国臻，等. 光谱学与光谱分析，2010, 30(10): 2827.
46 杨瑞春，翟志雷，郝大情. 中国卫生检验杂志，2010, 20(11): 2748.
47 田富饶，杨兰花，叶旭炎，等. 现代食品科技，2010, 26(12): 1418.
48 王琳，黄晶，董铮. 四川环境，2010, 29(4): 47.
49 王琳琳，林立，陈玉红. 环境化学，2011, 30(2): 571.
50 冯大和，余碧钰，程玉龙. 光谱实验室，2001, 18(5): 682.
51 刘江晖，周华. 光谱实验室，2003, 20(4): 554.
52 刘华章，彭荣飞，侯建荣，等. 中国卫生检验杂志，2008, 18(4): 577.

五、ICP-QMS 在冶金工业中的应用

【应用实例】电感耦合等离子体质谱法测定高温合金中的痕量镉和碲（表 10-12 后参考文献 2）。

试验方法：

① 称取 0.050g 样品，以 25ml 王水溶解后，蒸发试液至约 1ml，加入 1ml 0.5μg/ml Rh 溶液作为内标，定容于 50ml 容量瓶中。以基体匹配的镉和碲标准溶液作校准曲线，曲线的浓度取值为 5ng/ml、10ng/ml、20ng/ml、50ng/ml。

② 利用 PQ II 型 ICP 质谱仪，按最佳工作条件（功率 1350W，载气流速 0.85L/min，辅助气流速 0.90L/min，冷却气流速 13.0L/min，采样深度 8mm，样品提升量 1.0ml/min）对钼质量分数为 2%的高温合金标准物质，采用数学校正法测定其中的痕量 Cd 和 Te，本法的测定值与认定值吻合较好。

近年来，ICP-QMS 在冶金工业中的应用参见表 10-12。

表 10-12 ICP-QMS 在冶金工业中的应用

样品	测定元素	分析方法	检出限	回收率	RSD	文献
钢	Ca	HCl-HNO$_3$ 微波消解样品，利用 PE Sciex Elan DRC e 型 ICP-MS 测定	3.18ng/ml	91%～118%	3.5%～12%	1
高温合金	Cd, Te	用王水消解样品，用 VG PQ II 型 ICP-MS 测定	Cd 0.08μg/g Te 1.0μg/g	标准物质本法的测定值与标准值吻合较好	<20%	2
高纯钴粉	Ba, Pb, Ca, Fe, Mg, Al, Mn, Zn, Na, K, Ni, Cu, Cd, Si, Mo, Sn, Cr	HCl-HNO$_3$ 湿法消解样品，用 PE Sciex Elan 9000 型 ICP-MS 测定	0.01～0.5μg/g	85%～105%	0.3%～5.5%	3
高纯铝	Co, Ni, Cu, Mo, Cd, Pb, Bi	采用 APDC-MIBK 萃取分离 Al，利用 HP4500 Series 300 型 ICP-MS 测定	0.011～0.052μg/L	92.2%～103.0%	0.8%～2.3%	4
高纯镍板	Si, P, Fe, Cu, Zn, As, Cd, Sb, Pb, Al, Mg, Sn, Mn	微波消解样品，用 PE Sciex Elan 9000 型 ICP-MS 测定	0.01～0.05μg/L	92.0%～112.0%	<8.5%	5
高纯金属钐	REEs, Y, Al, Ni, Cu, Mn, Cr, Ti, Mo, Zn, Co, Fe	用 HNO$_3$ 湿法消解样品，用 Sciex 250 型 ICP-MS 测定	0.012～83μg/L	88.6%～108.0%	0.55%～2.53%	6
二氧化钛	Fe, Mn, Cr, Co, V, Pb, As, Cd, Nb, Ce, Zn, Al, Hg, Sb, Si, P, Ni, Se	样品用浓 H$_2$SO$_4$ 及固体硫酸铵溶解，用 Agilent 7500i 型 ICP-MS 测定	0.03～12.0ng/ml	92.0%～103%	4.5%～12.5%	7
高纯铟	Fe	用 HNO$_3$ 湿法消解样品，用 TJA X-2 型 ICP-MS 测定	0.06ng/ml	94.0%～102.1%	<8%	8
铜合金	P, Al, Mn, Fe, Cu, Sn, Sb, Pb	用王水微波消解样品，用 Agilent 7500c 型 ICP-MS 测定	0.0024～0.216ng/g	91.1%～107%	1.5%～2.8%	9
高纯钨粉	Be, Mg, Al, V, Cr, Mn, Fe, Co, Ni, Cu, Zn, Ga, Sr, Cd, Ba, Pb, B, Sb	用 H$_2$O$_2$ 溶解样品后，用离子色谱-膜去溶分离，利用 Agilent 7500ce 型 ICP-MS 测定	0.001～0.5μg/g	90%～107%	—	10

第三篇

样品	测定元素	分析方法	检出限	回收率	RSD	文献
二氧化钛	Hg, As, Cd, Pb, Sn, Bi, Sb, Co, Ni, Cr, Fe, Mn, V, Ca, Ba, Si, P, Nb, Zr, Ge, Ga, Zn, Mo, Se	用 HNO$_3$-HF 微波消解样品，用 PE Elan 9000 型 ICP-MS 测定	0.01~11.2μg/L	87%~107%	<6.4%	11
低合金钢	B, Ti, Zr, Nb, Sn, Sb, Ta, W, Pb	用 HNO$_3$-HF 作为溶剂，高压消解样品，用 Agilent 7500a 型 ICP-MS 测定	0.00001%~0.0004%	对低合金钢有证参考物质进行分析，测定结果与标准值基本吻合	0.2%~5.8%	12
铝合金	Be, Mg, V, Cr, Mn, Fe, Ni, Cu, Zn, Ga, Cd, Sb, Sn, Pb	用王水-HF 微波消解样品，用 Agilent 7500a/c 型 ICP-MS 测定	0.01~0.45μg/g	测定了两种铝合金标准物质的 14 种元素，测定值与认定值吻合	0.5%~6.7%	13
镍基超合金	Ge, As, Se	用 HCl-HNO$_3$ 微波消解样品，用 FI-HG 分离，用 PE Elan DRC II 型 ICP-MS 测定	0.001~0.003pg/L	用 NIST 标样进行分析，测定值与标准值基本一致	1.5%~2.9%	14
钢铁及合金	Al, B	用 HCl-HNO$_3$-HF 微波消解样品，用 VG PQ II 型 ICP-MS 测定	Al 0.1ng/ml B 0.2ng/ml	用钢铁标样进行分析，测定结果与标准值符合较好	Al 2.1%~6.9% B 4.3%~18.2%	15
二氧化锆	REEs	采用 (NH$_4$)$_2$SO$_4$+H$_2$SO$_4$ 溶解样品，用 PMBP 萃取分离基体，用 Thermo X 系列 ICP-MS 测定	1.8~5.7ng/g	89.0%~110%	4.9%~13.2%	16
铜锌合金	Mg, Al, Ti, Cr, Mn, Ni, Cd, In, Sn, Sb, Tl, Pb, Bi	用 HNO$_3$ 溶解样品，用 VG PQ II 型 ICP-MS 测定	0.01~17.0ng/ml	对铜锌合金标样进行分析，测定结果与标准值相吻合	<10%	17
金属铝	Cu, Ti, Zn, Mn, Co	用 HCl-HNO$_3$ 低温加热溶解样品，用 VG PQ II 型 ICP-MS 测定	0.55~1.1ng/ml	90.8%~123%	0.54%~7.1%	18
高温合金	Ag	用 HNO$_3$-HCl 混合酸溶解样品，用 VG PQ II 型 ICP-MS 测定	0.000003%	测定了不同牌号的高温合金中痕量银，测定结果与标准值吻合较好	3.2%~13.4%	19
锡合金	Al, Fe, Ni, Cu, Zn, As, Se, Cd, Sb, Pb	用王水消解样品，用 Agilent 7500c 型 ICP-MS 测定	0.002~0.21μg/g	测定了两种欧洲锡合金标样，测定值与参考值相符合	1.4%~6.5%	20
钢铁及合金	As, Sn, Sb, Pb, Bi	用 HNO$_3$ 或王水溶解样品，用 VG PQ II 型 ICP-MS 测定	—	80%~93%	<8%	21
高纯氧化镧	Li, Mg, Al, Mn, Co, Ni, Cu, Zn, Sr, Cd, Ba, Ti, V, Cr, Mo, Ti, Pb, Bi, Y, REEs	用 HNO$_3$ 湿法消解样品，用 PE Elan 9000 ICP-MS 测定	稀土杂质的测定下限：0.0012~0.0093μg/g 非稀土杂质测定下限：0.0023~0.67μg/g	92%~108%	0.4%~3.3%	22
高纯铝	Co, Ni, Cu, Mo, Cd, Pb, Bi	用 HCl-HNO$_3$ 低温溶解样品，用 APDC-MIBK 萃取分离，用 HP 4500 系列 300 型 ICP-MS 测定	0.011~0.052μg/L	92.2%~103.0%	0.8%~2.3%	23
氯化稀土、碳酸轻稀土	Pb, Zn, Ni, Mn, Th, Al	用 HNO$_3$-H$_2$O$_2$ 湿法消解样品，用 PE Elan 9000 型 ICP-MS 测定	—	98%~103%	0.70%~2.7%	24

续表

样品	测定元素	分析方法	检出限	回收率	*RSD*	文献
纯铜	Bi, Ni, Pb, Zn	用(1+1)HNO₃湿法消解样品，用 PE Elan DRC-e 型 ICP-MS 测定	0.03～0.90μg/g	用国家标样进行分析，测定结果与标准值基本相符合	0.81%～4.18%	25
多晶硅	B, Cu, Fe, Al, K, Cr, Mn, Fe, Co, Ni, Cu , Zn, As, Mo, W 等18种元素	用 HNO₃-HF 溶解样品，用 PE Elan DRC Ⅱ型 ICP-MS 测定	0.8～6.9pg/g	83.0%～106%	0.27%～2.7%	26
高纯氧化钨	Bi, Pb,Ni, Mn	用氨水-HNO₃低温加热溶解样品，用 PE Elan 6000 型 ICP-MS 测定	0.006～0.015ng/ml	95.4%～100%	1.1%～4.8%	27
高纯二氧化铈	Y, REEs	用 HNO₃-H₂O₂低温溶解样品，使用膜去溶雾化器，用 Agilent 7500ce 型 ICP-MS 测定	0.001～0.05ng/ml	96%～103%	1.2%～4.3%	28
高纯氧化钽	Ba, Na, Mg, Al, K, Ca, As, Zr, Cd, Mo 等28种元素	用 HF 微波消解样品，用 Agilent 7500a 型 ICP-MS 测定	0.001～0.1μg/g	90%～115%	＜10%	29
氧化钆	Pb, Cd, Hg, As	用 HNO₃(1+3)加热溶解样品，用 PE Elan 5000 型 ICP-MS 测定	0.039～0.076ng/ml	90.6%～113%	0.8%～4.4%	30
纯钨制品	Na, Mg, Al, P, K, Ti, V, Cr, As, Mo, Cd, Pb, Bi 等19种元素	用 H₂O₂-HF-HNO₃ 或氨水-H₂O₂-HF-HNO₃ 溶解样品，用 PE Elan 9000 型 ICP-MS 测定	0.01～0.05ng/ml	95%～108%	1.6%～7.6%	31
高纯金	Li, Be, B, Na, Mg, Al, Ti, Cr, Mn, Fe, Co, Ni, Cu, Zn 等36种元素	用稀王水低温加热溶解样品，用 PE Sciex Elan 9000 型 ICP-MS 测定	0.0004～0.12μg/ml	91%～117%	0.35%～4.8%	32
钢渣	Fe, Mg, Ca, Cr, P, Cd, Mo, Pb, As, Mn	用 HNO₃-HF-HClO₄ 消解样品，用 Agilent 7500a 型 ICP-MS 测定	0.002～6.68μg/g	78.8%～105.7%	0.68%～8.29%	33

本表参考文献:

1 亢德华, 毛缓君, 王铁. 冶金分析, 2010, 30(10): 6.
2 胡静宇, 王海舟. 冶金分析, 2010, 30(2): 8.
3 易永, 苏亚勤, 李翔, 等. 现代测量与实验室管理, 2010(1): 17.
4 谢华林, 聂西度, 李立波. 光谱学与光谱分析, 2007, 27(1): 169.
5 成勇. 冶金分析, 2008, 28(3): 9.
6 章新泉, 刘晶磊, 姜玉梅, 等. 分析测试学报, 2005, 24(1): 73.
7 黄冬根, 廖世军, 章新泉, 等. 分析科学学报, 2005, 21(4): 423.
8 覃祚明, 尹周澜, 黄旭, 等. 岩矿测试, 2008, 27(3): 193.
9 张华, 王英峰, 施燕支, 等. 现代科学仪器, 2007(3): 84.
10 李艳芬, 刘英, 童坚. 分析试验室, 2009, 28(1): 104.
11 成勇. 冶金分析, 2009, 29(10): 7.
12 潘炜娟, 金献忠, 陈建国, 等. 冶金分析, 2008, 28(12): 1.
13 陈玉红, 王海舟, 张华, 等. 冶金分析, 2008, 28(7): 1.
14 干宁, 李天华, 王鲁雁, 等. 冶金分析, 2007, 27(11): 7.
15 刘正, 张翠敏, 王敏海, 等. 冶金分析, 2007, 27(5): 1.
16 陈世忠. 冶金分析, 2006, 26(3): 7.

17 胡净宇, 王海舟. 冶金分析, 2004, 24(6): 1.
18 王明海. 冶金分析, 2004, 24(2): 19.
19 刘正, 张翠敏. 冶金分析, 2004, 24(1): 1.
20 张华, 施燕支, 陈玉红, 等. 质谱学报, 2006, 27(增刊): 39.
21 孙琼, 张洪渡, 张功桦. 质谱学报, 1996, 17(1): 9.
22 章新泉, 刘晶磊, 姜玉梅, 等. 质谱学报, 2004, 25(4): 204.
23 谢华林, 聂西度, 李立波. 光谱学与光谱分析, 2007, 27(1): 169.
24 潘建忠, 邓冬青, 欧阳慧. 分析试验室, 2010, 29(11): 69.
25 孙丰金, 陈辉, 魏振宏, 等. 光谱实验室, 2010, 27(5): 1847.
26 杨毅, 刘英波, 王劲榕, 等. 冶金分析, 2009, 29(11): 8.
27 邓必阳, 张展霞, 朱炳泉, 等. 理化检验: 化学分册, 1998, 34(1): 7.
28 韩国军, 伍星, 童坚. 中国稀土学报, 2009, 27(1): 137.
29 郭鹏. 分析试验室, 2008, 27(3): 106.
30 包香香, 张翼明, 郝冬梅, 等. 稀土, 2009, 30(2): 71.
31 钟道国, 潘建忠, 刘鸿. 中国钨业, 2009, 24(1): 43.
32 陈永红, 黄蕊, 陈菲菲, 等. 黄金, 2009, 30(4): 43.
33 喻谨, 姚曦, 汤锋, 等. 安徽农业大学学报, 2011, 38(1): 87.

六、ICP-QMS 在放射性核素监测中的应用

【应用实例】TOPO 萃取色谱分离-ICP-MS 法测定土壤中痕量铀的同位素丰度比（表 10-13 后参考文献 4）。

试验方法：

① 准确称取 0.5g 土壤样品放入消解罐内，依次加入 5ml 浓 HNO_3、1ml 浓 HCl 和 4ml 40% HF，充分摇匀后，置于 Mars 5 型微波炉内，按选定的程序（功率 600W，最高温度 210℃，升温时间 10min，恒温时间 30min）消解后，冷却至室温。转移至 50ml PTFE 烧杯中，在电热板上蒸至近干，用 2mol/L HNO_3 定容于 25ml 容量瓶中，待用。移取微波消解后的土壤溶解液 20ml，以 1.5ml/min 的流速通过 TOPO 萃取色谱柱。用 20ml 2mol/L HNO_3 以 1.5ml/min 的流速通过色谱柱洗涤除去杂质，再用去离子水将色谱柱洗至中性。最后用 25ml 0.1mol/L（NH_4）$_2CO_3$ 溶液以 1.5ml/min 流速解吸铀。洗脱液收集在 PTFE 烧杯中，置于电热板上加热，蒸至近干，用 2%HNO_3 转移至 5ml 塑料刻度管中，待 ICP-MS 分析用。

② 利用 Plasma Quad 2$^+$ 型 ICP 质谱仪，在最佳工作条件下，采用扫描和跳峰两种数据采集方式，获得土壤样品中的总铀含量和铀的同位素丰度比（$^{235}U/^{238}U$，$^{234}U/^{235}U$，$^{236}U/^{235}U$，$^{234}U/^{238}U$ 和 $^{236}U/^{238}U$）。

近年来，ICP-QMS 在放射性核素监测中的应用参见表 10-13。

表 10-13 ICP-QMS 在放射性核素监测中的应用

样品	测定元素	方 法	检出限	回收率	RSD	文献
水	U, Th	利用 Varian 820 型 ICP-MS 测定	U 0.3ng/L Th 1.2ng/L	95%～106%	U 3.33% Th 3.03%	1
水源水、饮用水	U	利用 PE Sciex Elan 9000 型 ICP-MS 测定	出厂水、管网水、水源水中 U 的测定结果为 0.4～1.4μg/L，小于国际规定的饮用水中 <2μg/L 的限定	97.5%～102.0%	<3%	2
饮料	U	取饮料 10ml 加入 0.1ml HNO_3 溶液，配制为 1% HNO_3 基体的样品溶液，超声 5min，样品溶液，利用 Agilent 7500a 型 ICP-MS 测定	0.01μg/L	96.0%～109.0%	1.67%～8.21%	3
土壤	U 总量 $^{235}U/^{238}U$ $^{234}U/^{235}U$ $^{236}U/^{235}U$ $^{234}U/^{238}U$ $^{236}U/^{238}U$	用 HNO_3-HCl-HF 微波消解土壤样品，TOPO 萃取色谱分离，利用 VG Plasma Quad 2$^+$ 型 ICP-MS 测定 U 和 U 的同位素丰度比	—	U(98.1±1.5)%	$^{235}U/^{238}U$<1% $^{234}U/^{235}U$、 $^{236}U/^{235}U$、 $^{234}U/^{238}U$、 $^{236}U/^{238}U$ 均<5%	4
土壤	U, Th	用 HNO_3-$HClO_4$-HF 湿法消解样品，利用 PE Sciex Elan 9000 型 ICP-MS 测定	—	相对误差<10%	<4%	5
矿物渣	U, Th	用 HNO_3-H_2O_2-HF 微波消解样品，用 Agilent 7500ce 型 ICP-MS 测定	U 0.017ng/g Th 0.02ng/g	U 99.0% Th 101.3%	U 4.02% Th 3.54%	6

样品	测定元素	方　　法	检出限	回收率	RSD	文献
土壤、沉积物	^{237}Np ^{239}Pu	经 TOA 萃取色谱柱分离环境样品，用 VG Plasma Quad 2$^+$型 ICP-MS 测定	—	^{239}Pu 92.7%±3.1% ^{237}Np 96.8%±2.7%	—	7
中药	U, Th	用浓 HNO_3 微波消解样品，用 HP 4500 型 ICP-MS 测定	U 3ng/L Th 4ng/L	—	—	8
铜精矿	U	用 HCl 和 HNO_3 溶解样品，用 PE Sciex Elan 9000 型 ICP-MS 测定	0.012ng/g	98.6%～99.4%	0.98%	9
U_3O_8	B, Cr, Zn, Cd, Bi, W, Mo, Ti, V	用 CL-TBP 萃取色谱分离铀，用 VG Plasma Quad Ⅰ型 ICP-MS 测定	当取样量为 0.5g 时各元素测定下限为 $1×10^{-8}$g/g	88%～116%	2%～14%	10
人体器官	U, Th	用 HNO_3 和少量 $HClO_4$ 消解样品，用 PE Sciex Elan 5000 型 ICP-MS 测人尸体的肺、肝、骨骼、甲状腺、小肠、胃、肌肉、肾、脾和心脏中的痕量 U 和 Th	U 0.014ng/ml Th 0.006ng/ml	U 96% Th 105%	U 8.9% Th 5.7%	11
人尿	U, $^{235}U/^{238}U$	用 PE Sciex Elan 6100 DRC 型 ICP-MS 测定天然铀和贫铀中的铀和 $^{235}U/^{238}U$，监测是否受到贫铀的污染	U 0.1Pg/ml $^{235}U/^{238}U$ 3.0pg/ml	—	1%～2%	12
中国食品	Th, U	用 HNO_3+$HClO_4$ 混合酸消解样品，利用 PE Sciex Elan 5000 型 ICP 质谱仪测定中国十大食品中的 Th 和 U	Th 5.7ng/L U 10.4ng/L	对美国 NIST SRM 1584 总膳食标准物质进行了分析，测定结果与标准参考值相吻合	Th 16.1% U 11.2%	13
天然水	Cs	用 AMP 吸附 Cs，利用 AG 50 W-X8 阳离子交换树脂分离 Cs，用 PE Sciex Elan 5000 型 ICP-MS 测定	0.2ng/L	98.9%	2.65%	14
U_3O_8	Zr, Nb, Ta, Ru	用 CL-TBP 萃取色层分离铀，用 VG Plasma Quad Ⅱ型 ICP-MS 测定	取样量为 0.5g 时，杂质元素 Zr、Nb、Ta、Ru 的测定下限为 $1×10^{-8}$g/g	93%～112%	3.4%～17%	15
地下水	^{129}I	样品酸化后，用 PE Elan DRC Ⅱ型 ICP-MS 测定	0.0051ng/ml	—	—	16
铀	B	用 Dowex 50w×8 阳离子交换树脂分离，同位素稀释，用 VG Plasma Quad 2 Plus 型 ICP-MS 测定	—	对 GBW 04204 铀中硼标准物质进行了分析，测定结果与参考值符合较好	13%	17
U_3O_8	Sm, Eu, Gd, Dy	用 HNO_3 溶解样品，通过阳离子交换树脂分离铀，用 VG Plasma Quad Ⅱ Plus ICP-MS 测定	0.1ng/g	98%～106%	3.9%～7.6%	18
铀产品	^{237}Np	用 Cl-7402 及 Cl-TBP 萃淋树脂分离，用 VG PQ Ⅱ型 ICP-MS 测定	0.1～1.0ng/L	>80%	<10%	19

第三篇

续表

样品	测定元素	方　法	检出限	回收率	*RSD*	文献
尿	^{226}Ra	样品用 KMnO$_4$-NH$_4$OH-MnCl$_2$ 进行预处理，用 Dowex AG-500-X8 阳离子交换树脂分离，用 Thermo X 系列 ICP-MS 测定	6.3mBq/L (1.72×10^{-13}g/L)	75.8%	12.5%	20
饮用水、地下水	^{210}Pb	使用 APDC 共沉淀或用 Sr* 特殊树脂分离富集 Pb，用 PE Elan 5000 型 ICP-MS 测定	90mBq/L (10pg/L)	63%～73%	—	21
核燃料	^{134}Cs, ^{135}Cs, ^{137}Cs	用 Agilent 3 D 毛细管电泳分离富集，用 PE Elan 5000 型 ICP-MS 测定	6ng/ml	用仿真核燃料样品进行分析，测量值与参考值相符合	—	22
低放废水	^{99}Tc	用甲乙酮(MET)萃取 ^{99}Tc，用 VG PQ 2$^+$型 ICP-MS 测定	0.4ng/L	86%～98.2%	6.6%	23
沉积物	^{235}U/^{238}U ^{234}U/^{238}U	样品用 8mol/L HNO$_3$ 在 180℃浸取 4h，用 AG 1×8 阴离子交换树脂和 TEVA 萃取色谱分离富集 U，用 HP-4500 型 ICP-MS 测定	—	用 IRMM-184 铀同位素标准溶液进行验证试验，^{235}U/^{238}U 和 ^{234}U/^{238}U 的测量值与认证值相符合	^{235}U/^{238}U<0.5% ^{234}U/^{238}U<2.0%	24
NORM 土壤	^{210}Pb	用 HClO$_4$-HF-HCl 溶解样品，使用 Sr-树脂分离富集 Pb，用 Agilent 7500ce 型 CC-ICP-MS 测定	0.698Bq/ml (0.214pg/g)	对 NORM 样品进进分析，CC-ICP-MS 测定值与 γ 光谱仪测定值相吻合，回收率 63%～73%	6.4%～9.0%	25
环境和生物样品	^{99}Tc	用 HNO$_3$-H$_2$O$_2$ 微波消解样品，用 TEVA 阴离子交换树脂分离，用 PE HGA-600 MS 型 ETV 和 PE Sciex 6000 型组成 ETV-ICP-MS 测定	0.5～1.0pg/ml (10～20μBq^{99}Tc)	参照海水中 ^{99}Tc 国际比对，测定结果与中位数相符合	8%	26
环境样品	^{238}Pu ^{238}U	用 Dionex 4500 Ⅰ 离子色谱分离，用 PE Sciex Elan 5000 型 ICP-MS 测定	—	96%～98%	0.5%	27
核废料	^{79}Se	样品经微波消解，蒸发和离子交换树脂分离富集，用 PE Sciex 6000 型 ICP-MS 测定	0.15μg/L	70%～80%	7.5%	28

本表参考文献：

1 韩梅，贾娜. 广东化工，2009，36(11)：136.

2 刘东静. 环境科学与技术，2010，33(6E)：263.

3 杨彦丽，周谱非，陈光. 环境化学，2009，28(6)：952.

4 吉艳琴，李金英，罗上庚. 核化学与放射化学，2004，26(2)：88.

5 张乃英，范广鹏. 微量元素与健康研究，2010，27(6)：42.

6 徐鸿志，陈志伟，刘冬武，等. 理化检验：化学分册，2008，44(10)：911.

7 吉艳琴，李金英. 核化学与放射化学，2008，30(2)：103.

8 孙卫民，薛大方，李红，等. 光谱学与光谱分析，2009，27(1)：256.

9 赵伟，郑明，李建军. 理化检验：化学分册，2011，47(2)：175.

10 李金英，苏玉兰，刘峻岭，等. 质谱学报，1998，20(2)：11.

11 王京宇，诸洪达，刘虎生，等. 光谱学与光谱分析，2004，24(9)：1117.

12 Ejnik J W, Todorov T I, Mullick F G, et al. Anal Bioanal Chem, 2005, 382: 73.

13 刘雅琼，王小燕，刘虎生，等. 质谱学报，2003，24(4)：491.

14 Epov V N, Lariviere D, Reiber K M, et al. J Anal At Spectrom, 2004, 19: 1225.

15 李金英，苏玉兰，刘峻岭，等. 质谱学报，1999，19(4)：12.

16 Brown C F, Geiszler K N, Linderg M J. Appl Geochem, 2007, 22(3): 648.

17 姚继军, 李金英. 质谱学报, 2002, 23(2): 65.

18 苏玉兰, 刘峻岭, 赵立飞, 等. 质谱学报, 2003, 24(3): 421.

19 王孝荣, 林灿生, 刘峻岭, 等. 核化学与放射化学, 2002, 24(1): 16.

20 Cozzella M L, Leila A, Hernandez R S. Radiation Measurements, 2011, 46: 109.

21 Larivieve D, Reiber K M, Evans R D, et al. Anal Chem Acta, 2005, 549: 188.

22 Pitois A, de Las Hevas L A, Betti M. Int J Mass Spectrom, 2008, 270(3): 118.

23 崔安智, 李金英, 刘峻岭, 等. 原子能科学技术, 2001, (3): 211.

24 Zheng J, Yamada M.Talanta, 2006, (8): 932.

25 Amr M A, Al-Saad K A, Helal A I . Nucl Instrum Methods Phys Res A, 2010, 615: 237.

26 Skipperud L, Oughton De H, Rosten LS, et al. J Environ Radioactiv, 2007, 98: 251.

27 Rondinella V V, Betti M, Bocci F, et al. Microchem J, 2000, 67: 301.

28 Aguerre S, Frechou C. Talanta, 2006, 69: 565.

七、ICP-QMS 在元素形态分析中的应用

元素形态概念的提出是现代材料和生命科学等领域的发展需要，仅研究体系中元素的总量，已经不足以研究该元素在体系中的生理、毒理作用。元素的行为效应并不取决于该元素的总量，特定的元素只有在特定的浓度范围和一定的存在形态才能对生命系统和生物体发挥作用，不同的元素形态有不同的性质。研究发现，不同形态砷的毒性不同，无机砷的毒性最大，有机砷的毒性较小，砷甜菜碱（AsB）和砷胆碱（AsC）常被认为是无毒的。

以砷化合物的半致死量 LD_{50} 计，其毒性依次为：

$$H_3As＞As(III)＞As（V）＞甲基胂酸（MMA）＞二甲基胂酸（DMA）＞三甲基胂氧（TMAO）＞AsC＞AsB$$

依据 IUPAC 定义：元素的形态是该元素在不同种类化合物中的表现或分布，形态分析是样品中元素的一个或多个化学形态的定性和定量分析活动。元素形态分析方法是用现代分析技术进行原位、在线、微区和瞬时的高灵敏度和高分辨率的分析，而只用单一仪器或技术已很难完成分析任务。如砷和汞的分析。20 世纪 80 年代以后，对汞和砷检测已达到 pg/g 水平，特别是用 ICP-MS 能准确测定总砷和总汞的含量。但 ICP-MS 分析方法还难以完成金属元素的形态研究。而联用技术是现代分析科学的重要研究手段，各种联用手段迅速发展。

与 ICP-MS 常用的联用技术有：① HPLC-ICP-MS，根据 HPLC 的保留时间的差别反映元素的不同形态，ICP-MS 作为 HPLC 的检测器，跟踪待测元素各种形态的变化，使色谱图变得简单，可进行元素形态的定性和定量分析。② GC-ICP-MS，适于挥发性金属及金属有机化合物，而难挥发金属及金属有机物需要转变成挥发性的化合物，通常利用各种衍生方法使其转变成金属共价氢化物或螯合物，以保留时间作为鉴定依据。③ IC-ICP-MS，对卤素的氧化物分析（氯酸盐、溴酸盐及碘酸盐）及部分金属元素形态分析。④ SFC-ICP-MS，分析环境污染样品中的金属有机物。⑤ CE-ICP-MS，分析样品能达到 ng/ml，可分析海水中的有机汞、甲基汞、乙基汞、苯基汞等。

【应用实例】毛细管电泳-电感耦合等离子体质谱法测定藻类中 6 种不同形态的砷化合物（表 10-14 后参考文献 30）。

试验方法：

① 样品处理：称取 0.5g 干海带，加入 20ml CH_3OH-H_2O（3:1，体积比），在 60℃下微波辅助提取 3min（400W）。冷却至室温后，于 4000r/min 下离心 10min，仔细取出上清液；在剩余海带中再加入 5ml CH_3OH-H_2O（1:1，体积比），重复上述步骤进行提取。合并两次的提取液，过滤后用 N_2 吹至近干，用超纯水定容至 5ml，供 CE-ICP-MS 测定。

② 毛细管电泳（CE）条件：毛细管柱内径 75μm，长 60cm 的未涂层熔融石英毛细管，分离电压为 18kV；电动进样，进样时间为 10s；运行缓冲液为 50mmol/L H_3BO_3-12.5mmol/L $Na_2B_4O_7$（pH=9.0）；泵 1 流速为 12μl/min，泵 2 流速为 120μl/min。

③ 利用 Agilent 7500ce 型 ICP 质谱仪，最佳工作条件：射频功率为 1300W；冷却气流量为 15L/min；辅助气流量为 0.90L/min；载气流量为 0.75L/min；雾化室补充气体流速为 0.30L/min；跟踪测定的同位素为 ^{75}As；雾化器为微量同轴雾化器（最佳流速为 50～200μl/min）。

④ 在最佳工作条件下，利用 CE-ICP-MS 联用技术可放心检测 6 种不同形态的砷化合物（AS^{3+}、As^{5+}、DMA、MMA、AsB 和 AsC）。利用所建立的方法测定了海带样品中不同形态砷化合物，结果表明，海带样品中含 5 种不同形态砷化合物和两种未知的有机砷。

近年来，ICP-QMS 在元素形态分析中的应用参见表 10-14。

表 10-14 ICP-QMS 在元素形态分析中的应用

样品	元素形态	方 法	检出限	回收率	RSD	文献
尿	Cr(III) Cr(VI)	经 ICS-AG14A(Dionex, USA)阴离子色谱分离，60mmol/L HNO_3 淋洗，用 Thermo Plasma PQ3 型 ICP-MS 测定	Cr(III) 0.05μg/L Cr(VI) 0.5μg/L	—	<2%	1
鱿鱼丝	As(III), As(V) DMA, MMA, AsB, AsC	用 Agilent 1100 型高效液相色谱仪分离，利用 Agilent 7500a 型 ICP-MS 测定	—	—	—	2
面粉	BrO_3^- Br^-	使用 Dionex CarboPac PA-100 色谱柱，在流速 1ml/min 及 5mmol/L NH_4NO_3 淋洗液下分离 BrO_3^- 和 Br^-，利用 Agilent 7500ce 型 ICP-MS 测定	BrO_3^- 0.22μg/L Br^- 0.54μg/L	98%～109%	0.4%～4.5%	3
生物样品	甲基汞(MeHg) 乙基汞(EtHg)	碱消解样品，用 Agilent 1100 型 HPLC 分离，用 Agilent 7500a 型 ICP-MS 测定	MeHg 0.036μg/L EtHg 0.03μg/L	MeHg 85.9% EtHg 84.5%	MeHg 1.79% EtHg 1.44%	4
水	IO_3^-, I^-	使用 Dionex 2120 型离子色谱仪分离，利用 Varian 810 型 ICP-MS 测定	IO_3^- 0.066μg/L I^- 0.45μg/L	IO_3^- 95.7% I^- 103.4%	IO_3^- 1.42% I^- 1.86%	5
水	Cr(III) Cr(VI)	用 0.01mol/L HNO_3 洗脱吸附在纳米 ZrO_2 微柱上的 Cr(III) 和 Cr(VI)，利用 Agilent 7500a 型 ICP-MS 测定	0.06ng/ml	—	2.2%	6
水产品	甲基汞	使用 Agilent 1100 型 HPLC 分离，利用 Agilent 7500a 型 ICP-MS 测定	0.10μg/L	87%	1.8%	7
鲑鱼	甲基汞	用同位素稀释-Agilent 1100 型 HPLC-Agilent 7500c ICP-MS 系统，测定甲基汞色谱峰中 ^{202}Hg 与 ^{200}Hg 的比值，即可得到样品中甲基汞的含量	—	金枪鱼标准物质 ERM-CE464 中甲基汞的测定值与参考值相符合	—	8

样品	测定元素	方 法	检出限	回收率	RSD	文献
土壤	As(III), As(V), MMA, DMA, Se(IV), Se(VI), Sb(V), Te(VI)	使用 Varian 9001 型 PRP-X 100 阳离子交换柱 HPLC 分离，利用 VG Plasma Quad 3 型 ICP-MS 测定	1~180pg	—	3.1%~5.6%	9
牡蛎	DBT TBT TPhT	采用微波辅助萃取技术对牡蛎样品中的有机锡进行提取，用 Agilent 1100 型 HPLC 分离，用 Agilent 7500ce 型 ICP-MS 测定	0.22~0.48ng/g	99.3%~113%	<5%	10
保健食品	Cr(VI)	采用碱性溶液稳定并提取保健品中的 Cr(VI)，在阴离子色谱柱 Hamilton PRP-X 100 上进行分离，用 PE Elan 6000 型 ICP-MS 测定	0.06μg/L	89%~105%	2.1%~6.6%	11
混合标准溶液	甲基硒代半胱氨酸，硒代蛋氨酸	利用 Agilent 1100 型 HPLC 和 Agilent 7500a 型 ICP-MS，用离子对色谱 HPLC-ICP-MS 分离及检测甲基硒代半胱氨酸和硒代蛋氨酸	—	—	—	12
水、沉积物	Hg^{2+} $MeHg^+$ $EtHg^+$ $PhHg^+$	使用 HP 1050 型 HPLC 分离，利用 PE Sciex Elan 5000 型 ICP-MS 测定	—	$MeHg^+$ 96.7% $EtHg^+$ 96.3% $PhHg^+$ 97.3% Hg^{2+} 93.7%	—	13
浒苔	锡总量 TMT DPhT DBT TPhT TBT	以 HNO_3-H_2O_2 为消解体系，采用高压闷罐法对浒苔样品进行消解，并用乙腈-水-乙酸-三乙胺萃取样品中不同形态的有机锡，分别用 Agilent 7500a 型 ICP-MS 和 Agilent 1100 型 HPLC-ICP-MS 对样品进行总锡和有机锡的测量	0.035~0.30μg/L	91%~108%	4.5%	14
生物样品	总汞 甲基汞	以 HCl 为介质，超声波辅助溶剂萃取总汞后，以 CH_2Cl_2 萃取 MeHg，再以水反萃后，直接用 Thermo X-7 型 ICP-MS 测定	0.009~0.012ng/ml	80%~97%	3.44%	15
中药	As(III) As(V) MMA DMA	样品用 50%甲醇溶液浸泡，超声提取，用 Agilent 1100 型 HPLC 色谱分离，用 Agilent 7500a 型 ICP-MS 测定	0.8~1.0μg/L	82.4%~119.5%	1.22%~5.32%	16
紫菜	As^{3+}, As^{5+}, MAA, DMA, TMAO, AsC, AsB, 四甲基胂	样品用纯水萃取，再用甲醇稀释，样液经 Agilent 1100 型 HPLC 分离后，用 Agilent 7500i 型 ICP-MS 测定	—	—	0.4%~2.8%	17

第三篇

样品	测定元素	方　法	检出限	回收率	*RSD*	文献
燃料、水	无机铅 Cl-三乙基铅 Cl-三苯基铅 四乙基铅	250mm×4.6mm 的 C$_{18}$ 柱，流动相为 8mmol/L 的 PICB5(pH3)，用 40%~90% 的甲醇水溶液梯度洗脱 10min，在 90% 的甲醇中保持 20min，用 VG Plasma Quad Ⅱ型 ICP-MS 测定	—	—	—	18
含硒的植物、大蒜、洋葱	无机硒和 23 种不同的含硒氨基酸	15mm×3.9mm 的 Symmetry Shield 反相柱，在硅基质与 C$_{18}$ 极性修饰基团；流动相：1% 甲醇水溶液 +0.1% TFA(或 0.1% HFBA)，用 PE Elan 5000a 型 ICP-MS 测定	—	—	—	19
海产品	TPhT (三苯基锡)	样品加入流动相，经超声苯取，用 Agilent 1100 型 HPLC 分离，用 Agilent 7500a 型 ICP-MS 测定	0.3µg/L	84.9%~119.3%	7.1%~7.7%	20
热泉水	As(Ⅲ) As(Ⅴ) MMA DMA	使用 K$_2$HPO$_4$-KH$_2$PO$_4$ 为淋洗液等度淋洗，用 Hamilton PRP-X 100 阴离子色谱分离，用 Micromass Platform ICP-MS 测定	0.23~0.54µg/L	—	—	21
各种鱼类	As^{3+}, As^{5+} AsB DMA	阴离子交换柱，梯度洗脱；流动相为 1~50mmol/L 的硫酸钾水溶液，用 VG Plasma Quad Ⅱ型 ICP-MS 测定	—	—	—	22
肉类食品	As(Ⅲ), As(Ⅴ), MMA, DMA	粉碎的肉类食品试样用水分散后经超声提取 40min，于提取液中加乙酸(3+97)使蛋白质沉淀析出，并在 4℃用高速离心法予以分离。取上清液用 0.45µm 滤膜过滤，滤液通过 IonPac AS 18 阴离子色谱柱予以分离，用 Agilent 7500a 型 ICP-MS 测定	As(Ⅲ)0.3µg/kg As(Ⅴ)0.5µg/kg	As(Ⅲ)83.1%~93.3% As(Ⅴ)85.3%~97.6%	As(Ⅲ)3.3%~6.7% As(Ⅴ)3.1%~5.9%	23
富硒海带	Na$_2$SeO$_3$ MeSeCys SeMet	用 Agilent 1100 型 HPLC，用 0.1mol/L HCl 提取，采用 C$_{18}$ 柱分离，用 Agilent 7500a 型 ICP-MS 组成 RP-HPLC-ICP/MS 测定海带样品的硒形态组成	可分离出 Na$_2$SeO$_3$、MeSeCys 和 SeMet 3 种形态	—	—	24
海产品	三氯丁基锡，二丁基锡二氯化物，氯化三丁基锡(TBTC)	经 Agilent 6890 型气相色谱分离，用 Thermo X 系列 ICP-MS 在线耦合测定	三氯丁基锡 0.1µg/L 二丁基锡二氯化物 0.2µg/L 氯化三丁基锡 0.3µg/L	—	—	25

样品	测定元素	方 法	检出限	回收率	RSD	文献
生物样品	甲基汞 乙基汞	以碱消解为萃取技术，用 Agilent Zorbax XDB-C$_{18}$柱 HPLC 分离，用 Agilent 7500ce 型 ICP-MS 测定	甲基汞 0.8ng/ml 乙基汞 3ng/ml	甲基汞 100% 乙基汞 91%	甲基汞 2.8% 乙基汞 2.1%	26
中成药、水体、饮料	BrO$_3^-$ Br$^-$	中成药用高纯水，振荡、超声、离心，经 0.45μm 滤膜过滤；各种水体经 0.45μm 滤膜过滤；饮料离心，经 0.45μm 滤膜过滤，使用离子色谱分离，用 PE Sciex Elan DRC Ⅱ型 ICP-MS 测定	BrO$_3^-$ 4.8ng/L Br$^-$ 4.2ng/L	98.9%～109.5% 97.4%～106.1%	1.13%～4.80% 2.59%～4.09%	27
中成药	As(Ⅲ) As(Ⅴ) MMA DMA	以 1%磷酸为提取介质，用 Agilent 1200 系列 HPLC 分离，用 Agilent 7500cx 型 ICP-MS 测定	—	90.67%～107.2%	1.29%～2.93%	28
乳粉、米粉	IO$_3^-$，I$^-$	采用溶剂提取法对婴幼儿配方乳粉和米粉进行前处理，样液通过离子色谱进行分离，用 Agilent 7500a 型 ICP-MS 测定	0.10μg/L	94.0%～108.0%	1.16%～3.12%	29
藻类	As^{3+} MMA DMA As^{5+} AsC AsB	样品经 CH$_3$OH-H$_2$O 微波辅助提取，利用毛细管电泳分离，用 Agilent 7500ce 型 ICP-MS 测定	0.08～0.12μg/L	90%～103%	3%～5%	30
海产品	Ino-Hg Met-Hg Et-Hg	样品使用 0.10%(体积分数)HCl+0.05%(质量分数)L-半胱氨酸+0.10%(体积分数)2-巯基乙醇提取液提取，经 C$_{18}$ 反相柱分离，用 PE Elan DRC Ⅱ型 ICP-MS 测定	Ino-Hg 0.25ng/g Et-Hg 0.20ng/g Met-Hg 0.1ng/g	对标准物质 DOLT-3 和 DORM-3 进行分析，测定值与参考值吻合	—	31
白酒	As(Ⅲ) As(Ⅴ) DMA MMA	用 HNO$_3$-H$_2$O$_2$ 微波消解样品，利用 Hamilton PRP-X100 阴离子交换柱分离，用 PE Elan DRC Ⅱ型 ICP-MS 测定	As(Ⅲ) 0.10μg/L As(Ⅴ) 0.21μg/L MMA 0.12μg/L DMA 0.15μg/L	95%～106%	As(Ⅲ) 9.87% As(Ⅴ) 9.90% MMA 9.10% DMA 9.25%	32
干海产品	As(Ⅲ) As(Ⅴ) MMA DMA AsB, AsC	利用顺序提取程序，用 Agilent 1100 系列 HPLC 分离，用 Agilent 7500a 型 ICP-MS 测定	—	77%～102.8%	—	33
稻米粉	As(Ⅲ) As(Ⅴ) DMA	样品用水在 80℃微波辅助提取 30min，用 ODS L-柱 HPLC 分离，用 Agilent 7500c 型 ICP-MS 测定	0.1ng/g	97.0%～106.0%	2%～18%	34

续表

样品	测定元素	方　法	检出限	回收率	*RSD*	文献
热泉水、鱼类	As(III) As(Ⅴ) MMA DMA AsB AsC TMAO TeMA Sb(III) Sb(Ⅴ)	用 Develosil C30-UG-5 反相柱 HPLC 分离，用 Agilent 7500c 型 ICP-MS 测定	As 0.2ng/ml Sb 0.5ng/ml	对标准物质 NMIJ CRM 7901-a 和 NMIJ CRM 7402-a 进行了分析，测量结果与认定值一致	As＜2% Sb＜3%	35
鲜蘑菇、鱼肉	As(III) DMA MMA As(Ⅴ) Se(Ⅳ) SeCys SeMet	采用 Hamilton PRP X-100 分析柱分离，用 Thermo Fisher X-Ⅱ型 ICP-MS 测定	As(III)、DMA 和 MMA 0.2μg/L As(Ⅴ)0.3μg/L SeCys 0.5μg/L Se(Ⅳ)0.4μg/L SeMet 2.5μg/L	81.6%～103.7%	1.8%～4.7%	36
太湖沉积物	As(III) As(Ⅴ) DMA MMA	样品进行微波萃取，用 Agilent 1200 HPLC 色谱分离，用 Agilent 7500a 型 ICP-MS 测定	As(III) 0.49μg/L DMA 0.81μg/L MMA 0.93μg/L As(Ⅴ) 1.4μg/L	94.2%～110%	2.2%～3.3%	37
乳制品	As(III) As(Ⅴ) MMA DMA AsB	采用 Agilent 200 HPLC 色谱分离，用 Agilent 7500ce 型 ICP-MS 测定	As(III) 2.0μg/L As(Ⅴ) 3.0μg/L MMA 2.0μg/L DMA 1.0μg/L AsB 1.0μg/L	89.9%～98.1%	1.09%～3.21%	38
八种砷化合物的混合标准溶液	AsC AsB As(III) DMA P-ASA MMA 3-NHPAA As(Ⅴ)	利用 Agilent 7700 x 型 ICP 质谱仪和 Agilent 7100 毛细管电泳系统，将 Agilent CE-MS 喷雾试剂盒直接改造成为 CE-ICP-MS 接口，使两种技术的联用极为直接、简单并且稳定，8 种砷的化合物在一处进样，20min 内得以完全分离	0.3～0.8ng/g	—	迁移时间的 *RSD* 为 1.2%～1.7%；峰面积的 *RSD* 为 1.6%～4.1%	39

注：二甲基胂酸——DMA；甲基胂酸——MMA；砷甜菜碱——AsB；砷胆碱——AsC；二丁基锡——DBT；三丁基锡——TBT；三苯基锡——TPhT；苯基汞——PhHg；三甲基锡——TMT；二苯基锡——DPhT；三甲基胂氧——TMAO；亚硒酸钠——Na$_2$SeO$_3$；硒甲基半胱氨酸——MeSeCys；硒代蛋氨酸——SeMet；无机汞——Ino-Hg；甲基汞——Met-Hg；乙基汞——Et-Hg；四甲基胂酸——TeMA；三甲基胂氧——TMAO；阿散酸——P-ASA；洛克沙胂——3-NHPAA。

本表参考文献：

1 朱敏，林少美，姚琪，等. 浙江大学学报：理学版，2007，34(3): 326.

2 郝春莉，曹煊，王小如，等. 分析科学学报，2007，23(6): 621.

3 荆淼，王征，李文龙，等. 岩矿测试，2006，25(2): 129.

4 杨红霞，刘崴，李冰. 岩矿测试，2008，27(6): 405.

5 苏宇亮，吴杰，方黎，等. 给水排水，2008，34(7): 29.

6 曾艳，占红梅，胡斌. 分析科学学报，2010，26(2): 125.

7 余晶晶，杨红霞，李冰，等. 分析化学，2010，38(2): 299.

8 韦超，王军，逯海，等. 质谱学报，2006，27(增刊): 11.

9 Guerin T, Astrue M, Batel A, et al. Talanta, 1997, 44, 2201.

10 崔彦杰，巢静波，康天放，等. 质谱学报，2011，32(2): 82.

11 杨振宇，郭德华，杨克成，等. 质谱学报，2008，29(2): 92.

12 荆淼，余振花，王小如，等. 质谱学报，2006，27(增刊): 46.

13 Santos J S dos, de la M Gadrdia, Pastor A, et al. Talanta, 2009, 80(1): 207.

14 崔维刚，李景喜，王小如，等. 分析试验室，2010，29(7): 49.

15 孙瑾，陈春英，李玉峰，等. 光谱学与光谱分析，2007，27(1): 173.

16 金鹏飞，吴学军，邹定，等. 光谱学与光谱分析，2011，31(3): 816.

17 刘桂华，汪丽. 分析测试学报，2002，21(4): 88.

18 Al-Rashdan A, Vela N P, Caruso J A ,et al. J Anal At Spectrom, 1992, 7: 551.

19 Kotrebai M, Birringer M, Tyson J F, et al. Analyst, 2000, 125: 71.

20 丘红梅, 张慧敏, 申治国, 等. 中国卫生检验杂志, 2008, 18(11): 2197.

21 张国平, 刘虹, 刘丛强, 等. 分析试验室, 2007, 26(9): 17.

22 Hymer C B, Caruso J A. J Chromatogr A, 2004, 1045(1-2): 1.

23 黄红霞. 理化检验: 化学分册, 2010, 46(10): 1122.

24 仲娜, 王小如, 杨黄浩, 等. 高等学校化学学报, 2008, 29(1): 77.

25 俞是聃, 肖毓铨, 陈晓秋, 等. 福建分析测试, 2008, 17(1): 40.

26 高尔乐, 何滨, 江桂斌, 等. 环境化学, 2009, 28(2): 310.

27 李骥超, 王小燕, 欧阳荔, 等. 光谱学与光谱分析, 2010, 30(11): 3136.

28 徐陆正, 解清, 陈红玉, 等. 环境化学, 2010, 29(6): 1187.

29 周谙非. 粮油食品科技, 2011, 19(1): 43.

30 赵云强, 郑进平, 杨明伟, 等. 色谱, 2011, 29(2): 111.

31 Batista B L, Rodirigues J L, Souza S S, et al. Food Chem, 2011, 126: 2000.

32 Moreira C M, Duarte F A, Lebherz J, et al. Food Chem, 2011, 126: 1406.

33 Cao X, Hao C L, Wang G, et al. Food Chem, 2009, 113: 720.

34 Tomohiro Narukawa, Kazumi Inagaki, Takayoshi Kuroiwa, et al. Talanta, 2008, 77: 427.

35 Morita Y, Kobayashi T, Kuroiwa T, et al. Talanta, 2007, 73: 81.

36 王丙涛, 林燕奎, 颜治, 等. 湘潭大学自然科学学报, 2010, 32(2): 88.

37 刘锋, 石志芳, 姜霞, 等. 质谱学报, 2011, 32(3): 170.

38 陈光, 林立, 陈玉红. 环境化学, 2009, 28(4): 608.

39 陈玉红, 米健秋, 徐陆正, 等. 环境化学, 2011, 30(7): 1374.

参 考 文 献

[1] Houk R S, Fassel V A, Flesch G D, et al. Anal Chem, 1980, 52: 2283.

[2] Barnes R M. Fresenius J Anal Chem, 2000, 368: 1.

[3] Montaser A. Inductively Coupled Plasma Mass Spectrometry. Wiley-VCH, 1998: 19.

[4] Dicknson G W, Fassel V A. Anal Chem, 1969, 41: 1021.

[5] Furuta N. Spectrochim Acta, 1986, 41B: 1115.

[6] 王小如. 电感耦合等离子体质谱应用实例. 北京: 化学工业出版社, 2005: 259.

[7] Greenfield S, et al. Anal Chem Acta, 1975, 74: 225.

[8] 刘虎生, 邵宏翔. 电感耦合等离子体质谱技术与应用. 北京: 化学工业出版社, 2005: 31.

[9] 刘虎生, 邵宏翔. 电感耦合等离子体质谱技术与应用. 北京: 化学工业出版社, 2005: 36.

[10] 刘虎生, 邵宏翔. 电感耦合等离子体质谱技术与应用. 北京: 化学工业出版社, 2007: 80.

[11] 刘虎生, 邵宏翔. 电感耦合等离子体质谱技术与应用. 北京: 化学工业出版社, 2007: 106.

[12] Debrah Ashley. Atomic Spectroscopy, 1992, 13(5): 169.

[13] Kawabata K, Kishi Y. Thomas R. Spectroscopy, 2003, 18(1): 16.

[14] Wilbur S. Performance Characteristics of the Agilent 7500cx: Evaluating Helium Collision Mode for Simpler, Faster, More Accurate ICP-MS, May, 2007, http: //www. chem. agilent. com/temp/rad68172/00001606. PDF.

[15] Wang X D. Typical Detection Limits of the Varian 820-ICP-MS, VarianInstruments Application Note 33, 20067, http://www. Varianinc. com/image/vimage/docs/products/ spectr/icpms/atworks/icpms 33. pdf.

[16] Wang X D, Kalinitchenko I. Principles and Performance of the Collision Reaction Interface of the Varian 820-MS, Varian Instruments ICP-MS Advantage Note, 1, October 2005, http: //www. varianinc. com/image/vimage/docs/ applications/apps/icpms. anl. pdf.

[17] 王小如. 电感耦合等离子体质谱应用实例. 北京: 化学工业出版社, 2005: 226.

第三篇

第十一章 高分辨电感耦合等离子体质谱法

高分辨电感耦合等离子体质谱（HR-ICP-MS）与第十章描述的电感耦合等离子体四极杆质谱（ICP-QMS）的主要差别是前者使用扇形磁铁作为分析器，使质谱分辨率达到 10000，HR-ICP-MS 的其他部分与 ICP-QMS 基本相同。第一台 HR-ICP-MS 出现在 1994 年，由前 Finnigan MAT 公司生产。自那以后，相继出现了多款 HR-ICP-MS 研究与应用文章。现将商品化的 HR-ICP-MS 仪器型号列于表 11-1。

表 11-1 商品化的 HR-ICP-MS 仪器

型　　号	类　　型	公　　司
Element 2/XR	SF, HR-ICP-MS	Thermo-Fisher Scientific, Germany
NU AttoM	SF, HR-ICP-MS	Nu Instrument, UK

第一节　HR-ICP-MS 仪器的基本结构及特点

HR-ICP-MS 仪器的基本结构如图 11-1 所示。该类仪器的进样系统、离子源和检测器与 ICP-QMS 相似，这里只作简要介绍[1]。

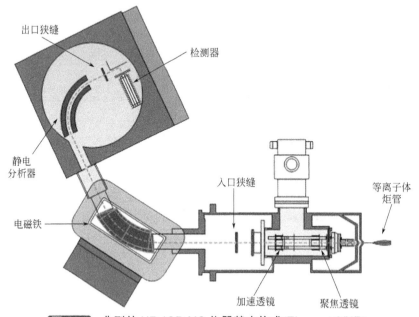

图 11-1 典型的 HR-ICP-MS 仪器基本构成(Element 2/XR)

一、离子源

目前，两种商品化的 HR-ICP-MS（Element 2/XR, Nu AttoM）均采用他激式固态射频电源

ICP, 功率 1.6～2.0kW, 频率 27.12MHz。而在 ICP-QMS 中, 自激式射频电源(1.6kW, 40.68MHz)和上述他激式电源均有采用。在 ICP 炬管处配置屏蔽电极, 可降低离子空间电荷效应, 提高部分元素的灵敏度。其工作原理在 ICP-QMS 章节中已有描述。

二、接口锥及真空系统

接口锥包括采样锥和截取锥, 其作用是从大气压环境下的 ICP 源中提取离子, 并实现大气压真空与质谱仪真空间的过渡, 是 HR-ICP-MS 差分真空系统中的第 1 级差分。使用大流量机械泵(8～32L/s)使真空度从 10^5Pa 降至 10^2Pa 左右。HR-ICP-MS 的真空系统比 ICP-QMS 的复杂, 主要原因是 HR-ICP-MS 的加速电压较大（8～10kV）, 需要在较高的真空环境实现离子飞行。常采用多级差分真空系统, 使分析室真空度达到 10^{-6}Pa 以下, 以获得较高的灵敏度和分辨率。

三、离子调制

与 ICP-QMS 不同, HR-ICP-MS 需要进行较复杂的离子调制, 以满足双聚焦质量分析器的工作要求。ICP 源的离子束能量较分散, 形状为圆柱形, 不符合双聚焦质量分析器对入射离子的要求, 因此, 需要采用多组离子调制透镜, 实现离子引出、聚焦、形变、准直等功能。在 ELEMENT 型 HR-ICP-MS 仪器中, 设计了多组离子调制透镜。

四、质量分析器

（一）双聚焦质量分析器[1]

在扇形磁场中, 离子受磁场的控制沿着弯曲的路径运动。从接口采集的离子通过一个静电狭缝被加速和聚焦成密集的离子束。离子的速度由施加到狭缝的电压控制。磁场根据离子的质荷比分离, 不同质荷比的离子具有不同的曲率半径或离子轨迹, 改变磁场强度, 就可以将不同质荷比的离子聚焦在检测器狭缝上。

在电场中一个离子的势能（eV）与加速后的动能 $\frac{1}{2}mv^2$ 相等, 即

$$eV = \frac{1}{2}mv^2 \qquad (11\text{-}1)$$

式中, e 为电荷数; V 为离子的加速电压; m 为离子质量; v 为离子的线速度。

在磁场中, 离子偏转所受的两个力分别为向心力（Bev）和离心力（$\frac{mv^2}{r}$）, 这两个力相等并达到平衡时即有:

$$Bev = \frac{mv^2}{r} \qquad (11\text{-}2)$$

式中, B 为磁感强度; r 为偏转曲率半径; e、m、v 与式（11-1）定义相同, 代入式（11-1）, 整理后得:

$$\frac{m}{e} = \frac{B^2 r^2}{2V} \qquad (11\text{-}3)$$

由式（11-3）可知, 通过改变扫描电压 V 或改变磁感强度 B 即可让不同质荷比（m/z）的离子通过飞行管狭缝到达检测器, 从而得到随电压或磁场变化的质谱图。

双聚焦扇形磁场质谱仪利用两种分析器实现离子的分离, 一种是扇形磁场分析器

（magnetic sector analyzer，MSA），另一种是扇形静电分析器（electrostatic sector analyzer，ESA）。

MSA 是在磁场的作用下运动着的电荷沿曲线路径前进。当所有离子具有相同的动能时，较重离子的路径偏转要比轻离子的小，通过改变磁场强度或加速电压选择具有一定质荷比的离子。

ESA 是一种能量（速度）过滤器。ESA 由两片曲线形的导电板组成，两片板上加上电位差，离子在两片板之间通过。在静电分析器中，不同能量的离子其运动路径不同。

扇形磁场质谱仪是用垂直于离子运动的磁场来实现质量分离。在磁场中，离子被迫进入圆形路径，圆形路径的半径与离子的质荷比有关。具有不同质荷比的离子具有不同的半径，对所带电荷相同的离子轻离子运动的半径比重离子的小，所以磁场可以进行质量分离。当磁场的形状像一个圆形的扇子时，它就可以聚焦所有具有相同质量且来自同一个起点的离子。这种使用扇形磁场进行质量分析的质谱仪叫作单聚焦质谱仪。单聚焦扇形磁场分析器的缺点是离子能量的差别被加速电压加强，导致峰变宽和分辨率差。

实际上，由于 ICP 离子源产生的离子初始能量发散较大（为 5~10eV），对于同时具有质量色散、速度发散功能的磁式单聚焦质谱仪，能量分散使经过磁场分析器的同一质量、不同能量（速度）的离子不能很好地共聚焦，成像模糊，造成峰变宽和分辨率差。为完善质谱仪的聚焦能力、提高仪器的分辨率，获得清晰的质谱图形，可以采用对离子束进行能量过滤或使用碰撞池来降低能量发散等办法（如 Micromass 的 IsoProbe 是单聚焦质谱仪，它采用六极杆碰撞池而不是静电分析器来减少离子能量的分散。这种设计同时具有减少一些重要的多原子离子干扰的特点，如一些氩基多原子离子对 Fe、Cr、Se、Ca 以及 S 的干扰）。采用双聚焦设计，即加一个电子学偏转装置，使"磁场"和"电场"这两种偏转元件结合起来，使二者都达到一致的能量（速度）分散，但方向（角度）相反。于是能量分散完全抵偿，使系统的速度色散等于零，因此离子在质谱仪中不受动能扩散的影响。这种同时使用静电分析器和扇形磁场的质谱仪就叫作双聚焦质谱仪。双聚焦仪器的分辨率比单聚焦仪器高得多。

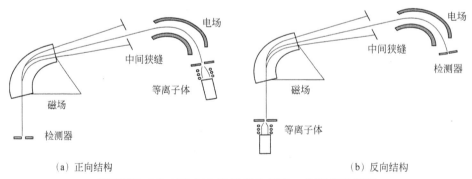

（a）正向结构   （b）反向结构

图 11-2 HR-ICP-MS 的质量分析器工作原理示意图

双聚焦仪器有两种几何结构，其性能有所不同。一种是"正向"几何结构（forward geometry），也叫标准设计[图 11-2(a)]，ESA 置于磁体前方。另一种是"反向"几何结构（reverse geometry），也叫反间 Nier-Johnson 设计[图 11-2(b)]，ESA 置于磁体后方。这两种设计基本原理相同，由两个分析器组成：即传统的电磁分析器和静电分析器。"反向"型的丰度灵敏度更好一些，"正向"型由于被分辨的离子最终被聚焦于一个平面上，所以可以配备多接收器系统。

（二）单接收器扇形磁场质量分析器[1]

单接收器扇形磁场 ICP-MS 仪器（single collector magnetic sector ICP-MS），主要用于元素分析。单接收器扇形磁场 ICP-MS 仪器最大的特点是在高分辨时可消除一些多原子离子干扰（如 $^{40}Ar^{35}Cl$ 对 ^{75}As 的干扰，$^{40}Ca^{16}O$ 和 $^{40}Ar^{16}O$ 对 ^{56}Fe 的干扰），但不能消除同质异位素的干扰（因为电荷离子的同质异位素质量差非常小，如 $^{112}Cd^+$ 和 $^{112}Sn^+$，其质量数差只有 0.002，磁场扇形质谱仪的分辨率不能将干扰离子与目标离子区分开）。由于单接收器扇形磁场质谱仪在低分辨时具有灵敏度非常高、背景低和平顶峰的特点，所以它们在同位素比值测定中通常要比四极杆质谱仪更精确。在单接收器质谱仪中，通过改变加于薄层电磁铁上的电压可以快速切换到达检测器的不同质荷比的离子。扇形磁场 ICP-MS 通常有两种扫描方式，一种是检测器固定在一个位置上，通过改变磁感强度 B 进行扫描（即 B-scan），这种方式由于磁场线圈的自感应效应，所以扫描速度受限。另一种是电子扫描方式（即 E-scan），这种 E-scan 通过改变加速电压实现快速扫描。早期的扇形磁场质谱仪由于磁场比静电场的扫描速度慢，所以被认为不适合快速瞬时信号（如电热蒸发、激光剥蚀以及色谱等联用技术）测定。但在较新的型号中，用静电场扫描和磁场扫描相结合在很大程度上克服了扫描速度慢的缺点，如 Element 采用反向几何结构，将静电场置于磁场的后向，静电场扫描能在有限的质量范围内实现非常快速的质量切换（1ms / 质量跳峰），见图 11-3。这样，只要轻微改变磁铁电流就能够进行全质量范围扫描，从而加快覆盖全质谱范围的扫描速度。如早期仪器（Element）给出的扫描速度是：m/z 23→240→23<355ms，而新型仪器（Element 2/XR）的扫描速度是：m/z 7→240→7<150ms。较快的扫描速度可以与激光烧蚀、液相色谱、气相色谱以及毛细管电泳等瞬时信号采集技术联用。

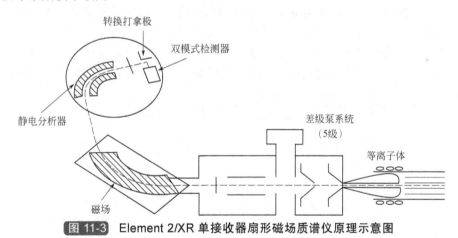

图 11-3 Element 2/XR 单接收器扇形磁场质谱仪原理示意图

（三）多接收器扇形磁场质量分析器[1]

从 Walder 和 Freedman（1992）介绍了他们的多接收器 ICP-MS 仪器（mutiple-collector magnetic sector ICP-MS，MC-ICP-MS）的研究工作以来，该技术由于其同位素比值测定的高精密度得到了迅速发展。单接收器 ICP-MS 测定同位素比值的精密度主要受等离子体离子源的不稳定性的限制，因为离子的测量是顺序的，所以来自离子源的与时间有关的波动无疑会影响同位素比值测定的精密度。另外一个限制因素是计数统计因素，它也和采集时间以及离子通量有关。在多接收器中，质谱仪同样是基于双聚焦扇形磁场设计，但使用多个检测器。不同离子束同时进行检测，所以消除了离子源的波动影响，使同位素比值测定精密度显著改善。

目前市场上主要有三种不同型号的 MC-ICP-MS：英国 Micromass 公司生产的 IsoProbe、Nu 仪器公司生产的 Nu Plasma 和 Thermo Fisher(Finnigan)公司生产的 Neptune。除了 IsoProbe 是单聚焦设计，其他两种仪器都是双聚焦设计。IsoProbe 的结构如图 11-4 所示，采用六极杆碰撞池（而不是静电分析器）来降低离子能量的分散。这种设计同时可以消除一些重要的多原子离子干扰。MC-ICP-MS 既可以在低分辨模式，也可以在中高分辨模式下工作（本书另有章节描述）。

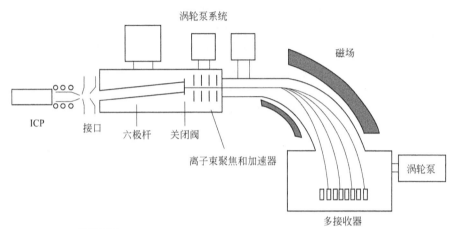

图 11-4 IsoProbe 单接收器扇形磁场质谱仪原理示意图

这几种多接收仪器的检测系统都是采用法拉第杯和离子计数器组合阵列，但法拉第杯数目以及安置和运行方式不同。如 IsoProbe 是移动式接收器，即针对不同同位素系统机械地移动接收器。而 Nu Plasma 和 Neptune 则是固定式接收器，即采用不同的色散光学系统使不同的离子聚焦到一套固定的接收器上。采用这种方式不需要机械地改变接收器的位置，因此简化了接收器模块的设计和在不同同位素系统之间的切换。Nu Plasma 仪器结构见图 11-5。

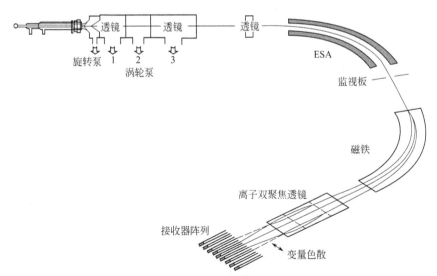

图 11-5 Nu Plasma 仪器结构图（引自 Nu 公司资料）

五、检测器

在商用 HR-ICP-MS 中,最新的检测器包括双模式二次电子倍增器(SEM)和法拉第杯(FC)

检测器。对少量离子的检测，一般采用 SEM 计数模式（counting），其计数率一般为 10^6 cps 以下；当离子较多时，则采用 SEM 模拟模式（analog），其计数率一般为 10^9 cps 以下；当离子浓度较高时，还可采用法拉第杯（FC）检测器，其计数率可达 10^{12} cps。计数模式、模拟模式、法拉第杯检测器的计数需要进行交叉校正，以获得较宽线性范围一致的响应曲线。检测器原理同其他质谱类型。

第二节　HR-ICP-MS 质谱仪的品质因素

一、分辨率

分辨率 $R=M/\Delta M$，不同类型质谱仪的 ΔM 定义有所不同。如扇形磁质谱仪定义为 10% 峰谷[图 11-6(a)]，而四极杆 MS 则通常采用全峰高的半宽(FWHM)为 Δm [图 11-6(b)]。扇形磁质谱仪的分辨率是其质量除以两个峰的质量差，这两个峰规定为峰高相同且两峰所夹的谷是峰最大值的 10%。另一种分辨率度量的方法是规定为在某一峰高处的峰宽。在 5% 峰高处给出的峰宽分辨率相当于 10% 峰谷的分辨率[图 11-6(c)]。如 Element 2/XR 的分辨率是 300、4000、10000(10% 峰谷定义，相当于 5% 峰高)，如果采用 FWHM 定义，则分辨率相应为 600、8000、20000。对其他大多数"动态"MS，如四极杆、飞行时间，ΔM 定义为个峰在 50% 最大峰高处的宽度 n，四极杆 ICP-MS 常采用 10% 峰高处的宽度表示分辨率，一般为 0.8～1.0。四极杆在分辨率"1"的操作条件下，质量数 300 处的分辨率是 300（300/1），在 ^{7}Li 处分辨率减少至 7（7/1）。扇形磁场质谱仪定义为质量除以质量差，其分辨率是固定不变的。飞行时间质谱仪的分辨率一般在 400～1000 范围内。

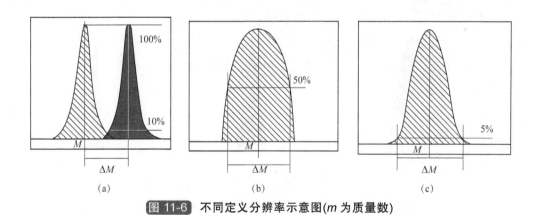

图 11-6　不同定义分辨率示意图(m 为质量数)

四极杆质谱中，分辨率是通过改变四极杆棒上的射频电压与直流电压的比值来选择的。扇形磁场质谱仪仪器的分辨率是通过改变狭缝的宽度来改变的。类似于光学系统，低分辨率通过使用宽狭缝获得，而高分辨率通过窄狭缝获得（图 11-7）。双聚焦扇形磁场仪器的最低分辨率大约为 300～400，最高分辨率大约为 10000。大多数商用系统的分辨率是同定的。如低的为 300～400，中级为 3000～4000，高的为 8000～10000（具体选择取决于仪器）。不同分辨率条件下 ^{56}Fe 和 ^{40}Ar^{16}O 的分辨效果见图 11-7。

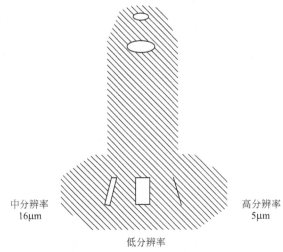

中分辨率
16μm

高分辨率
5μm

低分辨率

图 11-7 Element 2/XR 固定狭缝系统

将一个分析离子与干扰离子分开所需要的分辨率取决于其相对质量差。一般来讲，将多原子离子干扰分开所需的分辨率随着质量的增加而增大。幸运的是，至少在低质量范围内，多原子离子和分析离子的质量差都比较大，足以达到完全分离。不同的多原子离子干扰所需的分辨率有所不同。如 $^{64}Zn^+$ 和 $^{32}S^{16}O^{16}O^+$ 需要 1952 的分辨率，而 $^{32}S^+$ 与 $^{64}Zn^{2+}$ 间的干扰需要 4266 分辨率。现代高分辨 ICP-MS 一般可以达到 10000 的分辨率，这足以分辨绝大多数多原子离子的干扰。而同质异位素干扰所需的分辨率远高于多原子离子干扰。有些同质异位素需要 50000 以上的分辨率。所以，高分辨率质谱仪只能分辨一些多原子离子干扰，不能分辨同质异位素干扰。不同分辨率下 ^{56}Fe 和 $^{40}Ar^{16}O$ 的分辨效果如图 11-8 所示。克服双电荷离子及氧化物干扰所需分辨率分别见表 11-2 和表 11-3。

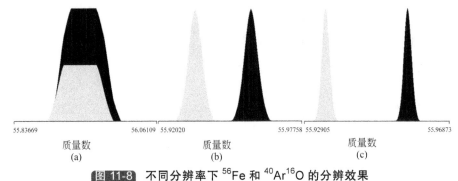

| 55.83669 | 56.06109 | 55.92020 | 55.97758 | 55.92905 | 55.96873 |

质量数
(a)

质量数
(b)

质量数
(c)

图 11-8 不同分辨率下 ^{56}Fe 和 $^{40}Ar^{16}O$ 的分辨效果

质量分辨率：（a）300；（b）4000；（c）10000

表 11-2 克服双电荷离子干扰所需分辨率（根据 Element 2/XR 原始数据计算结果）

同位素	单电荷离子精确质量/u	双电荷同位素	双电荷离子质荷比	所需分辨率
^{6}Li	6.0151	^{12}C	6.0000	398
^{7}Li	7.0160	^{14}N	7.0015	485
^{9}Be	9.0122	^{18}O	8.9996	715
^{10}B	10.0129	^{20}Ne	9.9962	599

同位素	单电荷离子精确质量/u	双电荷同位素	双电荷离子质荷比	所需分辨率
^{11}B	11.0093	^{22}Ne	10.9957	808
^{12}C	12.0000	^{24}Mg	11.9925	1604
^{13}C	13.0034	^{26}Mg	12.9913	1079
^{14}N	14.0031	^{28}Si	13.9885	959
^{15}N	15.0001	^{30}Si	14.9869	1134
^{16}O	15.9949	^{32}S	15.9860	1802
^{17}O	16.9991	^{34}S	16.9839	1119
^{18}O	17.9992	^{36}S	17.9835	1152
^{19}F	18.9984	^{38}Ar	18.9814	1115
^{20}Ne	19.9924	^{40}Ar	19.9812	1777
^{20}Ne	19.9924	^{40}Ca	19.9813	1794
^{20}Ne	19.9924	^{40}K	19.9820	1915
^{21}Ne	20.9939	^{42}Ca	20.9793	1444
^{22}Ne	21.9914	^{44}Ca	21.9777	1612
^{23}Na	22.9898	^{46}Ti	22.9763	1709
^{23}Na	22.9898	^{46}Ca	22.9768	1779
^{24}Mg	23.9850	^{48}Ti	23.9740	2168
^{24}Mg	23.9850	^{48}Ca	23.9763	2733
^{25}Mg	24.9858	^{50}Ti	24.9724	1858
^{25}Mg	24.9858	^{50}Cr	24.9730	1950
^{25}Mg	24.9858	^{50}V	24.9736	2038
^{26}Mg	25.9826	^{52}Cr	25.9703	2105
^{27}Al	26.9815	^{54}Cr	26.9694	2230
^{27}Al	26.9815	^{54}Fe	26.9698	2299
^{28}Si	27.9769	^{56}Fe	27.9675	2957
^{29}Si	28.9765	^{58}Fe	28.9666	2939
^{29}Si	28.9765	^{58}Ni	28.9677	3283
^{30}Si	29.9738	^{60}Ni	29.9654	3579
^{31}P	30.9738	^{62}Ni	30.9642	3231
^{32}S	31.9721	^{64}Ni	31.9640	3954
^{32}S	31.9721	^{64}Zn	31.9646	4266
^{33}S	32.9715	^{66}Zn	32.9630	3907

同位素	单电荷离子精确质量/u	双电荷同位素	双电荷离子质荷比	所需分辨率
^{34}S	33.9679	^{68}Zn	33.9624	6238
^{35}Cl	34.9689	^{70}Ge	34.9621	5200
^{35}Cl	34.9689	^{70}Zn	34.9627	5649
^{36}S	35.9671	^{72}Ge	35.9610	5955
^{36}Ar	35.9676	^{72}Ge	36.9606	36
^{37}Cl	36.9659	^{74}Ge	36.9606	6962
^{38}Ar	37.9627	^{76}Se	37.9596	12148
^{38}Ar	37.9627	^{76}Ge	37.9607	18701
^{39}K	38.9637	^{78}Se	38.9587	7700
^{39}K	38.9637	^{78}Kr	38.9602	11101
^{40}Ar	39.9624	^{80}Kr	39.9582	9538
^{40}Ar	39.9624	^{80}Se	39.9583	9700
^{40}Ca	39.9626	^{80}Kr	39.9582	9082
^{40}Ca	39.9626	^{80}Se	39.9583	9229
^{40}K	39.9640	^{80}Kr	39.9583	6962
^{40}K	39.9640	^{80}Se	40.4581	81
^{41}K	40.9618	^{82}Kr	40.9567	8048
^{41}K	40.9618	^{82}Se	40.9584	11788
^{42}Ca	41.9586	^{84}Kr	41.9558	14645
^{42}Ca	41.9586	^{84}Sr	41.9567	22026
^{43}Ca	42.9588	^{86}Sr	42.9546	10389
^{43}Ca	42.9588	^{86}Kr	42.9553	12398
^{44}Ca	43.9555	^{88}Sr	43.9528	16463
^{45}Sc	44.9559	^{90}Zr	44.9524	12646
^{46}Ti	45.9526	^{92}Zr	45.9525	417751
^{46}Ca	45.9537	^{92}Zr	45.9525	39277
^{47}Ti	46.9518	^{94}Mo	46.9525	59811
^{47}Ti	46.9518	^{94}Zr	46.9532	33537
^{48}Ti	47.9480	^{96}Mo	47.9523	10922
^{48}Ti	47.9480	^{96}Ru	47.9538	8196
^{48}Ti	47.9480	^{96}Zr	47.9541	7752
^{48}Ca	47.9525	^{96}Mo	47.9523	252382
^{48}Ca	47.9525	^{96}Ru	47.9538	37758
^{48}Ca	47.9525	^{96}Zr	47.9541	29877

同位素	单电荷离子精确质量/u	双电荷同位素	双电荷离子质荷比	所需分辨率
^{49}Ti	48.9479	^{98}Ru	48.9526	10251
^{49}Ti	48.9479	^{98}Mo	48.9527	10124
^{50}Ti	49.9448	^{100}Ru	49.9521	6823
^{50}Ti	49.9448	^{100}Mo	49.9537	5584
^{50}Cr	49.9461	^{100}Ru	49.9521	8242
^{50}Cr	49.9461	^{100}Mo	49.9537	6499
^{50}V	49.9472	^{100}Ru	49.9537	7597
^{50}V	49.9472	^{100}Mo	50.4528	99
^{51}V	50.9440	^{102}Ru	50.9522	6201
^{51}V	50.9440	^{102}Pd	50.9528	5760
^{52}Cr	51.9405	^{104}Pd	51.9520	4515
^{52}Cr	51.9405	^{104}Ru	51.9527	4257
^{53}Cr	52.9407	^{106}Pd	52.9517	4774
^{53}Cr	52.9407	^{106}Cd	52.9532	4208
^{54}Cr	53.9389	^{108}Pd	53.9519	4129
^{54}Cr	53.9389	^{108}Cd	53.9521	4082
^{54}Fe	53.9396	^{108}Pd	53.9519	4373
^{54}Fe	53.9396	^{108}Cd	53.9521	4320
^{55}Mn	54.9381	^{110}Cd	54.9515	4083
^{55}Mn	54.9381	^{110}Pd	54.9526	3780
^{56}Fe	55.9349	^{112}Sn	55.9524	3202
^{57}Fe	56.9354	^{114}Sn	56.9514	3561
^{57}Fe	56.9354	^{114}Cd	56.9517	3497
^{58}Fe	57.9333	^{116}Sn	57.9509	3294
^{58}Fe	57.9333	^{116}Cd	57.9524	3033
^{58}Ni	57.9354	^{116}Sn	57.9509	3733
^{58}Ni	57.9354	^{116}Cd	57.9524	3402
^{59}Co	58.9332	^{118}Sn	58.9508	3348
^{60}Ni	59.9308	^{120}Sn	59.9511	2951
^{60}Ni	59.9308	^{120}Te	59.9520	2824
^{61}Ni	60.9311	^{122}Te	60.9515	2977
^{61}Ni	60.9311	^{122}Sn	60.9517	2949
^{62}Ni	61.9284	^{124}Te	61.9514	2685
^{62}Ni	61.9284	^{124}Sn	61.9526	2550

同位素	单电荷离子精确质量/u	双电荷同位素	双电荷离子质荷比	所需分辨率
^{62}Ni	61.9284	^{124}Xe	61.9531	2506
^{63}Cu	62.9296	^{126}Te	62.9517	2853
^{63}Cu	62.9296	^{126}Xe	62.9521	2792
^{64}Ni	63.9280	^{128}Xe	63.9518	2687
^{64}Ni	63.9280	^{128}Te	63.9522	2635
^{64}Zn	63.9292	^{128}Xe	63.9518	2827
^{64}Zn	63.9292	^{128}Te	63.9522	2770
^{65}Cu	64.9278	^{130}Xe	64.9518	2709
^{65}Cu	64.9278	^{130}Te	64.9531	2564
^{65}Cu	64.9278	^{130}Ba	64.9531	2561
^{66}Zn	65.9260	^{132}Xe	65.9521	2532
^{66}Zn	65.9260	^{132}Ba	65.9525	2490
^{67}Zn	66.9271	^{134}Ba	66.9522	2665
^{68}Zn	67.9249	^{136}Ba	67.9523	2476
^{68}Zn	67.9249	^{136}Ce	67.9536	2365
^{68}Zn	67.9249	^{136}Xe	67.9536	2362
^{69}Ga	68.9256	^{138}Ba	68.9526	2549
^{69}Ga	68.9256	^{138}Ce	68.9530	2514
^{69}Ga	68.9256	^{138}La	68.9536	2464
^{70}Ge	69.9243	^{140}Ce	69.9527	2456
^{70}Zn	69.9253	^{140}Ce	69.9527	2552
^{71}Ga	70.9247	^{142}Nd	70.9539	2432
^{71}Ga	70.9247	^{142}Ce	70.9546	2370
^{72}Ge	71.9221	^{144}Nd	71.9551	2181
^{72}Ge	71.9221	^{144}Sm	71.9560	2120
^{73}Ge	72.9235	^{146}Nd	72.9566	2203
^{74}Ge	73.9212	^{148}Sm	73.9574	2040
^{74}Se	73.9225	^{148}Nd	73.9585	2055
^{75}As	74.9216	^{150}Sm	74.9586	2022
^{75}As	74.9216	^{150}Nd	74.9605	1928
^{76}Se	75.9192	^{152}Sm	75.9599	1867
^{76}Se	75.9192	^{152}Gd	75.9599	1866
^{76}Ge	75.9214	^{152}Sm	75.9599	1974
^{76}Ge	75.9214	^{152}Gd	75.9599	1972

同位素	单电荷离子精确质量/u	双电荷同位素	双电荷离子质荷比	所需分辨率
^{77}Se	76.9199	^{154}Gd	76.9604	1898
^{77}Se	76.9199	^{154}Sm	76.9611	1867
^{78}Se	77.9173	^{156}Gd	77.9611	1780
^{78}Se	77.9173	^{156}Dy	77.9621	1737
^{78}Kr	77.9204	^{156}Gd	77.9611	1916
^{78}Kr	77.9204	^{156}Dy	77.9621	1867
^{79}Br	78.9183	^{158}Gd	78.9621	1805
^{79}Br	78.9183	^{158}Dy	78.9622	1799
^{80}Kr	79.9164	^{160}Dy	79.9626	1729
^{80}Kr	79.9164	^{160}Gd	79.9635	1695
^{80}Se	79.9165	^{160}Dy	79.9626	1734
^{80}Se	79.9165	^{160}Gd	79.9635	1700
^{81}Br	80.9163	^{162}Dy	80.9634	1717
^{81}Br	80.9163	^{162}Er	80.9644	1682
^{82}Kr	81.9135	^{164}Dy	81.9646	1603
^{82}Kr	81.9135	^{164}Er	81.9646	1602
^{82}Se	81.9167	^{164}Dy	81.9646	1711
^{82}Se	81.9167	^{164}Er	81.9646	1710
^{83}Kr	82.9141	^{166}Er	82.9652	1625
^{84}Kr	83.9115	^{168}Er	83.9662	1535
^{84}Kr	83.9115	^{168}Yb	83.9670	1513
^{84}Sr	83.9134	^{168}Er	83.9662	1590
^{84}Sr	83.9134	^{168}Yb	83.9670	1568
^{85}Rb	84.9118	^{170}Yb	84.9674	1528
^{85}Rb	84.9118	^{170}Er	84.9677	1518
^{86}Sr	85.9093	^{172}Yb	85.9682	1458
^{86}Kr	85.9106	^{172}Yb	85.9682	1492
^{87}Sr	86.9089	^{174}Yb	86.9694	1435
^{87}Sr	86.9089	^{174}Hf	86.9700	1421
^{87}Rb	86.9092	^{174}Yb	86.9694	1442
^{87}Rb	86.9092	^{174}Hf	86.9700	1428
^{88}Sr	87.9056	^{176}Hf	87.9707	1351
^{88}Sr	87.9056	^{176}Yb	87.9713	1339
^{88}Sr	87.9056	^{176}Lu	87.9713	1337

同位素	单电荷离子精确质量/u	双电荷同位素	双电荷离子质荷比	所需分辨率
^{89}Y	88.9059	^{178}Hf	88.9719	1347
^{90}Zr	89.9047	^{180}Hf	89.9733	1311
^{90}Zr	89.9047	^{180}W	89.9734	1310
^{90}Zr	89.9047	^{180}Ta	89.9737	1302
^{91}Zr	90.9056	^{182}W	90.9741	1328
^{92}Zr	91.9050	^{184}W	91.9755	1305
^{92}Zr	91.9050	^{184}Os	91.9763	1291
^{92}Mo	91.9068	^{184}W	91.9755	1338
^{92}Mo	91.9068	^{184}Os	91.9763	1323
^{93}Nb	92.9064	^{186}Os	92.9769	1317
^{93}Nb	92.9064	^{186}W	92.9772	1312
^{94}Mo	93.9051	^{188}Os	93.9779	1289
^{94}Zr	93.9063	^{188}Os	93.9779	1311
^{95}Mo	94.9058	^{190}Os	94.9792	1293
^{95}Mo	94.9058	^{190}Pt	94.9800	1280
^{96}Mo	95.9047	^{192}Pt	95.9805	1264
^{96}Mo	95.9047	^{192}Os	95.9807	1261
^{96}Ru	95.9076	^{192}Pt	95.9805	1315
^{96}Ru	95.9076	^{192}Os	95.9807	1311
^{96}Zr	95.9083	^{192}Pt	95.9805	1327
^{96}Zr	95.9083	^{192}Os	95.9807	1323
^{97}Mo	96.9060	^{194}Pt	96.9813	1287
^{98}Ru	97.9053	^{196}Pt	97.9825	1268
^{98}Ru	97.9053	^{196}Hg	97.9829	1261
^{98}Mo	97.9054	^{196}Pt	97.9825	1270
^{98}Mo	97.9054	^{196}Hg	97.9829	1263
^{99}Ru	98.9059	^{198}Hg	98.9834	1277
^{99}Ru	98.9059	^{198}Pt	98.9839	1268
^{100}Ru	99.9042	^{200}Hg	99.9842	1250
^{100}Mo	99.9075	^{200}Hg	99.9842	1303
^{101}Ru	100.9056	^{202}Hg	100.9853	1266
^{102}Ru	101.9044	^{204}Pb	101.9865	1240

续表

同位素	单电荷离子精确质量/u	双电荷同位素	双电荷离子质荷比	所需分辨率
^{102}Ru	101.9044	^{204}Hg	101.9867	1237
^{102}Pd	101.9056	^{204}Pb	101.9865	1259
^{102}Pd	101.9056	^{204}Hg	101.9867	1256
^{103}Rh	102.9055	^{206}Pb	102.9872	1259
^{104}Pd	103.9040	^{208}Pb	103.9883	1233
^{104}Ru	103.9054	^{208}Pb	103.9883	1253
^{116}Sn	115.9017	^{232}Th	116.0190	988
^{116}Cd	115.9048	^{232}Th	116.0190	1014
^{117}Sn	116.9030	^{234}U	117.0205	995
^{119}Sn	118.9033	^{238}U	119.0254	974

表 11-3　克服氧化物离子质量干扰所需分辨率（根据 Element 2/XR 原始数据计算结果）

同位素	精确质量/u	天然丰度/%	受氧化物离子干扰所需分辨率	氧化物离子	氧化物精确质量/u
^{1}H	1.00783	99.99			
^{2}H	2.01410	0.02			
^{3}He	3.01603	0.00			
^{4}He	4.00260	100.00			
^{6}Li	6.01512	7.50			
^{7}Li	7.01600	92.50			
^{9}Be	9.01218	100.00			
^{10}B	10.01294	19.90			
^{11}B	11.00931	80.10			
^{12}C	12.00000	98.90			
^{13}C	13.00335	1.10			
^{14}N	14.00307	99.63			
^{15}N	15.00011	0.37			
^{16}O	15.99491	99.76			
^{17}O	16.99913	0.04			
^{18}O	17.99916	0.20			
^{19}F	18.99840	100.00			
^{20}Ne	19.99244	90.51			
^{21}Ne	20.99385	0.27			

续表

同位素	精确质量/u	天然丰度/%	受氧化物离子干扰所需分辨率	氧化物离子	氧化物精确质量/u
^{22}Ne	21.99138	9.22	1179	^{6}Li^{16}O	22.01003
^{23}Na	22.98977	100.00	1088	^{7}Li^{16}O	23.01091
^{24}Mg	23.98504	78.99			
^{25}Mg	24.98584	10.00	1176	^{9}Be^{16}O	25.00709
^{26}Mg	25.98260	11.01	1029	^{10}B^{16}O	26.00785
^{27}Al	26.98154	100.00	1190	^{11}B^{16}O	27.00422
^{28}Si	27.97693	92.23	1556	^{12}C^{16}O	27.99491
^{29}Si	28.97650	4.67	1332	^{13}C^{16}O	28.99826
^{30}Si	29.97377	3.10	1238	^{14}N^{16}O	29.99798
^{31}P	30.97376	100.00	1457	^{15}N^{16}O	30.99502
^{32}S	31.97207	95.02	1801	^{16}O^{16}O	31.98982
^{33}S	32.97146	0.75	1460	^{17}O^{16}O	32.99404
^{34}S	33.96787	4.21	1296	^{18}O^{16}O	33.99407
^{35}Cl	34.96885	75.77	1430	^{19}F^{16}O	34.99331
^{36}S	35.96708	0.02	1774	^{20}Ne^{16}O	35.98735
^{36}Ar	35.96755	0.34	1817	^{20}Ne^{16}O	35.98735
^{37}Cl	36.96590	24.23	1617	^{21}Ne^{16}O	36.98876
^{38}Ar	37.96273	0.06	1611	^{22}Ne^{16}O	37.98629
^{39}K	38.96371	93.26	1858	^{23}Na^{16}O	38.98468
^{40}Ar	39.96238	99.60	2274	^{24}Mg^{16}O	39.97995
^{40}Ca	39.96259	96.94	2302	^{24}Mg^{16}O	39.97995
^{40}K	39.96400	0.01	2506	^{24}Mg^{16}O	39.97995
^{41}K	40.96183	6.73	2165	^{25}Mg^{16}O	40.98075
^{42}Ca	41.95862	0.65	2221	^{26}Mg^{16}O	41.97751
^{43}Ca	42.95877	0.14	2430	^{27}Al^{16}O	42.97645
^{44}Ca	43.95548	2.09	2687	^{28}Si^{16}O	43.97184
^{45}Sc	44.95591	100.00	2900	^{29}Si^{16}O	44.97141
^{46}Ti	45.95263	8.00	2863	^{30}Si^{16}O	45.96868
^{46}Ca	45.95369	0.00	3066	^{30}Si^{16}O	45.96868
^{47}Ti	46.95176	7.30	2777	^{31}P^{16}O	46.96867
^{48}Ti	47.94795	73.80	2520	^{32}S^{16}O	47.96698
^{48}Ca	47.95253	0.19	3319	^{32}S^{16}O	47.96698
^{49}Ti	48.94787	5.50	2646	^{33}S^{16}O	48.96637

同位素	精确质量/u	天然丰度/%	受氧化物离子干扰所需分辨率	氧化物离子	氧化物精确质量/u
^{50}Ti	49.94479	5.40	2776	^{34}S^{16}O	49.96278
^{50}Cr	49.94605	4.35	2985	^{34}S^{16}O	49.96278
^{50}V	49.94716	0.25	3198	^{34}S^{16}O	49.96278
^{51}V	50.94396	99.75	2573	^{35}Cl^{16}O	50.96376
^{52}Cr	51.94051	83.79	2418	^{36}S^{16}O	51.96199
^{52}Cr	51.94051	83.79	2366	^{36}Ar^{16}O	51.96246
^{53}Cr	52.94065	9.50	2626	^{37}Cl^{16}O	52.96081
^{54}Cr	53.93888	2.37	2875	^{38}Ar^{16}O	53.95764
^{54}Fe	53.93961	5.80	2992	^{38}Ar^{16}O	53.95764
^{55}Mn	54.93805	100.00	2671	^{39}K^{16}O	54.95862
^{56}Fe	55.93494	91.72	2503	^{40}Ar^{16}O	55.95729
^{56}Fe	55.93494	91.72	2479	^{40}Ca^{16}O	55.95750
^{56}Fe	55.93494	91.72	2334	^{40}K^{16}O	55.95891
^{57}Fe	56.93540	2.20	2668	^{41}K^{16}O	56.95674
^{58}Fe	57.93328	0.28	2861	^{42}Ca^{16}O	57.95353
^{58}Ni	57.93535	68.27	3187	^{42}Ca^{16}O	57.95353
^{59}Co	58.93320	100.00	2878	^{43}Ca^{16}O	58.95368
^{60}Ni	59.93079	26.10	3058	^{44}Ca^{16}O	59.95039
^{61}Ni	60.93106	1.13	3084	^{45}Sc^{16}O	60.95082
^{62}Ni	61.92835	3.59	3227	^{46}Ti^{16}O	61.94754
^{62}Ni	61.92835	3.59	3058	^{46}Ca^{16}O	61.94860
^{63}Cu	62.92960	69.17	3687	^{47}Ti^{16}O	62.94667
^{64}Ni	63.92797	0.91	4293	^{48}Ti^{16}O	63.94286
^{64}Ni	63.92797	0.91	3283	^{48}Ca^{16}O	63.94744
^{64}Zn	63.92915	48.60	4663	^{48}Ti^{16}O	63.94286
^{64}Zn	63.92915	48.60	3495	^{48}Ca^{16}O	63.94744
^{65}Cu	64.92779	30.83	4331	^{49}Ti^{16}O	64.94278
^{66}Zn	65.92604	27.90	4826	^{50}Ti^{16}O	65.93970
^{66}Zn	65.92604	27.90	4419	^{50}Cr^{16}O	65.94096
^{66}Zn	65.92604	27.90	4113	^{50}V^{16}O	65.94207
^{67}Zn	66.92713	4.10	5701	^{51}V^{16}O	66.93887
^{68}Zn	67.92485	18.80	6426	^{52}Cr^{16}O	67.93542
^{69}Ga	68.92558	60.10	6906	^{53}Cr^{16}O	68.93556

同位素	精确质量/u	天然丰度/%	受氧化物离子干扰所需分辨率	氧化物离子	氧化物精确质量/u
^{70}Ge	69.92425	20.50	7330	^{54}Cr^{16}O	69.93379
^{70}Ge	69.92425	20.50	6809	^{54}Fe^{16}O	69.93452
^{70}Zn	69.92532	0.60	8256	^{54}Cr^{16}O	69.93379
^{70}Zn	69.92532	0.60	7601	^{54}Fe^{16}O	69.93452
^{71}Ga	70.92470	39.90	8587	^{55}Mn^{16}O	70.93296
^{72}Ge	71.92208	27.40	9256	^{56}Fe^{16}O	71.92985
^{73}Ge	72.92346	7.80	10646	^{57}Fe^{16}O	72.93031
^{74}Ge	73.92118	36.50	10545	^{58}Fe^{16}O	73.92819
^{74}Ge	73.92118	36.50	8141	^{58}Ni^{16}O	73.93026
^{74}Se	73.92248	0.90	12946	^{58}Fe^{16}O	73.92819
^{74}Se	73.92248	0.90	9502	^{58}Ni^{16}O	73.93026
^{75}As	74.92160	100.00	11509	^{59}Co^{16}O	74.92811
^{76}Se	75.91921	9.00	11698	^{60}Ni^{16}O	75.92570
^{76}Ge	75.92140	7.80	17656	^{60}Ni^{16}O	75.92570
^{77}Se	76.91991	7.60	12693	^{61}Ni^{16}O	76.92597
^{78}Se	77.91730	23.60	13073	^{62}Ni^{16}O	77.92326
^{78}Kr	77.92040	0.35	27245	^{62}Ni^{16}O	77.92326
^{79}Br	78.91834	50.69	12791	^{63}Cu^{16}O	78.92451
^{80}Kr	79.91638	2.25	12295	^{64}Ni^{16}O	79.92288
^{80}Kr	79.91638	2.25	10406	^{64}Zn^{16}O	79.92406
^{80}Se	79.91652	49.70	12565	^{64}Ni^{16}O	79.92288
^{80}Se	79.91652	49.70	10599	^{64}Zn^{16}O	79.92406
^{81}Br	80.91629	49.31	12623	^{65}Cu^{16}O	80.92270
^{82}Kr	81.91348	11.60	10966	^{66}Zn^{16}O	81.92095
^{82}Se	81.91671	9.20	19320	^{66}Zn^{16}O	81.92095
^{83}Kr	82.91413	11.50	10482	^{67}Zn^{16}O	82.92204
^{84}Kr	83.91151	57.00	10171	^{68}Zn^{16}O	83.91976
^{84}Sr	83.91343	0.56	13256	^{68}Zn^{16}O	83.91976
^{85}Rb	84.91180	72.17	9771	^{69}Ga^{16}O	84.92049
^{86}Sr	85.90927	9.86	8686	^{70}Ge^{16}O	85.91916
^{86}Sr	85.90927	9.86	7838	^{70}Zn^{16}O	85.92023
^{86}Kr	85.91061	17.30	10048	^{70}Ge^{16}O	85.91916
^{86}Kr	85.91061	17.30	8930	^{70}Zn^{16}O	85.92023

续表

同位素	精确质量/u	天然丰度/%	受氧化物离子干扰所需分辨率	氧化物离子	氧化物精确质量/u
^{87}Sr	86.90889	7.00	8107	^{71}Ga^{16}O	86.91961
^{87}Rb	86.90918	27.84	8333	^{71}Ga^{16}O	86.91961
^{88}Sr	87.90562	82.58	7731	^{72}Ge^{16}O	87.91699
^{89}Y	88.90586	100.00	7107	^{73}Ge^{16}O	88.91837
^{90}Zr	89.90471	51.45	7900	^{74}Ge^{16}O	89.91609
^{90}Zr	89.90471	51.45	7090	^{74}Se^{16}O	89.91739
^{91}Zr	90.90564	11.22	8363	^{75}As^{16}O	90.91651
^{92}Zr	91.90504	17.15	10122	^{76}Se^{16}O	91.91412
^{92}Zr	91.90504	17.15	8155	^{76}Ge^{16}O	91.91631
^{92}Mo	91.90681	14.84	12573	^{76}Se^{16}O	91.91412
^{92}Mo	91.90681	14.84	9674	^{76}Ge^{16}O	91.91631
^{93}Nb	92.90638	100.00	11008	^{77}Se^{16}O	92.91482
^{94}Mo	93.90509	9.25	13189	^{78}Se^{16}O	93.91221
^{94}Mo	93.90509	9.25	9188	^{78}Kr^{16}O	93.91531
^{94}Zr	93.90632	17.38	15943	^{78}Se^{16}O	93.91221
^{94}Zr	93.90632	17.38	10446	^{78}Kr^{16}O	93.91531
^{95}Mo	94.90584	15.92	12808	^{79}Br^{16}O	94.91325
^{96}Mo	95.90468	16.68	14509	^{80}Kr^{16}O	95.91129
^{96}Mo	95.90468	16.68	14208	^{80}Se^{16}O	95.91143
^{96}Ru	95.90760	5.52	25991	^{80}Kr^{16}O	95.91129
^{96}Ru	95.90760	5.52	25041	^{80}Se^{16}O	95.91143
^{96}Zr	95.90827	2.80	31758	^{80}Kr^{16}O	95.91129
^{96}Zr	95.90827	2.80	30351	^{80}Se^{16}O	95.91143
^{97}Mo	96.90602	9.55	18708	^{81}Br^{16}O	96.91120
^{98}Ru	97.90529	1.88	31582	^{82}Kr^{16}O	97.90839
^{98}Ru	97.90529	1.88	15467	^{82}Se^{16}O	97.91162
^{98}Mo	97.90541	24.13	32854	^{82}Kr^{16}O	97.90839
^{98}Mo	97.90541	24.13	15766	^{82}Se^{16}O	97.91162
^{99}Ru	98.90594	12.70	31905	^{83}Kr^{16}O	98.90904
^{100}Ru	99.90422	12.60	45411	^{84}Kr^{16}O	99.90642
^{100}Ru	99.90422	12.60	24249	^{84}Sr^{16}O	99.90834
^{100}Mo	99.90747	9.63	95150	^{84}Kr^{16}O	99.90642
^{100}Mo	99.90747	9.63	114836	^{84}Sr^{16}O	99.90834

续表

同位素	精确质量/u	天然丰度/%	受氧化物离子干扰所需分辨率	氧化物离子	氧化物精确质量/u
^{101}Ru	100.90558	17.00	89297	^{85}Rb^{16}O	100.90671
^{102}Ru	101.90435	31.60	599437	^{86}Sr^{16}O	101.90418
^{102}Pd	101.90561	1.02	1132285	^{86}Kr^{16}O	101.90552
^{103}Rh	102.90550	100.00	60533	^{87}Sr^{16}O	102.90380
^{103}Rh	102.90550	100.00	72983	^{87}Rb^{16}O	102.90409
^{104}Pd	103.90403	11.14	29687	^{88}Sr^{16}O	103.90053
^{104}Ru	103.90542	18.70	21249	^{88}Sr^{16}O	103.90053
^{105}Pd	104.90508	22.33	24340	^{89}Y^{16}O	104.90077
^{106}Pd	105.90348	27.33	27436	^{90}Zr^{16}O	105.89962
^{106}Cd	105.90646	1.25	15483	^{90}Zr^{16}O	105.89962
^{107}Ag	106.90510	51.84	23496	^{91}Zr^{16}O	106.90055
^{108}Pd	107.90389	26.46	27387	^{92}Zr^{16}O	107.89995
^{108}Pd	107.90389	26.46	49725	^{92}Mo^{16}O	107.90172
^{108}Cd	107.90419	0.89	25449	^{92}Zr^{16}O	107.89995
^{108}Cd	107.90419	0.89	43686	^{92}Mo^{16}O	107.90172
^{109}Ag	108.90475	48.16	31475	^{93}Nb^{16}O	108.90129
^{110}Cd	109.90301	12.49	36513	^{94}Mo^{16}O	109.90000
^{110}Cd	109.90301	12.49	61743	^{94}Zr^{16}O	109.90123
^{110}Pd	109.90517	11.72	21258	^{94}Mo^{16}O	109.90000
^{110}Pd	109.90517	11.72	27895	^{94}Zr^{16}O	109.90123
^{111}Cd	110.90418	12.80	32334	^{95}Mo^{16}O	110.90075
^{112}Cd	111.90276	24.13	35301	^{96}Mo^{16}O	111.89959
^{112}Cd	111.90276	24.13	447611	^{96}Ru^{16}O	111.90251
^{112}Cd	111.90276	24.13	266435	^{96}Zr^{16}O	111.90318
^{112}Sn	111.90482	0.97	21397	^{96}Mo^{16}O	111.89959
^{112}Sn	111.90482	0.97	48444	^{96}Ru^{16}O	111.90251
^{112}Sn	111.90482	0.97	68235	^{96}Zr^{16}O	111.90318
^{113}In	112.90406	4.30	36072	^{97}Mo^{16}O	112.90093
^{113}Cd	112.90440	12.22	32537	^{97}Mo^{16}O	112.90093
^{114}Sn	113.90278	0.65	44148	^{98}Ru^{16}O	113.90020
^{114}Sn	113.90278	0.65	46302	^{98}Mo^{16}O	113.90032
^{114}Cd	113.90336	28.73	36045	^{98}Ru^{16}O	113.90020
^{114}Cd	113.90336	28.73	37468	^{98}Mo^{16}O	113.90032

同位素	精确质量/u	天然丰度/%	受氧化物离子干扰所需分辨率	氧化物离子	氧化物精确质量/u
^{115}Sn	114.90334	0.36	46146	^{99}Ru^{16}O	114.90085
^{115}In	114.90388	95.70	37922	^{99}Ru^{16}O	114.90085
^{116}Sn	115.90174	14.53	44407	^{100}Ru^{16}O	115.89913
^{116}Sn	115.90174	14.53	181096	^{100}Mo^{16}O	115.90238
^{116}Cd	115.90476	7.49	20587	^{100}Ru^{16}O	115.89913
^{116}Cd	115.90476	7.49	48699	^{100}Mo^{16}O	115.90238
^{117}Sn	116.90295	7.68	47522	^{101}Ru^{16}O	116.90049
^{118}Sn	117.90161	24.22	50171	^{102}Ru^{16}O	117.89926
^{118}Sn	117.90161	24.22	108167	^{102}Pd^{16}O	117.90052
^{119}Sn	118.90331	8.58	41001	^{103}Rh^{16}O	118.90041
^{120}Sn	119.90220	32.59	36780	^{104}Pd^{16}O	119.89894
^{120}Sn	119.90220	32.59	64119	^{104}Ru^{16}O	119.90033
^{120}Te	119.90402	0.10	23603	^{104}Pd^{16}O	119.89894
^{120}Te	119.90402	0.10	32494	^{104}Ru^{16}O	119.90033
^{121}Sb	120.90382	57.30	31568	^{105}Pd^{16}O	120.89999
^{122}Te	121.90306	2.60	26103	^{106}Pd^{16}O	121.89839
^{122}Te	121.90306	2.60	72132	^{106}Cd^{16}O	121.90137
^{122}Sn	121.90344	4.63	24139	^{106}Pd^{16}O	121.89839
^{122}Sn	121.90344	4.63	58891	^{106}Cd^{16}O	121.90137
^{123}Sb	122.90422	42.70	29193	^{107}Ag^{16}O	122.90001
^{123}Te	122.90428	0.91	28783	^{107}Ag^{16}O	122.90001
^{124}Te	123.90283	4.82	30745	^{108}Pd^{16}O	123.89880
^{124}Te	123.90283	4.82	33218	^{108}Cd^{16}O	123.89910
^{124}Sn	123.90527	5.79	19151	^{108}Pd^{16}O	123.89880
^{124}Sn	123.90527	5.79	20082	^{108}Cd^{16}O	123.89910
^{124}Xe	123.90612	0.10	16927	^{108}Pd^{16}O	123.89880
^{124}Xe	123.90612	0.10	17650	^{108}Cd^{16}O	123.89910
^{125}Te	124.90444	7.14	26131	^{109}Ag^{16}O	124.89966
^{126}Te	125.90331	18.95	23359	^{110}Cd^{16}O	125.89792
^{126}Te	125.90331	18.95	38979	^{110}Pd^{16}O	125.90008
^{126}Xe	125.90428	0.09	19796	^{110}Cd^{16}O	125.89792
^{126}Xe	125.90428	0.09	29977	^{110}Pd^{16}O	125.90008
^{127}I	126.90448	100.00	23544	^{111}Cd^{16}O	126.89909

同位素	精确质量/u	天然丰度/%	受氧化物离子干扰所需分辨率	氧化物离子	氧化物精确质量/u
^{128}Xe	127.90353	1.91	21827	^{112}Cd^{16}O	127.89767
^{128}Xe	127.90353	1.91	33659	^{112}Sn^{16}O	127.89973
^{128}Te	127.90446	31.69	18837	^{112}Cd^{16}O	127.89767
^{128}Te	127.90446	31.69	27041	^{112}Sn^{16}O	127.89973
^{129}Xe	128.90478	26.40	22187	^{113}In^{16}O	128.89897
^{129}Xe	128.90478	26.40	23566	^{113}Cd^{16}O	128.89931
^{130}Xe	129.90351	4.10	22320	^{114}Sn^{16}O	129.89769
^{130}Xe	129.90351	4.10	24791	^{114}Cd^{16}O	129.89827
^{130}Te	129.90623	33.80	15212	^{114}Sn^{16}O	129.89769
^{130}Te	129.90623	33.80	16320	^{114}Cd^{16}O	129.89827
^{130}Ba	129.90628	0.11	15123	^{114}Sn^{16}O	129.89769
^{130}Ba	129.90628	0.11	16218	^{114}Cd^{16}O	129.89827
^{131}Xe	130.90508	21.20	19166	^{115}Sn^{16}O	130.89825
^{131}Xe	130.90508	21.20	20812	^{115}In^{16}O	130.89879
^{132}Xe	131.90415	26.90	17587	^{116}Sn^{16}O	131.89665
^{132}Xe	131.90415	26.90	29443	^{116}Cd^{16}O	131.89967
^{132}Ba	131.90504	0.10	15722	^{116}Sn^{16}O	131.89665
^{132}Ba	131.90504	0.10	24563	^{116}Cd^{16}O	131.89967
^{133}Cs	132.90543	100.00	17557	^{117}Sn^{16}O	132.89786
^{134}Ba	133.90449	2.42	16801	^{118}Sn^{16}O	133.89652
^{134}Xe	133.90540	10.40	15079	^{118}Sn^{16}O	133.89652
^{135}Ba	134.90567	6.59	18108	^{119}Sn^{16}O	134.89822
^{136}Ba	135.90456	7.85	18242	^{120}Sn^{16}O	135.89711
^{136}Ba	135.90456	7.85	24139	^{120}Te^{16}O	135.89893
^{136}Ce	135.90714	0.19	13550	^{120}Sn^{16}O	135.89711
^{136}Ce	135.90714	0.19	16554	^{120}Te^{16}O	135.89893
^{136}Xe	135.90722	8.90	13443	^{120}Sn^{16}O	135.89711
^{136}Xe	135.90722	8.90	16394	^{120}Te^{16}O	135.89893
^{137}Ba	136.90582	11.23	19310	^{121}Sb^{16}O	136.89873
^{138}Ba	137.90524	71.70	18969	^{122}Te^{16}O	137.89797
^{138}Ba	137.90524	71.70	20015	^{122}Sn^{16}O	137.89835
^{138}Ce	137.90600	0.25	17174	^{122}Te^{16}O	137.89797
^{138}Ce	137.90600	0.25	18027	^{122}Sn^{16}O	137.89835

同位素	精确质量/u	天然丰度/%	受氧化物离子干扰所需分辨率	氧化物离子	氧化物精确质量/u
^{138}La	137.90711	0.09	15088	^{122}Te^{16}O	137.89797
^{138}La	137.90711	0.09	15743	^{122}Sn^{16}O	137.89835
^{139}La	138.90636	99.91	19212	^{123}Sb^{16}O	138.89913
^{139}La	138.90636	99.91	19373	^{123}Te^{16}O	138.89919
^{140}Ce	139.90544	88.48	18170	^{124}Te^{16}O	139.89774
^{140}Ce	139.90544	88.48	26598	^{124}Sn^{16}O	139.90018
^{140}Ce	139.90544	88.48	31725	^{124}Xe^{16}O	139.90103
^{141}Pr	140.90766	100.00	16956	^{125}Te^{16}O	140.89935
^{142}Nd	141.90773	27.13	14922	^{126}Te^{16}O	141.89822
^{142}Nd	141.90773	27.13	16617	^{126}Xe^{16}O	141.89919
^{142}Ce	141.90925	11.08	12866	^{126}Te^{16}O	141.89822
^{142}Ce	141.90925	11.08	14106	^{126}Xe^{16}O	141.89919
^{143}Nd	142.90982	12.18	13702	^{127}I^{16}O	142.89939
^{144}Nd	143.91010	23.80	12342	^{128}Xe^{16}O	143.89844
^{144}Nd	143.91010	23.80	13412	^{128}Te^{16}O	143.89937
^{144}Sm	143.91201	3.10	10605	^{128}Xe^{16}O	143.89844
^{144}Sm	143.91201	3.10	11385	^{128}Te^{16}O	143.89937
^{145}Nd	144.91258	8.30	11242	^{129}Xe^{16}O	144.89969
^{146}Nd	145.91313	17.19	9919	^{130}Xe^{16}O	145.89842
^{146}Nd	145.91313	17.19	12170	^{130}Te^{16}O	145.90114
^{146}Nd	145.91313	17.19	12221	^{130}Ba^{16}O	145.90119
^{147}Sm	146.91491	15.00	9847	^{131}Xe^{16}O	146.89999
^{148}Sm	147.91483	11.30	9380	^{132}Xe^{16}O	147.89906
^{148}Sm	147.91483	11.30	9941	^{132}Ba^{16}O	147.89995
^{148}Nd	147.91690	5.76	8291	^{132}Xe^{16}O	147.89906
^{148}Nd	147.91690	5.76	8727	^{132}Ba^{16}O	147.89995
^{149}Sm	148.91719	13.80	8838	^{133}Cs^{16}O	148.90034
^{150}Sm	149.91729	7.40	8380	^{134}Ba^{16}O	149.89940
^{150}Sm	149.91729	7.40	8829	^{134}Xe^{16}O	149.90031
^{150}Nd	149.92090	5.64	6973	^{134}Ba^{16}O	149.89940
^{150}Nd	149.92090	5.64	7281	^{134}Xe^{16}O	149.90031
^{151}Eu	150.91986	47.80	7828	^{135}Ba^{16}O	150.90058
^{152}Sm	151.91974	26.70	7495	^{136}Ba^{16}O	151.89947

同位素	精确质量/u	天然丰度/%	受氧化物离子干扰所需分辨率	氧化物离子	氧化物精确质量/u
^{152}Sm	151.91974	26.70	8588	^{136}Ce^{16}O	151.90205
^{152}Sm	151.91974	26.70	8627	^{136}Xe^{16}O	151.90213
^{152}Gd	151.91980	0.20	7473	^{136}Ba^{16}O	151.89947
^{152}Gd	151.91980	0.20	8559	^{136}Ce^{16}O	151.90205
^{152}Gd	151.91980	0.20	8598	^{136}Xe^{16}O	151.90213
^{153}Eu	152.92124	52.20	7456	^{137}Ba^{16}O	152.90073
^{154}Gd	153.92088	2.18	7425	^{138}Ba^{16}O	153.90015
^{154}Gd	153.92088	2.18	7708	^{138}Ce^{16}O	153.90091
^{154}Gd	153.92088	2.18	8161	^{138}La^{16}O	153.90202
^{154}Sm	153.92222	22.70	6974	^{138}Ba^{16}O	153.90015
^{154}Sm	153.92222	22.70	7223	^{138}Ce^{16}O	153.90091
^{154}Sm	153.92222	22.70	7620	^{138}La^{16}O	153.90202
^{155}Gd	154.92263	14.80	7253	^{139}La^{16}O	154.90127
^{156}Gd	155.92213	20.47	7159	^{140}Ce^{16}O	155.90035
^{156}Dy	155.92429	0.06	6513	^{140}Ce^{16}O	155.90035
^{157}Gd	156.92397	15.65	7333	^{141}Pr^{16}O	156.90257
^{158}Gd	157.92411	24.84	7356	^{142}Nd^{16}O	157.90264
^{158}Gd	157.92411	24.84	7916	^{142}Ce^{16}O	157.90416
^{158}Dy	157.92441	0.10	7254	^{142}Nd^{16}O	157.90264
^{158}Dy	157.92441	0.10	7799	^{142}Ce^{16}O	157.90416
^{159}Tb	158.92535	100.00	7707	^{143}Nd^{16}O	158.90473
^{160}Dy	159.92520	2.34	7921	^{144}Nd^{16}O	159.90501
^{160}Dy	159.92520	2.34	8749	^{144}Sm^{16}O	159.90692
^{160}Gd	159.92706	21.86	7253	^{144}Nd^{16}O	159.90501
^{160}Gd	159.92706	21.86	7941	^{144}Sm^{16}O	159.90692
^{161}Dy	160.92694	18.90	8274	^{145}Nd^{16}O	160.90749
^{162}Dy	161.92681	25.50	8627	^{146}Nd^{16}O	161.90804
^{162}Er	161.92879	0.14	7804	^{146}Nd^{16}O	161.90804
^{163}Dy	162.92874	24.90	8611	^{147}Sm^{16}O	162.90982
^{164}Dy	163.92918	28.20	8433	^{148}Sm^{16}O	163.90974
^{164}Dy	163.92918	28.20	9437	^{148}Nd^{16}O	163.91181
^{164}Er	163.92921	1.61	8420	^{148}Sm^{16}O	163.90974
^{164}Er	163.92921	1.61	9421	^{148}Nd^{16}O	163.91181

同位素	精确质量/u	天然丰度/%	受氧化物离子干扰所需分辨率	氧化物离子	氧化物精确质量/u
^{165}Ho	164.93033	100.00	9047	^{149}Sm^{16}O	164.91210
^{166}Er	165.93031	33.60	9162	^{150}Sm^{16}O	165.91220
^{166}Er	165.93031	33.60	11443	^{150}Nd^{16}O	165.91581
^{167}Er	166.93206	22.95	9655	^{151}Eu^{16}O	166.91477
^{168}Er	167.93238	26.80	9472	^{152}Sm^{16}O	167.91465
^{168}Er	167.93238	26.80	9504	^{152}Gd^{16}O	167.91471
^{168}Yb	167.93391	0.13	8719	^{152}Sm^{16}O	167.91465
^{168}Yb	167.93391	0.13	8747	^{152}Gd^{16}O	167.91471
^{169}Tm	168.93423	100.00	9344	^{153}Eu^{16}O	168.91615
^{170}Yb	169.93477	3.05	8953	^{154}Gd^{16}O	169.91579
^{170}Yb	169.93477	3.05	9633	^{154}Sm^{16}O	169.91713
^{170}Er	169.93548	14.90	8631	^{154}Gd^{16}O	169.91579
^{170}Er	169.93548	14.90	9261	^{154}Sm^{16}O	169.91713
^{171}Yb	170.93634	14.30	9092	^{155}Gd^{16}O	170.91754
^{172}Yb	171.93639	21.90	8886	^{156}Gd^{16}O	171.91704
^{172}Yb	171.93639	21.90	10002	^{156}Dy^{16}O	171.91920
^{173}Yb	172.93822	16.12	8942	^{157}Gd^{16}O	172.91888
^{174}Yb	173.93887	31.80	8763	^{158}Gd^{16}O	173.91902
^{174}Yb	173.93887	31.80	8897	^{158}Dy^{16}O	173.91932
^{174}Hf	173.94007	0.16	8263	^{158}Gd^{16}O	173.91902
^{174}Hf	173.94007	0.16	8383	^{158}Dy^{16}O	173.91932
^{175}Lu	174.94079	97.41	8521	^{159}Tb^{16}O	174.92026
^{176}Hf	175.94142	5.21	8256	^{160}Dy^{16}O	175.92011
^{176}Hf	175.94142	5.21	9046	^{160}Gd^{16}O	175.92197
^{176}Yb	175.94258	12.70	7830	^{160}Dy^{16}O	175.92011
^{176}Yb	175.94258	12.70	8537	^{160}Gd^{16}O	175.92197
^{176}Lu	175.94269	2.59	7792	^{160}Dy^{16}O	175.92011
^{176}Lu	175.94269	2.59	8491	^{160}Gd^{16}O	175.92197
^{177}Hf	176.94323	18.61	8276	^{161}Dy^{16}O	176.92185
^{178}Hf	177.94371	27.30	8092	^{162}Dy^{16}O	177.92172
^{178}Hf	177.94371	27.30	8893	^{162}Er^{16}O	177.92370
^{179}Hf	178.94583	13.63	8068	^{163}Dy^{16}O	178.92365
^{180}Hf	179.94656	35.10	8008	^{164}Dy^{16}O	179.92409

同位素	精确质量/u	天然丰度/%	受氧化物离子干扰所需分辨率	氧化物离子	氧化物精确质量/u
^{180}Hf	179.94656	35.10	8019	^{164}Er^{16}O	179.92412
^{180}W	179.94673	0.13	7948	^{164}Dy^{16}O	179.92409
^{180}W	179.94673	0.13	7959	^{164}Er^{16}O	179.92412
^{180}Ta	179.94749	0.01	7690	^{164}Dy^{16}O	179.92409
^{180}Ta	179.94749	0.01	7700	^{164}Er^{16}O	179.92412
^{181}Ta	180.94801	99.99	7947	^{165}Ho^{16}O	180.92524
^{182}W	181.94823	26.30	7907	^{166}Er^{16}O	181.92522
^{183}W	182.95025	14.30	7859	^{167}Er^{16}O	182.92697
^{184}W	183.95095	30.67	7775	^{168}Er^{16}O	183.92729
^{184}W	183.95095	30.67	8312	^{168}Yb^{16}O	183.92882
^{184}Os	183.95251	0.02	7294	^{168}Er^{16}O	183.92729
^{184}Os	183.95251	0.02	7765	^{168}Yb^{16}O	183.92882
^{185}Re	184.95298	37.40	7758	^{169}Tm^{16}O	184.92914
^{186}Os	185.95385	1.58	7694	^{170}Yb^{16}O	185.92968
^{186}Os	185.95385	1.58	7926	^{170}Er^{16}O	185.93039
^{186}W	185.95438	28.60	7529	^{170}Yb^{16}O	185.92968
^{186}W	185.95438	28.60	7751	^{170}Er^{16}O	185.93039
^{187}Os	186.95576	1.60	7628	^{171}Yb^{16}O	186.93125
^{187}Re	186.95577	62.60	7625	^{171}Yb^{16}O	186.93125
^{188}Os	187.95585	13.30	7656	^{172}Yb^{16}O	187.93130
^{189}Os	188.95816	16.10	7549	^{173}Yb^{16}O	188.93313
^{190}Os	189.95846	26.40	7697	^{174}Yb^{16}O	189.93378
^{190}Os	189.95846	26.40	8090	^{174}Hf^{16}O	189.93498
^{190}Pt	189.95994	0.01	7261	^{174}Yb^{16}O	189.93378
^{190}Pt	189.95994	0.01	7611	^{174}Hf^{16}O	189.93498
^{191}Ir	190.96060	37.30	7669	^{175}Lu^{16}O	190.93570
^{192}Pt	191.96105	0.79	7765	^{176}Hf^{16}O	191.93633
^{192}Pt	191.96105	0.79	8148	^{176}Yb^{16}O	191.93749
^{192}Pt	191.96105	0.79	8186	^{176}Lu^{16}O	191.93760
^{192}Os	191.96149	41.00	7630	^{176}Hf^{16}O	191.93633
^{192}Os	191.96149	41.00	7998	^{176}Yb^{16}O	191.93749
^{192}Os	191.96149	41.00	8035	^{176}Lu^{16}O	191.93760
^{193}Ir	192.96294	62.70	7781	^{177}Hf^{16}O	192.93814

同位素	精确质量/u	天然丰度%	受氧化物离子干扰所需分辨率	氧化物离子	氧化物精确质量/u
^{194}Pt	193.96268	32.90	8062	^{178}Hf^{16}O	193.93862
^{195}Pt	194.96479	33.80	8107	^{179}Hf^{16}O	194.94074
^{196}Pt	195.96495	25.30	8346	^{180}Hf^{16}O	195.94147
^{196}Pt	195.96495	25.30	8407	^{180}W^{16}O	195.94164
^{196}Pt	195.96495	25.30	8690	^{180}Ta^{16}O	195.94240
^{196}Hg	195.96581	0.14	8051	^{180}Hf^{16}O	195.94147
^{196}Hg	195.96581	0.14	8108	^{180}W^{16}O	195.94164
^{196}Hg	195.96581	0.14	8371	^{180}Ta^{16}O	195.94240
^{197}Au	196.96656	100.00	8332	^{181}Ta^{16}O	196.94292
^{198}Hg	197.96676	10.02	8381	^{182}W^{16}O	197.94314
^{198}Pt	197.96788	7.20	8002	^{182}W^{16}O	197.94314
^{199}Hg	198.96827	16.84	8610	^{183}W^{16}O	198.94516
^{200}Hg	199.96832	23.13	8903	^{184}W^{16}O	199.94586
^{200}Hg	199.96832	23.13	9568	^{184}Os^{16}O	199.94742
^{201}Hg	200.97029	13.22	8972	^{185}Re^{16}O	200.94789
^{202}Hg	201.97063	29.80	9235	^{186}Os^{16}O	201.94876
^{202}Hg	201.97063	29.80	9464	^{186}W^{16}O	201.94929
^{203}Tl	202.97234	29.52	9367	^{187}Os^{16}O	202.95067
^{203}Tl	202.97234	29.52	9371	^{187}Re^{16}O	202.95068
^{204}Pb	203.97304	1.40	9155	^{188}Os^{16}O	203.95076
^{204}Hg	203.97348	6.85	8978	^{188}Os^{16}O	203.95076
^{205}Tl	204.97441	70.48	9605	^{189}Os^{16}O	204.95307
^{206}Pb	205.97446	24.10	9766	^{190}Os^{16}O	205.95337
^{206}Pb	205.97446	24.10	10504	^{190}Pt^{16}O	205.95485
^{207}Pb	206.97589	22.10	10156	^{191}Ir^{16}O	206.95551
^{208}Pb	207.97664	52.40	10057	^{192}Pt^{16}O	207.95596
^{208}Pb	207.97664	52.40	10276	^{192}Os^{16}O	207.95640
^{209}Bi	208.98039	100.00	9272	^{193}Ir^{16}O	208.95785
^{232}Th	232.03805	100.00			
^{234}U	234.04095	0.01			
^{235}U	235.04393	0.72			
^{238}U	238.05079	99.27			

二、灵敏度

在低分辨模式，HR-ICP-MS 的灵敏度一般要比四极杆 ICP-MS 高。因为扇形磁质谱仪传输离子与质量无关，而四极杆质谱仪传输离子与质量有关。在低质量处，两者的传输能力差不多。随着质量的增加，四极杆分析器的传输能力下降。因为四极杆的分辨率是质量的函数，因此，随着质量的增加，传输能力下降。影响传输能力的还有其他因素，如空间电荷效应。来自等离子体的离子束相当强而密集，它不仅有分析离子，还有基体离子，如 Ar^+、H^+、O^+ 以及其他离子，所以离子束中存在着很强的离子库仑排斥作用。在给定的电场中，轻离子传输比重离子快，因此轻离子更容易从离子束中被排斥出去，只有很强的电场才能控制这种空间电荷效应。由于四极杆质谱仪是在低离子动能时操作，因此更容易受到空间电荷效应的影响。扇形磁场质谱仪由于使用很强的电子透镜，离子束具有几个电子伏特的动能，所以受影响较小。那么是不是扇形磁质谱仪就没有质量偏倚呢？不是。因为等离子体接口本身也具备一定的质量分离器的作用。采样锥采到的离子束具有基本相同的线速度，但同时也具有类似的热能，因此离子会随机运动。轻离子比重离子的随机速度分布要大，所以易于偏离离子束中心，这被认为是 ICP-MS 中质量偏倚的起源。总之，扇形磁场质谱仪灵敏度和稳定性优于四极杆，但宽质量范围内的扫描速度没有四极杆快。因为四极杆只需在很短的时间内改变电压(RF 和 DC)就可以改变传输质量。扇形磁质谱仪必须改变磁场的强度，磁场强度变化需要高能量(高达 1kW)，增加质量则需要往磁场中注入能量，而降低质量时需要将能量从磁场中除去。涡电流和欧姆电阻损失增加了功率需求，这给精确控制快速改变磁场扫描带来了困难，因此磁场不可能快速改变。当应用于快速或需要扫描多元素快速瞬时峰时，扇形磁场质谱仪无法与四极杆质谱仪竞争。

三、分辨率与灵敏度的相关性

一个理想的扇形磁场质谱仪，灵敏度和分辨率的乘积是一个常数。也就是说，随着灵敏度的增加，分辨率呈比例降低。即分辨率从 300 增大到 10000 时，从理论上讲，灵敏度仅为 300/10000=0.03(3%)。实际上，分析器达不到此理论值。如 ELEMENT 质谱仪相对灵敏度一般是 2%。不同分辨率的灵敏度（以 mg/L 级 In 溶液为例）大致如下：

分辨率 300，灵敏度 $1×10^9 s^{-1}$；

分辨率 4000，灵敏度 $1×10^8 s^{-1}$；

分辨率 10000，灵敏度 $2×10^7 s^{-1}$。

由此看出，高分辨质谱仪与光谱仪类似，分辨率增大，传输能力下降。尽管可以获得很高的分辨率，但灵敏度大大降低，要以牺牲检出限为代价。所以一般来讲，高分辨只用于那些需要消除干扰的特殊情况。

四、背景噪声

双聚焦仪器的弯曲离子路径设计以及入射和出射狭缝的作用使该系统的背景噪声非常低。非质谱背景一般低至 $0.1s^{-1}$，减小狭缝还可以更低。分辨率设置为 12000 时，背景噪声小于 $0.001s^{-1}$，由此可以改善检出限。

HR-ICP-MS 质谱仪的品质因素如表 11-4 所示，这些品质因素仅用作一种相对衡量的标准。

表 11-4 HR-ICP-MS 与 ICP-QMS 的品质因素比较[①]

参　数	HR-ICP-MS	ICP-QMS
电感耦合等离子体离子源	2kW, 27.12MHz	1.6~2kW, 27.12 或 40.68MHz
离子光学调制与传输	静电透镜+多极杆，较复杂	静电透镜+多极杆，较简单
四极杆驱动器频率/MHz		2.5~3.0
质量分析器	磁铁质量分析器+静电分析器	四极杆质量分析器
动态反应池	无	有
真空系统	5 级真空系统, 10^{-6}Pa	3 级真空系统, 10^{-4}Pa
检测器	SEM, FC	SEM
分辨率	400~10000	0.3~3.0
峰型	平顶峰, 高斯峰	高斯峰
灵敏度	1μg/L(^{115}In)的灵敏度大于 1×10^6cps（玻璃同心雾化器）	1μg/L(^{89}Y)的灵敏度大于 1×10^5cps（玻璃同心雾化器）
丰度灵敏度	10^{-6}	10^{-6}
检出限/（g/ml）	1×10^{-14}（^{238}U）	5×10^{-13}（^{238}U）
随机背景（cps）	<0.2	1~10
线性动态范围（cps）	0.2~10^{12}	1~10^{10}
质量范围/u	2~260	1~285
质量稳定性	0.0025% (8h)	0.05u/d
短期 RSD(10 min)	<1%	≤2%
长期 RSD（4h）	<2%	≤3%
同位素比 RSD	^{206}Pb$^+$/^{208}Pb$^+$≤0.02%（1μg/L Pb 溶液）	^{107}Ag/^{109}Ag≤0.08%（25μg/L Ag 溶液）
氧化物离子	^{156}CeO$^+$/^{140}Ce$^+$≤2.0%	CeO$^+$/Ce$^+$≤2.0%
双电荷离子	^{69}Ba^{2+}/^{138}Ba$^+$≤3.0%	Ce^{2+}/Ce$^+$≤2.5%
采样锥孔径/mm	1.0	1.0~1.1
截取锥孔径/mm	0.8	0.4~0.8
真空压力/Pa	一级：200 二级：0.1 三级：10^{-3} 四级：10^{-4} 五级：10^{-6}	一级：200 二级：0.1 三级：10^{-4}

①依据 2016 年代表性厂商最新资料整理。

第三节　HR-ICP-MS 的应用

与其他类型 ICP-MS 一样，HR-ICP-MS 在地质、环境、冶金、核工业、生物医药、食品安全、高纯材料等领域有广泛应用。

一、HR-ICP-MS 在半导体测量中的应用

HR-ICP-MS 在半导体测量中的典型应用列于表 11-5。

表 11-5 HR-ICP-MS 在半导体测量中的应用

应用领域	样品	测定元素	分析方法	检出限	回收率/%	参考文献
半导体	半导体洁净手套箱提取物	Be, Al, Mn, Ni, Ga, Se, Rb, Sr, Ag, Cd, Bi	HNO$_3$ 和去离子水（1：1）提取	Mn 0.7pg/ml Al 2pg/ml Se 10pg/ml	72～127.2	[2]
半导体	半导体级硝酸	杂质	浓硝酸稀释10倍后，用标准加入法测定	0.01～8.6ng/L	84～111	[3]
半导体	氢氟酸	杂质	膜去溶进样	0.09～37.07ng/L	92.3～116.8	[4]

二、HR-ICP-MS 在材料科学中的应用

HR-ICP-MS 在材料科学中的典型应用列于表 11-6。

表 11-6 HR-ICP-MS 在材料科学中的典型应用

应用领域	样品	测定元素	分析方法	检出限	回收率/%	RSD/%	参考文献
材料	电池锌粉	Mg、Mn、Fe、Co、Ni、Cu、As、Mo、Cd、Sb、Pb、Bi 等 12 种元素	微波密闭消解，内标法	Bi: 0.003μg/L Fe: 0.25μg/L 其余: 0.012～0.074μg/L	94.0～109	<4.2	[5]
	碳酸锂	^{6}Li, ^{7}Li	空白加入法			<0.5	[6]
	高纯钴	Be, Mg, Al, Ti, V, Cr, Mn, Fe, Ni, Cu, Zn, Ga, Ge, As, Se, Mo, Ag, Cd, Sn, Sb, Ba, Pt, Au, Pb	HNO$_3$, HCl, 微波消解	0.016～1.50/ μg/g	92.2～111.2	<3.6	[7]
	高纯镉	22 个杂质元素	HNO$_3$, HF, 微波消解	0.01～0.27 /μg/g	＞90（除 Cr 外）	<4.0	[8]
	高纯镓	Be, Mg, Al, Si, Ti, V, Cr, Mn, Fe, Co, Ni, Cu, Zn, Ge, As, Mo, Ag, Cd, In, Sb, Ba, Pb, Bi	HNO$_3$, HCl, 微波消解	0.001～0.21/μg/L	89.8～111.6	<3.3	[9]
	高纯二氧化钛	Be, Na, Mg, Al, V, Cr, Mn, Fe, Co, Ni, Cu, Zn, Ga, Ge, As, Mo, Cd, Sn, Sb, Ba, Ce, Nd, Sm, Pt, Pb, Bi	浓硫酸和硫酸铵溶解样品，0.15% H$_2$SO$_4$ 介质测定	0.004～0.63/μg/g	87.6～106.4	<3.5	[10]
	高纯铟	Cr	硝酸消解，^{53}Cr 为稀释剂，同位素稀释法			<2.23	[11]
医用材料	医用硅橡胶	Mg, Al, Ca, Cr, Mn, Fe, Ni, Cu, Zn, As, Sb, Cd, Ba, Pb	HClO$_4$、HNO$_3$ 和 HF，微波消解	0.002～3.39/μg/L	91.6～106.8	<4.8	[12]

三、HR-ICP-MS 在地质与冶金中的应用

HR-ICP-MS 在地质与冶金中的典型应用列于表 11-7。

表 11-7 HR-ICP-MS 在地质与冶金中的典型应用

应用领域	样品	测定元素	分析方法	检出限	回收率或正确度/%	RSD /%	参考文献
地质	岩石	Rb, Sr, Y, Zr, Nb, Cs, Ba, La, Ce, Pr, Nd, Sm, Eu, Gd, Tb, Dy, Ho, Er, Tm, Yb, Lu, Hf, Ta, Pb, Th, U	多元素同位素稀释法	0.1~900ng/g	正确度：2~3	1.0~3.0	[13]
	地球化学样品	Sc, Y, REEs	氢氟酸-硝酸-硫酸-王水消解，直接测定	0.003~0.013μg/g	正确度：0.00~16.7	<6	[14,15]
	金伯利和其他地质材料	Os, Ir, Ru, Pt, Re	逆王水+Carius管等，同位素稀释法和内标法	Re 0.0009ng/g Os 0.0048ng/g Ru 0.002ng/g Ir 0.003ng/g Pt 0.01ng/g	回收率：Ir, Pt, Re：98~109；Os 约 69 Ru 约 86	<30	[16]
	独居石	U, Pb, Sm, Nd 同位素	193nm 准分子激光烧蚀后，气溶胶分为两路，一路进入 HR-ICP-MS 测定 U-Pb 年龄，另一路进入 MC-ICP-MS 测定 Sm-Nd 年龄		正确度：0.54	0.0008	[17]
	淡水	P, V, Cr, Mn, Fe, Co, Ni, Cu, Zn, Y, Mo, Cd, Re, Tl, Pb	直接测定	Fe 0.81ng/L Pb 0.04ng/L	正确度：2σ 内与标样吻合	20~30	[18]
	珊瑚	铅同位素	氢溴酸消解样品，阴离子交换分离	18pg	回收率：99.6	$^{207}Pb/^{206}Pb$：0.11 $^{208}Pb/^{206}Pb$：0.12	[19]
	冰川雪冰	Al, Fe, Mn, Co, Cu, Zn, Sr,Sb, Cd, Cs, Ba,Tl, Pb, Bi	洁净化学处理采样器皿和用具	0.05~40ng/L	正确度：16(Al)	<15 (Al)	[20]
冶金	铁和低合金钢	P	酸溶基体匹配法，内标为 Sc	0.00008%	回收率：106~116	<17	[21]
	钢	Ce	王水消解，内标法	0.00002%	回收率：92~110	<10	[22]
	铝合金	微量锡	酸溶，8-羟基喹啉三氯甲烷溶液萃取分离基体	0.0007 ng/ml	回收率：96.0~103.0	<4	[23]

第三篇

四、HR-ICP-MS 在核科学中的应用

HR-ICP-MS 在核科学中的典型应用列于表 11-8。

表 11-8 HR-ICP-MS 在核科学中的典型应用

应用领域	样品	测定元素	分析方法	正确度/%	RSD/%	参考文献
核能	铀矿石	$^{234}U/^{238}U$，$^{230}Th/^{232}Th$，$^{228}Ra/^{226}Ra$ 同位素比	混酸（HF-HNO$_3$-HCl）密闭消解	$^{234}U/^{238}U$：-1.3 $^{230}Th/^{232}Th$：0.2 $^{228}Ra/^{226}Ra$：-0.09	<4.0	[24]
	沥青铀矿	U-Pb 年龄	激光烧蚀 10~25 μm 束斑	与 TIMS 接近	（701±190）Ma（1σ）（841±94）Ma（1σ）	[25]
	砂岩铀矿	U	同位素稀释法	0.95~1.6	<1.6	[26]
	八氧化三铀	Th	同位素稀释法	<3.0	0.19（$^{230}Th/^{232}Th$）	[27]

五、HR-ICP-MS 在化学与石化中的应用

HR-ICP-MS 在化学与石化中的典型应用列于表 11-9。

表 11-9 HR-ICP-MS 在化学与石化中的典型应用

应用领域	样品	测定元素	分析方法	检出限	回收率/%	RSD/%	参考文献
化学	盐	Hg 和 Sn 的形态：MeHg$^+$，Hg^{2+} InSn, MBT, DBT, TBT,MPhT,DPhT, TPhT	超纯甲醇/2% HCl	0.7~4.7ng/L			[28]
	水溶液	Rh 形态、Fe 价态（Fe^{2+}、Fe^{3+}）	毛细管电泳在线分离。在 pH 约为 2 时,1mg/L FeCl$_2$ 和 1mg/L FeCl$_3$ 可分辨				[29]
石化	柴油	S	混酸消解（HNO$_3$+HCl+H$_2$O）	0.019mg/L	97~103	<7	[30]
	流化催化裂化（FCC）催化剂	Na, Mg, Al, P, Ca, V, Fe, Ni, Cu, As, Sb, Pb	HNO$_3$ + HCl, 微波消解	0.022~62μg/L	91.8~109.2	<3.5	[31]

六、HR-ICP-MS 在环境科学中的应用

HR-ICP-MS 在环境科学中的典型应用列于表 11-10。

表 11-10 HR-ICP-MS 在环境科学中的典型应用

样　品	测定元素	分析方法	检出限	回收率/%	RSD/%	参考文献
土壤	Li-U 多种元素	20~50mg 样品，分别用去离子水、1% HNO_3、10% HNO_3、30% HNO_3 顺序淋洗，测定淋洗液中 Li-U 多种元素				[32]
沉积物	Li, Sc, V, Cr, Co, Ni, Cu, Zn, Rb, Sr, Y, Zr, Mo, Cd, Sn, Sb, Cs, Ba, REEs, Hf, Tl, Pb, Bi, Th, U	HF-H_2SO_4-HNO_3 混合酸消解，HCl 溶解残渣，稀硝酸提取，测定多种元素				[33]
海水	V, Co, Ni, Ga, Y, Mo, Cd, Ce, Pr, Nd, Sm, Eu, Gd, Tb, Dy, Ho, Er, Tm, Yb, Lu, W, U	8-羟基喹啉固化在氟化碱金属氧化物玻璃上的分离材料			<10	[34]
河水	Re	TEVA 微柱分离富集	7pg/ml			[35]
土壤	$^{240}Pu/^{239}Pu$	TEVA 树脂分离富集				[36]
海水	^{240}Pu,^{239}Pu	5L 海水，TEVA 树脂分离富集	3~4fg			[37]
土壤等环境样品	Pt Pd Rh Ru Os Ir		0.2ng/g			[38]
大气颗粒物	As 形态（V,III,MMA,DMA）	形态分离流程		93.3~103	<3.2	[39]
环境样品（土壤、草）	$^{90}Sr/\ ^{86}Sr$, $^{240}Pu/^{239}Pu$	化学分离富集	$^{90}Sr/^{86}Sr=$ $6.02×10^{-9}$ $^{240}Pu/^{239}Pu=$ 0.17			[40]
雨水、气溶胶浸出物、海水	40 个可溶微量元素					[41]
咸水	Co, Cr, Cu, Ni, Se, V, Zn				<20	[42]
水	铀含量					[43]
大气颗粒物	铅同位素				0.05~0.19	[44]

七、HR-ICP-MS 在农业中的应用

HR-ICP-MS 在农业中的典型应用列于表 11-11。

表 11-11 HR-ICP-MS 在农业中的典型应用

样品	测定元素	分析方法	检出限	回收率/%	RSD/%	参考文献
土壤	Tl	US,EPA-3050B				[45]
土壤	稀土元素	HNO_3+HF+$HClO_4$ 消解		96.5~114.7	<10	[46]

八、HR-ICP-MS 在法证学中的应用

HR-ICP-MS 在法证学中的典型应用列于表 11-12。

表 11-12 HR-ICP-MS 在法证学中的典型应用

样品	测定元素	分析方法	检出限	回收率/%	*RSD*/%	参考文献
包装袋涂层	Pb 同位素	激光烧蚀，用 ^{202}Hg 和 ^{204}Hg 同位素校正 ^{204}Pb				[47]

九、HR-ICP-MS 在生物与医疗中的应用

HR-ICP-MS 在生物与医疗中的典型应用列于表 11-13。

表 11-13 HR-ICP-MS 在生物与医疗中的典型应用

应用领域	样品	测定元素	分析方法	检出限	回收率/%	*RSD*/%	参考文献
生物	荧光标记 DNA	P	微波消解	0.0972ng/g	108.1	8.40	[48]
	生物流体（尿、血清）	V	0.3% HNO$_3$, R=4000	10pg/ml	97～101	<4	[49]
	昆虫血浆	Mg, Cr, Mn, Fe, Co, Ni, Cu, Zn, Mo	HNO$_3$, H$_2$O$_2$, 超声波水浴消解（60℃，2h）	0.027～0.82μg/g		<4	[50]
	骨、牙	Mg, Al, Mn, Fe, Rb, Sr, Ba, Pb	激光烧蚀	0.03～0.14μg/g		<10	[51]
	人发	Ag, Al, As, Ba, Ca, Cd, Co, Cr, Cu, Fe, Hg, K, La, Mg, Mn, Mo, Na, Ni, P, Pb, S, Sb, Sc, Se, Sr, V, Zn	HNO$_3$, 微波反应器消解	0.001～7μg/g			[52]
	人牙	Ga	激光烧蚀			<20	[53]
	人尿	U	^{233}U 为内标,对 U 浓度超过 25ng/L 的样品:稀释 4 倍后,经过 APEX 浓集,HR-ICP-MS 测定 ^{235}U/^{238}U；对 U 浓度在 10～25ng/L 的样品:20ml 样品,经过 150℃ 硝酸消解 8h 后,450℃灰 3h, HR-ICP-MS 测定 ^{235}U/^{238}U。氨水沉淀分离后,2%硝酸溶解沉淀, APEX 浓集,HR-ICP-MS 测定 ^{236}U/^{238}U	总 U：0.4ng/L; U 同位素比:10ng/L			[54]

续表

应用领域	样品	测定元素	分析方法	检出限	回收率/%	*RSD*/%	参考文献
生物	全血	Cr, Co, Mo, Ni	1：10 稀释。稀释液：10 ml/L Triton X-100, 0.0002 mol/L EDTA, 0.01 mol/L 氨水	Cr、Co、Mo: 0.06μg/L Ni: 0.3μg/L			[55]
医疗	肝癌组织	K、Na、Ca,Cr、Mn、Co、Ni、Zn、Se、Sr、Mo、Cd	HNO₃+ HClO₄ 微波消解		88.2～108.2	<8.4	[56]

十、HR–ICP–MS 在食品与药物中的应用

HR-ICP-MS 在食品与药物中的典型应用列于表 11-14。

表 11-14 HR-ICP-MS 在食品与药物中的典型应用

应用领域	样品	测定元素	分析方法	检出限	回收率/%	*RSD*/%	参考文献
食品	植物油	Mg, Al, P, Ca, Cr, Mn, Fe, Co, Ni, Cu, Zn, As, Cd, Pb	HNO₃+H₂O₂, 微波消解	0.004～17.29 μg/L	90.0～110.0	<3.6	[57]
药物	黄连	Mg, Ca, Mn, Zn Fe, REEs	HNO₃,微波消解		88～113	<13	[58]

参 考 文 献

[1] 岩石矿物分析编委会. 北京：地质出版社, 2011: 706-712.

[2] Heo Y W, Lim H B.Bull Korean Chem Soc, 1999, 20 (2).

[3] 陈黎明, 王虎, 陈鹰, 等. 实验室研究与探索, 2010, 11:206, 207, 305.

[4] 陈黎明. 中国无机分析化学, 2012, 02: 61.

[5] 周学忠, 聂西度, 谢华林. 冶金分析, 2010, 08: 12.

[6] 郭冬发 武朝辉 崔建勇. 质谱学报, 2000, 21 (3-4): 179.

[7] Xie H L, Huang K L, Nie X D, et al. Rare Metals, 2007, 26(3): 286.

[8] Xie H L, Nie X D.Anal Sci, 2006, 22 (10):1371.

[9] 谢华林, 聂西度, 唐有根. 分析化学, 2006, 11: 1570.

[10] 何晓梅, 谢华林, 聂西度, 等. 光谱学与光谱分析, 2007, 06: 1192.

[11] 赵华, 李本涛, 冯典英, 等. 化学分析计量, 2008, 05: 13.

[12] 周学忠, 符靓, 何晓梅. 橡胶工业, 2009, 12: 757.

[13] Willbold M, Jochum K P. Geostand Geoanal Res, 2005, 29(1): 63.

[14] 白金峰, 张勤, 孙晓玲, 等. 岩矿测试, 2011, 30(1): 17.

[15] Robinson P, Townsend A T,Yu Z, et al. Geostand Geoanal Res, 1999, 23(1): 31.

[16] Pretorius W, Chipley D, Kyser K, et al.J Anal Atom Spectrom, 2003, 18(4): 302.

[17] Goudie DJ, Fisher CM, Han char JM, et al. Geochem Geophys Geosyst, 2014, 15(6): 2575.

[18] Field M P, Sherrell R M. J AnalAtom Spectrom, 2003, 18(3): 254.

[19] 戴洁, 瞿建国, 张经. 分析测试学报, 2012, 08: 903.

[20] 李月芳, 姚檀栋, 李真, 等. 分析化学, 2007, 01: 37.

[21] 聂玲清, 纪红玲. 冶金分析, 2008, 10: 19.

[22] 聂玲清. 冶金分析, 2009, 08: 11.

[23] 李颖, 李本涛, 黄辉. 化学分析计量, 2011, S1: 58.

[24] 郭冬发, 张彦辉, 武朝晖, 等. 岩矿测试, 2009(02): 101.

[25] Chipley D, Polito P A, Kurtis Kyser T. American Mineralogist, 2007(92): 1925.

[26] 郭冬发, 武朝晖, 崔建勇, 等. 原子能科学技术, 2008, 03: 277.

[27] 初泉丽, 曹淑琴, 张亮, 等. 核化学与放射化学, 2009, 03: 144.

[28] McSheehy S, Hamester M, Lindemann T, etal. Application note: 30153 Thermo Fisher Scientific, Bremen, Germany, 2016-03-18.

[29] Xiaodong Bu. A Dissertation submitted to the Graduate School - New Brunswick Rutgers, The State University of New Jersey. 2007.

[30] 武朝晖, 郭冬发, 郭虹, 等. 质谱学报, 2001, 04: 16.

[31] 谢华林，唐有根，聂西度. 石油学报：石油加工，2007(01): 104.

[32] Chipley D, Kyser T K, Diane Beaucheim, et al. Can J Anal Sci Spectr, 2003, 48(5): 270.

[33] Schnetger B. Fresenius' J Anal Chem, 1997, 359(4-5):468.

[34] SohrinY, Iwamoto S, Akiyamas, et al. Anal Chim Acta, 1998, 363(1): 11.

[35] Uchida S, Tagami K, Saito M.J Radioanal Nuc Chem, 2003, 255(2):329.

[36] Muramatus Y, Yoshida S, Tanaka A. Abstracts of Papers. Symposium on Radiochemistry, 2001, 45: 151.

[37] Cheol-Su Kim, Chang-Kyu Kim, Byung-Hwan Rho, et al. Anal Chem, 2002, 74: 3824.

[38] Morcelli C P R, Figueiredo A M G, Sarkis JES.Sci Total Environ, 2005, 345(1-3): 81.

[39] 宋楚华. 武汉理工大学学报, 2010, 32(13):45.

[40] Hetal A L, Zahran N F, Amr M A, et al. Radiochims Acta, 2004, 92:369.

[41] Landing W M. National high magnetic field laboratory 2005 research report. FSU, Oceanography.2005.

[42] Comparison of ICP- MS C/R Cell and HR ICP-MS. National Measurement Institute Australian Government, 2012.

[43] 郭冬发，武朝辉. 铀矿地质, 1999(2): 109.

[44] 李冰，刘咸德，董树屏. 岩矿测试, 2005(01): 7.

[45] 李强，乔捷娟，赵烨，等. 生态环境学报, 2009(02): 502.

[46] 王冠，曾英，杜谷，等. 沉积与特提斯地质, 2009(04): 100.

[47] Ghazi A M, Millette J R. Environmental Forensics, 2004, 5(2): 97.

[48] 高运华，李海峰，李建新，等. 高等学校化学学报, 2010, 12: 2360.

[49] Yang L, Sturgen R E, Price D, et al. J Anal Atom Spectrom 2002, 17: 1300.

[50] Sun R, David Robertson J, Renee Jiji, et al. A Thesis presented to the Faculty of the Graduate School at the University of Missouri-Columbia, 2009.

[51] Waleska Castro. FIU Electronic Theses and Dissertations, Florida International University, 2008.

[52] Kristin Gellein, Syverin Lierhagen, Per Steinar, et al. Biol Trace Elem Res, 2008, 123: 250-260.

[53] Pashley.J Anal At Spectrom, 2000, 15: 1335.

[54] Parrish R R, Thirlwall M F, Pickford C, et al. An International Journal of the Society for Medical Decision Making, 2006, 90(2):E1-E4.

[55] Patrick Case C, Ellis L, Turner J C, etal. Clin Chem, 2001, 47(2): 275.

[56] 杨华娟，胡春宏，李立波. 当代医学: 学术版, 2008, 20: 11.

[57] 符靓，唐有根，谢华林. 食品科技, 2012, 08: 266-270, 275.

[58] 王小逸, Zhu W, Witkamp G T, 等. 光谱学与光谱分析, 2003, 06: 1167.

第十二章　飞行时间二次离子质谱法

二次离子质谱（secondary ion mass spectrometry，SIMS）是一种分析高能量离子束轰击固体表面后，表面被溅射出的正、负离子的质谱方法。用于轰击样品的离子束的离子称为一次离子，而被检测的离子称为二次离子。二次离子质谱学原理是基于一次离子与样品固体表面相互作用的现象(见图 12-1)[1~3]。带有几千电子伏特能量的一次离子轰击到样品表面，在被轰击的区域引发一系列物理及化学的过程，包括一次离子散射及表面原子、原子团、正负二次离子的溅射和表面化学反应等。正负二次离子产生的机理比较复杂。根据串级碰撞理论，二次离子的产生主要是由于一次离子注入样品时引发一系列级联碰撞过程。级联碰撞过程使得一次离子的动能能量被传递给周围原子，其中还有部分能量会传递到样品表面，而导致样品表面产生碎片。在这些碎片中，大部分是中性的，也可以是激发

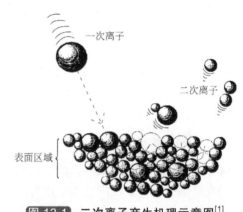

图 12-1 二次离子产生机理示意图[1]

态，还有带正负电荷的离子，即二次离子。因为只有在固体最表面所产生的二次离子可以逃逸到真空而被离子检测器检测，所以二次离子质谱可以被视为表面质谱，其信息深度为单分子层厚度。

SIMS 的检测过程包括一次离子束发射并轰击样品，样品表面产生的二次离子被质量分析器检测，以及计算机给出二次离子质荷比谱图。可用于 SIMS 仪器的检测器包括磁场偏转质量分析器、四极杆质量分析器和飞行时间（TOF）质量分析器。当 TOF 质量分析器与 SIMS 仪器联用时便形成了飞行时间二次离子质谱（TOF-SIMS）技术。

第一节　飞行时间二次离子质谱法原理

一、TOF-SIMS 发展历史[1~4]

尽管 TOF 分析器的质量分析原理最简单，但是，由于技术上的困难(没有合适的检测系统)，直到大约 1982 年它才被用于 SIMS 仪器设计上。最早将 TOF 用于表面分析质谱仪器设计的工作是由 Mueller 和 Krishnaswamy 两位科学家完成的。他们将 Oetjen 和 Poschenrieder 发明的能量聚焦 TOF 分析器安装到一台场离子原子探针仪上。Benninghoven 教授课题组第一个将这个设计应用到 SIMS 仪器上，并且后来用于构建商品化 TOF-SIMS 仪器。Mamyrin 和他的同事在做激光脱附谱分析中使用了另外一种离子光学原理，构建反射型分析器。这种分析器至今已经成为具有扫描式一次离子源 SIMS 仪器的标配。

早在 1981 年，Chait 和 Standing 报道了第一个真正的 TOF-SIMS 仪器的检测结果。有机

样品表面在脉冲式的 Cs^+ 一次离子束轰击下产生出二次离子。Cs^+ 一次离子束脉冲长度为几个纳秒，能量为 10keV。所使用的 TOF 分析器为线型，由加速装置（包括样品本身和栅极）、2m 长管道及双微通道板检测器（DMCP）构成。使用这套相当简单的仪器，所获得的最佳的分辨率可达 $m/\Delta M \approx 3000$[检测的离子为 $(CsBr)_2Br^-$]。

商业化的 TOF-SIMS 仪器的发展主要归功于德国的 Munster 大学 Benninghoven 教授自 20 世纪 70 年代开始的多年的 S-SIMS（静态 SIMS）仪器的研制工作。他们最早使用磁场偏转质量分析器和四极杆质量分析器做 S-SIMS 的研究。1976 年开始了 TOF-SIMS 的研制工作。于 1979 年制造了一台 TOF-SIMS，称之为 TOF-SIMSI。随后，他们又将 TOF-SIMSI 上的 Poschenrieder 质量分析器替换成反射型分析器，提高了质量分辨率，并制备了反射型的 TOF-SIMSII。1985 年 Benninghoven 教授课题组又将激光-SNMS（mass spectrometry of laser post-ionised sputtered neutrals）装置整合到 TOF-SIMS 仪器当中。

在 TOF-SIMS 仪器不断发展的同时期，其他类型的 SIMS 仪器的性能都不断被提高。然而，在取得很高质量分辨率后，TOF-SIMS 还是成为商业化 S-SIMS 的主流。这主要是因为一个脉冲就可以得到在一定质量范围的全谱、离子利用率最高、能最好地实现对样品几乎无损伤的静态分析。另外，从原理上，通过控制脉冲的重复频率，TOF-SIMS 的检测质量范围可不受限制。

二、SIMS 检测原理[2]

SIMS 检测原理见图 13-1。用一次离子束轰击样品表面产生二次离子，经电场加速将二次离子收集到静电分析器中。然后由质量分析器（质谱计）和检测器，检测出二次离子的质荷比和器信号强度，最终通过计算机绘出质谱图，或者给出二次离子在平面（XY 面）上的离子强度分布图，即为离子像。另外，让采集谱图和对样品轰击刻蚀交替式进行，能得到二次离子强度在深度方向（Z 方向）上的分布。此种检测模式被称为深度剖析检测。

三、SIMS 主要分析模式和仪器操作模式[1~3]

（一）SIMS 分析模式

SIMS 大致可以分为"动态"（D-SIMS）和"静态"（S-SIMS）两大类。虽然在工作原理上它们并无本质差别，但是两种模式的应用特点却有所不同。一次离子束流密度大小是划分两种分析模式的主要标准。

在 S-SIMS 模式下，一次离子束的剂量必须严格被控制，一般每个实验小于 10^{13} 离子/cm^2，以保障表面准静态特性，达到"准非破坏性分析"。要获得能真实反映材料表面化学结构的谱图，检测必须在此条件下完成。现代 S-SIMS 系统多配置飞行时间质量分析器，采用液态金属离子枪作为激发源，以脉冲方式轰击样品表面。

采用 D-SIMS 分析模式时，一次离子束剂量一般高于 10^{17} 离子/cm^2。在这种离子轰击条件下，所做的 SIMS 分析属于破坏性的表面分析。使用高的溅射速率带来了较好的元素检出限。深度剖析、成像和微区分析常在 D-SIMS 分析模式下完成。离子显微镜和离子微探针都属于这一类。D-SIMS 一般以撞击式气体离子枪作为激发源，并以定时连续方式轰击样品表面。目前，D-SIMS 一般配备四极杆或磁场质量分析器，对溅射出的二次离子按设定的顺序做质谱分析。近些年来，TOF-SIMS 也被用于深度剖析检测工作中，在做半导体浅掺杂（又称 δ 掺杂）分析时也获得了较好的结果。

（二）SIMS 仪器操作模式

操作模式分为谱图采集、SIMS 成像和深度剖析三种。这三种模式中，谱图采集必须满足静态 SIMS 分析条件，而深度剖析、离子成像使用动态 SIMS 的分析条件。

1. 谱图采集

一般使用质量分辨率最高的测试条件，在所选定的质量范围及选定的分析面积内采集谱图。

2. SIMS 成像

SIMS 成像是指获得二次离子在二维平面上的强度分布的检测。可以通过直接成像（显微式）或扫描（探针）模式获得。但大多数情况下采用扫描式工作模式。聚焦的一次离子束在样品表面的一定区域内做扫描，在扫描的同时检测系统收集一定质量范围内的质谱图，然后根据分析要求对数据进行处理而获得不同二次离子的图像，如元素离子、分子碎片离子或分子离子的二维强度分布图。

3. 深度剖析

深度剖析检测是指交替式地进行样品表面溅射剥离和对被溅射区域做 SIMS 谱图采集的检测方式。从深度剖析实验可以获得一系列不同溅射时间下的谱图，然后再通过使用溅射速率将剥离时间转化为分析深度，并通过使用标准曲线（或相对灵敏度因子），把谱图中的离子峰强度转化为元素含量，即可以得到不同成分沿深度方向的含量分布。

四、SIMS 仪器的优点及局限性[2]

（一）SIMS 的主要优点

① 在超高真空下获得固体样品表层的化学信息。静态分析时信息仅来自表面单层，动态分析时信息深度为几个原子层。

② 可分析包括 H、He 在内的全部元素。

③ 可检测同位素，用于同位素分析或利用同位素提供信息。

④ 能分析化合物，通过分子离子峰得到准确的分子量，通过碎片离子峰确定分子结构，特别是可检测不易挥发又热不稳定的有机大分子，是一种软电离（soft ionization）技术。

⑤ 通过扫描一次离子束或直接成像，实现微区面成分分析。由于离子束在样品体内的扩散远比电子束小，因而在同样束斑下，可得到更高的横向分辨率（lateral resolution）。通过离子像还可以做选点（region of interest）结构分析与线扫描分析。

⑥ 通过逐层剥离，实现各成分的深度剖析，也可完成各成分的三维微区分析。

⑦ 由于质谱法检测的是特定质荷比（m/z）的离子，因而远比电子能谱的本底噪声小，又可通过检测正、负二次离子及选择不同类型的一次离子束，使之对各种元素和化合物都有很高的检测灵敏度。目前，检测灵敏度已达到 10^{-6}，甚至可以低至 10^{-9} 量级。SIMS 是所有表面分析方法中检测灵敏度最高的一种，并且有很宽的动态范围。

（二）SIMS 的主要局限性

① 在高质量范围内，二次离子的产额较低，导致在较高质量范围内的检测灵敏度较低。

② 分子谱图的解析较为困难。一般情况下，样品表面含有多种分子，而每一种分子都会在 SIMS 检测过程中各自产生一套碎片离子峰，因此，谱图中所出现的峰是这些碎片离子峰的组合。对于未知样品，要从众多的谱峰中鉴别出各个分子及其化学结构，需要借助完善 SIMS 谱图数据库和合适的检索方法。而目前，还没有这样的数据库出版。

③ 同一种二次离子的产额由于样品物理或化学性质不同会有很大的差异，这种现象被称为"基体效应"（matrix effect）。"基体效应"使得做 SIMS 定量分析比较困难。

④ 一次离子的轰击对样品会有一定程度的损伤，一般属于破坏性分析。

（三）TOF-SIMS 独有的优点及缺点

相比其他类型的 SIMS 技术，TOF-SIMS 最适合做静态-SIMS 检测。由于采用了脉冲式离子轰击方式，因此减少了一次离子束对样品的轰击所带来的损伤。具有高的分析速度、最高的传输率及最高的检测灵敏度、高的质量分辨率、很高的质量范围及高的空间分辨率等优点。容易进行荷电中和。在一次检测中 TOF-SIMS 能够平行检测所有发射的离子。

很高的质量范围有利于对有机分子体系的表征，比如高分子。很高的质量分辨率降低了峰干扰的影响，有利有化学结构的鉴定。TOF 的平行检测的能力容许同时对多个离子进行成像，而这是磁质量分析器和四极杆质量分析器所不能做到的。另外，在 TOF-SIMS 深度剖析检测过程中，TOF 的平行检测能力还容许进行所有离子的深度检测。在一个深度剖析试验中，每个二次离子的 x、y、z 和 m 的信息都被记录下来。试验结束后，对这些数据做回顾性分析，不仅可以得到任意离子强度的深度分布曲线，还可以得到任意深度下、任意感兴趣区域里的全谱图，以及任意深度下、任意垂直样品表面的界面的二维离子图像。相对于磁质量分析器和四极杆质量分析器的深度剖析实验，TOF-SIMS 更适合对含有多种成分的材料、需要详细表征的界面和很薄的薄膜，以及未知样品的深度剖析检测。

（四）最新 TOF-SIMS 仪器的性能及指标

表 12-1 为 ION-TOF GmbH 公司的 TOF-SIMS 仪器的性能指标。

表 12-1 TOF-SIMS 仪器的性能及指标

性　能	指　标
检测包括 H、He 在内的全部元素及同位素	H, H_2, …
有机和无机的化学信息	分子、碎片、团簇、原子
浅的信息深度	最表面的 1～3 个原子层
高灵敏度	$10^{-6}\sim10^{-9}$ 范围
高横向空间分辨率	<80nm
高深度分辨率	<1nm
高质量分辨率	>16000
高质量范围	高至 12000u
平行检测	

注：定量分析要受到一定的限制(需要标样)。

五、对样品的要求

在 TOF-SIMS 的常规检测条件下，能被检测的样品为固体。如果从导电性考虑，这些固体样品可以是导电性好的材料，也可以是绝缘体和半导体。从样品的形态划分，可以是粉末、颗粒、纤维、片状、块体、球体等。从化学组成来分，可以是有机样品，包括高分子材料和生物分子，也可以是无机样品。按照用途划分，可以是催化剂、钢材、玻璃、能源材料等。

由于样品需要被放入具有超高真空状态下的 TOF-SIMS 分析腔体，因此，要求样品尽量不含有水分、气体及有机溶剂。水分、气体及有机试剂会对真空体系造成破坏。一般，在将样品送入分析腔体之前，需要对其做真空干燥，有时甚至需要做加热真空干燥处理，以便除去样品中过多的水分、气体及有机试剂。

在将尺寸大小合适的待测样品送入检测腔体之前，需要将样品固定到样品架/载样台上。常用的固定方法为铜金属条固定和双面胶带粘贴固定。双面胶带必须能够耐得住超高真空条件，如 3MScotch 胶带和用于 SEM 检测的导电胶带。导电性差和绝缘样品需要在检测过程中使用荷电中和体系。

如何正确对待样品，包括寄送、接收及保存样品，以及如何制备特殊样品，如粉末样品、纤维、较厚材料等，可以参照文献[1]中的详细说明。

六、TOF–SIMS 的应用

可以被分析的样品包括金属、半导体、有机材料、无机材料、高分子、生物分子及纳米材料、纳米阵列等。应用领域包括化学、物理学、生物学等基础研究，并已遍及到微电子学、材料科学、催化、薄膜等实用领域。目前 TOF-SIMS 已经比较成熟地被用来检测来自以下工业界的样品：航天、汽车、生物医学/生物技术、化合物半导体、数据存储、军事防御、显示器、电子、工业产品、玻璃、照明、医药、光电器件、聚合物、半导体、太阳能光伏电池，及电信等。

第二节 飞行时间二次离子质谱仪

一、仪器结构

TOF-SIMS 仪器主要包括 5 个主要部分：真空系统，样品架及进样系统，一次离子源，二次离子分析系统，数据采集和处理系统。图 12-2 为 Benninghoven 教授研发的第三代即反射式 TOF-SIMS 仪器装置结构图。它由超高真空系统（UHV）和 5 个主要部分组成（EI 脉冲离子源，液态离子枪，待分析的靶材料，反射式质量分析器和检测器）。另外，仪器还需要装有能对绝缘样品提供荷电中和处理的系统，一般为低能电子束。如果需要做双离子束的深度剖析检测，还需要配置轰击离子源。

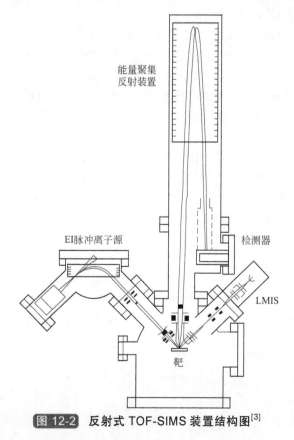

图 12-2 反射式 TOF-SIMS 装置结构图[3]

二、一次离子源

（一）一次离子源的类型[2, 3, 5]

一次离子源是 SIMS 仪器中的关键部分，它产生一次离子束，并是清洁表面和深度剖析的工具。根据电离方式不同，常见的有 4 种类型。

1. 电子撞击式离子源

工作原理是通过电子对气体的多次碰撞使其电离，然后通过电场将电离气体加速、聚焦，形成一定能量的离子源。这种离子源的能量在 $0.1\sim5keV$ 之间并且连续可调，离子束直径为 $50\mu m$ 到几个毫米，束流密度已达 $5mA/cm^2$，能量的离散约在 $5\sim10eV$ 范围内。这种电离方式适用于 Ar^+ 和 Xe^+ 等气体源。一般用这种撞击式气体离子枪进行表面清洁或深度剖析。在 TOF-SIMS 中，脉冲式离子枪也曾用过这种电子撞击式，其脉冲宽度为 0.8nm，束斑直径约为 $4\sim10\mu m$；对于 10keV Ar^+ 离子源，每个脉冲约有 $500\sim1000$ 个离子。

2. 表面电离式离子源

这种离子源通过表面电离产生离子，能发生这种电离的材料种类很有限，Cs 是其中的一种。Cs^+ 离子源被广泛应用于 TOF-SIMS 上，它的特点是有较高的亮度[可达 $500A/(cm^2 \cdot sr)$]，这使得每个脉冲可含有更多的离子。离子源工作时的拉出电压为 8kV，而离子能量色散仅为 0.2eV，属单色性好的离子源，因而在结构上就不需要进行质量过滤。在 S-SIMS 分析中，这种离子源通常提供较大的束斑（约 $100\mu m$），因此适合于收谱或共点成像，另外，也可采用小束斑（$<5\mu m$）做显微探针成像。一部现代 TOF-SIMS 谱仪常常同时配备 Cs^+ 离子源和 LMIG。

3. 液态金属场发射源（LMIG）

LMIG 是利用液态金属在尖端表面的场发射原理而制作的。现代 TOF-SIMS 普遍采用经浓缩的 ^{69}Ga 做液态离子源（LMIS）。它突出的优点是亮度很高，可达到 $10^6A/(cm^2 \cdot sr)$；缺点是能量离散较大，而且与拉出电流的大小相关（离子流为 $1\sim25\mu A$ 时，其能量色散为 $5\sim35eV$）。在做 S-SIMS 分析时，多采用高拉出电压（$25\sim30keV$）和尽可能低的离子束流（约 $1\mu A$），在这种条件下，束斑直径可以达 $>30nm$，样品上束流密度为 $1A/cm^2$，能获得高空间分辨率的最佳性能。

在 TOF-SIMS 分析中，脉冲式 LMIG 被广泛应用于高分辨率成像。当脉冲长度很短（如 1ns）时，其空间分辨率已接近 100nm，使 TOF-SIMS 具有高横向空间分辨率的成像本领。所以，TOF-SIMS 在微电子、有机材料，特别是生命科学领域发挥越来越大的作用。

作为 LMIG 的材料，除已经普遍采用的 ^{69}Ga 以外，近些年来浓缩 ^{115}In 同位素 LMIG 以及 Au 的 LMIG 也陆续投入实际使用。

4. 等离子体源

等离子体源也是一种气体离子源。当源内的气体形成等离子后，通过静电作用将其中的离子从一个小空引出便形成一次离子束。相比于电子撞击式电离气体，等离子体的形成使得气体中被电离的离子大大增多。因此，双等离子体源的亮度较大[$10^6\sim10^7A/(cm^2 \cdot sr)$]，是用于 D-SIMS 的主要一次离子源。

（二）一次离子源的结构[5]

下面介绍三种类型的一次离子源的结构

1. 双等离子体离子源

双等离子体离子源是一种能产生正、负离了的离子发生器，通常采用空心冷阴极式。这种离子源由于空心阴极、中间电极、阳极、离子萃取电极和磁场聚焦线圈组成（详细结构见本书第十三章图 13-2）。萃取电极的电位接地，工作气体是高纯的氧、氩或氙。

2. 金属表面直接加热电离源——Cs⁺

当金属原子撞击炙热的金属表面时，一部分原子改变运动方向，飞离金属表面；另一部分原子则损失或得到电子成为正的或负的离子，并飞离金属表面。可以将这些离子引出做成一次离子源。Cs⁺离子源主要由离化器和金属铯存储器构成（详细结构见本书第十三章图 13-3）。加热金属铯使其产生铯蒸气分子。当铯蒸气分子撞击到离子化器中 1100℃烧结钨的金属钨表面时被电离产生 Cs⁺，最终铯离子通过烧结钨中的微孔由萃取电极引出形成离子源。

3. 液态金属离子源——Ga⁺

在高电场的作用下，表面覆盖有一层薄的液态金属的针形电极尖端将发生场致电离现象，产生离子。在镓离子源中，当金属镓熔融后（溶点为 29.8℃），由于表面张力的作用，液态金属镓覆盖到钨丝的尖端，形成一个锥体，在强静电场的作用下，液态金属镓薄膜发生场致电离现象，形成 Ga⁺，然后被萃取电极引出并准直形成离子源。镓离子源的结构示意图见本书第十三章图 13-4。

（三）作为分析枪的一次离子源的选择[2,3,6~8]

飞行时间质谱仪所配置的离子源要求在脉冲式模式下工作。在选择不同离子源作为分析枪时，主要考虑二次离子产额、影响空间分辨率的离子束束斑大小、刻蚀率、造成样品损伤程度等因素。实际使用当中，衡量一个离子枪性能优劣的主要参数为亮度、可拉出离子束流密度，以及离子能量的离散程度。这些参数将直接影响仪器的检测的灵敏度和质量分辨率。

1. 常规一次离子源(单原子离子源)

自从 20 世纪 60 年代末出现静态 SIMS 技术到 90 年代中期，一次离子源主要为 Ar^+、Xe^+、O_2^+、Cs^+ 和 Ga^+，其中 Ga^+ 有最好的空间分辨率。分析聚合物时可选用质量重、体积大的 Xe^+ 作为一次离子源，从而提高分子碎片的二次离子强度。用 Ga^+ 可以提高二次离子质谱分析的横向分辨率。分析正电性元素时用 O_2^+ 作一次离子源，而分析负电性元素时用 Cs^+ 作一次离子源。因为支配元素正离子产额的是该元素的离化势 I_p，而支配其负离子产额的是该元素的电子亲和势 E_A。O_2^+ 可以降低元素的离化势，Cs^+ 则能增大元素的电子亲和势。

O_2^+ 轰击金属表面时的正离子产额通常比用相同强度的 Ar^+ 束轰击时产额高 4 个量级左右。由于 Cs 的原子大，相对原子质量为 133，所以一次离子束用 Cs^+ 比用 O_2^+ 进行深度剖析时所耗的时间少。在相同能量的条件下，铯离子轰击样品时所发生的级联碰撞效应小，因此有利于 SIMS 纵向分析时深度分辨率的提高。场致电离液态金属离子源 Ga^+ 的最大特点是束斑可以聚焦得很小（20～200nm），使 SIMS 分析的空间分辨率明显得到提高。

2. 团簇一次离子源

近些年来，TOF-SIMS 的离子源又有了新的发展。人们对多原子团簇离子源的兴趣日益增加，被发明的离子源包括 C_{60}^+、$C_6H_{12}^+$、Au_n^+、SF_5^+、$(CsI)_nCs^+$、ReO_4^+、Bi_n^+、Ar_n^+ 等。试验证明，多原子团簇的离子源能够提高二次离子产额 1～2 个数量级，特别是对高质量数离子峰的产额的提高效果更为明显。另外，团簇离子源相比单原子离子源，还有较小的样品损伤率和较快的对轰击引发的受损结构的移除速度。因此，更适于有机体系和生物样品的 SIMS 表征，包括深度剖析检测。

在文献中常报道的团簇离子源中，Bi_n^+ 有较好的空间分辨率及较高的高质量数分子离子的二次离子产额，被广泛应用于有机体系的谱图及成像的 SIMS 表征。C_{60}^+ 虽然在空间分辨率上逊色于 Bi_n^+，但由于它对有机样品的损伤小，因此，它在对生物样品做成像表征时却能给出质量更好的化学成像。

作为最新发明的团簇 Ar_n^+ 离子束（n 的大小为几百到几千），相比于单原子 Ar^+ 离子束，虽然 Ar_n^+ 粒子在样品表面所引发的离子混合深度较深，但是，由于 Ar_n^+ 有较高的刻蚀率及较高的二次离子产额，因此在做深度剖析实验时，使用 Ar_n^+ 作为一次离子源，不仅可以获得较高的深度分辨率，同时还可以在较短的分析时间内完成。Ar_n^+ 适合对有机物进行轰击。原因是 Ar_n^+ 中的单个 Ar 原子的能量较低，一般为几个电子伏，因而，轰击时 Ar 原子嵌入材料的程度较小。加上刻蚀率体积较大，使得轰击造成的损伤结构能及时被轰击掉，从而留下未受损伤的新鲜表面。

3. 两个离子束联合使用——G-SIMS[6]

G-SIMS 是一个新的 SIMS 检测方法。使用此方法可以不借助标准谱图就能够分析样品表面的分子基团结构。此项技术由 NPL 实验室发明，目的是使工作人员更容易从 SIMS 谱图阐述和鉴定有机分子的结构。简单地讲，G-SIMS 谱图为两种一次离子源所产生的相同谱峰的强度比值图。

Ar^+、Ga^+ 和 Mn^+ 一次离子源能产生好的低 dE/dx 谱图，而 Bi^+ 和 Au^+ 一次离子源能产生好的高 dE/dx 谱图，而 Cs^+、In^+ 和 Xe^+ 一次离子源所产生谱图的效果居于以上两类离子源中间。在使用 G-SIMS 方法时，单原子一次离子源适合表征低质量数碎片离子峰和强度高的高质量数碎片离子峰。如果待表征的质量数较高的碎片离子峰的强度较弱，则需要使用团簇一次离子源。最新开发出的 Mn/Bi_n 离子源很适合 G-SIMS 方法。

三、二次离子分析系统——TOF 质量分析器[1~3]

二次离子分析系统是 SIMS 仪器的核心部分，用以分离并检测在样品表面溅射产生出的具有不同质荷比（m/z）的二次离子，也称质量分析器。飞行时间质量分析器（TOF）是三种用于 SIMS 质量分析器的一种，其他两种为磁场质量分析器和四极杆质量分析器。

TOF 的工作原理是基于具有相同能量而质荷比不同的离子有不同飞行速度的现象。这些离子以脉冲方式引出后进入飞行管内，经过一段距离的自由飞行后，分别在不同的时间到达收集极。每个离子的飞行时间被记录下来，并通过计算转换成离子的质量数，从而得到质谱。

TOF 分析器可以归类于最简单的线型（linear）和能量补偿型（energy focusing）。其中补偿型又分为反射型（reflection）和静电型（electrostatic sector）。能量补偿型的设计主要目的是解决离子进入飞行管之前已经存在的初始能量的分散对仪器质量分辨率影响的问题。线型 TOF 分析器在今天很少使用，已经被能量补偿型分析器所取代。但是由于 TOF 分析器原理的最重要最基本的方面在线型 TOF 分析器上最为明显，因此，首先来讨论线型分析器的结构及工作原理。

（一）线型分析器

线型分析器主要由电场加速部分（由样品和一个网格构成）、漂移管和多通道板离子检测器三部分组成。线型 TOF 分析器的检测原理如下：一个具有千电子伏能量的脉冲一次离子束轰击样品表面，在几乎与一次离子发射的同时间内，引发二次离子的产生。一次离子束的脉冲提供时间测量的起始信号。随后二次离子在一个短的静电收集区间被加速，并进入无电场

作用的长度为 L_d 的自由飞行管内。在静电收集部分，通过施加偏压，使某一极性的所有离子被加速到同样的公称动能，其大小等于 eU_a。

因为二次离子已经被加速具有相同的动能，它们进入漂移管的速度则取决于它们的质量数 m。

$$E_{kin}=mv^2/2=eU_a \tag{12-1}$$

而二次离子穿过漂移管到达检测器的时间为：

$$T=L_d/v=L_d(m/2eU_a)^{1/2} \tag{12-2}$$

由上式可以看出，离子在漂移管中飞行的时间与离子质荷比的平方根成正比，即对于能量相同的离子，离子的质荷比越大，达到接收器所用的时间越长；质荷比越小，所用时间越短。因此，根据这一原理，让同时"起飞"的不同质荷比的离子飞行一段距离，在飞行的终点将它们分开。

图 12-3 显示了在某个时间下，不同质量数的离子在漂移区间内质量分散情况的"快照"。质量数间隔为 10 的一系列离子从质量数为 10 开始，由空心圆圈代表；而质量数间隔为 50 的一系列离子从质量数为 50 开始，由黑色实心圆圈代表。由图所示，一个一次离子脉冲施加到样品使其被激发后，质量不同的二次离子会在不同的时间到达检测器，其中质量越小的二次离子越早到达检测器。

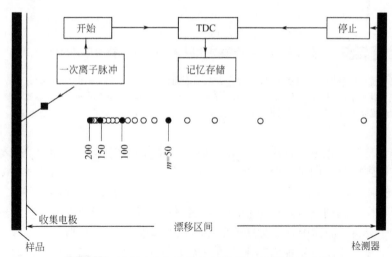

图 12-3 线型 TOF 质量分析器的工作原理示意图

质量分辨率 $M/\Delta M$ 越大，相邻的质量数 m 和 $m+\Delta M$ 越可以被分开。最小的质量信号的时间宽度由一次离子脉冲的长度 Δt 所决定。在没有其他限制下，质量分辨率随着离子的飞行时间的提高而改善。比如，随漂移管长度的增长或离子质量的增大，质量分辨率也会增加。对线型检测器的最大限制是较差的质量分辨率。这主要是因为在同一时间内产生的具有相同质量的二次离子的初始能量不完全相同（但初始能量的差异较小），而是具有或宽或窄的能量分布。这种初始能量分布导致线型分析器对同一质量的二次离子检测出的时间有一个分布，这意味着所检测出的离子质量有一个分布。由于线型 TOF 所存在的低质量分辨率的问题，它已经被能量补偿型 TOF 所取代。

（二）能量补偿型分析器

能量补偿型分析器的原理是让具有同一质量数但初始动能不同的离子在漂移区间内的飞行距离有轻微的差异，如让较高能量离子比较低能量离子通过略微长的飞行距离，而使它们最终能够同时到达检测器，进而消除初始能量分布所带来的飞行时间上的分布。

1. 反射型分析器

反射型分析器又分为一级（single-stage）和二级（two-stage）。反射型检测器主要由漂移管（区）和离子反射镜构成。离子反射镜使用静电场反射二次离子，从而纠正初始动能分散所引起的时间分散，例如，相对较低能量的离子，增加较高能量的离子的飞行距离。以下就一级分析器的结构及原理（图 12-4）做简单说明，以帮助读者了解反射型 TOF 的能量补偿原理。

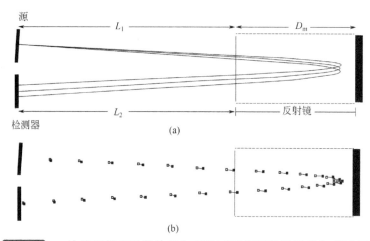

图 12-4　一次离子镜反射器的工作原理(a)及能量补偿原理(b)示意图

(a)一级离子镜反射器工作原理示意图。显示了从样品表面以±α发射角度飞入漂移管的离子束飞行路径。
(b)一级离子镜反射器的能量补偿原理示意图。能量低（□）和能量高（■）的离子从样品到检测器的相对位置以等时间间距显示出来。假定这些离子在同一时间从同一处样品表面发射出来

一级分析器系统由无电场作用的长度为 L_1 的自由飞行区间、一个长度为 D_m 的减速镜场区间和从减速镜到检测器的第二个飞行区间 L_2 组成，见图 12-4（a）。为了反射二次离子到检测器，反射镜的减速电势 U_m 必须满足 $eU_m>eU_0$，其中 eU_0 为公称（nominal）二次离子能量。所有二次离子从样品的同一点，但是相对于减速镜中心轴有一些角度分布（发射角为±α）发射出来。在通往检测器的途中，二次离子束不断地"膨胀"，经过反射镜后以较大面积照射在检测器上。由于离子镜本身不能对离子束进行空间聚焦，因此，离子的角度收集效率取决于检测器有效检测面积。现实中，为了提高二次离子的传输率，可以在离子采集部件前安装静电聚焦透镜。对于二次离子的能量聚焦，当总的漂移距离小于 $4D_m$ 时，一级分析器能够实现对二次离子进行一级的能量聚焦。由于一般情况下两个漂移区间的相对长度相等（即 $L_1=L_2$），因此，能量聚焦的好坏取决于反射镜减速电势 U_m 的调节。

图 12-4（b）显示了具有不同初始动能但有相同质量的离子飞行时间被"矫正"的原理。以样品为出发点，在某个特定时间，能量高的离子比能量低的离子在漂移区间内飞得更远。然而，当进入反射镜电场后，二次离子被减速，最终停止飞行，再反向向离开反射镜方向飞行。在反射镜区内高能离子比低能量离飞行更长的距离。在开始反向飞行的那一点，高能离子落在低能离子后面。随后，离子被加速离开反射镜，进入第二个漂移区并飞向检测器。在这段飞行距离，高能量离子逐渐赶上低能量离子，最后，与低能量离子同时达到检测器。

2. 静电扇形分析器

ESA 能量补偿的原理是让离子在飞向检测器的途中进入一段圆弧轨道空间飞行（平均半径为 R_0）。当这些离子飞离圆弧区域时，它们的飞行轨迹偏转一个角度（ϕ）。能量低的离子相对能量高的离子有较大幅度的偏转。这使得两种能量的离子最终同时到达检测器。

Poschenrieder 分析器是一个具有代表性的 ESA 分析器，由 Poschenrieder 设计发明。图 12-5(a)显示了 Poschenrieder 分析系统的几何构造。它由一个偏转角为 164.4° 的扇形 ESA 和两个有相同长度（$L=2.37R_0$）的线型漂移管组成。

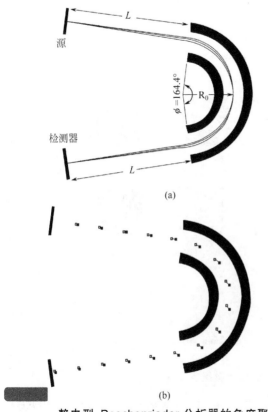

图 12-5（a）也显示了 Poschenrieder 分析器的聚焦原理。一个源（source）的影像首先被投射到 ESA 的中心截面上，然后再由那里投射到检测器上。两次影像投射的效果是消除了样品的影像色散（stigmatic）性，使得一个样品影像聚焦到了检测器上。另外，还可以使用静电透镜来扩大系统的接收角度。图 12-5（b）显示了 Poschenrieder 分析器的能量聚焦原理。具有不同初始动能的二次离子在线性漂移区间飞向 ESA 的途中，沿着分析器轴向方向有一定的能量分散。当离子穿过 ESA，高能量离子比低能量离子进入扇形电场更深一些。在对称轴上，高能量离子达到它们飞行路径的最长部分，此时，高能量离子显得比低能量离子"落后"。随后，在继续飞往检测器的途径中，高能量与低能量离子的空间距离逐渐变小，直到它们同时达到检测器。

3. Trift 分析系统

Trift 谱仪被设计为像散式成像（stigmatic imaging）TOF 离子显微镜。某种程度上与像散式成像 Poschenrieder 系统相似，Trift 谱仪的设计在对飞行时间提供能量聚焦的同时，将放大的二次离子镜像从样品表面传递到检测器。图 12-6 显示了 Trift 分析器的角度聚焦和能量聚焦原理。Trift 系统由两个静电透镜和一个由

静电型 Poschenrieder 分析器的角度聚焦和能量聚焦原理示意图

（a）Poschenrieder分析器结构示意图。显示了从样品表面以±α发射角度飞入漂移管的离子束飞行路径。一个整倍数放大影像从样品被投射到检测器上。（b)Poschenrieder分析器的能量补偿原理示意图。能量低（□）和能量高（■）的离子从样品到检测器的相对位置以等时间间距显示出来。假定这些离子在同一时间从样品同一点垂直于样品表面发射出来

3 个扇形 ESA 组成的系统构成。不同于 Poschenrieder 系统，在 Trift 谱仪中，放大和转移光学系统被用来传输离子束。首先收集透镜将源的放大镜像投影到转移透镜前；然后转移透镜又将放大的二次离子像投影到第一个 ESA 的出口处。这个能量色散的镜像经第二个 ESA 传输到第三个 ESA 入口。最终，当离子飞离第三个 ESA 时，能量色散已经被消除，同时，无色散的镜像被投影到检测器上。如果一个位置敏感的检测器与飞行时间的检测相结合，即使使用未聚焦的一次离子源，也可以获得质量分辨（mass-resolved）的二次离子镜像。

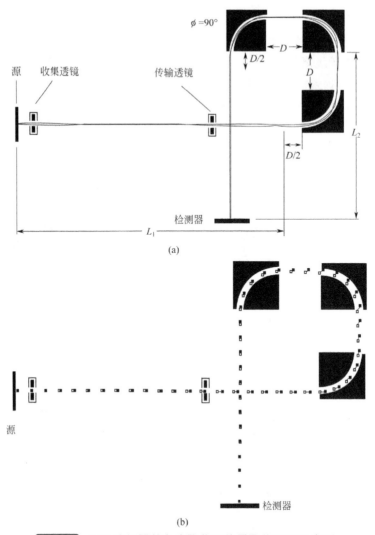

图 12-6 Trift 分析器的角度聚焦和能量聚焦原理示意图

（a）显示了从样品表面以±α发射角度飞入漂移管的离子束飞行路径。透镜与ESA分析器的结合将样品的放大镜像从样品投射到检测器上。（b）将能量低（□）和能量高（■）的离子从样品到检测器的相对位置以等时间间距显示出来。假定这些离子在同一时间，从样品同一点垂直于样品表面发射出来

Trift 分析器自身由第一个长度为 $D/2$ 的漂移区域，紧跟着三个被长度为 D 的漂移区间隔开的半球形 ESA，和最后一个长度为 $D/2$ 的漂移区间构成。这种几何构造可以提供放大倍数为整数的无色散镜像传输功能。样品与分析器之间的漂移区（L_1）和分析器与检测器之间的漂移区（L_2）匹配时，则能实现一级能量聚焦。通过静电透镜合适的聚焦及三个 ESA 的能量补偿，可以实现有像散镜像的传输以及为消除飞行时间差异而实施的能量补偿。

目前，商业化的 TOF-SIMS 仪器多使用单级-反射式分析器和 Trift 分析器。它们能够可靠地提供对 ^{28}Si 的质量分辨率 $M/\Delta M>8000$，及在较高质量范围内有大于 10000 的质量分辨率。

四、进样系统及载样控制台[4]

为了在不影响真空的情况下使样品可以快速交换，一般的仪器均采用有阀或无阀的样品引入锁（sample introduction lock）。大部分的仪器使用手动方式将几个厘米大小的样品或样

品转台送到分析室里的载样台。有的仪器容许自动装载样品，样品最大尺寸可以是几英寸。

载样控制台容许选择样品的测样位置或者改变离子轰击条件，比如改变样品倾斜角，或相对于离子束旋转样品，以便获得均匀的离子刻蚀。载样控制台有自动方式和手动方式两种。有些还带有冷却或加热功能，甚至可以使用冷却面环境（cryopanel environment）技术来降低紧挨着分析区域的背底气压。

五、真空系统[4]

用于构建 SIMS 的真空腔体以及所使用的真空泵体系需要按照超高真空的标准设计并制造。这样做可以降低残留气体水平，从而保证检测的重复性以及获得良好的检出限。特别是在样品分析腔体内，残留气体会直接影响二次离子的产额。采用的真空泵一般为分子涡轮泵。当有气体释放到腔体内时，比如，在一次离子束源里和在载有样品的腔体内，分子涡轮泵抽真空效果较好。即使没有使用冷却井，经过分子涡轮泵抽过的腔体中残留气体也不含碳氢化合物。有时也使用带有钛升华器（titanium sublimator）和冷却井的离子泵。如果想要进一步降低碳氢化合物的分压，可以使用低温泵。如果 SIMS 仪器配备了惰性气体离子枪，尤其当分析腔体内使用离子泵时，建议使用分子涡轮泵做差分式抽真空。

第三节 仪器的操作模式[1-3]

一、TOF-SIMS 仪器的操作模式

（一）谱图

在满足静态 SIMS 检测要求的一次离子束流密度的条件下，采用最窄的一次离子脉冲（如几百个皮秒宽度）对样品选定的分析区域进行扫描采谱。这种模式主要的目的是获得最高质量分辨率的谱图。越高的质量分辨率，给出的离子峰质量数值越精确，有利于元素、离子和分子结构的识别。TOF-SIMS 在做 S-SIMS 分析时，检测深度约为一个单分子层。在一次 TOF-SIMS 检测中，所有发射出的离子能够平行地被检出。根据 TOF 原理，检测范围是无限的。但是，在实际的 TOF-SIMS 实验中，质量检测范围由质量检测器和脉冲的重复频率来决定，最高可达约 10000u。另外，由于在高质量范围处，二次离子产额很低，因此，实际工作中检测的最高质量范围一般在几千以内。在高质量分辨率的检测条件下，能够获得中等的横向分辨（约几个微米）。

（二）成像

可以是直接成像（显微镜）或以扫描（探针）模式工作。现代商业化 TOF-SIMS 谱仪大多以扫描探针方式工作。扫描探针方式工作原理为：使用聚焦一次离子束在样品表面的分析区域内做扫描，在扫描过程的同时检测系统收集每个扫描点处的质谱图。扫描结束后，使用 SIMS 仪器数据处理软件将质量校准后的谱图中所感兴趣的离子峰在 x-y 方向上的强度分布图绘制出来，得到离子图像。在常规成像模式下，脉冲宽度在纳秒范围（几纳秒到几百纳秒之间）。如果想得获最佳横向空间分辨率，如 100nm，则需要牺牲质量分辨率。在最佳分辨率的工作模式下，谱图上会出现在整数质量数的峰位置上，与这个位置相近的所有离子峰被包络在一个宽峰之内而无法被区分。另外，还有一种成像模式，可以获得略差一些的空间分辨率（如 200nm）和较好的质量分辨率(如 5000)。成像质量的一个重要指标是横向分辨率（lateral resolution）。目前，最好的横向分辨率需要使用液态金属离子枪（如 Ga^+）。

TOF-SIMS 图像数据是一个巨大的数据集合,记录了每个扫描位置和与位置对应的全谱图。一张 256×256 像素点的图像能含有 65356 张不同的谱图,其中每个谱图还含有几百个质谱峰。分析工作者的任务就是把这种巨大的数据阵列转变成简明的化学信息。图 12-7 说明了探针模式成像与质谱图显示之间的灵活转化方式。可以看出,从总离子图像(也可以推想为某个离子图像)可以得到不同微区质谱,以便研究不同微区的化学特性。同时,从总谱图上选出感兴趣的特征峰绘制其图像,可以观察此峰所代表的化学成分的二维分布。总之,对一个 TOF-SIMS 图像数据,按照分析研究的目标对原始数据进行后处理可以得到不同的化学信息。

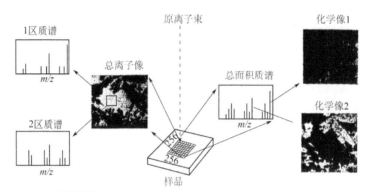

图 12-7 TOF-SIMS 化学成像及微区质谱示意图

（三）深度剖析及三维成像

深度剖析检测是指交替地进行溅射剥离样品表面和对被溅射区域做 SIMS 谱图采集的检测方式。深度剖析检测通常使用双离子枪:一个离子枪作为轰击源,另一个离子枪作为二次离子的分析源。轰击枪使用低能量离子和高离子束流密度,在 DC 模式下对样品进行剥离。选择轰击源及轰击参数时,应该考虑轰击枪的轰击对在用分析枪分析二次离子时二次离子产额的影响,以及深度分辨率及刻蚀速率等因素。分析枪发射的离子具有高能量并且在脉冲式工作模式下工作。当轰击过程结束时,在常规的采谱模式下对新剥离表面进行谱图采集。分析枪的选择要考虑一次离子束最佳的脉冲宽度、强度及所获得的横向分辨率。

图 12-8 为在玻璃表面覆盖的多个金属氧化物涂层的深度剖析曲线。该曲线是采用双离子束获得。曲线上显示了三个元素 B、Si、Ti 的强度随深度的变化。从曲线可以看到,涂层由 TiO_2 层和 SiO_2 层交叠构成。在近表面 100nm 深度范围内,可以看到 B 元素污染物的存在;到了玻璃衬底区域(约 2700nm),B 元素污染物的浓度再次升高。另外,这个例子还说明 TOF-SIMS 可以对绝缘性且厚度为几微米的膜/涂层进行优质的深度剖析检测。

当扫描成像与深度剖析相结合时可以实现三维成像检测,用以表征元素和化合物三维的分布。三维成像原始数据记录了分析样点的 x、y、z 位置信息及该点的 SIMS 全谱。通过对原始数据做回顾性分析,可以得到常规的深度剖析曲线、任意分析体积的谱图、任意深度下的谱图或二维图像,及在任意一个平行于表面的断面的二维成像等结果。

现代 TOF-SIMS 常常配备溅射离子源及质谱分析用的 LMIG,所以可以对材料表面浅层结构做深度分析。溅射源一般为 O_2^+ 或 Cs^+ 或 Ar^+ 源,而用 Ga^+ 或 Bi^+ 做成像和成分分析。O_2^+ 用于提高正性的二次离子产额,而 Cs^+ 用于提高负性的二次离子产额。另外,Cs^+ 或 O_2^+ 源也可以直接用于分析,以提高负离子产额及信号强度。应当强调的是,如采用双离子束对纳米超薄膜进行深度剖析,特别是对 δ 掺杂半导体膜做深度剖析时,一定要采用低能量、低束流密度的溅射离子枪，采用旋转样品台，才能保证有较高的空间分辨率，以获得纳米级薄膜结构层次，也就是说，要根据膜厚选择适当的溅射离子束参数，才能得到较强的特征信号和较好的界面分辨率。

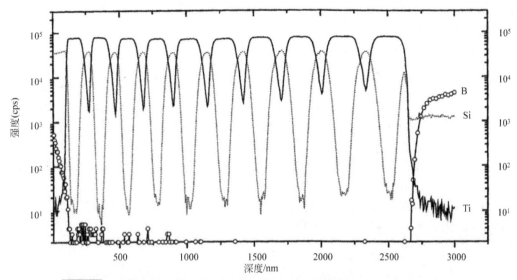

图 12-8 玻璃表面的波长敏感反射涂层（多层金属氧化物）深度剖析曲线

涂层的厚度逐渐增加。轰击枪：540nA O_2@2keV；分析枪：2pAGa@2keV

用 TOF-SIMS 对含有绝缘层的多层膜进行深度剖析时，会遇到荷电效应，但可以使用低能电子束来解决。在做 TOF-SIMS 深度剖析实验时，在二次离子飞行期间，TOF 分析器的拉出电场可以关闭，这就容许向表面施以几个电子伏特的低能电子，以保证"正"或"负"SIMS 模式时表面的电中性条件。当采用双离子束做深度剖析时，一次离子源、拉出电极和分析器、溅射离子枪，以及补偿低能电子中和枪，要设计好在一个循环操作中的工作时间分配。在现代 TOF-SIMS 中，制造商已提供一定的程序供操作人员选用。值得强调的是，严格的工作程序、准确的时间分配、测量与控制是同时确保质量分辨率、深度分辨率的关键因素。

表征深度剖析的主要指标是深度分辨率（depth resolution）。常用的定义为当深度分布为高斯函数时，离子流强度从 84%降到 16%时相应的深度 ΔD 大小相当于误差函数标准偏差的 2 倍，通常把 ΔD 定义为深度分辨率。影响深度剖析的因素包括轰击过程所带来的界面边严重的基体效应、仪器因素包括一次离子束的束流密度分布和总束流的稳定性、入射离子与样品的相互作用（受一次束能量和类型及入射角度的影响）及样品表面粗糙等因素。

为了获得元素浓度与样品深度的关系曲线，需要将强度与时间深度剖析曲线转化成浓度与深度的曲线。深度标尺可以使用轮廓仪或光学轮廓仪测量样品的刻蚀坑深度来获得。或者通过使用刻蚀速率将刻蚀时间转换成深度。刻蚀速率可以通过对已知界面位置的样品做刻蚀实验而获得。峰强度能够被转化成浓度的前提是二次离子产额不受样品成分的影响，然后采用相对灵敏度因子的方法，将某个成分的峰强度转化成该成分的相对浓度。

在定量深度剖析检测中，常用一种 MCs^+方法，其中 M 为需要被表征的物质。根据重新组合原理（recombination model），当使用 Cs^+离子枪轰击样品时，Cs^+与在表面被溅射出的

M^0 粒子结合，形成团簇离子，如 MCs^+ 或 MCs_2^+。因为在许多情况下 Cs^+ 二次离子产额很高，只轻微地依赖于基体材料，所以 MCs^+ 的产额主要取决于中性粒子 M^0 的溅射产额。而中性粒子的产额相对于二次离子的产额受基体影响较小，这样，MCs^+ 和 MCs_2^+ 做定量分析时"基体效应"就减小了。然而，这种方法的检测灵敏度比使用直接生成的二次离子做定量分析的方法的低，这就限制了 MCs^+ 方法只能应用于表征基体物质或样品中的主要成分。

二、绝缘样品的荷电补偿

需要采用 SIMS 做表面分析的材料中许多是绝缘样品，如陶瓷、有机物及高分子材料等。当用正离子轰击这些样品时，向表面输入正电荷必然引起表面电位提高，在几分钟内这种电位迅速增加几百电子伏特。显然在做 S-SIMS 检测时，以上现象会带来荷电问题。荷电会改变所发射的二次离子能量，使其超出分析器设定的能量接收范围，从而损失质量分辨率和空间分辨率，荷电问题严重的时候会失去整个 S-SIMS 谱。同时，还能诱导出跨越样品表面的横向电场梯度，从而对二次离子飞行轨迹产生影响。

正离子束所引起的表面电位 V_s 与材料的厚度 d、介电常数 ε、拉出电极与样品表面之间的距离 L 以及拉出电压 V_E 有如下的函数关系：

$$V_s = \frac{V_E d}{\varepsilon L} \tag{12-3}$$

该方程式表明，材料越薄、拉出电压越低或工作距离越大，表面电位越低。如一个 0.2mm 厚的 PVC 样品，其介电常数 $\varepsilon = 3.5$，操作时样品表面和拉出电极之间的距离 $L = 2mm$（这是 TOF-SIMS 的标准参数），当拉出电极电压 $V_E = 2kV$ 时，由公式（12-3）得到表面电位 V_s（对正离子）达到 57eV。

解决荷电问题的基本思路是：向表面分析区引入自由电子，以补偿由正离子所产生的表面正电位，使表面回到电中性状态；在仪器上，一般配置一把能提供束径 2mm、电子束电压约 20V、束流能达到 $10\mu A$ 的低能电子枪。实践表明，这个方法对正离子 S-SIMS 有效果，但是对负离子检测，还必须让表面有更高的负电位，以保证负离子的出射，这要求有更高的低能电子流，其数值通常为离子流的 10 倍。

由于 TOF-SIMS 是以脉冲方式工作的，因此，荷电补偿用的低能电子束也必须以脉冲方式操作。现代 TOF-SIMS 谱仪上通过计算机及软件能够保证脉冲低能电子枪和脉冲离子枪，按照设定的时间程序工作，实现有效配合，从而保证了进行 SIMS 分析时绝缘材料表面的电中和条件。

为了解决绝缘样品采谱时的荷电问题，还可以采用快原子束（FAB）替代一次离子源来轰击样品。入射的粒子不带电荷，但也能产生二次离子，生成 SIMS 谱。但是，FAB-SIMS 的灵敏度不如常规的 SIMS 高，约低一个数量级。

第四节　定性与定量分析方法[1~3]

一、定性分析

为了方便介绍谱图离子的识别，对二次离子种类做最简单的定义。第一类是"分子离子"，由样品表面未受破坏的原始分子加上或减去一个电子构成，如 M^+ 或 M^-；或者由样品表面未受破坏的原始分子加上或减去一个质子构成，如 $[M+H]^+$ 或 $[M-H]^-$，这种离子在质谱学中被称为"准分子离子"，但在 SIMS 谱图分析时也被称为分子离子。第二类是"加合离子"，由样品表面未受破坏的中性分子与一个稳态离子组合而成，如[M+Na]⁺。第三类是"簇离子"，由多个相同原子所构成的带电荷粒子，如 Au_n^+。第四类是"碎片离子"，与原始样品的结构实体相对应，是样品在轰击下裂解生成的产物离子。第五类是"组合离子"，如 CN⁻、CH⁺和 CH⁻，一般出现在很低的质量范围内并且峰的强度较高。

（一）元素识别

元素的识别通过准确的质量检测或测量相关同位素丰度来实现。通常把 $^{12}C=12.0000$ 定义为标准同位素质量，其他 ^{16}O（15.9949）以上的所有元素同位素的质量都稍低于公称质量（nominal mass），而主要由碳和氢（$^{1}H=1.0078$）组成的有机碎片也都稍大于公称质量，因此，如对单一同位素 ^{55}Mn（54.9380）的 Mn⁺检测，通常就会遇到相同或相近公称质量的碳氢化合物碎片 $C_4H_7^+$（准确质量=55.0548）的干扰，而难以通过质量峰加以检定。事实上，对于这类相干质量峰，有了质量分辨率 $M/\Delta M >1500$ 的仪器，完全可以清楚地分开。即使对那些表面形貌会带来检测麻烦的绝缘样品，TOF-SIMS 仪器也可以提供 $M/\Delta M >1500$ 的质量分辨率，因此，检定元素物种对 TOF-SIMS 仪器是比较简单的事情。

对于检测聚合物表面上低浓度金属物质，TOF-SIMS 的高性能就显得尤为重要，因为这时的金属正离子质谱峰强度往往要低于相关有机碎片离子。图 12-9 显示了一个检测聚苯乙烯样品表面锌元素的例子。图中没有标注的、极强的峰都是来自 C_xH_y 类碎片（这里已经省略）。表面上少量 Zn 的存在，则是由质量数低于整数的，公称质量分别为 m/z 64（47%）、66（28%）和 68（19%）的 Zn 的三种同位素质谱峰，以及与其相对应的 ZnH 的三种同位素质谱峰而得到证实。

在 S-SIMS 条件下，绝大多数金属无例外地只能形成正离子，对于正电性的碱金属和碱土金属，其正离子的产额还特别高；而那些电负性强的元素 O、F、Cl、Br 和 I，则易产生很强的负离子信号，其中氢的正、负离子（H⁺和 H⁻）产额都很高。至于 C、N、S、P 等元素稍微有点特别，其中碳常以 C⁻被检测，尽管其伴峰 CH⁻往往也很强。

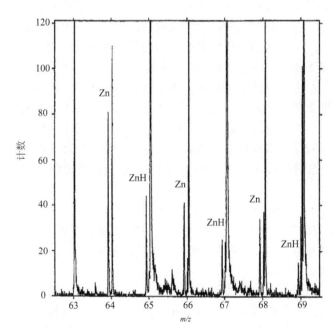

图 12-9 聚苯乙烯表面 TOF-SIMS 分析所得部分质谱峰

类似地，元素氧常以 O⁻ 和 OH⁻形式被检测，但是在有机分子中，OH⁻与 O⁻的比例随着结构的变化要大于 CH⁻与 C⁻的比例。通常，氮不是以元素单质谱峰形态 m/z=14 被检测，而多以组合离子 CN⁻或 CNO⁻的质谱峰被检测；还有，在结构上氧化氮的官能团也会以离子 NO_2^-、NO_3^- 形式被检测。元素硫根据它的化学态，通常会以 S⁻、SH⁻、SO⁻、SO_2^-、SO_3^-、SO_4^- 及 SO_3H^- 等不同离子形式出现在质谱图中，其中来自 O_2^- 对 S⁻质谱的干扰可被忽略。元素磷通常以被氧化状态存在，所以常常检测到 PO_2^- 和 PO_3^- 两种离子。

（二）无机质谱

无机化合物的分析主要包括金属氧化物、盐类（卤素，以及含有多个氧负离子的盐类）

的分析。

1. 金属氧化物

在无机物中被研究得最多的是金属氧化物，包括化合物、金属表面氧化层及半导体材料。谱图的特点是正离子谱图中占主要的为金属离子峰（M^+），负离子谱中的主要质谱峰为 O^-/OH^-；而 $M_xO_y^{+/-}$ 的原子簇结构为其特征指纹图，同时也会出现 $M_xO_yH^{+/-}$ 这类含氢原子簇。后者反映了表面可能存在羟基（OH）基团，或者这种团簇离子是由于 $M_xO_y^{+/-}$ 夺取表面的 H_2O 分子中的 H 而形成。氧化物表面如有碱金属杂质，一方面会产生类似 $M_xO_yNa^+$ 的正离子，这可能由一种阳离子化过程所形成，所以离子的化学计量只是仅仅反映它的稳定性；另一方面，所检测到的二次离子的组成与表面结构之间可能存在一定的关系。

识别金属氧化物中金属的价态是分析氧化物的一个重要目的。Plog 发明了一种方法，借助绘制 $M_mO_n^q$ 团簇离子的强度与碎片价态参数 K（fragment valence parameter）的关系曲线来推断金属价态，其中 $K=(q+2n)m^{-1}$。Gaussian 函数可以很好地用于描述这个关系。从实验中得到的正离子和负离子碎片价态值的 Gaussian 曲线的最大值的平均值可以近似为金属价态值。

作为氧化物种的直接识别，主要是利用高 m/z 的分子离子和加合离子，但是，低 m/z 簇离子峰对间接识别物种也是有用的。因为 S-SIMS 中低 m/z 离子反映的是与结构特性更直接的关系。另外，实验还发现，$M_mO_n^{+/-}$ 原子簇与其加合离子的比值与一次离子束的束流大小有关。也就是在 S-SIMS 和 D-SIMS 条件下，所检测到的 $M_mO_n^{+/-}$ 强度与加合离子强度的比值变化规律是不同的。因此，在鉴定氧化物结构时，两种条件下获得的数据要加以区分使用。

在分析氧化物谱图时，可以将与金属相关的离子罗列出来，并根据 100 范围内它们的相对强度，标注为中、强、弱。写下化学稳定的中性结构与原子离子或低 m/z 碎片离子所形成的加合离子的化学式。通过对比这些加合离子之间、结构碎片离子之间，以及加合离子与结构碎片离子之间的差异来推断氧化物的结构。尽管如此，使用标准氧化物的谱图来确定未知样品的氧化物有时也是非常必要的，特别是对那些缺乏加合离子峰或加合离子峰较弱的氧化物，如 In_2O_3 和 TiO_2。识别具有不同价态的金属氧化物混合物，也需要借助标准谱图。

2. 卤素化合物

二元卤化物（NaCl、KCl、LiCl、CuCl、NaBr、NaI 和 KI）在负离子和正离子谱图中出现的主要特征峰为：碎片峰 X^-（Cl^-、Br^- 和 I^-）和 M^+（K^+、Na^+、Li^+ 和 Cu^+）；加合离子峰 $(MX)_nX^-$ 和 $(MX)_nM^+$，其中 $n=1\sim5$；以及分子离子峰 MX^- 和 MX^+。其中 $(MX)_nM^+$ 强度比 $(MX)_nX^-$ 强度高很多。由于随着 n 增加多原子的加合离子强度急剧降低，所以，一般最多含有 5 个中性分子的加合离子可以在实际的分析中有参考作用。加合离子峰与分子离子峰相对强度与所含卤元素的类型有关，如强度比值从碘化物到溴化物再到氯化物而降低。另外，也可以检测到一些与结构相关性较小的离子，如 X_2^-、M_2^+、M_2O^+、$MOH \cdot M^+$、XO^-、M_3O^+ 和 $HX \cdot X^-$。

在实际的结构鉴别过程中，可以参照最强的元素峰与单个或较小 n 的加合离子峰（一般有较好的信号比）的质量数差异。除了 NaBr 和 KBr 的卤素化合物，负性质谱图一般更适合用于结构鉴定。原因是正性离子谱图中出现很强的 $C_mH_n^+$，从而降低了盐类加合离子峰的相对强度及可观察性。分子峰强度过弱，不能对未知样品的结构分析提供有用的信息。高价态金属的卤化物在形成加合离子时遵循单个电荷稳定规律（从价态角度考虑），例如，对于 MgF_2 化合物，Mg 为 +2 价，所观察到的离子为 MgF^+、$Mg_2F_3^+$ 和 MgF_3^-。

区分同一个金属不同氧化态的卤素化合物比较困难，比如 CuCl 与 $CuCl_2$ 的区分。一种方法是使用与两个结构有直接关系的 $CuCl \cdot Cl^-$ 与 $CuCl_2 \cdot Cl^-$ 两个离子的比值。但是，从实际样品测得的比值还需要与在相同检测条件下获得的标准 CuCl 与 $CuCl_2$ 物质的两个离子的比值做对比来确定。另外，试验表明，采用多原子一次离子束（ReO_4^-）采集的谱图中，$CuCl_2$ 样品的 $CuCl_2 \cdot Cl^-$ 峰强度远比 $CuCl$ 的高出许多。由此可见，多原子一次离子束更有益于获得金属元素氧化态的信息。

3. 含有多个氧负离子的盐类

由于自身结构的特点，含有多个氧负离子的盐类比较容易受离子束轰击影响，而改变被分析区域的表面和亚表面层的化学成分。一次离子束轰击条件，包括束流密度、离子束入射能量和离子束种类，对此种盐类的簇离子及分子离子产生的影响也已经被研究。

（1）硫酸盐和亚硫酸盐　两种盐类的正性离子谱图出峰位置相同。正离子谱图中，二次离子电流主要由 Na^+ 及与 Na_2O 和 Na_2S 相关的离子贡献。$NaSO_3 \cdot Na^+$ 和 $NaSO_4 \cdot Na^+$ 强度比 Na^+ 低三个数量级，但都出现在两种盐的谱图中。$NaSO_3 \cdot Na^+$ 与 $NaSO_4 \cdot Na^+$ 强度的比值定义为 R，可以用来区分亚硫酸与硫酸盐，亚硫酸的 R 值比硫酸盐高。另外，需要注意一次离子束束流密度大小会对 R 值有影响。因此，在使用 R 值来区分两种盐类时，需要参照在相同 SIMS 检测条件下获得的标准物的 R 值。

（2）硝酸盐和亚硝酸盐　$AgNO_2$ 的正性离子谱图中主要峰为 Ag^+ 和 Ag_n^+（$n=1\sim3$）以及 Ag_nO^+（$n=1\sim3$）。$AgNO_2 \cdot Ag^+$ 与 $AgNO_3 \cdot Ag^+$ 的比值可以用来区别 $AgNO_2$ 与 $AgNO_3$。但是必须参照在同样检测条件下采集的标准 $AgNO_2$ 与 $AgNO_3$ 物质的谱图。

$NaNO_3$ 和 $NaNO_2$ 正性离子谱图的出峰位置相同。强的离子峰为 Na^+、Na_2^+、Na_nO^+（$n=1\sim2$）、NaO_n^+ 和 $Na_2O_n^+$（$n=1\sim3$），伴有的较弱的离子峰为 $NaNO^+$、$NaNO_2^+$、$NaNO_2 \cdot Na^+$ 和 $NaNO_3 \cdot Na^+$。在一次离子束流密度较低的条件下，$NaNO_2 \cdot Na^+$ 和 $NaNO_3 \cdot Na^+$ 的比值可以用于两种盐类的区分。但是需要注意，这个比值会强烈受到电子中和枪电流的影响，这会给结构鉴定带来困难。另外，增加一次离子束流密度也会降低 $NaNO_3$ 加合离子与 $NaNO_2$ 加合离子的相对强度。也就是说对于 $NaNO_3$ 化合物，会出现 $NaNO_2 \cdot Na^+$ 峰比 $NaNO_3 \cdot Na^+$ 峰高的现象。

$NaNO_3$ 和 $NaNO_2$ 负性离子谱图出现了许多与结构相关的离子峰。在低质量区域，有 NO^-、NO_2^- 和 NO_3^-；此外，还有 $NaNO_3$ 和 $NaNO_2$ 分别与这三个离子所形成的加合离子峰。$NaNO_3$ 和 $NaNO_2$ 负性离子谱图的出峰位置相同但峰的强度不同。对于 $NaNO_3$ 化合物，最强的加合离子峰为 $NaNO_3 \cdot NO_3^-$，而对 $NaNO_2$ 化合物则是 $NaNO_2 \cdot NO_2^-$。另外，这些加合离子峰的比值会强烈受中和电子枪的影响。例如，对于 $NaNO_3$ 化合物，当使用电子中和枪时，$NaNO_3 \cdot NO_3^- / NaNO_2 \cdot NO_2^-$ 的比值从 0.41 变为 0.72。有电子枪和没有电子枪条件下，NO_2^- / NO_3^- 的比值分别为 0.71 和 1.14。产生这种现象的原因可能是电子轰击表面时所引发的还原反应，即将 $NaNO_3$ 还原为 $NaNO_2$。

（3）高氯酸盐和碘酸盐　使用 Ar^+ 一次离子束采集的 $CsClO_4$ 谱图中，观察到了一系列 $Cs_nCl_{n-1}^+$ 峰。另外，依然可以使用 ClO_n^- 和 $CsClO_n^-$ 来鉴定 $CsClO_4$ 结构。

使用 $CsI \cdot Cs^+$ 一次离子束在低束流密度下轰击 $NaIO_3$。谱图中出现的与结构相关的离子峰仅为 IO_3^- 和 $NaIO_3 \cdot IO_3^-$。而大部分的二次离子电流被认为是由 NaI 所产生的离子所贡献。XPS 对 $NaIO_3$ 的分析结果表明，只有少量 NaI 存在。由此推断，SIMS 谱图中所观察到的离子峰$(NaI)_nI^-$乃是来源于已经被多原子一次离子源轰击所损伤的样品表面。

（4）磷酸盐　在区分结构相近的磷酸盐结构时，可以考虑采用低质量数的离子峰 PO_2^- 与 PO_3^- 的比值。由于 PO_2^- 与 PO_3^- 的比值会受检测条件的影响，所以结构的确定需要参照在相同 SIMS 检测条件下获得的比值。据报道，使用$(CsI)Cs^+$一次离子束，可以获得最高的 PO_3^- / PO_2^-

比值。

（三）有机质谱

TOF-SIMS 最为重要的应用在于有机体系的表征，包括有机薄膜和有机体相物质。但是由于二次离子的产生过程复杂，机理尚未被完全认识清楚，因此，对有机 SIMS 的谱峰识别、谱图解释及以定量分析都有一定的难度。SIMS 有机质谱图必须在 S-SIMS 条件下获得。在做有机质谱分析时，被检测离子的发射深度、分子裂解形成碎片离子的程度、结构重排、离子束轰击引发的化学反应，及对增强二次离子的措施都是应该给予考虑的方面。

1. 分子离子峰和碎片离子峰

有机谱图的分析主要是对分子离子峰和碎片离子峰的识别。

（1）母离子的主要形成途径

① 整个分子 M 的离子化可以通过失去或得到一个电子产生带有奇数电子的离子 $M^{\pm}$。这种机理适合解释非极性分子的芳香性碳氢化合物分子。

② 极性分子通过 Brφnsted 的酸碱反应，产生如[M+H]$^+$和[M−H]$^-$的母离子。这种离子可能预先存在于表面，也可能是由一次离子的轰击而产生。

③ 在脱附的过程中，中性分子可以被金属离子阳离子化，如 Na^+、K^+、Cu^+ 或 Ag^+ 形成[M+Me]$^+$聚集体。另外，中性分子也可以被阴离子离子化，比如，被 H^-、Cl^-、Br^- 或 Au^- 离子化而形成带负电荷的聚集体。中性分子也有的与多原子离子结合，如与 NH_4^+ 的结合。这些过程是基于 Lewis 酸-碱反应。

④ 某些情况下，[M+Me]$^+$的形成是由处于激发态的中性[M+Me]*团簇在去激发的过程中形成的。

⑤ 母离子也可能是由于在真空中较大的团簇聚集体经历不稳态降解而形成的。

（2）碎片离子的形成　碎片离子的形成有时遵循重新组合反应机理，例如：甲苯谱图中 $C_7H_7^+$ 的形成是由于 C_7H_6 与 H 的结合。但是导致形成 m/z 0～200 范围内分子碎片离子的主要过程是与一次离子或与快速的反弹（recoil）原子碰撞引发的离子化过程。对于带负电荷的碎片，有另一种离子化机理，涉及二次电子与正在离开表面的中性粒子的相互作用。

在很多情况下，有机分子离子或者母离子，由于具有较大质量，与周围物质有强的结合，或者二次离子产额较低的缘故，而很难从表面被脱附。这种情况下，有机质谱分析主要依靠分子碎片离子峰。对于高分子，质谱中低质量的碎片区域 $0<m/z<200$ 被称为样品的指纹区。

2. 基底与基体效应

通过质子交换机理，或加合离子机理而形成离子的过程，会强烈地受分子环境的影响。一般使用合适的金属衬底（如 Cu、Ag），或向分子物中添加 Na、K，或使用含 H 量多的基体，都有助于阳离子化过程或质子化。比如：三十烷放到 Si 衬底上，只有自身离子化产生的分子峰和团簇峰。但将其放到 Ag、Cu 或 Au 衬底上，则产生一系列[M$_n$+Me]$^+$加合离子。使用 Au 衬底时，甚至可以观察到[M+Au]$^-$离子峰。

另外，加卤素化合物盐或对衬底表面做酸处理，可以提供 Na、K，或质子源。例如，血管紧缩素 II 沉积在 HBr 溶液处理过的 Ag 表面时会有较高的[M+H]$^+$峰产额，而沉积在腐蚀过的 Ag 表面，却没有分子离子峰被检测到。这是因为 HBr 的处理给衬底表面带来质子化所需要的 H。

对于胰岛素分子，使用硝酸纤维素做衬底比金属衬底可以获得更高的母离子产额。另外，在 SIMS 试验中使用 MALDI 基质（2,5-羟基苯甲酸）会显著提高二次离子产额。

3. 一次离子束对有机物表征的影响

一次离子束的参数会影响绝对和相对离子发射产额，尤其是在脱附步骤。一般认为高质量一次离子束（Xe^+，Cs^+，In^+）相对于低质量（Ar^+，Ga^+）的单原子一次离子束，对高质量有机碎片有更高的绝对和相对产额。另外，对小分子有机分子，分子离子产额随着一次离子源能量及入射角度增加而增加。而近些年来，不断开发出的团簇一次离子源，如 Bi_n^+、Ar_n^+，大大提高了 TOF-SIMS 对有机分子包括高分子及生物大分子的表征能力。这主要表现在碎片离子峰的减少、分子峰强度的提高以及样品损伤程度降低等多个方面。

（四）有机质谱图的数据分析

1. 高分子谱图

在 Briggs 等人出版的"The Satic SIMS Library"一书中，发表了含有近 200 个高分子谱图，并包含了它们的特征碎片离子峰，可以作为分析 SIMS 高分子谱图的重要参考工具书。高分子的识别可以通过对比高分子的标准谱图来完成。另外，高分子结构也可以直接从反映重复结构单元的系列峰来确定。以下仅对谱峰形成的基本规律做简单概述。

线型的碳氢高分子在低质量数范围（m/z 0~200）产生多个 $C_nH_m^+$ 团簇离子（$m=n$，…，$2n+1$）。芳香性高分子的正离子谱图相比于脂肪族烃高分子谱图，在更高的质量数范围内依然可以观察到 $C_nH_m^+$ 团簇并且 m/n 比值很小。大部分的谱峰主要由单环或多环碳氢结构产生，其中以 $C_7H_7^+$ 最具代表性而被用于芳香结构的鉴定。

主链中含有官能团的碳氢高分子在其谱图中除了在低质量范围里的碳氢碎片峰，还可以观察到反映重复单元的离子峰。对于尼龙-6 [$(CH_2)_5CONH]_n$，谱图中出现了一组包含多个重复单元的$[nM+H]^+$离子峰。这里，M 代表重复单元，其质量数为 113。对于线型聚醚，可以观察到$[nM+H]^+$和$[nM+OH]^-$系列峰。对于聚酯高分子，如聚内酯$(R-COO)_n$，产生一系列的$[nM+H]^+$和$[nM+OH]^-$峰，并可能伴有 $R-CO^+$峰和一系列的$[nM-H]^+$和$[nM+OH]^-$峰及可能伴有的 $R-COO^-$峰。

侧链上有官能团的碳氢高分子。乙烯基烃和丙烯酸类聚合物是两大类带有含氧侧链的碳氢高分子。乙烯基聚合物结构为$(CH_2CHX)_n$。对于聚乙烯基醚类，X = —OR；对于乙烯基甲酮，X = —C(=O)R；对于聚乙烯羧酸酯类，X = —OC(=O)R。在这些高分子的正性离子谱图中所出现的碳氢峰由主链和侧链基团产生（如果侧链基团有较多碳原子，特别是线型分子）。聚乙烯醚谱图中会出现重复单元离子，但是其他的高分子主要产生侧链碎片，特别为 $R-C\equiv O^+$离子。在负性离子谱图中，乙烯基酮会出现重复单元峰；而对于聚乙烯醚，RO^-为主要峰；对于聚乙烯羧酸酯，$RCOO^-$为主要峰。在聚甲基丙烯酸甲酯（PMMA）的正离子谱图中，主要峰是由主链产生的碳氢碎片。但是，在高质量分辨率下，大多数峰含有多个成分，常常含有碳氢成分，但是更多的情况下只是含氧碎片。有意义的重复单元碎片是那些质量数为偶数的自由基阳离子，如 m/z126、154、196、200。当甲基丙烯酸酯的 R 较大时（R 大于 CH_3），正性离子谱图更像碳氢高分子谱图。最常见的用于结构鉴定的离子为 $CH_2C(CH_3)(CO)^+$（$m/z=69$）。PMMA 的负离子谱图没有"碳氢噪声"而显得简单许多。特征峰出峰位置及其强度的变化模式清楚地反映了结构的重复单元为 100。所有甲基丙烯酸酯的负性特征离子峰为 m/z 85、109、125 和 139。这些离子是由侧链 R 基团的断裂而形成的。

许多含氮高分子与尼龙-6 高分子的谱图相似，会出现一对特征峰：$[2M+H]^+$ 和 $[2M-OH]^+$。

二酸二胺聚酰胺（$[R^1CONHR^2]_n$）的谱图与主链聚酯相似，最主要的峰为 $R—CO^+$。但与尼龙-6 的不同，在负离子谱图中没有 $RCOO^-$ 峰，而且一般缺乏高质量数的分子碎片峰，特征峰主要为 CN^- 和 CNO^-。氮元素的存在一般可以从正离子谱图中出现的过多的质量为偶数的离子峰（由于含有一个或奇数个氮原子）识别出来。

含卤素高分子谱图的主要特点是强度较高的卤素负离子峰。脂肪性含氯高分子如聚氯乙烯$(CH_2CHCl)_n$的正离子谱图类似于碳氢高分子的谱图。但是，在高质量分辨率下，可以看出很多峰含有一个或两个氯原子。高氟化高分子即使不含有 CF_3 结构，也会观察到 CF_3^+ 峰（$m/z\ 69$）。聚四氟乙烯$(CF_2CF_2)_n$一般产生 $C_xF_y^{+/-}$ 类的离子峰。而含有氢的氟化高分子，如聚(偏二氟乙烯)$(CH_2CF_2)_n$，一般产生 $C_xF_yH_z^{+/-}$ 类的碎片离子。

芳香性高分子包含带有苯环的碳氢高分子以及苯环链中含有杂原子或杂原子作为侧链基连接于苯环的高分子。环取代的甲苯高聚物产生取代的䓬鎓离子 $C_7H_6X^+$（如 $X = OH$，F，Cl，Br），另外，芳香性的聚醚则产生 $C_6H_5O^-$。

硅树脂包括硅橡胶和硅油。它们的结构通常基于聚二甲基硅氧烷$[Si(CH_3)_2O]_n$。它们的谱图中常常出现以下峰：$m/z\ 28$、73、147、207、221 和 281。这些峰的相对强度随分子量、末端基及橡胶的交联度而改变。

2. 在表面的有机分子

分析有机分子 SIMS 谱图是比较困难的，因为不能像分析常规气相有机分子质谱那样能够根据明确的离子形成机理规则来直接推测分子结构。另外，谱图中常常出现的衬底峰与有机分子离子峰重叠干扰现象，使得谱图分析更为困难。

有机分子除了碎片峰以外，一般会产生准分子离子，如$[M+H]^+$和$[M-H]^-$，这里 M 的质量数即为有机分子的相对分子质量。如果有机分子是分布在高分子衬底上，它可以容易地由分子离子峰识别出来。这是因为高分子所产生的峰大部分为碎片峰，质量在 $m/z\ 0\sim200$，而有机分子准分子离子峰虽然强度低，但是一般有更高的分子量，所以有机分子峰不会被衬底峰所掩盖。

被研究的有机分子可以被放置在金属或半导体衬底上。一般这些衬底表面都有氧化物存在，因而，相对高分子衬底来讲，在谱图中会在高质量数区域内出现更强峰，但是峰的数量不多。另外，足够高的质量分辨率可以区分有机碎片（质量数略微高于公称质量）和无机的团簇峰（质量数低于单位质量）。

模式（pattern）的鉴别是有机分子识别的关键。常见的表面污染物分子根据它们的功能，可以归类成为数不多的化学家族，比如，表面活性剂、润滑剂和不同种的高分子添加剂。一个家族中的每个成员会产生共同的碎片离子，同时也有自己的特征分子峰。或者全谱都有一个相同的出峰模式和相同的峰强度分布的模式，只是峰位置会按照固定的质量间隔"移动"。比如，在正性离子谱图中，脂肪酸分子有一个碳氢系列峰再加上分子和碎片峰。这些峰会随着同源分子的碳氢分子链长度增加而向高质量移动 14u（CH_2）。如何识别一系列同源化合物的出峰模式，可以参见"The Static SIMS Library"一书。

模式的识别需要注意几点：第一，有时分子离子峰不以$[M+H]^+$形式出现，而是形成金属螯合离子峰$[M+Me]^+$，Me 指碱金属元素；第二，含有脂肪酸的分子通常不是单一组分，而是混合物，比如，硬脂酸酯类经常由硬脂酸酯与棕榈酸酯衍生物组成，并且含有 C_nH_m 饱和链的衍生物有可能伴随着含有 C_nH_{m-2} 不饱链的衍生物；第三，单分子层分子的谱图可能与多分子层的谱图不一样。

3. 通过精确质量分析确定化学分子式

原则上有可能通过对谱峰的质量数的精确分析推知它的离子化学式。然而，现实当中，是否能够实现由质量数直接推断出化学式，却取决于公称质量、质量分辨率、计数统计及质量尺度校准的准确度。

质量校准对确定分子式有重要的影响。在实际的质量校准操作中可以有多重方式选择用于校准的一系列离子峰。而采用不同种校准峰会带来不同的质量准确性。已有的试验结果表明，校准峰全部是元素离子峰或全部是分子峰，校准效果相近。但是，如果混合使用元素离子峰和分子离子峰，将导致质量准确性显著降低。校准峰的峰形会影响中心位置的选择，进而也会影响校准的准确性。导致峰形差异的原因是不同的二次离子产生机理所造成的二次离子的初始能量分布不同。比如，从同一个高分子产生的饱和脂肪性碎片峰与不饱和/芳香性碎片峰相比，在能量分布上有较大差异。使用饱和脂肪性碎片峰校准与使用不饱和/芳香性碎片峰校准的准确度不同。

仅仅使用 SIMS 谱峰质量数很难直接给出谱峰的化学结构，比如，如果质量数为 250，可能的物质（只由 C、H、O 和 N 组合的）有 54 种。借助从谱图中获得的元素和官能团信息可以缩小用于计算某个质量数可能的化学式中的元素范围。另外，获知在一定检测条件下质量检测的准确性可以帮助缩小被分析的质量范围。然而，这种方法局限于用来确定通过"模式"识别出来的"未知"离子的结构/化学式。准确衡量两个峰之间的质量差值对谱图的解释也会有所帮助。分子碎片的形成经常是通过失去中性分子来产生的。所以，通过获知某个二次离子形成机理可以简化对原始分子的结构的推导过程。

二、定量分析

（一）基体效应

SIMS 过程中二次离子的产生是一个复杂的物理化学现象，很难用一种机理来解释所有情况下二次离子产生的原因。但是，为了便于给出一个定量关系式来描述检测参数、数据结果及样品成分的关系，可以简单地认为二次离子产生过程由两个基本过程组成：原子或多个原子从表面脱附的动力学过程，以及部分溅射粒子变成带电粒子的电离过程。这样，通过一次离子束溅射及电离作用，在表面所产生的质量为 m 的二次离子流强度 I_m 可表示为：

$$I_m = I_p Y_m \beta_m^+ \theta_m \eta \tag{12-4}$$

式中，I_m 为质量 m 的二次离子流强度；I_p 为一次离子流强度；Y_m 为每个一次离子撞击表面时所产生的质量 m 粒子的总溅射产额，包括中性的和电离的粒子；β_m^+ 为质量 m 的粒子电离成正离子的概率；θ_m 为表层中质量 m 成分的化学组成分数；η 为分析系统的传输率。其中，Y_m 和 β_m^+ 是涉及离子束和固体表面相互作用过程的两个基本参数，也是至今 SIMS 定量分析的基本依据。

SIMS 的定量分析比较困难，原因在于在 SIMS 的检测过程中，样品自身基体的特性会较大程度上影响元素和分子的二次离子产额（可视为 Y_m 和 β_m^+ 的两项乘积），即所谓的"基体效应"。"基体效应"也可以由上述公式解释为 Y_m 与 β_m^+ 的乘积大小与 θ_m 大小有时会有很大的依赖关系。基体效应造成检测的信号强度 I_m 在仪器及检测条件固定（I_p 及 η 保持不变）的情况下，依然不能与化学成分有线性关系。

（二）工作曲线、标准样品及相对灵敏度因子定量方法[2,3]

为了克服或减小"基体效应"对 SIMS 的定量所造成的困难，在实际检测工作中，常采用实验参考物质(标样)校准法，即利用一系列成分已知的标样，测出其成分含量与二次离子电流关系的标准曲线（或得到相对灵敏度因子），然后用它来确定未知样品中的含量。实验标样校准法对标样的依赖性很强，要求标样与待测样品的基体成分相同。标样的精度直接影响定量分析结果的精度。常用的参考物质有均匀掺杂和离子注入标样。

1. 相对灵敏度因子定量方法

将式（12-4）中 Y_m 与 β_m^+ 的乘积定义为质量为 m 的物质的灵敏度因子 S_p^m，即

$$S_p^m = Y_m \beta_m^+ \tag{12-5}$$

将式（12-4）和式（12-5）合并得到

$$S_p^m = I_m / (I_p \theta_m \eta) \tag{12-6}$$

如果样品分析面积内各种化学成分分布均匀，其中一种物质所占的浓度为 θ_n，在相同检测条件下，n 物质的二次离子流强度 I_n 可表示为：

$$I_n = I_p Y_n \beta_n^+ \theta_n \eta \tag{12-7}$$

并且得到：
$$S_p^n = Y_n \beta_n^+ = I_n / (I_p \theta_n \eta) \tag{12-8}$$

由于 TOF-SIMS 在一次的检测中可以获得所有物质的离子信号，因此，可以将样品中浓度已知的 n 物质设定为参照标准，定义其他物质的相对灵敏度因子 $(RSF)_n$

$$(RSF)n = S_p^m / S_p^n = (I_m \theta_n) / (I_n \theta_m) \tag{12-9}$$

这样，在得到 $(RSF)_n$ 后，通过测得未知样品的 I_m、已知的 n 物质的 I_n，及已知的 n 物质的浓度，便可以求得样品中 m 物质的浓度。

2. 均匀掺杂标样

此方法要求样品具有很好的均匀性。目前在钢铁样品、玻璃样品和部分半导体样品分析中已经有广泛应用。

3. 离子注入标样

离子注入标样的应用大大推进了实验标样法的发展。几乎所有的离子都能注入各种基体中，而且可以精确控制掺杂浓度和深度。根据离子注入量，利用 SIMS 得到的深度分布曲线和离子信号积分，再结合分析深度的精确测量，就可以获得从离子流强度到注入离子浓度的转换。

通过对比分析标样，运用相对灵敏度因子法，进行定量分析，可以获得很好的精度。国际标准化组织（ISO）已于 2000 年正式颁布了 SIMS 定量分析的第一个标准：用均匀掺杂参考物质测定硅中硼原子浓度。

（三）TOF-SIMS 新技术对定量分析质量的提高

SIMS 定量分析中除了"基体效应"以外，还存在如二次离子产额过低、质谱峰数量太大造成难以选择用于定量的特征峰，以及在深度剖析检测中信号过强而影响线性范围等问题。TOF-SIMS 新技术的出现，如团簇一次离子源的使用、Possion 修正方法以及 EDR（extended dynamic range）技术，有助于解决以上问题，从而提高 SIMS 的定量分析的质量。

1. MCs 深度剖析

当 Cs^+ 离子束轰击样品表面时，会有 Cs^+ 和 M_0 粒子从表面发射出来。按照重新组合机理，Cs^+ 和 M_0 结合形成 MCs_n^+。实验证明，MCs_n^+ 的产额受基体效应影响小，使得其峰强与 M 在样品中的组分分数呈线性关系。因此，可以直接用 MCs^+ 峰与 Cs^+ 的比值及它们的相对灵敏度因子对未知样品中 M 的含量做定量分析。MCs^+ 方法适合用于对材料做深度剖析的定量分析。

使用最新的团簇一次离子源，如 C_{60}^+ 和 Bi_3^+ 会大大提高 MCs^+ 和 MCs_2^+ 的产额，有时峰强度可以提高 2000 倍。不过这种增强效果的大小也受样品的基体影响。高的离子产额有利于提高定量分析质量。因此在做双离子源的深度剖析时，可以使用 Cs^+ 为轰击离子源，而 C_{60}^+ 或 Bi_3^+ 为分析离子源。

2. Poisson 修正技术

当二次离子的信号强度过高时，检测器达到过饱和状态，最终造成无法检测信号的真实强度。在这种情况下可以采用 Poisson 修正方法，修正检测器的过饱和状态所引起的信号强度损失的偏差，从而增加该信号的线性范围。Poisson 修正方法见图 12-10。

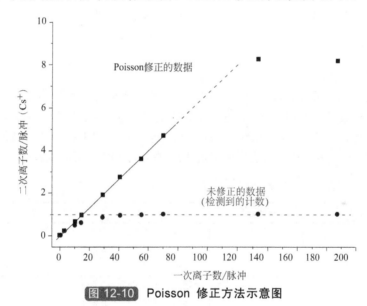

图 12-10 Poisson 修正方法示意图

第五节　方 法 应 用

一、腐蚀科学：氧化皮的分析[4]

在许多腐蚀现象中都存在氧化皮（oxide scale）的生长。氧化皮生长机理的研究对在核电站核反应器环境下钢材的腐蚀研究显得更为重要。在应用 SIMS 表征手段时，可以通过使用同位素标记来确定氧化的位置，进而解释氧化的机理。用于英国先进气体冷却反应器的钢材的加速氧化实验中采用了同位素氧标记的 CO_2。研究的钢材为 Fe-Cr 合金（Fe-9%Cr）。先在 $C^{16}O_2$ 下进行氧化（温度为 910K，时间为 1000h）而产生较厚的氧化皮。然后在 $C^{18}O_2$ 气氛下反应 45h 氧化生长出一层薄的富含 ^{18}O 的氧化物膜。然后，制备氧化皮断面，并对其 SIMS 成像表征（一次离子源为 GaLMIG，10kV）。图像扫描时无需保持静态 SIMS 条件。从图像可以看出氧化皮明显分为两个区域（见图 12-11）。外层成分为氧化铁，没有铬或含很少量的铬。而内层成分则是 Fe/Cr 双层尖晶石结构的氧化物。从 Cr^+/Fe^+、$Cr^+/^{18}O^-$ 及 $Fe^+/^{18}O^-$ 三个叠加图像中可以看出，^{18}O 集中分布在两个区域：一个是在氧化皮与气体的界面，另一个在或仅仅高于金属-氧化皮界面。由此可以推知，最外层富含 ^{18}O 的氧化物的生长通过两种机制进行：一种是金属原子扩散到氧化皮表面，另一种是 ^{18}O 穿过较厚氧化皮扩散到金属-氧化皮界面。另外，很强的 ^{18}O 条带结构还清楚地表明氧化皮缺陷处可以引发氧化物的生长。^{18}O 可以自由地移动到缺陷上而金属原子也移动到这些区域从而生成 ^{18}O 氧化物。

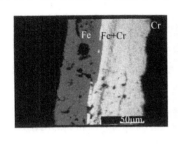 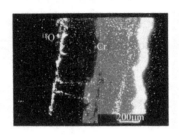 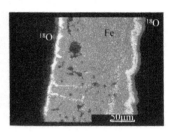

| (a) | (b) | (c) |

图 12-11 Fe-9%Cr 合金表面上生长出的氧化皮断面 SIMS 图像

二、电子材料表征[1,3]

（一）硅片表面污染物的检测

半导体制造工艺需要经过数十道加工和处理步骤，而硅片在每一步处理过程有可能会受到轻微的污染。一般以 $10^7 \sim 10^{10}$ 原子/cm^2 灵敏度检定、追踪污染物种及其来源，是保障器件质量的关键。因此，高性能 TOF-SIMS 已成为制造半导体器件中控制各个技术环节质量不可缺少的检测工具。表 12-2 列出了硅片加工过程中 TOF-SIMS 分析的流程。

表 12-2 硅片加工过程中 TOF-SIMS 分析的流程

加工步骤		模型硅片	TOF-SIMS 分析
清洗和刻蚀	湿清洗	√	金属残留物 Cu、Fe、Na、Al
	干刻蚀	√	来自刻蚀腔内的污染金属 Fe、Ni、Cr
	HF 氧化刻蚀	√	残留 F
掺杂和热处理	注入	√	敲入的金属 Fe、Ni、Cr
	氧化	√	天然氧化物去除后的金属残留物
	扩散	√	前、后侧金属污染
	沉积	√	前、后侧残留金属
	氧化溅射沉积	√	金属污染
	炉退火	√	来自炉内 Cu 和过渡金属
	快速热处理	√	热迁移金属 Cu、Na、K
	CVD/PVD	√	来自等离子体金属污染物
镀铜技术	Cu 电镀	√	硅片边和后侧 Cu 残留物
	CuCMP	√	硅片边和侧面 Cu、Ge 残留物
	阻挡层金属	√	抹在硅片边缘的金属画线上的 Ta、Ti
	高 k 介质膜	√	Ta、Al、Ti、Ba、Sr、Hf、Zr 残留物

（二）超浅注入掺杂体的深度剖析[1, 3]

在半导体工业，随着器件尺寸不断地减小，对超浅注入掺杂元素，主要为 B、As 和 P 元素，做表征的需要也越来越难满足。这项工作要求检测技术有亚纳米的深度分辨率和一个短的过渡区，及低于 10^{17} 原子/cm^3 的检出限。一个典型的超浅掺杂体深度分析的例子：

由 500eV O_2 轰击获得的 2.3keV BF_2 注入体的深度剖析曲线（图 12-12）。这个深度剖析图具 5 个数量级的动态范围，导致 B 元素检出限为 $10^{16}cm^{-3}$。而且从曲线上容易测出结的深度。除了可以检测掺杂元素和基底信号，由于 TOF 分析器可以同时检测所有二次离子的特点，其他元素比如 Al(由离子注入器带来的表面污染物)和 F（来源于被注入的 BF_2 分子）也可以同时被表征。Al 的信号强度随着衰减长度 λ_d=0.68nm 呈指数衰减，而注入的 F 在 15nm 之内的分布为一个典型的注入元素深度分布曲线。

图 12-12 的插图中显示了 4nm 以内 ^{30}Si 的线性强度变化。可以看出，基底 Si 信号在小于 0.25nm 的表观厚度以上开始变得平稳。这保证了轰击率的改变对深度尺度，以及相对灵敏度因子（RSF）的变化对曲线形状有相对较小的影响，最终导致对 B 含量的检测有较小的影响。

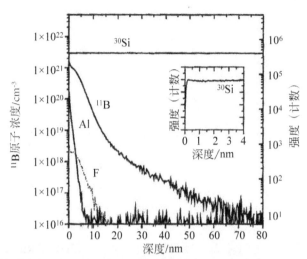

图 12-12 2.3keV 下被注入 Si 衬底中的 BF_2 的深度剖析曲线

轰击离子枪：500eV O_2，轰击角度为45°。分析离子枪：15keV Ga。为了荷电中和而采用O_2离子束轰击

三、多相催化剂的研究[4]

S-SIMS 可以用于对双金属催化剂模型体系中金属的分散状态与单分子层覆盖率关系的研究。使用 SIMS 对沉积在氧化硅上的 Ru/Cu 催化剂体系做表面表征，通过考察 Ru^+/Cu^+ 与 Cu 含量的关系可以看出，随着 Cu 含量提高，Ru 的曝露程度降低，说明 Cu 覆盖在 Ru 的表面。

衬底温度会对在单晶 Ru（0001）表面上 Cu 的沉积有一定的影响。模型体系的制备如下：使单晶 Ru（0001）表面分别保持在 1100K 和 540K，并在其上沉积 Cu，最后，表面被迅速冷却到室温。S-SIMS 和电镜的对两个样品表征结果表明，在 1100K 温度下，发生了温和的沉积反应，导致超出单分子层后 Cu 是一层一层地生长。然而，在 540K 温度下，岛状团簇式的生长机理发生，这使得即使超出单分子层，Ru 表面依然未被完全覆盖。

从 Cu^+/Ru^+ 与铜含量的关系曲线可以看出，当 Cu 的含量高于一个单分子层后，在 1100K 温度下，信号强度急剧增加，而 540K 下信号强度缓慢增加。由此可以推知，高的衬底温度下沉积出的催化剂表面为 Cu 所覆盖，而低温下情况不是这样（见图 12-13）。另外，1100K 温度下沉积的样品表面的 $RuCu^+/Ru^+$ 比值较高，也说明高的衬底温度使得 Cu 的覆盖率较高。由图 12-13（b）的曲线可以估算，当 1100K 下沉积的表面被 Cu 完全覆盖时，低温下沉积的表面上有 25%的 Ru 表面未被 Cu 覆盖。

Ru 通过溅射方法沉积在氧化铝表面后，虽然有较高的分散程度，但依然需要经过退火处理，才可以使 Ru 稳定并最终形成晶体。S-SIMS 检测结果表明，AlO^+/Ru^+ 比值随着样品在真空中退火程度的逐渐增加而增加。而与此同时，Ru_2^+/Ru^+ 比值也增加。这些结果说明，退火处理使得 Ru 形成了较大的晶体颗粒，并使得部分 Al 表面未被覆盖。

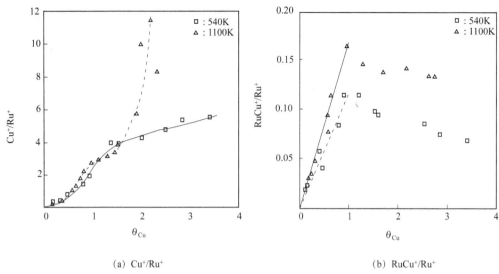

(a) Cu⁺/Ru⁺   (b) RuCu⁺/Ru⁺

图 12-13 SIMS 信号比值与铜的覆盖率（θ）的变化曲线

    S-SIMS 可以用于监测在催化剂表面气体的吸附率及吸附状态,例如,CO 在单晶 Ru(0001) 表面上及模型-支撑催化剂表面上的吸附。在 300K 温度的饱和状态下,$\sum(Ru_xCO^+/Ru^+)$ 值对单晶 Ru(0001) 表面为 0.75;对于模型-支撑催化剂表面,退火之前为 0.41,退火之后为 0.32。这说明高密度的 CO 只在光滑的单晶表面形成,而不能在小的多晶颗粒上形成。另外,因着表面被退火,晶体形成并生长,相对于 Ru 的覆盖率下降。

    $Ru_2CO^+/(RuCO^++Ru_2CO^+)$ 比值可以反应桥式吸附状态的比例。当 Ru 刚刚溅射到支撑表面上时,$Ru_2CO^+/(RuCO^++Ru_2CO^+)$ 比值是 0.1,说明几乎 100% 的吸附 CO 为线性吸附状态。当样品经过退火处理后,这个比值降低小于 0.1,说明无论表面是什么样的物理状态,CO 总是以线性吸附状态吸附于催化剂表面。但是,当 Cu 被引入表面后,一些 CO 只能以桥式的状态吸附在表面。当铜的覆盖率为 35% 时,单晶 Ru(0001) 表面 S-SIMS 的 $RuCO^+/(RuCO^++Ru_2CO^+)$ 比值降到 0.7,说明有 25% 左右的 CO 以桥式方式吸附在表面。吸附状态的改变可能是由 Cu 引发的电子效应而引起的,比如电子密度从 Cu 转移到 Ru。

四、环境检测：气溶胶及汽车尾气颗粒表面成分分析[9~11]

    TOF-SIMS 的三种操作模式均可以应用于气溶胶的表征。从 TOF-SIMS 谱图可以获得气溶胶颗粒表面无机物与有机物的信息;从 SIMS 图像中可以观察不同颗粒(不同大小或不同形貌)表面化学的差异;从浅层深度剖析可以观察表层与靠近核心区域的化学成分差异。TOF-SIMS 技术可以应用于气溶胶颗粒表面与大气气相成分之间的化学反应,颗粒表面毒性及污染源排放与污染源识别的研究中[9]。

    在研究夏威夷海洋气溶胶表面化学成分时,气溶胶颗粒首先被收集到覆盖有金的衬底上,然后对其做 TOF-SIMS 谱图及成像表征。图 12-14(a)显示了气溶胶颗粒中金属离子的分布,图 12-14(b)为有机物离子峰的成像图。从图 12-14(b)中可以看出,有机物覆盖在盐核心颗粒所含有的无机物 [白色线圈出的区域,对应于图 12-14(a)中的盐颗粒] 的上面。由于有机物的信号在样品受到一次离子束短时间的轰击后便消失,这说明有机层的厚度很薄。从谱图中所检测到的长碳氢链离子信号可以推断气溶胶颗粒表面有机物薄层由表面活性剂分子组成[10]。

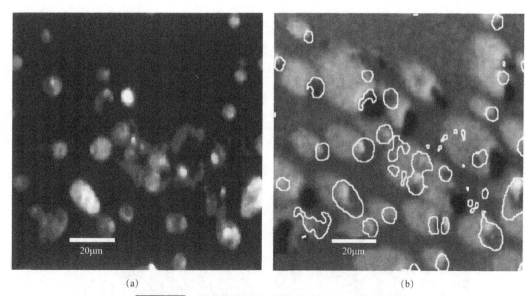

(a)　　　　　　　　　　　　　　　　　　(b)

图 12-14　夏威夷海盐气溶胶的 TOF-SIMS 图像

(a)海盐中的Na、K和Mg离子叠加图。（b）与颗粒的盐核心相关联的有机物"晕"。（b）中白色线圈出了图像（a）中盐
颗粒的位置。经过很短的刻蚀，有机物"晕"随即消失[10]

结合扫描流动性粒径谱仪（scanning mobility particle sizer，SMPS）和 TOF-SIMS 可以对环境中大小不同的纳米颗粒做表面化学成分表征。使用 SMPS 在靠近交通干道区域收集大气中颗粒物并对其粒径分布做表征。将含量最多的两个尺寸（20nm 和 100nm）的颗粒分别放置在不同衬底上，进行 TOF-SIMS 谱图表征。20nm 颗粒的谱图中 C^+、O^+、Si^+、SiH^+ 二次离子峰强较高；而 100nm 颗粒的谱图中 NH_4^+、Na^+、K^+ 和 Ca^+ 二次离子峰强较高。有机化合物的特征二次离子峰，如 $C_6H_5^+$、$C_8H_5O_3^+$，m/z =169、290、446，对两种颗粒也有差异。20nm 颗粒的有机物主要含有燃料物质和发动机油，而 100nm 颗粒表面的有机物更接近柴油机排放微颗粒所含有的有机物[11]。

五、煤科学：煤表面成分及其赋存情况的表征[12]

煤在燃烧过程中可能释放有害气体而对环境造成污染，损害人体健康。综合考虑煤采集的历史、煤保存条件以及煤的化学成分会帮助了解煤燃烧所引发的化学反应，从而阐明煤燃烧过程中造成环境污染的原理。对于此类研究，可以利用 TOF-SIMS 谱图技术来表征煤样表面的化学成分（也代表了煤体相成分），并且可以通过采集离子图像来鉴定各种成分的赋存情况。为了探究氟中毒地方病流行的自然村中燃烧煤对氟中毒的影响，对当地日常生活用燃煤进行采样并使用 ION-TOF TOF-SIMS IV 仪器对其做了谱图及成像表征。检测的条件为：超高真空(约 10^{-10}Torr)，C_{60}^+ 为一次离子源，Bi_3^+ 源为分析源，谱图的质量分辨率达到 $R>10000(^{28}Si)$。煤样的谱图中检出 H_3O^+、$H_2SO_4^+$、HSO_4^-、F^- 及 K^+ 和 Na^+ 等特征离子。前三者直接标志了水合硫酸（$H_2SO_4 \cdot H_2O$）的存在，后面三个离子表明可能有氟化盐的存在。图 12-15 是在线预清洁煤样表面的正、负离子微区（500μm×500μm）图像。其中，包含代表煤有机相（$C_3H_6^+$、$C_2H_2O^+$、$C_2H_2O^-$ 和 $C_{10}H_7^-$）与无机相（共生黏土 Si^+、Al^+、AlO_2^- 和 SiO_2^-）的多个离子图像。从 Si^+ 或 SiO_2^- 图像可以看到，Si 元素有明亮的条带状分布，代表黏土在此带状微区内浓度最高（很纯）；而在此微区内，$C_2H_2O^+$和$C_{10}H_7^-$亮度最暗，说明此微区缺少煤的有机相。谱图中只检出了F^-，但未检出有机氟的碎片离子峰，因而，否定了有机氟的存在形式。对比F^-图像与Na^+及K^+图像，可以看出F^-与Na^+及K^+的空间分布基本一致，说明氟在样本煤中以氟盐如NaF或KF的形式存在。另外，由于F^-图像与Si^+、Al^+、AlO_2^-和SiO_2^-的图像中的形貌大致相同，因而可以推知氟赋存的物理状态为分散在黏土相中。借助TOF-SIMS结果可以推论，由于当地生活燃煤中天然含有酸（$H_2SO_4 \cdot H_2O$）与碱（F^-），这些化学物质在加热或燃烧条件下便发生酸碱的中和反应而释放出氟化氢气体，从而造成空气污染。

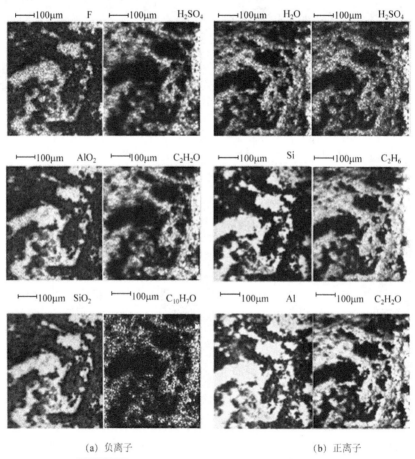

(a) 负离子   (b) 正离子

图 12-15 普定煤样的典型 TOF-SIMS 微区图像

六、冶金：矿物浮选的研究[13]

结合主成分分析（PCA）方法及TOF-SIMS技术可以识别浮选产物的相并对颗粒进行选择。在对复杂且多元相矿石的分析中，相比于元素成像和手动颗粒选择方法，应用PCA处理TOF-SIMS数据可以更清晰地确定颗粒界限，从而更为可靠地识别矿物质。特别是PCA容许同时检测出不同的矿物相及其表面的化学物质，而不是仅仅关注一种矿物质。图12-16显示，根据铜元素含量明显不同，闪锌矿（sphalerite）相和黄铁矿/黄铜矿（pyrite/chalcopyrite）相可以清晰地被分别开来。这个实验结果验证了铜元素选择性地从黄铜矿转移到闪锌矿相上。

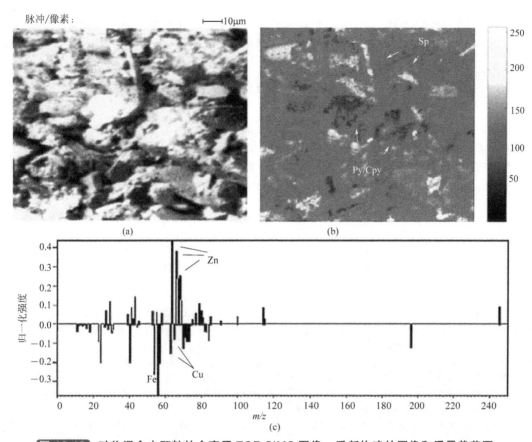

图 12-16　矿物混合中颗粒的全离子 TOF-SIMS 图像、重新构建的图像和质量载荷图

（a）在黄铁矿（Py）、闪锌矿（Sp）和黄铜矿（C）混合物中颗粒的全离子TOF-SIMS图像；
（b）重新构建的图像；(c)从（a）图中选出的PC2的质量载荷图

在矿物的浮选过程，选择性回收率受矿物颗粒表面几个分子层物质的化学特性影响。从黄铁矿浮选分离出方铅矿（galena）时，在很大程度上受两种矿物表面金属氧化物的影响。而这些氧化物是在研磨过程中与研磨工具相互作用而产生的。TOF-SIMS 谱图可以揭示经过不同研磨工艺后颗粒表面化学物质的不同。例如，相比于使用 30%（质量分数）含铬的研磨工具[含铁 70%（质量分数）]，使用低碳钢并在氧气环境下研磨方铅矿，其表面产生的 O 以及 Fe 离子峰最高。这一结果与浮选试验中方铅矿的回收率较差现象一致。

矿物中所有颗粒表面的憎水性和亲水性的物质含量的平衡会影响颗粒与气泡的附着。对于矿物浮选，憎水性可以由接触角来表征。接触角与 TOF-SIMS 检测到的颗粒表面的物质种类有一定的相关性。通过实验建立接触角与颗粒表面被检出的那些主要影响接触角值的二次离子的强度关系式，可以用于预测实际样品的憎水性。使用此种方法来表征颗粒的憎水性和亲水性的优点在于：①大小不同的颗粒表面的憎水性可以被同时表征；②颗粒的憎水性和亲水性的平衡状况也可以被直接评估。

七、有机材料的表征[14,15]

由于 TOF-SIMS 具有很高的质量分辨率，较大的质量范围及能同时检测所有二次离子的特性，因此，相比其他两种 SIMS——四极杆和磁质 SIMS，它更适合表征有机材料表面的化学结构和组分。TOF-SIMS 在对有机材料表征的应用范围较为广泛。在高分子材料方面，适合研究高分子表面某个组分或分子链段的富集现象，以及高分子表面经过物理或化学方法处理后所发生的表面化学结构的改变。近些年来，TOF-SIMS 在生物材料研究和在生命科学领域的应用也迅速增加。使用谱图功能可以研究蛋白质在人工材料或种植体表面的吸附机理。利用 TOF-SIMS 的生物成像功能，可以对生物分子微阵列芯片制作过程中每个加工步骤后的表面产物进行空间上可分辨的化学结构鉴定和表征。TOF-SIMS 成像技术还越来越多地被应用于对生物组织、细胞表面和细胞内的生物分子，如脂质分子、胆固醇及氨基酸分子做成分分布的表征。一般情况下，为了维持 TOF-SIMS 检测所需要的超高真空条件以及保持检测过程中生物样品结构的稳定性，对细胞或组织样品的检测需要在低温下完成。

参 考 文 献

[1] Vickerman J C, Briggs D. TOF-SIMS: Surface Analysis by Mass Spectrometry. Chichester: IM Publications, 2001.

[2] 黄惠忠, 等. 表面化学分析. 上海: 华东理工大学出版社, 2007.

[3] 曹立礼. 材料表面科学. 北京: 清华大学出版社, 2009.

[4] Briggs D, Seah M P. Practical Surface Analysis. Second edition. Vol 2. Ion and Neutral Spectroscopy. Chichester: John Wiley & Sons Ltd, 1996

[5] 赵墨田, 曹永明, 陈刚, 等. 无机质谱概论. 北京: 化学工业出版社, 2006: 64.

[6] Seah M P, Gilmore I S. Surf Interf Anal, 2011, 43: 228.

[7] Mahoney C M. Mass Spectrom Rev, 2010, 29: 247.

[8] Matsuo J, Okubo C, Seki T, et al. Nucl Instrum Methods Phys Res B, 2004 (219-220): 463.

[9] 倪润祥, 李红, 伦小秀, 等. 安全与环境学报, 2012, 12(5): 116.

[10] Peterson R E, Tyler B J. Atmos Environ, 2002, 36: 6041.

[11] Fukuhara N, Suzuki K, Takeda K, et al. Appl Surf Sci, 2008, 255(4): 1538.

[12] 梁汉东, 梁言慈, Gardella JA Jr, 等. 科学通报, 2011, 56(27): 2311.

[13] Chehreh Chelgani S, Hart B. Miner Eng, 2014, 57: 1.

[14] 孙立民. 质谱学报, 2012, 33(1): 55.

[15] 孙立民. 质谱学报, 2014, 35(5): 385.

第十三章 双聚焦二次离子质谱法

二次离子质谱（secondary ion mass spectrometry，SIMS）[1~10]，由离子源、质谱计（又称质量分离器）和离子检测系统等三个主要部分组成（见图 13-1）。SIMS 所检测的离子来源于真空中由高能量聚焦一次离子束轰击样品表面发生溅射现象所产生的离子，这些离子被称为二次离子。

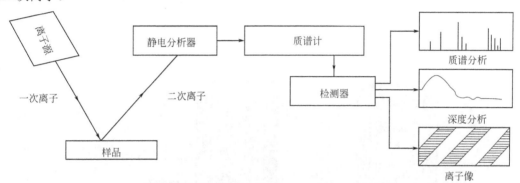

图 13-1 二次离子质谱仪工作原理示意图

由静电场与磁场合理组合的质谱计，可实现二次离子方向和能量的双聚焦。采用这种质谱计的 SIMS，被称为双聚焦二次离子质谱仪。其性能得到很大提升。

早期，Benninghoven 及其合作者采用大束斑（毫米量级）低密度一次离子束，对样品表面的损伤非常小，被称为静态 SIMS。1963 年，Wittmaack 和 Magee 等采用高密度小束斑的一次离子束，在样品表面留下明显的轰击溅射坑痕，被称为动态 SIMS。

根据二次离子检测方式的不同，SIMS 又分成离子探针和离子显微镜两种模式。离子显微镜模式的横向分辨率（空间分辨）取决于二次离子光路成像性能；离子探针模式横向分辨率则决定于一次束束斑直径。目前已有探针模式和显微镜模式融于一体的 SIMS。随着 Cs$^+$ 和 Ga$^+$等金属离子源的采用，横向分辨率已提高到 0.2μm。

双聚焦二次离子质谱仪，具有高质量分辨率、高检测灵敏度和低检测限（见第八节中表 13-6 和表 13-7），因而能进行微小微量成分的检测，相对检测限为 10^{-6}~10^{-9}；具有杂质分布、深度剖析、线扫描分析、三维离子图像处理（横向分辨率优于 1μm，纵向分辨率优于 5~10nm）和同位素丰度比测量等功能，被广泛应用于超大规模集成电路、矿物地质研究和金属加工工艺等领域的微区微量分析。

第一节 一次离子源

由 SIMS 进行分析的离子，源是一次离子束轰击样品表面所产生的溅射碎片离子，因此一次离子束是产生二次离子的工具。一次离子束的性能和质量将直接影响 SIMS 的分析结果。常用的一次离子源主要分三种：提供气体离子 O_2^+、O^-、Ar^+ 和 Xe^+ 的双等离子体离子源；金属表面直接加热电离离子源提供金属铯离子 Cs^+；液态金属场致发射离子源则提供金属镓离子 Ga⁺。其中双等离子体离子源（简称 DUO）因其价格较低、使用成本低，仅消耗一些高纯氧气，维修方便，可反复使用，寿命长而应用最为广泛。

各种离子源产生的一次离子束性能各不相同，对样品表面的作用也有差异。不同一次离子源分析同一样品时会出现 SIMS 分析结果的差异。

一、双等离子体离子源

双等离子体离子源是一种能产生正、负离子的离子发生器，具有电离效率高、亮度高，离子能量分散小、角分散小，离子流稳定以及成本低等特点。通常采用空心冷阴极式的双等离子体离子源。这种离子源由空心阴极、中间电极、阳极、离子萃取电极和磁场聚焦线圈组成，如图 13-2 所示，离子萃取电极的电位接地。工作气体是高纯度的氧、氩或氙。

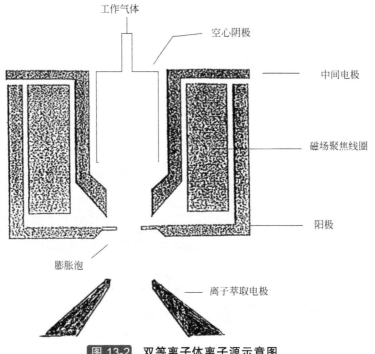

图 13-2　双等离子体离子源示意图

工作气体通过针孔调节阀泄漏进入空心阴极腔内，使等离子体离子源的真空度保持在一个适当的范围（10^{-5}Torr 左右，1Torr=133Pa）。这时的双等离子体离子源实际上是一个三极低气压放电系统，阳极和阴极之间有几百伏的电压差，一个电位悬浮的中间电极在二者之间。当阳极和阴极之间加上几百伏电压时，由阴极发射的电子首先在阳极与阴极之间激起电弧放电，使气体离化为离子，形成等离子体区域。中间电极与阳极的近轴心处间隙很小，并存在有很强的磁场，电子受磁场作用按螺旋形轨道奔向阳极，增加了电子与气体原子或分子的碰撞概率，使这些气体放电，在中间电极与阳极之间形成浓度很高的第二个等离子体区域。阳极与阴极之间击穿后，空心阴极起着不断提供连续放电所需的电子源的作用，中间电极的电位处于阴极和阳极之间，有自给栅偏的作用，以保证电弧放电的稳定。

由于中间电极的形状以及磁场的作用，整个等离子体在第二个等离子体区域内被压缩，越靠近轴心离子浓度越高。当加上加速电压把离子引出时，离子在磁力线的约束下非常集中地"填入"阳极的小孔中，得到很高密度的离子流（高达 $5 \times 10^{14} \sim 7 \times 10^{14}$ 离子/cm²）。这样高密度的离子流从阳极孔出射后会因空间电荷效应而发散（已无磁场约束）。一般在阳极孔的另

图中标注：工作气体、空心阴极、中间电极、磁场聚焦线圈、阳极、膨胀泡、离子萃取电极

一侧设置一个膨胀泡，以减少高密度离子的发散。

在等离子体中，电子的平均速度远大于离子的平均速度。当一个绝缘体壁或电位悬浮的壁（例中间电极的内表面）和等离子体接触时，开始时有比较多的电子流打在中间电极内表面上，使其带上负电，这使中间电极内表面相对于等离子体是负电位的，从而形成一个场，这个场减速电子的运动，而加速离子的运动。这一过程使等离子体边界面与中间电极内表面之间存在一个德拜屏蔽长度的距离，德拜屏蔽长度 $\Delta \approx 10^{-1}$mm，在这附近的等离体中，由于电子速度减慢，将发生分子离子被慢电子碰撞分解后又和慢电子复合的过程，容易产生负离子，以工作气体氧为例，既会发生 $O_2^+ + e \Longrightarrow O^- + O^+$，也会发生中性分子俘获慢电子后分解的过程，$O_2 + e \Longrightarrow O^- + O$；因此，在等离子体边缘区域的负离子要比中心多。为了引出负离子作为一次离子源，必须使中间电极偏移放电轴 8mm 左右。在负离子中，O_2^- 和 O^- 的比例接近 1/10，一般选用 O^-，而不是 O_2^-。由于正离子集中在等离子体的中心，为了引出正离子，中间电极的轴线应与放电轴重合，这时双离子体离子源产生的一次正离子流最大。一次正离子由 O_2^+ 和 O^+ 组成，二者的丰度比是 $O_2^+/O^+ \approx 10$，一般选用 O_2^+ 为正的一次离子源。

由于阳极孔是高浓度等离子体汇集的地方，温度很高，故阳极小孔通常是由钨或钼等高熔点金属做成的孔片镶嵌在阳极中心。阴极通常由钼、镍或不锈钢等材料制成，兼作磁路的中间电极一般用纯铁制成。

一次离子萃取电极的电位是仪器的接地电位，双等离子体离子源处于高电位。选择双等离子体离子源对地电位的不同极性，可以引出正的或负的一次离子，并被加速。引出的等离子体形成直径约为 500μm 的"交叠截面"。这一"交叠截面"经聚焦后在样品表面成像，即为一次离子束束斑。束斑的大小由一次离子束光路系统聚焦调节。

影响双等离子体离子源性能的参数有：工作气压，电弧电流，磁场强度，萃取电压，中间电极与阳极之间的偏置电阻等。双等离子体离子源的特性一般用亮度[A/(cm²·sr)]和能量宽度（eV）来表征。在各种离子源中，双等离子体离子源的亮度较高[100～200A/(cm²·sr)]。能量宽度与工作条件有关，一般为 10～20eV。

二、金属表面直接加热电离源——Cs⁺

当金属原子撞击炙热的金属表面时，一部分原子改变运动方向，飞离金属表面；另一部分原子则损失或得到电子成为正的或负的离子，并飞离金属表面，然后设法引出这些离子作为一次离子源。

撞击炙热的金属表面的金属原子其电离效率正比于 $e^{-(\phi-W)/kT}$。因此，使用功函数 W 较大的金属形成热的金属表面，以及电离电位 ϕ 较小的金属作为撞击原子将会得到较大的电离效率。用于 SIMS 分析的金属表面直接加热电离源其炙热的金属是钨，因为钨的功函数大（4.52eV），熔点高（3370℃）；撞击原子选择金属铯，因为铯的电离电位 ϕ 较小（3.89eV），熔点低（28.5℃）。

早期使用在 SIMS 上的 Cs⁺ 源，采用直接加热蒸发金属铯，使铯蒸气分子撞击到在离化器中加热到 1100℃ 的烧结钨的炙热金属钨表面，被电离。最终铯离子 Cs⁺ 通过烧结钨中的微孔由萃取电极引出。由于金属铯极易氧化，在金属铯的存储器上放置一个阀门，铯源不使用时关闭阀门，可以防止铯被氧化。目前，为了解决金属铯易氧化的问题，大多已采用铯的氟化物替代金属铯，改进后的铯离子源结构如图 13-3 所示。

为了防止烧结钨的微孔被铯原子阻塞，使用铯离子源的第一步必须先加热离化器，使烧结钨板温度升到 1100℃ 左右，并使萃取电极的电压为 10kV，然后加热铯化物存储器。当停止使用铯离子源时，也应在存储器冷却下来不再产生铯蒸气时，方可停止离化器的加热和取消萃取电极的电压。

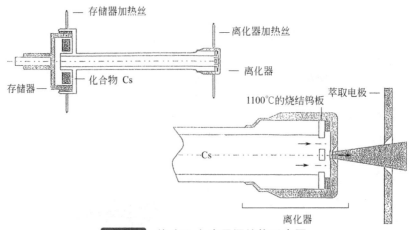

图 13-3 铯（Cs）离子源结构示意图

三、液态金属离子源——Ga⁺

在高电场的作用下，表面覆盖有一层薄的液态金属的针形电极尖端，将发生场致电离现象，产生离子。金属镓的熔点比较低：$29.8℃$，容易在常温下在针形电极尖端形成一层薄的液态镓。

液态金属镓离子源的应用，可以大大提高一次离子源的亮度，可在一次离子束的直径小至 $10^{-7}\sim10^{-8}m$ 的条件下产生具有实用价值的流强。例：一次离子束束斑直径 $0.25\mu m$ 时，可输出 $(2\sim3)\times10^{-9}A$ 的离子流，几乎达到冷阴极双等离子体离子源亮度的 7000 倍。其最大的特点是一次束束斑直径可以缩小到 200nm 左右，使 SIMS 的分析的空间分辨率进入亚微米量级。

在这种离子源中，设法依靠表面张力，使金属镓熔融后覆盖在钨丝的尖端，形成一个锥体。液态镓在强静电场的作用下发生场致电离现象，形成离子 Ga⁺，然后被萃取电极引出并准直。镓离子源的结构示意图如图 13-4 所示。

图 13-4 镓（Ga）离子源结构示意图

四、一次离子源的选择

通常使用的一次离子源有 O_2^+，O^-，Ar^+，Cs^+ 和 Ga^+ 以及 Xe^+。一般根据测试要求和仪器设备的条件决定使用哪种离子源。分析聚合物时可选用质量重、体积大的 Xe^+ 作为一次离子源，提高分子碎片的二次离子强度。分析容易发生电荷积累的样品时使用 O^-，可降低荷电效应对分析的影响。用 Ga^+ 可以提高二次离子质谱分析的横向分辨率。分析正电性元素时用 O_2^+，而分析负电性元素时则用 Cs^+。因为支配元素正离子产额的是该元素的离化势 I_p，支配其负离子产额的是该元素的电子亲和势 E_A。O_2^+ 可以降低元素的离化势，Cs^+ 则能增大元素的电子亲和势。

O_2^+ 轰击金属表面时的正离子产额通常比用相同强度的 Ar^+ 束轰击时产额高 4 个量级左右。在 SIMS 分析中很少采用 Ar^+ 作为一次离子束。

铯的原子大，相对原子质量为 133，一次离子束采用 Cs^+，比采用 O_2^+ 进行深度剖析时所耗的时间少。在相同能量的条件下铯离子轰击样品，所发生的级联碰撞效应小，有利于 SIMS 纵向分析时深度分辨率的提高。

场致电离液态金属离子源 Ga^+ 的最大特点是束斑可以聚焦得很小（20～200nm），使 SIMS 分析的空间分辨率明显得到提高。

第二节　离子光学

描述离子在电磁场中运动规律的离子光学，类似于几何光学。在离子光学中，沿用了许多几何光学术语和类似概念。例如"透镜""棱镜""反射镜""聚焦""焦距"和"色散"等。各种离子光学器件（如静电透镜，静电反射镜，磁棱镜等），具有使离子发生偏转、聚焦、色散、成像等功能。

离子光学与几何光学之间存在着一些原则性的差别。主要差别在于：

① 在光束中，光子之间的相互作用可以不计，但在离子束中离子之间的排斥作用不可忽略，当离子束密度高时，这种效应更为显著。

② 在光学元件的边界上折射率是突变的，而在离子光学元件的边界上折射率却是连续改变的。

③ 实用光学介质折射率的变化范围很小，至多才几倍。在离子光学中，折射率与电磁场有关，折射率的调节范围可以很大。

④ 在任何情况下，静电透镜恒为合聚透镜。

在质谱仪中，离子束的聚焦由静电单透镜完成。图 13-5 是由 3 个等距离的圆孔膜片电极组成的典型单透镜示意图。外侧两个电极的电位相同，可高于或低于中间电极的电位，这两种情况的等位面形状相似。在透镜中心近轴范围内，等位线呈双曲线形。这种结构的单透镜有时也称为三膜透镜。

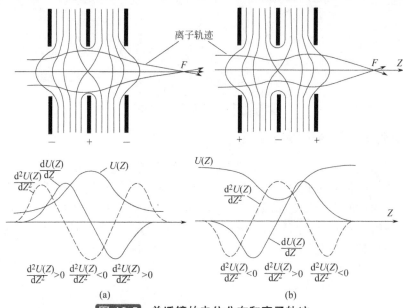

图 13-5 单透镜的电位分布和离子轨迹

按照电位的二阶微分符号，单透镜的电场可分为 3 个区域。在图 13-5（a）的情况下，左右两个区域内 $d^2U(Z)/dZ^2>0$，电场对离子的作用力是发散的；中间区域 $d^2U(Z)/dZ^2<0$，电场对离子的作用力是会聚的。在图 13-5（b）的情况下，恰恰相反，左右区域是会聚的，中间区域是发散的。但是，会聚作用总是大于发散作用，因为离子通过会聚部分时，速度较小，所受的偏转较强，故总的来说单透镜都是会聚透镜。

改变单透镜系统中间电极的电位可以任意改变透镜的焦距。为了获得短焦距，膜片圆孔半径及电极间隙应尽可能小。但必须以不致引起电极间放电为限，实用上以 1mm/10kV 为界限。

一、一次离子束的合轴和扫描

在离子源与透镜之间，以及透镜与透镜之间，设置有由两组平行板电极组成的静电偏转板、四组静电偏转板构成的消象散器以及光阑。消象散器用于减小束斑的象散。改变光路中固定光阑的大小和位置，可以调节一次离子束束流，同时起到分隔一次离子光路与高真空区，以实现差动抽气。

一次离子从离子源被加速引出后，进行聚集、偏转、消象散和准直，然后达到样品表面的一系列调节，是一次离子束光路的合轴过程。合轴使一次离子束不偏离光轴，最大限度地全部入射到样品表面同时避免一次离子束束斑变形和增大。合轴调节是提高仪器检测灵敏度、空间分辨率、深度分辨率以及成像质量的重要环节。

在最靠近样品表面的一组偏转板上施加电压，使一次离子束在样品表面实施定点轰击或扫描轰击。如果这组偏转板与二次离子光路中紧挨在浸没透镜后的一组偏转板，同时施加一个相同的电子同步扫描信号，就可以改变二次离子质谱仪的工作模式：由显微镜模式变为微探针模式。图 13-6 所示的一次离子束光路适用于连续分析的二次离子质谱。

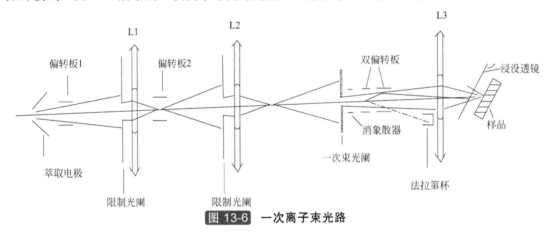

图 13-6 一次离子束光路

二、二次离子光路中的浸没透镜

二次离子质谱仪中用于聚焦二次离子束的是浸没透镜，发射二次离子的样品表面浸没在该透镜的电场中。电位分布曲线从样品表面开始，因此，二次离子一离开样品表面就进入透镜的电场。最常用的浸没透镜是由双圆筒电极组成。两个圆筒的直径可以相等，也可以不相等，甚至一个圆筒伸入另一个圆筒内。图 13-7 是由两个具有相同直径、处于不同电位的圆筒电极组成的浸没透镜，其电位分布和入射方向平行于轴的离子轨迹示意图。

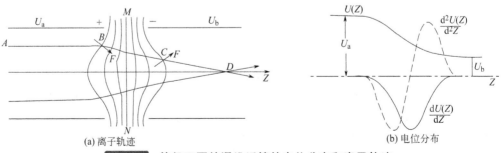

(a) 离子轨迹   (b) 电位分布

图 13-7 等径双圆筒浸没透镜的电位分布和离子轨迹

通过电场的某一条射线轨迹 *ABCD*，不难看出在电场中心面(*MN*)的左边区域，例如 *B* 点，离子受到的电场作用力 *F* 都是朝向光轴的。因此，在这一区域里，离子向轴偏转。在中心面右边区域里，例如 *C* 点，离子受到的作用力 *F* 指向离开轴的方向。但是，在这一部分电场里，离子由于受到加速的作用，具有比较大的速度，所以离子离开轴的偏转要比左边的向轴偏转小得多。总的来说，离子通过圆筒之间的电场以后，还是向轴偏转，最后在 *D* 点与轴相交。由样品表面发射出来的所有离子通过这个电场时都受到同样的作用。

第三节　二次离子发射机理[11]

一、溅射产额

1. 一次离子束能量

一个高能一次离子撞击到样品表面时，受到表面原子的背散射（概率很小）离开样品，或者注入进样品体内，然后通过一系列弹性和非弹性的双体碰撞，把其能量消耗在体内原子上。在这个过程中，还将发生在样品表面诱导解吸、表面化学反应、表面性质和形貌的变化、电荷交换和发热等现象。根据 Benninghoven 的粗略估计，一个一次离子与样品表面相互作用过程的总弛豫时间＜10^{-12}s。如果一个一次离子与样品表面的相互作用截面小于 $30nm^2$，一次离子束流密度小于 $10^{-6}A/cm^2$ 时，各个一次离子对样品表面的作用不会重叠和相互干扰。因此，一次离子与样品表面的相互作用，基本上可以用单个离子与表面的作用来处理。

通过一系列双体碰撞，由样品内到达表面或接近表面的反弹原子获得了具有逃逸固体所需的能量和方向时，发生溅射现象。溅射粒子以中性粒子或正、负离子离开表面，其中大部分为中性粒子。采用后电离的方法，使大部分中性的溅射粒子电离，可以大大提高仪器的灵敏度，降低基体效应的影响。这种方法称为二次中性粒子质谱分析（secondary neutrals mass spectrometry，SNMS），这种新方法目前还没有相应的商用产品。

溅射粒子的平均动能一般在 10eV 数量级。图 13-8 是用得比较多的关于二次离子产生的动力学级联碰撞模型。

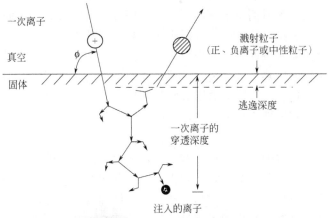

图 13-8　二次离子发射示意图

二次离子的产额并不能用碰撞理论得到完美的解释，样品表面电学和化学状态、一次束离子的性能等因素都将影响二次离子的产额。至今人们并没有弄清二次离子发射的真正机理，也未建立起一种完善的理论。到目前为止，只是从各种不同的角度提出一些理论模型来解释某些实验结果，每一种模型和理论都具有一定的局限性。

动力学级联碰撞模型也有几种不同说法。乔伊斯（Joyes）等人认为固体中的原子通过级联碰撞后以亚稳态的中性粒子形式溅射出来，然后在样品表面附近发生俄歇去激效应，释放俄歇电子，形成正离子。施罗尔（Schroeer）则认为溅射原子以中性激发状态离开表面，然后因原子的价电子发生量子力学跃迁，过渡到金属导带顶层而引起电离。本宁霍文（Benninghoven）等设想，溅射粒子（碎片）以离子形式离开表面，然后这些离子的大部分被由共振隧道效应和俄歇效应从固体内部发射出来的电子所中和。

另外还有化学电离模型和热力学模型等。

一次离子轰击化合物表面，引起化合键断裂形成原子或分子离子。这种化学电离模型在解释用氧离子作为一次束离子，二次正离子产额提高的现象有一定说服力。

1973年安德森和欣索恩提出的局部平衡热力学模型，一次束离子的轰击，在样品表面溅射区域内形成一个等离子体。等离子体区域内电子、各种离子、中性原子以及中性分子之间处于局部热力学平衡状态。在热平衡条件下，正离子的平衡浓度由原子离化过程的平衡离解反应式来表示：

$$M_0 \Longleftrightarrow M^+ + e^-$$

对于具有较强电子亲和性的元素所产生的负离子，平衡条件下电子的吸附过程可以表示为：

$$M_0 + e^- \Longleftrightarrow M^-$$

式中，M_0、M^-、M^+ 和 e^- 分别表示中性原子、负离子、正离子和电子。离子相对于中性原子的浓度完全由电子的参数（电子的温度和密度）所确定，因而根据测定的二次离子强度可以计算出样品中某元素的浓度。有人根据这一模型建立了定量分析的计算程序。

目前，无法得到一个理想的理论模型，能够说明基体效应和一次离子性能差异等，可以使各元素的离子产额相差几个量级的原因。在解说二次离子质谱分析结果时，用得最普遍的是本宁霍文（Benninghoven）等所假设的动力学级联碰撞模型：具有一定能量的一次离子射入样品，即与样品的原子进行碰撞，并产生一批反冲原子，其中能量较大的又推动第二次碰撞，并产生第二批反冲原子。这种多次碰撞过程（即级联碰撞）继续进行下去，向一定的深度和横向扩张，直至入射离子和较高能量的反冲原子把自己的能量转移给周围的原子，速度减慢成为低能粒子为止（入射离子最终停留在穿透深度处，20keV能量的垂直入射离子的穿透深度约25nm）。经过多次碰撞，一些入射离子或高能反冲原子在它们的速度未完全减慢之前获得的能量和角度，克服表面束缚而出射。这些出射粒子来源于信息层，信息层深度平均为0.6nm左右。同时在入射离子和高能反冲原子逐渐减慢的径迹周围，由于多次碰撞而产生大量低能反冲原子。当这些径迹连同着围绕它们的低能反冲原子到达表面层时，会有大量低能粒子克服表面束缚脱离表面而出射。这部分出射粒子是溅射粒子的主体，但其能量却只占溅射总能量的一小部分。

有人提出级联碰撞过程中的"热峰"效应。入射一次离子的能量主要消耗在"热峰"效应中。级联碰撞过程有"线性"和"密集（即热峰）"两种形式。线性级联碰撞过程中，结构保持不变，而且只有少数反冲原子在运动；密集级联碰撞过程中，结构局部被破坏，大部分原子都在运动，消耗了溅射总能量的大部分。尤其一次离子是重离子，分析无定形多晶靶、介质均匀和各向同性等样品时，"热峰"效应更明显，这可能会引起样品局部区域的温度升高。

无论采用哪种模型，样品表面束缚能是决定溅射产额的主要因素。溅射粒子性质、样品的组分、键合性质、晶格缺陷和表面结构（包括微观尺度上的不均匀性、偏析、掺杂、多相界面等），以及离子轰击造成的表面成分和结构变化等，这些因素都足以改变表面束缚能。这些因素也都将影响溅射粒子产率。可以简单地认为溅射产额 Y 正比于入射离子的能量 E_0，入射粒子质量 M_1 和靶原子质量 M_2。增大 E_0 和 M_1，可以提高溅射产额。

溅射产额（Y）的定义是一个一次束离子轰击样品时所溅射出来的二次粒子总数

$$Y＝溅射粒子总数/轰击样品的一个一次离子$$

除了 E_0 和 M_1 之外，溅射产额 Y 还与一次离子的入射角以及样品表面原子的质量、原子序数、结合能、晶格结构、样品表面化学性质和光洁度等许多因素有关。（本章第八节中表 13-8 和图 13-47 提供了一些常用材料的溅射产额。从图 13-47 中可以看出一次离子 Kr^+ 的能量降低为 $1\sim15keV$ 时，溅射产额随原子序数的周期性变化规律基本不变）。

$$Y \approx \frac{M_1 M_2}{(M_1 + M_2)^2} \times E_0$$

一次离子束的能量直接影响到溅射产额。在一次离子束能量不太高的情况下，随着能量的提高，溅射产额随之而提高。当能量增大到某一个值 E_m 时，再增大能量，溅射产额反而降低。这是因为太高能量的一次束离子在样品内的注入比较深，在样品内部深处发生级联碰撞所产生的位移原子不容易逸出表面，因此导致溅射产额下降。

一次离子束轰击所导致样品表层下发生的级联碰撞，是一次束离子在样品中的掺合过程，使该范围内的样品组分混合。一次离子束能量越高，发生离子混合深度越深。混合深度与一次束离子的类别、一次束能量 E 以及入射角 θ 的关系式如下：

一次束离子	O_2^+	Ar^+	Cs^+
混合深度	$2.15Ecos\theta$	$1.622E^{0.82}cos\theta$	$1.838E^{0.68}cos\theta$

例如以入射角 $\theta=30°$ 入射到样品表面的 Cs^+ 的能量是 $14.5keV$ 时，其混合深度为 $9.8nm$（当 O_2^+ 作为一次离子束时，入射粒子的能量应由两个氧原子均分）。

大能量入射离子将使样品原子在级联碰撞过程中被推入体内较深处。为了得到好的深度分辨率应该选择低的一次束能量。但是采用磁质谱计的二次离子质谱仪，其二次离子必须具有足够能量（$3\sim5keV$ 左右），才能通过静电分析器、主磁场，最后被离子检测器接受，这个能量由二次离子萃取电场提供。二次离子萃取电场限制了低能量一次离子的选择。太低能量的入射一次离子，进入样品表面附近，将会受萃取电场的影响而发生偏转，甚至掠射经过样品表面，无法进行 SIMS 分析。

高能量一次离子束有可能会影响某些碱金属的分析。采用高能量一次束 O_2^+ 分析硅片中的 Na，会在硅片上形成的氧化层比低能量时所形成的氧化层较厚。氧化硅层引起局部符电，在这附加电场的作用下导致 Na^+ 等碱金属往 SiO_2 层的内表面迁移，使 SIMS 深度剖析所获得的 Na^+ 分布失真。

一次束离子的能量取决于一次离子萃取电极电压。对于双等离子体离子源，一次离子束流随着萃取电压的减小而下降。采用太低的一次离子萃取电压，相应的一次离子束流将不能适应常规 SIMS 分析的要求。

在特殊情况下，例如对于量子阱等多层薄膜分析，IC 电路浅结分析和尘埃微粒等的分析，需要低能量一次离子束。为此必须在一次离子束光路中添置一个附加的设备（accel-decel optics），先以较高的萃取电压（keV）从双等离子体离子源中引出一次离子，然后在附加设备的电场作用下降低速度（能量）（图 13-9）。由这个附加设备输出进入一次离子束光路的一次离子束，在满足束流强度要求的情况下，其能量可以尽可能降低。

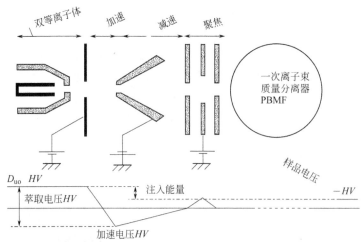

图 13-9 降低一次离子注入能量附加设备原理图

　　如果相应地下调二次离子萃取电压，在二次离子检测器前又配备有后加速系统，这样改进后的 IMS 系列的磁质谱计 SIMS，其深度剖析的深度分辨能力将明显得到提高[12~14]。

2. 一次离子束入射角度

　　一次离子束轰击样品时，入射角的变化将影响二次离子产额和深度分辨能力。

　　一般情况下溅射产额随着入射角 θ 的增大而增加，但当入射角大于临界值 θ_0 时，溅射产额反而逐渐减小，直到掠入射时产额接近零。

　　一次离子束 O_2^+ 以垂直于样品表面 30° 的入射角入射到硅片样品时的溅射产额，比入射角为 60° 时的小。

　　而二次离子产额的变化并不与溅射产额的变化同步。在入射角接近为 0° 的情况下，由于表面很容易形成 SiO_2 层，二次离子的产额较高，而溅射产额最小。以致入射角为 30° 时的 Si^+ 信号比入射角为 60° 时要大两个数量级。当入射角慢慢接近掠入射时，随着溅射产额降低的同时，氧化现象也减少，二次离子产额的变化也下降。图 13-10 是以 10kV 的 O_2^+ 为一次离子束轰击硅样品时的溅射产额与二次离子产额随入射角的变化。入射角的变化范围为 0°～60°，不同入射角所对应的溅射产额由 0.3 变到 3，变化不大。二次离子产额的二次离子产额的变化却有 3 个量级。

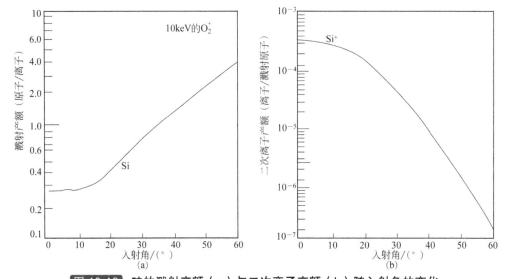

图 13-10 硅的溅射产额（a）与二次离子产额（b）随入射角的变化

为了得到最佳的深度分辨率，一次束不能垂直入射。一方面，因为垂直入射时溅射过程中的级联碰撞发生范围显然要比斜入射时发生的远离样品表面，混合深度深，导致深度分辨率下降；另一方面，一次离子束 O_2^+ 斜入射时，穿透深度比较小，生成的 SiO_2 层远薄于垂直入射时的 SiO_2 层，一定程度上避免了电荷积累导致的一些活泼元素向内移动的现象。

在磁质谱计中，一次离子束轰击样品的实际入射角与二次离子的萃取电压以及一次离子的能量有关。对于法国 CAMECA 公司的系列仪器，其一次离子光路与二次离子光路之间的夹角固定为 $\alpha=30°$，若二次离子束的萃取电压 4.5kV 基本不变，入射角主要决定于一次离子束的能量。

$$\sin\theta = \frac{\sin(\alpha=30°)}{\sqrt{1-V_s/V_p}}$$

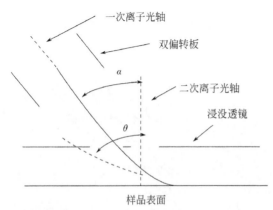

图 13-11　一次离子束对样品表面的入射角

其中，θ 和 α 分别表示一次束的真实入射角和仪器的结构决定的名义上的入射角；V_s 和 V_p 分别表示二次离子的萃取电压（因萃取电极接电，V_s 即为样品电压 4.5kV）和一次离子束加速电压（见图 13-11）。

一次离子入射到样品表面入射角的理论最大值为 90°，由此可以得出固定的二次离子萃取电压（4.5kV）所对应的一次离子最低加速电压的极限值。例如对于正二次离子，一次正离子加速电压的极限值约为 6kV，相应的一次离子注入能量 1.5keV，但 90° 的入射角已属于掠入射。为了获得平整度较好的溅射坑坑底，一次离子束的真实入射角 θ 应小于 75°～80°。表 13-1 给出了极限情况下二次正离子萃取电压与一次正离子注入能量之间的一些参考值。

一次离子束为 O_2^+ 时，注入离子应该是 O^+，注入能量除以 2。

表 13-1　极限情况下二次正离子萃取电压与相应的一次离子注入能量

V_s/kV	一次离子注入能量/keV
10	3.3
5	1.7
2	0.7
1	0.3

3. 影响溅射速率的其他因素

影响溅射速率的因素除了上面讨论的入射离子能量与入射角的影响外，还有样品组分的原子质量、结晶类型、晶面和样品温度及样品表面结合能等因素。但变化范围不大，基本上是在一个量级的范围左右。

如果样品表面不平整，对于某一固定入射角的一次离子束而言，在样品的不同微观斜面上将以不同的速率剥蚀。因此被溅射剥蚀过的多晶金属样品表面，晶界或位错带以及一些趋向不同的小晶体，都会有一些细微的溅射剥蚀特点。

在多晶样品中因晶向不同，一些晶向的晶体因溅射产额高而逐渐地深陷在其周围其他晶向晶体之下。这一过程使逃离表面的这种晶向的原子越来越少，其溅射速率随之逐渐变慢，从而使样品新表面的粗糙度达到一个稳定状态。单晶体材料，例如硅，或者非晶材料的溅射剥蚀速率比较均匀。不同取向的晶体或晶界，其溅射速率不同，这是干扰深度剖析质量的一个因素。

进行 SIMS 深度剖析时，为了得到好的深度分辨率，一般采用聚焦了的一次离子束在样品表面溅射剥蚀一个较大的面积，然后收集其中心区域发射的二次离子（这是显微镜模式的常规方法）。一次离子束扫描尺寸缩小为 1/2，相当于一次离子束流增加 4 倍，溅射速率也提高 4 倍。因此，可以根据分析时间的许可情况，在不影响深度分辨率的原则下，选取一次离子束流大小，或扫描面积的大小。值得提出的是一次离子束束流强度在束斑截面上呈高斯分布，束流越大束斑的面积也越大。束斑增大将会增加溅射坑壁效应对深度分辨率的影响，因为溅射坑坑壁的陡峭程度随着一次离子束束斑增大而变差，缩小了坑底平整区域的面积。

由于溅射速率的增加，SIMS 深度剖析的每一个取样周期，所剥蚀的样品深度随之而增大，使同一元素离子信息的两个取样点之间有很大的深度间隔，降低了深度分辨能力。尤其对于日趋发展的微电子工业，P-N 结结深越来越浅。为了适应浅结工艺检测的需要，以及多层薄膜和量子阱等材料的分析，CAMECA 公司的 IMS-6F 型 SIMS 已设法使一次离子束在检测两个相邻待测元素之间，磁场转换的时间内偏离开样品表面。IMS-6f 型还采用多层磁铁组合的新型磁铁，缩短了元素之间变换相对应的磁场切换时间。

CAMECA 公司最近开发的 Nano 50 型 SIMS[15]设计的分层磁铁可以在同一瞬间检测六种二次离子，更有利于薄层材料的 SIMS 分析（图 13-12）。

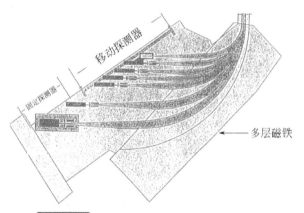

图 13-12 Nano 50 型 SIMS 设计的磁铁

一般情况下为了提高溅射速率，降低检测极限和改善仪器性能，可以适当选择较强的一次束离子流。但是对非导电材料的分析，一次离子束束流的增加会导致样品表面带电现象加剧。在分析过程中太多的表面电荷积累不容易被中和电子枪发射的电子所中和。

二、二次离子产额

二次离子产额（Y）的定义：一个入射离子轰击在固体表面上所产生的二次离子数。也可以定义为在一个一次离子轰击下样品中某种组分元素或杂质元素的离子数。元素 M 的离子 $M^{\pm}$产额定义是（一般只是考虑占优势的单电荷离子，因为多电荷高价离子的产额与单电荷离子相比下降 2～3 个量级左右）：

$$Y^{\pm}(M) = N_s^{\pm}(M)/N_p = I_s^{\pm}(M)/I_p$$

对于正二次离子的定义，$N_s^{\pm}(M)$ 和 N_p 分别表示元素 M 的正二次离子数和轰击样品的一次离子数；$I_s^{\pm}(M)$ 和 I_p 代表正二次离子流和一次离子流。

在同种一次离子的轰击作用下，样品中各元素溅射产额的变化范围仅在几十倍以内。而各种元素的二次离子产额可以相差几个数量级，由于离化率 $Y^{\mp}$ 的很大差异，不能简单地用溅射产额的差异来解释二次离子产额。

当样品表面存在氧富集时，氧与样品表层的部分原子形成氧化键[16]。一旦这种氧化键被一次离子所轰击，将由样品表面溅射出来。由于氧的电子结合能比较大、电离电位比较高，因此，氧化物中的氧容易成为负离子，另外则为正离子。根据 Dersen 提出的模型，离子轰击样品表面时生成的二次正离子在脱离样品表面时会捕获电子而变成电中性的粒子。说明离化率 $Y^\pm$ 随样品表面电子状态的不同而显著变化。

电中性的概率可表示为 $P=\exp(-E_b/kt)$，其中 E_b 表示从母材的费密能级到样品表面的势垒高度，k、T 分别为玻尔兹曼常数和热力学温度。势垒 E_b 越高，电子越过势垒发生电中性的概率就越小。图 13-13 表示一个接近母材（金属氧化物）表面的离子与母材表面相互作用的能级图。

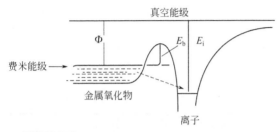

费米能级 →

金属氧化物

图 13-13 氧气氛对二次正离子产额的影响

由图 13-13 可见 E_b 随样品表面功函数 Φ、元素离化势 E_i 以及母材的费米能级等的不同而变化。因此，各元素的离化率与该元素在元素周期表中的位置有关。随着原子序数的增大呈现周期性的变化，变化范围在 3～4 个量级左右。ⅡA 族的元素 Be、Mg、Ca、Ba 等，ⅢA 族的元素 B、Al、Ga 等和ⅣB 族的 Ti、Er、Hf 等，它们的正二次离子产额都比较高，因为这些元素的第一电离电位比较低，容易电离形成正离子。而ⅥA 族的 S、Se、Te 等元素，ⅠB 族的 Cu、Ag、Au 和ⅡB 族的 Zn、Cd、Hg 等二次正离子的产额相对较低。元素周期表中各元素二次负离子产额的变化情况大致与二次正离子的情况相反，也呈现周期性的变化规律。除了元素在周期表上的位置会影响其离化率外，轰击样品的一次束离子的电性能也会很大程度上影响元素的离化率。

当样品表面受到 O_2^+ 轰击或者吸附有氧这类活性元素时，使图 13-13 中显示的表面功函数增加。伴随功函数的变化，势垒 E_b 升高，导致电子不易逸出样品表面，正离子中性化的概率 P 下降，最终使二次正离子产额大大提高。同样为了提高二次负离子的产额，必须降低母材表面功函数 Φ 和势垒高度 E_b。大多数元素的功函数会因吸附了电子亲和势低的元素而降低，铯是电子亲和势最低的元素之一，常用 Cs^+ 作为一次束离子，进行二次负离子的分析。Cs^+ 和 O_2^+ 都是最合适的一次离子源，如果仪器只具有一种一次束离子源，同样可以进行 SIMS 的各种分析，只是对元素的检测极限存在差异。

二次正、负离子的产额决定于该元素自身的离化势和电子亲和势的大小，也与样品表面的气氛有关。在具体分析时，检测某杂质元素的二次离子应选择的极性是"正"还是"负"，有人采用经验的方法进行选择。设样品母材的第一电离势为 I_P（基体），杂质的第一电离势为 I_P（杂质）。根据 I_P（基体）/I_P（杂质）（见表 13-2 中）的比值与杂质元素电子亲和势 E_A（杂质）（无量纲数值）的大小相比较，当 I_P（基体）/I_P（杂质）值大于杂质元素的电子亲和势 E_A（杂质）（无量纲值）时，选择正极性的二次离子，反之则取负极性的二次离子。二者比较接近时，正、负极性都可选用。

表 13-2 母材为硅的样品杂质二次离子极性选择

杂质碎片	I_P（基体）/I_P（杂质）	E_A（杂质）	二次离子
H	0.6	0.75	H^-

续表

杂质碎片	I_P（基体）/I_P（杂质）	E_A（杂质）	二次离子
Li	1.51	0.62	Li$^+$
B	0.98	0.29	B$^+$
C	0.72	1.26	C$^-$
N	0.56	0	
NSi	0.78	0.80	Nsi$^{\pm}$
F	0.87	3.40	F$^-$
Si	1.00	1.39	Si$^{\pm}$
P	0.78	0.75	P$^{\pm}$
Ni	1.07	1.16	Ni$^{\pm}$
Cu	1.05	1.23	Cu$^-$
Zn	0.87	0	
ZnSi	0.93	0.80	ZnSi$^{\pm}$
ZnCs	1.55	0.48	ZnCs$^+$
Ge	1.03	1.2	Ge$^-$
As	0.83	0.81	
AsSi	0.91	0.92	AsSi$^{\pm}$

注：二次离子极性选择"+"时，一次离子采用 O_2^+；二次离子极性选择"−"时，一次离子采用 Cs^+。

本宁霍文[1]认为二次正离子，包括单原子离子 M_m（$m=1$）和多原子离子（$m \geqslant 1$）时，随着氧浓度（分压）的提高，单原子一价正离子的强度迅速增加，最后达到一个平衡值。增加幅度接近三个量级。多原子离子的产额随着氧气氛的增强而增加的趋势存在有一个拐点，过了拐点产额反而下降，见图 13-14，图中横坐标表示的是样品表面周围的氧浓度（分压）。

上述规律是在硅衬底样品上进行实验取得的。电子亲和势大的元素有利于负离子的形成，同样电离电位低的元素容易形成正离子。

一般来说，电子亲和势≤0.3eV 的元素很少会形成负离子，电子亲和势高于 9eV 的元素很少会形成正离子。

根据元素的电子亲和势和电离电位的大小，正确选用一次束离子源，可以在很大程度上提高杂质元素的检测灵敏度，例如检测硅中杂质硼时，一次离子束应采用 O_2^+，杂质离子为 B$^+$。检测硅中碳时，则应采用 Cs$^+$ 为一次离子束，杂质离子取 C$^-$。至于那些电子亲和势低的元素 N、Zn、Cd、Hg、

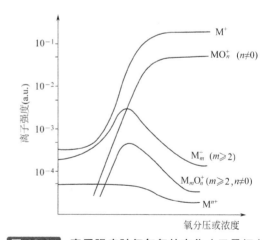

图 13-14 离子强度随氧气氛的变化（无量纲）

Ne、Ar、Kr 和 Xe 等，可以检测其与母材所组成的分子离子碎片 NSi$^{\pm}$ 和 ZnSi$^+$ 等，或与一次束离子所组成的分子离子碎片 AsCs$^-$ 等。实际情况只允许使用一种一次离子源时，例如仪器只具有氧一次离子源（O_2^+），同样也可以进行从氢到铀全元素的二次正离子或负离子的分析。只不过用氧离子分析时，那些电离电位低的元素的二次正离子产额比较高，见图 13-15(a)；而用铯作为一次离子束时，电子亲和势小的元素的二次负离子产额比较高，见图 13-15(b)。

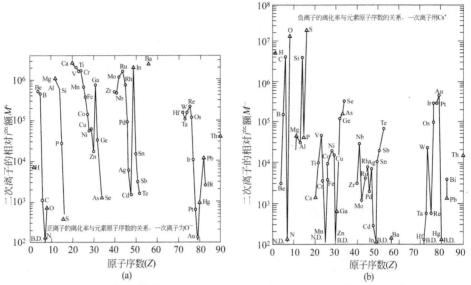

图 13-15 各元素二次离子产额的周期性变化

第四节 质量分析器与离子检测系统

一、质量分析器

双聚焦质量分析器由磁分析器（又称磁棱镜，一般选用扇形磁场）和一个由两个同心圆球的八分之一球面电极组成的静电分析器，通过谱仪透镜串接组成。

磁分析器与静电分析器在双聚焦质谱仪中的串联方式不同，其性能有所差异。一种是"正向"几何结构（forward geometry）排列，静电分析器置于磁分析器前方，它的典型代表是Nier-Johnson 型；另一种是"反向"几何结构（reverse geometry），静电分析器置于磁分析器后方，经典代表是 Mattauch-Herzog 型的质量分析器。这两种结构的基本原理相同，由静电分析器和磁分析器组成。有文献报道"反向"型结构分析器的丰度灵敏度、质量分辨率更高。在"正向"型结构排列中，被分析的离子最终聚焦于一个平面上，有利于多接收器系统的设计。

图 13-16 是双聚焦质量分析器结构示意图，由弧形电场组成的静电分析器在前，扇形磁分析器置后，两者由谱仪透镜耦合组成特殊的尼尔-约翰逊（Nier-Johnson）型双聚焦质谱仪。

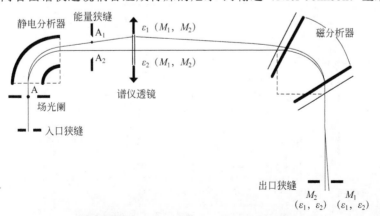

图 13-16 双聚焦质量分析器原理示意图

从入口狭缝发射的一束二次离子，发散角很小，质量分别是 M_1 和 M_2，含有(ε_1 和 ε_2，且 $\varepsilon_1 > \varepsilon_2$)两种比较接近的能量。当它们经过静电分析器时，受静电场的能量色散、聚焦作用，被分离、聚焦，形成 A_1、A_2 两种离子束通过能量狭缝，而超出能量范围的其他离子束被能量狭缝限制，这两种离子束在谱仪透镜的聚焦、偏转作用下进入磁分析器。在磁分析器中，这些离子受磁场洛伦兹力的作用，沿圆形轨道运动。由于电磁场对离子质量色散作用，这些离子最终形成按质量 M_1 和 M_2 大小排序的离子束，实现质量（方向）、能量（速度）双聚焦。

二、离子检测系统

1. 离子感板

最早应用于质谱分析的检测器是在玻璃片上涂覆一层溴化银（AgBr）乳剂的离子感板。当入射离子撞击溴化银颗粒时，使晶体内溴化银分子链断裂，分解成 Ag^+ 和 Br^-。从数量上看，一个入射离子可以影响一个微米量级线度范围内的晶粒，产生 10^{10} 个银离子，相当于 10^{10} 左右的放大系数。若入射离子的能量足够大时，可以成对地释放电子、银离子和溴原子。这些电子和溴原子在晶体内自由移动，如果电子被溴原子重新俘获，它们便在曝光过程中消失。如果自由电子与自由银离子结合，使银离子中和，并以银原子的形式积淀在溴化银晶体内部或表面，形成"潜像"，再经过显影（显像）、定影处理就能把离子信号永久保存下来，最终在离子感光板上形成一组谱线。根据谱线的强度和位置可以确定样品的组分及浓度。

实际上感光板的结构及其曝光、潜像、显影等机理远没有这么简单。随着科学技术的日益发展，感光板已被电检测系统所替代。

2. 筒状接收器（FC）和电子倍增器（EM）

见图 13-17。筒状接收器的工作原理是待测离子射入筒状金属接收极，通过一个高欧姆输入电阻，形成相应的电压信号，馈送到前置放大器进行放大输出。筒状接收器（FC）的最大量程是每秒 6×10^9 个离子，检测下限受前置放大器噪声等因素的影响，大约在每秒 10^5 个离子。筒状接收器（FC）不存在质量歧视效应。

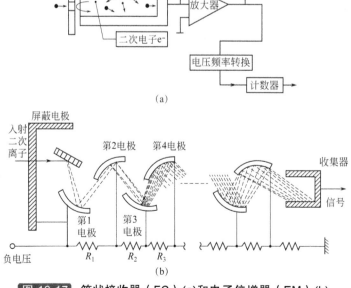

图 13-17　筒状接收器（FC）(a)和电子倍增器（EM）(b)

电子倍增器由一个离子-电子转换极（又称打拿极）、约 20 个倍增极和一个收集极组成。离子入射到转换极转换成电子，再经过倍增，在收集极接收到一个增益达 $10^5 \sim 10^8$ 的电脉冲信号。如果入射离子流强度足够大，以致两个入射离子所引起的电脉冲之间的时间间隔小于电子倍增器的死时间时，将会发生漏计现象。通常情况下采用适当的电子线路使法拉第杯和电子倍增器互补组合使用，分别检测强的和弱的入射离子流信号。一般情况下以入射离子数为每秒 2×10^5 个离子为界限。

一个二次离子轰击电子倍增器的打拿极时，转换成电子的效率与入射离子的质量大小不无关系。因此，有时需要考虑电子倍增器的质量歧视效应。

3. 离子图像检测器

20 世纪 70 年代，一种新型的电子倍增器——微通导板的出现，使二次离子质谱仪具有了获得二维甚至三维离子分布图像的功能。

如图 13-18（a）所示,由大量管径（d）为几个微米、长度约 1mm 的微通导管组成。每根通导管的增益可达 10^4，若需要更高的增益，可多块微通导板串接使用，例如"双通导板"。整个微通导板面积直径 $\phi 20 \sim 80$mm。入射到各个微通导管上强度不尽相同的离子，经倍增后输出的电脉冲强度也各不相同。当质谱计输出一幅离子分布图像到达微通导板前端，经微通导板输出的电脉冲，从荧光屏上获得一幅可见的离子二维图像。用电荷耦合器件（CCD）替代荧光屏，进行离子图像的数字化。设计相应软件，输入分析溅射时间，即可实现元素在样品中三维分布的质谱图像分析。图 13-18（b）所示是 CCD 单元原理图，其中 1 和 2 分别为空穴耗尽区和电子陷阱；3 和 4 是氧化层和电极。

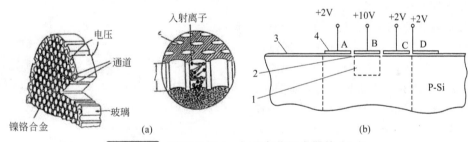

图 13-18 微通导板（a）和电荷耦合器件（b）

当电极 B 接上+10V 电位时，该电极下面 P 型 Si 衬底中的空穴被电场赶走，形成空穴耗尽区。在这一区域内的电子则在电场作用下移动到电极下面的电子储存区——电子陷阱。其他电极处于低电位，不能形成空穴耗尽区，所以没有储存电子的能力。

当有光入射到器件上时，在 P 型 Si 衬底中产生电子空穴对，B 电极下的电子空穴对被电场所拆开，空穴被赶出耗尽区，电子则进入存储区。存储区内所存储的电子数正比于入射光的强度，从而把光信号变成为电信号，并存储下来。如果把电极 B 的电位降到+2V，与此同时，电极 C 的电位上升到+10V，那么在电位变化的过程中，电极 B 下面的空穴耗尽区将消失，并失去存储电子的能力，而电极 C 下面将形成新的空穴耗尽区和电子存储区。原先在 B 电极下的电子移到 C 电极下。因此如果合理地设计由众多电荷耦合器件排列组合形成的 CCD 的各电极上的电位变化，就可以使存储的电信号有规律地依次移动，最终被模拟输出。

在质谱图像数字化处理系统中，除了人们所熟知的 CCD 外还有阳极电阻编码器，其主体是位置灵敏探测器（resistance anode encoder，RAE）。一块上面具有均匀电阻层薄膜的圆板，其周围对称分布有四个电极。当一个入射离子通过双微通导板增益后形成的电脉冲撞击电阻薄膜时，分布在周围的四个电极将接收到大小与撞击点位置密切相关的电信号和整个入射电脉冲强度的信号（四个电极的总和）。每一撞击点对应有五个一组的信号，这五个信号决定了撞击点图的位置和脉冲信号总强度，把它们逐点模拟输出，数字化后存入电脑，通过软件处理将得到质谱计输出的三维离子像。RAE 的工作原理见图 13-19。

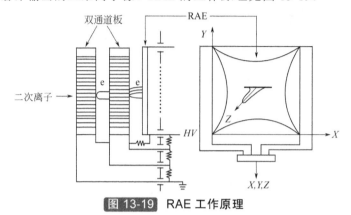

图 13-19 RAE 工作原理

第五节　二次离子质谱仪

一、双聚焦二次离子质谱仪的分类

（1）根据一次离子束性能和仪器的各种功能分类　可将双聚焦二次离子质谱仪分成显微镜模式和微探针模式两类。

显微镜模式的 SIMS。类似于光学显微镜较大束斑的一次离子束轰击试样，通过由静电透镜、质谱计、光阑和狭缝等组成的二次离子光路，直接获得二次离子的分布图像。也可以使用聚集得很细的一次离子束，在样品表面扫描轰击，形成一个溅射坑，二次离子的分布图像来源于溅射坑区域，检测信号采样面积取决于二次离子光路中的光阑。其工作原理如图 13-20 所示，在早期有人称其为离子探针，因为毫米量级的一次离子束束斑也可以认为如探针一样足够细，况且选用不同的光阑，样品上的采样面积可以小到几个微米。

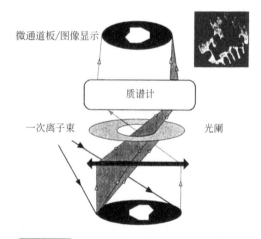

图 13-20 显微镜模式的 SIMS 工作原理

显微镜模式 SIMS 离子图像的横向分辨率由离子光学系统的像差决定。

微探针模式 SIMS 的一次离子束被聚焦成微米直径（甚至亚微米）的细针状，然后在样品表面扫描轰击。在二次离子光路中，动态传输系统的偏转板上施加的电压，与一次离子束在样品表面进行扫描轰击的偏转电压同步。所产生的二次离子经由双聚焦质谱计进行质量分离，最终被离子检测器所接收。见图 13-21，由于这类仪器的一次离子被聚焦成细针状，并且增加了对二次离子实行动态传输功能，得到的离子图像横向分辨率将取决于束斑直径的大小，故将这类仪器称为离子微探针质谱分析仪。

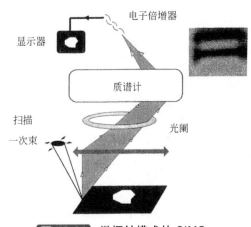

图 13-21 微探针模式的 SIMS

（2）根据一次离子束轰击样品时，样品按溅射剥蚀速率的大小分类　将二次离子质谱仪分成静态 SIMS 和动态 SIMS 两类。

样品表面被溅射剥蚀的速率与一次离子束密度成正比。静态 SIMS 利用速流为 10^{-11}～10^{-12}A 的极弱一次离子束轰击样品。束斑直径通常在毫米和厘米数量级，剥蚀速率 0.1nm/h 左右。这是一种"真正"的表面分析技术。对于研究表面催化反应和表面沾污等更为有用。为了防止残留气体分子在表面吸附，仪器的真空度必须在 10^{-8}～10^{-9}Pa 以上。动态 SIMS 采用较强的一次离子束速流，刻蚀速率通常为每秒 0.01～20nm。由于剥蚀速度较快，残留气体分子来不及在新鲜表面上吸附，仪器在真空度 10^{-6}～10^{-7}Pa 时即可使用。随着离子被逐层剥离，二次离子将来自较内层的原子，利用动态 SIMS 既可了解样品表面的信息，又可以了解样品内部的化学成分和结构；既是一种表面分析技术，又可作为体分布的分析技术。检测二次离子随时间的变化，还能了解待测试样组分和结构在深度方向上的变化。因此，动态 SIMS 可以提供所有元素在 X、Y、Z 三维空间的分布情况。

近年来，随着科学技术的发展和需要，SIMS 技术有了新的发展，出现了一些新类型的仪器。为了消除对绝缘材料分析时表面的荷电效应，利用快速中性原子束代替一次离子束轰击样品，产生的离子也可以认为是二次离子。这种改进了的技术称为"快速原子轰击质谱"（FABMS）。由于一次离子束轰击样品时所产生的溅射粒子大部分是中性的，对这些溅射的中性粒子进行后电离，再进行质谱分析。这样可以大大提高仪器的灵敏度，这种仪器被称为二次中性粒子质谱仪（SNMS）。

二、IMS 系列 SIMS

IMS-6F 型 SIMS 是典型的双聚焦二次离子质谱仪，其结构如图 13-22 所示。

一次离子束配备有三种离子源：双等离子体离子源提供 O_2^+、Ar^+ 或 O^-；铯离子源提供 Cs^+；液态金属离子源提供 Ga^+。一次离子束最大束流可达几个微安。

由双等离子体离子源提供的一次离子束被萃取电极加速后，经磁分离器偏转分离（对一次离子束组分进行纯化）。通过由静电透镜组成的一次离子光路聚焦成 2～300μm 的离子束，然后经偏转板准直后，以与样品面法线约 30°的角度轰击试样表面。如果位于浸没透镜后的动态传输系统偏转板上没有施加与一次离子束同步的扫描偏转电压，仪器工作在显微镜模式，由样品表面溅射出来的二次离子经浸没透镜及传输光学系统，将以一幅幅离子图像的形式输送进入静电分析器、磁场以及这二者之间的耦合透镜所组成特殊的尼尔-约翰逊型双聚焦质谱计，把这幅叠加有各种离子分布的图像分离出单种离子分布的图像信号；然后由投影透镜使这一单种离子分布的图像信号在微通道板的输入端形成一个放大的实像；最后经微通道板输出的增强了的离子图像入射在荧光屏上，成为可供目视和摄影的光学图像。如此只需改变质量分析器的磁场强度，便能非常直观地逐一给出该微区内各种元素的离子平面分布图像。选取不同的透镜组合和光阑直径，得到的离子图像来自样品表面大小不同的采样区域。如果在微通道板后面接上 CCD 或 RAE，则可进行图像的数字化处理，从而获得各种元素三维分布的图像信息。

（图 13-21 图内标注）电子倍增器　显示器　质谱计　扫描　一次束　光阑

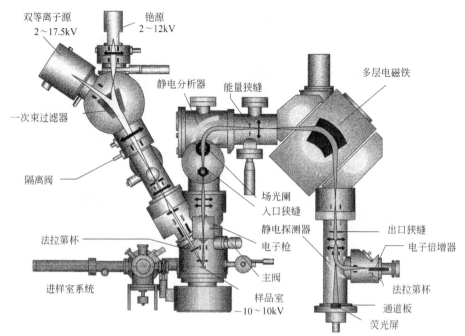

图 13-22 IMS-6F 型 SIMS 的结构示意图

当微通道板之前的静电探测器工作时，质谱计输出的离子图像信号偏转 90°，被电子倍增器（EM）或法拉第（FC）所接收，检测到的是整个图像中这种元素的二次离子强度的平均值。

仪器由机械泵、涡轮分子泵、离子泵或氦低温冷凝泵维持真空，配有微型计算机、外围设备和众多软件，用于控制仪器运行和数据处理。

三、样品需求

SIMS 仪器一般采用直接进样系统。放置样品的样品架先进入真空预抽室，然后再送入高真空分析室的样品台上。

二次离子质谱分析要求样品表面平整，以保证样品表面垂直于二次离子光轴，与萃取电极平行，使二次离子萃取电场均匀对称。不平整的样品可进行研磨和抛光处理。研磨抛光处理样品，会使分析结果存在不同程度的失真。样品的处理，不应该引起再污染。为避免油扩散泵蒸气的污染，应采用无油超高真空系统进行抽气，并在样品附近安置液氮（LN）冷阱制冷器，捕集各种残余气体。样品进行 SIMS 分析前，样品表面用有机溶剂清洗或经化学腐蚀，水洗和干燥处理。对于组分和杂质均匀分布的体材料，可以先采用一次离子束轰击一段时间，进行预备溅射，获得清洁表面后再开始进行分析。需要拍摄离子图像或作深度剖析时，样品表面需要镜面抛光，否则图像的横向分辨率或信号的深度分辨率将受样品表面形貌的影响。表面过于粗糙时不能得到正确的元素三维分布信息。

具有导电性能的样品，只要样品与样品支架之间保持电接触，即可进行 SIMS 分析。在非导电样品情况下，一次离子轰击引起样品表面二次电子的发射将导致样品表面电荷积累。其结果是使引出二次离子的萃取电场发生畸变，轻则影响仪器性能和分析结果，重则分析无法进行，甚至发生样品表面与浸没透镜（萃取电极）之间打火放电现象。为克服这种表面电荷积累效应的影响，可在分析之前利用真空喷涂的方法在绝缘样品上喷镀一层纳米量级厚度的碳膜或金属膜（但不能进行深度剖析）。对于很薄或微粒状非导体样品，只要把它们放在导电的支架上，并用一次负离子轰击即可进行质谱分析。有的仪器（如 IMS-6F）配备有电子中和枪，可使中和电子束与一次离子束同时轰击样品表面。无论采用哪种方法，绝缘体的分析比金属和半导体的分析更困难些，绝缘体的厚度只能在微米量级，检测灵敏度稍低。

通常，样品先安放在样品架上，以机械方式使样品随着样品架进入仪器中的设定位置。很难保证样品架上每一点到萃取电极的距离严格相等。尤其是可以放置多个样品的样品架，其支撑样品的金属片（掩膜板）本身就可能并不是一个平面。这将会发生同样一个样品由于放在样品架上的不同位置，得到的分析结果不完全相同的现象。

样品架上的金属片（掩膜板）中，存在有大小不等的被镂空区域，一次束的入射和二次束的被溅射都在掩膜板被镂空区域里进行。镂空区域的面积限制了样品的最小尺寸。样品架的几何形状也限制了样品的厚度和大小。

SIMS 不能分析液态和气态样品。粉末样品可以进行压片加工处理，保证分析过程中绝没有散落。微小颗粒可嵌压在有韧性的银、铟薄片表面。

第六节　二次离子质谱法的功能

一、深度剖析

样品的深度剖析是指分析固体样品组分与杂质元素由表面到体内随深度变化的情况，是二次离子质谱仪最具特色且很重要的一种功能。

深度剖析所得到的是二次离子强度随溅射分析时间而变化的分布曲线。利用已知样品在分析过程中被一次束离子剥离的溅射速率，或用台阶仪等方法测量出溅射坑的坑深，可以把时间轴转化为溅射深度的坐标轴。

受种种因素的影响，测得的组分或杂质元素纵向分布未必是真实的，可能存在失真。假定样品表面下深度为 d_1 和 d_2 的两个深度处，分别有一个相同厚度为 w 的薄层，见图 13-23。在薄层内待测元素的浓度均匀不变，薄层之外浓度为零。在图中，浓度的真实分布以虚线轮廓的矩形框表示，而实际测得的分布线如图中实线所示。相比之下实线分布曲线明显失真成钟形，而且在体内深处 d_2 处的分布失真现象比接近表面的 d_1 处更严重。即实线分布轮廓线的半宽度（50%高度处）w_1 和 w_2 比实际分布宽度（厚度）w 宽，且 $w_2 > w_1$。实线的变宽程度越小，其对应的分布曲线越接近真实的浓度分布。

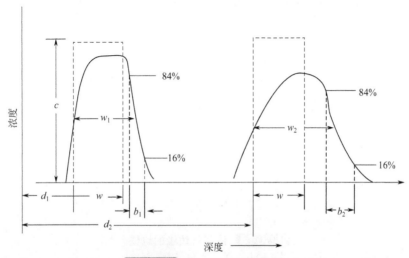

图 13-23　深度分辨率的描写

为了鉴定获得的浓度随深度分布曲线的失真程度，通常用深度分辨本领（有时被称为深度分辨率）来衡量。把归一化浓度值的 84% 下降到 16% 所对应的深度间隔 b 定义为绝对深度分辨本领。也可以定义为 $[b/(d+w)] \times 100\%$。其中 d 是真实分布曲线矩形前沿的深度；w 是实测分布曲线的半宽度。一般情况下，二次离子质谱法深度剖析的深度分辨率指的是绝对深度分辨本领 b。由图 13-23 可见离开样品表面越远，绝对深度分辨本领越差。这主要是因为一次离子束轰击样品，在体内产生级联磁撞所致。

（一）一次离子束性能对深度剖析的影响

二次离子质谱法属于破坏性的分析方法，在一次离子束对样品表面进行连续不断的轰击溅射时，随着时间延迟将产生一个深度在变化的溅射坑，以及与此同时进行的级联碰撞现象。一次离子束参数的好坏关系到溅射坑的形状和级联碰撞的程度，影响深度剖析的深度分辨率。

1. 溅射坑的形状

溅射坑的形状直接影响深度剖析的深度分辨能力。当一次离子束在样品表面扫描范围内停留时间不等或不对称，将导致溅射坑坑底平整性变差。不平整的溅射坑底，对应于样品体内的不同深度，使同一时间得到的二次离子分别来自于在体内不同深度的待测元素，使深度分辨本领下降。一般情况下，深度 1μm 时，2% 的坑底的不平整性将使深度分辨率降低达 20nm。不平整性为 5% 时，深度分辨率的降低达 50nm。因此原始样品表面的平整度、样品组分择优溅射效应以及晶体晶向问题等，都会影响溅射坑底的平整度。可以采用研磨加工样品表面、分析时旋转样品[17]、尽量减少择优溅射和晶向取向对溅射等方法，提高坑底的平整度。

利用 Cs^+ 作为一次离子束，溅射坑底的平整性优于使用 O_2^+ 一次离子束。在样品表面采用"漏氧"的方法也能改善溅射坑底的平整性。

2. 一次离子束的聚焦性能

聚焦了的一次离子束，束斑平面上束流密度分布，是中间大周边小的高斯分布。因此，溅射坑边缘的坑壁不可能绝对陡直，如图 13-24 所示。坑的宽度为一次束扫描宽度加上束斑尺寸 d。溅射坑深度的 84%~16% 所对应的坑壁变化范围即为束斑直径 d。一次离子束聚焦得越好，坑壁越陡直。提高一次离子束能量和减小一次离子束束流，可获得束斑尺寸小的一次离子束。这时离子之间库仑斥力相对于在高速场中所受到的作用而言比较小，有利于聚焦。但小束流不利于深度范围较大的深度剖析。

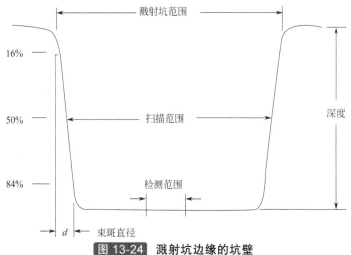

图 13-24 溅射坑边缘的坑壁

为了减少大束流情况下因坑壁不陡直所引进的分布曲线的失真，检测信号的采样区域至少小于 5%～12% 的扫描面积。可以采用光阑（显微镜模式）或电子门（探针模式）只采集位于溅射坑中央坑底平坦处的信号。以显微镜模式为例，选择不同光阑大小和二次离子成像范围时，相应的二次离子信号采集区域直径如表 13-3 所示。例如，场光阑和像场分别选择 750μm 和 150μm，则二次离子采集区域直径为 63μm。

表 13-3 离子信号采集区域

像场	场光阑			
	1800μm	750μm	100μm	50μm
500μm	500μm	200μm	28μm	14μm
150μm	150μm	63μm	8μm	4μm
50μm	50μm	21μm	2.8μm	1.4μm
25μm	25μm	10μm	1.4μm	0.8μm

动态 SIMS 的一次离子束连续不断地轰击样品表面。在分析过程中，待测元素由一个转换为另一个时，相对应的磁场需要转换。在这一转换的间隔时间内，所产生的二次离子将无法被利用，造成深度分布信息的损失。有的仪器上设有"beam blanking"功能，只有当磁场强度进入预先设置的状态、检测器开始工作时，一次离子束才轰击到样品表面。在磁场转换的过程中，一次离子束偏离样品表面，减少深度信息的丢失，改善深度剖析的深度分辨能力。应该注意，在一个检测周期内设置的被测二次离子越多，造成深度分布信息的损失也越多。

（二）级联碰撞

溅射过程中级联碰撞引起的混合现象，影响样品中待分析元素分布的真实性。混合现象有三种：撞击混合，级联碰撞混合和辐射增加扩散引起的混合。

1. 撞击混合

一次束离子入射到样品中，直接撞击样品原子，并使其进入样品体内，这种撞击引起的混合，几乎是单方向的，始终使表层的原子往体内深处混合。

2. 级联碰撞混合

在级联碰撞过程中引起的混合现象，是样品原子相互间发生的碰撞与移动所引起的混合。这一混合过程中，样品原子的移动是各向同性的。一次束离子注入所造成的记忆消失得很快。级联碰撞使亚表层原子移动到表层，同时表面层原子却移动到了亚表面层。

3. 辐射增加扩散引起的混合

是由一次束辐射样品产生热量引起样品原子热扩散所引起的。热扩散方向与该原子所在样品中的深度分布有关。有时，在室温下也会发生辐照引起的热扩散混合。

通常情况下，一次离子束的轰击会同时引起这三种混合现象。混合深度（即混合范围在深度方向上的大小）与一次离子束入射离子的穿透深度或投影深度（一次束离子穿透样品的途径在深度方向的投影）有关。一次束离子斜入射方式轰击样品表面时，其穿透深度小于垂直入射时的情况。同时斜入射会使更多样品原子的反冲途径与样品表面相交，从而溅射产额也随之而相应提高。

一次束离子的质量也是影响一次束离子穿透深度的因素之一。一次束离子的原子量增加，其穿透深度相应减小。使用质量比较大的 Cs^+ 一次离子源，其深度分辨能力优于使用 O_2^+。用 Xe^+ 作一次离子束分析多层薄膜时，其元素分布的界面比用 O_2^+ 分析时尖锐和陡直得多。

混合效应也会引起待测元素深度分布曲线在样品表面的失真，呈现两种不同斜率的变化曲线形状。如果不考虑表面氧化层的存在，最初的一段曲线急剧衰减相当于外表层原子的移去，或被溅射掉、或被混合到次表层中去。在这一急剧衰减过程的后面，伴随着的是表层信号较缓慢地指数式衰减。这是由于只有表面最外面的一小部分样品被溅射掉，余下部分在溅射过程中被混合到了更深的地方。若定义待测元素的分布曲线缓慢指数式衰减部分的极大值下降到其 1/e 处时，对应的样品深度为衰减长度，则衰减长度与一次离子束的作用范围（贯穿深度）同一量级。可以用层状结构样品的深度剖析来直观地说明混合效应造成待测元素深度分布曲线的失真情况。

有人用 20kV 的 Cs^+ 作为一次离子源，轰击硅片上长有银（Ag）层的薄膜样品，在硅银界面处银的浓度变化曲线由两个部分组成，见图 13-25。界面处（大约 30nm）最初的浓度急剧衰减下降了近 2 个量级，这是由于界面左侧表面层的银原子被溅射掉，或者被一次束离子撞击进入硅基体中。随着急剧衰减的后面是一个比较缓慢的指数式衰减过程。定义这一过程中银浓度的信号由最大值下降到 1/e（或 1/10）时，所对应的深度为衰减长度。这一指数式较缓慢的变化是因为界面左侧的一小部分银原子已被溅射掉，余下部分在溅射过程中混合到较深的地方。衰减长度与一次束的贯穿深度同一量级，是混合深度的 3~4 倍。不同元素之间衰减长度可相差一个大小约为 5 的因子。

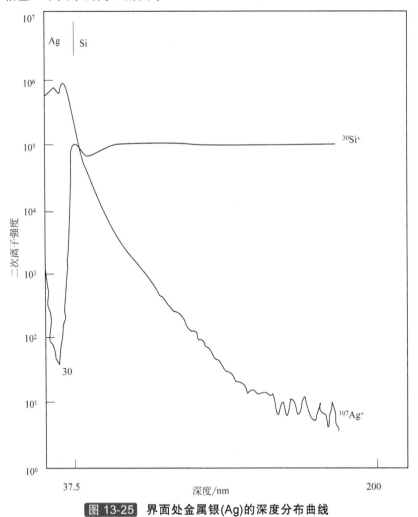

图 13-25 界面处金属银(Ag)的深度分布曲线

在因级联碰撞而发生的混合区域内，化学性质的不均匀性会强烈影响混合过程。尤其是表面氧化层，或者氧气氛的存在。这种情况增强元素的分凝现象，导致深度分辨能力降低。而有时也会改善深度分辨能力。

（三）分凝和电荷驱动扩散的影响

当在接近界面处存在有非常强的化学梯度时，例如用 O_2^+ 作一次离子束或在氧气氛下分析时，离子束的混合作用得到加强。非常强的化学梯度意味着表面的化学势比体内的低，这时样品中的某些元素就会有增加其在表面的浓度的倾向（称为 Gibbsian 分凝）。因此，二次离子质谱分析的深度剖析曲线最初一段的极端时间范围内，信号总是失真的。

在氧气氛突变的情况下，某种元素因分凝而离开表面，还是朝向表面，这取决于该元素氧化物形成势与基体材料氧化物形成势的比较。样品表面氧的吸附（或自然氧化层）使硅样品中的硅原子分凝到表面，与那里高浓度的 O_2 形成一薄层 SiO_2。SiO_2 层的形成使那些在氧化物中溶解度低的元素朝亚表面（即 SiO_2 与 Si 的界面）处分凝。期间这些元素受到级动碰撞，也有混合进 SiO_2 层中，然后随着 SiO_2 薄层被溅射。另外，所形成的 SiO_2 薄层是绝缘层，处在绝缘层中的一些元素离子会受到电场力的作用而发生扩散，尤其是一些碱金属元素。当二次离子质谱分析二次正离子时，SiO_2 薄膜绝缘层的外表面带正电荷，在电场力的驱动下，这些元素的正离子将往体内漂移，使分析结果失真。

因此使用 O_2^+ 为一次离子束，有效提高了二次正离子产额的同时，但是由于氧的存在不可避免地引起一些杂质元素分布曲线的失真。

（四）基体效应对深度分辨率的影响

基体效应可以看作是化学增强法对二次离子产额的影响。如果被溅射的样品表面存在有负电性元素（O、N、Cl、F），二次正离子的产额将会因此而提高。反之正电性元素（例 Cs）的存在有利于二次负离子的产额提高。

样品基体组分元素的变化，也会影响到二次离子的产额。在由不同组分组成的样品中，同一种组分元素（如硅基体和锗基体中的硼）具有不同的检测灵敏度。这灵敏度的差异来源于离化率的不同和溅射产额的不同。当使用化学活性离子源（O_2^+ 或 Cs^+）为一次离子束时，即使溅射产额差异较小，也会引起离化率较大的变化。因此基体效应是多元的、复合的。

一般情况下，氧和铯的原子密度 ρ_0 与待分析元素（i）的离化率 $Y_i^\pm$ 的关系式为：

$$Y_i^\pm \propto (\rho_0)^n \quad n=2\sim3$$

假设一个薄膜样品，由两层不同组分的母材组成。某一种元素在这两层薄膜中的浓度完全相同。当用 O_2^+ 或 Cs^+ 为一次离子束轰击溅射样品时，得到的这种元素浓度分布在这两层薄膜中随深度变化却不是一根不变的直线，明显失真于该元素在样品中的真实分布。

由于这两层薄膜的组分不同，因此在一次束 O_2^+ 或 Cs^+ 轰击时，溅射速率也不同。一方面，不同的溅射速率，使两层薄膜的母材的溅射流量不一样，导致浓度相同地分布在这两层薄膜中的某种杂质元素的溅射粒子浓度不一样。另一方面由于溅射速率的变化，氧或铯在两层薄膜中的平衡浓度不同。溅射速率小的薄层中一次束离子的平衡浓度大，相反溅射速率大的薄层中一次束的平衡浓度小。由于氧或铯的浓度的差异，导致某种元素的二次离子信号发生很大差异。

图 13-26（a）是 20keV 的 Cs^+ 作为一次束离子，样品是生长在硅片上的 PtSi 合金层。尽管在 PtSi 层中 Si 与硅片中 Si 的浓度基本相等（其差异在同一量级范围内），但由于受 $Y_i^\pm \propto (\rho_0)^n$ 的影响，PtSi 的溅射速率小，合金层中 Cs^+ 的平衡浓度高，使 Si 在 PtSi 层中的二次离子信号比在硅片中的低了 $2\sim3$ 个量级。

图 13-26（b）是氟（F）在 SOI 中的深度分布。SOI 结构（$Si/SiO_2/Si$）材料的顶层硅与之间二氧化硅层的组分不同，它们的溅射速率也不同。用 12.5kV 的 O_2^+ 作为一次离子，相应的二氧化硅的溅射速率是顶层硅的 0.95，致使 F^+ 的注入峰在 Si/SiO_2 的界面处出现失真。

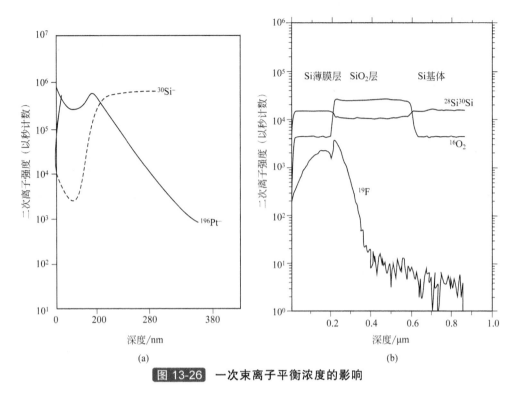

(a)   (b)

图 13-26　一次束离子平衡浓度的影响

深度剖析过程中，级联碰撞引起界面处两种母材相互混合、组分变化。同时，溅射速率和元素离化率都发生了变化。导致元素在界面处浓度分布曲线的失真，深度分辨下降。

在多层结构样品中，基体母材的影响很明显。有时通过选择不同的组分离子作为检测对象，在一定程度上改善基体效应对界面分布曲线的影响。例如用 O_2^+ 为一次离子束分析 InP/InGaAs 多层薄膜时，若二次离子选用 In^+，则不能得到期望中界面陡直的分布曲线。而选用 P^+ 时，效果相对要好很多。表 13-4 为对于各种母材组分选取二次离子参考离子的种类。

表 13-4　母材组分参考离子种类 O_2^+ 或 Cs^+

母材	Si	Si	GaAs	GaAs	InP	HgCdTe	AlGaAs	TaSi$_2$
一次离子	O_2^+	Cs^+	O_2^+	Cs^+	O_2^+	O_2^+, Cs^+	O_2^+	O_2^+
母材离子	$^{28}Si^+$	$^{28}Si^-$	$^{75}As^+$	$^{75}As^-$	$^{31}P^+$	$Te^\pm$	$^{75}As^+$	$^{118}Ta^+$

（五）二次离子萃取电压的影响

在深度剖析过程中，混合效应的影响随着一次离子束能量的降低而减小。但一次离子束的能量不能无限制地降低，受制于二次离子萃取电压大小等因素。

1. 二次离子萃取电压的影响

双聚焦磁质谱计的二次离子光路途径较长，要求其萃取电压比较高。在萃取电场的影响下，一次离子轰击样品时的入射角 θ（与样品表面垂线之间的夹角）应为

$$\sin\theta = \sin\alpha/(1 - E_s/E_p)^{1/2}$$

式中，θ 和 α 分别表示一次离子束的实际入射角和名义上的入射角（即仪器的机械入射角）。IMS 型二次离子质谱仪的 $\alpha = 30°$，E_s 和 E_p 为二次离子萃取电压和一次离子的加速电压。一次离子束入射到样品表面时的能量为（$E_p - E_s$）。当 $(1 - E_s/E_p)^{1/2} \sim 1/2$ 时，θ 接近于 90°。常规情况下，检测二次正离子时样品电位为 +4.5kV。如果正一次离子束的入射能量太小，带

有正电荷的一次离子在二次离子萃取电极＋4.5kV 的作用下，将有可能以较大的角度掠射过样品表面，甚至向二次离子萃取电极偏转。

简单地降低萃取电压 E_s 也将影响仪器的性能。电子倍增器需要入射的二次离子具有足够大的速度（能量）。第一个倍增极（打拿极）的离子/电子转换效率与入射离子的速度有关，入射离子速度大、转换效率高，则检测效率也高。降低二次离子萃取电压，将影响二次离子质谱仪的检测灵敏度。另外电子倍增器的质量歧视现象也与入射离子能量有关。在某一萃取电压情况下，对于质量轻的和重的入射离子，电子倍增器的质量歧视现象可以达百分之几十。

为了适应超大规模集成电路浅结工艺等领域的测试需要，改进后的磁质谱计其二次离子萃取电压已能下降到 1kV 左右。

对于低能量的入射二次离子，设计者在二次离子光路末端的电子倍增器前增设了后加速系统（EM post-acceleration）（图 13-27），使二次离子在轰击第一倍增极以前因加速得到动能的增加。相应的软件和新型前置放大器与鉴别器系统的设计，自动调节入射到第一倍增极的二次离子能量以获得较高的量子检测效率，因此电子倍增器对不同萃取电压的二次离子具有相当稳定的增益。电子倍增器后加速系统的电压调节范围为：－10～+8kV。

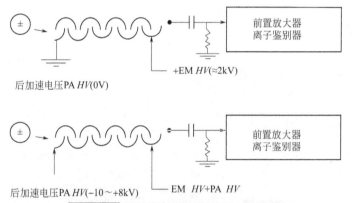

图 13-27　电子倍增器后加速系统示意

2. 一次离子束加速电压太低会影响一次离子束流

在双等离子体离源的情况下，随着一次离子束加速电压的下降，从等离子体内萃取出来的离子流也随之下降。这样既降低了对样品的溅射速率，同时还会影响一次离子束的聚集性能，给二次离子的检测极限带来了负面的影响。另外降低一次离子束加速电压（萃取电压）可使烧结钨中的 Cs^+ 不能有效地由萃取电极全部吸引出来，容易造成烧结钨微孔的堵塞。太低的加速电压也不能使金属场致发射现象正常进行。仪器制造商针对这些问题采取了相应的措施：

在双等离子体离子源的情况下，一次束离子源的加速电极（萃取电极）上仍然加上高压，以保证离子引出的效率基本不变，然后在萃取电极的后面增加一个一次束离子的减速系统（见图 13-9）。调节减速场的大小，可以在不改变一次束束流密度的情况下，根据需要降低一次离子束入射到达样品时的能量。这一措施有利于提高深度剖析的深度分辨本领。

（六）样品表面效应在深度剖析过程中的影响

基体效应最常见的发生在样品的表面，例如样品表面的氧化膜（自然氧化的或者有意识生长的）。在分析深度剖析结果时必须考虑表面或接近表面处的一些现象。

很多样品的表面都存在有自然氧化层，即使是刚清洗过的硅片，一旦露在空气中，立即就会形成一个 1～1.5nm 厚的自然氧化层。金属样品的表面也会生成这种氧化层。在深度剖析时，这一氧化层的存在，可以使某些组分的分布曲线在表面形成一个峰值。图 13-28 是钙注入硅片中的 Ca^+

浓度的深度分布曲线，除了硅片体内正常 Ca⁺注入峰外，在样品表面也有一个 Ca⁺的峰，这是因为表面氧化层的存在使 Ca⁺的产额提高所致。可能是表面碳沾污($^{12}C^{28}Si$)⁺形成了这个峰（在确实存在有碳沾污的情况时，这个峰成了表面 Ca⁺的峰的一个组成部分）。同样在分析硅中杂质硼时，表面有明显的 B 的峰值。由于 IC 制造业的需要，在净化空气过程中，使用含有硼的净化材料，净化了的空气中存在有微量硼。硅片暴露在这种净化空气中，表面生成氧化层的同时，也被净化空气中的微量硼所沾污。即使是很纯的硅片，其表面同样会出现急剧下降的 B 峰。严格地说，在表面 1~1.5nm 范围内的二次离子信号并不可靠。

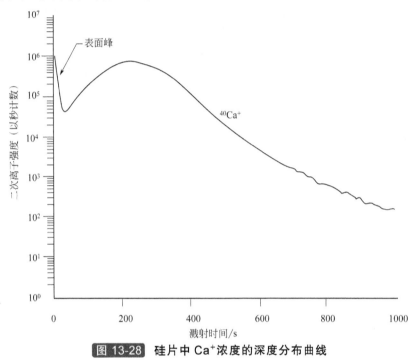

图 13-28 硅片中 Ca⁺浓度的深度分布曲线

用 O_2^+ 作为一次离子束分析样品时，随着一次离子束的不断轰击，样品从原始表面开始，一层层地被溅射掉，同时氧也在不断地注入样品。氧的浓度不断提高，最后达到平衡。在贯穿深度范围内没有被溅射掉的样品中氧的含量越来越高。氧浓度达到平衡的深度，基本上与一次离子的贯穿深度一致。达到平衡后的氧浓度与初始的氧浓度最大可相差 40 倍。氧浓度达到平衡之前的深度范围又称预平衡范围，由于氧浓度的变化，使在这一预平衡范围内的二次离子产额不同。氧浓度达到平衡的深度正比于一次离子束的注入能量，与一次离子束的入射角成反比。

为了解决预平衡范围内氧浓度不同所引起的剖析结果失真，最常用的办法是使用"漏氧法"增加样品周围的氧浓度，使分析区里样品氧浓度变化不明显。

用 O_2^+ 分析 SiO₂ 薄膜时，不存在预平衡范围，因为 SiO₂ 层中氧的含量已经大大高于测试的氧浓度。

以 Cs⁺为一次离子束时，同样存在有 Cs⁺平衡深度和预平衡范围。

（七）记忆效应对深度剖析的影响

许多仪器为了最大限度地提高传输效率接收二次离子，二次离子的萃取电极（浸没透镜）都比较靠近样品表面，约几个毫米。分析样品时将会有溅射物质淀积在萃取电极上。在以后的分析过程中，溅射产生的二次离子被加速引出朝向萃取电极时，有可能把那些原先淀积在萃取电极上的溅射物质反溅射到样品上。例如较长时间分析硅后，接着分析砷化镓中的微量杂质硅，这种反溅射引起的硅的"记忆效应"对 GaAs 中硅检测极限的影响不可忽视。

磁质谱计和飞行时间质谱计的这种记忆效应现象比"四极杆质谱计"的严重。因为磁质谱计和飞行时间质谱计的萃取电极与样品之间的电位差在千伏量级（四极杆只有 $200 \sim 300V$）。二次离子在高电压下轰击萃取电极时，将引起比较高的反溅射的产额。

对记忆效应的鉴别方法是在一次离子束束流和能量都不变的情况下，改变一次束扫描面积。这时如果二次离子的信号强度是由记忆效应或剩余气体引起，那么该信号强度不应发生大的变化。相反因扫描面积缩小，来自样品的二次离子信号应该随着一次离子束束流密度的增加成倍地增加。

解决记忆效应最简单的办法是预先用一次离子束长时间地轰击组分中不含有待分析元素的样品，使在萃取电极上覆盖一层其他元素的离子。例如在分析大量的 GaAs 样品后需要检测 Si 中的杂质 As 时，应该用大束流的一次离子束轰击硅片，把原先分析 GaAs 时"记忆"在萃取电极上的 As 覆盖住，然后分析硅中的杂质 As。最好的办法是采用多块可以更换的萃取电极和经常清洗萃取电极，可以明显减少"记忆效应"对深度剖析检测极限的影响。

（八）分子离子干扰

由一次离子轰击样品所产生的质荷比（m/z）值相同的离子，可以是原子离子、多原子离子、分子离子以及高价离子。在二次离子质谱分析过程中，普遍存在有分子离子对元素单原子离子的质量干扰。一次离子束的离子、样品组分元素以及浓度较高的杂质元素，它们相互之间组合而成的分子离子是最主要的分子离子干扰源。尤其使用 O_2^+ 为一次离子束时，氧与样品基体组分结合而成的分子离子干扰影响更大。分析硅单晶中的杂质砷时，将受到（$^{30}Si^{29}Si^{16}O$）的干扰，砷离子和三原子离子（$^{30}Si^{29}Si^{16}O$）具有几乎相同的质量数。杂质砷的浓度不太高时，其二次离子的检测信号将湮灭在一氧化硅（$^{30}Si^{29}Si^{16}O$）的信号中。

氧的质量数小，使用 O_2^+ 为一次离子束时，分子离子干扰现象要比用 Cs^+ 为一次离子束时严重，特别是在低质量段。铯的质量数为 133，在低质量段不可能存在一次离子束离子与杂质原子的组合。另外，在二次离子质谱中几乎不存在高价的二次负离子。因此用 Cs^+ 作一次离子束进行 SIMS 分析时，在二次负离子谱中，可以忽略铁的二次负离子对硅信号的影响。但在正二次离子谱中，必须考虑 $^{56}Fe^{2+}$ 对 $^{28}Si^+$ 的影响和 $^{28}Si^{2+}$ 对 $^{14}N^+$ 的影响。

对于具有几个同位素的元素，它们相互之间的分子离子干扰可以通过双原子离子的丰度比来鉴别。双原子分子离子的丰度比用两项式表示。例如某元素有两个同位素，丰度比分别为 a 和 b。该元素的两个同位素所组成的分子离子丰度比可用 $(a+b)^2$ 表示。a^2 和 b^2 分别表示同位素丰度比各为 a 和 b 的双原子离子丰度比，$2ab$ 则表示不同同位素丰度比的两个原子所结合成的双原子离子。以氯（Cl）为例，氯有两个同位素：^{35}Cl，丰度比 a 为 76%；^{37}Cl，丰度比 b 为 24%。它们具有三种不同组合的双原子分子离子 $^{35}Cl_2$、$^{35}Cl^{37}Cl$ 和 $^{37}Cl_2$。相应的丰度比为 $a^2 = 76\%^2 = 58\%$，$b^2 = 24\%^2 = 6\%$ 和 $2ab = 36\%$。同理类推有三种同位素（a，b，c）的元素，其相应的双原子分子离子丰度比也可用类似的方式计算。如 $(a+b)^2$，$(a+c)^2$，$(c+b)^2$，$\cdots$

消除分子离子的干扰除了上述同位素元素可以用二项式计算值进行鉴别外，在二次离子质谱分析中，用得最多的是利用仪器的高质量分辨率以及能量偏置的办法。

1. 提高仪器的质量分辨本领

质谱学中，元素原子质量数 M 的大小通常被粗略地认为是原子核中质子和中子的总数，即原子核核子的总数（每个核子具有相同的质量）。国际标准规定具有 12 个核子（6 个质子和 6 个中子）的碳同位素 $^{12}_6C$，其原子质量为 12.000000u，因此，每个核子质量为 1u。^{56}Fe 铁原子的质

量数 $M=56u$（通常在描述中，质量单位 u 往往被省略），同样由两个 ^{28}Si 硅原子组成的分子团其质量数 M 也是 56。其实原子核中的这些核子能聚合成一个原子核是需要损耗一定能量的，这个能量即为"结合能"。根据能量和质量的转换关系，这些核子单个独立存在时的总质量数 M 肯定大于所结合成的原子核的质量数 m，即存在有质量亏损。一个 ^{56}Fe 铁原子的真实质量 $m=55.93494$，相应的质量亏损是 $\Delta M=M-m=0.06506$。而一个 ^{28}Si 的硅原子的质量亏损为 0.02307，两个 ^{28}Si 的质量亏损 0.04614。所以 ^{56}Fe 原子的质量与两个 ^{28}Si 硅原子的质量相差 0.01892。原子或分子在转变成离子后，只发生电荷数的变化，核子总数是不变的。可见对于核子数和电荷数相同的原子离子与多原子离子，原子离子的质量亏损更大一些。质谱分析时原子离子的谱线应位于干扰其信号的多原子离子的左侧（即低质量端）。因此，在磁质谱计中，利用原子离子与多原子离子不同质量亏损所引起的二者之间真实质量的差异，靠调节二次离子光路中入口狭缝和出口狭缝来实现质量分辨率的提高。经一次离子束轰击产生的二次离子束，经过光阑后成为一个圆斑。在这圆斑中包含有来自样品表面的所有离子信息，例如 M、$M+\Delta M$ 和 $M-\Delta M$ 等。通过磁场进行质量分离后，如果 ΔM 比较小，对应的三个质量的"圆斑"将发生重叠。仪器在常规条件下分析时的分辨本领有限。以法国 CAMECA 公司的产品 IMS-6F 型 SIMS 为例，常规的质量分辨率 $M/\Delta M=500$，无法把 $^{31}P^-$ 从($^{30}Si^1H)^-$的干扰信号中分离出来。$^{30}Si^1H$ 和 ^{31}P 的质量数分别是 30.981597 和 30.973763，$\Delta M=0.007834$，要分离 $^{31}P^-$和 $^{30}Si^1H^-$，仪器必须具有高的质量分辨率 $M/\Delta M=4000$。

关小二次离子光路中的入口狭缝，使二次离子束圆斑变成狭长的条状束斑。这样通过磁场分离后将形成一系列间距较大、质量数（m/z）单一的狭长条状离子束斑。然后关小出口狭缝，即可消除($^{30}Si^1H$)对硅中杂质磷检测的干扰。如图 13-29 所示。达到离子检测器的二次离子束斑面积由圆斑缩小为狭长的条状的同时，二次离子的总数也减少了。因此，提高仪器的质量分辨率是以降低检测灵敏度为代价的。第八节表 13-9 中列出了一些感兴趣的元素从干扰信号中区分出来所需仪器的质量分辨率。

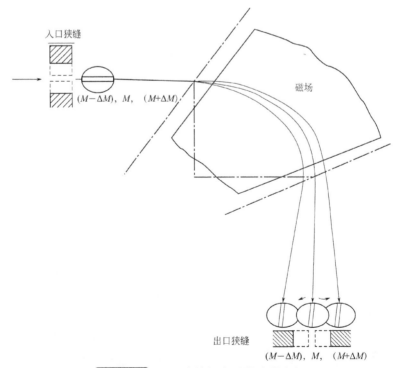

图 13-29 利用狭缝提高质量分辨本领

　　由于磁场的滞后现象和窄的质谱峰，利用高质量分辨率进行多种组分和杂质的二次离子质谱分析时，在检测前的统调过程中，多个窄的质谱峰很难对准，所以在高质量分辨率状态下的仪器每次只能检测一种元素，一般不同时进行多种组分的二次离子高质量分辨率的质谱分析。

2. 进行能量偏置

　　在一离子束轰击下，从样品表面溅射出来的二次离子，其初始动能具有一个分布范围（0～130eV），这一分布范围随着离子形式不同而不同。单原子离子的能量（动能）分布范围最宽，分子离子的能量分布范围比单原子离子的窄。分子离子从级联碰撞过程中所获取的能量，除了部分是动能外，还包含有转动能和振动能，能量分布范围比较窄。组成分子离子的原子越多，能量分布越窄，见图13-30。

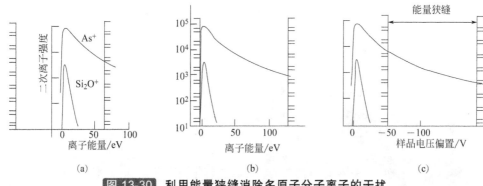

图 13-30 利用能量狭缝消除多原子分子离子的干扰

　　调节双聚焦磁质谱计中能量狭缝的宽度和位置，可以舍去分子离子。图13-30中(a)、(b)图的能量狭缝位置，允许单原子离子和分子离子同时通过；当能量狭缝处在(c)图位置时，分子离子被阻碍而舍去。

　　能量狭缝相对于二次离子能量分布曲线上的位置，可以由样品上的偏置电压和狭缝机械位置决定。

　　用 O_2^+ 为一次离子束分析硅中砷时，如果能量狭缝位置调节得当，样品上施加 40V 偏置电压就可以排除 $(^{29}Si^{30}Si^{16}O)^+$ 对 As^+ 的干扰，提高硅中砷的检测极限。

　　用 Cs^+ 为一次离子束，检测二次离子 As^-，这时 As^- 本身产额很高，由氧形成的分子离子也很少，不必使用能量偏置的措施。

　　当分子离子的干扰来自于由 5 个或 5 个以上原子组成的分子离子，只要使用很小的偏置电压就足以排除它们的干扰。

（九）绝缘样品分析的特殊性

　　高能量一次离子束轰击绝缘样品时，表面二次电子产额大于 1，其结果是绝缘样品的表面充正电。如果以负离子作为一次束离子，注入的一次束离子使表面带负电荷。当二次电子和一次负离子这二者使表面电位达到某一临界值时，部分二次电子受表面电位的作用返回样品表面，发生所谓"电荷补偿"。因而在适当的条件下，表面电荷将保持在一个稳定值。这时在样品上加以偏置电压，即可进行正常分析。如果以正离子为一次束（在二次离子质谱仪中的一次离子源，除了 O^- 外，其余都是正离子），则不会发生上述电荷补偿现象。随着一次正离子的注入，二次电子的发射，绝缘样品表面正电荷不断积累，电位连续升高。二次离子萃取电场发生畸变，改变了二次离子的能量分布。随着充电现象的加剧，二次离子通过能量狭缝的部分越来越少，最后全部不能通过，使二次离子质谱分析不能进行。样品表面电位的升高甚至会引起样品与样品架之间的放电现象。

降低二次离子束的萃取电压，一定程度上可以减少二次电子产额和样品表面电荷积累的现象。最根本的解决办法是采用电子喷射法：向受一次离子轰击的样品表面同时喷射低能电子，以此来补偿表面所积累的电荷。一般称这种低能电子为中和电子，它由电子中和枪产生，用于补偿绝缘体样品表面电荷的中和。电子束可以斜入射，也可以垂直入射。

垂直入射中和电子枪示意图见图 13-31。很显然垂直入射的中和电子束其性能优于斜入射的，因为垂直入射的电子束辐照范围可以保证大于一次离子束轰击的样品表面。也不存在中和电子束如何正确入射到样品表面分析区域内的问题。对于检测二次负离子谱时，样品表面相对于萃取电极处于负电位，垂直入射的中和电子将在样品表面上方的一定高度处形成电子云，阻止样品二次电子的发射使绝缘样品的分析正常进行。需要注意的是长时间的电子束轰击会导致样品表面发热，容易引起绝缘样品的分解和绝缘薄膜的变形。

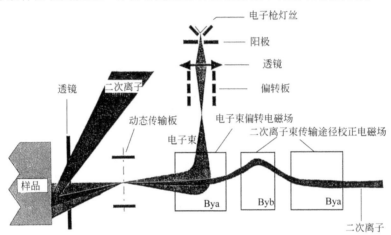

图 13-31 垂直入射 中和电子枪示意图

注：3个方块电路Bya、Byb和Bya用于对二次离子光路的修正

二、质谱分析——质量扫描

对于那些具体组分和杂质元素并不了解的样品，可以用质量扫描的办法进行二次离子质谱分析，达到鉴别样品组分和杂质种类的目的。为了减少吸附在样品表面剩余气体的影响，先可以用大束流一次离子轰击，进行预溅射。

对于块状样品，在预溅射后即可进行连续的质量扫描分析。根据分析所得的质量扫描谱，确定样品的组分和杂质种类。为了尽量减少分子离子的干扰，可以适当选用能量偏置的方法，在样品上施加偏置电压。

对于薄膜样品，则必须事先知道膜层厚度。根据膜层的厚度来决定一次束离子流的大小，即溅射剥离速率和测试分析的时间（相对应的是质量扫描范围）。如果薄膜较薄，可把所要通过分析知道的质量范围分成两段或多段进行。每分析一段移动一下样品，以保证在某一质量扫描范围的分析时间内，样品被剥离的深度不超出膜层的厚度。以膜厚为 1000nm 的样品为例，如果溅射速率 10nm/s，整个膜层被溅射剥离的总时间为100s。若磁质谱计的质量扫描是"2s/u"（每个质量单位取 10 个数据点，每一数据点采样时间 0.2s），因此 100s 内可分析 50 个连续的质量单位。假如需要从元素氢扫描分析到铀，质量扫描范围就需分 4～5 段进行。

在质量扫描的质谱分析中，除了考虑分子离子的干扰外，也可以利用同位素丰度比的计算公式，进行被测样品中同位素元素组分的鉴别。

三、线扫描（二次离子质谱的横向线分析）

有时需要用于了解某些组分元素和杂质在样品表面比较大范围内的分布情况。一次离子束静止不动，样品按所需的方向水平移动，使萃取到的二次离子来自于样品移动时被一次离子束轰击的线状区域。对一些金属材料的断面分布，这一功能有明显优越性。在微电子工艺中，有时需要了解在十几微米，甚至几百微米以下的埋层杂质类型。常规二次离子质谱法的深度剖析只能在几个微米量级的深度范围内进行。这时可以将样品进行磨角处理，如图 13-32 所示，一般 $\theta = 5°$。十几微米深度的信息反映在了几百微米的斜面上。因此，利用线扫描同样可获得样品较深处杂质类型的鉴别。仪器的样品台由 X 方向和 Y 方向的两个步进电机带动，最小步距 1μm，最大移动距离几个毫米。

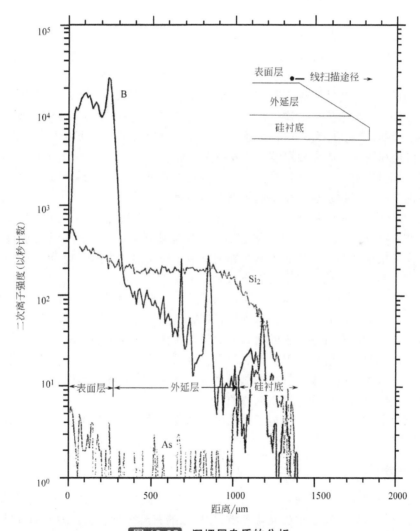

图 13-32　深埋层杂质的分析

在图 13-32 中，应该稳定不变的母材硅信号之所以发生变化，是因为被分析的样品剖面与仪器设计的样品平面有一夹角，因此在样品移动过程中，轰击到剖面上的束斑大小和束流密度在变化，斜面上每一点离开萃取电极的距离也在变化。如果，经过研磨后得到的样品斜面能满足仪器设计的要求，垂直于二次离子光路，硅的信号将不会发生变化。

四、微区分析

在对样品进行微区分析时，会遇到一系列困难。随着待分析区域的缩小，其二次离子的采样区域更小，以致检测灵敏度明显下降。

对于硅而言，其体密度是 5×10^{22} 原子/cm^3，在溅射速率为 1nm/s，二次离子采样区域等于 $50\mu m \times 50\mu m$ 时，剥蚀速率是 1.25×10^{11} 原子/s，若二次离子产额是 1%，仪器的传输效率为 10%，最终采集到的硅的二次离子 Si$^+$ 计数是 1.25×10^8 个/s。

如果某种杂质元素与硅有相同的离化率，同时仪器要求检测到的二次离子计数不少于电子倍增器的极限值，例如每秒 2 个。则该元素在硅中的浓度应该是 5×10^{22} 原子/cm$^3 \times$ （2 个/s）÷ （1.25×10^8 个/s）＝8×10^{14} 原子/cm^3。这就是该杂质元素的检测极限，因为再小的计数率将会被仪器的噪声所掩盖。

为了适应微区分析，进一步减小一次离子束扫描面积到 $5\mu m \times 5\mu m$。一次离子束束流也必须相应减小为 1/100，以保证束的聚集性能，不影响溅射坑底的平整度和深度分辨率。这时溅射速率仍为 1nm/s，硅的剥蚀率是 1.25×10^9 原子/s。接收器最终接收到的硅的二次离子 Si$^+$ 计数是 1.25×10^6 个/s。这时待测杂质元素的检测极限应该相应地变为 8×10^{16} 原子/cm^3，如果该杂质的浓度低于这个数值，二次离子质谱法将无法进行检测。所以分析面积越小，杂质的检测极限要求越高。在实际分析中，为了消除溅射坑壁的效应，二次离子信号的采集面积比待分析的微区面积更小。如果使用液态场发射金属离子源 Ga$^+$，其最小束斑直径 ϕ50nm，可以在更小的区域里采集二次离子信号，但小束斑的 Ga$^+$ 离子束轰击到样品上的一次离子数很少，所产生的二次离子数也少，使检测极限变得很差。

以上讨论是针对双聚焦磁质谱计而言，其典型的传输系数是 10%。四极杆质谱计的典型传输系数为 0.5%，其杂质的检测极限更差。飞行时间质谱计的传输系数比磁质谱计高得多，但由于一次离子束是脉冲束，在一个脉冲周期里轰击样品的一次离子数少，所以二次离子的有效产额不高，其杂质的检测极限仍逊于双聚焦磁质谱计。

在有图形的 IC 电路中进行微区分析，困难更大。因为感兴趣区域的面积往往很小，横向线度有时小于 $1\mu m$；而且待分析区域附近存在有隔离层，会导致样品表面充电，使二次离子质谱分析不能进行；有时感兴趣的区域上面覆盖着很厚的导电层，溅射剥蚀这导电层需要耗费很长的时间，而且那时的溅射坑坑底的平整度已变得很差；有时待分析区域周边的材料中含有大量需分析的杂质元素，例如检测微区内的硅中硼，其周围是硼磷硅玻璃；等等，这些都很有可能造成分析区中测试结果的假象。

为了克服以上这些问题，在微电子工艺中，都备有面积较大的测试图形供二次离子质谱分析使用。

五、三维分析

二次离子质谱仪无论采用探针模式还是显微镜模式都能进行面分析和深度剖析，因而只要采取相应措施就可以进行三维的立体分析。SIMS 的三维分析由逐点逐层的分析组合而成。用聚焦一次离子束对样品表面逐点进行扫描分析，第一层表层被溅射剥蚀掉后，接着分析下一层，这样反复进行层剥蚀和定点分析，并把每一测量结果的所有参数（位置坐标、时间和信号强度）存储起来，通过软件处理即可获得三维立体分布的二次离子图像，见图 13-33。三维离子图像的圆柱体（或立方体）尺寸取决于二次离子光路中光阑和透镜（或电子门）等参数，圆柱体（或立方体）的高度由分析时间决定。时间转换成深度后，这一圆锥体（或立方体）就是样品被一次束轰击溅射剥蚀掉的部分样品。三维分析的数据量很大，如果由比较好的软件支撑，可以获得这一圆柱体（或立方体）中任一点样品的组分和杂质的相关信息。

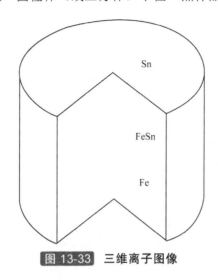

图 13-33 三维离子图像

六、定量分析[18]

由于基体效应、一次离子束化学组分（O_2^+，Ar^+，Cs^+和 Ga^+）、样品周围环境残余气体的化学成分（例如分析腔中真空度的好坏，氧分压的高低）等各种因素对二次离子产额的影响，二次离子质谱法的定量分析问题始终没有得到圆满的解决。考虑到分子离子的干扰，SIMS的定量分析变得更困难。

根据二次离子质谱法的三大功能：质谱扫描、深度剖析和图像显示，相对应有定量成分分析（只针对体分布材料）、定量深度分析和定量图像分析三种定量分析的方法。

离子图像定量分析的使用并不广泛，比较实用的是定量成分分析和定量深度剖析。其中定量成分分析是定量分析的基础，定量深度剖析是定量成分分析的发展。

定量成分分析又可分成两类：一类是以物理模型为依据的半经典计算方法；另一类以标准样品为基础的灵敏度因子校正法和校准曲线法。这两类定量分析方法取得了一定程度的成功。

目前，更倾向于使用灵敏度因子校正法。该方法操作相对比较方便，也不涉及二次离子产生的具体模型，只需一个已知待测元素浓度的样品作标样进行比对分析。

设样品中元素 i 所产生的（正）二次离子强度 I_i^+ 与样品中该元素在基体(M)中的浓度 c_i 之间存在着一定的比例关系，如公式 $I_i^+ = f_i^+ c_i$ 所示，设定比例系数 f_i^+ 为灵敏度因子。灵敏度因子 f_i^+ 与仪器的二次离子传输效率和检测效率有关。

灵敏度因子有三种表示方法，即绝对灵敏度因子，相对灵敏度因子和标记灵敏度因子。

1. 绝对灵敏度因子

对基体（M）成分保持不变，而元素 i 的浓度逐渐改变的一系列样品进行测量，可以得到一条校准曲线。纵坐标与横坐标分别为元素 i 的二次离子强度 I_i 与浓度 c_i，曲线的斜率就是绝对灵敏度因子 $f_i^M = dI_i/dc_i$。事实上杂质元素浓度的变化一定程度上会影响基体的组分结构，以致二次离子强度发生变化。因此，当 c_i 的变化范围较大时，校准曲线不是直线，绝对灵敏度因子并非常数，绝对灵敏度因子法在实际工作中很少使用。

2. 相对灵敏度因子

在定量分析过程中，如果待测样品与标准样品具有相同的基体组分，然后选择基体的某个组分元素（例如 r 元素）与杂质元素 i 进行比对测试，这时的灵敏度因子即为相对灵敏度因子（relative sensitivity factor，RSF）。相对灵敏度因子（RSF）可以用下列式子表示：

$$c_{iM}=RSF_{(i/r)M}(I_i/I_r)$$

式中，下标 i，r 和 M 分别表示待测元素、参考元素（内标元素）和基体；$RSF_{(i/r)M}$ 为在基体 M 中待测元素 i 相对于参考元素 r 的相对灵敏度因子，cm^{-3}。例如对硅片中杂质 ^{11}B 含量的定量分析，选 ^{30}Si 为参考信号，则 i、r 和 M 分别表示 ^{11}B、^{30}Si 和硅片基体。

与绝对灵敏度因子不同的是在相对灵敏度因子的表达式中，已排除了一次离子束强度和溅射产额的影响；可以认为仪器工作条件的微小变化，对参考元素 r 和元素 i 的二次束离子流的影响是相同的。相对灵敏度因子法定量分析时，要求待测样品和标样的主要基体成分必须相同。在此前提下，各种杂质元素的浓度可以在百万分之几十到百分之几的范围内变化，也不会影响相对灵敏度因子的适用性。利用相对灵敏度因子法进行浓度的定量分析时，其分析误差在 15%～20%左右。在高浓度掺杂的混合物中，不能完全排斥相对灵敏度因子对杂质浓度的依赖。试样与标样之间,待测元素的浓度越接近越好，以减少"基体因子"差异带来的影响。二者的浓度差别越大，分析误差也就越大。

3. 标记相对灵敏度因子

样品表面的环境（例如样品表面的氧分压的大小）对溅射速率和离化效率都有很大的影响。即使仪器的工作条件和样品基体成分相同，只要样品表面的氧分压等环境因素有变化，相对灵敏度因子仍然会随之而变化。

为了精确地说明分析时样品周围的环境，人们提出了采用基体中参考元素两种不同离子形式的二次离子强度比，以这个强度比对相对灵敏度因子进行标记。这样的灵敏度因子被称为标记灵敏度因子（sensitivity factors indexed by matrix ion species ratio），简称 MISR 法。

MISR 法的关键点是采用漏氧技术，使样品表面氧分压等环境条件有微小变化。这时不仅会改变待测元素和参考元素的离子产额，而且样品基体参考元素的两种不同离子(例如基体参考元素的化物离子与参考元素的分子离子)形式的二次离子强度比也将发生变化。因此，基体参考元素的这两种不同离子的二次离子强度比可以有效地注明分析时样品周围的环境。

很少采用 MIRS 法的原因是漏氧技术的操作相对比较繁琐且花时间。

在常规的二次离子质谱法定量分析过程中，一般使用的仅是相对灵敏度因子法（见第八节四中的表 13-10～表 13-18）。相对灵敏度因子法的合适标样应该与待测样品的"基体效应"程度相接近。基体效应一般分成"结构因素"和"成分因素"两部分。"结构因素"并不重要，在一次离子束的轰击下，随着样品表面变成无定形或氧化物将变得缓和。"成分因素"的影响比较明显。主要成分浓度不同的基体，可以引起待测元素的相对灵敏度因子值明显变化。困难的是目前尚不清楚标样和待测样品的基体成分相差多大就必须采用不同的相对灵敏度因子。

由于基体效应的复杂性，人们往往选用待测元素浓度相接近的相同基体组分的样品为二次质谱法定量分析的标样。

用于相对灵敏度因子法进行二次离子质谱定量分析的标样一般可分成两类:元素浓度体分布均匀的块状样品和离子注入样品[19~21]。浓度体分布均匀的块状样品的相对灵敏度因子为：

$$RSF_M=[c_i/(I_i/I_r)]_M$$
$$c_i=[(I_i/I_r)RSF]_M$$

考虑到标样和待测样品可能含有多个同位素元素，相对灵敏度因子应改写成

$$RSF_{(i/r)M} = [c_i/(I_i/I_r)]_M(A_r/A_i)_M$$

式中增加一个因子$(A_r/A_i)_M$，A_i和A_r分别表示基体 M 中元素 i 的同位素自然丰度比和参考元素 r 的同位素自然丰度比，例如 ^{11}B 的 A_i 为 80.1%，^{30}Si 的丰度比为 3.1%。由标样求得了相对灵敏度因子后，即可通过公式计算待测样品(x)中元素 i 的浓度。当所选择的杂质元素同位素和待测样品基体成分参考元素的同位素在标样和待测样品中是相同的，则因子$(A_r/A_i)_M$可以省略。例如对硅中硼的定量检测，标样和待测样品可以都选择 ^{11}B 和 ^{30}Si，标样中硼的体浓度$[B]_s = [(I_B/I_{Si})_sRSF]$，通过所得到的相对灵敏因子即可求得待测样品中的硼浓度。

一些常用材料中所含杂质元素相对灵敏度因子的参考值可以在相关文献中获取（见第八节四中的表 13-10～13-18）。但这些参考值只适用于要求不太高的二次离子质谱法的定量分析。参考文献所提供的这些相对灵敏度因子数值，都是以样品基体的某个组分元素为参考元素（例如硅基体的 Si 和 HgCdTe 中的 Te）。实际分析时所选用的参考元素是基体组分元素的一个同位素（例如 ^{28}Si），因此需乘上该同位素的自然丰度比 A_r。例如硅中铜（Cu）的定量分析，有资料提供的硅中铜的 RSF 为 $3.1×10^{22}$cm^{-3}。如果参考元素选用硅基体组分元素硅的一个同位素 ^{28}Si，其自然丰度比为 92.2%，则 $RSF(^{28}Si) = 3.1×10^{22}×92.2\% = 2.86×10^{22}$cm^{-3}。待测元素铜有两个同位素：^{63}Cu 和 ^{65}Cu，它们的自然丰度 A_i 比分别为 69.2%和 30.8%。如果分析时选用的铜的二次离子是同位素 ^{63}Cu，需要定量的是硅中所有的铜（包括 ^{63}Cu 和 ^{65}Cu），则相应的相对灵敏度因子应除以同位素 ^{63}Cu 的自然丰度比 69.2%。因此硅中铜的浓度为 $c_{Cu} = [(RSF×92.2\%)/69.2\%]×(I^{63}Cu/I^{28}Si) = 4.13×10^{22}cm^{-3}×(I^{63}Cu/I^{28}Si)$。

离子注入标样的相对灵敏因子计算可以简单地仿照体分布均匀的标样求得。标样注入的离子只能是元素的一个同位素，相对灵敏度因子表达式中省略了$(A_r/A_i)_M$因子，$RSF = c_i(I_i/I_r)$。根据离子注入的有关理论，注入离子在标样中的深度方向呈高斯分布，其峰值可通过公式求得。$N_{max} = 0.4\Phi/\Delta R_p$，其中 Φ 是注入剂量；ΔR_p 为标准偏差。峰值 N_{max} 所对应的二次离子流强度，即为$(I_i, I_r)_{max}$。离子注入标样的相对灵敏度因子 $RSF = N_{max}(I_i, I_r)_{max}$，很显然 N_{max} 的计算会带来一定的误差。

比较理想的方法是通过积分法计算离子注入样品的相对灵敏度因子。

$$RSF = (\Phi CI_rt)/(d\Sigma I_i - dI_bC)$$

式中　　Φ ——离子注入剂量；

　　　　C ——整个定量分析过程中测试周期的总数；

　　　　t ——每一个测试周期检测离子信号的采样时间；

　　　　d ——测试分析结束后，溅射坑的深度；

　　　　I_b ——仪器的本底信号；

　　　　ΣI_i ——整个测试过程中所有每个测试周期测得的待测元素离子流强度的总和。

对于注入标样而言 C，t，I_b，I_r 和 ΣI_i 由仪器的测试条件所决定。溅射坑深 d 由溅射速率计算而得，也可用台阶仪进行测量。

现在的商用仪器中，都配备有计算离子注入标样相对灵敏度因子的相关软件。

第七节　二次离子质谱法的应用

以下二次离子质谱法的应用实例[22~44]，除"马口铁组分离子的三维分布"实验结果由加拿大西安大略大学（The University of Western Ontario，Canada）卢世峰先生所提供，其余全部由复

旦大学材料科学系国家微分析中心二次离子质谱实验室完成（Fudan Univ.NMC. SIMS Lab）。

一、宇宙尘埃质谱分析

宇宙中行星间的尘埃（interplanetary dust particles，IDPs）包含有地球形成、生命起源等非常丰富的信息。IDPs 是仅几个微米大小的尘埃粒子，检测分析必须非常精准，一次完成。

双聚焦二次离子质谱仪的高检测灵敏度和高质量分辨率性能，使采用束斑面积小、束流密度低的一次离子束成为可能，质谱分析 IDPs 的样品消耗量非常小。南京紫金山天文台提供的一粒尘埃质谱分析结果见图 13-34。图谱给出了氢的同位素 D 和氢分子 H_2 的质谱峰。

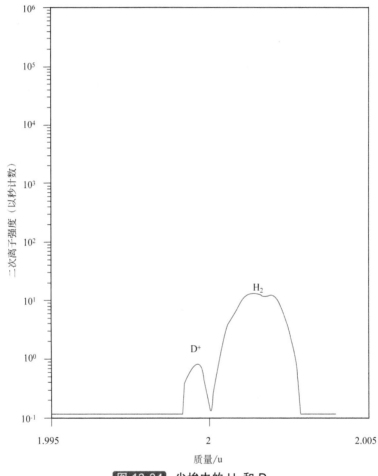

图 13-34 尘埃中的 H_2 和 D

D 是 H 的同位素，D 的原子核由两个核子（一个质子与一个中子）聚合而成，需要损耗一定的"结合能"。H 的原子核只有一个质子，没有"结合能"损耗，两个 H 原子组成分子所损耗的能量非常小。"结合能"损耗引起的质量亏损，导致 D 的质谱峰位于 H_2 的质谱峰的左侧（即低质量端）。

二、深度剖析的应用

1. IC 工艺的浅结剖析[45]

微电子技术的发展，对 SIMS 深度分辨能力要求更高。二次离子的产生机理决定了深度分辨能力被一次离子能量和二次离子萃取电压所制约。常规情况下，双聚焦二次离子质谱仪的一次离子能量和二次离子萃取电压都比较高，不利于浅结剖析。采取措施，降低一次离子能量和二次离子萃取电压，深度分辨率将有所改善。但是，降低二次离子萃取电压，入射到电子倍增器第一倍增极（打拿极）的二次离子能量偏低，电子倍增器增益下降。

如果在电子倍增器前端添置后加速系统，就可解决倍增器增益下降的问题。图 13-35 显示了 IMS-6F 分析 IC 浅结工艺的深度剖析结果。样品表面存在有 4nm 厚氧化硅层，并注入氮离子的硅片。一次离子加速电压 V_p=+3kV，二次离子萃电压 V_s=+2kV，轰击样品表面时 O_2^+ 的能量 E=1keV，电子倍增器后加速电压为+2kV。根据一次离子轰击样品表面时入射角的表达式 $Sin\theta = [Sin\alpha/(1-V_s/V_p)^{1/2}]$ 和混合深度的表达式 $R=2.15E\cos\theta$，计算可得 θ=60°，混合深度 R=1nm（其中一次离子束的机械入射角 α 由仪器的结构决定为 30°）。

参照图 13-35 中氮的实测分布曲线，计算该实验条件下 SIMS 深度剖析的深度分辨率。氮分布曲线最大值的 84% 与最大值的 16% 之间相应的深度范围是 1nm 左右，由于注入氮的高斯分布本身具有一定的宽度，因此这样状态下的 IMS-6F 的深度分辨率将优于 1nm。

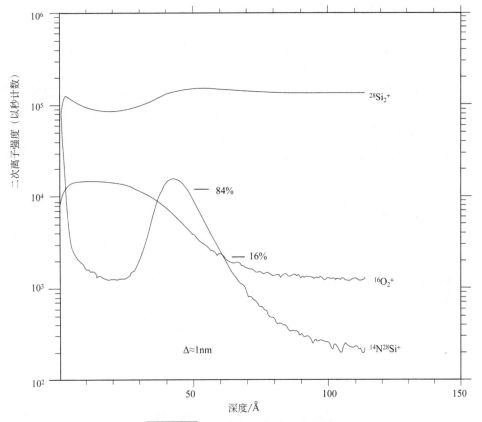

图 13-35 IC 浅结工艺的深度剖析

2. 离子注入工艺

二次离子质谱仪的深度剖析功能，常用于微电子工艺等多层材料结构的分析。随着大规模集成电路集成度的不断提高，器件横向尺寸将越来越小。在 IC 生产制造工艺过程中，需要了解一些 P-N 浅结（0.1μm）结构及杂质的分布。一般情况下，低能 B 离子注入掺杂是形成 P-N 结的主要手段。为了满足浅结工艺的需要，注入能量必须足够低，但注入能量太低，又会影响注入的质量。且低能 B 离子注入时的沟道效应以及退火过程中 B 原子的扩散都将不利于浅结的形成。低能 B 离子注入已不能适应超大规模集成电路（VLSI）工艺的要求。目前用$(BF_2)^+$代替 B^+，注入 Si 中已成为微电子生产过程中形成浅结的重要工艺手段之一。一方面，注入的$(BF_2)^+$中的 B 离子得到纯能量为注入总能量的 11/49，因此可以选择不太低的入射能量以保证离子注入最优化条件的实现；另一方面，(BF_2)分子较大，所以$(BF_2)^+$的注入比单纯$(B)^+$注入更容易生成一层非晶硅，从而可以减少沟道效应的产生。(BF_2)注入技术也有不利的一面，$(BF_2)^+$的注入将会在注入区产生更多的损伤。虽经高温退火处理在非晶/单晶界面附近仍然存在有许多复杂缺陷(又称剩余缺陷或二次缺陷)。尤其是高剂量$(BF_2)^+$注入时，退火后，还会在样品中形成大量的氟原子气泡。这些二次缺陷和氟原子气泡靠近 P-N 结，使 P-N 结的电性能变坏。

　　实际工艺中，离子注入所产生的损伤有时也能起到吸附硅中存在的缺陷和 Au、Cu、Fe 等杂质的作用。利用高能离子轰击硅片的办法，在硅片的一定深度范围内形成一定数量的附加损伤，然后进行热退火。热退火过程中，这些附加损伤将吸附其他区域内的缺陷和杂质，消除和抑制低能$(BF_2)^+$注入区内二次缺陷的形成，改善了 P-N 结的性能。这种工艺方法称为"离子束缺陷工程"(ion beam defect engineering，IBDE)。

　　可以利用二次离子质谱仪的深度剖析功能，进一步研究 IBDE 的吸杂作用。对比分析经过不同工艺条件处理的两组硅样品中 B^+和 F^+的纵向分布。研究用高能离子束辐照产生附加损伤的方法对提高离子注入$(BF_2)^+$掺杂工艺质量，改善 P-N 结性能所起的作用。图 13-36 中（a）和（b）分别对应一般掺杂工艺和在一般掺杂后又进行 1MeV 高能离子 Si^+轰击的两个样品经热退火 B 和 F 的分布。很明显 IBDE 工艺使大量的杂质氟被吸附到远离器件功能区的硅片深部，硼的扩散深度也比较小。

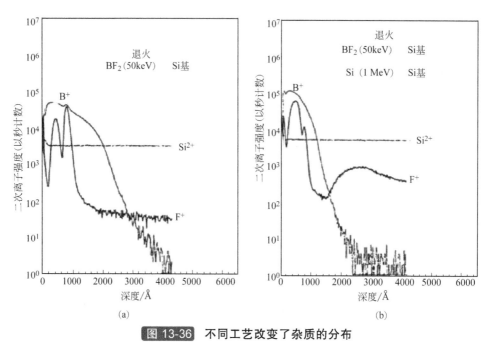

图 13-36 不同工艺改变了杂质的分布

3. LED 芯片材料的深度剖析

　　选用两种晶格匹配很好的半导体材料，交替生长成周期性异质结构新材料。这种每个周期纳米厚度的新材料被称为超晶格量子阱材料。在这种材料中，由杂质提供的自由电子将局限在一个平面内运动，成为二维电子气。它们与提供电子的杂质不在同一平面里，杂质对电子的散射作用减小，电子的迁移率远大于在体材料中，提高了与空穴杂质的复合率。因此，超晶格量子阱结构已成为提高半导体光发射器件 LED 发光效率的工艺技术支撑。图 13-37 是 GaAs/AlGaAs 量子阱结构的 LED 材料深度剖析结果。

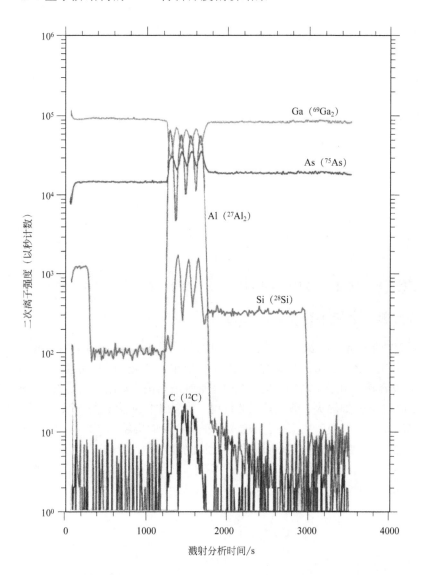

图 13-37 GaAs/AlGa As 量子阱结构的 LEM 材料深度剖析

量子阱结构的阱和垒的宽度通常为几个纳米、十几个纳米，与一次离子束轰击样品时，级联碰撞所引起样品组分混合的深度范围相当，同为纳米量级。另外，诸如溅射坑坑边不陡直、坑底平整度变差等因素，将进一步降低深度分辨能力，使垒与阱的界面互有交叠。浓度分布情况失真于真实（参考图 13-23）。

LED 芯片材料中，一般量子阱结构出现在约几个微米的深度。剖析至这个深度，由于混合交叠现象变得更严重，各层次界面不易分辨（见图 13-38）。透射电镜的机构分析很直观地显示出该芯片量子阱结构的层次。

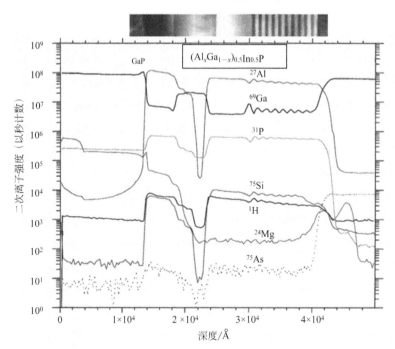

图 13-38 LED 芯片 SIMS 深度剖析 TEM（图上方的条纹为结构分析）

三、线扫描分析（金属中杂质氢的检测）

二次离子质谱法的分析不涉及电子过程，因此可以分析包括氢在内的所有元素。

在机械制造工艺中，氢的含量和分布对产品性能影响很大。氢是所有元素中质量最轻、原子半径最小的一个，很容易固溶于金属中，集中在位错等缺陷周围，降低了金属强度，最终导致金属断裂。不恰当的加工，例如淬火、酸洗等工艺过程，使金属中的氢含量提高。掌握和了解氢在金属中的具体分布，将有助于金属加工工艺的改进，提高产品的质量。图 13-39 是利用 CAMECA IMS-3F 型 SIMS 线扫描功能，分析金属铆钉样品剖面进行氢分布的分析图谱。

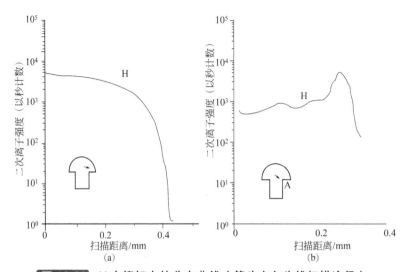

图 13-39 H 在铆钉中的分布曲线（箭头方向为线扫描途径）

图 13-39 中纵坐标为电子倍增器检测到的二次离子强度，横坐标是被分析样品移动的距离。附有的铆钉样品剖面图中，（a）、（b）图分别表示不同的线扫描途径。在（b）图中，线扫描途径 A 对应于铆钉样品中结构缺陷比较多的部位，氢的分布明显起伏和高峰。这正是铆钉发生断裂的地方。IMS-3F 型 SIMS 通过步进马达带动样品架左右、上下移动实现线扫描功能，步进马达的最小步距 1μm。

制备特种金属材料时采取适当措施，可有效降低氢富集现象，控制氢脆发生。有理论认为铁中科学地添加杂质硼 B，使 B 分布在铁的每个晶胞周围。这样分布的 B 将阻断 H 原子移动，进而富集的途径，改善金属材料性能。

图 13-40 是特种镀 Cr 钢管剖面的 B、H、Cr 和 Fe 线扫描测试结果。由钢管剖面内侧沿径向往管内扫描，B、H 的浓度分布显示的浓度大小呈现互补状态，B 浓度高的地方 H 就低。这互补状态对应的扫描距离与铁晶胞尺寸相信吻合，间接说明 B 分布在铁的每个晶胞周围。

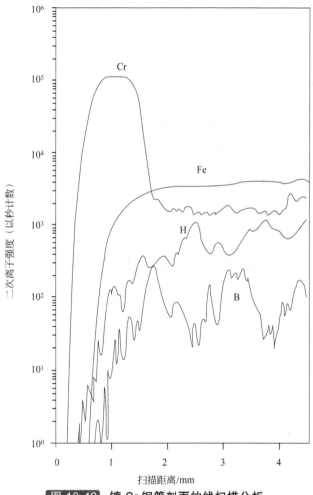

图 13-40 镀 Cr 钢管剖面的线扫描分析

四、同位素分析——核燃料 ^{235}U 给周围环境带来放射性污染的检测

核电站的建立是解决能源不足的重要措施。大部分核电站主要依靠 ^{235}U 核裂变过程中释放的核能来发电。每千克 ^{235}U 核裂变所释放的能量相当于 2700t 标准煤所释放的能量。核电是比较理想的能源来源。但核电站也存在给周围环境带来放射性污染的可能，一旦发生核泄

漏，危害极大。必须定期在核电站周围不同地区采集尘埃，并对这些尘埃进行放射性污染的检测。一般情况下，在核电站周围安全区域内所采集的尘埃中，离开核电站中心越远，同位素 ^{235}U 的丰度应该越低。

铀有 ^{234}U、^{235}U 和 ^{238}U 三个同位素，它们的自然丰度比分别为 0.01%、0.72% 和 99.3%。在核电站中发生核裂变过程的是 ^{235}U。在核电站周围采集到的尘埃中 ^{235}U 自然丰度比的变化程度反映了该核电站周围环境被放射性污染的程度。一般情况下，元素的同位素分析可以用同位素质谱仪进行。但核电站周围所采集到的尘埃，其颗粒很小，仅有几个微米大小，每一个被采集到的尘埃颗粒中的 ^{235}U 丰度值也不尽相同。大部分颗粒的 ^{235}U 丰度值是正常的，只有很少颗粒不正常。必须逐点、逐点地对每个颗粒进行检测，这是一般的同位素质谱仪所不能做到的。

表 13-5 是利用具有双聚焦磁质谱计的 IMS-6F 型 SIMS 的同位素分析功能测得的两颗尘埃中 ^{235}U 的不同丰度比，分别为 7.01% 和 23.41%。这两颗尘埃都有不同程度的放射性污染。

表 13-5　两颗尘埃中不同丰度比较

同位素	自然丰度	颗粒 1	颗粒 2
^{234}U	0.01%	0.05%	0.24%
^{235}U	0.72%	7.01%	23.41%
^{238}U	99.3%	92.94%	76.35%

图 13-41 是由 IMS-6F 型 SIMS 测量得到的原始数据。

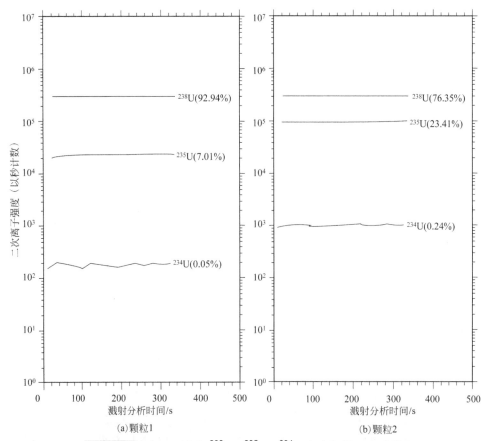

图 13-41　两颗尘埃中 ^{238}U、^{235}U、^{234}U 丰度扫描强度比较

五、二次离子图像分析

1. 马口铁组分的三维分布[46]

早在 14 世纪，人们在经过反复锤打变薄了的铁皮上镀以锡层，以提高铁皮的防腐蚀能力，制成了最原始的马口铁。几个世纪以来，制造马口铁的工艺经历了由碾扎替代原始的反复锤打，用低碳钢皮替代过去的铁皮，并进行连续电镀锡层等技术的改进。现在的马口铁生产是在连续碾轧钢皮、退火、镀锡和热处理的流水线上进行的。

马口铁的抗腐蚀性能主要取决于外表面锡保护层的质量和结构。在酸性等恶劣环境中，马口铁的锡保护层直接与外界接触，其被腐蚀的速度很慢。因此，在很长一段时间内对钢基体起到保护作用。如果锡层很薄，甚至有针孔、裂痕等缺损，就会使部分基体暴露在外，造成基体的被腐蚀。铁被腐蚀的速度很快，不久被腐蚀穿孔。对锡层的研究是改进提高马口铁性能的一个重要环节。图 13-42 为利用带有 CCD 图像处理系统和磁质谱计的 IMS-3F 型二次离子质谱仪对马口铁样品进行分析的三维剖面结构图。分析时一次离子束为 Cs^+，马口铁组分取二次负离子：铁 Fe^-，铁锡合金$(SnFe)^-$和锡 Sn^-。图 13-42（b）中马口铁样品（1 号）的锡保护层基本上覆盖住了马口铁的铁基体和合金层。而在图 13-42(a)中，马口铁（2 号）外表面处明显有 Fe 和 FeSn 的存在。这种马口铁置于酸性气氛中时，裸露在外表面的铁将很容易被腐蚀而引起穿孔的现象。

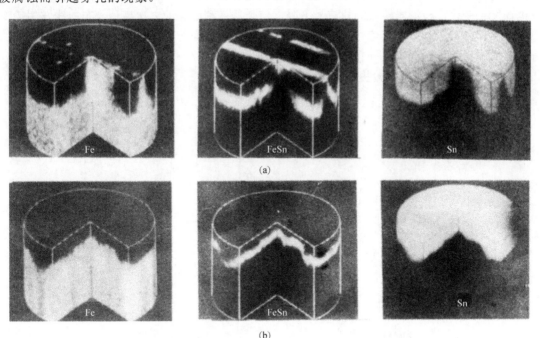

(a)

(b)

图 13-42　马口铁样品中 Fe、FeSn 和 Sn 的三维分布

2. 引线孔周边 Na 的沾污的面分布

引线孔周边的 Na 沾污将影响大规模集成电路性能和成品率。利用带有位置灵敏探测器 RAE 离子图像处理系统的 IMS-3F 型二次离子质谱仪，分析检测 IC 电路引线孔光刻工艺，得到引线孔周边 Na 沾污的二维离子像，见图 13-43（a）。引线孔周边 Na 沾污并不均匀，任选一条直线途径，得到 Na 的一维线分布，见图 13-43（b）。扫描电镜（SEM）显示 IC 芯片长条形的引线孔宽度及其间距分别为 25μm，见图 13-43（c）。

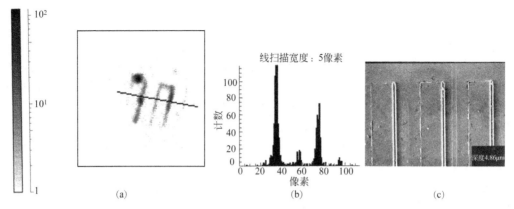

图 13-43 IC 电路引线孔周边的 Na 沾污

（a）引线孔周边的杂质Na的面分布；（b）杂质Na的线分布；（c）引线孔形貌的SEM图

六、绝缘样品的分析——杂质在 SOI 材料中的分布

SOI 材料的结构由顶层硅、二氧化硅夹层和硅基体三部分组成。不导电的二氧化硅（SiO_2）夹层厚度在 300～500nm 左右，分析进入二氧化硅夹层时，因样品表面荷电，二次离子的萃取电场发生变化，检测器接收到的信号下降，使杂质铁和硅等的二次离子分布曲线发生畸变［见图 13-44（a）］甚至没有信号。采用中和电子枪后，表面荷电现象得以解决，二次离子的分布曲线不再发生畸变［见图 13-44（b）］。使用的仪器是 CAMECA 公司的 IMS-3F 型 SIMS，一次离子为 O_2^+，中和电子枪提供的是斜入射的电子束。

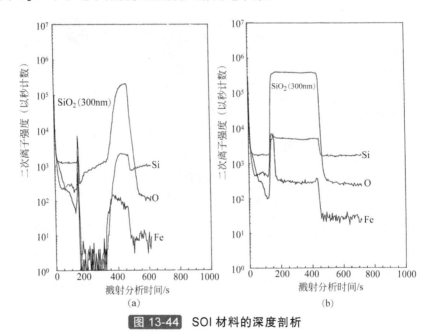

图 13-44 SOI 材料的深度剖析

（a）没有用电子中和枪；（b）使用了电子中和枪

七、硅中痕量硼二次离子质谱定量分析的异常现象[47]

采用相对灵敏度因子法进行重掺 As 硅单晶中痕量硼的定量分析时，有时会出现硅片表

面局部区域硼原子浓度非常高，接近 10^{16} 原子/cm^3 的现象［图 13-45（a）］。只要把分析区域横向移动几百微米的距离，硼原子浓度就降到正常范围 $<1\times10^{14}$ 原子/cm^3。例如，一个测试点的硼浓度正常，另一个检测点所检测到的硼浓度可以有两个量级的差别。见图 13-45(a)。尤其是硼浓度的深度分布曲线在硅体内深处出现浓度反常的现象，按重掺 As 硅单晶制备工艺过程，硼在硅单晶中的分布应该是非常均匀的，而且存在这种硼浓度分布的异常硅单晶加工生产的 n/n^+ 外延片并没有出现质量问题。这说明硼浓度分布的异常情况可能与硅中所存在的氧存在有一定的相互关系。

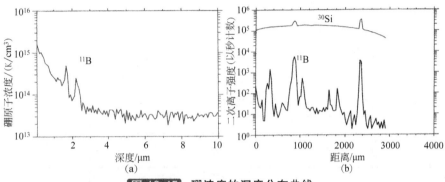

图 13-45 硼浓度的深度分布曲线

如果对该样品在这区域范围内进行线扫描（line scan）分析。扫描距离 300nm，步距 10nm。可以观察到一系列硼浓度异常分布的峰值。沿着这条扫描途径反复扫描，有些峰消失了，有些峰仍然存在，只不过峰高有所下降。这时这条扫描路径的深度已大于几个微米，外来尘埃所引起的样品表面沾污现象基本上已不再存在，见图 13-45（b）。(^{30}Si$^+$ 的信号较大，达 10^9 左右，这里对数据作了技术性处理，使 ^{30}Si 分布曲线的纵坐标下降了 4 个量级左右。)

硼分布异常的现象是存在于硅中的氧所起的作用。直拉硅单晶制造的工艺中在高温场的作用下，石英坩埚与硅熔体发生 $SiO_2+Si\rightarrow2SiO$ 反应而逐渐溶解。这种溶解是硅中氧的主要来源，也提高了硅中氧的浓度。直拉硅单晶中的氧处于过饱和状态，形成氧沉淀团。氧沉淀团的直径一般为 15～20nm。图 13-45 中硼浓度异常分布峰的宽度相当于氧原子沉淀团的大小。

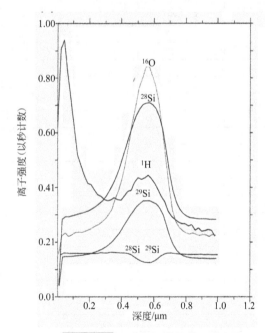

图 13-46 O$^+$注入样品的深度剖析

一次离子：O$_2^+$ 束流，240nA；扫描面积250μm×250μm；
质量分辨率$R=500$

硅片中离子注入 O$^+$ 进行深度剖析的分析结果验证了这个解释，单原子离子 O$^+$、^{28}Si$^+$、H$^+$ 和 ^{29}Si$^+$ 的信号随着 O$^+$注入峰的走向同步变化。双原子离子(^{28}Si^{29}Si)$^+$ 的变化与 O$^+$注入峰的走向是相反的，见图 13-46。

第八节　双聚焦二次离子质谱分析常用数据

一、检测限

表 13-6　离子在 Si、Ge、GaAs、GaP、InP、InSb 基体上的检测限

检测离子	检测限/（原子/cm³）					
	基体 Si	基体 Ge	基体 GaAs	基体 GaP	基体 InP	基体 InSb
$^1H^+$	2.3×10^{18}		2.0×10^{18}			
$^1H^-$	9×10^{16}	1.5×10^{17}	1.5×10^{17}	6×10^{16}	1.7×10^{15}	2×10^{16}
$^2H^+$	2.1×10^{17}	1.0×10^{18}	2.6×10^{17}			
$^2H^-$	2.0×10^{15}	9×10^{15}	1.5×10^{15}	4.5×10^{15}	8.6×10^{15}	
$^4He^+$	4.5×10^{17}	5×10^{17}	3×10^{17}	2.1×10^{17}	1.2×10^{18}	8.5×10^{18}
$^6Li^+$	2.4×10^{12}	1×10^{13}	2.4×10^{13}	1×10^{14}	8×10^{13}	2.6×10^{13}
$^7Li^+$	4×10^{13}	1.5×10^{14}	2.7×10^{13}	1.5×10^{14}		
$^7Li^-$	7×10^{15}		7×10^{16}			
$^9Be^+$	4.7×10^{13}	3×10^{14}	3×10^{14}	4.2×10^{14}	4.5×10^{14}	1.2×10^{15}
$^9Be^{28}Si^-$	7×10^{16}					
$^9Be^{75}As^-$			3×10^{15}			
$^{10}B^+$	1.8×10^{14}		3.5×10^{15}			
$^{11}B^+$	1.8×10^{14}	8×10^{14}	8×10^{14}	2×10^{16}	6×10^{15}	2.1×10^{15}
$^{11}B^-$	2.2×10^{15}		1.5×10^{16}			
$^{11}B^{75}As^-$			9×10^{14}			
$^{12}C^+$	1.1×10^{18}		2.4×10^{18}		1.5×10^{18}	
$^{12}C^{28}Si^+$	4×10^{17}					
$^{12}C^-$	2×10^{16}	8×10^{15}	1.2×10^{16}		1.6×10^{16}	5×10^{16}
$^{12}C^{28}Si^-$	5×10^{16}					
$^{12}C^{75}As^-$			5×10^{15}			
$^{12}C^{31}P^-$					5.7×10^{15}	
$^{12}C^{115}In^-$					3.5×10^{18}	
$^{14}N^+$	1×10^{19}		2.8×10^{18}			
$^{14}N^{16}O^+$			1×10^{18}			
$^{14}N^{28}Si^+$	1.0×10^{18}					
$^{14}N^{69}Ga^+$			8×10^{17}			
$^{14}N^1H^-$			1.7×10^{18}			
$^{14}N^{28}Si^-$	1.3×10^{15}					
$^{14}N^{69}Ga^-$			1.2×10^{16}			
$^{14}N^{70}Ge^-$		4.6×10^{15}				
$^{14}N^{75}As^-$			1.4×10^{17}			
$^{16}O^+$			5×10^{17}			
$^{16}O^{71}Ga^+$			8×10^{18}			
$^{16}O^-$	8×10^{15}	1.3×10^{16}	2.7×10^{15}			
$^{16}O^{75}As^-$			8×10^{17}			
$^{19}F^+$	1.2×10^{16}	1.5×10^{16}	5×10^{16}			
$^{19}F^-$	1.0×10^{14}	9×10^{13}	1.7×10^{14}	1.0×10^{14}	1.8×10^{14}	9×10^{13}
$^{20}Ne^+$	2.0×10^{18}		5×10^{18}			
$^{23}Na^+$	3.4×10^{13}	1.8×10^{15}	3.3×10^{14}	2.0×10^{14}	4.0×10^{14}	2.1×10^{15}
$^{23}Na^-$	1.5×10^{17}		1×10^{18}			

检测离子	检测限/（原子/cm³）					
	基体 Si	基体 Ge	基体 GaAs	基体 GaP	基体 InP	基体 InSb
$^{23}Na^{28}Si^-$	3.0×10^{16}					
$^{24}Mg^+$	4.5×10^{12}	3.3×10^{14}	5.1×10^{13}	1.5×10^{14}	6.1×10^{13}	
$^{24}Mg^{28}Si^-$	5.5×10^{16}					
$^{27}Al^+$	7×10^{13}	4×10^{14}	2.1×10^{15}	2×10^{15}	4×10^{14}	1.7×10^{15}
$^{27}Al^-$	1×10^{17}		8×10^{16}	9×10^{17}		
$^{27}Al^{28}Si^-$	1.2×10^{16}					
$^{27}Al^{69}Ga^-$			4×10^{17}			
$^{27}Al^{75}As^-$			2.2×10^{15}			
$^{28}Si^+$			1.2×10^{17}	4.7×10^{17}		
$^{28}Si^-$		7×10^{15}	7×10^{14}	1.2×10^{15}	2×10^{14}	3×10^{14}
$^{31}P^+$	$3\times10^{17}*$	2.4×10^{17}	1.5×10^{15}			
$^{31}P^{16}O^+$	4.6×10^{17}	9.5×10^{15}	4.5×10^{15}			
$^{31}P^-$	$1.5\times10^{15}*$	1.1×10^{15}	9×10^{14}			2×10^{15}
$^{33}S^+$	5×10^{17}					
$^{34}S^+$	3×10^{17}		1.3×10^{18}			
$^{34}S^{16}O^+$	7×10^{17}					
$^{34}S^{28}Si^+$	3×10^{17}					
$^{34}S^{71}Ga^+$			1.7×10^{17}			
$^{32}S^-$	1.9×10^{14}	1.6×10^{15}	1×10^{15}			
$^{33}S^-$	5×10^{14}		8×10^{14}			
$^{34}S^-$	9×10^{13}	4×10^{14}	5×10^{14}			
$^{35}Cl^+$	4×10^{16}		1.6×10^{17}			
$^{35}Cl^{28}Si^+$	2.6×10^{16}					
$^{35}Cl^-$	2×10^{14}	9×10^{14}	3×10^{15}	2×10^{15}	1×10^{15}	1.5×10^{15}
$^{40}Ar^+$	1.1×10^{18}		5×10^{18}			
$^{39}K^+$	2×10^{13}	1.2×10^{14}	1.5×10^{14}	4×10^{14}	7×10^{14}	4×10^{14}
$^{39}K^-$	1.8×10^{18}		1×10^{19}			
$^{39}K^{28}Si^-$	1.1×10^{17}					
$^{39}K^{75}As^-$			2.9×10^{17}			
$^{39}K^{31}P^-$					3×10^{17}	
$^{40}Ca^+$	1.5×10^{14}	3×10^{14}	3×10^{14}	2.8×10^{14}	1.5×10^{14}	7×10^{14}
$^{40}Ca^{75}As^-$			4×10^{17}			
$^{45}Sc^+$	6×10^{14}	1.3×10^{14}	2.8×10^{14}	2.0×10^{14}	4×10^{14}	7×10^{13}
$^{45}Sc^{75}As^-$			2.2×10^{16}			
$^{48}Ti^+$	4×10^{14}	6×10^{13}	1.3×10^{14}	8×10^{14}	1.1×10^{15}	3×10^{14}
$^{48}Ti^{28}Si^-$	1.4×10^{16}					
$^{48}Ti^{75}As^-$			1×10^{17}			
$^{51}V^+$	$9\times10^{13}(50V)$	1×10^{14}	6×10^{13}	2.3×10^{14}	3×10^{14}	3×10^{14}
$^{51}V^{28}Si^-$	7×10^{15}					
$^{51}V^{75}As^-$			1.5×10^{17}			
$^{50}Cr^+$	3×10^{14}					
$^{52}Cr^+$	4×10^{14}	1.2×10^{14}	6×10^{14}	3.7×10^{14}		7×10^{14}
$^{50}Cr^-$	1.2×10^{17}				4×10^{16}	
$^{52}Cr^-$			2.0×10^{17}		3.4×10^{16}	
$^{52}Cr^{28}Si^-$	2.2×10^{15}					
$^{52}Cr^{75}As^-$			2.2×10^{17}			
$^{50}Cr^{31}P^-$					6×10^{16}	

续表

检测离子	检测限/（原子/cm³）					
	基体 Si	基体 Ge	基体 GaAs	基体 GaP	基体 InP	基体 InSb
$^{55}Mn^+$	4.5×10^{14}	5×10^{13}	3×10^{14}	1.8×10^{14}	1.5×10^{14}	1.2×10^{15}
$^{55}Mn^{28}Si^-$	9×10^{16}					
$^{55}Mn^{70}Ge^-$		4×10^{17}				
$^{55}Mn^{75}As^-$			2.3×10^{15}			
$^{54}Fe^+$	2.1×10^{14}	5×10^{14}	4×10^{16}	4×10^{14}	2×10^{15}	
$^{56}Fe^+$			3×10^{15}			
$^{54}Fe^-$	2.3×10^{17}		2×10^{17}		3.6×10^{16}	
$^{54}Fe^{28}Si^-$	9×10^{15}					
$^{59}Co^+$	2.0×10^{15}	1.3×10^{15}	3×10^{15}	4×10^{15}	2×10^{16}	
$^{59}Co^-$	5×10^{17}	4×10^{17}	1.7×10^{17}			
$^{59}Co^{72}Ge^-$		2.0×10^{17}				
$^{59}Co^{75}As^-$			3×10^{16}			
$^{59}Co^{31}P^-$					2.0×10^{16}	
$^{58}Ni^+$	5×10^{16}		6×10^{16}	7×10^{15}	2.0×10^{16}	
$^{58}Ni^-$	6×10^{17}		4×10^{16}			
$^{63}Cu^+$	1.7×10^{15}	3.0×10^{15}	3×10^{16}		1.6×10^{16}	
$^{63}Cu^-$	7×10^{15}	5×10^{15}	2.1×10^{18}			
$^{64}Zn^+$	1.0×10^{16}	1.9×10^{16}	8×10^{15}		3×10^{15}	3×10^{16}
$^{64}Zn^{28}Si^-$	5×10^{16}					
$^{64}Zn^{75}As^-$			1.3×10^{18}			
$^{69}Ga^+$	1.1×10^{14}（30V）	7×10^{14}			5×10^{14}	6×10^{15}
$^{69}Ga^-$	3.0×10^{17}					
$^{69}Ga^{70}Ge^+$		1.2×10^{18}				
$^{70}Ge^+$	2×10^{16}			5×10^{18}	1.2×10^{16}	
$^{74}Ge^+$	1.5×10^{16}		7.5×10^{16}	1.7×10^{16}	1.8×10^{16}	
$^{70}Ge^-$	1.5×10^{15}		1.5×10^{17}	1.1×10^{16}	1.1×10^{16}	
$^{74}Ge^-$	7×10^{14}（25V）	6.3×10^{15}	5×10^{15}	3.0×10^{14}	3×10^{15}	2×10^{15}
$^{75}As^+$	3×10^{17}（40V）	1.6×10^{17}				
$^{75}As^-$	$2.0\times10^{16*}$			1×10^{16}	2×10^{16}	1.5×10^{16}
$^{75}As^-$	3×10^{15}（50V）			5×10^{15},50V	5×10^{15},20V	1.5×10^{16}
$^{75}As^{28}Si^-$	1.4×10^{14}					
$^{75}As^{76}Ge^-$		1.2×10^{16}				
$^{76}Se^+$			1.7×10^{18}			
$^{80}Se^+$	1.4×10^{17}	3×10^{14}	2.6×10^{17}			
$^{76}Se^-$	4.7×10^{14}		1.2×10^{16}			
$^{80}Se^{31}P^-$				4.0×10^{16}	1.0×10^{15}	
$^{80}Se^{75}As^-$			1.7×10^{15}	2.5×10^{16}		
$^{79}Br^+$	2×10^{14}	2×10^{17}	1×10^{17}			
$^{79}Br^-$	9×10^{13}	3×10^{14}	5×10^{13}	5×10^{14}	2×10^{14}	3×10^{14}
$^{82}Kr^+$	1.7×10^{17}		1.2×10^{17}			
$^{85}Rb^+$	4.5×10^{14}	5×10^{14}	3×10^{15}		3.5×10^{14}	
$^{85}Rb^{16}O^+$		2.1×10^{18}				
$^{86}Sr^+$	5.0×10^{15}		4.5×10^{15}			
$^{88}Sr^+$		1.7×10^{16}	3.1×10^{15}	1×10^{15}	5×10^{15}	
$^{89}Y^+$	7×10^{14}(20V)		8.5×10^{16}			
$^{89}Y^{16}O^+$	1.7×10^{15}		5.1×10^{15}			
$^{89}Y^{28}Si^-$	1.5×10^{16}(10V)					

检测离子	检测限/（原子/cm³）					
	基体 Si	基体 Ge	基体 GaAs	基体 GaP	基体 InP	基体 InSb
$^{89}Y^{75}As^-$			4.7×10^{16}			
$^{89}Y^{31}P^-$					4.5×10^{16} (10V)	
$^{90}Zr^+$	2.0×10^{14}	1×10^{17}	3.6×10^{14}	7×10^{14}	3×10^{14}	
$^{90}Zr^-$	2.2×10^{18}		3.6×10^{17}			
$^{90}Zr^{75}As^-$			4.5×10^{18}			
$^{90}Zr^{31}P^-$					3.6×10^{15}	
$^{93}Nb^+$	1.5×10^{15}		8×10^{15}			
$^{93}Nb^-$	1.2×10^{17}					
$^{93}Nb^{28}Si^-$	3.8×10^{15}					
$^{93}Nb^{75}As^-$			1.7×10^{16}			
$^{90}Mo^+$	1×10^{16}		2.3×10^{16}			
$^{95}Mo^+$	4×10^{14}		1.3×10^{15}			
$^{98}Mo^+$	2.5×10^{14}	4×10^{15}	6×10^{15}		2×10^{15}	
$^{92}Mo^-$	5×10^{17}					
$^{98}Mo^-$	4.6×10^{17}		1.2×10^{18}			
$^{98}Mo^{28}Si^-$	2×10^{15}					
$^{103}Rh^+$	1.8×10^{16} (15V)					
$^{103}Rh^-$	2.8×10^{16}					
$^{103}Rh^{28}Si^-$	1.7×10^{16}					
$^{108}Pd^+$	3.0×10^{16}					
$^{108}Pd^-$	8.5×10^{15}					
$^{108}Pd^{28}Si^-$	6.4×10^{14}					
$^{107}Ag^+$	1.5×10^{16}	1.1×10^{16}	1.8×10^{16}	6×10^{16}		
$^{107}Ag^-$	7×10^{15}	1.5×10^{17}		2.8×10^{16}		
$^{109}Ag^-$	7×10^{15}	1.3×10^{17}	1.1×10^{17}	1.5×10^{17}		
$^{109}Ag^{75}As^-$			2.2×10^{16}			
$^{109}Ag^{31}P^-$				2.0×10^{17}		
$^{109}Ag^{115}In^-$					1×10^{18}	
$^{108}Cd^+$	9×10^{16}					
$^{114}Cd^+$	8×10^{16}	3.4×10^{16}	4×10^{16}			
$^{113}In^+$	9×10^{14} (10V)		7×10^{15}			
$^{115}In^+$		7×10^{14}	3×10^{15}			
$^{115}In^-$	1.7×10^{18} (20V)		2.8×10^{17}			
$^{115}In^{75}As^+$			1.7×10^{15}			
$^{116}Sn^+$	1.5×10^{16} (10V)		3×10^{16}			
$^{116}Sn^-$	8×10^{16}	1.3×10^{17}	1.3×10^{16}			
$^{116}Sn^{74}Ge^-$		9.4×10^{15}				
$^{118}Sn^{75}As^-$			5×10^{14}			
$^{121}Sb^+$	3×10^{16}		2.5×10^{17}			
$^{121}Sb^-$	3×10^{15}	1.2×10^{18}	3×10^{15}	1×10^{15}	1.2×10^{15}	
$^{123}Sb^{28}Si^-$	4×10^{13}					
$^{122}Te^+$	2.3×10^{17}					
$^{125}Te^+$	6×10^{16}					
$^{130}Te^+$	1×10^{17}		2.2×10^{16}			
$^{122}Te^-$	3.7×10^{14}		2.5×10^{15}			

第三篇

检测离子	检测限/（原子/cm³）					
	基体 Si	基体 Ge	基体 GaAs	基体 GaP	基体 InP	基体 InSb
$^{128}Te^-$	6×10^{14}	2×10^{14}	2.5×10^{15}	1.5×10^{14}	5×10^{13}	
$^{127}I^+$	4×10^{15} (10V)	3.7×10^{15}	6×10^{17}		2.5×10^{15}	
$^{127}I^-$	2×10^{14}	7×10^{14}	3×10^{14}	2×10^{14}	3×10^{14}	
$^{129}Xe^+$	2.8×10^{18}		1.7×10^{17}			
$^{129}Xe^{28}Si^+$	8×10^{17}					
$^{136}Xe^+$	5×10^{18}		1.2×10^{17}			
$^{133}Cs^+$	5×10^{14} 10V	6×10^{14}	7×10^{14}		5×10^{14}	
$^{138}Ba^+$	1×10^{15}	1×10^{14}			2×10^{14}	4×10^{14}
$^{138}Ba^{28}Si^-$	3×10^{16}					
$^{138}Ba^{75}As^-$			1.0×10^{18}			
$^{138}Ba^{31}P^-$					1.8×10^{17}	
$^{139}La^+$	3.6×10^{13}	8.6×10^{14}	2.2×10^{16}			
$^{139}La^-$	4×10^{17}		1.7×10^{18}			
$^{139}La^{28}Si^-$	3×10^{16}					
$^{139}La^{75}As^-$			2.7×10^{18}			
$^{139}La^{31}P^-$					6×10^{16} (10V)	
$^{140}Ce^+$	9×10^{14}	1.5×10^{15}		5×10^{15}	6×10^{14}	2×10^{15}
$^{140}Ce^{16}O^+$	7×10^{14}	3.5×10^{14}	1.1×10^{15}	7×10^{14}	3×10^{14}	4×10^{14}
$^{142}Nd^+$	7.5×10^{13}				3.4×10^{16}	
$^{143}Nd^+$		1.7×10^{16}				
$^{142}Nd^{16}O^+$	2.5×10^{15}				3.6×10^{16}	
$^{142}Nd^{28}Si^-$	1.8×10^{17} (10V)					
$^{147}Sm^+$			2.7×10^{15}			
$^{152}Sm^+$	6×10^{13}	4.6×10^{16}	3.6×10^{14}			
$^{152}Sm^{28}Si^-$	2×10^{16}					
$^{153}Eu^+$	2.5×10^{14}					
$^{153}Eu^-$	2.2×10^{18}					
$^{153}Eu^{28}Si^-$	3×10^{16}					
$^{159}Tb^+$	6.4×10^{13}	1.4×10^{16}	1.2×10^{16}			
$^{159}Tb^{16}O^+$	6×10^{15}		9×10^{15}			
$^{159}Tb^{28}Si^-$	3×10^{16}					
$^{159}Tb^{75}As^-$			8×10^{16}			
$^{164}Dy^+$	4×10^{14}	1.2×10^{16}	9×10^{15}			
$^{164}Dy^{28}Si^-$	1.6×10^{17}					
$^{164}Dy^{75}As^-$			5×10^{16}			
$^{165}Ho^+$	5.1×10^{13}	2×10^{15}			1.1×10^{16}	
$^{165}Ho^-$	4.5×10^{18}					
$^{165}Ho^{28}Si^-$	6.7×10^{16}					
$^{165}Ho^{75}As^-$			9×10^{16}			
$^{165}Ho^{31}P^-$					4×10^{16}	
$^{166}Er^+$	6×10^{14}	6.7×10^{15}	1.9×10^{16}			
$^{167}Er^+$	1.5×10^{15}		6×10^{15}		7×10^{16}	
$^{166}Er^-$	1×10^{18}					
$^{166}Er^{28}Si^-$	2.1×10^{16}					
$^{166}Er^{75}As^-$			4×10^{16}			
$^{168}Er^{31}P^-$					8×10^{16}	

续表

检测离子	检测限					
	基体 Si	基体 Ge	基体 GaAs	基体 GaP	基体 InP	基体 InSb
$^{174}Yb^+$	1.5×10^{14}	1×10^{15}	1.5×10^{15}			
$^{171}Yb^{75}As^-$			2×10^{18}			
$^{180}Hf^+$	1.5×10^{14}	6×10^{15}	8×10^{14}			
$^{180}Hf^-$	1×10^{18}					
$^{180}Hf^{28}Si^-$	2.7×10^{15}					
$^{180}Hf^{75}As^-$			4×10^{15}			
$^{181}Ta^+$	4.7×10^{15}		2.5×10^{16}			
$^{181}Ta^{28}Si^-$	1×10^{15}					
$^{181}Ta^{75}As^-$			3.2×10^{15}			
$^{184}W^{16}O^+$	2.0×10^{16}		9×10^{16}			
$^{184}W^-$	1×10^{17}		2.1×10^{17}		1×10^{17}	
$^{183}W^{28}Si^-$	1.2×10^{16}					
$^{186}W^{28}Si^-$	2.5×10^{15}					
$^{184}W^{69}Ga^-$			4.2×10^{17}			
$^{182}W^{75}As^-$			9×10^{15}			
$^{184}W^{31}P^-$					4×10^{16}	
$^{195}Pt^+$	1.2×10^{17}					
$^{194}Pt^-$	1.8×10^{14}					
$^{197}Au^+$	1.2×10^{17}					
$^{197}Au^+$	9×10^{16} (20V)					
$^{197}Au^-$	1.4×10^{15}					
$^{202}Hg^+$	5×10^{15}		7×10^{17}	6×10^{17}		
$^{202}Hg^{28}Si^-$	3.3×10^{17}					
$^{202}Hg^{70}Ge^-$		1.2×10^{18}				
$^{205}Tl^+$	4.3×10^{14}		7×10^{15}			
$^{205}Tl^{69}Ga^+$			2.1×10^{17}			
$^{205}Tl^{28}Si^-$	2.4×10^{16}					
$^{205}Tl^{75}As^-$			4.5×10^{17}			
$^{206}Pb^+$	6×10^{15}					
$^{207}Pb^+$	1.3×10^{15}					
$^{208}Pb^+$	6×10^{16}		9×10^{15}			
$^{208}Pb^{69}Ga^+$			7×10^{15}			
$^{208}Pb^-$	1.2×10^{17}					
$^{208}Pb^{28}Si^-$	5×10^{14}					
$^{208}Pb^{75}As^-$			5×10^{16}			
$^{209}Bi^+$	1.5×10^{15}		2.5×10^{17}		3.0×10^{17}	
$^{209}Bi^-$			1.1×10^{17}	2.0×10^{17}	1.5×10^{17}	
$^{209}Bi^{28}Si^-$	1×10^{16}					
$^{209}Bi^{31}P^-$					1.2×10^{17}	
$^{232}Th^+$	4×10^{14}					
$^{232}Th^{28}Si^-$	1×10^{15}					
$^{238}U^+$	5×10^{14}					
$^{238}U^{28}Si^-$	2×10^{17}					

注：1. 本表引自：Wilson R G.Secondary Ion Mass Spectrometry. New York：John Wiley & Sons，1989：App.F.2.

2. 二次离子为"+"时，一次离子采用"O_2^+"；二次离子为"−"时，一次离子采用"Cs^+"。

3. 基体 Si 列中，出现*标号的表示该检测限是在高质量分辨率状态下才能得到的。

表 13-7 离子在钻石、SiO_2、$LiNbO_3$、HgCdTe/CdTe 基体上的检测限

检测离子	检测限/（原子/cm^3）			
	钻 石	SiO_2	$LiNbO_3$	HgCdTe/CdTe
$^2H^+$	1×10^{18}			
$^1H^-$			4.3×10^{17}	
$^2H^-$	4×10^{15}		1.7×10^{16}	
$^4He^+$			2.1×10^{20}	
$^7Li^+$	5.0×10^{13}			3.6×10^{14}
$^9Be^+$	4.0×10^{14}		3.0×10^{15}	
$^{11}B^+$	5.0×10^{14}		8×10^{15}	
$^{11}B^-$	2.0×10^{16}			
$^{12}C^-$		5×10^{18}		
$^{12}C^{28}Si^-$		1×10^{19}		
$^{13}C^-$			2.3×10^{15}	
$^{15}N^{12}C^-$	2.0×10^{16}			
$^{14}N^{93}Nb^-$			1.3×10^{17}	
$^{18}O^-$	1.5×10^{16}			
$^{19}F^+$			3.7×10^{17}	
$^{19}F^-$	4.0×10^{15}		1.4×10^{16}	
$^{23}Na^-$		6×10^{17}	—	
$^{27}Al^+$		1×10^{16}		
$^{27}Al^-$		1.7×10^{17}		
$^{27}Al^{16}O^-$		5.7×10^{16}		
$^{30}Si^+$				1×10^{17}
$^{31}P^+$			3.5×10^{17}	
$^{31}P^-$			5×10^{16}	
$^{35}Cl^+$			8.6×10^{17}	
$^{35}Cl^-$			5.0×10^{15}	
$^{48}Ti^+$			9×10^{15}	
$^{51}V^+$			4×10^{14}	
$^{50}Cr^+$		8×10^{15}	1.2×10^{17}	
$^{50}Cr^-$		3×10^{17}		
$^{55}Mn^+$			7.5×10^{16}	
$^{54}Fe^+$		6×10^{15}	5×10^{16}	
$^{54}Fe^-$		3.5×10^{17}		
$^{54}Fe^{16}O^-$		3.1×10^{16}		
$^{54}Fe^{28}Si^-$		1.5×10^{18}		
$^{56}Fe^+$			8.2×10^{17}	
$^{58}Ni^+$			2.5×10^{17}	
$^{63}Cu^+$		2.8×10^{16}		
$^{63}Cu^-$		1.5×10^{17}		
$^{64}Zn^+$			5.5×10^{16}	
$^{69}Ga^+$			2.0×10^{15}	

检测离子	检测限/（原子/cm³）			
	钻　石	SiO_2	$LiNbO_3$	HgCdTe/CdTe
$^{115}In^+$		$4.5×10^{14}$		
$^{121}Sb^+$			$6.0×10^{15}$	
$^{120}Te^-$			$5.0×10^{15}$	
$^{140}Ce^+$			$2.7×10^{15}$	

注：1. 本表引自：Wilson R G.Secondary Ion Mass Spectrometry. New York：John Wiley & Sons，1989：App.F.27。

2. 二次离子为"＋"时，一次离子采用"O_2^+"；二次离子为"－"时，一次离子采用"Cs^+"。

二、溅射产额

表 13-8　一些常用材料的溅射产额

样品材料	溅射产额		
	一次束离子：6keV O_2^+ 入射角 $\theta=60°$	一次束离子：8keV O_2^+ 入射角 $\theta=38°$	一次束离子：14.5keV Cs^+ 入射角 $\theta=26°$
Al	0.63	0.51	1.07
Al_2O_3		0.34	
Au	1.17	1.38	4.42
Be		0.31	0.95
BPSG	0.97		
Cr		0.69	
GaAs	1.77	1.99	
GaP		1.74	
GaSb		2.80	
Ge		1.71	
MCT		5.6	
InP	2.69	3.04	
InSb		3.36	
$LiNbO_3$		0.36	
PSG	0.97		
Si	1.00	1.00	1.00
Si（非晶硅）	1.09	0.94	0.92
Si_3N_4	0.87	0.82	0.98
SiO_2	0.94	0.95	0.94
SnPb			4.3
TaSi		0.76	1.3
Ti		0.54	1.03
TiW		0.41	

注：1. 本表引自：Wilson R G. Secondary Ion Mass Spectrometry. New York：John Wiley & Sons，1989：App.D.1。

2. 以硅的溅射产额为 1 进行归一化。

3. BPSG 是硼磷硅玻璃。

4. 入射角 θ 的大小随着一次离子束加速电压和二次离子萃取电压的变化而变化。

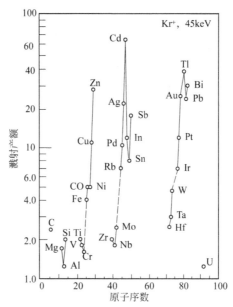

图 13-47 一次离子能量为 45keV 的 Kr⁺时，样品表面各元素溅射产额随原子序数的周期性变化

引自 Wilson R G. Secondary Ion Mass Spectrometry. New York：John Wiley & Sons；1989；App.D.1。

三、质量干扰

表 13-9 部分元素从干扰信号中区分出来所需仪器的质量分辨率

质量	二次离子	干扰离子	基体	$M/\Delta M$	$\Delta M/u$
2	$^2H^-$	$^1H_2^-$	所有基体	1220	0.0017
9	$^9Be^+$	$^{27}Al^{3+}$	AlGaAs	490	−0.0183
10	$^{10}B^+$	$^{30}Si^{3+}$	Si	460	−0.0217
10	$^{10}B^+$	$^9Be^1H^+$	Si	1415	0.0071
11	$^{11}B^+$	$^{10}B^1H^+$	所有基体	960	0.0115
12	$^{12}C^+$	$^6Li_2^+$	LiNbO₃	395	0.0302
12	$^{12}C^+$	$^{11}B^1H^+$	BPSG	700	0.0171
13	$^{13}C^\pm$	$^{12}C^1H^\pm$	所有基体	2910	0.0045
14	$^{14}N^+$	$^{28}Si^{2+}$	Si	960	−0.0146
16	$^{16}O^+$	$^{32}S^{2+}$	所有基体	1800	−0.0089
18	$^{18}O^+$	$^{16}O^1H_2^+$	所有基体	1580	0.0114
19	$^{19}F^+$	$^1H_3^{16}O^+$	所有基体	950	0.0200
23	$^{23}Na^+$	$^7Li^{16}O^+$	所有基体	1085	0.0212
23	$^{23}Na^+$	$^{46}Ti^{2+}$	TiSi₂, Si	1710	−0.0135
24	$^{24}Mg^+$	$12C_2^+$	所有基体	1605	0.0150
27	$^{27}Al^+$	$^{11}B^{16}O^+$	Si, GaAs	1190	0.0227
27	$^{27}Al^+$	$^{12}C_2^1H_3^+$	Si	645	0.0419
27	$^{27}Al^+$	$^{12}C^{14}N^1H^+$	Si	920	0.0294
28	$^{28}Si^-$	$^{27}Al^1H^-$	AlGaAs	2250	0.0124
28	$^{28}Si^-$	$^{12}C^{16}O^-$	Si, GaAs	1555	0.0180
28	$^{28}Si^+$	$^{56}Fe^{2+}$	InP, 金属	2960	−0.0095
30	$^{30}Si^-$	$^{29}Si^1H^-$	Si	2840	0.0106
30	$^{30}Si^-$	$^{14}N^{16}O^-$	金属	1240	0.0242

质 量	二次离子	干扰离子	基 体	$M/\Delta M$	$\Delta M/u$
31	$^{31}P^{\pm}$	$^{30}Si^1H^{\pm}$	Si	3955	0.0078
31	$^{31}P^+$	$^{62}Ni^{2+}$	金属	3230	−0.0096
31	$^{31}P^-$	$^{19}F^{12}C^-$	Si, C	1255	0.0246
32	$^{32}S^-$	$^{31}P^1H^-$	InP	3360	0.0095
32	$^{32}S^{\pm}$	$^{16}O_2^{\pm}$	所有基体	1800	0.0178
39	$^{39}K^+$	$^7Li^{16}O_2^+$	所有基体	925	0.0042
39	$^{39}K^+$	$^{23}Na^{16}O^+$	所有基体	1860	0.0210
39	$^{39}K^+$	$^{11}B^{28}Si^+$	Si	1730	0.0225
40	$^{40}Ca^+$	$^{40}Ar^+$	所有基体	2×10^5	−0.0002
40	$^{40}Ca^+$	$^{12}C^{28}Si^+$	Si	2790	0.0143
40	$^{40}Ca^+$	$^{24}Mg^{16}O^+$	所有基体	2300	0.0174
40	$^{40}Ca^+$	$^{29}Si^{11}B^+$	BPSG	1720	0.0232
42	$^{28}Si^{14}N^+$	$^{12}C^{30}Si^+$	Si	6735	−0.0062
45	$^{45}Sc^+$	$^{29}Si^{16}O^+$	Si	2900	0.0155
46	$^{46}Ti^+$	$^{30}Si^{16}O^+$	TiSi$_2$	2860	0.0161
47	$^{47}Ti^+$	$^{28}Si^{19}F^+$	TiSi$_2$	1990	0.0236
48	$^{48}Ti^+$	$^{29}SiF^+$	TiSi$_2$	1780	0.0270
48	$^{48}Ti^+$	$^{16}O_3^+$	LiNbO$_3$	1305	0.0368
50	$^{50}Ti^+$	$^{50}Cr^+$	所有基体	39830	0.0013
52	$^{52}Cr^+$	$^{12}C_2^{28}Si^+$	Si	1425	0.0364
52	$^{52}Cr^+$	$^{12}C_4^1H_4^+$	所有基体	570	0.0908
52	$^{52}Cr^+$	$^{24}Mg^{28}Si^+$	Si	2420	0.0215
54	$^{54}Cr^+$	$^{54}Fe^+$	所有基体	73890	0.0007
55	$^{55}Mn^+$	$^{27}Al^{28}Si^+$	Si	2690	0.0204
55	$^{55}Mn^+$	$^{23}Na^{16}O_2^+$	所有基体	1320	0.0416
55	$^{55}Mn^+$	$^{39}K^{16}O^+$	所有基体	2670	0.0206
55	$^{55}Mn^+$	$^{11}B^{16}O^{28}Si^+$	BPSG	1275	0.0431
56	$^{56}Fe^+$	$^{28}Si_2^+$	Si,金属	2955	0.0189
56	$^{56}Fe^+$	$^{112}Cd^{2+}$	HgCdTe	3405	0.0164
56	$^{56}Fe^+$	$^{40}Ca^{16}O^+$	所有基体	2480	0.0226
58	$^{58}Ni^+$	$^{29}Si_2^+$	Si	3285	0.0176
58	$^{58}Ni^+$	$^{28}Si^{30}Si^+$	Si	3775	0.0154
59	$^{59}Co^+$	$^{29}Si^{30}Si^{\pm}$	Si	3455	0.0171
59	$^{59}Co^+$	$^{27}Al^{16}O_2^+$	Al	1545	0.0382
60	$^{60}Ni^+$	$^{30}Si_2^+$	Si	3575	0.0168
60	$^{60}Ni^+$	$^{32}S^{28}Si^+$	Si	3290	0.0182
60	$^{60}Ni^+$	$^{28}P^{16}O_2^+$	Si	1665	0.0360
63	$^{63}Cu^+$	$^{31}P^{16}O_2^+$	所有基体	1850	0.0340
63	$^{63}Cu^{\pm}$	$^{35}Cl^{28}Si^{\pm}$	Si	3890	0.0162
63	$^{63}Cu^+$	$^{47}Ti^{16}O^+$	TiSi$_2$, Si	3685	0.0171
63	$^{63}Cu^+$	$^{12}C_5^1H_3^+$	所有基体	670	0.0939
63	$^{63}Cu^+$	$^{126}Te^{2+}$	HgCdTe	2855	0.0221
63	$^{63}Cu^-$	$^{35}Cl^{12}C^{16}O^-$	所有基体	1840	0.0342

质 量	二次离子	干扰离子	基 体	$M/\Delta M$	$\Delta M/u$
64	$^{64}Zn^+$	$^{32}S^{16}O_2^+$	所有基体	1950	0.0328
64	$^{64}Zn^+$	$^{48}Ti^{16}O^+$	TiSi$_2$, Si	4660	0.0137
65	$^{65}Cu^\pm$	$^{37}Cl^{28}Si^\pm$	Si	4310	0.0151
65	$^{65}Cu^+$	$^{130}Te^{2+}$	HgCdTe	2565	0.0253
65	$^{65}Cu^-$	$^{37}Cl^{12}C^{16}O^-$	所有基体	1965	0.0330
65	$^{65}Cu^\pm$	$^{49}Ti^{16}O^+$	TiSi$_2$, Si	4330	0.0150
66	$^{66}Zn^+$	$^{50}Ti^{16}O^+$	TiSi$_2$	4820	0.0137
70	$^{70}Ge^+$	$^{12}C^{28}Si^{30}Si^+$	Si	2645	0.0264
70	$^{70}Ge^+$	$^{14}N^{28}Si_2^+$	Si	2140	0.0327
70	$^{70}Ge^+$	$^{27}Al_2^{16}O^+$	Si, GaAs	2070	0.0337
70	$^{70}Ge^+$	$^{40}Ca^{30}Si^+$	Si	5775	0.0121
72	$^{72}Ge^+$	$^{28}Si_2^{16}O^+$	Si	2695	0.0267
74	$^{74}Ge^+$	$^{28}Si^{30}Si^{16}O^+$	Si	3025	0.0244
75	$^{75}As^\pm$	$^{29}Si^{30}Si^{16}O^\pm$	Si	3175	0.0236
75	$^{75}As^\pm$	$^{74}Ge^1H^\pm$	Ge	10115	0.0074
75	$^{75}As^+$	$^{59}Co^{16}O^+$	CoSi$_2$	11495	0.0065
75	$^{75}As^-$	$^{47}Ti^{28}Si^-$	TiSi$_2$	10555	0.0071
75	$^{75}As^-$	$^{46}Ti^{29}Si^-$	TiSi$_2$	9950	0.0075
75	$^{75}As^\pm$	$^{28}Si^{19}F^\pm$	Si	2445	0.0307
76	$^{76}Ge^+$	$^{76}Se^+$	所有基体	34685	−0.0022
78	$^{78}Se^+$	$^{62}Ni^{16}O^+$	金属	13080	0.0062
78	$^{78}Se^+$	$^{46}Ti^1O_2^+$	金属	3095	0.0252
79	$^{79}Br^+$	$^{63}Cu^{16}O^+$	所有基体	12775	0.0062
79	$^{79}Br^+$	$^{35}Cl^{16}O^{28}Si^+$	Si	3530	0.0224
79	$^{79}Br^-$	$^{78}Se^1H^-$	所有基体	11620	0.0068
80	$^{80}Br^+$	$^{64}Zn^{16}O^+$	所有基体	10600	0.0075
80	$^{80}Br^-$	$^{79}Br^1H^-$	所有基体	8290	0.0096
81	$^{81}Br^+$	$^{65}Cu^{16}O^+$	所有基体	12605	0.004
81	$^{81}Br^-$	$^{80}Sr^1H^-$	所有基体	10045	0.0081
81	$^{81}Br^+$	$^{27}Al_3^+$	Al	2855	0.0283
85	$^{85}Rb^+$	$^{28}Si_2^{29}Si^+$	Si	4575	0.0186
87	$^{87}Rb^+$	$^{87}Sr^+$	所有基体	286830	−0.0003
87	$^{75}As^{12}C^-$	$^{71}Ga^{16}O^-$	GaAs	43920	−0.0020
88	$^{88}Sr^+$	$^{28}Si^{30}Si_2^+$	Si	4665	0.0188
88	$^{88}Sr^+$	$^{72}Ge^{16}O^+$	Ge	7730	0.0114
90	$^{90}Zr^+$	$^{74}Ge^{16}O^+$	Ge	7895	0.0114
91	$^{91}Zr+$	$^{75}As^{16}O^+$	所有基体	8365	0.0109
92	$^{92}Mo^+$	$^{92}Zr^+$	所有基体	51955	−0.0018
94	$^{94}Mo^+$	$^{94}Zr^+$	所有基体	76410	0.0012
96	$^{96}Mo^+$	$^{96}Zr^+$	所有基体	26660	0.0036
100	$^{100}Mo^+$	$^{100}Ru^+$	所有基体	30655	−0.0033
101	$^{101}Ru^+$	$^{28}Si_2^{29}Si^{16}O^+$	Si	5125	0.0197
103	$^{75}As^{28}Si^+$	$^{71}Ga^{16}O_2^+$	GaAs	6430	0.0160
104	$^{104}Ru^+$	$^{104}Pd^+$	所有基体	74750	−0.0014

续表

质　量	二次离子	干扰离子	基　体	$M/\Delta M$	ΔM/u
106	$^{106}Pd^+$	$^{90}Zr^{16}O^+$	所有基体	27420	−0.0039
108	$^{108}Pd^+$	$^{92}Zr^{16}O^+$	所有基体	31000	−0.0034
108	$^{108}Pd^+$	$^{92}Mo^{16}O^+$	所有基体	65000	0.0017
110	$^{110}Cd^+$	$^{110}Pd^+$	所有基体	50880	0.0022
112	$^{112}Cd^-$	$^{28}Si_4^-$	Si	22615	0.0049
113	$^{113}Cd^+$	$^{113}In^+$	所有基体	332070	0.0003
114	$^{114}Cd^+$	$^{28}Si_3^{30}Si^+$	Si	94840	0.0012
115	$^{115}In^-$	$^{114}Cd^1H^-$	CdTe, HgCdTe	15730	0.0073
116	$^{116}Cd^+$	$^{116}Sn^+$	所有基体	38635	0.003
121	$^{121}Sb^{\pm}$	$^{75}As^{30}Si^{16}O^{\pm}$	Si	8925	−0.0135
121	$^{121}Sb^+$	$^{28}Si^{29}Si^{16}O_4^+$	Si	4130	0.029
122	$^{122}Sn^+$	$^{122}Te^+$	所有基体	312565	−0.0004
123	$^{123}Sb^+$	$^{29}Si^{30}Si^{16}O_4^+$	Si	4780	0.025
124	$^{124}Sn^+$	$^{124}Te^+$	所有基体	50570	−0.0025
130	$^{130}Te^+$	$^{114}Cd^{16}O^+$	CdTe, HgCdTe	16330	−0.008
138	$^{138}Ba^+$	$^{69}Ga_2^+$	GaAs	2550	−0.0541
139	$^{139}La^+$	$^{123}Sb^{16}O^+$	所有基体	19250	−0.0072
139	$^{139}La^+$	$^{138}Ba^1H^+$	所有基体	20715	0.0067
140	$^{140}Ce^+$	$^{69}Ga^{71}Ga^+$	GaAs	2535	−0.0552
142	$^{142}Ce^+$	$^{71}Ga_2^+$	GaAs	2370	−0.0598
197	$^{197}Au^{\pm}$	$^{181}Ta^{16}O^{\pm}$	所有基体	8335	−0.023
198	$^{198}Pt^+$	$^{198}Hg^+$	HgCdTe	176760	−0.0011
198	$^{198}Hg^+$	$^{28}Si_6^{30}Si^+$	Si	1505	−0.1314
199	$^{199}Hg^+$	$^{28}Si_5^{29}Si^{30}Si^+$	Si	1490	−0.1334
207	$^{207}Pb^+$	$^{69}Ga_3^+$	GaAs	1040	−0.1991
207	$^{207}Pb^+$	$^{63}Cu_2^{65}Cu^{16}O^+$	Cu	1065	−0.194
209	$^{209}Bi^+$	$^{181}Ta^{28}Si^+$	Si	3770	−0.0555
238	$^{238}U^+$	$^{181}Ta^{28}Si^{29}Si^+$	Si	1959	−0.1494

注：1．本表引自：Wilson R G. Secondary Ion Mass Spectrometry. New York：John Wiley & Sons；1989：App.G.2。

2．二次离子为"+"时，一次离子采用"O_2^+"；二次离子为"−"时，一次离子采用"Cs^+"；二次离子为"±"时，一次离子可采用"O_2^+"或"Cs^+"。

3．$M/\Delta M$ 表示消除干扰离子信号所需的质量分辨率。

4．ΔM 为干扰离子与待测离子之间的质量差异；$+\Delta M$ 表示干扰离子的质量大于待测离子的质量；$-\Delta M$ 表示干扰离子的质量大于待测离子的质量。

5．BPSG 是硼磷硅玻璃。

四、相对灵敏度因子（RSF）

表 13-10　Al_2O_2 基体中某些元素（ǝ）的相对灵敏度因子（RSF）

元素(ǝ)	RSF/cm^{-3}	
	一次束离子：O_2^+，8keV；基体参考元素：O	一次束离子：O_2^+，8keV；基体参考元素：Al
	ǝ$^+$	ǝ$^+$
H	1.9×10^{22}	2.3×10^{25}
Be	1.3×10^{20}	1.9×10^{25}

续表

元素(э)	RSF/cm^{-3}	
	一次束离子：O$_2^+$，8keV；基体参考元素：O	一次束离子：O$_2^+$，8keV；基体参考元素：Al
	э$^+$	э$^+$
B	3.2×10^{20}	4.2×10^{23}
F	1.7×10^{21}	3.2×10^{23}
Mg	5.4×10^{20}	6×10^{22}
P	1.0×10^{21}	1.8×10^{24}
Cl	1.6×10^{22}	4.2×10^{25}

注：1．本表引自：Wilson R G. Secondary Ion Mass Spectrometry. New York：John Wiley & Sons，1989：AppE.2。

2．э是待测元素。

3．使用的仪器为法国 CAMECA 公司的 IMS-3F。

表 13-11 金刚石基体中某些元素（э）的相对灵敏度因子（*RSF*）

元素(э)	RSF/cm^{-3}	
	一次束离子 O$_2^+$，8keV；基体参考元素：C	一次束离子 Cs$^+$，14.5keV；基体参考元素：C
	э$^+$	э$^-$
H	6×10^{23}	4×10^{23}
Li	1.4×10^{19}	
Be	4×10^{20}	
B	3×10^{21}	2×10^{24}
O		2.3×10^{23}
F	3.4×10^{22}	4.8×10^{22}
Na	7×10^{18}	
Al	3.6×10^{19}	
Si	2×10^{21}	
P	2.6×10^{22}	2.2×10^{23}
Ca	2.2×10^{19}	
Ti	6×10^{19}	9×10^{25}
As	5×10^{22}	3×10^{23}

注：1．本表引自：Wilson R G. Secondary Ion Mass Spectrometry. New York：John Wiley& Sons, 1989：AppE.2。

2．э是待测元素。

3．使用的仪器为法国 CAMECA 公司的 IMS-3F 或 IMS-4F。

4．金刚石基体 C 元素的原子密度为 1.8×10^{23} 原子/cm^3。

表 13-12 GaAs 基体中某些元素（э）的相对灵敏度因子（*RSF*）

元素(э)	RSF/cm^{-3}		
	一次束离子：O$_2^+$，8keV；基体参考元素：As	一次束离子：Cs$^+$，14.5keV；基体参考元素：As	
	э$^+$	э$^-$	Asэ$^{-①}$
H	4.4×10^{22}	4.2×10^{22}	
He	6.2×10^{24}		
Li	2.0×10^{18}	1.1×10^{24}	
Be	3.2×10^{20}		1.0×10^{22}
B	9.3×10^{20}	1.7×10^{23}	
C	5.3×10^{22}	1.8×10^{21}	
N	1.3×10^{23}		3.3×10^{23}

续表

元素(э)	RSF/cm^{-3}		
	一次束离子：O_2^+，8keV；基体参考元素：As	一次束离子：Cs^+，14.5keV；基体参考元素：As	
	э$^+$	э$^-$	Asэ$^{-}$①
O	1.0×10^{23}	4.6×10^{20}	
F	3.4×10^{21}	1.6×10^{20}	
Ne	3.2×10^{24}		
Na	1.0×10^{18}	4.0×10^{24}	
Mg	3.0×10^{19}		4.4×10^{22}
Al	6.2×10^{18}	1.0×10^{24}	
Si	1.0×10^{21}	6.2×10^{21}	
P	1.8×10^{22}	4.2×10^{21}	
S	3.7×10^{22}	3.1×10^{20}	
Cl	1.6×10^{22}	2.1×10^{20}	
Ar	2.5×10^{23}		
K	4.4×10^{17}	1.1×10^{25}	
Ca	3.0×10^{18}		2.2×10^{23}
Sc	1.0×10^{19}		
Ti	2.4×10^{19}	2.4×10^{25}	
V	2.4×10^{19}	3.2×10^{24}	
Cr	2.0×10^{19}	1.3×10^{24}	
Mn	1.1×10^{20}		2.0×10^{20}
Fe	2.6×10^{20}	1.5×10^{24}	
Co	4.8×10^{20}	4.1×10^{23}	
Ni	7.2×10^{20}	1.3×10^{23}	
Cu	1.0×10^{21}	4.1×10^{23}	
Zn	1.2×10^{22}		3.0×10^{22}
Ge	1.5×10^{21}	2.4×10^{22}	
Se	2.0×10^{22}	1.5×10^{20}	
Br	2.5×10^{22}	1.9×10^{20}	
Kr	2.5×10^{22}		
Rb	4×10^{17}		
Sr	1.7×10^{18}	3.0×10^{23}	
Y	8.2×10^{18}	4×10^{24}	4.1×10^{22}
Zr	3.0×10^{18}	5×10^{23}	4.8×10^{21}
Nb	1.6×10^{20}		2.3×10^{22}
Mo	1.1×10^{20}	2.6×10^{24}	
Ag	5.8×10^{20}	5×10^{22}	
Cd	1.3×10^{22}		1.8×10^{23}
In	4.4×10^{18}	1.4×10^{23}	1.9×10^{22}
Sn	3.1×10^{20}	3.2×10^{22}	
Sb	2.0×10^{22}	1.6×10^{22}	
Te	1.5×10^{22}	3.4×10^{20}	
I	1.4×10^{22}	2.6×10^{20}	
Xe	1.5×10^{22}		
Cs	5.0×10^{17}		
Ba	5.4×10^{18}	2.2×10^{25}	3×10^{24}
La	6.2×10^{18}	1.3×10^{24}	1.1×10^{23}

续表

元素（ɘ）	*RSF*/cm⁻³		
	一次束离子：O_2^+，8keV；基体参考元素：As	一次束离子：Cs^+，14.5keV；基体参考元素：As	
	$ɘ^+$	$ɘ^-$	$Asɘ^{-①}$
Tb	2.1×10^{19}		6.1×10^{22}
Dy	1.9×10^{19}		8×10^{22}
Ho	1.3×10^{19}		1.1×10^{23}
Er	1.0×10^{19}		5×10^{22}
Yb	1.7×10^{19}		1.0×10^{24}
Hf	1.3×10^{20}		
Ta	6.0×10^{20}		6×10^{21}
W	5.5×10^{21}	3.6×10^{23}	
Hg	2.2×10^{22}		
Tl	1.2×10^{19}		4×10^{24}
Pb	9.4×10^{20}		9×10^{21}
Bi	1.7×10^{21}	3.5×10^{22}	

① $Asɘ^-$表示对应元素与砷形成的双原子负离子形式。

注：1．本表引自：Wilson R G. Secondary Ion Mass Spectrometry. New York：John Wiley & Sons，1989：AppE.4。

2．ɘ是待测元素。

3．使用的仪器为法国 CAMECA 公司的 IMS-3F 或 IMF-4F。

4．GaAs 基体元素 Ga 的密度为 2.2×10^{22} 原子/cm³，元素 As 的密度为 2.2×10^{22} 原子/cm³。

5．一次离子束为 Cs^+，取 Ga 作参考元素时，表中的 *RSF* 数值除以一个因子 3.0×10^2。

6．一次离子束为 O_2^+，取 Ga 作参考元素时，表中的 *RSF* 数值乘上一个因子 4.4×10^3。

表 13-13 Ge 基体中某些元素（ɘ）的相对灵敏度因子（*RSF*）

元素（ɘ）	*RSF*/cm⁻³	
	一次束离子：O_2^+，8keV；基体参考元素：Ge	一次束离子：Cs^+，14.5keV；基体参考元素：Ge
	$ɘ^+$	$ɘ^-$
H	3.0×10^{23}	8×10^{22}
He	5×10^{25}	
Li	4.2×10^{19}	
Be	2.2×10^{22}	
B	3×10^{22}	2.9×10^{23}
C		3×10^{21}
N		8×10^{20} (取 NGe^-)
O		1.3×10^{21}
F	4.4×10^{22}	
Na	2.2×10^{19}	4×10^{24}
Mg	6×10^{20}	
Al	2.0×10^{20}	
Si		1.2×10^{22}
P	1.4×10^{24}	1.2×10^{22}
S		4×10^{20}
Cl		1.0×10^{20}
K	2.0×10^{19}	
Ca	3.5×10^{19}	
Sc	8×10^{19}	

续表

元素(э)	RSF/cm^{-3}	
	一次束离子：O_2^+, 8keV；基体参考元素：Ge	一次束离子：Cs^+, 14.5keV；基体参考元素：Ge
	$э^+$	$э^-$
Ti	3×10^{20}	
V	1.3×10^{21}	
Cr	2.5×10^{20}	
Mn	5×10^{20}	4×10^{23} (取 $MnGe^-$)
Fe	1.8×10^{21}	
Co	1.5×10^{22}	3×10^{23}
Ni	1.9×10^{22}	
Cu	3×10^{22}	2×10^{23}
Zn	2×10^{23}	
Ga	2×10^{20}	6×10^{24}
As		1.5×10^{22}, 8×10^{21} (取 $AsGe^-$)
Se		4×10^{20}
Br	7×10^{23}	1.0×10^{20}
Kr	2.4×10^{24}	
Rb	2.6×10^{19}	
Sr	1.8×10^{20}	
Zr	1.4×10^{20}	
Mo	5.6×10^{21}	
Ag	1.1×10^{22}	1.8×10^{22}
Cd	1.8×10^{23}	
In	1.3×10^{20}	
Sn	7×10^{21}	4×10^{22}
Sb		9×10^{22}
Te		2×10^{20}
I		8×10^{19}
Xe	1.6×10^{24}	
Cs	1.9×10^{19}	
Ba	3.5×10^{19}	
La	1.8×10^{20}	
Ce	9×10^{20}	
Nd	1.1×10^{20}	
Sm	1.0×10^{20}	
Tb	7×10^{20} (20V 偏置)	
Dy	88×10^{20} (20V 偏置)	
Ho	3×10^{20}	
Er	5×10^{20} (20V 偏置)	
Yb	1.6×10^{20}	
Hf	9×10^{21}	
Ta	1.5×10^{22}	5×10^{24} (25V 偏置)
W	1×10^{23}	
Hg		2.5×10^{24} (取 $HgGe^-$)

注：1. 本表引自：Wilson R G. Secondary Ion Mass Spectrometry. New York：John Wiley & Sons，1989：AppE.10。

2. э是待测元素。

3. 使用的仪器为法国 CAMECA 公司的 IMS-3F 和 IMS-4F，以注入样品为标样。

4. Ge 基体中 Ge 的体密度为 4.4×10^{22} 原子/cm^3。

表 13-14 HgCdTe 基体中某些元素（ɜ）的相对灵敏度因子（RSF）

元素(ɜ)	RSF/cm^{-3}	
	一次束离子：O_2^+，8keV；基体参考元素：Te	一次束离子：Cs^+，14.5keV；基体参考元素：Te
	$ɜ^+$	$ɜ^-$
H	2.9×10^{24}（取 $2H^+$）	8.0×10^{24}
He	9.7×10^{25}	
Li	8.0×10^{17}	
Be	3.6×10^{20}	
B	9.8×10^{20}	4.4×10^{24}
C	4.0×10^{23}	1.1×10^{23}
N	2.2×10^{23}	8.8×10^{22}（取 TeN^-）
O		2.4×10^{22}
F	1.1×10^{22}	7.2×10^{20}
Na	4.4×10^{17}	
Mg	1.3×10^{19}	
Al	4.0×10^{18}	2.6×10^{24}
Si	8.0×10^{20}	8.8×10^{23}
P	3.2×10^{22}	1.2×10^{23}
S		2.2×10^{21}
Cl	3.6×10^{22}	2.7×10^{20}
K	5.9×10^{17}	1.5×10^{24}
Ca	3.3×10^{18}	
Ti	2.7×10^{19}	
V	4.0×10^{19}	
Cr	1.6×10^{19}	1.6×10^{25}
Mn	3.6×10^{19}	
Fe	5.9×10^{19}	7.2×10^{23}
Co	4.9×10^{19}	
Ni	2.2×10^{20}	
Cu	2.0×10^{21}	
Zn	1.5×10^{22}	
Ga	8.0×10^{18}	
Ge	4.8×10^{21}	1.2×10^{25}
As	2.0×10^{22}	4.4×10^{23}
Se	2.0×10^{22}	1.3×10^{22}
Br	2.2×10^{23}	4.4×10^{20}
Kr	1.2×10^{22}	
Rb	8.9×10^{17}	
Zr	1.2×10^{19}	
Mo	4.9×10^{19}	
Ag	1.2×10^{21}	2.2×10^{24}
In	1.8×10^{18}	
Sn	4.0×10^{20}	4.0×10^{24}
Sb	1.5×10^{22}	1.8×10^{24}
Xe	1.5×10^{23}	
Cs	3.6×10^{18}	9.7×10^{23}
Ta	4.0×10^{20}	

注：1. 本表引自：Wilson R G. Secondary Ion Mass Spectrometry. New York：John Wiley & Sons，1989：AppE.12.

2. ɜ是待测元素。

3. 使用的仪器为法国 CAMECA 公司的 IMS-3F 和 IMS-4F，以注入样品为标样。

表 13-15 InP 基体中某些元素（э）的相对灵敏度因子（*RSF*）

元素（э）	*RSF*/cm^{-3}	
	一次束离子：O_2^+ , 8keV 基体参考元素: P	一次束离子: Cs^+, 14.5keV 基体参考元素: P
	э$^+$	э$^-$
H		3.5×10^{22}
He	1×10^{25}	
Li	3×10^{18}	
Be	2.5×10^{20}	
B	1.6×10^{20}	
C	7×10^{22}	1.3×10^{22}
O		1.4×10^{21}
F		4×10^{20}
Na	8×10^{17}	
Mg	1.1×10^{19}	
Al	4×10^{18}	
Si	7×10^{20}	1.0×10^{22}
S		7×10^{20}
Cl		3×10^{20}
K	5×10^{17}	
Ca	1.5×10^{21} (参考元素 In)	
Ti	2.0×10^{19}	
V	7×10^{19}	
Cr		3×10^{23}
Mn	1.6×10^{19}	
Fe	4.5×10^{22} (参考元素 In)	3.4×10^{23}
Co	4.5×10^{20}	
Ni	2×10^{20}	
Zn	1.0×10^{21}	
Ga	2.1×10^{22} (参考元素 In)	
Ge	1.8×10^{21}	3.5×10^{22}
As		2.2×10^{22}
Se		3.0×10^{20}
Br		2.2×10^{20}
Rb	1.5×10^{17}	3×10^{24}
Sr	8×10^{18}	1.6×10^{24}
Y	1×10^{19}	3×10^{25}
Zr	3.5×10^{19}	6×10^{22}
Ag	1.4×10^{21}	3.6×10^{22}
Sn	4×10^{20}	
Sb	8×10^{21}	
Te		8×10^{20}
I	9×10^{21}	1.5×10^{20}
Cs	4×10^{17}	
Ce	5×10^{18}	
Nd	3×10^{19}	
Ho	1.3×10^{19}	
Er	1.1×10^{20}	
W	5×10^{21}	3×10^{23}
Hg	2×10^{22}	

注：1. 本表引自：Wilson R G. Secondary Ion Mass Spectrometry. New York：John Wiley & Sons，1989：AppE.14。

2. э是待测元素。

3. 使用的仪器为法国 CAMECA 公司的 IMS-3F 和 IMF-4F，以注入样品为标样。

表 13-16 LiNbO$_3$基体中某些元素的相对灵敏度因子（*RSF*）

元素（э）	*RSF*/cm^{-3}	
	一次束离子：O$_2^+$，8keV；基体参考元素：Nb	一次束离子：O$_2^+$，8keV；基体参考元素：Nb
	э$^+$	э$^-$
H		2.5×10^{20}
Be	1.0×10^{22}	
B	3.4×10^{21}	
C		6×10^{19}
N		4×10^{21}（取 NbN$^-$）
F		5×10^{19}
Si		3.3×10^{20}
P	9×10^{23}	4×10^{20}
Cl	2×10^{24}	2.3×10^{19}
Ti	2.8×10^{21}	
Cr	1.5×10^{22}	
Mn	5×10^{22}	
Fe	2×10^{22}	
Ni	1×10^{23}	
Zn	4×10^{22}	
Ga	7×10^{21}	
Sb		4×10^{20}
Te		1.9×10^{20}
Ce	5×10^{21}	

注：1. 本表引自：Wilson R G. Secondary Ion Mass Spectrometry. New York：Jonh Wiley & Sons，1989：AppE.16。

2. э是待测元素。

3. 使用的仪器为法国 CAMECA 公司的 IMS-3F 和 IMS-4F，以注入样品为标样。

4. LiNbO$_3$基体中 Nb 的原子密度为 1.9×10^{22} 原子/cm^3。

表 13-17 Si 基体中某些元素（э）的相对灵敏度因子（*RSF*）

元素（э）	*RSF*/cm^{-3}		
	一次束离子：O$_2^+$，8keV；基体参考元素：Si	一次束离子：Cs$^+$，14.5keV；基体参考元素：Si	
	э$^+$	э$^-$	(Siэ)$^-$
H	6.2×10^{24}	4.8×10^{23}	
He	3.6×10^{27}		
Li	5.9×10^{20}	5.9×10^{24}	
Be	3.2×10^{22}		5.1×10^{23}
B	6.5×10^{22}	2.4×10^{24}	
C	7.2×10^{24}	4.8×10^{22}	
N	2.9×10^{25}		2.0×10^{22}
O	7.9×10^{25}	2.4×10^{22}	
F	4.4×10^{23}	7.6×10^{21}	
Ne	1.5×10^{27}		
Na	3.6×10^{20}	6×10^{25}	
Mg	2.8×10^{21}		5.3×10^{23}
Al	1.4×10^{21}	1.2×10^{25}	
P	1.1×10^{24}	1.2×10^{23}	
S	6×10^{24}	8.0×10^{21}	
Cl	5.9×10^{24}	6.9×10^{21}	

元素(э)	RSF/cm^{-3}		
	一次束离子: O_2^+, 8keV; 基体参考元素: Si	一次束离子: Cs^+, 14.5keV; 基体参考元素: Si	
	э$^+$	э$^-$	(Siэ)$^-$
Ar	2×10^{26}		
K	4.0×10^{20}	1.1×10^{24}	
Ca	1.3×10^{21}		1.1×10^{24}
Sc	1.3×10^{21}	$>4\times10^{25}$	9×10^{23}
Ti	3.6×10^{21}	8×10^{25}	
V	3.6×10^{21}	1.4×10^{25}	
Cr	6.5×10^{21}	3.8×10^{24}	
Mn	1.3×10^{22}		1.3×10^{24}
Fe	2.7×10^{22}	5.3×10^{25}	
Co	5.3×10^{22}	2.0×10^{24}	
Ni	3.7×10^{22}	5.3×10^{23}	
Cu	3.1×10^{22}	4.2×10^{23}	
Zn	1.1×10^{24}		8.2×10^{24}
Ga	1.4×10^{21}	1.6×10^{26}	
Ge	1.5×10^{23}	1.5×10^{23}	
As	2.2×10^{24}	4.6×10^{23}	
Se	6×10^{24}	7.2×10^{21}	
Br	1.6×10^{25}	7.0×10^{21}	
Kr	1.6×10^{26}		
Rb	8×10^{20}		
Sr	8×10^{20}		
Y	1.7×10^{20}		1.4×10^{24}
Zr	2.4×10^{21}	1.0×10^{25}	
Nb	1.0×10^{22}	4.6×10^{24}	
Mo	2.3×10^{22}	2.0×10^{25}	
Rh	5.4×10^{22}	1.4×10^{24}	
Pd	1.4×10^{23}	4.9×10^{24}	
Ag	7.2×10^{22}	1.1×10^{23}	
Cd	8.0×10^{23}		1.3×10^{25}
In	1.5×10^{21}	1.8×10^{26}	
Sn	3.0×10^{22}	1.8×10^{23}	
Sb	6.5×10^{23}	2.7×10^{23}	3.0×10^{22}
Te	1.5×10^{24}	8.4×10^{21}	
I	3.1×10^{24}	7.2×10^{21}	
Xe	1.6×10^{26}		
Cs	3.4×10^{20}		
Ba	1.5×10^{21}	1.6×10^{26}	4.4×10^{24}
La	2.8×10^{21}		8.6×10^{24}
Ce	2.6×10^{21}	1.0×10^{26} (20V 偏置)	1.2×10^{25} (20V 偏置)
Nd	2.5×10^{21}		6.4×10^{24}
Sm	1.8×10^{21}		2.9×10^{24}
Eu	1.7×10^{21}		
Tb	2.3×10^{21}		1.4×10^{24}
Dy	1.8×10^{21}		2.8×10^{24}
Ho	2.8×10^{21}	1.5×10^{27}	3.3×10^{24}
Er	3.5×10^{21}	3.5×10^{26}	2.0×10^{24}

第三篇

续表

元素(э)	RSF/cm^{-3}		
	一次束离子：O_2^+, 8keV；基体参考元素：Si	一次束离子：Cs^+, 14.5keV；基体参考元素：Si	
	э$^+$	э$^-$	(Siэ)$^-$
Yb	$2.4×10^{21}$	$8.0×10^{24}$	$2.3×10^{24}$
Hf	$1.5×10^{22}$	$7×10^{26}$	$6.7×10^{22}$
Ta	$5.5×10^{22}$	$1×10^{26}$	$3×10^{23}$
W	$6×10^{22}$	$6.5×10^{24}$	$3.6×10^{23}$
Pt	$1.0×10^{24}$	$1.6×10^{23}$	
Au	$2.5×10^{24}$	$1.0×10^{22}$	
Hg	$2.9×10^{24}$		$5.6×10^{25}$
Tl	$4.4×10^{21}$	$3.4×10^{26}$	
Pb	$6.6×10^{22}$	$3.2×10^{25}$	
Bi	$1.4×10^{23}$	$5.1×10^{23}$	$1.0×10^{23}$
Th	$1.7×10^{22*}$	$1.0×10^{26*}$	$4.9×10^{23*}$
U	$3.9×10^{21*}$	$1.9×10^{26*}$	$6.6×10^{23*}$

注：1. 本表引自：Wilson R G. Secondary Ion Mass Spectrometry. New York：John Wiley & Sons，1989：AppE.17。

2. э是待测元素。

3. 使用的仪器为法国 CAMECA 公司的 IMS-3F 或 IMS-4F。

4. Si 基体元素 Si 的原子密度为 $5×10^{22}$ 原子/cm³。

5. 记号*表示一次离子为 6keV 的 O_2^+。

表 13-18 Si 基体中某些元素（э）的相对灵敏度因子（*RSF*）——适用于四极杆质谱仪

元素(э)	RSF/cm^{-3}	
	一次束离子：O_2^+, 6keV；基体参考元素：Si	一次束离子：O_2^+, 8keV；基体参考元素：Si
	э$^+$	э$^-$
H	$4.8×10^{23}$	$2.0×10^{23}$
Be	$7.1×10^{21}$	
B	$2.6×10^{22}$	$2.0×10^{24}$
C	$2.5×10^{24}$	$7.1×10^{21}$
O		$2.8×10^{21}$
F	$1.2×10^{22}$	$2.4×10^{20}$
Na	$2.5×10^{20}$	
Mg	$8.7×10^{20}$	
Al	$3.5×10^{20}$	
P	$2.4×10^{24}$	$3.9×10^{22}$
Cl	$1.7×10^{23}$	$5.5×10^{20}$
K	$6.1×10^{19}$	
Cr	$5.2×10^{21}$	$2.1×10^{25}$
Fe	$4.2×10^{22}$	
Cu	$1.8×10^{23}$	
Zn	$6.5×10^{23}$	
Ae	$3.9×10^{24}$	$7.4×10^{23}$
Sb	$5.8×10^{24}$	$6.8×10^{24}$
Au		$6.1×10^{23}$

注：1. 本表引自：Wilson R G. Secondary Ion Mass Spectrometry. New York：John Wiley & Sons，1989：AppE.25。

2. э是待测元素，离子注入在 Si 基体中。注入角度为 60°。

3. 使用的仪器为四极杆质谱仪，工作状态调试在 *m/z*=30。在不同质量数（*m*）的工作状态，对表中的 RSF 值会有明显的影响。

参 考 文 献

[1] Bennighoven A, et al. Secondary Ion Mass spectrometry. New York: John Wiley & Sons,1987.

[2] Wilson G. R. Secondary Ion Mass Spectrometry. New York: John Wiley &.Sons, 1989.

[3] 丛浦珠, 苏克曼, 等. 化学分析手册. 第2版. 第九分册. 质谱分析. 北京: 化学工业出版社, 2000.

[4] 赵墨田, 曹永明, 陈刚, 等. 无机质谱概论. 北京: 化学工业出版社, 2006.

[5] 周华. 质谱学及其在无机分析中的应用. 北京: 科学出版社, 1986.

[6] 季桐鼎, 王理, 等. 二次离子质谱与离子探针. 北京: 科学出版社, 1989.

[7] [比利时]Adams F, Gijbels R, Grieken R Van. 无机质谱学. 祝大昌译. 上海: 复旦大学出版社, 1993.

[8] 华中一, 罗维昂, 等. 表面分析. 上海: 复旦大学出版社, 1989.

[9] Briggs D, Seah M P. Practical Surface Analysis.New York: Jonh Wiley & Sons, 1983: 303-420.

[10] Walls J M. Ionex V G. Methods of surface analysis. Cambridge University, 1989: 169-262.

[11] 王广厚. 粒子同固体相互作用物理学(上册). 北京: 科学出版社, 1988.

[12] Liu R, Wee A T S, Shen D H, et al. Surf Interf Anal, 2004, 36: 172.

[13] Dowsett G M, Morris R, Chou Pei-Fen, et al. Appl Surf Sci, 2003, 203-204: 500.

[14] Ya Ber B, Kazantsev D Yu, Kovarsky A P, et al. Appl Surf Sci, 2003, 203-204: 184.

[15] Stevie F A, Vartuli C B, Giannuzzi L A, et al. Surf Interf Anal, 2001, 31: 345.

[16] Vandervorst W. Basics of oxygen bean interactions in SIMS 2005 Worldwide SIMS symposium Xin Zhu (Tai Wan), China, 2005

[17] Liu R, Wee A T S. Appl Surf Sci, 2004, 231-232: 653.

[18] 祝大昌. 离子探针定量分析, 1988, 9(1-3): 71.

[19] 方培源. 质谱学报. 2005, 26(4): 156.

[20] Cao Yong-ming, Fang Pei-yuan, The abnormal phenomena of trace B in heaving As doped Si crystalusin using SIMS analysis. 2005 Worldwide SIMS symposium. Xin Zhu (TaiWan), China, 2005.

[21] 王铮, 曹永明, 方培源, 王家楫. 复旦学报: 自然科学版, 2003, 42(6): 1049.

[22] 查良镇, 等. 第一届全国二次离子质谱学会议集. 北京: 清华大学, 1993.

[23] 查良镇, 等. 第二届全国二次离子质谱学会议集. 北京: 清华大学, 1997.

[24] 曹永明, 方培源. 质谱学报: 增刊, 2004, 25: 1.

[25] 曹永明, 纪刚, 李越生, 方培源. 质谱学报, 2000, 21(3, 4): 133.

[26] Gary G G, Pajcini V, Stephen S, et al. Materials Science in Semiconductor Processing, 2005, 8: 255.

[27] Rokakh A G, Zhukov A G, Stetsura S V, et al. Nuclear Instruments and Methods in Physics Research, B 2004, 226: 595.

[28] Lu D, Mo Z Q, Xing Z X, Gui D. Appl Surf Sci, 2004, 233: 352.

[29] Vandervorst W, Bennett J, Huyghebaert C, et al. Appl surf Sci, 2004, 231-232: 569.

[30] Maul J, L. Chou Pei-Fen, Lu Y H. Appl surf Sci, 2004, 231-232: 713.

[31] Blackmer Krasinski C, Morinville W R. Appl Surf Sci, 2004, 231-232: 738.

[32] Hayashi S, Takano A, Takenaka H, et al. Appl Surf Sci, 2003, 221: 298.

[33] Steven W Novak, Magee Charles W, Moses Tom, Appl Surf Sci, 2004, 231-232: 917.

[34] Roumié M, Hageali M, Zahraman K, et al. Nuclear Instruments and Methods in Physics Research B, 2004, 219-220: 871.

[35] Rokakh A G, zhukov A G, stetsura S V, et al. Nuclear Instruments and Methods in Physics Research B, 2004, 226: 595.

[36] Chakraborty B R. Appl Surf Sci, 2004, 221: 143.

[37] Hayashi S, Takano A, Takenaka H, et al. Appl Surf Sci, 2003, 221: 298.

[38] Hombourger C, Staub P F, Schumacher M, et al. Appl Surf Sci, 2003, 203-204: 383.

[39] Tsukamoto K, Yoshikawa S.Toujou F, Morita H. Appl Surf Sci, 2003, 203-204: 404.

[40] Ueki Y, Kawashima T, Ishiwata O. Applied Surface Science, 2003, 203-204: 453.

[41] Hollinger P, Laugier F and Dupuy J C. Surf Interf Anal, 2002, 34: 472.

[42] Dowsett M G. Appl surf Sci, 2003, 203-204: 5.

[43] Shiramizu T, Tanimura J. Kurokawa H, et al. Surf Interf Anal, 2005, 37: 141.

[44] Brian G. Willis, David V. Lang Thin Solid Films, 2004, 4678: 284.

[45] 曹永明, 张敬海, 蔡磊. 复旦学报: 自然科学版, 1998, 37(1): 50.

[46] 曹永明, 卢世峰. 复旦学报: 自然科学版, 1996, 35(4): 463.

[47] 方培源, 曹永明. 质谱学报, 2005, 26(增刊): 31.

第十四章　辉光放电质谱法

第一节　方法原理

辉光放电质谱法（glow discharge mass spectrometry，GDMS）是利用辉光放电源作为离子源与质谱仪器连接进行质谱测定的一种分析方法。在材料科学领域，GDMS 成为无机固体材料中痕量杂质检测的有力工具[1]，经过 20 多年来的不断发展，GDMS 已成为无机固体材料尤其是高纯材料杂质成分分析的强有力的方法[2]。

辉光放电装置的使用在质谱研究中可以追溯到 20 世纪 30 年代早期，但很快在 30 年代中期就被火花源代替[3,4]，直到 20 世纪 60 年代后期[5~7]又逐渐发展起来。在 GDMS 出现以前，固体材料的痕量元素分析主要采用真空火花源质谱法（SSMS）[8]。1970 年，Coburn 把辉光放电作为离子源引入质谱分析，其他构型的离子源如同轴阴极型也得到应用[9~12]。20 世纪 80 年代商品化仪器的出现，使辉光放电质谱成为真空火花源质谱的替代分析技术。脉冲辉光放电离子源[13]和射频辉光放电离子源[14]的应用以及辉光放电源与飞行时间质谱等质谱计的连接[15]，拓展了辉光放电质谱的分析应用。

现在商品化的辉光放电质谱仪器在表 14-1 中列出，VG-9000 型（VG 公司）是 80 年代后期开发的机型，早些年有广泛的应用实例，目前众多的报道集中于此，2005 年后公司拆分已经停产；Element GD 在 VG-9000 停产后投放市场，是目前国内应用最多的机型；Nu Astrum、GD-90 型投放市场较晚，应用实例较少。因此，本章内容以 Element GD 型和 VG-9000 型的应用为主要描述对象。

表 14-1　GDMS 商品化仪器类型

型　号	类　型	公　司	中国市场投放时间
Element GD	高分辨双聚焦	美国赛默飞世尔公司	2008 年
GD-90	高分辨双聚焦 附加射频源	英国质谱仪器公司	2010 年
Nu Astrum	高分辨双聚焦	英国 Nu 仪器公司	2012 年

一、辉光放电的产生

辉光放电属于气体放电，辉光放电源在低压（0.1~1Torr）的惰性气体（高纯 Ar 或高纯 He）氛围中由一对电极组成。惰性气体（Ar）有很高的电离能，超过周期表中大多数元素的第一电离能[16]。被分析的样品作为阴极，阳极材料通常是钽、钢铁或铜等。

图 14-1 为辉光放电装置示意图。放电池中通入压力为 10~1000Pa 的惰性气体，阴极和阳极之间施加一个电场。当达到足够高的电压时，惰性气体被击穿电离。电离产生的大量电子和正离子在电场作用下分别向相反方向加速，大量电子与气体原子的碰撞过程辐射出特征的辉光，并在放电池中形成"负辉区"。正离子则撞击阴极（样品）表面，通过动能传递使阴极发生溅射。

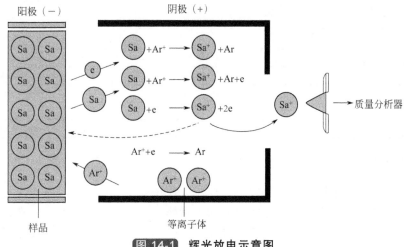

图 14-1 辉光放电示意图

按照供电方式分类，辉光放电还可以分为直流辉光放电（dc-GD）、脉冲辉光放电（pulsed-GD）和射频辉光放电（rf-GD）。直流辉光放电在质谱中的应用占主导地位，是目前商品化仪器采用的主要供电模式，而射频辉光放电可直接分析非导体样品。脉冲辉光放电在两极间周期性地施加直流电压，可在与直流辉光放电同等功率下提供更强的离子信号，而且剥蚀速度慢，适于薄层分析。

二、样品的溅射和电离

辉光放电源可以使固体样品原子化，同时还可以使这些原子被激发或电离，因此辉光放电既可作为光源也可作为离子源被应用到固体样品的分析中。辉光放电过程中有两个重要的阶段：阴极溅射和彭宁电离。阴极溅射可以直接从固体样品中获得大批具有代表性组成的原子；彭宁电离（Penning ionization）可以使被溅射原子电离以适合质谱分析。

（一）阴极溅射

阴极溅射过程是辉光放电用于分析的关键。正离子在电场加速作用下撞击样品表面，通过碰撞过程将动能传递到晶格中的原子。当处于晶格中的原子获得的能量超过晶格能时，就会脱离样品表面。过剩的能量也可使原子激发或电离成离子，二次离子在阴极附近区域受电场作用发生沉积，电子和阴离子则会被相同的电场加速至负辉区以维持放电的发生。

（二）离子化

辉光放电中的电离存在多种电离方式（见表 14-2）。放电条件，如电流、电压、气压和放电装置的几何构造等因素，决定不同机理对电离的贡献大小。电子轰击是辉光放电中主要的电离方式之一。负辉区的电子密度高达 10^{14} 个/cm^3，惰性气体电离产生的电子和惰性气体离子轰击阴极表面，产生二次电子的碰撞使惰性气体原子和溅射原子激发和电离[17]。Langmuir 探针测量表明[18]，辉光放电中包含非 Maxwell-Boltzmann 分布的 3 种类型的电子：快电子（$E > 25eV$）、二次电子（$E = 7eV$）和热电子。

另外一种重要的电离方式为彭宁电离。氩的亚稳态原子与样品原子碰撞，产生能量传递，使原子电离，同时释放出一个电子。由于 Ar 被激发产生的亚稳态原子 Ar^m 具有很长的寿命，Ar^m 的能级为 11.5 eV，超过了几乎所有元素的第一电离能，对溅射原子的电离起着重要的作用。实验证实[19]，同轴型辉光放电离子源在 0.4～2.0Torr、1～1.5kV 和 0～10mA 条件下，彭宁电离为主导电离方式。

表 14-2 氩气辉光放电中的离子化方式

电离过程		电荷转移方式
主要电离过程	电子轰击	$A+e \longrightarrow A^{+}+2e$
	彭宁电离	$Ar^{m}+X \longrightarrow Ar+X^{+}+e$
次要电离过程	缔合电离	$Ar^{m}+X \longrightarrow ArX^{+}+e$
	对称电荷转移	$A^{+}+A \longrightarrow A+A^{+}$
	不对称电荷转移	$A^{+}+B \longrightarrow A+B^{+}$

三、质谱干扰

辉光放电质谱采用惰性气体作为放电气体，因此在最终获得的质谱图中，与 ICP-MS 类似，包含大量的放电气体离子和多原子离子的干扰峰；另外，在分析痕量元素时，样品中主体元素将产生强度远高于痕量元素的离子峰和多原子离子峰，对相邻质量数元素的测量产生极大的干扰。大量干扰峰的存在往往使分析峰产生重叠或影响对分析峰的识别，甚至影响质量轴的准确度，最终影响分析结果的准确性。表 14-3 列出了 GDMS 分析中常见干扰峰的来源。在直接分析固体样品的前提下，高质量分辨率是辉光放电质谱仪的最佳选择，在较高分辨（4000）条件下，绝大多数多原子离子干扰峰可以有效地分离。此外，为消除来自放电气体某一被测元素的干扰，可采用更换其他放电气体（如氖气）的方法。

表 14-3 氩气 GDMS 中的常见干扰峰

干扰因素	干扰离子
基体元素	M^{2+}、M_2^{+}、$M_1M_2^{+}$、…
放电气体	Ar、Ar_2^{+}、Ar_3^{+}、Ar^{2+}、Ar^{3+}、… MAr^{+}、MAr^{2+}
离子源及放电气体中的残留气体（C、H、O 等）	CH^{+}、CH_2^{+}、CO^{+}、CO_2^{+}、H_2O^{+}
其他元素同位素的干扰	ArH^{+}、ArC^{+}、ArO^{+}、MH^{+}、MC^{+}、MO^{+} 同量异位素

第二节　辉光放电质谱仪

一、质谱仪器

同其他质谱仪器类似，辉光放电质谱仪主要由三部分构成：离子源、质量分析器、检测器。另外还包括一些辅助系统，如真空系统、冷却系统和数据采集控制系统等。质谱分析器要求具有较高的真空度，否则会导致离子在飞行途中发生频繁碰撞而影响检测。辉光放电离子源的工作压力为 100Pa 左右，这样的压力对质量分析器太高，一般采用多级抽气与分析器连接。典型的三个区域的真空度分别是：离子源 100Pa 左右、中间区小于 10^{-4}Pa、分析器区约 10^{-6}Pa。离子光学系统由一系列施加不同电压的金属电极构成离子透镜组，保证离子有效地通过不同压力的区域，同时用来调节离子束能量，使之进入分析器后能够获得合适的偏转角度。

GDMS 使用的分析器主要有四极杆分析器、双聚焦分析器和飞行时间分析器。四极杆分析器价格较低，结构简单，但分辨率较低，去除干扰能力弱；双聚焦分析器结构复杂，成本高,但可以提供很高的分辨率;飞行时间分析器最重要的优点是可检测的离子质量数范围较宽。目前在世界各国的工业实验室和政府实验室被广泛应用的 GDMS 以双聚焦分析器为主。

　　采用磁质谱的 Element GD 型辉光放电质谱仪(图 14-2)由美国 Thermo Fisher(塞默飞世尔)公司生产,也是目前国内最广泛采用的高分辨质谱的辉光放电质谱仪,按质量分辨率分为低、中、高三档(300、4000、10000)。Element GD 的结构示意如图 14-3 所示。

图 14-2 Element GD 型辉光放电质谱仪

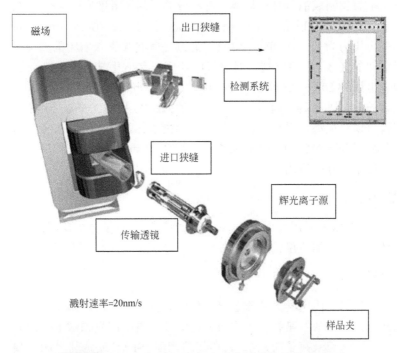

图 14-3 Element GD 型辉光放电质谱仪结构示意图

二、离子源

Element GD 的离子源是同轴型，同轴型离子源的优点是可分析片状、针、棒、丝和其他不规则形状的样品。但对于粉末样品，只能采用压制成适合分析的形状进行分析。其另一个特点是这种构型的离子化过程主要是由彭宁电离方式控制。由于彭宁电离对不同元素很少有选择性，这无疑对质谱分析是十分有利的。图 14-4 为 Element GD 型辉光放电质谱仪离子源结构示意。中心开有圆孔的圆形阳极盘与圆柱形放电池腔体共同构成阳极，片状样品作为阴极隔着一层孔径略大的绝缘陶瓷环紧贴在绝缘环上，使部分样品表面通过圆孔暴露在腔体中，溅射出的样品通过导流管和锥体进入离子透镜。

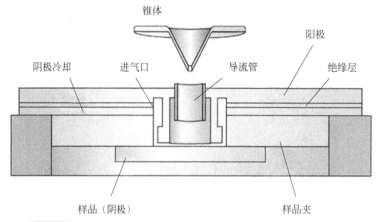

图 14-4 Element GD 型辉光放质谱议电离子源结构示意图

放电池是由金属铜制成的圆柱形腔体，可测量的样品（阴极）有两种规格：一种是片状，直径 20～70mm，厚度 1～40mm；另外一种是棒状，直径 0.9～3mm，长 20mm。

放电气体采用压力为 20～200Pa 的氩气，通过进气孔被引入密闭的放电池中。负辉区位于阴极与阳极之间的区域，阳极末端正对阴极的部位开有小孔或出口狭缝，用于引出离子束。工作时典型放电电压为 500～1200V，电流 30～70mA，放电气体流速在 300～500ml/min。

离子源技术的最新进展是英国质谱仪器公司的 GD-90 型 GDMS，采用射频电离源，在样品表面产生直流自偏移电势，以维持稳定的溅射和离子化，从而可以直接分析非导体材料；美国赛默飞世尔公司开发的脉冲辉光放电离子源结合 Element GD，在薄层深度分析及低熔点金属分析中也获得了很好的应用。

三、质量分析器

Element GD 型 GDMS 采用反向 Nier Johnson 型双聚焦质量分析器，使用片状磁铁、磁扫描、水冷式循环系统；扫描速度快，稳定性好，可以满足快速检测需求。

四、检测系统

目前常用的检测器均用电学方法测量离子信号。直接电测法利用离子束打到金属电极上产生的电流直接测定，如法拉第杯；二次效应电测法使离子产生二次电子或光子，然后用相应的倍增器和电学方法记录离子流，如二次电子倍增器（SEM）或戴利（Daly）检测器。Element GD 配备法拉第杯和二次电子倍增器，并根据元素离子流强度的不同，采用三种模式自动切换接收离子（图 14-5）。

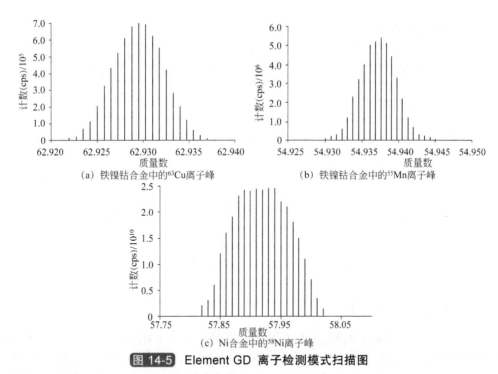

（a）铁镍钴合金中的^{63}Cu离子峰　　　　（b）铁镍钴合金中的^{55}Mn离子峰

（c）Ni合金中的^{58}Ni离子峰

图 14-5　Element GD 离子检测模式扫描图

离子计数模式（counting）：$I < 4 \times 10^6$cps；

离子模拟模式（analog）：$4 \times 10^6 \sim 10^8$cps；

法拉第模式（Faraday）：$> 1 \times 10^8$cps。

鉴于不同检测器之间存在着相应系数的差异，Thermo Fisher 公司提供了专门的检测器校正程序，采用两种检测器对同一 ^{36}Ar$^+$离子流进行扫描，得到校准系数，如图 14-6 所示。

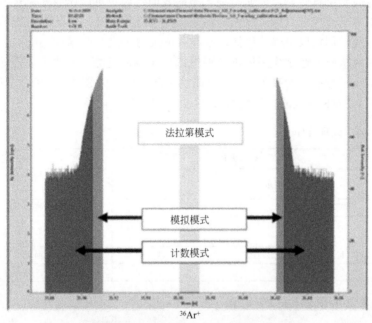

图 14-6　Element GD 检测器校准图

表 14-4 列出了 GDMS 典型的分析技术参数。

表 14-4 GDMS 典型分析参数

项 目	参 数
灵敏度（中分辨）	1×10^{10} cps
分辨率	>300；>4000；>10000
分辨率转换时间	<1s
质量稳定性	25μg/(g·8h)
扫描速率	磁场：7-240-7<150ms 电场：1ms/跳跃
线性范围	$10^{10} \sim 10^{12}$
暗噪声	<0.2cps
离子源真空	1.0mbar
分析真空	1×10^{-7} mbar

第三节　实验方法及特点

一、样品制备与预处理

在痕量元素分析领域，溶液进样分析技术需要把样品转化为溶液，因此对所用化学试剂的纯度有很高的要求，背景空白的影响往往不可忽略；同时，大比例的溶剂稀释带来的"稀释效应"也大大降低了分析方法的灵敏度。某些固体材料，尤其是大部分无机非金属材料难以完全溶解，再如测量易溶金属中的痕量金、硒等元素含量时，这些杂质无法溶解于硝酸或盐酸，简单的溶解方式将影响难溶成分分析结果的准确性。因此对固体样品而言，直接分析的 GDMS 法比溶液分析技术具有一定的优越性。

固体样品表面易吸附空气及自然界中常见的轻元素如 Na、Mg、Al、Si、K、Fe 等带来污染。特别是对高纯材料而言，即使是很轻微的表面污染也可能比内部真实的杂质含量高出几个数量级。由于辉光放电溅射可以对样品表面进行逐层剥离，因此样品表面的污染可通过一定时间的预溅射过程加以消除，以满足痕量（μg/g 级）及超痕量（ng/g 级）的元素分析要求。制备成型的块状样品通常先采用电子侵蚀或化学试剂侵蚀等方法进行预处理，有时可通过抛光等方法减少气体杂质的吸附，以尽可能地去除表面污染成分，缩短预溅射过程的时间。总体来说，用于 GDMS 分析的样品应按表 14-5 所列步骤进行预处理。

表 14-5 GDMS 样品处理程序

次 序	处理方法	备 注
1	削切、压片、熔融	将样品处理为适合 GDMS 分析用的大小和形状
2	研磨	将样品表面打磨平整
3	有机溶剂清洗（甲醇、乙醇、正己烷、异丙醇、丙酮、乙醚等）	除去样品表面的有机污染物
4	稀酸清洗（盐酸、硝酸、氢氟酸、磷酸或混合酸等）	除去样品表面氧化层、无机污染物
5	预溅射	通过预溅射，除去样品表层的污染物

二、分析参数的选择与分析过程

产生辉光放电的工作条件有放电电压 U、放电电流 I 及放电气体流速 v。对 Element GD

来说，前者一般不可调，后两者可调节，三个参数互相发生关联。一般来说，在固定的放电电流下，增大放电气体流速可以降低放电电压，固定放电气体流速而降低放电电流也能起到同样效果。过高的放电电流会使离子流强度不稳定，增大溅射速率，使锥孔堵塞较快，离子流强度衰减过快不利于测量。放电条件选择的原则是要最终检测到有一定强度的、稳定的样品基体离子束强度，通常情况下，良好的放电条件可以维持基体元素（纯物质）离子流强度在 1×10^{11} cps 左右。不同样品适宜的放电条件有一定差异。工作条件选定以后，调节离子光学系统的电极电压，使检测器接收到合适的离子束的分析信号。

预溅射过程一般采用与分析过程相同或更强的放电条件，使样品表面被溅射剥离，从而获得内部具有代表性的样品平均含量。预溅射所需的时间也随分析要求和样品的不同有很大的不同。例如，对 Cu 样品的每克几微克到几十微克的杂质元素分析只需 5min 就能较好地去除表面杂质污染，使分析结果趋于稳定；在对杂质含量在 μg/g 到 ng/g 级的分析中，这一过程则至少需要 10min 以上，这类样品的总分析时间往往取决于预溅射时间的长短。当然，如果前期样品经过适当的清洗、研磨和抛光等表面处理，将极大地缩短预溅射时间。

三、分析特点

辉光放电质谱的分析特点有：

① 对固体样品直接进行分析。直流放电源可以直接分析导电固体，而射频源则可以直接对非导体进行分析。

② 可以完成全元素测定，同时测量 70 种以上的元素。从原理上说，GDMS 可以测量 Li、Be、B 等超轻元素以及 C、N、O 等气体元素。如 VG-9000 型 GDMS 的常规分析可以一次提供除氢、惰性气体和人造元素外的 77 种元素的分析结果，但对于 Element GD，由于放电气体流速较高，高纯惰性气体中引入的 C、N、O 较多，导致本底上升，会影响分析的检测限。

③ 分析结果具有样品含量的代表性。GDMS 分析中对样品的溅射面积一般为几百平方毫米，一次分析的样品消耗量可达毫克级，大取样量使分析结果能较好地包含固体样品均匀性。

④ 分辨率多样性。通常有低、中、高分辨（300、4000、10000）三种选择模式，低分辨有较好的灵敏度，中、高分辨能分离大部分多原子离子干扰。

⑤方法灵敏度高，检出限低。检测限被国际计量组织定义为多次空白测量后强度结果的 3 倍标准偏差相对应的元素含量。而 GDMS 无法进行空白值的测量，因此我们可以对背景响应的强度进行多次测量，计算标准偏差(S)，并以 3 倍的标准偏差($3S$)作为检测限，或以 9 倍的标准偏差($9S$)作为定量检测限。表 14-6 列出了一些元素的检出限。

⑥ 不同元素灵敏度差异小、基体效应小。辉光放电溅射过程产生的原子可以近似代表样品的组成，由彭宁电离控制的电离过程选择性小，因此离子源环节造成的不同元素的灵敏度差异远远小于其他质谱分析方法，多数元素灵敏度差异在 3 倍之内。

⑦ 线性动态范围宽。由于采用多种检测器技术，GDMS 可以对常量、微量和痕量元素同时进行分析，动态线性范围可达 10^{12}。

表 14-6　GDMS 分析的元素检出限

元　素	质量数	分辨率[①]	LOD($3S$,$n=5$)/(ng/g)
Li	7	LR	0.02
Be	9	MR	0.5
B	11	MR	1.3
Na	23	LR	0.4

续表

元　素	质量数	分辨率[①]	LOD(3S,n=5)/(ng/g)
Mg	24	MR	0.05
Al	27	MR	0.6
P	31	MR	7
K	39	HR	1.8
Ca	44	MR	2.3
Sc	45	MR	0.1
Ti	48	MR	0.06
V	51	MR	0.03
Cr	52	MR	0.15
Mn	55	MR	0.06
Fe	56	MR	0.5
Ni	58	MR	0.34
Co	59	MR	0.1
Cu	63	MR	0.2
Zn	64	MR	0.5
Ga	71	HR	1.4
Ge	72	HR	1.5
As	75	MR	0.3
Se	82	MR	1.3
Rb	85	MR	0.1
Sr	88	MR	0.06
Y	89	MR	0.03
Zr	90	MR	0.11
Nb	93	MR	0.12
Mo	95	MR	0.4
Ru	102	MR	0.2
Rh	103	MR	0.13
Pd	105	MR	0.5
Ag	107	MR	0.2
Cd	111	MR	1.1
In	115	MR	0.2
Sn	118	HR	0.5
Sb	123	MR	0.3
Te	126	MR	0.7
Cs	133	MR	0.06
Ba	138	MR	0.09
La	139	MR	0.03
Ce	140	MR	0.11
Pr	141	MR	0.04
Nd	142	MR	0.3
Sm	152	MR	0.1
Eu	153	MR	0.05
Gd	158	LR	0.12
Tb	159	LR	0.01

续表

元　素	质量数	分辨率①	LOD(3S,n=5)/(ng/g)
Dy	164	LR	0.08
Ho	165	MR	0.05
Er	166	LR	0.07
Tm	169	MR	0.02
Yb	173	MR	0.16
Lu	175	LR	0.03
Hf	178	LR	0.23
Ta	181	LR	1.8
W	184	LR	0.24
Re	187	LR	0.03
Os	189	LR	0.35
Ir	193	LR	0.1
Pt	195	LR	0.14
Au	197	LR	0.3
Hg	202	LR	1.1
Tl	205	LR	0.07
Pb	208	LR	0.08
Bi	209	LR	0.16
Th	232	LR	0.027
U	238	LR	0.029

① LR 表示低分辨率，400；MR 表示中分辨率，≥4000；HR 表示高分辨率，≥10000。

四、分析重现性

对 GDMS 分析法分析的重现性和准确度的评价需要结合样品本身和仪器性能来考虑。重现性分为内部重现性和外部重现性，前者指同一样品在仪器中不取出反复进行扫描测定的重复性，后者指样品的不同次数分析的重复性，一般称为精密度。内部重现性来源于 GDMS 分析过程的贡献和样品不均匀性的贡献，其中辉光放电的稳定性以及检测系统测量的稳定性能构成分析过程的主要贡献。外部重现性还应加上工作条件、样品位置、环境等多种因素带来的随机偏差。辉光放电本身的稳定性一般在 2% 左右，随着被测元素浓度的降低，由于离子计数的减少造成统计的随机偏差增大逐渐成为影响重现性的主要因素。

表 14-7 中列出了在保持仪器参数不变的情况下，以 GDMS 不同测量阶段的重复性进行考察的结果：a. 样品在 GD 源中不改变条件连续测量；b. 每次测量间隔开启和关闭 GD 高压；c. 每次测量间隔开启和关闭 GD 高压及 GD 源真空（即模拟重新装样）。为避免固体样品的不均匀性导致的偏差，三种模式的测量分别在样品同一点上连续测量，测量次数为 6 次，每种重复性各自分别进行自我比较。

表 14-7 不同条件下 GDMS 测量结果的重复性[78]

元　素	条件 a		条件 b		条件 c		含量(RSD 范围)
	含量/(mg/kg)	RSD/%	含量/(mg/kg)	RSD/%	含量/(mg/kg)	RSD/%	
Mg	0.03	7.2	0.02	5.8	0.02	11	<1mg/kg
Cl	0.62	5.2	0.47	11	0.61	8.8	(5%~15%)

续表

元　素	条件 a		条件 b		条件 c		含量(RSD 范围)
	含量/(mg/kg)	RSD/%	含量/(mg/kg)	RSD/%	含量/(mg/kg)	RSD/%	
Ca	0.12	14	0.10	13	0.11	14	<1mg/kg
Ag	0.26	8.1	0.13	9.3	0.09	5.2	(5%~15%)
Sb	1.0	1.7	0.8	2.7	0.8	4.3	
W	4.1	2.5	4.2	5.3	3.3	3.7	
B	62	0.9	37	5.2	52	3.6	
As	202	0.8	163	1.5	169	1.5	
Al	452	0.9	359	1.9	393	1.9	
Sn	457	0.7	426	1.5	356	1.9	
P	340	0.8	259	1.7	287	2.1	1~1000mg/kg
S	279	1.4	216	1.7	242	2.1	(1%~5%)
Ta	210	1.3	232	1.4	178	3.6	
Zr	239	1.5	245	4.1	182	2.5	
Ti	765	1.0	725	1.4	584	2.2	
Co	720	0.3	677	0.5	619	1.7	
Nb	601	1.3	624	1.2	489	3.6	
Cu	925	0.8	821	0.8	806	1.3	
Si	3001	0.9	2280	1.9	2675	2.3	
V	1693	0.2	1639	0.8	1384	1.6	
Cr	6779	0.5	6692	1.0	6086	0.4	>1000mg/kg
Mo	3484	0.7	3466	1.0	2962	2.3	(<2%)
Mn	15761	0.3	15424	0.6	15568	1.0	
Ni	12856	0.4	11865	0.5	11273	1.6	

　　根据重复性测量的数据，可以看出仪器条件变化最少即连续测量时的重复性最好，含量1mg/kg 以上时 RSD 值可达到 2%以内；而测量条件 c 下的重复性数据更加接近于实际测量，特别是采用外标法进行校正时，仪器测量的重复性将产生约 1%~5%的不确定度（含量在1mg/kg 左右）。

　　表 14-8 简单列出了几种不同的固体样品直接分析技术的分析性能比较，满意程度用"＋"的多少表示。

表 14-8　固体样品直接分析技术的分析性能比较[20]

分析方法	准确度	精　度	检出限(LOD)	动态范围	基体效应	元素相对灵敏度	样品处理	分析时间	深度剖析	费用及复杂度
High-current arc AES	++	+	++	+	+	++	+++	+++	N/A	++
高压火花AES	++	++	++	+	+	++	+++	+++	N/A	++
XRF	+++	+++	+	+	+	+	++	+++	+	+++
SIMS	++	++	+++	+++	+	+	+	+	+++	+
激光烧蚀ICP-MS	++	++	++	++	+	++	++	+	+	+
GD-AES	+++	+++	++	++	++	++	++	++	++	++
GDMS	++	++	+++	+++	++	+++	+	+	++	+

五、干扰峰的排除

辉光放电质谱仪主要由辉光放电离子源、质量分析器和离子检测器组成，依其工作原理，所有的带电粒子都有可能进入质量分析器，最终与样品被测元素一起形成所谓的质谱图，因而不可避免地会对被测元素的测定带来干扰。

在检测过程中，对未知元素的质谱峰可以采用以下方法进行确定：①同位素分析检测；②相对质量分析；③更换类似样品进行对比分析。

第四节 半定量与定量分析

GDMS 在常规分析测试中通常可分为半定量分析和定量分析，前者只是给出元素含量的大致范围，不需要进行不确定度分析，后者则需要给出较为准确的量值，给出不确定度，并需要描述不确定度分析中的量值溯源过程。

对于半定量分析，在相同基体之间的测量结果比较、均匀性检验或者对元素含量只有量级方面的要求等情况下，是完全可以满足要求的，而且 Element GD 型仪器的设计面向工厂测试，在快速扫描和快速检测方面具有一定的优势。

一、半定量分析

对 GDMS 的半定量分析，就是不考虑样品中不同元素的灵敏度差异，近似认为被测元素与基体元素的离子束强度的比值 IBR（ion beam ratio）等于浓度比。即

$$\frac{c_{\mathrm{X}}}{c_{\text{基体}}} = IBR_{\mathrm{X}} = \frac{I_{\mathrm{X}}}{I_{\text{基体}}} \tag{14-1}$$

式中，I_{X} 为被测元素离子束强度；$I_{\text{基体}}$ 为基体元素离子束强度。此即为 GDMS 半定量分析公式。半定量分析采用基体元素为内标，对高纯样品的痕量元素分析，可近似认为 $c_{\text{基体}} = 1$。如果被测元素有多个同位素，需考虑同位素丰度因素，上式可改写为：

$$c_{\mathrm{X}} = \frac{I_{\mathrm{X}}/A_{\mathrm{X}}}{I_{\text{基体}}/A_{\text{基体}}} = \frac{I_{\mathrm{X}}A_{\text{基体}}}{I_{\text{基体}}A_{\mathrm{X}}} \tag{14-2}$$

式中，A_{X} 和 $A_{\text{基体}}$ 分别为被测元素和基体元素的同位素丰度。

如果是非高纯样品，则可以用以下公式计算元素含量：

$$c_{\mathrm{X}} = \frac{I_{\mathrm{X}}/A_{\mathrm{X}}}{\sum(I_i A_i)} \tag{14-3}$$

式中，I_i 为每个被测元素同位素的离子流强度；A_i 为每个被测元素同位素的丰度，采用待测元素的离子流强度与总离子流强度的比值计算元素含量。

二、定量分析

（一）定量分析原理

在 GDMS 的定量分析过程中，必须考虑元素灵敏度之间的差异。灵敏度是在定量测量中经常涉及的概念，对于元素 L 的灵敏度，可以用其质量数为 M 的同位素（M）来定义：

$$SF_{\mathrm{L}} = \frac{\mathrm{d}I_{\mathrm{M}}}{\mathrm{d}c_{\mathrm{L}}} b_{\mathrm{M}}^{-1} \tag{14-4}$$

式中，b_M 为同位素丰度；c_L 为元素 L 的浓度；I_M 为质量数为 M 的同位素离子束强度。灵敏度受很多因素的影响，随着测量条件、环境、仪器条件等因素的变化而变动。在 GDMS 定量分析中，通常测量参考元素的离子计数，并将其用于定量分析中，因此相对灵敏度因子 (RSF) 更为常用，元素 L 相对于元素 R(通常是基体元素)的灵敏度因子可以由下式获得：

$$RSF_{L/R}=SF_L/SF_R \tag{14-5}$$

元素 RSF 的因素在一定的浓度范围内保持恒定，但是对于不同基体、不同的测量条件，RSF 有一定的差异。仪器提供的是 StdRSF，StdRSF 是其他元素相对于铁元素的 RSF，也就是说 $StdRSF_{Fe}=1$。仪器以基体元素为内标，通过下式给出测量结果：

$$\frac{c_L}{c_R}=\frac{I_L}{I_R}\times\frac{StdRSF_L}{StdRSF_R} \tag{14-6}$$

由此获得的测量结果忽略了基体类型、放电条件等因素对测量结果的影响。

不同元素的灵敏度差异用相对灵敏度因子（RSF）表示：

$$RSF_X=\frac{c_X}{IBR_X} \tag{14-7}$$

$$RSF_{X,Y}=\frac{RSF_X}{RSF_Y}=\frac{c_X\cdot IBR_Y}{c_Y\cdot IBR_X} \tag{14-8}$$

式（14-7）即为 GDMS 定量分析的基本公式。

（二）RSF 值的变化

在 GDMS 测量过程中，元素相对灵敏度因子差异来自从样品被辉光放电溅射到离子束最后进入检测系统的每个环节及传输过程。研究表明[26,27]，GDMS 分析大多数元素 RSF 值在 3 倍之内，结果见表 14-9。

表 14-9　7 种基体中的 RSF 值[21]

基体 / 元素	Al	Fe	Zr	Cu	Ag	Au	Ga
Li	1.0						
Be	0.60						
B	1.0	1.0		0.25			
C	(0.4)	4.0	5.0	(6.0)	(1)		0.03
N	(0.2)	23.0	88.0	(1.0)	(0.1)		(0.04)
O	6.0	37.0	50.0	20.0	(10.0)		(0.4)
Na	2.0						
Mg	1.3	1.5					
Al	(1.0)	1.1	1.5	0.3	0.27		
Si	1.1	1.6	2.4	0.3			
P	1.8	1.8	3.0	0.60			
S	1.8	1.8		0.64			
Ca	0.70						
Ti	0.40	0.40	0.64				
V	0.42	0.50	0.89				
Cr	2.0	2.0	3.9	0.34		0.30	

续表

基体 元素	Al	Fe	Zr	Cu	Ag	Au	Ga
Mn	1.4	1.4	2.6	0.26		0.28	
Fe	1.0	(1.0)	1.8	0.30	0.30	0.22	0.40
Co	0.90	1.0	1.4	0.35		0.26	
Ni	1.2	1.4	3.2	0.50		0.31	0.48
Zn	5.0			2.0	1.7		1.8
Cu	4.0	4.0	8.7	(1.0)	1.0		1.6
Ga	2.5				0.60		(1.0)
Ge		2.0			0.72		0.80
As		3.0		1.3	0.86		
Se		3.8		0.9			
Sr	0.60						
Zr	0.60	0.52	(1.0)				
Nb		0.55	1.0				
Mo		0.51					
Pd					1.0		
Ag	3.2			1.0	(1.0)		1.3
Cd	6.0			1.8	1.6		2.5
In					0.74		1.8
Sn	2.5	2.5	5.0	0.69	0.63	0.41	1.1
Sb	3.0	3.5		1.2	1.3		
Te		3.0		0.85			
Ce		0.35					
La		0.40					
Hf			1.4				
Ta		1.0					
W		1.2					
Pt					1.0		
Au				0.64		(1.0)	1.0
Hg					2.4		4.3
Tl					1.5		
Pb	2.9	2.9	5.7	0.79	0.7	1.0	1.2
Bi	4.0	4.7		1.5			
U	0.5						

注：括号中的数据基于 SSMS 值得出，其他数据基于标准值，分析条件 1kV/3mA。

（三）分析方法

1. 外标法

外标法是最常使用的定量分析方法。采用相同基体的系列标准物质做工作曲线，然后对待测样品的测量值进行校正，得到准确的含量。由于基体标准物质的匮乏，也可以采用单点法进行校正。

2. 标准加入法

在 GDMS 测量中，通常采用标准溶液定量掺杂到固体粉末中，压片后制备成系列校正样品，用被测元素的信号与基体信号的比值对元素浓度做曲线。测量准确度在 10%～30% 之间，部分校正曲线见图 14-7。

事实上压制样品与真实的块状样品在固体形态上还存在一定的差别，但粉末压制的样品与适用于掺杂样品的 *RSF* 也适用于块状样品；此外压制的密度没有对测量结果产生明显的影响；颗粒大小不同的粉末压制成的样品，测量结果差别在不确定度范围之内，因此人工合成的校正样品可以满足块状样品的定量测量。

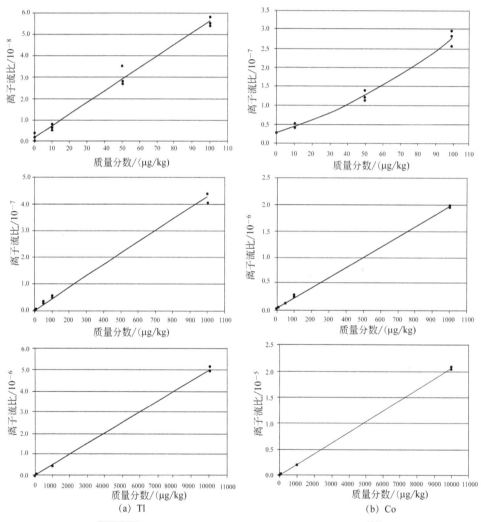

图 14-7 铜基体中 Tl（a）与 Co（b）的校正曲线[22]

第五节 方 法 应 用

GDMS 大量被应用于导电固体材料的分析检测中，主要包括金属、合金、半导体等材料。不同材料由于样品形状、结构和电导率的不同，需要采用不同的测量参数，表 14-10 列出了不同类型材料测量时 Element GD 的常规分析参数。

表 14-10 不同材料的分析参数

形　状	材　料	放电电流①/mA
块状	Al, Mg	75
块状	Si	65
块状	硬金属 (Ta 等)	45～50
块状	中度硬度金属 (Cu 等)	40～45
块状	软金属 (In 等)	30～35
块状	薄片 (0.2～1mm)	25～35
针棒状	直径 3mm	约 35
针棒状	直径 2mm	约 25
针棒状	直径 1mm	约 15
块状	深度分析	约 10

① 放电气体流速在块状分析时约 400ml/min，针状样品分析时约为 600ml/min，放电电压一般为 600～800V。

一、金属及半导体材料分析

金属基体由于具有良好的导电性，是 GDMS 分析应用的优势领域之一。GDMS 可分析几乎所有的金属、合金材料，并且在全元素范围内均具有极低的检测限。目前 GDMS 已逐渐成为国际上高纯金属材料、高纯合金材料、稀贵金属、溅射靶材的杂质分析的重要方法。在多数情况下，GDMS 被用来对金属及半导体材料从主量元素到超痕量元素组成的全元素的半定量监控分析。例如，很多高纯金属、半导体材料是半导体和电子行业的重要原料，对痕量杂质的控制十分严格，随着近年来半导体和电子工业的迅猛发展，分析需求日益增长。

表 14-11 中列出了 GDMS 较为典型的金属和半导体材料的应用实例。

表 14-11 金属与半导体材料分析典型实例

样　品	形　态	仪器类型	分析条件	测量方法	测量对象	参考文献
金属	Al 块	Element GD	放电电流：65mA 流速：380ml/min	系列标准物质校正测量	48 种元素	[23]
	Ti 棒	VG-9000	—	不同切割方法，混合酸清洗条件比较	痕量元素	[24]
	Ti 棒	VG-9000	—	熔融掺杂制备校正样品，与 ICP-MS 比较	Sc	[25]
	Fe 块	Element GD	放电电流：45mA 流速：350ml/min	标准溶液加入粉末压制校正样品，方法对比分析	41 种元素	[26]
		VG-9000	放电电流：3mA 放电电压：1kV			
	Fe 块	Element GD	放电电流：45mA 流速：430ml/min	标准溶液加入粉末压制校正样品，方法对比分析	57 种元素	[22]
	Co 块	Element GD	放电电流：45mA 流速：400ml/min	标准溶液加入粉末压制校正样品，方法对比分析	41 种元素	[26]
		VG-9000	放电电流：3mA 放电电压：1kV			
	Cu 块	Element GD	放电电流：50～60mA 流速：(Ar)280～450ml/min (He)0～300ml/min	Ar-He 混合气放电	S，P	[27]
	Cu 膜	VG-9000	放电电流：1.0mA 放电电压：0.4kV	不同制样条件对比分析	24 种元素	[28, 29]

续表

样 品	形 态	仪器类型	分析条件	测量方法	测量对象	参考文献
金属	Cu 块	Element GD	放电电流：45mA 流速：375ml/min	标准溶液加入粉末压制校正样品，两种方法对比分析	41 种元素	[26]
		VG-9000	放电电流：3mA 放电电压：1kV			
	Cu 块	Nu Astrum	—	直接分析	10 种元素与记忆效应分析	[30]
	Cu 粉	VG-9000	—	粉末标准加入	13 种元素	[31]
				熔融法标准加入	7 种贵金属	
	Cu 棒	Element GD	放电电流：10mA 流速：700ml/min	标准物质与人工合成样品校正，方法对比分析	45 种元素	[32]
		VG-9000	放电电流：3.5mA 放电电压：1.1kV			
	Zn 块	Element GD	放电电流：25mA 流速：325ml/min	标准溶液加入粉末压制校正样品，方法对比分析	41 种元素	[26]
		VG-9000	放电电流：3mA 放电电压：1kV			
	Cd 棒	VG-9000	放电电流：0.4mA 放电电压：1kV	熔融灌装与 LA-ICPMS 比较分析	63 种元素	[33]
	Sb 棒	VG-9000	放电电流：1.5mA 放电电压：1kV	直接分析	14 种元素	[34]
	Te 棒	VG-9000	放电电流：0.4mA 放电电压：1kV	熔融灌装与 LA-ICPMS 比较分析	63 种元素	[35]
	In 块	Element GD VG-9000	放电电流：35mA 流速：300ml/min	标准溶液加入粉末压制校正样品，方法对比分析	41 种元素	[26]
			放电电流：3mA 放电电压：1kV			
	Nb 块	VG-9000	—	不同熔融制样条件对比分析	60 种元素	[36]
	Hf 粒	VG-9000	—	In 熔融嫁接	痕量元素	[37]
	Ta 板	Element GD VG-9000	—	直接测量	检出限，深度剖面	[38]
	Ta 棒	VG-9000	—	直接分析	76 种元素	[39]
	Pt 粉	VG-9000	—	粉末标准加入	痕量元素，精度 10%～15%，重复性 5%～10%	[40]
	Pt 粉	VG-9000	—	粉末标准加入，熔融法标准加入	13 种元素，7 种贵金属	[31]
	Au 棒	VG-9000	—	样品对比分析	17 种元素	[41]
合金	铝合金	Element GD	—	系列标准物质校正分析	9 种	[42]
	TiN 镀层	SMWJ-01	—	与 SIMS 方法比较分析	Ti, Cr, Fe	[43]
	CrN 镀层	SMWJ-01	—	与 SIMS 方法比较分析	Ti, Cr, Fe	[43]
	TiAl 板	Element GD VG-9000	—	直接测量	检出限，深度剖面	[38]
	低合金钢块	GloQuad	放电电流：3mA 流速：19.6ml/min	系列标准校正	18 种元素	[44]
	不锈钢片	rf-GD-TOFMS	—	直接分析	薄膜分析	[45]

续表

样　品	形　态	仪器类型	分析条件	测量方法	测量对象	参考文献
合金	钢铁与高温合金块	GloQuad	放电电流：3mA 放电电压：1kV	按同位素丰度比例扣除干扰校正质谱	Mo	[46]
	WNi 板	Element GD VG-9000	—	直接测量	检出限，深度剖面	[38]
	镍基高温合金	Element GD	放电电流：45mA 流速：330ml/min	直接分析	痕量分析,深度分析	[47]
	黄铜棒	GD-TOFMS	放电电流：3mA 放电电压：1kV	直接分析	Cu，Zn	[48]
半导体材料	Si 片	Element GD	放电电流：65mA 流速：400ml/min	直接分析	67 种元素	[49]
	Si 片	rf-GD-TOFMS	—	直接分析	薄膜分析	[47]
	Ga 棒	VG-9000	放电电流：1mA 放电电压：1kV	液氮冷却，王水腐蚀后测量	杂质分析	[50]
	Ge 棒	VG-9000	放电电流：1.5mA 放电电压：1kV	直接分析	23 种	[51]

在 GDMS 测量中，基体元素含量非常大，测量中必须考虑多原子离子的干扰，特别是在合金中，干扰数量更多。如在钢样测量中，Fe 以及其他常见基体 Cr、Mn、Ni 与 Ar 形成的缔合离子 MAr^+ 在 m/z 90～100 范围内对 Mo^+、Zr^+、Nb^+ 的所有同位素形成干扰，如 $^{96}Mo^+$ 与 $^{56}Fe^{40}Ar^+$ 需要 13000 以上的质谱分辨率才能分开，实际测得的 ^{96}IBR 几乎完全来自于 $^{56}Fe^{40}Ar^+$ 的贡献。这些干扰的存在，使得痕量 Mo、Zr、Nb 的定量分析变得很困难。认为如果假设 $M^{40}Ar^+/M^+ = {}^{56}Fe^{40}Ar^+/{}^{56}Fe^+$，并且假设 ^{96}IBR 完全来自于 $^{56}Fe^{40}Ar^+$ 的贡献，那么 ^{95}IBR 中来自 $^{55}Mn^{40}Ar^+$ 的贡献就可以通过数学计算被扣除。Takahashi 等[52]通过这种方法对实际测得的 ^{95}IBR 进行校正，标准样品工作曲线的线性得到了改善（图 14-8），证明这种假设是可行的。根据标准样品工作曲线算出的元素 RSF_X，经过 IBR 校正后得出的元素浓度与标准值相吻合。

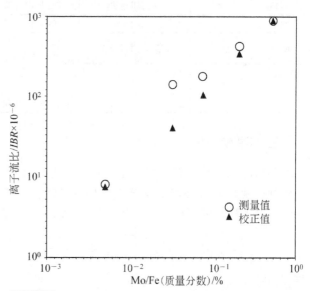

图 14-8　实际测得的 IBR 与 MAr^+ 校正后的 IBR 比较

m/z=95，样品为 SRM661，SRM662，SRM663，SRM664，SRM665

二、非导体材料分析

直流放电的 GDMS 不能直接分析非导体材料，必须经过处理和转换才能测量，通常用于分析非导体材料的处理方法主要有两种：第二阴极法和混合法。第二阴极法对第二阴极的材料要求较为苛刻，一般情况下基体信号强度比导体弱，稳定性较差，而且无法区分第二阴极杂质本底和样品杂质；混合法是将样品与导电材料混合均匀后进行分析，特别是粉末样品，与导电物质如石墨、金、铜、钽、银粉混合后，压制成型，即可分析，这种方法容易产生污染，同样添加物会增加背景信号，而且会稀释样品，降低灵敏度。

射频辉光放电质谱（rf-GDMS）可以直接分析非导体材料，是近年来 GDMS 的重要研究方向之一，有一些实验性的应用，但目前只有商品化的 GD-90 型 GDMS 带有射频源，尚没有相关非导体材料杂质定量分析的报道。

表 14-12 给出了用 VG-9000 型仪器对部分非导体材料分析的典型实例。

表 14-12 GDMS 非导体材料分析典型实例(VG-9000 型仪器)

样　品	形　态	样品处理	测量方法	测量对象	参考文献
GeO$_2$	粉末	混合法	铟熔融渗透法制样	5 种元素	[53]
贵金属矿	块	混合法 放电电流：1mA 放电电压：2kV	铜试金预富集，标准加入与空白扣除	Pt, Pd, Ir, Au	[54]
海底沉积物	Al 块	第二阴极法	溶液标准加入法与 γ 光谱法比较分析	^{237}Np	[55]
土壤	粉末	混合法	In 熔融混合直接分析	痕量元素	[56]
			Ag 粉混合直接分析，标准物质验证	51 种元素	[57]
沉积岩	粉末	混合法	不同混合导电材料的比较	11 种稀土元素	[58]
玻璃	块	第二阴极法	Ta 片作为第二阴极	痕量元素	[59]
ZrO$_2$	块	第二阴极法	Ta 片作为第二阴极	痕量元素	[60]
Al$_2$O$_3$	粉末	第二阴极法	直接测量，对比分析阴极材料对灵敏度的影响	痕量元素	[61]
铁矿石	粉末	混合法	铜、银粉混合，标准物质验证	痕量元素	[62]
陶瓷	块	第二阴极法	直接分析，标准物质验证	痕量元素	[63]

三、深度分析

GDMS 的溅射进样方式决定了它可以进行深度分析，通过控制放电条件可以对溅射的速率进行控制。但 GDMS 相对较高的样品消耗量，使其难以像 SIMS、SNMS 等方法那样胜任 100nm 以下薄层的深度分析。但对于较厚的从 1μm 直到几百微米的薄层样品分析，相比之下 GDMS 具有分析时间短、基体效应小等特点。

表 14-13 列出了 GDMS 应用于深度剖析的一些典型实例。

表 14-13 GDMS 深度剖析典型实例

样品	仪器类型	测量方法	测量深度与方法	测量对象	参考文献
Zr 合金	VG-9000	深度剖析	几十微米到几百微米	B, Li	[64]
PtAl 渗透层	VG-9000	深度剖析	1～100μm	Pt, Al	[65]
碳钢 TiN/CrN 镀层	VG-9000	深度剖析	SIMS 方法比较	Ti, Cr	[66]
Cr-Ni 镀层	VG-9000	深度剖析	10nm～10μm	Cr, Ni	[67]
多层材料	VG-9000	深度剖析	分辨率 30nm	镀层元素	[68]
Cu 镀层	Plus-Element GD	深度剖析	<1μm	Cu	[69]

对深度剖析和镀层厚度分析来说，降低辉光放电的溅射速率同时保持一定的灵敏度是前

提条件，由此，脉冲方式供电成为一种很好的选择。图 14-9 是脉冲供电与 Element GD 结合后对 Si 基上的 100nm Cu-Cr 镀层分析的时间含量变化曲线。约 30s 溅射时间厚度到达第二层，溅射速率约为 3.3nm/s。

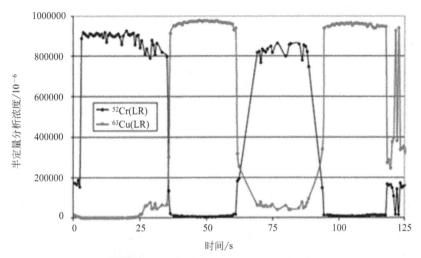

图 14-9 Si 基 Cu-Cr 镀层样品深度分析

四、同位素丰度测量

GDMS 放电源的稳定性和单接收方式并不能满足同位素丰度精确测量的要求，但是 GDMS 能够实现固体样品的快速测量，并且可测量的元素范围很广，在精确度要求不高的情况下使用 GDMS 对固体样品同位素丰度进行测量还是有一定价值的。

Chartier 等[70,71]用 TIMS、GDMS 对 Er 金属和氧化物的同位素比进行了测量，除最小的 $^{162}Er/^{166}Er$ 外，差异在 0.5%以内，并对掺杂有 Er 的 Mo 金属氧化铀陶瓷、铀的同位素组成进行了测量，并用双稀释法对 ^{166}Er 与 ^{238}U 进行了测量；TIMS 测量时进行了基体分离，并使用稀释剂做矫正；GDMS 使用自制的校正样品进行了校正，自制样品使用 Mo 金属粉末和 Er_2O_3、U_3O_8 粉末进行压制而成，Er/U 的测量结果也符合的较好，GDMS 测量的精密度在 3%以内，足够作为一种初步测量的手段。他们用高分辨的 GDMS 对 B、Gd 的丰度进行了测量，与 TIMS 符合得也较好，外精度在 0.3%左右。Riciputi 等[72]用 VG-9000 对浓度从 15mg/kg 到 100%的 B、Cu、Sr、Ag、Sb、Re、Pb 等七种元素的同位素丰度进行了测量，对纯金属丰度测量的外精度可以达到 0.03%，对质量分数大于 0.5%的元素精度好于 0.1%，对浓度在 10～20mg/kg 的元素，精度大约为 1%，同位素偏差 1%。Betti 等[73]对 GDMS 在同位素丰度测量中的应用进行了总结。GDMS 可以较容易地实现不同基体、不同元素的同位素丰度快速测量。

五、测量用标准物质

辉光放电质谱从 20 世纪 80 年代开始商品化发展和广泛应用，已有近 30 年的历史。随着仪器研发的进展，其强大的分析功能越来越得到人们的认可。我国在高纯金属、半导体和高纯材料领域的急速发展，使得对 GDMS 的需求十分旺盛，在研究院所和检测实验室运行的 GDMS 由 2～3 台迅速增至十数台，将对 GDMS 分析技术的发展起重要的促进作用。

近年来国内关于 GDMS 测量技术和综述的报道不断[74~78]，相信今后会有更多的应用报道出现。但是，现有的基体标准物质中杂质含量较高，不确定度较大，多数是用于 X 射线荧光光谱和直读光谱等灵敏度较低的固体分析仪器，即使国外如美国标准技术研究院（NIST）研制的金属、合金标准物质，在每克几十微克以下含量的杂质元素，参考值的不确定度也难以适应 GDMS 的应用。究其原因，一方面是以往对高纯物质中杂质含量水平的要求较低；另一方面是固体中痕量杂质定值手段的局限，多数定值方法的灵敏度低于 GDMS。标准物质的匮乏，严重限制了 GDMS 测量技术的发展和测量水平的提高，因此研制高纯物质中痕量元素含量的基体标准物质，对 GDMS 的推广应用具有重要意义。

参 考 文 献

[1] Coburn J W. Thin Solid Films, 1989, 171: 65.

[2] Bogaerts A, Gijbels R. Fresenius' J Anal Chem, 1999, 364: 367.

[3] Aston F W. Mass-spectra and isotopes, Longmans. 2nd ed. NY: Green& Co, 1942: 276.

[4] Dempster A J. Proceed Am Phil Soc, 1935, 75: 755.

[5] Coburn J W, Kay E. Phys Lett, 1971, 19: 350.

[6] Grimm W. Spectrochim Acta, 1968, B23: 443.

[7] Harrison W W, Magee C W. Anal Chem, 1974, 46: 461.

[8] Aheran A J. NY: Academic Press, 1972.

[9] Benninghoven A, Rudenauer F G, Werner H W. Secondary Ion Mass Spectrometry: Basic Concepts, Instrumental Aspects, Applications and Trend. John Wiley & Sons, 1986.

[10] Coburn J W. Rev Sci Instrum, 1970, 41: 1219.

[11] Daughtrey E H, Harrison W W. Anal Chem, 1975, 47(7): 1024.

[12] Donohue D L, Harrison W W. Anal Chem, 1975, 47(9): 1528.

[13] Hang W, Walden W O, Harrison W W. Anal Chem, 1996, 68 (7): 1148.

[14] Marcus R K. J Anal Atom Spec, 1996, (11): 821.

[15] Hang W, Baker C, Smith B W, et al. J Anal Atom Spectrom, 1997. (12): 143.

[16] Fang D, Marcus R K. Fundamental plasma processes. NY: Plenum Press, 1993, 17.

[17] Chapman B. Glow Discharge Processes, NY: Wiley-Interscience, 1980.

[18] Fang D, Kenneth M R. Modern Analytical Chemistry, 1993: 17.

[19] Levy M K, Serxner D, Angstadt A D, et al. Spectrochim Acta, 1991, 46B: 253.

[20] Marcus R K. Glow Discharge Spectroscopies. NY: Plenum Press, 1993.

[21] Mykytiuk A P, Semeniuk P, Berman S. Spectrochim Acta Rev, 1990, 13: 1.

[22] Matschat R, Hinrichs J, Kipphardt H. Anal Bio Anal Chem, 2006, 386: 125.

[23] Hinrichs J, Hamester M. Germany: Thermo Fisher Scientific Report, 2008.

[24] Fang D, Seegopaul P. J Anal Atom Spectrom, 1992, 7: 959.

[25] Held A, Taylor P, Ingelbrecht C, et al. J Anal Atom Spectrom, 1995, 10: 849.

[26] Gusarova T, Hofmann T, Kipphardt H, et al. J Anal Atom Spectrom, 2010, 25: 314.

[27] Lange B, Matschat R, Kipphardt H. Anal Bioanal Chem, 2007, 389: 2287.

[28] Lim J W, Mimura K, Isshiki M. Appl Phys A, 2005, 80: 1105.

[29] Lim J W, Isshiki M. Met Mater Int, 2005, 11(4): 273.

[30] Steve G. 冶金分析, 2011, 31(9): 22.

[31] 刘咸德. 质谱学报, 1996, 17(3): 6.

[32] Gusarova T, Methven B, Kipphardt H, et al. Spectrochim Acta B, 2011(66): 847.

[33] Heras L, Hrnecek E, Bildsteina O, et al. J Anal Atom Spectrom, 2002, 17: 1011.

[34] 荣百炼, 普朝光, 姬荣斌, 等. 质谱学报, 2004, 25(2): 96.

[35] 荣百炼, 胡赞东, 丛树仁, 等. 红外技术, 2010, 32(4): 226.

[36] Choil G S, Lim J W, Munirathnam N R, et al. Met Mater Int, 2009, 15(3): 385.

[37] 钱荣, 斯琴毕力格, 卓尚军, 等. 分析化学, 2011, 39 (5): 700.

[38] Putyera K, Boyer N, Cuq N, et al. 冶金分析, 2010, 30 (2): 1.

[39] 陈刚, 葛爱景, 卓尚军, 等. 质谱学报, 2007, 28 (1): 36.

[40] Straaten M, Swenters K, Gijbels R, et al. J Anal Atom Spectrom, 1994, 9: 1389.

[41] Kinneberg D J, Williams S R, Agarwal D P. Gold Bulletin, 1998, 31(2): 58.

[42] 李继东, 王长华, 郑永章. 质谱学报, 2012, 33(1): 18.

[43] Konarski P, Kaczorek K, Cwil M, et al. Vacuum, 2008, 82: 1133.

[44] 余兴, 李小佳, 王海舟. 冶金分析, 2006, 26 (5): 1.

[45] Bordel N, Lobo L, Pisonero J, et al. 冶金分析, 2009, 29(11): 1.

[46] 余兴, 李小佳, 王海舟. 冶金分析, 2011, 31(11): 1.

[47] Su K, Wang X, Putyera K. 冶金分析, 2011, 31(11): 18.

[48] 苏永选, 周振, 杨芃原, 等. 质谱学报, 1997, 18(3): 13.

[49] Hinrichs J, Hamester M, Rottmann L. Germany: Thermo Fisher Scientific Report, 2009.

[50] Vieth W, Huneke J C, Karunasagar D, et al. Anal Chem, 1992, 84: 2958.

[51] 普朝光, 肖绍泽, 张震. 质谱学报, 1997, 18(4): 67.

[52] Takahashi T, Shimamura T. Anal Chem, 1994, 66: 3274.

[53] 陈刚, 葛爱景, 卓尚军, 等. 质谱学报, 2006, 27(增): 29.

[54] 陈丁文, 李斌, 董守安, 等. 岩矿测试, 2008, 27(5): 329.

[55] Heras L, Hrnecek E, Bildsteina O, et al. J Anal Atom Spectrom, 2002, 17: 1011.

[56] 陈刚, 卓尚军, 葛爱景. 质谱学报, 2007, 10(28): 62.

[57] Duckworth D C, Barshick C M. J Anal Atom Spectrom, 1993, 8: 875.

[58] Tong S L, Harrison W W. Spectrochim Acta B, 1993, 48: 1237.

[59] Milton D M P, Hutton R C. Spectrochim Acta B, 1993, 48: 39.

[60] Schelles W, Grieken R V. J Anal Atom Spectrom, 1997, 12: 49.

[61] Kurochkin V D, Kravchenko L P. Powder Metallurgy and Metal Ceramics, 2006, 45: 9.

[62] Gendt S, Schelles W, Grieken R, et al. J Anal Atom Spectrom, 1995, 10: 681.

[63] Schelles W, Van Grieken R E. Anal Chem, 1996, 68: 3570.

[64] Heras L A, Actis-Dato O L, Betti M. Microchem J, 2000, 67: 333.

[65] Spitsberg I T, Putyera K. Surf Coat Technol, 2001, 139: 35.

[66] Konarski P, Kaczorek K, Cwil M, et al. Vacuum, 2008, 82: 1133.

[67] Jakubowski N, Stuewer D. J Anal Atom Spectrom, 1992, 7: 951.

[68] Raith A, Hutton R C, Huneke J C. J Anal Atom Spectrom, 1993, 8: 867.

[69] Churchill G, Putyera K, Weinstein V, et al. J Anal Atom Spectrom, 2011, 26: 2263.

[70] Chartier F, Aubert M, Salmon M, et al. J Anal Atom Spectrom, 1999, 14: 1461.

[71] Chartier F, Tabarant M. J Anal Atom Spectrom, 1997, 12: 1187.

[72] Riciputi L R, Duckworth D C, Barshick C M, et al. Int J Mass Spectrom Ion Proc, 1995: 55.

[73] Betti M. Int J Mass Spectrom, 2005, 242: 169.

[74] 赵墨田, 曹永明, 陈刚, 等. 无机质谱概论. 北京: 化学工业出版社, 2006.

[75] 徐常昆, 周涛, 赵永刚. 岩矿测试, 2012, 31 (1): 47.

[76] 杨旺火, 李灵锋, 黄荣夫, 等. 质谱学报. 2011, 32 (2): 121.

[77] 余兴, 李小佳, 王海舟. 冶金分析, 2009, 29(3): 28.

[78] 唐一川, 周涛, 徐常昆. 分析测试学报, 2012, 31(6): 664.

第十五章　同位素稀释质谱法

　　针对痕量、超痕量目标物进行分析，并力图获得准确、可靠的测量结果是化学分析工作的最终目标之一，也是分析工作者共同面临的难题。在众多的化学分析技术中，同位素稀释质谱法（isotope dilution mass spectrometry, IDMS）是公认的具有绝对测量性质的方法。它是基于同位素质谱测量与准确化学计量相结合的元素分析手段，其测量结果准确，不确定度小。1997 年国际计量组织 CCQM 宣布了当时 5 大基准测量方法，其中 IDMS 被列为首位。该方法对样品前处理要求较低，只要保证稀释剂与样品混合均匀即可，几乎不用考虑回收率的问题。

　　IDMS 诞生于 20 世纪 50 年代[1]，最初是出于无机分析的目的。随着仪器研发技术的进步和浓缩同位素品种、数量的增加，IDMS 的应用领域日趋广泛，20 世纪 70 年代延伸至有机分析领域。分析时使用的样品形态从固体样品逐渐拓展到气态、液态样品。

第一节　基本原理

一、同位素稀释技术[2~6]

　　假设基体中待测某元素具有天然同位素丰度（事实上，其丰度在自然界中一般覆盖一定范围，而不是固定不变的，因此，同位素稀释质谱法应用中需要测量样品中待测元素的全丰度），如图 15-1 所示。选择该元素的某种浓缩同位素或同位素标记化合物作为稀释剂（它通常由天然丰度较低的稳定同位素浓缩而成，或具有长寿命的放射性同位素）。稀释剂和待测样品的化学性质相同，化学形式也必须一致，同位素丰度组成不同。当待测量的样品溶液及稀释剂溶液分别达到化学平衡时，按一定比例（最佳稀释比或 1∶1），用天平准确称取一定量的稀释剂加到定量的待测样品中，组成混合溶液。在混合溶液中，待测样品和稀释剂必须充分交换达到化学平衡，混合均匀。这意味着，如果是固体样品，通常需要经过化学溶解，转换成一定形式的溶液。这个过程保证了混合后待测样品和稀释剂之间发生彻底的同位素交换。在溶液的状态下，大多数金属离子的交换速度很快，短时间内将实现化学平衡；只有个别金属的游离阳离子与络合剂之间交换速度较慢。因此，如果不存在稳定同位素的金属有机化合物，大多数待测样品的金属离子将很快被浓缩同位素所稀释。

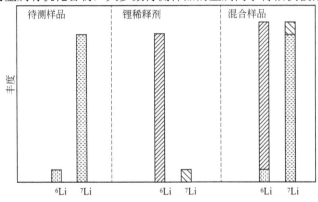

图 15-1　同位素稀释质谱法原理示意图

根据质量守恒原理，如果用稀释剂溶液的浓度和称重代替质量，对于包含多个同位素的元素，不难求得下面的普遍公式[7]：

$$c_{\mathrm{x}} = \frac{R_{\mathrm{y}} - R_{\mathrm{b}}}{R_{\mathrm{b}} - R_{\mathrm{x}}} \times \frac{\sum\limits_{i=1}^{n} R_{i\mathrm{x}} M_i}{\sum\limits_{i=1}^{n} R_{i\mathrm{y}} M_i} \times \frac{m_{\mathrm{y}}}{m_{\mathrm{x}}} \times c_{\mathrm{y}} \qquad (15\text{-}1)$$

式中，x 为样品；y 为稀释剂，b 为样品与稀释剂的混合溶液；c 为浓度，μg/g，g/kg 或 μmol/g， mol/kg；M_i 为同位素 i 的核质量，m 为物质的称样量，g，kg 或 μmol，mol；R 为同位素丰度比。

用 IDMS 测量混合物中同位素丰度比、待测样品和稀释剂的同位素丰度组成。根据稀释剂、待测样品和混合样品的同位素丰度比（或同位素标记化合物丰度比）和所加入的稀释剂的量，运用公式即可准确计算待测量的基体中某元素或某化合物的浓度或含量。

值得注意的是，在国内外相关的文献和书籍中，同位素稀释质谱法有多种表达公式。无论是哪种表达公式，都是通过精确测定的同位素丰度比和用精密天平称重加入的稀释剂的量，来计量待测物在某一基体里的含量。不管基体是简单还是复杂，在用同位素稀释质谱进行测量时，原理都是相同的，即把元素的化学分析转变成同位素丰度测量。因此，它具有同位素质谱测量的灵敏度、精度和化学计量的准确度。

公式推导如下：

以核测量中铯的含量测量为例。自然界的铯是单一核素元素，即 ^{133}Cs，选择核裂变产物中的 ^{134}Cs 作为稀释剂。假设待测样品中含 N_{n} 个 ^{133}Cs 的原子，加入的 ^{134}Cs 的原子数是 N_{t}，N_{t} 的浓度事先已准确标定。当实现待测样品和稀释剂的均匀混合后，混合物同位素的原子个数比是：$R_{\mathrm{b}} = \dfrac{N_{\mathrm{n}}}{N_{\mathrm{t}}}$。显然，若用质谱仪测得 R_{b}，又因为 N_{t} 为已知，就可以非常准确地得到欲测样品中 ^{133}Cs 的原子数 N_{n}：

$$N_{\mathrm{n}} = R_{\mathrm{b}} N_{\mathrm{t}} \qquad (15\text{-}2)$$

现在从单一核素元素铯的测量推广到含有两个同位素元素锂的情况。天然水中的 Li 有两种同位素 ^{6}Li 和 ^{7}Li，通常它们的丰度分别是 7.58% 和 92.42%，如图 15-1 所示。为了要测量天然水中的 Li 含量，选择 Li 的浓缩同位素 ^{6}Li 作稀释剂。根据最佳稀释比，用精密天平分别称取定量的锂天然水溶液 x（含 N_{n} 个原子）和稀释剂溶液 y（含 N_{t} 个原子）。混合后的锂溶液丰度设为 A_{b6}、A_{b7}，如图 15-1 所示，其同位素组成既不同于天然水中 Li，也不同于稀释剂溶液 Li。根据质量守恒定律，下列等式成立：

$$A_{\mathrm{b6}} \times (N_{\mathrm{n}} + N_{\mathrm{t}}) = A_{\mathrm{n6}} N_{\mathrm{n}} + A_{\mathrm{t6}} N_{\mathrm{t}} \qquad (15\text{-}3)$$

经变换，则有：

$$\frac{N_{\mathrm{n}}}{N_{\mathrm{t}}} = \frac{A_{\mathrm{t6}} - A_{\mathrm{b6}}}{A_{\mathrm{b6}} - A_{\mathrm{n6}}} \qquad (15\text{-}4)$$

为了使用方便，以同位素丰度比替代上式中的丰度，可改写成：

$$N_{\mathrm{n}} = N_{\mathrm{t}} \times \frac{R_{\mathrm{t}} - R_{\mathrm{b}}}{R_{\mathrm{b}} - R_{\mathrm{n}}} \times \frac{R_{\mathrm{n}} + 1}{R_{\mathrm{t}} - 1} \qquad (15\text{-}5)$$

式中，R_{n} 是天然水中 ^{6}Li 与 ^{7}Li 的丰度比；R_{t} 是稀释剂中 ^{6}Li 与 ^{7}Li 的丰度比；R_{b} 是混合样品中 ^{6}Li 与 ^{7}Li 的丰度比。

因为任一体系中，某元素的质量等于它所包含的所有同位素丰度分别乘以它们的核质量之和。所以，对上述天然水和稀释剂的原子数，如果以质量 X、Y 分别替代上式中预测样品的原子数 N_n 和 N_t，则有：

$$X = A_{n6}N_nM_6 + A_{n7}N_nM_7 \tag{15-6}$$

$$Y = A_{t6}N_tM_6 + A_{t7}N_tM_7 \tag{15-7}$$

用欲测样品、稀释剂和混合样品的同位素丰度比分别替代它们的丰度，则有：

$$X = N_n \times \frac{M_6 + R_nM_7}{R_n + 1} \tag{15-8}$$

$$Y = N_t \times \frac{M_6 + R_tM_7}{R_t + 1} \tag{15-9}$$

由式（15-8）、式（15-9）不难导出：

$$N_n = \frac{R_n + 1}{M_6 + R_nM_7} \times X \tag{15-10}$$

$$N_t = \frac{R_t + 1}{M_6 + R_tM_7} \times Y \tag{15-11}$$

把式（15-10）和式（15-11）代入式（15-5），则得到：

$$X = \frac{R_t - R_b}{R_b - R_n} \times \frac{R_nM_7 + M_6}{R_tM_7 + M_6} \times Y \tag{15-12}$$

式中，R_n、R_t、R_b 分别代表欲测样品、稀释剂和混合样品中 ^7Li 与 ^6Li 的同位素丰度比，无量纲；M_6、M_7 分别代表 ^7Li 与 ^6Li 的同位素质量 μ，Y 代表两种样品混合时稀释剂的质量，μg，g，kg 或 μmol，mol。

因为 $X = c_xm_x$，$Y = c_ym_y$，因此公式（15-12）变为

$$c_x = m_xc_x/m_y$$

二、双同位素稀释技术[8~12]

双同位素稀释质谱法是针对上述"单同位素稀释质谱法"一词而得名，其目的是为了消除单同位素稀释质谱测量过程中出现的仪器系统误差，特别是为消除同位素分馏效应而建立。双同位素稀释质谱法遵从单同位素稀释质谱法原理，实验程序基本相同。但是，双同位素稀释质谱法与单同位素稀释质谱法也存在如下主要差异：

① 双同位素稀释需要两种浓缩同位素的稀释剂，作为稀释剂的这两种浓缩同位素在待测元素里必须具有，通常是待测元素中的最低丰度，或次低丰度同位素。

② 为了对被测样品中的待测元素求解，双同位素稀释质谱法必须建立至少两个方程式，方程式的多少由待测元素同位素个数和实验方法决定；而单同位素稀释质谱法对未知量的求解只有单一的固定公式。

③ 双同位素稀释质谱法通过对所建方程式的联合求解和所获数据迭代，逐渐减小、消除仪器系统误差，获得测量值；而单同位素稀释质谱法在运行过程中产生的系统误差只能借助标准物质或其他外部方法校正才能消除。

根据文献报道，开展双同位素稀释质谱法的技术路线有以下两种。

其一，要求样品里的被测元素具有 3 个或 3 个以上稳定同位素（含长寿命放射性同位素）[10]。

① 选择待测元素中的最低丰度和次低丰度同位素的高浓缩同位素作为稀释剂，按照单同位素稀释质谱混合样品制备原则、方法，经过化学计量配制混合样品，在同一个混合样品里包含经过化学计量的待测未知元素和两种稀释剂。

② 根据被测元素、稀释剂、混合样品的同位素丰度比测量值和配制混合样品时化学计量相关参数，建立两个或两个以上稀释质谱法的质量方程式，方程式的个数主要由待测元素所含同位素的个数决定。

③ 采用同位素质谱法测量待测样品、两个浓缩样品全同位素丰度比和混合样品的参照同位素与用作稀释剂同位素丰度比。

④ 通过方程式的联合求解，求得未知样品量。

其二，要求样品里的被测元素具有两个或两个以上稳定同位素（含长寿命放射性同位素）[9]。

① 选择待测元素中的两个同位素的高浓缩同位素作为稀释剂，按照单同位素稀释质谱混合样品制备原则、方法，经过化学计量配制两个混合样品，两个混合样品中的待测样品质量，或待测元素质量相同，稀释剂不同。

② 采用同位素质谱法测量待测样品、两个浓缩样品全同位素丰度比和混合样品的参照同位素与用作稀释剂同位素丰度比。

③ 根据被测元素、稀释剂、混合样品的同位素丰度比测量值和配制混合样品时化学计量相关参数，建立两个稀释质谱法的质量方程式。

④ 通过方程式的联合求解，求得未知样品量。

如上所述，双同位素稀释质谱法主要是针对同位素质谱测量过程中的系统误差，特别是针对同位素分馏效应建立的。当时受同位素质谱仪器性能的限制，测量过程中的仪器系统误差是限制提高测量准确度的主要因素，双同位素稀释质谱法是克服这一缺陷的有效方法。但是双同位素稀释与单同位素稀释相比需要增倍的浓缩同位素；样品处理、化学计量和质谱测量的工作量增加；针对测量目的和待测元素同位素的个数必须建立、求解多个方程式。受此限制，对无机元素测量双同位素稀释质谱法未能在国内外普遍开展。近年来，由于质谱仪制造原理、工艺的改进，同位素质谱仪性能显著提高，加之同位素标准物质广泛使用，质谱测量过程中的仪器系统误差不再是制约测量值准确度的障碍，因此双同位素稀释质谱法在实际应用中几乎很少见。所以，笔者仅仅把它作为一种方法简单介绍给读者，不提倡在无机元素定量分析时特意选择双同位素稀释质谱法。

第二节　使用仪器

一、高精度天平

同位素稀释质谱法应用中，除了使用质谱仪测量同位素丰度比，浓缩同位素标准溶液的配制、天然组成成分量国家标准物质的稀释、混合溶液的配制、待测样品的称量均需要高精度的天平。为降低称量过程中引入的不确定度，各称量过程需要万分之一以上的天平，并对称重进行空气浮力校正。

二、质谱仪

同位素稀释质谱法的实验过程需要测量待测样品、稀释剂样品和混合样品的同位素丰度比。原则上，凡具有同位素丰度测量功能的质谱仪都可以用于同位素稀释质谱法测量。在实际应用中，对质谱仪器的选择依赖于样品形态，欲测元素的物理、化学性质和元素的同位素特征。

早期，开展固体样品同位素稀释质谱法，广泛使用火花电离源质谱仪测量同位素丰度比[13]；对气体样品（包括惰性气体元素）的测量选择电子轰击气体质谱仪[14]和电子轰击静态质谱仪[15]；

液态样品的同位素稀释质谱法测量主要使用热电离质谱[16,17]和各种类型的电感耦合等离子体质谱仪[18,19]。表 15-1 列出了目前同位素稀释质谱法测量使用的主要仪器及所用的样品形态和适应范围。

表 15-1 同位素稀释质谱法测量使用的主要仪器及样品形态和适应范围

质谱仪	样品形态	测量元素范围
火花源质谱仪	固态，液态	具有两个和两个以上同位素的所有金属元素
气体质谱仪	气态	具有两个和两个以上同位素的全部气体元素
静态质谱仪	气态	具有两个和两个以上同位素的惰性气体元素
热电离质谱仪	液态	具有两个和两个以上同位素的碱金属、碱土金属、稀土、铜系元素和部分过渡元素
电感耦合等离子体质谱仪	液态	几乎包括所有能够转换成液态、具有两个和两个以上同位素的元素

第三节 实 验 方 法

一、实验程序

IDMS 的实验流程通常是：选择合适的稀释剂⟶（纯化稀释剂）⟶测量稀释剂和样品中待测元素的全丰度⟶最佳稀释比计算⟶配制稀释剂溶液⟶反 IDMS 标定稀释剂溶液浓度⟶重量法称重待测样品和稀释剂溶液并混匀，必要时消解⟶（分离富集待测元素）⟶质谱测量同位素比值⟶计算结果。实验流程如图 15-2 所示[7]。

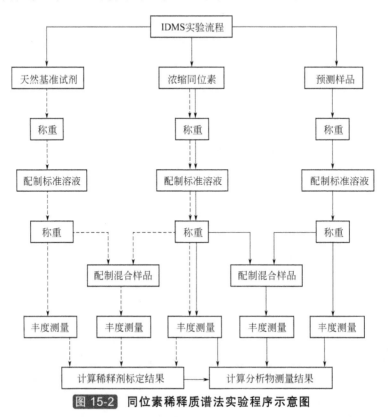

图 15-2 同位素稀释质谱法实验程序示意图

图中虚线表示标定稀释剂的实验流程；实线表示测量未知样品的实验程序

同位素稀释质谱法是通过稀释剂、待测样品和稀释剂与待测样品配制的混合样品三个样品同位素丰度的测量，以及准确称量的稀释剂、待测样品的质量，来计算待测元素的含量。如果具有合适的浓缩同位素有证参考物质，则可将该标准物质准确稀释到预定浓度，然后，分别准确称取适量待测样品和浓缩同位素标准物质，在同一容器中混合。若待测样品为复杂基体样品，则需要经消解等操作。混合物达到同位素平衡后，则可以用质谱仪分析其同位素比值。最后，根据浓缩同位素有证标准物质的同位素组成和浓度值，结合称量数据及待测样品中待测元素的同位素组成结果，根据公式（15-1）计算待测样品中待测元素的准确含量。如果缺乏合适的浓缩同位素有证标准物质，则需要将浓缩同位素配制成合适浓度的溶液，用具有天然同位素组成的高纯化学试剂作为天然基准试剂，采用同位素稀释质谱反标定浓缩同位素溶液的浓度。

二、稀释剂溶液的制备

1. 稀释剂的选择

待测元素的同位素组成一般接近天然组成，测量时，为了保证信号强度足够大，往往取其高丰度同位素作为测量的参比同位素，而选择该元素的低丰度同位素的浓缩同位素作为稀释剂。概括而言，选择稀释剂时，应该遵从以下原则：

① 选择被测元素的天然丰度较低的稳定性同位素作为稀释剂；

② 选择稀释剂时，应综合评估待测样品中其他元素的含量，考虑同量异位素的干扰，也要考虑形成氧化物、双电荷等多离子干扰的可能；

③ 样品中的待测元素同位素丰度最高的或较高的同位素往往被选择作为参比同位素，用于测量同位素丰度比。为了减小可能发生的同位素分馏，应该选择与参比同位素的质量数靠近的同位素作为稀释剂。

2. 稀释剂标准溶液制备

IDMS 应用中应尽可能选择有证的浓缩同位素标准物质作为稀释剂，既可以简化实验程序、缩短实验周期，也可以保证量值准确可靠。如果缺乏相应的标准物质，则需要自行配制浓缩同位素溶液，用天然高纯试剂通过同位素稀释质谱法反标其浓度，制备稀释剂溶液。

配制稀释剂溶液时，需要准确测定浓缩同位素的同位素组成和浓度。

浓缩同位素组成分析时，可以采用多接收电感耦合等离子体质谱仪、多接收热电离同位素质谱仪等专用同位素分析仪器。

稀释剂标准溶液浓度测定可以采用三种方法：

① 选择具有相同同位素组成的高化学纯度天然试剂（一般好于 99.99%）作为稀释剂，用同位素稀释质谱法反标浓缩同位素溶液浓度；

② 采用火花源质谱法（SSMS）或电感耦合等离子体质谱法（ICP-MS）测量浓缩同位素的杂质总量，借助化学计量计算浓缩同位素溶液的浓度；

③ 如果所选择的浓缩同位素有足够量，采用精密库仑、电位滴定等绝对测量法测量浓缩同位素浓度。

为了便于长期储存，金属元素的稀释剂溶液最好置于聚四氟乙烯或石英玻璃容器中，并通过酸化防止或减小吸附效应。为了防止同位素交换的发生，浓度不宜太低。一旦必须使用较低浓度的稀释剂，可用储备液临时配制。

三、最佳稀释比计算

如果不考虑制备样品产生的误差，该方法的最后测量误差主要由 R_x、R_y 和 R_b 的测量误差和它们之间的相互关系决定，而且 R_b 的测量误差对测量结果不确定度的贡献相对最大。实验表明，当配制的混合样品满足等式 $R_b = \sqrt{R_x R_y}$ 时，R_b 的测量误差将以最小的误差传递系数贡献给最终测量结果不确定度，即称为最佳稀释比。离开这个条件，R_b 的误差传递系数将成倍增加。

因此在运用同位素稀释进行定量测量时，混合样品的配制，即稀释剂与欲测量样品的称重组分应遵从最佳稀释比。如果能兼顾两个同位素的丰度等量或接近，将有利于同位素丰度比测量时获得好的精度。在实际运用时，往往使混合样品的丰度比 R_b 在最佳稀释比和 1 之间进行选择。

四、混合样品的制备技术

混合样品，包括用天然基准作为稀释剂标定浓缩同位素溶液浓度的混合样品制备和用标定过的浓缩同位素溶液作为稀释剂测量未知样品混合样品制备，通常需遵从以下原则：

① 混合前两种物质充分稳定，在一定时间内同位素组成不变；

② 在样品消解前加入稀释剂，通过随后混合样品的消解、分离、转化和浓缩，保证稀释剂与待测样品混合均匀；

③ 混合操作要避免或减小来自试剂、器皿和环境的污染；

④ 混合样品最终要实现稀释剂、待测样品的同位素完全交换，即保证同位素混合均匀。

对于液态待测物质，配制混合样品应采用高精度天平称重，称重用的砝码经过国家标准砝码校准。如果对欲测量结果的准确度要求高，则必须根据工作环境的温度和湿度对称重值进行空气浮力校准。

防止污染的发生对无机元素的测量尤为重要，来自工作环境的空气灰尘、试剂和容器，都有可能引起浓缩同位素丰度的变异。为了防止污染的发生，在千级超净室内百级的工作台上进行上述操作，容器材质选择石英或聚四氟乙烯，样品溶解和稀释用的高纯酸需经过离子交换或亚沸蒸馏，对经过二次离子交换的纯净水，再用石英亚沸蒸馏器蒸馏后使用是必要的。上述举措可有效地防止或减少污染的发生。

五、同位素丰度测量

一个完整的同位素稀释质谱法包括如下测量过程：稀释剂全丰度分析、待测样品中待测元素全丰度分析、稀释剂浓度标定、稀释剂与待测样品混合物中同位素组成分析等。各部分工作具有自己的特性，也存在一些共性。总体而言，同位素丰度测量需要注意如下问题：

① 稀释剂、待测样品和混合样品的测量要使用同台或同种型号的仪器，以便系统误差一致或近似，便于校正；

② 混合样品同位素丰度测量更为重要，因为它的测量误差经过误差传递，将以更大的传递系数贡献给最后测量结果的不确定度；

③ 同位素稀释质谱要求测量的同位素丰度具有溯源性，给出的测量值带有不确定度，必要时需要用成熟、公认的方法进行校正。

同位素丰度测量的原理、方法和实验步骤参见本书相关章节。

六、结果计算

作为定量分析的同位素稀释质谱法自 20 世纪被分析化学界所接受以来，鉴于测量的样品形态不同，所用仪器各异，计算测量结果的公式也不同。这些不同计算公式的共同特点是：都依赖于待测样品、稀释剂和混合样品的同位素丰度比和制备混合样品时待测样品、稀释剂的称重量。公式（15-1）是笔者实验室参照前人使用过的公式，经过改进后建立的。曾在多次分析化学定量分析国际比对中使用，多篇研究论文先后发表在国内外重要学术刊物，已经被国内外同行认可[20~25]。读者可以采用该公式计算液态样品、固态样品中无机元素含量。

流程空白的测量也依据公式（15-1），最后将空白测量结果扣除即可。

第四节　制约测量值不确定度的主要因素

同位素稀释质谱法是一种灵敏度高、准确性好的定量分析方法，与其他方法相比，过程比较复杂，涉及多次称量、多次质谱分析以及样品处理（包括消解和分离、富集）技术，而且数据处理相对也比较复杂。在制样、样品引入和质谱测量过程中涉及多种因素，这些因素在实验过程中发生的化学、物理效应，都有可能引起被测物质量的改变，给测量结果带来误差。这些误差通过误差传递，必然成为最终测量结果不确定度的组成部分[26]。下面是方法特有的、制约测量值不确定度的主要原因。

一、稀释剂的选择和混合样品的制备

因为欲测量的元素在大多数情况下具有天然同位素组成，根据本章第三节的描述，混合样品同位素丰度比的参照同位素通常选取样品里最丰富，或次丰富的天然同位素。因此，在选择作为稀释剂的浓缩同位素或贫化同位素时，通常兼顾下列原则：

① 选作稀释剂的浓缩同位素应避免同量异位素，或具有相同质量数的复合离子干扰，不然将会给浓缩同位素和混合样品同位素的丰度比测量带来误差，经过误差传递，这些误差必将贡献给最终测量结果的不确定度；

② 选作稀释剂的浓缩同位素，通常是欲测样品里丰度最低，或比较低的同位素，这样选择有利于在混合样品里改变天然同位素的丰度；

③ 对于有几个核素的元素，应该选择接近参照同位素质量的核素作为稀释剂，以便减小同位素丰度比测量时的分馏效应。同时，在不影响最佳稀释比的条件下，混合样品中稀释剂的浓缩同位素与参照同位素的丰度应该尽可能接近，如能实现两者相等为最佳，以便提高测量精度。

如果能够兼顾上述原则选择稀释剂，稀释剂和混合样品同位素丰度比的测量误差将会相对减小。

二、混合样品的最佳稀释比

如果不考虑制备样品产生的误差，该方法的最后测量误差就主要由 R_x、R_y 和 R_b 的测量误差和它们之间的相互关系决定，而且 R_b 的测量误差对测量结果不确定度的贡献相对最大。因此在运用 IDMS 进行定量测量时，混合样品的配制，即稀释剂与欲测量样品的称重组分应遵从最佳稀释比。如果能兼顾两个同位素的丰度等量或接近，将有利于同位素丰度比测量时获得好的精度。在实际运用时，往往使混合样品的丰度比 R_b 在最佳稀释比和 1 之间进行选择。

三、混合样品的均匀性

样品的均匀性对测量结果的影响是显而易见的，它将直接影响不同时间和空间取样重复测量结果的重现性。对于非均匀性样品重复取样测量，将产生相对低的测量外精度，该精度是混合样品同位素丰度比误差的主要组成部分，经过误差传递引起测量结果不确定度的增加。因此，为了提高重复测量结果的重现性，要求混合样品均匀是最基本条件。为此，在进行混合样品制备时应注意以下操作：

① 无论是标定稀释剂还是测量未知样品，在称重稀释剂与天然基准溶液，或称重稀释剂与未知样品前，每种溶液都必须充分稳定；

② 称重时，取样用减量法，称重后为了确保两种溶液混合均匀，混合溶液首先应该在洁净的环境中亚沸蒸干，然后用稀酸或水溶解，在样品装载前，使混合溶液达到化学平衡。

为了减小来自环境中的污染，在洁净室进行上述操作是非常必要的，这一点在下面有明确的叙述。

四、实验过程的流程空白

众所周知，对于任何化学测量，实验过程的流程空白值对测量结果的影响是不言而喻的。因此，流程空白引起的测量误差不属同位素稀释质谱法所独有。这里之所以把它专列一项重复提出，是基于如下考虑：

① 同位素稀释质谱法是一种灵敏、准确的定量分析方法，即使对其他方法不可能引起显著误差的微小流程空白值，也有可能导致同位素稀释质谱法测量结果不确定度的明显增加，达不到同位素稀释测量的目的；

② 相对于其他分析方法，同位素稀释质谱法的样品制备程序比较复杂，使用的试剂种类多、用量大，因此流程空白有可能增加；

③ 空白值中的元素通常具有天然同位素丰度，它们的核素与配制的混合样品里同位素丰度的叠加将导致测量误差难以控制和估算。

事实上，用同位素稀释质谱法进行痕量测量，特别是进行超痕量测量时，实验流程空白值是导致测量误差的主要因素。虽然取决于欲测目标量级的不同，空白值的影响有大有小，但是始终不可避免。如果不能减小或有效扣除，将会给测量结果带来严重误差。

实验表明，样品制备和质谱测量过程中来自试剂、容器和环境的污染是流程空白值的主要来源，它们是引起同位素稀释质谱法测量误差的重要原因，必须引以为戒。除此之外，离子检测系统的噪声、放大器零点漂移和本底对极微量和高准确度测量也是不可忽视的影响因素。流程空白值的增加和噪声、本底的提高不仅限制方法检测限的降低，也是导致测量结果准确度下降的重要原因，成为制约测量结果不确定度提高的主要屏障。因此，降低方法的流程空白本底，对痕量或超痕量分析，往往是提高方法灵敏度、准确度的主要技术措施。因为空白主要来自实验用的容器、试剂和环境中的灰尘，在超净环境中进行样品的预处理和质谱测量就成为同位素稀释质谱分析成功与否的关键环节。

（一）改善工作环境

1. 洁净工作环境

洁净工作环境泛指洁净实验室和洁净工作台。根据工作性质对洁净等级的不同要求，传统上，洁净环境的洁净度通常划分为十万级、万级、千级、百级和十级等，洁净度级别越小，洁净度就越高。本划分等级是以每立方米=0.5μm 微尘粒子的数目来设定的。另外，我国的洁净厂房设计规范围国家标准规定了 1～9 级洁净室洁净划分标准。表 15-2 列出了化学洁净室通常涉及的 1～5 级洁净度整数等级。pc/m³ 指每立方米的粒子颗数。

表 15-2 洁净室及洁净区空气洁净度整数等级[27]

空气洁净度等级	大于或等于要求粒径的最大浓度限值（pc/m³）					
	0.1μm	0.2μm	0.3μm	0.5μm	1μm	5μm
1	10	2	—	—	—	—
2	100	24	10	4	—	—
3	1000	237	102	35	8	—
4	10000	2370	1020	352	83	—
5	100000	23700	10200	3520	832	29

2. 超净环境的获得

按照上述要求和施工建造的洁净实验室和洁净工作台将把室内抽走的部分空气与新鲜空气混合，通过过滤、调温再次送入洁净室循环使用；工作人员进入实验室需要穿戴专门的工作服和鞋、帽，所有进入洁净室的人员和物品一般需要先通过风淋室，经过风淋表面尘埃才能进入；实验过程的废弃物及时处理，弃置室外；室内的洁净度定期检查，过滤器的滤材定期更换；风机系统应该连续运行。在这些严密条款的约束下洁净室和洁净工作台将能长期保持洁净，维持良好的超净环境。

（二）控制流程空白值的措施

1. 选择高纯物质制造的容器、器皿

样品处理和保存用的容器和器皿也是重要的污染源，不同材质的容器和器皿之间存在较大差异。

选择高纯物质（如石英或聚四氟乙烯等材料）制造的容器、器皿作为试剂和样品的容器和实验用具。使用前这些器具在洁净室内认真清洗，通常是用高纯的稀酸长时间浸泡或煮沸，然后用亚沸蒸馏水反复冲洗、烘干，保存在洁净室的器具柜内备用。

2. 纯化实验用水、试剂和溶剂

实验用水、试剂和溶剂的纯化工作是同位素稀释质谱法实验程序的重要环节，也是实验成功的关键。纯化的内容包括：实验使用的全部水，样品消解和分离使用的各种酸、碱等试剂和溶剂；用作发射剂，或电离增强剂的各种试剂，如硅胶、硼砂等。

对于水、硝酸、盐酸、氢氟酸等，一般采用亚沸蒸馏的方法纯化。水的纯化也可以采用离子树脂法、反渗透法等。难挥发性酸，如高氯酸，可以采用减压蒸馏的方法纯化。

3. 样品引进离子源的措施

在进行痕量和超痕量元素测量时，防止涂样和样品引进过程中来自环境的污染，也是降低流程空白值的重要环节。因为无论是热电离质谱测量的涂样，还是电感耦合等离子体质谱测量的样品引进，所用的涂样器、雾化器和样品管道，一方面要求用高纯材料制作，通常选择聚四氟乙烯、石英和白金，另一方面还要防止来自环境的污染和前次分析样品的玷污。对于电子轰击、原子轰击电离质谱等气体进样方式，所用的储气瓶、输气管和气阀材料的纯度，要与液体进样器具有同样的要求，通常采用镀镍的纯铜或不锈钢制作。为了避免或减小"记忆"效应的发生，也要要求它们对被测量气体的吸附性尽可能小，或虽有吸附发生，也能容易清除。降低离子检测系统噪声、放大器的零点漂移和本底也应该归结在减小实验流程空白中。为此，更换或采用高性能的电子学元件，使用性能稳定的电源，工作现场加强有效的电磁屏

蔽往往会收到良好效果。

另外，对于超痕量元素测量，如含量在 10^{-12}g/g 或 10^{-15}g/g 量级的样品，采取上述降低空白值的措施，也仍然不可忽视可能由此引起的误差。在这种情况下，模拟实验全过程，包括样品制备和质谱测量的全过程，用同位素稀释质谱法测量流程空白值，然后从测量值中扣除是惯用的方法。

第五节　同位素稀释质谱法的应用

同位素稀释质谱法起源于核科学研究实践中，而同位素地球化学研究扩展了同位素稀释质谱法。目前，随着化学计量工作的深入和应用范围的扩宽，同位素稀释质谱法在标准物质定值、测量方法评价和技术仲裁等化学计量工作中的应用日趋成为权威方法。同时，随着对化学测量准确性要求的逐渐提高，同位素稀释质谱法在环境科学、农业科学、生命科学和医学的应用也有了日益增长的趋势。本节将就同位素稀释质谱法在几个领域的应用进行概述。

一、IDMS 在核科学研究中的应用

概括近 50 年来核研究领域的应用研究成果，同位素稀释质谱在核科学中的应用包括：

（一）核燃料元素的准确测定

核燃料通常指锂、铀、钚等元素的相关核素。这些核素分离困难、使用价值高，生产者、使用者十分重视它们的测量。灵敏、准确的同位素稀释质谱法在核燃料生产、应用和核燃料循环核算过程中占有重要地位。方法应用过程中，依据被测量样品同位素丰度的不同，选择合适的稀释剂。如果测量的样品具有天然同位素组分，通常选择浓缩的 ^{6}Li、^{235}U、^{242}Pu 作为测量锂、铀、钚的稀释剂，参比同位素使用 ^{7}Li、^{238}U、^{239}Pu 为宜；若被测量的样品含有浓缩锂、铀、钚，稀释剂可以选择 ^{7}Li、^{233}U、^{238}U、^{239}Pu，参比同位素用 ^{6}Li、^{235}U、^{242}Pu[8]。

操作过程放射性防护尤其重要，特别是对浓缩铀、钚和超钚元素的测量，应避免核燃料泄漏，减小 α、β 射线照射，防止 α 粒子进入体内[28]。通常在专门设计制作的放射性防护手套箱进行操作和样品装载；减小分析时的用样量，加强室内通风有助于工作人员对放射性物质的安全防护。

（二）核燃料、核材料中敏感元素测定

在核燃料、核材料中，硼、镉和某些稀土元素等具有高中子俘获截面，对中子具有强的吸收能力，特别是元素硼，经常用作核反应堆中的中子减速剂和屏蔽材料。如果在核工程或核试验的材料中，如核反应堆的结构材料中含有中子吸收截面大的元素，一方面，既会造成中子的大量损失，影响核反应的进程；另一方面，杂质元素的大量存在也有可能通过核反应生成人工放射性同位素。例如：^{59}Co+n$\longrightarrow$^{60}Co。此外，核设施中的有些杂质元素，如 F、Cl、I、P 的存在，有可能影响某些材料的抗腐蚀能力，降低核设施的使用寿命。

因此，详细了解核燃料、核材料中的杂质元素含量，是保证正常核实验、核素生产工作的重要前提。

同位素稀释质谱法是核材料中痕量硼定量测量的最佳方法。如果被测硼元素具有天然同位素组成，稀释剂可以选择浓缩 ^{10}B；反之，任意纯净的硼天然同位素都可以被用来作为稀释剂测量浓缩硼。

（三）核反应堆辐照元件燃耗测定

采用质谱法测量辐照元件燃耗有如下三种方法。

1. 测量核燃料总量变化法

通过准确地定量辐照前后元件样品中的可裂变核数目，将辐照前样品中的可裂变核素减去辐照后样品中该核素数目，即可获得辐照元件的燃耗。借助同位素稀释质谱法对辐照前后元件中的核素准确定量，可以获知辐照元件的燃耗。

2. 裂变产物指示剂法

选择合适的裂变产物作为燃耗指示剂，采用同位素稀释质谱法测量元件中指示剂的核数目，根据该核素的裂变产额数据即可获得裂变燃耗。选择指示剂应考虑如下要求：

① 在核燃料中不应有迁移现象；
② 指示剂应是稳定性的或长寿命的放射性核素；
③ 该核素的形成与损失其反应截面应比较小（中子俘获截面小）；
④ 应具有可靠的实验测定的裂变产额数据，而它尽可能与诱发裂变中子能量无关；
⑤ 在质谱测量时应具有较好的离子发射特性；
⑥ 选择的裂变产物的同位素宜存在一个屏蔽核，以便于对天然污染进行校正；
⑦ 所测定的产物核素的产额反映可裂变核素的裂变。

^{148}Nd 是一种比较理想的燃耗指示剂[29]，可用浓缩的 ^{150}Nd 作为稀释剂对其测量。

3. 测量同位素丰度比变化法

测定辐照前后元件中铀同位素丰度比的变化获得 ^{235}U 的裂变燃耗，计算方法有三种，表示如下：

$$F_5 = N_8^b \left[\left(R_{5/8}^b - R_{5/8}^a \right) - \left(R_{6/8}^a - R_{6/8}^b \right) \right] \tag{15-13}$$

$$F_5 = N_5^b \left[\frac{R_{6/5}^a - R_{6/5}^b}{R_{6/5}^a + \alpha_5 \left(1 + R_{6/5}^a \right)} \right] \tag{15-14}$$

$$F_5 = N_8^b \left[\frac{R_{5/8}^b - R_{5/8}^a}{1 + \alpha_5} \right] \tag{15-15}$$

式中，F_5 表示 ^{235}U 的裂变燃耗；N 表示核数目，右下方角码 5 和 8 分别指 ^{235}U 和 ^{238}U；R 表示两种同位素丰度之比，右下方角码 5/8 和 6/8 分别表示 ^{235}U 和 ^{236}U 同位素丰度对 ^{238}U 同位素之比，而 6/5 表示 ^{236}U 对 ^{235}U 之比；α_5 表示 ^{235}U 的中子俘获与裂变反应截面之比；右上方角码 a 和 b 分别表示辐照之后和辐照之前。三种计算方法测量裂变燃耗的优劣在表 15-3 中进行了比较。

表 15-3 使用公式（15-13）、式（15-14）和式（15-15）三种方法测量裂变燃耗比较

公　式	燃耗条件	中子俘获裂变面比	快中子对 ^{238}U 裂变	对 ^{238}U 的测量考虑	对 ^{236}U 的测量考虑
（15-13）	不宜<10%	无关	未计入	测定 ^{238}U 量时应注意天然污染	—
（15-14）	—	有关	—	—	^{236}U 在核燃料中含量愈高对结果误差影响愈大
（15-15）	不宜<10%	有关	未计入	测定 ^{238}U 量时应注意天然污染	—

（四）裂变产额的测量

裂变产额可表示为：

$$Y_i = \frac{N_i}{F_i}$$

（15-16）

式中，N_i 为所测定的某裂变产物核数目；F_i 为总裂变数。

采用放化法测量总的裂变核数 F_i，N_i 测定使用同位素稀释质谱法。

这种方法测定裂变产额不确定度好于 2%，除了前面已叙述的同位素稀释质谱法影响测量结果的一些误差因素外，还应考虑如下一些因素：处理待测溶液过程中，可能发生因质量差异带来的损失；对测量样品应考虑避免裂变核素的迁移、扩散等。

二、IDMS 在地学中的应用

20 世纪 50 年代，这门学科主要着眼于大量地质体的计时工作，从而衍生了地质年代学，使地史演化逐渐从定性步入定量阶段。60 年代以后，同位素地质学越来越多地与矿产及海洋资源的利用、地震与环境研究、自然界新元素的发现、新能源的开发、岩石矿产成因等重大探索性课题发生了密切关系。近 10 年，同位素地质学成为渗透到地学各个领域的一门学科。无论是在利用放射性同位素的地质年代学，还是在利用稳定性同位素的地质温度计法及稳定同位素地球化学等同位素地质学的分支中，质谱法都起着举足轻重的作用。

同位素稀释质谱法在地学中的应用主要用于同位素地球化学。精确的同位素测量数据显示，不同地域或不同地质结构中元素的同位素组成存在某些变异，就某些元素来说，如氢、氧、碳和硫等轻元素同位素组成，在一些岩石或矿床中这种变异十分明显；而另一些较重相对原子量的元素，如锶、钕和铅等元素的放射成因稳定同位素丰度虽然也存在变异，但其值甚微，用精密的质谱分析才能够感知。上述两类同位素丰度有着完全不同的变异机理，因此，在地质学的应用也有不同之处，但是在研究地质体起源、探讨地质体的形成过程中，两类同位素发挥共同作用，成为不可替代的稳定同位素地球化学研究工具。其实，稳定同位素地球化学就是通过研究一些重要地质体中某些元素的分布和某些元素同位素组成的变化，来探讨地球、月岩和陨石的形成和演化，研究成岩和成矿过程，追溯物质的起源和某些重大的自然地质事件的发生。另外，天然水中微量、痕量元素的变化，往往是地质结构或矿床演变的指示剂，研究天然水中微量、痕量元素和同位素丰度变异，与同位素地球化学研究息息相关。在这方面的研究课题涉及地球上的火成岩、沉积岩、变质岩、矿床、火山岩和火山气体、南极冰雪、地下水、水圈、大气圈、生物圈、沉积物、陨石和月岩。

有关上述课题的研究，每年都有大量文献报道[30~33]。早在 20 世纪 70 年代末期，我国的地质科研单位就通过硫同位素分析和成分分析，研究铜矿、超镁铁岩、铁矿伴生硫化物、铀矿中硫同位素组成及矿床成因；80 年代初，通过氢、氧同位素分析，研究大气降水、冰川和天然水；在油、气田的勘探和开采中大量采用碳同位素分析法；使用火花源质谱法测量花岗岩和辉绿石中的 43 种微量元素以及月球样品、陨石中的数十种微量元素，文献[15]报道了用同位素稀释质谱法定量分析地下气体样品中超微量氦、氖、氩的方法，介绍了稀释剂配制、标定，稀释剂与待测样品混合和同位素比值测量技术，并对实验结果进行了误差分析。结果表明：体积分数 φ_{He}、φ_{He}、φ_{Ar} 分别为 10^{-6}、10^{-5}、10^{-4} 时，测量结果的不确定度分别为 3%、2%、2%。

正如前面所述，在稳定同位素地球化学研究中，同位素分析主要采用电子轰击电离质谱、热电离质谱和多接收电感耦合等离子体质谱。元素成分分析早期曾广泛使用发射光谱、等离子体光谱、原子吸收光谱和火花源质谱。近十多年来，四极杆电感耦合等离子体质谱、高分辨电感耦合等离子体质谱和离子探针越来越显示出测量地质样品的优越性。因为，样品制备相对比较容易、灵敏度高、分析速度快，兼顾微粒和微区分析，这些优势为它们在地学中的应用提供了前提条件。

随着全球经济的快速发展、人口的增多、陆地资源逐渐被消耗，陆地资源的匮乏和海洋、海底沉积物及海底矿产的丰富将导致地学，特别是同位素地质年代学和同位素地球化学工作战略的一定转移，随之而来的海洋、海底物资和矿产的勘探、研究、开发和利用热潮必将到来，另外，江水、河水、湖水、海水和海底沉积物是环境质量的晴雨表，特别是同位素稀释质谱法对沉积物测量时获取的大量信息，为及时掌握环境质量，实施各种水源与沉积物的监测、利用提供依据[34~39]。

文献[40]采用阳离子交换树脂分离方法，用自行设计的脉冲增压毛细管分离富集柱系统，从 Mg、Ca 等碱金属离子中分离 Li 的淋洗体积小，Li 的回收率达到 97%。用 ID-ICP-MS 进行微量 Li 的定量测量，方法检出限低、精度高、分析周期短，是锂定量测量较理想的方法。

三、IDMS 在环境科学中的应用

随着国民素质的提高，人们愈来愈清楚地认识到环境与人类生存息息相关，保护环境、营造好的生存空间已经成为各国人民的共识。然而，随着经济的发展，特别是工业化的加速，破坏环境、污染环境的事例屡见不鲜。因此，研究环境、保护环境，对环境的有效监督和评价成为各国人民和政府的共同任务。环境样品包括大气、水、土壤和动植物。这些样品来源地域辽阔，基质复杂，分析测试时空跨度大，被测物浓度相差悬殊，不但给测量工作带来诸多麻烦，而且对测试方法也提出更高要求。只有具有良好精密度和准确度的方法，才能保证不同地域环境数据之间的可比性。

质谱法能够提供化学成分、同位素丰度、δ 值、分子量、元素的原子量和同位素质量等多种信息，是环境科学研究和环境检测的有效方法之一。

（一）大气成分分析

大气分析包括室内外空气成分分析、同位素丰度分析和大气颗粒物的污染物分析。

早在 20 世纪 70 年代初期，Lehotsky 等人利用一台小型遥控扇形磁式质谱计，连续测定了大气中质荷比介于 2~44 之间的五种成分，以及质荷比介于 50~120 之间的总成分；此后，四极滤质器被用来检测大气中 10^{-9} 级的无机、有机污染物。汽车尾气检测是大气分析的重要组成部分，为了减小燃耗、降低环境污染、提高发动机效率，国际主要汽车制造公司和工业大国的相关实验室，都注重汽车尾气的排放和检测，包括对发动机使用不同燃料，在不同运行状态下放出的气体成分测量。这些工作为减小和防治发动机尾气对环境造成污染进行的设计和改进提供实验依据。事实上，上述工作已经初见成效，尾气污染物的排放量在各国都明显减小。

大气颗粒物成分分析也是大气成分分析的重要部分，大气颗粒物组成复杂、来源多样，是各种来源贡献的综合产物。大气颗粒物中铅、镉、汞、砷等重金属主要来源于汽车尾气、燃煤排放、工业污染和土壤扬尘等。火花源质谱曾经是大气颗粒物分析的主要手段，特别是对无机元素的成分分析，灵敏度高，样品转化容易操作，获得的信息兼顾定性、半定量和定量。有关文献报道：采集美国纽约市的大气样品，经过过滤得到 2mg 固体尘粒，用火花源质谱从中测出介于 0.004μg(B)/m³ 和 63μg(Si)/m³ 之间的 28 种污染物。另一篇报道采用微孔银膜过滤器取样，用火花

源质谱照相法测量日本两个城市大气中含量介于 $0.001\mu g(As)/m^3$ 和 $7.12\mu g$（Si）$/m^3$ 之间的 18 种微量元素等。国内也有多个环境测量中应用 IDMS 的事例，王子树等[41]早在 1992 年就用 ID-SSMS 成功测量了大气飘尘中的多种痕量元素，类似文献举不胜举。

然而，对大气成分分析，大多数工作没有使用同位素稀释质谱法。究其原因，首先受同位素稀释质谱法条件限制；其次，复杂的样品前处理和测量程序对大量环境样品分析来说也无法应对；再者，大多数环境检测、环境分析、环境评价所需要的数据，即使没有同位素稀释质谱法提供高准确度的测量值，也未必受其影响。因此，大气成分分析一直以简捷、快速、便于操作、一次测量能够给出多种元素或多种成分信息的测量方法为主导。

同位素稀释质谱法主要用于一些对国计民生十分重要的敏感元素测量，例如，各工业大国对核燃料生产、加工周边地区及其上空大气中锂、铀、钚等的定量测定；对核实验、核爆炸蘑菇云中裂变核素的测定。曾有文献报道日本某大学的实验室在测量日本海上空大气中铊元素时，使用了同位素稀释质谱法。众所周知：一方面，铊是极毒元素，极微量的铊就能置人于死地，可见其危害性；另一方面，铊在自然界存在极微，用一般化学成分分析方法，无法满足测量要求。同位素稀释质谱法的灵敏度和准确度使成为测量大气中铊及其类似元素无可替代的方法。

（二）水成分分析

水成分分析是环境分析的主要内容之一[42, 43]，包括对淡水、海水和废水的成分分析，其目的是实施对水质及其水源环境的监控，因为人们的生产活动和日常生活的排放物会溶解于水，水中成分量的变化是环境污染的晴雨表。因此，世界各国的环保部门历来注重环境水质变化和环境水成分研究，把环境水质分析和控制列为环境监督、整治的重点。

早在 20 世纪 70 年代末期，火花源质谱就被用来测量环境水中的微量元素。取 100~200ml 水样，用冰冻干燥法在灰化器中去除有机物，取 5ml 灰化后的样品与等量高纯石墨粉均匀混合，制成电极进行测量。用这种方法测量环境水中 27 种 ng/L 级的痕量元素[44]。电感耦合等离子体质谱的问世，为水质分析增添了新的活力，并迅速成为快速多元素水质分析的主要测试方法，美国环境保护局（EPA）和安大略环境部（OME）等部门分别为电感耦合等离子体质谱分析水样制定了规程和检出限，详见表 15-4 和表 15-5。

表 15-4 美国环境保护局规定 ICP-MS 测量天然水样的检出限

元素	Al	Be	Cd	Co	Cu	Pb	Mo	Ni	Ag	Tl	V	Zn
检出限/（μg/L）	1.0	0.3	0.5	0.09	0.5	0.6	0.3	0.5	0.1	0.3	2.5	0.8

表 15-5 安大略环境部（OME）监控废水规定的检出限

元素	Al	Be	Cd	Cr	Cu	Co	Pb	Mo	Ni	Ag	Tl	V	Zn
检出限/（μg/L）	30	10	2	20	10	20	30	20	20	30	30	30	10

热电离质谱始终是碱金属、碱土金属同位素丰度测量的有效方法，国内外的大量环境、临床标准物质的定值都是用该法完成的。文献[45]用 ID-TIMS 对酸雨标准物质的钾和镁测定的方法进行了研究，通过净化环境、纯化试剂降低了流程空白，取得较好的测量结果，见表 15-6。

表 15-6 酸雨标准物质中 K、Mg 成分 ID-TIMS 测定结果

元素	稀释剂	稀释剂浓度/（μg/g）	高浓度酸雨/（μg/g）	低浓度酸雨/（μg/g）
K	^{41}K	1.184±0.008	0.425±0.005	0.108±0.004
Mg	^{25}Mg	28.09±0.06	0.985±0.004	0.078±0.001

电感耦合等离子体质谱，作为常规分析方法测量环境水中的微量元素，对自然淡水的样品预处理工作比较简单，把提取的样品经过酸化后，即可送入离子源，必要时可进行过滤或沉淀，剔除水中的悬浮物和沉淀的固体物质；对于咸水，包括海水和某些内陆湖水，因水中的可溶性盐含量比较高，直接用电感耦合等离子体质谱测量有一定困难，必须进行元素分离和再富集，才能测量浓度极低的痕量元素。文献[46]利用脱线螯合阳离子交换树脂选择性吸附二价金属离子的特点，分离和富集南极拉斯曼丘陵地区环境水样中的超痕量元素 Mn、Co、Ni、Cu、Cd、Ba 和 Pb，采用 ICP-MS 和内标技术进行测量，并由此得出：南极水样也受到了不同程度的污染，如莫愁湖面上的水中 Mn、Cu、Pb 和 Ba 含量高于湖底水中的含量；痕量元素在不同站点样品中的含量存在显著差异。

如前面所述，海水是一种含高盐的样品，欲测元素在低含量情况下，用普通四极杆 ICP-MS 直接测量海水中的痕量元素比较困难，因为盐影响 ICP-MS 的进样系统，也会造成采样锥孔积盐，海水中的基体还会产生严重的多原子离子干扰和基体效应。近来，利用带有碰撞池的 ICP-MS，通过选择性载气反应，减少、排除干扰（如 H_2，He，NH_3，CH_4，He-H_2 混合气等），直接测量海水中的痕量元素收到良好效果。例如，Leonard 等利用具有八极杆碰撞/反应池的 7500C 型 ICP-MS，使用 H_2 和 He 作为反应池气体，测定海水中多种痕量元素，获得的检出限为 0.3ng(U)/L 和 20ng(Fe, As)/L。

文献[47]采用 ICP-MS 检测深圳市八家自来水厂水源水，出厂水及末梢水中含 Ag、Al、As、B、Ba、Be、Cd、Co、Cr、Cu、Mo、Ni、Pb、Sb、Se、Tl 和 V 等 17 种痕量元素。水样分析结果表明：由于环境中 Al 的存在，同时深圳各自来水厂用碱性氯化铝作为絮凝剂，所以水样中 Al 的含量较高；其余元素的含量均小于《饮用水源水有害物质检验项目》标准值，表明深圳市水源水污染相对较轻。表 15-7 列出了部分水样品中无机元素的测量方法和检测限。

表 15-7 不同水样品中无机元素的 IDMS 检测限[48,49]

样品	分析元素	测量的同位素对	检测限/（µg/g）	样品形态	电离机制	所用方法
海水	Zn	$^{64}Zn/^{67}Zn$	0.014	$Zn(NO_3)_2$		ICP-IDMS
	Pb	$^{208}Pb/^{204}Pb$	0.0008	$Pb(NO_3)_2$		ICP-IDMS
		$^{206}Pb/^{204}Pb$				
		$^{206}Pb/^{207}Pb$				
		$^{207}Pb/^{208}Pb$				
	Hg	$^{202}Hg/^{201}Hg$	0.08			
		$^{202}Hg/^{201}Hg$	0.005			ICP-IDMS
	Pb	$^{206}Pb/^{204}Pb$	0.001	$Pb(NO_3)_2$		ICP-IDMS
	Cd	$^{113}Cd/^{111}Cd$	0.002	$Cb(NO_3)_2$		ICP-IDMS
	Tl	$^{205}Tl/^{203}Tl$	0.01	$TiCl_4$		FI-ICP, IDMS
河水	Pb	$^{208}Pb/^{204}Pb$	0.058	$Pb(NO_3)_2$		ICP-IDMS
	Cd	$^{114}Cd/^{111}Cd$	0.025	$Cu(NO_3)_2$		ICP-IDMS
	Cu	$^{63}Cu/^{65}Cu$	0.045	$Cu(NO_3)_2$		ICP-IDMS
矿泉水	Se	$^{77}Se/^{82}Se$，$^{78}Se/^{82}Se$	0.02	$SeCl_4$		GC-ICP, IDMS
酸雨	K	$^{39}K/^{41}K$	0.137	KNO_3	双带	TI-IDMS
	Mg	$^{24}Mg/^{25}Mg$	0.985	$Mg(NO_3)_2$	双带	TI-IDMS
IMEP-6	Cd	$^{112}Cd/^{111}Cd$	0.0930	$Cd(NO_3)_2$	单带	TI-IDMS
	Pb	$^{207}Pb/^{206}Pb$	0.0891	$Pb(NO_3)_2$	单带	TI-IDMS
地下水	Cu	$^{63}Cu/^{65}Cu$	2.48	$Cu(NO_3)_2$		ICP-IDMS

国际计量大会化学计量工作组(CIPM-WGCM)和物质量咨询委员会（CCQM）注重水中营养元素和有害元素的测定,曾多次组织水中痕量元素同位素稀释质谱测量方法的国际比对。

原国家标准物质研究中心前后参加了 CIPM-WGCM 组织的人工水中 Li、Mg、Fe、Mo、Cd、Pb 测量方法国际比对和 CCQM 组织的天然水中 Pb 测量方法国际比对。实验室研究、建立了测量上述 6 种元素的同位素稀释质谱测量方法,并通过国际比对验证方法的可行性和正确性。方法的主要实验步骤如下:

① 选择具有天然同位素丰度的高纯试剂或高纯金属作为基准稀释剂,标定浓缩同位素溶液浓度,用标定过的浓缩同位素溶液作为稀释剂测量未知样品;

② 对高纯试剂、高纯金属纯度,用精密库仑直接测量,或通过火花源质谱、电感耦合等离子体质谱测量杂质总量进行标定;

③ 溶液的配置使用高纯试剂,采用十万分之五的精密天平称重;

④ 根据比对组织者提供的溶液浓度,结合仪器对该元素的分析灵敏度,称取一定量溶液组分,按同位素最佳稀释比,加入稀释剂;

⑤ 用亚沸蒸馏法蒸发混合溶液,待溶液蒸发到原体积的 1/2 或更少,用石英二次亚沸蒸馏水稀释,以便确保混合溶液的均匀性,溶液浓度视质谱测量的灵敏度而定;

⑥ 用前后一致的质谱测量程序,对稀释剂、待测样品和混合样品进行测量,测量时离子束的积分时间因强度不同而异。

在测量方法国际比对的评议会上,组织者根据各个实验室呈报的测量结果综合评议认为,中国国家标准物质研究中心总体最佳[7,50]。

（三）其他环境样品分析

如上所述,环境样品来源广泛,品种繁多,除沉积物、土壤、灰尘、气溶胶、动植物、水产品等样品外,人体组织及排泄物中所含微量或痕量元素的变化也能显示环境质量[51]。表 15-8 总结了部分环境样品中微量或痕量元素同位素稀释质谱法测量结果和所用的测量方法。

表 15-8 同位素稀释质谱法用于测量部分环境样品中微量或痕量元素结果[52~55]

样 品	分析元素	测量的同位素对	测量结果/（μg/g）	测量方法
核燃料	Nd	$^{150}Nd/^{148}Nd$		TI-IDMS
核废料	Cs	$^{134}Cs/137Cs$		IC-ICP-IDMS
气溶液	Cr^{3+}/Cr^{6+}	$^{52}Cr/^{53}Cr$	0.31	PTI-IDMS
尘土	Cr^{3+}/Cr^{6+}	$^{52}Cr/^{53}Cr$	0.57	PTI-IDMS
聚烯烷	Pb	$^{206}Pb/^{204}Pb$	14.01	ICP-IDMS
			14.01	TI-IDMS
	Cd	$^{114}Cd/^{116}Cd$	22.13	ICP-IDMS
	Cr	$^{53}Cr/^{52}Cr$	22.09	TI-IDMS
	Hg	$^{201}Hg/^{202}Hg$	4.59	ICP-IDMS
			无法测量	TI-IDMS
燃料	S	$^{32}S/^{34}S$	1.89	TI-IDMS ICP-IDMS
鱼耳石	Cu	$^{63}Cu/^{65}Cu$	0.742	ICP-IDMS
	Zn	$^{66}Zn/^{68}Zn$	0.471	ICP-IDMS
	Cd	$^{114}Cd/^{112}Cd$	1.185	ICP-IDMS
	Cu	$^{63}Cu/^{65}Cu$	0.742	ICP-IDMS
核燃料	Cs	$^{134}Cs/^{137}Cs$	16pg/g	ICP-IDMS
贻贝	Ni	$^{62}Ni/^{60}Ni$	1.041	TI-IDMS
	Cu	$^{63}Cu/^{65}Cu$	7.68	TI-IDMS
	Pb	$^{207}Pb/^{204}Pb$	2.035	TI-IDMS

续表

样　品	分析元素	测量的同位素对	测量结果/（μg/g）	测量方法
鲨鱼肝，肉	Cu	^{63}Cu/^{65}Cu	0.38	ICP-IDMS
	Pb	^{208}Pb/^{204}Pb	0.10	ICP-IDMS
	Cd	^{114}Cd/^{106}Cd	0.005	ICP-IDMS
土壤，牡蛎	Pb	^{208}Pb/^{206}Pb	20	ICP-IDMS
	Cd	^{114}Cd/^{106}Cd	5	ICP-IDMS
	Mg	^{24}Mg/^{25}Mg	9	ICP-IDMS
煤灰	Pb	^{208}Pb/^{204}Pb	108	ICP-IDMS
	Cd	^{113}Cd/^{101}Cd	24	ICP-IDMS
	Hg	^{200}Hg/^{202}Hg	6	ICP-IDMS
人发	Hg	^{201}Hg/^{202}Hg	4.3	ICP-IDMS

第三篇

　　随着人们对自身生存空间的重视和环境质量的改善，具有高灵敏度、高准确度的同位素稀释质谱法将在环境检测、环境研究和环境评价过程中发挥更加重要的作用。

四、在生命科学中的应用

　　质谱法是生物样品微量或痕量元素测量的有效方法之一[56~58]，与 IDMS 在其他应用领域的测量相比，生物样品的共同特点是富含蛋白质、脂肪等有机物。对生物样品中的痕量金属元素测量，样品前处理相对有其特殊性，主要过程见图 15-3。将采集的具有代表性的样品通过干燥、研磨和过筛制成颗粒均匀的初始试样；按同位素最佳稀释比例加入已经准确标定过的稀释剂溶液；混合物可直接在马弗炉的高温下干法灰化，或者采用混合酸湿式消化。湿式消化通常使用 HNO_3 与 $HClO_4$ 或 HNO_3 与 H_2O_2 相互搭配的混合消解液。当样品含有硅酸盐时，在消化过程中还必须加入 HF；如果把消解液与样品置于聚四氟乙烯或不锈钢的耐高压容器，在微波炉内消解，样品的消化将更加彻底，时间将明显缩短，这是当前最有效的样品消解方式[58]。用于质谱测量的痕量金属元素，提纯几乎都用离子交换法分离，必要时进行浓缩，只有欲测量样品中几种元素或欲测的元素含量过高情况下，才考虑使用电沉积或萃取方法。同位素丰度的质谱测量可参照前面各章叙述过的方法。

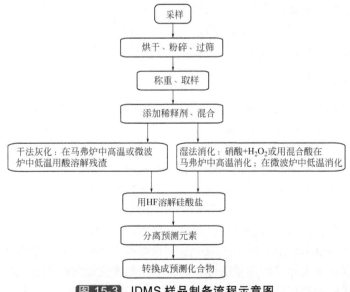

图 15-3　IDMS 样品制备流程示意图

早期，曾使用 FD-IDMS 测量医学样品中痕量碱金属和碱土金属元素，主要借助该法样品制备相对比较简单的优势，不需要元素分离，只要稀释剂与样品混合均匀，用沉淀法排除蛋白质，就可以直接测量。然而，直到 20 世纪 70~80 年代，众多生物样品和医学样品痕量元素的测量工作，大都是用火花源质谱完成的。只有涉及更准确数据的测量，使用热电离质谱才显示出更大的优势[59]。进入 90 年代，电感耦合等离子体质谱的商品化和广泛应用，无疑为生命科学研究的测量工作增添了新的活力。随着高分辨、多接收电感耦合等离子体质谱的加入，借助同位素丰度测量的高精度几乎把痕量元素成分分析提高到一个理想水平。不但生物和医学样品里的轻元素，如人血清中 Li、K[45]、Ca[60]、Fe[61]等元素被人们用质谱法进行了详细研究；重金属，特别是有害元素 Cu[62]、Pb、Cd[23,24]、Tl[63]等，鉴于它们在环境、医学和食品中的危害性，也是科学界关注的重点，曾被反复测量，方法也在不断改进。

文献[64]介绍了用 ID-ICP-MS 同时测量生物样品里痕量 Ce、Nd、Sm 含量的方法和结果。选择浓缩同位素 ^{142}Ce、^{146}Nd 和 ^{149}Sm 作为稀释剂，丰度分别为 99.206%(Ce)、96.837%(Nd)、86.498%(Sm)，测量的参照同位素对选择 $^{140}Ce/^{142}Ce$、$^{143}Nd/^{146}Nd$、$^{147}Sm/^{149}Sm$。对可能出现的相互干扰核素 ^{142}Ce 与 ^{142}Nd，通过 ^{143}Nd 丰度测量来校正。同位素丰度比测量时的质量歧视用天然丰度标准溶液进行校正。在模拟测量中，用样量为 10ng 时，Ce、Nd、Sm 的测量结果分别为实际加入量的 99.7%、103%、102%，精度分别为 1.3%、1.5%和 2.6%。实验程序可靠性的进一步检验，通过测量国家一级参考物质 GBW 07603 来实现，测量结果在参考物质不确定度范围内一致，方法的探测极限为 0.55ng(Ce)/g、0.17ng(Nd)/g、0.10ng(Sm)/g。用该方法很好地完成了人发国家一级参考物质 GBW 09101 和小麦粉国家一级参考物质 GBW 08503 的标定。文献[65]叙述用 ID-ICP-MS 测量人发和沉积物中汞的含量，当分析用样量为 $20×10^{-9}$ 时，同位素丰度比（$^{204}Hg/^{202}Hg$）的测量精度<0.5%，未发现明显的基体效应。在样品制备过程中，采用混合酸消解沉积物，溶剂萃取汞；消解使用 Teflon 容器在微波炉进行。ID-ICP-MS 测量值的精度和准确度好于外标或内标加入法，同标准值基本一致。

生物和医学样品里痕量元素的应用研究和测量热潮，引起国际原子能机构（IAEA）、国际纯粹与应用化学联合会（IUPAC）和国际计量局（BIPM）等相关国际组织的关注。为了推动全球生命科学中痕量元素研究和测量工作的有序开展，有的国际组织，如 IAEA 设立了专项基金，资助研究项目，举办研究人员培训班；组织测量方法国际比对和测量方法研讨会，检验和完善测量方法，规范不确定度的评估、计算和表达形式。

五、高纯物质分析

高纯物质纯度分析通常采用两种方法，即主体成分直接测量法或测量杂质总量扣除法。前者可以使用精密库仑、电位滴定、凝固点下降法等，测量值的不确定度可以达到 10^{-4} 或更好；后者可以用发射光谱、等离子体光谱、火花源质谱、辉光放电质谱、同位素稀释质谱测量杂质总量。然后，通过杂质总量的扣除获得主体成分的纯度，不确定度依赖于被测物质的纯度和测量方法。两种方法相比，前者测量值的准确度高，耗样量大，测量周期长；后者可以进行微量、痕量测量，方法简单，便于操作，效率高，是目前化学成分量测量的通用方法。

与其他化学成分量的测量方法相比，IDMS 灵敏、准确，在高纯金属杂质的测量中占有特殊的地位。文献[66,67]分别介绍了用 IDMS 测量与微电子技术相关的高纯金属材料钛、钴及某些重金属元素中杂质元素的测量条件、方法和结果。文献[68,69]分别报道了用 IDMS 测量高纯、难熔金属中的超痕量 U、Th、Cd 等重金属杂质及痕量 Cl 时的样品前处理方法和条件，获得较好的测量结果。J.Vogl 等用 HPLC/ICP-MS 与同位素稀释技术相结合[70]，在线测量带有腐殖物的重金属络合物，组建了实验装置，开展了条件实验，取得较好的结果；同时丰富、扩大了同位素稀释的技术内容和应用范围。半导体生产工业中的杂质测量和控制是一项十分艰巨的任务，涉及生产工艺的方方面面，其中生产过程中所用的化学试剂就是杂质的重要来源。SSMS 曾经在半导体生产产品监督方面发挥过重要作用，电感耦合等离子体质谱的出现，特别是高分辨电感耦合等离子体质谱在半导体杂质测量中的优势，为研制高质量产品提供了保障[71]。

六、IDMS 在化学计量中的应用

化学计量是具有计量法规依据的测量，是物质成分、物理化学性质和物质结构测量的科学[72,73]。化学计量的内容通常包括化学测量过程，测量基准、标准和量值传递方式。因此，通过化学计量，能够实现单位统一、量具准确、结果具有溯源性。正如本章第五节所述，同位素稀释质谱法的测量程序和测量过程符合化学测量量值的溯源性定义，在化学计量中占有特殊地位。事实上，同位素稀释质谱法渗透在化学计量程序的各个环节之中，概括起来可以归纳在下面三个方面。

（一）基准、标准物质研制过程中定值

标准物质是一种已经充分地确定了一个或多个特性值的物质。作为分析测量的"量具"，标准物质在检定、校准测量仪器，评价分析测量方法，确定材料特性量值和考核操作人员的技术水平，以及生产过程中的质量控制等方面起着不可替代的作用。因此，自 20 世纪初第一组矿物和钢铁成分分析标准物质问世以来，标准物质的研制和应用就得到迅猛发展，应用范围不断扩大，几乎涉及国民经济、科学技术和社会活动等各个领域[74]。

因为 IDMS 是具有绝对测量性质的方法，在微量、痕量或超痕量分析方法中，又是唯一具有绝对测量性质的方法，它提供的测量值同其他参加定值的测量方法相比通常占有较多的权重。例如：1974 年，当时的美国国家标准局（NBS），即现在的美国标准技术研究院（NIST）在研制燃煤标准物质（SRM 1632）时，采用了包括同位素稀释质谱法在内的七种分析方法为镍、铅等的含量定值，结果同位素稀释质谱法提供的测量值不但精度好，而且正处于七种方法的平均值之中。

NBS 是最早在化学计量中应用同位素稀释质谱法的单位，20 世纪 60 年代中期用同位素稀释质谱法为其制备的临床标准物质（SRM 929）定值。此后的 20 年间，NBS 先后研制了为数众多的地质、环境、生物和临床标准参考物质，在这些参考物质的化学成分量，特别是参考物质中微量、痕量元素成分量的确定和均匀性、稳定性检验中发挥了重要作用。

欧洲参考物质的研制起步较晚，主要由欧洲共同体联合研究中心、物质与测量研究院（European Commission-JRC-IRMM）负责研制和保管，参考物质的研制与该单位主持的《化学测量评估计划（IMEP）》相互配合，往往是在参考物质研制的基础上开展 IMEP 国际比对，根据指定实验室的定值数据与比对结果确认参考物质的标准值。按照这种程序，先后制备了聚乙烯中镉，天然和人工水中痕量元素，人血清中锂、铜和锌，河泥中镉和铅，深海沉积物，奶粉、大米粉中镉，葡萄酒等化学成分量参考物质。这些参考物质的标识采用物质与测量研究院英文名称的字头，即 IRMM。IRMM 参考物质的研制程序与其他类似参考物质的不同点在于：首先，这些参考物质是由 IRMM 主持和负责研制的，参考物质成分量的定值方法几乎全部用 IDMS；其次，受 IRMM 之邀参加定值的都是在国际上具有一定权威性的实验室，在定值过程中又执行 IMEP 国际比对，最后标准值的确定兼顾了定值实验室的测量值和国际比对结果。因此，IRMM 参考物质的研制跨越了国界，量值准确，容易被各国所接受。

我国化学成分量标准物质的研制工作虽然起步较晚，但是发展迅速，在各个领域的分配也逐渐广泛。回顾这段历史不难发现，使用同位素稀释质谱法为标准物质的均匀性、稳定性检验和定值，起始于 20 世纪 70 年代，在核燃料与核材料标准物质的研制过程中，用 IDMS 对标准物质中的微量或痕量元素进行标定[75~77]。此后，陆续在地质、冶金、环境等领域开展了类似的研究工作。在这些研究工作中，因受当时的条件限制，样品消解一般用干法；被测量元素的纯化依赖于元素的特性，通常选择离子交换或萃取；混合样品的配制在很多情况下使用容量法进行计量；火花源质谱法和热电离质谱法常被用来测量同位素丰度；标准物质量值的误差估算也很不规范。这种研制过程与目前的标准物质严密的研制、审核程序相比，差之甚远，因此，目前不少学者提出对我国 70~80 年代研制的国家一级标准物质的特性量值进行重新审核的建议不无道理。

即使存在上述问题，用同位素稀释质谱法提供的测量值与其他分析方法相比大都具有更好的计量品位。

我国前期同位素稀释质谱法参与标准物质研制过程中化学成分量的均匀性检验、定值和稳定性考察大都使用火花源质谱，或热电离质谱；如今，随着各种类型电感耦合等离子体质谱技术性能的成熟和应用广泛，在化学基、标准物质研制中的应用逐渐显露更多的优势。

（二）在化学量值溯源性研究中的应用

这里呈现的溯源性是计量，或测量学的属性，意义为：通过一条具有确定不确定度的连续的比较链，使测量结果、测量标准值与规定的参考基准、标准，通常是国家测量基准、标准或国际测量基准、标准或某种自然常数相联系的属性。很显然，一切具有共同溯源目标，合理赋予不确定度的不间断的比较测量结果将具有溯源性。换句话说，任何具有溯源性的测量结果，都将具有可比性、可靠性。由此可见，具有溯源性的测量一般应具有如下特征：

① 溯源性的测量是建立在具有明确测量目标基础上的测量，通常与国家或国际相应的基准、标准装置，或基准、标准物质相联系[78]。

② 为实现溯源性，测量的每个环节应该是连续的、不间断的，通过用基准、标准装置，或基准、标准物质的连续比较，逐步溯源到国际基本单位制，即 SI 基本单位摩尔。这些基准、标准装置和基准、标准物质连同测量方法，组成一条连续的比较链，统称溯源链。

③ 具有溯源性的测量值必须合理赋予不确定度[79,80]。总不确定度应该是溯源链中每一个可能引起误差环节的不确定度分量之合。换句话说，从事溯源性测量的工作者必须对测量的所有步骤进行严密的控制和研究、分析，并寻找可能出现的误差，因为这些误差一般将经过误差传递成为总不确定度的一个分量，一旦出现不确定度分量的遗漏或失误，溯源性测量的溯源链将会中断，测量值将失去溯源性。

如上所述，准确的测量仪器，基准标准物质，基准标准分析方法和测量方法国际比对，成为实现化学准确测量的四要素，也为测量量值传递和溯源提供了物质基础。

同位素稀释质谱法是借助同位素质谱所具有的高精度测定和所加稀释剂的准确计量，通过严格的数学运算给出被测样品中未知物种的绝对值。它的实验程序严谨；实验过程清楚、明了；有严格的数学表达式，通过稀释剂、欲测量样品和混合样品同位素丰度比测量值和稀释剂的加入量，能够准确计算欲测量元素或组分的浓度或绝对量；测量值直接溯源到国际基本单位制物质量的基本单位摩尔；与其他化学成分量的测量方法相比，测量值的不确定度小、置信度高，量值具有绝对测量性质和最高计量品位；又是目前唯一能够进行微量、痕量和超痕量元素测量的权威方法。因此，在化学量值溯源研究的每一个重要环节，几乎都可以见到同位素稀释质谱法的踪影，它起着不可替代的重要作用，参见图 15-4。

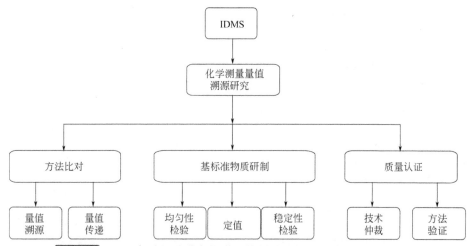

图 15-4 同位素稀释质谱在化学测量量值溯源研究中的应用示意图

参 考 文 献

[1] Reynolds J H. Phys Rev, 1950, 79: 789.

[2] Hinterberger H. Electromagnetically Enriched Isotopes and Mass Spectrometry (Smith ed.). Butterworths Scientific Publications, 1956: 169.

[3] Webster R K. Adv Mass Spectrom, 1959, 1:103.

[4] Bievre P De, Debus G H. Nucl Instr Methods, 1963, 32: 224.

[5] 刘炳寰, 等. 质谱学方法与同位素分析. 北京: 科学出版社, 1983: 292.

[6] Heumann K G. Mass Spectrom Rev, 1992, 11: 41.

[7] 赵墨田, 曹永明, 陈刚, 等. 无机质谱概论. 北京: 化学工业出版社, 2005.

[8] Dodson M H. J Sci Instr, 1969, 2(7): 490.

[9] 刘永福, 傅淑纯, 等. 原子能科学技术, 1992, 26(5): 36.

[10] Heumann K G. Int J Mass Spectrom Ion Proc, 1992, 118/119: 575.

[11] 黄达峰, 罗秀泉, 李喜斌, 等. 同位素质谱技术与应用. 北京: 化学工业出版社, 2005.

[12] 张兆峰, 彭子成, 贺建峰, 等. 质谱学报, 2001, 22（3）: 1.

[13] 隋喜云, 王子树, 刘慧敏, 等. 质谱学报, 1995, 16（4）: 14.

[14] 彭根元. 同位素, 1993, 6(4): 208.

[15] 庄栽真, 刘云怒, 陈涵德, 等. 核化学与放射化学, 1994, 16(4): 219.

[16] Matthew S F, Thomas D B. Chem Geol, 2009, 258: 50.

[17] Beer B, Heumann K G. Anal Chem, 1993, 65: 3199.

[18] Vogl J. Accred Qual Assur, 2000, (5):314.

[19] XieQ L, Robert Kerrich. J Anal At Chem, 2002, 17: 69.

[20] 周涛, 王军, 逯海, 等. 原子能科学技术, 2009, 43(11): 992.

[21] Feng L X, Wang J. J Anal Atom Spectrom, 2014, 29: 2183.

[22] 逯海, 马联弟, 韦超, 等. 原子能科学技术, 2008, 42 (12): 1098.

[23] Zhao M T, Wang J, Lu B K, et al. Rapid Commun Mass Spectrom, 2005, 19:910.

[24] Zhao M T, Wang J. Accred Qual Assur, 2002, 7: 111.

[25] 王军, 赵墨田. 分析化学, 2006, 34(3): 355.

[26] King B. Fresenius J Anal Chem, 2001, 371: 714.

[27] GB 50073—2013.

[28] Pilon F, Lorthioir S, Birolleau J C, Lafontau S. J Anal Atom Spectrom, 1996, 11: 759.

[29] 李思林, 赵墨田. 核化学与放射化学, 1990, 12(1): 56.

[30] Beard B L, Johnson C M, Skulan J L,et al. Chem Geol, 2003, 195: 87.

[31] Anbar A D, Roe J E, Baring J, et al. Science, 2000, 288: 126.

[32] Yi Y V, Matsuda A. Anal Chem, 1996, 68: 1444.

[33] 孙亚莉, 殷宁万, 袁玄晖. 岩矿测试, 1995, 14(1): 15.

[34] Valles Mota J P. J Anal Atom Spectrom, 1999, 14: 1467.

[35] 周霄, 王军, 张丽娟, 等. 质谱学报, 2001, 22(4): 1.

[36] Masatoshi Morita. J Anal Atom Spectrom, 1997, 12: 417.

[37] Patrick Klingbeil. Anal Chem, 2001, 73: 1881.

[38] Liao H C. Spectrochim Acta B, 1995, 54(8): 1233.

[39] 孙寿伟, 等. 分析化学, 1996, 24(1) : 36.

[40] 谭靖. 同位素稀释高分辨电感耦合等离子体质谱技术测定环境、地质样品中微量锂元素方法研究. 北京:核工业北京地质研究院, 2004.

[41] 王子树, 隋喜云, 刘晶磊. 分析实验室, 1992, 11(3) : 51.

[42] Hwang T J, Jiang S J. Analyst, 1997, 122 : 233.

[43] Beary E S, Paulsen P J, Jassie L B, Fassett J D. Anal Chem, 1997, 69: 758.

[44] 刘虎生, 邵宏翔, 等. 电感耦合等离子体质谱技术与应用. 北京: 化学工业出版社, 2005: 191.

[45] 王军, 赵墨田. 质谱学报, 1995, 16(2): 10.

[46] 陈树榆, 孙海, 余明华. 分析实验室, 2002, 21(1): 16.

[47] 谢建滨, 刘桂华. 环境与健康杂志, 2000, 17(3): 173.

[48] Wei Tsai. J Anal At Spectrom, 1999, 14(8): 1177.

[49] Lee L, Yu J. J Anal At Spectrom, 2001, 16: 140.

[50] 张月霞. 微量元素研究进展: 第二集. 北京: 万国学术出版社, 1997: 284.

[51] Beary E S, Paulsen P J, Jassie L B, Fassett J D. Anal Chem, 1997, 69(4): 758.

[52] Chang J, Park J. J Anal Atom Spectrom, 1999, 14(7): 1061.

[53] Yoshinaga Jun. J Anal Atom Spectrom, 1999, 14: 1589.

[54] Nusko R, Heumann K G. Fresenius J Anal Chem, 1997, 357: 105.

[55] Jurgen Diemer, Hurgen K G. Fresenius J Anal Chem, 2000, 368: 103.

[56] Moens L. Fresenius J Anal Chem, 1997, 359: 309.

[57] Vanderpool R A, Buckley W T. Anal Chem, 1999, 71(3): 652.

[58] Madeddu B, Rivoldini A. Atom Spectr, 1996, 17: 183.

[59] 赵墨田, 王军. 分析测试学报, 1996, 15(4): 42.

[60] Abrams S A, Griffin I J, Hawthorne K M, et al. J Bone Miner Res, 2005, 20(6): 945 – 953.

[61] Beard B L, Johnson C M, Skulan J L, Nealson K H, et al. Chem Geol, 2003, 195: 87.

[62] Chang C C, Jiang S J. J Anal Atom Spectrom, 1997, 12: 75.

[63] Waidmann E, Hilpert K, Stoeppler M. Fresenius J Anal Chem, 1990, 337: 134.

[64] Bing L, Yali Sun, Ming Yin. J Anal Atom Spectrom, 1999, 14: 1843.

[65] Wn Yoshinaga, Masatoshi Morita. J Anal Atom Spectrom, 1997, 12: 417.

[66] Beer B, Heumann K G. Anal Chem, 1993, 65: 3199.

[67] Beer B, Heumann K G. Fresenius J Anal Chem, 1993, 347: 351.

[68] Herzner P, Heumann K G. Mikrochim Acta, 1992, 106: 127.

[69] Gabler H-E, Heumann K G. Fresenius J Anal Chem, 1993, 346: 426.

[70] Vogl J, Heumann K G. Fresenius J Anal Chem, 1997, 359: 438.

[71] Dahmen J, Pfluger M, Martin M. Fresenius J Anal Chem, 1997, 359: 410.

[72] 《计量测试技术手册》编辑委员会. 计量测试技术手册: 第 13 卷. 北京: 中国计量出版社, 1995.

[73] Kochsiek M, Glaser M. Comprehensive mass metrology. Berlin: Wiley-VCH, 2000.

[74] 全浩, 韩永志. 标准物质及其应用. 第 2 版. 北京: 中国标准出版社, 2003.

[75] 李思林, 赵墨田. 核化学与放射化学, 1993, 13(3): 150.

[76] 田馨华, 桂祖诽, 刘永福. 核标准物质的研制与发展. 北京: 原子能出版社, 1998: 115.

[77] 田馨华. 核材料与反射性测量标准物质, 标准物质及其应用技术. 第 2 版. 北京: 标准出版社, 2003: 313.

[78] Bievre P De, Taylor P D P. FreseniusJ Anal Chem, 2000, 368: 567.

[79] Bruggmann L, Wennrich R. Accred Qual Assur, 2002, 7: 269.

[80] Mazej D, Stibilj V. Accred Qual Assur, 2003, 8: 117.

第四篇
辅 助 技 术

第十六章　样品制备技术

第一节　质谱测量对样品的基本要求

无机质谱与同位素质谱分析方法主要用于固体、溶液、气体样品中微量、痕量或超痕量元素及同位素的灵敏测定，同时具有固体样品表面及内部的解析能力，在现代科学技术的各个领域有着广泛的应用。相对于其他痕量分析方法，无机质谱法在分析灵敏度、精密度、多元素同时分析等方面具有明显的优势。根据样品形式的不同，选择不同的离子源，即选择样品的进样方式和电离方式，并由此可分为固体质谱法、液体质谱法和气体质谱法。

针对方法的特点，对测量样品的一般要求为：
① 样品制备方法简便，所制样品便于质谱进样；
② 待测元素含量依赖于所用仪器的灵敏度，以得到较高的测量精密度；
③ 基体尽可能简单，以便减少质谱干扰和基体干扰。

在实际测量中，样品的形式多种多样，除了少数可直接进入质谱系统进行分析的简单样品，大多数样品在进样前需要进行样品的转化和预处理。

采用气体质谱法，需要对固体、液体样品进行气体转化，以释放待测元素并加以富集，然后与基体分离；气体样品则视具体情况进行分离和富集。

采用固体质谱法，需要对固体样品的表面进行打磨、清洗，保持样品表面的平整和清洁；粉末样品则需要进行压片、遴选或混合处理；溶液样品需要进行蒸发、富集等。

采用液体质谱法，对气体样品需要进行溶液吸收，固体样品需要进行消解，转化为溶液，通常还需要进行介质转化，待测元素的化学分离、富集等。

与其他仪器分析方法类似，样品制备在质谱测量过程中占据重要的位置。有效的样品制备技术可以在很大程度上降低质谱测量的困难，得到满意的测量结果。表 16-1 列出了一些无机质谱法针对不同类型样品的一般处理方法。

表 16-1　样品处理基本方法

质谱法种类	典型代表	样品形态	处理方法
固体质谱法	辉光放电质谱（GDMS）	固体	切削、打磨、清洗
		粉末	压片、混合熔融
	二次离子质谱（SIMS）	固体	切削、打磨、清洗
		粉末、颗粒	遴选、镀膜
液体质谱法	电感耦合等离子体质谱（ICPMS）	固体	消解、转化、分离（富集）
		液体	转化、分离（富集）
		气体	吸收、转化
	热电离质谱（TIMS）	固体	消解、转化、分离（富集）、点涂、烘干
		液体	转化、分离（富集）、点涂、烘干
		气体	吸收、转化、点涂、烘干
气体质谱法	稳定同位素质谱	固体	热分解（燃烧）、分离（富集）
		液体	热分解（燃烧）、分离（富集）
		气体	分离（富集）

第二节　水与酸的提纯

质谱法测量,相比常量微量分析方法及工业分析,产生许多以前难以发现或不必考虑的新问题,主要表现在对分析空白、过程沾污和样品损失、试剂纯化及实验室洁净环境等方面的考虑。

一、分析空白

分析测试中的空白是指由非待测成分引起的相应值。在痕量分析中,它是一种评价分析方法的重要指标。分析检测限是空白值的函数:

$$\Delta x = \Delta x_0 + n\Delta\sigma \tag{16-1}$$

式中,Δx 为检出限;Δx_0 为测定的空白值的平均值;$\Delta\sigma$ 为空白值的标准偏差;n 为 3~9 的任一整数值。

分析空白在不同情况下可以由以下因素组成,见表 16-2。

表 16-2　分析空白的组成

序　号	空白分类	空白组成	空白内容	降低方法
1	仪器空白	仪器噪声	仪器自身产生的噪声背景	调节参数,维修维护
		记忆效应	由于以前的测量造成待测物在仪器内部管路的累积	清洗管路,更换配件
2	测量空白	仪器空白	仪器自身产生的噪声背景	调节参数,维修维护
		试剂空白	所用试剂引入的污染	提纯试剂,减少用量
3	流程空白	仪器空白	仪器自身产生的噪声背景	调节参数,维修维护
		试剂空白	所用试剂引入的污染	提纯试剂,减少用量
		器皿空白	样品处理中所用器皿引入的污染	选用材质良好的器皿,反复清洗
		环境空白	样品处理中实验室环境和人引入的污染	操作人员净化后在洁净环境下操作

对于痕量成分分析,采用洁净实验室环境是必不可少的条件,因为环境空白直接影响试剂的提纯、器皿的清洁和仪器空白。在完备的洁净环境的前提下,样品处理中所用试剂引入的污染,即试剂空白成为整个分析空白的主要因素。

二、水的提纯

样品处理过程中用到的试剂多种多样,对于无机分析来说,最常用到的试剂包括水和无机酸。水在无机分析中作为溶剂和器皿清洗的原料,是最大用量的试剂。

表 16-3 给出了 GB/T 6682《分析实验室用水规格和试验方法》规定的水的规格。

表 16-3　实验室用水规格

名　称	一　级	二　级	三　级
pH 值范围（25℃）	—	—	5.0~7.5
电导率（25℃）/（mS/m）	≤0.01	≤0.10	≤0.50
可氧化物质含量（以 O 计）/（mg/L）	—	≤0.08	≤0.4
吸光度（254nm,1cm 光程）	≤0.001	≤0.01	—
蒸发残渣 [(105±2)℃] 含量/（mg/L）	—	≤1.0	≤2.0
可溶性硅（以 SiO_2 计）含量/（mg/L）	≤0.01	≤0.02	—

常用的提纯水的方法有:蒸馏法、离子交换法和综合提纯法。

（1）蒸馏法　将水蒸馏后冷凝得到的水,称为蒸馏水;蒸两次的叫重蒸水,蒸三次的叫三蒸水。一般普通蒸馏取得的水纯度不高，其洁净程度很大程度上取决于所用原料水的水质和蒸馏的次数。经过多级蒸馏，可达到二级水的纯度。

（2）离子交换法　将水通过阳离子交换树脂（常用的为苯乙烯型强酸性阳离子交换树脂），水中的阳离子与树脂上的 H^+ 交换，并和水中的阴离子组成相应的无机酸；再通过阴离子交换树脂（常用的为苯乙烯型强碱性阴离子）水中阴离子与树脂上的 OH^- 交换，然后与水中的 H^+ 结合成水，称为去离子水。

（3）综合提纯法　首先通过石英砂或脱脂棉过滤水中颗粒较粗的杂质，再分别依次通过阴阳离子交换柱去除离子，然后加压通过反渗透膜，最后一般经过紫外杀菌除去水中的微生物，如果电阻率还没有达到要求的话，可以再进行一次离子交换和反渗透过程。此时得到的水为高纯水或超纯水，其比电阻可达到 $18M\Omega/cm$ 以上。

表 16-4 列出了不同纯化技术对水中污染物消除的效率。从表中可以看出，每一种纯化技术对水中的污染物都有相对的优势和劣势，必须采用综合的纯化技术，才能获得超高纯度的水。

表 16-4　纯化技术对水中污染物消除的效率

污染物＼纯化技术	蒸　馏	离子交换	反渗透	超　滤	膜过滤	活性炭	紫　外
离子	++	+++	++	—	—	—	—
有机物	++	—	++	+	—	++	+++
颗粒及胶体	++	—	++	++	+++	—	—
细菌	++	—	++	++	+++	—	++
气体	+	+	+	—	—	—	—

注：+++表示完全去除，效果最好；++表示部分去除，效果其次；+表示些许去除，效果再次；—表示无法去除，无效。

在痕量或超痕量成分的质谱分析中，采用高纯水或超纯水是必需的选择。通常情况下，在比电阻高于 $18M\Omega/cm$ 的水中，金属元素的空白浓度值在 $10^{-12}g/g$ 左右，不会对样品测量产生明显影响。

三、酸的提纯

（一）常用酸

在无机质谱分析中，常用的无机酸和其他试剂种类不多，主要是依靠其氧化还原特性和酸性，用于样品的分解、消解，化学分离的载体，表面去污、刻蚀等。表 16-5 列出了常用无机酸和氧化剂的物理性质。

表 16-5　常用无机酸及氧化剂的物理性质[1]

化合物	相对分子质量	密度/（g/cm³）	沸点/℃	浓度/（mol/L）
HNO_3	63.01	1.40	121	14.4
HCl	36.46	1.12	110	12
HF	20.01	1.16	120	27.8
$HClO_4$	100.46	1.67	200	11.6
H_2SO_4	98.08	1.84	338	18.0
H_3PO_4	98.00	1.71	213	14.8
HBr	80.92	1.50	126	8.7
H_2O_2	34.01	1.12	106	9.9

1. 硝酸

纯净的硝酸是无色透明液体，强酸性，强氧化性，有窒息性刺激气味，含量为 68%左右，易挥发，工业品浓硝酸和发烟硝酸因溶有二氧化氮而显棕色。在空气中产生白雾，是硝酸蒸气与水蒸气结合而形成的硝酸小液滴。能使羊毛织物和动物组织变成嫩黄色，能与水以各种比例混溶，可形成共沸混合物。

除了金、铂、钛、铌、钽、钌、铑、锇、铱以外，其他金属都能被硝酸溶解，因此稀硝酸是非常好的溶剂，同时硝酸根不易与金属元素发生络合反应，在电离过程中不易产生大量的多原子离子，同时有助于提高金属元素的电离效率，因此，在质谱分析中，硝酸被认为是最好的酸介质。

硝酸的实验室制法一般采用固体硝酸钠与浓硫酸在加热条件下反应制得：

$$NaNO_3(s)+H_2SO_4(浓)\!=\!=\!NaHSO_4+HNO_3$$

在工业上，硝酸一般采用氨氧化法制备。以氨和空气为原料，用 Pt-Rh 合金网为催化剂在氧化炉中于 800℃进行氧化反应，生成的 NO 在冷却时与 O_2 反应生成 NO_2，NO_2 在吸收塔内用水吸收，在过量空气中 O_2 的作用下转化为硝酸：

$$4NH_3+5O_2\!=\!=\!4NO+6H_2O\ (氧化炉)$$
$$2NO+O_2\!=\!=\!2NO_2\ (冷却器)$$
$$3NO_2+H_2O\!=\!=\!2HNO_3+NO\ (吸收塔)$$
$$4NO_2+O_2+2H_2O\!=\!=\!4HNO_3\ (吸收塔)$$

制备过程如下：

① 先将液氨蒸发，再将氨气与过量空气混合后通入装有铂、铑合金网的氧化炉中，在 800℃左右氨很快被氧化为NO。该反应放热，可使铂铑合金网(催化剂)保持赤热状态。

② 由氧化炉里导出的 NO 和空气混合气在冷凝器中冷却，NO 与 O_2 反应生成 NO_2。

③ 再将 NO_2 与空气的混合气通入吸收塔，由塔顶喷淋水，水流在塔内填充物中迂回流下，塔底导入 NO_2 和空气的混合气，它们在填充物上迂回向上。这样气流与液流相逆而行使接触面增大，便于气体吸收。从塔底流出的硝酸含量仅达 50%，不能直接用于军工、染料等工业，必须将其制成 98%以上的浓硝酸。浓缩的方法主要是将稀硝酸与浓硫酸或硝酸镁混合后，在较低温度下蒸馏而得到浓硝酸，浓硫酸或硝酸镁在处理后再用。

④ 尾气处理。烧碱吸收氮的氧化物，使其转化为有用的亚硝酸盐。

$$NO+NO_2+2NaOH\!=\!=\!2NaNO_2+H_2O$$

市场上销售的最高纯度等级的硝酸为电子级 BV-Ⅰ级硝酸（CAS 7697-37-2），为半导体、电子管等电子工业专用试剂，其指标见表 16-6。

表 16-6 BV-Ⅰ级硝酸产品指标

检测项	技术指标
硝酸/%	70
氯化物/(mg/kg)	≤0.05
氯化物/(mg/kg)	≤0.05
硫酸盐/(mg/kg)	≤0.1
磷酸盐/(mg/kg)	≤0.05
低氮氧化物(以 N_2O_3 计)/(mg/kg)	≤1
锂/(mg/kg)	≤0.005
硼/(mg/kg)	≤0.01
钠/(mg/kg)	≤0.05
镁/(mg/kg)	≤0.02

续表

检测项	技术指标
铝/(mg/kg)	≤0.02
钾/(mg/kg)	≤0.05
钙/(mg/kg)	≤0.05
钛/(mg/kg)	≤0.05
锶/(mg/kg)	≤0.001
铜/(mg/kg)	≤0.002
锌/(mg/kg)	≤0.005
镓/(mg/kg)	≤0.005
钼/(mg/kg)	≤0.005
银/(mg/kg)	≤0.005
镉/(mg/kg)	≤0.001
铟/(mg/kg)	≤0.005
锡/(mg/kg)	≤0.005
锑/(mg/kg)	≤0.03
钡/(mg/kg)	≤0.005
铂/(mg/kg)	≤0.003
金/(mg/kg)	≤0.003
铍/(mg/kg)	≤0.005
铬/(mg/kg)	≤0.005
锰/(mg/kg)	≤0.001
铁/(mg/kg)	≤0.03
镍/(mg/kg)	≤0.002
铅/(mg/kg)	≤0.003
铋/(mg/kg)	≤0.005
钴/(mg/kg)	≤0.002

2. 盐酸

纯净的盐酸是无色透明液体，为氯化氢的水溶液，强酸性，具有氧化性和还原性，在空气中冒烟，有刺激性气味，能与水和乙醇任意混溶。能与许多金属和金属的氧化物起作用，能与碱中和，与磷、硫等非金属均无作用。

盐酸中的氯离子与大多数过渡金属和重金属可以形成络合物，因此在化学分离时常用盐酸上作柱溶液。但在质谱分析中，氯离子可以形成多种多原子离子，而成为质谱干扰的来源，如 $^{40}Ar^{35}Cl^+$ 对 $^{75}As^+$ 的干扰，因此通常需要除去氯离子，由于 $HCl-H_2O$ 的共沸点低于 HNO_3-H_2O 的共沸点，可以用 HNO_3 将样品溶液反复蒸发至近干，从而有效去除氯离子，将溶液转化为 HNO_3 介质。但采用该方法处理时，应考虑一些易挥发金属元素，如 As、Sb、Sn、Se、Ge、Hg 的挥发损失。

盐酸的实验室制法一般是采用固体氯化钠与硫酸在加热条件下反应制备 HCl 气体，通过缓冲瓶过渡后通入冰浴保温的纯化水中制得。

$$2NaCl+H_2SO_4 = Na_2SO_4+2HCl$$

$$NaCl+H_2SO_4(浓) = NaHSO_4+HCl$$

工业上制取盐酸时，首先在反应器中将氢气点燃，然后通入氯气进行反应，制得氯化氢气体，氯化氢气体冷却后被水吸收成为盐酸。

BV-Ⅰ级盐酸（CAS 7647-01-0）的具体指标如表 16-7 所示。

表 16-7 BV-Ⅰ级盐酸产品指标

检测项	技术指标
盐酸(HCl)/%	≥35~37
游离氯/(mg/kg)	≤0.05
硫酸盐/(mg/kg)	≤0.2
亚硫酸盐/(mg/kg)	≤0.5
铵/(mg/kg)	≤0.5
锂/(mg/kg)	≤0.005
硼/(mg/kg)	≤0.01
钠/(mg/kg)	≤0.05
镁/(mg/kg)	≤0.01
铝/(mg/kg)	≤0.02
铜/(mg/kg)	≤0.002
锌/(mg/kg)	≤0.005
砷/(mg/kg)	≤0.005
镓/(mg/kg)	≤0.005
钼/(mg/kg)	≤0.005
银/(mg/kg)	≤0.005
镉/(mg/kg)	≤0.001
铟/(mg/kg)	≤0.005
锡/(mg/kg)	≤0.005
钾/(mg/kg)	≤0.02
钙/(mg/kg)	≤0.02
钛/(mg/kg)	≤0.005
铬/(mg/kg)	≤0.005
锶/(mg/kg)	≤0.001
铍/(mg/kg)	≤0.005
铅/(mg/kg)	≤0.003
铋/(mg/kg)	≤0.005
镍/(mg/kg)	≤0.002
锑/(mg/kg)	≤0.003
钡/(mg/kg)	≤0.005
铂/(mg/kg)	≤0.003
金/(mg/kg)	≤0.003
汞/(mg/kg)	≤0.002
锰/(mg/kg)	≤0.001
铁/(mg/kg)	≤0.03
钴/(mg/kg)	≤0.002

3. 氢氟酸

氢氟酸是氟化氢气体的水溶液，中强度酸性，常温下为无色透明至淡黄色冒烟液体，有刺激性气味，极易挥发，置空气中即发白烟，通常为 HF 含量 40%~45% 的水溶液。有刺激性气味，有剧臭，性极毒，触及皮肤易致溃烂，若吸入蒸气可致命，所以使用时必须严格注意安全防护。

氢氟酸能与一般金属、金属氧化物以及氢氧化物作用，生成各种金属氟盐，但作用不及盐酸那样剧烈。腐蚀性极强，能侵蚀玻璃和硅酸盐而生成气态的四氟化硅，因此氢氟酸不能盛放玻璃容器中。分析中常被用于刻蚀玻璃，酸洗金属，溶解土壤、岩石、植物等含硅样品。

氢氟酸制备一般采用浓硫酸和萤石（CaF_2）在铅皿中反应得到，经粗馏、脱气，然后加以精馏，制得无水氢氟酸。

$$CaF_2 + H_2SO_4 = 2HF + CaSO_4$$

精制后的氟化氢用水吸收，即得氢氟酸产品。将工业级氢氟酸通过蒸馏提纯，冷凝分离除去杂质，并经微孔滤膜过滤除去尘埃颗粒，制得无色透明的电子级氢氟酸。

BV-Ⅰ级氢氟酸（CAS 7664-39-3）的具体指标如表 16-8 所示。

表 16-8 BV-Ⅰ级氢氟酸产品指标

检测项	技术指标
氢氟酸(HF)/%	≥40
氯化物/(mg/kg)	≤0.5
硫酸盐/(mg/kg)	≤0.5
亚硫酸盐/(mg/kg)	≤0.2
磷酸盐/(mg/kg)	≤0.4
氟硅酸盐/(mg/kg)	≤20
锂/(mg/kg)	≤0.005
硼/(mg/kg)	≤0.01
钠/(mg/kg)	≤0.05
镁/(mg/kg)	≤0.05
铝/(mg/kg)	≤0.05
钾/(mg/kg)	≤0.05
铋/(mg/kg)	≤0.005
钙/(mg/kg)	≤0.05
锶/(mg/kg)	≤0.001
钛/(mg/kg)	≤0.005
铬/(mg/kg)	≤0.005
锰/(mg/kg)	≤0.003
铁/(mg/kg)	≤0.05
钴/(mg/kg)	≤0.005
铜/(mg/kg)	≤0.005
锌/(mg/kg)	≤0.005
镓/(mg/kg)	≤0.005
砷/(mg/kg)	≤0.02
镍/(mg/kg)	≤0.005
钼/(mg/kg)	≤0.005
银/(mg/kg)	≤0.005
镉/(mg/kg)	≤0.005
铟/(mg/kg)	≤0.005
锡/(mg/kg)	≤0.005
锑/(mg/kg)	≤0.03
钡/(mg/kg)	≤0.005
铂/(mg/kg)	≤0.003
铍/(mg/kg)	≤0.005
金/(mg/kg)	≤0.003
铅/(mg/kg)	≤0.005

（二）实验室提纯

前面提到电子级的酸，在金属杂质含量方面已经达到了很高的水准，但相比次一级的 MOS 级酸，价格高出 8～10 倍，100ml 高达数百元，对需要大量使用高纯酸的质谱实验室来说是一个很大的负担。因此，通常国内质谱实验室都采用自行提纯的方法来制备高纯度的无机酸，特别是易挥发性的酸，如硝酸、盐酸和氢氟酸。提纯酸的方法有以下几种。

1. 蒸馏法

该法是提纯酸的主要方法，现在绝大多数实验室都采用该方法进行酸的提纯，有常压、减压和亚沸蒸馏三种。提纯装置使用石英材料或聚四氟乙烯（Teflon）材料，亚沸蒸馏法蒸发温度低，对盐酸、硝酸、氢氟酸来说都是比较好的提纯方法。图 16-1 给出了几种典型的亚沸蒸馏装置图。

(a) 双瓶蒸馏器

(b) 石英蒸馏器

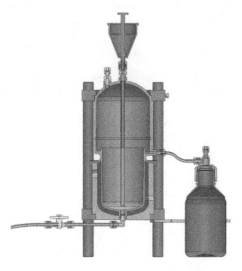

(c) Savillex DST-1000 蒸馏器

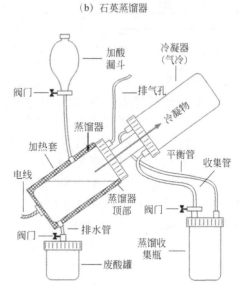

(d) CETAC OmniPure 蒸馏器

图 16-1 亚沸蒸馏典型实例

一次提纯无法满足要求的情况下，亚沸蒸馏可进行多次以达到提纯目的。在保证洁净的工作环境下，通常经过亚沸蒸馏提纯后酸中杂质含量可降低到 0.1ng/g 以下，提纯前后的杂质浓度比较列在表 16-9 中。

表 16-9 亚沸蒸馏提纯后酸中杂质浓度对比

元素	添加浓度/（ng/g）	蒸馏后浓度/（ng/g）
Be	11	—
Mg	11.1	0.06
Al	10.6	0.2
Ti	10.1	0.4
V	10.4	ND
Cr	12.5	—
Mn	9.7	0.4
Co	9.4	0.01
Ni	10.1	—
Cu	9.7	0.02
Zn	10	0.08
As	10.4	—
Se	9.7	—
Sr	9.3	—
Mo	9.2	—
Ag	9.4	0.007
Cd	9.3	—
Sn	10.8	0.5
Sb	9.7	—
Ba	9.5	0.01
Dy	9.3	—
Tl	9.4	—
Pb	9.5	0.004
U	9.4	—

注：—表示未检测到。

2. 等温扩散法

该法适用于挥发性较强的试剂，如盐酸、硝酸、氢氟酸、过氧化氢、氢溴酸、亚硫酸、氨、乙酸等，利用其易挥发的特点，在不加热、不加压的状态下，依靠溶剂自然挥发（扩散）和冷凝（被吸收）进行提纯。该方法的优点是：提纯试剂的纯度高，设备及操作步骤简单，造价低；缺点在于：产量小，速度慢，耗费原料多。

提纯装置可以由硬质玻璃、石英玻璃、聚乙烯、PVC 等制造，但是最好采用聚乙烯材料，以减少材质中的金属杂质析出。取两个相同洁净容器，其中之一加入浓酸，另一洁净容器加入高纯水。将两容器同时放入另一个较大洁净容器中，分开一定间距，然后将大容器密封。室温环境中放置 4～7d 后，即可获得提纯后的高纯酸，但浓度大约为浓缩的一半，如果在 2～3d 后将浓酸更换一次，最终得到的高纯酸浓度可接近原酸浓度。图 16-2 是等温扩散法提纯盐酸装置示意。

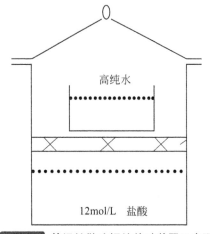

高纯水

12mol/L　盐酸

图 16-2 等温扩散法提纯盐酸装置示意图

3. 原料气制备法

盐酸、氢氟酸都可以把制备的原料气 HCl 和 HF 直接通入高纯水中，从而得到纯度较高的酸，但需要注意的是气体输送过程的污染问题，如管道、器皿等都需要选择合适的材料，并且清洗纯化，以免渗出杂质。

第三节 气体样品制备

一、样品预处理

气体质谱仪一般都选用电子轰击离子源（EI），中性分子被电子轰击成离子。目前比较好的灯丝材料是铱，它的使用寿命可达 5 年，而钨灯丝的使用寿命仅有 1 年。气体质谱法分析针对的是气体，如果样品本身为气体，那只需要将待测物从中分离纯化，然后引入离子源中电离；如果样品是固体或液体，则需要将待测物转化为气体形式进行测量。因此必须进行样品的预处理过程。待测物为气体，处理过程中不仅要避免污染，还必须考虑气体的易挥发性和分馏效应，尽量避免不必要的损失和减少分馏。与气体质谱仪连接的样品处理装置主要是元素分析仪和气相色谱等。

刘运德等[2]采用元素分析热转换元素分析同位素比质谱法（TC/EA-IRMS），实现了在线单次分析过程中同时测定微量水的 δD 和 $\delta^{18}O$。通过移取 2ml 水样装满进样瓶，用内衬有密封隔垫的螺旋孔盖不留顶空密封后，置于 AS3000 液体自动进样器的样品盘中。0.5μl 进样针从 2ml 样品瓶中移取 0.2μl 水样，经元素分析仪的进样口密封隔垫扎入，将 0.2μl 水样注入裂解炉，高温下形成的水蒸气与填充于裂解炉内的玻璃炭粒在 1400℃下发生还原反应，形成的 H_2 和 CO 混合气在 He 载气（流速 100ml/min）的携带下，通过柱温 90℃的内填 0.5nm 分子筛的气相色谱柱分离，然后依次导入稳定同位素质谱仪的离子源内，实现单次分析中顺序同时测定 δD 和 $\delta^{18}O$。实验流程图如图 16-3 所示。

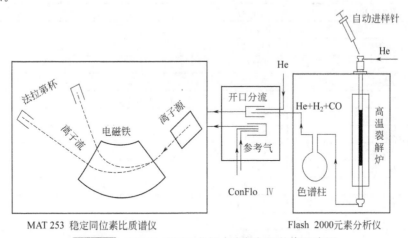

图 16-3 TC/EA-IRMS 分析水中氢氧同位素示意图

实验中利用高温条件下水与碳的反应，将水中氢还原形成氢气，水中氧转化为 CO，再经过气相色谱分离，进入质谱测量。通过分类进样和多次进样减少系统的记忆效应，得到了较好的测量结果，该方法取样量少，分析时间短。

二、气体样品制备实例

气体样品制备的方法种类纷繁复杂，表 16-10 中按照分析元素的不同，简要列举一些在样品制备方法方面的应用实例。

表 16-10 气体样品制备应用实例

待测元素	样品基体	制备方法	参考文献
H	饮用水	水平衡法	[3]
	天然气	色谱-热转换法	[4, 5]
	天然气水合物	顶空法、注射器法、排水法	[6]
	标准水样	金属锌还原法	[7]
	水，天然气，有机溶剂	金属锰还原法	[8]
	标准水样	石墨还原法，金属锌还原法	[9]
	核元件	真空抽提-气相色谱法	[10]
	水样	离线双路进样，水平衡法，热转换法	[11]
	标准气	饱和 NaCl 溶液增压法	[12]
	岩石	高温裂解法	[13, 14]
C	植物	元素分析仪燃烧法	[15]
	岩石包体中的 CO_2	分步加热法	[16]
	牛奶	冷冻干燥-真空灼烧氧化-液氮冷却	[17]
	甲酸、乙酸	密闭石英管燃烧法	[18]
	碳酸盐	顶空-气相色谱法	[19, 20]
	多环芳烃	气相色谱-燃烧法	[21]
	天然气水合物	顶空法、注射器法、排水法	[6]
	岩石	高温裂解法	[13, 14]
N	水样	离子交换色谱法，扩散法	[23, 24]
	水样	Kieldahl 法（凯氏定氮法）	[25]
	土壤	Rittenberg 法	[26]
	有机物和无机物	Dumas 燃烧法	[27]
	NIST 标准物质	ANA 法	[28]
	硝酸盐	中温催化燃烧法	[29]
	同位素标准	元素分析仪燃烧法	[22]
O	碳酸盐	顶空-气相色谱法	[19, 20]
	水样	离线双路进样，水平衡法，热转换法	[11]
	水样	热转换法	[2]
	碳酸盐	磷酸法	[30]
	有机物	元素分析仪联用	[31]
	有机物	镍管裂解法	[32]
	硝酸盐	中温催化燃烧法	[29]
Si	硅单质	NaOH 溶解	[33]
	NIST-28	BrF_5 溶解转化 SiF_4 法	[34]
	硅单质	HF 溶解转化 SiF_4 法	[35]
S	Ag_2S	BrF_5 反应转化 SF_6 法	[36]
	矿石	As_2S_3 法	[37]
	水中硫酸根	氯化钡沉淀为硫酸钡，五氧化二钒灼烧后转化为 SO_2	—
	硫酸盐	碳酸钠-氧化锌混合熔剂将硫酸盐矿物转化为硫酸钡，五氧化二钒灼烧后转化为 SO_2	—
	硫化物	真空中将硫化物与氧化铜加热至约1100℃，使硫转化为 SO_2	—
惰性气体	岩石	加热熔融，纯化处理	[38, 39]
气体成分	高纯氮气	P_2O_5 脱水，标准加入法	[40]
	琥珀气体包裹体	电磁破碎法、热爆法	[41]
	钻井泥浆	电动脱气冷冻干燥法	[42]

第四节　溶液样品制备

一、样品分解

对于采用液体质谱法测量的样品，一般需要在分析前将样品进行适当的化学处理，使之转化为可供分析的形式——溶液。样品分解通常是必不可少的步骤，主要是为了使待测成分转化为可溶性的化学形式和破坏样品中的有机物质，以达到质谱分析对样品的要求。

一般对样品分解方法有以下基本要求：

① 避免待测元素的损失及污染；

② 尽量减少稀释因子；

③ 尽量减少化学试剂的用量；

④ 操作简化，步骤少；

⑤ 避免使用不易清除或增大质谱测量难度的试剂；

⑥ 注意实验的安全性；

⑦ 注意分解方法的使用范围。

样品分解一般采用的方法有：酸（混合酸）分解和碱金属熔剂熔融法。酸分解包括在敞开式容器中进行和密闭式容器中进行两种，后者可以加温加压，目前具有技术代表性的是微波消解法。

二、直接稀释法

直接稀释法是指不分解样品的直接测定法，适用于某些天然流体（如地下水、海水、石油、生物流体等）的分析及同一基体样品的对照分析。优点是不进行化学处理，分析流程简单，避免可能引入的污染；缺点是因大比例稀释造成灵敏度损失，测量中存在基体干扰等。

例如，Leonhard 等[43]利用 Agilent 7500C 型 ICP-MS，将海水直接稀释 10 倍后进行测量，获得的检出限为 0.3ng/L（U）至 20ng/L（Fe, As），并测量 10 倍稀释的海水标准物质（NASS-5，SLEW-3），得到痕量元素的测量值与标准值之差不超过±20%。表 16-11 给出了海水中常见和痕量元素的浓度范围。

表 16-11 海水中常见和痕量元素的浓度范围[43]

常见元素	浓度/（mg/L）	痕量元素	浓度/（ng/L）
Cl	19700	Zn	10～11000
Na	10900	V	1200～3200
Mg	1290	As	1000～3100
S	920	Mn	4～2800
Ca	420	Cu	30～1900
K	400	Ni	120～1400
Br	68	Fe	1～1300
C	27	Cr	90～260
Sr	8	Se	18～180
B	4.6	Cd	0.1～110
Mo	0.005～0.012	Co	0.2～60
U	0.0018～0.0028	Pb	0.6～50

再如，商玮等[44]对人血清样品的直接测定：在以统一规范采血后，静置 30min，离心移取血清，置于塑料离心管中-20℃保存，检测前以 Sc、In、Tl 为内标元素，用 1% HNO_3 稀释 5 倍，用 ICP-MS 测量其中的 20 种元素，表 16-12 列出了 3 个献血组和 1 个健康对照组的元素含量比较。

表 16-12 献血组与对照组血清中元素测量结果[44]   单位：ng/ml

元 素	献血 I 组（n=29）	献血 II 组（n=27）	献血 III 组（n=30）	对照组（n=30）
Li	0.78±1.5	0.23±0.14	0.24±0.15	0.71±0.17
Mg	18.0±2.8	18.5±3.4	18.5±2.7	20.9±2.9
Al	35±14	54±35	55±39	25±18
Ca	87±12	91±19	96±11	101±10
Mn	3.3±7.5	7±10	14±16	9.1±9.0
Fe	1.59±0.86	1.33±0.91	1.34±0.75	1.66±0.84
Co	0.35±0.44	0.24±0.15	0.29±0.20	0.36±0.79
Ni	10.0±7.8	12.3±9.1	12±13	8.4±9.9
Cr	0.27±0.04	0.28±0.05	0.27±0.04	0.34±0.07
B	1.35±0.35	1.17±0.27	1.19±0.24	1.97±0.44
Zn	1.06±0.33	1.31±0.60	1.70±0.75	1.39±0.38
Cu	0.97±0.17	1.00±0.35	1.13±0.33	1.06±0.26
Se	32±27	32±20	29±18	46±15
P	153±25	169±43	180±45	208±44
Mo	—	—	58±100	51±74
I	48±28	39±19	37±22	59±22
Ba	10.4±9.9	8.9±6.7	9.2±6.6	9.9±7.4
La	0.9±1.6	0.84±0.97	1.1±1.8	0.26±0.55
Ce	1.4±2.6	1.1±1.4	1.3±1.6	0.20±0.27
Sr	61±23	69±26	81±41	67±23

陈杭亭等[45]从购得的血浆经离心和超滤处理，4℃冷藏保存，直接以 In 为内标，稀释 10 倍后测量其中的痕量稀土元素，结果（ng/ml）为：La 0.26，Ce 0.22，Pr 0.17，Sm 0.40，Tb 0.12，Dy 0.30，Ho 0.08，Tm 0.08，Yb 0.17，Lu 0.05，Y 0.54。

在定量分析中，需要配制基体匹配标准溶液，以降低基体效应对测量结果的影响。

三、酸分解法

在使用无机酸分解样品时，可采用单酸或混合酸，还可以加入双氧水辅助消解，是样品分解的主要方法。干法灰化后的样品也需要采用酸消解残渣后制备质谱测定溶液。对较难以溶解的样品，需要在高温高压的密闭容器中进行，目前最常用的是采用微波消解装置，不仅可以减少消解液的使用，而且可以避免易挥发元素的损失。

表 16-13 中列出了一些典型基体样品的消解方法。

表 16-13 典型基体样品的消解方法实例

基 体	消解方法	测量元素	参考文献
钢铁	3ml HCl，1ml HNO₃，1ml HF，微波消解，1.5MPa，200℃	As, Pb, Sn, Sb, Cu	[46]
钢铁、合金	3ml HCl，1ml HNO₃，1ml HF(1+1)，微波消解，1.5MPa，200℃	B, Al	[47]
矿石	25mg 样品，高压密闭容器，0.5ml HNO₃，1ml HF，密封190℃保持 12h，蒸干，加 1ml HNO₃ 后蒸干，再加 1ml HNO₃ 后蒸干，加 8ml HNO₃（2+3）后密封，110℃保持 3h	47 种元素	[48]

续表

基　体	消解方法	测量元素	参考文献
变质岩	50mg 样品，1.5ml HNO₃，1.5ml HF，缓慢蒸至小体积，再加 1.5ml HNO₃，1.5ml HF，高压密闭容器，190℃保持 12～60h，蒸至近干，加 1.5ml HNO₃后蒸干，再加 1ml HNO₃后蒸干，加 3～4ml HNO₃（2+3）后密封，190℃保持 12h	Zr, Hf, Nb, Ta	[49]
地质样品	NiS 火试金流程	铂族元素	[50]
地质样品	王水消解	Pt, Pd, Rh	[51]
水系沉积物和土壤	取样品 0.05g，1ml HNO₃，3ml HF，0.5ml H₂SO₄，180℃微波消解，冷却后蒸至近干，加入 2.5 ml 20% 的 HNO₃，低温加热溶解残渣	W, Mo	[52]
热矿泥	5ml HNO₃，1ml HF，静置 1h，微波消解，分别在 120℃、150℃、180℃各保持 5min，压力不超过 2MPa	Na, Mg, Zn, Mn, Cu, Ge, Mo, Cr, Al, Ni, Hg, Pb	[53]
土壤	0.5g 样品，10ml HNO₃，5ml HF，5ml H₂O₂，放置过夜，微波消解，180℃，50min	U	[54]
茶叶	0.5g 样品，5ml HNO₃，0.1ml HF，1ml H₂O₂，微波消解，分别在 120℃、150℃、180℃各保持 3min、3min、9min，压力不超过 2MPa	Ge, Se	[55]
罐装鱼肉	0.5g 样品，5ml HNO₃，微波消解，分别在 120℃、160℃、180℃各保持 5min、5min、10min	As, Cd, Pb, Cu, Hg	[56]
洋葱	0.5g 样品，5ml HNO₃，0.1ml HF，1ml H₂O₂，微波消解，150℃保持 60min	As, Pb, Hg	[57]
一枝黄花	0.5g 样品，10ml HNO₃，2ml H₂O₂，放置过夜，微波消解，180℃，50min	Ca, Mg, P, Mn, Fe, Cr, Cu, Zn, Pb, Ni, Se, Hg	[58]
膳食	0.1g 样品，1ml HNO₃，2ml H₂O₂，2ml H₂O，微波消解，分别在 120℃、160℃、200℃各保持 5min、10min、15min	28 种元素	[59]
食品（小麦，大米，乳粉，木耳，马铃薯）	0.5g 样品，5ml HNO₃，1ml H₂O₂，放置 5min，微波消解，分别在 100℃、180℃各保持 10min、15min，压力 2.4MPa	As, Cd, Hg, Pb	[60]
化妆品（粉底液，面霜，爽肤水，精华素和粉饼）	0.3～0.5g 样品，5ml HNO₃，1ml H₂O，微波消解，分 6 个阶段：250W，5min；0W，2min；250W，5min；400W，5min；550W，5min；650W，5min	Cr, As, Cd, Nd, Pb	[61]
贻贝	A. 干灰化法 B. HNO₃+ H₂O₂（5+2） C. HNO₃+ HClO₄（10+1）	15 种稀土元素	[62]
红酒	2～5g 样品，蒸发至 1ml，2ml HNO₃，0.5ml H₂O，聚四氟乙烯罐闷消解	Pb, Fe	[63, 64]
人体器官（肝脏，肾脏，骨骼）	1g 样品，10ml HNO₃，2ml H₂O₂，放置 30min，微波消解	32 种元素（肝脏，肾脏）；20 种元素（骨骼）	[65]
人发	0.5g 样品，3ml HNO₃，1ml H₂O₂，微波消解，分别在 550W、700W、600W 保持 150s、200s、100s，压强分别控制在 0.7Mpa、1MPa、0.3MPa	15 种稀土元素	[66]
全血，血清	HNO₃ 微波消解	19 种元素	[67]
环境样品	5g 样品，HCl- HNO₃-HF-H₂O₂，消解，离心取上清液，蒸至近干，加 8mol/L HNO₃ 蒸至近干，加 10ml 4mol/L HNO₃ 溶解	Np, Pu	[68]
陶瓷	HCl-HNO₃-HF，微波消解，200℃保持 30min	39 种元素	[69]
青铜器	稀硝酸清洗表面，HNO₃（1+1），70℃水浴中超声波振荡，几个小时后取上清液	Pb 同位素测量	[70]

四、碱熔融法

熔融分解是基于在高温作用下固体试样与熔剂间发生多相化反应，使原试样转化为可溶于水或酸的化合物。主要用于无法用酸分解或分解不完全的试样，如在一些地质和冶金样品的分解上常用各种碱金属熔剂，尤其是偏硼酸锂（$LiBO_2$）和四硼酸锂（$Li_2B_4O_7$）。该方法的主要缺陷是在样品制备期间引入了大量的可溶性盐类，降低了方法测定的检出限，产生大量的基体干扰；同时由于温度过高，对易挥发元素如 Pb、As、Sn、Zn 等的测量产生一定的影响。表 16-14 中列出一些固体样品的熔融消解方法。

表 16-14 固体样品的熔融消解方法实例

基 体	熔 剂	测量元素	参考文献
玄武岩	$LiBO_2$	Cr, Hf, Zr, Ba, Ce, Ce, Co, Cu, La, Nb, Ni, Rb, Sr, Th, U, Y	[71]
铬铁矿单矿物	Na_2O_2	稀土元素	[72]
土壤，水系沉积物	NaOH	B, Sn	[73]
大气颗粒物	NaOH	Si, Al, Ca, Mg, Fe, Ti, Ba, Sr, Zr	[74]
铝土矿	酸溶与 NaOH 碱熔	Ga	[75]
辉钼矿	NaOH, Na_2O_2	Re-Os 同位素定年	[76]
地质样品	$LiBO_2$, Na_2O_2	26 种元素	[77]
岩石标准物质	Na_2O_2	Zr, Nb, Hf, Ta	[78]
辐照 Ru 粉	Na_2O_2, KOH, NaOH+Na_2O_2, KOH+K_2CO_3, KOH+KNO_3	^{99}Tc	[79]

五、样品的分离富集

对基体复杂、待测物含量低的元素，采用质谱定量测量其含量或同位素丰度比，必要时需在样品分解后进行待测物的分离富集。目的是去除基体效应，并使待测物在一定程度上得到浓缩富集。其方法有沉淀法、溶剂萃取法、离子交换法、萃淋树脂法、高效液相色谱法（HPLC）等多种多样，针对不同基体、不同待测物可以选择不同的方法。表 16-15 列出了一般情况下常用的样品分离富集方法及实例。

表 16-15 常用样品分离富集方法实例

待测物	分离方法	回收率	参考文献
Fe、Cu、Zn	离子交换法，AGMP-1 树脂，2ml 7mol/L HCl 去除杂质，8ml 7mol/L HCl 洗脱 Cu，4.5ml 2mol/L HCl 洗脱 Fe，4ml 0.5mol/L HCl 洗脱 Zn	约 100%	[80~82]
B	B 特效树脂 Amberlite IRA 743，分别用 10ml H_2O、10ml 2mol/L $NH_3 \cdot H_2O$、10ml H_2O 洗涤，再用 10ml、75℃、0.1 mol/L HCl 洗脱	95%~105%	[83, 84]
Ni	溶剂萃取，水相加 $CaCl_2$，使 Cl^- 浓度达到 5mol/L，加 0.8mol/L TDMAC 煤油溶液（1+1），振荡 10min，静置分层，水相中为 Ni	98%	[85]
Se	巯基棉分离富集，1mol/L HCl 上柱分离，取出巯基棉，置于加有 1ml HNO_3 的试管中，沸水浴 40min，加水后离心 30min（3000r/min），转移上清液	91%~105%	[86~88]
Rb、Sr	阳离子交换树脂，AG50W×8（200~400 目），27ml 1.7mol/L HCl 上样洗涤，27ml 1.7mol/L HCl 淋洗 Rb，4ml 1.7mol/L HCl 淋洗 Sr	—	[89]
REE	草酸盐沉淀分离稀土与其他金属，P507 树脂做稀土分离，HCl+NH_4Cl 为洗脱液	99%	[90~92]

续表

待测物	分离方法	回收率	参考文献
Cd	离子交换法，T910 树脂，3ml 6mol/L HCl 上柱，洗涤后，10ml 水洗脱 Cd	—	[93]
Pb	阴离子交换树脂 AGMP-1，20ml 2mol/L HCl 淋洗，然后用 8ml 0.3mol/L HCl 淋洗，再用 8ml 0.3mol/L HCl 洗脱 Pb	>85%	[94]
贵金属 Au、Pd、Pt	阴离子交换树脂 717-活性炭吸附装置中抽滤吸附，加入 2g/L AgNO₃ 1ml，马弗炉中由低温升至 650℃灼烧灰化，加入王水溶解残渣；亚硝基 R 盐负载树脂分离法；提取液提取法	>96%	[95～97]
Re、Os	Carius 管溶矿，溴提取或四氯化碳提取，分离 Os；阴离子交换树脂法，丙酮萃取法，分离 Re	—	[98～100]
Hf	离子交换法	>90%	[101]
Nb、Ta	P204 萃淋树脂，在 0.5～3mol/L HCl 介质中吸附 Ta，在 1～8mol/L HCl 介质中吸附 Nb，在 1～3mol/L HCl 介质中吸附 Ta 和 Nb，用 H₂SO₄+H₂O₂ 洗脱 Nb，酒石酸+HCl 洗脱 Ta	>98%	[102]
Th、U	阴离子交换树脂 AG1×8，6mol/L HCl 上柱，35ml 洗涤，洗脱出 Th，水洗脱 U；阴离子交换树脂 Dowex50×8，8mol/L HNO₃ 上柱、洗涤其他金属杂质，水洗脱 U，重复分离步骤得到分离纯化的 U。采用相同步骤分离纯化 Th	—	[103]
As 形态	微波萃取，10ml 0.3mol/L 磷酸和 1ml 0.1mol/L 抗坏血酸为萃取液，95℃，20min	80%～98%	[104, 105]
Cr 形态	海水、废水、天然水、尿中 Cr 形态分析，采用离子交换树脂法、络合和氧化还原反应等	—	[106]
Se 形态	肝磷脂亲和柱与分子排阻色谱柱串联，流动相：①0.02mol/L 磷酸钠缓冲液，pH=7.5；②在流动相①中加入 500U/ml 肝磷脂	—	[107, 108]
Hg 形态	反向 C₈ 色谱柱，流动相：0.05% *m/v* L-半胱氨酸，0.05%（体积分数）2-巯基乙醇，pH=6.6	—	[109～111]
S 形态	正己烷萃取得到单质硫，200g/L NaCl-0.12mol/L HCl 提取硫酸盐硫，2.8mol/L HNO₃ 提取硫化物硫，剩余为有机硫	85%～105%	[112, 113]

第五节 固定样品制备

一、固体样品制备特点

固体样品的质谱分析一般包括有辉光放电质谱分析、二次离子质谱分析、激光电离质谱分析、激光共振电离质谱分析和加速器质谱分析等。分析方法的多样性对样品的具体要求和制备方法有着不同的需求，样品具有导体、半导体和非导体的区别，硬度的不同，以及尺寸大小（块状、棒状、粉末、颗粒等）的不同等。

固体样品的分析相对于气体样品和液体样品，具有原始性、区域性的特点，通常不改变样品原有的物理结构和化学性质，力图直接对样品本身具备的特性量值进行测量，因此更能反映样品的原始特征。针对不同的检测方法，样品制备方法各有不同，一般不改变样品原始分布，满足质谱测量的要求，减少表面污染。

二、固体样品制备实例

针对不同的检测方法，固体样品的制备方法各有不同，需要满足质谱进样系统和离子源构造的要求。表 16-16 列出了各种测量方法对不同典型样品的一些处理方法。

表 16-16 固体样品制备方法实例

测量方法	样品形式	处理方法	参考文献
GDMS	块状导体 （低合金钢、铝合金）	用研磨机对样品表面进行打磨，然后用高纯硝酸、高纯水洗涤样品表面，最后采用异丙醇清洗，晾干待测。 用王水对表面进行轻微蚀清洗，表面以 800 目砂纸打磨除去氧化层，去离子水清洗表面，高纯氮气吹干	[114, 115]
	粉末导体 （铜粉）	将铜粉放入特制的压片装置上，以 294MPa/min 的速度升至 882MPa，保持 2min 后降低压力为 0，压制成块	[116]
	棒状导体 （高纯锑）	先用甲苯超声清洗残留在样品表面上的油污，后经纯水超声清洗，用 50%的硝酸超声腐蚀数分钟，再用纯水反复清洗后，放入甲醇中保存，待分析前取出在红外灯下烘干	[117]
	块状非导体	在样品和绝缘陶瓷环之间紧贴样品放置一块圆形金属片，即第二阴极，中间开有小孔（孔径 3～10mm），该孔孔径小于阳极孔径），使样品部分暴露于等离子体中，同时暴露在外的还有一块环形的第二阴极部分	[118]
	粉末非导体 （GeO₂）	样品放入圆柱状聚四氟乙烯容器底部，一根金属 In 棒置于样品上方，容器置于密闭的铜制加热炉腔中，炉腔中可通入高压氩气，金属 In 被加热熔化后在氩气的压力下填满样品粉末的空隙，冷却凝固后制得混合样品，分析部位位于金属 In 棒头部 3mm 处	[119]
SIMS	片状	用 Al₂O₃ 粉末把表面研磨成镜面，然后用硝酸溶液轻微腐蚀掉加工层，最后用蒸馏水漂洗并用离心机甩干，样品切片后用磷青铜压片固定在样品台上	[120]
	颗粒	对于不能直接分析的介质，如擦拭布或过滤膜，要在洁净环境中把微粒转移到样品底衬上，转移的方法可以是抖动、超声波振动、抽取，或用惰性溶液洗下来，然后把悬浮液滴到样品底衬上，烘干；对含有有机物的样品，可以用灰化法制样；有时要在样品表面镀上一层碳膜或金属膜，如铜或金	[121, 122]
	有机物	取除草剂放入试管中，加入溶剂制成试液，用微型注射器取试液滴于金箔载片上，自然晾干	[123]
加速器质谱 AMS	¹⁴C	分别用燃烧法和酸解法把有机样品和无机样品制备成 CO₂，然后再采用 Fe 催化还原 CO₂ 制备石墨样品	[124]
	²⁶Al	选取 TiN 作为靶材料，将粉末状 TiN 在高于 1800 K 高温下用真空镀膜机将其蒸到铜衬底上，靶厚约为 100μg/cm²	[125]
	³⁶Cl	水样品中加入过量 10%的 AgNO₃ 溶液，使氯离子沉淀完全，加氨水溶解 AgCl 并除去不溶物，加入过量 Ba(NO₃)₂ 溶液，离心除去沉淀，加入过量硝酸使氯离子沉淀为 AgCl，反复上述操作，直至得到光谱纯 AgCl	[118]
	⁴¹Ca	制备氢化钙标准样品需要三个步骤：第一步，将稀释后的碳酸钙制成氧化钙；第二步，将氧化钙制成金属钙；第三步，将金属钙制成氢化钙	[126]

参 考 文 献

[1] 刘虎生，邵宏祥. 电感耦合等离子体质谱技术与应用. 北京：化学工业出版社，2007.

[2] 刘运德，甘义群，余婷婷，等. 岩矿测试，2010，29(6)：643.

[3] 陶成，张美珍，杨华敏，等. 质谱学报，2006，27(4)：215.

[4] 李立武，杜丽. 质谱学报，2004，25(4)：249.

[5] Hilkert A W, Douthitt C B, Schluter H J, et al. Rapid Commun Mass Spectrom, 1999, 13: 1266.

[6] 贺行良，刘昌岭，王江涛，等. 岩矿测试，2012，31(1)：154.

[7] 杜晓军. 质谱学报，1993，14(1)：35.

[8] Shouakar-Stash O, Drimmie R, Morrison J, et al. Anal Chem, 2000, 72: 2664.

[9] 唐富荣，李月芳. 岩矿测试，2001，20(3)：179.

[10] 张月琴，王成玉，樊宏，等. 岩矿测试，2003，22(2)：109.

[11] 杨会，王华，应启和，等. 岩矿测试，2012，31(2)：225.

[12] 孟庆强，金之钧，刘文汇，等. 岩矿测试，2010，29(6)：639.

[13] 王广，李立武. 岩矿测试，2006，25(4)：311.

[14] 李立武，张铭杰，杜丽，等. 岩矿测试，2005，24(2)：135.

[15] 崔杰华，祁彪，王颜红. 质谱学报，2008，29(1)：23.

[16] 张成君，文启彬. 质谱学报，1998，19(2)：39.

[17] 崔琳琳，刘卫国. 质谱学报，2011(3)：164.

[18] 黄代宽，李心清，安宁，等. 质谱学报，2008，29(5)：301.

[19] 杜广鹏，王旭，张福松. 岩矿测试，2010，29(6)：631.

[20] Fiebig J, Schone B R, Oschmann W. Rapid Commun Mass Spectrom, 2005, 19: 2355.

[21] 焦杏春, 王广, 叶传永, 等. 岩矿测试, 2010, 29(3): 207.
[22] 王旭, 张福松, 丁仲礼. 质谱学报, 2006, 27(2): 104.
[23] 肖化云, 刘丛强. 岩矿测试, 2002, 21(2): 105.
[24] Silva S R, Kendall C, Wilkison D H, et al. J Hydrol, 2000, 228(1): 22.
[25] Feast N A, Hiscock K M, Dennis P F, et al. J Hydrol, 1998, 211: 233.
[26] Liu Y P, Mulvaney R L. Soil Sci Soc Am J, 1992, 56: 1151.
[27] Kendall C, Grim E. Anal Chem, 1990, 62: 526.
[28] Fry B, Brand W, Mersch F J, et al. Anal Chem, 1992, 64: 288.
[29] Revesz K, Bohlke J K, Yoshinari T. Anal Chem, 1997, 69: 4375.
[30] 陈永权, 将少涌, 凌洪飞, 等. 质谱学报, 2005, 26(2): 115.
[31] 张庆乐, 文启彬, 刘卫国, 等. 质谱学报, 2002, 23(4): 220.
[32] Thompson P, Gray J. Int J Appl Rad Isot, 1997, 28: 411.
[33] Axel P, Olaf R, Detlef S, et al. Metrologia, 2011, 48: S20.
[34] Ding T, Wan D, Bai R, et al. Geochim Cosmochim Acta, 2005, 69: 5487.
[35] De Bièvre P, Lenaers G, Murphy T J, et al. Metrologia 1995, 32: 103.
[36] Ding T, Valkiers S, Kipphardt H. Geochim Cosmochim Acta, 2001, 65(15): 2433.
[37] 张苗云, 王世杰, 洪冰, 等. 质谱学报, 2007, 28(2): 101.
[38] 叶先仁, 吴茂炳. 岩矿测试, 2001, 20(3): 174.
[39] Hanyu T, Kaneoka I, Nagao K. Geochim Cosmochim Acta, 1999, 63(7/8): 1181.
[40] 李畅开, 湛永华. 质谱学报, 1997, 18(4): 29.
[41] 李滨阳, 李立武. 岩矿测试, 2000, (3): 161.
[42] 李迎春, 唐力君, 王健, 等. 岩矿测试, 2008, 27(1): 1.
[43] Leonhard P, Pepelnik R, Prange A, et al. J Anal Atom Spectrom, 2002, 17: 189.
[44] 商玮, 徐子刚, 沈雅珍, 等. 分析测试学报, 1999, 18(6): 20.
[45] 陈杭亭, 曹淑琴, 曾宪津, 等. 光谱学与光谱分析, 2000, 20(3): 339.
[46] 王明军, 何雪梅, 焦万里, 等. 化工矿产地质, 2011, 33(1): 58.
[47] 刘正, 张翠敏, 王明海, 等. 冶金分析, 2007, 27(5): 1.
[48] 何红蓼, 李冰, 韩丽荣, 等. 分析实验室, 2002, 21(5): 8.
[49] 刘勇胜, 胡圣虹, 等. 地球科学, 中国地质大学学报, 2003, 28(2): 151.
[50] 谢烈文. 中国科学院地质与地球物理研究所博士论文, 2001.
[51] 杨永丽, 刘少轻, 施燕支, 等. 首都师范大学学报: 自然科学版, 2009, 30(2): 28.
[52] 李曼, 李东雷, 刘玺祥, 等. 质谱学报, 2006, 27(2): 99.
[53] 侯艳岩, 回瑞华, 许利民, 等. 质谱学报, 2010, 39(1): 39.
[54] 王琛, 赵永刚, 张继龙, 等. 质谱学报, 2010, 39(1): 34.
[55] 侯冬岩, 回瑞华, 李红, 等. 质谱学报, 2008, 29(6): 353.
[56] 王欣美, 李丽敏, 王柯, 等. 质谱学报, 2009, 30(4): 208.
[57] 侯冬岩, 刘俊会, 回瑞华, 等. 质谱学报, 2009, 30(4): 213.
[58] 杨立业, 王斌, 于春光, 等. 质谱学报, 2010, 31(2): 94.
[59] 张霖琳, 魏复盛, 吴国平, 等. 质谱学报, 2011, 32(5): 301.
[60] 陈国友, 杜英秋, 李宛, 等. 质谱学报, 2009, 30(4): 223.
[61] 刘江晖, 焦红, 温巧玲, 等. 质谱学报, 2008, 29(3): 153.
[62] 刘虎生, 王耐芬, 王小燕, 等. 分析试验室, 1996, 15(5): 69.
[63] 周涛, 王军, 逯海, 等. 同位素, 2007, 20(4): 174.
[64] 周涛, 王军, 逯海, 等. 原子能科学技术, 2009, 43(11): 992.
[65] Benes B, Jakubec K, Smid J, et al. Biol Trace Elem Res, 2000, 75: 195.
[66] 曹淑琴, 陈杭亭, 曾宪津. 分析化学, 1999, 27(6): 621.
[67] Bocca B, Forte G, Petrucci F, et al. Ann Ist Super Sanita, 2005, 41(2): 165.
[68] 吉艳琴. 中国原子能科学研究院博士论文, 2001.
[69] Kennett D J, Sakai S, Neff H, et al. J Arch Sci, 2002, 29: 443.
[70] Niederschlag E, Pernicka E, Seifert T, et al. Archaeometry, 2003, 45: 61.
[71] Javis K E, 等. 电感耦合等离子体质谱手册. 尹明, 李冰译. 北京: 原子能出版社, 1997.
[72] 黄慧萍, 李艳玲, 陶德刚, 等. 冶金分析, 2005, 25(6): 42.
[73] 赵玲, 冯永明, 李胜生, 等. 岩矿测试, 2010, 29(4): 355.
[74] 付爱瑞, 陈庆芝, 罗治定, 等. 岩矿测试, 2011, 30(6): 751.
[75] 文加波, 商丹, 宋婉虹, 等. 岩矿测试, 2011, 30(4): 481.
[76] 杜安道, 孙德忠, 王淑贤, 等. 岩矿测试, 2002, 21(2): 100.
[77] 王蕾, 何红蓼, 李冰. 岩矿测试, 2003, 22(2): 86.
[78] 时晓露, 刘洪青, 孙月婷, 等. 岩矿测试, 2009, 28(5): 427.
[79] 王丽雄, 杨通在, 汤磊, 等. 核化学与放射化学, 2007, 29(1): 60.
[80] 唐索寒, 朱祥坤, 蔡俊军, 等. 岩矿测试, 2006, 25(1): 5.
[81] 逯海, 王军, 任同祥, 等. 质谱学报, 2011, 32(3): 138.
[82] Borrok D M, Wanty R B, Ridley W I, et al. Chem Geol, 2007, 242(3/4): 400.
[83] 郎斌超, 刘丛强, 赵志琦. 岩矿测试, 2002, 21(4): 279.
[84] 王刚, 肖应凯, 王蕴慧, 等. 岩矿测试, 2000, 19(3): 169.
[85] 来雅文, 甘树才, 李红英, 等. 岩矿测试, 2000, 19(4): 298.
[86] 李迎霞, 王未肖, 哈婧, 等. 岩矿测试, 2005, 24(4): 311.
[87] Olivier R, John L, Jean C, et al. Geochim Cosmochim Acta, 2002, 66(18): 3192.
[88] 郭晔, 王军, 张丽娟. 质谱学报, 2006, 27(增刊): 13.
[89] 戴梦宁, 宗春蕾, 袁洪林. 岩矿测试, 2012, 31(1): 95.
[90] 隋喜云, 王子树, 黄富嵘. 质谱学报, 1996, 17(1): 56.
[91] Zhao M, Zhou T, Wang J, et al. Rapid Commun Mass Spectrom, 2005, 19: 2743.
[92] 苏玉兰, 刘峻岭, 赵立飞, 等. 质谱学报, 2003, 24(3): 421.
[93] 王军, 卢百锂, 赵墨田. 质谱学报, 1998, 19(3): 6.
[94] 高博, 涂湘林, 刘颖, 等. 岩矿测试, 2008, 27(1): 9.
[95] 郑浩, 李红, 曾扬, 等. 岩矿测试, 2005, 24(4): 299.
[96] 鲍长利, 刘红艳, 张凯, 等. 岩矿测试, 2002, 21(4): 287.
[97] 赵伟, 王玉林, 钟莅湘, 等. 岩矿测试, 2010, 29(3): 212.
[98] 张巽, 金立新, 陈江峰. 岩矿测试, 2002, 21(1): 50.
[99] Cohen A S, Waters F G. Anal Chim Acta, 1996, 332(2-3): 269.
[100] 杜安道, 赵敦敏, 高洪涛, 等. 质谱学报, 1998, 19(3): 12.
[101] 杨岳衡, 张宏福, 谢烈文, 等. 岩矿测试, 2006, 25(2): 151.
[102] 姜莹, 孙海玲, 钱程. 岩矿测试, 2003, 22(1): 33.

第
四
篇

[103] 郭冬发, 张彦辉, 武朝晖, 等. 岩矿测试, 2009, 28(2): 101.

[104] 刘峰, 石志芳, 姜霞, 等. 质谱学报, 2011, 32(3): 170.

[105] Suzuki K T, Mandal B K, Ogra Y. Talanta, 2002, 58(1): 111.

[106] Marques M J, Salvador A, Morales-Rubio A, et al. Fresenius J Anal Chem, 2000, 367: 601.

[107] Koyma H, Omura K, Ejima A, et al. Anal Biochem, 1999, 267(1): 84.

[108] Vonderheide A P, Montes-Bayon M, Caruso J A. J Analyst, 2002, 127: 49.

[109] Chiou C S, Jiang S J, Danadurai K S K. Spectrochim Acta B Atom Spectrom, 2001, 56: 1133.

[110] 陈登云, 刘娜, 张兰英. 环境化学, 2005, 24(1): 110.

[111] 何红蓼, 倪哲明, 李冰, 等. 岩矿测试, 2005, 24(2): 118.

[112] 饶竹, 梁汉东, 李艳芳. 岩矿测试, 2001, 20(3): 183.

[113] Else H, George W L, Gert J L, et al. Geochim Acta, 1997, 61(2): 307.

[114] 唐一川, 周涛, 徐常昆. 分析测试学报, 2012, 31(6): 664.

[115] 李继东, 王长华, 郑永章. 质谱学报, 2012, 33(1): 18.

[116] Matschat R, Hinrichs J, Kipphardt H. Anal Bioanal Chem, 2006, 386: 125.

[117] 荣百炼, 普朝光, 姬荣斌, 等. 质谱学报, 2004, 25(2): 96.

[118] 赵墨田, 曹永明, 陈刚, 等. 无机质谱概论, 北京: 化学工业出版社, 2006.

[119] 陈刚, 葛爱景, 卓尚军, 等. 质谱学报, 2006, 27(增): 29.

[120] 李之仁, 胡殿国, 杨存安, 等. 质谱学报, 1982, 3(2): 5.

[121] 李安利, 赵永刚, 李静, 等. 质谱学报, 2006, 27(3): 173.

[122] 李金英, 郭冬发, 吉燕琴, 等. 质谱学报, 2010, 31(5): 257.

[123] 陆大荣, 梁汉东, 王凯旋, 等. 质谱学报, 2011, 32(2): 86.

[124] 郭之虞, 赵镪, 刘克新, 等. 质谱学报, 1997, 18(1): 1.

[125] 郑元丰, 阮向东, 何明, 等. 质谱学报, 2003, 24(1): 295.

[126] 武绍勇, 姜山, 董克君, 等. 质谱学报, 2002, 23(4): 248.

第十七章　计算机在质谱分析中的应用

　　早期的质谱仪器中没有计算机，质谱测量和质谱数据的分析工作完全依赖手工操作。因此计算机在诞生之初就被迫切地联用到质谱仪器中，用于辅助完成精确的控制、质谱采集以及数据分析等任务[1~4]。

　　近30年来，计算机技术发展迅速，并在各领域得到广泛应用。在质谱学领域，计算机技术同样已经深入到质谱分析的各个环节，提高了仪器的分析性能，使设备更加智能化[5,6]。例如，在新型的同位素质谱仪的数据采集过程中，计算机可根据用户设定的流程自动完成峰中心刻度、跳峰、信号累加、基线校正、计算同位素比值、输出报告等，对于批量样品，甚至可实现自动进样、自动参数优化等更复杂的功能[7,8]。计算机全面监控仪器运行状态也是新型质谱仪器的特点，通过一定的安全策略，仪器可在较长时间内保持正常运行状态。目前的质谱仪器普遍通过软件提供友好的人机界面，具备丰富的算法和数据库支持，用户在操作中能够更加直观地查看仪器的工作状态，更加方便地通过点击鼠标实现操作意图，质谱仪器的操作不再是专家才能胜任的工作。

　　另外，互联网技术的发展和应用正逐步将人与人、人与物以及物与物更为紧密地联系起来，"物联网"将是改变人们生活的十大技术之一，质谱仪器正是物联网三层架构中"感知层"中的一类高灵敏度设备[9]。互联网技术与质谱技术的融合，可能实现仪器分析数据的共享、仪器状态的远程诊断等[10,11]，基于大量数据分析也可能对仪器的运行模式带来革命性的变化。不过，考虑到目前这一技术并未在无机质谱应用中广泛普及，缺乏足够的实例支撑，且认为将其归入信息技术讨论更为妥当，因此本章不涉及相关内容。

　　限于篇幅，本章内容仅限于计算机在无机和同位素质谱中的应用，不涉及计算机在质谱解析、色谱-质谱联用中的应用。这里重点简述计算机在质谱仪器的数据采集与处理、仪器控制、安全以及故障诊断方面的应用。对于计算机基础知识，读者随时可找到大量的书籍和文献，本章不再赘述。

第一节　数据采集与处理

一、离子信号的数据采集

　　质谱测量中常常面临较大丰度差异同位素的测量，加之质谱仪器的离子流信号十分微弱，因此数据采集系统的线性动态范围和灵敏度是关键指标。根据仪器的配置和测试目的不同，数据采集系统也有较大的差异，所关注的指标还包括数据更新速率、稳定性等。计算机的参与能够消除人为因素，显著提高数据采集的效率和测试精确度。

　　无机和同位素质谱的离子探测器通常有法拉第杯、打拿极电子倍增器、通道式电子倍增器、微通道板以及闪烁光电倍增器（Daly）等，加速器质谱中还可能用到对原子序数 Z 敏感的探测器[12]。在这些探测器中，法拉第杯直接收集离子的电荷，结合其对二次电子逸出的抑制，其线性好、动态范围宽、无质量歧视，但探测灵敏度不高（约 $10^{-14}A$）；其他的探测器则是将离子转换为电子或光子并倍增放大，使探测灵敏度得到 $10^3 \sim 10^7$ 的改善，但这些探测器转换效率和增益的变化对测试数据的精度可能带来一定的影响。

对于法拉第杯探测器，由于测试对象为微弱离子流，通常需要配置低噪声、超低漏电流的高阻直流放大器，再将放大后的模拟信号转换为数字值。模数转换的一种典型方式是电压频率转换（voltage to frequency converter，UFC）结合频率计，采用该方式的典型仪器有 Neptune Plus（Thermo Fisher Scientific 公司），图 17-1 是这种方式的原理框图。其中前置放大器输入偏置电流极小，有的甚至低至 fA 量级，反馈电阻 R_f 可选 $10^{10} \sim 10^{12} \Omega$。为保证放大电路的稳定性，还需提供良好的电磁屏蔽、恒温和真空条件。对于连续信号，频率计宜采用等精度频率计才能在离子流较弱时得到精确的测量结果[13]。UFC 和频率计的温漂小于 $1 \times 10^{-6}\,℃^{-1}$ 才能满足对法拉第信号准确测量的要求。计算机与频率计之间通过数据交换完成频率计参数的设定和测试数据的读取。与此同时，计算机还同时通过与其他测量控制模块的数据通信完成质量数设定、仪器状态监控等相关工作。采集得到的离子流强度值经过预处理，与质量数扫描设定数据一起可描绘出质谱图。

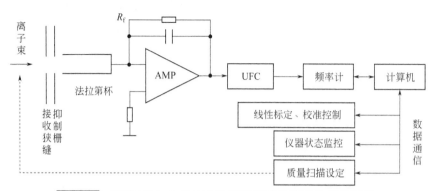

图 17-1 采用 UFC 方式的法拉第探测器数据采集原理框图

模数转换的另一种方式是采用高精度模数转换器（analog to digital converter，ADC），典型仪器有 Nu Plasma（Nu instruments 公司），图 17-2 是这种方式的原理框图。其中高精度 $\Sigma\text{-}\Delta$ ADC 的积分非线性（integral nonlinearity，INL）可达到 10^{-6} 量级，数据更新速率达到几千赫兹，能够较好地满足低频信号与直流信号高精度采样的要求。为提高测试精度，通过计算机控制将标准弱电流信号切入到放大器，可实现多点线性标定，对放大器及转换器的积分非线性适当补偿。

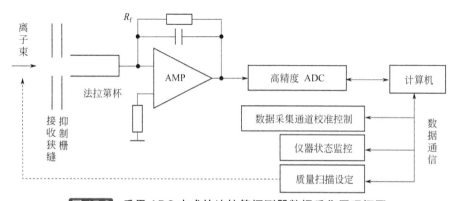

图 17-2 采用 ADC 方式的法拉第探测器数据采集原理框图

对于电子倍增器、微通道板等具有信号倍增特性的离子探测器，常用模拟或计数两种数据采集方法。模拟法的原理与图 17-1 和图 17-2 相同。图中模拟放大器如果被更换成积分器可获得更好的信噪比（signal to noise ratio，SNR）。在某些仪器中，如 Element 系列 ICP-MS，即如此。不过积分法测量需要根据输出信号适时对积分器进行复位，这也需要计算机的参与。计数法测量一般采用宽带前置放大器结合快甄别器[14]，其原理如图 17-3 所示。图中倍增器入口前一般装有离子束偏转电极，将离子束调整到第一打拿极上的灵敏接收区。有的仪器还安装离子-电子转换靶，将转换后的电子引入倍增器。为增加计数测量的线性范围，计数器也必须采用上百兆带宽的计数器。在飞行时间质谱的数据采集中，一般将图 17-3 中的计数器更换为时间数字转换器（time-to-digital converter，TDC），TDC 将每个离子脉冲相对同步脉冲的时间转换为数字并传送至计算机，数据经累加后可获得高信噪比的飞行时间质谱图。

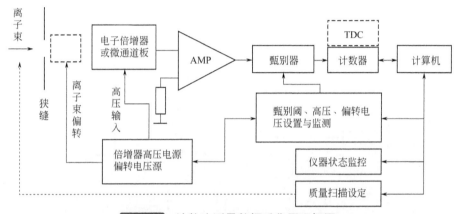

图 17-3 计数法测量数据采集原理框图

对于飞行时间质谱，另一种较通用的数据采集方式是高速 ADC，如图 17-4 所示。按照奈奎斯特采样定律，ADC 的采样率应大于信号最高频率的 2 倍，因此对于几纳秒量级的信号脉冲，采样率要达到 0.5～2GHz[15]。高性能的数据采集设备可能采用数字信号处理器[16]（digital signal processing，DSP）或现场可编程门阵列（field programmable gate array，FPGA），对实时数据进行预处理。

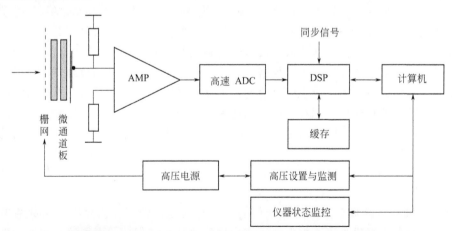

图 17-4 用于飞行时间质谱的高速 ADC 数据采集原理框图

在采用磁场质量分析器的系统中，采用多个独立的离子接收器以消除离子源随时间波动对测量结果的影响，非常适用于高精度同位素比测量。通常采用校准回路校正不同通道的增益。如图 17-5 所示，精密开关将标准电压通过高阻 R_c 分别接入到各前置放大器输入端，在离子流关断的条件下分别测量各放大器的输出。

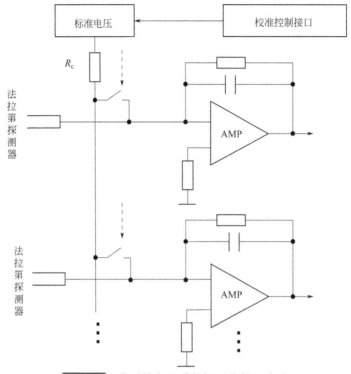

图 17-5 典型的多通道数据采集校正电路

另一种增益校正的技术被称为"虚拟放大技术"，即离子接收器与放大器之间不是一一对应关系，而是通过开关阵列轮流切换，使每个离子接收器都均匀"经历"多个放大器，从而测试结果中增益误差被均一化[17]。

近年来，一种新的 DCD（direct charge detector）平面检测器被用于多接收电感耦合等离子体质谱（SPECTRO MS 公司）中。该检测器同时具有 4800 个检测通道，可覆盖 5～240u 的质量范围[18]。

随着高性能 ADC、DSP、FPGA 以及单片机技术的快速发展和成本的降低，智能化数据采集成为一种趋势。来自探测器的信号被首先转换为数字量，再进行数字滤波、校正以及谱累加等。例如，在某些飞行时间质谱数据采集系统中，将来自 ADC 的数据与设定阈值比较，大于阈值的数据被记录下来，而小于阈值的则被认为是噪声被丢弃，从而提高信噪比，减少数据量。高阶数字滤波器可实现较为理想的通带频率特性，显著提高信噪比，并降低高频模拟信号电路实现的难度。智能模块化数据采集减少了向主控计算机传送实时谱数据的量，同时具有更好的可编程特性。

二、质谱数据处理

利用计算机对质谱数据采集系统获得的原始数据进行处理可快速给出测量结果和其他所需的信息。目前计算机处理数据仅限于实现程序化计算过程，即事先编写数据处理算法和流程程序。数据处理可以在测量的过程中进行，也可在测量结束后对存储数据进行处理。值得注意的是，计算机对原始数据的处理必须建立在经验、数据库和算法验证的基础上，并设置严格的限定条件，任何新的数据处理方法及其扩展应用必须经过系列实验验证。

（一）扫描质谱数据的处理

对于逐点扫描得到的一段质谱数据，数据处理的首要任务是峰位置的识别。峰位置识别的一个简单流程如图 17-6 所示。其中，峰数据的判断其实质是峰数据与既有模型的匹配过程，这与质谱仪的特性、扫描参数以及数据的统计信息等多种因素有关系。简单情况下，连续几个数据都大于设定的阈值（如 5%最大值）即可认为该段数据是峰数据，而剩余的数据可粗略认为是本底。

在峰位置识别的基础上，可根据本底数据判断一段谱数据的基线。较为简单的情况可将感兴趣谱段的非峰数据（未被标记）的平均值作为基线。不过值得注意的是，对于大范围的质谱扫描谱，可能存在不同谱段本底不同的现象，因此当处理几十个质量范围的扫描数据时，应注意基线的波动。

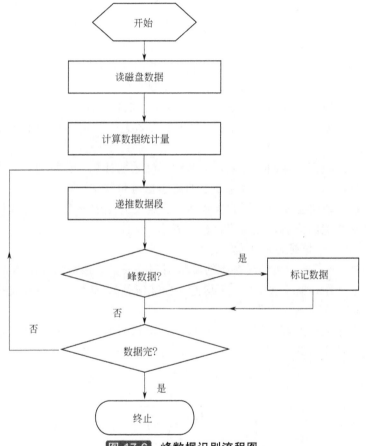

图 17-6　峰数据识别流程图

对于每个具有一定幅度的质量峰，确定其峰中心位置是质谱数据处理的重要一环。质量峰的位置准确，才能正确地反映离子流强度的变化。对于左右对称的峰，其峰中心一般取两个半峰高横坐标的中心；对于左右不对称的峰，可分别对峰两侧的斜坡作延长线，两延长线的交点位置即可作为峰中心。在做峰中心时，数据的涨落往往给计算结果带来显著的偏差，这也是峰中心标定的误差来源。对于平顶不明显的谱图，可以使用二次曲线拟合得到离子流强度，见式（17-1）。

$$I_i = Am^2 + Bm + C \tag{17-1}$$

式中，I_i 为离子流强度；m 为质量数。

峰中心位置应在$-B/(2A)$处。对于非常弱的峰，上述算法难以计算峰中心时，可简单地计算一段含本低单峰谱"质心"的方法得到该弱峰中心位置。

$$x_c = \frac{\sum_i m_i x_i}{\sum_i m_i} \tag{17-2}$$

式中，x_c 为峰中心坐标；x_i 为各数据点的横坐标；m_i 为各数据点的值。

对于每个峰位置，原始数据的横坐标可能是计算机设定的数模转换器（digital to analog converter，DAC）数值，也可能是按照时间排列的序列数。要通过计算机自动标定每个峰位置对应的质量数，除了要求一定的峰数据的量，还必须有对应的扫描参数和数据库支持。为简单起见，可人工指定几个峰位置对应的质量数，再由计算机根据扫描参数与质量数之间的线性或非线性关系算出其他相邻峰的位置，从而可画出峰强度-质量谱图。

对于扫描峰信号，离子信号的强度有几种算法。第一种是峰高法，即用峰中心位置的数据（或连续几个数据的均值）减去基线数据作为离子信号强度；第二种是峰面积法，即用该峰数据和基线围成的面积作为离子信号强度；第三种采用窗口数据累加，即以峰中心位置开始向大质量数和小质量数寻找固定长度，确定一个质量范围，将该质量范围内的数据平均值减去基线数据作为离子信号强度。离子峰数据的涨落和基线的涨落都对测试数据有较大的影响，比较而言，峰面积法的精度高一些。通过对峰数据的分析，还可得到质量峰的其他特征参数。

半峰宽（半高全宽）：是反映仪器分辨本领的参数之一。谱图在一半峰高处的质量数之差就是半峰宽。

峰顶平坦度：反映探测器的稳定度，只有梯形峰才能计算。计算公式为平顶位置处的离子流强度的极差与峰高的比值。该值越小表明离子信号越稳定。

峰形系数：是反映仪器分辨本领的参数之一。定义为10%峰高处的峰宽与90%峰高处的峰宽之差与峰半高全宽的比值，该值用百分比表示。

（二）离子流累积测量数据的处理

一般质谱测量，将需要测量的质量数的峰从头到尾采集一遍称为峰循环或者扫描（scan），将几个峰循环分成一组，报一次结果（平均值与标准偏差），多组结果进行统计得到测试结果（平均值与标准偏差）。

每个峰循环采集完毕后都可以计算一组数据，测量得到几个数据后就可以求平均值，平均值和标准偏差的计算公式为：

$$\bar{x} = \frac{1}{n}\sum_{i=1}^{n} x_i \tag{17-3}$$

$$s = \sqrt{\frac{\sum_{i=1}^{n}(x_i - \bar{x})^2}{n-1}} \tag{17-4}$$

对离子流累积测量的数据，一般要求在测量的间隙测量本底数据，因此一般在累积测量的过程中用累积数据减去本底数据，即得到扣除本底的原始数据。

在测量过程中，偶发因素可能是电压波动、机械振动等不可控的原因，会使个别测量数据明显偏离正常范围。对于这类异常的数据，要加以剔除，才能更准确真实地反映测量的样品情况。在一组测量数据中，奇异数据的判定与剔除可采用标准的数据处理方法[19]。一般判别粗大误差数据的准则有拉依达（Pauta）准则（3δ）、格拉布斯（Grubbs）准则、肖维勒（Chauvenet）准则、狄克逊（Dixon）准则、罗马诺夫斯基（t 检验）准则等。这几种粗大误差的判别准则均有一定的适用条件，因此在实际测试中要根据具体情况选用适宜的方法。如果正态分布是这些剔除方法的假设条件，当采集数据的实际统计分布不是正态时，则可能错误地剔除数据。再如，有的剔除准则适合大量数据的剔除，有的则适用于小数据量。另外，用计算机剔除奇异数据，最好采用一致的剔除原则和标准，拉依达准则法（3δ）、肖维勒（Chauvenet）准则法的不同剔除条件的置信水平不一致，在使用中要注意。

对于采用离子脉冲计数法测量得到的数据，对数据的死时间校正[20]是十分必要的。死时间校正一般采用如下公式：

$$N_0 = \frac{N_C}{1 - N_C \tau} \tag{17-5}$$

式中，N_0为校正后的计数率；N_C为测量得到的计数率。一般计数测量系统的死时间值（τ）可通过测量标准样品的方法得到。

倍增器或微通道板测量[21]中的增益校正和计数效率校正也是数据处理中需注意的问题。由于倍增器的增益随时间存在缓慢而细微的变化，因此当需要高测试精度时，数据采集过程中应附加跳峰过程，使一束适当强度的离子流（同时处于法拉第和倍增器探测的线性范围内）交替被法拉第杯和倍增器测量，从而用该离子流实时跟踪校正倍增器相对于法拉第的增益。

对测量过程中离子流缓慢变化的情况（如热表面电离的离子源），如果采用单接收器跳峰法测量同位素丰度，一般不能直接用测量数据直接作比值。应当采用时间插值的方法将测量得到的几个数据推算到同一时刻的离子流强度，之后再作比值。一般采用二次曲线拟合离子流强度变化，如图 17-7 所示，两条曲线符合一致的二次方程，A、B 测试数据交替，列出下式：

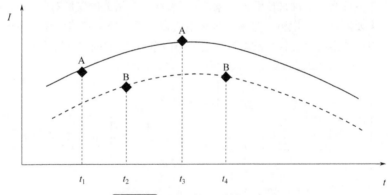

图 17-7 时间校正时的示意图

$$\begin{cases} R = I_A / I_B \\ I(t) = a \times t^2 + b \times t + c \end{cases} \tag{17-6}$$

将(A_1,t_1)、(B_1R,t_2)、(A_2,t_3)、(B_2R,t_4)代入，可以解出 R。

多种质谱仪的离子源均存在质量分馏或质量歧视。对于热表面电离离子源，一般样品蒸发的前期轻/重质量同位素的比值偏大，而在蒸发的后期该比值偏小。一般可采用全耗尽累积法、最佳蒸发点法等进行校正[22]。其中全耗尽累积法全程采集数据，将被测元素各同位素离子强度分别累积，用累积数据计算比值，该方法一个样品出一个数据，耗时长，必须测量多个样品才能给出不确定度。优点是各种形式单次进样的离子源都可以使用该方法，而且计算的比值精度高。对于连续进样的离子源，离子源的质量歧视一般与被测元素的质量及其质量差有关，可根据情况选用合适的经验公式进行校正[23]。如对于电感耦合等离子体离子源，其丰度比校正多采用指数校正公式：

$$\frac{R_{true}}{R_{obs}} = (\frac{m_b}{m_a})^{K_{exp}} \tag{17-7}$$

式中，K_{exp} 为校正系数，可通过实验标定；m_a、m_b 为该元素两种同位素的质量数；R_{true}、R_{obs} 为校正后和测试得到的同位素丰度比。

质谱测试数据的处理方法多种多样，如数据的统计信息、最小二乘法[24]、不确定度的评定[25]等。不同应用领域和不同的测试目的，对应有不同的数据处理方法，如对某种矿物的年龄鉴定，需测量铀-铅衰变链中的几种元素，根据核素衰变的半衰期，不同元素的相对比例可给出材料年龄信息。更多详细信息请参阅相关专业文献。

第二节　控制仪器运行

计算机控制质谱仪器的运行可有效降低人员劳动量，甚至能够完成手动操作难以实现的控制动作。目前质谱仪器的自动化水平逐步提高，程序升温、自动参数优化、自动扫描、自动参数标定等逐步成为仪器的标准配置[26,27]。简言之，只要是程式化的分析，人们总愿意让仪器自动完成。现代计算机技术较好地满足了这一愿望。

一、仪器的基本控制

一个简单的反馈控制回路包括受控对象、状态/参数采集、控制策略、控制参数输出等，如图 17-8 所示。在实际的质谱仪器系统中，不同的受控对象之间存在各种各样的联系，因此参与控制策略计算的状态和参数通常不仅来自受控对象，也可来自与之相关的受控对象。如对电子轰击（EI）离子源的控制，需要测量灯丝电流、轰击电压和电流多个量，控制策略中还需考虑真空度、来自操作界面的指示等，最终通过设置灯丝电流、改变轰击电压达到控制目的。

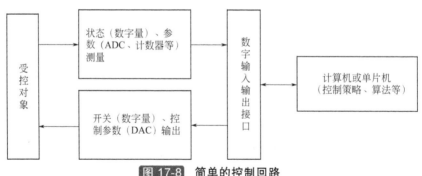

图 17-8　简单的控制回路

质谱仪器控制系统的拓扑结构可分为集中控制、分布式控制及两者的组合。早期计算机成本高，多采用集中控制方式，并且仅对一些重要部件进行控制以免超出计算机在计算速度、内存容量等方面的限制。目前，计算机和单片机的成本在仪器的总成本中仅占很小的部分，为满足系统的可靠性、维修方便等要求使用模块化、标准化设计更为普遍。控制系统中采用智能的前端模块实现对具体设备的控制，采用标准的数据总线与计算机通信，从而构成分布式控制系统。如新型的真空泵，真空规配置 RS-232、RS-485 等总线控制接口，通过标准总线协议进行数据交换，计算机可得到真空度数据和真空泵运行参数，从而可实现对真空系统的测量控制功能。同时分子泵的驱动单元本身就具有一定的反馈控制功能，负责完成分子泵加速驱动、转速稳定、负载监测等多种功能，从而免于使主控计算机陷于大量底层设备烦琐的测量与控制中。

质谱仪器控制的具体对象包括离子源、质量分析器、离子探测器以及辅助系统等，涉及仪器的所有分系统。仅对离子源而言，由于质谱仪器的离子源种类多，依赖于离子源运行的特点，不同的离子源采用不同的控制模式。如对电感耦合等离子体（ICP）离子源，在点火的过程中需要快速跟踪等离子体放电（等离子体等效阻抗变化）过程，监测失谐程度，并调整匹配电容的值，避免因无功功率过大造成点火失败。这一过程在计算机的控制下可自动完成，其流程如图17-9所示。在控制系统确认等离子体参数稳定后，控制系统自动打开插板阀，进入后续运行状态。对热表面电离质谱的离子源，样品的更换、预加热等都可以采用计算机控制。控制程序可实现预设的加热、测量进程，使测量过程模式化，改善数据的重复性。还可通过监控离子流强度并反馈控制加热电流使离子流稳定，便于同位素测量。

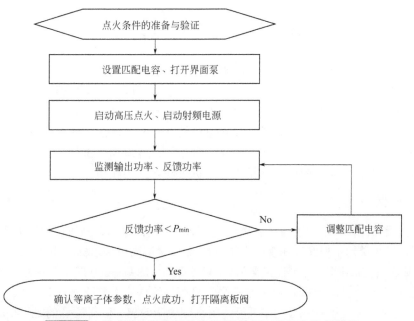

图 17-9 **电感耦合等离子体离子源点火匹配电容控制流程**

计算机可在仪器运行的各个状态实现自动控制。真空的维持、掉电保护、配电和水冷系统的监测是质谱仪器通常的待机控制状态。仪器的其他状态还包括电子学稳定、离子流调试与校准、样品测试、维护与故障诊断等。在不同的运行状态下，参与运行的子系统不同，其控制要求与方法也有所不同。

二、仪器的复杂控制

在质谱分析中，不同的测试目的和要求往往需要系统的测试和控制方案做相应调整。商用仪器一般会针对仪器的典型应用设置几种分析模式，以方便地完成分析工作，给出较为可靠的测试结果，而更注重科学研究的仪器具有较好的可配置特性，用户可实现更为特殊和复杂的测试方案。

多数商用仪器都设计了对自动进样装置的支持，一个典型的复杂控制的实例是用ICP-MS无人值守地完成几十至几百个样品的同位素分析。这其中包括进样回路清洗、切换新的样品、借助离子流信号优化离子光学参数、扫描感兴趣谱段并计算峰中心、进入数据采集流程（有时需要跳峰）、数据预处理并存储。这些特性较好地满足了环境、地质等领域批量样品的分析需求。当然长达十几个小时的分析过程离不开仪器操作者良好的规划和测试方案设计。这里，仪器部件的模块化自动控制单元、计算机及其软件发挥了关键的作用，因为在仪器全负荷运行状态下，要保证ICP-MS仪器始终处于良好的工作状态，需实时监控工作气体的供应，冷却系统、真空系统等大量仪器参数，室温、排风等实验室环境参数也被列入监测范围。一方面计算机可由此评估可能的风险，并按照程序设定的保护策略应对可能出现的故障，以确保仪器正常运行和测试数据质量；另一方面，如果需分析单个样品的多个元素的同位素比，同样需操作者制定较为复杂的测试方案，在仪器的测试流程配置界面完成设定。仪器将按照规划进行多个元素的轮询测量，并按照设定的算法进行数据处理。

必须注意的是，对特定的质谱仪器和实验室条件，在开始使用复杂的自动化测试功能前，大量的实验验证和严谨细致的风险评估是十分必要的，尤其是当样品量少而又难以获得时，如果难以确保安全，应当首选人工监控样品分析的过程。

第三节　仪器的自动保护

质谱仪器在运行中存在多种非安全因素，如果不及时采取保护措施，可能导致仪器部件失效、样品测试失败或造成人员的伤害。如离子加速高压电源、倍增器高压电源等，如果绝缘不良引起放电，则会严重影响系统的稳定性并导致本底升高；如果保护措施不当，操作人员可能被电击。系统通常配备的分子泵的转速达几百到上千赫兹，如果异物进入泵体或其他维持条件不正常，容易造成叶片爆炸性粉碎，对相关设备造成严重损害。下面简要介绍质谱仪器中几种典型的安全保护措施，并指出计算机可能起到的作用。

一、高压保护

为避免人员在操作和维护设备时触碰到高压部分，高压警示、高压保护罩/门的连锁开关为常规的配置。高压警示一般在高压保护罩/门的明显位置用高压警示标志和文字提示操作者可能的危险，同时在高压输出时，还可设置警示灯。可参照 GB 2894—2008《安全标志及其使用导则》。

高压连锁开关一般是一系列开关的串联，只有当这些开关均合上时，高压才能被打开。在高压输出期间，这些开关中有一个断开，则立刻中断输出。值得注意的是，在质谱仪器中，加速高压、倍增器高压、离子泵高压等在高真空条件下才能打开，因此真空监测部分应根据真空测试值设置开关量，作为高压连锁开关的一部分，图 17-10 为简单的高压电源连锁开关示意。其中计算机可通过数字接口与高压电源的内部控制器进行通信，从而将开关高压的命令传达至高压电源。由于计算机可通过各种监测渠道获得更多的信息，因此计算机在发出开关高压命令时可进行更为复杂和智能化的逻辑判断，从而可将更多的信息纳入高压控制的逻辑中，使设备运行更贴近实际需求，设备连接也更为简单。不过鉴于计算机本身可能出现的多种软硬件故障，还应该保留重要的硬件安全开关，而不是全部通过计算机侦测开关状态，再由软件逻辑决定开关高压。

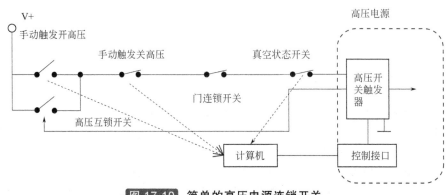

图 17-10　简单的高压电源连锁开关

高压电源自身也应设置较多的保护措施。如对输出电流进行监测，如果电流瞬时变大，则可认为是负载短路，从而切断输出；还可监测输出线路上的杂散脉冲，从而判断是否存在高压放电的现象，并向计算机发送警告信息。

二、真空系统的保护

真空系统的保护重点在于保护分子泵，以免其处于危险的工作状态。首先，分子泵的前级真空应处于允许的范围，过高的前级压强容易造成分子泵负载增大、泵体发热，其次，分子泵应具有良好的散热，在采用水冷却时，要求具备水温、水流量监测。另外，一般在分子泵的入口处要设置钢丝网，以免较大的颗粒物进入，而实际上如果系统中固体颗粒物掉落的可能性较大，应当避免将分子泵置于其下方。

在分子泵驱动系统中，对分子泵的保护措施也更为全面。驱动系统在加速时会监测并限制驱动电流、计算加速时间，如果加速时间超过一定值，则认为分子泵处于非正常状态。其附加的温度探头也能够起到过热保护的作用。

计算机在真空系统中的保护，主要的作用在于更为宏观和全局的功能。例如，计算机可对大量运行参数进行分析，从而在更早的时间"预知"风险。计算机可计算机械泵运行时间，通过前级真空的长期变化给出前级真空变差的趋势，从而提示操作人员维护或更换前级泵。

三、其他保护

离子探测器特别是电子倍增器要求尽量避免大离子流，以免寿命缩短。这就要求探测系统根据瞬时离子流的强度采取保护措施。常用的保护措施是改变离子流在倍增器入口处的偏压，使离子不能到达第一打拿极，也可降低倍增器高压或使倍增器中两个打拿极间的电压相等，截断电子流的放大。

对离子源、样品的保护也是非常重要的。如对于 ICP 离子源，对氩气（少数情况用氦气或其他混合气体）的气压和流量的监测可避免等离子体突然熄火。当出现任何不能维持离子源工作的情况时，计算机会迅速启动熄火程序，关闭隔离阀，以免突然熄火造成大量气体进入真空系统。在离子源自动进样或操作中，避免样品被无谓消耗是保护策略的一项重要原则，此时计算机可通过仪器状态监测和逻辑分析，及时终止样品进样和消耗。

在质谱仪器的运行中，各个子设备间存在复杂的依存关系，因此采用计算机监测不同设备的运行参数，可对设备的整体运行提供保障。

第四节　仪器故障诊断

质谱仪器在运行一定时间后，总会出现故障。传统的故障诊断与修复依靠经验丰富的维修工程师。当仪器出现故障后，故障诊断往往占用大部分的时间和精力。

随着计算机技术的发展，通过专用的功能模块，计算机能够对仪器的状态参数进行采集和存储，具有逻辑判断和数据分析能力，结合专家的经验知识，能够完成大量基础的仪器诊断工作。计算机参与仪器的故障诊断是从发现故障开始的。在仪器的运行和测试过程中，计算机程序中相关的模块根据程序设定的条件确认各系统参数是否正常，判断该非正常参数可能导致的后果，如果后果严重，则采取相应的保护措施，并给出警告信息和进一步判断的建议。因此在现代质谱仪器中，当仪器出现故障时，首先可参考计算机提供的信息，从而进一步确认故障原因。

第四篇

当计算机提供的信息不足以确定故障原因时，就需要专业人员的介入。计算机软件系统一般提供故障诊断或系统维护界面。在该界面中显示仪器运行的参数（包括通常被屏蔽的参数），并能够辅助执行专业人员编制的小程序，从而为故障判断提供进一步的信息。当故障定位后，排除故障的措施一般包括调节设备参数、更换部件等。由于质谱仪器通常并没有不间断运行的要求，因此故障处理的过程中关闭系统是允许的，并且多数情况下也是必要的。

当故障排除完成后，重新启动仪器，进一步检测相关参数，如果参数正常，则可认为故障排除。

参 考 文 献

[1] Charles M, Phillip I, Bazinet M L, et al. Anal Chem, 1965, 37(8): 1037.

[2] 周自衡. 第二次全国质谱学会议资料选编. 北京: 原子能出版社, 1982: 240.

[3] 戚石. 第二次全国质谱学会议资料选编. 北京: 原子能出版社, 1982: 30.

[4] Müller-Sohnius D, Cammann K, Köhler H. International Journal of Mass Spectrometry and Ion Physics, 1974, 15(2): 155.

[5] 邓虎, 韦冠一, 王长海, 等. 质谱学报, 2005, 25(增): 211.

[6] 朱为. 真空电子技术, 1996, 9(4): 9.

[7] Phoenix TIMS, Excellence in mass spectrometry. [online] available: http://www.isotopx.com/docs/Phoenix%20Bro chure. pdf.

[8] 游俊富, 王虎, 赵海山. 现代仪器, 2005 (1): 39.

[9] 王保云. 电子测量与仪器学报, 2009, 23(12): 1.

[10] 李良宇, 田地, 熊行创. 吉林大学学报: 工学版, 2009, 39(03): 749.

[11] 扈庆, 方向. 计算机与应用化学, 2007, 24(12): 1635.

[12] 王世俊. 质谱学及其在核科学技术中的应用. 北京: 原子能出版社, 1998.

[13] 毛智德, 吕善伟. 电子测量技术, 2006, 29(4): 85.

[14] Richter S, Begemann U Ott F. International Journal of Mass Spectrometry and Ion Processes, 1994, 136(1): 91.

[15] 郑伟. 飞行时间质谱仪数据获取系统设计[D]. 合肥: 中国科学技术大学, 2009.

[16] 沈戈, 高德远, 樊晓桠. 计算机工程及应用, 2003, 39(7): 4.

[17] 刘文贵. 质谱学报, 2002, 23(2): 120.

[18] 符廷发. 中国无机分析化学, 2011, 1(2): 70.

[19] 何平. 航空计测技术, 1995, 15(1): 19.

[20] Dead time. [online] available: http: //en. wikipedia. org/ wiki/ Dead time.

[21] Taylor Rex N, Warneke Thorsten, Milton J Andrew, et al. J Anal At Spectrom, 2003, 18: 480.

[22] 魏兴俭, 邓大超, 于春荣, 等. 中国核科学技术进展报告: 同位素分离卷, 2009, 1: 21.

[23] 常志远, 张继龙, 姜小燕. 质谱学报, 2010, 31(2): 83.

[24] 朱凤蓉, 徐江, 董宏波, 等. 质谱学报, 2007, 28(增): 14.

[25] 国家质量技术监督局计量司组编. 测量不确定度评定与表示指南[C]. 北京: 中国计量出版社, 2000.

[26] 孔令昌, 王桂清, 王志敏. 分析仪器, 2000(2): 1

[27] 邓虎, 韦冠一, 王长海, 等. 质谱学报, 2004, 25(增): 211.

第十八章 质谱分析误差

第一节 有关误差的基本术语

一、误差的定义

误差定义为测量结果减去被测量的真值[1,2]。真值是指一个特定的物理量在一定条件下所具有的客观量值，又称为理论值或定义值[3]。由于真值不能确定，实际上用的是约定真值。

其数学表达式为：

$$\delta = x - \mu \tag{18-1}$$

式中，δ 为测量误差；x 为测量结果；μ 为测量的真值

即   测量误差=测量结果–测量的真值

相对误差是指测量误差除以测量的真值。

$$\delta_r = \frac{\delta}{\mu} = \frac{x-\mu}{\mu} \times 100\% \tag{18-2}$$

式中，δ_r 为相对误差。

二、误差的相关术语[4]

测量结果：赋予被测量的一组量值以及其他适用的相关信息。

测得量值：表示测量结果的量值。

量的真值：与量的定义一致的量值。

参考量值（参考值）：通常具有适当小的测量不确定度而被接受的量值。可以是被测量的真值，可以是给定的一个已定量值，或具有可忽略测量不确定度的测量标准赋予的量值。

约定量值（约定值）：为某种用途通过协议赋予某量的量值。

三、统计的相关术语[2]

1. 算术平均值

一个样品 n 次测量结果的算术平均值 $\bar{x}$ 用下式计算，即

$$\bar{x} = \sum_{i=1}^{n} \frac{x_i}{n} \tag{18-3}$$

式中，$\bar{x}$ 为 n 次测量结果的算术平均值；x_i 为第 i 次的测量结果；n 为测量次数。

2. 标准偏差

一个样品 n 次测量结果的标准偏差 S，即

$$S = \sqrt{\frac{\sum_{i=1}^{n}(x_i - \bar{x})^2}{n-1}} \tag{18-4}$$

式中，S 为标准偏差；x_i 为第 i 次测量的结果；$\bar{x}$ 为 n 次测量结果的算术平均

值；n 为测量次数。

3. 平均值的标准偏差

一个样品 n 次测量结果平均值的标准偏差 $S_{\bar{x}}$ 为：

$$S_{\bar{x}} = \sqrt{\frac{\sum_{i=1}^{n}(x_i - \bar{x})^2}{n(n-1)}} \tag{18-5}$$

式中，$S_{\bar{x}}$ 为平均值的标准偏差；x_i 为第 i 次测量的结果；$\bar{x}$ 为 n 次测量结果的算术平均值；n 为测量次数。

4. 相对标准偏差（RSD）

一个样品 n 次测量结果的标准偏差除以该测量结果的平均值，通常以百分数表示，即

$$RSD = S / \bar{x} \tag{18-6}$$

式中，S 为平均值的标准偏差；$\bar{x}$ 为 n 次测量结果的算术平均值。

四、误差的分类

测量误差主要由两个分量组成，即随机误差和系统误差。

1. 随机误差

随机误差又称为随机测量误差、测量的随机误差。随机误差的定义[4]：在重复测量时按不可预见的方式变化的测量误差的分量。一般认为分析结果的随机误差不可消除，但可以通过增加测量次数加以减小，当测量次数趋于无穷大时，随机误差的数学期望趋于零。

随机误差是大量的随机因素综合影响而产生的误差，它在数值上相对于测量值来说是很小的。

2. 系统误差

系统误差又称系统测量误差、测量的系统误差。系统误差定义[4]：在重复测量时保持恒定不变或按可预见的方式变化的测量误差分量。可以理解为同一个被测量无穷多次测量的平均值减去被测量的参考量值。

通过系统误差可以引出"修正"的概念。修正定义[4]为：对系统效应的补偿。

修正值是指：以代数法相加于未修正测得量值，以补偿系统误差的值。

修正因子是指：为补偿系统误差而对未修正测得量值相乘的数字因子。

3. 随机误差与系统误差的区别

随机误差表明测得量值的离散程度；系统误差表明测得量值的数学期望偏离参考量值的程度。

第二节 分 析 误 差

质谱分析的全过程包括样品制备、样品引入、原子和分子的电离、离子分离和接收、模/数转换等，每一个过程都有可能出现误差，下面针对误差来源及其克服的方法分别予以介绍。

一、质量歧视效应

粒子、离子热运动的速度与其质量的平方根成反比，在样品蒸发、电离、离子传输和检测过程中，轻、重同位素的行为不一致，致使测量结果出现偏差，统称为质量歧视效应。也可将特定情况下同位素的质量歧视效应叫做同位素分馏效应[5]。

热电离过程产生的分馏效应可以采用下列方法降低或校正。

1. 初值校正和选择合适的电离物质

初值校正法是在严格控制操作条件的前提下，在样品还处于消耗不明显时的离子流上升阶段，测出同位素离子流比的初值，然后对初值作质量平方根反比关系的校正，即同位素比值 $R = R_0 \sqrt{m_1/m_2}$，m_1 和 m_2 分别为两种同位素的质量，R_0 和 R 分别为测量值和校正值。

由于轻元素同位素之间分馏效应明显，应尽可能选大分子量的化合物作电离物质，降低分馏效应的影响。

例如，测定 Li 时，以 Li 作为电离物质，分馏效应为 $\sqrt{7/6} = 1.08$，而选用 Li_4BO_4 为电离物质，其影响降至 $\sqrt{103/99} = 1.04$。

2. 使用双带或三带电离机制[6]

使用双带时，样品在较低温度的样品带上缓慢蒸发，在较高温度的电离带上电离，既可延缓、降低蒸发时的分馏，又可提高电离效率。

3. 分时定量校正法[7,8]

用同位素丰度测量的理论模型[9]，根据同位素丰度比与样品消耗量之间的相互关系，用同位素扩散系数推导出样品蒸发初期、中期和后期同位素比值的定量公式，可获得测量全过程的准确同位素比值，理论上可消除分馏效应。

4. 全蒸发校正法[10,11]

针对试样蒸发电离过程中的分馏效应受样品带和电离带温度、用样量、样品形态、灯丝带升温过程、离子流强度和取值时间诸多因素影响的复杂局面，可用全蒸发校正法来克服样品蒸发电离过程中的分馏效应。

$$R_{a/b} = \frac{\sum_{i=0}^{t} I_{a,i} \times t_i}{\sum_{i=0}^{t} I_{b,i} \times t_i} = \frac{I_{a总}}{I_{b总}} \tag{18-7}$$

式中　$R_{a/b}$ ——全蒸发技术的测量结果；

$\quad I_{a,i}$ ——在时间 i 时，a 同位素的离子流强度；

$\quad I_{b,i}$ ——在时间 i 时，b 同位素的离子流强度；

$\quad i$ ——样品开始蒸发、电离的时间过程；

$\quad t$ ——样品耗尽的时间，即积分结束；

$\quad I_{a总}$ ——a 同位素离子流强度的总量；

$\quad I_{b总}$ ——b 同位素离子流强度的总量。

5. 稀释法校正分馏效应[12-14]

如果被测元素含有 3 个或 3 个以上同位素，即有 2 个或 2 个以上比值可供测定，同时又能找到 2 个或 2 个以上比值的稀释剂，就可作比值同位素稀释，测得任何时间的样品同位素丰度比，并求得无分馏效应的比值。

6. 电子倍增器质量歧视效应的校正

在同一台仪器上用倍增器和法拉第杯分别测定同一样品，可以借助法拉第杯的测定值对电子倍增器的测量值进行校正。

7. 分子漏孔进样[15]

多在黄金箔上作漏孔，孔径约为 10μm、孔数 3～7 个，然后将金箔装在进样阀阀座上，同时储样瓶必须具有足够大的体积，通常必须大于 1L，瓶内压强为 $1\sim10^{-2}$Torr，可实现分子流进样，在分析期间各同位素组分的分压不会发生显著变化，并且能保证稳定的进样量。

8. 黏滞流进样

采用双路进样，通过调整可以使待测样品和标准样品处于相同条件下。特殊设计的进样阀保证一路进样的同时，另一路被泵抽着，虽没进样但却以相同的速率与前一路同步消耗。因为两路以相同的速率共同消耗，因此可在分馏进程的任何阶段上进行比较。

9. 辅助磁场效应

指辅助磁场对源内不同质量（或能量）的离子有不同的偏转效果，如果电离区域内离子浓度分布不均匀，将导致拉出离子束中各同位素的比例关系不对应电离区域内各同位素的平均比例关系。

可采用小截面弱磁场、与主磁场共用一个磁场以及利用校正系数进行校正等方法减少辅助磁场效应。

常用公式(18-8)进行校正系数法计算。

$$R_{辅磁} = \frac{R_{无磁}}{R_{有磁}} \tag{18-8}$$

式中，$R_{无磁}$为无辅助磁场时的测定结果；$R_{有磁}$为有辅助磁场时的测定结果。

10. 其他

① 装配带的重复性：由于电离带和样品带作为离子源的离子光学系统的一部分，为保持质量歧视效应的一致性，必须保持每次换样后装配上的重复性。

② 沿带的长度上离子发射的非均匀性：可在某些现成仪器上附加以"z 向聚焦"，或采用较完善的两个方向聚焦的离子光学系统。

③ 源内冷阱：由于残存气体的散射，真空度将影响离子传输和峰形，为了减少这种变化，源内可设置一冷阱，用以及时补集可凝性气体或蒸气[16]。

二、空间电荷效应

空间电荷效应指由于不同质量的带电离子之间的相互作用，导致待测量不同质量的离子数与它们相对应的"真值"之间存在的差异。这种差异随离子所处的环境和质量不同而异。一方面，电荷密度越大，这种效应就越容易发生；另一方面，基体复杂，高频放电产生的多种带电离子也是引发空间电荷效应的重要原因；这种效应也可能与离子光学透镜的结构和电磁场的布局相关联。

在进行 ICP-MS 或 MC-ICP-MS 测量时，等离子体通过样品锥和截取锥，离子的密度与电子的密度近似平衡，总的束流呈现中性，在这个区域没有发现明显的空间电荷效应，仅仅伴随少量的化学反应和离子的重新组合发生。

空间电荷效应是ICP-MS离子光学系统非理想化的主要表现，也是ICP-MS和MC-ICP-MS基体效应的来源。空间电荷效应使测量不同质量的离子束（或离子数）比，不等于样品里原有粒子数的真实比，导致测量的结果产生误差。目前，还没有完全了解和掌握这种效应产生的机理和消除办法，只能通过如下两种途径减小和抑制空间电荷效应发生的概率。

① 增加样品纯度和减小进样量。抑制基体和杂质离子的产生和减小离子的密度，以便有效抑制离子之间的相互排斥、碰撞和俘获概率。

② 优化离子光学系统的结构，强化离子聚焦性能，减小离子之间，离子与粒子之间的排斥作用和弹性、非弹性碰撞引起的弹性、非弹性散射。

三、谱峰叠加的干扰

谱峰叠加的质谱干扰是指同量异位素、多原子离子、空白本底元素、强峰拖尾等产生的同位素离子质谱与欲测元素同位素质谱叠加，致使欲测元素同位素比例受到干扰，而影响测量结果的精密度和准确度。

解决方法：利用有效的分离纯化技术、高分辨质谱仪、加大进样量、提高分析真空度、应用串联质谱、提高质量分辨率等技术；另外可选择合适的电离条件和定量扣除叠加峰的贡献。

（一）本底峰

本底峰是指离子源内没有样品，在模拟实际分析的条件下，在感兴趣的质量数区段上出现的质谱峰[5]。

本底峰主要来源于离子源内极限真空下的残存气体、记忆效应、离子源器件在受热状态下的出气以及真空系统微小的漏气。

为了克服本底峰的影响，可采取如下一些措施：

（1）热排气、提高真空度　将进样系统、源、分析管道、真空计等置于一定烘烤温度下进行长时间排气，可显著地降低 O_2、N_2、H_2O 等本底和其他有机本底。

（2）使用清洁的真空系统　可采用无油或其他清洁的真空系统替代一般的真空系统。

（3）加大进样（涂样）量　适当增加进样量或涂样量，调整工作参数来压低本底，使本底峰与待测峰相比小到可忽略的程度。

（4）扣除本底　在完全相同的工作条件下先测本底，然后测样品，再测本底，从进样后峰高减去先后两次本底峰高的平均值。

（二）同量异位素的重叠

同量异位素的重叠主要来自于两个方面：一个是样品中存在与被分析同位素有质谱重叠的元素；另外一个是在样品制备、引入和电离过程中形成的氧化物离子或复合离子造成的同量异位素干扰。

常用公式（18-9）进行简单数学方法的近似校正[17,18]。

$$I_j = I_z - \left(I_w \times \frac{A_G}{A_w} \right) \tag{18-9}$$

式中　I_j——被分析同位素 m/z 质量处的净离子流强度；

I_z——被分析同位素 m/z 质量处存在干扰时测得的总离子流强度；

I_w——在干扰元素的另一同位素 m/z 质量处（无干扰情况下）测得的离子流强度；

A_G——干扰被分析同位素的同量异位素的丰度值；

A_w——干扰元素的另一同位素的丰度值。

如果分析物中选不出不受干扰的同位素，或者可选用的同位素丰度太低而得不到适当的灵敏度，为了达到分析准确度的要求，应在分析前对样品进行化学分离除去干扰核素，或采用高分辨 ICP 质谱仪分开干扰进行测量。

（三）多原子分子离子的重叠

1. 等离子气体形成的多原子分子

Ar 是 ICP 的主要工作气体，许多重要的多原子分子干扰含有 Ar，Ar 形成的多原子分子 $^{40}Ar^{40}Ar$、^{40}Ar、$^{40}Ar^{36}Ar$ 和 $^{40}Ar^{38}Ar$ 分别会对 m/z 80、40、76 和 78 产生干扰。

2. 氧化物和氢化物

氧化物的形成源于等离子体中存在过量的氧，一些样品引入方式会带来过量的氧。

氧化物对分析能造成正的或负的干扰。正的干扰是氧化物和被分析物发生质谱重叠所致，类似于同量异位素的干扰，这种干扰可通过提高分辨率分离干扰谱，或通过减少形成氧化物的量至对分析无关紧要的程度来克服，氧化物的量也可以通过仪器操作条件的最佳化减少[19]。

负的干扰是指被分析物同位素有一部分形成了氧化物，造成被分析的离子流减少。负的干扰可通过标定过程得到补偿。这需要标定的标准与样品成分基本匹配。

由于引入到等离子体中的水中包含氢（H）和氢氧化物（OH），会形成 MH^+ 和 MOH^+ 多原子分子。

解决方法是：减少氧化物及在等离子体中形成的与水有关的多原子分子；采用膜去溶装置来减少气溶胶中的水分；可使用气动雾化器的冷却雾室装置，它能在很大程度上减少水蒸气进入等离子体。

3. 样品基体及酸的成分

样品中不同基体成分为各种分子离子的形成提供了多种来源，也使干扰复杂化；在样品中含有多个主要成分时，对每个成分的所有同位素形成的分子可以被估计。

除样品自身外，样品的保存和溶解所加入的一些试剂是样品基体成分的又一来源，如加入的无机酸，会形成含有 Cl、F、N、O 和 S 等原子的多原子分子质谱峰。如有条件，可采用化学分离处理，减少样品中的杂质含量[20]。

另外可使用公式（18-9）的扣除法来减轻这类干扰。

另一个校正方法是在浓度范围内的校正，校正系数通常是在仪器经过分析元素标准浓度校正后，将一个不含分析物、仅含已知浓度干扰成分的分子离子的标准溶液当作样品测量，此时得到的浓度为干扰的分子离子相当于分析物的等效浓度。干扰系数（k）可由下式计算：

$$k = \frac{c_x}{c_g} \tag{18-10}$$

式中，c_g 为干扰成分的标准溶液的已知浓度；c_x 为干扰成分标准溶液相当分析物的等效浓度。被分析物的真实值 c_f 由下式可以求出，

$$c_f = c_z - kc_g \tag{18-11}$$

式中，c_z 为被分析物存在干扰时测得的总浓度。

此方法仅适用于在干扰浓度比被分析物浓度小的情况下使用。这一校正方法要求在干扰的分子离子中必须要有一个成分能被测量，否则将无法校正，除非样品中干扰的分子离子浓度和原子的浓度能被测量或能以替代法检测得知。

除了使用上述校正公式外，解决分子离子干扰的最好办法是避免或降低其浓度，使用含有质量数比较高又有许多同位素的元素（如 Cl 和 S）的酸或其他试剂。

4. 反应/碰撞池——克服多原子分子的干扰

包含有分析物离子、基体成分离子和多原子的分子，经过四极杆或六极杆的传输光学作用，被外部充入池的气体有选择地和离子束中多原子分子离子作用。在离子束进入质量分析器之前，这些反应能有效地从离子束中除去分子离子，而对各分析物的灵敏度却没有明显的损失。

（四）噪声和中性粒子的本底

噪声表现为这些电器装置的敏感元件在电磁辐射、光辐射、热辐射、声波和静电等外来因素的干扰和自身性能变化下所产生的信号。这些信号如果处理不当会成为"本底"或基线的一部分，叠加在待测信号上，干扰欲测目标的测量。

（五）强峰拖尾

强峰拖尾是指强电子流对应的质谱峰，峰的两侧呈弥散展开，绵延至临近质量数上[5]。

强峰的拖尾由中性粒子和带电离子所组成[21]，大致来源于三部分：①强峰离子在磁场和探测器之间传输过程中，与管道中的气体碰撞，产生的偏离轨道的弹性和非弹性散射离子在强峰两边均匀分布，形成拖尾峰，强度随远离强峰逐渐下降；②强峰离子在离子源和磁场区之间传输过程中发生的非弹性散射，失去一部分能量的离子，经磁场偏转后，落入低质量数一侧；③在离子源和磁场区及它们之间的管道内发生的小角度弹性散射，到达接收器时均匀分布。因此，最终接收器接收的散射粒子数，在强峰低质量一侧多于高质量一侧。

采取了几种有效措施来减小或消除强峰拖尾。

（1）超高真空技术[21] 由于影响弱峰准确测量的主要因素是强峰离子与管道内残存气体发生弹性和非弹性碰撞时离子散射引起的中性"本底"和拖尾，因而提高离子源和分析器的真空度，减小碰撞概率，会降低中性"本底"和拖尾的强度。

（2）减速透镜技术 减速透镜可以作为离子能量过滤器[5,21,22]，调节施于其上的电压，只准许具有一定能量的离子通过减速透镜进入接收器，实现对不同带电离子的过滤作用。然而，使用减速透镜不能改变高质量数一侧的丰度灵敏度，这主要是因为在此区域的拖尾离子具有比减速透镜所加电位更高的能量，同时它对弹性散射离子的限制也微不足道。

（3）串列质谱计技术 串列质谱计作为高丰度灵敏度测量的主要工具，根据离子偏转轨迹的不同，可分为 C 形和 S 形串联结构。因使用的分析器级数不同而分为两级、三级或四级串列质谱计。

四、记忆效应

记忆效应是指后一个样品分析结果会受残存于分析系统的前一个样品的影响，而不能获得精密准确的同位素分析结果。

记忆效应的起因主要有：

（1）表面吸附 有些元素、化合物的气体或蒸气具有较强的活性，与进样管道和离子源内表面接触时，会发生较强的吸附。吸附量不只取决于气体或蒸气的性质，也与表面材料的性质和状况有关。

（2）深部吸附 具有较强渗透溶解特性的气体，与器壁表面接触时，不只限于滞留表面，还会渗入器壁产生深部吸附。

（3）离子轰击 具有一定能量的离子轰击极板表面时，被轰击部位有注入离子的积累，只有这部分表面再次遭到轰击，才有"记忆"粒子被轰击出来。

（4）样品沉积喷镀 在固体分析中，离子源长时间的工作或样品强烈蒸发，会造成样品在电离区域某些部位的沉积喷镀。

克服记忆效应的主要方法是尽量减少进样量、缩短进样时间，使用较小内表面积的进样系统，减少样品气体与内表面的接触机会；可降低因吸附而产生的记忆效应[5]。在一定温度下，对仪器进行真空烘烤，或向进样系统及离子源引进一定量的气体进行浸泡冲洗。对因沉积而产生的记忆效应，可用砂纸小心擦拭或将相关部件解体清洗。

ICP 仪器可以采用雾化去离子水清洗，去除结合力特别强的成分，可通过在去离子水中加入化学试剂（无机酸或金属的络合剂）来清洗吸附物。雾室和样品引入系统装置所用的材料，对分析物的滞留也起着重要作用。清洗时间以分析物信号降至近 1%为准。

气体分析时，可采用分子束进样技术[23~25]，由于样品气体几乎不与源内表面发生接触，加之有冷凝器回收，用样量很少，不发生吸附，可有效地降低记忆效应。

短管路进样装置：在进样装置的设计中应尽量缩短管路，尽量减少所使用的阀门数目，并注意材料的选择。

清洗、更换元件，源内设置内衬：在一些精密分析中，为把源内记忆降低到最低限度，可在源内设置一个可更换的铂内衬，防止样品积于内壁，每次分析时都换上清洗过的新衬[26~29]。

五、仪器的死时间

检测器或与它相当的计数电子元件分辨率不能分辨连续脉冲的这段时间称为死时间。在高计数率的情况下，由于死时间的影响，测得的计数比实际到达检测器的离子数要少，使同位素比测得不准。

校正方法：测定一系列不同浓度的待测元素在一定死时间值下的同位素比值，改变死时间的设定值，直到同位素比值不随溶液浓度变化而变化。这时的死时间设定值为校正后仪器的死时间[30]。

六、双电荷离子

具有低电离电位的一些元素较容易形成双电荷离子，在正常操作条件下一般产额非常少（<1%），双电荷离子的形成能给元素分析造成负的干扰，因为每形成一个双电荷离子就会使该同位素单电荷离子减少一个。另外，双电荷离子也能对某些元素分析产生正的干扰，因质谱仪按质荷比 m/z 关系输送离子，所以双电荷离子会按它单电荷 m/z 的一半出现在质谱中，如果它和被分析物的另一个元素离子 m/z 值相等，那么就会产生同量异位素的正干扰。如 U^{2+} 对 ^{119}Sn、Pb^{2+} 对 ^{103}Rh 等。该干扰可采用公式（18-9）校正或采用高质量分辨率质谱仪测量。

七、非质谱干扰

（一）基体效应

基体效应泛指来自样品基体成分和基体里的杂质，包括核素、元素和化合物的中性粒子或离子对测量信号的增强和抑制作用。

基体效应的程度取决于基体元素的绝对量而不是基体元素与被分析元素的相对比例。

基体效应与离子源的离子光学系统的聚焦特性相关联，离子透镜结构的改进、性能的提高，对基体效应有明显的补偿作用。克服基体效应最有效的方法是进一步纯化样品，进行元素的萃取或分离，尽量清除基体里的杂质，使样品变得纯净，谱线简单。流动注射进样技术和提高质量分辨率可有效地克服基体干扰效应。

（二）物理效应

1. 盐类效应

随着样品溶液总盐度增加，被分析物离子流信号会发生漂移。一般情况下，如果溶液中溶解的盐类浓度超过 2mg/ml，会遇到信号不稳定的问题。

解决方法有：

（1）稀释法　在保证足够分析灵敏度的情况下，通过简单的样品稀释，使基体的浓度降低，可减少盐类在取样锥孔的堆积。

（2）内标校正　加入内标溶液，校正由于取样锥孔堆积盐类造成的信号强度降低。

（3）基体匹配法　标准化的标准与样品基体成分匹配，为了确保分析的准确性，还必须经常重复仪器的标准化。

2. 混阀

气体质谱仪进行测量时，采用双路进样进行样品与标准样品的比较测量时，两通路的进样阀是交替开关的。如果样品通路进样阀有内漏，则进标准样品时将有部分样品混入；反之，进样品时将有部分标准样品混入。这必然引入测量结果的严重歪曲。解决方法是关注是否有内漏，如果有，及时更换进样阀。

3. 其他

属于样品输送效应的雾化器/样品引入过程产生的干扰，与样品的黏度、表面张力和挥发性有关。一般可通过稀释样品或使用蠕动泵进样，在一定程度上可克服该影响。

第三节 测量值的不确定度

测量不确定度[1,2]：表征合理地赋予被测量之值的分散性，与测量结果相联系的参数。

《国际计量学词汇——通用、基本概念和相关术语》对测量不确定度的定义[1]："根据所用到的信息，表征赋予被测量量值分散性的非负参数。"

一、不确定度术语[1,4]

标准不确定度：用标准偏差表示的测量不确定度，又称标准测量不确定度、测量标准不确定度。

合成标准不确定度：由测量模型中各输入量有关的标准测量不确定度获得的标准测量不确定度，又称为合成标准测量不确定度。

扩展不确定度：合成标准不确定度与一个大于 1 的数的因子的乘积。扩展不确定度是一个确定测得量值区间的量，合理地赋予被测量之量值分布的大部分可望含于此区间。

不确定度预估：测量不确定度的说明，包括测量不确定度的分量及它们的计算合成。

包含区间：基于有用信息，具有说明了概率的一组被测量真值所包含的区间。

包含概率：在规定的包含区间内包含一组被测量真值的概率，又称置信水准。

包含因子：为求扩展不确定度，对合成标准不确定度所乘的大于 1 的数，通常用符号 k 表示。

测量准确度：测量值与被测量真值之间准确的一致程度。

测量正确度：无穷多次重复测量的测量平均值与参考量值之间的一致程度。

测量精密度（精密度）：在规定条件下，重复测量相同或类同被测对象所得示值或测量值之间的一致程度。

测量重复性：一组重复性测量条件下的测量精密度。

测量复现性：复现性测量条件下的测量精密度。

二、A 类标准不确定度评定[1,4]

通过对规定测量条件下获得的测得量值的统计分析评定测量不确定度分量。A 类标准不确定度是指通过对测得量值用统计分析的方法进行的评定，并用实验标准偏差表征，即有 u_a。

1. 贝塞尔法（标准偏差[31]）

A 类不确定度的评估的基本方法是贝塞尔法（Bessel method），用贝塞尔公式计算得到的算术平均值的实验标准偏差（S）即为测量结果的 A 类不确定度。

$$S(x_i) = \sqrt{\frac{1}{n-1}\sum_{i=1}^{n}\left(x_i - \overline{x}\right)^2}$$（18-12）

上式为单次测得量值的实验标准偏差。

n 次测量量值的算术平均值可作为被测量的最佳估计值，则最佳估计值 $\overline{x}$ 的实验标准偏差可由下式计算：

$$S(\overline{x}) = \frac{S(x_i)}{\sqrt{n}} = \sqrt{\frac{1}{n(n-1)}\sum_{i=1}^{n}\left(x_i - \overline{x}\right)^2}$$（18-13）

2. 贝塞尔式的简便计算

$$S(x_i) = \sqrt{\frac{1}{n-1}\left[\sum_{i=1}^{n}\upsilon_i'^2 - \frac{\left(\sum_{i=1}^{n}\upsilon_i'\right)^2}{n}\right]}$$（18-14）

式中，υ_i' 为各测量值与估计平均值 x 的差值。

此式的优点是不必求算术平均值即可求出标准差。剔除含有粗差的数据后，不必再求余下的各测量值的残差。

3. 极差法

n 次独立测量，测得量值中最大值 $x_{\max}$ 与最小值 $x_{\min}$ 之差 R 称为极差。在 x_i 可以估计接近正态分布的前提下，单次测量结果 x_i 的实验标准偏差 $S(x_i)$ 可按下式近似地评定：

$$S(x_i) = \frac{R}{C} = u(x_i)$$（18-15）

式中，$R = x_{\max} - x_{\min}$。系数 C 及自由度 υ 列于表 18-1。

表 18-1 极差法系数及自由度

n	2	3	4	5	6	7	8	9
C	1.13	1.69	2.06	2.33	2.53	2.70	2.85	2.97
υ	0.9	1.8	2.7	3.6	4.5	5.3	6.0	6.8

可用 $S(\overline{x}) = \dfrac{S(x_i)}{\sqrt{n}}$ 得到算术平均值的实验标准偏差。

4. 彼得斯法

如果测量次数 n 较大，用贝塞尔法计算过程中需多次求平方再开方，采用彼得斯法，公式为：

$$S(x_i) \approx \frac{5}{4}\frac{\sum_{i=1}^{n}|v_i|}{\sqrt{n(n-1)}}$$（18-16）

式中　$S(x_i)$——标准差的估计值；

　　　　v_i——各测量值的残差；

　　　　n——测量的总次数。

此式可简化为：

$$S(x_i) \approx \frac{5}{4} \frac{\sum\limits_{i=1}^{n} |v_i|}{n - \frac{1}{2}}$$

（18-17）

5. 最大误差法

用测量列中绝对值最大的误差来估算。重复测量时，若各次测量所得到的误差为 δ_1，δ_2，…，δ_n，呈正态分布，且其中最大误差为 δ_{max}，当被测量的约定真值已知时，可以从算得的各偶然误差 δ_i 中取绝对值最大的一个 $\max|\delta_i|$，则标准差估计值为 $s(x_i)$。

$$S(x_i) = c_n' \max|\delta_i|$$

（18-18）

式中 $S(x_i)$——标准差的估计值；

　　$\max|\delta_i|$——最大真误差（绝对）值；

　　c_n'——系数。

c_n' 值见表 18-2。

表 18-2　最大误差法的系数 c_n'

n	1	2	3	4	5	6	7	8	9	10	11
c_n'	1.25	0.88	0.75	0.68	0.64	0.61	0.58	0.56	0.55	0.53	0.52
n	12	13	14	15	16	17	18	19	20	21	22
c_n'	0.51	0.50	0.50	0.49	0.48	0.48	0.47	0.47	0.46	0.46	0.45
n	23	24	25	26	27	28	29	30			
c_n'	0.45	0.45	0.44	0.44	0.44	0.44	0.43	0.43			

6. 最大残差法

n 次测量，残差值分别为 v_1，v_2，…，v_n，呈正态分布，令其中最大残差为 $\max|v_i|$，则求标准差估计值的公式为 $S(x_i) = c_n \max|v_i|$。最大残差法的系数见表 18-3。

表 18-3　最大残差法的系数

n	2	3	4	5	6	7	8	9	10	15	20	25	30
c_n	1.77	1.02	0.83	0.74	0.68	0.64	0.61	0.59	0.57	0.51	0.48	0.46	0.44

7. 分组极差法

当测量分为 m 组，每组有 n_i 个测量结果时，计算各组极差：

$$\omega_{n_i l} = \max x_l - \min x_l$$

（18-19）

式中 $\max x_l$ ——第 l 组测量结果的最大值；

　　$\min x_l$ ——第 l 组测量结果的最小值。

平均极差：$\overline{\omega}_{n_i} = \dfrac{1}{m}\sum\limits_{i=1}^{n} \omega_{n_i} l$

则一次测量结果的 $S_i = \dfrac{\overline{\omega}_{n_i}}{c}$，$c$ 值与 n_i、m 有关，其值见表 18-4。

表 18-4 分组极差系数 c

n_i \ M (c)	1	2	3	4	5	10
2	1.41	1.28	1.23	1.71	1.19	1.16
3	1.91	1.81	1.77	1.75	1.74	1.72
4	2.24	2.15	2.12	2.11	2.10	2.08
5	2.48	2.40	2.38	2.37	2.36	2.34
6	2.67	2.60	2.58	2.57	2.56	2.55
7	2.83	2.77	2.75	2.74	2.73	2.72
8	2.96	2.91	2.89	2.88	2.87	2.86
9	3.08	3.02	3.01	3.00	2.99	2.98
10	3.18	3.13	3.11	3.10	2.10	3.09

三、B 类标准不确定度评定[1]

测量 B 类不确定度是指通过与 A 类评定不同的其他方法进行的评定分量，也可用实验标准偏差表征，根据经验或其他信息的概率密度函数评定，即有 u_b。B 类不确定度所依据的信息：权威机构发布的量值，有证参考物质的量值；校准证书；漂移；经检定的测量仪器的准确度等级；人员经验推导的极限值等[13]。

测量不确定度 B 类评定的基本方法是，根据对被测分量估计值所提供信息的分析，确定被测分析估计值 x_i 之值分散区间的半宽 a 及其包含因子 k，根据公式计算出标准不确定度分量的估计值 $u(x_i)$：$u(x_i)=a/k$。

1. 直接计算法

明确了扩展不确定度 $U(x)$ 是实验标准偏差 $S(x_i)$ 的 k 倍，指明了包含因子 k 的大小，可由 $u(x_i)=\dfrac{U(x)}{k}$ 计算得到被测分量的标准不确定度，这是最简单的标准不确定度的评定方法。

2. 正态分布法

如被测分量估计值 x_i 的扩展不确定度不是按实验标准偏差的 k 倍给出，而是给出了置信水平 p 和置信区间的半宽 $U(p)$，一般按正态分布考虑评定其标准不确定度 $u(x_i)$。则有 $u(x_i)=\dfrac{U(p)}{k_p}$。

正态分布的置信水准（置信概率）p 与包含因子 k_p 之间存在下面的关系。

p/%	50	68.27	90	95	95.45	99	99.73
k_p	0.67	1	1.645	1.960	2	2.573	3

3. t 分布法

扩展不确定度不仅给出了扩展不确定度 $U(p)$ 和置信水平 p，而且还给出了有效自由度 v_{eff} 或包含因子 k_p，此时可按 t 分布考虑评定标准不确定度 $u(x_i)$，则有：

$$u(x_i)=\frac{U(p)}{t_p(v_{eff})} \qquad (18\text{-}20)$$

四、合成标准不确定度

在合成标准不确定度之前，应确保所有不确定度分量均用标准不确定度表示。当测量结果 y 是由若干个其他量的值求得时，按其他各量的方差或协方差算得标准不确定度[32]。

合成标准不确定度是由各标准不确定度分量合成得到的，不论各标准不确定度分量是由 A 类评定还是 B 类评定得到[33]。

1. 各不确定度分量间相关时合成标准不确定度的计算

当被测量 Y 是由 N 个其他量 X_1，X_2，…，X_N 的函数确定时，被测量的测量结果 $y=f(x_1, x_2, …, x_N)$，测量结果 y 的合成标准不确定度 $u_c(y)$ 按下式计算：

$$u_c(y) = \sqrt{\sum_{i=1}^{N}\left[\frac{\partial f}{\partial x_i}\right]^2 u^2(x_i) + 2\sum_{i=1}^{N-1}\sum_{j=i+1}^{N}\frac{\partial f}{\partial x_i}\frac{\partial f}{\partial x_j}r(x_{i,}x_j)u(x_i)u(x_j)} \quad （18-21）$$

式中　y——输出量的估计值，被测量的测量结果；

　　　x_i——输出量的估计值，$i \neq j$；

　　　N——输入量的数值；

　　　$\frac{\partial f}{\partial x_i}$，$\frac{\partial f}{\partial x_j}$——偏导数，称为灵敏系数，用 c_i、c_j 表示；

　　　$u(x_i)$——输入量 x_i 的标准不确定度；

　　　$u(x_j)$——输入量 x_j 的标准不确定度；

　　　$r(x_i,x_j)$——输入量 x_i 与 x_j 的相关系数估计值；

　　　$r(x_i,x_j)u(x_i)u(x_j)=u(x_i,x_j)$——输入量 x_i 与 x_j 的协方差估计值。

2. 简单直接测量、没有函数关系且各不确定度分量不相关时，合成标准不确定度的计算

各不确定度分量间不相关，各个不确定度分量对测量结果的灵敏程度可以假设为一样，则合成标准不确定度 u_c 可按下式计算：

$$u_c = \sqrt{\sum_{i=1}^{N}u_i^2} \quad （18-22）$$

式中，u_i 为第 i 个标准不确定度分量；N 为标准不确定度分量的数量。

3. 其他简化形式

① 当各输入量间不相关时，即 $r(x_i, x_j)=0$ 时，$u_c(y)$ 为：

$$u_c(y) = \sqrt{\sum_{i=1}^{N}\left[\frac{\partial f}{\partial x_i}\right]^2 u^2(x_i)} \quad （18-23）$$

如设 $\frac{\partial f}{\partial x_i}u(x_i) = u_i(y)$，则上式可表示为：

$$u_c(y) = \sqrt{\sum_{i=1}^{N}u_i^2(y)} \quad （18-24）$$

式中，$u_i(y)$ 为被测量 y 的标准不确定度分量。

② 当各输入量间不相关，被测量的函数形式为 $Y=A_1X_1+A_2X_2+\cdots+A_NX_N$ 时，合成标准不确定度 $u_c(y)$ 为：

$$u_c(y) = \sqrt{\sum_{i=1}^{N}A_i^2 u^2(x_i)} \quad （18-25）$$

③ 当各输入量间不相关，被测量的函数形式为 $Y = A\left(X_1^{P_1}X_2^{P_2}\cdots X_N^{P_N}\right)$ 时，合成标准不确定

度 $u_c(y)$ 为：

$$\frac{u_c(y)}{y} = \sqrt{\sum_{i=1}^{N}\left[P_i u(x_i)/x_i\right]^2} \qquad (18\text{-}26)$$

④ 当各输入量间不相关，被测量与输入量的函数形式为 $Y=A(X_1X_2\cdots X_N)$ 时，被测量的测量结果的相对合成标准不确定度是各输入量的相对标准不确定度的平方和根值。

$$\frac{u_c(y)}{y} = \sqrt{\sum_{i=1}^{N}\left[u(x_i)/x_i\right]^2} \qquad (18\text{-}27)$$

⑤ 当所有输入量都相关，且相关系数为 1 时，合成标准不确定度 $u_c(y)$ 为：

$$u_c(y) = \left|\sum_{i=1}^{N}\frac{\partial f}{\partial x_i}u(x_i)\right| \qquad (18\text{-}28)$$

⑥ 当所有输入量都相关，且相关系数为 1，灵敏系数为 1 时，合成标准不确定度 $u_c(y)$ 为：

$$u_c(y) = \sum_{i=1}^{N}u(x_i) \qquad (18\text{-}29)$$

4. 灵敏系数

$\frac{\partial f}{\partial x_i}$ 称为灵敏系数，$\frac{\partial f}{\partial x_i}u(x_i) = u_i(y)$ 是被测量 y 的标准不确定度分量，也可表示为

$u_i(y)=c_iu(x_i)$，这里 $c_i = \frac{\partial f}{\partial x_i}$。

灵敏系数反映输入量 x_i 的不确定度 $u(x_i)$ 对输出量不确定度 $u_i(y)$ 的影响程度。灵敏系数是有单位的量值，可以将输入量的单位转化为输出量的单位。

灵敏系数的获得，主要来自于三个方面：

① 根据数学模型中的函数关系，求偏导数；

② 无法用偏导数方法求得灵敏系数，必要时可以用实验方法估计灵敏系数；

③ 在实际简单测量中，往往假设各影响量的不确定度分量的灵敏系数为 1。

5. 相关系数或协方差的估计

（1）实际情况下协方差的估计方法

① 两个输入量的估计值 x_i 与 x_j 的协方差在以下情况时可取为零或忽略不计：可认定 x_i 与 x_j 不相关；x_i 和 x_j 中任意一个量可作为常数处理；认定 x_i 与 x_j 相关的信息不足。

② 用同时观测两个量的方法确定协方差估计值：

$$u(x_i,x_j) = \frac{1}{n-1}\sum_{k=1}^{N}(x_{ik}-\overline{x}_i)(x_{jk}-\overline{x}_j) \qquad (18\text{-}30)$$

式中 x_{ik} —— X_i 的观测值；

x_{jk} —— X_j 的观测值；

k —— 测量次数；

$\overline{x}_i$，$\overline{x}_j$ —— 第 i 个和第 j 个输入量的测量结果的算术平均值。

③ 当两个均因与同一个量有关而相关时协方差的估计方法。

协方差估计方法如下：

$$x_i = F(q) \qquad (18\text{-}31)$$

$$x_j = G(q) \tag{18-32}$$

式中　　q ——使 x_i 与 x_j 相关的变量 Q 的估计值；

　　F，Q ——两个量与 q 的函数关系。

　　x_i 与 x_j 的协方差为：

$$u(x_i, x_j) = \frac{\partial F}{\partial q} \frac{\partial G}{\partial q} u^2(q) \tag{18-33}$$

如果有多个变量是 x_i 与 x_j 相关，$x_i = F(q_1, q_2, \cdots, q_L)$ 和 $x_j = G(q_1, q_2, \cdots, q_L)$，则有：

$$u(x_i, x_j) = \sum_{k=1}^{L} \frac{\partial F}{\partial q_k} \frac{\partial G}{\partial q_k} u^2(q_k) \tag{18-34}$$

（2）相关系数的估计方法

① 根据对 x 和 y 两个量同时测量的 n 组测量数据，相关系数的估计值按下式计算：

$$r(x, y) = \frac{\sum_{i=1}^{n}(x_i - \overline{X})(y_i - \overline{Y})}{(n-1)S(x)S(y)} \tag{18-35}$$

式中　　$S(x)$ ——X 的实验标准偏差；

　　$S(y)$ ——Y 的实验标准偏差。

② 如果两个输入量 x_i 和 x_j 相关，x_i 变化 δ_i 会使 x_j 相应变化 δ_j，则 x_i 和 x_j 的相关系数可用以下经验公式估计：

$$r(x, y) \approx \frac{u(x_i)\delta_j}{u(x_j)\delta_i} \tag{18-36}$$

式中　　$u(x_i)$ ——x_i 的标准不确定度；

　　$u(x_j)$ ——x_j 的标准不确定度。

（3）去除相关性采用的适当方法

① 将引起相关的量作为独立的附加输入量进入数学模型；

② 采取有效措施变换输入量；

③ 根据经验或常识判断。

五、扩展不确定度

确定测量结果区间的量，合理赋予被测量之值分布的大部分可望含于此区间[32]。

1. 扩展不确定度的含义

扩展不确定度 U 按下述公式由合成标准不确定度 u_c 和包含因子[34]（为求得扩展不确定度，对合成标准不确定度所乘之数字因子）k 计算得到，选择包含因子 k 时应根据所需要的置信水平。

$$U = ku_c \tag{18-37}$$

于是测量结果可表示为 $Y = y \pm U$，y 是被测量 Y 的最佳估计值，被测量 Y 的可能值以较高的置信水准落于区间 $[y-U, y+U]$，即 $y-U \leqslant Y \leqslant y+U$。

对于任一给定的置信水准（置信概率）p，扩展不确定度记为 U_p，表示为 $U_p = k_p u_c(y)$。

2. 包含因子的选择

（1）包含因子 k 的选择　当合成标准不确定度的概率分布近似为正态分布，且其有效自由度比较大时，或合成标准不确定度的有效自由度无法得到时，或扩展不确定度没有置信水准（置信概率）要求时，k 值一般取 2～3，多数情况下，采用 95% 的置信水平，取 $k=2$[35]，当取其他值时，应说明其来源。

（2）包含因子 k_p 的选择　包含因子 k_p 与被测量估计值 y 的分布有关。当 y 接近正态分布，并要求区间具有规定的置信概率 p 的要求，其有效自由度较小时，k_p 采用 t 分布临界值。其包含因子 $k_p=t_p(\nu_{\text{eff}})$ 的取值由规定的置信概率 p 和估计得到的有效自由度 ν_{eff} 通过查表得到。

六、测量不确定度报告

完整的测量结果含有两个基本量，一是被测量的估计值；二是被测量估计值的不确定度。

报告不确定度时，应包括：

① 列出所有不确定度分量，说明它们是如何评定的，并尽可能将它们分为 A、B 两类。

② 考虑不确定度分量的相关性。如无关，则说明无关。如相关，则对相关量给出估计协方差或相关系数。

③ 可能时给出不确定度分量自由度，算出合成自由度。

④ 可以绝对或相对的形式报告测量结果的不确定度，此不确定度可分为合成不确定度或总不确定度。

下面分别以 TIMS 和 ICP 测量样品浓度为例子，对涉及的 A 类和 B 类不确定度及合成不确定度进行计算。

【例1】在应用 ID-TIMS 方法测定 MEP-9 国际比对水标样中镁的研究[36]中，实验过程为用标定过的天然 $MgCl_2$ 溶液作为基准稀释剂（参考值的相对标准不确定度为 0.017%），标定 ^{25}Mg 浓缩同位素溶液，再用该浓缩同位素溶液作为稀释剂测量比对样品，在此过程中主要涉及 2 个 A 类不确定度和 3 个 B 类不确定度，最后的合成不确定度由这 5 个不确定度分量合成。

其中 A 类不确定度是分别测量 ^{25}Mg 浓缩同位素溶液和比对样品的测量结果的相对标准偏差（6 个平行样的测量结果标准偏差），3 个 B 类不确定度分量分别是天然基准稀释剂的相对不确定度和浓缩同位素溶液、比对样品的称重相对不确定度，具体数值见表 18-5 和表 18-6。

表 18-5　浓缩同位素溶液和比对样品的测量结果

浓缩同位素溶液标定结果				比对样品测定结果			
样品号	测定结果/(μmol/kg)	平均值/(μmol/kg)	RSD/%	样品号	测定结果/(μmol/kg)	平均值/(μmol/kg)	RSD/%
1	1739.3			1	356.58		
2	1743.9			2	355.80		
3	1743.0	1741.2	0.18	3	357.15	356.11	0.17
4	1739.1			4	355.65		
5	1736.8			5	355.81		
6	1744.8			6	355.66		

表 18-6　测量比对样品的不确定度估算

参　数	类　型	参数含义	数值/%
U_y	A	标定浓缩同位素稀释剂的相对标准不确定度	0.18
U_s	A	测量比对样品的相对标准不确定度	0.17
U_z	B	天然基准稀释剂的相对标准不确定度	0.017
U_m	B	配制混合样品时称重的相对标准不确定度（标定 ^{25}Mg）	0.015
$U_m{}'$	B	配制混合样品时称重的相对标准不确定度（测量比对样品）	0.025
U_c		相对合成标准不确定度 $=\sqrt{U_y^2+U_s^2+U_z^2+U_m^2+U_{m'}^2}$	0.25

比对样品最后结果及不确定度为(356.11±1.78)/μmol/kg（2σ）。

【例2】在应用 ID-TIMS 方法测定"CCQM-P12 国际比对——红酒中痕量铅"[37]中，实验过程为用标定过的天然 Pb 溶液作为基准稀释剂（参考值的相对标准不确定度为 0.04%），标定 207Pb 浓缩同位素稀释剂，再用该浓缩同位素稀释剂测量比对样品，在此过程中主要涉及 2 个 A 类不确定度和 3 个 B 类不确定度，最后的合成不确定度由这 5 个不确定度分量合成而成。

其中 A 类不确定度是分别测量 207Pb 浓缩同位素稀释剂和红酒中 Pb 的测量结果的相对标准偏差（6 个平行样的测量结果标准偏差），3 个 B 类不确定度分量分别是天然基准稀释剂的相对不确定度、207Pb 浓缩同位素稀释剂和比对样品的称重相对不确定度，具体数值见表 18-7 和表 18-8。标准溶液中 Pb、红酒中 Pb 和浓缩 207Pb 同位素丰度比测定结果见表 18-9。

表 18-7 207Pb 浓缩同位素稀释剂中 Pb 浓度标定结果和比对样品红酒中 Pb 的测量结果

浓缩同位素溶液标定结果				比对样品测定结果			
样品号	测定结果/(nmol/g)	平均值/(nmol/g)	RSD/%	样品号	测定结果/(nmol/g)	平均值/(nmol/g)	RSD/%
1	4.376			1	0.1294		
2	4.353			2	0.1310		
3	4.381	4.376	0.32	3	0.1380	0.1348	2.7
4	4.370			4	0.1370		
5	4.388			5	0.1375		
6	4.390			6	0.1359		

表 18-8 红酒中 Pb 相对标准不确定度及相对合成标准不确定度

参　数	类　型	参数含义	数值/%
U_y	A	标定浓缩同位素稀释剂 207Pb 的相对标准不确定度	0.32
U_s	A	测量红酒中 Pb 的相对标准不确定度	2.7
U_z	B	用于标定 207Pb 的高纯标准溶液的相对标准不确定度	0.04
U_m	B	配制混合样品时称重的相对标准不确定度（标定 207Pb）	0.02
U_m'	B	配制混合样品时称重的相对标准不确定度（测量红酒）	0.02
U_c		相对合成标准不确定度 $= \sqrt{U_y^2 + U_s^2 + U_z^2 + U_m^2 + U_m'^2}$	2.7

比对样品最后结果及不确定度为(0.1348±0.0073)nmol/g（2σ）。

表 18-9 标准溶液中 Pb、红酒中 Pb 和浓缩 207Pb 同位素丰度比测定结果

样　品	$n(^{208}Pb/^{207}Pb)$	$n(^{208}Pb/^{207}Pb)$	$n(^{208}Pb/^{207}Pb)$
标准溶液	2.4695±0.0011	1.17211±0.00049	0.06393±0.00010
红　酒	2.4322±0.00080	1.16179±0.00022	0.064308±0.000038
浓缩 207Pb	0.1814694±0.000054	0.015703±0.0000093	0.001048±0.000010

【例3】电感耦合等离子体质谱法测定糕点中铝含量的不确定评定[38]中，根据 ICP 检测方法和数学模型，对涉及的不确定度分量进行了分析及分类，结果列于表 18-10 中。

表 18-10 分析过程中不确定度分量

序　号	参　数	不确定度分量	类　型	相对不确定度	备　注
1	$U_{rel}(M)$	称量过程引入的不确定度	B	0.00113	电子分析天平的不确定度和电子分析天平分辨力产生的不确定度

序 号	参 数	不确定度分量	类 型	相对不确定度	备 注
2	$U_{rel}(V)$	样品消解液定容引入的不确定度	B	0.000719	容量瓶容量允差产生的不确定度，温度引入的不确定度
3	$U_{rel}(标)$	标准物质引入的不确定度	B	0.0123	铝标准溶液的不确定度和标准溶液配制引入的不确定度
4	$U_{rel}(Y)$	标准曲线拟合引入的不确定度	S	0.00937	根据拟合公式涉及的分量，标准溶液重复测定 5 个点铝浓度，每个点重复测定样品中铝浓度涉及的标准偏差计算而得
5	$U_{rel}(X)$	样品测定重复性引入的不确定度	A	0.00514	11 次重复测定样品中铝的结果的相对标准偏差

根据 $U_{rel} = \sqrt{U_{rel}(M)^2 + U_{rel}(V)^2 + U_{rel}(标)^2 + U_{rel}(Y)^2 + U_{rel}(X)^2}$ ，计算样品中铝结果的相对合成不确定度为 0.0163。

11 次重复测定样品中铝的含量为 77.6mg/kg，合成标准不确定度为 $U=(77.6 \times 0.0163)mg/kg=1.26mg/kg$，取置信因子为 $k=2$，则扩展不确定度为 2.5mg/kg，最后样品中铝含量为 $(77.6 \pm 2.5)mg/kg(k=2)$。

第四节　测量值的校正

一、内部校正法

该校正方法适用于有稳定（非放射性）同位素对，并有恒定比值的同位素对。

质量偏倚校正的标准数学模型有下列三种[39~41]：

线性关系公式：
$$\frac{R_{true}}{R_{obs}} = 1 + \Delta m \varepsilon_{lin} \tag{18-38}$$

幂关系公式：
$$\frac{R_{true}}{R_{obs}} = (1 + \varepsilon_{pow})^{\Delta m} \tag{18-39}$$

指数关系公式：
$$\frac{R_{true}}{R_{obs}} = \exp(\Delta m \varepsilon_{exp}) \tag{18-40}$$

式中　R_{true} ——同位素的真实值；

$\qquad R_{obs}$ ——同位素的测量值；

$\qquad \Delta m$ ——同位素之间的质量差；

$\qquad \varepsilon_{lin}$ ——线性的质量偏倚因子（每个质量单位的偏倚）；

$\qquad \varepsilon_{pow}$ ——幂的质量偏倚因子（每个质量单位的偏倚）；

$\qquad \varepsilon_{exp}$ ——指数的质量偏倚因子（每个质量单位的偏倚）。

【例 4】Nd 的 $^{146}Nd/^{144}Nd$ 比值是稳定的，参考值为 0.7219，可用它来计算测量偏倚因子，并用于 $^{142}Nd/^{144}Nd$、$^{143}Nd/^{144}Nd$、$^{145}Nd/^{144}Nd$、$^{148}Nd/^{144}Nd$ 和 $^{150}Nd/^{144}Nd$ 的同位素比测量的质量偏倚校正。

二、外部校正法

当被分析物不存在比值恒定的同位素对时，需要使用外部校正法。具体过程为：在进行样品分析前，先对标准参考物质进行分析，测量后求出质量偏倚因子，用以校正未知样品。

【例 5】分析铅同位素，由于 ^{206}Pb、^{207}Pb 和 ^{208}Pb 三个同位素分别由 ^{238}U、^{235}U 和 ^{232}Th 经过一系列放射衰变而成，因此，Pb 的三个同位素的丰度值是变化的。考虑到 $^{203}Tl/^{205}Tl$ 是稳定的同位素对，其质量数又在 Pb 的几个同位素之间，因此在应用 MC-ICP-MS 测量 Pb 的同位素时，将测量铅样品加入相似浓度的铊，混合后同时测量所有的同位素 ^{203}Tl、^{204}Pb、^{205}Tl、^{206}Pb、^{207}Pb 和 ^{208}Pb，利用 $^{203}Tl/^{205}Tl$ 的比值与其已知的参考值计算质量偏倚因子，再利用该因子校正所测铅同位素比值[40]。

第五节　测量值的溯源性

一、溯源性的含义

溯源性是计量（或测量）学的属性，定义为：通过一条具有确定不确定度的连续的比较链，使测量结果、测量标准值能够与规定的参考基准、标准，通常是与国家测量基准、标准或国际测量基准、标准联系起来的特性[6]。凡具有溯源性的测量一般具有如下特征：

① 溯源性测量是建立在具有明确测量目标基础上的测量。通常溯源性测量的目标应该与国家或国际相应的基准、标准装置，或基准、标准物质相联系。

② 为实现溯源性，测量应该是连续的、不间断的。通过基准、标准装置，或基准、标准物质的连续比较，逐步溯源到国际基本单位制 SI 基本单位。

③ 具有溯源性的测量值必须合理赋予不确定度。总不确定度应该是溯源链中每一个可能引起误差环节的不确定度分量之和。

在比较的过程中给出了每一重要环节不确定度分量及合成标准不确定度，测量结果直接溯源到国家或国际基标准装置或基标准物质，甚至于溯源到国际基本单位制 SI 基本单位，在同类可溯源的测量值，通常在国内或国际具有一致性、可比性和可靠性。

二、化学测量的溯源性

相比于物理和工程计量，化学物质物种繁多、基体繁杂，决定了其化学计量、测量的溯源困难[42]。

首先，在化学测量过程中，除使用标准装置，还广泛采用化学基准、标准物质。由于化学物质种类繁多，在使用过程中，标准物质的基体、物质成分与被测样品又必须具有统一性，需要研制更多的标准物质。另外，绝大多数标准物质在使用过程中将发生物理、化学变化而被消耗掉，或在使用过程中受温度、湿度和环境的影响，发生量值的变异，不能重复使用。因此，化学标准物质不仅具有消耗性，而且消耗量很大。

其次，化学计量量值的传递，不但要借助于化学计量装置——仪器，而且，在很大程度上要通过化学标准物质来实现。目前我国有一级和二级两个等级的标准物质，还有用上述两种标准物质标定的实验室标准或分析现场标准。通过标准物质的发放和逐级标定，保证了化学计量量值的传递和溯源。

再次，化学测量的溯源除了要依靠标准装置和标准物质外，还必须借助分析方法，目前，同位素稀释质谱法、库仑法、重量法、滴定法和凝固点下降法等具有权威性的化学测量方法能将化学测量结果直接溯源到国际基本单位制 SI 单位摩尔[42]。其中，同位素稀释质谱是唯一能提供微量、痕量和超痕量量值的权威性测量方法。

合理地估算化学测量或化学测量量值的不确定度是进行化学测量溯源的必要条件。如果测量过程中存在不确定度无法估计与表达，就意味着溯源链的中断，从而使之失去溯源的可能性。由于化学测量涉及标准装置、标准方法和标准物质等多项内容，范围广、测量过程复杂，为了对化学测量结果不确定度正确估计与表达，提出了两类不确定度的形式，这两类不确定度都基于概率分布，都可由标准偏差表征。A 类标准不确定度根据重复测量结果的统计分布计算的标准偏差表征；B 类标准不确定度通常根据经验知识或提供的有关信息进行估计。将两类不确定度合成，即为合成标准不确定度。合成标准不确定度将合理地表征被测量量值的分散性。所以，在计量学的范畴内不确定度也是化学量值。

三、同位素测量量值的溯源性

同位素测量能够提供同位素丰度、同位素丰度比和 δ 值等信息，测量值通常无量纲，可以用两个同位素离子的摩尔数之比表示。因此，同位素测量量值的溯源性应该体现在质谱计探测系统接收和记录的同位素离子数之比，真实地代表被测样品中两个同位素的原子数之比。按上述溯源性定义，同位素测量的实验程序和测量过程应该按如下方法设计：

① 针对欲测目标的物理、化学特性，所用仪器和测量方法，设计测量程序和溯源链。

② 对测量过程的每一个环节，特别对可能引起误差的实验步骤进行系统地研究。分析、判断和归类同位素质谱测量可能产生的各类误差。借用有证同位素基、标准物质或绝对质谱测量方法，对系统误差进行校正。使测量值的随机误差减到最小，并使之成为合成标准不确定度的主要部分。

③ 量化不确定度分量，明确不确定度的 A 类分量和 B 类分量，计算合成标准不确定度。

④ 给出具有计量特性的测量值。该测量值始于实验室的日常测量，经过标准方法和权威方法，有证标准物质和基准物质直接溯源到国际基本单位制 SI 的单位摩尔（离子比）。详见图 18-1。

从图 18-1 可以看出：始于实验室日常的测量值，借助标准物质、标准分析方法；基准物质、权威分析方法溯源到物质量的基本单位摩尔。其中标准物质和基准物质符合研制规范，通过政府审查和认证；标准方法和权威方法经过行业、国家或国际相关组织主持的方法比对验证，得到国家或国际相关组织认可。

标准物质研究中心无机质谱实验室建立的同位素测量量值的溯源体系曾在同位素丰度测量方法、元素测量方法国际比对和原子量测量中多次使用和检验。表 18-11 给出了标准物质研究中心（NRCCRM）用 TIMS 测量铀同位素丰度与欧洲共同体核测量中心局（CBNM）比对结果[43]。

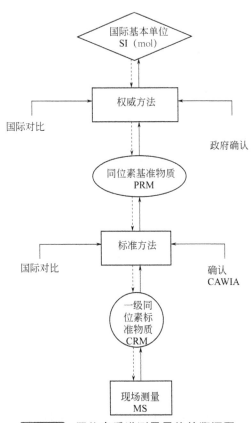

图 18-1 同位素质谱测量量值的溯源图

图中虚线表示基准、标准物质量值传递示意图；实线表示现场测量量值溯源示意图

表 18-11 铀同位素丰度测量方法的比对结果

样　品	NRCCRM		CBNM	
	^{235}U 的丰度/%	相对不确定度/%	^{235}U 的丰度/%	相对不确定度/%
AB$_3$	1.82291	±0.18	1.82232	±0.11
AB$_6$	0.030082	±0.11	0.030075	±0.11

　　在多核素元素原子量测量中，用该体系测量的 Sb、Eu、Ce、Er、Dy 和 Zn 六个元素同位素丰度和用这些同位素丰度计算的 Sb、Eu、Ce、Er、Dy 和 Zn 的原子量前后被 CIUPAC-CAWIA 采用作为国际标准值，测量方法评为最佳测量。

参 考 文 献

[1] JCGM 200: 2012 International Vocabulary of metrology-Basic and general concepts and associated terms (VIM), 2012.

[2] 中国实验室国家认可委员会编. 化学分析中不确定度的评估指南. 北京: 中国计量出版社, 2002.

[3] 沙定国. 误差分析与测量不确定度评定, 北京: 中国计量出版社, 2003.

[4] 耿维明. 测量误差与不确定度评定. 北京: 中国质检出版社, 2011.

[5] 刘炳寰, 等. 质谱学方法与同位素分析. 北京: 科学出版社, 1983.

[6] 黄达峰, 罗修泉, 李喜斌, 邓中国, 等. 同位素质谱技术与应用. 北京: 化学工业出版社, 2006.

[7] Kanno H. Bull Chem Soc, 1971, 44: 1808.

[8] Mooew L J, et al. Adv Mass Spectrom, 1978, 7: 448.

[9] 张路平. 质谱学报, 2003, 24(2): 332.

[10] Krishnamurthy R V, Atekwana E A. Anal Chem, 1997, 69: 4256.

[11] Hoff-Lu. Phys Rev, 1938, 53: 845.

[12] Dodson M H. J Sci Instr, 1963, 40: 289.

[13] Dodson M H. J Sci Instr, 1969, 2: 490.

[14] Compton W, et al. J Geophys Rev, 1969, 74: 4338.

[15] 王世俊. 质谱学及其在核科学技术中的应用. 北京: 原子能出版社, 1998.

[16] Kurasawa H, et al. Recent Developments in Mass Spectrometry and Allied Topics. San Francisco, 387.

[17] Deborah Ashley. Atom Spectrosc, 1992, 13(5): 169.

[18] VaughanMAy, et al. Appl Spectrosc, 1990, 44(4): 587.

[19] Gray A K, et al. J Anal Atom Spectrom, 1987, 2: 81.

[20] 今村峰雄, 等. 质量分析, 1968, 16: 291.

[21] 赵墨田. 质谱学报, 1994, (15)1: 8.

[22] Thompson J J, Houk RS. Appl Spectrosc, 1987, 41: 801-806.

[23] Brunnee C. Adv Mass Spectrum, 1963, 2: 236.

[24] Brunnee C, Voshage H. Massenspektrometric, Verlag Karl Thiemig K G, Munchen, 1964: 108.

[25] 方家俊, 等. 第二次全国质谱学会议资料选编. 北京: 原子能出版社, 1982.

[26] Shields W R, et al. J Res Nat Bur Stand, 1966, 70A: 193 .

[27] Catanzaro E J, et al. J Res Nat Bur Stand, 1964, 68A: 593.

[28] Catanzaro E J, et al. J Res Nat Bur Stand, 1969, 73A: 511.

[29] Catanzaro E J, et al. J Res Nat Bur, Stand, 1968, 72A: 261.

[30] Gillson G R, Douglas D J, Fulford J E, et al. Anal Chem, 1988, 60(14): 1472.

[31] 刘智敏, 陈坤尧, 翁怀真, 等. 测量不确定度手册. 北京: 中国计量出版社, 1997.

[32] ISO, Guide To The Expression of Uncertainty In Measurement, ISO, Geneva, 1993.

[33] 叶德培. 测量不确定度理解 评定与应用. 北京: 中国计量出版社, 2009.

[34] ISO, International Vocabulary of basic and general terms in Metrology, ISO, Geneva, 1993.

[35] 李金海. 误差理论与测量不确定度评定. 北京: 中国计量出版社, 2007.

[36] 王军, 赵墨田. 分析实验室, 2001, 20(5): 74.

[37] 王军, 赵墨田. 质谱学报, 2003, 24(4): 501.

[38] 吴坚, 宋海燕, 陈扈然, 等. 质谱学报, 2013, 34(6): 367-372.

[39] Halliday A N, Lee D C, Christensen J N, et al. Int J Mass Spectrom Ion Proc, 1995, 146/147: 21.

[40] Lee D C, Halliday A N. Int J of Mass Spectrometry and Ion Process, 1995, 146/147: 35-46.

[41] De Bievre P, Gallet M, Holden N E, et al. J Phys Chem Ref Data, 1984, 13: 865.

[42] 赵墨田. 分析测试学报, 2003, 22 (6): 67.

[43] 赵墨田, 王军, 刘永福, 付淑纯. 分析测试通报, 1992, 11(5): 46.

第十九章 标准物质与质谱分析法

第一节 概 述

质谱分析法（这里主要是指同位素质谱法和无机质谱法）所用仪器、技术和方法需要经过校准、确认和方法验证。校准、确认和方法验证是评价分析测量质量的必经过程，它们是分析测量的质量保证、质量控制的重要要素。在校准、确认和方法验证时的捷径方法莫过于借助标准物质。通过使用标准物质，分析测量工作者可以有效地实现分析测量及其结果的可比性和计量学溯源性。通过使用具有溯源性的标准物质，可以在保证测量结果质量的前提下，简化实现分析测量溯源的程序，缩短分析周期。为此，本书特设该章，以便帮助读者了解标准物质的意义，标准物质研制及应用的基本原则、程序、内容及其在质谱分析中的重要作用。以此，促进在使用同位素质谱法、无机质谱法时沿着正确、有序的途径开展。本章主要叙述与同位素质谱法、无机质谱法相关的不同类别和不同等级的标准物质。这些标准物质的基本概念、特性及其研制、储存和使用原则与广义标准物质类同。

一、标准物质的概念[1]

标准物质的作用犹如一把尺子，它所衡量的对象涉及化学、生物、工程、物理等众多特性或成分。标准物质可用于检测方法评价、检测仪器校准、实验人员与检测实验室能力的评估等。使用标准物质对改进检测工作质量，提高检测准确度，保证检测结果的有效性具有十分重要的意义。近些年来，国内外十分重视能够出具公正检测数据的实验室质量体系建设，标准物质作为确保数据准确性与公正性的必不可少的重要工具，应用需求迅猛增长。

1. 标准物质（reference material，RM）

具有一种或多种足够均匀和稳定的特定特性，用以校准设备、评价测量方法或给材料赋值的材料或物质。

标准物质可以是纯的或混合的气体、液体或固体。

2. 有证标准物质（certified reference material，CRM）

有证标准物质 CRM：采用计量学上有效的程序对其一种或多种特定特性进行表征的标准物质，该标准物质附有证书，在证书中提供了其特定特性的值及不确定度，以及计量学溯源性的声明。

附有证书的标准物质，其一种或多种特性值用建立了溯源性的程序确定，使之可溯源到准确复现的用于表示该特性值的计量单位。而且每个标准值都附有给定置信水平的不确定度。

有证标准物质一般成批制备，其特性值通过对代表整批物质的样品进行测量而确定，并具有规定的不确定度。

这里需要澄清两个容易混淆的概念，即标准物质（standard material，SM）与参考物质（reference material，RM）以及标准参考物质（standard reference material，SRM）与有证参考物质（certified reference material，CRM）。

首先，对于两组概念，欧洲和美洲采用了两种不同的英文表达方式。欧洲各国广泛使用英文：reference material（RM）和 certified reference material（CRM）两个词汇，而美洲习惯用英文：standard material（SM）和 standard reference material（SRM）来表述。虽然双方引用了不同的词汇，但是所代表的实物特性完全一致，只是称谓不同。我国在使用上述两组词汇时，通常视其具有同等效率，可以把 reference material（RM）和 standard material（SM）两个词汇同等称为标准物质或参考物质，而把 certified reference material（CRM）和 standard reference material（SRM）同样视为有证参考物质或有证标准物质，在称谓上没有严格界限，含义也完全相同。

3. 标准物质的特性（量）值（certified value of RM）

有证标准物质特性量测量的平均值及其总不确定度即为该标准物质特性量的标准值。标准值的总不确定度由三部分组成：

第一部分，通过测量数据的标准偏差、测量次数及所要求的置信水平按统计方法的计算值。

第二部分，通过对测量影响因素的分析，进行量化估计值。

第三部分，物质不均匀性和物质在有效期内的变动性所引起的误差。

将这三部分误差综合，通常是取这三部分平方和的开方为标准值的总不确定度。

二、标准物质的特性

1. 均匀性（homogeneity）

根据 ISO 指南 30，标准物质的均匀性定义为：与物质的一种或几种特性相关的具有相同结构或组成的状态。当对该物质进行检验时，不论样品是否取自同一最小包装单元，检验具有规定大小的样品，若被测量的特性值在规定的不确定度范围内，则该标准物质对这一特性来说就是均匀的。根据这一定义可以得出以下几点启示：

① 标准物质的均匀性是个相对概念，取决于检验均匀性测量方法用样量或取样量的多少。对于相对均匀的物质，通常均匀性检验产生的误差应小于检验方法的分析误差。对某一成分，在一定取样量情况下检验结果是均匀的物质，在取样量减少，用更高灵敏度的方法检验时可能呈现非均匀。因此，在进行均匀性检验时，应当首先确定最小取样量，取样量的多少取决于用来检验均匀性所用的测量方法。一旦最小取样量确定，在进行标准物质定值或标准物质使用过程中用样量不得少于检验均匀性的最小取样量。

② 均匀性检验的取样应从待定特性量值可能出现差异的部位取样，取样点的分布对于总体样品，要有足够的代表性。当引起待定特性量值的差异未知或认为不存在差异时，对均匀性检验可采用随机取样，使用随机数表决定抽取样品的号数。当所制备的最小单元数小于500 个时，通常抽取不少于 15 个最小单元数用于均匀性检验；当总体最小单元数大于 500 个时，抽取的单元数等于或大于 25 个。如果认为所制备的储备样品均匀性良好，如高纯金属溶液，抽取用于均匀性检验的单元数可适当减少。

③ 当检验标准物质均匀性与定值采用同一方法，同时进行时，通常必须考虑最小取样量和特性量值的确定。反之，如果两者不是同时进行，或分别采用不同的方法进行检验和定值，则检验均匀性方法的测量精度应该好于或等于定值所用方法精度。而且检验结果仅仅要求给出特性量值的概率分布差异，不需要准确地确定特性量值。

④ 标准物质的均匀性仅仅针对某一特性量值而言，并非所有特性量值的共性；在同一标准物质中，某一化学成分均匀的物质，其他化学成分可能不均匀。因此，在标准物质研制过程中，必须对所有量值逐一进行均匀性检验。

2. 稳定性（stability）

标准物质的稳定性定义为：在规定的时间和空间环境下，标准物质特性量值保持在规定范围内的性质（或能力）。由此可见，标准物质的稳定性表示该标准物质的特性量值随时间变化的特性，时间间隔的长短是由这一特性决定的，通常把这个时间间隔称为标准物质的有效期。有效期越长，表明标准物质的稳定性越好。因此在标准物质的研制报告、生产和使用证书中应明确注明标准物质的有效期。我国的"标准物质管理办法中"规定：一级标准物质稳定性应在一年以上，二级标准物质的稳定性应在半年以上。使用者在规定的有效期内，遵照标准物质证书规定的条件保存和使用标准物质，才能保证标准物质在量值传递和量值溯源中起到标准器的作用。

影响标准物质稳定性的原因有多种，标准物质自身的性质更为重要。通常采用接近天然形态的物质作为标准物质基体原料比人工合成的基体相对比较稳定，如岩石矿样中的 Sm / Nd 同位素标准物质可以保持相当长的稳定期；同位素标准物质稳定性与元素的化学性质密切相关，一般金属元素比非金属元素稳定；元素化学形态也很重要，通常环境下选择比较稳定的化合物，例如：稀土同位素标准物质通常选择氧化物，水溶液选择硝酸盐；碱金属，或碱土金属通常选择碳酸盐。再如锂同位素标准物质的基体，在国内外通常选择碳酸锂。对于水溶液同位素标准物质，浓度和丰度也是影响稳定性的重要因素，通常浓度高的标准物质比浓度低的稳定；同位素丰度越接近自然丰度的同位素标准物质，特性量值越稳定。

同位素标准物质对储存容器的要求不像化学成分标准物质那样严格，尤其是同位素丰度接近自然丰度的同位素标准物质的量值，将不受储存容器材质的影响。对于非自然丰度的同位素标准物质，在长期保存、使用过程中应该防止发生同位素交换、量值发生变化，要选择耐腐蚀、密封性能好、不含或少含被储存元素的储存容器。根据元素化学特性可以使用玻璃安瓿瓶或聚乙烯塑料瓶密封。

3. 准确性（exact value）

准确性是指标准物质具有严格定义的和准确计量的标准值（也称保证值或鉴定值）特性。当用计量方法确定标准值时，标准值是被鉴定特性量之真值的最佳估计，标准值与真值的偏离不超过计量不确定度。当标准值不能用计量方法求得，而用商定一致的规定来指定，这种指定的标准值是一个约定真值。

计量或测量标准物质特性量值的过程就是标准物质的定值。定值是定量获取标准物质特性量值的过程，包括定值方法选择、测量方法的确认与控制、测量仪器的计量校准、测量溯源性研究、测量数据的统计学处理及评估测量不确定度。

4. 有效期（expiration date）

在规定的储存和使用条件下，标准物质的特性量值保持在规定范围内能力的性质。
标准物质的有效期限应以该标准物质有效期的最终日期形式给出。

5. 溯源性(traceability)

溯源性是计量（或测量）学的属性，定义为：通过一条具有确定不确定度的连续的比较链，使测量结果、测量标准值能够与规定的参考基、标准，通常是与国家测量基、标准或国际测量基、标准联系起来的特性[2,5,17]。很显然，一切具有共同溯源目标，合理赋予不确定度的不间断的比较测量将具有溯源性。标准物质可通过以下公认的基本方式实现其量值溯源：

① 溯源至 SI 单位或其导出单位，最常用的就是使用基准方法（primary method）。基准方法有坚实的理论基础和严格的数学表达方式，测量过程可以完全清晰地被描述，精密度、准确度、测量范围和稳定性已经过严谨的研究与验证，具有最高测量水平。目前国际公认的

基准方法有库仑法、同位素稀释质谱法、重量法、凝固点下降法。

②　溯源至其他公认的计量标准，比较常见的是使用基准物质、有证标准物质进行校准，或通过国家计量实验室、指定研究机构进行校准来实现溯源。

③　溯源至国际公认、准确的定义，实现某一特定单位的复现，如传统标度 pH 标准物质的定值、浊度标准物质的定值。

同样，任何具有溯源性的测量结果，都将具有可比性、可靠性。换句话说，凡具有溯源性的测量一般具有如下特征：

①　溯源性测量是建立在具有明确测量目标基础上的测量。通常溯源性测量的目标应该与国家或国际相应的基准、标准装置，或基准、标准物质相联系。

②　为实现溯源性，测量应该是连续的、不间断的。通过用基准、标准装置，或基准、标准物质的连续比较，逐步溯源到国际基本单位制 SI 基本单位。这些基、标准装置和基、标准物质连同测量方法，组成了一条连续的比较链，统称溯源链。

③　具有溯源性的测量值必须合理赋予不确定度。总不确定度应该是溯源链中每一个可能引起误差环节的不确定度分量之和。换句话说，从事溯源性测量的工作者必须对测量的所有步骤进行严密的控制和研究，分析和寻找可能出现的误差，因为这些误差一般将经过误差传递成为总不确定度的一个分量。一旦出现不确定度分量的遗漏或失误，溯源性测量的溯源链将会中断，测量值将失去溯源性。

如上所述，所有实现溯源性的测量，包括测量装置和测量方法，在测量过程中都与国家或国际相应的基准、标准装置，或基准、标准物质进行了严密的比较。在比较的过程中给出了每一重要环节不确定度分量及合成标准不确定度，测量结果直接溯源到国家或国际基标准物质，甚至于溯源到国际基本单位制 SI 基本单位。因此，国内外的化学界人士和测量学家通常认为：同类可溯源的测量值，通常在国内或国际具有一致性、可比性和可靠性。

6. 实用性（practicability）

标准物质的实用性强，可在实际工作条件下应用，既可用于校准、检验测量仪器，评价测量方法的准确度，也可用于测量过程的质量评价以及实验室认证、认可与测量技术仲裁。

7. 复现性（reproducibility）

标准物质具有良好的复现性，可以从批量制备或多次复制体现这种特性。

三、标准物质的分类[1]

根据相关国际组织和大多数国家的分类方法，可归纳为以下三种分类方式。

（一）按特性值的归属学科分类

这种分类方法根据标准物质的特性值所反应的学科特点及所应用的学科进行分类，大致分为：

①　化学成分或纯度标准物质；

②　物理或物理化学特性标准物质；

③　工程技术特性标准物质；

④　生物化学量标准物质等。

按这类分类方法的每一类，通常又可细化为子类。

（二）按标准物质的应用领域分类

这种分类方法是根据标准物质所预期的应用领域或学科进行分类。国际标准化组织标准物质委员会（ISO / REMCO）对标准物质的分类就采用了这种方式，将其分为十七大类，参见表 19-1。

表 19-1　ISO/REMCO 对标准物质的分类

地质学	物理化学
核材料、放射性材料	环境
有色金属	黑色金属
塑料、橡胶、塑料制品	玻璃、陶瓷
生物、植物、食品	生物医学、药物
临床化学	纸
石油	无机化工产品
有机化工产品	技术和工程
物理学和计量学	

我国也是遵照这种分类方法的原则将标准物质分为十七大类。

（三）按标准物质的物理形态特征分类

这种分类方法是根据标准物质的基本物理形态将标准物质分为三种类型。

（1）气态标准物质　气体标准物质常称为标准气体或校准气体，主要用于气体分析，包括气体成分分析、纯气体中痕量杂质分析和气体物理化学特性分析时，校准仪器、评价测量方法使用。

（2）液态标准物质　液态标准物质是包含规定量的单个或多个特定被分析物的水溶液，如同位素标准物质，元素成分标准物质。主要用于校准仪器、评价测量方法。

（3）固态标准物质　固态标准物质不仅要提供整体特性，而且还要提供局部特性，如表层成分，空间分布特征等。固态标准物质的种类和应用范围也很广，以固态标准物质整体化学成分特征的种类和使用为最多。

四、标准物质的分级[2~4]

各国对标准物质等级的划分主要依据标准物质特性，特别是标准物质的均匀性、稳定性和准确性。遵照这个原则，我国将有证标准物质划分为两个等级，即一级有证标准物质和二级有证标准物质。从各级标准物质的量化、代表性或适用范围考虑，这两种标准物质都占有绝对优势。

1. 一级有证标准物质

一级有证标准物质（certified reference materials）的研制通常由国家级计量实验室或经国家计量主管部门考核确认具有相应技术能力的单位制备。采用基准测量方法或其他准确、可靠的方法对其特性量定值。测量的准确度达到国内最高水平，并相当于国际水平。

一级有证标准物质广泛用于量值传递和量值溯源，在仪器校正、测量方法评价、实验室认证、技术仲裁和国内、国际比对测量中广泛使用。已经成为通用商品，在国内外市场都有销售。由国家计量部门颁发证书，严格统一管理，每种通常只准许一个单位生产。因此，必须有足够的原料储备，保证及时复制和市场供应。表 19-2 列出了由北京大学化学系负责研制的、我国最早的一级同位素标准物质：氢、氧同位素标准水样[2]。

表 19-2　氢、氧同位素标准水样

编　号	标准值及标准偏差	$\delta^{D}_{V\text{-SMOW}}/10^{-3}$	$\delta^{18O}_{V\text{-SMOW}}/10^{-3}$
GBW 04401	标准值	−0.4	0.32
	标准偏差（S）	1.0	0.19
GBW 04402	标准值	−64.8	−8.79
	标准偏差（S）	1.1	0.14
GBW 04403	标准值	−189.1	−24.52
	标准偏差（S）	1.1	0.20

编　号	标准值及 标准偏差	$\delta^{D}_{V\text{-SMOW}}/10^{-3}$	$\delta^{18O}_{V\text{-SMOW}}/10^{-3}$
GBW 04404	标准值 标准偏差（S）	−428.3 1.2	−55.16 0.24

2. 二级有证标准物质

二级有证标准物质由地方或行业计量行政主管部门经考核确认具备相应技术能力的单位制备，采用准确、可靠的方法或直接与一级有证标准物质相比较的方法对其特性量定值，国家计量主管部门颁发证书。

二级标准物质通常是为了满足研制单位实验室的工作需要和社会一般检查要求的标准物质，直接用于现场测量方法研究和评价、日常实验室质量保证以及不同实验室之间的质量保证等。表 19-3 给出了我国早期研制的二级标准物质。

表 19-3 氢同位素标准水样[2]

名　称	编　号	标准值及标准偏差	$\delta^{D}_{V\text{-SMOW}}/10^{-3}$
氢同位素标准水样	GBW(E) 040001	标准值 标准偏差（S）	−0.2 1.3
	GBW(E) 040002	标准值 标准偏差（S）	−48.3 1.3
	GBW(E) 040003	标准值 标准偏差（S）	−98.4 1.2
	GBW(E) 040004	标准值 标准偏差（S）	−151.4 2.2
	GBW(E) 040005	标准值 标准偏差（S）	−201.8 2.8
	GBW(E) 040006	标准值 标准偏差（S）	−299.9 2.3
	GBW(E) 040007	标准值 标准偏差（S）	−403.6 2.0

注：北京大学化学系研制。

现将我国一级、二级有证标准物质的研制者、研制过程、特性和用途等列入表 19-4[5]。

表 19-4 我国一级、二级有证标准物质的研制者、研制过程、特性和用途

项　目	一级有证标准物质	二级有证标准物质
研制者	国家计量实验室，权威性实验室等	一般工业、企业实验室等
认定（定值）方法	采用基准分析法，或采用两种以上独立、准确分析方法等	至少用一种独立方法 采用与一级标准物质比较的方法
准确性	根据最终使用要求和经济原则尽可能提高准确度，力求比最终要求高 3~10 倍	高于现场分析准确度的 3~10 倍
均匀性	取决于最终使用要求	取决于最终使用要求
稳定性	稳定性期限至少 1~2 年	一般为 6 个月，在特殊情况下可短至几个星期
主要用途	用于评定分析法、二级标准物质认定、高精度分析仪器校准	评价现场分析方法，现场分析仪器校正和现场实验室的质量保证

上面描述的仅仅是有证标准物质的特征。但是，从计量学的角度，标准物质曾经划分为四个等级，即基准物质、一级有证标准物质、二级有证标准物质和现场工作标准。对前三种

标准物质的量值，在各个国家都授予法定依据，并附有国家颁发的证书。工作标准通常是从具有法定依据的前三种标准物质，通过量值传递得到。

3. 基准物质

基准物质定义为"用基准方法确定特性量值的标准物质，具有最高计量学特性"。基准方法包括重量法、精密库仑、电位滴定等，具有绝对测量性质的同位素稀释质谱法也被一些国家和相应专业的国际组织确认为用于基准物质研制过程中定值和均匀性、稳定性检验。

测量基准通常包括基准装置、基准物质和基准测量程序三部分。从计量学角度考虑，在运用过程中缺一不可。实际上，也要根据具体情况和条件，灵活处理。制备基准物质的材料大都具有高纯度，用权威（基准）方法进行均匀性检验、定值和稳定性检验，国家计量部门颁发证书，严格统一管理。基准物质的量值通常作为计量或测量值的溯源源头，经过量值传递研制次级标准物质。比利时的测量与标准物质研究院(IRMM)和英国哈威尔实验室等，使用高纯的浓缩同位素 ^{233}U、^{235}U、^{238}U，通过化学计量人工配制原子比标准物质，见表 19-5；法国原子能委员会（CEA）所属封特耐罗兹（Fantenay-aux-Roses）核研究中心的分析方法制定委员会（CETAMA）制备了 ^{233}U 和 ^{235}U 等原子比混合物基准物质[6,7]。这些基准物质的研制使用纯同位素，采用绝对法定值，在同类标准物质中具有最高计量特性，可视其为同位素基准物质。

表 19-5 几种铀同位素基准物质[2]

研制单位	编 号	基体形态	标准值及不确定度（95%置信水平）摩尔比	最小包装单元
IRMM	CBNM-IRM-199	硝酸铀酰溶液（三元混合物）	$^{235}U/^{238}U=1.00015\pm0.00020$ $^{233}U/^{238}U=1.00001\pm0.00030$	5g（含 10mg 铀）
IRMM	CBNM-IRM-072/1 ～072/15 共 15 种系列标准物质	硝酸铀酰溶液（三元混合物）	$^{233}U/^{238}U=1.00033\sim1.9995\times10^{-6}\pm0.03\%$ $^{235}U/^{238}U=(0.99163-0.99321)\pm0.00020$	1g（含 1mg 铀）
哈威尔实验室	UK U2/96058	硝酸铀酰溶液（二元混合物）	$^{233}U/^{235}U=0.9991\pm0.0004$	1ml（含 5mg 铀）
哈威尔实验室	UK U2/96059	硝酸铀酰溶液（二元混合物）	$^{238}U/^{235}U=0.9994\pm0.0006$	1g（含 5mg 铀）
CETAMA	MIRF2	硝酸铀酰溶液,蒸干物（固体二元混合物）	$^{233}U/^{236}U=1.0327\pm0.0010$	0.2mg×5

4. 现场工作标准

现场工作标准通常由企业单位自行研制，或直接同一级、二级有证标准物质比对，经过量值传递获得量值，不需要计量主管部门批准，量值的计量特性比二级有证标准物质低，仅仅作为日常测量工作的内部工作标准，不能作为技术仲裁或实验室认证的依据使用。

近年来，我国有证标准物质品种有了显著增加，价格降低，应用范围拓宽；使得现场工作标准使用范围逐年缩小，并有被二级有证标准物质替代的可能。

第二节 有证标准物质的功能和使用

一、有证标准物质的功能[1~3]

1. 有证标准物质在保存和传递特性量值中的作用

标准物质是具有准确的特性量值、高度均匀性与良好稳定性的测量标准，标准物质可以在时间和空间上进行量值传递，保持量值不变。在标准物质从一个地方被递交到另一个地方的测量过程中，该标准物质的特性量值不因时间与空间的改变而变化，在这所说的"时间改变"指在该标准物质的有效期范围内。

2. 有证标准物质在国际单位制中的作用

部分国际单位制的基本单位与导出单位的复现依赖标准物质，如长度单位米（m）、质量单位千克（kg）、时间单位秒（s）、物质的量的单位摩尔（mol）等相应依赖于高纯的 ^{86}Kr、铂-铱合金、^{133}Cs、^{12}C 等标准物质下定义。

3. 有证标准物质在工程特性量与物理、物理化学特性量约定标度中的作用

某些工程特性量与物理、物理化学特性量约定标度的复现与传递主要依赖于标准物质。这些标准物质在国际相关组织建议与标准文件上已经给出说明，并给定了值，在国际范围内具有一致性。如浊度单位是在 SIO7027 标准中定义的，单位的复现依赖福尔马肼（formazine）标准溶液。该标准溶液的浊度是 400FAU 或 FNU。

4. 有证标准物质在分析测量中的作用

标准物质与分析测试技术是密不可分的，现代分析测试技术已经从经典的、单一的、简单的基体测试，逐渐演化为以现代分析仪器为主的、多组分、痕量、复杂基体测试，难度和复杂程度大幅增加。测量结果主要依赖于标准物质将其溯源到 SI 单位。尤其是痕量分析的复杂性，分析结果的可靠性更是借助于痕量成分分析标准物质。当然，痕量成分分析标准物质的发展又促进了痕量分析技术的提高。例如，欧盟计量局（ERM）曾组织共同体成员国的分析实验室测定橄榄叶中的重金属元素含量。各实验室报告的数据相差最大者达两个数量级。为此，ERM 研制了橄榄叶标准物质（ERM 062），重金属元素保证值的相对不确定度仅为百分之几，对含量 10^{-8} 的 Cd 也仅为 20%。这就意味着，如果各个实验室正确使用 ERM 062 校正测量仪器、检验测量方法，它们的测量结果分歧将显著缩小，测量值具有溯源性和可比性。

5. 有证标准物质在产品质量保证中的作用

在生产过程中，原料的检验、生产流程的质量控制以及产品的质量评价都需要用各种相应的标准物质保证测量结果的可靠性，使生产过程处于良好的质量控制状态，实现正常的生产和保证产品的质量；产品标准的制定要依赖于标准物质验证其准确性；产品质量监督部门和市场管理机构为了确保出具数据的准确性、公正性和权威性，要依赖于标准物质通过对抽样检验结果的分析作出正确判断。

二、标准物质的使用原则

随着科技、生产和贸易的发展，社会对标准物质的需求越来越广泛，标准物质品种也逐年增加，选择和使用标准物质尤其重要。

① 要选择和使用国家批准、颁布的标准物质，最好是有证标准物质。这些标准物质具有溯源性，使用这些标准物质获得的测量值具有可比性、溯源性。

② 要根据预期用途和预期测量值不确定度水平要求，选择不同级别的标准物质，且不应当选用不确定度超过预期测量值不确定度水平的标准物质。

③ 要选择与待测样品的基体组成、待测成分的含量相类似的标准物质。

④ 使用前全面了解标准物质证书上所规定的各项内容，并按其执行。

⑤ 注意标准物质证书所规定的最小取样量，切记不得少于最小取样量使用。

⑥ 注意标准物质证书上的有效期，只限于在有效期内使用各项特性量值才有效。

第三节　标准物质与质谱分析法的关联性

一、标准物质在质谱分析中的作用

（一）质谱分析法的重要性

分析测量是人们认识自然、改造自然的一种基本技术活动，是为了解物质属性与特征而开展的基础性科学技术措施，也是自然科学技术研究、发展的前提和基础。如今，分析测量及其结果已经广泛涌入人类活动的方方面面，与国民经济的关联度极高，分析测量水平的高低直接制约科学技术发展和工业、农业生产水平的提高，与人们的生活质量和创新能力密切相关。在全球经济一体化的大趋势下，分析测量能力越来越明显地成为国家竞争力的重要组成部分，成为维护国家经济利益、保护国家经济安全的重要技术手段。据专家估计，化学分析测量的需求量占所有分析测量总数的比例超过 50%，同位素质谱分析法和无机质谱分析法是化学分析技术的重要组成部分，应用范围广，它们给出的测量值与其他分析方法相比，往往占有更多更高的权重，尤其是对痕量元素分析、同位素丰度测量的准确度最高。实现快速、准确测量需具备如下两因素，即①质谱测量方法的精密度；②有效的标准物质，即有证标准物质。

（二）有证标准物质在质谱分析法中的作用

众所周知，质谱仪是依据电磁物理理论建造，综合了机械、电磁、真空和计算机等学科的技术，以测量原子离子、分子离子为目的。仪器原理和结构决定了不同质量的粒子、离子在其中运动的行为不同，极易产生系统误差，更何况来自外部电、磁和热辐射的干扰。而且，在样品制备、样品引入、样品电离（即原子/离子转化）和离子检测（包括模/数转换）过程中也都有可能引进误差。使得测量值与"真实值"之间难免出现偏移。如何由测量值求得样品"真实值"，始终是广大质谱分析工作者所追求的目的。经过长时间的实践证明，借助标准物质校准质谱仪器，检验、评价测量方法是保证测量结果有效性、可靠性和测量捷径的最好方法。

1. 校正质谱仪器

（1）简单的校正方法　使用具有溯源性的有证标准物质校准仪器，求得仪器系统误差的校正系数。然后，再用校正过的仪器进行测量，能够实现求得接近"真实值"的理想测量值。这一过程的数学运算公式如下：

$$K=\frac{r_m}{r_s} \tag{19-1}$$

式中，r_s 为所用标准样品的标准值；r_m 为仪器对标准样品的测量值；K 为测量该标准样品时仪器系统误差的校正系数。

用校正过的仪器测量被分析样品的测量值用 R_m 表示，则样品中近似的"真值" R_t 可以借助下列公式求得：

$$R_t=KR_m \tag{19-2}$$

式中，K 的含义与上式相同。

（2）R_t 值的不确定度　R_t 值的不确定度取决于 r_s、r_m、R_m 三个值的不确定度，即 r_s、r_m、R_m 三个值的不确定度通过误差传递将以一定的数值贡献给 R_t 值，可以通过对式（19-2）的微分进行量化。

2. 检验、评价测量方法

鉴于质谱测量初始值与"真值"的偏移，对于任何测量，特别是定量成分分析，欲得到理想的、具有溯源性的测量结果，都必须使用有证标准物质。

（1）有证标准物质的选择　欲选择有证标准物质，必须首先了解被分析物的种类及其物理、化学特性，使其有证标准物质与被分析物相一致，或类似；与预测量的元素浓度、化合物相同，或相近。

（2）检验、评价测量方法　有证标准物质被用来作为核验物，即将有证标准物质作为假设的未知物进行分析，将所得的分析结果与标准物质的标准值进行比较。如果发现有不正常的偏差（误差），实验者应辨明其原因，并予以纠正（修正）；针对特殊情况，无法确定出现误差原因时，可以借助测量值与标准值推算修正因子，以便对后续样品的测量值进行校正。

（3）检验、评价结果　根据检验出现的偏差、修正效果，或借助修正因子对测量方法进行评估。检验、评估后的方法可以用于测量与检验所用标准物质相类似的未知被分析样品的测量。

3. 测试待测样品

用标准物质作为标准，对相应组分化合物进行检测分析，正如标准物质定义所述：给物质或材料赋值。在这种情况下，应选用基体和量值与被测样品十分接近的标准物质。在测量仪器、测量条件和操作程序均正常的情况下，对标准物质与被测样品进行交替测量。将标准物质的测量值作为标准，计算出待测样品的特性量值。

4. 要点提示

为了实现测量值的溯源性，要选择有证标准物质作为参比物，校正工作的计量特性取决于：

① 参比物的不确定度；

② 参比物与被分析的样品是否匹配（包括基体、浓度、化合物及同位素分析时的丰度）；

③ 测量参比物的方法及测量参数选择与测量被分析样品是否一致等。

二、质谱分析法在标准物质研制中的作用

（一）标准物质研制中的测量方法

标准物质，特别是有证标准物质是一种技术含量较高的特殊"产品"。标准物质的均匀性、稳定性和特性量值是反映标准物质特点的主要参数和指标，技术含量高，成为标准物质研制的重点。在国内外不同等级标准物质研制过程中，同位素质谱法和无机质谱法是相关重要标准物质均匀性、稳定性检验和特性量值确定的首选和普遍使用的方法，主要原因是：

① 均匀性检验的目的不是简单的要得到测量结果，而是利用这些测量结果估计制备的标准物质单元间或单元内不同组分物质特性量值的差异。因此均匀性检验要使用良好精密度的测量方法和程序。方法的精密度不低于预研制标准物质特性量值不确定度，并具有足够的灵敏度。

② 稳定性检验是在规定的时间和空间环境下，检验标准物质特性量值保持在规定范围内的性质（或能力），稳定性检验要求测量方法不低于预研制标准物质特性量值不确定度，并具有足够的灵敏度。

③ 标准物质定值是对与标准物质预期用途有关的一个或多个物理、化学、生物或工程技术等方面的特性值的测定。定值是给标准物质赋值的过程，也是标准物质研制过程中的关

键环节。为标准物质定值的测量方法和程序需要更加严格的质量保证措施和要求。

④ 同位素质谱法、无机质谱法具有坚实的理论基础，试验程序清晰，计算公式严谨，与其他大多数化学测量方法相比灵敏度高、精密度好，测量结果具有溯源性，具备标准物质均匀性、稳定性检验和定值的必要条件和要求。

（二）在同位素标准物质研制中的应用

同位素标准物质的研制是以认定元素同位素的两个或多个特性量值（同位素丰度、丰度比）为目的的过程，包括气态、固态和液态三种形态的标准物质的研制，主要用于同位素分析测量工作中校正仪器、评价测量方法。

同位素标准物质候选物的基体大都是高纯的气体、固体和液体。对候选物基体纯度的确定用质谱法或成分量测量的其他化学方法。均匀性检验、稳定性考察和定值主要使用同位素质谱法来完成。对均匀性检验测量程序的设计注重方法的重现性；定值、稳定性考查需要更加严格的质量保证措施和要求，要量化所有不确定度分量对总不确定度的贡献，确保所研制的标准物质特性量值具有溯源性。笔者根据文献报道和个人工作经历把收集到的有关不同质谱法在同位素标准物质研制中的作用列于表 19-6。

表 19-6 质谱法在同位素标准物质研制中的应用

仪器 / 标准物质	AIMS	TIMS	MC-ICP-MS	HR-ICP-MS	Q-ICP-MS	HR-SIMS	AMS	GDMS
同位素基准物质	◎★◇	◎★◇	◎★◇	▲	▲			▲
一级有证标准物质	◎★◇	◎★◇	◎★◇	◎★◇▲	◎★◇▲	◎★◇		▲
二级有证标准物质	◎★◇	◎★◇	◎★◇	◎★◇▲	◎★◇▲	◎★◇		▲
工作标准				◎★◇▲	◎★◇▲	◎★◇▲	◎★◇	◎★◇▲

注：◎代表均匀性检验；★代表定值；◇代表稳定性检验；▲代表测候选物基体杂质总量。

（三）在无机成分量标准物质研制中的应用

在标准物质家族中，与质谱分析法有关的无机成分量标准物质当属如下两类：

① 化学成分纯度标准物质；

② 复杂基体中化学成分量标准物质。

这些类别的标准物质又可划分为单一成分的标准物质和基体成分标准物质两类。

单一成分标准物质通常是纯物质（元素或化合物），以纯度、浓度等量值的纯物质溶液或纯气体存在。这类标准物质在质谱分析法中的重要用途之一是质谱仪器的检定和校准。

基体标准物质通常是感兴趣的被分析物以天然状态存在于天然环境中的真实材料，即天然基体标准物质。基体标准物质也可以人工合成的方式制备。基体标准物质最重要的用途之一是对分析测量方法的检验和确认，用于评价整个分析过程的质量，包括样品制备和测量等步骤，特性量值不确定度的评定比单一成分标准物质要困难得多。

无机质谱分析法可以独立承担单一成分标准物质研制中的均匀性检验、稳定性考察和定值，也可与其他化学分析方法共同承担基体成分标准物质研制的均匀性检验、稳定性考察和定值。

根据各种无机质谱分析法的特点，它们在无机成分量标准物质研制中可以承担的任务列于表 19-7。表 19-8 列举了无机质谱分析法用于我国的人发、冻干人尿、牛血清、猪肝、贻贝、奶粉、小麦粉、茶叶、甘蓝、党参等20种一级标准物质研制定值测量的元素。

表 19-7 各种无机质谱分析法在无机成分量标准物质研制中的应用

方法 标准物质	IDMS	Q-ICP-MS	HR-ICP-MS	SIMS	GDMS	LIMS	LRIMS	GDMS
基准物质	◎★◇	▲	▲	▲	▲			▲
一级有证标准物质	◎★◇	◎★◇▲	◎★◇▲	◎★◇▲	▲	◎★◇	◎★◇	▲
二级有证标准物质	◎★◇	◎★◇▲	◎★◇▲	◎★◇▲	◎★◇▲	◎★◇	◎★◇	▲
工作标准		◎★◇▲	◎★◇▲	◎★◇▲	◎★◇▲	◎★◇	◎★◇	◎★◇▲

注：1. ◎代表均匀性检验；★代表稳定性检验；◇代表定值；▲代表测候选物基体杂质总量。

2. IDMS 包括 ID-AIMS、ID-TIMS、ID-MS-ICP-MS、ID-HR-ICP-MS、ID-Q-ICP-MS(后两种方法对基准物质除外)。

表 19-8 无机质谱分析法用于我国一级标准物质定值测量的元素

定值元素	20 种生物标准物质		
	质量分数/(μg/g)	相对不确定度/%	定值方法[①]
Ag	0.03~0.05	10~20	AAS, ICP-MS, NAA
As	0.05~6.0	18~20	AAS, AFS, ICP-MS, NAA, POL, SP
B	15~50	8~17	ICP, ICP-MS, ISE
Ba	17~60	5~12	AAS, ICP, ICP-MS, IDMS, NAA, XRF
Be	0.02~0.06	20	AAS, ICP, ICP-MS
Bi	0.02~0.06	11~18	AFS, ICP-MS
Cd	0.03~4.5	10~13	AAS, AFS, ICP-MS, IDMS, NAA, POL
Ce	0.1~2.5	8~20	AAS, ICP-MS, IDMS, POL
Cl	150~1.9		IC, IDMS, NAA, SP
Co	0.07~0.95	7~12	AAS, ICP, ICP-MS, IDMS, NAA
Cs	0.05~0.29	7	ICP-MS, NAA
Cu	0.05~23	6~20	AAS, ICP, ICP-MS, IDMS, PIXE, POL, XRF
Eu	0.009~0.037	5~22	ICP, ICP-MS, NAA
La	0.049~1.25	3~17	ICP, ICP-MS, IDMS, NAA
Li	0.84~2.6	11~13	AAS, ICP, ICP-MS, FP
Mn	2.9~1240	3~7	AAS, ICP, ICP-MS, ICP-AFS, NNA, PIXE, XRF
Mo	0.038~3.8	16~20	AAS, ICP-MS, NAA, IDMS, POL
Nd	1.0	10	ICP, ICP-MS, NAA
Ni	0.83~7.6	7~18	AAS, ICP, ICP-MS, ICP-AFS, IDMS, NAA, PIXE
Pb	0.54~8.8	8~10	AAS, ICP, ICP-MS, IDMS, POL, PIXE, XRF
Rb	4.2~74	5~6	AAS, ICP-MS, IDMS, NAA, XRF
Sb	0.037~0.095	8~13	AFS, NAA, ICP-MS, POL
Sc	0.008~0.32	9~13	ICP, ICP-MS, NAA
Sm	0.038~0.19	6~11	ICP, ICP-MS, NAA
Sn	0.12~0.23		ICP-MS, AES, POL
Sr	4.2~345	2~4	AAS, ICP, ICP-MS, IDMS, NAA, PIXE, XRE
Tb	0.025	8	ICP, ICP-MS, NAA
Th	0.061~0.37	6~13	ICP-MS, IDMS, NAA
V	2.4	9	ICP, NAA, ICP-MS, XRF, POL
Y	0.084~0.68	3~19	ICP, ICP-MS
Yb	0.018~0.063	17	ICP, ICP-MS, NAA
Zn	0.60~198	5~15	AAS, ICP, ICP-MS, ICP-AFS, IDMS, NAA, PIXE, XRF

① 加下划线标记的为质谱法。

第四节　标准物质的研制

一、立项、技术路线和研制程序

如上所述，标准物质，尤其基准物质和有证标准物质是一种技术含量较高的特殊"产品"。标准物质的研制需根据国民经济、社会及科学技术发展现状和需求立项。研制目标的预定要充分考虑国家需要和现有的技术资源，采用技术合理、经济可行的优质方案和路线，以便实现研制结果的有效性，满足社会急需，及时收回成本。

各种类型和级别的标准物质尽管研制目标、预定特性量值和研制技术难度存在较大差异，但是其研制程序基本遵循图 19-1 所示的流程[1]。

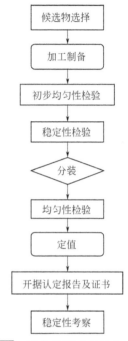

图 19-1　标准物质研制流程示意图

1. 候选物选择

候选物的基体应该和使用的要求相一致或尽可能接近；均匀性、稳定性和特性量值范围应适合标准物质的用途；系列化标准物质候选物特性量的待定量值范围应适合该标准物质用途；候选物的来源应有足够数量，以便满足在有效期间使用和复制需要。

2. 加工制备

多数候选物都要经过一定的加工才能用来制备有证标准物质，加工过程包括干燥、挤压、粉碎研磨、筛分、混合、搅拌等。加工时注意如下要点：防止候选物在加工过程中被污染；防止目标成分流失，特别是防止易挥发成分流失；在加工过程中，对待定量或其基体有不稳定倾向的候选物，注意研究影响稳定性的因素。可采取必要措施改善其稳定性，如辐照灭菌、添加稳定剂、选择合适的储存环境等。

3. 初步均匀性检验

对待特性量在基体中不易均匀的候选物，采取必要的均匀措施后，还应进行均匀性初检，只有初检合格的候选物才能进行下一步操作。

4. 稳定性考察

稳定性检验考察的作用是确定标准物质候选物充分稳定的储存条件，探知标准物质特性量相对于使用要求没有显著变化的期限。研制者应在选定的储存或使用条件下，定期地进行特性量值的稳定性考察。稳定性考察的时间间隔通常按照"先密后疏"的原则安排。在有效期内应有多个时间间隔的监测数据。同时，还应该注重下列因素对标准物质稳定性的影响：首先是储存容器材质可能对稳定性的影响，防止内容物与材质相互作用，发生成分交换；其次，储存环境的光、湿度和温度等也是引起不稳定的因素。

5. 分装

经过均匀性检验和稳定性考察的候选物需要分装成若干个单元，包装单元的容量大小取决于市场用户的需求和标准物质的特征；当候选物制备量比较大时，可采用分级分装，最小包装单元中标准物质的质量或体积与标称的质量或体积应符合规定的要求。包装标准物质的容器应该质地纯洁，溶解性、吸附性、渗透性小，密封性好。

6. 均匀性检验

候选物在分装成独立的单元后（如装成瓶或针剂），应该测试一定数量的有代表性的样品单元，以检验候选物单元间的均匀性是否符合设计要求。对于固体标准物质候选物（如粉末、颗粒），要同时关注在独立包装单元间和单元内的均匀性。对均匀性检验的注意事项，请读者参阅本章第一节中二、标准物质的特性 1. 均匀性。

7. 定值

标准物质的定值是对与标准物质预期用途有关的一个或多个物理、化学、生物或工程技术等方面的特性量的测量。定值测量是给标准物质赋值的过程，也是标准物质研制的关键环节。所以，定值的测量程序需要更加严格的质量保证。

8. 开具认定报告

研制单位提供的标准物质研制报告是国家计量主管机构审批标准物质、发放标准物质证书的主要根据。标准物质研制报告应该包括如下信息：①原始物料的来源；②详细的制备工艺流程；③均匀性、稳定性检验和定值方法；④各个实验室的测量结果和所用分析方法；⑤确定标准物质特性量值及其不确定度范围的详细过程。

9. 稳定性考察

已经发放证书的标准物质，只要按照标准物质证书规定的保存条件，在有效期内使用一般不会有问题，不需要考察。

按照区间考察要求，研制单位实施定期考察。

二、同位素标准物质的研制

（一）同位素标准物质的作用

自然界的元素同位素组成处于恒定状态下的几乎不存在。在许多情况下，自然界元素同位素丰度的涨落往往因其地域的不同而存在差异。一般来说，氢、碳、氮、氧、硫等轻元素同位素丰度的变异较大；重质量核素变化较小。有时也有一些例外，如不同来源铅同位素丰度之间的差异就是例外。产生这种现象的原因是复杂的，有自然现象导致的结果，也有人为因素。各地域在不同的自然环境下发生的同位素交换反应和各种自然现象引起的同位素分馏是导致同位素丰变异的主要原因；由天然放射性母体核素衰变产生的同位素，如 ^{206}Pb 则是另一种自然现象的结果。人为因素的影响也不可忽视，不同实验条件下的化学物理反应过程也可能导致同位素交换和同位素分馏；科技先进大国以各种方法进行的同位素生产，特别是各种浓缩同位素实验室、工厂的建立和浓缩同位素的广泛使用，都有可能引起周边环境同位素丰度的改变。精确地测量和掌握自然界稳定性和放射性同位素组成的变化数据，不但是核科学与核工业、同位素地质、同位素地球化学研究、能源勘探与开发的必要条件，也是进行气候变化、水文、地震、古代突发自然事件研究的重要依据。如今通过同位素示踪研究，无论是放射性同位素示踪，还是稳定性同位素示踪，已经渗入生物学、营养学、医学等与人们的身心健康密切相关的领域，成为评价和判断国家和地区生活质量的指示剂。

然而，即使使用最精密的同位素质谱法，正如第十八章所述，样品制备、样品引入、样品电离（即原子/离子转化）和离子检测（包括模数转换）都有可能引进误差。只有借助同位素标准物质才能由测量值求得测量真实值，使测量结果具有溯源性、可比性。求得接近真实值的理想测量值。

（二）同位素标准物质的特点

① 根据同位素标准物质的基本物理形态将其分为气态同位素标准物质、液态同位素和

固态同位素标准物质，分别适应于气态、液态和固态同位素分析。

② 在我国，可将同位素标准物质分为同位素基准物质、有证一级标准物质、有证二级标准物质和同位素工作标准等四级。

③ 同位素标准物质的特性量通常以同位素丰度、同位素丰度比或 δ 值给出，量值与化学成分量标准物质相比较更准确，不确定度小，具有溯源性。

④ 同位素标准物质的均匀性、稳定性取决于标准物质特定量的物理形态、基体，也与包装容器材质有关。

⑤ 同位素标准物质主要用于校准质谱仪，评价质谱分析方法。

⑥ 在我国，同位素标准物质主要用于下列两大领域的测量中使用：a.在核科学研究、核能开发、同位素分离、核燃料循环等核科学、核工业测量中使用；b.在同位素地质学、同位素地球化学、宇宙探测、地震预报等地学领域的相关测量中使用。

因此，按照标准物质的应用领域分类法，可将其划分为核科学领域应用的同位素标准物质和地学领域应用的同位素标准物质。事实上对某些同位素标准物质，在应用中两者兼顾，相互补充，交叉使用及逐渐向其他领域扩展。

（三）研制实例：镉同位素溶液系列标准物质的研制

用镉的系列同位素标准物质研制要点对同位素标准物质的研制方法予以注释。

1. 立项依据

镉（cadmium）是银白色有光泽的金属，熔点 320.9℃，沸点 765℃，密度 8650 kg/m³。镉是一种吸收中子的优良金属，制成镉棒条可在原子反应炉内减缓核子连锁反应速率；镉也可用于电镀，对碱性物质的防腐蚀能力强；还可用于制造体积小和电容量大的电池。镉的毒性较大，被镉污染的空气和食物对人体危害严重，且在人体内代谢缓慢，日本因镉中毒曾出现"痛痛病"。

镉共有 ^{106}Cd、^{108}Cd、^{110}Cd、^{111}Cd、^{112}Cd、^{113}Cd、^{114}Cd、^{116}Cd 等自然界存在的稳定同位素，镉的稳定同位素及其基本参数见表 19-9。

表 19-9 镉的稳定同位素及其基本参数

元素符号	原子序数	质量数	相对原子质量	近似丰度/%	原子量
Cd	48	106	105.906461 (7)	1.25 (6)	112.411 (8)
		108	107.904176 (6)	0.89 (3)	
		110	109.903005 (4)	12.49 (18)	
		111	110.904182 (3)	12.80 (12)	
		112	111.902757 (3)	24.13 (21)	
		113	112.904400 (3)	12.22 (12)	
		114	113.903357 (3)	28.73 (42)	
		116	115.904755 (4)	7.49 (18)	

注：相对原子质量以 ^{12}C = 12.000000 为单位。

质谱法是镉同位素、元素测量的最准确方法。如上所述，最简便、有效的质谱法测量要借助同位素标准物质。课题组通过调查发现：国内外均没有有效的镉同位素系列标准物质。系列镉溶液同位素标准物质的建立，将为质谱仪校准、测量方法评价和量值溯源研究提供必要的物质基础，为开展同位素稀释等高精度分析提供技术支持，服务于食品安全、环境保护、材料分析等领域。

2. 研制的技术方案

拟研制 11 种不同丰度镉系列同位素标准物质，丰度比涵盖 $0.02 \sim 10$（^{110}Cd/^{114}Cd）。系列丰度同位素标准物质是用 ^{110}Cd、^{112}Cd、^{114}Cd、^{116}Cd 等四个高纯度、高浓缩同位素基准溶液和一个高纯度的天然丰度 Cd 溶液，按照质量比例，通过化学计量、称重配制而成。

这 11 种标准物质的均匀性检验、定值、稳定性考察采用校正质谱法，该法具有绝对测量性质，系统误差可以估算和消除，不确定度减到最小，曾用于锑、铈、铒、镝、钐、钕、锌等元素原子量的测量，测量的上述元素的同位素丰度和元素的原子量均被国际原子量委员会（IUPAC-CAWIA）先后采纳作为国际标准，测量方法评为最佳测量。用该方法及其相应程序测量的标准物质量值具有溯源性，在国内外具有可比性。

3. 试剂和仪器设备

研制过程中使用的试剂和仪器设备分别列入表 19-10 和表 19-11。

表 19-10 研制过程中使用的试剂

名　称	级　别	厂　家
硝酸（浓）	BVⅢ级	北京化学试剂研究所
高纯氮气	纯度 99.999%	中国计量科学研究院
Na_2CO_3	GBW(E)060023	中国计量科学研究院
^{110}Cd（金属）浓缩同位素		Cambridge Isotope
^{114}CdO 浓缩同位素		美国 ORNL
^{116}CdO 浓缩同位素		美国 ORNL

表 19-11 实验仪器及设备

名　称	型　号	厂　家
Mettler-Toledo 天平	M3（感量 0.1μg）	Mettler-Toledo 公司
Mettler-Toledo 天平	XP205（感量 0.01mg）	Mettler-Toledo 公司
酸纯化系统	TEFLON-PFA	Lab-Tech 公司
Milli-Q 纯水系统	Element	MilliPore 公司
烘箱		上海精宏实验设备有限公司
千级超级工作间		上海鑫宏通风设备有限公司
万级超级工作间		上海鑫宏通风设备有限公司
十级超级工作台		美国 LabTech 公司
百级超级工作台		美国 LabTech 公司
电热板	FH20B	美国 LabTech 公司
管式电阻炉	SK-2.5-13S	北京电炉厂

4. 镉系列标准物质的制备

（1）保存容器的选择及处理　选择 15ml 石英容量瓶存放高纯、高丰度的基准溶液。实验过程中，所有容器，包括包装用的石英容量瓶、石英药匙、石英烧杯等均经过如下过程处理：先用去离子水洗涤多次，然后用乙醇浸泡 2h，再用高纯水（由去离子水制备）多次洗涤。初步处理的容器放入洁净的大烧杯中，在光波炉 100℃下，用 10％硝酸煮 1h，此过程重复 3 次。最后用经两次处理的高纯水润洗。处理过的容器放入预先处理的乐扣盒子中，置于千级超净室的十级超净台上，依靠流动的经过滤的洁净空气使其自然干燥。

（2）系列标准物质的配制　用经过处理和纯度检验的 ^{110}Cd、^{112}Cd、^{114}Cd、^{116}Cd 等四个高纯度、高浓缩同位素基准溶液和一个高纯度的天然丰度 Cd 溶液，按照质量比例，通过化学计量、称重配制成 11 个镉的不同梯度的同位素丰度系列标准物质。试验流程见图 19-2。

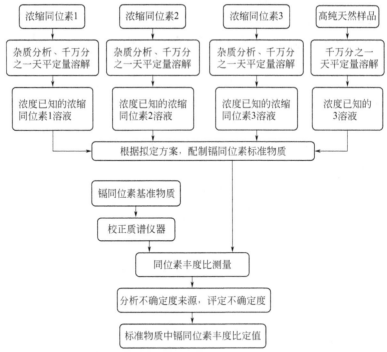

图 19-2 镉同位素标准物质研制流程示意图

5. 均匀性、稳定性检验

（1）校正质谱法　校正质谱法被用来为研制的镉同位素标准物质定值和均匀性、稳定性检验。其方法是：选择 ^{110}Cd、^{114}Cd、^{116}Cd 三种具有高纯度和高丰度的浓缩同位素。它们的化学纯度通过 HR-ICP-MS 测其杂质总量确定（见表 19-12），同位素丰度比使用 TIMS 以同位素丰度全蒸发测量方式获得。

表 19-12 HR-ICP-MS 测量三种浓缩镉同位素试剂纯度的结果

同位素试剂	^{110}Cd	^{114}Cd	^{116}Cd
纯度平均值	0.999946	0.999763	0.999869
u/%	0.001	0.0026	0.001

依据预计的混合样品同位素丰度比，对三种同位素基准溶液两两称重混合，配制 11 个校正样品(同位素基准样品)。称重采用感量 0.1μg 高精度天平，称重值经过空气浮力校正。

通过每个校正样品同位素丰度比的计算值和质谱仪的测量值相比较，或根据公式（19-3）计算质谱仪测量镉同位素丰度比时的系统误差校正系数[21]。

$$K = \frac{W_A c_A (R_{ab} - R_a) - W_B c_B (R_b - R_{ab})}{W_B c_B R_a (R_b - R_{ab}) - W_A c_A R_b (R_{ab} - R_a)} \qquad (19-3)$$

式中，c_A、R_a、W_A、c_B、R_b、W_B 分别代表 A、B 两种溶液中的浓度、同位素丰度比和配制校准样品的称重；R_{ab} 是校正样品两种同位素丰度比；K 代表系统误差校正系数。

用获得的质谱仪校正系数，修正实际待测样品的测量结果，达到准确测量的目的。试验程序如图 19-3 所示。

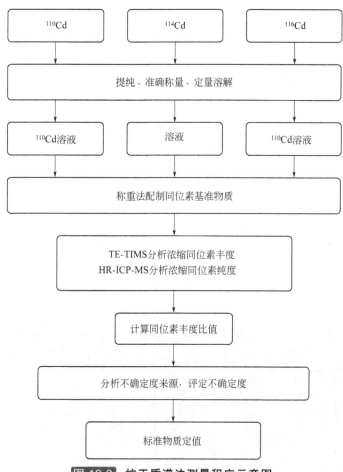

图 19-3 校正质谱法测量程序示意图

（2）均匀性检验　根据我国《一级标准物质技术规范》要求，以随机抽取样品的方式分别对 11 种同位素标准溶液进行均匀性检验。每种样品抽取 11 瓶，每瓶分别取样 3 次，在相同的实验条件下用 MC-ICP-MS 方法进行测量，测量结果用方差分析法进行统计检验，统计检验结果显示 11 种标准溶液的统计量 F 值小于临界值，说明这 11 种溶液标准物质的均匀性良好。

（3）稳定性检验　研制的镉溶液标准物质采用与定值相同的方法，在 36 个月内对 11 种镉同位素标准溶液进行了 5 次稳定性监测。每次随机抽取 1 瓶样品和对应的校正样品进行测量，测量结果经质量偏倚校正处理。

根据 ISO 导则 35，对标准物质稳定性检验要求和评价方法，对研制的镉同位素系列标准物质的稳定性数据进行了评价。经计算判定，所研制的镉同位素溶液标准物质的量值没有发生显著的方向性变化，样品稳定性良好。

6. 定值

本工作研制的 11 种镉元素同位素溶液标准物质的特性量是镉同位素丰度比。如上所述，定值采用校正质谱法，它是国际公认的同位素测量的最准确可靠的方法。使用中国计量科学研究院的高精密度 Isoprobe MC-ICP-MS，由计量院独立完成全部同位素溶液标准物质的定值工作。测量值使用下列计算公式，计算出经过校准的镉同位素溶液标准物质的量值。

$$R_s = \frac{R_{ps}}{R_{pm}} \times R_{sm} \qquad (19\text{-}4)$$

式中　　R_s——同位素标准物质中同位素丰度比；

　　　　R_{ps}——同位素校正样品中同位素丰度比；

　　　　R_{pm}——同位素校正样品中同位素丰度比的测量值；

　　　　R_{sm}——同位素标准物质中同位素丰度比的测量值。

根据 ISO、EURACHEM 导则和相关计算公式，对 11 种镉同位素溶液标准物质中镉同位素丰度比的不确定度进行了评定。该标准物质特性量值的不确定度由下列三部分组成：

① 标准物质的不均匀性引入的不确定度；

② 标准物质的不稳定性引入的不确定度；

③ 标准物质的定值过程引入的不确定度。

合成不确定度采用对上述三种不确定度的平方和再开平方的方法计算。通过对不确定度的评定可以看出：定值过程产生的不确定度是特性量值不确定度的主要来源，而由不均匀性和不稳定性引入的不确定度较小。表 19-13 给出了 11 种系列镉同位素溶液标准物质的标准值及其不确定度。

表 19-13　11 种系列镉同位素溶液标准物质丰度比标准值及其不确定度（$k=2$）

样品编号		$^{106}Cd/^{114}Cd$	$^{108}Cd/^{114}Cd$	$^{110}Cd/^{114}Cd$	$^{111}Cd/^{114}Cd$	$^{112}Cd/^{114}Cd$	$^{113}Cd/^{114}Cd$	$^{116}Cd/^{114}Cd$
GBW 04612	标准值	0.001059	0.000787	0.022461	0.012065	0.023221	0.013644	0.021711
	不确定度	0.000011	0.000014	0.000012	0.0000073	0.0000086	0.0000096	0.000022
GBW 04613	标准值	0.0020523	0.001520	0.043453	0.023109	0.043935	0.024117	0.041945
	不确定度	0.0000078	0.000008	0.000016	0.000014	0.000020	0.000015	0.000018
GBW 04614	标准值	0.004051	0.002996	0.086154	0.045321	0.085574	0.045161	0.082814
	不确定度	0.000015	0.000012	0.000029	0.000029	0.000027	0.000031	0.000029
GBW 04615	标准值	0.014948	0.011001	0.31746	0.165861	0.311567	0.159401	0.301764
	不确定度	0.000008	0.000007	0.00010	0.000071	0.000058	0.000046	0.000097
GBW 04616	标准值	0.021077	0.010	0.44706	0.233451	0.43802	0.223203	0.41938
	不确定度	0.000012	0.000010	0.00010	0.000076	0.00018	0.000086	0.00011
GBW 04617	标准值	0.026544	0.019550	0.57188	0.293574	0.55066	0.28015	0.52918
	不确定度	0.000011	0.000008	0.00019	0.000087	0.00020	0.00011	0.00019
GBW 04618	标准值	0.040164	0.029585	1.03797	0.44790	0.98598	0.425229	0.95804
	不确定度	0.000020	0.000016	0.00017	0.00013	0.00027	0.000092	0.00026
GBW 04619	标准值	0.039556	0.029201	2.06350	0.45731	1.86090	0.42712	1.85364
	不确定度	0.000020	0.000011	0.00075	0.00010	0.00049	0.00012	0.00031
GBW 04620	标准值	0.037979	0.028002	4.74265	0.48283	4.29420	0.432827	4.16781
	不确定度	0.000017	0.000012	0.00094	0.00016	0.00085	0.000087	0.00121
GBW 04621	标准值	0.035592	0.026418	8.48983	0.51824	7.5653	0.44036	7.3762
	不确定度	0.000015	0.000012	0.00098	0.00015	0.0011	0.00016	0.0017
GBW 04622	标准值	0.040543	0.029928	0.42973	0.44401	0.83921	0.426213	0.258075
	不确定度	0.000024	0.000012	0.00012	0.00015	0.00022	0.000049	0.000095

（四）应用

1. 核科学与核工业用同位素标准物质

核科学与核工业是早期研制、应用同位素标准物质的领域之一。同位素标准物质的研究和广泛使用，不但保证了当时核科学研究和核燃料、核材料生产的正常运行，也带动了标准物质专业的兴起[8,9]。

核工业的早期任务是为军事目的服务。建立以核武器为威慑力量的军事强国促进了同位素浓缩工业的蓬勃发展。铀、钚、锂、氢、氘、氚等核燃料同位素分离方法的研究和同位素浓缩工厂的建立，迫切需要同位素标准来校准测量仪器、评价分析方法、检验同位素分离效率、改进分离工艺、保证产品质量。准确、灵敏和快速的同位素分离产品的监督、鉴定方法，是实现上述目的的关键。同位素标准物质为方法的可靠性和可比性提供保证。随着核能的开发和利用，各国核电站应运而生，核能在一些经济强国的可利用能源中占有越来越重要的比重。

（1）铀同位素标准物质　铀是具有战略和使用价值的能源，在和平时期的使用价值和意义，与建立军事强国的战略目的具有同等重要的地位。铀矿石和铀的提炼产品成为公开，或隐藏国际贸易的重要组成部分。各种丰度的浓缩铀计价相差悬殊，甚至有天壤之别。铀与其他核燃料、核材料的准确计量不仅仅是相关科学研究、工业生产的关键，而且也与国民经济、国际贸易密切相关。公平、公正的计量、计价和交易必须借助灵敏、准确的测量方法；快速、准确的测量要依靠双方公认的标准物质来实现。因此，建立国际、国内有效的同位素标准物质是解决上述问题的关键。

与此相关联的另一个不可忽视的因素是这些同位素大都具有放射性。它们的生产、运输、保管和使用过程，准确计量有其特殊的意义和要求。这些要求不仅反映在生产过程控制、产品质量鉴定中，也涉及环境保护和公共安全的核辐射计量。所以建立核科学与核工业领域的同位素标准物质具有特殊意义。

早在 20 世纪中期，当时的美国国家标准局，即 NBS(现在的美国标准与技术研究院，即 NIST)在国际范围内率先开展铀同位素标准物质的研制。经过不断的努力，终于获得了 ^{235}U 丰度近似 0.2%～97% 的 18 种铀同位素系列标准，如表 19-14 所示[6,13]。法国 COGEMA 研制了 40 种铀同位素系列标准。英国 BNFL 研制了百余种。俄罗斯联邦有 26 种铀同位素系列标准，^{235}U 丰度标准值范围为 0.001%～99.99%。上述铀同位素系列标准的研制单位、标准物质编号、标准值及其不确定度等内容列入表 19-14。

表 19-14 铀同位素测量系列标准物质[6,9~12,14]

定值机构	编　号	基体形态	标准值及不确定度 （95%置信水平）	单元包装量/g
NBL	U_{0002}～U_{970} 共 18 种系列标准物质	U_3O_8	$^{235}U^*$0.01755%～97.663% 相对不确定度为 0.28%～0.003% ^{234}U、^{236}U 和 ^{238}U 均有定值	1
COGEMA	001～040 共 40 种系列标准物质	UF_6～U_3O_8 或硝酸溶液	$^{235}U^*$0.2034%～93.537% 相对不确定度为 0.1%～0.02%，^{234}U、^{238}U 和部分 ^{236}U 均有定值	5(U) (UF_6) 5(U) (U_3O_8) 1～10 (溶液)
BNFL	按批号 227～186 共 112 种系列标准物质	U_3O_8 或 UF_6	$^{235}U^*$0.21555%～93.270% 相对不确定度为 0.06%～0.01% ^{234}U、^{236}U 和 ^{238}U 均有定值	1 (U_3O_8) 5～10 (UF_6)
俄罗斯联邦电化学联合企业	4101～4126 共 26 种系列标准物	U_3O_8	$^{235}U^*$0.000011%～99.9942% 相对不确定度 0.1%～0.003% ^{234}U、^{236}U 和 ^{238}U 均有定值	1 (U)
IRMM	CNBM-021～024 共 4 种系列标准物	UF_6	$^{235}U^*$0.43842%～5.0506% 相对不确定度 0.05% ^{234}U、^{236}U 和 ^{238}U 均有定值	20

我国核工业系统的各级领导和广大科技工作者始终重视核燃料与核材料的严格量化管理，在生产、储存和使用过程中提倡准确计量。事实上，自 20 世纪 60～70 年代，有关部门

就开始着手铀同位素标准物质的研究，并建立了相应的实验室标准。随着核科学研究的深入和核工业的发展，原有的标准已不能满足浓缩铀生产、应用的新形式和国内外贸易需要，迫切需要研制更加精确，同位素丰度覆盖面更加广泛的同位素标准。因此，当时核工业部的相关机构组织有关单位研制了八氧化三铀中铀同位素标准物质。该标准物质的制备选择当时我国已有的贫化铀和高浓缩铀为原料，通过化学计量，进行人工混合，配制八种同位素丰度的系列标准。^{235}U 丰度为 1%～75%，不确定度为±1.5%。贫化铀和高浓缩铀中铀的含量用高纯 ^{233}U 作稀释剂，借助同位素稀释质谱法进行标定。

六氟化铀中铀同位素系列标准的研制是从 1986 年开始的，历经三年研制了八种丰度的 UF_6 中铀同位素系列标准物质。^{235}U 丰度为 0.324%～3.65%，不确定度为±0.15%。标准物质的制备原料直接从铀同位素分离工厂的扩散级联中提取。五个具有一定经验的质谱实验室（当时的核工业部所属五零四厂、八一四厂、原子能科学研究院，国家标准物质研究中心和中国物理工程院九零三所）分别采用气体质谱法、热电离质谱法和同位素稀释质谱法进行定值和原料测试。该标准物质于 1992 年被国家技术监督局批准为国家一级标准，编号为 GBW 04220～04227，详见表 19-15。

表 19-15 UF_6 中铀同位素标准物质定值结果[15]

铀同位素标准物质编号			GBW 04220	GBW 04221	GBW 04222	GBW 04223	GBW 04224	GBW 04225	GBW 04226	GBW 04227
同位素组比(摩尔分数比)	$\frac{^{234}U}{^{238}U}$	比值相对不确定度	0.0000176(20) ±11%	0.0000532(25) ±4.6%	0.0001604(48) 3.0%	0.0002344(47) ±2.0%	0.0002758(55) 2.0%	0.0001901(56) 3.0%	0.0003397(66) 1.9%	0.0003931(76) 1.9%
	$\frac{^{235}U}{^{238}U}$	比值相对不确定度	0.0032538(47) ±0.14%	0.0066222(75) ±0.11%	0.018574(22) ±0.12%	0.024913(29) ±0.12%	0.028123(32) ±0.11%	0.031035(36) ±0.12%	0.033582(40) ±0.12%	0.037965(45) ±0.12%
	$\frac{^{236}U}{^{238}U}$	比值相对不确定度	0.0000833(64) ±7.6%	0.0001182(78) ±6.6%	0.000285(17) ±5.9%	0.000343(16) ±4.8%	0.000365(18) ±4.9%	0.000284(18) ±6.2%	0.000419(21) ±5.1%	0.000467(21) ±4.4%
同位素组分百分数	摩尔分数	^{234}U	0.00176 (20)	0.00529 (25)	0.0157 (5)	0.0229(5)	0.0268(5)	0.0184(5)	0.0329 (6)	0.0378 (7)
		^{235}U	0.32429 (47)	0.65775 (74)	1.8227 (21)	2.4294(28)	2.7337(30)	3.0087(34)	3.2467 (37)	3.6546 (42)
		^{236}U	0.00830 (64)	0.01174 (77)	0.0280 (17)	0.0334(16)	0.0355(17)	0.0275(17)	0.0405 (20)	0.0450 (20)
		^{238}U	99.66565 (81)	99.32522 (110)	98.1336 (27)	97.5143(32)	97.2040(35)	96.9453(38)	96.6799 (43)	96.2626 (46)
	质量分数	^{234}U	0.00173 (20)	0.00520 (25)	0.0155 (5)	0.0225 (5)	0.0264 (5)	0.0181 (5)	0.0323 (6)	0.0372 (7)
		^{235}U	0.32021 (47)	0.64950 (74)	1.8001 (21)	2.3994 (28)	2.7001 (30)	2.9719 (34)	3.2070 (37)	3.6102 (42)
		^{236}U	0.00823 (64)	0.01164 (77)	0.00277 (17)	0.0332 (16)	0.0352 (17)	0.0273 (17)	0.0402 (20)	0.0446 (20)
		^{238}U	99.66983 (81)	99.33366 (110)	98.1567 (27)	97.5449 (32)	97.2383 (35)	96.9827 (38)	96.7205 (43)	96.3080 (46)
质子量			238.0408	238.0306	237.9948	237.9762	237.9668	237.9590	237.9510	237.9385

注：1. 质子量系不同丰度铀同位素标准物质原子量计算值。

2. 表中括号内数字是与末两位数字对应的不确定度。

铀同位素丰度系列标准物质的研制成功，结束了国内铀同位素标准依靠国外的历史，其战略意义和经济价值是无法估量的。据不完全统计，仅 UF_6 中铀同位素系列标准物质研制后的几年中，通过量值传递给三四十种现场工作标准物质重新确定了标准值。这些工作标准物质连同两种铀同位素系列标准，基本满足国内铀同位素分离方法研究过程中对分离效率检验和产品质量评价的要求。对浓缩铀生产工艺改进、提高同位素的分离效率和大规模生产发挥了积极作用。

随着国内核能开发、利用的深化和人们对生活质量要求的提高，铀同位素标准物质在核燃料循环中物料衡算、环境监督以及核保障、核侦察等研究中也发挥着重要作用。在国际贸易中，标准物质对维护公平交易、解决贸易纠纷、进行技术仲裁起计量器具的作用。特别为铀的进出口贸易提供质量保证。据有关方面反映：借助标准物质，国内铀出口提供的检验数据与进口国的复验结果相差甚微。因此提高了中国在国际市场上的信誉，这为我国的核产品进一步拓宽国际市场注入了新的活力。

（2）锂同位素标准物质　锂是另一种具有重要战略意义的核燃料，在加强国防力量和增强战略储备方面，锂与铀具有同等使用价值；在工业化建设中，特别是在电子和信息产业中，锂也有重要用途；锂还是饮食业的重要添加剂。自然界的锂元素有两种稳定性同位素，即 ^6Li 和 ^7Li。在通常状态下，^7Li 的含量，即丰度为 92.286%，^6Li 的丰度仅占 6.775%。因为元素的物理特性主要取决于核素，即同位素。对于锂元素，人们更多关注 ^6Li。因此，准确地测量锂元素的同位素组成有其实际意义。如上所述，同位素质谱法是测量同位素丰度最准确的方法，测量值的不确定度依赖于测量精度和仪器系统误差。测量精度可以用测量值的标准偏差来表示，仪器系统误差通常借助于标准物质进行校正。因此，建立锂同位素标准物质不但必需，而且势在必行。

我国最早的锂同位素标准物质大约建于 1964 年至 1965 年，由当时的第二机械工业部所属四零一所和二零二厂负责研制，笔者作为刚刚步入质谱学和质谱技术工作家族的成员，以初学者的身份参与这一工作。制备标准物质的原料直接选择经过纯化的碳酸锂。这种白色的碳酸盐固体粉末常态下比较稳定，便于长期保存。双方使用前苏联生产的 MU-1301 和 MU-1305 热电离质谱计进行均匀性检验和定值。当时有关标准物质的资料短缺，标准样品的制备及均匀性检验、定值和稳定性检查都极不规范。对标准物质量值的计量评价，也只能给出测量值的标准偏差。即使如此，该标准物质在锂矿的勘探和开发、锂的提炼、锂同位素分离方法的研究中，也发挥了极其重要的作用。

更为准确的锂同位素标准物质是由中国原子能科学研究院和中国计量科学院国家标准物质研究中心共同研制的锂同位素丰度比标准物质（GBW 04432），它于 2002 年被国家质量监督检验检疫总局批准为国家一级标准物质。

该标准物质采用两种高纯的浓缩同位素试剂，即 ^6Li，丰度为 99.99%；^7Li，丰度为 99.999%。经过化学计量，把两种锂同位素试剂配制成基准溶液。再用十万分之一的天平，按比例通过称重法把两种试剂配制成混合样品（即校正样品），用来测量质谱仪系统误差校正系数，仪器经过校正后被用来对所制备的标准物质进行均匀性检验、定值和稳定性检查。

高浓缩金属 ^6Li 的生产、制备过程以扩散厂的初级浓缩 ^6Li 为原料，使用中国原子能科学研究院的电磁分离器对其再次分离、浓缩。在千级超净工作间成功地从电磁分离器的紫铜接收器上水解分离 ^6Li。溶液中锂浓度的标定采取如下两种方法。

其一，氢氧化锂定量转化为硫酸锂，以硫酸锂形态称重，直接测量氢氧化锂溶液中 Li^+ 的浓度。

其二，氢氧化锂定量转化为碳酸锂，以碳酸锂形态称重，直接测量出氢氧化锂溶液中 Li^+ 的浓度。

定量称重法用的天平最小刻度 0.00001g，称重操作在超净实验室中进行。在称重过程中，对实验室温度、湿度、大气压的影响进行了校正。实际温度波动范围不超过 1℃，相对湿度在 6%～10%。同时也校正了天平光电游码、天平光电臂长、天平零点和称量物质的浮力等。综合考虑各种校正因子，得出校正后的质量。

^6Li 和 ^7Li 化学纯度的标定通过测量其中的杂质总含量，然后采用扣除的方法来实现。测量的杂质元素主要是 Na、K、Ca、Mg、Ni、Ti、Fe、Co 等碱金属、碱土金属和少量过渡金属。项目进行过程中，研究建立了 ICP-MS 测量锂样品中杂质元素的方法，检测限达到 0.01ng/ml，定量测量精密度优于 10%。

标准物质的化学形式选择碳酸锂，采用一批制备、一次分装的方法，按其需求情况和制备成本，共分装成 250 个最小包装单元。并以 5mg ^{6}Li 作为最小包装单元中标准物质的实际质量。

锂同位素标准物质的均匀性检验、定值和稳定性检查是根据中华人民共和国国家一级标准物质技术规范(JJG 1006—94)中的条款要求进行的。所研制的 250 个最小包装单元的锂同位素标准物质，分析最小取样量为 100ng，均匀性、稳定性良好。

采用校正质谱法为所研制的锂同位素标准物质定值。将高浓缩 ^{6}Li 和 ^{7}Li 基准溶液依据化学计量配制成六个校正样品，用质谱仪测定校准样品同位素丰度比，用以校准质谱仪的系统误差，求出校准系数。然后在同一条件下，对制备的同位素丰度比标准物质进行测量，从而完成标准物质的定值工作。丰度比（^{6}Li/^{7}Li）的特性量值为 9.817±0.015，见表 19-16。

表 19-16 锂同位素丰度比标准物质[15]

编　号		^{7}Li/^{6}Li
GBW 04432	标准值	9.817
	不确定度	0.015

因 ^{6}Li 和 ^{7}Li 之间相对大的质量差所产生的分馏效应，使得锂同位素丰度比的精密测定十分困难。使用 MAT261 型热电离质谱仪，采用双带法。以 LiCl 样品形式，用 H_3PO_4 作为添加剂涂样。较好地控制了样品蒸发速度，降低蒸发过程中的质量歧视效应，减小系统误差。当涂样量为 1μg 时，锂离子流可以在 2h 内保持稳定，束流强度约为 10^{-11}A。测量过程的同位素分馏不明显，离子流强度随时间变化的曲线斜率不明显。研究表明，在涂样过程中，磷酸和氯化锂的涂样次序、添加量比例及涂样面积等都将影响测定过程中的分馏速率。严格、一致的涂样量、涂样程序和测量方法是顺利完成标准物质均匀性检验、定值和稳定性检查的关键。

该标准物质的研制在国内首次采用两种高纯的浓缩同位素试剂，配制基准溶液，通过化学计量制备混合样品（即校正样品），测量质谱仪系统误差校正系数，仪器经过校正后被用来对所制备的标准物质进行均匀性检验、定值和稳定性检查。这实际上是同位素丰度的绝对测量方法在标准物质研制过程中的应用。该方法虽然在当时国家标准物质研究中心同位素丰度、原子量测量过程中多次采用，但是用于系统地标准物质均匀性检验、定值和稳定性检查是在其之后。因此，该标准物质是我国第一个用绝对质谱法进行均匀性检验、定值和稳定性检查的同位素标准物质。目前已在中国核动力研究设计院一院、北京铀矿地质研究院、八一二厂、中国原子能科学研究院、国家标准物质研究中心等单位的测量中使用。

（3）钚同位素丰度标准物质　钚是具有强裂变性的核原料，尤其是 ^{239}Pu 强烈的裂变特性诱使人们把它直接用于军事目的。冷战时期的各军事强国竞相进行钚同位素分离方法研究和 ^{239}Pu 的生产。自 20 世纪 80 年代，随着国际形势的缓和，它作为一种重要的战略物资在一些大国进行隐蔽性的生产和储备。鉴于 ^{239}Pu 强烈的裂变特性，处于安全性考虑，国际相关组织和有关国家十分关注这个敏感元素的一切信息。为防止和杜绝可能由此引发的人类灾难，最根本的途径是制止它的生产，对已有的进行封存和销毁。在无法实现上述目的的情况下加强管理，特别是强化数量和放射性计量双重管理是必需的。放射性物资的物料衡算可为强化管理提供保证，准确、有效的测量为物料衡算提供必要依据。而快速、准确的测量必须借助标准物质对测量仪器校正、测量方法验证来实现。因此，钚同位素标准物质的研制和使用一直受相关大国的重视。

早在 20 世纪 70 年代，美国 NBS 就研制了钚同位素系列标准物质，化学形态选择四水硫酸钚。四水硫酸钚制备容易，比较稳定，便于保管。标准物质的均匀性检验、定值和稳定性检查大都采用研制铀同位素标准物质使用的方法，这是基于铀、钚同位素质量相差甚微，物理、化学性质有相近的原因。目前该标准已经由 NBL 管理，改代号为 136、137、138，详见表 19-17。表中还给出了英国哈威尔实验室、法国 CETAMA 研制的与上述相类似的钚同位素标准物质[6]。

表 19-17　几种钚同位素系列标准物质[6]

研制单位	代　号	基体形态	标准值及不确定度（摩尔分数）/%（95%置信度）	最小包装单元
NBL	136	四水硫酸钚(固体)	^{238}U ^{239}U ^{240}U ^{241}U ^{242}U 0.23　84.46　12.25　2.48　0.57	0.25g
NBL	137	四水硫酸钚(固体)	^{238}U ^{239}U ^{240}U ^{241}U ^{242}U 0.28　77.09　18.61　2.82　1.2	0.25g
NBL	138	四水硫酸钚(固体)	^{238}U ^{239}U ^{240}U ^{241}U ^{242}U 0.01　91.74　7.92　0.30　0.03	0.25g
NBL	128	硝酸钚(固体)	$^{239}Pu/^{242}Pu=0.99937\pm0.00025$ 测定日期：1984 年 11 月 21 日	2mg (含钚约 1 mg)
IRMM	CBNM-047a	硝酸钚(固体)	$^{239}Pu/^{244}Pu=1.2984\pm0.0025$	0.15 mg
IRMM	CBNM-IRM-290/A～CBNM-IRM-290/F 共七种系列标准物质	硝酸钚(固体)	$^{239}Pu/^{242}Pu$(摩尔比)分别为：0.1、0.23、0.47、1.0、2.3、4.6、10.0	1 mg
哈威尔实验室	UK Pu3/92133	硝酸钚(液体)	$^{240}Pu/^{239}Pu=0.9999\pm0.0006$ 测定日期：1986 年 1 月 30 日	1 ml (含钚 500μg)
哈威尔实验室	UK Pu3/92134	硝酸钚(液体)	$^{242}Pu/^{239}Pu=0.9994\pm0.0010$	1 ml (含钚 100μg)
哈威尔实验室	UK Pu3/92136	硝酸钚(液体)	$^{240}Pu/^{239}Pu=0.06384\pm0.00007$	1ml (含钚 100μg)
哈威尔实验室	UK Pu3/92138	硝酸钚(液体)	$^{240}Pu/^{239}Pu=0.9662\pm0.0011$ $^{242}Pu/^{239}Pu=1.0253\pm0.0019$ $^{244}Pu/^{239}Pu=0.3358\pm0.0008$	1 ml (含钚 100μg)
CETAMA	MIRFI	硝酸钚(固体)	$^{239}Pu/^{242}Pu=0.9788\pm0.0005$	0.1mg×5

注：表中第 4 列的第 2、3、4、7 行给出的仅仅是名义值单位：%（摩尔分数）。

2. 与核科学、核工业有关的其他一些元素同位素标准物质

硼、硅、硫、氢、氚、氯和铅等元素也与核科学、核技术密切相关。它们中有的通过核反应可以直接生成作为核燃料或核材料的核素；有的对中子有强烈的俘获作用，在核工业中被用来作为减速剂或缓冲剂；有的在自然界与铀矿结伴而行，成为铀矿勘探的指示剂。硫元素因其对核设施的某些建筑材料有强烈的腐蚀作用，成为核工程中最受警戒的元素之一。鉴于上述原因，这些元素的准确测量也是必不可少的。表 19-18～表 19-21 给出了有关元素同位素标准物质的量值及不确定度[2,6]。

表 19-18　铀系年龄标准物质[6,15]

编　号	标准值及不确定度	U 的质量分数/10^{-6}	$^{234}U/^{238}U$	$^{230}Th/^{234}U$	年龄/10^3a
GBW 04412	标准值	9.31	1.86	0.57	85
	不确定度	0.28	0.04	0.02	4
GBW 04413	标准值	2.20	1.42	0.69	118
	不确定度	0.17	0.04	0.02	6

表 19-19 硫化银硫同位素标准物质对应[6,15]

编　号	标准值及不确定度	$\delta^{33}S_{CDT}/10^{-3}$	$\delta^{34}S_{CDT}/10^{-3}$
GBW 04414	标准值 不确定度	−0.02 0.11	−0.07 0.13
GBW 04415	标准值 不确定度	11.36 0.14	22.15 0.14

注：研制单位为地质矿产部矿床地质研究所

表 19-20 沥青铀矿铀铅同位素年龄标准物质[6,15]

编　号	标准值及 不确定度	质量分数		$^{206}Pb*/10^{-2}$	$^{207}Pb*/10^{-2}$	$(^{206}Pb/^{207}Pb)*$
		$U/10^{-2}$	$Pb/10^{-6}$			
GBW 04420	标准值 不确定度	69.48 0.34	6869 17	94.60 0.13	4.643 0.007	0.04908 0.00004

注：$^{206}Pb*$、$^{207}Pb*$ 分别为放射成因 ^{206}Pb、^{207}Pb 的原子百分数，核工业北京地质研究院研制。

表 19-21 硅同位素标准物质[6,15]

编　号	标准值及不确定度	$\delta^{30}Si_{NBS-28}/10^{-3}$
GBW 04421	标准值 不确定度	−0.02 0.10
GBW 04422	标准值 不确定度	−2.68 0.10

注：研制单位为地质矿产部矿床地质研究所。

3. 地学用同位素标准物质

地学，包括同位素地质学和同位素地球化学，主要是研究地球演化、地质构造、地幔变迁、岩石和矿物成因等的科学。在所有的经典学科中，地学是同地球物质，包括遗留的远古物质和现今滋生的天然物质联系最为密切的学科。它凭借对岩石、矿石、生物、水和大气等的大量精密测量和分析提供的数据，了解不同岩石和矿石的化学成分；获得地球物质化学元素同位素丰度；认识元素同位素的迁移、交换和富集；勘探、评价和判断各种矿物资源的优劣；追踪远古重大自然事件发生的原因；探索人类共同家园地球的未来。如今随着航天技术的发展和高科技的应用，地学研究，特别是同位素地球化学研究领域，已经不再局限于地球表面物质，而是向着宇宙天体拓展。成为探索宇宙奥秘、寻求人类新的生存空间的经典而又新兴的学科。

如上所述，地学研究以大量的重复性的化学分析和同位素分析数据为依据。地学与化学测量的依赖关系，使得地学研究的化学成分测量方法早在19世纪末期就已经比较成熟。在大约半个世纪的时间里，岩石、矿物成分分析主要依靠重量法、容量法和少量光度法。因为这些经典的方法大都具有充分的理论依据，操作程序相对明了，误差容易控制和分析。当时没有人怀疑分析结果的可靠性。光谱和其他仪器分析法的加入，打破了地学研究对化学成分测量结果信赖的平衡。因为大多数仪器测量是比较测量，或称为相对测量。即使用仪器，对欲测量样品及其与预测样品相类同的标准样品，同时或分别以相同方法进行测量，将两次测量取得的信号进行比较，才能获得正确数据。这种比较测量一方面能够快速、准确地获得欲测量数据；另一方面又必须具备与预测样品在化学成分上相类同的标准物质，才能执行这一必要程序，获得准确的结果。这是化学测量，包括相对的同位素质谱测量所必须遵循的原则，也是它们在计量科学中独有的特征；在物理测量和工程测量中，通常用量具直接操作，不必借助参照物就能获得结果。化学测量的这一需求，促进了标准物质的研制，滋生了这个专业在地学科学研究中的兴起和发展。鉴于地学研究的特殊性，它所使用的标准物质主要有如下特征：

① 品种多、物种复杂：众所周至，地学研究领域广泛，涉及岩石、矿石、矿物、土壤和水系沉积物。广泛的研究内容决定了标准物质种类多、物种复杂。

② 需要给出标准值的项目多，量值范围宽：据统计，目前我国已研制成功的地学标准物质，定值的项目超过 70 种，包括常量、微量、痕量和超痕量成分。

③ 地学用标准物质的制备原料大都取自于自然，以固体形态为多，结构复杂，制备难度较大，包括采集、精选、破碎、研磨、过筛、均匀化、分装小瓶制备过程等。

地学用同位素标准物质主要是同位素地质学和同位素地球化学学科使用的标准物质，包括地质年龄测定和稳定同位素测定标准物质。

有关地质标准物质，金秉慧在《标准物质及其应用技术》第 2 版第五章中进行了详尽的论述，下面仅对同位素标准进行简短介绍。

（1）同位素地质学用标准物质　同位素地质学以岩石或矿物中有关同位素衰变过程所经历的历程和时间为依据，通常根据母体和子体同位素含量测定结果和放射性同位素半衰期等参数，借助公式计算地质年龄和矿物成因的年代。比较成熟的地质年龄测定方法有 Rb-Sr、K-Ar、U-Pb、Sm-Nd、Ar-Ar、Re-Os 等方法。主要依靠同位素质谱法测量和同位素稀释质谱法测量获取数据。正如前面所述，只有借助与预测目标相对应的同位素标准物质对仪器进行校正，才能由测定值快速、准确地求得"真值"。目前，我国已经建成多种地质年龄测量方法用的标准物质，并在地质系统获得广泛应用[2]，如表 19-22～表 19-24 所示。

表 19-22 铷-锶地质年龄测定标准物质（钾长石）[15]

编 号	标准值及不确定度	质量分数/10^{-6}		$^{87}Sr/^{86}Sr$
		Rb	Sr	
GBW 04411	标准值	249.47	158.92	0.75999
	不确定度	1.04	0.70	0.00020

表 19-23 钐-钕地质年龄测定标准物质[15]

编 号	标准值及不确定度	质量分数/10^{-6}		$^{87}Sr/^{86}Sr$
		Sm	Nd	
GBW 04419	标准值	3.03	10.10	0.512725
	不确定度	0.04	0.12	0.000007

表 19-24 氩-氩地质年龄测定标准物质（角闪石）[15]

编号	标准值及标准偏差	$^{40}Ar^*/(10^{-6}cm^3 STP/g)$	钾的质量分数/10^{-2}	年龄/a
GBW 04418	标准值	109.06	0.729	2060
	标准偏差（S）	0.44	0.005	8

注：$^{40}Ar^*$ 是单位质量样品中所含放射成因 ^{40}Ar 的原子个数。

（2）稳定同位素地球化学用标准物质　稳定同位素泛指 H、C、N、O、S、P 和 Si 等元素的同位素。与元素周期表的其他各组元素相比较，这些元素质量轻，同位素之间相对质量差较大。因此，它们的核素比较稳定地存在于自然界。然而，在特定自然环境影响下，产生的同位素分馏和自身的同位素变异，使得稳定同位素成为许多地质事件和地质现象的指示剂。

自然界发生的同位素分馏起于多种原因。物理化学过程、同位素交换反应、固体和液体可溶解性质的不同，以及具有反应速率的运动过程等是导致同位素分馏的直接原因。这些过程也包括气体的热扩散、蒸发、蒸馏、离心和电解等。H、C、N、O 和 S 等轻元素的稳定同位素之间分馏对这些机理有众所周知反应，并且在地质化学中有重要应用。因此，同位素分馏测量提供的大量数据成为研究地球化学现象的重要依据。通常，稳定同位素地球化学是通过预测样品同位素组成与参考标准进行比较，对质量分馏进行测量。因此，绝对的同位素组成测量不是必需的，通常采用相对测量法，将预测样品同位素组成与参考标准进行比较，它们之间的差异用 δ 值来表示。δ 用下列关系式来定义：

$$\delta(i_E) = \frac{(i_E/n_E)_{sample} - (i_E/n_E)_{standard}}{(i_E/n_E)_{standard}} \times 1000 \qquad (19\text{-}5)$$

式中，i_E 是元素 E 的第 i 个同位素；n_E 是归一化的同位素。

利用 δ 测量提供的大量信息，为多种学科研究提供了丰富的资源。如 D/H 比的测量已经成为水文学、气象学、气候、海洋学、盐水池的起源和宇宙化学研究强有力的工具。这里必须提示的是人类的有些工艺过程，如电解也影响 D/H 比，应该引起研究者的充分注意。与此相适应，有关这些元素同位素 δ 值的标准物质研究和使用引起了各国地学及相关学者的充分注意。表 19-25 和表 19-26 中列出了以 δ 值表示示值的碳、氧同位素标准物质。

表 19-25 碳酸钙和炭黑中碳、氧同位素标准物质[15]

名 称	编 号	标准值及标准偏差	$\delta^{13}C_{VPDB}/\times10^{-3}$	$\delta^{18}O_{VPDB}/\times10^{-3}$
碳酸钙中碳、氧同位素标准物质	GBW 04405	标准值 标准偏差（S）	0.57 0.03	-8.49 0.14
	GBW 04406	标准值 标准偏差（S）	-10.85 0.05	-12.40 0.15
炭黑中碳同位素标准物质	GBW 04407	标准值 标准偏差（S）	-22.43 0.07	
	GBW 04408	标准值 标准偏差（S）	-36.91 0.10	

注：研制单位为石油天然气总公司北京石油勘探开发科学研究院（北京市）、四川石油管理局石油地质勘探开发研究院（成都市）、胜利石油管理局地质科学研究院（东营市）。

表 19-26 碳酸钙和炭黑中碳、氧同位素标准物质[15]

名称	编号	标准值及标准偏差	$\delta^{13}C_{PDB}/\times10^{-3}$	$\delta^{18}O_{PDB}/\times10^{-3}$
碳酸盐中碳、氧稳定同位素标准物质	GBW 04416	标准值 标准偏差（S）	1.61 0.03	-11.59 0.11
	GBW 04417	标准值 标准偏差（S）	-6.06 0.06	-24.12 0.19

（3）高纯同位素标准物质[16~21] 高纯同位素标准物质，包括高纯气体、液体和固体同位素标准物质。这些标准物质大都用于测定与该标准物质相对应的未知样品的同位素丰度或丰度比时校正仪器，或为同位素质谱仪器进行定型鉴定使用。制备标准物质的物料大都经过严格纯化，纯度通常好于 99.9%～99.99%，或更好。事实上，同位素标准物质相当多数属于高

纯同位素标准物质。表 19-27～表 19-32 分别列出具有代表性的高纯天然丰度同位素标准物质和高纯浓缩同位素标准物质。对于更多类似的同位素标准物质，请查阅中国国家标准物质服务平台网站[15]。

表 19-27　钐同位素标准物质(GBW 04438)标定值和不确定度[15]

项　目	$^{144}Sm/^{152}Sm$	$^{147}Sm/^{152}Sm$	$^{148}Sm/^{152}Sm$	$^{149}Sm/^{152}Sm$	$^{150}Sm/^{152}Sm$	$^{154}Sm/^{152}Sm$
$R_{x/152}$	0.11551	0.56172	0.42131	0.51758	0.27571	0.84990
$U_{x/152}(2s)$	0.00094	0.00090	0.00092	0.00092	0.0012	0.00088

注：$R_{x/152}$ 表示以 ^{152}Sm 丰度作分母的 Sm 丰度比；$U_{x/152}(2S)$ 表示 $R_{x/152}$ 的相对标准不确定度。

表 19-28　钕同位素丰度标准物质(GBW 04440)标准值和相对不确定度[15]

项　目	$^{142}Nd/^{152}Nd$	$^{143}Nd/^{152}Nd$	$^{144}Nd/^{152}Nd$	$^{145}Nd/^{152}Nd$	$^{146}Nd/^{152}Nd$	$^{148}Nd/^{152}Nd$	$^{150}Nd/^{152}Nd$
丰度比	0.27146	0.12172	0.23800	0.08296	0.17194	0.05787	0.0564
$U(2s)$	0.00060	0.00060	0.00050	0.00060	0.00060	0.00090	0.0012

注：U 表示丰度比值的相对标准不确定度（2S）。

表 19-29　11 种系列锌同位素丰度比标准物质的标准值及其不确定度（$k=2$）[15]

样品编号	标准值及不确定度	$^{64}Zn/^{66}Zn$	$^{67}Zn/^{66}Zn$	$^{68}Zn/^{66}Zn$	$^{70}Zn/^{66}Zn$
GBW 04465	标准值	0.023520	0.023166	0.024529	0.0003070
	不确定度	0.000052	0.000036	0.000025	0.0000028
GBW 04466	标准值	0.053974	0.052045	0.050158	0.0007112
	不确定度	0.000037	0.000035	0.000028	0.0000044
GBW 04467	标准值	0.107086	0.101651	0.103674	0.0014234
	不确定度	0.000050	0.000059	0.000034	0.0000079
GBW 04468	标准值	0.21066	0.21015	0.20245	0.002832
	不确定度	0.00008	0.00009	0.00005	0.000013
GBW 04469	标准值	0.41151	0.40901	0.40215	0.005545
	不确定度	0.00015	0.00016	0.00009	0.000017
GBW 04410	标准值	1.02654	1.02329	1.00263	0.013844
	不确定度	0.00044	0.00039	0.00024	0.000022
GBW 04471	标准值	2.72613	2.75284	2.96383	0.022318
	不确定度	0.00087	0.00096	0.00079	0.000042
GBW 04472	标准值	4.5101	4.6092	4.8437	0.022723
	不确定度	0.0016	0.0020	0.0018	0.000065
GBW 04473	标准值	8.1007	8.2776	8.0649	0.023388
	不确定度	0.0033	0.0044	0.0024	0.000067
GBW 04474	标准值	12.9401	13.2049	13.7184	0.024471
	不确定度	0.0048	0.0087	0.0051	0.000072
GBW 04475	标准值	1.77373	0.145688	0.66506	0.021978
	不确定度	0.00068	0.000062	0.00021	0.000029

表 19-30　^{54}Fe 浓缩同位素溶液标准物质丰度比、浓度标准值及其不确定度（$k=2$）[15]

样品编号	标准值及不确定度	$^{54}Fe/^{56}Fe$	$^{57}Fe/^{56}Fe$	$^{58}Fe/^{56}Fe$	浓度/（mol/g）
GBW 04462	标准值	0.11313	0.002313	0.0002673	1.4467×10^{-7}
	不确定度	0.00005	0.000042	0.0000050	$7.15E \times 10^{-10}$

表 19-31 ^{65}Cu 浓缩同位素溶液标准物质丰度比、浓度标准值及其不确定度（$k=2$）[15]

样品编号	标准值及不确定度	^{63}Cu/^{65}Cu	浓度/（mol/g）
GBW 04463	标准值	0.11584	$1.5680×10^{-7}$
	不确定度	0.00042	$5.98×10^{-10}$

表 19-32 ^{67}Zn 浓缩同位素溶液标准物质丰度比、浓度标准值及其不确定度（$k=2$）[15]

样品编号	标准值及不确定度	^{64}Zn/^{67}Zn	^{66}Zn/^{67}Zn	^{68}Zn/^{67}Zn	^{70}Zn/^{67}Zn	浓度/（mol/g）
GBW 04464	标准值	0.02486	0.06362	0.14544	0.001432	$1.3218×10^{-7}$
	不确定度	0.00045	0.000096	0.00093	0.000034	$4.27×10^{-10}$

三、化学成分量标准物质的研制

（一）化学成分量标准物质

化学成分量标准物质（包括类似的用于生物和临床特性分析用的标准物质）是以一种或多种化学成分、物理化学成分的特性量值（纯度、浓度、黏度等）来表征的标准物质。可划分为单一成分的纯物质标准物质（元素或化合物）或基体成分标准物质两类。它们大都是取自天然物种或人工添加（被）分析物制备的标准物质。

（二）化学成分量标准物质的特征

① 化学成分量标准物质品种多、用途广、需求量大，几乎涉及分析化学的所有领域；

② 化学成分量标准物质研制技术比较复杂，特别是样品制备工序多，技术要求高；

③ 大多数化学成分量标准物质的均匀性、稳定性不如同位素标准物质，长期保存需要再加工；

④ 化学成分量标准物质特性量值的不确定度统计、计算与研制同位素标准物质相比，难度更大；

⑤ 大多数无机化学成分量标准物质，既适用于无机质谱分析法，也适用于其他无机化学分析法。

（三）研制实例

1. 水溶液中无机元素成分量标准物质——ICP-MS 仪器校准用溶液标准物质的研制

（1）立项依据　电感耦合等离子体质谱仪（ICP-MS）作为一种重要和常用的无机痕量元素分析仪器，已愈来愈广泛地用于环境、食品、医药卫生、地质、商检等领域。为了确保使用过程中充分发挥其性能优势，提供有效的、可靠的测量信息，为此专门研制了系列标准物质，即①测量检出限和重复性用 10.0μg/L Be、In、Bi 混合标准溶液；②测量丰度灵敏度用 20.0mg/L Cs 和 10.0μg/L Cs 标准溶液。

（2）标准物质的制备试剂

① 光谱纯氧化铍（strem Chemicals，Newburyport）。光谱纯试剂标称值：BeO 含量＞99.95%。

② 光谱纯金属铟（国药集团化学试剂有限公司）。光谱纯试剂标称值：In 含量 99.999%。

③ 光谱纯金属铋（国药集团化学试剂有限公司）。光谱纯试剂标称值：Bi 含量 99.999%。

④ 高纯氯化铯（Acros Organics，New Jersey，USA）。光谱纯试剂标称值：Cs 含量 99.999%。

⑤ 优级纯盐酸（重蒸）：阳离子杂质元素总含量＜0.0002%。

⑥ 优级纯硝酸（重蒸）：阳离子杂质元素总含量＜0.00005%。

⑦ 氢氟酸：优级纯。

⑧ 高纯水：电阻率≥18MΩ·cm。

仪器设备：

① 电子分析天平，AEL-200，最小分度 0.01mg，不确定度 0.03mg。

② 500ml 容量瓶，A 级，相对标准不确定度 $5×10^{-4}$。

③ 200ml 容量瓶，A 级，相对标准不确定度 $7.5×10^{-4}$。

④ 100ml 容量瓶，A 级，相对标准不确定度 $1×10^{-3}$。

⑤ 100ml 移液管，A 级，相对标准不确定度 $8×10^{-4}$。

⑥ 10ml 移液管，A 级，相对标准不确定度 $2×10^{-3}$。

⑦ 5ml 移液管，A 级，相对标准不确定度 $3×10^{-3}$。

⑧ 电子秤，最小分度 0.1g。

⑨ 等离子体质谱仪，ICP-MS 安捷伦 7500a。

研制技术路线见图 19-4。

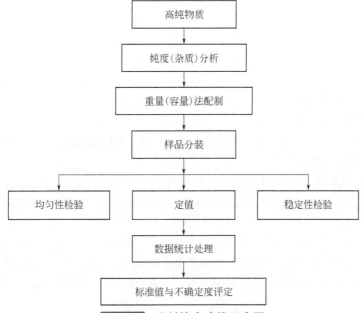

图 19-4 研制技术路线示意图

试剂纯度（杂质）分析：

a. 光谱纯物质的纯度分析。用火花源质谱法检测用于配制溶液标准物质的金属铋和氯化铯的纯度。检测结果 40 项杂质的总含量≤50μg/g，由此推断其主体含量的纯度好于 99.995%，与试剂所附的证书值相符。

用 ICP-MS 直接扫描 100mg/L 铟和 100mg/L 铍标准溶液中杂质元素的含量，检测结果纯度在 99.95%以上，其杂质含量对标准溶液的量值影响可以忽略不计。

b. 基体空白溶液的检测。用 ICP-MS 检测纯化后酸的空白溶液杂质含量。检测结果表明，所用 0.5mol/L 硝酸基体空白溶液杂质含量（Be：<0.013μg/L，In：$<2.4×10^{-3}$μg/L，Bi：$<5.6×10^{-3}$μg/L，Cs：$<3.2×10^{-3}$μg/L，74 种杂质元素总量小于 50μg/L）对标准溶液的量值影响可以忽略不计。

标准溶液的配制：

a. 单元素标准储备液的配制。铍标准储备液：用减量法称取 1.38765g(实称 1.38780g)高纯氧化铍于聚四氟乙烯烧杯中，加入 5ml 氢氟酸和 5ml 盐酸加盖浸泡、溶解，用 2%（体积分数）盐酸溶液转移于 500ml 容量瓶中，(20±2)℃下定容、摇匀，立即转移至塑料瓶中保存。此溶液为 1.000g/L Be 溶液（2%盐酸基体）。

铟标准储备液：将高纯金属铟粒置于小烧杯中，按（1+1）盐酸→交换水→三次水→无水乙醇的顺序清洗，于滤纸上吸干，放在称量瓶中，在干燥器中放置过夜，备用。称取 1.000g（实称 1.00120g）高纯金属铟于 300ml 高型烧杯中，加入 30ml（1+1）盐酸在水浴上加热溶解，冷却、移入 500ml 容量瓶中，(20±2)℃下用三次水稀释至刻度。此溶液为 2.00g/L In 溶液（1%盐酸基体）。

铋标准储备液：将高纯金属铋粒置于小烧杯中，按（1+1）硝酸→交换水→三次水→无水乙醇的顺序清洗，于滤纸上吸干，放在称量瓶中，在干燥器中放置过夜，备用。称取 1.000g（实称 1.00260g）高纯金属铋于 300ml 高型烧杯中，加入 30ml（1+1）硝酸加热溶解，待全部溶解后，冷却、移入预先加入 25ml 硝酸的 500ml 容量瓶中，(20±2)℃下用三次水定容。此溶液为 2.00g/L Bi 溶液（5%硝酸基体）。

铯标准储备液：用减量法称取 1.26675g（实称 1.26905g）高纯氯化铯于 300ml 高型烧杯中，加入 0.5mol/L 硝酸溶解，待全部溶解后，用 0.5mol/L 硝酸转移至 500ml 容量瓶中，(20±2)℃下定容、摇匀。此溶液为 2.00g/L Cs 溶液（0.5mol/L 硝酸基体）。

b. 单元素中间标准溶液的配制。在(20±2)℃的洁净实验室中，分别用上述单元素标准储备液，容量法稀释成 100mg/L 的单元素中间标准溶液。

c. 三元素混合中间标准溶液的配制。在(20±2)℃的洁净实验室中，分别移取 10ml 上述 100mg/L 单元素标准溶液于 100ml 容量瓶中，用 0.5mol/L 硝酸溶液稀释至刻度。即得到 10mg/L 的三元素混合中间标准溶液。

d. 目标溶液的配制。用重量法配制下列三种目标溶液：10μg/L Be、In、Bi 混合标准溶液（0.5mol/L 硝酸基体）；20mg/L Cs 标准溶液（0.5mol/L 硝酸基体）；10μg/L Cs 标准溶液（0.5mol/L 硝酸基体）。

标准溶液的分装与保存：将高低压聚乙烯瓶依次用洗涤灵、自来水、交换水洗涤；（1+4）硝酸浸泡 48h 以上；自来水、交换水清洗；交换水浸泡 48h、高纯水清洗后于烘箱中 50℃烘干备用。

按重量法配制好的标准溶液，在大试剂瓶中充分混匀后，分装于 60ml 瓶中，按顺序编号，每种 170 瓶。

将分装好的样品放入塑料袋，保存于冰箱的冷藏室中。随机抽取一定量的样品用于均匀性检验、稳定性检测和定值分析。

（3）标准溶液的测定方法　本工作采用 ICP-MS 法对标准溶液进行均匀性检验、稳定性检测和量值的比对定值分析。选取 ^{9}Be、^{115}In、^{209}Bi 和 ^{133}Cs 作为检测核素，每种同位素选取质量数（-0.05，0，+0.05）的 3 个荷质比点进行积分，每个荷质比点积分时间为 1.0s，重复测定 5 次。检测器选择 Auto 档，实际运行于 Pulse 模式。

工作曲线分别为：0.00、5.00μg/L、10.0μg/L、15.0μg/L，0.5mol/L 硝酸基体。

将 20.0mg/L Cs 标准溶液稀释成 10.0μg/L 测定。

（4）均匀性检验　按照《一级标准物质技术规范》要求，以随机方式分别对 3 种标准溶液各抽取 10 瓶样品，用 ICP-MS 方法对每瓶进行 3 次测量，测量结果用方差分析法进行统计检验。

（5）稳定性检验　标准物质稳定性是指标准物质的特性量随时间变化的规律，这种变化受物质本身的性质、制备过程及方法、储存容器、包装方法、储存条件等诸多因素的影响。本工作用 ICP-MS 法在近 1 年的时间里对 3 种标准溶液进行了 7 次稳定性检测。每次随机抽取 5 瓶样品进行测量。

稳定性检测结果表明：在近 1 年的时间里，标准溶液的量值没有发生显著的方向性变化，说明这 3 种溶液标准物质的稳定性在半年以上，其 7 次测量结果的不确定度作为标准溶液的稳定性不确定度分量统计到标准物质的总不确定度之中。

（6）标准物质的定值分析　用 ICP-MS 法对量值进行核对，测量结果见表 19-33。

表 19-33 ICP-MS 定值分析数据

项目	铍铟铋混合标准溶液			铯标准溶液	铯标准溶液
	Be/(μg/L)	In/(μg/L)	Bi/(μg/L)	Cs/(μg/L)	Cs/(mg/L)
测量值	9.945	10.03	10.06	10.03	20.06
	9.934	10.03	10.02	9.963	20.04
	9.828	9.958	9.987	10.01	19.94
	9.880	10.03	9.966	9.975	19.96
	9.945	10.17	10.08	9.929	19.99
	9.943	10.11	9.879	10.01	20.04
	9.915	10.13	10.17	10.06	20.02
	9.839	10.02	10.06	10.06	19.96
	9.950	10.14	10.20	10.07	19.92
	9.983	10.18	10.25	10.03	20.02
标准偏差	0.06	0.08	0.12	0.05	0.05
测量均值	9.92	10.1	10.1	10.0	20.0
相对标准偏差	0.6%	0.8%	1.2%	0.5%	0.3%
配制值	10.0	10.0	10.0	10.0	20.0

（7）标准值及总不确定度

① 标准值。溶液标准物质以配制值为标准值，用 ICP-MS 法对量值进行核对。对研制过程中使用的所有试剂和玻璃量器进行了计量检定，并对可能引进的各种误差进行了分析，进而给出标准物质的扩展不确定度。

② 总不确定度。对 10.0μg/L Be、In、Bi 混合标准溶液以及 10.0μg/L Cs 标准溶液：

$$u_c = (\sum u_i^2)^{1/2} = 2.6\% \quad （i=1\sim15） \qquad U=6\% \quad （k=2）$$

对 20.0mg/L Cs 标准溶液：

$$u_c = (\sum u_i^2)^{1/2} = 1.1\% \quad （i=1\sim15） \qquad U=3\% \quad （k=2）$$

（8）结论　本工作研制的 ICP-MS 仪器校准用溶液标准物质每套 3 种溶液：

a．10.0μg/L Be、In、Bi 混合标准溶液（0.5mol/L HNO_3 基体）；

b．10.0μg/L Cs 标准溶液（0.5mol/L HNO_3 基体）；

c．20.0mg/L Cs 标准溶液（0.5mol/L HNO_3 基体）。

该溶液标准物质均匀性良好，标准值的扩展不确定度分别为 6%（10.0μg/L Be、In、Bi 混合标准溶液以及 10.0μg/L Cs 标准溶液）和 3%（20.0mg/L Cs 标准溶液）（$k=2$），聚乙烯瓶（每瓶 50mL）密封包装，4～8℃冷藏保存，有效期 6 个月。（有关标准值及总不确定度评定详情，请查阅研制报告）

2．复杂基体成分量标准物质-镉大米标准物质的研制[21]

用镉大米标准物质的研制要点对化学成分量标准物质的研制方法进行注释。

（1）立项依据　如上所述，镉的毒性较大，被镉污染的空气和食物对人体危害严重，且在人体内代谢缓慢，日本因镉中毒曾出"痛痛病"。

稻米对镉元素具有富集作用，如果稻谷生长环境的水、土壤和空气被镉元素污染，稻米中镉元素含量必然超出正常值。在我国曾不止一次出现过被镉污染的稻米，数千吨不能食用，造成浪费。类似情况在亚洲和世界其他地域也曾发生。因此，对稻米中镉含量的测定一直引起科学界、食品安全和环保部门的密切关注。原子吸收光谱法、无机质谱法等测量方法是镉元素测量的有效分析法。使用这些方法给出具有可比性、溯源性测量值的最简便、有效的途径是借助有证镉稻米标准物质。通过对标准样品和未知样品的比对测量，给出具有可比性、溯源性的量值。课题组通过调查发现：国内外均没有有效的镉稻米标准物质。建立的镉稻米有证标准物质将用于检验、评价镉稻米分析方法，校准测量仪器，为镉稻米的安全销售、使用提供技术基础，服务于环境保护、食品安全、材料分析。

（2）技术方案　为适应我国稻米中镉成分检验、分析需要，拟研制三种不同镉含量的稻米标准物质，分别为高镉含量（GBW 08510）、中镉含量（GBW 08511，GBW 08512）和低镉含量（GBW08512）的有证稻米标准物质，分别对应于高镉污染稻米标准物质、低镉污染稻米标准物质和正常镉含量稻米标准物质。

这 3 种镉稻米标准物质的均匀性检验使用原子吸收光谱法，定值和稳定性检验采用具有绝对测量性质的同位素稀释质谱法。在研制镉稻米标准物质前，为了检验方法的可靠性，用所建立的同位素稀释质谱测量水中镉方法参加了国际比对，比对结果获得同行的一致好评。参加比对的实验室包括 NIST、IRMM 等国际知名质谱实验室。

为了避免强光照射和防腐，所制备的 3 种含镉稻米标准物质均选择可容纳 40g 镉稻米粉的茶色玻璃瓶包装，并经 ^{60}Co 辐照。

（3）镉稻米粉标准物质的制备　制备 GBW 08510 和 GBW 08512 的稻米分别取自上海松江和北京房山，GBW 08511 是用沈阳张士灌区产的稻米与吉林梅河口产的稻米混合制得的。这些稻米首先经过清洗，除去灰尘和果皮，然后经过研磨、过筛、干燥，搅拌成均匀的稻米粉。GBW 08510 和 GBW 08511 过筛使用孔径 350μm（42 目）网筛，GBW 08511 用孔径 250μm（60 目）筛子过滤。因为前两种稻米粉与后者含镉的浓度不同，从使用的均匀性考虑，采用不同孔径的筛子过滤。

这些作为标准物质的稻米粉分别装入茶色玻璃瓶，每瓶装入 40g。所有装有稻米粉的玻璃瓶都要经过计量为 2.5Mrad（1rad=10mGy）的 ^{60}Co 源辐照，以便长期保存。

（4）均匀性、稳定性检验

① 均匀性检验：根据国家《一级标准物质技术规范》要求，以随机抽取样品的方式分别对 3 种镉稻米粉标准物质进行均匀性检验。用原子吸收光谱法在相同的测量条件下，测定了每一种标准物质瓶子之间和瓶内的均匀性，测定值均落在给定的特性量值不确定度范围内，用方差分析法进行统计检验，检验结果显示 3 种标准物质的统计量 F 值小于临界值，说明这 3 种标准物质的均匀性良好。

虽然原子吸收光谱法测量值的不确定度比 TI-IDMS 稍大，但它也落在了研制者给出的标准物质特性量值扩展不确定度范围内，满足立项时的要求，而且节省了昂贵的 ^{111}Cd 稀释剂用量。

② 稳定性检验：本工作研制的 3 种镉稻米粉标准物质采用与定值相同的 TI-IDMS 方法，在 3 年内对 3 种镉稻米粉标准物质进行了稳定性监测。每次随机抽取 1 瓶样品，测量结果根据 ISO 导则 35 对标准物质稳定性检验要求和评价方法，对研制的 3 种镉稻米粉标准物质的稳定性数据进行了评价。经计算，判定 3 种镉稻米粉标准物质的特性量值没有发生显著的方向性变化，样品稳定性良好。

（5）定值　热电离同位素稀释质谱法（TI-IDMS）被用来为所研制的 3 种镉稻米粉标准物质定值和稳定性检验。用具有天然丰度的镉高纯试剂作为稀释剂，借助 TI-IDMS 标定浓缩同位素 ^{111}Cd 溶液的浓度；用标定过的浓缩同位素 ^{111}Cd 溶液作为稀释剂，使用 TI-IDMS 为所制备的 3 种镉稻米粉标准物质定值。

① 样品处理：为了 TI-IDMS 测量值的可靠性和溯源性，被测样品的预处理十分重要。稻米粉和浓缩同位素稀释剂按照同位素最佳稀释比例称重，置于聚四氟乙烯烧杯混合，混合物用 HNO_3 和 $HClO_4$ 组成的混合酸在低温环境下消解，直到彻底消化。消化液蒸发干燥后用纯净水溶解，所用纯净水经过两级离子交换（石英分离器）分离。用于分离镉的阴离子交换柱用已知浓度的镉硝酸溶液刻度，镉的回收率好于 95%。离子分离柱的规格为 $4mm \times 100mm$，用 T910 树脂填充。所有被分析样品溶液都要经过阴离子交换柱的分离，以便剔除所有可能干扰热离子发射的碱金属、碱土金属。分离柱用 6mol/L HCl 淋洗，镉用纯净水洗提。

② 镉基准溶液标定：将具有天然丰度的镉高纯试剂制备成镉基准溶液，用精密库仑分析法（coulometry）对基准溶液中的镉特性量值进行标定，标定过程使用 179 数字库仑计，镉特性量值标定结果的不确定度为 0.2%。

③ 浓缩同位素 ^{111}Cd 溶液的标定：选择浓缩同位素 ^{111}Cd 溶液作为稀释剂为标准物质定值。浓缩同位素 ^{111}Cd 溶液的标定使用 TI-IDMS，稀释剂采用镉基准溶液。标定程序和技术操作遵从热电离质谱法和同位素稀释质谱法的原理、运行规则和操作技术，读者可参阅本书的相关章节。6 次重复标定结果及其平均值列入表 19-34。

表 19-34 浓缩同位素 ^{111}Cd 溶液中 Cd 浓度标定结果

样品号	W_t /g	W_s /g	同位素丰度比($^{112}Cd/^{111}Cd$)	测定结果/（mg/g）
1	0.34200	0.38715	0.249195	2.3069
2	0.29755	0.30275	0.271327	2.3026
3	0.38295	0.35600	0.290897	2.3051
4	0.32785	0.37720	0.246179	2.3052
5	0.32340	0.32625	0.272871	2.3056
6	0.26335	0.30190	0.247142	2.3021
平均值				2.3046 ± 0.0019

注：表中 W_t、W_s 分别代表配制混合样品时基准溶液和浓缩同位素 ^{111}Cd 溶液的称重量。

④ 特性量值和不确定度：同位素 ^{111}Cd 溶液被用来作为稀释剂，用 TI-IDMS 给研制的 3 种镉稻米粉标准物质中镉定值。样品的稀释和混合样品配制采用重量法，每个混合样品中稀释剂与预测样品的称重组分严格遵从同位素稀释最佳比，称重值经过空气浮力校正。每种标准物质配制 6 个混合样品，用 TIMS 及相似的操作程序测量稀释剂、稻米粉和混合样品中镉同位素丰度比。借助同位素稀释质谱基本公式计算每个混合样品的测定值。每种标准物质 6 次重复测定的平均值及其不确定度为该标准物质的测定结果，3 种镉稻米粉标准物质的定值结果及其不确定度列入表 19-35[15,21]。

表 19-35 3 种镉稻米粉标准物质的定值结果及其不确定度

标准物质	测定值/(mg/g)	不确定度(2s)
GBW 08510	2.602	0.052
GBW 08511	0.504	0.018
GBW 08512	0.0069	0.0014

不确定度包括标准物质均匀性检验的不确定度和同位素稀释质谱法测量值的扩展不确定度。同位素稀释质谱法测量值的不确定度包括同位素丰度比测量值的标准偏差、标定浓缩 ^{111}Cd 溶液中 Cd 浓度标定的扩展不确定度和称重误差。表 19-36 给出了 3 种镉稻米粉标准物质特性量值的总不确定度及不确定度组成。

表 19-36 3 种镉稻米粉标准物质最终特性量值总不确定度及不确定度组成[21,22]

标准物质	A	B	C	D	E	U_c	$U_c(95)$	U
GBW 08510	0.2%	0.01%	0.08%	0.22%	0.37%	0.43%	0.88%	2.00%
GBW 08511	0.2%	0.02%	0.08%	0.22%	0.67%	1.42%	2.90%	3.57%
GBW 08512	0.2%	0.05%	0.08%	0.22%	8.7%	8.7%	17.75%	20.29%

表中，A：基准（试剂）溶液的不确定度；B：天平称重误差；C：稀释剂丰度重复测定的标准偏差；D：标定稀释剂的不确定度；E：镉稻米粉 CRMs 测量值的标准偏差，$t_{95}=2.04$；U_c：镉稻米粉 CRMs 中镉含量测量的联合不确定度；$U_c(95)$：镉稻米粉 CRMs 中镉含量测量的扩展不确定度；U：镉稻米粉 CRMs 中镉含量的最终不确定度，包括 $U_c(95)$、均匀性的不确定度和一些未知因素可能引起的误差。

（6）特性量值的溯源性　具有天然丰度的镉基准溶液用精密库仑法标定；镉基准溶液用作 TI-IDMS 测定浓缩同位素 ^{111}Cd 溶液浓度的稀释剂；标定过的浓缩同位素 ^{111}Cd 溶液作为稀释剂再次借助 TI-IDMS 为镉稻米粉标准物质定值；样品配制、稀释采用重量法；完备的同位素测量程序保证离子全接收；标准物质经过两次 TI-IDMS 标定，实现测量过程中因质量歧视导致的系统误差最终相互抵消[6]；特性量值的不确定度组成、来源合理，没有遗漏，给出的特性量值具有可靠性、可比性和溯源性。

为了检验上述试验程序，研制者实验室用该方法参加了原 CIPM 组织的分析化学测量方法国际比对。测量溶液中的微量镉，样品是 NIST 制备、邮寄。NIST 总结了这次比对结果，把 17 个国家实验室提供的有效数据（测量值和不确定度）绘制于图，详见图 19-5[22]。

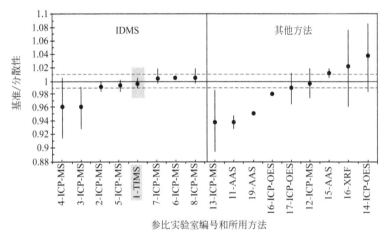

图 19-5 各参比实验室对 CIPM 溶液 1 中镉含量的测量结果和标准值(图中 1-TIMS 是研制者实验室)

第五节　标准物质信息的获取

标准物质、有证标准物质和基准物质的信息来源主要包括以下几个方面。

一、国际标准化组织/标准物质委员会

国际标准化组织（ISO）是世界范围内的 100 多个国家的标准机构组成的国际联盟。使命是在全球范围内促进标准化工作及其相关活动的发展。以利于国际间物质产品和服务的交流，并在科学、技术和经济活动中扩大和加强国际间的合作[3]。

标准物质委员会（REMCO）是 ISO 下设的一个专门委员会，隶属于 ISO 技术管理委员会，负责制定有关标准物质 ISO 指南，如标准物质的相关术语、标准物质研制、使用指南等。

它为 ISO 其他技术委员会在 ISO 技术出版物中正确使用标准物质相关概念提供指导。

REMCO 的工作目标是在协调和促进有证标准物质研制及应用方面开展广泛的国际合作，主要工作任务包括：

① 编制标准物质定义、分类和分级方面标准化文件；

② 确定标准物质相关形式的结构关系；

③ 制定 ISO 文件选择引用有关标准物质信息来源的标准；

④ 为 ISO 技术委员会在其他 ISO 文件中涉及标准物质起草指南；

⑤ 提出 ISO 工作需要的有关标准物质的工作计划；

⑥ 在其能力范围内，处理与其他国际组织之间产生的问题，并为 ISO 理事会提供相关行动计划。

REMCO 网站 http://www.iso.org/remco。

二、国际标准物质数据库

国际标准物质数据库（COMAR）是一个由志愿合作国际组织建立、维护，以互联网为基础的有证标准物质信息服务系统。COMAR 的使命就是传播可利用的有证标准物质信息，帮助测试、试验人员找到他们所需的有证标准物质。

COMAR 数据库收录了 25 个国家 220 个研制机构制备的上万种有证标准物质，是目前国际上收录有证标准物质品种信息最多的数据库。

COMAR 是一个非商业的国际组织网络，数据库可免费使用。

在 COMAR 数据库中的有证标准物质，按照应用领域分为 8 个主领域及 10 个以上的分领域：

① 黑色金属(ferrous metals)；

② 有色金属(nonferrous metals)；

③ 工业材料(industrial materials)；

④ 物理特性(physical properties)；

⑤ 有机物(organics)；

⑥ 无机物(inorganics)；

⑦ 生活质量(quality of life)；

⑧ 生物和临床(biological & clinical)。

在 COMAR 数据库中的 CRMs 按照应用领域分布情况如图 19-6 所示。

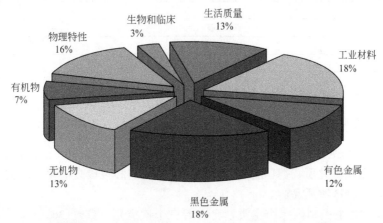

图 19-6 COMAR 数据库中 CRMs 按应用领域分布情况

为了获得相关信息，使用者可直接上网查询 COMAR 网站，它的网址：http://www.comar.bam.de。

也可向国家编码中心咨询。

三、天然基体标准物质数据库

天然基体标准物质数据库（Nature Matrix Reference Materials，NMRM）隶属于国际原子能机构（IAEA），IAEA 是政府间组织，它是联合国组织合作网络的核心参加者，是在核科学领域中使全球共享信息和知识的专门机构和国际组织。

数据库含有来自 22 个国家的 56 个生产单位研制的 2163 种标准物质及与其相关的 26000 个量值（质量分数或浓度）。数据库可采用被测物和基体两种方式查询。

在数据库中。

标准物质主要有四类：

① 核材料和稳定同位素产品；

② 环境材料；

③ 生物材料；

④ 海洋源性材料。

被测物分为五类：

① 元素（主要是痕量元素，也包括一些微量元素和基体元素）；

② 无机化合物和可提取的化合物；

③ 有机微量污染物和有机金属化合物；

④ 放射核素；

⑤ 稳定同位素。

基体分类及编码见表 19-37。

表 19-37 IAEA 标准物质数据库中的基体分类及基体编码

序号	基体类别	基体编码
1	体液（人和动物）	B
2	燃料（如煤、煤灰）	F
3	食品和动物饲料（包括肉和蔬菜）	FP
4	岩石和地质材料	G
5	人为污染材料（如淤泥、灰尘、粉煤灰）	H
6	稳定同位素	I
7	土壤和沉积物	S
8	水生和陆生生物制品	TP
9	水	W

IAEA 网站的网址 http://www.iaea.org。

四、欧洲标准物质

欧洲标准物质（ERM）是由欧洲三个主要标准物质研制机构，即比利时的欧盟联合研究中心标准物质和测量研究所、德国材料与测试技术研究院和英国政府化学家实验室通过密切协作的方式创作的标准物质品牌。

ERM 分为 6 个主类别，每个主类别含有若干个次类别，共计 36 个次类别。每个主类别以一个字母代表，用另外一个字母代表主类中的次类别。表 19-38 中收录了各个主类和次类别。

表 19-38 欧洲标准物质分类表/编码

主类别	字母	次类别	字母	编码
纯度、浓度、活性的非基体标准物质	A	固体或液体无机化合物和元素（纯的和溶液）	A	AAXXX
		气体（纯的和混合物）	B	ABXXX
		固体或液体有机分子（纯的和溶液）	C	ACXXX
		有机大分子	D	ADXXX
		同位素标记物	E	AEXXX
		其他	Z	AZXXX
食品、农产品和相关基体标准物质	B	饮用水和饮料	A	BAXXX
		动物物质	B	BBXXX
		植物物质	C	BCXXX
		上述未包括的加工食品和食物	D	BDXXX
		动物饲料	E	BEXXX
		转基因物质	F	BFXXX
		其他	Z	BZXXX
认定成分的环境和相关基体标准物质	C	水（河水、海水、地下水）	A	CAXXX
		废弃物、污物和沥出物	B	CBXXX
		土壤、沉积物、淤泥	C	CCXXX
		植物/植被物质	D	CDXXX
		动物生物指示剂物质	E	CEXXX
		飞灰、燃料灰、焚化灰	F	CFXXX
		其他	Z	CZXXX
认定成分的健康相关基体标准物质	D	人体液（血清、尿）	A	DAXXX
		人组织（头发、骨头、牙齿等）	B	DBXXX
		其他	Z	DZXXX
认定成分的工业和工程标准物质	E	铁合金	A	EAXXX
		有色金	B	EBXXX
		聚合物、塑料	C	ECXXX
		玻璃、陶瓷	D	EDXXX
		矿物、矿石、岩石、黏土	E	EEXXX
		燃料（煤、柴油）	F	EFXXX
		半导体	G	EGXXX
		其他	Z	EZXXX
物理特性标准物质	F	机械特性（如硬度、冲击韧性、黏度）	A	FAXXX
		光学特性（如波长、吸光材料）	B	FBXXX
		热物质（如热导率、热值）	C	FCXXX
		形态特性（如粒度尺寸、表面积）	D	FDXXX
		其他	Z	FZXXX

第四篇

欧洲标准物质的研制过程中，基础材料的选择、候选物的加工、均匀性检查、稳定性检验、定值、储存等相关技术问题完全按照国际公认指南执行，特性量值大都经过国际比对，在严格的审批之后才可出售、使用。

使用欧洲标准物质数据库搜索，用户可以找到关于 ERM 有证标准物质的所有信息。欧洲标准物质网站信息为 http://www.erm-crm.org/html/homepage.hrm。

五、中国国家标准物质信息服务平台

中国国家标准物质信息服务平台是目前国内最为权威的标准物质网络服务平台，由原国家标准物质研究中心（现中国计量科学研究院）负责建立。该平台是以实现标准物质资源共享为目标的公益性信息服务系统，2005 年开始对外服务，收录一级、二级有证标准物质十三大类，5000 多种。表 19-39 给出了各类标准物质的编号和名称。

表 19-39 我国十三类标准物质的编号和名称

编　号	名　　称
01	钢铁成分分析标准物质
02	有色金属及金属中气体成分分析标准物质
03	建材成分分析标准物质
04	核材料成分分析及放射性测量标准物质
05	高分子材料特性测量标准物质
06	化工产品成分分析标准物质
07	地质矿产成分分析标准物质
08	环境化学分析标准物质
09	临床化学分析与药品成分分析标准物质
10	食品成分分析标准物质
11	煤炭石油成分分析和物理特性标准物质测量标准物质
12	工程技术特性测量标准物质
13	物理特性及物理化学特性测量标准物质

——标准物质信息服务平台提供下列服务：

——标准物质信息分类浏览；

——标准物质信息多渠道查询；

——标准物质技术咨询；

——标准物质网上订购；

——标准物质业界新闻、管理法规和技术规范的浏览与检索；

——标准物质查新服务；

——标准物质相关国际比对信息；

——标准物质相关会议信息发布、参会注册等。

平台网站查询 http://www.ncrm.org.cn（标准物质信息服务平台）。

参 考 文 献

[1] 韩永志. 标准物质的研制、管理与应用. 北京: 中国计量出版社, 2010.

[2] 李红梅. 标准物质质量控制及不确定度评定. 北京: 中国质检出版社, 2014.

[3] Zschuke A 著. 分析化学中的标准物质选择. 于亚东, 徐学林, 刘军等译. 北京: 中国计量出版社, 2005.

[4] ISO/REMCO 51 Directory of Certified Reference Materials, 1980.

[5] 韩永志. 标准物质定值原则和统计学原理. 北京: 中国质检出版社, 2011.

[6] 田馨华. 核标准物质的研制与发展. 北京: 原子能出版社, 1998.

[7] Certificat de Garantie. Etalan Isotopique de L'Uranium. CEA, 1985.

[8] LeDuigou Y. Catalogue of Chemical and Isotopic Nuclear Reference Materials. EUR-6937, 1980.

[9] BNFL. List of Uranium Isotopic Reference Standards. 1985.

[10] NBL Certified Reference Materials Catalog 1988, U. S. Department of energy, Oct. 1987.

[11] Analytical Quality Control Services, Vienna, IAEA, Jan. 1991, 51-83.

[12] CBNM Information. Nuclear Reference Materials, 1988(7).

[13] Garner E L, Machlan L A, et al. NBS Spacial Publication 260-27, Standard Reference Materials: Uranium Isotopic Standard Reference Materials. Washington D. C. : U. S. Government Printing Office, 1971.

[14] De Bievre P, et al. Keys to Accuracy: Uncertainties and Certainties in Isotopic Measurements of Uranium. CBNM-MS-103-86, 1986（CBNM 专题报告）.

[15] http: //www. ncrm. org. cn/.

[16] Ding T, Valkiers S, Kipphards H, et al. Int J Mass Spectrom, 2000, 197: 131.

[17] Ding T, Valkiers S, Kipphards H, et al. Geochim Cosmochim Acta, 2001, 65(15): 2433.

[18] Carignan J, Catdinal D, Eisenhauer A, et al. Geostandards and Geoanalytical Research(Geostandards Newsletters), 2004, 28(1): 139.

[19] Valkiers S, Aregbe Y, Taylor P D P. Int J Mass Spectrom, 1998, 173: 55.

[20] Valkiers S, Ding T, Inkret M, et al. Int J Mass Spectrom, 2005, 242: 913.

[21] Zhao M T, Wang J, Lu B K. Rapid Commun. Mass Spectrom, 2005; 19: 910.

[22] Zhao M, Wang J, Lu B. Accred Qual Assur, 2002, 7: 111.

第
四
篇

附　录

I　元素原子量

（按元素原子序数排序）

[以 $Ar(^{12}C)=12$ 作为标度，此时的 ^{12}C 是中性原子，即它的原子核和电子处于基态]

元素序号	元素名称	符　号	原子量	注　解
1	Hydrogen（氢）	H	1.00784～1.00811	m
2	Helium（氦）	He	4.002602(2)	gr
3	Lithium（锂）	Li	6.938～6.997	m
4	Beryllium（铍）	Be	9.012182(3)	
5	Boron（硼）	B	10.806～10.821	m
6	Carbon（碳）	C	12.0096～12.01116	gr
7	Nitrogen（氮）	N	14.00643～14.00728	gr
8	Oxygen（氧）	O	15.99903～15.99977	gr
9	Fluorine（氟）	F	18.9984032(5)	
10	Neon（氖）	Ne	20.1797(6)	gm
11	Sodium(Natrium)（钠）	Na	22.98976928(2)	
12	Magnesium（镁）	Mg	24.304～24.307	
13	Aluminium(Aluminum)（铝）	Al	26.9815386(8)	
14	Silicon（硅）	Si	28.084～28.086	r
15	Phosphorus（磷）	P	30.973 762(2)	
16	Sulfur（硫）	S	32.059～32.076	gr
17	Chlorine（氯）	Cl	35.446～35.457	mr
18	Argon（氩）	Ar	39.948(1)	gr
19	Potassium(Kalium)（钾）	K	39.0983(1)	
20	Calcium（钙）	Ca	40.078(4)	g
21	Scandium（钪）	Sc	44.955912(6)	
22	Titanium（钛）	Ti	47.867(1)	
23	Vanadium（钒）	V	50.9415(1)	
24	Chromium（铬）	Cr	51.9961(6)	
25	Manganese（锰）	Mn	54.938045(5)	
26	Iron(Ferrum)（铁）	Fe	55.845(2)	
27	Cobalt（钴）	Co	58.933195(5)	
28	Nickel（镍）	Ni	58.6934(2)	r
29	Copper(Cuprum)（铜）	Cu	63.546(3)	r
30	Zinc（锌）	Zn	65.38(2)	r
31	Gallium（镓）	Ga	69.723(1)	
32	Germanium（锗）	Ge	72.64(1)	
33	Arsenic（砷）	As	74.92160(2)	

元素序号	元素名称	符号	原子量	注解
34	Selenium（硒）	Se	78.96(3)	R
35	Bromine（溴）	Br	79.921～79.927	
36	Krypton（氪）	Kr	83.798(2)	cm
37	Rubidium（铷）	Rb	85.4678(3)	g
38	Strontium（锶）	Sr	87.62(1)	gr
39	Yttrium（钇）	Y	88.90585(2)	
40	Zirconium（锆）	Zr	91.224(2)	g
41	Niobium（铌）	Nb	92.90638(2)	
42	Molybdenum（钼）	Mo	95.96(2)	g
43	Technetium*（锝）	Tc		
44	Ruthenium（钌）	Ru	101.07(2)	g
45	Rhodium（铑）	Rh	102.90550(2)	
46	Palladium（钯）	Pd	106.42(1)	g
47	Silver(Argentum)（银）	Ag	107.8682(2)	g
48	Cadmium（镉）	Cd	112.411(8)	g
49	Indium（铟）	In	114.818(3)	
50	Tin(Stannum)（锡）	Sn	118.710(7)	g
51	Antimony(Stibium)（锑）	Sb	121.760(1)	g
52	Tellurium（碲）	Te	127.60(3)	g
53	Iodine（碘）	I	126.90447(3)	
54	Xenon（氙）	Xe	131.293(6)	gm
55	Caesium(Cesium)（铯）	Cs	132.9054519(2)	
56	Barium（钡）	Ba	137.327(7)	
57	Lanthanum（镧）	La	138.90547(7)	g
58	Cerium（铈）	Ce	140.116(1)	g
59	Praseodymium（镨）	Pr	140.90765(2)	
60	Neodymium（钕）	Nd	144.242(3)	g
61	Promethium*（钷）	Pm		
62	Samarium（钐）	Sm	150.36(2)	g
63	Europium（铕）	Eu	151.964(1)	g
64	Gadolinium（钆）	Gd	157.25(3)	g
65	Terbium（铽）	Tb	158.92535(2)	
66	Dysprosium（镝）	Dy	162.500(1)	g
67	Holmium（钬）	Ho	164.93032(2)	
68	Erbium（铒）	Er	167.259(3)	g
69	Thulium（铥）	Tm	168.93421(2)	
70	Ytterbium（镱）	Yb	173.054(5)	g
71	Lutetium（镥）	Lu	174.9668(1)	g
72	Hafnium（铪）	Hf	178.49(2)	
73	Tantalum（钽）	Ta	180.94788(2)	
74	Tungsten(Wolfram)（钨）	W	183.84(1)	
75	Rhenium（铼）	Re	186.207(1)	
76	Osmium（锇）	Os	190.23(3)	g
77	Iridium（铱）	Ir	192.217(3)	

元素序号	元素名称	符 号	原子量	注 解
78	Platinum（铂）	Pt	195.084(9)	
79	Gold(Aurum)（金）	Au	196.966569(4)	
80	Mercury(Hydrargyrum)（汞）	Hg	200.592(3)	
81	Thallium（铊）	Tl	204.382～204.365	
82	Lead(Plumbum)（铅）	Pb	207.2(1)	gr
83	Bismuth（铋）	Bi	208.98040(1)	
84	Polonium*（镤）	Po		
85	Astatine*（砹）	At		
86	Radon*（氡）	Rn		
87	Francium*（钫）	Fr		
88	Radium*（镭）	Ra		
89	Actinium*（锕）	Ac		
90	Thorium*（钍）	Th	232.03806(2)	g
91	Protactinium*（镤）	Pa	231.03588(2)	
92	Uranium*（铀）	U	238.02891(3)	gm
93	Neptunium*（镎）	Np		
94	Plutonium*（钚）	Pu		
95	Americium*（镅）	Am		
96	Curium*（锔）	Cm		
97	Berkelium*（锫）	Bk		
98	Californium*（锎）	Cf		
99	Einsteinium*（锿）	Es		
100	Fermium*（镄）	Fm		
101	Mendelevium*（钔）	Md		
102	Nobelium*（锘）	No		
103	Lawrencium*（铹）	Lr		
104	Rutherfordium*（𬬻）	Rf		
105	Dubnium*（𬭊）	Db		
106	Seaborgium*（𬭳）	Sg		
107	Bohrium*（𬭛）	Bh		
108	Hassium*（𬭶）	Hs		
109	Meitnerium*（䥑）	Mt		
110	Darmstandtium*（𫟼）	Ds		
111	Roentgenium*（𬬭）	Rg		
112	Copernicium*（鎶）	Cn		
113	Ununtrium*	Uut		
114	Flerovium*（𫓧）	Fl		
115	Ununpentium*	Uup		

续表

元素序号	元素名称	符 号	原子量	注 解
116	Livermorium*（鉝）	Lv		
117	Ununseptium	Uus		
118	Ununoctium	Uuo		

注：1. 该表是由国际同位素与原子量委员会（IUPAC—Inorganic Chemistry Division, Commission on Isotopic Abundances and Atomic Weights）前秘书 M. E. Wieser 于 2016 年 1 月 6 日提供，Wieser ME 及委员会全体成员 Pure Appl Chem, 2013, 85(5)：1047-1078。

2. 这些元素没有稳定核素，它们的放射性同位素的原子量和半衰期在有关放射性核素的表格给出。

3. g 在某些地质样品里，元素的同位素组成在正常物质的同位素极限外，这些样品里所列元素的原子量与原子量表的给出值之间的差别，可能超出原子量表给出值的不确定度。

4. m 在商品物质中可能发现这些元素同位素组成的变化，因为它们经受了未知的或不轻易的同位素分馏，这些元素的原子量与原子量表的给出值也有实质的偏差。

5. r 所标注元素 E 原子量是通过测量所有正常地球物质的同位素组成得出的；所以原子量表给出的 Ar(E) 值及其不确定度适用于正常物质。

II　原子质量表

中子数（N）	质子数（Z）	质量数（A）	元素符号	原子质量和它的一倍标准偏差/μu	
0	1	1	H	1 007825.03207	0.00010
1	1	2	H	2 014101.7778	0.0004
1	2	3	He	3 016029.3191	0.0026
2	2	4	He	4 002603.25415	0.00006
3	2	5	He	5 012220.0	50
3	3	6	Li	6 015122.795	0.016
4	3	7	Li	7 016004.55	0.08
4	4	8	Be	8 005305.10	0.04
5	4	9	Be	9 012182.2	0.4
5	5	10	B	10 012937.0	0.4
6	5	11	B	11 009305.4	0.4
6	6	12	C	12 000000.0	0.0
7	6	13	C	13 003354.8378	0.0010
7	7	14	N	14 003074.0048	0.0006
8	7	15	N	15 000108.8982	0.0007
8	8	16	O	15 994914.61956	0.00016
9	8	17	O	16 999131.70	0.12
10	8	18	O	17 999161.0	0.7
10	9	19	F	18 994803.22	0.07
10	10	20	Ne	19 992440.1754	0.0019
11	10	21	Ne	20 993846.68	1.9
12	10	22	Ne	21 991385.114	0.019
12	11	23	Na	22 989769.2809	0.0029
12	12	24	Mg	23 985041.700	0.014
13	12	25	Mg	24 985836.92	0.03
14	12	26	Mg	25 982592.929	0.030
14	13	27	Al	26 981538.63	0.12
14	14	28	Si	27 976926.5325	0.0019
15	14	29	Si	28 976494.700	0.022
16	14	30	Si	29 973770.17	0.03
16	15	31	P	30 973761.63	0.20
16	16	32	S	31 972071.00	0.15
17	16	33	S	32 971458.76	0.15
18	16	34	S	33 967866.90	0.12
18	17	35	Cl	34 968852.68	0.04
18	18	36	Ar	35 967545.106	0.029
20	17	37	Cl	36 965902.59	0.05
20	18	38	Ar	37 962732.4	0.4
20	19	39	K	38 963706.68	0.20
20	20	40	Ca	39 962590.98	0.22
22	19	41	K	40 961825.76	0.21
22	20	42	Ca	41 958618.01	0.27
23	20	43	Ca	42 968766.6	0.3
24	20	44	Ca	43 955481.8	0.4
24	21	45	Sc	44 955911.9	0.9

中子数（N）	质子数（Z）	质量数（A）	元素符号	原子质量和它的一倍标准偏差/μu	
24	22	46	Ti	45 952631.6	0.9
25	22	47	Ti	46 951763.1	0.9
26	22	48	Ti	47 947936.3	0.9
27	22	49	Ti	48 947870.0	0.9
26	24	50	Cr	49 946044.2	1.1
28	23	51	V	50 943959.5	1.1
28	24	52	Cr	51 940507.5	0.8
29	24	53	Cr	52 940649.4	0.8
28	26	54	Fe	53 939610.5	0.7
30	25	55	Mn	54 938045.1	0.7
30	26	56	Fe	55 934937.5	0.7
31	26	57	Fe	56 935394.0	0.7
30	28	58	Ni	57 935342.9	0.7
32	27	59	Co	58 933195.0	0.7
32	28	60	Ni	59 937365.0	0.7
33	28	61	Ni	60 931056.0	0.7
34	28	62	Ni	61 928345.1	0.6
34	29	63	Cu	62 929597.5	0.6
34	30	64	Zn	63 929142.2	0.7
36	29	65	Cu	64 927789.5	0.7
36	30	66	Zn	65 926033.4	1.0
37	30	67	Zn	66 927127.3	1.0
38	30	68	Zn	67 924844.2	1.0
38	31	69	Ga	68 925573.6	1.3
38	32	70	Ge	69 924247.4	1.1
40	31	71	Ga	70 924701.3	1.1
40	32	72	Ge	71 922075.8	1.8
41	32	73	Ge	72 923458.9	1.8
40	34	74	Se	73 922476.4	1.8
42	33	75	Se	74 921596.5	2.0
42	34	76	Se	75 919213.6	1.8
43	34	77	Se	76 919914.0	1.8
42	36	78	Kr	77 920364.8	1.2
44	35	79	Br	78 918337.1	2.2
44	36	80	Kr	79 916379.0	1.6
46	35	81	Br	80 916290.6	2.1
46	36	82	Kr	81 913483.6	1.9
47	36	83	Kr	82 914136	3
46	38	84	Sr	83 913425	3
48	37	85	Rb	84 911789.738	0.012
48	38	86	Sr	85 909260.2	1.2
49	38	87	Sr	86 908877.1	1.2
50	38	88	Sr	87 905612.1	1.2
50	39	89	Y	88 905848.3	2.7
50	40	90	Zr	89 904704.4	2.5
51	40	91	Zr	90 905645.8	2.5
50	42	92	Mo	91 906811.0	4
52	41	93	Nb	92 906378.1	2.6
52	42	94	Mo	93 805088.3	2.1
53	42	95	Mo	94 905842.1	2.1
52	44	96	Ru	95 907598.0	8
55	42	97	Mo	96 906021.5	2.1
54	44	98	Ru	97 905287	7
55	44	99	Ru	98 905939.3	2.2
56	44	100	Ru	99 908122.0	20
57	44	101	Ru	100 905582.1	2.2

续表

中子数（N）	质子数（Z）	质量数（A）	元素符号	原子质量和它的一倍标准偏差/μu	
56	46	102	Pd	101 905609	3
58	45	103	Rh	102 905504	3
58	46	104	Pd	103 904036	4
59	46	105	Pd	104 905085	4
58	48	106	Cd	105 906459	6
60	47	107	Ag	106 905097	5
60	48	108	Cd	107 904184	6
62	47	109	Ag	108 904752	3
62	48	110	Cd	109 903002.1	2.9
63	48	111	Cd	110 904178.1	2.9
62	50	112	Sn	111 904818.0	5
64	49	113	In	112 904058	3
64	50	114	Sn	113 902779	3
65	50	115	Sn	114 903342	3
66	50	116	Sn	115 901741	3
67	50	117	Sn	116 902952	3
68	50	118	Sn	117 901603	3
69	50	119	Sn	118 903308	3
68	52	120	Tc	119 904020	10
70	51	121	Sb	120 903815.7	
70	52	122	Tc	121 903043.9	1.6
72	51	123	Sb	122 904214.0	2.2
70	54	124	Xe	123 905893.0	2.0
73	52	125	Tc	124 904430.7	1.6
72	54	126	Xe	125 904274.	7
74	53	127	I	126 904473.	4
74	54	128	Xe	127 903531.3	1.5
75	54	129	Xe	128 904779.4	0.8
74	56	130	Ba	129 906320.8	3.0
77	54	131	Xe	130 905082.4	1.0
76	56	132	Ba	131 905061.3	1.1
78	55	133	Cs	132 905451.933	0.024
78	56	134	Ba	133 904508.4	0.4
79	56	135	Ba	134 905688.6	0.4
78	58	136	Ce	135907172	14
81	56	137	Ba	136905827.4	0.5
80	58	138	Ce	137905991	11
82	57	139	La	138 906353.3	2.6
82	58	140	Ce	139 905438.7	2.6
82	59	141	Pr	140 907652.8	2.6
82	60	142	Nd	141 907723.3	2.5
83	60	143	Nd	142 909814.3	2.5
82	62	144	Sm	143 811999.0	3
85	60	145	Nd	144 912573.6	2.5
84	62	146	Sm	145 913041.0	4
85	62	147	Sm	146 914897.9	2.6
86	62	148	Sm	147 914822.7	2.6
87	62	149	Sm	148 917184.7	2.6
86	64	150	Gd	149 918659.0	7
88	63	151	Eu	150 919850.2	2.6
88	64	152	Gd	151 919791.0	2.7
90	63	153	Eu	152 921230.3	2.6
88	66	154	Dy	153 924424.0	8
91	64	155	Gd	154 922622.0	2.7
90	66	156	Dy	155 924283.0	7
93	64	157	Gd	156 923960.1	2.7
92	66	158	Dy	157 924409.0	4

中子数（*N*）	质子数（*Z*）	质量数（*A*）	元素符号	原子质量和它的一倍标准偏差/μu	
94	65	159	Tb	158 924346.8	2.7
94	66	160	Dy	159 924197.5	2.7
95	66	161	Dy	160 926933.4	2.7
94	68	162	Er	161 928778	4
97	66	103	Dy	162 928731.2	2.7
96	68	164	Er	163 929200.	3
98	67	165	Ho	164 930322.1	2.7
98	68	166	Er	165 930293.1	2.7
99	68	167	Er	166 932048.2	2.7
98	70	168	Yb	167 933897.0	5
00	69	169	Tm	168 934203.3	2.7
100	70	170	Yb	169 934761.8	2.6
101	70	171	Yb	170 936325.8	2.6
102	70	172	Yb	171 936381.5	2.6
103	70	173	Yb	172 938210.8	2.6
102	72	174	Hf	173 940046.0	3
104	71	175	Lu	174 9407718.0	2.3
104	72	176	Hf	175 941408.6	2.4
105	72	177	Hf	176 943220.7	2.7
106	72	178	Hf	177 943698.8	2.3
107	72	179	Hf	178 945816.1	2.3
106	74	180	W	179 946704.	4
108	73	181	Ta	180 947995.8	1.9
108	74	182	W	181 948204.2	0.9
109	74	183	W	182 950223.0	0.9
108	76	184	Os	183 952489.1	1.4
110	75	185	Re	184 952955.0	1.3
110	76	186	Os	185 953838.2	1.5
111	76	187	Os	186 955750.5	1.5
112	76	188	Os	187 955838.2	1.5
113	76	189	Os	188 958147.5	1.6
112	78	190	Pt	189 960546.0	1.8
114	77	191	Ir	190 960594.0	1.8
114	78	192	Pt	191 961038.0	2.7
116	77	193	Ir	192 962926.4	1.8
116	78	194	Pt	193 962680.3	0.9
117	78	195	Pt	194 964971.1	0.9
116	80	196	Hg	195 965833.0	3
118	79	197	Au	196 966568.7	0.6
118	80	198	Hg	197 966769.0	0.4
119	80	199	Hg	198 968279.9	0.4
120	80	200	Hg	199 968326.0	0.4
121	80	201	Hg	200 970302.3	0.6
122	80	202	Hg	201 970643.0	0.6
122	81	203	Ti	202 972344.2	1.4
122	82	204	Pb	203 973043.6	1.3
124	81	205	Ti	204 974427.5	1.4
124	82	206	Pb	205 974465.3	1.3
125	82	207	Pb	206 975896.9	1.3
126	82	208	Pb	207 976652.1	1.3
126	82	209	Bi	208 980398.7	1.6
126	84	210	Po	209 982873.7	1.3
127	84	211	Po	210 986653.2	1.2
126	86	212	Rn	211 990704.0	4
129	84	2134	Po	212 992857.0	3
128	86	214	Rn	213 995363.0	10

续表

中子数（N）	质子数（Z）	质量数（A）	元素符号	原子质量和它的一倍标准偏差/μu	
130	85	215	At	214 998653.0	7
130	86	216	Rn	216 000274.0	8
131	86	217	Rn	217 003928.0	5
130	88	218	Ra	218 007140.0	12
132	87	219	Fr	219 009252.0	8
132	88	220	Ra	220 011028.0	10
133	88	221	Ra	221 013917.0	5
134	88	222	Ra	222 015375.0	5
135	88	223	Ra	223 018502.0	2
134	90	224	Th	224 021467.0	12
136	89	225	Ac	225 023230.0	5
136	90	226	Th	226 024903.0	5
137	90	227	Th	227 027704.1	2.7
138	90	228	Th	228 028741.1	2.4
139	90	229	Th	229 031762.0	3
138	92	230	U	230 033940.0	5
140	91	231	Th	231 035884.4	2.4
140	92	232	U	232 037156.2	2.4
141	92	233	U	233 039635.2	2.9
142	92	234	U	234 040952.1	2.0
143	92	235	U	235 043929.9	2.0
142	94	236	Pu	236 046058.0	2.4
144	93	237	Np	237 048173.4	2.0
144	94	238	Pu	238 049559.9	2.0
145	94	239	Pu	239 053024.5	2.6
146	94	240	Pu	240 053813.5	2.0
146	95	241	Am	241 056829.1	2.0
146	96	242	Cm	242 058835.8	2.0
148	95	243	Am	243 061381.1	3
148	96	244	Cm	244 062752.6	2.0
149	96	245	Cm	245 065491.2	2.2
150	96	246	Cm	246 067223.7	2.2
150	97	247	Bk	247 070307.0	6
150	98	248	Cf	248 072185.0	6
151	98	249	Cf	247 074853.5	2.4
152	98	250	Cf	250 076406.1	2.2
153	98	251	Cf	251 079587.0	5
152	100	252	Fm	252 082467.0	6
154	99	253	Es	253 084824.7	2.8
154	100	254	Fm	254 086854.2	3.0
155	100	255	Fm	255 089962.0	5
156	100	256	Fm	256 091773.0	8
157	100	257	Fm	257 095105.0	7

注：本表来自 Audi G，et al. Nuclear Physics, 2003, A720: 337-676.

III 元素同位素组成

元素序号	元素符号	质量数	自然界同位素变化范围（摩尔分数）	注释	地球样品的最佳测量（摩尔分数）	已有的参考物质	代表性的同位素组成（摩尔分数）
1	H	1	0.999816～0.999974	gmr	0.99984426(5)3sC	VSMOW*	0.999885(70)
		2	0.000026～0.000184		0.00015574(5)	IAEA	0.000115(70)
						NIST	
2	He	3	4.6×10^{-10}～0.000041	gr	0.000001343(13)1SC	Air	0.000001349(3)
		4	0.99959～1		0.999998657(13)		0.999998669(3)

续表

元素序号	元素符号	质量数	自然界同位素变化范围（摩尔分数）	注释	地球样品的最佳测量（摩尔分数）	已有的参考物质	代表性的同位素组成（摩尔分数）
							空气
3	Li	6	0.07225~0.07714	gmr	0.07589(24)2SC	IRMM-016*	0.0759(4)c
		7	0.29975~0.92786		0.92411(24)	IAEA	0.9241(4)
						NIST	
4	Be	9			1		1
5	B	10	0.18929~0.20386	gmr	0.1982(2)2SC	IRMM-011*	0.199(7)
		11	0.79614~0.81071		0.8018(2)	NIST	0.801(7)
						BAM	
5	C	12	0.98853~0.99037	gr	0.988922(28)PC	NBS19*	0.9893(8)
		13	0.00963~0.01147		0.011078(28)	IAEA	0.0107(8)
						NIST	
7	N	14	0.99579~0.99654	gr	0.996337(4)dPC	Air*	0.99636(20)
		15	0.00346~0.00421		0.003663(4)d	IAEA	0.00364(20)
						NIST	
8	O	16	0.99738~0.99776	gr	0.9976206(5)e1SN	VSMOW*	0.99757(16)
		17	0.00037~0.00040		0.0003790(9)c	IAEA	0.00038(1)
		18	0.00188~0.00222		0.0020004(5)c	NIST	0.00205(14)
9	F	19			1		1
10	Ne	20	0.8847~0.9051	gm	0.904838(90)1SC	空气*	0.9048(3)
		21	0.0027~0.0171		0.002696(5)		0.0027(1)
		22	0.0920~0.0996		0.092465(90)		0.0925(3)
							空气
11	Na	23			1		1
12	Mg	24	0.78958~0.79017		0.78992(25)3SC	NIST-SRM980*	0.7899(4)
		25	0.09996~0.10012		0.10003(9)		0.1000(1)
		26	0.10987~0.11030		0.10005(19)	IRMM	0.1001(3)
13	Al	27			1		1
14	Si	28	0.92205~0.92241	r	0.9222968(44)2SC	IAEA	0.92223(19)
		29	0.04678~0.04692		0.0468316(32)	IRMM	0.04685(8)
		30	0.03082~0.03102		0.0308716(32)	NIST	0.03092(11)
		31			1		1
		32	0.94454~0.95281	gr	0.9504074(88)2SC	IAEA-S1*	0.9499(26)
		33	0.00730~0.00793		0.0074869(60)	IRMM	0.0075(2)
		34	0.03976~0.04734		0.0419599(66)	NIST	0.0425(24)
		36	0.00013~0.00019		0.00014579(89)	IAEA	0.0001
17	Cl	35	0.75644~0.75923	gmr	0.75771(45)2SC	NIST	0.7576(10)
		37	0.24077~0.24356		0.24229(45)	SRM975*	0.2424(10)
						IRMM	
18	Ar	36		gr	0.003336(35)1SF	空气*	0.003336(21)
		38			0.0006289(12)		0.000629(7)
		40			0.9960350(42)		0.996003(30)
							空气
19	K	39			0.9325811(292)2SC	NIST-SRM985*	0.932581(44)
		40			0.00011672(41)		0.000117(1)
		41			0.0673022(292)		0.067302(44)
20	Ca	40	0.96933~0.96947	g	0.96941(6)2sN	NIST-ARM915*	0.96941(156)h
		42	0.00646~0.00648		0.00647(3)		0.00647(23)
		43	0.00135~0.00135		0.00135(2)		0.00135(10)

元素序号	元素符号	质量数	自然界同位素变化范围（摩尔分数）	注释	地球样品的最佳测量（摩尔分数）	已有的参考物质	代表性的同位素组成（摩尔分数）
		44	0.02082~0.02092		0.02086(4)		0.02086(110)
		46	0.00004~0.00004		0.00004(1)		0.00004(3)
		48	0.00186~0.00188		0.00187(1)		0.00187(21)
21	Sc	45			1		1
22	Ti	46			0.08249(21)2SC		0.0825(3)
		47			0.07437(14)		0.0744(2)
		48			0.73720(22)		0.7372(3)
		49			0.05409(10)		0.0541(2)
		50			0.05185(13)		0.0518(2)
23	V	50	0.002487~0.002502	g	0.002497(6)1SF		0.00250(4)
		51	0.997498~0.997513		0.997503(6)		0.99750(4)
24	Cr	50	0.04294~0.04345		0.043452(85)2SC	NIST-SRM979*	0.04345(13)
		52	0.83762~0.83790		0.837895(117)		0.83789(18)
		53	0.09501~0.09553		0.095006(110)	IRMM	0.09501(17)
		54	0.02365~0.02391		0.023647(48)		0.02365(7)
25	Mn	55			1		1
26	Fe	54	0.05837~0.05861		0.05845(23)2SC	IRMM-014*	0.05845(35)
		56	0.91742~0.91760		0.91754(24)		0.91754(36)
		57	0.02116~0.02121		0.021191(65)		0.02119(10)
		58	0.00281~0.00282		0.002819(27)		0.00282(4)
27	Co	59			1		1
28	Ni	58		r	0.680769(59)2SC	NIST-SRM986*	0.68077(19)
		60			0.262231(55)		0.26223(15)
		61			0.011399(4)		0.011399(13)
		62			0.036345(11)		0.036346(40)
		64			0.009256(6)		0.009255(19)
29	Cu	63	0.68983~0.69338	r	0.69174(20)2SC	NIST-SRM976*	0.6915(15)
		65	0.30662~0.31017		0.30826(20)	IRMM	0.3085(15)
30	Zn	64			0.491704(83)2SC	IRMM-3702*	0.4917(75)
		66			0.27731(11)		0.2773(98)
		76			0.040401(18)	IRMM	0.0404(16)
		68			0.184483(69)		0.1845(63)
		70			0.006106(11)		0.0061(10)
31	Ga	69		M	0.601079(62)2SC	NIST-SRM994*	0.60108(9)
		71			0.398921(62)		0.39892(9)
32	Ge	70			0.20569(90)1SC		0.2057(27)
		72			0.2745(11)		0.2057(27)
		73			0.07750(40)		0.0775(12)
		74			0.36503(67)		0.3650(20)
		76			0.07731(40)		0.0773(12)
33	As	75			1		1
34	Se	74		r	0.00889(3)1SN		0.0089(4)
		76			0.09366(18)		0.0937(29)
		77			0.07635(10)		0.0763(16)
		78			0.23772(20)		0.2377(28)
		80			0.49607(17)		0.4961(41)
		82			0.08731(10)		0.0873(22)
35	Br	79			0.50686(26)2SC	NIST-	0.5069(7)

元素序号	元素符号	质量数	自然界同位素变化范围（摩尔分数）	注释	地球样品的最佳测量（摩尔分数）	已有的参考物质	代表性的同位素组成（摩尔分数）
		81			0.49314(26)	SRM977*	0.4931(7)
36	Kr	78		gm	0.0035518(32)2SC		0.00355(3)
		80			0.0228560(96)		0.02286(10)
		82			0.115930(62)		0.11593(31)
		83			0.114996(58)		0.11500(19)
		84			0.569877(58)		0.56987(15)
		86			0.172790(32)		0.17279(41)
							(inAir)
37	Bb	85		g	0.721654(132)2SC	NIST-	0.7217(2)
		86			0.278346(132)	SRM984*	0.2783(2)
						IRMM	
38	Sr	84	0.0055～0.0058	gr	0.005574(16)2SC	NIST-	0.0056(1)
		86	0.0975～0.0999		0.098566(34)	SRM987*	0.0986(1)
		87	0.0694～0.0714		0.070015(26)	IRMM	0.0700(1)h
		88	0.8229～0.8275		0.825845(66)		0.8258(1)
39	Y	89			1		1
40	Zr	90		g	0.51452(9)2SN		0.5145(40)
		91			0.11223(12)		0.1122(5)
		92			0.17146(7)		0.1715(8)
		94			0.1738(12)		0.1738(28)
		96			0.02799(5)		0.0280(9)
41	Nb	93			1		1
42	Mo	92		g	0.14525(15)o1SF		0.1453(30)
		94			0.091514(74)		0.0915(9)
		95			0.158375(98)		0.1584(11)
		96			0.16672(19)		0.1667(15)
		97			0.095991(73)		0.0960(14)
		98			0.24391(18)		0.2439(37)
		100			0.09824(50)		0.0982(31)
43	Tc				—		—
44	Ru	96		g	0.055420(1)1SN		0.0554(14)
		98			0.018688(2)		0.0187(3)
		99			0.127579(6)		0.1276(14)
		100			0.125985(4)		0.1260(7)
		101			0.170600(10)		0.1706(2)
		102			0.315519(11)		0.3155(14)
		104			0.186210(11)		0.1862(27)
45	Rh	103			1		1
46	Pb	102		g	0.01020(8)2SC		0.0102(1)
		104			0.1114(5)		0.1114(8)
		105			0.2233(5)		0.2233(8)
		106			0.2733(2)		0.2733(3)
		108			0.2646(6)		0.2646(9)
		110			0.1172(6)		0.1172(9)
47	Ag	107		g	0.518392(51)2SC	NIST-	0.51839(8)
		109			0.481608(51)	SRM978*	0.48161(8)
48	Cd	106		g	0.0125(2)2SF	IRMM	0.0125(6)
		108			0.0089(1)	BAM	0.0089(3)
		110			0.1249(6)		0.1249(18)
		111			0.1280(4)		0.1280(12)

元素序号	元素符号	质量数	自然界同位素变化范围（摩尔分数）	注释	地球样品的最佳测量（摩尔分数）	已有的参考物质	代表性的同位素组成（摩尔分数）
		112			0.2413(7)		0.2413(21)
		113			0.1222(4)		0.1222(12)
		114			0.2873(14)		0.2873(42)
		116			0.0749(6)		0.0749(18)
40	In	113		g	0.04288(5)2SN		0.0429(5)
		115			0.95712(5)		0.9571(5)
50	Sn	112		g	0.00973(3)1SC		0.0097(1)
		114			0.00659(3)f		0.0066(1)
		115			0.00339(3)f		0.0034(1)
		116			0.14536(31)		0.1454(9)
		117			0.07676(22)		0.0768(7)
		118			0.24223(30)		0.2422(9)
		119			0.08585(13)		0.0859(4)
		120			0.32593(20)		0.3258(9)
		122			0.04629(9)		0.0463(3)
		124			0.05789(17)		0.0579(5)
51	Sb	121		g	0.57213(32)2SC		0.5721(5)
		123			0.42787(32)		0.4279(5)
52	Te	120		g	0.00096(1)i2SeN		0.0009(1)
		122			0.02603(1)i		0.0255(12)
		123			0.00908(1)i		0.0089(3)
		124			0.04816(2)i		0.0474(14)
		125			0.07139(2)i		0.0707(15)
		126			0.18952(4)i		0.1884(25)
		128			0.31687(4)i		0.3174(8)
		130			0.33799(3)		0.3408(62)
53	I	127			1		1
54	Xe	124		gm	0.000952(3)3SC		0.000952(3)
		126			0.000890(2)		0.000890(2)
		128			0.019102(8)		0.019102(8)
		129			0.264006(82)		0.264006(82)
		130			0.040710(13)		0.040710(13)
		131			0.212324(30)		0.212324(30)
		132			0.269086(33)		0.269086(33)
		134			0.104357(21)		0.104357(21)
		136			0.088573(44)		0.088573(44) (in air)
55	Gs	133			1		1
56	Ba	130		g	0.001058(2)3SeF		0.00106(1)
		132			0.001012(2)		0.00101(1)
		134			0.02417(3)		0.02417(18)
		135			0.06592(2)		0.06592(12)
		136			0.07853(4)		0.07854(24)
		137			0.11232(4)		0.11232(24)
		138			0.71699(7)		0.71698(42)
57	La	138		g	0.0008881(24)2SN		0.0008881(71)
		139			0.9991119(24)		0.9991119(71)
58	Ce	136	0.00185~0.00186		0.00186(1)2SC		0.00185(2)
		138	0.00251~0.00254		0.00251(1)		0.00251(2)h

续表

元素序号	元素符号	质量数	自然界同位素变化范围（摩尔分数）	注释	地球样品的最佳测量（摩尔分数）	已有的参考物质	代表性的同位素组成（摩尔分数）
		140	0.88446～0.88449		0.88449(34)		0.88450(51)
		142	0.11114～0.11114		0.11114(34)		0.11114(51)
59	Pr	141			1		1
60	Nd	142		g	0.27153(19)2SC		0.27152(40)
		143			0.12173(18)		0.12174(26)h
		144			0.23798(12)		0.23798(19)
		145			0.08293(7)		0.08293(12)
		146			0.17189(17)		0.17189(32)
		148			0.05756(8)		0.05756(21)
		150			0.05638(9)		0.05638(28)
					—		—
61	Pm	144		g	0.030734(9)2SF		0.0307(7)
62	Sm	147			0.149934(18)		0.1499(18)
		148			0.112406(15)		0.1124(10)
		149			0.138189(18)		0.1382(7)
		150			0.073796(14)		0.0738(1)
		152			0.267421(66)		0.2675(16)
		154			0.227520(68)		0.2275(29)
63	Eu	151		g	0.47810(42)2SeC		0.4781(6)
		153			0.52190(42)		0.5219(6)
64	Gd	152		g	0.002029(4)2SeN		0.0020(1)
		154			0.021809(4)		0.0218(3)
		155			0.147998(17)		0.1480(12)
		156			0.204664(6)		0.2047(9)
		157			0.156518(9)		0.1565(2)
		158			0.248347(16)		0.2484(7)
		160			0.218635(7)		0.2186(19)
65	Tb	159			1		1
66	DY	156		g	0.00056(2)2SC		0.00056(3)
		158			0.00095(2)		0.00095(3)
		160			0.02329(12)		0.02329(18)
		161			0.18889(28)		0.18889(42)
		162			0.25475(24)		0.25475(36)
		163			0.24896(28)		0.24896(42)
		164			0.2826(36)		0.28260(54)
67	Ho	165			1		1
68	Er	162		g	0.001391(30)2SC		0.00139(5)
		164			0.016006(20)		0.01601(3)
		166			0.335014(240)		0.33503(36)
		167			0.228724(60)		0.22869(9)
		168			0.269852(120)		0.26978(18)
		170			0.149013(240)		0.14910(36)
69	Tm	169			1		1
70	Yb	168		g	0.001232(4)2SF		0.00123(3)
		170			0.02982(6)		0.02982(39)
		171			0.14086(20)		0.1409(14)
		172			0.21686(19)		0.2168(13)
		173			0.16103(9)		0.16103(63)
		174			0.32025(12)		0.32026(80)

续表

元素序号	元素符号	质量数	自然界同位素变化范围（摩尔分数）	注释	地球样品的最佳测量（摩尔分数）	已有的参考物质	代表性的同位素组成（摩尔分数）
		176			0.12995(13)		0.12996(83)
71	Lu	175		g	0.974013(12)2SN		0.97401(13)
		176			0.025987(12)		0.02599(13)
72	Hf	174	0.001619~0.001621		0.001620(9)2SeN		0.0016(1)
		176	0.05206~0.05271		0.052604(56)		0.0526(7)h
		177	0.18593~0.18606		0.185953(12)		0.1860(9)
		178	0.27278~0.27297		0.272811(22)		0.2728(7)
		179	0.13619~0.1363		0.136210(9)		0.1362(2)
		180	0.35076~0.351		0.350802(26)		0.3508(16)
73	Ta	180			0.0001201(8)2SL		0.001201(32)
		181			0.9998799(8)		0.9998799(32)
74	W	180			0.001198(2)1SN		0.0012(1)
		182			0.264985(49)		0.2650(16)
		183			0.143136(6)		0.1431(4)
		184			0.306422(13)		0.3064(2)
		186			0.284259(62)		0.2843(19)
75	Re	185			0.37398(16)2SC	NIST-SRM989	0.3740(2)
		187			0.62602(16)		0.6260(2)
76	Os	184		g	0.000197(5)1SN		0.0002(1)
		186			0.015859(44)		0.0159(3)
		187			0.019644(12)		0.0196(2)h
		188			0.132434(19)		0.1324(8)
		189			0.161466(16)		0.1615(5)
		190			0.262584(14)		0.2626(2)
		192			0.407815(22)		0.4078(19)
77	Ir	191			0.37272(15)1SN		0.373(2)
		193			0.62728(15)		0.627(2)
78	Pt	190			0.0001172(58)1SF	IRMM-010	0.00012(2)
		192			0.007818(80)		0.00782(24)
		194			0.3286(14)		0.3286(40)
		195			0.33775(79)		0.3378(24)
		196			0.25210(11)		0.2521(34)
		198			0.07356(43)		0.07356(130)
79	Au	197			1		1
80	Hg	196			0.0015344(19)1SN	IRMM NRC-CNRC	0.0015(1)
		198			0.09968(13)		0.0997(20)
		199			0.16873(17)		0.1687(22)
		200			0.23096(26)		0.2310(19)
		201			0.13181(13)		0.1318(9)
		202			0.29863(33)		0.2986(26)
		204			0.06865(7)		0.0687(15)
81	Tl	203	0.29494~0.29528		0.29524(9)2SC	NIST-SRM997* IRMM	0.2952(1)
		205	0.70472~0.70506		0.70476(9)		0.7048(1)
82	Pb	204	0.0104~0.0165	gr	0.014245(12)2SC	NIST-SRM981* NIST	0.014(1)
		206	0.2084~0.2748		0.241447(57)		0.241(1)h
		207	0.1762~0.2365		0.220827(27)		0.221(1)h
		208	0.5128~0.5621		0.523481(86)		0.524(1)h
83	Bi	209					

续表

元素序号	元素符号	质量数	自然界同位素变化范围（摩尔分数）	注释	地球样品的最佳测量（摩尔分数）	已有的参考物质	代表性的同位素组成（摩尔分数）
84	Po						
85	At						
86	Rn						
87	Fr						
88	Ra						
89	Ac						
90	Th	232		g	1	IRMM	1
91	Pa	231			1		1
92	U	234	0.000050～0.000059	gm	0.00005420(42)2SC	IRMM-184*	[0.000054(5)]
		235	0.007198～0.007207		0.007200(1)	IRMM	[0.007204(6)]c
		238	0.992739～0.992752		0.992745(10)	NBL	[0.992742(10)]

注：1. 该表刊登在 IUPAC 主办的 Pure Appl Chem, 2011, 83 (2): 397–410; 署名 Michael Berglund1 and Michael E. Wieser.

2. NIST 的测量用参考物质以前标记为 NBS；IRMM 测量用参考物质以前标记为 CBNM；星号 * 指示表中的第六栏给出的最佳测量用的参考物质。

3. 表中报告的 ^2H 的摩尔分数小于 0.000032。

4. 测量 ^6Li 和 ^{235}U 用的样品是商业来源的实验室试剂。对 Li 的样品，^6Li 摩尔分数是 0.02007～0.07672，这个范围的高端适合于天然样品；对于 U 的情况，^{235}U 的摩尔分数在 0.0021～0.007207 范围，与天然样品值差之甚远。

5. 为了从测量的 ^{15}N 计算它的摩尔分数，CIAAW 推荐空气中 N_2 的 $N(^{14}N)/N(^{15}N)$ 组分比为 272。

6. 最好的测量是结合了 VSMOW 的 $N(^{18}O/^{16}O)$ 和 $N(^{17}O/^{16}O)$ 比值测量得出。

7. 对 Sn 的原始数据进行了调整，以便于解释 ^{115}In 污染和 ^{114}Sn 丰度误差。

8. 这些放射性同位素的丰度事实是变化的。

9. 使用电子倍增器对 Te 进行测量，测量的丰度用质量平方根作为校正系数进行校正。

10. 在 SIAM 2007 年两年期评价过程中发现：^{92}Mo 同位素丰度测量值 0.145246(15) 是最佳测量，这是不正确的。因为根据文章中的数据，它应该是 0.14525(15)。

Ⅳ 元素同位素及同量异位素

C\A\B	1	2	3	4	5	6	7	8	9	10	11	12	13
H	99.98	0.02											
He			0.0001	99.9999									
Li						7.59	92.41						
Be									100				
B										19.9	80.1		
C												98.93	1.07

C\A\B	14	15	16	17	18	19	20	21	22	23	24	25	26
N	99.64	0.36											
O			99.76	0.04	0.20								
F						100							
Ne							9.48	0.027	9.25				
Na										100			
Mg											78.99	10.00	11.01

续表

C\B\A	27	28	29	30	31	32	33	34	35	36	37	38	39
Al	100												
Si		92.22	4.68	3.09									
P					100								
S						94.93	0.76	4.29		0.02			
Cl									75.77		24.23		
Ar										0.33		0.06	
K													93.26

C\B\A	40	41	42	43	44	45	46	47	48	49	50	51	52
Ar	99.60												
K	0.01	6.73											
Ca	96.94		0.065	0.13	2.09		0.004		0.19				
Sc						100							
Ti							8.25	7.44	73.72	5.41	5.18		
V											0.025	99.75	
Cr											4.34		83.79

C\B\A	53	54	55	56	57	58	59	60	61	62	63	64	65
Cr	9.50	2.36											
Mn			100										
Fe		5.84		91.75	2.12	0.28							
Co							100						
Ni						68.08		26.22	1.14	3.63		0.092	
Cu											69.17		30.83
Zn												49.17	

C\B\A	66	67	68	69	70	71	72	73	74	75	76	77	78
Zn	27.73	4.04	18.45		0.61								
Ga				60.11		39.89							
Ge					20.38		27.31	7.76	36.72		7.83		
As										100			
Se									0.89		9.37	7.63	23.77
Kr													0.35

C\B\A	79	80	81	82	83	84	85	86	87	88	89	90	91
Se		49.61		8.73									
Br	50.69		49.31										
Kr		2.37		11.58	11.49	57.00		17.30					
Rb							72.17		27.83				
Sr						0.56		9.86	7.00	82.58			
Y											100		
Zr												51.45	11.22

续表

C\B \ A	92	93	94	95	96	97	98	99	100	101	102	103	104
Zr	17.15		17.38		2.80								
Nb		100											
Mo	14.53		9.15	15.84	16.67	9.60	24.39		9.82				
Te													
Ru					5.54		1.87	12.76	12.60	17.06	31.55		18.62
Rh												100	
Pd											1.02		11.14

C\B \ A	105	106	107	108	109	110	111	112	113	114	115	116	117
Pd	22.33	27.33		26.46		11.72							
Ag			51.83		48.16								
Cd		1.25		0.89		12.49	12.80	24.13	12.22	28.73		7.49	
In									4.29		95.71		
Sn								0.97		0.66	0.34	14.54	7.68

C\B \ A	118	119	120	121	122	123	124	125	126	127	128	129	130
Sn	24.22	8.59	32.58		4.63		5.79						
Sb				57.21		42.79							
Te			0.09		2.55	0.89	4.74	7.07	18.84		31.74		34.08
I										100			
Xe							0.10		0.09		1.91	26.40	4.07
Ba													0.11

C\B \ A	131	132	133	134	135	136	137	138	139	140	141	142	143
Xe	21.23	26.91		10.44		8.86							
Cs			133										
Ba		0.10		2.42	6.60	7.85	11.23	71.70					
La								0.09	99.91				
Ce						0.18		0.25					
Pr											100		
Nd												27.15	12.17

C\B \ A	144	145	146	147	148	149	150	151	152	153	154	155	156
Nd	23.80	8.29	17.19		5.76		5.64						
Pm													
Sm	3.07			14.99	11.24	13.82	7.38		26.75				
Eu								47.81		52.19			
Gd									0.20		2.18	14.80	20.47
Dy													0.06

续表

C\B \ A	157	158	159	160	161	162	163	164	165	166	167	168	169
Gd	15.65	24.84		21.86									
Tb			100										
Dy		0.10		2.34	18.91	25.51	24.90	28.18					
Ho									100				
Er						0.14		1.16		33.50	22.87	26.98	
Tm													100
Yb												0.13	

C\B \ A	170	171	172	173	174	175	176	177	178	179	180	181	182
Yb	2.98	14.09	21.68	16.10	32.03		13.00						
Lu						97.41	2.59						
Hf					0.16		5.26	18.60	27.28	13.62	35.08		
Ta											0.012	99.988	

C\B \ A	183	184	185	186	187	188	189	190	191	192	193	194	195
W											0.12		26.50
W	14.31	30.64		28.43									
Re			37.40		62.60								
Os		0.02		1.59	1.96	13.24	16.15	26.26		40.78			
Ir									37.3		62.7		
Pt								0.012		0.782		32.86	33.78

C\B \ A	196	197	198	199	200	201	202	203	204	205	206	207	208
Pt	25.21		7.36			2							
Au		100											
Hg	0.15		9.97	16.87	23.10	13.18	29.86		6.87				
Tl								29.524		70.476			
Pb									1.4		24.1	22.1	52.4

C\B \ A	209	231	232	233	234	235	236	237	238
Bi	100								
Po									
At									
Rn									
Fr									
Ra									
Ac									
Th			100						
Pa		100							
U					0.005	0.720			99.27

注：1. 该表根据国际同位素丰度与原子量委员会（IUPAC-CIAAW）2011 年公布的元素同位素丰度制定。

2. A 表示质量数；B 表示同位素丰度或丰度；C 表示元素符号。

V 元素的基本参数

原子序数	元 素	熔点/oC	沸点/oC	原子半径 （经验值/计算值）	第一电离能 /(kJ/mol)	电子亲和能 /(kJ/mol)
1	H	−259.14	−252.87	25/53	1312.0	72.8
2	He	−272.2	−268.93	−/31	2372.3	0
3	Li	180.54	1342	145/167	520.2	5906
4	Be	1287	2469	105/112	899.5	0
5	B	2076	3927	85/87	800.6	2607
6	C	3527	4027	70/67	1086.5	153.9
7	N	−210.1	−195.79	65/56	1402.3	7
8	0	−218.3	−182.9	60/48	1313.9	141
9	F	−219.62	−188.12	50/42	1681.0	328
10	Ne	−248.59	−246.08	−/38	2080.7	0
11	Na	97.72	883	180/190	495.8	52.8
12	Mg	650	1090	150/145	737.7	0
13	Al	660.32	2519	125/118	577.5	42.5
14	Si	1414	2900	110/111	786.5	133.6
15	P	44.2	277	100/98	1011.8	72
16	S	115.21	444.72	100/88	999.6	200
17	Cl	−101.5	−34.04	100/79	1251.2	349.0
18	Ar	−189.3	185.8	−/71	1520.6	0
19	K	63.38	759	220/243	418.8	48.4
20	Ca	842	1484	180/194	589.8	0
21	Sc	1541	2830	160/184	633.1	18.1
22	Ti	1668	3287	140/176	658.8	7.6
23	V	1910	3407	135/171	650.9	50.6
24	Cr	1907	2671	140/166	652.9	6403
25	Mn	1246	2061	140/161	717.3	0
26	Fe	1538	2861	140/156	762.5	15.7
27	Co	1495	2927	135/152	760.4	63.7
28	Ni	1455	2913	135/149	737.1	112
29	Cu	1084.62	2927	135/145	75.5	118.4
30	Zn	419.53	907	135/142	906.4	0
31	Ga	29.76	2204	130/136	578.8	28.9
32	Ge	938.3	2820	125/125	762	119
33	As	817	614	115/114	947.0	78
34	Se	221	685	115/103	941	195
35	Br	−7.3	59	115/94	1139.9	324.6
36	Kr	−157.36	−153.22	−/88	1350.8	0
37	Rb	39.31	688	235/265	403.0	46.9
38	Sr	777	1382	200/219	549.5	0
39	Y	1526	3336	180/212	600	29.6
40	Zr	1855	4409	155/206	640.1	41.1

续表

原子序数	元 素	熔点/oC	沸点/oC	原子半径 （经验值/计算值）	第一电离能 /(kJ/mol)	电子亲和能 /(kJ/mol)
41	Nb	2477	4744	145/198	652.1	86.1
42	Mo	2623	4639	145/190	684.3	71.9
43	Tc	2157	4265	135/183	702	53
44	Ru	2334	4150	130/178	710.2	101.3
45	Rh	1965	3695	135/173	719.7	109.9
46	Pd	1554.9	2963	145/169	804.4	53.7
47	Ag	961.78	2162	160/165	731.0	125.648
48	Cd	321.07	767	155/161	867.8	0
49	In	156.6	2072	155/156	558.3	28.9
50	Sn	231.93	2602	145/145	708.6	107.3
51	Sb	630.63	1587	145/133	834	103.2
52	Te	449.51	988	140/123	869.3	190.2
53	I	113.7	184.3	140/115	1008.4	295.2
54	Xe	-111.7	-108	-/108	1170.4	0
55	Cs	28.44	671	260/298	375.7	45.5
56	Ba	727	1870	215/253	502.9	0
57	La	920	3470	195/-	538.1	48
58	Ce	795	3360	185/-	534.4	50
59	Pr	935	3290	185/247	527	50
60	Nd	1024	3100	185/206	533.1	50
61	Pm	1100	300	185/205	540	50
62	Sm	1072	1803	185/238	544.5	50
63	Eu	826	1527	185/231	547.1	50
64	Gd	1312	3250	180/233	593.4	50
65	Tb	1356	3230	175/225	565.8	50
66	Dy	1407	2567	175/228	573.0	50
67	Ho	1461	2720	175/226	581.0	50
68	Er	1497	2868	175/226	589.3	50
69	Tm	1545	1950	175/222	596.7	50
70	Yb	824	1196	175/222	603.4	50
71	Lu	1652	3402	175/217	523.5	50
72	Hf	2233	4603	155/208	658.5	0
73	Ta	3017	5458	145/200	761	31
74	W	3422	5555	135/193	770	78.6
75	Re	3186	5596	135/188	760	14.5
76	Os	3033	5012	130/185	840	106.1
77	Ir	2466	4428	135/180	880	151.0
78	Pt	1768.3	3825	135/177	870	205.3
79	Au	1064.18	2856	135/174	890.1	222.8
80	Hg	-38.83	356.73	150/171	1007.1	0
81	Tl	304	1473	190/156	589.4	19.2

原子序数	元 素	熔点/oC	沸点/oC	原子半径 （经验值/计算值）	第一电离能 /(kJ/mol)	电子亲和能 /(kJ/mol)
82	Pb	327.46	1749	180/154	715.6	35.1
83	Bi	271.3	1564	160/143	703.2	91.2
84	Po	254	962	190/135	812.1	183.3
85	At	302	—	-/127	920	270.1
86	Rn	-71	-61.7	-/120	1037	0
87	Fr	27	—	—		—
88	Ra	700	1737	215/-	509.3	—
89	Ac	1050	3300	195/-	499	—
90	Th	1842	4820	180/-	587	—
91	Pa	1568	—	180/-	568	—
92	U	1132.2	3927	175/-	597.6	—
93	Np	637	4000	175/-	604.5	—
94	Pu	639.4	3230	175/-	584.7	—
95	Am	1176	2607	175/-	578	—
96	Cm	1340	3110	—	581	—
97	Bk	986	—	—	601	—
98	Cf		—	—	608	—
99	Es		—	—	619	—
100	Fm		—	—	627	—
101	Md		—	—	635	—
102	No		—	—	642	—
103	Lr		—	—		—
104	Rf	—	—	—		—
105	Db	—	—	—		—
106	Sg	—	—	—		—
107	Bh	—	—	—		—
108	Hs	—	—	—		—
109	Mt	—	—	—		—
110	Ds	—	—	—		—
111	Rg	—	—	—		—
112	Cn	—	—	—		—
113	Uut					
114	Fl	—	—	—		—
115	Uup					
116	Lv	—	—	—		—
117	Uus					
118	Uuo	—	—	—		—

Ⅵ 元素周期表

族 / 周期和电子层	1 K	2 KL	3 KLM	4 KLMN	5 KLMNO	6 KLMNOP	7 KLMNOPQ			
1 (1A)	1 氢 H 1.008 $1s^1$	3 锂 Li 6.941 $2s^1$	11 钠 Na 22.99 $3s^1$	19 钾 K 39.10 $4s^1$	37 铷 Rb 85.47 $5s^1$	55 铯 Cs 132.9 $6s^1$	87 钫 Fr [223] $7s^1$	s 区		
2 (2A)		4 铍 Be 9.012 $2s^2$	12 镁 Mg 24.31 $3s^2$	20 钙 Ca 40.08 $4s^2$	38 锶 Sr 87.62 $5s^2$	56 钡 Ba 137.3 $6s^2$	88 镭 Ra [226] $7s^2$			
3 (3B)				21 钪 Sc 44.96 $3d^14s^2$	39 钇 Y 88.91 $4d^15s^2$	57~71 La–Lu	89~103 Ac–Lr		57~71 镧系	89~103 锕系
4 (4B)				22 钛 Ti 47.87 $3d^24s^2$	40 锆 Zr 91.22 $4d^25s^2$	72 铪 Hf 178.5 $5d^26s^2$	104 铲 Rf [267] $6d^27s^2$		57 镧 La 138.9 $5d^16s^2$	89 锕 Ac [227] $6d^17s^2$
5 (5B)				23 钒 V 50.94 $3d^34s^2$	41 铌 Nb 92.91 $4d^45s^1$	73 钽 Ta 180.9 $5d^36s^2$	105 𬭊 Db [268] $6d^37s^2$		58 铈 Ce 140.1 $4f^15d^16s^2$	90 钍 Th 232.0 $6d^27s^2$
6 (6B)				24 铬 Cr 52.00 $3d^54s^1$	42 钼 Mo 95.96 $4d^55s^1$	74 钨 W 183.8 $5d^46s^2$	106 𬭶 Sg [271] $6d^47s^2$	d 区	59 镨 Pr 140.9 $4f^36s^2$	91 镤 Pa 231.0 $5f^26d^17s^2$
7 (7B)				25 锰 Mn 54.94 $3d^54s^2$	43 锝 Tc [98] $4d^55s^2$	75 铼 Re 186.2 $5d^56s^2$	107 𬭳 Bh [270] $6d^57s^2$		60 钕 Nd 144.2 $4f^46s^2$	92 铀 U 238.0 $5f^36d^17s^2$
8 (8B)				26 铁 Fe 55.85 $3d^64s^2$	44 钌 Ru 101.1 $4d^75s^1$	76 锇 Os 190.2 $5d^66s^2$	108 𬭛 Hs [277] $6d^67s^2$		61 钷 Pm [145] $4f^56s^2$	93 镎 Np [237] $5f^46d^17s^2$
9 (8B)				27 钴 Co 58.93 $3d^74s^2$	45 铑 Rh 102.9 $4d^85s^1$	77 铱 Ir 192.2 $5d^76s^2$	109 鿔 Mt [276] $6d^77s^2$		62 钐 Sm 150.4 $4f^66s^2$	94 钚 Pu [244] $5f^67s^2$
10				28 镍 Ni 58.69 $3d^84s^2$	46 钯 Pd 106.4 $4d^{10}$	78 铂 Pt 195.1 $5d^96s^1$	110 𫟼 Ds [281] $6d^87s^2$		63 铕 Eu 152.0 $4f^76s^2$	95 镅 Am [243] $5f^77s^2$
11 (1B)				29 铜 Cu 63.55 $3d^{10}4s^1$	47 银 Ag 107.9 $4d^{10}5s^1$	79 金 Au 197.0 $5d^{10}6s^1$	111 𬬭 Rg [282] $6d^{10}7s^1$	ds 区	64 钆 Gd 157.3 $4f^75d^16s^2$	96 锔 Cm [247] $5f^76d^17s^2$
12 (2B)				30 锌 Zn 65.38 $3d^{10}4s^2$	48 镉 Cd 112.4 $4d^{10}5s^2$	80 汞 Hg 200.6 $5d^{10}6s^2$	112 𬭯 Cn [285] $6d^{10}7s^2$		65 铽 Tb 158.9 $4f^96s^2$	97 锫 Bk [247] $5f^97s^2$
13 (3A)			5 硼 B 10.81 $2s^22p^1$	13 铝 Al 26.98 $3s^23p^1$	31 镓 Ga 69.72 $4s^24p^1$	49 铟 In 114.8 $5s^25p^1$	81 铊 Tl 204.4 $6s^26p^1$	113 Uut [285] $7s^27p^1$	66 镝 Dy 162.5 $4f^{10}6s^2$	98 锎 Cf [251] $5f^{10}7s^2$
14 (4A)			6 碳 C 12.01 $2s^22p^2$	14 硅 Si 28.09 $3s^23p^2$	32 锗 Ge 72.63 $4s^24p^2$	50 锡 Sn 118.7 $5s^25p^2$	82 铅 Pb 207.2 $6s^26p^2$	114 𫓧 Fl [289] $7s^27p^2$	67 钬 Ho 164.9 $4f^{11}6s^2$	99 锿 Es [252] $5f^{11}7s^2$
15 (5A)			7 氮 N 14.01 $2s^22p^3$	15 磷 P 30.97 $3s^23p^3$	33 砷 As 74.92 $4s^24p^3$	51 锑 Sb 121.8 $5s^25p^3$	83 铋 Bi 209.0 $6s^26p^3$	115 Uup [289] $7s^27p^3$	p 区	68 铒 Er 167.3 $4f^{12}6s^2$	100 镄 Fm [257] $5f^{12}7s^2$
16 (6A)			8 氧 O 16.00 $2s^22p^4$	16 硫 S 32.06 $3s^23p^4$	34 硒 Se 78.96 $4s^24p^4$	52 碲 Te 127.6 $5s^25p^4$	84 钋 Po [209] $6s^26p^4$	116 𫟷 Lv [293] $7s^27p^4$	69 铥 Tm 168.9 $4f^{13}6s^2$	101 钔 Md [258] $5f^{13}7s^2$
17 (7A)			9 氟 F 19.00 $2s^22p^5$	17 氯 Cl 35.45 $3s^23p^5$	35 溴 Br 79.90 $4s^24p^5$	53 碘 I 126.9 $5s^25p^5$	85 砹 At [210] $6s^26p^5$	117 Uus [294] $7s^27p^5$	70 镱 Yb 173.1 $4f^{14}6s^2$	102 锘 No [259] $5f^{14}7s^2$
18 (8A)	2 氦 He 4.003 $1s^2$	10 氖 Ne 20.18 $2s^22p^6$	18 氩 Ar 39.95 $3s^23p^6$	36 氪 Kr 83.80 $4s^24p^6$	54 氙 Xe 131.3 $5s^25p^6$	86 氡 Rn [222] $6s^26p^6$	118 Uuo [294] $7s^27p^6$		71 镥 Lu 175.0 $4f^{14}5d^16s^2$	103 铹 Lr [262] $5f^{14}6d^17s^2$

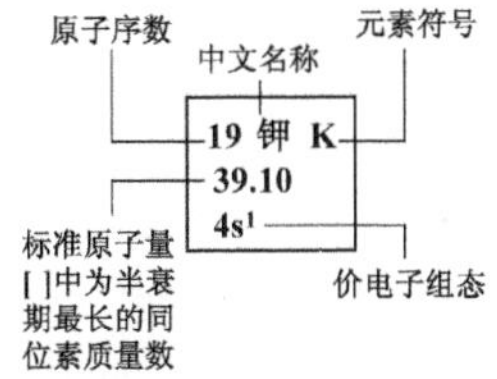

图例说明：原子序数　中文名称　元素符号
19 钾 K 39.10 $4s^1$
标准原子量 []中为半衰期最长的同位素质量数　价电子组态

（右侧竖排标记）f 区

（侧边标记）附录

主题词索引

（按汉语拼音排序）

L

M

N

P

Q

表 索 引